Sigloch

Strömungsmaschinen

Herbert Sigloch

Strömungsmaschinen

Grundlagen und Anwendungen

8., aktualisierte Auflage

HANSER

Über den Autor:
Prof. Dipl.-Ing. Herbert Sigloch, Bad Überkingen

Print-ISBN: 978-3-446-47677-6
E-Book-ISBN: 978-3-446-47696-7

Bibliografische Information der Deutschen Nationalbibliothek:
Die Deutsche Nationalbibliothek verzeichnet diese Publikation in der Deutschen Nationalbibliografie; detaillierte bibliografische Daten sind im Internet unter http://dnb.d-nb.de abrufbar.

www.hanser-fachbuch.de
Lektorat: Dipl.-Ing. Natalia Silakova-Herzberg
Herstellung: Frauke Schafft
Coverkonzept: Marc Müller-Bremer, www.rebranding.de, München
Titelmotiv: © gettyimages.de/loonger
Satz: Dr. Steffen Naake, Limbach-Oberfrohna
Druck: CPI Books GmbH, Leck
Printed in Germany

Vorwort

Dieses Buch richtet sich an Studierende des Maschinenbaues sowie Ingenieure, die im Strömungsmaschinenbau in Konstruktion und Fertigung tätig sind. Der Schwerpunkt ist deshalb auf die Gemeinsamkeiten aller Strömungsmaschinen in ihrer Wirkung und Berechnung gelegt, die im Teil I des Buches zusammengefasst sind. Auf den Aufbau und die Anwendung der einzelnen Strömungsmaschinen, die **Turbo-Arbeitsmaschinen** (Kreiselpumpen und -verdichter) und **Turbo-Kraftmaschinen** (Wasser-, Dampf-, Gas- und Windturbinen) sowie die **Antriebspropeller** und **Aggregate** (Strömungskupplungen und -wandler) wird in stark begrenztem Maße im Teil II des Buches eingegangen. Die Kreiselpumpen, mit denen fast jeder Ingenieur in seinem Berufsleben als Hersteller oder vor allem als Anwender in Kontakt kommt, werden schwerpunktmäßig betrachtet.

Das digitale Zusatzmaterial zu diesem Buch auf plus.hanser-fachbuch.de umfasst Arbeitstafeln (Stoffgrößen, Richtwerte, Diagramme), Ergänzungen, 70 Übungsbeispiele mit vollständigen Lösungen, Darstellungen ausgeführter Turbomaschinen verschiedener Hersteller und zugehörige Animationen.

Die Methode, die verschiedenen Strömungsmaschinentypen möglichst gemeinsam zu behandeln, rechtfertigt sich durch die Tatsache, dass alle Ausführungen auf dem gleichen Prinzip, der Anwendung des **Drallsatzes**, beruhen. Erst wenn die den Energiefluss mindernden, durch Reibung bedingten mechanischen Verluste, die immer der Bewegungsrichtung entgegen – also hemmend – wirken, in die Betrachtung einbezogen werden, was bei der technischen Anwendung immer notwendig ist, erfolgt eine Trennung in die Hauptgruppen **Arbeitsmaschinen** (Pumpen) und **Kraftmaschinen** (Turbinen). Um die fluidspezifischen Eigenschaften zu berücksichtigen, wird dann innerhalb der Hauptgruppen jeweils weiter in Strömungsmaschinen für inkompressible Fluide (Flüssigkeiten), die sog. **hydraulischen Strömungsmaschinen**, und Strömungsmaschinen für kompressible Fluide (Gase, Dämpfe), die sog. **thermischen Strömungsmaschinen**, unterschieden. Im Text werden ausschließlich genormte Formelzeichen, Symbole und Maßeinheiten verwendet und, wo immer möglich, vom Maßsystem unabhängige Größengleichungen.

Die Bezeichnungen, Kennzeichen und Kenngrößen bei den Strömungsmaschinen werden in der Fachwelt nicht einheitlich angewendet. Wie jeweils an der betreffenden Textstelle im Buch begründet wird, ist deshalb teilweise ein Abweichen von den Bezeichnungen des einschlägigen Fachschrifttums notwendig, um Durchgängigkeit der Terminologie und Einheitlichkeit der Bezeichnungen zu erreichen, was insbesondere für den Lernenden wichtig ist. Die Abweichungen wurden jedoch so gering wie möglich gehalten und irritieren den erfahrenen Ingenieur sicher nicht. Vor allem bei den Turbomaschinentypen ist die Nummerierung nicht der Strömung, sondern dem Druckniveau folgend vorgenommen.

Der Verfasser bemühte sich, Bilder von Maschinen moderner Konzeption gemäß dem neuesten Stand der Technik zu verwenden, und erweiterte entsprechend den Abschnitt Windturbinen. Da ältere, einfachere Konstruktionen die Charakteristika jedoch oft deutlicher zeigen und deshalb für eine erste Betrachtung übersichtlicher sind, wurde verschiedentlich bewusst auf solche Ausführungen zurückgegriffen.

Obwohl das Manuskript mit höchster Sorgfalt abgefasst und der Satz peinlich genau geprüft wurde, sind Fehler letztlich nicht gänzlich auszuschließen. Deshalb werden Hinweise, Anregungen sowie Verbesserungsvorschläge aller Art immer dankbar angenommen.

Dank gilt allen an den zugehörigen Stellen erwähnten Unternehmen, die Bildmaterial und/oder Informationen zur Verfügung stellten. Dem Carl Hanser Verlag und Frau Dipl.-Ing. Natalia Silakova-Herzberg mit Team gebühren großer Dank für die gute Ausstattung des Buches und die vertrauensvolle Zusammenarbeit.

Bad Überkingen, 2023 *Herbert Sigloch*

Benutzungshinweise

Gleichungen, **Tabellen** und **Bilder** sind in diesem Werk kapitelweise nummeriert. Die Bezeichnung **Tafel** wird nur beim digitalen Zusatzmaterial auf plus.hanser-fachbuch.de verwendet und umfasst sowohl Tabellen als auch Hinweise, Ergänzungen und Diagramme für die Lösung von Turbomaschinenproblemen. Näherungsbeziehungen werden auch als **Formeln** bezeichnet.

Verwendete Abkürzungen:

- **AM** Arbeitsmaschinen
- **KM** Kraftmaschinen
  - **StM** Strömungsmaschinen (Turbomaschinen **TuM**)
    - **P** Pumpen
      - **KP** Kreiselpumpen
      - **KV** Kreiselverdichter
    - **T** Turbinen
      - **DT** Dampfturbinen
      - **GT** Gasturbinen
      - **LT** Luft-(Wind-)Turbinen
      - **WT** Wasserturbinen
    - **HyM** Hydraulische Strömungsmaschinen
    - **ThM** Thermische Strömungsmaschinen
  - **KoM** Kolbenmaschinen (KoP Kolbenpumpen, M Motore → Otto, Diesel)
- **OW** Oberwasserspiegel
- **UW** Unterwasserspiegel

Beispiele im Text werden mit **B**, **Übungsaufgaben** mit **Ü** gekennzeichnet. Die Beispiele sind zur Veranschaulichung in den Text eingefügt und sofort gelöst. Die Übungsaufgaben sollen dem Leser das selbstständige Bearbeiten von Strömungsmaschinen-Berechnungen ermöglichen.

Zur besseren Übersicht werden im Text und in den Bildern sowie bei den Lösungen der Beispiele und Übungsaufgaben folgende **Abkürzungen** verwendet:

- **D** für Durchflussbeziehung, Druckstutzen
- **DP** für Drehpunkt
- **DS** für Drallsatz, Druckseite
- **EE** für Energiegleichung realer Strömungen (sog. Erweiterte Energiegleichung)
- **ER** für Energiegleichung der Relativströmung idealer Fluide
- **ES** für Energiesatz und allgemein **E** für Energie
- **HK** für Hauptgleichung der Kreiselradtheorie (EULER-Kreiselradgleichung)
- **HT** für Hauptgleichung der Tragflügeltheorie (KUTTA-JOUKOWSKY-Gleichung)
- **IS** für Impulssatz
- **K** für Kontinuitätsgleichung
- **KR** für Kontrollraum
- **S** für Saugstutzen
- **SS** für Saugseite

Bezugsstellen, die zur sinnvollen Anwendung der Gleichungen erforderlich sind, werden oft durch in **Kreise gesetzte Ziffern** gekennzeichnet und nach dem Abkürzungssymbol der betreffenden Gleichung aufgeführt. Es wurde versucht, möglichst viele Richtwerte anzugeben, die nach den Erfahrungen und Experimenten zu guten, d. h. energie- und abmessungsgünstigen Ergebnissen führen. Dabei sind in Klammern gesetzte Richtwertbereiche nur in Sonderfällen erreichbar, also einerseits einfache (niedrige Werte) und andererseits aufwendige (hohe Werte) Maschinenausführungen.

Übungsbeispiele (Übungsaufgaben):
Die Aufgabenstellungen zu den Übungsbeispielen sowie die vollständigen Lösungen der 70 Übungsbeispiele sind als digitales Zusatzmaterial auf plus.hanser-fachbuch.de abrufbar. Diese Lösungen beruhen immer nur auf dem Kenntnisstand, der bis zu der betreffenden Aufgabe vom Buch vermittelt worden ist. Fehlt bei den Texten der Beispiele die Angabe des Mediums, so ist bei Kreiselpumpen *Wasser* und bei Kreiselverdichtern *Luft* zugrunde zu legen. Bei nicht angegebenen Umgebungs- und Anfangswerten in den Aufgaben sind für den Umgebungs-, d. h. Barometerdruck, 1 bar und für die Umgebungs- bzw. Mediumtemperatur 20 °C zu setzen.

Berechnungen sollten nur so genau ausgeführt werden, wie es den Ausgangs-/Tabellen-/Diagrammwerten sowie dem Bekanntsein aller Einflussgrößen entspricht. Die Genauigkeit der Ergebnisse sollte somit der Genauigkeit der Vorgaben angepasst werden, wobei durch Überschlags- und Vergleichsrechnungen die Richtigkeit der Berechnungsergebnisse geprüft werden sollte.

Übersicht (Schema):

Energie-Wandler (-Transformatoren)	StM → dynamisches Prinzip	AM (benötigen mechanische Energie)
	KoM → statisches Prinzip	KM (liefern mechanische Energie)

Hochvakuum:
Die Wissenschaft benötigt weitgehend vollkommenes Vakuum für Experimente. Der Wirkungsgrad dieser dazu notwendigen Superturboverdichter steht dabei nicht im Vordergrund, sondern die Möglichkeit des Verwirklichens solcher extremer Hochvakuuma. Spezielle vielstufige Überschall-Turboverdichter erreichen bei mehrfacher Schallgeschwindigkeit mit Drehzahlen der Rotoren bis 100 000 Umdrehungen je Minute, bei bestmöglicher Kühlung, in ca. 5 Betriebsstunden in Hochvakuumkammern einen Druck von absolut etwa 0,000 001 bar (10^{-6}). Das entspricht dem Druck im Weltraum in 200 km Höhe über der Erde. Solche mehrstufigen, überschallschnell drehenden, in Magnetlagern geführten, hintereinander angeordneten Rotoren aus höchstwertigem Werkstoff, können sogar absolute Vakuumdrücke von 0,001 Milliardstel Bar ($10^{-4} \cdot 10^{-6} = 10^{-13}$) erreichen. Bei diesen Drücken befinden sich nur noch weniger als ca. 1000 Luftteilchen in einem Kubikzentimeter Volumen. Beim Umgebungsdruck (1 bar; 20 °C), dem mittleren Normalzustand, sind dies am Erdboden ca. 30 Trillionen ($30 \cdot 10^{18}$) Luftteilchen je Kubikzentimeter Volumen (cm^3), also etwa das 30-Billiardfache ($30 \cdot 10^{15}$-fache).

Grundsätzliches:
Die Wirkung und damit Berechnung von Strömungsmaschinen erfolgt gemäß den Erkenntnissen der Fluidmechanik. Diese fußt auf den Gleichgewichtsbedingungen der NEWTONschen Axiome (Grundsätze) – Trägheit, Wechselwirkung, Aktion – und den Erhaltungsbedingungen von Masse sowie Energie. Hinzu kommt die Thermodynamik bei thermischen Turbomaschinen (KV, DT, GT). Auch Werkstoff- und Festigkeitstechnik sind zu beachten. Grundlagen für die Konstruktion (Symbiose von Berechnung und Gestaltung) sind somit Geometrie sowie Physik und dazu Mathematik.

Alles, was nicht berechnet werden kann, was oft letztlich unmöglich oder zu kompliziert ist, wird gemessen. Das führt dann zu Mess-, Erfahrungs- und Richtwerten. Diese Näherungswerte fließen in die Berechnung ein. Kontrollversuche an der ausgeführten Maschine sind zur Sicherheit oft unerlässlich.

Erfahrungstatsachen sind letztlich nicht erklärbar, sondern nur erkennbar an deren Wirkung. Das sind statistische Globalaussagen gemäß der Atom- und Quantentheorie.

Maschinen- und Apparatetechnik:
Um technische und wirtschaftliche sowie umweltschonende Produkte vorteilhaft zu verwirklichen, sind geometrische und physikalische Bedingungen zu erfüllen, die zudem meist gekoppelt sind. Werkstoffe, Fertigung, Montage und Steuerung sind dabei zu beachten, also die gesamten Technischen Wissenschaften.

Physikalische Größen

- kennzeichnen die physikalischen Eigenschaften von Stoffen
- der Wert jeder physikalischen Größe, der Größenwert G, ist das Produkt aus Zahlenwert Z und Einheit E (Dimension), also $G = \{Z\} \cdot [E]$

Hinweise zum digitalen Zusatzmaterial

Das digitale Zusatzmaterial zum Buch „Strömungsmaschinen" kann über die Webseite plus.hanser-fachbuch.de abgerufen werden. Der entsprechende Zugangscode ist auf S. 1 abgedruckt.

Das folgende Material wurde im HTML-Format erstellt und kann mit gängigen Internet-Browsern angezeigt werden:

- Tafeln (Berechnungshilfen, Diagramme, Zahlenwerte, ...)
- Übungsbeispiele zu den Kapiteln 2 bis 11 mit Lösungen,
- Abbildungen und Animationen zu Verdichtern, Kompressoren, Gasturbinen, Dampfturbinen und Wasserturbinen,
- PowerPoint-Präsentation zu Kreiselpumpen sowie ein Berechnungsprogramm.

Weiterhin abrufbar sind ergänzende Kapitel zu den Themen:

- 1 Einfluss der Fluidlinien-Krümmung zu Abschnitt 2.5.2,
- 2 Flügel-Profile zu Abschnitt 2.5.3,
- 3 Numerische Strömungsmechanik zu Abschnitt 3.1,
- 4 Herleitung der Beziehungen (5-14) bis (5-21) zu Abschnitt 5.2.3 und 5.3.3,
- 5 Lösung des Integrals von Gl. (7-76) zu Abschnitt 7.2.1.5,
- 6 Spezifische verlustlose Druckenergie bei kompressiblen Fluiden zu Abschnitt 8.2,
- 7 Wärmetönung bei der technischen Arbeit von Gasen und Dämpfen zu Abschnitt 8.5.9,
- 8 Anlagenwirkungsgrade zu Abschnitt 8.5.9,
- 9 Energieaufteilung zu Abschnitt 8.5.9,
- 10 Förderungsabreißen zu Abschnitt 9.2.1.8 und 9.2.2.4,
- 11 Kondensationsbetrieb zu Abschnitt 9.3.3,
- 12 Geräuscherzeugung von Strömungseinrichtungen zu Abschnitt 10.3.2.3,
- 13 Druckaufbau in Strömungspumpen zu Abschnitt 10.3.4,
- 14 Thermodynamik der Gasturbinen zu Abschnitt 11.4,
- 15 Bauformen von Windkonvertern zu Abschnitt 11.5,
- 16 Berechnung von Turbomaschinen (Schema),
- 17 Hydrodynamische Leistungsübertragung.

Zum Anzeigen/Drucken dieser PDF-Dateien benötigen Sie den Adobe Reader.

Zur Anzeige der Animationen ist das Programm **QuickTime Player**, **VLC Media Player**, **RealPlayer** oder **Windows Media Player** bzw. **Adobe Shockwave Player** erforderlich.

Falls auf ihrem Computer noch kein für die Darstellung benötigtes Programm (s. o.) installiert ist, gibt es im Verzeichnis **Download** Hyperlinks zu den Herstellern der Programme mit kostenfreien aktuellen Versionen.

Inhaltsverzeichnis

Teil I Grundlagen

1 Allgemeines

1.1 Begriffe, Einheiten, Abkürzungen

Jeder Zweig der Wissenschaft und Technik prägt seine eigene Sprache. So auch die Strömungsmaschinen. Die wichtigsten Begriffe, Einheiten und Formelzeichen sind genormt. Die Normen, die das Gebiet der Strömungsmaschinen betreffen und berühren, sind in Tafel 4 (digitales Zusatzmaterial) gelistet.

1.1.1 Begriffe

Häufig verwendete Begriffe und deren Definition sind:

Absolutgeschwindigkeit ... Strömungsgeschwindigkeit im Absolutströmungsfeld, also in Bezug auf den ruhenden Beobachter.

Absolutströmung ... Auf das ruhende Koordinatensystem bezogenes, also vom ruhenden Beobachter gesehenes Strömungsfeld.

Anströmgeschwindigkeit (ungestörte) ... Zuströmgeschwindigkeit in so weitem (theoretisch unendlichem) Abstand vor dem Schaufelgitter, dass sie von diesem noch nicht beeinflusst wird.

Außenkranz ... Axialsymmetrische Schale (Kreisring), an der die Schaufeln außen enden.

Austrittskante ... Schaufelkante, an der die Strömung die Schaufel (den Schaufelkanal) verlässt.

Axialschnitt ... Spur (Zirkularprojektion) der Schaufeloberfläche in einer Axialebene.

Breite ... Lichte Weite zwischen Außen- und Innenkranz des Rades.

Brettschnitt (Schreinerschnitt, Achsnormalschnitt) ... Spur der Schaufeloberfläche in einer Ebene senkrecht zur Maschinenachse.

Deckscheibe ... seitliche Abdeckscheibe der Laufschaufeln und somit des Laufrades.

Druckseite (-kante) ... Schaufelseite (-kante), an welcher der höhere statische Druck herrscht.

Durchflussströmung ... Relativ-Strömung durch das Laufrad, die den Durchsatz (Volumenstrom) bewirkt.

Eintrittsseite (-kante) ... Schaufelseite (-kante), an der das Fluid einströmt.

Fluid ... Sammelbegriff für inkompressible Medien (Flüssigkeiten) sowie kompressible Medien (Gase, Dämpfe), auf welche die Gesetze der Fluidmechanik und Thermodynamik anwendbar sind. Diese volumenbeständigen (tropfbaren) und nichtvolumenbeständigen (nichttropfbaren) Fluide werden auch als NEWTON'sche Fluide bezeichnet, da sie dem NEWTON'schen Fluidreibungsgesetz folgen.

Flussfläche ... Zusammenfassung jeweils aller Flusslinien, die in einer zur Schaufelfläche parallelen Fläche liegen. Die Schaufelfläche ist daher ebenfalls eine Flussfläche.

Flusslinie ... Relativstrombahn jedes Fluidteilchens durch das Rad, d. h. die Fluidteilchenbahn, welche ein sich mit dem Rad mitbewegend angenommener Beobachter sieht. Daher auch Spur der Schaufelfläche.

Flutfläche ... Zirkularprojektion der Flussfläche und deshalb auch der Schaufelfläche.

Flutlinie ... Zirkularprojektion der Flusslinie und damit der Spur der Schaufelfläche.

Gerades (ebenes) Gitter ... Theoretisch unendlich viele, in einer Reihe angeordnete, kongruente Profile, die in Richtung der Gitterachse parallel zueinander verschoben sind und in konstantem Abstand (Teilung) zueinander stehen.

Geschwindigkeitsdreieck (-plan) ... Geometrische Darstellung der vektoriellen Zusammenfassung der Geschwindigkeiten in einem Laufrad, insbesondere an den Schaufelkanten (Saugkante und Druckkante).

Gitterachse ... Gerade Verbindungslinie durch die Mittelpunkte der Profilsehnen eines geraden Gitters.

homolog ... gleichliegend, gleichlaufend, übereinstimmend, entsprechend.

Inducer ... Vorsatzlaufrad zur Verbesserung des Saugverhaltens von Pumpen.

Innenkranz ... Axial-, d. h. rotationssymmetrische Schale, an der die Schaufeln eines Schaufelrades innen enden.

Kanalwirbel (Relativwirbel) ... Sekundäre Zirkulationsströmung in den Schaufelkanälen, ausgelöst durch unterschiedliche Drücke in den Schaufelzwischenräumen, d. h. zwischen Schaufelvorder- und -rückseiten.

koaxial ... auf gleicher Achse.

kohärent ... zusammenhängend.

Kreisbogenprojektion ... Zirkularprojektion.

Kreisgitter ... Reihe von *theoretisch unendlich vielen*, unendlich dünnen und *praktisch von endlich vielen* kongruenten Profilen, die durch Drehung um die Maschinenachse (Teilung) auseinander entstanden gedacht werden können.

Laufrad ... Das auf der Welle befestigte und sich mit der Umfangsgeschwindigkeit drehende Schaufelrad.

Leitrad (Leitvorrichtung) ... die fast immer ruhende und deshalb im Maschinen-Gehäuse befestigte, beschaufelte oder schaufellose Vorrichtung zur Fluidstromführung und -druckumsetzung.

Lichte Weite eines Schaufelkanals ... Abstand zwischen Vorder- und Rückseite zweier benachbarter Schaufeln.

Meridianschnitt (Hauptschnitt) ... Radschnitt durch die Achse in Achsrichtung und deshalb in der Aufrissebene dargestellt.

Palisade ... Hindernisse dicht hintereinander.

Rad-Aufriss ... Radansicht senkrecht zur Achse (Quersicht).

Rad-Grundriss ... Radansicht in Achsrichtung (Axialsicht), wenn unterhalb des Aufrisses dargestellt. Meist bei Maschine mit senkrechter Welle verwendet.

Rad-Seitenriss ... Radansicht in Achsrichtung (Axialsicht), wenn seitlich vom Aufriss dargestellt. Hauptsächlich bei waagrechter Wellenlage verwendet.

Relativströmung ... Strömungsfeld in den Schaufelkanälen, bezogen auf das sich drehende Laufrad, also das Strömungsbild, welches von einem gedachten Beobachter gesehen wird, der sich mit dem Laufrad dreht.

Relativwirbel ... Kanalwirbel.

Schaufel-Rückseite ... Schaufelseite, auf welcher der niedrigere Druck herrscht.

Schaufel-Vorderseite ... Schaufelseite, auf welcher der höhere Druck herrscht.

Saugkante ... Laufschaufelkante im Gebiet geringeren Druckes, d. h. der Saugseite.

Saugseite ... Schaufelaußenbereich im Gebiet mit dem niedrigeren statischen Druck.

Schallgeschwindigkeit, charakteristische ... Durch Elastizität von Fluid und Materialwänden (Rohrwände usw.) innerhalb einer Rohrleitung bedingte Geschwindigkeit der Fortpflanzung von zeitlichen Druckänderungen.

Spezifische Energie ... Energie je Masseneinheit, d. h. die in der Strömungsmaschine umgesetzte Energie, bezogen auf die Masse des Fluids.

Spezifische Größen ... Größen, welche auf die Massen- bzw. Massenstromeinheit bezogen sind, also Quotient von Größe und Masse bzw. Massenstrom.

Spezifische Leistung ... Leistung je Massenstromeinheit, d. h. der Quotient aus der in der Maschine umgesetzten Leistung und dem durchfließenden Fluid-Massenstrom.

Spezifischer Drallstrom ... Drallstrom bezogen auf die Masseneinheit, d. h. Quotient von Drallstrom und Masse.

Stufe ... Kombination von einem Laufrad mit einem Leitrad (Leitvorrichtung).

Teilung ... Abstand zweier benachbarter Profilschnitte (Schaufelschnitte) auf gleichem Radius; bei geraden Gittern somit der konstante Abstand entsprechender, aufeinander folgender Profile.

Teilungsverhältnis ... Quotient aus Gitterteilung und Profillänge (-tiefe).

Umlenkdreieck ... Geschwindigkeitsdreieck.

Verdrängungsströmung ... Drehströmung des Kanalwirbels, verursacht durch den Druckunterschied in jedem Laufradkanal. Liefert keinen Beitrag zur Durchsatzströmung.

Wirbel ... Örtliche Drehströmung (Fluidrotation).

Zirkularprojektion (Kreisbogenprojektion) ... zeichnerisches Darstellungsverfahren, bei dem alle Punkte im Rad-Seitenriss um die Achse in die Aufrissebene (senkrechte Ebene) gedreht und dann orthogonal projiziert werden, ergibt den Meridianschnitt oder Aufriss des Rades.

Weitere Begriffe werden an jeweils günstiger Stelle eingeführt und definiert bzw. erklärt.

1.1.2 Einheiten

Alle im Strömungsmaschinenbau verwendeten dimensionsbehafteten Größen (Länge, Zeit, Masse,

Kraft, Impuls, Drall, Energie, Leistung u. dgl.) lassen sich nach dem *Internationalen Einheitensystem* (SI ... Système International d'Unités) ausdrücken – sog. mks-System – durch

die SI-Basiseinheiten	für die Grundgrößen
Meter m	Länge L
Kilogramm kg [1)]	Masse m
Sekunde s	Zeit t
Kelvin K	Temperatur T

[1)] bzw. Gramm g

Alle anderen SI-Einheiten sind von den *Basiseinheiten* abgeleitet (DIN 1301 und DIN 58 122).

Außer Geschwindigkeit, Beschleunigung und Leistung werden alle *auf die Zeit bezogenen*, d. h. nach der Zeit differenzierten Größen mit dem *Wortzusatz* „Strom“ versehen und durch einen hoch gestellten Punkt gekennzeichnet. Zum Beispiel:

V Volumen L Drall
$\dot{V}$ Volumenstrom $\dot{L}$ Drallstrom

Wichtige Größen mit von den Basiseinheiten abgeleiteten SI-Einheiten sind im Strömungsmaschinenbau:

Größe	SI-Einheit	
Kraft	Newton	$\mathrm{N = kg \cdot m/s^2}$
Druck	Pascal	$\mathrm{Pa = N/m^2}$
	Bar	$\mathrm{bar = 10\,N/cm^2}$
Energie, Arbeit, Wärme	Joule	$\mathrm{J = N \cdot m = kg \cdot m^2/s^2}$
Leistung	Watt	$\mathrm{W = J/s = N \cdot m/s}$
Spez. Drallstrom		$\mathrm{m \cdot m/s = m^2/s}$
Spez. Energie		$\mathrm{N \cdot m/kg = m^2/s^2}$
Spez. Leistung		$\mathrm{\frac{W}{kg/s} = \frac{N \cdot m}{kg} = \frac{m^2}{s^2}}$

1.1.3 Formelzeichen, Symbole und Abkürzungen

Zusammenstellung der wichtigsten verwendeten Formelzeichen und Symbole nach DIN 1304 Teil 1 und Teil 5:

Geometrische Größen und Mengen

Symbol	Größe
x, y, z	Rechtwinklige Koordinaten
r, φ	Polarkoordinaten
r, φ, z	Zylinder-Koordinaten
s, x	Weg bzw. Koordinate längs Strömungsrichtung, Schaufeldicke, Wanddicke
z	Ortshöhe
a	Schaufelkanalweite
A	Fläche, Querschnitt
B, b	Breite, lichte Weite, Schaufellänge
D, d	Durchmesser
H	Höhe, geodätischer Höhenunterschied, Fallhöhe, Förderhöhe
I_p	Polares Flächenträgheitsmoment
L, l	Länge, Profillänge
m	Menge, Masse
R, r, ϱ	Radius, Halbmesser
s	Schaufeldicke
S	Statisches Moment (1. Ordnung) der mittleren Flutlinie
U	Umfang

Symbol	Größe
V	Volumen
W_p	Polares Widerstandsmoment
α	Leitschaufelwinkel, Absolutströmungsrichtung, d. h. Winkel der Absolutgeschwindigkeit c gegenüber der positiven Umfangsrichtung (Umfangsgeschwindigkeit u), also Winkel zwischen $\vec{c}$ und $\vec{u}$.
β	Laufschaufelwinkel, Relativströmungsrichtung, d. h. Winkel der Relativgeschwindigkeit w gegenüber der negativen Umfangsrichtung (u-Richtung), also Winkel zwischen $\vec{w}$ und $-\vec{u}$.
δ	Anstellung, d. h. Anstellwinkel
σ	Schaufelerstreckung am Umfang bzw. längs des Parallelkreises
ν_N	Nabenverhältnis ν_N; $D_{(i)}/D_{(a)}$; D_N/D_{SM}
i	Stufenzahl
j	Flutzahl
p	Polpaarzahl von elektrischen Maschinen
z	Schaufelzahl

Thermische und JOULE'sche Größen

Symbol	Größe
t, T	Temperatur
h, H	Enthalpie
$\Delta h_v, \Delta H_v$	Verlustenthalpie
q, Q	Wärme
s, S	Entropie

Symbol	Größe
u, U	Innere Energie
w_G, W_G	Gasarbeit
w_t, W_t	technische Arbeit des Gases
x	Dampfgehalt

Bemerkung: Kleinbuchstaben kennzeichnen spezifische Werte, d. h. auf die Masseneinheit bezogene Größen.

Kinematische Größen

Symbol	Größe
a	Schallgeschwindigkeit, Beschleunigung
c	Strömungsgeschwindigkeit, Absolutgeschwindigkeit des strömenden Fluids, d. h. Strömungsgeschwindigkeit gegenüber der ruhenden Umgebung
c_m	Meridiankomponente (Durchsatzkomponente) der Absolutgeschwindigkeit, also der Absolutströmung
c_u	Umfangskomponente der Absolutgeschwindigkeit
c_L	LAVAL-Geschwindigkeit
f	Frequenz
n	Drehzahl
u	Umfangsgeschwindigkeit (Führungsgeschwindigkeit)
w	Relativgeschwindigkeit, d. h. die Strömungsgeschwindigkeit des Fluids in Bezug auf das sich drehende Rad (Laufrad), also Fluidgeschwindigkeit, die von einem mit dem Rad umlaufenden Beobachter gesehen würde

Symbol	Größe
w_m	Meridiankomponente der Relativgeschwindigkeit, also die Geschwindigkeitskomponente des Relativströmungsfeldes in der Meridianebene
w_u	Umfangskomponente der Relativgeschwindigkeit, d. h. Geschwindigkeitskomponente der Relativströmung in Umfangsrichtung, also tangential
Γ	Zirkulation
$\dot{V}$	Volumenstrom, Volumen-Durchsatz, -Durchfluss, Förderstrom
$\dot{m}$	Mengenstrom, Massenstrom, Mengen-, Massen-Durchsatz, Mengen-, Massen-Durchfluss
δ	Grenzschichtdicke
t	Zeit
ω	Winkelgeschwindigkeit

Bemerkungen: Vektoren werden mit Vektorpfeil auf dem Symbolbuchstaben gekennzeichnet, z. B. $\vec{c}$, $\vec{u}$, $\vec{w}$ usw. Das Symbol ohne Vektorpfeil bedeutet grundsätzlich den Betrag der Größe, also $c = |\vec{c}|$, $u = |\vec{u}|$, $w = |\vec{w}|$ usw. Dies gilt auch für die Vektoren bei kinetischen Größen wie Impuls, Drall usw. Mittelwerte werden durch einen Querstrich auf dem Symbol gekennzeichnet, z. B. $\bar{c}$, $\bar{w}$, $\bar{r}$ usw.

Kinetische Größen

Symbol	Größe
E	Elastizitätsmodul
F	Kraft (allgemein)
F_A	Dynamische Auftriebskraft (kurz Auftrieb), Querkraft
F_a	Axialkraft, Achskraft
F_G	Gewichtskraft
F_n	Normalkraft
F_t	Tangentialkraft
F_u	Umfangskraft
F_W	Widerstandskraft (kurz Widerstand)
K	Festigkeitskennwert
M	Moment (allgemein)
M_b	Biegemoment
T	Drehmoment, Torsionsmoment

Symbol	Größe
$NPSH$	$NPSH$-Wert (**N**et **P**ositive **S**uction **H**ead)
I	Impuls
$\dot{I}$	Impulsstrom
L	Drall, Impulsmoment
$\dot{L}$	Drallstrom, Impulsmomentstrom
E	Energie
$\dot{E}$	Energiestrom $\equiv$ Leistung
P	Leistung
W	Arbeit ($W = m \cdot w$)
w	spezifische Arbeit ($w \equiv Y$)
Y	Spezifische Energie, (Arbeit), Spezifische Leistung (allgemein) Spezifische Stutzenarbeit

Symbol	Größe
ΔY	Spezifische Stufenarbeit
ΔY_{Sch}	Spezifische Schaufelarbeit bei endlicher Schaufelzahl
$\Delta Y_{\mathrm{Sch}\,\infty}$	Spezifische Schaufelarbeit bei unendlicher Schaufelzahl
ΔY_{Sp}	Spezifische Spaltdruckarbeit
ΔY_p	Spezifische Druckarbeit, die in einer verlustfreien (theoretischen) Maschine für eine bestimmte Druckerhöhung aufgewendet werden muss bzw. bei einer bestimmten Druckabsenkung frei wird. Sie ist deshalb identisch der isentropen Arbeit, der isentropen Enthalpiedifferenz, also $\Delta Y_{\mathrm{p}} \equiv \Delta h_{\mathrm{s}}$
Y_{H}	Spezifische Halteenergie
Z	Spezifische Verlustenergie (allgemein), kurz spezifische Verluste
p	Druck (allgemein), Flächenpressung
p_{b}	Barometerdruck (Atmosphärendruck)
p_{D}	Druckseiten(-stutzen)-Druck
p_{Da}	Dampfdruck, Siededruck
p_{E}	Polpaarzahl von Elektromaschinen
p_{S}	Saugdruck, Saugseiten(-stutzen)-Druck
p_{Stat}	Statischer Druck
p_{dyn}, q	Dynamischer Druck, Staudruck
p_{ges}	Gesamtdruck
$p_{\mathrm{ü}}$	Überdruck
p_{u}	Unterdruck

Symbol	Größe
H	Druckhöhe, Höhe
H_{H}	Haltedruckhöhe
σ	Normalspannung (allgemein)
σ_{b}	Biegespannung
σ_{z}	Zugspannung
τ	Schubspannung, Scherspannung
τ_{t}	Torsionsspannung
η	Wirkungsgrad (allgemein)
η_{A}	Anlagenwirkungsgrad
η_{C}	CARNOT-Wirkungsgrad
η_{e}	Effektiver Wirkungsgrad
η_{G}	Generatorwirkungsgrad
η_{g}	Gütegrad
η_{ges}	Gesamtwirkungsgrad
η_{h}	Hydraulischer Wirkungsgrad
η_{i}	Innerer Wirkungsgrad
η_{m}	Mechanischer Wirkungsgrad
η_{M}	Motorwirkungsgrad
η_{P}, $\eta_{\mathrm{e,P}}$	Pumpenwirkungsgrad
η_{RL}	Rohrleitungswirkungsgrad
η_{Sch}	Schaufelwirkungsgrad
$\eta_{\mathrm{Sch,La}}$	Laufschaufelwirkungsgrad
$\eta_{\mathrm{Sch,Le}}$	Leitschaufelwirkungsgrad
η_{T}, $\eta_{\mathrm{e,T}}$	Turbinenwirkungsgrad
η_{therm}	thermischer Wirkungsgrad
λ_{L}	Liefergrad

Bemerkung: Bei den Größen Y, ΔY und Z handelt es sich immer um spezifische Energien bzw. spezifische Leistungen (die gleichwertig sind), auch wenn dies nicht besonders erwähnt wird.

Verhältnisgrößen (Beiwerte und Kenngrößen)

Symbol	Größe
k	Beiwert
k_{N}	Nabenverengungsfaktor
k_{M}	Arbeitsminderungszahl
K_{Sch}	Schaufelfaktor
n_y, n_{q}	Schnellläufigkeit, spezifische Drehzahl (Radformkennzahl)
p	Arbeitsminderungszahl
r	Reaktionsgrad
s	Schlupf
S	Schallkennzahl (Schallzahl)
S_{y}	Saugkennzahl
δ	Durchmesserziffer
δ_{r}	Relative Drallzahl
ε	Gleitzahl, Beaufschlagungsgrad
ε	Einlaufziffer, Durchflusszahl
ε^2	Auslasswert
ζ	Widerstandsbeiwert (für Innenströmungen)
ζ_{A}	(dynamischer) Auftriebsbeiwert
ζ_{M}	Momentenbeiwert

Symbol	Größe
ζ_{W}	Widerstandsbeiwert (für Außenströmungen)
λ	Leistungszahl
λ	Verlustbeiwert, Rohrreibungsbeiwert
ν	Durchmesser-, Drehzahlverhältnis
Π	Druckverhältnis
σ	Schnelllaufzahl (nach KELLER)
τ	Drosselzahl
τ	Schaufelverengungsfaktor
φ	Lieferziffer
φ_{La}	Laufschaufelbeiwert (Geschwindigkeitsbeiwert)
φ_{Le}	Leitschaufelbeiwert (Geschwindigkeitsbeiwert)
ψ	Druckziffer
ψ'	Schaufelwinkelbeiwert
Lz	Laufzahl
Ma	MACH-Zahl
Re	REYNOLDS-Zahl
Th	THOMA-Zahl
X	PARSONS-Zahl

Bemerkung: Für den Wortzusatz „Beiwert" sind auch die Bezeichnungen Zahl oder Koeffizient üblich, z. B. Laufschaufelbeiwert, Laufschaufelzahl oder Laufschaufelkoeffizient.

Stoffwerte

Symbol	Größe
c_p	Spezifische Wärme bei konstantem Druck
c_v	Spezifische Wärme bei konstantem Volumen
M	Molmasse
R	Gaskonstante
Z	Realgasfaktor

Symbol	Größe
f	Freiheitsgrade
$\varkappa$	Isentropenexponent
ϱ	Dichte
η	Dynamische Viskosität
ν	Kinematische Viskosität

Indizes, Abkürzungen

Index	Bedeutung
0	Stelle kurz außerhalb der Saugseite (-kante) des Laufrades, an der die Strömung als ungestört betrachtet wird
1	Stelle kurz innerhalb der Laufrad-Saugseite (-kante)
2	Stelle kurz innerhalb der Laufrad-Druckseite (-kante)
3	Stelle kurz außerhalb der Druckseite (-kante) des Laufrades, also im Spalt zwischen Lauf- und Leitrad, wo die Strömung als unbeeinflusst (von Schaufeln) betrachtet wird
4	Stelle kurz außerhalb des Leitradendes mit dem niedrigen Druckniveau
5	Stelle kurz innerhalb des Leitradendes mit dem niedrigeren Druck
6	Stelle kurz innerhalb des Leitradendes, an welcher der höhere Druck herrscht
7	Stelle kurz außerhalb des Leitradendes, an welcher der höhere Druck herrscht, wobei ungestörte Strömung angenommen
I, II, III usw.	Stufennummerierung, I., II., III. Stufe usw., z. B. $c_{2u,II}$ Umfangskomponente der Absolutgeschwindigkeit kurz innerhalb der Druckkante der II. Stufe Bemerkung: Bei einstufigen Maschinen entfällt die Stufenbezeichnung
∞	Unendliche Schaufelzahl, d. h. unendlich viele, unendlich dünne Schaufeln und deshalb schaufelkongruente Strömung
∞	Ungestörte Strömung, d. h. in sehr großem, theoretisch unendlich großem Abstand von Körper oder Profil
~	Kopf-Zeiger, Tilde
A	Arbeit, dynamischer Auftrieb, Anlage
As	Austritt
At	Austausch
C	CARNOT
D	Druckstutzen
Da	Dampf
DL	Druckleitung
DS	Druckseite, Druckbereich
Dü	Düse

Index	Bedeutung
E	Entspannung
F	Fließgrenze, Fluid, Flüssigkeit
Fl	Flüssigkeit
G	Gas, Generator
K	Kanal, Kompressor (Verdichtet)
Ke	Kessel (Dampferzeuger)
L	LAVAL, Leitung
La	Laufrad
Le	Leitrad
Lu	Luft
M	Maschine, Minder, Mittel, Mitten
N	Nabe, Nutz
P	Pumpe, Propeller
R	Rohrwand, Rohrmaterial, Reibung
RL	Rohrleitung
S	Saugstutzen
SL	Saugleitung
SS	Saugseite, Saugbereich
Sch	Schaufel, Schauflungs-
SM	Saugmund
Sp	Spalt
Spir	Spirale
St	Stoß, Stafflungs-, Stufe
Str	Strahl
T	Turbine, isotherm (T = konst)
V	Verlust, Ventilation, Verdichtet, Vergleich
W	Widerstand
Wa	Wasser
Wd	Wand
We	Welle
WP	Wendepunkt
Za	Zapfen, Lagerzapfen
a	Austritt, außen, aus, ab, Anfang
ax	axial
b	Barometer
c	kompressibel, charakteristisch
dyn	dynamisch
e	Eintritt, effektiv, ein, Ende
ges	gesamt

Index	Bedeutung
i	indiziert, innerer, innen
ic	inkompressibel
id	ideal
kin	kinetisch
kr	kritisch
m	Meridian, Meridian-, Axialrichtung, Meridian-, Axialebene, mechanisch
n	normal, Normalrichtung
p	bei konstantem Druck
pol	polytrop
pot	potenziell
r	Reibung, radial
rel	relativ
s	isentrop (s = konst)

Index	Bedeutung
stat	statisch
t	tangential, Tangentialrichtung, Tangentialebene; Teilung, auf Teilung bezogen.
th	theoretisch
therm	thermisch
tot	total
u	Umfangs-, Tangentialrichtung, -ebene
v	bei konstantem Volumen
vorh	vorhanden
verf	verfügbar
x	beliebige Stelle, variable Stelle
Z, z	Schaufeln, Zug, Zunge, bei der Zunge, zu
zul	zulässig

Hinweise

- Generell gilt für das Anordnen von Indizes: Alle Indizes stehen in gleicher Höhe und sind durch Komma – bei Mehrfachindizes – getrennt.
- Der Indexzusatz m für Meridianrichtung und u für Umfangsrichtung werden entgegen der Generalregelung nicht durch Komma getrennt.

  Beispiele: c_{2u}, c_{2m}, w_{2m}, w_{2u}, w_{1m}, w_{1u}, c_{0u}, c_{0m}.
- Zweitindizes (a), (m), (i) kennzeichnen die Fluss- und Flutlinien, z. B. $u_{2,(a)}$, $\beta_{2,(m)}$, $c_{2m,(i)}$, $c_{1m,(m)}$, $w_{2m,(m)}$, $c_{0u,(i)}$, $D_{1,(m)}$ usw.

  Dabei bedeuten:
  (a) äußere Fluss- und Flutlinie
  (m) mittlere Fluss- und Flutlinie
  (i) innere Fluss- und Flutlinie
- Im Allgemeinen wird der Zweitindex (m) weggelassen, da folgende Vereinbarung gilt: Alle nicht besonders gekennzeichneten Größen betreffen die mittlere Fluss- bzw. Flutlinie, z. B. $c_{2m} \equiv c_{2m,(m)}$, $w_{1u} \equiv w_{1u,(m)}$, $\beta_2 \equiv \beta_{2,(m)}$ usw.

  Dagegen sind alle Werte, welche sich auf die innere oder äußere Fluss- und Flutlinie beziehen, stets, wie zuvor aufgeführt, zu kennzeichnen, also $u_{2,(a)}$, $w_{2m,(a)}$, $c_{1u,(i)}$ usw.
- Wichtige Unterscheidungen:
  Index m bedeutet Meridianschnitt
  Index (m) bezieht sich auf mittlere Flutlinie
  Index M bedeutet Mitte, z. B. Kanalmitte.
- Bei Axialrädern, jedoch auch bei Radialrädern, beziehen sich Größen ohne Fußzahl immer auf den äußeren Laufradumfang, d. h. den mittleren Außendurchmesser des Laufrades.

  Bei Radialrädern ist dies die Fußzahl 2, bzw. exakter 2,(m), die verschiedentlich weggelassen wird.

  Bei Axialrädern wird, falls eindeutig hervorgeht, um was es sich handelt, der Zweitindex (a) weggelassen. Dann ist somit bei Radialrädern z. B. $D \equiv D_2 \equiv D_{2,(m)}$, $u \equiv u_2 \equiv u_{2,(m)}$, bei Axialrädern $D \equiv D_{(a)}$, $u \equiv u_{(a)}$.

  Um jede Verwechslung auszuschließen, muss jedoch bei Axialrädern eindeutig hervorgehen, dass es sich bei den indexlosen Größen tatsächlich um solche am Laufrad-Außenumfang handelt. Meist erhalten nämlich auch bei Axialrädern die Größen D und u am mittleren Flügelradius (Flutlinie (m)) keine Indizes. Notwendig ist deshalb, bei Axialrädern eindeutig zu klären, auf welche Flutlinie sich die Größen beziehen.

1.2 Aufgabe und Bedeutung

Strömungsmaschinen sind Maschinen zur Energieumwandlung. Sie formen entweder kinetische Energie in potenzielle (Pumpen) oder potenzielle bzw. thermische in kinetische (Turbinen) um.

Bei der einen Hauptgruppe, den **Arbeitsmaschinen** oder **Pumpen**, wird die von der Antriebsmaschine über die Welle eingeleitete *Drehenergie* innerhalb der Maschine auf das durchströmende Fluid übertragen und von diesem als *Druckenergie* bei Gasen oder *Lagenenergie* bei Flüssigkeiten gespeichert. Das Fluid wird somit durch die Pumpe auf ein höheres Energieniveau gebracht, d. h. von einem Gebiet niedrigeren Druckes oder Ortshöhe in ein Gebiet höheren Druckes und/oder Ortshöhe; oft beides.

Bei der anderen Gruppe, den sog. **Kraftmaschinen** oder **Turbinen**, wird dem durch die Maschine kontinuierlich strömenden Fluid von der Natur bereitgestellte Energie teilweise entzogen und über die Welle nach außen als Drehenergie abgeführt, die dann meist ein Generator in Elektrizität umsetzt. Bei den Wasserturbinen kommt dabei die zugeführte Energie aus der Lagenenergie, einer Form der potenziellen Energie. Bei den Dampf- und Gasturbinen wird die Energie des Brennstoffes, also chemische oder Atomkern-Energie, nach der Freisetzung (Verbrennung bzw. Kernspaltung) sowie Übertragung der frei gewordenen Wärme auf ein Fluid über einen thermodynamischen Prozess teilweise in mechanische Energie umgewandelt. Danach wird sie auf den Maschinenläufer übertragen und wieder meist einem Elektrogenerator zugeführt, der nach einem weiteren Transformationsvorgang elektrische Energie abgibt.

Das Medium kann bei Turbinen entweder im „Kreis" zirkulieren, dem sog. **geschlossenen Prozess**, oder von der Umgebung an der einen Seite in die Maschine ein- und an der anderen Seite wieder ausströmen, d. h. in einem **offenen Prozess** arbeiten. Beim geschlossenen Prozess arbeitet daher immer das gleiche Medium, während es beim offenen ständig neues ist. Der geschlossene Prozess wird meist bei Dampfturbinen, der offene bei Gas- und Wasserturbinen angewendet.

Die Energieumwandlungen sind alle mit mehr oder weniger großen Verlusten verbunden, sodass am Ende der **Energiekette** selten mehr als 50 % der Ausgangsenergie, der sog. *Primärenergie*, noch technisch nutzbar zur Verfügung stehen. Der Hauptverlust entsteht beim thermodynamischen Kreisprozess, der durch den zweiten Hauptsatz der Thermodynamik physikalisch festgelegt ist. Energieumwandlungsverfahren, die keinen thermodynamischen Kreisprozess erfordern, bei denen die Primärenergie also schon in mechanischer Form vorliegt, wie dies bei Wasserkraftanlagen der Fall ist, erreichen deshalb Wirkungsgrade um etwa 90 %.

Die Energietechnik kann in ihrer volkswirtschaftlichen Bedeutung nicht überschätzt werden. Sie ist Voraussetzung für jedes wirtschaftliche Handeln und Produzieren der Industriegesellschaft. Ohne Energie ist in einer modernen Volkswirtschaft keine industrielle und landwirtschaftliche Produktion und somit auch kein Verkehrswesen möglich.

Die Grundlage der elektrischen Energieversorgung in Deutschland sind **Wärmekraftwerke** mit einem Anteil von noch ca. 60 % fallend an der öffentlichen Elektrizitätsbereitstellung. In solchen Wärmekraftwerken wird, wie erwähnt, die thermische Energie des in einem **fossil** (Kohle, Erdöl, Erdgas) oder **fissil** (Kernspaltung, später, falls technisch möglich, auch Kernfusion) beheizten „Kessel" erzeugten Wasserdampfes zu meist etwas mehr als einem Drittel (bis ca. 50 %) in elektrischen Strom umgesetzt.

Die sog. **Wasserkraft**, die von topographischen Gegebenheiten abhängt, hat in Deutschland an der öffentlichen Stromversorgung nur einen Anteil von unter 8 %, in der Schweiz etwa 60 %, Österreich $\approx$ 70 % und Norwegen fast 100 %. Das weltweit vorhandene hydraulische Potenzial ist bisher jedoch nur zu etwa 16 % genutzt, USA $\approx$ 20 %, Europa insgesamt $\approx$ 30 %, Österreich $\approx$ 40 %, Schweiz und Deutschland $\approx$ 70 %. Begründet ist die relativ geringe weltweite Nutzung zum einen in den enormen Investitionen, die für die Erstellung von Wasserkraftanlagen notwendig sind, und zum anderen durch die geographisch bedingten, meist vorhandenen verbraucherfernen Standorte der Anlagen sowie den meist erheblichen Eingriff in die Natur.

Die sonstigen sog. erneuerbaren oder Umwelt-Energien (Wind, Solar, Meereswellen, Gezeiten) werden als Substitution der konventionellen (fissil, fossil) immer wichtiger. In Deutschland trägt allein die Windenergie schon bald über ein Drittel zur Elektrizitätserzeugung bei mit steigender Tendenz.

Immer wieder wurde versucht, den maschinenaufwendigen und durch den CARNOT-Prozess wirkungsgradmäßig nach oben abgegrenzten Vorgang der Umwandlung von Wärmeenergie in mechanische und erst dann in elektrische Energie zu vermeiden. Für die direkte Umwandlung von thermischer in elektrische Energie, die den Turbinenprozess umgeht, bestehen zwei Möglichkeiten:

- Der **Thermoeffekt** wird in der Messtechnik bei den sog. Thermoelementen mit großem Erfolg praktiziert. Zwei Drähte aus günstig gewählten Metallen sind an den Enden durch Löten miteinander verbunden. Danach wird der eine Draht aufgetrennt. An der Trennstelle entsteht eine elektrische Spannung und damit Strom, sobald an den Drahtverbindungsstellen unterschiedliche Temperaturen herrschen. Die elektrische Spannung wird umso höher, desto größer die Anzahl solcher hintereinander geschalteter Thermoelemente und desto größer die Temperaturdifferenz an den Drahtverbindungsstellen ist.

- Der **Hydrodynamikeffekt**, der bisher großtechnisch noch nicht genutzt wird. Nach dem Induktionsgesetz entsteht in einem metallischen Leiter, der in einem Magnetfeld unter Kraftaufwand bewegt wird, elektrische Spannung. Nach diesem Prinzip sind Elektrogeneratoren gebaut.
  Der gleiche Effekt, die Induktion, nämlich die Entstehung elektrischer Spannung und Stromfluss, tritt auch ein, wenn statt eines metallischen Drahtes ein elektrisch leitendes Medium, das sog. **Plasma**, entgegen der wirkenden Kraft durch das Magnetfeld fließt. An den Wänden des Fluidströmungskanales kann dann elektrischer Strom abgeleitet werden. Nach diesem Prinzip arbeiten die sog. Magnetohydrogeneratoren.
  Das Zusammenwirken von strömendem Medium, elektrischem Strom und magnetischem Feld wird als **Magnetohydrodynamik** (MHD) und die zugehörige Technologie als **MHD-Technik** bezeichnet. Plasma ist ein so hoch erhitztes Fluid (meist über 1 500 °C), dass die Gasatome nicht mehr stabil bleiben können, sondern ionisieren, d. h. durch Abgabe von Elektronen zerfallen. Dadurch entstehen, wie in Metall, elektrisch positive Atomreste, die Ionen, und freibewegliche Elektronen. Plasmen haben deshalb ähnliche Elektrizitätsleitereigenschaften wie metallische Leiter. Bei 2 500 °C Arbeitstemperatur $\eta \approx 20 \ldots 40\,\%$.

Auf beiden Verfahren zur direkten Umsetzung von thermischer in elektrische Energie, dem Thermo- und dem Hydrodynamik-Konverter, lastet jedoch gemeinsam neben technologischen Schwierigkeiten der wesentlich schlechtere Wirkungsgrad (ca. 10 bis 20 %) gegenüber dem thermodynamischen Turbinenprozess. Außerdem sind, insbesondere beim MHD-Generator, bedeutend höhere Temperaturen notwendig. Deshalb erfolgte bisher zur Elektrizitätserzeugung noch keine großtechnische Anwendung dieser Technologien.

Eine weitere Möglichkeit der direkten Umwandlung von chemischer Oxidationsenergie in elektrische Energie ist die sog. kalte Verbrennung in **Brennstoffelementen(-zellen)** [88]:

Brennstoffzellen sind im Prinzip galvanische Elemente. Sie wandeln wie Batterien chemische Energie direkt in elektrische um. Dies geschieht durch sog. kalte, flammenlose Verbrennung (elektrochemische Oxidation) des Brennstoffes mit Sauerstoff. Der zwischen den zwei Elektroden in einem Elektrolyten – meist Schwefel- oder Phosphorsäure – ablaufende elektrochemische Prozess vollzieht sich durch Elektronenaustausch der Reaktionsmedien. Dazu wird unter geringem Druck an den Minuspol (Katode) des Brennstoffelementes Brenngas (meist Wasserstoff) und an dem Pluspol (Anode) Sauerstoff geblasen. Der Wasserstoff gibt dabei je Atom ein Elektron ab und wird dadurch zum positiv geladenen Wasserstoff-Ion, während sich die Katode negativ auflädt. An der Anode andererseits nimmt der Sauerstoff je Atom zwei Elektronen auf und dadurch in zweifach negativ geladene Sauerstoff-Ionen umgewandelt, während die Anode infolge der Elektronenabgabe positiv wird. Zwischen den beiden Elektroden der Brennstoffzelle entsteht somit eine elektrische Spannung. Zudem vereinigen sich im Elektrolyten (Katalysator) die Wasserstoff- und Sauerstoff-Ionen zu Wassermolekülen. Entsprechend der Arbeitstemperatur, bedingt durch die Art des Elektrolyten, wird zwischen Niedertemperatur- oder alkalischen Zellen (ca. 100 °C), Mitteltemperatur- oder phosphorsauren Zellen (ca. 200 °C) und Hochtemperaturzellen vom Karbonschmelztyp (ca. 650 °C) sowie Oxidkeramiktyp (ca. 1 000 °C) unterschieden. Brennstoffzellen können für Leistungen von Kilowatt bis mehrere hundert Megawatt je Einheit gebaut werden. Wirkungsgrade bis über 70 % scheinen erreichbar. Der maximale theoretische Wirkungsgrad liegt bei ca. 90 %, begründet dadurch, dass chemisch gebundene Energie weitgehend aus Exergie besteht und deshalb kein „CARNOT-Prozess“ notwendig ist. Die Werkstoff- und Betriebsprobleme sind jedoch erheblich. Die Stromgestehungskosten liegen daher noch deutlich über denen von thermischen Kraftwerken.

Die natürlichen Vorräte zur thermischen Energieerzeugung, die fossilen (Kohle, Erdöl, Erdgas) und fissilen (Atomkerne) Brennstoffe – in urgeschichtlichen Zeiträumen entstanden – sind gemäß dem Grundsatz der Physik nach R. MAYER (Benutzerhinweise), dem Energieerhaltungssatz, nicht vermehrbar. Deshalb besteht die Notwendigkeit, äußerst sorgsam mit den Energievorräten umzugehen. Das bedeutet, Energie, wo immer sinnvoll möglich, einzusparen. Dies kann durch Wirkungsgradverbesserungen aller „Energie erzeugenden“ sowie „verbrauchenden“ Maschinen, Apparaten, Geräte und Anlagen sowie die Anwendung von Verbundprozessen als auch Wärmedämm-Maßnahmen im Heizungsbereich und Widerstandsminderung im

Fahrzeugsektor (Autos, Züge, Schiffe, Flugzeuge) erfolgen.

Kombi- oder **Verbundprozesse** sind z. B. die sog. *Kraft-Wärme-Kopplung* und die Kombination von Gas- mit Dampfturbinenprozessen (bis $\eta \approx 60\,\%$), jedoch auch die sog. *Mehrstoffprozesse*. Beim Kraft-Wärme-Verbund wird die Wärmeenergie des Dampfturbinen-Abdampfes Niedertemperatur-Wärmeprozessen, z. B. der Gebäudeheizung, zugeführt und so weiter genützt. Dadurch sind *Energienutzungsgrade* (nicht Wirkungsgrade!) von insgesamt über ca. 80 % verwirklichbar. Die eingesetzte, den natürlichen Vorräten entnommene Primärenergie wird somit zu über 80 % genützt.

Beim kombinierten Gas-Dampfturbinenprozess (Abschnitt 11.4.6.1) wird das heiße, noch ausreichend sauerstoffhaltige Gasturbinenabgas (GT) dem Dampferzeuger zugeführt und dadurch weiter genützt, entweder direkt zur Dampferzeugung (GuD) oder als Verbrennungsluft. Dadurch reduziert sich dann die notwendige Aufheizung der sonst erforderlichen, aus der Umgebung zu entnehmenden Verbrennungsluft. Oder GT-Abhitzekessel und konventioneller Fossil-Kessel zur Dampferzeugung sind parallel geschaltet. Entsprechende Energieeinsparung ist die Folge.

Bei den Mehrstoffprozessen sind, dem Temperaturniveau angepasst bzw. abgestimmt, thermodynamische Energieumwandlungsprozesse zur Elektrizitätserzeugung hintereinander geschaltet. Dabei wird so lange fortlaufend, wie möglich, die Abwärme (durch den zweiten Hauptsatz der Thermodynamik bedingt) des vorhergehenden Prozesses im jeweils folgenden Prozess weiter zur Elektrizitätserzeugung genützt. Die Restwärme, welche der letzte Prozess abgibt, könnte dann, falls noch temperaturmäßig möglich und sinnvoll, wieder Heizzwecken zugeführt werden. Ein MHD-Generator oder eine entsprechende Brennstoffzelle könnte das erste Glied (Höchsttemperaturkreis) eines Mehrstoffprozesses sein. Mit einer solchen Kombinationsanlage wären Energieumwandlungs-Wirkungsgrade für das Umsetzen von Wärme in Elektrizität insgesamt bis etwa 80 % erreichbar, also fast doppelt so hoch wie bei heutigen thermischen Kraftwerken. Heute schon verwirklichte GuD-Anlagen erreichen 52 % bis 60 % Wirkungsgrad. Bei Abwärmenutzung würde dann der gesamte Energienutzungsgrad (nicht Wirkungsgrad!) ca. 90 % betragen.

Problematisch bei Mehrstoffprozessen sind der große Investitionsaufwand, die Komplexizität der Gesamtanlage, die teilweise nicht ungefährlichen Arbeitsmedien sowie infolge der Koppelprozesse nicht mögliche anlageunabhängige Regelung der Systemkomponenten, also der einzelnen Energieumwandlungsprozesse.

Um die hochwertigen natürlichen Energiereserven der Welt, vor allem Erdöl, zu schonen und den Treibhauseffekt zu vermindern, wird es notwendig sein:

- Alle Energiequellen der Natur zu erforschen und, wo immer technisch möglich sowie volkswirtschaftlich zweckmäßig, zu nutzen.
- Hochwertige Primärenergie nur dort einzusetzen, wo unbedingt notwendig, und wenn immer möglich niederwertige Energie zu nützen. Der wertvollste Energieträger Erdöl sollte dem Verkehrssektor und als Rohstoff der *nichtenergetischen* Nutzung in der Chemie, wie Pharmazie, vorbehalten bleiben.
- Energie einsparen wo immer möglich.
- Die Energieausnutzung erhöhen, durch Verbundprozesse, Wärmedämmung, Verlustereduktion.
- Die regenerierenden Energiequellen weltweit, wo immer möglich, weitgehendst zu nützen, also Sonnen- sowie Umweltenergien (Wasser, Wind, Wärme, Strahlung) und dadurch die bisherigen fissilen sowie fossilen möglichst bald weitgehendst zu ersetzen bei Abfallvermeidung.

Bei einem realistischen Gesamtkonzept (eine große Ingenieuraufgabe), das alle Energieträger erschließt und nützt, sollte es möglich sein, den tatsächlich notwendigen Energiebedarf der Menschheit zu decken. Enorme Anstrengungen sind jedoch in Forschung, Entwicklung und Anwendung notwendig. Wo immer vertretbar, muss Energie durch Kapital, d. h. durch hochwertige, wenig Energie verbrauchende Einrichtungen bei Umweltschutz ersetzt werden.

Obwohl diese Energie-Problematik etwas abseits von Strömungsmaschinen liegt, ist es berechtigt, in einem Buch, das sich mit Maschinen der Energietechnik befasst, wozu besonders Turbinen gehören, darauf hinzuweisen. Im Allgemeinen wird der Ingenieur, gleichgültig in welchem Bereich und welcher Position er tätig ist, in Zukunft verstärkt mit Energieproblemen konfrontiert werden. Besonders der Strömungsmaschinenbauer wird angesichts dieser Tatsachen genötigt sein, die Wirkungsgrade seiner Produkte immer weiter zu verbessern.

1.3 Unterteilung

Maschinen für die Energie-Umwandlung (-Transformation) können, wie bereits im vorhergehenden Abschnitt verwendet, in sog. **Arbeitsmaschinen** (AM) und sog. **Kraftmaschinen** (KM) unterteilt werden. Als Unterscheidungsmerkmal der Maschinengruppen gilt:

Arbeitsmaschinen setzen Drehenergie (der Welle) in hydraulische oder thermische Energie um.

Kraftmaschinen setzen hydraulische oder thermische Energie in Drehenergie (der Welle) um.

Hierbei bedeuten:

Drehenergie: Die mechanische Rotationsenergie des Maschinenläufers (-rotors).

Hydraulische Energie: Die Summe von *potenzieller Energie*, also geodätischer (Lagen-) sowie *Druckenergie* und *Strömungsenergie* (kinetische Energie) des Fluids.

Das durch beide Maschinengruppen fließende Medium strömt bei:

- Arbeitsmaschinen (Pumpen) von niedrigem zu höherem Druckniveau; von der Saug- zur Druckseite (-stutzen).
- Kraftmaschinen (Turbinen) von höherem zu niedrigem Druckniveau; von der Druck- zur Saugseite (-stutzen).

Um die Drucksteigerung bei Pumpen bzw. den Druckabbau bei Turbinen zu kennzeichnen, wird meist der Quotient der Absolutdrücke des Fluids an der Druck- und Saugseite (-stutzen), das sog. **Druckverhältnis Π**, verwendet (Bild 1-3). Bei Verdichtung sind exakterweise die Gesamtdrücke – Summe von statischem und dynamischem Druck – zu verwenden.

Für das **Druckverhältnis Π** gilt somit im Strömungsmaschinenbau allgemein:

$$\Pi = \frac{\text{Druckstutzen-Druck}}{\text{Saugstutzen-Druck}} = \frac{p_D}{p_S} \qquad (1\text{-}1)$$

Wichtig bei der Berechnung des Druckverhältnisses – insbesondere bei niedrigen Drücken – ist das Verwenden der Absolutdrücke (nicht der Über- oder Unterdrücke), mit denen das Arbeitsmedium in die Maschine ein- und aus ihr austritt.

Das Druckverhältnis gibt hinsichtlich des von der Maschine verwirklichten Drucksprunges – des aufgebauten bei Pumpen bzw. abgebauten bei Turbinen – einen besseren Aufschluss als die Absolutwerte der Drücke an Saug- und Druckseite (-stutzen). Eine Vakuumpumpe, die beispielsweise Luft von 0,1 bar auf 1 bar fördert, erreicht das gleiche Druckverhältnis wie ein Turbokompressor, der Gas von 1 bar auf 10 bar verdichtet, obwohl die beiden Maschinen und ihre Absolutdrücke nicht vergleichbar sind. Eine „Gas-Pumpe“ für totales Vakuum ($p = p_S = 0$ bar) müsste ein unendliches Druckverhältnis ($\Pi = p_D/p_S = p_b/p = 1/0 \to \infty$) überbrücken und ist deshalb letztlich nicht vollständig verwirklichbar. Später (Kapitel 3) wird sich auch zeigen, dass nicht die Absolutdrücke, sondern das Druckverhältnis den Energiebedarf bei Pumpen bzw. die Energieabgabe bei Turbinen maßgeblich mitbestimmt. Die Absolutdrücke an Saug- und Druckseite dagegen sind wichtige Größen für die festigkeitsmäßige Dimensionierung der Maschine (siehe Benutzungshinweise).

Arbeits- und Kraftmaschinen können nach zwei Gesichtspunkten weiter unterteilt werden:

- dem Funktionsprinzip
- dem durchströmenden Fluid.

Nach dem Funktions- oder Wirkungsprinzip sind zu unterscheiden:

- Strömungsmaschinen (StM), Dynamikprinzip
- Kolbenmaschinen (KoM), Statikprinzip.

Strömungsmaschinen beruhen auf der Dralländerung (dynamische Wirkung), Kolbenmaschinen auf der direkten Druckwirkung (statisches Prinzip). Strömungsmaschinen werden deshalb mithilfe des Drallsatzes berechnet, Kolbenmaschinen mittels Druckansatz ($F = p \cdot A$). (Siehe auch auf S. 284.)

Die Unterteilung nach Arten, d. h. aufgrund des die Maschine durchströmenden Fluids ergibt:

- hydraulische Maschinen (HyM), die inkompressible Fluide (Flüssigkeiten) verarbeiten,
- thermische Maschinen (ThM), die kompressible Fluide (Gase, Dämpfe) verwenden.

Das Buch behandelt, wie aus seinem Titel hervorgeht, entsprechend der Unterteilung nach dem Wirkprinzip, nur Strömungsmaschinen.

Bei Turbomaschinen werden auch bezeichnet:

- Arbeitsmaschinen als Pumpen (P), wobei weiter unterschieden wird zwischen
  - **Kreiselpumpen** (KP), die inkompressible Fluide, also Flüssigkeiten, fördern.
  - **Kreiselverdichter** (KV), Pumpe, die kompressible Medien (Gase, Dämpfe) verarbeiten. Sie werden entsprechend ihrem Druckverhältnis nochmals weiter unterteilt in **Ventilatoren**

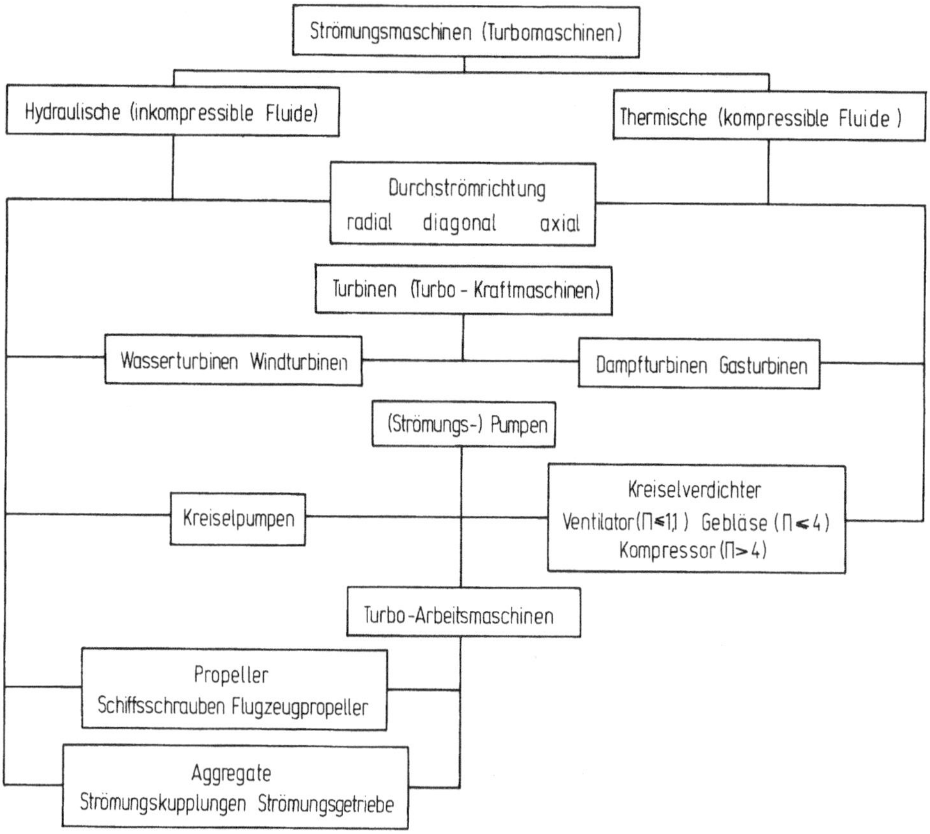

Bild 1-1 Aufteilung der Strömungsmaschinen (Turbomaschinen → Turbo[1] ... Kreisel) nach Anwendung (AM, KM), Arten (HyM, ThM), Bauformen (radial, diagonal, axial) und Typen (Druckverhältnis Π)

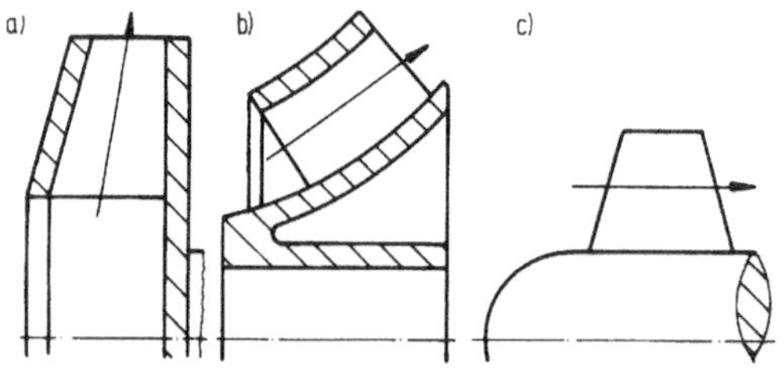

Bild 1-2 Laufradausführungen (Prinzip-Darstellungen)
a) radial, b) diagonal (halbaxial), c) axial

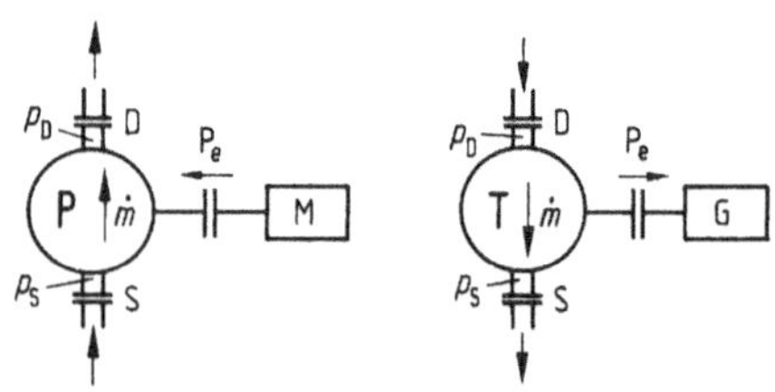

Bild 1-3 Fluidenergiemaschinen; symbolische Darstellung
P Pumpe (AM); T Turbine (KM); M Motor; G Generator; $\dot{m}$ Massendurchsatz (Mengenstrom); D Druckstutzen; S Saugstutzen;
T: p_D Druckstutzendruck (Zuströmdruck)
p_S Saugstutzendruck (Abströmdruck)
P: p_D Druckstutzendruck (Abström- oder Förderdruck)
p_S Saugstutzendruck (Zuström- oder Saugdruck)

[1] Turbo von turbare (lat.) ... drehen

($\Pi \leqq 1{,}1$), **Gebläse** ($\Pi \leqq 4$) und **Kompressoren** ($\Pi > 4$). Ventilatoren werden oft auch als **Lüfter** bezeichnet und meist bei den hydraulischen Strömungsmaschinen eingeordnet, da $\varrho \approx$ konst (Δp klein).

- Kraftmaschinen, also Turbinen (T), bei denen ebenfalls nach der Art des Arbeitsmediums unterschieden wird: Zwischen Wasserturbinen (WT) und Windturbinen (Windkonverter WK oder Luftturbinen LT) für „inkompressible" Fluide einerseits sowie Dampfturbinen (DT) und Gasturbinen (GT) andererseits, welche kompressible Medien (Dämpfe, Gase) verarbeiten. Bei den Windturbinen verhält sich die Luft quasi inkompressibel, da Druckänderung sehr gering. Deshalb Zuordnung zu den hydraulischen Turbomaschinen.

Die gesamte Unterteilung der **Strömungsmaschinen**, die auch als **Turbomaschinen** bezeichnet werden, geht aus Bild 1-1 hervor. Die Laufradform und damit die Maschinenausführung wird dabei nach der Hauptströmungsrichtung des Fluids innerhalb des Laufrades bezüglich des Maschinenwellenverlaufs entsprechend der Prinzipdarstellung in Bild 1-2 gekennzeichnet.

1.4 Wirkungsweise

1.4.1 Grundsätzliches

Besonders der Vektorcharakter der Geschwindigkeit ist bei Strömungsmaschinen bedeutungsvoll. Jede Geschwindigkeitsänderung, ob nach Größe, und/oder Richtung ist Beschleunigung und deshalb nach dem NEWTON'schen Grundgesetz mit einer Kraft gekoppelt, da jeder Stoff, gleichgültig ob fest, flüssig oder gasförmig, massebehaftet ist. Nach dem aus dem NEWTON'schen Grundgesetz (manchmal auch als NEWTON'sches Aktions-Axiom bezeichnet) zusammen mit dem D'ALEMBERT'schen Prinzip abgeleiteten Impulssatz, verschiedentlich auch zweites NEWTON'sches Gesetz oder dynamisches Gleichgewicht genannt, bzw. dem zugehörigen Drallsatz erfordert die Beschleunigung eines Fluidstromes eine Kraft bzw. ein Drehmoment. Umgekehrt bewirkt eine Kraft bzw. ein Drehmoment die Beschleunigung des vorhandenen Fluidstromes.

In Pumpen wird das Fluid durch die Kraft- bzw. Drehmomentwirkung der Schaufeln des sich bewegenden Rades, des sog. **Laufrades**, beschleunigt und teilweise sofort sowie in einem anschließenden, ruhenden, diffusorartigen Schaufelsystem, dem **Leitrad**, die Geschwindigkeit in Druck umgesetzt.

Bei Turbinen wird das in Düsen von Druck vollständig oder teilweise auf Geschwindigkeit gebrachte Medium durch die Schaufeln des Laufrades umgelenkt, also wieder beschleunigt. Die dadurch erzeugte Umfangskraft bewirkt über das zugehörige Moment die Drehung des Laufrades und liefert damit mechanische Energie.

Die wichtigsten Bestandteile einer Turbomaschine sind, wie später (Abschnitt 1.5.2) dargestellt, das sich bewegende Laufrad und das meist ruhende Leitrad. Durch diese Radkombination wird das beabsichtigte Umsetzen der Energie erzielt. Eine vereinfachte, idealisierte Form dieser Räder sind die weit- bzw. engstehenden **Flügelgitter**. Andere Bezeichnungen für Flügelgitter: Flügelreihen, Schaufelgitter oder kurz Gitter.

Bei weitstehenden Flügelgittern sind die einzelnen Flügel so weit voneinander entfernt angeordnet, dass sie sich, d. h. ihre Umströmungen, gegenseitig kaum noch beeinflussen. Die Strömung um einen Flügel weitstehender Gitter kann deshalb so behandelt werden, als ob der Flügel alleine vorhanden wäre, wie dies bei Flugzeugtragflächen zutrifft → Propeller oder Flügelräder.

Bei engstehenden Schaufelgittern folgen die einzelnen Schaufeln dicht aufeinander, d. h. stehen so eng beieinander, dass sie Kanäle bilden. Das durch diese Gitterzwischenräume hindurchfließende Medium wird somit durch „Schaufelkanäle" geführt.

Zu bemerken ist noch, dass der Ausdruck **Flügel** bevorzugt bei weitstehenden und der Begriff **Schaufel** meist bei engstehenden Anordnungen (Gittern) verwendet wird → Kanalräder.

1.4.2 Einzelschaufel (Flügel)

Wie Tragflächen und Propeller von Flugzeugen, Windturbinen sowie Schiffsschrauben zeigen, wirken auf einzelne Flügel Kräfte, wenn sie ein relativ zu ihnen strömendes Fluid beeinflussen. Umgekehrt kann ein Flügel unter Kraftaufwand den Fluidstrom ablenken, d. h. beschleunigen. Das Medium muss also bei der Flügelumströmung nicht kanalartig geführt werden. Infolge der fehlenden Strahlummantelung herrscht jedoch vor und nach dem Flügel der gleiche Druck im Fluid (Gleichdruckwirkung).

Hierbei wird die nur theoretisch exakt geltende Annahme getroffen, dass sich die Einzelschaufel alleine in einem unendlich großen Raum bewege. Das sich ausbildende Strömungsfeld wird dann durch keine benachbarte Schaufel beeinflusst. Bei Anwendung der Theorie auf das Schaufelgitter (Abschnitt 1.4.3) sind entsprechende Korrekturen notwendig, um brauchbare Ergebnisse zu erzielen. Die Berechnungsart für die Einzelschaufel ist u. a. für die Auslegung von Tragflügeln geeignet und wird als **Tragflügeltheorie** (Abschnitt 3.3) bezeichnet.

Wenn sich ein Flügel unter Kraftaufwand in einem Fluid bewegt bzw. durch die vom strömenden Medium ausgehende Kraft bewegt wird, erfolgt Energieaustausch zwischen ihnen. Die wirkende Kraft sowie die übertragene Leistung lassen sich mit dem Impuls- bzw. Drallsatz oder der Energiegleichung wie folgt berechnen. Hierzu wird besonders auf [3] verwiesen:

A) Nach **Impulssatz**:

Im **Relativsystem**, d. h. in dem sich mit der Schaufel mit der Umfangsgeschwindigkeit u mitbewegenden Koordinatensystem $(u,\ m)$, ergibt der Impulssatz für den in Bild 1-4 dargestellten schaufelfesten **Kontrollraum RKR** (**R**elativ**k**ontroll**r**aum) die zwischen Fluidstrom und Beschauflung wirkende Kraft. Dabei sei nochmals erwähnt, dass bei Flügeln Gleichdruck herrscht, d. h. $p_2 = p_1$.

Nach IS ①–② $\rightarrow \sum \vec{F} = 0 \begin{array}{l} \nearrow \sum F_u = 0 \\ \searrow \sum F_m = 0 \end{array}$

Ausgewertet mithilfe von Bild 1-4

a) $\sum F_u = 0$: $\quad \dot{I}_{1u} + \dot{I}_{2u} - F_{Wd,u} = 0$

b) $\sum F_m = 0$: $\quad \dot{I}_{1m} - \dot{I}_{2m} - F_{Wd,m} = 0$

Mit

$$\dot{I}_{1u} = \dot{I}_1 \cdot \cos\beta_1 = \dot{m}_1 \cdot w_1 \cdot \cos\beta_1 = \dot{m} \cdot w_{1u} \qquad (1\text{-}2)$$

$$\dot{I}_{2u} = \dot{I}_2 \cdot \cos\beta_2^* = \dot{m}_2 \cdot w_2 \cdot \cos(180° - \beta_2) = \dot{m} \cdot w_2 \cdot (-\cos\beta_2) = -\dot{m} \cdot w_{2u} \qquad (1\text{-}3)$$

$$\dot{I}_{1m} = \dot{I}_1 \cdot \sin\beta_1 = \dot{m}_1 \cdot w_1 \cdot \sin\beta_1 = \dot{m} \cdot w_{1m} \qquad (1\text{-}4)$$

$$\dot{I}_{2m} = \dot{I}_2 \cdot \sin\beta_2^* = \dot{m}_2 \cdot w_2 \cdot \sin(180° - \beta_2) = \dot{m} \cdot w_2 \cdot \sin\beta_2 = \dot{m} \cdot w_{2m} \qquad (1\text{-}5)$$

Dann folgt aus:

a) $F_{Wd,u} = \dot{I}_{1u} + \dot{I}_{2u} = \dot{m} \cdot (w_{1u} - w_{2u}) = \Delta\dot{I}_u \qquad (1\text{-}6)$

b) $F_{Wd,m} = \dot{I}_{1m} - \dot{I}_{2m} = \dot{m} \cdot (w_{1m} - w_{2m}) = \Delta\dot{I}_m \qquad (1\text{-}7)$

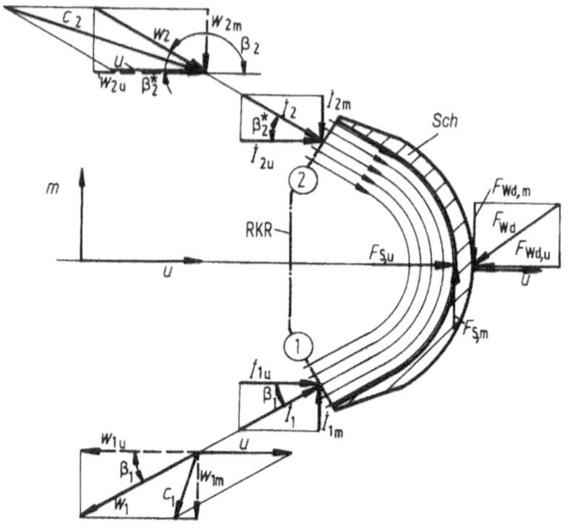

Bild 1-4 Schaufel Sch einer Axialturbine ($F_{S,u} \equiv F_{Sch}$) Umströmung und Kraftwirkungen, Relativ-Kontrollraum RKR schaufelfest, β Bezugswinkel von w gegenüber u. Aus den Geschw.-Plänen $|w_{1u} - w_{2u}| = |c_{1u} - c_{2u}|$.

Nach actio gleich reactio gelten:

Umfangs- oder Tangentialkraft $F_{Sch,u}$ des Fluidstromes auf die Schaufel (Index Sch)

$$F_{Sch,u} = F_{Wd,u} = \Delta\dot{I}_u = \dot{m} \cdot (w_{1u} - w_{2u}) \qquad (1\text{-}8)$$

Axial- oder Meridiankraft $F_{Sch,m}$ des Fluidstrahles auf die Einzelschaufel:

$$F_{Sch,m} = F_{Wd,m} = \Delta\dot{I}_m = \dot{m} \cdot (w_{1m} - w_{2m}) \qquad (1\text{-}9)$$

Die zwischen Strömung und Flügel (Einzelschaufel) wirkenden Kräfte sind umso größer, je größer der Massenstrom und dessen Umlenkung werden. Die technisch maximal verwirklichbare Umlenkung liegt unter 180° (ca. 150° bis 175°).

Die zwischen Strömung und Schaufel übertragene Leistung P_{Sch} ergibt sich mit Umfangkraft $F_{Sch,u}$ sowie Umfangsgeschwindigkeit u des Flügels:

$$P_{Sch} = F_{Sch,u} \cdot u = \Delta\dot{I}_u \cdot r \cdot \omega = \Delta\dot{L}_u \cdot \omega = \dot{m} \cdot (w_{1u} - w_{2u}) \cdot u \qquad (1\text{-}10)$$

Nach Gl. (1-10) ist demnach die übertragene Leistung proportional

- dem Massenstrom
- der Strömungsgeschwindigkeitsänderung } Drallstromänderung
- dem Radius } Umfangsgeschw.
- der Winkelgeschwindigkeit → Drehzahl

Bei symmetrischer Schaufel ($\beta_1 = \beta_2^* = \beta$) mit idealer, d. h. reibungsfreier Strömung ($w_1 = w_2 = w$) ergeben Gln. (1-8) bis (1-10):

Mit $w_{1u} = w_1 \cdot \cos\beta_1 = w \cdot \cos\beta = w_u$

$$w_{2u} = w_2 \cdot \cos\beta_2 = w_2 \cdot \cos(180° - \beta_2^*) = -w_2 \cdot \cos\beta_2^* = -w \cdot \cos\beta = -w_u$$

und $w_{1m} = w_1 \cdot \sin\beta_1 = w \cdot \sin\beta = w_m$

$$w_{2m} = w_2 \cdot \sin\beta_2 = w_2 \cdot \sin(180° - \beta_2^*) = w_2 \cdot \sin\beta_2^* = w \cdot \sin\beta = w_m$$

werden:

Umfangskraft: $F_{Sch,u} = 2 \cdot \dot{m} \cdot w_u = 2 \cdot \dot{m} \cdot w \cdot \cos\beta$
Axialkraft: $F_{Sch,m} = 0$
Leistung: $P_{Sch} = 2 \cdot \dot{m} \cdot w_u \cdot u = 2 \cdot \dot{m} \cdot w \cdot u \cdot \cos\beta$

B) Nach **Energiegleichung**:

In Bezug auf den ruhenden Beobachter und damit auf ein feststehendes Koordinatensystem hat das Fluid an Stelle ② die sog. Absolutströmungsgeschwindigkeit c_2 und an Stelle ① die absolute Strömungsgeschwindigkeit c_1. Die spezifische kinetische Energie des strömenden Fluids beträgt deshalb an Stelle ② $c_2^2/2$ und an Stelle ① $c_1^2/2$. Da sich bei der vorhandenen Gleichdruckwirkung der Druck des Fluids im Flügelbereich (grob betrachtet) nicht ändert und keine Höhenunterschiede vorhanden bzw. vernachlässigbar sind, ergibt sich die zwischen Fluidmengenstrom $\dot{m}$ und Schaufel übertragene theoretische Leistung $P_{Sch,th}$ aus der Differenz der Strömungsenergien an den Stellen ② und ①:

$$P_{Sch,th} = \dot{m} \cdot \Delta Y_{Sch,th} = \dot{m} \cdot (c_2^2/2 - c_1^2/2) \qquad (1\text{-}11)$$

Hierbei ist $Y_{Sch,th}$ die theoretische spezifische Energie, welche bei Reibungsfreiheit, also idealem Fluid, übertragen wird.

Aus Gl. (1-11) folgt für die Umfangskraft $F_{Sch,u}$ zwischen strömendem Fluid und (Einzel-)Schaufel:

$$F_{Sch,u} = \frac{P_{Sch,th}}{u} = \frac{\dot{m}}{u} \cdot (c_2^2/2 - c_1^2/2) \qquad (1\text{-}12)$$

Infolge der gewählten Nummerierung (Abschnitt 2.5.1) ist bei allen Turbomaschinentypen (Pumpen, Turbinen) sowie -ausführungen (Radial, Axial, Diagonal), als auch Wirkungsweisen (Gleichdruck, Überdruck) an Stelle ② (Druckseite) die absolute Strömungsgeschwindigkeit immer größer als an Stelle ① (Saugseite), also $c_2 > c_1$. Dies gilt auch ohne Reibungsfreiheit und ist, wie Bild 1-4 bestätigt, bedingt durch die Schaufelbewegung (Umfangsgeschwindigkeit u). Bild 1-5 ohne Index Sch.

Je größer der Unterschied zwischen c_2 und c_1, desto höher ist der Leistungsübergang nach Gl. (1-11).

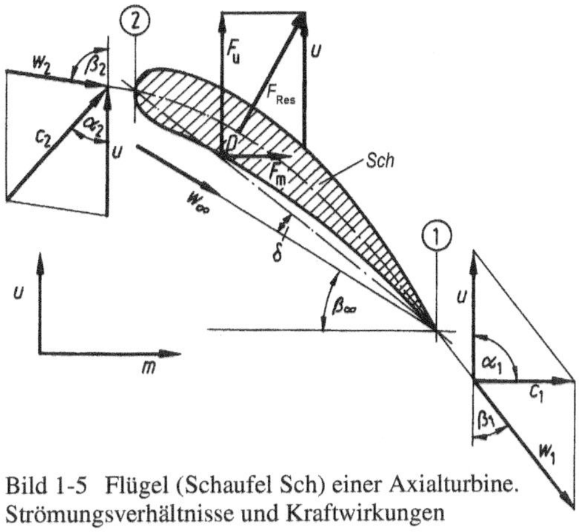

Bild 1-5 Flügel (Schaufel Sch) einer Axialturbine. Strömungsverhältnisse und Kraftwirkungen

Zwischen der sog. **Relativgeschwindigkeit** w und der **Absolutgeschwindigkeit** c der Fluidströmung besteht, wie in Abschnitt 2.5.1 gezeigt, über die **Umfangsgeschwindigkeit** u des Laufrades ein enger Zusammenhang. Die Gleichungen aus dem Impuls- bzw. Drallsatz und der Energiebedingung lassen sich deshalb gegenseitig ineinander überführen, was auch notwendig ist, da beide Wege zum gleichen Ergebnis führen müssen, allerdings nur bei idealer Strömung. Bei realem Fluid sind in der Energiegleichung die Strömungsverluste des Schaufelbereiches zu berücksichtigen, um mit dem Ergebnis des Impulssatzes übereinzustimmen.

Der Impulssatz und die Energiegleichung auf den Flügel von Bild 1-5 angewendet, führen zu denselben Ergebnissen wie bei der Schaufel nach Bild 1-4. Die Schaufel in Bild 1-4 und der Flügel von Bild 1-5 unterscheiden sich prinzipiell nur durch die Größe der Ablenkung $\Delta\beta = \beta_2 - \beta_1$ der Fluidströmung, also den Winkeln β (Flügelwinkel) an den Stellen (Flügelpunkten) ② und ①. Die Größe der Kraft zwischen Fluidstrom und Flügel verändert sich entsprechend. Die Gln. (1-8) bis (1-12) gelten deshalb allgemein bei idealer Strömung, d. h. für alle Arten von Flügeln.

1.4.3 Schaufelgitter (Schaufel)

Bei Schaufelgittern können die einzelnen Schaufeln (theoretisch in unendlicher Anzahl) längs einer Geraden angeordnet sein, sog. **gerade Gitter**, oder in endlicher Anzahl gleichmäßig über den Umfang eines Kreises verteilt sein, sog. **kreisförmige Gitter**. Gerade Schaufelgitter ergeben sich durch die Umfangsabwicklung eines Kreiszylinderschnittes bei den Axialrädern. Kreisförmige Gitter werden bei Radialturbomaschinen angewendet. Gerade Gitter heißen auch ebene oder **Axialgitter**, Kreisgitter auch **Radialgitter**. Der Abstand entsprechender Punkte zweier benachbarter Schaufeln wird mit Gitterteilung bezeichnet. Bei ebenen Gittern ist die Teilung t die geradlinige Entfernung dieser aufeinander folgenden Punkte. Bei Radialgittern mit z Schaufeln ergibt sich die Gitterteilung durch den Winkelabstand $\gamma = 2 \cdot \pi / z$ entsprechender Punkte. Die jeweiligen Verbindungslinien aller entsprechenden Schaufelpunkte sind beim ebenen Gitter parallele Geraden. Ihr Verlauf ist die Gitterrichtung. Beim Radialgitter liegen entsprechende Punkte auf konzentrischen Kreisen. Dabei wird zwischen der Radial- oder Meridianrichtung und der Tangential- oder Umfangsrichtung unterschieden.

An jeder Schaufel bzw. in jedem Schaufelkanal findet der gleiche Vorgang statt. Wird um eine Gitterteilung weitergeschritten, wiederholt sich der Strömungsverlauf. Deshalb reicht es aus, die Strömung im Bereich einer Gitterteilung zu untersuchen. Ideal betrachtet, findet dabei in jeder Ebene senkrecht zu den *Erzeugenden* der Gitterschaufeln, d. h. in jedem Parallelschnitt zum Gitterbild, der gleiche Vorgang statt. Es handelt sich also theoretisch um eine ebene Strömung. Darin besteht eine wesentliche Vereinfachung gegenüber den wirklichen Schaufelrädern, bei denen im Allgemeinen in jedem Querschnitt, d. h. Parallelschnitt, eine andere Strömung herrscht.

Schaufelgitter mit idealer, also ebener Strömung werden auch als vollkommene Gitter bezeichnet. Anordnungen, welche diese Voraussetzungen nicht vollkommen, aber doch angenähert in einem großen Bereich erfüllen, werden als unvollkommene Gitter bezeichnet.

Vom ruhenden Beobachter aus gesehen, d. h. bezüglich eines ortsfesten Koordinatensystems, ist die Strömung durch ein sich bewegendes Gitter instationär. Die Strömung kann jedoch stationär „gemacht" werden, wenn ein mit dem Gitter mitbewegtes, sog. relatives Bezugssystem eingeführt wird. In Bezug auf dieses Relativkoordinatensystem ruht dann das Gitter.

Bei umlaufenden kreisförmigen Gittern (Radialgittern) sind mitdrehende Koordinatensysteme notwendig. Dies hat jedoch zur Folge, dass die entstehende stationäre Relativströmung nicht mehr drehungsfrei und deshalb keine Potenzialströmung mehr ist.

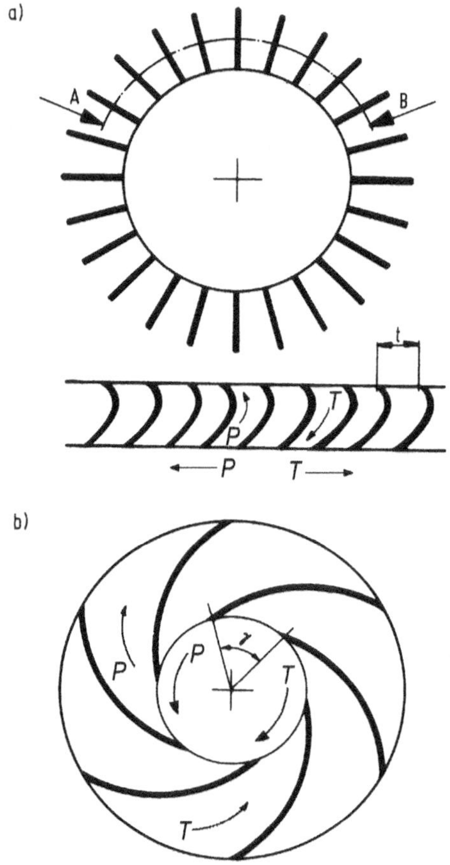

Bild 1-6 Gitter (P Pumpe; T Turbine) → Kanalräder
a) Gerades Gitter (Axialgitter), Seitenriss und abgewickelter Zylinder-Schnitt A–B mit Teilung t
b) Kreisgitter (Radialgitter) mit Teilungswinkel γ am Innenradius
Pfeilrichtungen für Drehung sowie Durchströmung: P bei Pumpen und T bei Turbinen

Diese nachteilige Erscheinung begründet sich darin, dass nur bei reiner Kreisströmung, die im ruhenden Bezugssystem drehungsfrei und somit eine Potenzialströmung ist, alle Fluidteilchen keine Eigendrehung, also Wirbelbewegung ausführen. Bezüglich des sich mitdrehenden Relativkoordinatensystems unterliegen die Fluidteilchen dann jedoch einer scheinbaren Eigendrehung im umgekehrten Sinn zur ursprünglichen Kreisströmung.

Bei geraden Gittern ist zum „Stationärmachen" nur eine Parallelströmung zu überlagern. Die Fluidbewegung bleibt dabei eine Potenzialströmung, sofern die instationäre Ausgangs-Strömung eine war. Beim

Axialgitter kann deshalb der stationäre Fall des ruhenden, geraden Gitters betrachtet werden. Die Vorgänge beim bewegten Axialgitter ergeben sich dann durch einfaches Überlagern einer Parallelströmung in Bewegungsrichtung.

Gitterartige Schaufelanordnungen sollen den Fluidstrom beeinflussen und haben dabei folgende beiden wesentlichen Aufgaben, die entweder gemeinsam oder jede für sich alleine vorhanden sein können:

- Die Richtung der Strömungsgeschwindigkeit zu ändern, den Fluidstrom also wie einen Flügel abzulenken.
- Den Betrag der Strömungsgeschwindigkeit zu ändern, d. h. zu erhöhen oder zu verringern, je nach Anwendungsfall.

In beiden Fällen handelt es sich um Ändern der Strömungsgeschwindigkeit, mathematisch ausgedrückt des Geschwindigkeitsvektors, also um Beschleunigung des massebehafteten Fluidstromes. Nach NEWTON hat bzw. erfordert diese wieder entsprechende Kraft, gerichtet je nachdem, ob der Fluidstrom auf das Schaufelgitter wirkt oder umgekehrt.

Erfolgt nur Ablenkung des Fluidstromes, also kein zusätzliches Ändern des Geschwindigkeitsbetrages, bleibt nach der BERNOULLI-Gleichung (Energiebeziehung) bekanntlich auch der Druck unverändert, sofern Höhenunterschiede und Strömungsverluste unberücksichtigt bzw. vernachlässigbar sind. Solche Gitter werden, entsprechend den Einzelschaufeln, als **Gleichdruckgitter** bezeichnet.

Meist ist mit der Umlenkung jedoch gleichzeitig auch eine Änderung des Betrages der Strömungsgeschwindigkeit und damit nach der Energiegleichung auch des Druckes verbunden. Gerade diese Druckänderung im Fluidstrom ist vielfach die eigentliche Aufgabe des Gitters. Je nachdem, ob im Schaufelgitter Druckabfall oder Druckanstieg stattfindet, wird von **Beschleunigungs-** oder **Verzögerungsgitter**, zusammenfassend von **Überdruckgitter**, gesprochen. Beschleunigungsgitter bilden in der Regel die Grundlage der Vorgänge in Turbinen, Verzögerungsgitter in Pumpen (Bild 1-7).

Wie beim Flügel ergibt sich die zwischen Fluidstrom und Schaufeln des Gitters wirkende Kraft aus der Energiebedingung (BERNOULLI-Gleichung) oder dem Impuls- bzw. Drallsatz, deren konsequente Umformung zur sog. EULER'schen Hauptgleichung der Strömungsmaschinen führt (Abschnitt 3.2.1).

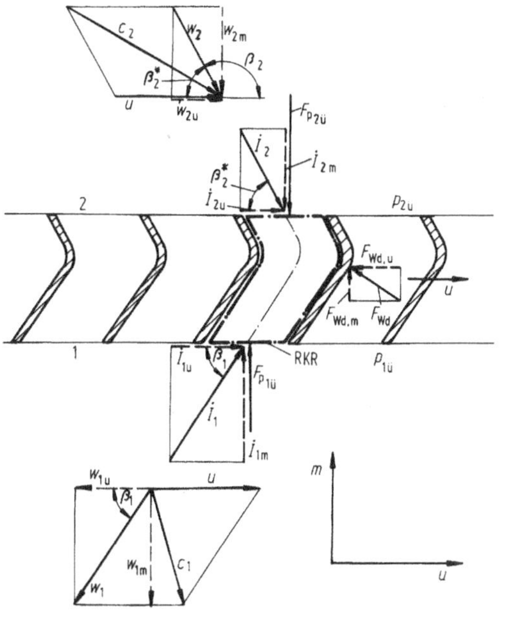

Bild 1-7 Ebenes Gitter (Zylindergitter) einer Axialturbine. Strömungs- und Kraftverhältnisse

Dabei ist zu beachten, dass der Druck, wie bereits erwähnt, auf beiden Gitterseiten gleich (Gleichdruck- oder Aktionswirkung) oder verschieden (Überdruck- oder Reaktionswirkung) sein kann. Bei der Überdruckwirkung müssen beim Ansatz des dynamischen Kräftegleichgewichts (Impulssatz) außer den Impulsströmen auch die durch die Überdrücke auf beiden Gitterseiten bedingten Druckkräfte berücksichtigt werden.

A) Nach Energiesatz:

Wie bei der Einzelschaufel ergibt sich die zwischen Fluidströmung und Gitter übertragene spezifische theoretische Energie ΔY_{th} aus der Differenz der spezifischen Energien auf beiden Gitterseiten, d. h. zwischen Y_2 von Gitterseite 2 und Y_1 von Seite 1. Während der Lagenenergieunterschied vernachlässigbar klein, oder nicht vorhanden ist ($\Delta z = z_2 - z_1 \approx 0$), müssen die kinetischen Energien $c^2/2$ und Druckenergien p/ϱ berücksichtigt werden. Der spezifische theoretische Energieunterschied ΔY_{th} des Fluidstromes zwischen den beiden Gitterseiten 2 und 1 beträgt deshalb, wenn die durch Strömungsreibung verursachten Energieverluste nicht berücksichtigt, also wieder ideales Fluid mit $\varrho =$ konst angenommen:

$$\Delta Y_{th} = Y_2 - Y_1$$
$$= (c_2^2/2 + p_2/\varrho) - (c_1^2/2 + p_1/\varrho)$$
$$\Delta Y_{th} = (c_2^2/2 - c_1^2/2) + (p_2/\varrho - p_1/\varrho) \quad (1\text{-}13)$$

Damit ergibt sich die zwischen dem Fluidmengenstrom $\dot{m}$ und dem Gitter übertragene theoretische Leistung aus dynamischem und statischem Anteil:

$$P_{G,th} = \dot{m} \cdot \Delta Y_{th}$$
$$= \dot{m} \cdot \left[\left(\frac{c_2^2}{2} - \frac{c_1^2}{2} \right) + \left(\frac{p_2}{\varrho} - \frac{p_1}{\varrho} \right) \right] \quad (1\text{-}14)$$

Mit der Umfangsgeschwindigkeit u folgt wieder aus der Leistungsgleichung $P_{G,th} = F_{G,u,th} \cdot u$ die zwischen Fluidstrom und Gitter wirkende theoretische Umfangskraft (Index th oft weggelassen):

$$F_{G,u,th} = \frac{P_{G,th}}{u}$$
$$= \frac{\dot{m}}{u} \cdot \left[\left(\frac{c_2^2}{2} - \frac{c_1^2}{2} \right) + \left(\frac{p_2}{\varrho} - \frac{p_1}{\varrho} \right) \right] \quad (1\text{-}15)$$

B) Nach Impulssatz:

Mit den Bezeichnungen von Bild 1-7 liefert der Impulssatz zwischen den Gitterseiten 1 und 2:

Nach IS 1–2 $\rightarrow \sum \vec{F} = 0$ $\nearrow \sum F_u = 0$, $\searrow \sum F_m = 0$

Bekanntlich gilt der Impulssatz unverändert sowohl bei idealer als auch bei realer Strömung. Die Strömungsverluste bei realem Fluid werden automatisch durch die infolge Reibung verringerten Impulsströme $\dot{I}_u = \dot{m} \cdot w_u$ berücksichtigt.

Den Impulssatz ausgewertet:

a) $\sum F_u = 0$ je Gitterteilung t (Zusatzindex t):

$$\dot{I}_{1u,t} + \dot{I}_{2u,t} - F_{Wd,u,t} = 0, \qquad \text{hieraus}$$
$$F_{Wd,u,t} = \dot{I}_{1u,t} + \dot{I}_{2u,t}$$

Für das gesamte Gitter mit z Schaufeln und nach actio gleich reactio ergibt sich die Kraft zwischen Fluidstrom und Gitter in Umfangsrichtung u:

$$F_{G,u} = z \cdot F_{Wd,u,t} = z \cdot (\dot{I}_{1u,t} + \dot{I}_{2u,t}) = \dot{I}_{1u} + \dot{I}_{2u}$$

Mit den Beziehungen Gln. (1-2) bis (1-5), die auch entsprechend für das Gitter (Index G) gelten, folgt wegen:

$$\dot{I}_{2u} = z \cdot \dot{m}_t \cdot w_2 \cdot \cos\beta_2^*$$
$$= -z \cdot \dot{m}_t \cdot w_2 \cdot \cos\beta_2:$$

$$F_{G,u} = z \cdot \dot{m}_t \cdot (w_1 \cdot \cos\beta_1 - w_2 \cdot \cos\beta_2)$$
$$= z \cdot \Delta\dot{I}_{u,t} = \Delta\dot{I}_u \equiv \Delta\dot{I}_{G,u} \quad (1\text{-}16)$$

Obwohl anders aufgebaut, führt diese Beziehung zum selben Ergebnis wie Gl. (1-15). Mithilfe der späteren Gl. (2-25) und den Geschwindigkeitsverhältnissen nach Bild 1-7 sind beide Beziehungen in einander umschreibbar.

b) $\sum F_m = 0$ je Gitterteilung t mit $F_{p\ddot{u}} = p_{\ddot{u}} \cdot A_m$:

$$F_{Wd,m,t} + p_{1\ddot{u}} \cdot A_{1m,t} - p_{2\ddot{u}} \cdot A_{2m,t} + \dot{I}_{1m,t} - \dot{I}_{2m,t} = 0$$

Hieraus mit $A_{1m,t} = A_{2m,t} = A_{m,t} = b \cdot t = b \cdot \pi \cdot D/z$ bei Vernachlässigung der Schaufeldicke:

$$F_{Wd,m,t} = A_{m,t} \cdot (p_{2\ddot{u}} - p_{1\ddot{u}}) + \dot{I}_{2m,t} - \dot{I}_{1m,t} \quad (1\text{-}17)$$

Ebenfalls für das gesamte Gitter mit z Schaufeln und actio gleich reactio folgt für die Kraft zwischen Fluidstrom und Gitter in Meridian-, d. h. Axialrichtung:

$$F_{G,m} \equiv F_{G,a} = z \cdot F_{Wd,m,t}$$
$$F_{G,m} = z \cdot [A_{m,t} \cdot (p_{2\ddot{u}} - p_{1\ddot{u}}) + \dot{I}_{2m,t} - \dot{I}_{1m,t}] \quad (1\text{-}18)$$

Bei Gleichdruckwirkung ($p_{2\ddot{u}} = p_{1\ddot{u}}$) fällt wieder der erste Term dieser Gleichung weg.

Während die Meridiankraft von einem Axiallager aufgenommen oder hydraulisch kompensiert werden muss, folgt die zwischen Fluidstrom und Gitter übertragene Leistung aus der Umfangskraft $F_{G,u}$ und der Umfangsgeschwindigkeit u:

$$P_G = F_{G,u} \cdot u = u \cdot z \cdot \dot{m}_t \cdot (w_1 \cos\beta_1 - w_2 \cos\beta_2)$$
$$P_G = u \cdot z \cdot \Delta\dot{I}_{u,t} = u \cdot \Delta\dot{I}_u = z \cdot \omega \cdot r \cdot \Delta\dot{I}_{u,t}$$
$$= z \cdot \omega \cdot \Delta\dot{L}_{u,t}$$

$$P_G = z \cdot \omega \cdot \Delta\dot{L}_{u,t} = \omega \cdot \Delta\dot{L}_u \quad (1\text{-}19)$$

Diese Beziehung unterscheidet sich von Gl. (1-10) nur durch die Schaufelzahl z bzw. überhaupt nicht, wenn jeweils der gesamte Fluidmassenstrom $\dot{m} = z \cdot \dot{m}_t$ und Drallstrom $\dot{L} = r \cdot \dot{I}_u$ eingesetzt werden.

Damit ist der Zusammenhang zwischen Flügel (Einzelschaufel) und Gitter bestätigt, was sich dadurch erklärt, dass das Gitter aus einer Ansammlung von Schaufeln besteht.

Obwohl die Gleichungen für die Kräfte $F_{G,u}$, $F_{G,m}$ (Gln. (1-16), (1-18)) und die Leistung P_G (Gl. (1-19)) am **Axialgitter** abgeleitet wurden, gelten diese allgemein, also entsprechend auch für Radialgitter, wie in Abschnitt 3.2.1 dargestellt.

1.5 Bauarten

1.5.1 Vorbemerkungen

In den vorhergehenden Abschnitten wurden verschiedentlich Begriffe verwendet, die erst jetzt im Zusammenhang genauer erläutert werden. Die Begriffe betreffen die Kennzeichnung der Bauarten, den Aufbau, die Hauptteile und die Aufteilung der Strömungsmaschinen.

Einerseits erschien es aus Gründen des Verwirrens und Ablenkens nicht sinnvoll, die von selbst verständlichen Begriffe an betreffender Stelle sofort zu erläutern, andererseits war die zusammenfassende Darstellung früher nicht günstig. Folgende gemeinsame Betrachtung gibt auch über das die Turbomaschinen Verbindende besseren Aufschluss.

1.5.2 Hauptteile

Die Hauptteile der Turbomaschinen sind:

Laufrad: Mit Schaufeln (Laufschaufeln) bzw. Flügeln bestücktes Rad, das mit der sich drehenden Welle fest verbunden ist. Das Laufrad kann in einem Gehäuse eingebaut (üblich bei Pumpen und Turbinen) oder frei, d. h. ohne Umhüllung (üblich bei Antriebspropellern, Ventilatoren und Windkonvertern) umlaufen.

Leitrad: Meist ebenfalls aus kreisförmig angeordneten Schaufeln bestehende Einrichtung, auch besser als **Leitvorrichtung** oder **Leitapparat** bezeichnet und im stehenden Gehäuse fest eingebaut, also in der Regel nicht umlaufend. Eine Ausnahme bilden die heute kaum noch verwendeten gegenläufigen radialen Dampfturbinen, bei denen sich das Leitrad entgegen dem Laufrad dreht.

Die Leitvorrichtung befindet sich bei fast allen Strömungsmaschinen ausschließlich auf der Druckseite des Laufrades, d. h. im Bereich des höheren Druckes. Hiervon weichen nur bestimmte Kreiselverdichter ab, bei denen verschiedentlich auch ein Leitapparat als sog. **Vorleitrad** auf der Saugseite sitzt und einen Gegendrall erzeugt, den dann das Laufrad abbaut.

Strömungsmaschinen ohne Gehäuse verzichten völlig auf eine Leitvorrichtung, bestehen somit nur aus Laufrad mit Welle und manchmal einer Ummantelung, was den Wirkungsgrad verbessert. Diese Turbomaschinen verändern nicht den Druck, sondern nur die Strömungsenergie, d. h. die Geschwindigkeit des Mediums.

Bei Pumpen kann die Leitvorrichtung auch zu einem sog. schaufellosen **Ringraum** und/oder einem **Spiralgehäuse** (zugleich Fluid-Sammler) „entarten" (Abschnitt 7.2.1.5).

Bei mehrstufigen Radialmaschinen zählen auch die als Umlenkräume bezeichneten Bereiche und die **Rückführschaufel-Kränze** zu den Leitapparaten (Abschnitt 7.2.1.6).

Die Leitvorrichtung setzt bei

- Arbeitsmaschinen (Pumpen, Index P) Geschwindigkeit in Druck um, besteht daher aus **Diffusoren** und befindet sich in der Regel in Strömungsrichtung hinter dem Laufrad.
- Kraftmaschinen (Turbinen, Index T) Druck in Geschwindigkeit um, besteht deshalb aus **Düsen** und befindet sich in Richtung Fluidströmung vor dem Laufrad.

Aus der Fluidmechanik ist bekannt, dass auch bei gleicher qualitativer Ausführung Diffusoren immer verlustbehafteter (Strömungsablösung!) sind als Düsen. Darin begründet sich, warum der erreichbare Wirkungsgrad von Strömungspumpen, also Kreiselpumpen und -verdichtern, grundsätzlich schlechter ist als bei Turbinen ($\eta_P < \eta_T$).

In der Regel sind sowohl Lauf- als auch Leitrad der Strömungspumpen diffusorartig und bei Turbinen düsenartig ausgebildet.

Weitere wichtige Teile der Strömungsmaschinen:

- Welle mit Lager
- Gehäuse mit Dichtungen
- Regeleinrichtungen.

1.5.3 Bezeichnungen

Wichtige, auf die gesamte Maschine bezogene Bezeichnungen sind:

Stufe: Kombination von einer Leitvorrichtung mit einem Laufrad-Kranz.

Mehrstufigkeit, mehrstufige Strömungsmaschinen: Hintereinanderschaltung (Reihen- oder Serienschaltung) mehrerer Stufen. Die gesamte verarbeitete Druckdifferenz zwischen Druck und Saugstutzen der Turbomaschine als Zusammenfassung der Stufen-Druckunterschiede wird entsprechend größer.

Mehrflutigkeit, mehrflutige Turbomaschinen: Parallelschaltung (Nebeneinanderschaltung) von Stufen oder Stufengruppen. Der Fluidstrom teilt sich vor bzw. in der Maschine entsprechend in Teilströme auf, welche die nebeneinander geschalteten Stufen bzw. Stufengruppen durchströmen und danach wieder vereinigen. Der gesamte verarbeitete Fluidstrom ergibt sich aus der Summe der Teilströme.

1.5.4 Aufteilung

Die Aufteilung der Turbomaschinen ist nach folgenden Gesichtspunkten möglich:

a) **Durchströmrichtung** (Bild 1-2)

Radialmaschinen: Hauptströmrichtung des Fluids radial, also senkrecht zur Welle.

Diagonal- und/oder Halbaxialmaschinen: Hauptströmrichtung diagonal, d. h. schräg zur Wellenrichtung.

Axialmaschinen: Hauptströmrichtung des Mediums axial, also parallel zum Wellenverlauf.

b) **Wirkungsweise**

Gleichdruck-Wirkung (Aktionswirkung):

Fluiddruck vor und hinter dem Laufrad gleich groß. Druckänderung erfolgt nur im Leitrad. Daher Querschnitt

- der Laufschaufelkanäle bei AM (Arbeitsmaschinen) und KM (Kraftmaschinen) gleich bleibend
- der Leitschaufelkanäle bei AM diffusorartig, bei KM düsenförmig.

Die Energieumsetzung im Laufrad erfolgt deshalb **nur** durch Richtungsänderung der Geschwindigkeit des Fluidstromes (Umlenkung).

Überdruck-Wirkung (Reaktionswirkung):

Mediumdruck auch vor und hinter dem Laufrad unterschiedlich. Druckumsatz daher sowohl im Leit- als auch im Laufrad, und zwar bei

- AM Druck vor dem Lauf- und Leitrad jeweils kleiner als dahinter
- KM Druck vor dem Leit- und Laufrad jeweils größer als danach.

Demnach Leit- und Laufschaufelkanäle bei

- AM diffusorförmig
- KM düsenartig.

Die Energieumsetzung im Laufrad erfolgt durch Geschwindigkeits- **und** Druckänderung.

Zusammenfassend kann demnach festgehalten werden:

Innerhalb jeder Stufe ändert sich der Druck bei Gleichdruck-Turbomaschinen nur im Leitrad (im Laufrad bleibt er konstant), bei Überdruckmaschinen dagegen sowohl im Leit- als auch Laufrad.

c) **Anordnung**

Nach **Stufenanordnung** werden unterschieden:

Einstufige – Mehrstufige }
Einflutige – Mehrflutige } Turbomaschinen

Auf den **Anwendungsfall** abgestimmt sind die verschiedensten Kombinationen der Anordnung möglich und damit Probleme lösbar. Beispiele:

Mehrstufige – mehrflutige Dampfturbine
Mehrstufige – einflutige Gasturbine
Einstufiger – mehrflutiger Kreiselverdichter
Einstufige – einflutige Kreiselpumpe
(einfachste Pumpe).

1.6 Vergleich mit Kolbenmaschinen

1.6.1 Vorbemerkungen

Kreiselmaschinen und Kolbenmaschinen stehen auf vielen Gebieten im Wettbewerb. Zur Flüssigkeitsförderung werden Kreiselpumpen und Kolbenpumpen eingesetzt. Zum Verdichten von Gasen dienen Kreiselverdichter und Kolbenverdichter. Die Gasturbine steht verschiedentlich in Konkurrenz zum Verbrennungsmotor. Das Gegenstück zur Dampfturbine ist die Kolbendampfmaschine, die heute allerdings kaum noch verwendet wird. Wasserturbinen und neuerdings auch wieder Windturbinen wie auch Antriebspropeller sind Strömungsmaschinen ohne *Gegenüber* unter den Kolbenmaschinen. Nur im Bereich der „Kraft“-Hydraulik gibt es Fluidmotore nach dem Verdränger-, also Kolbenprinzip. Aber auch bei automatischen Getrieben gibt es solche nach dem hydrodynamischen (StM) und dem hydrostatischen (KoM) Prinzip.

Im Wettbewerb zwischen Strömungs- und Kolbenmaschinen zeichnet sich jedoch eine relativ klare Linie ab. Bei niedrigen Drücken, hohen Volumenströmen und großen Leistungen überwiegen die Vorteile der Strömungsmaschinen. Bei hohen Drücken, niedrigen Volumenströmen und kleinen Leistungen dagegen sind Kolbenmaschinen den Turbomaschinen oft überlegen. Dabei ist es nicht notwendig, dass die aufgeführten drei Bedingungen zugleich auftreten. Dosierpumpen wie beispielsweise die Einspritzpumpen von Dieselmotoren sind allerdings nur als Kolbenpumpen möglich.

Die Arbeitsgebiete von Strömungs- und Kolbenmaschinen überdecken sich daher nicht vollständig. So beherrscht z. B. in der Elektrizitätswirtschaft die Dampfturbine das Feld und im Verkehrswesen noch der Verbrennungsmotor.

Bei Kolbenmotoren besteht im Gegensatz zu Dampfturbinen von seiten der Konstruktion und Ausführung eine frühe obere Grenze. Die obere Leistungsgrenze von Großdieselmotoren liegt aus Massengründen bei etwa 100 MW. Dagegen sind Dampfturbinen mit über 2 000 MW, ja sogar 5 000 MW Leistung je Einheit technisch realisierbar. Fraglich ist jedoch, ob das Verwirklichen solch großer Turbineneinheiten als wirtschaftlich sinnvoll gelten kann. Den Strömungsmaschinen ist es somit vorbehalten, große Leistungen umzusetzen. Dabei ist das Maschinengewicht und der Raumbedarf im Vergleich zu den Kolbenmaschinen gering – bis herab auf etwa ein Zehntel. Andererseits sind jedoch Großdiesel die Wärmekraftmaschinen, die den besten Wirkungsgrad erreichen. Dampfkraftanlagen insgesamt erreichen Wirkungsgrade bis etwa 45 %, Großdiesel dagegen bis ca. 60 %. GuD (Abschnitt 1.2) erreichen ebenfalls Wirkungsgrade bis knapp unter 60 %.

1.6.2 Übereinstimmende Kennzeichen

Übereinstimmende Kennzeichen von Strömungs- und Kolbenmaschinen sind:

- Beide Maschinengruppen dienen der Energieumsetzung.
- Durch beide fließt immer ein Medium (Flüssig keit, Dampf, Gas).
- Bei der abgegebenen (KM) bzw. aufgenommenen (AM) Energie handelt es sich immer um mechanische, d. h. kinetische Energie (Drehenergie).
- Bei den Kraftmaschinen kann sowohl bei Kolben- als auch bei Strömungsmaschinen die Energie direkt mit dem durchfließenden Mediumstrom vereinigt sein, wie bei Dampfkraftanlagen (äußere Verbrennung), oder getrennt zugeführt werden, wie bei Dieselmotoren und Gasturbinen (innere Verbrennung).
- Im durchströmenden Fluid erscheint die Energie außerhalb der Maschine fast immer als Druckenergie, z. B. Dampf- oder Wasserdruck vor Turbinen, Druckflüssigkeit hinter Pumpen, Druckgas nach Verdichtern.
  Ausnahmen bilden Windturbinen, Ventilatoren und Antriebspropeller, bei denen die Energie des Fluids in kinetischer Form (Strömungsenergie) erscheint.

1.6.3 Unterschiede

Der wichtigste Unterschied zwischen Turbo- und Kolbenmaschinen besteht in der Art des Energieumsatzes in der Maschine, was im Prinzip in Bild 1-8 dargestellt ist.

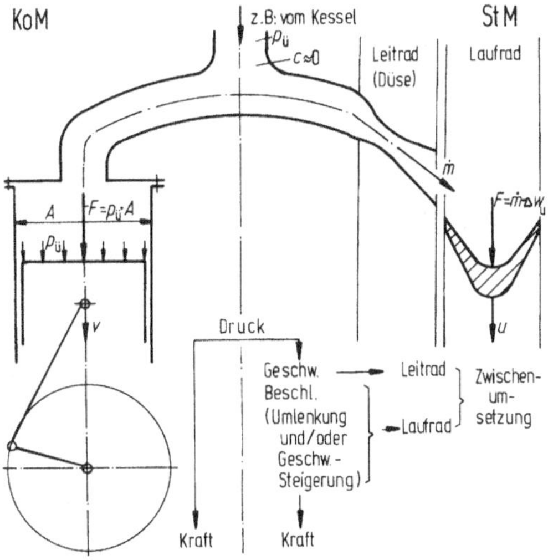

Bild 1-8 Vergleich Kolbenmaschine (KoM) – Strömungsmaschine (StM); prinzipiell dargestellt Motor und Turbine (mit LAVAL-Düse)

Bei den nach dem sog. **Verdrängerprinzip** – statisches Prinzip – arbeitenden **Kolbenmaschinen** wirkt der Fluiddruck direkt auf die Kolbenfläche. Die entsprechend der Kolbenfläche vorhandene Kraft überträgt zusammen mit dem Kolbenweg die Energie zwischen Fluid und Maschine.

Turbomaschinen, die nach dem **Strömungsprinzip** – dynamisches Prinzip – wirken, erfordern Zwischenumsetzung. Das bei Turbinen – bei Turbopumpen umgekehrt – unbedingt notwendige Umsetzen des Druckes in Geschwindigkeit sowie anschließende Beschleunigung des Fluids durch Umlenken und/oder weitere Geschwindigkeitssteigerung verursacht zusätzliche Verluste. Der innere Wirkungsgrad der Strömungsmaschinen ist deshalb fast immer kleiner als der von Kolbenmaschinen. Der mechanische Wirkungsgrad von Turbomaschinen (bis 99,7 %) dagegen ist in der Regel wesentlich höher als der von Kolbenmaschinen (ca. 80 %). Dies begründet sich durch die Reibung zwischen Kolben und Zylinder sowie in dem meist notwendigen Kurbeltrieb. Die Rotationsbewegung der Strömungsmaschinen bedingt mechanische Reibung nur in den Lagern und Dichtungen der Welle.

Weitere wichtige Unterschiede der Strömungsmaschinen gegenüber den Kolbenmaschinen:

- Höhere Drehzahlen möglich. Bei Kreiselpumpen bis etwa 6000 l/min, bei Kreiselverdichtern bis ca. 30 000 l/min, bei Gasturbinen bis ca. 50 000 l/min und bei Sonderausführungen, den sog. Abgas-Turboladern, bis über 250 000 l/min; Ottomotore unter ca. 20 000 min^{-1} wegen der Verbrennung und Massenkräften.
- Niedrige Leistungsmasse, bis herab zu einem Zehntel.
- Niedrigere Drücke.
- Kein direkter Kontakt zwischen Mediumstrom und Schmiermittel innerhalb der Maschine.
- Höhere Fluid-Temperaturen zulässig, da kein Schmiermittelkontakt. Deshalb keine Temperaturbegrenzung durch Verkokungsgefahr von Schmieröl (bei ca. 150 ... 250 °C) und flexiblen Dichtungsmaterialien.
- Geringere Betriebs- und Wartungskosten. Keine hin- und hergleitenden Teile sowie Ventile. Deshalb geringerer Verschleiß und weniger Schmiermittel notwendig (nur für die Lager!).
- Verarbeitung von Dickstoffen sowie verschmutzten oder feststoffhaltigen Fluiden u. Ä. möglich.
- Kein unterbrochener, sondern gleichmäßiger Fluidstrom und Leistungsfluss.
- Kein Massenausgleich notwendig.

Hauptgrößen zur Berechnung sind, wie erläutert, bei

- Strömungsmaschinen, Leistung bis ca. 2 000 MW: Mengenstrom und Strömungsgeschwindigkeit des Fluids sowie die Umfangsgeschwindigkeit des Laufrades.
- Kolbenmaschinen, Leistung bis ca. 100 MW: Fluiddruck, Zylindervolumen (Kolbenfläche, Kolbenhub) und Drehzahl der Maschine.

2 Strömungsverhältnisse

2.1 Zusammengesetzte Strömungen

2.1.1 Grundsätzliches

Die Gesamtströmung in Turbomaschinen kann zerlegt werden in zwei Teilströmungen, und zwar in eine Kreis- und eine Transportbewegung. Dabei bestimmt die Kreisbewegung hauptsächlich den Energieumsatz und die Transportströmung den Mengendurchsatz.

Die Transportbewegung erfolgt bei

- Radialmaschinen radial, also senkrecht zur Welle, und zwar in
  - Pumpen radial nach außen (Quelle)
  - Turbinen radial nach innen (Senke)
- Axialmaschinen axial, also parallel zur Welle.

Da Geschwindigkeiten Vektoren sind, muss das Zusammenfassen von Komponenten oder Zerlegen in Komponenten wie bei Kräften vektoriell (geometrisch) erfolgen. Zusammengesetzte Strömungen

- entstehen deshalb durch vektorielle Überlagerung (Superposition) von Teilströmungen,
- sind durch vektorielles Zerlegen in Teil-, d. h. Komponentenströmungen aufspaltbar.

Die Strömungsaufteilung bzw. -zusammenfassung ist zum Untersuchen und Darstellen komplizierter Strömungsvorgänge sehr vorteilhaft.

2.1.2 Radialrotationshohlräume

2.1.2.1 Vorbemerkungen

Wichtige Strömungen in Radialrotationshohlräumen sind bei:

Idealem Fluid ($\nu = 0$, d. h. reibungsfrei)

- *Wirbelquelle*: Überlagerung von reibungsfreier Kreisströmung (Potenzialwirbel) und Quellenströmung.
- *Wirbelsenke*: Superposition von Potenzialwirbel mit Senkenströmung.

Realem Fluid (Viskosität $\nu \neq 0$, d. h. $\nu > 0$, also reibungsbehaftet)

- Überlagern von reibungsbehafteter Kreisströmung mit Quellen- bzw. Senkenströmung.

In Bild 2-1 ist die Überlagerung von Quellenströmung (Geschwindigkeit c_m) und Kreisströmung (Geschwindigkeit c_u) zur Gesamtströmung (Geschwindigkeit c) in einem Radialrotationshohlraum dargestellt, also ohne Einbauten und somit keine Wirkung (Kraft) auf die Fluidströmung (Drallkonstanz).

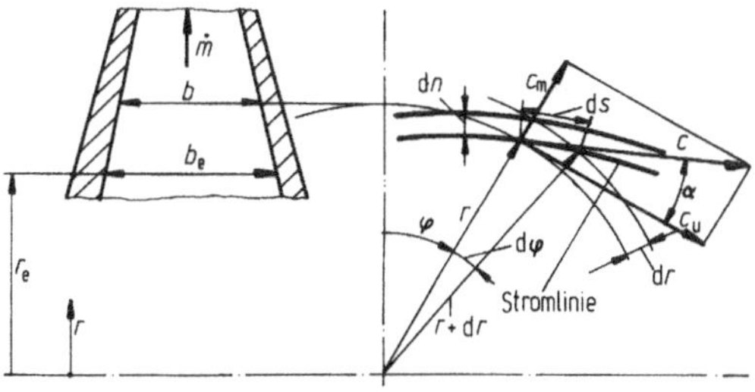

Bild 2-1 Strömung im Radialrotationshohlraum (e ... ein). Eingetragen zwei Stromlinien im Abstand dn

Mithilfe von Bild 2-1 sind die Summenströmungen der verschiedenen Fluidtypen aufzeigbar.

2.1.2.2 Reibungsfreie Strömungen

Wirbelquelle

Quellenströmung: Aus der Durchflussgleichung

$$\dot{m} = \varrho \cdot \dot{V} = \varrho \cdot A_m \cdot c_m = \varrho \cdot 2 \cdot r \cdot \pi \cdot b \cdot c_m$$

ergibt sich, da c_m senkrecht zu $A_m = 2 \cdot r \cdot \pi \cdot b$, zwingend:

$$c_m = \frac{\dot{m}}{2 \cdot \pi} \cdot \frac{1}{\varrho \cdot b \cdot r} \tag{2-1}$$

Potenzialwirbel: Aus Drallsatz ($\sum \dot{L} - \sum T = 0$) folgt, da $\sum T = 0$ somit auch $\dot{L} = 0$, weshalb dann $L = m \cdot r \cdot c_u =$ konst. Da auch $m =$ konst, ergibt den sog. **Flächensatz**:

$$c_u \cdot r = \text{konst} \rightarrow c_u = \text{konst}/r \quad \text{oder} \tag{2-2}$$

$$c_u \cdot r = c_{e,u} \cdot r_e \rightarrow c_u = c_{e,u} \cdot r_e / r \tag{2-3}$$

Überlagerung: Mit Beziehungen (2-1) und (2-3)

$$c = \sqrt{c_m^2 + c_u^2} = \frac{1}{r} \cdot \sqrt{\left(\frac{\dot{m}}{2 \cdot \pi \cdot \varrho \cdot b}\right)^2 + (c_{e,u} \cdot r_e)^2} \tag{2-4}$$

$$\tan \alpha = \frac{c_m}{c_u} = \frac{\dot{m}}{2 \cdot \pi \cdot \varrho \cdot b} \cdot \frac{1}{c_{e,u} \cdot r_e} = \frac{\dot{m}}{2 \cdot \pi \cdot c_{e,u} \cdot r_e} \cdot \frac{1}{\varrho \cdot b}$$

und da $\dot{m} =$ konst, wird:

$$\tan \alpha = \text{konst}/(\varrho \cdot b) \tag{2-5}$$

Sonderfall: $b = b_e =$ konst (parallelwandiger Kanal) und $\varrho =$ konst (inkompressibles Fluid). Hierfür:

$$\alpha = \text{konst} \tag{2-6}$$

Radialkurven mit Umfangswinkel (Steigungswinkel) α = konst werden als *logarithmische Spiralen* bezeichnet (Bild 2-2).

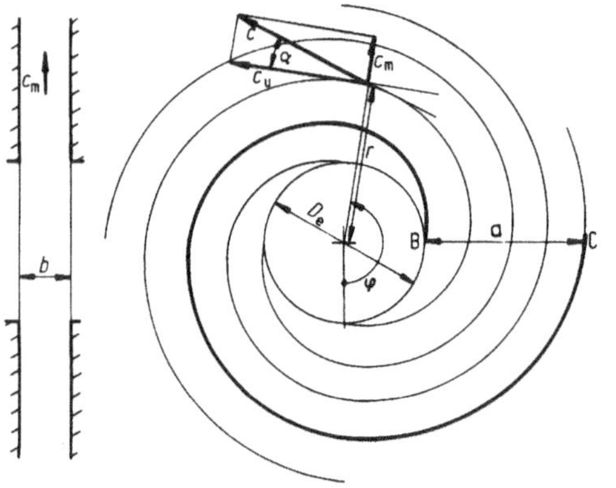

Bild 2-2 Stromlinienverlauf der Wirbelquelle in parallelwandigem Radialrotationshohlraum (b = konst). Stromlinie B–C bei 360° Umlaufwinkel

Wirbelsenke:

Senkenströmung: Strömungsrichtung umgekehrt zu der in Bild 2-2 für die Quellenströmung eingetragen, also c_m und dazugehörend $\dot{m}$ entgegengesetzt gerichtet.

Potenzialwirbel: Wie bei Wirbelquelle.

Superposition: Beziehungen von Wirbelquelle gültig, Stromlinien verlaufen jedoch spiegelbildlich.

2.1.2.3 Reibungsbehaftete Strömungen

Überlagerung von reibungsbehafteter Kreisströmung mit Quellen- bzw. Senkenströmung. Könnte auch als *reibungsbehaftete Wirbelquelle* bzw. *Wirbelsenke* bezeichnet werden.

Quellen- bzw. Senkenströmung: Strömungsgeschwindigkeit c_m nach Durchflussbedingung ausschließlich durch den Massenstrom $\dot{m}$ und Querschnitt bestimmt. Die Strömungsreibung beeinflusst deshalb die Radialgeschwindigkeit c_m nicht, sodass Gl. (2-1) allgemein gilt.

Reibungsbehaftete Kreisströmung: Infolge des durch Strömungsreibung bedingten Widerstandes ist bei realen Fluiden der Drall $m \cdot c_u \cdot r$ bzw. der spezifische Drall, das sog. **Geschwindigkeitsmoment** $c_u \cdot r$ nicht mehr konstant. Nach der Formel von DARCY [3] gilt für die infinitesimale Verlustenergie $\mathrm{d}Y_V$ entlang des differenziellen Wegelementes $\mathrm{d}s$ (Bild 2-1):

$$\mathrm{d}Y_V = \lambda \cdot (\mathrm{d}s/D_{gl}) \cdot c^2/2$$

Mit dem gleichwertigen Durchmesser D_{gl} aus Querschnitt $A = b \cdot \mathrm{d}n$ und fluidbenetztem Wandumfang $U = 2 \cdot \mathrm{d}n$

$$D_{gl} = 4 \cdot A/U = (4 \cdot b \cdot \mathrm{d}n)/(2 \cdot \mathrm{d}n) = 2 \cdot b$$

erhält die differenzielle spezifische Verlustarbeit $\mathrm{d}Y_V$ die Form:

$$\mathrm{d}Y_V = \lambda \cdot \frac{\mathrm{d}s}{2 \cdot b} \cdot \frac{c^2}{2}$$

Diese Reibungsarbeit verursacht einen Druckverlust, der sich nach dem Druckfortpflanzungsgesetz (PASCAL) nur in radialer Richtung auswirken kann. Das bedeutet, auf jeder Parallelkreislinie ist der Druck jeweils konstant, während er in radialer Richtung entsprechend durch den sog. **Reibungsdruckverlust** vermindert wird. Wegen der Achsensymmetrie und fehlender Begrenzung entsprechend Austrittsströmung äußert sich der Reibungsverlust jedoch in einer Geschwindigkeitseinbuße. Die Umfangsgeschwindigkeit c_u der reibungsbehafteten Kreisströmung verkleinert sich deshalb nach außen stärker, als dem Flächensatz (Satz vom konstanten Drall) entspricht. Wie zuvor begründet, bleibt nur die Radialkomponente c_m von der Reibung unbeeinflusst.

Aufgrund dieser Überlegung kommt PFLEIDERER [29] nach längeren Ableitungen zu dem von ihm als **Flächensatz der reibungsbehafteten Strömung** oder kurz als **erweiterten Flächensatz** bezeichneten Beziehung:

$$\frac{1}{r \cdot c_u} - \frac{1}{r_e \cdot c_{e,u}} = \pm \frac{\lambda \cdot \pi \cdot \varrho_e}{2 \cdot \dot{m}} \cdot (r - r_e) \qquad (2\text{-}7)$$

Hierbei: *Index* e für Eintritt (Anfang)

- *Oberes Vorzeichen* (Pluszeichen) für radial nach außen gerichtete Strömung, d. h. Quelle (Pumpenströmung). Gemäß Strömungsrichtung hier $r \geqq r_e$.
- *Unteres Vorzeichen* (Minuszeichen) für radial nach innen gerichtete Strömung, d. h. Senke (Turbinenströmung). Analog zur Strömungsrichtung ist deshalb hier $r \leqq r_e$.

Die **Widerstandsziffer** λ ist bei Strömungen nach außen (Pumpen) größer als nach innen (Turbinen).

Begründung: Nach außen, d. h. mit zunehmendem r, erweitert sich (auch bei b = konst) der Querschnitt $A = 2 \cdot r \cdot \pi \cdot b$. Es liegt also Diffusorströmung (Drucksteigerung) vor, bei der infolge Grenzschichtanhäufung große Ablösungsgefahr mit Wirbelbildung besteht, also höhere Verluste.

Bei der Fließrichtung nach innen dagegen handelt es sich um Düsenströmung (Druckabbau), die wegen Strömungsbeschleunigung verlustärmer ist.

Nach Versuchsergebnissen gilt lt. PFLEIDERER für:

- *Pumpenströmung* (nach außen gerichtet): $\lambda \approx 0{,}04$
- *Turbinenströmung* (nach innen gerichtet): $\lambda < 0{,}04$; meist $\lambda \approx 0{,}02 \ldots 0{,}03$

Bei $\lambda = 0$ (ideale Strömung) geht der erweiterte Flächensatz nach Gl. (2-7) notwendigerweise in Gl. (2-3), den (reibungsfreien oder nichterweiterten) Flächensatz über.

Beziehung (2-7) bestätigt, dass das Geschwindigkeitsmoment $r \cdot c_u$ mit zunehmendem Reibungsweg entsprechend $(r - r_e)$ kleiner wird. Dagegen beeinflusst die Kanalbreite b die Abnahme des Geschwindigkeitsmomentes nicht. Die Begründung liegt, wie schon dargestellt, darin, dass die Kanalbreite über das Durchflussgesetz nur die Radialkomponente c_m, nicht jedoch die Umfangskomponente c_u der Geschwindigkeit c beeinflusst. Die Strömungsreibung kann sich deshalb nicht auf c_m, sondern nur auf c_u auswirken.

Wird Gl. (2-7) mit dem Massenstrom $\dot{m}$ durchmultipliziert und nach dem Durchflussgesetz ersetzt

- im ersten Glied $\dot{m} = \varrho \cdot \dot{V} = \varrho \cdot c_m \cdot A_m = \varrho \cdot c_m \cdot 2 \cdot r \cdot \pi \cdot b$
- im zweiten Glied $\dot{m} = \varrho_e \cdot \dot{V}_e = \varrho_e \cdot c_{e,m} \cdot A_{e,m} = \varrho_e \cdot c_{e,m} \cdot 2 \cdot r_e \cdot \pi \cdot b_e$

führt dies zu:

$$\frac{\dot{m}}{r \cdot c_u} - \frac{\dot{m}}{r_e \cdot c_{e,u}} = \pm \frac{\lambda \cdot \pi \cdot \varrho_e}{2} \cdot (r - r_e)$$

$$\frac{c_m}{c_u} \cdot \varrho \cdot b - \frac{c_{e,m}}{c_{e,u}} \cdot \varrho_e \cdot b_e = \pm \frac{\lambda \cdot \varrho_e}{4} \cdot (r - r_e) \quad (2\text{-}8)$$

Den Neigungswinkel α der Stromlinien gegenüber der Umfangsrichtung bzw. $\tan \alpha = c_m / c_u$ am beliebigen Radius r und bei r_e eingeführt, ergibt letztlich:

$$\varrho \cdot b \cdot \tan \alpha - \varrho_e \cdot b_e \cdot \tan \alpha_e = \pm \frac{\lambda \cdot \varrho_e}{4} \cdot (r - r_e) \quad (2\text{-}9)$$

Für den Regelfall: $\varrho_e \approx \varrho \approx$ konst, Flüssigkeiten oder Gase (Dämpfe) bei relativ geringer Druckänderung, geht Gl. (2-9) über in die meistbenützte Form:

$$b \cdot \tan \alpha - b_e \cdot \tan \alpha_e = \pm \frac{\lambda}{4} \cdot (r - r_e) \quad (2\text{-}10)$$

$$\tan \alpha = \frac{b_e}{b} \cdot \tan \alpha_e \pm \frac{\lambda}{4} \cdot \frac{r}{b} \cdot \left(1 - \frac{r_e}{r}\right) \quad (2\text{-}11)$$

Sonderfall: $b = b_e =$ konst, also gleich bleibende Kanalbreite. Hierfür gehen die Gleichungen (2-10) und (2-11) für $\varrho =$ konst über in:

$$\tan \alpha - \tan \alpha_e = \pm \frac{\lambda}{4 \cdot b} \cdot (r - r_e) \quad (2\text{-}12)$$

$$\tan \alpha = \tan \alpha_e \pm \frac{\lambda}{4} \cdot \frac{r}{b} \cdot \left(1 - \frac{r_e}{r}\right) \quad (2\text{-}13)$$

Diese Beziehungen für reale Strömung treten je nach Anwendungsfall an die Stelle der zugehörigen Ausdrücke für ideale Strömung (Gl. (2-5) bzw. (2-6)). Im Gegensatz zur konstanten Steigung der logarithmischen Spiralen nach Gl. (2-6) sind die Stromlinien nach Gl. (2-13) Spiralen mit in Strömungsrichtung zunehmender Steigung, was BROECKER[1)] experimentell nachwies.

2.1.3 Beliebige rotationssymmetrische Kanäle

Nach PFLEIDERER können die Beziehungen, Gln. (2-9) bis (2-13) auf die reale Strömung in beliebigen achsensymmetrischen Kanälen (Bild 2-3) angewendet werden, wenn $(r - r_e)$ durch die Länge des Strömungsweges L im Quer- oder Radialschnitt, dem sog. Meridianschnitt ersetzt wird. Da die Länge L stets positiv ist, fällt der Vorzeichenwechsel hierbei weg. Dann gehen die Gln. (2-9) bis (2-13) über in:

Allgemein:

$$\varrho_a \cdot b_a \cdot \tan \alpha_a - \varrho_e \cdot b_e \cdot \tan \alpha_e = \varrho_e \cdot L \cdot \lambda / 4 \quad (2\text{-}14)$$

Mit der Widerstandsziffer $\lambda = 0{,}03 \ldots 0{,}04$

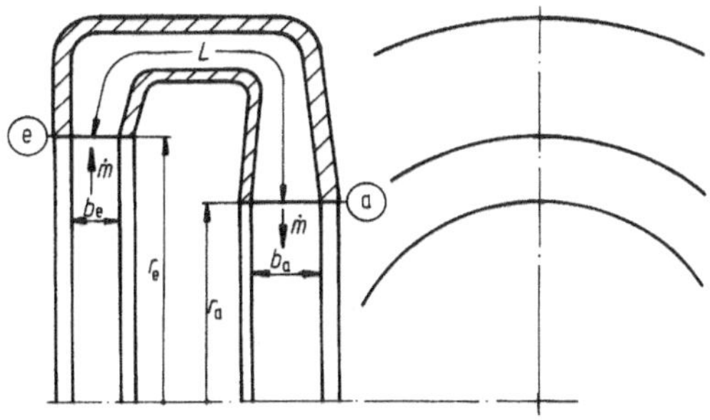

Bild 2-3 Rotationshohlraum mit beliebigem Querschnittsverlauf. Index e … Kanaleintritt, a … Kanalaustritt

[1)] BROECKER, E.: VDI-Berichte 3 (1955), S. 110

Regelfall: $\varrho \approx$ konst ($\varrho_a \approx \varrho_e \approx \varrho$)

$$b_a \cdot \tan \alpha_a - b_e \cdot \tan \alpha_e = L \cdot \lambda / 4 \qquad (2\text{-}15)$$

Sonderfall: $b =$ konst ($b_a = b_e = b$), Kanal gleich bleibender Breite und bei $\varrho =$ konst:

$$\tan \alpha_a - \tan \alpha_e = \frac{\lambda}{4} \cdot \frac{L}{b} \qquad (2\text{-}16)$$

Bei mehrstufigen Radialmaschinen (KP, KV) werden solche achsensymmetrischen Kanäle als sog. schaufellose Ringräume (Umlenkräume) zwischen Leit- und Rückführeinrichtung angewendet.

2.1.4 Axialrotationshohlräume

Die Strömung in Axialrotationshohlräumen (Bild 2-4) ist, da entlang der Stromlinien jeweils $r =$ konst, wesentlich einfacher als in Radialrotationshohlräumen.

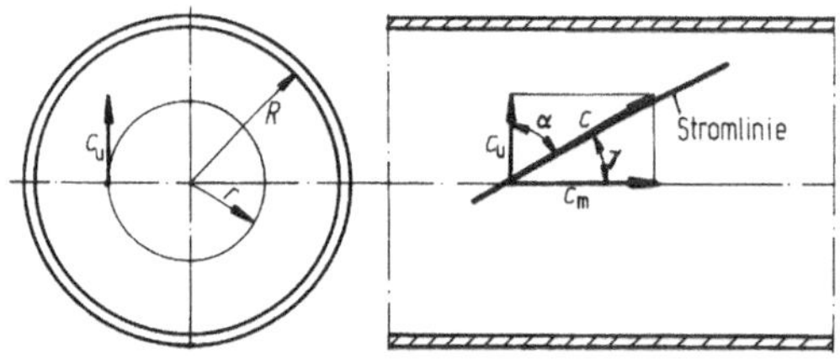

Bild 2-4 Axialrotationshohlraum

Die Gesamtströmung (Geschwindigkeit c) folgt wieder durch Überlagern der Umfangsströmung (Geschwindigkeit c_u) mit der Axialströmung (Geschwindigkeit c_m). Dabei ergibt sich eine Schraubenbewegung mit dem Steigungswinkel α bzw. der Steigung $\tan \alpha = c_m / c_u$, zugehörig zum Radius r.

In einem Kreiszylinder von gleich bleibendem Radius ($r =$ konst mit $r \leqq R$) bleibt

- bei idealer Strömung der Steigungswinkel der Stromlinien jeweils unverändert ($\alpha =$ konst), weil sich die Geschwindigkeitskomponenten in axialer (c_m) und tangentialer Richtung (c_u) entlang dem Fließweg nicht ändern.
- bei realer Strömung wird der Steigungswinkel α mit zunehmendem Strömungsweg ständig größer und geht deshalb letztlich gegen 90° ($\alpha \to 90°$, $\gamma \to 0°$), d. h., die Bewegung verläuft achsparallel. Während die Axialgeschwindigkeit c_m (Meridiankomponente) durch das Durchflussgesetz bestimmt ($c_m = \dot{V}/A_m = \dot{V}/(R^2\pi)$) und deshalb konstant bleibt sowie unabhängig vom Radius r ist, verringert sich die Tangentialgeschwindigkeit c_u (Umfangskomponente) infolge Strömungsreibung fortlaufend mit der Weglänge.

2.2 Relativbewegung

Bewegen sich zwei Stoffe S1 und S2 (Bild 2-5) mit verschiedenen Geschwindigkeiten (nach Größe, d. h. Betrag und/oder Richtung) bezüglich eines Koordinatensystems oder eines dritten Stoffes, besteht zwischen ihnen eine **Relativbewegung**.

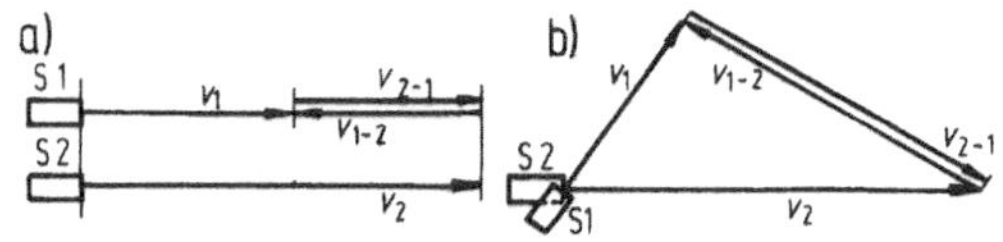

Bild 2-5 Bewegungsverhältnisse
v_1, v_2 Absolutgeschwindigkeiten; v_{1-2}, v_{2-1} Relativgeschwindigkeiten; a) Parallele Bewegung. b) Schiefe Bewegung

Absolutgeschwindigkeit: Geschwindigkeit eines Stoffes gegenüber einem ruhenden Bezugssystem. Für Betrachtungen im Strömungsmaschinenbau ist dies die als ruhend angesehene Erde bzw. Umgebung.

Relativgeschwindigkeit: Geschwindigkeit eines Stoffes gegenüber einem anderen, der sich in der Regel ebenfalls bewegt.

In Bild 2-5, das zwei Bewegungsfälle darstellt, sind:

v_{1-2} die Relativgeschwindigkeit von Stoff S1 gegenüber Stoff S2

v_{2-1} die Relativgeschwindigkeit von Stoff S2 gegenüber Stoff S1

Da Geschwindigkeiten Vektoren sind, müssen sie vektoriell zusammengefasst werden. In Bild 2-5 gilt:

$$\vec{v}_1 = \vec{v}_2 + \vec{v}_{1-2} \qquad \text{und} \qquad \vec{v}_2 = \vec{v}_1 + \vec{v}_{2-1}$$

mit

$$|\vec{v}_1| = v_1; \quad |\vec{v}_2| = v_2$$

$$|\vec{v}_{1-2}| = v_{1-2} = v_{2-1} = |\vec{v}_{2-1}|$$

2.3 Energiegleichung der Relativströmung

Laufradströmungen sind Relativbewegungen. Das Fluid strömt in jeder Turbomaschine mit der Geschwindigkeit w gegenüber dem sich mit der Umfangsgeschwindigkeit u drehenden Laufrad und somit relativ zu diesem. Die Geschwindigkeit w wird daher mit Relativgeschwindigkeit des Fluidstromes im Laufrad bezeichnet. Für diese Bewegung wird die Energiebilanz idealer Fluide, also reibungsfreier Strömung, aufgestellt. Die sich ergebende sog. **Energiegleichung der Relativströmung** ist zur Berechnung und Interpretation der Fluiddurchflüsse von Laufrädern vorteilhaft.

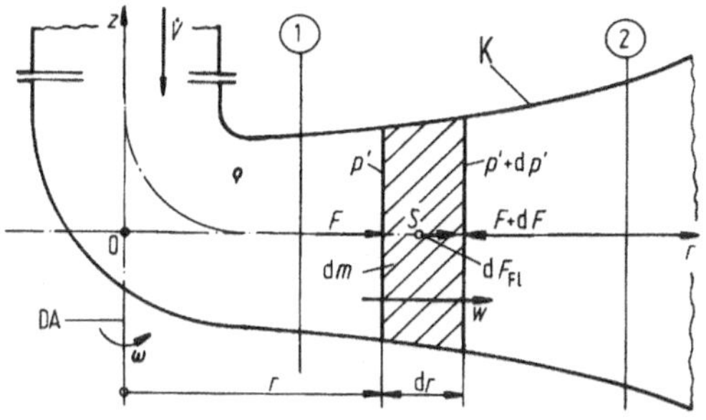

Bild 2-6 Strömung in rotierendem Kanal (Relativströmung)

Für die Herleitung der Energiegleichung der Relativströmung wird von folgender Problemstellung ausgegangen:

Gesucht: Druck als Funktion vom Radius, $p = f(r)$, in fluiddurchströmtem, um die Drehachse DA mit konstanter Winkelgeschwindigkeit (ω = konst) rotierendem Kanal K (Bild 2-6).

Da Drücke und Energien Skalare sind, ergeben sich die Gesamtwerte durch skalare (algebraische) Addition. Das Problem ist deshalb einfach in zwei Teilprobleme aufteilbar. Das Ergebnis folgt dann durch arithmetische Superposition (Überlagerung) der beiden Einzellösungen. Dabei werden die Drücke der ersten Teillösung mit p', die der zweiten mit p'' und die der Gesamtlösung mit p bezeichnet.

a) *Teillösung 1:* Rotierendes (ω = konst) mit Fluid gefülltes Gefäß an Stelle ② verschlossen, also $w = 0$:

Das dynamische Kräftegleichgewicht nach D'ALEMBERT[1)] auf das Fluidmassenteilchen dm, unter Berücksichtigung der Fliehkraft $\mathrm{d}F_{\mathrm{Fl}}$ angewendet, ergibt in radialer Richtung:

$$\sum F_{\mathrm{r}} = 0: \quad F + \mathrm{d}F_{\mathrm{Fl}} - (F + \mathrm{d}F) = 0$$

Bei $A \approx$ konst, was innerhalb dr zulässig, da bei den infiniten (differenziellen) Größen $\mathrm{d}A \sim (\mathrm{d}r)^2$, also klein von zweiter Ordnung:

$$F = p' \cdot A \quad \text{und} \quad (F + \mathrm{d}F) = (p' + \mathrm{d}p') \cdot A$$

weshalb

$$\mathrm{d}F = \mathrm{d}p' \cdot A$$

Mit

$$\mathrm{d}F_{\mathrm{Fl}} = \mathrm{d}m \cdot \omega^2 \cdot r = \varrho \cdot A \cdot \mathrm{d}r \cdot \omega^2 \cdot r$$

folgt aus dem dynamischen Kräftegleichgewicht $\sum F_{\mathrm{r}} = 0$:

$$\mathrm{d}F_{\mathrm{Fl}} = \mathrm{d}F$$

$$\varrho \cdot A \cdot \mathrm{d}r \cdot \omega^2 \cdot r = \mathrm{d}p' \cdot A$$

Hieraus

$$\mathrm{d}p' = \varrho \cdot \omega^2 \cdot r \cdot \mathrm{d}r$$

Diese Differenzialgleichung (Dgl.) für $p' = f(r)$ bei inkompressiblem Fluid (ϱ = konst) unbestimmt integriert, führt zu

$$\int \mathrm{d}p' = \varrho \cdot \omega^2 \cdot \int r \cdot \mathrm{d}r$$

$$p' = \varrho \cdot \omega^2 \cdot r^2/2 + C$$

$$p'/\varrho - (\omega \cdot r)^2/2 = C/\varrho$$

Mit der Umfangsgeschwindigkeit $u = r \cdot \omega$ und der Konstanten konst $= C/\varrho$ ergibt sich letztlich allgemein als erste Teillösung

$$p'/\varrho - u^2/2 = \text{konst} \tag{2-17}$$

Oder zwischen den Grenzen, Stelle ① und beliebiger Stelle längs der Koordinate r:

$$p'/\varrho - u^2/2 = p_1'/\varrho - u_1^2/2 = \text{konst} \tag{2-18}$$

Des Weiteren zwischen den Grenzen ① und ②:

$$p_1'/\varrho - u_1^2/2 = p_2'/\varrho - u_2^2/2 = \text{konst} \tag{2-19}$$

b) *Teillösung 2:* Gefäß steht still ($\omega = 0$) und ist an Stelle ② geöffnet, wird also vollständig vom Fluid mit der Relativgeschwindigkeit w durchströmt.

Für diesen Fall gilt die Energiegleichung der Absolutströmung idealer Fluide (BERNOULLI[2)]-Gleichung). Infolge waagrechter Anordnung ($z = 0$ bzw. z = konst) fallen die Höhenglieder weg.

Allgemein

$$p''/\varrho + w^2/2 = \text{konst} \tag{2-20}$$

1) D'ALEMBERT, JEAN (1717–1783)

2) BERNOULLI, DANIEL (1700–1782)

Zwischen Stelle ① und beliebiger Stelle längs der Koordinate r:

$$p''/\varrho + w^2/2 = p_1''/\varrho + w_1^2/2 = \text{konst} \tag{2-21}$$

Zwischen Stellen ① und ②

$$p_1''/\varrho + w_1^2/2 = p_2''/\varrho + w_2^2/2 = \text{konst} \tag{2-22}$$

c) *Gesamtlösung:* Durch Superposition der beiden Teillösungen:

$$p = p' + p''$$

Die Ausdrücke für p' und p'' aus Gl. (2-17) und Gl. (2-20) eingesetzt, die für $\varrho \approx$ konst gelten, ergibt:

$$p/\varrho = \text{konst} + u^2/2 + \text{konst} - w^2/2$$

$$p/\varrho + (w^2 - u^2)/2 = \text{konst} \tag{2-23}$$

Diese Beziehung (2-23) wird als **Energiegleichung der Relativströmung** idealer, d. h. reibungsfreier inkompressibler Fluide bezeichnet.

Gleichung (2-23) zwischen Stelle ① und einer beliebigen Stelle längs der Koordinate r angewendet:

$$p/\varrho + (w^2 - u^2)/2 = p_1/\varrho + (w_1^2 - u_1^2)/2 = \text{konst} \tag{2-24}$$

Zwischen Stellen ① und ② mit $\Delta = (2) - (1)$

$$p_1/\varrho + (w_1^2 - u_1^2)/2 = p_2/\varrho + (w_2^2 - u_2^2)/2 = \text{konst} \tag{2-25}$$

$$\Delta(p/\varrho) = \Delta[(u^2 - w^2)/2] \tag{2-26}$$

Sonderfall: $u =$ konst, also entlang eines Parallelkreises ($r =$ konst). Dafür ergibt Gl. (2-23)

$$p/\varrho + w^2/2 = \text{konst} \tag{2-27}$$

Die Beziehung entspricht der BERNOULLI-Gleichung für die waagrechte Ebene ($z =$ konst), wobei allerdings mit der Relativgeschwindigkeit w zu rechnen ist, statt, wie normalerweise der Fall, mit der Absolutströmungsgeschwindigkeit c. Die Gleichung ergibt deshalb nur den Zusammenhang zwischen zwei Punkten, die auf einer Kreislinie liegen, sagt jedoch nichts über die spezifische Gesamtenergie an diesen Stellen aus.

In diesem Zusammenhang wird insbesondere auf [3] verwiesen, wo die Energiegleichung der Relativströmung ausführlich dargestellt und durch Beispiele unterlegt ist. Dichte $\varrho \neq$ konst (Gase/Dämpfe) erfordert dann entsprechendes Berücksichtigen (Gasdynamik [3]) bei Integration der anfänglichen Differenzialgleichung und bei Beziehung (2-20).

2.4 Instationäre Strömung

2.4.1 Grundsätzliches

Instationäre Strömungen sind solche, bei denen sich die Fluidgeschwindigkeit nicht nur mit dem Ort, d. h. dem Strömungsweg, sondern auch mit der Zeit verändert. Die Strömungsgeschwindigkeit ist somit eine Funktion von Ort und Zeit, $c = f(s,t)$. Solche Strömungen sind sehr kompliziert, kommen jedoch häufig vor. Sie treten in Strömungsmaschinen-Anlagen z. B. beim Regeln auf, d. h. beim Verändern des Durchsatzes (Volumenstromes $\dot{V}$) durch volles oder teilweises Öffnen und Schließen von Ventilen und damit Zu- oder Abschalten von Leitungen. Je schneller der Volumenstrom geändert wird, desto stärker werden, insbesondere bei inkompressiblen Fluiden, die dadurch verursachten dynamischen Wirkungen. Dies drückt sich in einem entsprechend steilen und starken Druckanstieg aus. Der geradezu schlagartige Druckanstieg, der beim plötzlichen teilweisen oder vollständigen Absperren bzw. Öffnen in Leitungen auftritt, wird als **Strom-** oder **Druckstoß** bezeichnet. Solche plötzlichen Drucksprünge können für Leitungen, die Flüssigkeiten führen, gefährlich werden, da festigkeitsmäßig nicht mehr beherrschbar. Um Bersten und sonstigen Schaden zu vermeiden, kann es notwendig sein, den Drucksprung durch entsprechende Maßnahmen in seiner Höhe zu begrenzen, z. B. indem druckstoßgefährdete Rohrsysteme nicht zu schnell abgesperrt werden können und Pumpen durch angebaute Schwungräder nach dem Abschalten drehzahlmäßig langsam „auslaufen".

2.4.2 Energiegleichung der instationären Strömung

Das D'ALEMBERT'sche Kräftegleichgewicht mithilfe des NEWTON'schen Aktions-Axioms auf instationäre inkompressible Strömungen angewendet und entlang des Strömungsweges integriert, führt zur **Energiegleichung der eindimensionalen instationären inkompressiblen Strömung**. Einfachheitshalber wird auf die Herleitung dieser Gleichung verzichtet und auf [3] verwiesen.

$$g \cdot z + \frac{p}{\varrho} + \frac{c^2}{2} + \int_{s_0}^{s} \frac{\partial c}{\partial t} \cdot \partial s = \text{konst} \tag{2-28}$$

Der Vergleich mit der Energiegleichung eindimensionaler stationärer inkompressibler Strömung, der BERNOULLI-Gleichung, zeigt, dass das Wegintegral des Ausdruckes $\partial c/\partial t$, der lokalen Beschleunigung, den instationären Anteil repräsentiert.

Bemerkung: Mithilfe des NEWTON'schen Grundgesetzes und der lokalen Beschleunigung kann der instationäre oder transiente Anteil (Index i) auch wie folgt interpretiert bzw. dargestellt werden:

Kraft: $\mathrm{d}F_\mathrm{i} = a_\mathrm{i} \cdot \mathrm{d}m = (\partial c/\partial t) \cdot \mathrm{d}m$
Energie: $\mathrm{d}E_\mathrm{i} = \mathrm{d}F_\mathrm{i} \cdot \mathrm{d}s = (\partial c/\partial t) \cdot \mathrm{d}m \cdot \mathrm{d}s$
spez. Energie: $\mathrm{d}e_\mathrm{i} = \mathrm{d}E_\mathrm{i}/\mathrm{d}m = (\partial c/\partial t) \cdot \mathrm{d}s$

Der Ausdruck $(\partial c/\partial t) \cdot \mathrm{d}s$ unter dem Integral in Gl. (2-28) ist somit die zur lokalen Beschleunigung notwendige Energie je Masseneinheit.

B 1 Fluidschwingung im U-Rohr (Bild 2-7). Ein oben offenes U-Rohr von konstantem Querschnitt ist bis zur Höhe H mit idealem Fluid gefüllt (Mittellage). Das Fluid wird aus der Ruhelage gebracht. Die Bewegungsgleichung des Fluids ist aufzustellen.

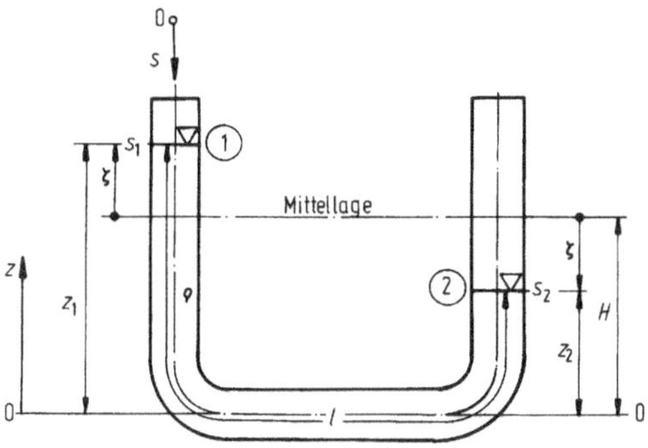

Bild 2-7 Fluidschwingung in U-Rohr

Es gilt: $p_1 = p_2 = p_\mathrm{b}$ (freie Oberfläche)

K ①–② $c_1 \cdot A_1 = c_2 \cdot A_2 = c \cdot A$;
da $A_1 = A_2 = A$ wird $c_1 = c_2 = c$

Damit folgt aus Gl. (2-28) für die Stellen ①–②:

$$g \cdot (z_1 - z_2) = \int_0^{s_2} (\partial c/\partial t) \cdot \partial s - \int_0^{s_1} (\partial c/\partial t) \cdot \partial s$$

mit $(z_1 - z_2) = 2 \cdot \zeta$ ergibt sich:

$$2 \cdot g \cdot \zeta = \int_{s_1}^{s_2} (\partial c/\partial t) \cdot \partial s$$

Da $A =$ konst zwischen s_1 und s_2, ist c und damit auch $\partial c/\partial t$ unabhängig von s. Dann wird:

$$2 \cdot g \cdot \zeta = (\partial c/\partial t) \cdot \int_{s_1}^{s_2} \partial s$$

Integriert: $2 \cdot g \cdot \zeta = (\partial c/\partial t) \cdot s|_{s_1}^{s_2} = (\partial c/\partial t) \cdot \underbrace{(s_2 - s_1)}_{l}$

$l \ldots$ Länge der Flüssigkeitssäule im U-Rohr.

Da die Geschwindigkeit unabhängig vom Weg s und damit nur eine Funktion der Zeit ($c = f(t)$) ist, sind keine partiellen Differenziale mehr notwendig:

$$2 \cdot g \cdot \zeta = l \cdot \mathrm{d}c/\mathrm{d}t \qquad (2\text{-}29)$$

Nach Bild 2-7 gilt ($\zeta \uparrow\downarrow s$): $c = \mathrm{d}s/\mathrm{d}t = -\mathrm{d}\zeta/\mathrm{d}t$

Hieraus $\mathrm{d}c/\mathrm{d}t = \mathrm{d}^2 s/\mathrm{d}t^2 = -\mathrm{d}^2\zeta/\mathrm{d}t^2$

In Gl. (2-29) ergibt

$$\mathrm{d}^2\zeta/\mathrm{d}t^2 + (2 \cdot g/l) \cdot \zeta = 0 \qquad (2\text{-}30)$$

Gleichung (2-30) ist die Differenzialgleichung der instationären reibungsfreien Bewegung inkompressiblen Fluids in einem U-Rohr konstanten Querschnittes. Es handelt sich dabei um die Differenzialgleichung einer einfachen ungedämpften harmonischen Schwingung. Das Integral (Lösung) dieser Gleichung ist daher:

$$\zeta = \hat{A} \cdot \sin(\omega t) \qquad (2\text{-}31)$$

$\hat{A} \ldots$ Amplitude, der größte Schwingungsausschlag ζ_max um die Gleichgewichtslage $z = H$
$\omega \ldots$ Kreisfrequenz der Schwingung $\omega = \sqrt{2 \cdot g/l}$

Die Schwingungsdauer beträgt

$$T = 2 \cdot \pi/\omega = 2 \cdot \pi \cdot \sqrt{l/(2 \cdot g)}$$

Bei idealem Fluid, wie hier zugrunde gelegt, dauert die Schwingung unendlich lange, kommt also nicht zur Ruhe. Der maximale Schwingungsausschlag, die Amplitude $\hat{A}$, bleibt unverändert (konstant). Bei realen Fluiden und deshalb reibungsbehafteter Bewegung ergibt sich eine gedämpfte Schwingung, wobei die Amplitude nach einer Exponentialfunktion (e-Funktion) abklingt.

Derartige gedämpfte Schwingungen entstehen beispielsweise bei Störungen in der Zuleitung zwischen Oberwasser-See und Wasserschloss von Wasserturbinenanlagen. Das vermeidet nennenswerte zusätzliche Druckbelastungen in den dort meist vorhandenen Fels- bzw. Betonstollen.

Kritische Störungen sind, wie erwähnt, schnelles oder gar plötzliches Schließen der Druckwasser-Zuleitung am Ausgangsende, das bei plötzlichem Lastabfall der Turbine notwendig werden kann. Wegen der dabei in der Stahl-Druckrohrleitung auftretenden zusätzlichen Druck-Belastungen wird auf den folgenden Abschnitt „Druckstoß" verwiesen.

2.4.3 Druckstoß

2.4.3.1 Vorbetrachtungen

Durch Steuerungs- und Regelungsvorgänge ausgelöste Durchflussänderungen haben Geschwindigkeitsänderungen, also Fluidbeschleunigung, zur Folge. Je nach Fluiddichte sowie Höhe der Beschleunigung ist nach dem NEWTON'schen Grundgesetz die dynamische Kraft und damit die auftretende Druckänderung mehr oder weniger groß. Jede Änderung der Strömungsgeschwindigkeit ruft somit in einem Rohrleitungssystem Druckschwankungen hervor, die bei den schweren volumenbeständigen Fluiden (Flüssigkeiten) technisch kaum noch beherrschbare Werte erreichen können. Bei den leichten kompressiblen Fluiden, den Gasen und Dämpfen, sind sie meist bedeutungslos. Die auftretenden Druckänderungen müssen beim Bemessen der einzelnen Komponenten der Anlage und beim Regelverhalten berücksichtigt werden.

Infolge der Elastizität von Fluid und Rohrwerkstoff pflanzen sich die Druckschwankungen mit einer für das System charakteristischen Geschwindigkeit in der Rohrleitung fort, der sog. Lauf- oder Fortpflanzungsgeschwindigkeit der Druckwelle. Das ist die Schallgeschwindigkeit im Fluid unter den im Rohr herrschenden Bedingungen.

Diese Druckwelle mit allen Nebenerscheinungen, welche bei schnellen Geschwindigkeitsänderungen auftreten, z. B. beim kurzfristigen oder gar plötzlichen Ganz- oder Teilschließen von Rohrleitungen, werden als **Druckstoß**, **Stromstoß** oder **Wasserschlag** (Fluidschlag) [11] bezeichnet.

Druckwellen reflektieren an allen Reflexionsstellen eines Rohrsystems, und zwar Überdruckwellen als Unterdruckwellen bzw. umgekehrt. Reflexionsstellen sind Rohrstellen, an denen sich die Geschwindigkeit nach Betrag und/oder Richtung ändert. Die Überlagerung (Superposition) aller Wellen (Ausgangswelle und alle reflektierten) ergeben die Momentanwerte des gesamten Drucksprunges und der Geschwindigkeit an der untersuchten Stelle.

Die häufigsten Ursachen für das Auftreten von Druckstoßerscheinungen in Rohrsystemen sind:

- zu rasches Füllen
- Inbetriebnahme nach der Füllung
- Stillsetzen, d. h. Außerbetriebnahme
- zu rasches Entleeren, z. B. durch Bruchstelle
- zu schnelles Stillsetzen von Pumpenaggregaten, z. B. infolge Ausfall der Antriebsmaschine
- intermittierendes Fördern der Pumpen, beispielsweise wegen falscher Auslegung oder schlechter Entlüftung.

Die Druckstoßgefahr muss beim Auslegen von Rohrleitungssystemen untersucht werden. Falls die Berechnung Drucksprünge ergibt, die technisch nicht mehr sinnvoll beherrschbar sind, ist durch das Einbauen von Druckschwankungssicherungen der Anlagenbetrieb unterhalb des zulässigen Druckes der installierten Einrichtungen zu gewährleisten.

Fünf Verfahren werden zur rechnerischen/zeichnerischen Untersuchung des Druckstoßproblems, dessen exakte analytische Lösung ziemlich verwickelt ist, angewendet:

- **Abschätzen** des maximal auftretenden Druckanstieges mit dem Gesetz von JOUKOWSKY.
- **Grafische Methode** nach SCHNYDER-BERGERON. Sehr anschauliches Verfahren. Anwendbar ohne exakte Kenntnis seiner theoretischen Grundlagen. Vermittelt eine klare Vorstellung der Vorgänge. Setzt den Konstrukteur in die Lage, praktische Probleme näherungsweise schnell zu lösen.
- **Charakteristiken-Methode**. Geeignet zur regeltechnischen Berechnung von Rohrsystemen mittels elektronischer Rechenanlagen.
- **Frequenzgang-Methode** (Impedanz-Verfahren). Vorteilhaft für regeltechnische Stabilitätsuntersuchungen mit dem Computer.
- **Numerische Verfahren:** Aufstellen vereinfachter mathematischer Modelle des Rohrsystems und Auswerten der sich ergebenden transienten partiellen Differenzialgleichungen durch numerische Methoden (Finit-Verfahren) mithilfe von leistungsfähigen Elektronenrechnern.

Aus Platzgründen wird hier nur auf die Abschätzung der Druckstoß-Stärke nach dem Gesetz von JOUKOWSKY eingegangen und bezüglich anderer Verfahren auf die einschlägige Fachliteratur verwiesen (Schrifttum, Abschnitt 14).

2.4.3.2 Physikalischer Ablauf

Ein vereinfachtes Modell soll den Ablauf beim Druckstoßvorgang veranschaulichen:

Die in einer Rohrleitung strömenden Fluidteilchen jeden Querschnitts können als sich hintereinander bewegende, massebehaftete, elastische Körper betrachtet werden – wie bei einem Eisenbahnzug. Ein Zug lose gekoppelter Wagen soll auf einem Rangiergleis gegen einen Prellbock rollen.

Nach dem Aufprall des ersten Wagens laufen alle folgenden Wagen nacheinander jeweils so lange weiter, bis die Pufferkraft ausreicht, sie zum Halten zu bringen. Auf den bereits stehenden Teil des Zuges wirkt also die Kraft des Stoßes der fortwährend auflaufenden Wagen. Nach dem Auflaufen des letzten Wagens steht der gesamte Zug einen kurzen Moment. Sofort prallt jedoch der letzte Wagen wieder ab und entlastet dadurch den vorletzten. Dieser federt ebenfalls unter Druckentlastung seiner Puffer zurück. So löst sich ein Wagen nach dem anderen wieder. Die „Welle“, die Grenze zwischen dem stehenden und dem sich bewegenden Zugteil, läuft wieder nach vorn, d. h. in Richtung des Prellbocks.

Der analoge Vorgang vollzieht sich in einer Flüssigkeitsleitung, deren Absperrorgan relativ schnell oder gar plötzlich geschlossen wird. Die strömenden Fluidteilchen laufen vom Ventil aus beginnend aufeinander auf. Infolge ihrer Trägheitskraft setzen die auflaufenden Teilchen die davor liegenden unter Druck. Sie werden dadurch elastisch zusammengedrückt. Jedoch auch das Rohr wird durch die Drucksteigerung elastisch gedehnt. Durch die beiden Effekte, Fluidkompression und Rohrdehnung, wird Platz für die noch fließenden Teilchen geschaffen. Die entstehende Druckdifferenz an der Trennstelle zwischen den schon stehenden Teilchen und den sich noch bewegenden bringt dabei jeweils die angrenzenden zum Stillstand, die dann nach dem Aufschließen ebenfalls zusammengedrängt (verdichtet) werden. Die Kompressionsfront (Verdichtungs- oder Druckwelle) pflanzt sich entgegen der Fluidströmungsrichtung durch das Rohr fort, bis sie an dessen Anfang ankommt, wo keine weiteren Fluidteilchen mehr auflaufen. Dann löst sich, wie beim Zug geschildert, eine Teilchenfront (Querschnittsebene) nach der anderen wieder ab. Die Druckfront (Welle) bewegt sich jetzt entgegengesetzt, d. h. in Richtung der ursprünglichen Fluidströmungsrichtung. Dabei handelt es sich nun um eine Entspannungswelle, die zurückläuft, bis sie am Hahn angelangt ist. Dort können sich dann die abfließenden letzten Fluidteilchen vom Hahnabsperrquerschnitt lösen. Es entsteht ein fluid- und damit luftleerer Raum, zumindest jedoch ein Unterdruckgebiet. Durch diesen Unterdruck wird dann wieder eine Teilchenfront nach der anderen zum Stehen gebracht. Eine Verdünnungswelle läuft also bis zum Rohranfang zurück. Dann wird durch den Unterdruck wieder Flüssigkeit ins Rohr gesogen. Die Welle wird somit reflektiert zurückgeworfen. Schließlich ist der Anfangszustand wiederhergestellt.

Die Welle läuft so lange hin und her, bis sie durch Reibung genügend weit abgeschwächt ist, dass der Vorgang zum Stillstand kommt.

Der gesamte Ablauf ist in Bild 2-9 prinzipiell dargestellt.

2.4.3.3 Rohrleitung mit konstantem Querschnitt

Druckstoßgesetz[1] nach JOUKOWSKY

Auf JOUKOWSKY geht die Beziehung für den Drucksprung Δp beim Druckstoß zurück. Der Druckanstieg ist, wie zuvor ausgeführt, die bei plötzlichem Vermindern des Volumenstromes, z. B. durch momentanes Teilschließen des Absperrorgans (Bild 2-8), schlagartig auftretende Erhöhung über dem zuvor herrschenden Druck in der Rohrleitung. Der maximale Drucksprung Δp_{max} entsteht, wenn das Absperrorgan theoretisch plötzlich vollständig geschlossen und damit der Durchfluss unterbunden wird.

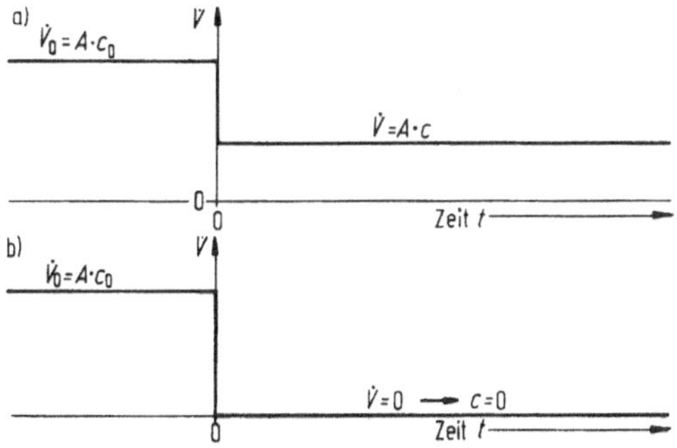

Bild 2-8 Sprungfunktion (theoretisch) für die Durchsatzänderung – Volumenstrom $\dot{V}(t)$ – bei Rohranlagen.
a) Teilschließen, $\dot{V}_0 \to \dot{V}$ zur Zeit $t = 0$
b) Vollschließen, $\dot{V}_0 \to 0$ zur Zeit $t = 0$

Die exakte Herleitung des Druckstoßgesetzes von JOUKOWSKY ist kompliziert und umfangreich. Die folgende vereinfachte Ableitung ist deshalb etwas unscharf, führt jedoch trotzdem zum richtigen Ergebnis. Die Gleichung folgt ebenfalls aus der Anwen-

[1] Die Grundlagen wurden 1899 von JOUKOWSKY (Russe) und 1903 von ALLIEVI (Italiener) erarbeitet.

dung des NEWTON'schen Grundgesetzes. Danach ist die am plötzlich teilweise geschlossenen Absperrventil auftretende Kraft durch die beteiligte Masse und die Verzögerung (negative Beschleunigung) des Fluids bestimmt. Die Größe der Verzögerung ist durch die Elastizität von Rohrmaterial und Fluid bedingt und deshalb linear.

Nach NEWTON gilt wieder $F = m \cdot \dot{c}$

Dabei ist, wie aus Bild 2-9b hervorgeht, m die vor dem plötzlich teilweise geschlossenen Abschlussorgan bis zur Länge x sich befindende Fluidmasse, welche in der Zeit t von Anfangsgeschwindigkeit c_0 auf die Endgeschwindigkeit c linear verzögert wird. In der Zeit t erfolgt somit eine Reduktion der Geschwindigkeit des Abschnittes x der Flüssigkeitssäule um die Differenz $\Delta c = c_0 - c$. Infolge des linear-elastischen Verhaltens von Rohrleitung (HOOKE'sches Gesetz) und Fluid (Kompressibilität) wird das Fluid gleichmäßig verzögert, also $\dot{c} = \text{konst.}$

Mit diesen Feststellungen im Rohr von gleich bleibendem Querschnitt A,

Fluidmasse $m = \varrho \cdot V = \varrho \cdot A \cdot x$ und
Beschleunigung $\dot{c} = \mathrm{d}c/\mathrm{d}t = \Delta c/t = (c_0 - c)/t$

folgt für die auftretende Beschleunigungskraft:

$$F = \varrho \cdot A \cdot x \cdot \Delta c/t = \varrho \cdot A \cdot x \cdot (c_0 - c)/t$$

Die Beschleunigungs- oder Verzögerungskraft F äußert sich im Drucksprung Δp (Druckstoß), sodass andererseits gilt: $F = \Delta p \cdot A$.

Die beiden Beziehungen der Kraft F gleichgesetzt, ergibt für die Druckerhöhung:

$$\Delta p = \varrho \cdot \Delta c \cdot x/t = \varrho(c_0 - c) \cdot x/t$$

Der Quotient x/t dieser Gleichung ist dabei die für das Rohrsystem charakteristische Geschwindigkeit, mit der sich Druckwellen durch das Fluid fortpflanzen. Sie wird deshalb, wie schon erwähnt, als **Druckwellengeschwindigkeit** oder **charakteristische Schallgeschwindigkeit** a_c bezeichnet, d. h. die Schallgeschwindigkeit im Fluid unter den in der Rohrleitung herrschenden Bedingungen.

Mit der charakteristischen Schallgeschwindigkeit a_c des Rohrsystems folgt letztlich für den Drucksprung:

$$\Delta p = \varrho \cdot a_c \cdot \Delta c = \varrho \cdot a_c \cdot (c_0 - c) \qquad (2\text{-}32)$$

Die zugehörige Druckhöhe Δh wird

$$\Delta h = \Delta p/(\varrho \cdot g) = a_c \cdot \Delta c/g = a_c \cdot (c_0 - c)/g \qquad (2\text{-}33)$$

Gleichung (2-32) bzw. (2-33) ist das **JOUKOWSKY-Druckstoßgesetz** oder kurz **JOUKOWSKY-Gesetz**.

Da sowohl Anfangs- und Endgeschwindigkeit nach der Fluidstromreduktion (Teilschließen) als auch die Geschwindigkeit der Druckwelle je konstant sind, bleibt auch die Druckerhöhung konstant. Dabei hängt der Druckanstieg nicht von der Leitungsanordnung (waagrecht, schräg, senkrecht), den Abmessungen und dem Vordruck im Rohr ab. Die Flüssigkeit zwischen dem Abschlussorgan A und der Wellenfront W (Bild 2-9b) befindet sich bei geschlossenem Ventil in Ruhe, bei Teilschließung unter der Endgeschwindigkeit c und steht unter dem konstanten Zusatzdruck Δp über dem statischen Druck $p_0 = p_b + \varrho \cdot g \cdot H_0$. Dagegen steht die Flüssigkeit zwischen der Wellenfront an Stelle W (Bild 2-9b) und dem offenen Rohrende B bei Reibungsfreiheit überall unter dem ursprünglichen Überdruck $p_ü = \varrho \cdot g \cdot H_0$ bzw. dem Gesamtdruck $p_0 = p_ü + p_b$ und bewegt sich weiterhin mit der konstanten Anfangsgeschwindigkeit c_0 in Richtung auf das Ventil zu. Sobald die Wellenfront das offene Leitungsende B erreicht, ist das gesamte Rohr mit ruhender Flüssigkeit ($c = 0$) – bei geschlossenem Ventil – gefüllt und steht unter dem zusätzlichen Druck Δp, der dabei auf der ganzen Rohrlänge konstant ist (Bild 2-9c). Die gesamte kinetische Energie der Strömung ist in diesem Augenblick in elastische Energie des Rohres und der Flüssigkeit umgewandelt. Bei Teilschließung strömt die Fluidsäule, entsprechend der Volumenstromreduktion, noch mit der geringeren Geschwindigkeit c und die Energieumwandlung (kinetische in elastische) verringert sich entsprechend.

In dem Augenblick (der Zeit $t = L/a_c$ nach Anfangspunkt), wenn die Druckwelle das offene Rohrende B erreicht hat, beginnt das sich im Rohr befindende Fluid infolge des zusätzlichen Druckes durch das Rohrende zu expandieren und mit der Differenzgeschwindigkeit $\Delta c = c_0 - c$ in entgegengesetzter Richtung zu strömen. Der Druck im Rohr sinkt dadurch vom Rohreinlass (Stelle B) ausgehend auf den ursprünglichen Wert ab (Bild 2-9b). Der Druckrückgang bildet daher ebenfalls eine Front, die wieder mit Schallgeschwindigkeit a_c vom offenen Rohrende aus durch die Leitung zum Absperrorgan zuläuft. Die Druckwellenfront erreicht das Absperrorgan nach Ablauf der Gesamtzeit $2 \cdot L/a_c$, dem ersten Zeitintervall. In diesem Moment steht das Rohr wieder unter dem Ursprungsdruck p_0 (Bild 2-9e), jedoch strömt

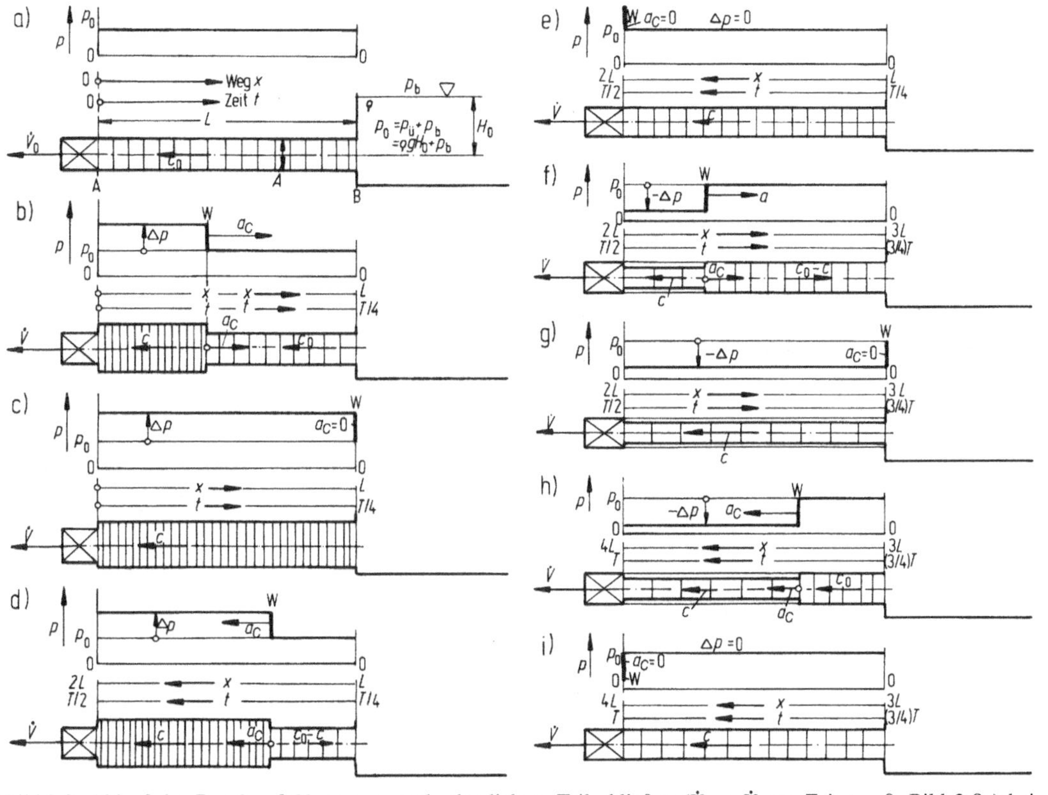

Bild 2-9 Ablauf des Druckstoß-Vorganges nach plötzlichem Teilschließen ($\dot{V}_0 \to \dot{V}$ zur Zeit $t = 0$, Bild 2-8a) bei reibungsfreiem Fluid. Absperrorgan am Leitungsende A. Die Änderung der Geschwindigkeit und damit des Druckes erfolgt theoretisch gemäß Rampen-, d. h. Sprungfunktion (Bild 2-8b)

Bedeutung der Teilbilder:

a) Anfangssituation, d. h. bis $t = 0$, also für $t \leqq 0$. Flüssigkeitssäule steht unter dem stationären Druck p_0, ist somit nicht zusätzlich komprimiert.

b) Anfangs-Überdruckwelle im Zeitbereich $0 < t < T/4$ mit $t = x/a_c$. Flüssigkeitssäule im Längenabschnitt x durch Δp zusätzlich komprimiert.

c) Anfangs-Überdruckwelle im Zeitpunkt ein viertel Periodendauer $t = T/4$. Flüssigkeitssäule auf gesamter Rohrlänge L durch Δp zusätzlich komprimiert.

d) Reflektierte Überdruckwelle im Zeitbereich $T/4 < t < T/2$. Flüssigkeitssäule auf Längenabschnitt x wieder entspannt auf Anfangsdruck p_0.

e) Reflektierte Überdruckwelle zum Zeitpunkt nach Ablauf der ersten halben Periodendauer, der Reflexionszeit $T_R = T/2 = 2 \cdot L/a_c$. Flüssigkeitssäule auf gesamter Länge L wieder entspannt, d. h. nur unter Anfangsdruck p_0 stehend.

f) Unterdruckwelle (ausgelöst an Stelle A durch die reflektierte Überdruckwelle) im Zeitbereich $T/2 < t < (3/4) \cdot T$. Flüssigkeitssäule auf Längenabschnitt x um Δp entspannt, falls $p_0 - \Delta p \geqq p_{Da}$ bleibt.

g) Unterdruckwelle nach drei viertel Periodendauer, also zum Zeitpunkt $t = (3/4) \cdot T = 3 \cdot L/a_c$. Flüssigkeitssäule auf gesamter Länge L um Δp entspannt, nach unten begrenzt durch den Dampfdruck p_{Da} des Mediums.

h) Reflektierte Unterdruckwelle im Zeitbereich $(3/4) \cdot T < t < T$. Flüssigkeitssäule in Längenabschnitt x wieder auf Anfangsdruck p_0 verdichtet.

i) Reflektierte Unterdruckwelle im Zeitpunkt nach der ganzen Periodendauer $T = 2 \cdot T_R = 4 \cdot L/a_c$. Dies bedeutet der Anfangszustand entsprechend Teilbild a) ist wiederhergestellt. Die Flüssigkeitssäule steht auf gesamter Länge wieder unter dem Anfangsdruck p_0. Der Druckstoßvorgang beginnt jetzt von neuem, d. h. mit der nächsten (zweiten) Periode.

das Medium infolge Trägheit noch weiterhin mit der Geschwindigkeitsdifferenz Δc nach rückwärts, d. h. auf den Einlass zu. Durch dieses Beharrungsvermögen entsteht am Ventil Unterdruck, ebenfalls vom Betrag Δp. Der gesamte Vorgang wiederholt sich nun mit umgekehrtem Vorzeichen des Zusatzdruckes. Die Unterdruck-Wellenfront läuft jetzt zum offenen Rohrende (Bild 2-9f), das, sie nach der Zeit $t = 3 \cdot L/a_c$ (ab Druckstoßbeginn) erreicht. Die Flüssigkeitssäule im Rohr befindet sich zu diesem Zeitpunkt wieder in Ruhe (bei Vollabsperrung), bzw. strömt mit der Geschwindigkeit c (bei Teilabsperrung), wobei diese gemäß Bild 2-9g unter dem Absolutdruck $(H_0 \cdot \varrho \cdot g + p_b) - \Delta p$ steht. Sofort danach fließt die Flüssigkeit wegen der Unterdruckwirkung wieder mit der Geschwindigkeit c_0 ins Rohr zurück (Bild 2-9h), um den ursprünglichen Zustand erneut herzustellen. Am Ende des zweiten Zeitintervalles $2 \cdot L/a_c$, also nach Ablauf der Gesamtzeit $t = 4 \cdot L/a_c = T$, Periodendauer, sind dann die Bedingungen im Rohr wieder genau die gleichen wie unmittelbar vor der plötzlichen Druckänderung infolge Voll- oder Teilabsperrung (Bild 2-9i). Danach beginnt eine neue Periode. Wie schon erwähnt, wiederholt sich der gesamte Vorgang bei realem Fluid so lange, bis die ursprüngliche Strömungsenergie der Anfangsgeschwindigkeit c_0 bei Vollschluss, bzw. entsprechend der Geschwindigkeitsdifferenz Δc bei Teilschluss, durch Reibung vollständig in Wärme (Dissipation) umgesetzt und damit technisch verloren ist. Die Dämpfung infolge Fluidreibung ist jedoch nur gering. Sie hat deshalb bei den meist üblichen Bedingungen nur wenig Einfluss auf die Druckwellenstärke mehrerer aufeinander folgender Perioden. Als **Reflexionszeit der Rohrleitung, Halbperiode der Leitung, kritische Zeit** oder Laufzeit wird die Dauer

$$T_R = T/2 = 2 \cdot L/a_c \tag{2-34}$$

bezeichnet, notwendig um eine halbe Periode zu durchlaufen, bei Gesamtperiodendauer T.

Hierbei ist L die Rohrleitungslänge bzw. der Abstand zwischen Störstelle und nächster Reflexionsstelle (Krümmer, Verengung, etc.). Der durch den Druckstoß bedingte zeitliche Verlauf des Fluiddruckes am Anfang (Stelle A in Bild 2-9) und Ende (Stelle B) des Rohres geht aus Bild 2-10 hervor.

Bemerkung: Der Vorgang des Druckstoßes ist sehr unterschiedlich zum Schwingungsablauf eines Festkörpers. Bei diesem erfolgt während des Schwingungsablaufes die Energieumwandlung von potenzieller in kinetische und umgekehrt gleichzeitig für den gesamten Körper. Beim Druckstoßvorgang dagegen wird der eine Teil der Flüssigkeitssäule komprimiert oder expandiert, während der restliche Teil noch unbeeinflusst ist und sich mit der Ausgangsgeschwindigkeit gleichförmig weiterbewegt.

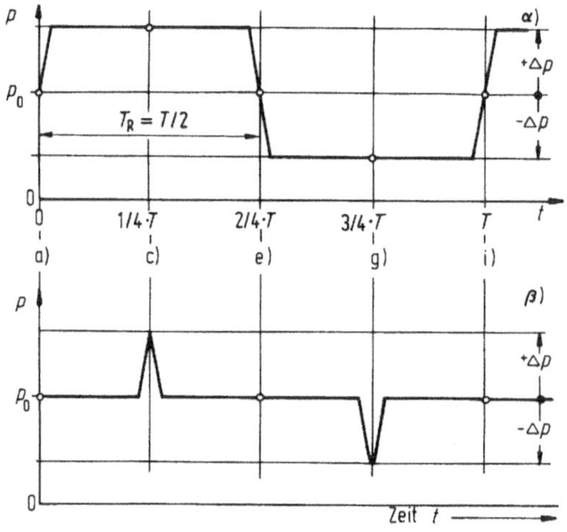

Bild 2-10 Druckverlauf in der Rohranlage von Bild 2-9
α) Stelle A (Rohrende), β) Stelle B (Rohranfang);
a), c), e), g), i) Kennzeichnung der zugehörigen Zustände entsprechend den Teilbildern von Bild 2-9

Bei Rohrleitungen sind besonders drei Druckstoßfälle zu beachten, wobei der erste der kritischste und damit wichtigste ist:

a) plötzliches Totalschließen oder -öffnen
b) plötzliches Teilschließen oder -öffnen
c) langsames Totalschließen oder -öffnen.

Plötzlich oder schnell und damit Druckstoßgefahr bedeutet hierbei Schließ- oder Öffnungszeit t_S kleiner als Reflexionszeit ($t_S < T_R$) nach Gl. (2-34).

Die Vorgänge beim Öffnen entsprechen denen beim Schließen. Der Druckverlauf ist allerdings umgekehrt. Beim Öffnen herrscht, durch die vom Ventilquerschnitt ausgehende notwendige Beschleunigung bedingt, während der ersten Halbperiode, der Reflexionszeit $T_R = 2 \cdot L/a_c$, Unterdruck am Absperrorgan, begrenzt durch den Fluid-Dampfdruck. Der Überdruck tritt in der zweiten Periode auf. Die Strömungsgeschwindigkeit schwankt dabei ebenfalls zwischen 0 und $2 \cdot c_0$ um die mittlere Geschwindigkeit c_0 (Endgeschwindigkeit), die sich im Beharrungszustand einstellt.

Für die einzelnen Fälle gilt bei konstantem Rohrquerschnitt:

a) Plötzliches Totalschließen oder -öffnen:

Nach dem JOUKOWSKY-Gesetz (Gl. (2-32)) ergibt sich mit $\Delta c = c_0 - 0 = c_0$ die in der Rohrleitung infolge Druckstoß maximal mögliche Druckänderung.

$$\Delta p_{\max} = \varrho \cdot a_c \cdot c_0 \tag{2-35}$$

b) Plötzliches Teilschließen oder -öffnen:

Hier folgt der auftretende Drucksprung Δp direkt aus der in Gl. (2-32) angegebenen Form des JOUKOWSKY-Druckstoßgesetzes.

c) Langsames Totalschließen oder -öffnen:

Beim allmählichen Schließen – Schließ- bzw. Öffnungszeit $t_S \approx 30 \cdot T_R$ – der Rohrleitung (Querschnitt A) wird die gesamte Flüssigkeitssäule (Länge L) gleichmäßig und langsam in der Zeit t_S von der Anfangsgeschwindigkeit c_0 bis zur Ruhe ($c = 0$) verzögert; beim langsamen Öffnen entsprechend von der Ruhe bis zur Endgeschwindigkeit. Fluidkompression und Rohrdehnung sind hierbei vernachlässigbar. Die gleich bleibende Beschleunigung ist deshalb dem Betrage nach sowohl beim Schließen als auch Öffnen:

$\dot{c} = \Delta c/t_S = (c_0 - 0)/t_S = c_0/t_S$

Nach NEWTON ist somit die Beschleunigungskraft:

$$F = m \cdot \dot{c} = \varrho \cdot L \cdot A \cdot \Delta c/t_S = \varrho \cdot L \cdot A \cdot c_0/t_S \tag{2-36}$$

Der zugehörige Beschleunigungsdruck (Druckänderung) wird mit Schließ-(Öffnungs-)Zeit t_S:

$$\Delta p = F/A = \varrho \cdot L \cdot \Delta c/t_S = \varrho \cdot L \cdot c_0/t_S \tag{2-37}$$

Wie die Gleichungen zeigen, ist die Druckerhöhung umso geringer, je kleiner die Strömungsgeschwindigkeit des Fluids und je größer die Öffnungs- bzw. Schließzeit t_S für die Durchflussänderung (Anfahren, Stillsetzen) ist. Auch aus diesem Grund – nicht nur wegen der Strömungsverluste – sollten Flüssigkeits-Rohrsysteme auf kleine Strömungsgeschwindigkeiten ausgelegt werden. Weitere Vorteile bietet das Einbauen von Entlastungseinrichtungen (Druckbegrenzer → Windkessel, Überdruckventile etc.) und Lufteinlassventile bei Unterdruck. Durch die Pufferwirkung der in die Unterdruckwelle eintretenden Luft wird der Druckanstieg, welcher beim Zusammenschlagen der zurückkehrenden Wassersäule entstehen würde, gemildert.

Druckwellengeschwindigkeit a_c

Wie schon ausgeführt, ist die Laufgeschwindigkeit der Druckwelle von der Elastizität E_R des Rohres sowie Kompressibilität E_F und Dichte ϱ des strömenden Fluids abhängig. Die Elastizität des Rohres andererseits ist bedingt durch dessen Abmessungen (Innendurchmesser D, Wanddicke s) und Materialeigenschaften (Elastizitätsmodul E_R). Die Ableitung der Beziehung für die charakteristische Schallgeschwindigkeit a_c des Rohrsystems folgt aus der Tatsache, dass beim plötzlichen Schließen zwei Erscheinungen im linear-elastischen Bereich auftreten:

- Eine Zone komprimierter Flüssigkeit, die in der Zeit t den Abstand x stromaufwärts erreicht.
- Das Rohr wird durch den in Abschnitt x herrschenden Drucksprung vom Durchmesser D um ΔD auf D_1 ausgeweitet. Die gleichzeitig auftretende Längsdehnung ist dabei vergleichsweise vernachlässigbar, was sich in der halb so großen Spannung und der Querdehnzahl des Rohrmaterials begründet.

Die vom Augenblick des Absperrens (teilweise, $c > 0$, oder vollständig, $c = 0$) bis zur Zeit t noch durch den Querschnitt an der Stelle x in den Kompressionsbereich mit der Geschwindigkeit $(c_0 - c)$ weiterhin zusätzlich einströmende Flüssigkeitsmenge beträgt

$$\begin{aligned}\Delta V_1 &= \dot{V}_1 \cdot t = (c_0 - c) \cdot A \cdot t \\ &= (c_0 - c) \cdot t \cdot D^2 \cdot \pi/4\end{aligned} \tag{2-38}$$

Da aus dem Rohr kein zusätzliches Medium entweichen kann, muss das Volumen durch Fluidkompression (Volumen ΔV_2) und Aufweiten (Volumen ΔV_3) des Rohres auf der Strecke x vom Absperrorgan aus aufgenommen werden. Deshalb:

$$\Delta V_1 = \Delta V_2 + \Delta V_3 \tag{2-39}$$

Dieser Ansatz ausgewertet:

Die Fluidkompressibilitäts-Beziehung [3] liefert:

$$\Delta V_2 = V_0 \cdot \frac{\Delta p}{E_F} = A \cdot x \cdot \frac{\Delta p}{E_F} = \frac{D^2 \cdot \pi}{4} \cdot x \cdot \frac{\Delta p}{E_F} \tag{2-40}$$

Das Rohrausweitungsvolumen beträgt:

$$\begin{aligned}\Delta V_3 &= x \cdot \Delta A = x \cdot (D_1^2 - D^2) \cdot (\pi/4) \\ &= x \cdot (D_1 - D)(D_1 + D) \cdot (\pi/4)\end{aligned}$$

Nach dem HOOKE'schen Gesetz gilt für die durch Rohrdehnung verursachte Tangentialspannung:

$$\sigma_t = E_R \cdot \varepsilon = E_R \cdot (D_1 - D)/D$$

Andererseits ist die wegen des Drucksprunges im Rohrwerkstoff (Wanddicke s) zusätzlich auftretende Tangentialzugspannung, sog. **Kesselformel**:

$$\sigma_t = F_r/A_{ax} = (\Delta p \cdot D \cdot x)/(2 \cdot s \cdot x) = (\Delta p \cdot D)/(2 \cdot s)$$

Die beiden Beziehungen für σ_t gleichgesetzt und nach Durchmesserdifferenz $\Delta D = D_1 - D$ umgestellt, ergibt:

$$D_1 - D = (\Delta p \cdot D^2)/(2 \cdot s \cdot E_R)$$

Dieses Ergebnis in die Gleichung für das Rohrausweitungsvolumen ΔV_3 eingesetzt, liefert:

$$\Delta V_3 = x \cdot \frac{\pi}{4} \cdot \frac{\Delta p}{E_R} \cdot \frac{D^2}{2 \cdot s} \cdot (D_1 + D)$$

Da die Rohrausweitung sicher sehr klein ist, kann bei guter Näherung $(D_1 + D) \approx 2 \cdot D$ gesetzt werden:

$$\Delta V_3 \approx x \cdot \frac{\pi}{4} \cdot \frac{\Delta p}{E_R} \cdot \frac{D^3}{s} \qquad (2\text{-}41)$$

Beziehungen (2-38), (2-40) und (2-41) in Gl. (2-39) eingesetzt (Index F ... Fluid; R ... Rohr):

$$(c_0 - c) \cdot \frac{D^2 \cdot \pi}{4} \cdot t = \frac{D^2 \cdot \pi}{4} \cdot x \cdot \frac{\Delta p}{E_F} + x \cdot \frac{\pi}{4} \cdot \frac{\Delta p}{E_R} \cdot \frac{D^3}{s}$$

Vereinfacht, zusammengefasst und umgestellt:

$$(c_0 - c) \cdot t = x \cdot \left(\frac{\Delta p}{E_F} + \frac{\Delta p}{E_R} \cdot \frac{D}{s} \right)$$

Hieraus folgt für die **Druckwellen-Geschwindigkeit**:

$$a_c = x/t = (c_0 - c) \Big/ \left[\Delta p \cdot \left(\frac{1}{E_F} + \frac{1}{E_R} \cdot \frac{D}{s} \right) \right]$$

Wird die Geschwindigkeitsdifferenz $\Delta c = (c_0 - c)$ mithilfe des JOUKOWSKY-Gesetzes, Gl. (2-32), substituiert, ergibt sich

$$a_c = \frac{\Delta p}{\varrho \cdot a_c} \Big/ \left[\Delta p \cdot \left(\frac{1}{E_F} + \frac{1}{E_R} \cdot \frac{D}{s} \right) \right]$$

Vereinfacht:

$$a_c = \frac{1}{\sqrt{\varrho \cdot \left(\frac{1}{E_F} + \frac{1}{E_R} \cdot \frac{D}{s} \right)}} \qquad (2\text{-}42)$$

Gleichung (2-42) für die Druckwellengeschwindigkeit a_c in das Gesetz von JOUKOWSKY eingesetzt, bestätigt eindeutig, dass der (endliche) Druckanstieg nur durch die federnde Wirkung der letztlich kompressiblen Flüssigkeit und des elastischen Rohres zustande kommt.

Bei völlig inkompressiblem Fluid ($E_F \to \infty$) und vollständig starrer Rohrwand ($E_R \to \infty$), was beides nicht möglich, wäre die Wellengeschwindigkeit a_c und damit der Drucksprung unendlich groß ($a_c \to \infty$; $\Delta p \to \infty$).

Tabelle 2-1 Einfluss der relativen Rohrwanddicke s/D auf die charakteristische Schallgeschwindigkeit a_c von Druckwellen bei Wasserströmung ($\varrho = 1\,000\,\text{kg/m}^3$, $E_F = 2{,}06 \cdot 10^9\,\text{N/m}^2$) in Stahl- ($E_R = 210 \cdot 10^9\,\text{N/m}^2$) und Graugussrohren ($E_R = 75 \cdot 10^9\,\text{N/m}^2$) jeweils bei ca. 20 °C und mit Rohr-Innendurchmesser D

Für Stahlrohre gilt: $a_c = 14\,491/\sqrt{101{,}94 + D/s}$ in m/s

Bei Graugussrohren gilt: $a_c = 8\,660/\sqrt{36{,}41 + D/s}$ in m/s

D in mm	s in mm	s/D —	D/s —	a_c in m/s bei St	GG
100	5	0,05	20	1 312	1 153
	15	0,15	6,67	1 390	1 319
200	15	0,075	13,33	1 350	1 228
	20	0,10	10	1 370	1 271
500	20	0,04	25	1 286	1 105
	60	0,12	8,33	1 380	1 295
1 000	25	0,025	40	1 216	991
	60	0,06	16,67	1 331	1 186
beliebig	$\to \infty$	$\to \infty$	$\to 0$	1 435	1 435

Bemerkung: Guter Mittelwert bei Stahl/Wasser somit $a_c \approx 1\,200 \ldots 1\,300\,\text{m/s}$

Der Einfluss der relativen, d. h. der auf den Rohrinnendurchmesser bezogenen Rohrwanddicke s/D für Wasserströmung in Stahlrohren und Graugussrohren geht aus Tabelle 2-1 hervor. Dabei zeigt sich, dass die Druckwellengeschwindigkeit a_c selbst bei stark verschiedener relativer Rohrwanddicke s/D bzw. deren Kehrwert, dem Quotienten D/s, in Stahlleitungen nur wenig schwankt (etwa 10 %). Bei Graugussrohren sind die Abweichungen größer (bis ca. 30 %). Die Begründung liegt in der wesentlich höheren Elastizität von Flüssigkeiten gegenüber der von Metallen. So ist, wie aus dem Verhältnis der Elastizitätsmodule E_R/E_F (Tabelle 2-2) hervorgeht, Wasser etwa 100-mal so elastisch wie Stahl und etwa 38-mal so elastisch wie Grauguss. In Gl. (2-42) für die Druckwellenlaufgeschwindigkeit kann deshalb bei Überschlagsrechnungen näherungsweise der Term $D/(E_R \cdot s)$ vernachlässigt werden, da meist

$$1/E_F \gg (D/s) \cdot 1/E_R$$

Das bedeutet, dass die Elastizität des Rohrmaterials nicht berücksichtigt und demnach als völlig starr angesehen wird. Anstelle der Druckwellengeschwindigkeit a_c nach Gl. (2-42) tritt dann in Gl. (2-32) bzw.

Gl. (2-33) die **Fluid-Schallgeschwindigkeit** a_0, was eine reine sog. Stoffgröße ist.

Es gilt allgemein:

$$a_0 = \sqrt{E/\varrho} \tag{2-43}$$

Bei Fluiden mit $\varrho \equiv \varrho_F$

$$a_0 = \sqrt{E_F/\varrho_F} \tag{2-44}$$

Bei Festkörpern mit $\varrho \equiv \varrho_R$

$$a_0 = \sqrt{E_R/\varrho_R} \tag{2-45}$$

Nach Vernachlässigen von $D/(s \cdot E_R)$ geht Gl. (2-42) über in Beziehung (2-44).

Aus Tabelle 2-2 gehen die Stoffwerte, Dichte ϱ, Elastizitätsmodul E (bei Fluiden ϱ_F; E_F, bei Festkörpern ϱ_R; E_R) und die Schallgeschwindigkeit a_c technisch wichtiger Medien hervor.

Tabelle 2-2 Kennwerte Dichte ϱ, Elastizitätsmodul E (bei Flüssigkeiten E_F, bei Feststoffen E_R) und Schallgeschwindigkeit a_c verschiedener Stoffe bei Druck 1 bar und Temperatur 20 °C

Stoff	ϱ in kg/m³	E_F bzw. E_R in N/m²	a_0 in m/s
Wasser	≈ 1 000	$2{,}06 \cdot 10^9$	1 435
Rohöl	≈ 900	$\approx 1{,}69 \cdot 10^9$	1 370
Heizöl EL	≈ 860	$\approx 1{,}25 \cdot 10^9$	1 206
Benzin	≈ 780	$0{,}88 \cdot 10^9$	1 062
Benzol	880	$1{,}15 \cdot 10^9$	1 143
Ethanol	810	$0{,}94 \cdot 10^9$	1 077
Quecksilber	13 610	$28{,}3 \cdot 10^9$	1 443
Stahl	7 850	$210 \cdot 10^9$	5 172
Grauguss	7 250	$75 \cdot 10^9$	3 216
Beton	≈ 2 300	$\approx 32 \cdot 10^9$	3 732
Kunststoff			≈ 700

2.4.3.4 Rohrsystem mit veränderlichem Durchmesser

Bei Leitungsanlagen, die aus Rohren unterschiedlicher Durchmesser zusammengesetzt sind, erfolgt die Druckstoßberechnung mithilfe eines äquivalenten Ersatzrohres, des sog. **gleichwertigen Rohres** (Index gl).

Die Größen des gleichwertigen Rohres, Querschnitt $A_{gl} = D_{gl}^2 \cdot \pi/4$, Länge L_{gl}, Strömungsgeschwindigkeit c_{gl} und Druckwellengeschwindigkeit $a_{c,gl}$ treten dabei in den Beziehungen zur Druckstoßberechnung (Gln. (2-32) bis (2-37)) an die Stellen von A, D, L, c_0 und a_c.

Nachfolgend sind die Beziehungen für die Ersatzwerte (gleichwertige Größen) angegeben. Aus Platzgründen werden sie nicht näher begründet und auf die einschlägige Fachliteratur verwiesen.

Gleichwertige Länge L_{gl} (Ersatzlänge):

$$L_{gl} = \sum_{i=1}^{n} L_i \tag{2-46}$$

Mit n ... Anzahl der Rohrabschnitte von unterschiedlichem Durchmesser.

Als Ersatzlänge L_{gl} wird demnach sinnvollerweise die Gesamtlänge L_{ges} der Rohranlage gesetzt, also $L_{gl} = L_{ges}$.

Gleichwertiger Querschnitt A_{gl} (Ersatzquerschnitt): Aus der Durchflussgleichung mit dem Durchsatz $\dot{V}$

$$A_{gl} = \dot{V}/c_{gl} \tag{2-47}$$

Gleichwertiger Durchmesser D_{gl} (Ersatzdurchmesser):

$$D_{gl} = \sqrt{A_{gl} \cdot 4/\pi} \tag{2-48}$$

Gleichwertige Geschwindigkeit c_{gl} (Ersatzgeschwindigkeit):

Ansatz: Energiekonstanz, d. h. gleiche Strömungsenergie im gleichwertigen Rohr (Ersatzrohr) und tatsächlichen Leitungssystem:

$$m_{gl} \cdot c_{gl}^2/2 = \sum_{i=1}^{n} (m_i \cdot c_i^2/2)$$

Ausgewertet mit

$$m = \varrho \cdot V = \varrho \cdot A \cdot L \rightarrow m_{gl} = \varrho \cdot A_{gl} \cdot L_{gl}$$

$$m_i = \varrho \cdot A_i \cdot L_i \quad \text{und}$$

$$A = \dot{V}/c \qquad \rightarrow A_{gl} = \dot{V}/c_{gl}; \quad A_i = \dot{V}/c_i$$

ergibt sich

$$\varrho \cdot A_{gl} \cdot L_{gl} \cdot c_{gl}^2 = \sum_{i=1}^{n} (\varrho \cdot A_i \cdot L_i \cdot c_i^2)$$

$$(\dot{V}/c_{gl}) \cdot L_{gl} \cdot c_{gl}^2 = \sum_{i=1}^{n} \left[(\dot{V}/c_i) \cdot L_i \cdot c_i^2\right]$$

$$L_{gl} \cdot c_{gl} = \sum_{i=1}^{n} (L_i \cdot c_i)$$

Hieraus letztlich:

$$c_{gl} = \sum_{i=1}^{n} (L_i \cdot c_i)/L_{gl} = \sum_{i=1}^{n} (L_i \cdot c_i)/L_{ges} \tag{2-49}$$

Gleichwertige Druckwellengeschwindigkeit $a_{c,gl}$ (Ersatzdruckfrontgeschwindigkeit):

Ansatz:

$$2 \cdot L_{gl}/a_{c,gl} = 2 \cdot \sum_{i=1}^{n} (L_i/a_i) \tag{2-50}$$

Hieraus:

$$a_{c,gl} = L_{gl} \Big/ \sum_{i=1}^{n} (L_i/a_i) = L_{ges} \Big/ \sum_{i=1}^{n} (L_i/a_i) \tag{2-51}$$

Die Größe $a_{c,gl}$ wird auch als **effektive Wellenfrontgeschwindigkeit** bezeichnet. Der Ansatz Gl. (2-50) sagt aus, dass die halbe Gesamtlaufzeit (Periodenzeit) gleich der Summe der einzelnen halben Laufzeiten in den Rohrabschnitten ist.

Die Praxis zeigt, dass die Berechnungen mit den Ersatzgrößen umso genauere Werte liefern, je höher die Schließzeit t_S im Vergleich zur Druckwellenperiodenzeit T ist. Ab $t_S \geqq T$ ergeben sich meist ausreichend genaue Werte.

Bemerkung: Die Berechnung des Druckstoßes kann, vor allem bei vermaschten Rohrnetzen, sehr aufwendig sein. Um gegebenenfalls notwendige Druckstoßsicherungen [37] festlegen zu können, darf auf die Stoßberechnung jedoch nicht verzichtet werden. Zum groben Abschätzen der Druckstoßgefahr kann nach [37] auch folgende Faustformel über den sog. Stoßfaktor K_{St} herangezogen werden:

$$K_{St} = (L \cdot c_0)/\sqrt{2 \cdot g \cdot H} \quad \text{in m} \qquad (2\text{-}52)$$

Mit

$L\ldots$ Rohrleitungslänge in m zwischen der Störstelle (Pumpe) und der nächstliegenden Unstetigkeitsstelle

$c_0\ldots$ Strömungsgeschwindigkeit im Rohr in m/s

$H\ldots$ Höhenunterschied des Leitungssystems bzw. Förderhöhe bei Pumpen in m.

Falls sich ergibt: Kenngröße $\boldsymbol{K_{St}} \geqq \mathbf{15}$, wird Druckstoßberechnung empfohlen. Bei ungünstiger Rohrführung, z. B. wenn ein Hochpunkt vorhanden ist, kann jedoch schon bei Werten $K_{St} < 15$ Druckstoßgefahr bestehen.

Hinweis: Zugehörige Übungsbeispiele Ü1 bis Ü3 beim digitalen Zusatzmaterial.

2.5 Laufradströmungen

2.5.1 Bezeichnungen und Grundsätzliches

Laufradströmungen entstehen durch Überlagern (Superposition) der Bewegung des strömenden Mediums in den Schaufelkanälen (-Zwischenräumen) mit der Rotationsbewegung des sich drehenden Laufrades. Deshalb sind bei Kreiselrädern drei zusammengehörende Geschwindigkeiten zu unterscheiden:

$u\ldots$ **Umfangsgeschwindigkeit**, Drehgeschwindigkeit des rotierenden Laufrades; ist **Bezugs-** oder **Basisgeschwindigkeit**.

$w\ldots$ **Relativgeschwindigkeit**, Geschwindigkeit des strömenden Fluids gegenüber den sich drehenden Laufschaufeln, also dem drehenden Laufrad, der Bezugsgeschwindigkeit

$c\ldots$ **Absolutgeschwindigkeit**, Strömungsgeschwindigkeit des Fluids in Bezug auf ein ruhendes Koordinatensystem, d. h. gegenüber der (dem) ruhenden Umgebung (Beobachter); Gesamtgeschwindigkeit.

Das Überlagern (vektorielle Addition) der beiden Einzel-Vektoren (Komponenten) $\vec{u}$ und $\vec{w}$ führt zum Summen-Vektor (Resultierende) $\vec{c}$:

$$\vec{c} = \vec{u} + \vec{w} \qquad (2\text{-}53)$$

Meist wird die Strömungskinematik in Turbomaschinen jedoch durch Geschwindigkeitspläne dargestellt, die als Grundlage für deren Berechnen sowie Gestalten notwendig sind. Die drei zusammengehörenden Geschwindigkeiten (u, w, c) können nämlich wie jedes sich im Gleichgewicht befindende **Vektortripel** als Parallelogramm oder Dreieck dargestellt werden (Bild 2-11). Dabei sind als Weiteres die Absolutgeschwindigkeit c wie auch die Relativgeschwindigkeit w zerlegbar, und zwar je in eine Umfangskomponente c_u bzw. w_u (Projektionen auf die Umfangsrichtung) sowie je in eine Meridiankomponente c_m bzw. w_m (Projektionen senkrecht zur Umfangsrichtung).

Bezeichnung der in Bild 2-11 eingetragenen Größen (außer u, w, c):

$c_m\ldots$ Meridiankomponente der Absolutschwindigkeit ($\perp u$)

$c_u\ldots$ Umfangskomponente der Absolutschwindigkeit ($\parallel u$)

$w_m\ldots$ Meridiankomponente der Relativschwindigkeit ($\perp u$)

$w_u\ldots$ Umfangskomponente der Relativschwindigkeit ($\parallel u$)

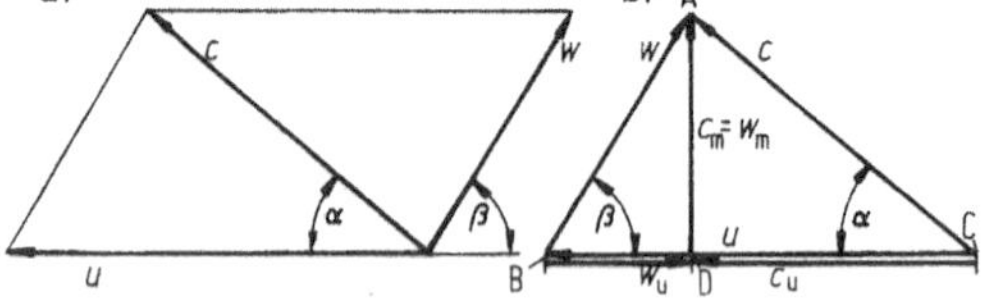

Bild 2-11 Geschwindigkeitspläne; a) Geschwindigkeitsparallelogramm, b) Geschwindigkeitsdreieck (Ge-△)

$\alpha\ldots$ **Absolutströmungswinkel**, Winkel der Absolutströmung, Richtung der Absolutströmung, **Leitschaufelwinkel**.

Ist der Winkel zwischen positiver c-Richtung und positiver u-Richtung.

β ... **Relativströmungswinkel**, Winkel der Relativströmung, Richtung der Relativströmung, **Laufschaufelwinkel**.
Ist der Winkel zwischen positiver w-Richtung und negativer u-Richtung.

Bemerkung: Winkel werden grundsätzlich gegenüber der Umfangstangente (positiver bzw. negativer u-Richtung) gemessen.

Bei jedem Laufrad sind insbesondere die Geschwindigkeitstripel am Strömungseintritt und -austritt wichtig. Die Kennzeichnung aller Größen (Geschwindigkeiten, Winkel, Abmessungen) erfolgt dazu durch Fußzeichen (Indizes). Für die Reihenfolge der Fußzahlen bestehen zwei Möglichkeiten:

a) Nummerierung, der Strömung folgend, d. h. ansteigend in Strömungsrichtung.
b) Nummerierung gleichsinnig zum Energieniveau, das meist gleichsinnig zum Druck verläuft, d. h., die Fußzahl (Index) steigt in der Richtung, in der das Energieniveau (der Druck) wächst. Dabei lassen sich auch Grenzfälle (Druckgleichheit) sinngemäß einordnen.

Wegen der endlichen Schaufeldicke und der begrenzten (endlichen) Schaufelzahl ist ferner jeweils zwischen einer Stelle unmittelbar kurz vor (außerhalb) und kurz hinter (innerhalb) der Schaufelkante zu unterscheiden. Diese Unterscheidung bleibt auch bei theoretischem Betrachten beibehalten. Das bedeutet, in den Grenzfällen, in denen von theoretisch unendlich vielen, unendlich dünnen Schaufeln ausgegangen wird.

Der Nummerierung in Strömungsrichtung folgend (Möglichkeit a), wie vielfach üblich, würde bedeuten, dass die Reihenfolge der Fußzahlen bei Turbinen umgekehrt als bei Pumpen wäre. Die gemeinsame Behandlung beider Maschinengruppen wäre dadurch sehr erschwert, was von gravierendem Nachteil ist. In diesem Buch wird deshalb konsequent die auf PFLEIDERER zurückgehende **Nummerierung gleichsinnig dem Energieniveau** (Möglichkeit b) angewendet. Die Reihenfolge der Fußzahlen erfolgt also grundsätzlich in der Richtung, in der das Energieniveau ansteigt, und damit gleichgerichtet dem Druck-Niveau bei Überdruck (Abschnitt 1.5.4).

Diese Kennzeichnungsart, bei der die Ortsnummerierung unabhängig von der Richtung der dort vorhandenen Geschwindigkeit ist, bietet den großen Vorteil, dass die Gleichungen für Strömungspumpen und Turbinen übereinstimmen, wenn die Reibung unberücksichtigt bleibt. Jedoch auch der Einfluss der Reibung kann fast immer durch einfachen Vorzeichenwechsel berücksichtigt werden.

Wegen der in der Turbinen-Fachliteratur (insbesondere bei Dampf- und Gasturbinen) vielfach noch angewendeten Nummerierung entsprechend Möglichkeit a stimmen die in diesem Buch aufgeführten Gleichungen und Bilder mit den dortigen dann überein, wenn die Fußzahlen in ihrer Folge vertauscht werden. Der zuvor aufgeführte Vorteil der Gleichbehandlung rechtfertigt dieses Abweichen. Zudem sind die Fußzahlen in der einschlägigen Fachliteratur bei den verschiedenen Turbinenarten (WT, DT, GT) nicht einheitlich.

Hinweis: Da bei Pumpen die Richtung von Energiebeladung (Druck) und Strömung des Fluids übereinstimmen, ist hier die Ziffernfolge zu beiden gleichsinnig.

Zusammenfassung

Bei allen Kreiselradformen (radial, diagonal, axial) und -typen, also sowohl für Pumpen (P) als auch Turbinen (T), sind daher zu unterscheiden:

Saugseite: Bei P Eintrittsseite
Bei T Austrittsseite

Saugkante: Bei P Eintrittskante
Bei T Austrittskante
Bezeichnung:
Index 0: Kurz außerhalb der Saugkante (ungestörte Strömung)
Index 1: Kurz innerhalb der Saugkante

Druckseite: Bei P Austrittsseite
Bei T Eintrittsseite

Druckkante: Bei P Austrittskante
Bei T Eintrittskante
Bezeichnung:
Index 2: Kurz innerhalb der Druckkante
Index 3: Kurz außerhalb der Druckkante (ungestörte Strömung)

Die Zusammenhänge sind auch in Bild 2-12 dargestellt. Zudem wird auf die Übersicht „Indizes" in Abschnitt 1.1.3 verwiesen.

Das bereits erwähnte Unterscheiden jeweils zweier theoretisch dicht beieinander liegender Stellen durch je zwei Fußzeichen für jede Schaufelkante

(Saug- und Druckkante) ist notwendig, weil beim Übergang – wie später noch begründet wird – zwischen Außenraum und Radschaufelraum, d. h. zwischen Schaufelaußen- und -innenraum, Änderungen im Strömungszustand auftreten. Die Indizes 1 und 2 beziehen sich dazu auf alle Größen (Abmessungen, Geschwindigkeiten, Drücke usw.) kurz innerhalb der Schaufeln. Die Fußzeichen 0 und 3 kennzeichnen die Größen kurz außerhalb der Schaufeln. Dabei liegen die Punkte 0 und 1 sowie 2 und 3 jeweils theoretisch unendlich dicht beieinander. Die Indizes 1 und 2 gelten, wie noch zu begründen ist, nur für völlig schaufelkongruente Strömung, die theoretisch nur bei unendlich kleinem Abstand unendlich dünner Schaufeln, also bei unendlicher Schaufelzahl, gewährleistet ist. Die Indizes 0 und 3 dagegen kennzeichnen die völlig ungestörte, d. h. von den Schaufeln noch nicht bzw. nicht mehr beeinflusste Strömung, was ebenfalls nur theoretisch möglich ist. Vorstellbar dadurch, dass die ungestörte Außenströmung auf beiden Laufradseiten zu den Schaufelkanten hin extrapoliert wird.

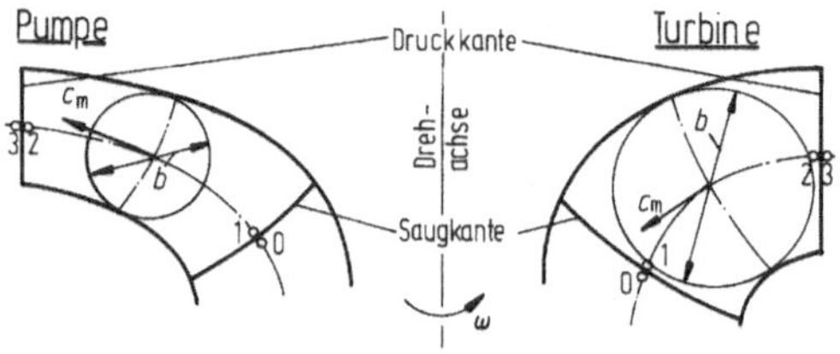

Bild 2-12 Meridianschnitt von Pumpen- und Turbinenlaufrad mit Saug- und Druckkanten in Zirkularprojektion

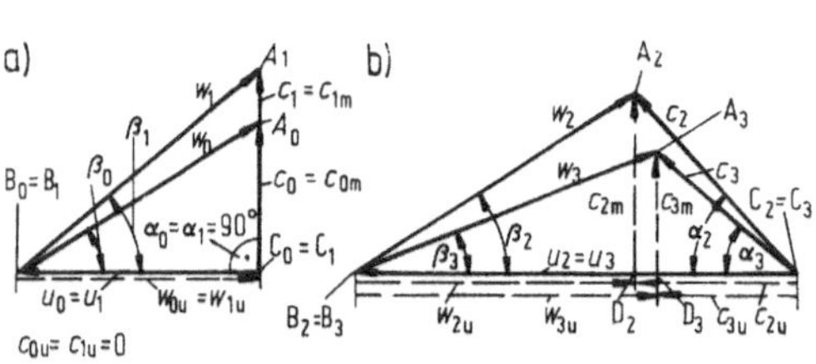

Bild 2-13 Geschwindigkeitsdreiecke der Schaufelenden; a) Saugkante, b) Druckkante. Eingetragene Pfeilrichtungen für Pumpen, entgegengesetzt gerichtet bei Turbinen.

Bild 2-13 zeigt Geschwindigkeitspläne für die Saug- und Druckkante von Kreiselrädern in der meist üblichen Form. Wie dargestellt, sind die Saugkanten-Geschwindigkeitsdreiecke meist rechtwinklig. Dies ist, was später (Abschnitt 3.2.1) noch begründet wird, dadurch bedingt, dass die Strömung an der Saugkante sowohl bei Pumpen als auch Turbinen keine Umfangskomponente ($c_{1u} = c_{0u} = 0$) aufweisen soll. Der Fluidstrom führt dann an der Saugkante nur einen Transport, jedoch keine Kreisbewegung aus. Die Strömung ist somit an der Saugkante drallfrei. Nach dem Drallsatz wirkt dann kein Moment zwischen Fluidstrom und Laufradsaugkante.

Schaufelkongruente Zuströmung liegt nur vor, wenn die Relativgeschwindigkeit des Fluids tangential zu den Schaufelenden verläuft. An den Schaufelkanten soll die Relativströmrichtung daher mit den Schaufelwinkeln übereinstimmen. Da jedoch die Meridiankomponente und damit der Relativströmungswinkel vom Durchfluss abhängen, gibt es nur einen bestimmten Volumenstrom, den sog. Nenn- oder Auslegungsdurchsatz, bei dem tangentiale Zuströmung des Fluids zum Laufrad vorliegt. Beim **Nenndurchsatz** arbeiten Turbomaschinen mit dem besten Wirkungsgrad, weil das Fluid wegen des schaufeltangentialen Zuströmens nicht gegen die Schaufeln stoßen kann und deshalb keine sog. **Stoßverluste** auftreten. Bei Strömungsmaschinen wird daher stoßfreier Eintritt des Fluidstromes in das Laufrad angestrebt. Bei Tragflügeln dagegen ist dieser Strömungszustand nicht vorteilhaft, sondern eine bestimmte Anstellung (Anstellwinkel) des Profils gegen die Strömung notwendig. Insgesamt sind zur exakten theoretischen Betrachtung und damit der Möglichkeit zur Eintragung der Geschwindigkeiten in Laufrädern folgende idealisierenden Bedingungen notwendig:

a) ideales, d. h. reibungsfreies Fluid
b) schaufelkongruente Strömung. Nur gewährleistet bei unendlicher Schaufelzahl, also bei unendlich vielen, unendlich dünnen Schaufeln.
c) stoßfreier Eintritt des Fluidstromes ins Laufrad.

2.5.2 Radial-, Halbaxial- und Diagonalräder

Vorbemerkung: Radial- bis Diagonalräder werden häufig bei Pumpen (KP, KV) und Wasserturbinen angewendet. Sie sind, wie sich noch zeigen wird, vor allem bei – in Bezug auf Turbomaschinen – hohen Druckunterschieden und kleinen Volumenströmen geeignet.

2.5.2.1 Strömungsverhältnisse

In Bild 2-14 sind die Strömungsverhältnisse bei Radialrädern, die jedoch auch für Diagonalräder gelten, sowohl von Pumpen (gekennzeichnet durch Pfeil P) als auch Turbinen (gekennzeichnet durch Pfeil T) für

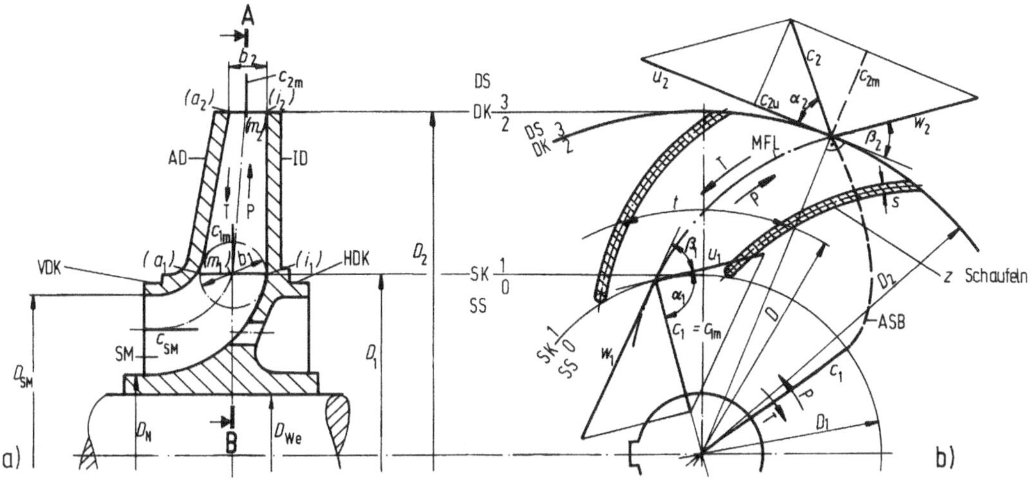

Bild 2-14 Radialrad; a) Längs- oder Meridianschnitt (Aufriss), Zirkularprojektion; b) Querschnitt oder Seitenriss (Schnitt A–B). Schaufelkanten achsparallel, daher ohne Zweitindex (m) wie in Bild 2-19. Regelausführung, da $\alpha_1 = 90°$.

die praktisch üblichen Richtungen (Winkelgrößen) eingetragen. Da sich beim Übergang von Pumpen auf Turbinen sowohl die Strömungs- als auch Drehrichtung umkehren, wurden bei den Geschwindigkeiten die Pfeilspitzen weggelassen. Bei der Pumpenströmung müssten die Pfeile an der Saugkante alle aufeinander zustrebend, an der Druckkante alle auseinander strebend eingetragen werden. Bei der Turbinenströmung wäre es umgekehrt.

Eingezeichnet sind in Bild 2-14 die Geschwindigkeiten an der mittleren Flusslinie MFL für die Stellen 1 und 2. Wie im vorhergehenden Abschnitt ausgeführt, liegen diese Strömungsverhältnisse nur theoretisch exakt vor, d. h. im Grenzfall von unendlich vielen, unendlich dünnen Schaufeln (z_{La} unendlich groß und s unendlich klein).

Die Kurzzeichen in Bild 2-14 bedeuten:

AD … Äußere oder vordere (Laufrad-)Deckscheibe, kurz als **Deckscheibe** bezeichnet

ID … Innere oder hintere (Laufrad-)Deckscheibe, kurz auch als **Trag-** oder **Nabenscheibe** bezeichnet.

DS … Druckseite

DK … Druckkante

SK … Saugkante

SS … Saugseite

SM … Saugmund

HDK … Hintere Drosselkante (-stelle)

VDK … Vordere Drosselkante (-stelle)

ASB … **Absolutstrombahn**, Absolutbewegungslinie des Fluids. Während die Fluidteilchen im Schaufelkanal entlang der mittleren Flusslinie MFL fließen, und zwar bei Pumpen von der Saug- zur Druckkante, bei Turbinen umgekehrt, kreisen sie noch gleichzeitig mit dem Laufrad in der zugehörigen Richtung. Die geometrische, d. h. vektorielle Addition dieser beiden Teilbewegungen führt zur eingetragenen Absolutbewegungsbahn ASB der Fluidteilchen.

MFL … Mittlere Flusslinie. Mittlere Relativstromlinie (-bahn); die Spur der mittleren Relativstromfläche (entspricht der Schaufelfläche) im Seitenriss. Ist deshalb Schnittlinie der mittleren Flussfläche mit der Relativstrombahn, also der Schaufelfläche. Die mittlere Flussfläche ist beim Radialrad die Mittenfläche zu den beiden Deckscheibenflächen und nahezu eine Ebene senkrecht zur Drehachse. Beim Axialrad, wie später dargestellt, eine koaxiale Kreiszylinderfläche, durch deren Abwicklung ein ebenes Schaufelgitter entsteht. Beim Diagonalrad verläuft die mittlere Flusslinie schräg zur Drehachse.

P … Pumpenströmung

T … Turbinenströmung

(a) … Äußere Schaufelkantenpunkte; (a_1) an Saug-, (a_2) an Druckkante. Liegen an der äußeren Deckscheibe. Sind Schnittpunkte der Schaufelkanten (SK, DK) mit der äußeren Deckscheibe AD

(m) ... Mittlere Schaufelkantenpunkte, (m_1) an Saug-, (m_2) an Druckkante

(i) ... Innere Schaufelkantenpunkte; (i_1) an Saug-, (i_2) an Druckkante. Liegen an der inneren Deckscheibe. Sind Schnittpunkte der Schaufelkanten (SK, DK) mit der inneren Deckscheibe.

Fläche (i_1)–(i_2)–(a_2)–(a_1) ... Schaufelfläche im Meridianschnitt. Sie wird auch als mittlere **Flutfläche** bezeichnet und entsteht durch **Zirkularprojektion**, kurz **Zirkelprojektion** (Abschnitt 1.1.1) der mittleren Relativstromfläche (Schaufelfläche).

Flutlinien ... Zirkularprojektion der auf den Flussflächen (Rotationsflächen) verlaufenden Flusslinien in den Meridianschnitt.

Linie (a_1)–(a_2) ... äußere Flutlinie. Spur der äußeren Flussfläche (Deckscheibenfläche) in Meridianschnitt. Ist Zirkularprojektion der Schnittlinie von Relativstromfläche (Schaufelfläche) mit äußerer Deckscheibe.

Linie (m_1)–(m_2) ... mittlere Flutlinie. Spur der mittleren Flussfläche im Meridianschnitt. Ist Zirkularprojektion der mittleren Flusslinie.

Linie (i_1)–(i_2) ... innere Flutlinie. Spur der inneren Flussfläche (Tragscheibenfläche) im Meridianschnitt. Ist Zirkularprojektion der Schnittlinie von Relativstromfläche (Schaufelfläche) mit innerer Deckscheibe.

Schaufel-Druckseite (Schaufel-Vorderseite) oder -Luvseite ... Schaufelseite, auf welcher der höhere Druck herrscht.

Schaufel-Saugseite (Schaufel-Rückseite) oder -Leeseite ... Schaufelseite, auf welcher der niedrigere Druck herrscht.

D_{We} ... Wellendurchmesser

D_N ... Nabendurchmesser

D_{SM} ... Saugmunddurchmesser

c_{SM} ... Saugmundgeschwindigkeit

D_1 ... Saugkantendurchmesser

b_1 ... Saugkantenbreite

D_2 ... Druckkantendurchmesser

b_2 ... Druckkantenbreite

2.5.2.2 Nabenverengung

Durch die Nabe ergibt sich ein entsprechend verkleinerter kreisringartiger Laufrad-Saugmundquerschnitt A_{SM} mit dem Saugmunddurchmesser D_{SM} und dem Nabendurchmesser D_N. Für den Saugmundquerschnitt gilt deshalb:

$$A_{SM} = (D_{SM}^2 - D_N^2) \cdot \frac{\pi}{4} = D_{SM}^2 \cdot \left[1 - \left(\frac{D_N}{D_{SM}}\right)^2\right] \cdot \frac{\pi}{4} \quad (2\text{-}54)$$

Mit dem sog. **Nabenverengungsfaktor**

$$k_N = 1 - (D_N/D_{SM})^2 = 1 - \nu_N^2 \quad (2\text{-}55)$$

erhält die Beziehung für A_{SM} die Form:

$$A_{SM} = k_N \cdot D_{SM}^2 \cdot \pi/4 \quad (2\text{-}56)$$

Sind die Durchmesser D_{SM} und D_N bekannt, wird mit Gl. (2-54) gerechnet. Wenn D_N nicht vorliegt oder festlegbar ist, wird von Gl. (2-56) ausgegangen. Dabei kann als Richtwertebereich für k_N gelten:

$$k_N = 0{,}5 \ldots 0{,}9; \quad \text{meist} \quad 0{,}6 \ldots 0{,}8 \quad (2\text{-}57)$$

Nach der Durchflussgleichung beträgt der Laufrad-Volumenstrom mit späterer Gl. (4-91) bzw. hier näherungsweise $\dot{V}_{SM} \approx \dot{V}$ und Saugmundgeschwindigkeit c_{SM} nach Kennwerten (Kapitel 4) oder Richtwerten (digitales Zusatzmaterial):

$$\dot{V}_{La} = \dot{V}_{SM} = c_{SM} \cdot A_{SM} \quad (2\text{-}58)$$

2.5.2.3 Radquerschnittsverengung

Durch die Schaufeldicke wird der freie Strömungsquerschnitt im Schaufelbereich vermindert. Dies erfordert nach dem Kontinuitätsgesetz eine entsprechende Erhöhung der radialen Geschwindigkeitskomponente, d. h. der Meridiangeschwindigkeit der Strömung. Die sog. **Querschnitts-** oder **Schaufelversperrung** (-verengung) wird durch einen Faktor berücksichtigt. Dieser Beiwert wird als **Schaufelverengungsfaktor** oder kurz als **Verengungsfaktor** τ bezeichnet.

Die Querschnittsversperrung vergrößert sich mit kleiner werdendem Schaufelkanten-Durchmesser. Deshalb ist die Schaufelversperrung, insbesondere an der Saugkante von Radialrädern, bedeutungsvoll. Die Meridiangeschwindigkeitsänderung ist entsprechend größer als an der Druckkante. Um besonders bei Pumpen einen Übergang von c_{0m} auf c_{1m} ohne Strömungs-Ablösung zu erreichen, kann es zweckmäßig sein, die Schaufeln an der Saugkante zu verjüngen und mit einer kleinen Abrundung beginnen zulassen (Bild 2-15). Scharfe Zuspitzung ist nicht nur weniger widerstandsfähig, sondern auch empfindlicher gegen geringe Abweichungen der Relativströmungsrichtung von der Schaufelsaugkantenrichtung. Zudem bestätigen Erfahrungen an Tragflügelströmungen eine geringe Wirkungsgrad-Verschlechterung, die jedoch meist fast unmerklich klein bleibt.

Die Dicke der Laufradschaufeln an der Druckkante kann gleich oder verschieden (kleiner, größer) zu der an der Saugkante ausgeführt werden. Meist haben die Schaufelenden, wegen der einfachen Fertigung, die in Bild 2-16 gezeigte Form a). Schaufelenden der Form b) ergeben bei Pumpen infolge Verringerung des Druckkantenwinkels β_2 eine etwas kleinere Förderhöhe und bei der Form c) wegen Vergrößerung des Winkels β_2 eine etwas größere Förderhöhe ($\approx 1 \ldots 2\,\%$) als die Schaufelenden der Form a). Bei Turbinen Schaufelenden meist stark abgerundet.

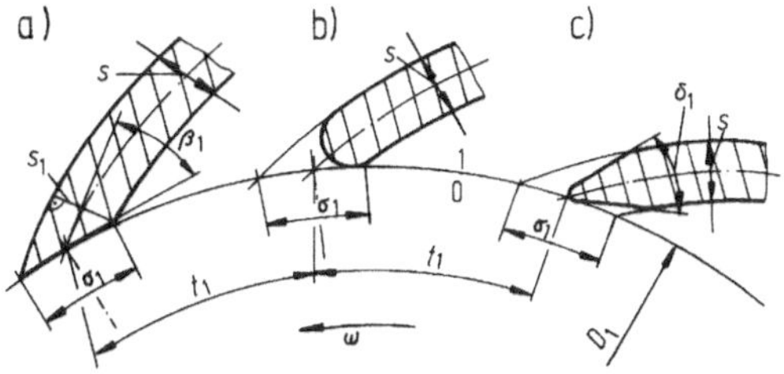

Bild 2-15 Saugkantenausführungen
a) Nicht angeschärft (ungünstig!), b) abgerundet (Normalausführung), c) angeschärft (aufwendig!)

Da nach den Erkenntnissen der Fluidmechanik bei geringen Geschwindigkeitsverzögerungen eine plötzliche Querschnittsänderung unter Umständen dem allmählichen Übergang gleichwertig ist, ergibt bei Pumpen die einfache Schaufelausführung nach Form a) von Bild 2-16 häufig ebenso günstige Ergebnisse wie ein schlanker, gleichmäßig spitzer Auslauf nach Form d). Zuschärfwinkel δ_2 bei Anspitzung nicht kleiner ausführen als mit Rücksicht auf Abnützung vertretbar.

Als Austrittsrichtung wird dann die Winkelhalbierende des Anschärfwinkels genommen, obwohl der Einfluss der Schaufelsaugfläche (Rückseite) zu überwiegen scheint. Insgesamt besteht somit bei Pumpen die Möglichkeit, die Austrittsrichtung des Fluidstromes und damit die Energieumsetzung durch die Art der Schaufelkanten-Zuschärfung noch nachträglich innerhalb gewisser Grenzen zu beeinflussen.

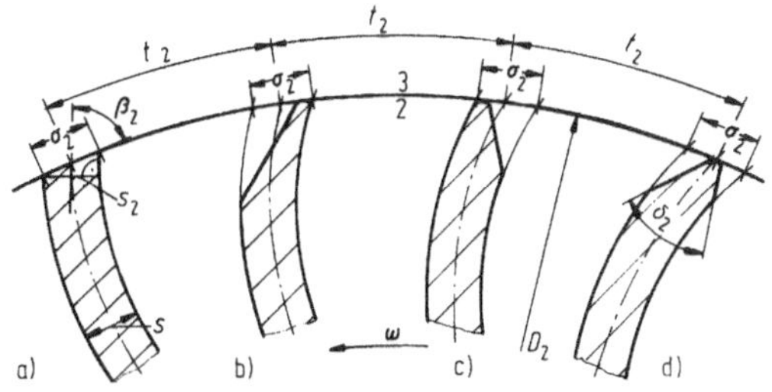

Bild 2-16 Druckkantenausführungen; a) nicht angeschärft (Normalausführung, einfach), b), c), d) verschiedene Anschärfungen (aufwendig)

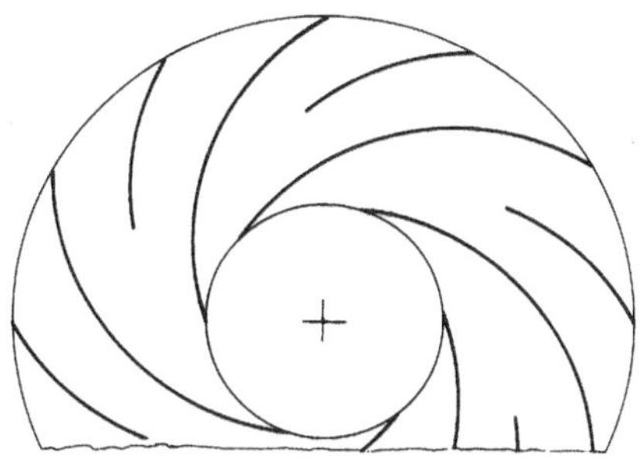

Bild 2-17 Radiallaufrad mit Zwischenschaufeln

Bei großem Durchmesserverhältnis D_2/D_1 kann am äußeren Laufradumfangsbereich die Schaufelzahl durch Einbauen von Zwischenschaufeln vergrößert und dadurch die Stromführung verbessert werden. Bild 2-17 zeigt die prinzipielle Form eines Laufrades mit Zwischenschaufeln. Nachteilig ist, dass solche Laufräder bei nicht exaktem Anströmen infolge Abweichen vom Nenndurchsatz (Über- oder Unterlast) schlechtere Wirkungsgrade aufweisen.

Als **Schaufelverengungsfaktor** τ wird definiert:

Allgemein:

$$\tau = t/(t-\sigma) \tag{2-59}$$

$\tau > 1, \quad$ da $\quad (t-\sigma) < t$

An Saugkante (Saugkanten-Verengungsfaktor):

$$\tau_1 = t_1/(t_1-\sigma_1) \tag{2-60}$$

An Druckkante (Druckkanten-Verengungsfaktor):

$$\tau_2 = t_2/(t_2-\sigma_2) \tag{2-61}$$

Dabei sind:

- Schaufelteilung

$$t = D \cdot \pi / z_{\text{La}} \tag{2-62}$$

Hierbei müssen wieder entsprechend dem Verengungsfaktor τ bei der Schaufelteilung t sowie dem Durchmesser D an der Saugkante der Index 1 und an der Druckkante die Fußzahl 2 angefügt werden. Wegen der Schaufelzahl z_{La} wird auf den folgenden Abschnitt 2.5.2.4 verwiesen.

- Schaufelumfangsbogen σ

  Der durch die Schaufeldicke s bedingte **Umfangsbogen** σ (Projektion der Schaufeldicke auf den Umfang) lässt sich mithilfe von Bild 2-18 in guter Näherung festlegen. Die eingetragenen Bogendreiecke sowohl an der Saug- als auch an der Druckkante können infolge der verhältnismäßig kleinen Schaufeldicke in guter Annäherung als geradseitige rechtwinklige Dreiecke betrachtet werden. Dafür gilt dann:

  Saugkantenbogen

  $$\sigma_1 = s_1 / \sin \beta_1 \qquad (2\text{-}63)$$

  Druckkantenbogen

  $$\sigma_2 = s_2 / \sin \beta_2 \qquad (2\text{-}64)$$

  Oder allgemein:

  Schaufeldickenbogen:

  $$\sigma = s / \sin \beta \qquad (2\text{-}65)$$

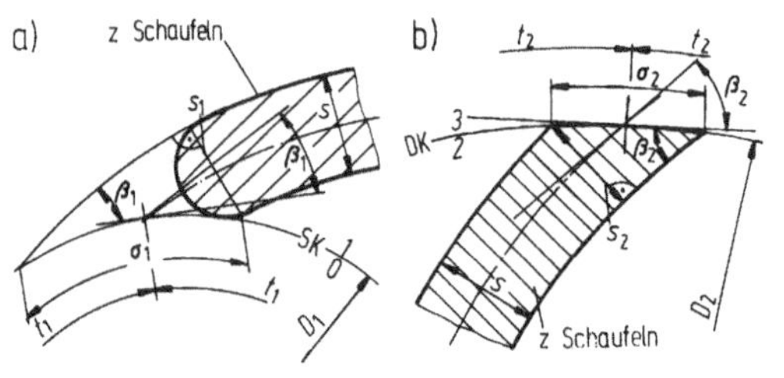

Bild 2-18 Schaufelenden; a) Saugkante SK (Index 1), b) Druckkante DK (Index 2)

Richtwerte für technisch ausgeführte Schaufeldicken s (meist $s_1 = s_2 = s$) gehen aus Abschnitt 2.5.2.5 hervor.

Aus den Geschwindigkeitsdreiecken für die Saug- und Druckkante (Bild 2-13) geht hervor, dass die Schaufeldicke eine Änderung der Strömungswinkel bewirkt. An der Saugkante vergrößert sich dadurch der Relativströmungswinkel von β_0 auf β_1. An der Druckkante wird durch Vergrößern des Relativstromwinkels von β_3 auf β_2 auch der Absolutströmungswinkel von α_3 auf α_2 verändert.

2.5.2.4 Laufschaufelzahl

Die exakte Berechnung der optimalen **Laufschaufelzahl** z_{La} ist nicht möglich. Sie kann letztlich jeweils nur durch Versuche bestimmt werden. Das näherungsweise Festlegen erfolgt deshalb aufgrund von plausiblen Annahmen und Erfahrungswerten. Eine allgemein für richtig anerkannte Regel, um die Anzahl der Schaufeln von Kreiselrädern zu bestimmen, besteht nicht. Einflüsse der Laufschaufelzahl gehen aus folgender Gegenüberstellung hervor:

Kleine Schaufelzahl

Vorteile:

- Geringe Verengung des Saugkanten-Querschnittes (τ_1 nur wenig größer als 1). Dadurch kleine Übergeschwindigkeit ($c_1 > c_0$) und vor allem bessere Saugfähigkeit. Der Hauptgrund dafür ist geringere Kavitationsgefahr bei Flüssigkeiten bzw. kleinere Überschallgefahr bei Gasen (Kapitel 5).
- Geringere Strömungsverluste infolge kleinerer Reibfläche
- Geringerer Fertigungsaufwand

Nachteile:

- Schlechtere Stromführung, was höheren Schaufeldruck und deshalb größere Minderarbeit (Abschnitt 3.2.1.2) zur Folge hat.

Große Schaufelzahl

Vorteile:

- Gute Führung des Fluidstromes und infolge von geringerem Schaufeldruck kleinere Minderarbeit.

Nachteile:

- Höhere Reibungsverluste wegen der größeren Schaufelfläche des Laufrades. Der Wirkungsgrad nimmt deshalb umso mehr ab, je weiter die Anzahl der Schaufeln über einen gewissen Wert hinausgeht.
- Höhere Herstellungskosten.
- Große Saugkantenversperrung, d. h. τ_1 wesentlich über 1. Dadurch hohe Übergeschwindigkeit im Laufradsaugbereich ($c_1 \gg c_0$), was u. a. bei Flüssigkeiten höhere Kavitationsgefahr und bei Gasen größere Überschallgefahr zur Folge hat. Das Saugverhalten ist entsprechend ungünstiger.

Wie die Gegenüberstellung zeigt, beeinflusst die Schaufelzahl stark die Eigenschaften der Maschine. Nach PFLEIDERER kann deshalb die Schaufelzahl ebenfalls als eine Kenngröße (Kapitel 5) bezeichnet werden. Des Weiteren bestätigt der Vergleich, dass die rechnerische Festlegung der günstigsten Schaufelzahl nach diesen Bedingungen analytisch nicht möglich ist.

Die Erfahrung lehrt, dass ein guter Kompromiss zwischen den gegenläufigen Einflüssen – gute Stromführung, jedoch erhöhte Reibung bei großer Schaufelzahl bzw. bei kleiner umgekehrt – die folgende Festlegung ergibt:

Mittlere Kanallänge im Meridianschnitt (Länge entlang der mittleren Flutlinie) ungefähr doppelt so groß als die mittlere Kanalweite (-tiefe in Kanalmitte M) im Seitenriss des Laufrades. Mit den Bezeichnungen von Bild 2-19, $l_{(m)}$ mittlere Flutlinienlänge (m_1)–(m_2) und $\bar{a} \equiv a_{M,(m)}$ Kanalweite am Mittenkreis M, wird also gesetzt:

$$l_{(m)} \approx 2 \cdot a_{M,(m)} \tag{2-66}$$

Nach Bild 2-19 gilt des Weiteren näherungsweise

$$a_{M,(m)} \approx t_{M,(m)} \cdot \sin \beta_{M,(m)}$$

Mit $t_{M,(m)} = D_{M,(m)} \cdot \pi / z_{La}$ wird

$$a_{M,(m)} \approx (D_{M,(m)} \cdot \pi / z_{La}) \cdot \sin \beta_{M,(m)}$$

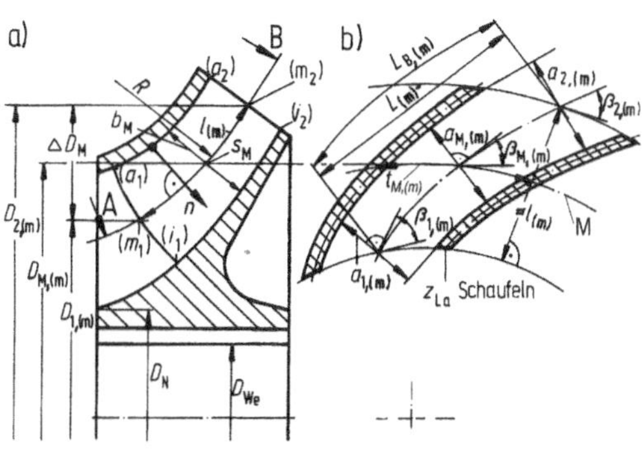

Bild 2-19 Diagonalrad mit Eintragungen
a) Meridianschnitt, b) Seitenriss (Mittenschnitt A–B), Index M ... Kanal-Mitte (Mittenkreis), *n* ... Normalenrichtung, *R* ... Flutlinien-Krümmungsradius

Eingesetzt in angenommenen Näherungsansatz, Gl. (2-66), liefert

$$l_{(m)} \approx 2 \cdot (D_{M,(m)} \cdot \pi / z_{La}) \cdot \sin \beta_{M,(m)}$$

Nach der Laufschaufelzahl z_{La} umgestellt:

$$z_{La} = 2 \cdot \pi \cdot (D_{M,(m)} / l_{(m)}) \cdot \sin \beta_{M,(m)} \tag{2-67}$$

Wird ferner ersatzweise

$$\beta_{M,(m)} = \bar{\beta}_{(m)} \approx (\beta_{1,(m)} + \beta_{2,(m)})/2$$

gesetzt, was exakt nur zutrifft, wenn sich der Schaufelwinkel linear von der Saugkante ($\beta_{1,(m)}$) zur Druckkante ($\beta_{2,(m)}$) ändert, in der Praxis jedoch meist nicht erreicht wird, folgt

$$z_{La} \approx 2 \cdot \pi \cdot (D_{M,(m)} / l_{(m)}) \cdot \sin \left[(\beta_{1,(m)} + \beta_{2,(m)})/2\right] \tag{2-68}$$

Mit der weiteren Näherung $\sin \beta_{M,(m)} \approx l_{(m)} / L_{B,(m)}$ (Bild 2-19) kann auch gesetzt werden:

$$z_{La} \approx 2 \cdot \pi \cdot D_{M,(m)} / L_{B,(m)} \tag{2-69}$$

Dabei ist $L_{B,(m)}$ die Mitten-Schaufelbogenlänge (Bild 2-19), d. h. die Bogenlänge der mittleren Flusslinie.

Da es sich bei den beiden Beziehungen Gl. (2-68) und Gl. (2-69) um mehr oder weniger gute Näherungsformeln handelt, wird die Faktorengruppe 2π durch den Koeffizienten K_{Sch} ersetzt. Der Beiwert $\boldsymbol{K_{Sch}}$ wird als **Schaufelfaktor** bezeichnet. K_{Sch} ist aufgrund umfangreicher Erfahrung so festgelegt, dass die Formeln möglichst gute Ergebnisse liefern, d. h. der optimalen Schaufelzahl nahe kommen. Der Schaufelfaktor K_{Sch} soll die Abweichungen weitmöglichst korrigieren, die aus den Annahmen und Näherungen bei Herleitung der Beziehungen folgen. Der Schaufelbeiwert K_{Sch} weicht daher von $2 \cdot \pi = 6{,}28$ mehr oder weniger stark ab.

Die Erfahrung lehrt, dass der Schaufelfaktor K_{Sch} vor allem auch von der Herstellungsart des Laufrades und damit der Schaufeln abhängt. Im Einzelnen gelten nach PFLEIDERER folgende **Richtwerte** für K_{Sch}:

Gegossene Schaufeln (meist bei KP und WT)	$K_{Sch} = 5 \ldots 6{,}5$
Gefräste, gepresste, gewalzte Schaufeln, Blechausführung	$K_{Sch} = 6{,}5 \ldots 8$
Druckguss, usw. (meist KV)	K_{Sch} bis 11

Letztlich ergeben sich folgende zwei Näherungsformeln für die Schaufelzahlen z_{La} von Radial- und Diagonallaufrädern:

$$z_{La} = K_{Sch} \cdot \frac{D_{M,(m)}}{l_{(m)}} \cdot \sin \left(\frac{\beta_{1,(m)} + \beta_{2,(m)}}{2} \right) \tag{2-70}$$

$$z_{La} = K_{Sch} \cdot D_{M,(m)} / L_{B,(m)} \tag{2-71}$$

Zu diesen Beziehungen Gl. (2-70) und Gl. (2-71) sind für die beiden Radausführungen radial und diagonal noch festzuhalten:

Radialräder

Bei radialen Laufrädern gilt allgemein bei guter Näherung und exakt für solche mit einfach gekrümmten Schaufeln, sog. **Zylinderschaufeln** (Bild 2-14):

$$D_{M,(m)} \approx \bar{D} = (D_1 + D_2)/2;$$

$\beta_{1,(m)} = \beta_1$; $\beta_{2,(m)} = \beta_2$ und

$l_{(m)} \approx \Delta R = \Delta D/2 = (D_2 - D_1)/2$

Eingesetzt in Gl. (2-70) ergibt:

$$z_{La} = K_{Sch} \cdot \frac{D_2 + D_1}{D_2 - D_1} \cdot \sin\left(\frac{\beta_2 + \beta_1}{2}\right) \qquad (2\text{-}72)$$

Diagonalräder

Diagonale Laufräder haben, wie später noch begründet wird, mehrfach, d. h. **räumlich gekrümmte Schaufeln**. Dafür muss die Näherungsformel für die Laufschaufelzahl in der Ausgangsform verwendet werden, also Gl. (2-70) oder Gl. (2-71). Dabei sind die Größen, der Mitten-Laufraddurchmesser $D_{M,(m)}$ bis zum Schwerpunkt S_M der mittleren Flutlinie (m_1)–(m_2), die Länge $l_{(m)}$ der mittleren Flutlinie (m_1)–(m_2) und für Gl. (2-71) die Bogenlänge $L_{B,(m)}$ der mittleren Flusslinie, zeichnerisch zu bestimmen. Sie werden aus dem ersten Entwurf des Laufrades (entsprechend Bild 2-19) entnommen.

Bemerkungen:

Durchmesser D_2 und D_1 Kapitel 3 und 6.
Winkel β_2 und β_1 Kapitel 6 und 5.

Bei Kreiselpumpen hängt die Schaufelzahl auch von Schnellläufigkeit (Abschnitt 4.3.3.5) und Förderhöhe ab, was in die Formeln jedoch nicht direkt eingeht.

Mit Rücksicht auf die Querschnittsverengung an der Saugkante muss die Schaufelzahl bei kleinen Pumpen geringer sein als bei großen. Gegebenenfalls Zwischenschaufeln verwenden (Bild 2-17).

Bei den üblichen radialen und diagonalen Kreiselpumpen liegen die Schaufelzahlen meist zwischen 5 und 15, also $z_{La} \approx 5 \ldots 15$.

Auch andere als die angegebenen Faustformeln für die Schaufelzahl von Radial- und Diagonalrädern sind gebräuchlich. So empfiehlt LEWINSKY-KESSLITZ für gegossene Räder:

$$z_{La} = 17 \cdot \sin\beta_2 \cdot \sqrt{D_{SM}/D_2} \qquad (2\text{-}73)$$

Diese Formel, in welche die Saugkantengrößen D_1, β_1 nicht eingehen, liefert etwas kleinere Werte für die Schaufelzahl als Gl. (2-72).

Für Ventilatoren und Gebläse radialer sowie diagonaler Bauart liefert Gl. (2-72), wie die Erfahrung lehrt, oftmals zu hohe Werte.

Das Festlegen der Schaufelzahlen von Radial- und Diagonal-Wasserturbinen erfolgt meist nach Erfahrungs- und Versuchswerten, weniger mit Näherungsformeln. Dabei werden Schaufelzahlen bis etwa 25 ausgeführt.

Nochmals wird darauf hingewiesen, dass alle Formeln für die Schaufelzahlen nur Richtwerte liefern, die zwar im Bereich günstigsten Laufradwirkungsgrades liegen, jedoch keineswegs verbindlich sind. Von den sich ergebenden Werten kann abgewichen werden. Der Wirkungsgrad des Laufrades ist jedoch umso schlechter, je größer die Abweichung.

Nach PFLEIDERER sind die Formeln, Gln. (2-71), (2-72) und (2-73), in den Indices entsprechend abgewandelt auch für **Leitschaufelzahlen** z_{Le} brauchbar, also zum näherungsweisen Festlegen der Schaufelzahlen von Leiträdern für Radial- und Diagonal-Turbomaschinen, wenn die zugehörigen Werte eingeführt werden.

Falls Klarheit besteht und deshalb keine besondere Kennzeichnungsnotwendigkeit vorliegt, wird der Index La (Laufrad) bzw. Le (Leitrad) einfachheitshalber meist weggelassen.

2.5.2.5 Schaufeldicke

Die minimal ausführbare Schaufeldicke ist einerseits durch das Fertigungsverfahren, andererseits durch die Werkstofffestigkeit bedingt. Da einfacher herstellbar, werden, wenn vertretbar, die Schaufeln in gleich bleibender Dicke ausgeführt und an der Eintrittskante gerundet. Um die Querschnittsversperrung an der Saugkante gering zu halten, sollte die Schaufeldicke möglichst gering sein.

Abhängig von Herstellungsverfahren und Werkstoff sind bei Pumpen (KP, KV) folgende Mindestschaufeldicken üblich:

- Grauguss, Kupferlegierungen (Cu-Zn, Cu-Sn usw.) und Sonderstahlguss $s \approx 3 \ldots 12$ mm
- Leichtmetallguss $s \approx 2 \ldots 8$ mm
- Blech $s \approx 1 \ldots 5$ mm

Bei sehr großen Laufrädern, z. B. für Speicherpumpen, Großlüfter usw., werden die Schaufeldicken aus Festigkeitsgründen jedoch meistens größer ausgeführt. Auch bei Turbinen sind die Schaufeln wesentlich dicker ausgebildet (bis weit über 100 mm).

2.5.2.6 Umfangsgeschwindigkeit

Die maximale Umfangsgeschwindigkeit von Laufrädern ist ebenfalls durch die Werkstofffestigkeit begrenzt. Da die Fliehkraft parabolisch, d. h. proportional mit dem Quadrat der Umfangsgeschwindigkeit steigt, ist die Werkstoffbelastung bei hohen Drehzahlen erheblich.

Richtwerte für maximal zulässige Umfangsgeschwindigkeiten:

Kreiselpumpen:

Grauguss	$u_{max} \approx 30\ldots 50\,\mathrm{m/s}$
Kupferlegierungen	$u_{max} \approx \ldots 50\,\mathrm{m/s}$
Chromstahlguss	$u_{max} \approx \ldots 150\,\mathrm{m/s}$

Kreiselverdichter:

Ventilatoren, Gebläse

Stahl	$u_{max} \approx 100\ldots 300\,\mathrm{m/s}$

Kompressoren

Sonderstahl	$u_{max} \approx 200\ldots 400\,\mathrm{m/s}$

Wasserturbinen:

Stahl, Stahlguss	$u_{max} \approx \ldots 200\,\mathrm{m/s}$

Dampf- und Gasturbinen:

Sonderchromstahl	$u_{max} \approx 300\ldots 500\,\mathrm{m/s}$

2.5.2.7 Geschwindigkeitsverhältnisse

Die Darstellung der Geschwindigkeitsdreiecke erfolgt meist getrennt von den Zeichnungen der Laufräder. Bild 2-20 zeigt die Geschwindigkeitspläne an der Saug- und Druckkante des Radialrades sowohl einer Pumpe als auch einer Turbine.

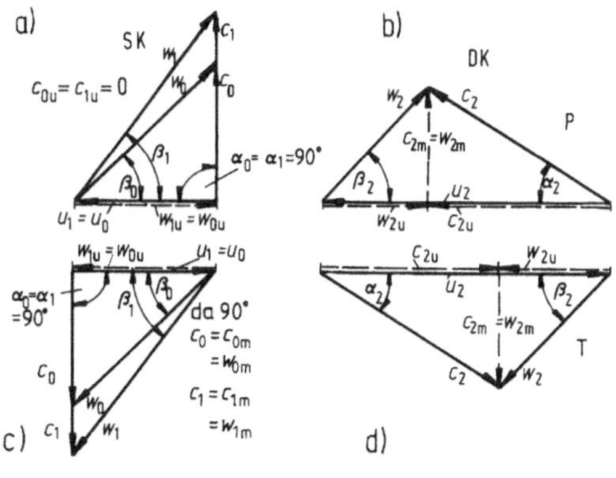

Bild 2-20 Geschwindigkeitsdreiecke an Saugkante SK (a und c) sowie Druckkante DK (b und d) von
a) und b): Radialpumpenrad P (Verzögerungsgitter, da $w_2 < w_1$). Meist $\beta_1 \approx \beta_0 + (1\ldots 5°)$
c) und d): Radialturbinenrad T (Beschleunigungsgitter, da $w_1 > w_2$)

Aus den Bildern 2-14 und 2-20 ergeben sich folgende Verknüpfungen, wobei für Näherungsrechnungen verschiedentlich überschlägig $\dot{V}_{La} \approx \dot{V}$ gesetzt werden kann, bzw. genauer nach späterer Gl. (4-91):

Saugkante:

$$w_0 = \sqrt{c_0^2 + u_1^2} \qquad w_1 = \sqrt{c_1^2 + u_1^2} \tag{2-74}$$

$$\tan\beta_0 = c_0/u_1 \qquad \tan\beta_1 = c_1/u_1 \tag{2-75}$$

$$u_1 = D_1 \cdot \pi \cdot n \tag{2-76}$$

$$A_{0m} = D_0 \cdot \pi \cdot b_0 = D_1 \cdot \pi \cdot b_1 \tag{2-77}$$

Mit $z_{La} = D_1 \cdot \pi / t_1$ wird

$$\begin{aligned} A_{1m} &= z_{La} \cdot (t_1 - \sigma_1) \cdot b_1 \\ &= D_1 \cdot \pi \cdot b_1 \cdot (t_1 - \sigma_1)/t_1 \\ &= D_1 \cdot \pi \cdot b_1 \cdot 1/\tau_1 \end{aligned} \tag{2-78}$$

Hierbei ist τ_1 der Schaufelverengungsfaktor an der Saugkante nach Gl. (2-60) bzw. Richtwerten.

Der Vergleich von Gl. (2-77) mit (2-78) ergibt:

$$A_{1m} = A_{0m}/\tau_1 \tag{2-79}$$

K 0–1: $c_{0m} \cdot A_{0m} = c_{1m} \cdot A_{1m} \rightarrow$ mit Gl. (2-79)

$$c_{1m} = \tau_1 \cdot c_{0m} \tag{2-80}$$

Bei $\alpha_0 = \alpha_1 = 90° \rightarrow c_{0m} = c_0$ und $c_{1m} = c_1$ deshalb

$$c_1 = \tau_1 \cdot c_0 \tag{2-81}$$

$$\tan\beta_1 = \tau_1 \cdot \tan\beta_0 \tag{2-82}$$

Aus D (Durchfluss):

$$c_{0m} = \dot{V}_{La}/A_{0m} \quad \text{und} \quad c_{1m} = \dot{V}_{La}/A_{1m} \tag{2-83}$$

Druckkante:

$$w_2 = c_{2m}/\sin\beta_2; \quad c_{2u} = c_2 \cdot \cos\alpha_2; \quad u_2 = D_2 \cdot \pi \cdot n \tag{2-84}$$

$$\tan\beta_2 = c_{2m}/w_{2u} = c_{2m}/(u_2 - c_{2u}) \tag{2-85}$$

Aus D2 mit späterer Gl. (4-91):

$$c_{2m} = \dot{V}_{La}/A_{2m} \tag{2-86}$$

Mit $A_{2m} = z_{La} \cdot (t_2 - \sigma_2) \cdot b_2 = (D_2 \cdot \pi/t_2) \cdot (t_2 - \sigma_2) \cdot b_2$

$$A_{2m} = D_2 \cdot \pi \cdot b_2 \cdot 1/\tau_2 \tag{2-87}$$

Kurz außerhalb der Druckkante (Stelle 3):

$$c_{3u} = k_M \cdot c_{2u}$$

nach Gl. (3-28) mit $k_M \leqq 1$ (Abschnitt 3.2.1.2)

Aus D3:

$$c_{3m} = \dot{V}_{La}/A_{3m} \tag{2-88}$$

Mit

$$A_{3m} = D_3 \cdot \pi \cdot b_3 = D_2 \cdot \pi \cdot b_2 = \tau_2 \cdot A_{2m} \tag{2-89}$$

$$c_{3m} = \dot{V}_{La}/(\tau_2 \cdot A_{2m}) = c_{2m}/\tau_2 \tag{2-90}$$

Richtwert:

$$c_{2m} \approx (0{,}6 \ldots 0{,}8 \ldots 1{,}0) \cdot c_{1m} \quad (2\text{-}91)$$

$$\tan\alpha_3 = \frac{c_{3m}}{c_{3u}} = \frac{c_{2m}/\tau_2}{k_M \cdot c_{2u}} = \frac{1}{\tau_2 \cdot k_M} \cdot \tan\alpha_2 \quad (2\text{-}92)$$

Oft $\tau_2 \cdot k_M \approx 1$, weshalb dann $\alpha_3 \approx \alpha_2$

Der Vergleich der Beziehungen Gln. (2-78) und (2-87) ergibt:

Für den Meridianströmungsquerschnitt A_m zwischen Saugseite/-kante (A_{0m}, A_{1m}) und Druckkante/-seite (A_{2m}, A_{3m}) gilt zusammengefasst:

$$A_m = D \cdot \pi \cdot b \cdot 1/\tau \quad (2\text{-}93)$$

In Gl. (2-93) sind jeweils die zur betreffenden Stelle (0; 1; 2; 3) gehörenden Werte einzusetzen und τ nach Beziehung (2-59) zu berechnen, wobei gemäß Definition zwangsläufig exakt

$$\tau_0 = 1 \quad \text{und} \quad \tau_3 = 1 \quad \text{(keine Verengung!)}$$

Richtwerte für τ_1 und τ_2, falls Berechnung nicht bzw. noch nicht möglich (später Nachrechnung notwendig):

$$\tau_1 \approx 1{,}2 \ldots 2{,}0 \quad (2\text{-}94)$$

$$\tau_2 \approx 1{,}02 \ldots 1{,}2 \quad (2\text{-}95)$$

Bemerkung: Verengungsfaktor τ wird umso größer, je kleiner Durchmesser D, weshalb an Saugseite (Stelle 1) Querschnittsversperrung durch die Schaufeln verschiedentlich problematisch. Abhilfe gemäß Bild 2-17, also verkürzte Zwischenschaufeln.

Der Einfluss der Flutlinienkrümmung auf die Strömungsgeschwindigkeit c_m im Meridianschnitt von Diagonalmaschinen ist im digitalen Zusatzmaterial dargestellt.

2.5.3 Axialräder

2.5.3.1 Vorbemerkungen

Während Radial- und Diagonalbeschauflungen immer Kanäle bilden, in denen das Fluid durch das Laufrad strömt, ist, wie schon in Abschnitt 1.4 ausgeführt, bei Axialrädern zwischen solchen mit engstehenden, d. h. vielen Schaufeln und solchen mit weitstehenden, also wenigen Schaufeln zu unterscheiden. Wie Radialbeschauflungen bilden Axialräder mit vielen Schaufeln Kanäle. Sie werden deshalb ebenfalls mithilfe der aus der Stromfadentheorie hervorgehenden **EULER-Gleichung der Kreiselradtheorie** (Abschnitt 3.2) berechnet.

Die Auslegung von Axialrädern mit Flügeln, d. h. wenigen Schaufeln (2 bis ca. 6 Stück), erfolgt dagegen in Anlehnung an die Flugtechnik nach der sog. **Tragflügeltheorie** (Abschnitt 3.3), d. h. theoretisch mit dem **KUTTA-JOUKOWSKY-Gesetz** und tatsächlich mithilfe von experimentell erarbeiteten **Profil-Polaren**.

Erwähnt sei schon jetzt, dass sowohl die EULER-Kreiselradgleichung als auch das KUTTA-JOUKOWSKY-Gesetz aus dem Impuls- bzw. Drallsatz folgen. Hierbei wird insbesondere auf [3] verwiesen. Bezüglich der Strömungen in den beiden Axialbeschauflungen ist im Einzelnen festzuhalten:

2.5.3.2 Axialräder mit vielen Schaufeln

Axialbeschauflungen mit vielen Schaufeln bilden Schaufelgitter (Abschnitt 1.4.3). Angewendet werden solche Axialräder bei Dampf- und Gasturbinen sowie Turboverdichtern. Bild 2-21 zeigt z. B. in schematischer Form das Schaufelgitter des Laufrades einer einstufigen Dampf- bzw. Gasturbine.

Bei Dampfturbinen wird zwischen den grundsätzlichen Wirkungsweisen, Gleichdruck und Überdruck, unterschieden. Gasturbinen GT und Kreiselverdichter KV dagegen arbeiten immer nach dem Überdruckprinzip. Sie werden entsprechend ausgebildet.

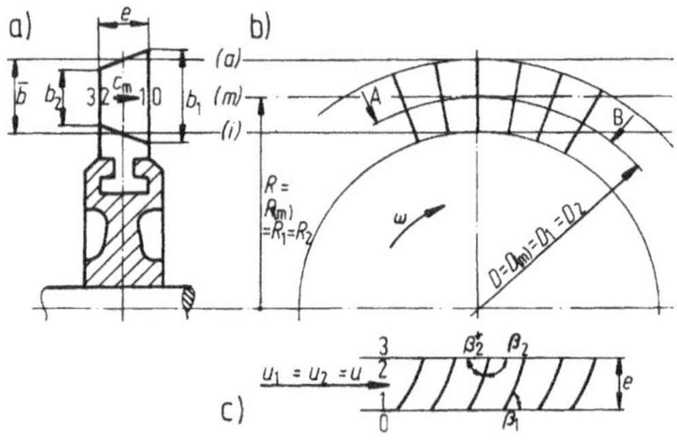

Bild 2-21 Laufrad einer einstufigen Dampfturbine
a) Aufriss (Meridianschnitt), b) Seitenriss, c) Grundriss (abgewickelter koaxialer Zylinderschnitt A–B am mittleren Laufraddurchmesser $D \equiv \overline{D}$)

Gleichdruck-Beschaufelung

Wie zuvor erwähnt, werden Gleichdruck-Beschaufelungen (Aktionsprinzip) nur bei Dampfturbinen angewendet. Grund: Kreiselpumpen und -verdichter (außer Ventilatoren) sollen hauptsächlich Druck erzeugen. Daher wird zweckmäßigerweise außer dem Leitrad auch das Laufrad zum Druckaufbau herangezogen, was Überdruckwirkung bedingt. Dies ist auch deshalb vorteilhaft, da sich in den rotierenden

Laufradkanälen infolge Fliehkraftwirkung die Ablösungsgefahr der verzögerten Strömung verringert.

Bemerkung: Reinrassige Gleichdruckbeschaufelungen werden, außer bei Dampfturbinen noch bei Wasserturbinen und selten bei Ventilatoren gebaut. Zur besseren Strömungsführung wird meist auch bei den dennoch als Gleichdruckmaschinen bezeichneten Ausführungen mit geringer Überdruckwirkung (bis 30 %) gearbeitet.

In Bild 2-22 sind die Strömungsverhältnisse am Schaufelplan des Gitters der Stufe einer Dampfturbine dargestellt. Dabei kennzeichnen:

MAS ... mittlere Absolutstrombahn
MRS ... mittlere Relativstrombahn
SV ... Schaufelvorderseite, manchmal auch mit Schaufel-Druckseite bezeichnet.
SR ... Schaufelrückseite, verschiedentlich auch mit Schaufel-Saugseite bezeichnet.

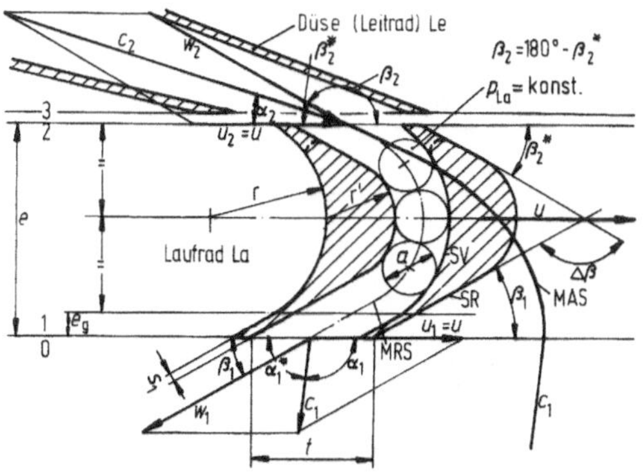

Bild 2-22 Schaufelplan der Stufe einer axialen Gleichdruck-Dampfturbine mit Eintragungen am mittleren Laufraddurchmesser $D \equiv \overline{D} = D_{(m)}$ nach Bild 2-21.
$c_1 < c_2 \rightarrow$ Energieumsetzung $(c_2^2/2) - (c_1^2/2)$

Die Schaufelprofile werden weitgehend spitz ausgeführt, in Bild 2-22 als Volllinie gezeichnet, wenn die Zuströmgeschwindigkeit im zugehörigen Transschall liegt, was bei diesen Maschinen häufig der Fall ist, um Verdichtungsstöße zu vermeiden [3]. Liegt die Zuströmgeschwindigkeit jedoch genügend tief im Unterschall, werden die Schaufeln am Eintritt gerundet, in Bild 2-22 strichliert eingetragen, um die Stoßverluste bei abweichender Strömungsrichtung zu verringern, z. B. bei Teillast. Wie bei Radialrädern ist es auch bei Axiallaufrädern üblich, die Geschwindigkeiten vom Schaufelplan getrennt in einem Geschwindigkeitsplan zusammenzufassen.

Bild 2-23 zeigt den zum Schaufelgitter von Bild 2-22 gehörenden Geschwindigkeitsplan. Beginnend bei einem beliebigen Punkt A werden die zu den Schaufelkanten gehörenden Relativ- und Absolutgeschwindigkeiten nach Größe und Richtung aufgetragen. Die Umfangsgeschwindigkeit schließt die Geschwindigkeitsdreiecke für Druck- und Saugkante.

Besonderheiten der Gleichdruckbeschaufelung:

a) Schaufeln, in der Regel gleichwinklig, also $\beta_1 = \beta_2^*$ mit $\beta_2^* = 180° - \beta_2$; $\alpha_2 \gtrsim 10° \ldots 15°$.
b) Infolge des konstanten Druckes ($p_1 = p_2 = p_{La}$) in den Laufradkanälen ist nach der Energiegleichung bei reibungsfreier Strömung auch die Geschwindigkeit (Relativgeschwindigkeit) konstant, also $w_1 = w_2$. Nach der Kontinuitätsbedingung muss dann auch der Strömungsquerschnitt konstant sein ($A_1 = A_2 = A$). Dies bedeutet bei gleich bleibender Schaufellänge b (radial) ebenfalls konstante Schaufelweite a. Die Reibungsverluste bei der realen Dampfströmung werden durch den sog. **Laufschaufelkoeffizienten** φ_{La} berücksichtigt. Es gilt deshalb:

$$w_1 = \varphi_{La} \cdot w_2 \qquad (2\text{-}96)$$

Der Laufschaufelbeiwert φ_{La} hängt von folgenden Einflüssen ab:

- Umlenkungswinkel $\Delta\beta$
- Oberflächenrauigkeit
- REYNOLDS-Zahl *Re*
- Verlauf der Strömungsführung. Unstetige Übergänge und Umlenkung bewirken Verluste.
- Verhältnis zwischen Druck- und Saugkantengeschwindigkeit. Verluste bei Strömungsbeschleunigung geringer als bei Verzögerung.
- Schaufellänge, da Randverluste bei kürzeren Schaufeln höher.

Der *Re*-Einfluss auf den Laufschaufelbeiwert ist bei den in Turbomaschinen üblichen REYNOLDS-Zahlen ($Re > 80\,000$) meist bedeutungslos. Da außerdem Turbinen- und Verdichterschaufeln sorgfältig ausgebildet sowie geschliffen und poliert werden, sind die Auswirkungen von Oberflächenrauigkeit und Stromführung gering. Die Haupteinflussgröße auf den Laufschaufelbeiwert φ_{La} ist deshalb der Umlenkungswinkel $\Delta\beta$. Dabei: je größer $\Delta\beta = \beta_2 - \beta_1$, desto kleiner φ_{La}. Entsprechend bei den Leitvorrichtungen (φ_{Le} abhängig von $\Delta\alpha = |\alpha_2 - \alpha_1|$).

Richtwerte: $\varphi_{La} \approx \varphi_{Le} \approx 0{,}75 \ldots 0{,}95\,(\ldots 98)$

Die infolge Geschwindigkeitsabnahme nach der Kontinuitätsbedingung notwendige Querschnittszunahme gegen die Saugkante wird bei gleich bleibender Schaufelweite a durch entsprechend wachsende Schaufellänge ($b_1 > b_2$) verwirklicht.

Aus dem Geschwindigkeitsplan (Bild 2-23) folgt:

$$c_{1u} + c_{2u} = w_{1u} + w_{2u} \rightarrow \sum c_u = \sum w_u \qquad (2\text{-}97)$$

Konstruktionshilfen (Erfahrungswerte):

Geradschnitt

$$e_g \approx 0{,}1 \cdot e \qquad (2\text{-}98)$$

Kanalweite

$$a \approx r/2 \qquad (2\text{-}99)$$

Axiale Schaufelerstreckung nach Hilfsformel

$$e \approx 1{,}5 \cdot \sqrt{\Delta h_{s,St} + 25} \quad \text{in mm} \qquad (2\text{-}100)$$

Mit dem isentropen Stufengefälle $\Delta h_{s,St}$ in kJ/kg.

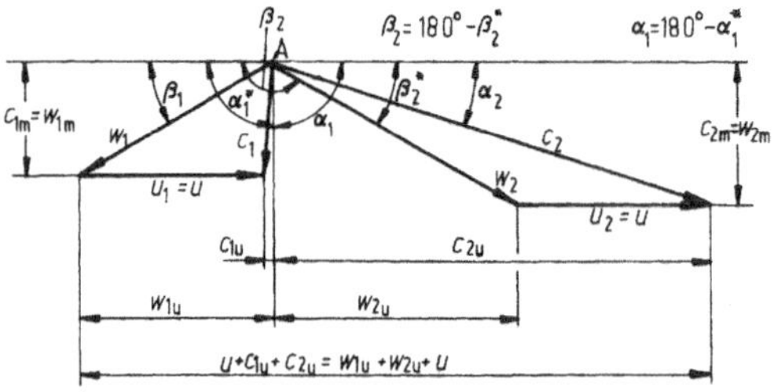

Bild 2-23 Geschwindigkeitsplan zu Bild 2-22

Schaufelvorderseiten-Radius (vergleiche auch Bild 2-26) mit $\cos\beta_2^* = \cos(180° - \beta_2) = -\cos\beta_2$:

$$r = \frac{e - e_g}{\cos\beta_1 + \cos\beta_2^*} = \frac{0{,}9e}{\cos\beta_1 - \cos\beta_2} \qquad (2\text{-}101)$$

Günstige mittlere Schaufelteilung am mittleren Durchmesser $D \equiv D_{(m)} = \overline{D}$

$$t \equiv t_{(m)} = \frac{r}{2 \cdot \sin\left[(\beta_1 + \beta_2^*)/2\right]} \qquad (2\text{-}102)$$

Druckkanten-Schaufellänge (-breite)

$$b_2 \approx b_{Le} + (1 \ldots 2\,\text{mm}) \qquad (2\text{-}103)$$

$b_{Le} \ldots$ Düsenhöhe (radial), $b_{Le,min} = 9 \ldots 11$ mm
Saugkanten-Schaufeldicke $s_1 \geqq 0{,}5$ mm.

Saugkanten-Schaufellänge (-breite).

$$b_1 = b_2 \cdot w_{2m}/w_{1m} \qquad (2\text{-}104)$$

Richtwert: In der Regel $w_{2m}/w_{1m} \approx 1{,}2 \ldots 1{,}5$.

Überdruck-Beschaufelung:

Überdruckbeschaufelungen (Reaktionsprinzip) werden bei Axialkreiselpumpen sowie -verdichtern immer verwendet, ebenfalls bei Gasturbinen und häufig bei Dampfturbinen. Dabei wird in der Regel die gesamte Stufenenergie je zur Hälfte im Lauf- und Leitradkranz umgesetzt, was den Vorteil gleicher, spiegelbildlich angeordneter Schaufelprofile in beiden Rädern ergibt.

Bild 2-24 zeigt den Schaufelplan einer Überdruckstufe. Die eingetragenen Geschwindigkeiten treten bei Turbinen auf. Bei Verdichtern ist die Bewegungs- und Strömungsrichtung umgekehrt. Alle Geschwindigkeiten, einschließlich der Umfangsgeschwindigkeit, sind dann den dargestellten entgegengesetzt gerichtet.

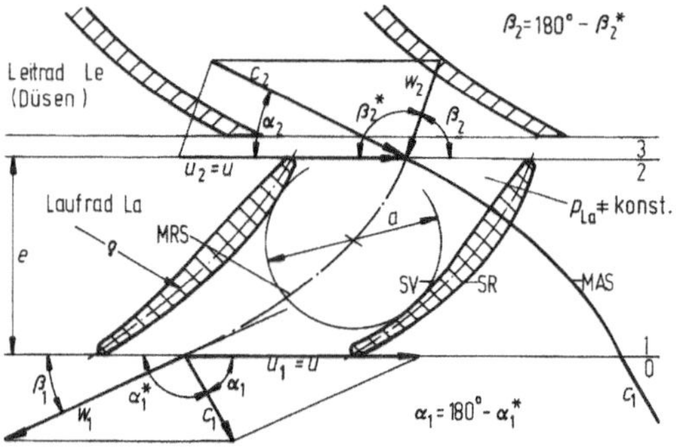

Bild 2-24 Schaufelplan mit Geschwindigkeitseintragungen der Stufe einer axialen Überdruck-Turbine ($p_{La} \neq$ konst). $w_1 > w_2 \rightarrow$ Rückstoß.

Zu bemerken ist noch, dass die Winkel vielfach an den Schaufelvorderseiten abgetragen werden, obwohl sie eigentlich zur Mitte der Schaufel, d. h. der **Schaufelskelettlinie**, gehören.

Die in Bild 2-24 eingetragenen Kurzzeichen bedeuten das Gleiche wie in Bild 2-22. Sie wurden dort erläutert.

Die Geschwindigkeiten von Bild 2-24 sind wieder getrennt vom Schaufelplan herausgezeichnet und im Geschwindigkeitsplan (Bild 2-25) zusammengefasst.

Aus dem Geschwindigkeitsplan, Bild 2-25, folgt:

$$\left.\begin{aligned} u &= w_{1u} + c_{1u} \\ u &= w_{2u} + c_{2u} \end{aligned}\right\} c_{2u} - c_{1u} = w_{1u} - w_{2u} \qquad (2\text{-}105)$$

Besonderheiten der Überdruckbeschaufelung:

- Axialschub in Saugseiten-Richtung infolge $p_2 > p_1$.
- Rückstoßwirkung (Reaktion, „Rückstoß") der Laufradströmung bei Turbinen, da $w_1 > w_2$; deshalb geringere Umlenkung notwendig.
- Düsenförmige Laufschaufelkanäle bei Turbinen bzw. diffusorartige bei Pumpen ($a \neq$ konst, skizziert in Bild 2-24).

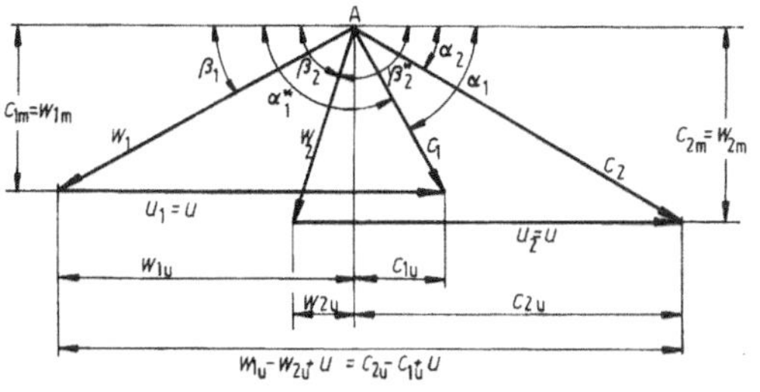

Bild 2-25 Geschwindigkeitsplan der Turbinen-Überdruckstufe nach Bild 2-24

Konstruktionshilfen:

Die sog. **Kreisbogenschaufel**, bestehend aus einem einzigen Kreisbogen, ist sowohl bei Pumpen als auch Turbinen gebräuchlich, da sie ruckfreie Strömung, d. h. ohne plötzliche Beschleunigungsänderungen, ergibt (Abschnitt 6.2.5.3). Für den **Krümmungsradius** ϱ (Bild 2-24) der Schaufelmittellinie, der **Skelettlinie**, ergibt sich mithilfe von Bild 2-26:

Mit dem sog. (theoretischen) **Staffelungswinkel**

$$\beta_{St} = \overline{\beta} = (\beta_1 + \beta_2)/2 \tag{2-106}$$

folgt für die verschiedenen Winkel in Bild 2-26

$$\varepsilon' = 180° - (90° + \beta_{St} - \beta_1) = 90° - (\beta_{St} - \beta_1)$$

$$\varepsilon' = 90° - \left[\frac{\beta_1 + \beta_2}{2} - \beta_1\right] = 90° - \frac{\beta_2 - \beta_1}{2}$$

$\varepsilon = \varepsilon'$ (gleichschenkliges Dreieck), oder

$$\varepsilon = 180° - (90° + \beta_2 - \beta_{St}) = 90° - (\beta_2 - \beta_{St})$$

$$\varepsilon = 90° - \left[\beta_2 - \frac{\beta_1 + \beta_2}{2}\right] = 90° - \frac{\beta_2 - \beta_1}{2}$$

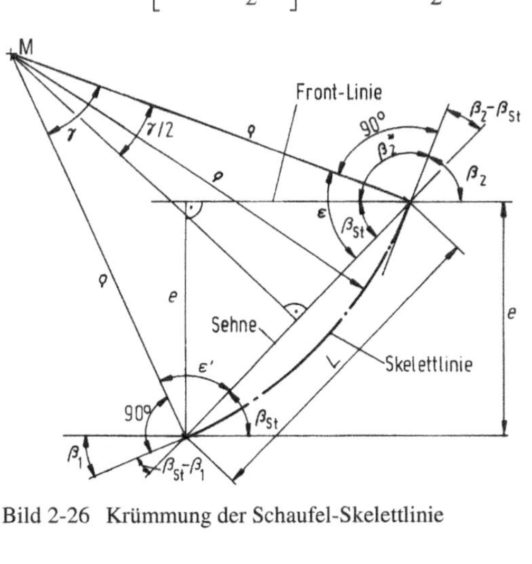

Bild 2-26 Krümmung der Schaufel-Skelettlinie

Hiermit ergibt sich der **Zentriwinkel** γ zu:

$$\gamma = 180° - (\varepsilon + \varepsilon') = 180° - 2 \cdot \varepsilon$$
$$\gamma = \beta_2 - \beta_1 \tag{2-107}$$

Mit dem Zentriwinkel γ folgt für den **Krümmungsradius** ϱ der **Schaufel-Skelettlinie**:

$$\varrho = \frac{L/2}{\sin(\gamma/2)} = \frac{L}{2 \cdot \sin\left[(\beta_2 - \beta_1)/2\right]} \quad \text{oder mit}$$

$$L = e/\sin\beta_{St} = e/\sin\left[(\beta_2 + \beta_1)/2\right] \tag{2-108}$$

$$\varrho = \frac{e}{2 \cdot \sin\left[(\beta_2 - \beta_1)/2\right] \cdot \sin\left[(\beta_2 + \beta_1)/2\right]}$$

Mit dem Additionstheorem

$$2 \cdot \sin\alpha \cdot \sin\beta = \cos(\alpha - \beta) - \cos(\alpha + \beta)$$

und der Eigenschaft $\cos(-\alpha) = \cos\alpha$ der geraden, d. h. symmetrischen cos-Funktion, ergibt sich:

$$\begin{aligned} &2 \cdot \sin\left[(\beta_2 - \beta_1)/2\right] \cdot \sin\left[(\beta_2 + \beta_1)/2\right] \\ &= \cos\left[\frac{1}{2}\Big((\beta_2 - \beta_1) - (\beta_2 + \beta_1)\Big)\right] \\ &\quad - \cos\left[\frac{1}{2}\Big((\beta_2 - \beta_1) + (\beta_2 + \beta_1)\Big)\right] \\ &= \cos(-\beta_1) - \cos\beta_2 = \cos\beta_1 - \cos\beta_2 \end{aligned}$$

Eingesetzt in die vorhergehende Beziehung für den Krümmungsradius ϱ der Skelettlinie führt zu

$$\varrho = e/(\cos\beta_1 - \cos\beta_2) \tag{2-109}$$

Die Schaufeln können in gleich bleibender Dicke, z. B. aus Blech, hergestellt sein oder sich nach innen verdicken. Die in der Regel geschliffenen und polierten Schaufeln sind am Eintritt gut abzurunden. Turbinenschaufeln erhalten dabei eine Abrundung mit großem Radius, wodurch sie weitgehend unempfindlich gegenüber einer Änderung der Zuströmrichtung (Eintrittsstoß) des Fluidstromes werden. Pumpenschaufeln dagegen erhalten einen kleinen Abrundungsradius an der Saugkante, damit die auftretenden Übergeschwindigkeiten (Kapitel 5) gering bleiben. Die größte Profildicke liegt dann meist weit hinter der Eintrittskante.

Am Schaufelauslauf (Saugkante bei T, Druckkante bei P) ist eine messerscharfe Schneide aus Haltbarkeits- (Lebensdauer) und Herstellungsgründen nicht zweckmäßig. Sie bringt auch nicht den theoretisch zu erwartenden Vorteil – Nichtauftreten des CARNOT-Stoßes. Deshalb werden Blechschaufeln meist nicht zugeschärft.

Schaufelzahl

Die Überlegung, welche letztlich zu Gl. (2-70) führte, gilt für alle Rad- und Schaufelformen. Die Näherungsformeln, Gl. (2-70) und Gl. (2-71), können deshalb auch für Axialräder mit vielen, also engstehenden Schaufeln angewendet werden. Allerdings beträgt hierbei die Erfahrungszahl, der **Schaufelbeiwert, $K_{Sch} = 4 \ldots 5$**. Dadurch ergeben sich Schaufelgitter mit gut ausgebildeten Kanälen, die infolge der – insbesondere bei Turbinen – meist großen Umlenkung zur vorteilhaften Stromführung notwendig sind.

2.5.3.3 Axialräder mit wenigen Schaufeln

Grundsätzliches

Laufräder mit weitstehenden Schaufeln, sog. **Propeller**, werden verwendet bei

- Axialpumpen, das sind Propellerpumpen und Axialverdichter.
- Axialen Wasser- und Luftturbinen (Windkonverter).
- Schiffs- und Flugzeugschrauben.

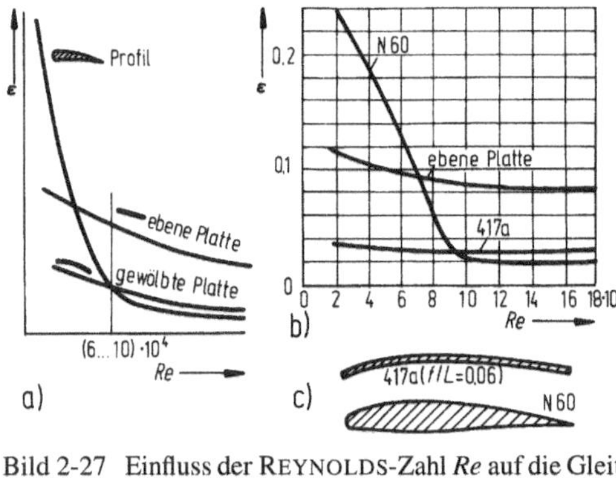

Bild 2-27 Einfluss der REYNOLDS-Zahl Re auf die Gleitzahl ε verschiedener Flügelformen
a) Prinzipdarstellung, b) Flügel Nr. 417a, Nr. 60 und ebene Platte, c) Profilformen

Die wenigen Flügel ($z \approx 2 \ldots 6$) dieser Laufräder stehen, wie schon in Abschnitt 1.4.2 ausgeführt, so weit auseinander, dass sie sich gegenseitig theoretisch nicht mehr und tatsächlich nur wenig beeinflussen. Jeder Flügel eines Axialrades verhält sich deshalb wie eine Flugzeugtragfläche, angeströmt von einem ungestörten, d. h. unbeeinflussten Fluidstrom. Je nach REYNOLDS-Zahl der Umströmung sind dabei gebogene Platten mit konstanter Wanddicke oder profilierte Flügel vorteilhaft. Bis $Re \approx 60\,000 \ldots 100\,000$ sind gewölbte Platten günstiger, darüber profilierte Flügel, vergleiche [3]. Dies bestätigt auch Bild 2-27. Unterhalb des genannten Re-Bereiches ist die sog. **Gleitzahl** ε, der Quotient von Widerstandskraft F_W und dynamischer Auftriebskraft F_A, also $\varepsilon = F_W/F_A$, von Platten kleiner und deshalb günstiger als von Profilen.

Bei Profilformen ist es zweckmäßig, von den Luftfahrt-Versuchsanstalten entwickelte, erprobte und als günstig befundene zu verwenden. Es handelt sich dabei um solche Profile (z. B. für Verdichter), die direkt auch im Flugzeugbau verwendet werden oder davon abgeleitet sind, wie bei axialen Wasserpumpen und -turbinen. Vorteilhaft ist, dass für die Profile nicht nur Abmessungen, sondern auch alle Kennwerte verfügbar sind.

Profilkenngrößen und -bezeichnungen

Die Profilkenngrößen (siehe auch Abschnitt 3.3.2)

- Auftriebsbeiwert ζ_A
- Widerstandsbeiwert ζ_W
- Momentenbeiwert ζ_M

sind entweder im

- Polarendiagramm nach LILIENTHAL[1] mit dem Parameter **Anstellwinkel** δ (Bild 2-28)

oder in dem sog.

- aufgelösten Polarendiagramm als Funktion der Anstellung δ (Bild 2-29)

zusammengefasst bzw. dargestellt.

Das digitale Zusatzmaterial enthält die Abmessungswerte und Kenndaten einiger Profile, die speziell bei Turbomaschinen Verwendung finden. Zudem sind dort weitere Hinweise zu finden.

Die Polaren hängen von der REYNOLDS-Zahl Re ab. Bei den in Strömungsmaschinen üblicherweise erreichten Re-Werten ist der Einfluss jedoch nur noch gering und deshalb oft vernachlässigbar.

Bemerkung: Die Profil-Beiwerte ζ_A, ζ_W, ζ_M werden gemäß Luftfahrtnorm 9300 oft auch mit C_A, C_W, C_M bezeichnet.

Die für die Profilströmung und -gestaltung wichtigen Größen sind in Bild 2-30 eingetragen [3].

[1] LILIENTHAL, OTTO, dt. Ingenieur (1848–1896)

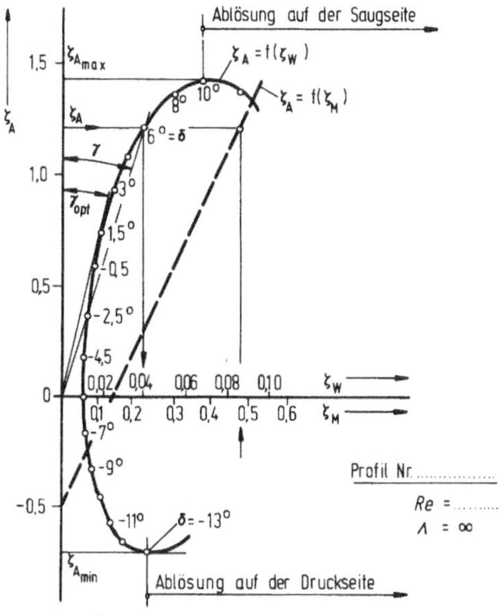

Bild 2-28 Polarendiagramm eines Profils nach LILIENTHAL; γ_{opt} Gleitwinkel des optimalen Profilzustandes

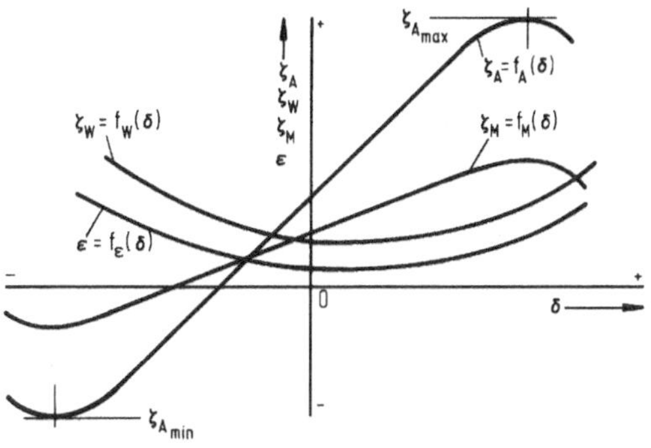

Bild 2-29 Aufgelöstes Polarendiagramm (Prinzipdarstellung) Abszissenschnittpunkt der ζ_A-Kurve ergibt δ_0

In Bild 2-30 bedeuten:

δ ...	Anstellwinkel (Anstellung), Winkel zwischen Anströmrichtung und Bezugslinie (Profilsehne bzw. -tangente) + nach oben; − nach unten.
δ_0 ...	Nullauftriebs-Anstellung
w_∞ ...	Ungestörte Anströmgeschwindigkeit
N ...	Nasenfußpunkt
L ...	Profillänge oder -tiefe
b ...	Tragflügelbreite oder Spannweite, ist Flügellänge senkrecht zur Profiltiefe L
A_{Fl} ...	Tragflügelfläche $A_{Fl} = \int L \cdot db$ Bei $L =$ konst (Rechteckflügel) ist $A_{Fl} = L \cdot b$
λ ...	Seitenverhältnis $\lambda = A_{Fl}/b^2$ Bei $L =$ konst ist $\lambda = L/b$
Λ ...	Flügelstreckung, Schlankheit $\Lambda = 1/\lambda$
x, t ...	Längs- oder Tangentialrichtung
y, n ...	Senkrecht-, Quer- oder Normalenrichtung
f ...	Pfeilhöhe (maximale Wölbung der Skelettlinie)
f/L ...	Wölbungsverhältnis (0 ... 0,05)
x_f ...	Wölbungs- oder Pfeilhöhenabstand
x_f/L ...	Wölbungs- oder Pfeilhöhenrücklage (0,3 ... 0,5)
d ...	Profildicke $d = y_o - y_u$
d_{max} ...	Maximale Profildicke
d/L ...	Dickenverhältnis (relative Dicke) (0,05 ... 0,15 ... 0,20)
x_d ...	Dickenabstand
$x_{d,max}/L$ ...	Dickenrücklage (0,3 ... 0,5)
r ...	Nasenradius
s ...	Druckpunktabstand (auch Bild 3-16)
s/L ...	Druckmittelpunkt-Rücklage

Profilmessung: $y = f(x)$ mit x in % von L
wobei Profiloberseite $y_o = f_o(x)$
Profilunterseite $y_u = f_u(x)$

Funktionen $f_o(x)$ und $f_u(x)$ meist für punktweises Festlegen des Profils tabelliert (z. B. Tafel 8 beim digitalen Zusatzmaterial).

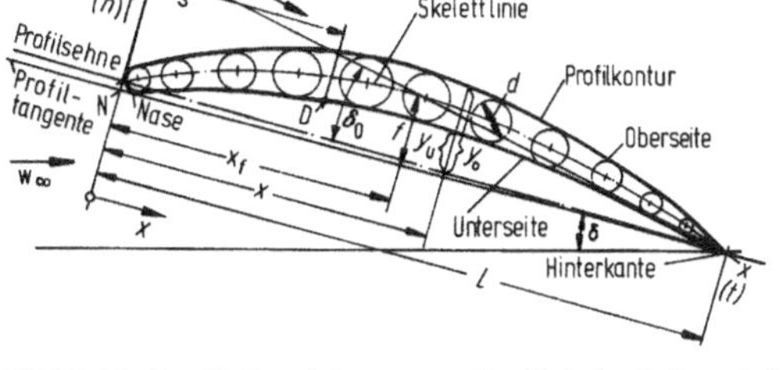

Bild 2-30 Profil-Bezeichnungen. Profilskelettlinie wird auch als Wölbungs- oder Profilmittellinie bezeichnet. Winkel δ nach oben plus, nach unten minus

Profilsystematik:

Systematische Zusammenstellung einer Profilreihe für die verschiedensten Anwendungszwecke.

Zwei Profilsystematiken sind geläufig:

- Göttinger *Profilsystematik*
  Entwickelt von der Göttinger Versuchsanstalt (G-Profile).
- *NACA-Profilsystematik*
  NACA ... National Advisory Committee for Aeronautics, Washington (NACA-Profile).

Profilsehne und *Profiltangente* liegen meist so dicht beisammen, dass oft nicht zwischen ihnen unterschieden wird. Zudem ist nicht einheitlich, auf welche Linie die Profilkonturen bezogen, in den Profiltabellen (z. B. Tafel 8 beim digitalen Zusatzmaterial) dargestellt werden. So sind die *NACA*-Profilabmessungswerte auf die Profilsehne bezogen, während die Göttinger Profiltabellen von der Profiltangente als Bezugslinie ausgehen.

Tragprofile werden in Familien geordnet und diese weiter in Serien unterteilt:

Eine **Tragflügelfamilie** besteht aus einem Grundprofil und einer Reihe von Profilen, die durch Ändern eines oder mehrerer Parameter des Grundprofils entstanden sind.

Eine **Tragflügelserie** bildet eine Reihe von Profilen gleicher Gestalt, die sich voneinander nur in der Größe des Dickenverhältnisses d/L (relative Dicke) unterscheiden.

Wird die Skelettlinie gekrümmt, z. B. nach einem Kreisbogen entsprechend Bild 2-26, ist die Dickenverteilung, d. h. die Profildicke $d = (y_o - y_u) = f(L)$ laut der zugehörigen Profiltabelle längs der Länge $L = \varrho \cdot \widehat{\gamma}$ der gebogenen Skelettlinie aufzutragen.

Nullrichtung oder Nullauftriebsrichtung ist die Anströmrichtung, bei der sich kein Auftrieb ergibt ($F_A = 0$), mit Nullauftriebswinkel δ_0. Die Nullrichtung geht meist durch die Skelettlinie an der Stelle von Pfeilhöhe f.

REYNOLDS-Zahl:

$$Re = w_\infty \cdot L/\nu \qquad (2\text{-}110)$$

Die Re-Zahl wird also auf die Profiltiefe L (Bezugslänge) bezogen. Kritische REYNOLDS-Zahl, d. h. Umschlag laminar in turbulent, bei $Re = (1 \ldots 5) \cdot 10^5$.

Dickere Profile sind unempfindlicher gegen unrichtige Anströmung, jedoch reibungsbehafteter als dünnere. Zudem erlauben dünnere Profile (d/L klein) stärkere Umlenkung des Mediums, weshalb meist verwendet.

Richtwerteformeln üblicher Profile ($\delta^\circ \rightarrow \delta$ in Grad):

$$\delta_0^\circ = -(90 \ldots 100) \cdot (f/L) \qquad (2\text{-}111)$$

$$\zeta_A = (0{,}09 \ldots 0{,}10 \ldots 0{,}11) \cdot |\delta_0^\circ| \qquad (2\text{-}112)$$

$$\varepsilon = 0{,}01 + 0{,}02 \cdot (d_{max}/L) + 0{,}08 \cdot (f/L) \qquad (2\text{-}113)$$

Standard-Profile können durch entsprechende Krümmung ihrer Mittellinie (Skelettlinie) den Strömungsverhältnissen in der Turbomaschine angepasst werden.

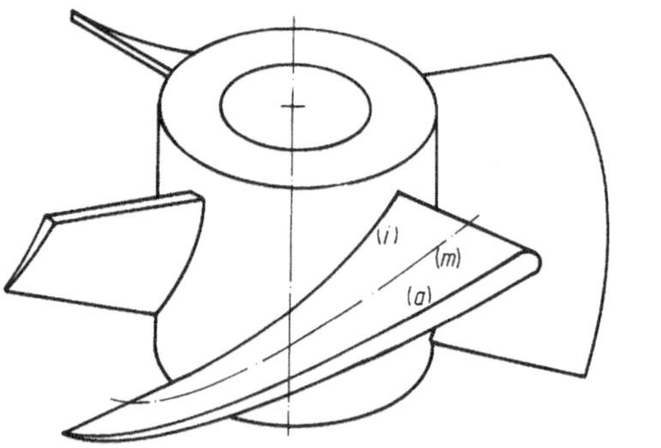

Bild 2-31 Axialrad (Prinzipdarstellung bei Turbine)
Flusslinien: (i) ... innere, (m) ... mittlere, (a) ... äußere

Die prinzipielle Anordnung der Flügel bei Axialrädern geht aus Bild 2-31 hervor. Dabei muss wieder zwischen Pumpen- und Turbinen-Strömung unterschieden werden.

Pumpenschaufel

Die Geschwindigkeitsdreiecke an Saug- und Druckkante sowie die Profilabwicklung des mittleren Profil-Zylinderkoaxialschnittes (m) eines Flügels (Bild 2-31) ist in Bild 2-32 dargestellt. Der Profilschnitt zeigt, dass der Flügel gegenüber der Umfangsrichtung um den sog. **Stafflungs-Profilwinkel** β schräg angeordnet und gegen die mittlere relative Anströmgeschwindigkeit w_∞ um den Winkel δ angestellt ist. Wie aus dem Geschwindigkeitsdreieck hervorgeht, ergibt sich die mittlere Relativanströmgeschwindigkeit w_∞ durch Halbieren der Differenz Δw_u der Umfangskomponenten aus den Relativgeschwindigkeiten der Strömung an Saug- und Druckkante des Profils.

Turbinenschaufel

Analog zu Bild 2-32 für die Pumpenschaufel gehen aus Bild 2-33 die Verhältnisse für den Turbinenflügel hervor.

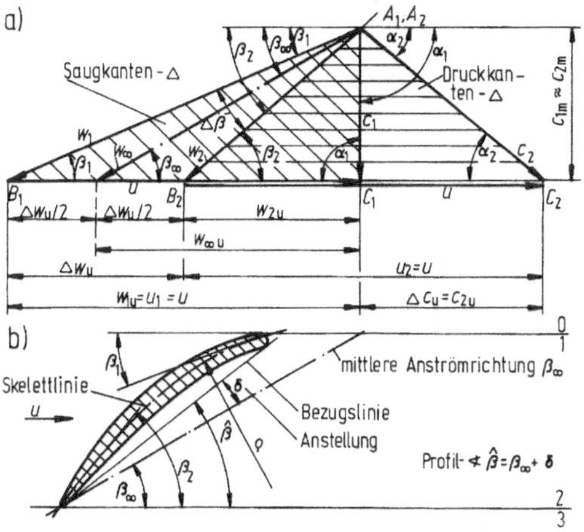

Bild 2-32 Axiale Pumpenschaufel
a) Saugkantendreieck $A_1B_1C_1$ und Druckkantendreieck $A_2B_2C_2$,
b) Profilschnitt an der mittleren Flusslinie (m) (Koaxialzylinderschnitt). $\hat{\beta}$ in Bild 2-26 β'_{St}

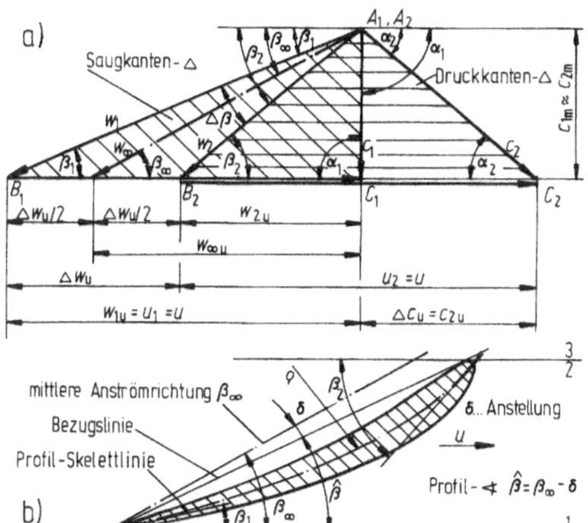

Bild 2-33 Axiale Turbinenschaufel (Kräfte → Bild 3-16)
a) Saugkantendreieck $A_1B_1C_1$ und Druckkantendreieck $A_2B_2C_2$
b) Profilschnitt an der mittleren Flusslinie (m) (Koaxialzylinderschnitt). $\hat{\beta}$ in Bild 2-26 β'_{St}

Bemerkungen: Die beiden Flügelschnitte von Bild 2-32 und Bild 2-33 verglichen, ergibt: Die Pumpenschaufel ist zur Umfangsrichtung gegenüber der mittleren relativen Anströmrichtung β_∞ um den Anstellwinkel δ steiler, die Turbinenschaufel dagegen flacher angestellt. Der sog. **Profilwinkel** $\hat{\beta}$, auch als theoretischer Staffelungswinkel β'_{St} (Gl. (2-106)) bezeichnet, der Winkel zwischen Umfangsrichtung und Profil-Bezugslinie (Abschnitt 3.3.2), beträgt deshalb bei der

- Pumpenschaufel

$$\hat{\beta} = \beta_\infty + \delta \qquad (2\text{-}114)$$

- Turbinenschaufel

$$\hat{\beta} = \beta_\infty - \delta \qquad (2\text{-}115)$$

Während der Pumpenflügel die Strömung verzögert ($w_2 < w_1$), wird sie beim Turbinenflügel beschleunigt ($w_1 > w_2$). Pumpenschaufeln werden deshalb auch als Verzögerungs- und Turbinenschaufeln als Beschleunigungsschaufeln bzw. -gitter bezeichnet.

Der Vergleich mit den Geschwindigkeitsplänen von Radial- und engstehenden Axialbeschaufelungen ergibt: Axialflügel lenken (Ablenkungswinkel $\Delta\beta$) einerseits den Fluidstrom wesentlich weniger ab als „Kanal"-Schaufeln (Gitter). Die Beeinflussung und damit der spez. Energieumsatz ist deshalb in einem Propellerrad wesentlich geringer als in einem Schaufelrad (mit vielen Schaufeln), insbesondere einem Radialrad. Andererseits sind die Durchtrittsquerschnitte – gleiche Baugröße vorausgesetzt – bei Propellerrädern wesentlich größer als bei Schaufelrädern (Kanalrädern). Deshalb kann schon jetzt zusammenfassend festgehalten werden:

Kanalräder – insbesonders radiale – sind für relativ hohen spez. Energieumsatz, d. h. hohe Druckunterschiede und geringen Fluiddurchsatz geeignet.

Propeller sind umgekehrt für niedrigen spezifischen Energieumsatz, also geringe Druckdifferenzen und hohen Fluidstrom vorteilhaft.

Geschwindigkeits-Zusammenhänge

Aus den Bildern 2-32 und 2-33 ergeben sich folgende Verknüpfungen zwischen den verschiedenen Geschwindigkeiten an den Profilen, die sowohl für Pumpen- als auch Turbinen-Propeller gelten:

$$\Delta w_u = w_{1u} - w_{2u} = w_1 \cdot \cos\beta_1 - w_2 \cdot \cos\beta_2 \qquad (2\text{-}116)$$

$$w_{\infty u} = w_{2u} - \Delta w_u/2 = (w_{1u} + w_{2u})/2 \qquad (2\text{-}117)$$

$$\Delta c_u = c_{2u} - c_{1u} = c_{2u} = c_2 \cdot \cos\alpha_2 \qquad (2\text{-}118)$$

da $c_{1u} = 0$ bei $\alpha_1 = 90°$ (Regelfall)

$$c_m \approx c_{1m} \approx c_{2m} = c_{\infty m} = c_2 \cdot \sin\alpha_2 \qquad (2\text{-}119)$$

$$w_m \approx w_{1m} \approx w_{2m} = w_{\infty m} = c_m \qquad (2\text{-}120)$$

$$c_m = w_m \approx c_1 \quad \text{bei} \quad \alpha_1 = 90° \qquad (2\text{-}121)$$

Aus $\Delta w_u + u = \Delta c_u + u$ folgt

$$\Delta w_u = \Delta c_u = c_{2u} = c_2 \cdot \cos \alpha_2 \tag{2-122}$$

Nach PYTHAGORAS

$$w_\infty^2 = c_m^2 + (u - \Delta w_u/2)^2 \tag{2-123}$$

$$\tan \beta_\infty = \frac{c_m}{u - \Delta w_u/2} \tag{2-124}$$

wobei

$$u = D \cdot \pi \cdot n \tag{2-125}$$

mit $D \equiv \overline{D} = D_{(m)} = D_1 = D_2$

$$c_{0m} = \dot{V}_{La}/A_m \tag{2-126}$$

$$A_m = (D_{(a)}^2 - D_{(i)}^2) \cdot \pi/4 = (D_{(a)}^2 - D_N^2) \cdot \pi/4$$
$$= \left[1 - (D_N/D_{(a)})^2\right] \cdot D_{(a)}^2 \cdot \pi/4 \tag{2-127}$$
$$= k_N \cdot D_{(a)}^2 \cdot \pi/4 \quad \text{mit} \quad k \approx 0{,}6 \ldots 0{,}9$$

$$c_{1m} = \tau_1 \cdot c_{0m} \approx c_{0m} \tag{2-128}$$

$c_{0m} = c_0$ bei $\alpha_0 = \alpha_1 = 90°$, was ohne Saugseitenleitgitter gegeben (Regelfall) und meist $\tau \ll t$; $\sigma \approx 0$:

$$\tau_1 = t_1/(t_1 - \sigma_1) \approx 1 \tag{2-129}$$

$$t_1 = D_1 \cdot \pi/z_{La}; \qquad \sigma_1 = s_1/\sin \beta_1 \tag{2-130}$$

$$\tau_2 = t_2/(t_2 - \sigma_2) \approx 1 \tag{2-131}$$

$$t_2 = t_1 = t; \qquad \sigma_2 = s_2/\sin \beta_2 \tag{2-132}$$

Also $c_{0m} \approx c_{1m} \approx c_{2m} \approx c_{3m}$, d. h. $c_m \approx$ konst.

Bemerkung: Berechnung mit Tragflügeltheorie sinnvoll oberhalb von $t/L \approx 1{,}3$, mit Flügelteilung t und Profiltiefe L im Mittelschnitt (m) gemäß Bild 2-31. Bei diesen Verhältnissen liegen Propeller vor, bei denen das gegenseitige Beeinflussen der Flügel meist vernachlässigbar ist.

Richtwerte:

$$D_{(a)}/D_{(i)} = 2 \ldots 3 \quad \text{entsprechend}$$
$$D_{(m)}/b = 3 \ldots 2 \tag{2-133}$$

Allgemeiner Hinweis:

Es gelten die **Grundsätze**:

- Alles, was berechenbar ist, wird berechnet.
- Alle nicht bzw. vorerst nicht berechenbaren Größen werden nach den auf Erfahrung beruhenden Richtwerten angenommen.
- Alle vorab festgelegten, d. h. angenommenen Werte sind später rechnerisch und/oder durch Versuche messtechnisch zu überprüfen (Nachrechnung, Nachprüfung).
- Die endgültige Konstruktion (Berechnung und Gestaltung), welche die geforderten Bedingungen erfüllt, ergibt sich daher fast immer erst nach mehreren „Durchläufen“ (Iterationen). Zudem ist oft abschließend experimentelle Verifikation notwendig.

3 Energieumsatz

Vorbemerkungen: Der Energieumsatz in Strömungsmaschinen, d. h. die Energieübertragung vom strömenden Medium auf das Laufrad bei Turbinen bzw. umgekehrt bei Pumpen, ist gekennzeichnet durch die Änderung von Geschwindigkeit und Druck des die Maschine durchströmenden Fluids. Grundlage für die strömungsmäßige Berechnung von Turbomaschinen sind deshalb die drei Hauptsätze der Fluidmechanik: Das Energiegesetz, die Kontinuitätsbedingung und der Impuls- bzw. Drallsatz. Auf diesen Gesetzen aufbauend, stehen mehrere Berechnungsmethoden zur Verfügung. Hinweis auch auf S. 284.

3.1 Berechnungsverfahren

Zur Berechnung von Turbomaschinen sind folgende Näherungsmethoden verfügbar:

- Stromfadentheorie nach EULER [1)]
- Tragflügeltheorie nach JOUKOWSKY [2)]
- Mathematische Verfahren der Strömungsmechanik (verwenden „EULER" bzw. „JOUKOWSKY").

Die **Stromfadentheorie**, das älteste Verfahren, geht von der Annahme vollständig schaufelkongruenter Strömung aus. Das bedeutet, vom ruhenden Bezugspunkt aus – absolut betrachtet – ebene, d. h. zweidimensionale Strömung, vom mitdrehenden Beobachter aus – relativ gesehen – lineare, d. h. eindimensionale Strömung auf Bahnen entlang und parallel zu den Schaufeln. Die Strömung wird demnach so behandelt wie die reibungsfreie Bewegung eines einzigen Teilchens entlang einer Schaufel, in dem die gesamte, das Laufrad durchströmende Fluidmasse vereinigt gedacht ist. Die Vorstellung wird, wie schon in Abschnitt 2.5.1 dargestellt, bei idealer Strömung zwischen unendlich vielen, unendlich dünnen Schaufeln theoretisch erfüllt.

Zu beachten ist, dass die Stromfadentheorie eine weitgehende Vereinfachung der tatsächlichen dreidimensionalen Laufradströmung darstellt. So hat z. B. schon die durch das Laufrad verursachte Änderung der Strömungsrichtung beim Fluideintritt in die Schaufelkanäle eine ungleichmäßige Geschwindigkeits- und damit Druckverteilung zur Folge (experimentelles Anpassen notwendig).

Das Verfahren der Stromfadentheorie wird hauptsächlich bei Laufrädern mit vielen und deshalb engstehenden Schaufeln, die Kanäle bilden, angewendet. Die Endlichkeit der Schaufelzahl wird durch Näherungsbetrachtungen und der Reibungseinfluss realer Fluide über einen Wirkungsgrad berücksichtigt.

Der **Tragflügeltheorie** liegt die entgegengesetzte Vorstellung zugrunde. Sie geht von der Einzelschaufel im unbegrenzten Fluidströmungsfeld aus und berücksichtigt den Einfluss der benachbarten Schaufeln ebenfalls durch Näherungsgrößen.

Dieses Verfahren stützt sich auf die bei Flugzeugtragflächen gewonnenen Erkenntnisse und wird meist bei Axialrädern mit wenigen Schaufeln, den sog. Propellern, angewendet. Die weitstehenden Flügel dieser Laufräder bilden keine Kanäle mehr.

Mathematische Verfahren der Strömungsmechanik zur Berechnung von Turbolaufrädern sind:

- Konforme Abbildung
- Singularitätenmethode
- Numerische Methoden (Finite Verfahren [3)]).

Die ersten beiden Verfahren sind jedoch nur bei ebenen Schaufelgittern, also Axialmaschinen, sinnvoll anwendbar. Der Grund liegt darin, dass bei ebenen Gittern auch im Relativbezugssystem Potenzialströmung herrscht. Die potenzialtheoretische Behandlung von Radialmaschinen dagegen muss, wie schon in Abschnitt 1.4.3 begründet, von der Absolutströmung ausgehen. Des Weiteren ist nachteilig, dass diese Verfahren aufwendig und nur für die sog. *Nachrechnung* gut geeignet sind. Bei *Entwurfsrechnungen* müssen zu viele Vorgaben durch Annahmen ersetzt werden, was viel Erfahrung und spätere Nachrechnung erfordert.

Das dritte Verfahren ist bei entsprechender Ausgestaltung für alle Arten von Turbomaschinen geeignet, erfordert jedoch erheblichen Rechenaufwand, weshalb hierfür Supercomputer notwendig sind. Derzeit verfügbare Großcomputer reichen hinsichtlich Rechengeschwindigkeit und Speicherkapazität oftmals nicht aus, um letztbrauchbare Berechnungen durchzuführen. Auch sind die Methoden noch nicht ausgereift, weshalb weitere Entwicklungsarbeit notwendig ist. In [3] sind einige Hinweise zu diesen modernen Rechenverfahren, den sog. numerischen

[1)] EULER, Leonhard (1707–1783), Schweizer Mathematiker.

[2)] JOUKOWSKY, N. J. (1847–1921), russischer Physiker.

[3)] Finite Elemente FE und Finite Volumen FV

oder finiten Methoden, aufgeführt, die auch immer mehr bei Strömungsmaschinen angewendet werden.

Aus Platzgründen kann auf die mathematischen Methoden nicht näher eingegangen werden. Es wird deshalb auf die einschlägige Fachliteratur verwiesen.

Das wichtigere und meist zuverlässigere Verfahren ist die Stromfadentheorie nach EULER und deshalb Hauptgrundlage des Buches.

3.2 Stromfadentheorie

3.2.1 Hauptgleichung der Kreiselradtheorie (EULER-Gleichung)

Die bereits 1754 von EULER abgeleitete Haupt- oder Grundgleichung der Kreiselradtheorie verbindet die Geschwindigkeiten des Fluids im Laufrad mit der von ihm abgegebenen (Turbinen) bzw. aufgenommenen (Pumpen) spezifischen Energie.

Die Hauptgleichung der Kreiselradtheorie hat viele Namen. Die gebräuchlichsten sind: EULER'sche Turbinengleichung, EULER'scher Turbinensatz, EULER'sche Hauptgleichung, EULER'sche Grundgleichung, EULER'sche Kreiselradgleichung, Kreiselradhauptgleichung. Im Folgenden werden die Bezeichnungen **EULER'sche Kreiselradgleichung, Kreiselradhauptgleichung** oder kurz **EULER-** bzw. **Hauptgleichung** verwendet.

Die EULER-Gleichung kann mithilfe des Impuls- bzw. Drallsatzes oder des Energiegesetzes abgeleitet werden. Dabei sind zu unterscheiden:

1. Reibungsfreie, schaufelkongruente Strömung. Dieser theoretische Fall wird, wie zuvor ausgeführt, bei der Strömung idealen Fluids in Laufrädern mit unendlich vielen, unendlich dünnen Schaufeln erreicht.
2. Reibungsfreie, jedoch nichtschaufelkongruente Strömung. Liegt bei der Strömung idealen Fluids in wirklichen Laufrädern mit endlicher Schaufelzahl von je endlicher Dicke vor.
3. Reibungsbehaftete, nichtschaufelkongruente Strömung. Das ist die in den ausgeführten Turbomaschinenlaufrädern mit ihrer endlichen Schaufelzahl tatsächlich vorliegende Strömung realer Fluide.

Beim Untersuchen und Berechnen der Strömungsvorgänge in Turbomaschinen wird entsprechend vorhergehender Aufgliederung schrittweise vom theoretischen Fall 1 über die Zwischenstufe 2 auf den wirklichen Vorgang nach Fall 3 übergegangen.

3.2.1.1 Spezifische theoretische Schaufelarbeit $Y_{\text{Sch}\infty}$ bei unendlicher Schaufelzahl

Wegen der Wichtigkeit der Kreiselradhauptgleichung soll die Ableitung sowohl mithilfe der Energiegleichung als auch des Impuls- bzw. Drallsatzes erfolgen ($Y_{\text{Sch}\infty}$ auch als $Y_{\text{th}\infty}$ bezeichnet).

Herleitung mit der Energiegleichung:

Nach BERNOULLI setzt sich der gesamte Energieinhalt eines strömenden Fluids aus der Summe potenzieller (Lagen- und Druckenergie) sowie kinetischer Energie (Geschwindigkeitsenergie) zusammen. Werden die spezifischen, d. h. auf die Masseneinheit bezogenen Werte verwendet, gilt:

$$Y_{\text{ges, th}\infty} = Y_{\text{pot, th}\infty} + Y_{\text{kin, th}\infty} \tag{3-1}$$

Die **potenzielle Energie**, die sich als Summe von Lagenenergie $Y_z = g \cdot \Delta z$ und Druckenergie $Y_p = \Delta p/\varrho$ (bei $\varrho = \text{konst}$) ergibt, wird auch als **statische Energie** bezeichnet. Die **kinetische Energie** $Y_{\text{kin}} = \Delta c^2/2$ führt auch die Benennung **dynamische Energie**.

Die Erkenntnisse auf die Strömung in Turbomaschinen angewendet, ergibt:

a) Die Lagenenergie wird in der Maschine nicht verändert (bei senkrechter Welle) oder ist gegenüber den anderen Energien meist vernachlässigbar (bei waagrechter Welle).

b) Die Änderung der spezifischen Druckenergie erfolgt bei $\Delta z = z_2 - z_1 = 0$ für Relativströmung nach Gl. (2-26) $\Delta p/\varrho = \Delta[(u^2 - w^2)/2]$. Hiermit:

$$Y_{\text{pot, th}\infty} = \frac{p_2 - p_1}{\varrho} = \frac{u_2^2 - u_1^2}{2} + \frac{w_1^2 - w_2^2}{2} \tag{3-2}$$

Die spez. Druckenergie Y_{pot} wird auch als spezifische **Spaltdruckarbeit** Y_{Sp} ($Y_{\text{Sp, th}\infty} \equiv Y_{\text{pot, th}\infty}$) bezeichnet und ist die spezifische statische Energie, die dem Unterschied der Fluiddrücke zwischen beiden Laufradenden (-spalten) entspricht.

c) Die übertragene kinetische Energie ist durch den Unterschied der Absolutgeschwindigkeiten des strömenden Mediums an der Druck- und Saugkante des Laufrades bedingt:

$$Y_{\text{kin, th}\infty} = \Delta c_{\text{th}\infty}^2/2 = (c_2^2 - c_1^2)/2 \tag{3-3}$$

Damit folgt für die gesamte zwischen Laufrad und strömendem Fluid übertragene Energie:

$$Y_{\text{ges, th}\infty} = \frac{u_2^2 - u_1^2}{2} + \frac{w_1^2 - w_2^2}{2} + \frac{c_2^2 - c_1^2}{2} \tag{3-4}$$

Es handelt sich bei diesem Energiegleichungsaufbau (E-Gl.), wie sich später noch zeigen wird, um eine Form der Kreiselradhauptgleichung.

Ableitung mit Impuls- bzw. Drallsatz:

Die Herleitung kann sowohl am Radial- als auch Axialrad durchgeführt werden. Vorteilhaft ist jedoch, das Radialrad zu betrachten. Es ergibt sich ein allgemein gültiges Untersuchungsergebnis, das ohne Schwierigkeiten auch auf das Axialrad übertragbar ist. Die Ableitung der EULER-Gleichung erfolgt deshalb am Radialrad.

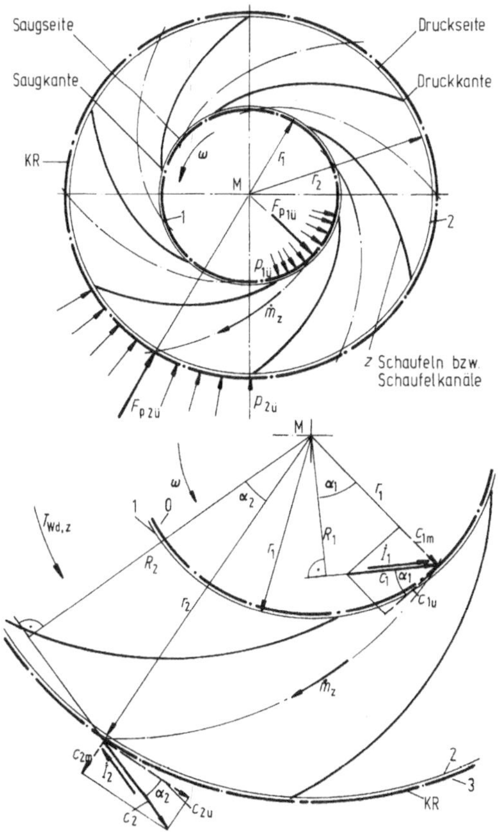

Bild 3-1 Kreiselrad (Radialpumpe) insgesamt sowie einzelner Schaufelkanal mit Kontrollraum KR und Eintragungen. Drehpunkt DP in Mittelpunkt M, Prinzipaufbau gemäß Bild 2-14, jedoch allgemein $\alpha_1 \neq 90°$ angenommen.

In Bild 3-1 sind die Absolutströmungs-Verhältnisse, die Drücke und die Impulsströme des Schaufelkanals eines radialen Pumpenlaufrades eingetragen. Pumpenlaufräder arbeiten, wie später noch begründet wird, fast ausschließlich mit Überdruckwirkung. Der Fluiddruck der Strömung ist daher am Austritt aus dem Laufrad (Druckseite) größer als am Eintritt (Saugseite). Da der Druck jedoch auf die Umfangsflächen jeweils senkrecht und somit radial wirkt, kann er kein Moment erzeugen. Die Tatsache, dass der Druck das übertragene Drehmoment zwischen Fluidstrom und Laufrad nicht direkt beeinflusst, ist ein wichtiges Charakteristikum der Turbomaschinen, insbesondere verglichen mit den Kolbenmaschinen (vergleiche Abschnitt 1.6). Außerdem begründet sich dadurch, dass die folgende Ableitung sowohl für Über- als auch Gleichdruckwirkung gilt.

Bei der umgekehrten Durchströmung von Turbinenlaufrädern kehren sich in Bild 3-1 die Richtungen der Strömung an allen Stellen und der Drehung (Winkelgeschwindigkeit ω) um, nicht dagegen die der Impulsströme. Nach dem Impulssatz bleiben infolge der Wirkungen von Aktion (Eintrittsstoß) und Reaktion (Austritts- oder Rückstoß) die Richtungen in Bild 3-1 erhalten.

Damit begründet sich, dass die folgende Ableitung sowohl für Pumpen als auch Turbinen und deshalb allgemein gilt, d. h. für alle Strömungsmaschinen. Der Fluidmengenstrom $\dot{m} = z \cdot \dot{m}_z$ fließt in Bild 3-1 mit der Absolutgeschwindigkeit c_1 unter dem Winkel α_1 zur Umfangsrichtung in den absoluten, d. h. fest stehenden Kontrollraum KR ein und mit der Absolutgeschwindigkeit c_2 unter dem ebenfalls zur Umfangsrichtung gemessenen Winkel α_2 aus. Der raumfeste Kontrollraum verläuft konzentrisch und umgrenzt den gesamten Schaufelraum des Laufrades. Fluidein- und -austritt und damit Impulsströme sind jedoch nur an der Saug- (1) und Druckkante (2) vorhanden.

Den Impulssatz auf den Kontrollraum KR angewendet, ergibt mit Bezugspunkt BP im Laufraddrehmittelpunkt M (Drehachse):

$$\text{IS } 1\text{–}2 \rightarrow \sum T = 0$$

mit BP in M für einen Schaufelkanal:

$$\dot{I}_2 \cdot R_2 - \dot{I}_1 \cdot R_1 - T_{\text{Wd},z} = 0$$

Hieraus

$$T_{\text{Wd},z} = \dot{I}_2 \cdot R_2 - \dot{I}_1 \cdot R_1$$

Mit $\dot{I} = \dot{m}_z \cdot c$ sowie $R = r \cdot \cos\alpha$ jeweils an den Stellen 1 und 2 (durch Indizes gekennzeichnet).

$$\begin{aligned} T_{\text{Wd},z} &= \dot{m}_z \cdot c_2 \cdot r_2 \cdot \cos\alpha_2 - \dot{m}_z \cdot c_1 \cdot r_1 \cdot \cos\alpha_1 \\ &= \dot{m}_z \cdot (r_2 \cdot c_2 \cdot \cos\alpha_2 - r_1 \cdot c_1 \cdot \cos\alpha_1) \\ &= \dot{m}_z \cdot (r_2 \cdot c_{2u} - r_1 \cdot c_{1u}) \end{aligned}$$

Des Weiteren ergibt sich mit $T_{\text{th}\infty} = z \cdot T_{\text{Wd,z}}$ und $\dot{m} = z \cdot \dot{m}_z$ für das gesamte Laufrad

$$T_{\text{th}\infty} = \dot{m} \cdot (r_2 \cdot c_{2u} - r_1 \cdot c_{1u}) \quad (3\text{-}5)$$

Infolge der für die Ableitung vorausgesetzten schaufelkongruenten Strömung (∞ enge Schaufelkanäle) idealen Fluids, handelt es sich bei Gl. (3-5) um das theoretische Drehmoment. Damit und mit der Winkelgeschwindigkeit ω ergibt sich die vom Laufrad auf die Strömung (Pumpe) bzw. in umgekehrter Richtung (Turbine) übertragene theoretische Leistung:

$$P_{\text{th}\infty} = T_{\text{th}\infty} \cdot \omega = \dot{m} \cdot (r_2 \cdot c_{2u} - r_1 \cdot c_{1u}) \cdot \omega$$

$$P_{\text{th}\infty} = \dot{m} \cdot (u_2 \cdot c_{2u} - u_1 \cdot c_{1u}) \quad (3\text{-}6)$$

Aus Gl. (3-6) folgt die **spezifische theoretische Leistung** $Y_{\text{th}\infty}$. Das ist die auf den Massenstrom $\dot{m}$ bezogene, d. h. die je Massenstromeinheit übertragene theoretische Leistung:

$$Y_{\text{th}\infty} = P_{\text{th}\infty}/\dot{m} = u_2 \cdot c_{2u} - u_1 \cdot c_{1u} \quad (3\text{-}7)$$

Infolge der vorhandenen mathematischen Stetigkeit des Strömungsvorganges gilt allgemein:

$$Y_{\text{th}\infty} = \frac{P_{\text{th}\infty}}{\dot{m}} = \frac{\mathrm{d}W_{\text{th}\infty}/\mathrm{d}t}{\mathrm{d}m/\mathrm{d}t} = \frac{\mathrm{d}W_{\text{th}\infty}}{\mathrm{d}m}$$

Für die in Turbomaschinen im Mittel vorliegende stationäre Strömung ist speziell

$$\mathrm{d}W_{\text{th}\infty}/\mathrm{d}m = \Delta W_{\text{th}\infty}/\Delta m = Y_{\text{Sch}\infty}$$

die **spezifische theoretische Schaufelarbeit**, manchmal auch als **spezifische theoretische Laufradarbeit** $Y_{\text{th}\infty}$ bezeichnet, also $Y_{\text{Sch}\infty} \equiv Y_{\text{th}\infty}$. Es gilt:

$$Y_{\text{th}\infty} = P_{\text{th}\infty}/\dot{m} = \Delta W_{\text{th}\infty}/\Delta m = Y_{\text{Sch}\infty} \quad (3\text{-}8)$$

also spezifische Leistung gleich spezifischer Arbeit:

$$Y_{\text{Sch}\infty} = u_2 \cdot c_{2u} - u_1 \cdot c_{1u} \quad (3\text{-}9)$$

Gleichung (3-9) ist die auf EULER zurückgehende **Grundgleichung der Kreiselradtheorie** und deshalb die **Hauptgleichung der Strömungsmaschinen**, kurz auch **EULER-Gleichung**. In der Form unterscheidet sie sich von Gl. (3-4). Wie später gezeigt, ist jedoch Gl. (3-4) identisch mit Gl. (3-9), da beide Beziehungen ineinander überführt werden können.

Ableitung der EULER-Gleichung mit Drallsatz:

Der Drallsatz direkt wird ebenfalls auf den absoluten, d. h. raumfesten Kontrollraum KR angewendet (Bild 3-1), wobei Drehung Bezugsrichtung:

$$\text{DS } 1\text{–}2 \rightarrow \sum T = 0$$

mit Bezugspunkt BP in M ergibt:

$$-\dot{L}_2 + \dot{L}_1 + T_{\text{th}\infty} = 0 \quad \text{mit} \quad T_{\text{th}\infty} = z \cdot T_{\text{Wd,z}}$$

und umgestellt:

$$T_{\text{th}\infty} = \dot{L}_2 - \dot{L}_1 = \dot{m} \cdot c_{2u} \cdot r_2 - \dot{m} \cdot c_{1u} \cdot r_1$$

Es ergibt sich für das ideale Rad-Drehmoment notwendigerweise dieselbe Beziehung (Gl. (3-5)) wie bei der Ableitung mit dem Impulssatz:

$$\begin{aligned} T_{\text{th}\infty} &= \Delta\dot{L} = \dot{L}_2 - \dot{L}_1 \\ &= \dot{m} \cdot (c_{2u} \cdot r_2 - c_{1u} \cdot r_1) \end{aligned} \quad (3\text{-}10)$$

Das wirkende theoretische Drehmoment ist nach Gl. (3-10) gleich der Differenz der Drallströme von Druck- und Saugseite des Laufrades. Die übertragene theoretische Leistung wird umso größer, je größer die Differenz der Drallströme ist ($T_{\text{th}\infty} \equiv T_{\text{Rad}\infty}$).

Mit Gl. (3-10) werden:

$$P_{\text{th}\infty} = \omega \cdot T_{\text{th}\infty} = \omega \cdot (\dot{L}_2 - \dot{L}_1) = \omega \cdot \Delta\dot{L}$$

$$Y_{\text{Sch}\infty} = P_{\text{th}\infty}/\dot{m} = \omega \cdot (\dot{L}_2 - \dot{L}_1)/\dot{m} = \omega \cdot \Delta\dot{L}/\dot{m}$$

Die Differenz der Drallströme $\Delta\dot{L}$ ist abhängig von den die Umlenkung bestimmenden Strömungswinkeln α_2 und α_1. Die Drallstromdifferenz und damit das Drehmoment werden umso größer, je stärker die Umlenkung $\Delta\alpha$ des Fluidstromes ist. Dies kommt sehr klar zum Ausdruck, wenn in Gl. (3-9) der Vektorcharakter der Geschwindigkeiten eingeführt wird. Dann gilt allgemein für die spezifische theoretische Schaufelarbeit bei unendlicher Schaufelzahl:

$$Y_{\text{th}\infty} = \vec{u}_2 \cdot \vec{c}_{2u} - \vec{u}_1 \cdot \vec{c}_{1u} \quad (3\text{-}11)$$

Hierbei gemäß Vektorrechnung Skalarprodukte an Stelle 2 sowie 1, also jeweils Multiplikation der Beträge u mit c_u und dem Kosinus ihres „eingeschlossenen" Winkels.

Wenn die Umlenkung des Fluidstromes sehr groß ist, z. B. bei Gleichdruckturbinen, kehrt sich die Richtung der Absolutströmung an Stelle 1 um. Sie verläuft dann entgegen der Drehung. Da als positive Vektorrichtung die Drehrichtung (gekennzeichnet durch den Einheitsvektor $\vec{e}_u$) festgelegt wird, bedeutet dies bei $\alpha_1 > 90°$ (z. B. Bild 2-22) in Gl. (3-11), dass $\vec{c}_{1u} = -\vec{e}_u \cdot c_{1u} = \vec{e}_u(-c_{1u})$. Dann ergibt Gl. (3-11):

$$\begin{aligned} Y_{\text{Sch}\infty} &= \vec{e}_u \cdot u_2 \cdot \vec{e}_u \cdot c_{2u} - \vec{e}_u \cdot u_1 \cdot \vec{e}_u \cdot (-c_{1u}) \\ &= \vec{e}_u^{\,2} \cdot (u_2 \cdot c_{2u} + u_1 \cdot c_{1u}) \end{aligned}$$

Da nach der Vektorrechnung $\vec{e}_u^2 = e_u^2 = 1^2 = 1$ ist, wird für große Umlenkung ($\alpha_1 > 90°$):

$$Y_{Sch\infty} = u_2 \cdot c_{2u} + u_1 \cdot c_{1u}$$

Einfacher ist jedoch, wenn statt der Vektorgleichung (Gl. (3-11)) die Betragsgleichung (Gl. (3-9)) mit folgenden Nebenbedingungen verwendet wird:

- c_{1u} positiv ($+c_{1u}$) bei $c_{1u} \uparrow\uparrow u_1 \rightarrow \alpha_1 < 90°$ (Gleichdrall an Saugkante)
- c_{1u} negativ ($-c_{1u}$) bei $c_{1u} \downarrow\uparrow u_1 \rightarrow \alpha_1 > 90°$ (Gegendrall an Saugkante)
- $c_{1u} = 0 \rightarrow \alpha_1 = 90°$; Regelfall (Drallfreiheit an der Saugkante)

Bei *Axialmaschinen* ist infolge $r_1 = r_2 = r$ auch $u_1 = u_2 = u$. Damit erhält die Kreiselradhauptgleichung für Axialräder die Form:

$$\begin{aligned} Y_{Sch\infty} &= u \cdot (c_{2u} - c_{1u}) \\ &= u \cdot (c_2 \cos \alpha_2 - c_1 \cos \alpha_1) \end{aligned} \qquad (3\text{-}12)$$

Auch hierbei muss die Umfangskomponente c_{1u} der Absolutströmung an der Saugkante wieder negativ eingesetzt werden, wenn sie entgegengesetzt zur Umfangsgeschwindigkeit u gerichtet ist ($\alpha_1 > 90°$).

Mithilfe der Geschwindigkeitsdreiecke (Bild 3-2) von Saug- und Druckkante des Laufrades lässt sich die EULER-Gleichung mehrfach umformen.

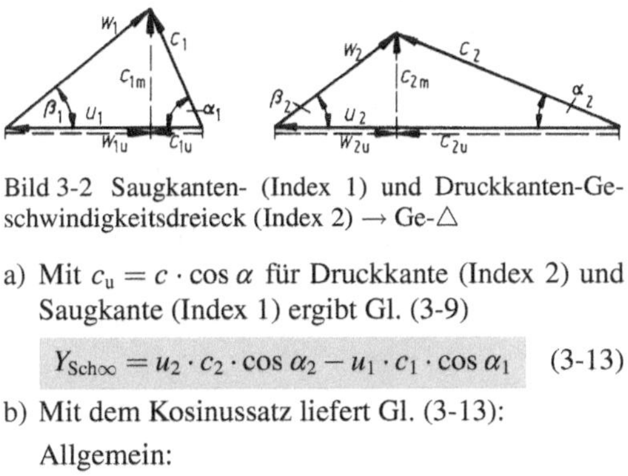

Bild 3-2 Saugkanten- (Index 1) und Druckkanten-Geschwindigkeitsdreieck (Index 2) → Ge-△

a) Mit $c_u = c \cdot \cos \alpha$ für Druckkante (Index 2) und Saugkante (Index 1) ergibt Gl. (3-9)

$$Y_{Sch\infty} = u_2 \cdot c_2 \cdot \cos \alpha_2 - u_1 \cdot c_1 \cdot \cos \alpha_1 \qquad (3\text{-}13)$$

b) Mit dem Kosinussatz liefert Gl. (3-13):

Allgemein:

$$w^2 = u^2 + c^2 - 2 \cdot u \cdot c \cdot \cos \alpha$$

Hieraus:

$$u \cdot c \cdot \cos \alpha = (u^2 + c^2 - w^2)/2$$

An Druckkante

$$u_2 \cdot c_2 \cdot \cos \alpha_2 = (u_2^2 + c_2^2 - w_2^2)/2$$

An Saugkante

$$u_1 \cdot c_1 \cdot \cos \alpha_1 = (u_1^2 + c_1^2 - w_1^2)/2$$

Eingesetzt in Gl. (3-13):

$$Y_{Sch\infty} = (u_2^2 + c_2^2 - w_2^2)/2 - (u_1^2 + c_1^2 - w_1^2)/2$$

umgestellt:

$$\begin{aligned} Y_{Sch\infty} &= (u_2^2 - u_1^2)/2 + (w_1^2 - w_2^2)/2 \\ &\quad + (c_2^2 - c_1^2)/2 \end{aligned} \qquad (3\text{-}14)$$

Es ergibt sich die schon bei der Herleitung mithilfe des Energiesatzes erhaltene Form der Kreiselradhauptgleichung (Gl. (3-4)).

Die drei Geschwindigkeitsausdrücke in Gl. (3-14) lassen sich wie folgt deuten:

$(u_2^2 - u_1^2)/2$ ... Energieanteil bedingt durch die sich mit dem Drehradius ändernden Umfangsgeschwindigkeiten. Ergibt eine Druckänderung im Laufrad infolge der Fliehkraftwirkung auf den Fluidstrom; bei Pumpen in Strömungsrichtung bzw. umgekehrt bei Turbinen. Entfällt bei Axialmaschinen ($u_1 = u_2$).

$(w_1^2 - w_2^2)/2$ ... Energieanteil infolge Änderung der Relativgeschwindigkeit des Fluidstroms.

Äußert sich als Druckänderung. Nur bei Überdruckwirkung vorhanden, da hier $w_1 \neq w_2$, und zwar $w_1 > w_2$ infolge $A_1 < A_2$. Bei Gleichdruck theoretisch $w_1 = w_2$.

$(c_2^2 - c_1^2)/2$ ... Energieanteil infolge Änderung der Absolutgeschwindigkeit, also der kinetischen Energie des Fluidstromes. In der Regel ist $c_2 > c_1$. Das Umsetzen dieses Anteiles in potenzielle Energie (Druck) ist bei Pumpen im Laufrad nicht möglich. Hierzu ist ein Leitrad notwendig.

Diskussion der EULER-Gleichung

Es ergibt sich die Frage, wer die Dralländerungen (Drallströme) an der Laufrad-Saug- und -Druckkante bewirkt. Bei der Beantwortung sind zu unterscheiden:

a) Kreiselpumpen

$\dot{L}_2$ bewirkt der Antriebsmotor
$\dot{L}_1$ bewirkt die Atmosphäre (Umgebungsdruck)

Der Atmosphärendruck muss demnach insgesamt überwinden bzw. bewirken:

- Saughöhe
- Strömungsverluste in der Saugleitung
- Drallstrom an der Laufradsaugseite.

Um den verfügbaren Atmosphärendruck (Barometerdruck p_b) weitestgehend zum Erzielen einer möglichst großen Saughöhe (< 10 m bei Wasser und $p_b \approx 1$ bar) zu reservieren, wird in der Regel Drallfreiheit und damit Drallstromfreiheit der Laufradzuströmung gefordert, also $\dot{L}_1 = 0$. Die Laufradsaugseite und speziell die Schaufelsaugkanten müssen hierfür entsprechend ausgebildet werden:

Die Bedingung $\dot{L}_1 = \dot{m} \cdot r_1 \cdot c_{1u} = 0$ ausgewertet ergibt, da $\dot{m} \neq 0$ und $r_1 \neq 0 \rightarrow c_{1u} = 0$.

Da außerdem gilt $c_{1u} = c_1 \cdot \cos\alpha_1 \stackrel{!}{=} 0$ und $c_1 \neq 0$ ist (wegen Durchsatz), muss $\cos\alpha_1 = 0$ und deshalb $\boldsymbol{\alpha_1 = 90}$° sein, sog. **Regelfall**.

Drallfreie Zuströmung an den Schaufeleintrittskanten wird somit erreicht, wenn das Fluid in den Schaufelbereich bei Radialmaschinen exakt radial und bei Axialmaschinen exakt axial einströmt. Die Saugstutzengeschwindigkeit der Fluidströmung besitzt dann keine Umfangskomponente (Drall).

b) Wasserturbinen

Das Laufrad der stets einstufigen Maschinen wird auch hier in der Regel so ausgebildet, dass

$\dot{L}_1 = 0$, also $\alpha_1 = 90°$

ist, da abfließender Drallstrom verlorenes Arbeitsvermögen (Energie) darstellt, was den Maschinenwirkungsgrad unnötig verschlechtert.

c) Übrige Strömungsmaschinen

Bei den restlichen Turbomaschinen (KV, DT, GT), besonders bei Mehrstufigkeit, ist das Fordern nach Drallfreiheit an der Saugkante nicht notwendig bzw. nicht in dem Maß geboten; besonders nicht in den Zwischenstufen. Den Strömungswinkel α_1 und damit die Schaufelform zu beschränken, entfällt somit in diesen Fällen.

Bei **drallfreier Saugseitenströmung** ($\dot{L}_1 = 0$), also $\boldsymbol{\alpha_1 = 90}$°, geht die EULER-Gleichung über in die Form:

$$Y_{\text{Sch}\infty} = u_2 \cdot c_{2u} = u_2 \cdot c_2 \cdot \cos\alpha_2 \tag{3-15}$$

Weitere Form der Kreiselradhauptgleichung im Regelfall, also bei $\alpha_1 = 90°$:

Mithilfe des Druckkanten-Geschwindigkeitsdreieckes (Bild 3-2) und der Durchflussbeziehung (Gl. (2-86)) lässt sich die Grundgleichung für Saugseitendrallfreiheit noch wie folgt umschreiben:

Aus Ge-△ (Bild 3-2) $c_{2u} = u_2 - w_{2u}$
$= u_2 - c_{2m} \cdot \cot\beta_2$

Aus Durchfluss (Gl. (2-86)) $c_{2m} = \dfrac{\dot{V}_{La}}{D_2 \cdot \pi \cdot b_2 \cdot 1/\tau_2}$

Eingesetzt in die Hauptgleichung (Gl. (3-15)):

$$Y_{\text{Sch}\infty} = u_2 \cdot \left(u_2 - \frac{\dot{V}_{La}}{D_2 \cdot \pi \cdot b_2} \cdot \tau_2 \cdot \cot\beta_2\right) \tag{3-16}$$

Weiterhin wird mit $u_2 = D_2 \cdot \pi \cdot n$

$$Y_{\text{Sch}\infty} = (D_2 \cdot \pi \cdot n)^2 - \dot{V}_{La} \cdot n \cdot b_2^{-1} \cdot \tau_2 \cdot \cot\beta_2 \tag{3-17}$$

Die Hauptgleichung in der Form von Gl. (3-17) enthält keine Geschwindigkeit mehr, sondern nur

die Betriebsgrößen $\dot{V}_{La}, n$
und die Abmessungsgrößen $D_2, b_2, \beta_2, \tau_2$

Gleichung (3-16) gibt Aufschluss über das Maschinen-Kennverhalten (Kapitel 9).

In Gl. (3-15) nur $c_{2u} = u_2 - c_{2m}/\tan\beta_2$ (Bild 3-2) eingesetzt und umgestellt, führt zur quadratischen Gleichung für die Umfangsgeschwindigkeit u_2:

$$u_2^2 - (c_{2m}/\tan\beta_2) \cdot u_2 - Y_{\text{Sch}\infty} = 0 \tag{3-18}$$

Die Lösung dieser Gleichung ergibt (3-19) für u_2:

$$u_2 = \frac{c_{2m}}{2 \cdot \tan\beta_2} \overset{+}{(-)} \sqrt{\left(\frac{c_{2m}}{2 \cdot \tan\beta_2}\right)^2 + Y_{\text{Sch}\infty}} \tag{3-19}$$

Das Minuszeichen vor der Wurzel ist physikalisch nicht brauchbar (deshalb eingeklammert). Da der Wurzelwert größer ist als der vorhergehende Ausdruck, wäre dann die Umfangsgeschwindigkeit negativ ($u_2 < 0$) und daher hier physikalisch sinnlos.

Gl. (3-19) dient zum Berechnen des erforderlichen Laufradaußendurchmessers $D_2 = u_2/(\pi \cdot n)$.

Abhängig von der zu bestimmenden Größe und den bekannten Größen wird die jeweils günstige Form der EULER-Gleichung ausgewählt. Bei Überschlagsrechnungen kann in Gl. (3-19) der Ausdruck $c_{2m}/(2 \cdot \tan\beta_2)$ meist vernachlässigt werden.

Richtwerte für Pumpen (Kapitel 4 bis 6):

$c_{2m} \approx 2 \ldots 8\,\text{m/s}$ und $\beta_2 = 20 \ldots 40°$

Dabei ist zudem $Y_{\text{Sch}\infty} = f \cdot \Delta Y$ mit ΔY nach den Gln. (3-56) bis (3-62). Der hierzu nur vorerst notwendige Faktor f beträgt bei Pumpen etwa 2,0 und bei Turbinen ca. 1,0. Nachrechnung mit späterer Gl. (3-53). Danach ist exakt Hilfsfaktor $f = 1/(\eta_{\text{Sch}}^{\pm 1} \cdot k_M)$.

3.2.1.2 Spezifische theoretische Schaufelarbeit Y_{Sch} bei endlicher Schaufelzahl

Grundsätzliches

Das Übertragen der das Rad-Drehmoment T_{Rad} bewirkenden Kraft zwischen durchströmendem Fluid und Schaufeln bedingt einen Druckunterschied zwischen den Schaufelseiten. Der Druck auf der Schaufelvorderseite (-druckseite) p_d muss entsprechend größer sein als der auf der Schaufelrückseite (-saugseite) p_s. Daher gilt mit symbolischen Grenzen (A_{Sch}), weshalb eingeklammert:

$$T_{Rad} = z \cdot T_{Sch} = z \cdot \int\limits_{(A_{Sch})} (p_d - p_s) \cdot b \cdot r \cdot dr$$

Der Druckunterschied zwischen den Schaufelseiten hat außerdem zur Folge, dass in jedem Schaufelkanal, der ja durch die Vorder- und Rückseite benachbarter Schaufeln begrenzt ist, der Druck sich nicht nur in Strömungsrichtung, sondern auch quer dazu ändert. Nach der Energiegleichung der Relativströmung (Gl. (2-33)) bewirkt diese Druckverteilung in den Schaufelkanälen, dass längs von Kreislinien, den sog. Parallelkreisen, auch die Relativgeschwindigkeit nicht mehr konstant bleibt, sondern sich ändert. Nach Gl. (2-33) ändert sich die Relativgeschwindigkeit auf Parallelkreisen (u = konst) umgekehrt wie der Druck. Die Relativgeschwindigkeit des strömenden Fluids wächst somit in den Schaufelkanälen von der Vorder- zur Rückseite benachbarter Schaufeln an (Bild 3-3). An den Saug- und Druckkanten des Laufrades dagegen sind Schaufelvorder- und Schaufelrückseitengeschwindigkeit des Fluids jeweils gleich bzw. gleichen sich aus. Dasselbe gilt auch für die Schaufeldrücke.

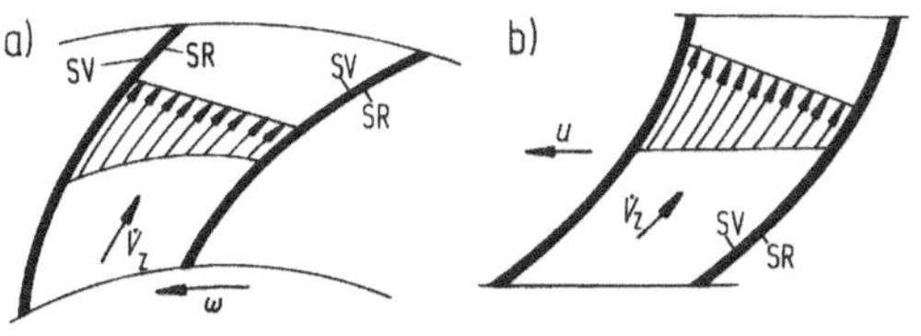

Bild 3-3 Geschwindigkeitsverteilung der Relativströmung in Schaufelkanälen; a) Radialbeschaufelung, b) Axialbeschaufelung; SV ... Schaufelvorderseite (Luvseite), SR ... Schaufelrückseite (Leeseite)

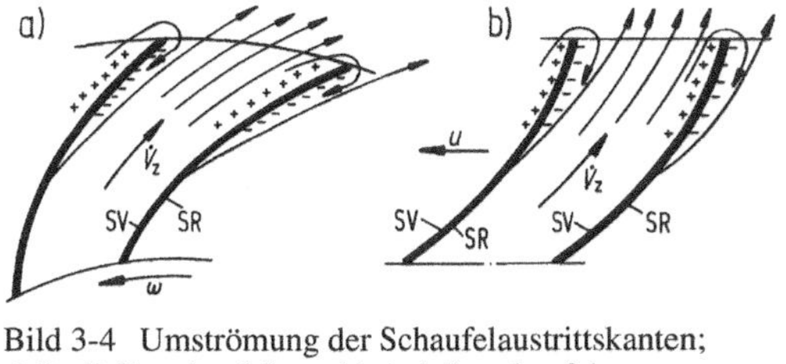

Bild 3-4 Umströmung der Schaufelaustrittskanten; a) Radialbeschaufelung, b) Axialbeschaufelung; SV ... Schaufelvorderseite (Luvseite), SR ... Schaufelrückseite (Leeseite)

Bei unendlicher Schaufelzahl sind die geschilderten Druck- und Geschwindigkeitsunterschiede unendlich klein. Die Strömung folgt dann exakt der Schaufelkontur. Bei endlicher Schaufelzahl dagegen bewirkt diese Druck- und Geschwindigkeitsverteilung in den Schaufelkanälen, dass die Strömung nicht mehr schaufelkongruent (winkeltreu) verläuft. Auch bewirkt der Druckunterschied auf den Schaufelseiten das Umströmen der äußeren Schaufelkanten (Bild 3-4), wodurch der zunächst jeweils an die Schaufelsaugseite grenzende Stromfaden und damit die Strömung insgesamt abgedrängt wird. Daraus folgt, dass die Schaufeln die Strömung weniger ablenken, als ihren Winkeln entspricht.

Diese **Minderablenkung** (Schlupf) der Strömung bewirkt verringerte Dralländerung und äußert sich deshalb als **Minderleistung** gegenüber dem Berechnen nach der Stromfadentheorie.

Der Schlupf und damit die Minderleistung muss durch Übertreiben der Schaufelwinkel, nämlich durch Vergrößern der Ab- und damit Umlenkung des strömenden Mediums, kompensiert werden.

Wichtig ist, festzuhalten, dass es sich bei der Minderleistung um keinen Energieverlust, z. B. durch Reibung im Sinne von Wirkungsgradverschlechterung, handelt. Das Laufrad lenkt lediglich das Medium weniger ab, als den Schaufelwinkeln entspricht. Das bedeutet, ein Laufrad mit endlicher Schaufelzahl verarbeitet eine geringere Energie als theoretisch der Stromfadentheorie entspricht.

Der Grund dafür, dass kein Energieverlust vorliegt, ist, dass die durchgeführten Betrachtungen am reibungsfreien Fluid erfolgten. Die Ergebnisse gelten zudem sowohl für Pumpen als auch Turbinen, weil das Strombild bei idealem Fluid nicht von der Strömungsrichtung abhängt.

Die durch den Schaufeldruck verursachte Minderleistung wird tatsächlich jedoch auch von der Art der Strömung beeinflusst, insbesondere bei realen Fluiden. Bei verzögerter Strömung (Pumpen) ist die Minderleistung wesentlich größer (bis 50 %) als bei beschleunigter (Turbinen), wo sie meist vernachlässigt werden kann.

Axialbeschaufelung

Wie schon in Abschnitt 1.4.3 dargelegt, bewirkt die Drehbewegung des Axialrades nur eine Parallelverschiebung des Gitters und damit des gesamten Strombildes, wodurch somit nichts verzerrt wird.

Die Relativströmung im Axiallaufrad ist daher mit dem Bild der stoßfreien Strömung in den ruhenden Schaufelkanälen eines axialen Leitrades identisch. Die außerhalb des Axiallaufrades herrschende Potenzialströmung bleibt daher theoretisch auch in dessen Beschaufelung erhalten.

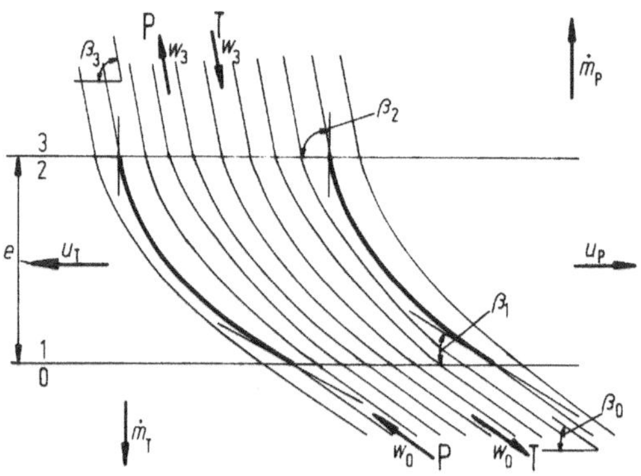

Bild 3-5 Strombild von idealem Fluid in axialem Schaufelkanal; $\beta_3 < \beta_2$ und $\beta_0 > \beta_1$, weshalb $(\beta_3 - \beta_0) < (\beta_2 - \beta_1)$

Mithilfe der Potenzialströmungsregeln entwarf PFLEIDERER [29] das in Bild 3-5 dargestellte Stromlinienbild. Dabei ist nach PFLEIDERER zu beachten, dass die Schaufelbegrenzungen Stromlinien sind. Zudem besteht vor und hinter dem Gitter genügend entfernt Parallelströmung mit den Relativgeschwindigkeiten w_0 und w_3. Die Geschwindigkeitsrichtungen folgen aus der Bedingung stoßfreien Eintritts und tangentialen Abfließens des Fluidstromes. Dies erfordert, dass dicht vor und nach jeder Schaufel auf ihren beiden Seiten gleicher Druck und gleiche Geschwindigkeit herrschen muss. Der unter diesen Bedingungen konstruierte Stromlinienverlauf (Bild 3-5) bestätigt die zuvor beschriebenen Erkenntnisse:

1. Die Stromlinien zeigen, dass die Strömung nicht schaufelkongruent verläuft. Die Breite der Stromröhren, d. h. die Abstände jeweils zweier benachbarter Stromlinien, vergrößert sich auf der Vorderseite (Druckseite) und verengt sich auf der Rückseite (Saugseite) der Schaufeln. Nach der Kontinuitätsbedingung ist deshalb die Strömungsgeschwindigkeit unterschiedlich – auf der Schaufeldruckseite kleiner als auf der -saugseite. Nach der Energiegleichung hat diese Erscheinung die unterschiedlichen Drücke zur Folge, welche die Schaufelkraft bedingen. Wegen tangentialen Zu- und Abströmens des Fluids sind die Stromröhren an den Schaufelenden auf beiden Seiten der Schaufeln gleich weit. Geschwindigkeits- und damit Druckunterschied des Fluidstromes verschwinden deshalb zu den Schaufelspitzen hin.

2. Kurz vor und hinter den Schaufelkanälen werden die Stromlinien, welche entlang den Schaufeln verlaufen – die Schaufeln müssen zwangsläufig Stromlinien sein – nach der Schaufelrückseite hin abgelenkt. Dies erklärt sich durch abdrängendes Wirken des Überdrucks auf der Vorderseite und dem Sog des Unterdrucks auf der Rückseite der Schaufeln. Als Folge ergibt sich, dass das Ablenken des Fluidstromes $(\beta_3 - \beta_0)$ kleiner ist als die Schaufelumlenkung $(\beta_2 - \beta_1)$. Somit bestätigt sich die zuvor auf andere Weise erkannte und beschriebene Minderleistung.

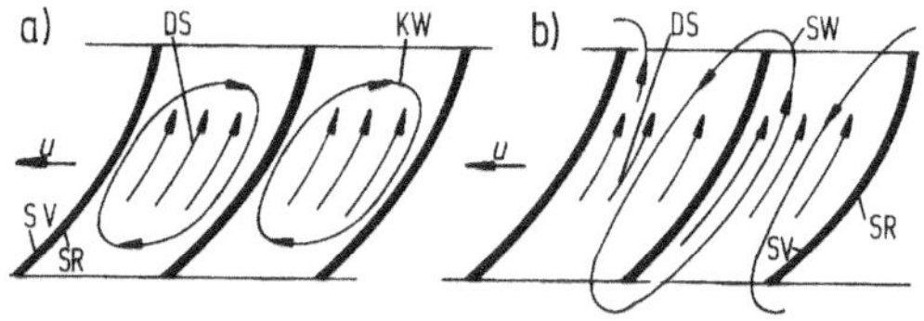

Bild 3-6 Zusammengesetzte Strömung in Axialbeschaufelung (Pumpenströmung); a) Strömung im Schaufelkanal, b) Strömung um die Schaufeln; DS ... Durchflussströmung mit konstanter Geschwindigkeit über den Querschnitt (Parallelströmung), KW ... Kanalwirbel (Zirkulation), SW ... Schaufelwirbel (Zirkulationsströmung), SV ... Schaufel-Vorderseite, SR ... Schaufel-Rückseite

Die dargestellte Strömung in den Schaufelkanälen und damit um die Schaufeln kann auch als Überlagern von Parallel- (Durchfluss) und Kreisströmung (Zirkulation) gemäß Bild 3-6 interpretiert werden. Die Drehung erfolgt entweder als Kanalwirbel (Bild 3-6a) oder als Schaufelwirbel (Bild 3-6b); mit entgegengesetzter Richtung. Aus der Fluidmechanik, z. B. [3], ist bekannt (MAGNUS-Effekt), dass nur diese Strömungskombination zu dynamischen Kräften zwischen Fluidstrom und umströmtem Körper führt. Die dabei auftretende Querkraft, der dynamische Auftrieb, wirkt senkrecht zur Parallelströmung und ist sowohl bei idealem als auch realem Fluid vorhanden. Bei realem Fluid tritt noch eine entgegen der Parallelströmungsrichtung wirkende Widerstandskraft infolge Fluidreibung hinzu. Dieses Phänomen bildet die Grundlage der Tragflügeltheorie (Abschnitt 3.3).

Radialbeschaufelung

Die Relativströmung im Radialgitter unterscheidet sich von der im Axialgitter in mehrfacher Weise. Die

Unterschiede, im Folgenden kurz dargestellt, sind durch die Raddrehung bedingt:

- Nach den HELMHOLTZ'schen Wirbelsätzen (vergleiche [3]) bleibt ideale Strömung drallfrei, wenn sie anfänglich rotationsfrei war. Da der Fluidstrom (Absolutströmung) wirbelfrei, d. h. als Potenzialströmung, ins Laufrad eintritt, muss er demnach auch im Schaufelbereich drehungsfrei bleiben, selbst bei Bewegen auf gekrümmten Bahnen. Nach Eintritt in die Laufkanäle wird das Medium jedoch in Umfangsrichtung mitgenommen. Bei Reibungsfreiheit können dabei auf das Fluid allerdings keine Schubkräfte übertragen werden. Eine Eigendrehung des Fluids ist dann auch im Schaufelbereich nicht erzeugbar. Deshalb weist die Relativströmung, also die Fluidbewegung, bezüglich des sich drehenden Rades ihrerseits eine Rotationsbewegung auf, und zwar mit der Radwinkelgeschwindigkeit, jedoch entgegengesetzt zur Raddrehung. Die Relativströmung ist somit nicht drehungsfrei und daher keine Potenzialströmung. Die Konstruktion eines Stromlinienbildes entsprechend dem des Axialgitters (Bild 3-5) ist daher nicht möglich.

Bei Radialrädern ergeben sich des Weiteren:

- Wegen der gekrümmten Relativstrombahn im drehenden Laufrad wirken CORIOLIS-Kräfte auf den Fluidstrom.
- Infolge Drehbewegung mit dem Laufrad wirken Fliehkräfte auf die Fluidströmung.

Diese Kräfte verursachen eine sog. Verdrängungsströmung (Wirbel) in den radialen Laufkanälen. Die Verdrängungsströmung (in Bild 3-7 prinzipiell dargestellt) entsteht auch bei außen geschlossenem Laufrad und bleibt bei offenem theoretisch erhalten.

Der Unterschied von Radial- gegenüber Axialbeschaufelung besteht demnach darin, dass die Geschwindigkeits- und damit Druckunterschiede zwischen den Schaufelseiten nicht mehr allein auf die Wirkung der Durchflussströmung, sondern vorwiegend auf den Kräfteeinfluss infolge Drehbewegung zurückzuführen sind. Der auch bei reiner Durchflussströmung durch Laufkanäle vorhandene Kanalwirbel (Axialräder) wird also bei Radialrädern durch Flieh- und CORIOLIS-Kräfte wesentlich verstärkt. Das dadurch bedingte Vergrößern des Druckunterschiedes zwischen den Schaufelseiten hat entsprechendes Erhöhen der Schaufelkraft und damit des übertragenen Drehmomentes zur Folge.

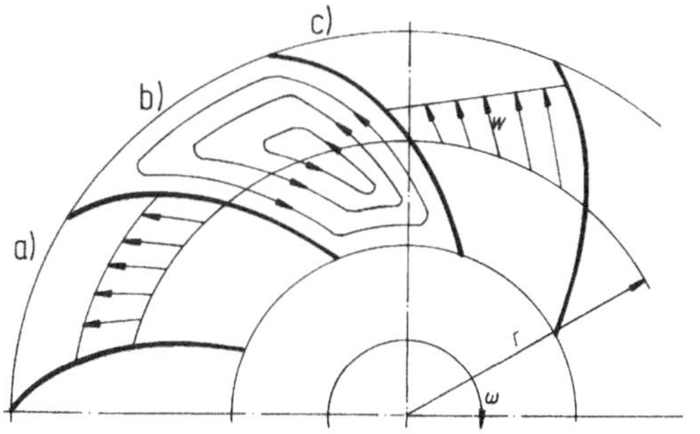

Bild 3-7 Relativströmung in Pumpen-Radialrad; a) Durchsatz-Strömung, b) relativer Kanalwirbel, sog. Verdrängungsströmung in allseitig geschlossenem Kanal, c) resultierende Relativ-Strömung

Wie bei der Axialbeschaufelung geschildert, lässt sich demnach auch bei Radialgittern die gesamte Relativströmung theoretisch als Superposition von Parallel- und Zirkulationsströmung interpretieren (Bild 3-8), was ebenfalls wieder die Kraftwirkungen nach dem MAGNUS-Effekt erklärt.

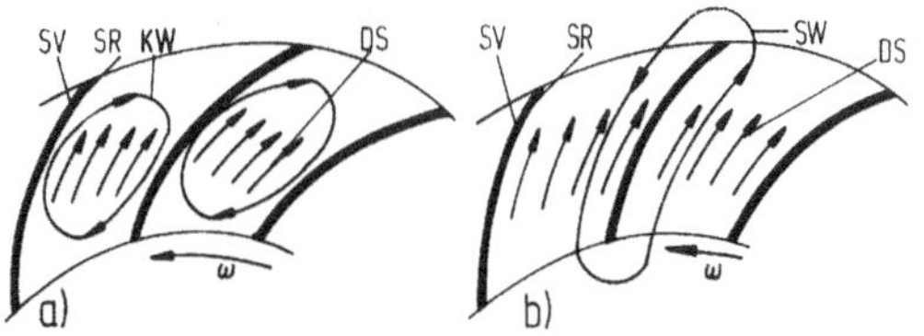

Bild 3-8 Zusammengesetzte Strömung in Radialbeschaufelung (Pumpenströmung); a) Strömung im Schaufelkanal, b) Strömung um eine Schaufel; DS ... Durchflussströmung mit konstanter Geschwindigkeit über den gesamten Querschnitt (Parallelströmung), KW ... Kanalwirbel (Zirkulation), SW ... Schaufelwirbel (Zirkulation), SV ... Schaufel-Vorderseite, SR ... Schaufel-Rückseite

Bemerkungen: Nochmals soll festgehalten werden, dass die dargestellten Axial- und Radialgitterströmungen nur für ideales Fluid gelten. Die Reibung infolge Viskosität realer Fluide ändert die Strömungsbilder, also den Strömungsverlauf, wesentlich (Bild 3-9). Die Verdrängungsströmung und damit die Geschwindigkeitsverteilung ist deshalb bei realer Strömung in der geschilderten Form experimentell kaum nachweisbar. Dies findet seinen Ausdruck in der Größe der Minderleistung. Bei idealem Fluid wären die geschilderten Erscheinungen unabhängig von der Durchflussrichtung. Die Darlegungen würden deshalb sowohl für Pumpen als auch Turbinen zutreffen.

Bei der tatsächlichen Strömung realer Fluide ergeben sich jedoch, wie auch nachfolgend begründet, infolge Reibung erhebliche Unterschiede.

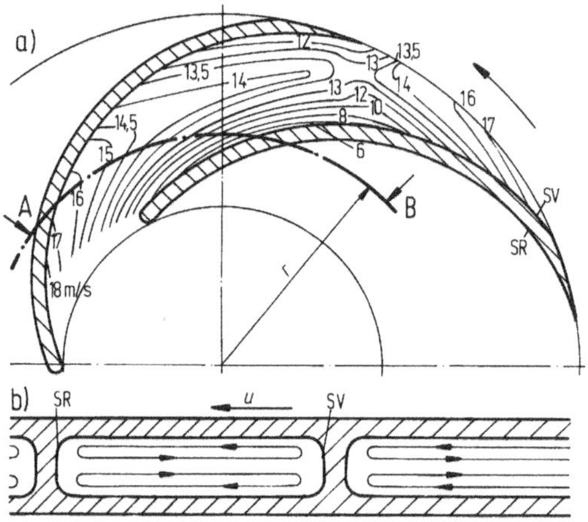

Bild 3-9 Tatsächliche, über die Breite gemittelte Verteilung der Relativströmung im Laufradkanal einer Radialpumpe (DOMM und HERGT); a) Aufriss (Laufradmittenschnitt), b) Grundriss (abgewickelter Zylinderschnitt A–B). SV ... Schaufelvorderseite (Luv- oder Druckseite), SR ... Schaufelrückseite (Lee- oder Saugseite)

Minderleistung

Die Minderablenkung der Fluidströmung bei endlicher Schaufelzahl hat eine geringere Dralländerung zur Folge, was sich in der erwähnten sog. **Minderleistung** Y_{M} äußert. Besser wäre die Bezeichnung spezifische Minderleistung oder spezifische Minderarbeit.

Da im Impuls- und Drallsatz nur die Verhältnisse an der Berandung des festgelegten Kontrollraumes, nicht jedoch die in dessen Innerem eingehen, können sie auch auf Laufräder mit endlicher Schaufelzahl vorteilhaft angewendet werden.

Entsprechend Gl. (3-10) mithilfe von Bild 3-1 liefert der Drallsatz für die Bezugstellen 0 und 3 der noch un- bzw. nicht mehr beeinflussten Strömung von Laufradrädern endlicher Schaufelzahl:

DS 0–3 mit DP in M: bei $r_3 = r_2$ und $r_1 = r_0$:

$$T_{\mathrm{Sch}} = \dot{L}_3 - \dot{L}_0 = \dot{m} \cdot (r_2 \cdot c_{3\mathrm{u}} - r_1 \cdot c_{0\mathrm{u}})$$

Hieraus folgt **für die spezifische theoretische Laufrad-** oder **Schaufelarbeit** bei endlicher Schaufelzahl Y_{Sch}:

$$Y_{\mathrm{Sch}} = \frac{P_{\mathrm{Sch}}}{\dot{m}} = \frac{T_{\mathrm{Sch}} \cdot \omega}{\dot{m}} = u_2 \cdot c_{3\mathrm{u}} - u_1 \cdot c_{0\mathrm{u}} \quad (3\text{-}20)$$

Entsprechend Gl. (3-14) bzw. (3-4) für E-Gl. 0–3:

$$Y_{\mathrm{Sch}} = (u_2^2 - u_1^2)/2 + (w_0^2 - w_3^2)/2 + (c_3^2 - c_0^2)/2 \quad (3\text{-}21)$$

Aus Gl. (3-20) beim Regelfall $\alpha_0 = 90° \rightarrow c_{0\mathrm{u}} = 0$:

$$Y_{\mathrm{Sch}} = u_2 \cdot c_{3\mathrm{u}} \quad (3\text{-}22)$$

Damit ergibt sich für die Minderleistung:

$$Y_{\mathrm{M}} = Y_{\mathrm{Sch}\infty} - Y_{\mathrm{Sch}} \quad (3\text{-}23)$$

Andererseits geht auf PFLEIDERER folgender Ansatz zurück:

$$Y_{\mathrm{M}} = p \cdot Y_{\mathrm{Sch}} \quad (3\text{-}24)$$

Hierbei ist p die sog. **Arbeitsminderungszahl**, wobei $0 \lessapprox p \lessapprox 1$.

Die beiden Beziehungen für Y_{M}, Gl. (3-23) und Gl. (3-24), gleichgesetzt sowie ausgewertet:

$$p \cdot Y_{\mathrm{Sch}} = Y_{\mathrm{Sch}\infty} - Y_{\mathrm{Sch}}$$

Hieraus:

$$Y_{\mathrm{Sch}} = [1/(1+p)] \cdot Y_{\mathrm{Sch}\infty} = k_{\mathrm{M}} \cdot Y_{\mathrm{Sch}\infty} \quad (3\text{-}25)$$

Die Abkürzung

$$k_{\mathrm{M}} = 1/(1+p) \quad (3\text{-}26)$$

wird als **Minderleistungs- oder Minderarbeitsfaktor** (auch Minderablenkungsfaktor) bezeichnet.

Da $Y_{\mathrm{Sch}} \leqq Y_{\mathrm{Sch}\infty}$, ist $k_{\mathrm{M}} \leqq 1$ $(p > 0)$ und durch noch anzugebende Näherungsformeln zu bestimmen.

Beziehungen (3-9) und (3-20) in Gl. (3-25) eingesetzt, ergibt:

$$u_2 \cdot c_{3\mathrm{u}} - u_1 \cdot c_{0\mathrm{u}} = k_{\mathrm{M}} \cdot (u_2 \cdot c_{2\mathrm{u}} - u_1 \cdot c_{1\mathrm{u}}) \quad (3\text{-}27)$$

Bei $\alpha_0 = \alpha_1 = 90°$ und damit $c_{0\mathrm{u}} = c_{1\mathrm{u}} = 0$, also drallfreier Saugseitenströmung (Regelfall), folgt:

$$c_{3\mathrm{u}} = k_{\mathrm{M}} \cdot c_{2\mathrm{u}} \quad (3\text{-}28)$$

Wie noch begründet wird, kann die Saugseitenablenkung der Strömung meist vernachlässigt werden. Deshalb gilt Gl. (3-28) allgemein, d. h. auch für $\alpha_0 \neq 90°$ und $\alpha_1 \neq 90°$.

Die Veränderungen infolge $c_{3\mathrm{u}} < c_{2\mathrm{u}}$ (da $k_{\mathrm{M}} < 1$) bei der Druckkantenablenkung der Strömung gehen auch aus Bild 3-10 klar hervor. Um das Verwischen der Auswirkungen von k_{M} zu vermeiden, wurde der Einfluss der endlichen Schaufeldicke $(c_{3\mathrm{m}} < c_{2\mathrm{m}})$ hier bewusst weggelassen. Dies bewirkt jedoch keine prinzipielle Änderung der Verhältnisse.

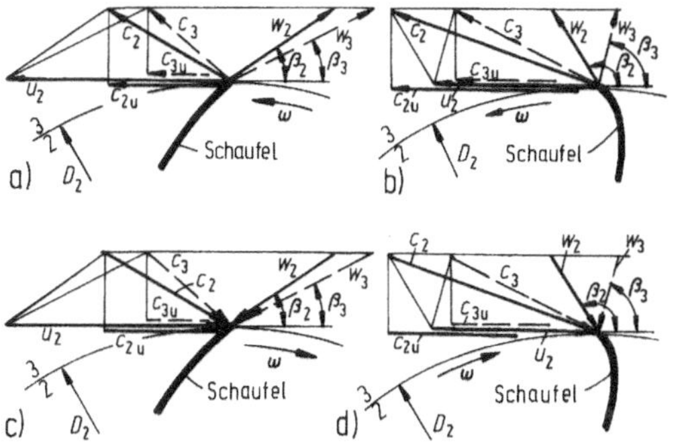

Bild 3-10 Druckseitenablenkung infolge endlicher Schaufelzahl bei Pumpen- und Turbinen-Strömung für verschiedene Schaufelwinkel. Einfluss der endlichen Schaufeldicke ($c_{3m} \approx c_{2m}$) zur Übersichtlichkeit vernachlässigt.
Pumpenströmung: a) $\beta_2 < 90°$; b) $\beta_2 > 90°$
Turbinenströmung: c) $\beta_2 < 90°$; d) $\beta_2 > 90°$

Einfluss der Fluidviskosität auf die Minderablenkung:

Versuche zeigen, dass die Fluidreibung das Stromlinienbild und damit die Minderleistung erheblich beeinflusst (Bild 3-9). Aus der Fluidmechanik ist bekannt, dass vor allem bei verzögerter Strömung, welche in Pumpen vorliegt, die Gefahr der Totraumbildung durch Strömungsablösung und Grenzschichtanhäufung besteht. Überall dort, wo Fluid gegen steigenden Druck strömt, wächst die Grenzschichtdicke und damit die Ablösungsgefahr. Vorteilhaft ist jedoch, dass sowohl im Radial- als auch Axialgitter durch Fliehkraftwirkung das Totraumfluid gewissermaßen abgesaugt wird.

In der Zuströmung zum Laufrad bildet sich zunächst hinter jedem Schaufelanfang ein kleiner Totraum, weil auf das hinter dem Staupunkt an der Schaufelnase, vor allem auf der Schaufelrückseite, entstehende Unterdruckgebiet (Bild 5-5) wieder ein Druckanstieg folgt, wodurch sich die Grenzschicht anhäuft. Die dadurch bedingte Eintrittskontraktion verwirklicht größenordnungsmäßig bereits die für die Kompensation der Eintritts-(minder-)Ablenkung notwendige Querschnittsverkleinerung. Beide Vorgänge heben sich somit etwa gegenseitig auf und brauchen daher bei der Berechnung meist nicht berücksichtigt zu werden. Daraus folgt bei

Turbinen: Die Eintrittsseite ist Druckseite des Laufrades und deshalb zugleich die Stelle, welche hauptsächlich die Schaufelarbeit bestimmt. Hierin und weil die Zuströmrichtung durch die Leitschaufeln fest vorbestimmt wird, begründet sich, warum bei Turbinen die Minderleistung in der Regel vernachlässigt werden kann. Zudem erfolgt die Umlenkung der Strömung in den Radkanälen so, dass Schaufeldicke und eventuelle Totraumbildungen ablenkungserhöhend wirken (gegensätzlich zu den Pumpen). Bei Turbinen ist daher die Endlichkeit der Schaufelzahl meist nicht zu berücksichtigen. Für **Turbinen** deshalb $\boldsymbol{k_M \approx 1}$ und damit

$$Y_{\text{Sch}} \approx Y_{\text{Sch}\infty} \tag{3-29}$$

Pumpen: Die Eintrittseite ist Saugseite des Laufrades. Da auch bei Pumpen die Schaufelarbeit fast ausschließlich und bei drallfreier Zuströmung vollständig durch die Strömungsverhältnisse an der Druckseite bestimmt wird (EULER-Gleichung), ist es wichtig, dort die auftretende Minderablenkung und damit Minderleistung zu kennen. Durch die Schaufeldicke und infolge verzögerter Strömung von realem Fluid tritt bei **Pumpen** auf den Schaufelrückseiten im Bereich der Druckkanten verstärkt Strömungsablenkung durch Totraumbildung auf. Diese Totraumbildung erhöht die Minderablenkung und vergrößert deshalb noch die Minderleistung gegenüber der Strömung von idealem Fluid. Daraus folgt, dass der Minderarbeitsfaktor k_M auf Werte bis 0,5 abfallen kann.

Beim Auslegen von Pumpen ist deshalb die Arbeitsminderung (Minderleistung) zu berücksichtigen, wenn die der Berechnung zugrunde gelegte Förderhöhe im Betrieb erreicht werden soll.

In der Regel liegt der Minderleistungsfaktor k_M im Bereich zwischen 0,6 und 0,85, selten unterhalb 0,6 und auch kaum über 0,85. **Richtwerte** für **Pumpen**, falls noch keine Rechenwerte verfüg- bzw. beschaffbar, sind somit:

$$k_M = 0{,}6 \ldots 0{,}85 \tag{3-30}$$

Der Vollständigkeit wegen soll noch bemerkt werden, dass das Einwirken der Schaufeln auf die Fluidströmung nicht erst mit den Schaufelenden beginnt bzw. endet. Der Einfluss der Schaufeln am Austrittsumfang des Schaufelkranzes, wo noch starke Unterschiede in den einzelnen Strombahnen bestehen, hört noch nicht auf. Ebenso beginnt infolge Rückstau das Einwirken der Schaufelanfangskanten auf die Strömung nicht erst am Eintrittsumfang. Die Einwirkung der Laufschaufeln auf die Strömung außerhalb erstreckt sich dabei umso weiter über beide Enden der Laufkanäle hinaus, je weiter die Laufschaufeln auseinander gestellt sind. Praktisch kann jedoch der

Ausgleich der Strömung in geringem Abstand von den Schaufeln als beendet angesehen werden. In der Theorie wird von einer sprunghaften Änderung des Strömungszustandes an den Schaufelenden ausgegangen.

Zusammenstellung der Formeln für die näherungsweise Berechnung der Arbeitsminderungszahl *p*

Die exakte analytische Ermittlung der Minderablenkung an der Laufraddruckseite und damit des wirksamen Relativstromwinkels β_3 scheitert letztlich an der Kompliziertheit der mehrdimensionalen Strömungsvorgänge in den Schaufelkanälen. PFLEIDERER schlägt deshalb folgende experimentell begründete Näherungsformel für die Arbeitsminderungszahl p bei *Pumpenströmung* vor:

$$p = \psi' \cdot r_2^2/(z \cdot S) \tag{3-31}$$

Hierbei sind:

S das **statische Moment erster Ordnung** der mittleren Flutlinie der Schaufel im Meridianschnitt zwischen Saugkante (m_1) und Druckkante (m_2). Vergleiche Bild 3-11:

$$S = \int_{r_1}^{r_2} r \cdot \mathrm{d}s \tag{3-32}$$

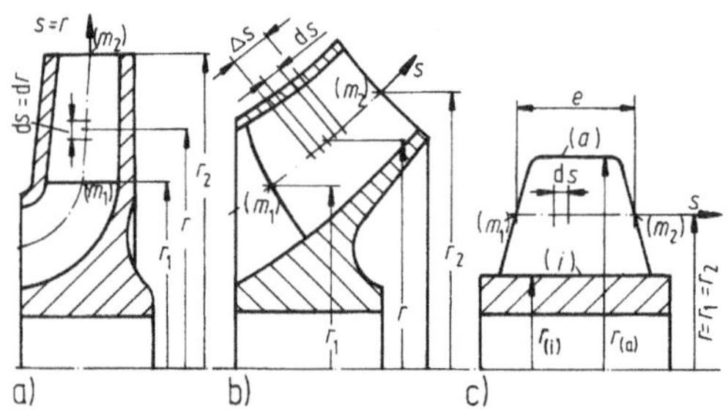

Bild 3-11 Meridianschnitte zum Bestimmen des statischen Momentes S der mittleren Flutlinie (m_1)–(m_2)
a) Radialrad, b) Diagonalrad, c) Axialrad

Für die verschiedenen Radformen ergibt Gl. (3-32) mithilfe von Bild 3-11 ($\mathrm{d}s \approx \mathrm{d}r$) ausgewertet:

Radialrad:

$$S \approx \frac{1}{2} \cdot (r_2^2 - r_1^2) = \frac{r_2^2}{2} \cdot \left[1 - \left(\frac{r_1}{r_2}\right)^2\right] \tag{3-33}$$

und damit

$$p = \frac{\psi'}{z} \cdot \frac{2}{1 - (r_1/r_2)^2} \tag{3-34}$$

Diagonalrad:

$$S \approx \sum_{r_1}^{r_2} \Delta s \cdot r = \Delta s \cdot \sum_{r_1}^{r_2} r \tag{3-35}$$

$\Delta s =$ konst ausführen beim Auswerten.

Axialrad:

$$S = e_{(\mathrm{m})} \cdot r_{2,(\mathrm{m})} = e \cdot r \tag{3-36}$$

Beim Verwenden von Zwischenschaufeln (Bild 2-17) wird in Gl. (3-31) gesetzt:

$$z \cdot S = z_{\mathrm{I}} \cdot S_{\mathrm{I}} + z_{\mathrm{II}} \cdot S_{\mathrm{II}} \tag{3-37}$$

Dabei bezieht sich Index I auf die ungekürzten und Index II auf die gekürzten Schaufeln, die sog. **Zwischenschaufeln**.

ψ' der **Schaufelwinkelbeiwert**, der vom Schaufelwinkel β_2 an der Druckkante abhängt, $\psi' = f(\beta_2)$. Die Erfahrungszahl ψ' ist ebenfalls aus experimentellen Näherungsformeln zu bestimmen.

Nach PFLEIDERER wird der Schaufelwinkelbeiwert aufgrund von vorliegendem Versuchsmaterial bei Radialrädern auch durch die Art der Leitvorrichtung, die infolge von großem Impulsaustausch stark auf die Laufradströmung zurückwirkt, beeinflusst.

Bei Axialrädern ist wegen des schwächeren Impulsaustausches die Rückwirkung des Leitrades auf die Laufradströmung geringer. Deshalb sind hier die Leitvorrichtung und der Abstand zum Laufrad nicht von so großer Bedeutung wie bei Radialmaschinen.

PFLEIDERER nennt folgende Näherungsformeln für den **Schaufelwinkelbeiwert** ψ' bei den verschiedenen Radformen:

Radialräder:

a) Bei Radienverhältnis $r_1/r_2 = D_1/D_2 \leqq 0{,}5$ und

- mit Leitrad (beschaufelt)
  $$\psi' = 0{,}6 \cdot (1 + \beta_2^0/60) \tag{3-38}$$
- mit Spiralgehäuse als einziger Leitvorrichtung
  $$\psi' = (0{,}65 \ldots 0{,}85) \cdot (1 + \beta_2^0/60) \tag{3-39}$$
- mit Leitring (schaufellosem Ringraum) als Leitvorrichtung
  $$\psi' = (0{,}85 \ldots 1{,}0) \cdot (1 + \beta_2^0/60) \tag{3-40}$$

b) Bei Radienverhältnis $r_1/r_2 > 0{,}5$

$$\psi'_{\mathrm{kor}} = (1{,}6 \ldots 2{,}0) \cdot (r_1/r_2) \cdot \psi' \tag{3-41}$$

Dabei ist zunächst entsprechend der Leitvorrichtung ψ' nach der zutreffenden Beziehung von Gl. (3-38) bis Gl. (3-40) zu berechnen und anschließend in ψ'_{kor} einzusetzen. ψ'_{kor} tritt dann in Gl. (3-31) an die Stelle von ψ':

Diagonal- und Axialräder:

$$\psi' = (1{,}0\ldots 1{,}2)\cdot(1+\beta_2^0/60) \qquad (3\text{-}42)$$

Wichtig: Der Druckkantenwinkel β_2 ist bei den Formeln, Gl. (3-38) bis Gl. (3-42) in Grad einzusetzen $\rightarrow \beta_2^0$ (Kennzeichen hochstehende Null).

Hinweise: Bei Axialrädern müssen die Winkelübertreibungen der Schaufeln im Allgemeinen größer sein als bei Radiallaufrädern. Auch ist es in der Regel notwendig, die Winkelübertreibung an der Saugkante von Axiallaufradbeschauflungen zu berücksichtigen.

In den Formeln Gln. (3-38) bis (3-42) sind die Zahlenwerte in dem jeweils aufgeführten Bereich umso niedriger zu nehmen, je kleiner der Druckkanten-Schaufelwinkel β_2, also je größer der Absolutströmungswinkel α_2 bei konstanter Meridiangeschwindigkeit c_{2m} wird.

Bei Turbokompressoren ist nach PFLEIDERER infolge des meist größer ausgeführten radialen Abstandes zwischen Laufraddruckseite und Leiteinrichtung Gl. (3-39) günstiger als Gl. (3-38).

Die angegebenen Formeln gelten für Schaufeln gleicher Dicke, wie meist bei Radialrädern verwendet. Bei Schaufeln, die sich von ihren Enden zur Mitte hin verdicken, sind die ψ'-Werte gegenüber den Rechenwerten etwas zu verkleinern.

Des Weiteren gelten die ψ'-Formeln für normale Schaufelzahlen nach Beziehungen (2-70) bis (2-73).

Bei hiervon abweichender Schaufelzahl ändert sich der Schaufelwinkelbeiwert ψ' umgekehrt proportional zur Schaufelzahl, also $\sim 1/z$. Demnach wird ψ' gegenüber den Formelwerten mit abnehmender Schaufelzahl größer und umgekehrt.

Bemerkungen: Nach PFLEIDERER/PETERMANN [24] sind, wie schon erwähnt, die erheblichen Unterschiede der Formeln Gln. (3-38) bis (3-42) bedingt durch verschieden starkes Beeinflussen der Laufradströmung vom jeweiligen Leitrad. Es ist deshalb aussichtslos, die Minderleistung unter Zugrundelegen von idealem Fluid oder experimentell an isolierten Schaufelgittern ermitteln zu wollen. Nur aus Erfahrung und durch umfangreiche Versuche ist genügend Einsicht in die Vielfalt der Erscheinungen möglich. Dem dargestellten Verfahren von PFLEIDERER kommt zugute, dass Abweichungen des nach den Formeln ermittelten ψ'-Wertes vom tatsächlichen Wert sich nur in stark abgeschwächtem Maße auf das Endergebnis auswirken. Dies deshalb, weil der damit zu bestimmende relativ kleine Arbeitsminderungsfaktor p nach Beziehung (3-31) nur als additives Glied in die Minderarbeitszahl (Gl. (3-26)) eingeht.

Nachdrücklich wird nochmals auf PFLEIDERER/PETERMANN [23] und PFLEIDERER [1)] [29] verwiesen. Die Untersuchungen gehen auf diese Forscher zurück und wurden von ihnen ausführlich dargestellt.

3.2.1.3 Spezifische Stufenarbeit ΔY und spezifische Stutzenarbeit Y

Spezifische Stufenarbeit ΔY

Bei der Strömung realer Fluide in Turbomaschinen mit Laufrädern von normaler, also endlicher Schaufelzahl treten außer der durch die Minderablenkung verursachten Minderleistung noch Strömungsverluste infolge Fluidreibung auf, welche die in jeder Stufe umgesetzte Energie weiter verringern. Die durch Viskosität realer Fluide bedingten Strömungsverluste beinhalten außer direkten Reibungsverlusten zusätzliche Verluste infolge Querschnitts- und Richtungsänderungen, welche Sekundärströmungen, einzelne Wirbel und mit Wirbel durchsetzte Toträume (Strömungsablösungen) verursachen. Diese zusätzlichen Verluste sind deshalb letztlich ebenfalls Reibungsverluste.

Die spezifische Arbeit je Stufe, welche sich beim Berücksichtigen der Strömungsverluste realer Fluide ergibt, wird als wirkliche oder tatsächliche spezifische Stufenarbeit, meist jedoch nur kurz als **spezifische Stufenarbeit** ΔY bezeichnet. Manchmal werden auch die Bezeichnungen **spezifische Schaufelarbeit** oder **spezifische Laufradarbeit** verwendet. Die Strömungsverluste (wieder spezifisch, d. h. je Massen- bzw. Massenstromeinheit gerechnet), die in jeder Stufe von Turbomaschinen auftreten, setzen sich zusammen aus:

- Reibungsverlusten im Laufrad $Z_{Sch,La}$
- Reibungsverlusten im Leitrad $Z_{Sch,Le}$
- Austrittsverlust Z_{As}. Ist zu berücksichtigen, falls er in der folgenden Stufe (sofern vorhanden) nicht (ganz oder teilweise) genützt werden kann.

Der Gesamtverlust je Stufe, der sog. **Schauflungsverlust** Z_{Sch}, ist daher:

$$Z_{Sch} = Z_{Sch,La} + Z_{Sch,Le} + Z_{As} \qquad (3\text{-}43)$$

1) PFLEIDERER, Carl (1881–1960)

Bemerkung: Oft wird der Austrittsverlust Z_{As} bei

- Turbinen zum Laufradverlust gerechnet und gesetzt $Z_{Sch,La} = Z_{La,SR} + Z_{As}$ mit dem Schaufelreibungsverlust $Z_{La,SR}$ in den Laufradkanälen.
- Pumpen zum Leitradverlust gerechnet bzw. nicht berücksichtigt, da gegenüber den sonstigen Verlusten meist vernachlässigbar klein ($Z_{As} \approx 0$).

Dann gilt:

$$Z_{Sch} \approx Z_{Sch,La} + Z_{Sch,Le} \qquad (3\text{-}44)$$

Der Schauflungsverlust Z_{Sch} beinhaltet also die Strömungsverluste realer Fluide in allen Kanälen (beschaufelt oder nicht beschaufelt) einer Maschinen-Stufe (Laufrad-Leitrad-Kombination).

Wichtig ist zu beachten, dass der **Schauflungsverlust** Z_{Sch} sich immer auf **eine Stufe** bezieht.

Bei mehrstufigen Turbomaschinen (i Stufen) betragen somit die gesamten Schauflungsverluste, die sog. **Gesamtschauflungsverluste** $Z_{Sch,ges}$:

$$Z_{Sch,ges} = \sum_{k=1}^{i} Z_{Sch,k} \qquad (3\text{-}45)$$

Zum Berücksichtigen der Schauflungsverluste wird der sog. **Schauflungswirkungsgrad** η_{Sch} definiert:

$$\eta_{Sch} = \frac{\text{nutzbar übertragene Energie}}{\text{aufgewendete Energie}} \qquad (3\text{-}46)$$

Häufig sind für den Schauflungswirkungsgrad noch folgende Bezeichnungen üblich:

- Bei **hydraulischen Maschinen** (KP, WT, LT): **Hydraulischer Wirkungsgrad** $\eta_h (\equiv \eta_{Sch})$.
- Bei **thermischen Maschinen** (KV, DT, GT): **Umfangswirkungsgrad** $\eta_u (\equiv \eta_{Sch})$.

In diesem Buch wird die für beide Maschinengruppen (hydraulische und thermische) passende Bezeichnung „Schauflungswirkungsgrad η_{Sch}" (auch Schaufelwirkungsgrad) verwendet.

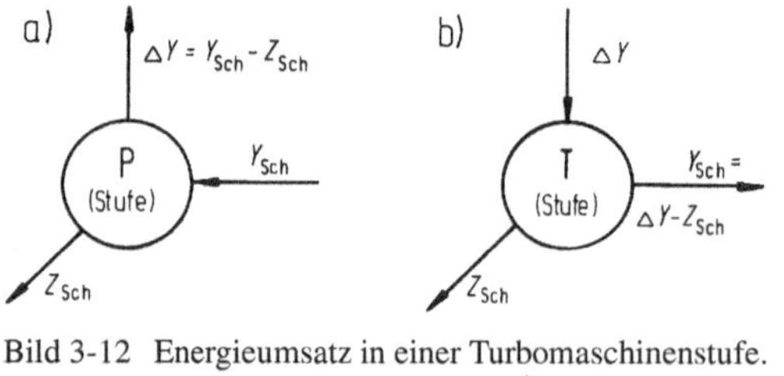

Bild 3-12 Energieumsatz in einer Turbomaschinenstufe.
a) Pumpenstufe $Y_{Sch} > \Delta Y$, $\eta_{Sch} = \Delta Y / Y_{Sch}$
b) Turbinenstufe $Y_{Sch} < \Delta Y$, $\eta_{Sch} = Y_{Sch} / \Delta Y$

Reibung hemmt jede Bewegung, wirkt ihr also entgegen. Die Strömungsverluste mindern somit die in jeder Turbomaschine übertragene Energie. Beim Darstellen des Energieumsatzes (Bild 3-12) müssen daher Pumpen und Turbinen diesbezüglich vorerst getrennt betrachtet werden:

Pumpenstufe (Bild 3-12a):

ΔY ... nutzbar übertragene spezifische Energie (theoretisch aufzuwenden $\rightarrow Y_{th}$)

Y_{Sch} ... aufgewendete spezifische Energie (tatsächlich aufzuwenden)

Mit den Strömungsverlusten Z_{Sch} werden bei P:

$$\Delta Y = Y_{Sch} - Z_{Sch} \qquad (3\text{-}47)$$

$$\eta_{Sch} = \Delta Y / Y_{Sch} = (Y_{Sch} - Z_{Sch}) / Y_{Sch} \qquad (3\text{-}48)$$

Turbinenstufe (Bild 3-12b):

Y_{Sch} ... nutzbar übertragene spezifische Energie (theoretisch notwendig $\rightarrow Y_{th}$)

ΔY ... aufgewendete spezifische Energie (tatsächlich notwendig)

Mit den Strömungsverlusten Z_{Sch} folgen bei T:

$$\Delta Y = Y_{Sch} + Z_{Sch} \qquad (3\text{-}49)$$

$$\eta_{Sch} = Y_{Sch} / \Delta Y = Y_{Sch} / (Y_{Sch} + Z_{Sch}) \qquad (3\text{-}50)$$

Zusammenfassung von *P- und T-Stufe:* PFLEIDERER fasst die Beziehungen für den tatsächlichen Energieumsatz je Stufe in Pumpen und Turbinen (P und T) wie folgt zusammen:

$$\Delta Y = Y_{Sch} \mp Z_{Sch} \qquad (3\text{-}51)$$

$$\eta_{Sch} = (\Delta Y / Y_{Sch})^{\pm 1} \text{ oder } \eta_{Sch}^{\pm 1} = \Delta Y / Y_{Sch} \qquad (3\text{-}52)$$

Hieraus

$$\Delta Y = \eta_{Sch}^{\pm 1} \cdot Y_{Sch} = \eta_{Sch}^{\pm 1} \cdot k_M \cdot Y_{Sch\infty} \qquad (3\text{-}53)$$

Mit: Oberes Vorzeichen stets für Pumpen
Unteres Vorzeichen stets für Turbinen.

Richtwerte für den Schauflungswirkungsgrad sorgfältig ausgebildeter und hergestellter Maschinen:

$$\eta_{Sch} \approx (0{,}5\ldots)\,0{,}75\ldots0{,}95\,(\ldots0{,}98) \qquad (3\text{-}54)$$

In diesem Bereich werden bei Radialmaschinen die kleineren und bei Axialmaschinen die größeren Werte erreicht. In Sonderfällen sind Werte bis 0,98 erreichbar, bei einfachen Pumpen nur $\approx 0{,}5$. Meist liegt η_{Sch} jedoch zwischen 0,85 und 0,92.

Bei Turbinen (beschleunigte Strömung) ist η_{Sch} in der Regel größer als bei Pumpen (verzögerte Strömung). Auch erzielen Axialmaschinen (geringere Umlenkung) höhere η_{Sch} als Radialausführungen. Mit steigender REYNOLDS-Zahl wächst η_{Sch}.

Spezifische Stutzenarbeit *Y*

Die spezifische Stutzenarbeit Y ist die innerhalb der Stutzen (Saug- und Druckstutzen) der mehrstufigen Maschine zwischen Strömung und Laufrädern übertragene Energie je Masseneinheit bzw. Leistung je Massenstromeinheit des Fluids. Wenn spezielle Saug- und/oder Druckstutzen fehlen, gelten stattdessen die entsprechenden Endquerschnitte. Die spezifische Stutzenarbeit beinhaltet demnach die nutzbar übertragene spezifische Energie aller Stufen der Turbomaschine. Sie ist daher die Summe der spezifischen Stufenarbeiten der Maschine.

Allgemein gilt für Mehrstufigkeit (i Stufen):

$$Y = \sum_{k=1}^{i} \Delta Y_k \tag{3-55}$$

Bei gleicher Stufenarbeit in den i hintereinander geschalteten Stufen (Regelfall) der Turbomaschine:

$$Y = i \cdot \Delta Y \tag{3-56}$$

Für einstufige Maschinen ($i = 1$) gilt somit:

$$Y = \Delta Y \tag{3-57}$$

Wie noch begründet wird, gilt andererseits für die Stufenarbeit ΔY und die Stutzenarbeit Y (späterer Abschnitt 8.2) mit Atmosphärendruck p_b bei:

Flüssigkeiten ($\varrho = \text{konst}$)

$$Y = i \cdot \Delta Y = g \cdot H_{\text{ges}}$$

$$Y = g \cdot (z_{\text{OW}} - z_{\text{UW}}) + (p_{\text{OW}} - p_{\text{UW}})/\varrho \pm Y_{\text{V,RL}} \tag{3-58}$$

z ... Höhen(-quoten); $\Delta z = z_{\text{OW}} - z_{\text{UW}} = H$
p ... Drücke. Meist $p_{\text{OW}} \approx p_{\text{UW}} = p_b$
$Y_{\text{V,RL}}$ ... spezifische Rohrleitungsverluste
Index OW ... Oberwasserspiegel
UW ... Unterwasserspiegel

Vorzeichen: wieder oberes für Pumpen
unteres für Turbinen

Gasen und Dämpfen

a) Geringe Druckänderung ($\Pi \leqq 1{,}1 \rightarrow \varrho \approx \text{konst}$)

$$\Delta Y = (\Delta p_{\text{ges}}/\varrho)_{\text{St}} \text{ und } Y = (\Delta p_{\text{ges}}/\varrho)_{\text{M}} \tag{3-59}$$

Mit

$$p_{\text{ges}} = p_{\text{Stat}} + p_{\text{dyn}} = p_{\text{Stat}} + \varrho \cdot \Delta c^2/2 \tag{3-60}$$

Index St ... Stufe, M ... Maschine

$$\Delta p_{\text{ges,M}} = p_{\text{ges,D}} - p_{\text{ges,S}} = p_{\text{ges,D}} - p_{\text{ges,R}}$$

wobei $p_{\text{ges,R}} = p_{\text{R}}$, da $c_{\text{R}} = 0$ (Ruhe) und meist $p_{\text{R}} = p_b$.

b) Größere Druckänderung ($\Pi > 1{,}1 \rightarrow \varrho \neq \text{konst}$)

$$\Delta Y = w_{\text{t,th,St}} \tag{3-61}$$

$$Y = i \cdot \Delta Y = i \cdot w_{\text{t,th,St}} = w_{\text{t,th,M}} \tag{3-62}$$

Mit der spez. theoretischen technischen Arbeit $w_{\text{t,th}}$ zwischen den zugehörigen Drücken sowie Temperaturen (Abschnitt 8.2) bei:

gekühlt (isotherm, $T = \text{konst}$) $w_{\text{t,th}} = w_{\text{t},T}$

ungekühlt (isentrop, $s = \text{konst}$) $w_{\text{t,th}} = w_{\text{t},s}$

$w_{\text{t},T}$ ... spez. techn. Arbeit der Isotherme
$w_{\text{t},s}$ ... spez. techn. Arbeit der Isentrope
Δh_s ... spez. isentrope Enthalpiedifferenz $= w_{\text{t},s}$

3.2.1.4 Spaltdruckarbeit

Aus den Beziehungen über den Energieumsatz (Abschnitt 3.2.1.1) geht hervor, dass der Druckumsatz in Laufrädern durch Fliehkraftwirkung (bei Radialrädern) und/oder Änderung der Relativgeschwindigkeit der Fluidströmung erfolgen kann. Demzufolge ist der Druck auf der Druckseite des Laufrades oft größer als auf der Saugseite. Diese Drücke herrschen angenähert auch an den Dichtspalten zwischen Laufrad und Gehäuse. Der Druck, welcher an der Druckkante im Spalt zwischen Lauf- und Leitrad herrscht, wird als **Spaltdruck** – exakter **Laufradspaltdruck** – bezeichnet. Der Unterschied der Drücke zwischen Druck- und Saugseite – den Laufradspalten – ist demgemäß die **Spaltdruckdifferenz**. Die zum Spaltdruckunterschied gehörende spez. potenzielle Energie führt die Benennung spez. **Spaltdruckarbeit** – exakter: spez. **Laufradspaltdruckarbeit**. Dafür gilt allgemein nach den Gesetzen der Fluidmechanik und Thermodynamik bei idealer Strömung:

$$Y_{\text{Sp,th}} = \int v \cdot \mathrm{d}p \tag{3-63}$$

Mit den Integrationsgrenzen

- p_1 bis p_2 bei z_{La} unendlich ergibt $Y_{\text{Sp,th}\infty}$
- p_0 bis $p_{3,\text{th}}$ bzw. p_0 bis p_3 bei endlicher Schaufelzahl z_{La} ergibt $Y_{\text{Sp,th}}$ bzw. Y_{Sp}

Für *inkompressible* Fluide (hydraulische Maschinen) ergibt sich, da $v = 1/\varrho = \text{konst}$:

$$\left.\begin{matrix}\text{Ideales Fluid}\\ z_{\text{La}}\text{ unendlich}\end{matrix}\right\} Y_{\text{Sp,th}\infty} = (p_2 - p_1)/\varrho \tag{3-64}$$

$$\left.\begin{matrix}\text{Ideales Fluid}\\ z_{\text{La}}\text{ endlich}\end{matrix}\right\} Y_{\text{Sp,th}} = (p_{3,\text{th}} - p_0)/\varrho \tag{3-65}$$

$$\left.\begin{matrix}\text{Reales Fluid}\\ z_{\text{La}}\text{ endlich}\end{matrix}\right\} Y_{\text{Sp}} = \eta_{\text{Sch,La}}^{\pm 1} \cdot Y_{\text{Sp,th}} = \frac{p_3 - p_0}{\varrho} \tag{3-66}$$

Mit $\eta_{\text{Sch,La}}$ ... Laufrad-(schaufel)-Wirkungsgrad und Vorzeichen wie nach Gl. (3-58).

Bei *kompressiblen* Fluiden (thermische Maschinen) sind wieder zu unterscheiden:

a) Nur geringe Druckänderung (Lüfter), das bedeutet $v \approx$ konst: Hierfür gelten in guter Näherung die Gln. (3-64) bis (3-66).

b) Größere Druckänderung (KV, DT, GT), also $v \neq$ konst, gilt bei ungekühlt (meist im Laufrad La der Fall):

Ideales Fluid:

$$Y_{\mathrm{Sp,th}} = \Delta h_{\mathrm{s,La}} = w_{\mathrm{t,s,La}} \tag{3-67}$$

Mit (La für Laufrad):

$\Delta h_{\mathrm{s,La}}$ ... isentrope Enthalpiedifferenz im Laufrad (ohne Reibung)

$w_{\mathrm{t,s,La}}$ ... technische isentrope Laufradarbeit

Reales Fluid:

$$Y_{\mathrm{Sp}} = \Delta h_{\mathrm{La}} = \eta_{\mathrm{Sch,La}} \cdot \Delta h_{\mathrm{s,La}} \tag{3-68}$$

Mit Δh_{La} ... Laufrad-Enthalpiedifferenz(-gefälle mit Reibung)

Nach Gl. (3-2) beträgt mit Beziehung (2-25) und entsprechend Gl. (3-21) andererseits allgemein:

$$Y_{\mathrm{Sp,th\infty}} \equiv Y_{\mathrm{pot,th\infty}} = (u_2^2 - u_1^2)/2 + (w_1^2 - w_2^2)/2 \tag{3-69}$$

$$Y_{\mathrm{Sp,th}} \equiv Y_{\mathrm{pot,th}} = (u_2^2 - u_1^2)/2 + (w_0^2 - w_3^2)/2 \tag{3-70}$$

Bei Berücksichtigen der **spezifischen Laufschaufelverluste** $Z_{\mathrm{Sch,La}}$ wird:

$$Y_{\mathrm{Sp}} \equiv Y_{\mathrm{pot}} = Y_{\mathrm{Sp,th}} \mp Z_{\mathrm{Sch,La}} \tag{3-71}$$

Für den Regelfall $\alpha_0 = \alpha_1 = 90°$ ergibt sich mit $w_1^2 - u_1^2 = c_1^2$ und $w_0^2 - u_1^2 = c_0^2$ (Bild 2-13a):

$$Y_{\mathrm{Sp,th\infty}} = (u_2^2 - w_2^2 + c_1^2)/2 \tag{3-72}$$

$$Y_{\mathrm{Sp,th}} = (u_2^2 - w_3^2 + c_0^2)/2 \tag{3-73}$$

Diese Ausdrücke lassen sich weiter vereinfachen, wenn $c_0 \approx c_{3\mathrm{m}}$ und $c_1 \approx c_{2\mathrm{m}}$ gesetzt werden, was in den meisten Fällen der Wirklichkeit nahe kommt. Wird zudem entsprechend Bild 2-13b

$$c_{2\mathrm{m}}^2 = w_2^2 - (u_2 - c_{2\mathrm{u}})^2 \text{ und } c_{3\mathrm{m}}^2 = w_3^2 - (u_2 - c_{3\mathrm{u}})^2$$

eingeführt, ergeben die Beziehungen nach kurzer Umformung:

$$Y_{\mathrm{Sp,th\infty}} = [u_2^2 - (u_2 - c_{2\mathrm{u}})^2]/2 = u_2 \cdot c_{2\mathrm{u}} \cdot [1 - c_{2\mathrm{u}}/(2 \cdot u_2)] \tag{3-74}$$

$$Y_{\mathrm{Sp,th}} = [u_2^2 - (u_2 - c_{3\mathrm{u}})^2]/2 = u_2 \cdot c_{3\mathrm{u}} \cdot [1 - c_{3\mathrm{u}}/(2 \cdot u_2)] \tag{3-75}$$

Oder mit $Y_{\mathrm{Sch\infty}} = u_2 \cdot c_{2\mathrm{u}}$ und $Y_{\mathrm{Sch}} = u_2 \cdot c_{3\mathrm{u}}$:

$$Y_{\mathrm{Sp,th\infty}} = Y_{\mathrm{Sch\infty}} \cdot [1 - c_{2\mathrm{u}}/(2 \cdot u_2)] \tag{3-76}$$

$$Y_{\mathrm{Sp,th}} = Y_{\mathrm{Sch}} \cdot [1 - c_{3\mathrm{u}}/(2 \cdot u_2)] \tag{3-77}$$

Unter den meist näherungsweise zulässigen Annahmen

- die spezifische Stufenarbeit ΔY besteht nur aus Druckenergie
- die Meridiangeschwindigkeit c_{m} der Strömung vor und nach dem Laufrad sowie Leitrad sind etwa gleich, also $c_{0\mathrm{m}} \approx c_{3\mathrm{m}} \approx c_{7\mathrm{m}}$
- die absoluten Zu- und Abströmwinkel betragen 90°, also $\alpha_0 = \alpha_7 = 90°$ und deshalb $c_{0\mathrm{u}} = c_{7\mathrm{u}} = 0$ (Bild 3-13)

beträgt der Leitradwirkungsgrad (Index Le):

$$\eta_{\mathrm{Sch,Le}} = \left(\frac{\Delta Y - Y_{\mathrm{Sp}}}{c_3^2/2 - c_7^2/2}\right)^{\pm 1} = \left(\frac{\Delta Y - Y_{\mathrm{Sp}}}{c_{3\mathrm{u}}^2/2}\right)^{\pm 1} \tag{3-78}$$

da $c_3^2 - c_7^2 = (c_{3\mathrm{u}}^2 + c_{3\mathrm{m}}^2) - (c_{7\mathrm{u}}^2 + c_{7\mathrm{m}}^2) \approx c_{3\mathrm{u}}^2$

Gl. (3-78) umgestellt:

$$Y_{\mathrm{Sp}} = \Delta Y - (c_{3\mathrm{u}}^2/2) \cdot \eta_{\mathrm{Sch,Le}}^{\pm 1}$$

Weiter umgeformt mit $c_{3\mathrm{u}}$ aus $\Delta Y = Y_{\mathrm{Sch}} \cdot \eta_{\mathrm{Sch}}^{\pm 1} = u_2 \cdot c_{3\mathrm{u}} \cdot \eta_{\mathrm{Sch}}^{\pm 1}$ führt zu

$$Y_{\mathrm{Sp}} = \Delta Y \cdot \left[1 - \frac{c_{3\mathrm{u}}}{2 \cdot u_2} \cdot (\eta_{\mathrm{Sch,Le}}/\eta_{\mathrm{Sch}})^{\pm 1}\right] \tag{3-79}$$

Hierbei $\eta_{\mathrm{Sch}} = \eta_{\mathrm{Sch,La}} \cdot \eta_{\mathrm{Sch,Le}}$ und

wieder oberes Vorzeichen bei Pumpen
unteres Vorzeichen bei Turbinen

Mit der oft zulässigen Näherung $\eta_{\mathrm{Sch,Le}} \approx \eta_{\mathrm{Sch}}$ (besonders bei Überdruckwirkung, Abschnitt 3.2.1.5) vereinfacht sich Gl. (3-79) weiter:

$$Y_{\mathrm{Sp}} \approx \Delta Y \cdot [1 - c_{3\mathrm{u}}/(2 \cdot u_2)] \tag{3-80}$$

Zur starken Vereinfachung für grobe überschlägige Berechnung der spezifischen Spaltdruckarbeit können andererseits die Leitradverluste vernachlässigt und somit $Z_{\mathrm{Sch}} \approx Z_{\mathrm{Sch,La}}$ gesetzt werden:

$$\Delta Y = Y_{\mathrm{Sch}} \mp Z_{\mathrm{Sch}} \approx Y_{\mathrm{Sch}} \mp Z_{\mathrm{Sch,La}}$$

Damit folgt aus

$$Y_{\mathrm{Sp}} = Y_{\mathrm{pot,th}} \mp Z_{\mathrm{Sch,La}} = Y_{\mathrm{Sch}} - (c_3^2 - c_0^2)/2 \mp Z_{\mathrm{Sch,La}}$$

grob angenähert für Pumpen und Turbinen

$$Y_{\mathrm{Sp}} \approx \Delta Y - (c_3^2 - c_0^2)/2 \tag{3-81}$$

3.2.1.5 Gleich- und Überdruckwirkung

Mithilfe der spezifischen Spaltdruckarbeit Y_{Sp} lässt sich die Laufradströmung und damit die Wirkungsweise von Turbomaschinen sehr gut charakterisieren. Je nach dem, welchen Wert die spez. Spaltdruckarbeit erreicht, wird zwischen Gleich- und Überdruckwirkung unterschieden. Vergleiche auch Abschnitte 1.4 und 2.5.3.2.

Gleichdruck- oder Aktionswirkung. Unterer Grenzfall mit $Y_{\text{Sp}} = 0$. Üblicherweise wird jedoch der Bereich Y_{Sp} bis ca. 30 % der gesamten spezifischen Stufenenergie ΔY (also $Y_{\text{Sp}}/\Delta Y \leqq 0{,}30$) noch als Gleichdruck bezeichnet, obwohl eigentlich nicht ganz richtig. $Y_{\text{Sp}} = 0$ bedeutet, im Laufrad wird keine potenzielle Energie umgesetzt, sondern die Strömung nur abgelenkt. Der Druck ist daher auf beiden Laufradseiten gleich groß, also:

$$p_0 = p_3 = p_4 = p_5$$

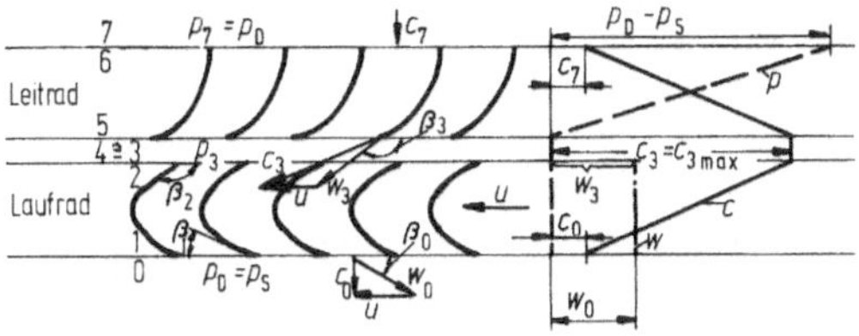

Bild 3-13 Schaufelgitter mit Druck- und Geschwindigkeitsverlauf in der Stufe eine axialen Gleichdruckturbine

In Bild 3-13 sind der Schauflungsplan sowie der Druck- und Geschwindigkeitsverlauf in der Stufe einer axialen Gleichdruckturbine dargestellt. Bei den unvorteilhaften und deshalb technisch nicht angewendeten Gleichdruckpumpen wären Strömungs- und Bewegungsrichtung umgekehrt. Die maximale Strömungsgeschwindigkeit erreicht das Fluid im Spalt zwischen Leit- und Laufrad, weil die Druckumsetzung vollständig im Leitrad erfolgt. Um eine möglichst große Kraftwirkung zu erzielen, sind sog. **Hakenschaufeln** notwendig, welche die Strömung stark umlenken. Da andererseits die relative Strömungsgeschwindigkeit in den Laufradkanälen beim Vernachlässigen der Schaufelverluste $Z_{\text{Sch,La}}$ dem Betrage nach exakt konstant bleibt und sich bei deren Berücksichtigen nur wenig ändert, ist nach der Kontinuitätsbedingung der Strahlquerschnitt über die gesamte Kanallänge gleich groß. Bei Dampf- und Gasturbinen verdicken sich deshalb die Hakenschaufeln zur Mitte hin (Bild 2-21). Bei Gleichdruck-Wasserturbinen dagegen sind die Schaufeln in konstanter Dicke ausgeführt, da der Wasserstrahl hier im Laufrad wegen der Luft-Umgebung eine freie Oberfläche bilden kann. Weil Reibung praktisch nur an den durch das Arbeitsfluid beströmten Schaufelwänden auftritt, sind die Verluste der Gleichdruck-Wasserturbinen kleiner als bei Gleichdruck-Dampf- und Gasturbinen. Die Reibungsverluste des sich im freien Luftraum im Vergleich zu Gas- und Dampfturbinen relativ langsam drehenden Gleichdruck-Wasserturbinenrades sind gegenüber den sonstigen Verlusten vernachlässigbar klein.

Gleichdruckmaschinen können partiell beaufschlagt werden, was allerdings nur bei Turbinen angewendet wird. Der Fluid-Treibstrahl beströmt nur einen Teil des Laufradumfanges. Der Leitradumfang ist nur auf dem entsprechenden Bereich mit Leitkanälen bestückt. Dieses Verfahren muss bei kleinem Durchsatz und/oder großer spezifischer Stutzenarbeit angewendet werden, weil dadurch die notwendigen kleinen Strömungsquerschnitte verwirklichbar sind, die nicht ausreichen, um den gesamten Radumfang zu besetzen. Die Methode bietet gleichzeitig den Vorteil, den Raddurchmesser sinnvoll vergrößern zu können. Dies führt bei Wasserturbinen dazu, dass auch bei großen Fallhöhen stets Einstufigkeit ausreicht. Die Natur bietet kein Wassergefälle, das nicht mit einer einstufigen Turbine verarbeitet werden könnte. Kreiselpumpen dagegen, die normalerweise weder in Gleichdruckbauweise noch partiell beaufschlagt ausgeführt werden, müssen deshalb bei größeren Förderhöhen (ab etwa 100 m) mehrstufig sein.

Die EULER-Gleichung für endliche Schaufelzahl bei $\alpha_0 = 90°$ nach der Umfangsgeschwindigkeit

$$u_2 = Y_{\text{Sch}}/(c_3 \cdot \cos \alpha_3) \tag{3-82}$$

umgestellt, zeigt: Bei gleicher spez. Schaufelarbeit wird, da sich der Wert von $\cos \alpha_3$ nur wenig ändert, u_2 umso kleiner, je mehr die absolute Druckseiten-Strömungsgeschwindigkeit c_3 ansteigt. Da wegen Gesamtdruckabbau im Leitrad c_3 bei Gleichdruckturbinen seinen Höchstwert erreicht, ist u_2 auf den kleinstmöglichen Wert absenkbar. Gleichdruckturbinen werden deshalb auch als **Langsamläufer** bezeichnet. Das bedeutet, sie verarbeiten bei festgehaltener Umfangsgeschwindigkeit u_2 ein Maximum an spezifischer Arbeit Y oder kommen umgekehrt bei vorgegebener spezifischer Arbeit Y mit der kleinstmöglichen Umfangsgeschwindigkeit aller Strömungsmaschinen aus. Sie laufen deshalb mit niedriger Drehzahl. Partielle Beaufschlagung, die zusätzliche Durchmesservergrößerung des Laufrades erlaubt, ermöglicht weitere Drehzahlabsenkung, was nochmaliges Verringern der Radreibungsverluste zur Folge hat (Bild 2-22).

Überdruck- oder Reaktionswirkung: Gekennzeichnet durch $Y_{\text{Sp}} > 0$. Der Grad der Reaktion hängt davon ab, wie stark sich die spez. Spaltdruckarbeit von der spez. Stufenarbeit unterscheidet (Gl. (3-81)), d. h. um wie viel sie kleiner ist. Beim oberen Grenzfall, $Y_{Sp} = \Delta Y$, wird von voller oder 100 % Überdruckwirkung gesprochen. Üblicherweise beträgt die Überdruckwirkung zwischen 30 und 80 %, d. h. $Y_{Sp}/\Delta Y = 0{,}3 \ldots 0{,}8$. Bei Überdruck-Dampf- und Gasturbinen meist 50 %. In Sonderfällen werden auch Reaktionswirkungen von über 100 % erreicht. Dies ist dann der Fall, wenn die Leitvorrichtung auf der Saugseite und nicht wie normalerweise üblich, auf der Druckseite des Laufrades angeordnet ist (Abschnitt 4.3.3.1). Dadurch wird der Druck im Spalt zwischen Leit- und Laufrad unter den Saugdruck abgesenkt. Das Laufrad muss somit eine höhere Druckdifferenz umsetzen, als bei „Normalanordnung“, was bedeutet, dass $Y_{Sp} > \Delta Y$ wird. Das Austrittsleitrad baut den Druck teilweise wieder auf.

Bei Überdruckwirkung wird im Leitrad nur ein entsprechender Teil der gesamten Druckdifferenz bei Turbinen in Geschwindigkeit umgesetzt bzw. bei Pumpen umgekehrt, Geschwindigkeit in Druck (Bild 3-14). Die absolute Spaltgeschwindigkeit c_3 des Fluidstromes erreicht deshalb nicht seinen Maximalwert wie bei Gleichdruckwirkung (Bild 3-13). Aus Gl. (3-82) folgt, dass stattdessen die Umfangsgeschwindigkeit u_2 des Laufrades entsprechend größer sein muss. Überdruckmaschinen sind daher **schnellläufiger** als Gleichdruckmaschinen. Zudem ist bei Überdruckwirkung partielle Beaufschlagung nicht anwendbar (allenfalls bei verhältnismäßig geringem Überdruck), und zwar deshalb, weil die nicht beströmten Laufkanalbereiche Druck- mit Saugseite kurzschließen würden. Der Überdruck bräche ganz, zumindestens jedoch teilweise zusammen.

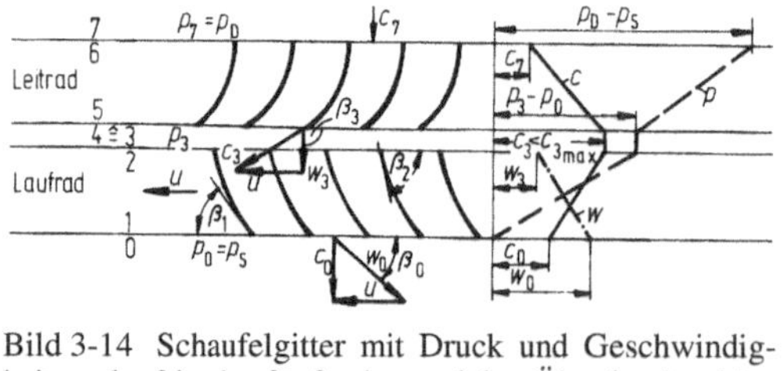

Bild 3-14 Schaufelgitter mit Druck und Geschwindigkeitsverlauf in der Stufe einer axialen Überdruckturbine (DT, GT). Umgekehrte Strömungs- und Bewegungsrichtung in der Stufe von axialer Überdruckpumpe (KP, KV)

Der die Überdruckwirkung kennzeichnende Druckumsatz im Laufrad bewirkt eine entsprechende Änderung des Betrages der Relativgeschwindigkeit. Die Laufkanäle verengen sich daher von der Druck- zur Saugseite hin. Außerdem genügt wegen der Rückstoßwirkung geringeres Umlenken des Fluidstromes. Axiale Überdruckmaschinen benötigen deshalb keine Hakenschaufeln. Die geringere Schaufelkrümmung ergibt niedrigere Strömungsverluste als bei Gleichdruck. Infolge der durch den Spaltdruck bedingten Spaltverluste (Mengen- und damit Energieverluste) ist der innere Wirkungsgrad bei Überdruck dennoch nicht besser als bei Gleichdruck. Durch die notwendige höhere Umfangsgeschwindigkeit ergibt sich zudem größere Radreibung. Ferner tritt bei Überdruckwirkung wegen des Druckgefälles im Laufrad ein Achsschub in Richtung zur Saugseite des Rades auf. Für dessen Aufnahme oder fluidstatischen Ausgleich (was zweckmäßig ist) sind entsprechende Einrichtungen notwendig.

Hinweis auf Bild 2-24 und Abschnitt 10.2.4.1.

3.3 Tragflügeltheorie

Vorbemerkungen:

Tragflügel, kurz **Flügel** genannt, beeinflussen den Fluidstrom nur wenig. Die Ablenkung des den Flügel umströmenden Fluids ist entsprechend gering. Überall, wo ein Medium abgelenkt, also beschleunigt wird, treten nach dem Impulssatz jedoch entsprechende Kraftwirkungen auf.

Bei idealem Fluid ermöglicht der Impulssatz, die dynamische Kraft der Flügelumströmung exakt zu berechnen.

Bei realem Fluid tritt außer der dynamischen Kraft und der durch evtl. vorhandenen Überdruck bedingten statischen Kraft noch eine Widerstandskraft infolge der Strömungsreibung auf.

3.3.1 Ideale Strömung (KUTTA-JOUKOWSKY-Gesetz)

KUTTA[1] und JOUKOWSKY[2] entdeckten unabhängig voneinander, etwa zur gleichen Zeit, das nach ihnen benannte Gesetz **für die dynamische Auftriebskraft**, kurz auch mit **Auftrieb oder Querkraft** bezeichnet, die am reibungslos umströmten Tragflügel auftritt. Das KUTTA-JOUKOWSKY-Gesetz gilt

[1] KUTTA 1902.
[2] JOUKOWSKY 1904.

deshalb exakt für ideale und näherungsweise für reale Fluide.

Das KUTTA-JOUKOWSKY-Gesetz gilt andererseits sowohl für das Einzelprofil (Flügel) als auch für Gitter. Herleitung am Flügel jedoch schwierig [6]. Am Schaufelgitter dagegen ist die Ableitung mithilfe des Impulssatzes verhältnismäßig einfach, weshalb durchgeführt:

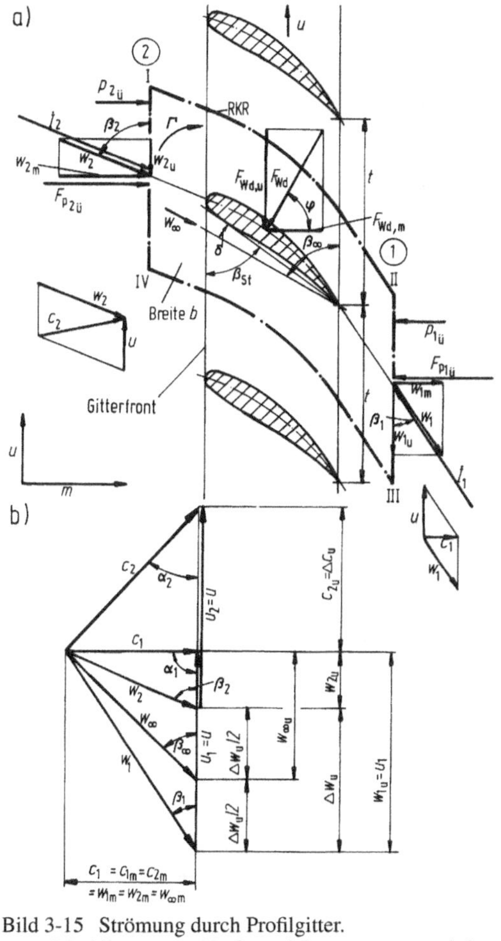

Bild 3-15 Strömung durch Profilgitter.
m … Meridian-, u … Umfangsrichtung; w_{∞} … mittlere relative Anströmgeschwindigkeit (-Richtung), RKR … Relativ-Kontrollraum (flügelfest)
a) Gitter mit Eintragungen, b) Geschwindigkeitsplan

Ausgegangen wird von einem **Flügelgitter**, d. h. der Anordnung mehrerer gleicher Profile auf einer Nabe in einheitlicher Teilung t. Die Abwicklung des Profilgitter-Mittelschnittes von z. B. Bild 2-31 ist in Bild 3-15 dargestellt und durch Ergänzungen für die Ableitung des KUTTA-JOUKOWSKY-Gesetzes vervollständigt. Die Profilwinkel β_2 und β_1 sind die Tangenten-Winkel der Profil-Skelettlinie an Nase (Stelle 2) und Schwanz (Stelle 1) der Flügel.

Auf den in Bild 3-15 eingetragenen relativen Kontrollraum RKR, der profilfest ist und sich daher mit dem Flügel mit der Umfangsgeschwindigkeit u mitbewegt, wird der Impulssatz angewendet. Um die dazu notwendige ebene Strömung zu erhalten, wird der Flügel als unendlich breit betrachtet oder, um **Randumströmung** zu verhindern, der endliche Flügel mit Seitenscheiben (Stirnseiten-Ummantelung) versehen. Die relative, d. h. auf den bewegten Kontrollraum bezogene Fluid-Anströmrichtung ist gegenüber der Umfangsgeschwindigkeit u um den mittleren Winkel β_{∞} „gedreht“. Außerdem ist das Profil zur mittleren relativen Anströmgeschwindigkeit w_{∞} um den Winkel δ angestellt. Gemäß der Anwendung des Impulssatzes [3] sind auf den Relativkontrollraum RKR und damit das Profil wirkend eingetragen: die **Impulsströme** $\dot{I}$ (Stellen 2; 1), die **(Über-)Druckkräfte** $F_{p\ddot{u}}$ (Stellen 2; 1) und die für das dynamische Kräftegleichgewicht notwendige **Wandkraft** F_{Wd} (Halte- oder Gegenkraft).

Für die Flügelbreite b ergibt sich:

$$\text{IS ②–①} \rightarrow \sum \vec{F} = 0 \begin{cases} \nearrow \sum F_{\mathrm{u}} = 0 \\ \searrow \sum F_{\mathrm{m}} = 0 \end{cases}$$

a) $\sum F_{\mathrm{u}} = 0$: $-\dot{I}_{2\mathrm{u}} + \dot{I}_{1\mathrm{u}} - F_{\mathrm{Wd,u}} = 0$

Hieraus

$$\begin{aligned} F_{\mathrm{Wd,u}} &= \dot{I}_{1\mathrm{u}} - \dot{I}_{2\mathrm{u}} = \dot{I}_1 \cdot \cos\beta_1 - \dot{I}_2 \cdot \cos\beta_2 \\ &= \dot{m} \cdot w_1 \cdot \cos\beta_1 - \dot{m} \cdot w_2 \cdot \cos\beta_2 \\ &= \dot{m} \cdot (w_{1\mathrm{u}} - w_{2\mathrm{u}}) = \varrho \cdot \dot{V} \cdot (w_{1\mathrm{u}} - w_{2\mathrm{u}}) \\ &= \varrho \cdot b \cdot t \cdot w_{2\mathrm{m}} \cdot (w_{1\mathrm{u}} - w_{2\mathrm{u}}) \end{aligned}$$

b) $\sum F_{\mathrm{m}} = 0$: $\dot{I}_{2\mathrm{m}} + F_{p2\ddot{u}} - F_{\mathrm{Wd,m}} - F_{p1\ddot{u}} - \dot{I}_{1\mathrm{m}} = 0$

Hieraus

$$\begin{aligned} F_{\mathrm{Wd,m}} &= -\dot{I}_{1\mathrm{m}} + \dot{I}_{2\mathrm{m}} - F_{p1\ddot{u}} + F_{p2\ddot{u}} \\ &= -\dot{I}_1 \cdot \sin\beta_1 + \dot{I}_2 \cdot \sin\beta_2 - F_{p1\ddot{u}} + F_{p2\ddot{u}} \\ &= -\dot{m} \cdot w_1 \cdot \sin\beta_1 + \dot{m} \cdot w_1 \cdot \sin\beta_2 \\ &\quad - p_{1\ddot{u}} \cdot b \cdot t + p_{2\ddot{u}} \cdot b \cdot t \\ &= \dot{m} \cdot (w_{2\mathrm{m}} - w_{1\mathrm{m}}) + b \cdot t \cdot (p_{2\ddot{u}} - p_{1\ddot{u}}) \end{aligned}$$

c) K ②–①:

$$A_{2\mathrm{m}} \cdot w_{2\mathrm{m}} = A_{1\mathrm{m}} \cdot w_{1\mathrm{m}}$$

$$b \cdot t \cdot w_{2\mathrm{m}} = b \cdot t \cdot w_{1\mathrm{m}}$$

$$w_{2\mathrm{m}} = w_{1\mathrm{m}} = w_{\mathrm{m}} \tag{3-83}$$

d) E ②–①:

$g\cdot z_2 + p_2/\varrho + w_2^2/2 = g\cdot z_1 + p_1/\varrho + w_1^2/2$

Mit $z_2 = z_1$ (waagerecht!) wird:

$$(p_2 - p_1)/\varrho = (w_1^2 - w_2^2)/2$$
$$= [(w_{1u}^2 + w_{1m}^2) - (w_{2u}^2 + w_{2m}^2)]/2$$

Da $p_2 - p_1 = p_{p2ü} - p_{p1ü}$ und $w_{1m} = w_{2m}$ folgt

$$p_{p2ü} - p_{p1ü} = \varrho\cdot(w_{1u}^2 - w_{2u}^2)/2$$

Eingesetzt in die Gleichung für $F_{Wd,m}$ ergibt

$$F_{Wd,m} = (\varrho/2)\cdot b\cdot t\cdot(w_{1u}^2 - w_{2u}^2)$$
$$= (\varrho/2)\cdot b\cdot t\cdot(w_{1u} - w_{2u})\cdot(w_{1u} + w_{2u})$$

Des Weiteren wird die Zirkulation [3] um den Kontrollraum bestimmt und eingeführt:

$$\Gamma = \oint \vec{w}\cdot d\vec{s} = \oint d\Lambda$$
$$\Gamma = \Lambda_{I-II} + \Lambda_{II-III} + \Lambda_{III-IV} + \Lambda_{IV-I}$$

Mit $\Lambda_{III-IV} = -\Lambda_{I-II}$; $\Lambda_{II-III} = w_{1u}\cdot t$
und $\Lambda_{IV-I} = -w_{2u}\cdot t$ wird

$$\Gamma = t\cdot(w_{1u} - w_{2u})$$

Damit erhalten die Beziehungen für $F_{Wd,m}$ und $F_{Wd,u}$ die Form

$$F_{Wd,m} = \varrho\cdot b\cdot\Gamma\cdot(w_{1u} + w_{2u})/2$$
$$F_{Wd,u} = \varrho\cdot b\cdot\Gamma\cdot w_m$$

Mit den mittleren Geschwindigkeiten (identisch mit den ungestörten Anströmwerten)

$w_{\infty u} = (w_{1u} + w_{2u})/2$ sowie $w_{\infty m} = w_m$ werden

$F_{Wd,m} = \varrho\cdot b\cdot\Gamma\cdot w_{\infty u}$ und $F_{Wd,u} = \varrho\cdot b\cdot\Gamma\cdot w_{\infty m}$

Damit ist die resultierende Wandkraft

$$F_{Wd} = \sqrt{F_{Wd,m}^2 + F_{Wd,u}^2} = \varrho\cdot b\cdot\Gamma\cdot\sqrt{w_{\infty m}^2 + w_{\infty u}^2}$$

$$F_{Wd} = \varrho\cdot b\cdot\Gamma\cdot w_\infty \qquad (3\text{-}84)$$

Für den Richtungswinkel φ ergibt sich:

$$\tan\varphi = F_{Wd,u}/F_{Wd,m} = w_{\infty m}/w_{\infty u} = \tan\beta_\infty$$

also

$$\varphi = \beta_\infty \qquad (3\text{-}85)$$

Der Wandkraft F_{Wd} als Reaktion steht als Aktion die durch den Impulsstrom bedingte dynamische Auftriebskraft F_A entgegen. Deshalb gilt:

$F_A = F_{Wd}$ also

$$F_A = \varrho\cdot b\cdot\Gamma\cdot w_\infty \qquad (3\text{-}86)$$

mit der Umfangskomponente $F_u = F_{Wd,u}$

$$F_u = \varrho\cdot b\cdot\Gamma\cdot w_{\infty m} \qquad (3\text{-}87)$$

und der Meridiankomponente $F_m = F_{Wd,m}$

$$F_m = \varrho\cdot b\cdot\Gamma\cdot w_{\infty u} \qquad (3\text{-}88)$$

sowie mittlerem (ungestörtem) Anströmwinkel

$$\tan\beta_\infty = \frac{F_u}{F_m} = \frac{w_{\infty m}}{w_{\infty u}} = \frac{w_m}{(w_{1u} + w_{2u})/2} \qquad (3\text{-}89)$$

Gleichung (3-86) **ist das Gesetz von KUTTA-JOUKOWSKY.**

> Der Satz von KUTTA-JOUKOWSKY bestätigt, dass Auftrieb nur dann auftritt, wenn sowohl Anströmgeschwindigkeit als auch Zirkulation vorhanden sind (MAGNUS-Effekt). Aus Gl. (3-86) geht zudem hervor, dass die Querkraft $F_A = F_{Wd}$ senkrecht zur mittleren Anströmgeschwindigkeit w_∞ wirkt ($\varphi = \beta_\infty$), wobei w_∞ das vektorielle Mittel von w_2 und w_1 ist, der relativen Zu- und Abströmgeschwindigkeit.

Das Gesetz von KUTTA-JOUKOWSKY gilt allgemein für ebene Strömungen idealer Fluide. Die Ableitung kann ebenso am ruhenden Einzelflügel durchgeführt werden. In genügendem Abstand nach oben und unten ist die Strömung vom Flügelprofil (Bild 3-15a) praktisch unbeeinflusst. Die Kreisgeschwindigkeit der Zirkulation ist bei entsprechendem Abstand so weit zurückgegangen, dass sie vernachlässigt werden kann. Entlang den angesetzten Kontrollraumgrenzen I–II und III–IV findet kein Fluidaustausch statt. An die Stelle der mittleren Relativgeschwindigkeit w_∞ tritt die ungestörte Anströmgeschwindigkeit c_∞; und Winkel β_∞ ist null, nicht jedoch der Anstellwinkel δ.

Die Darstellung der Gesamtumströmung als Überlagerung von Parallelströmung und Zirkulation bestätigt sich darin, dass gegenüber der ungestörten Anströmung die Geschwindigkeit infolge der Umströmung auf der konvexen Seite (Oberseite OS) des Profils anwächst und auf der konkaven (Unterseite US) abnimmt. Nach dem Energiesatz fällt dadurch der Druck auf der konvexen Seite, während er auf der konkaven ansteigt. Das Flächenintegral dieses Druckunterschiedes zwischen den Profilseiten ergibt die Auftriebskraft mit symbolischer Grenze, weshalb eingeklammert → (A_{Fl}).

$$F_A = \int_{(A_{Fl})} \Delta p\cdot dA_{Fl} = \int_{(A_{Fl})} (p_{US} - p_{OS})\cdot dA_{Fl}$$

Dabei liefert die Druckabsenkung (teilweise bis zu erheblichen Unterdrücken) auf der Oberseite, der sog. Saugseite, mit 2/3 bis 3/4 den Hauptanteil der Auftriebskraft, während der Überdruck auf der

Unterseite (Druckseite) nur den wesentlich kleineren Anteil von $1/3$ bis $1/4$ bewirkt.

Die Tragflügelumströmung kann in großem Bereich als inkompressibel behandelt werden. Dies ist auch bei Luft- und Gasströmung bis zu relativ hohen Geschwindigkeiten ($Ma \leqq 0{,}3$) mit genügender Genauigkeit zulässig. Für größere Geschwindigkeiten müssen die Gesetzmäßigkeiten der kompressiblen Strömung beachtet werden (PRANDTL-Regel [3]).

Bemerkenswert ist noch, dass sowohl das Gesetz von KUTTA-JOUKOWSKY (Gl. (3-86)) der Tragflügeltheorie als auch die EULER-Gleichung der Kreiselradtheorie (Abschnitt 3.2.1.1) auf den Impulssatz zurückgehen und deshalb auf dem gleichen Ausgangsphänomen beruhen.

3.3.2 Reale Strömung

Nach dem Auftriebssatz von KUTTA-JOUKOWSKY wirkt auf einen Körper (Flügel) in idealer Parallelströmung mit überlagerter Zirkulation eine Kraft, die senkrecht zur Anströmrichtung gerichtet ist. In Strömungsrichtung dagegen wird keine Kraft auf den Körper ausgeübt. Die Quer- oder Auftriebskraft wirkt dabei in die Richtung, in der die beiden Strömungskomponenten Translation und Zirkulation gleichgerichtet verlaufen.

Ein ideales Fluid kann auf einen Körper keinen Widerstand, wohl aber eine Querkraft (dynamischer Auftrieb) ausüben, sog. EULER'sches Paradoxon. Voraussetzung ist offenbar das Vorhandensein einer Zirkulation Γ. Fehlt diese ($\Gamma = 0$), übt ein ideales Fluid überhaupt keine Kraft auf den umströmten Körper aus (D'ALEMBERT'sches Paradoxon).

Dieses Ergebnis steht jedoch im Widerspruch zu den Erfahrungen aus der Körperumströmung durch reale Fluide. Reale Fluide üben einen entgegen der Bewegungsrichtung wirkenden Strömungswiderstand F_{W} (Bild 3-16) auf den Körper aus, der durch die infolge Viskosität vorhandene Fluidreibung verursacht wird, die bei unsymmetrischer Umströmung letztlich zudem Γ bewirkt. Auch bei der Strömung realer Fluide um Tragflächen ist die Druckverteilung an den umströmten Flächen in erster Linie von der Orientierung (Anstellung) der Flügel im Strömungsfeld abhängig. Der sog. **Nachlauf** hinter der Abströmkante übt hierbei jedoch ebenfalls einen Einfluss aus.

Durch entsprechende Formgebung des umströmten Körpers kann erreicht werden, dass der Energie verzehrende Strömungswiderstand F_{W} möglichst klein gegenüber dem Quertrieb F_{A} gehalten wird. Die resultierende Kraft auf den Körper besteht dann im Wesentlichen aus dem Auftrieb F_{A}. Solche strömungsgünstig ausgebildeten Körper werden als Tragflügel oder kurz als Flügel bezeichnet. Sie können profiliert (Profile) oder nicht profiliert (einfache Schaufeln, also ebene oder gekrümmte Platten) ausgebildet werden.

Der Flügel muss die zur Entstehung der Auftriebskraft notwendige Zirkulation selbst erzeugen. Hierzu muss der Querschnitt des Flügels eine entsprechende Form erhalten. Im Allgemeinen werden die Profile mit verschiedener Krümmung an der Ober- und Unterseite ausgeführt. Verwendbar sind jedoch auch symmetrische Profile, sog. **Laminarprofile** oder Platten (weitgehende laminare Grenzschicht), die nur um einen entsprechend kleinen Winkel gegen die Strömung schräg angestellt werden. Profile sind vorn (Flügelnase) gut abgerundet und laufen nach hinten (Hinterkante) spitz zu.

Ein Tragflügel (Auftriebskörper oder -fläche) ist für die ihm zugeordnete Aufgabe der Quertriebserzeugung umso besser geeignet, je größer die *dynamische Auftriebskraft* F_{A} im Vergleich zur nicht vermeidbaren Widerstandskraft F_{W} ist. Das Verhältnis von beiden Kräften wird als Gleitverhältnis, Gütegrad oder **Gleitzahl** ε und der zugehörige Winkel γ als **Gleitwinkel** oder Reibungswinkel bezeichnet:

$$\varepsilon = \tan\gamma = F_{\text{W}}/F_{\text{A}} \qquad (3\text{-}90)$$

Ein Profil ist demnach umso besser, je kleiner ε (bei möglichst großem F_{A}) ist.

Die Gleitzahl hängt außer von der Flügelform wesentlich von der Stellung gegen die Anströmrichtung (Anstellwinkel δ) ab.

Außerdem beeinflussen REYNOLDS-Zahl, MACH-Zahl, Oberflächenrauigkeit, Krümmung und Dicke der Flügelnase die Gleitzahl.

Bei guten Flügelprofilen ist die Gleitzahl bei geringer Anstellung ($\delta < 8°$) sehr klein ($\varepsilon \approx 0{,}02 \ldots 0{,}04$). In diesen Fällen ist der Quertrieb ein Vielfaches des Widerstandes. Ab Anstellwinkeln $\delta = 12 \ldots 15°$ besteht dagegen Strömungsablösungsgefahr an der Profilsaugseite, verbunden mit Auftriebsabfall und starkem Widerstandsanstieg.

Der Einfluss der REYNOLDS-Zahl *Re* ist insbesondere bei dicken Profilen wichtig, weil ein ausgeprägter Übergang vom unter- zum überkritischen Bereich wegen Wandern des Strömungsablösungspunktes beobachtet wird. Dies hat zur Folge, dass der Widerstand plötzlich kleiner und der Auftrieb größer wird. Jedoch tritt in der Praxis der unterkritische *Re*-Bereich (ungefähr $Re < 100\,000$) nur bei Fluiden hoher kinematischer Viskosität auf, insbesondere Öle oder leichte Gase. Diese Veränderung begründet sich in der Art der Grenzschicht. Die im überkritischen Bereich immer vorhandene turbulente Grenzschicht weist einen wesentlich steileren Geschwindigkeitsanstieg auf als die laminare. Sie beinhaltet somit größere kinetische Energie und löst erst später ab, da sie länger gegen höheren Druck anlaufen kann. Die Folge ist, dass sich der Profilwiderstand insgesamt, trotz höherem Reibungsverlust, verringert. Deshalb wird bei Flügeln turbulente Grenzschicht angestrebt. Nur bei den schon erwähnten Laminarprofilen, die meist symmetrisch ausgebildet sind, kann auch bei überwiegend laminarer Grenzschicht ein Ablösen der Strömung weitgehend vermieden werden. Laminarprofile haben deshalb den kleinsten Widerstand, jedoch auch den kleinsten Auftrieb, weil sie nur wenig angestellt werden dürfen.

Das Ermitteln der Strömungskräfte und des zugehörigen Momentes erfolgt bei Luftströmungen in der Regel in vielfach sehr aufwendigen Windkanälen, bei Flüssigkeitsströmungen in entsprechenden Wasserkanälen. In diesen Versuchsanlagen werden die bei angeströmten Modellprofilen wirkenden Kräfte mit entsprechenden Einrichtungen gemessen. Um

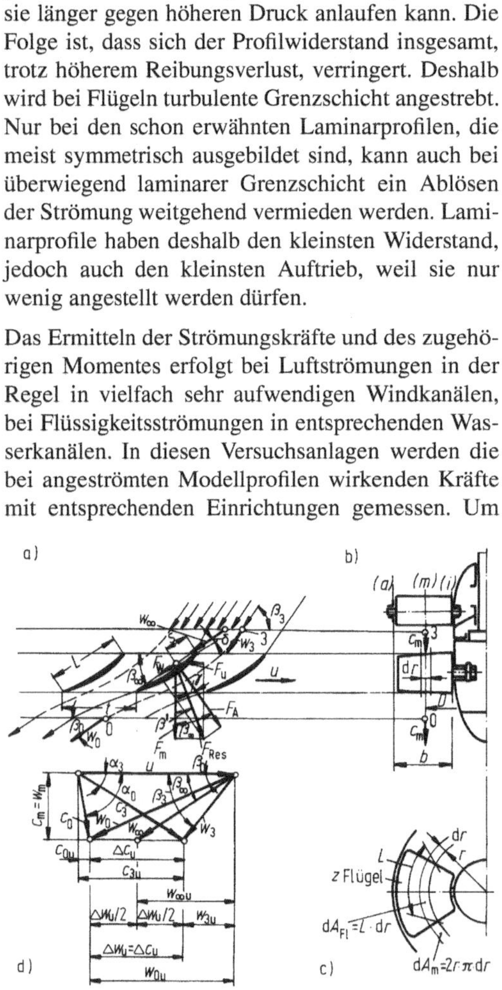

Bild 3-16 Kräfte am Flügelgitter einer Axialturbine (KAPLAN-Turbine); a) Flügelgitter (Profilschnitt-Zylinder (*m*) abgewinkelt), b) Meridianschnitt, c) Laufrad-(Flügel-)Draufsicht, d) Geschwindigkeitsplan

die Messergebnisse an solchen Modellen auf die Großausführung übertragen zu können, müssen die Ähnlichkeitsgesetze der Strömungsmechanik, d. h. gleiche REYNOLDS- und MACH-Zahl bei Modell und Großausführung, beachtet werden. Alle Ähnlichkeitsgesetze lassen sich im Allgemeinen nicht gleichzeitig erfüllen. Hierauf kann jedoch aus Platzgründen in diesem Zusammenhang nicht weiter eingegangen werden.

Um experimentell einfach gestalten und die Modellmessungen auf verschiedene Profilgrößen leicht übertragen zu können, werden die Kräfte und Momente auf dimensionslose Beiwerte zurückgeführt. Diese Koeffizienten, welche anstelle der von den jeweiligen Abmessungen sowie Anströmverhältnissen und Fluid (A_{Fl}; δ; w_{∞}; ϱ) abhängigen Kräfte treten, sind wie folgt definiert:

Auftriebsbeiwert

$$\zeta_A = \frac{F_A}{\varrho \cdot (w_{\infty}^2/2) \cdot A_{Fl}} \tag{3-91}$$

Widerstandsbeiwert

$$\zeta_W = \frac{F_W}{\varrho \cdot (w_{\infty}^2/2) \cdot A_{Fl}} \tag{3-92}$$

Momentenbeiwert

$$\zeta_M = \frac{M}{\varrho \cdot (w_{\infty}^2/2) \cdot A_{Fl} \cdot L} \tag{3-93}$$

Mit dem Moment $M \approx F_A \cdot s$ (Wirkung von F_W gegenüber F_A hierbei meist vernachlässigbar) wird:

$$\zeta_M \approx \zeta_A \cdot s/L \tag{3-94}$$

Die Gleitzahl ε nach Gl. (3-90) geht mit den Beziehungen (3-91) und (3-92) über in die Form:

$$\varepsilon = \zeta_W/\zeta_A = \tan\gamma \tag{3-95}$$

Die Beiwerte sind dimensionslose Kräfte bzw. „Momente“. Sie ergeben sich, indem die entsprechende Profilkraft bzw. das Profilmoment auf den Staudruck $\varrho \cdot w_{\infty}^2/2$ der mittleren Anströmgeschwindigkeit und die Flügelfläche A_{Fl} bezogen sind. Den Gleitwinkel γ enthält Bild 3-16. Wie in Abschnitt 2.5.3.3 ausgeführt, sind die Profilbeiwerte in Polardiagrammen abhängig vom Anstellwinkel δ dargestellt (Bilder 2-28 und 2-29). Ebenfalls wird nochmals auf die in Tafel 8 (digitales Zusatzmaterial) wiedergegebenen Abmessungswerte und Kenndaten von Profilen hingewiesen, die speziell bei Turbomaschinen Verwendung finden. Mit den gegebenenfalls umzurechnenden Profilbeiwerten, welche aus den Polarendiagrammen entnommen sind, lassen sich nach den Beziehungen Gl. (3-91) bis Gl. (3-94) die tatsächlichen Kräfte und ihr Angriffspunkt (Abstand s von der Nase) am Profil ermitteln.

Die Profil-Beiwerte ζ_A, ζ_W und ζ_M, abhängig vom Anstellwinkel δ, sind in der Regel für die Flügelstreckung $\Lambda = 5$ angegeben. Das bedeutet, sie beinhalten den Einfluss der seitlichen Randumströmung infolge der unterschiedlichen Drücke auf den beiden Profilseiten (Ober- und Unterseite). Die Randumströmung bewirkt eine Verminderung des Auftriebes und durch den zusätzlich auftretenden sog. **induzierten Widerstand** eine Erhöhung des gesamten Profilwiderstandes.

Bei Turbomaschinen muss der Einfluss der endlichen Flügellänge oft nicht berücksichtigt werden. Hier sind die Flügel innen durch die Nabe und außen über einen kleinen Spalt durch das Gehäuse begrenzt. An der Nabe kann wie am Flugzeugrumpf keine Randumströmung auftreten, durch das Gehäuse wird sie außen weitgehend unterbunden.

Umrechnung von Widerstandsbeiwert und Anstellung: Der Widerstandsbeiwert ζ_W und der (mittlere) Anströmwinkel δ, die zu einer bestimmten Flügelstreckung Λ gehören (meist $\Lambda = 5$), können auf die zu unendlicher Spannweite gehörenden Werte mithilfe der **PRANDTL'schen Formeln** umgerechnet werden, wobei gilt $\zeta_{A,\infty} = \zeta_A$:

$$\zeta_{W,\infty} = \zeta_W - \zeta_{A,\infty}^2/(\pi \cdot \Lambda) \tag{3-96}$$

$$\widehat{\delta}_\infty = \widehat{\delta} - \zeta_{A,\infty}/(\pi \cdot \Lambda) \tag{3-97}$$

Gegenüber den üblicherweise bei $\Lambda = 5$ ermittelten Werten verringert sich der Widerstandsbeiwert nach diesen Formeln infolge unterbundener Randumströmung ($\Lambda \to \infty$) um $\Delta\zeta_W = \zeta_W - \zeta_{W,\infty} = \zeta_{A,\infty}^2/15{,}7$ bei gleichzeitigem Verkleinern des erforderlichen Anstellwinkels um $\Delta\widehat{\delta} = \widehat{\delta} - \widehat{\delta}_\infty = \zeta_{A,\infty}/15{,}7$ mit Winkel im Bogenmaß, weshalb oberes $\frown$-Symbol.

Zusammenhänge zwischen den Kräften:

Mithilfe von Bild 3-16 ergeben sich folgende Verknüpfungen zwischen den verschiedenen Kräften:

Resultierende Kraft:

$$F_{Res} = \sqrt{F_A^2 + F_W^2} = F_A/\cos\gamma = F_W/\sin\gamma \tag{3-98}$$

Tangential- oder Umfangskraft:

$$F_u = F_{Res} \cdot \sin\beta' \tag{3-99}$$

Axial- oder Meridiankraft

$$F_m = F_{Res} \cdot \cos\beta' \tag{3-100}$$

Zwischen Profil-Winkel β' (in Abschnitt 2.5.3.3 mit $\hat{\beta}$ bezeichnet; Stafflungswinkel), mittlerem Relativströmungswinkel β_∞ und Gleitwinkel γ gilt:

Pumpen $\beta' = \beta_\infty + \gamma$
Turbinen $\beta' = \beta_\infty - \gamma$

Zusammengefasst:

$$\beta' = \beta_\infty \pm \gamma \tag{3-101}$$

Wieder: oberes Vorzeichen für Pumpen
unteres Vorzeichen für Turbinen

Weil Reibungswinkel γ klein ($\gamma \approx 0{,}5 \ldots 2°$) und deshalb $\cos\gamma \approx 1$, gilt nach Gl. (3-98) in guter Näherung

$$F_{Res} \approx F_A = \zeta_A \cdot \varrho \cdot (w_\infty^2/2) \cdot A_{Fl} \tag{3-102}$$

Beim Berechnen werden die Beiträge der Kraftresultierenden F_{Res} und der Auftriebskraft F_A somit entsprechend Gl. (3-105) gleichgesetzt, nicht jedoch ihre Richtungen. Es wird also mit einer Kraft F_{Res} gerechnet, deren Betrag gleich dem von F_A ist, die jedoch in der exakten Richtung von F_{Res} wirkt. Diese die Berechnung vereinfachende Annahme ist zulässig, weil der Fehler sehr klein bleibt. Dadurch wird die tatsächliche Leistung wenig größer als die berechnete. Das Ergebnis liegt somit auf der sog. sicheren Seite.

Weitere Hinweise für häufig bei Turbo-Propellerrädern angewendete Profile enthalten Tafeln 7 und 8 beim digitalen Zusatzmaterial.

Übertragung der Tragflügeltheorie auf Gitterströmung: Beim Einzelflügel geht die Gesamtablenkung bereits bei geringem Abstand zum Profil fast auf null zurück. Nur in unmittelbarer Profilnähe sind größere Ablenkungen einzelner Stromlinien vorhanden. Bei Gittern hingegen ist auch bei größerer Entfernung von den Schaufeln noch eine zwar kleine, aber doch endliche Ablenkung der Strömung vorhanden. Versuche zeigen jedoch, dass dieser Einfluss auf die Kraftwirkungen durch die Fluidviskosität in erster Näherung kompensiert wird. Das Behandeln des Gitterprofils als Einzelflügel ist deshalb meist ohne sog. **Gitterkorrektur** in guter Übereinstimmung mit der Erfahrung zulässig.

Rechnungsgang:

Beim Anwenden der Tragflügeltheorie zum Auslegen von Axialbeschauflungen wird wie folgt vorgegangen:

Die Schaufelkraft $F_{Res} \approx F_A$ ist infolge der sich mit der Umfangsgeschwindigkeit u ändernden Relativströmungsgeschwindigkeit w_∞ ebenfalls vom Drehradius abhängig. Wegen dieser Veränderlichkeit der Schaufelkraft mit dem Radius wird der gesamte Flügel in Kreisring-Abschnitte mit verschiedenen, jedoch aufeinander folgenden Durchmessern aufgeteilt (Bild 3-16). Dafür werden dann die Geschwindigkeitspläne erstellt.

Für die festgelegten Flügelteile (Kreisring-Abschnitte) erfolgt das Auswählen strömungstechnisch günstiger und gleichartiger Profile, die nötigenfalls durch Verstärken oder Verschwächen den strömungsdynamischen sowie festigkeitsmäßigen Anforderungen anzupassen sind.

Die Ableitung der Zusammenhänge zwischen Fluidstrom und Flügel, um damit Aussagen zur Form sowie Anordnung der notwendigen Profile treffen zu können, erfolgt mithilfe des in Bild 3-16 eingetragenen infinitesimalen Hohlzylinders (Radius r, Breite $\mathrm{d}r$). Der schmale Hohlzylinder, durch den der differenzielle Volumenstrom $\mathrm{d}\dot{V}$ fließt, schneidet auf den sich mit der Umfangsgeschwindigkeit u drehenden Schaufeln (Anzahl z) je die infinitesimale Kreisringfläche der Größe $\mathrm{d}A_{Fl} = L \cdot \mathrm{d}r$ aus. Zwischen dem Volumenstrom $\mathrm{d}\dot{V}$ und den z Flügelkreisflächen $\mathrm{d}A_{Fl}$ wird die theoretische Leistung $\mathrm{d}P_{th}$ übertragen.

Für die zwischen Fluidstrom $\mathrm{d}\dot{V}$ und gesamter Flügelkreisringfläche $z \cdot \mathrm{d}A_{Fl}$ übertragene theoretische Leistung $\mathrm{d}P_{th}$ gilt einerseits

$$\mathrm{d}P_{th} = z \cdot \mathrm{d}F_u \cdot u$$

Dabei ist in der Umfangskraft $\mathrm{d}F_u$ der Fluidreibungseinfluss nach Gl. (3-99) und Gl. (3-101) berücksichtigt, d. h. näherungsweise ausgesondert, andererseits

$$\mathrm{d}P_{th} = \mathrm{d}\dot{m} \cdot Y_{Sch} = \varrho \cdot \mathrm{d}\dot{V} \cdot Y_{Sch}$$

Gleichgesetzt

$$z \cdot \mathrm{d}F_u \cdot u = \varrho \cdot \mathrm{d}\dot{V} \cdot Y_{Sch}$$

Mit der infinitesimalen Umfangskraft $\mathrm{d}F_u$ an der differenzialen Kreisringfläche $\mathrm{d}A_{Fl} = L \cdot \mathrm{d}r$ entsprechend Gln. (3-99), (3-101) sowie (3-102):

$$\mathrm{d}F_u = \mathrm{d}F_{Res} \cdot \sin\beta' \approx \mathrm{d}F_A \cdot \sin(\beta_\infty \pm \gamma)$$

$$\mathrm{d}F_u \approx \zeta_A \cdot \varrho \cdot (w_\infty^2/2) \cdot L \cdot \mathrm{d}r \cdot \sin(\beta_\infty \pm \gamma) \quad (3\text{-}103)$$

und dem infinitesimalen Volumenstrom $\mathrm{d}\dot{V}$ nach dem Durchflussgesetz

$$\mathrm{d}\dot{V} = c_{1m} \cdot \mathrm{d}A_{1m} = c_{2m} \cdot \mathrm{d}A_{2m} = c_m \cdot \mathrm{d}A_m$$

$$\mathrm{d}\dot{V} = c_m \cdot 2 \cdot r \cdot \pi \cdot \mathrm{d}r = c_m \cdot t \cdot z \cdot \mathrm{d}r \quad (3\text{-}104)$$

ergibt sich:

$$z \cdot u \cdot \zeta_A \cdot \varrho \cdot (w_\infty^2/2) \cdot L \cdot \mathrm{d}r \cdot \sin(\beta_\infty \pm \gamma) = \varrho \cdot c_m \cdot t \cdot z \cdot \mathrm{d}r \cdot Y_{Sch}$$

Die Größen z, ϱ und $\mathrm{d}r$ fallen heraus. Das bedeutet, Flügelzahl sowie Fluidart bleiben ohne Einfluss. Zudem sind die Verhältnisse auf jedem Flächenstreifen $\mathrm{d}A_{Fl} = L \cdot \mathrm{d}r$ und damit über den ganzen Flügeln gleich.

Obige Gleichung vereinfacht und umgestellt nach der spezifischen Schaufelarbeit:

$$Y_{Sch} = \zeta_A \cdot \frac{L}{t} \cdot \frac{u}{c_m} \cdot \frac{w_\infty^2}{2} \cdot \sin(\beta_\infty \pm \gamma) \quad (3\text{-}105)$$

Oder nach den bei der Flügelberechnung unbekannten Größen umgestellt:

$$\zeta_A \cdot \frac{L}{t} = \frac{2 \cdot Y_{Sch} \cdot c_m}{u \cdot w_\infty^2 \cdot \sin(\beta_\infty \pm \gamma)} \quad (3\text{-}106)$$

Der Ausdruck $\zeta_A \cdot L/t$ wird auch als **Belastungsgrad** bezeichnet.

Das Verhältnis L/t, der Quotient zwischen Profillänge (-tiefe) und Flügelteilung, wird wegen Kavitationsgefahr (Abschnitt 5.2) außen am Flügel kleiner ausgeführt als innen an der Nabe.

Richtwerte (3-107)

Axial-Lüfter	$L/t \approx 0{,}1 \ldots 0{,}8$
Axial-Kreiselpumpen	$L/t \approx 0{,}4 \ldots 1{,}0$
Axial-Wasserturbinen	$L/t \approx 0{,}6 \ldots 1{,}2$

Von diesen Richtwerten kann, wenn sinnvoll, abgewichen werden. Dabei sollte allgemein an der Nabe $L/t \leqq 2$ sein. Ab etwa $L/t \leqq 1$ geht der Gittereinfluss so stark zurück, dass Beschauflungen nach der Tragflügeltheorie auslegbar.

Bemerkungen: Außer $c_m = w_m$ (Gln. (3-83), (2-126), (2-127) sind in den Beziehungen (3-105) und (3-106) alle Größen vom Drehradius r abhängig. Nach Gl. (3-105) wirkt sich die Reibung, d. h. der Reibungswinkel γ, bei Pumpen positiv, bei Turbinen dagegen negativ auf die Schaufelarbeit aus. Hieraus folgt: Wird der Reibungseinfluss beim Berechnen der Pumpen vernachlässigt, ist die übertragene Leistung größer als die berechnete, das Ergebnis liegt auf der sicheren Seite. Diese Vereinfachung, d. h. Reibungswinkel γ in Gl. (3-105) und Gl. (3-106) vernachlässigt ($\gamma = 0$ gesetzt), ist deshalb oft zulässig. Dafür folgt dann mit $c_m = w_\infty \cdot \sin\beta_\infty$ (Bild 3-16) aus Gl. (3-105):

$$Y_{Sch} = \zeta_A \cdot (L/t) \cdot u \cdot w_\infty/2 \quad (3\text{-}108)$$

Hieraus

$$\zeta_A \cdot (L/t) = 2 \cdot Y_{Sch}/(u \cdot w_\infty) \tag{3-109}$$

Infolge des negativen, d. h. verschlechternden Einflusses ist bei Turbinen das Vernachlässigen des Reibungswinkels (Gleitwinkel γ) jedoch meist nicht angebracht.

Mit Rücksicht auf hinreichend großen Flügelabstand soll in der Regel $L/t \leqq 1$ sein. Durch erfahrungsbedingtes Festlegen des Verhältnisses L/t wird über Gl. (3-105) (bei $\gamma \neq 0$) bzw. Gl. (3-109) (bei $\gamma = 0$ gesetzt) der notwendige Auftriebsbeiwert und damit nach dem Polaren-Diagramm sowohl das Profil als auch der erforderliche Anstellwinkel bestimmt. Die Auswahl der Polaren und damit des Profils erfolgt so, dass die Gleitzahl möglichst klein wird. Optimal wäre die zum Ursprungstangentenpunkt der Polaren gehörende Profilzustand (Bild 2-28). Beim Festlegen des Profils muss zudem Folgendes beachtet werden:

Mit wachsendem Abstand von der Drehachse nimmt, da die Umfangsgeschwindigkeit u steigt, der erforderliche Zahlenwert des Belastungsgrades $\zeta_A \cdot L/t$ ab. Dieser Umstand kann durch Verkleinern von ζ_A bzw. von L/t oder beider Größen ausgeglichen werden. Das Verkleinern von ζ_A führt zu dünneren und flacheren Profilen sowie geringerer Anstellung δ. Je mehr L/t verkleinert wird, desto schmälere Schaufeln ergeben sich. Da, wie vorher ausgeführt, die Auftriebskraft F_A hauptsächlich durch Ausbilden eines Minder- bzw. Unterdruckgebietes auf der gewölbten Profilrückseite entsteht, ist zum Erreichen eines günstigen Saugverhaltens bei Vermeiden von Kavitation bzw. Schallgeschwindigkeit (Kapitel 5) vorteilhaft, den Auftriebsbeiwert ζ_A mit wachsender Umfangsgeschwindigkeit und damit steigender mittlerer Relativgeschwindigkeit w_∞ stetig zu verkleinern, um so eine abnehmende Flächenbelastung des Flügels zu erzielen. Dadurch ist ein verhältnismäßig hoher Wert des Quotienten L/t (jedoch $\leqq 1$) verwirklichbar, was zu vorteilhaft großer, benetzter Profilfläche A_{Fl} führt. Diese Maßnahme (ζ_A klein und deshalb L/t groß) ermöglicht das gewünschte fortschreitende Verkleinern von Dicke und Wölbung mit zunehmendem Drehradius. Dadurch wird gleichzeitig die aus der Werkstofffestigkeit infolge Fliehkraftwirkung an die radiale Flügelausbildung zu stellende Forderung erfüllt. Für Turbomaschinen-Axialschaufeln eignen sich deshalb besonders Profile, deren Auftriebszahl sich durch Ändern ihrer Dicke und Wölbung stetig abwandeln lässt. Dabei ist, wie schon erwähnt, möglichst immer ein ζ_A-Wert zu verwenden, der einem günstigen Gleitverhältnis ε entspricht.

Beim Festlegen von L/t bzw. ζ_A für den einzelnen Teilzylinder (Flügelkreisringfläche) muss ferner darauf geachtet werden, dass die Flügelbegrenzung einen stetigen und sinnvollen Verlauf nimmt.

Zweckmäßig ist in der Regel, die Flügel-Anzahl zwischen 3 und 7 auszuführen, also $z \approx 3 \ldots 7$.

Weil der Auftriebsbeiwert ζ_A von der REYNOLDS-Zahl abhängt, ist es wichtig, dass über den gesamten Flügel ein hinreichend großer Wert $Re = w_\infty \cdot L/t$ erreicht wird. Dabei sind Re-Zahlen kleiner als ca. 10^5 möglichst zu vermeiden (Abschnitt 2.5.3.3). Bei $Re \geqq 4 \cdot 10^5$ wird ζ_A im Bereich des günstigsten Gleitverhältnisses ε von der REYNOLDS-Zahl unabhängig. Dieser Zustand ist möglichst für jede Kreisringfläche $\mathrm{d}A_{Fl} = L \cdot \mathrm{d}r$ bzw. $\Delta A_{Fl} = L \cdot \Delta r$ (Bild 3-16) zu verwirklichen.

Die **Bezugslinie** (Profilsehne bzw. -tangente) des zum jeweiligen Schaufelschnitt ermittelten Profils bildet mit der Umfangsrichtung den sog. Profil- oder Stafflungswinkel $\hat{\beta} = \beta_\infty \pm \delta$ (+ bei Pumpen, − bei Turbinen), Abschnitt 2.5.3.3.

Der Schauflungswirkungsgrad η_{Sch}, der zum Berechnen der spezifischen theoretischen Schaufelarbeit Y_{Sch} aus der spezifischen Stufenarbeit ΔY nach Gl. (3-53) notwendig ist, kann für alle Zylinderschnitte der Flügel gleich groß angenommen werden. Er liegt bei guter Ausführung meist in den Grenzen zwischen 0,85 und 0,95, also:

$$\eta_{Sch} = 0{,}85 \ldots 0{,}95 \tag{3-110}$$

Mit der EULER-Gleichung auch für Axialräder $Y_{Sch} = u \cdot (c_{3u} - c_{0u}) = u \cdot \Delta c_u$ und der bereits verwendeten, aus dem Geschwindigkeitsplan (Bild 3-16) folgenden Verknüpfung $c_m = w_\infty \cdot \sin\beta_\infty$ sind die Beziehungen für den Belastungsgrad, Gl. (3-106) und Gl. (3-109), wie folgt umschreibbar:

Gleichung (3-106), die γ berücksichtigt, geht über in

$$\zeta_A \cdot \frac{L}{t} = 2 \cdot \frac{\Delta c_u}{w_\infty} \cdot \frac{\sin\beta_\infty}{\sin(\beta_\infty \pm \gamma)} = 2 \cdot \frac{\Delta c_u}{c_m} \cdot \frac{\sin^2\beta_\infty}{\sin(\beta_\infty \pm \gamma)} \tag{3-111}$$

Gleichung (3-109), die γ vernachlässigt, geht über in

$$\zeta_A \cdot \frac{L}{t} = 2 \cdot \frac{\Delta c_u}{w_\infty} = 2 \cdot \frac{\Delta c_u}{c_m} \cdot \sin\beta_\infty \tag{3-112}$$

Welche der Beziehungen für den Belastungsgrad, Gl. (3-106) oder (3-111) mit γ bzw. Gl. (3-109) oder (3-112) ohne γ, vorteilhaft ist, um die Flügelprofile und damit die gesamte Flügelform zu ermitteln, hängt von den bekannten Größen ab. Gleichung (3-111) und damit auch Gl. (3-112) sind Verknüpfungen von Tragflügel- mit Stromfadentheorie, deren Grundgleichungen, wie gezeigt, jeweils auf den Impulssatz zurückgehen.

Nabendurchmesser des Laufrades:

Als Kriterium, um den Nabendurchmesser festzulegen, gilt erfahrungsgemäß: Der Relativströmungswinkel β_3 auf der Druckseite soll auch an der Radnabe möglichst wesentlich kleiner als 90° sein. Meist liegt dabei das Nabenverhältnis zwischen 0,3 und 0,9 als äußere Grenzwerte. Als Richtwerte können deshalb für den **Nabenverengungsfaktor** k_N gelten:

$$k_N = (0{,}3\ldots)\,0{,}6\ldots0{,}8\,(\ldots0{,}9) \qquad (3\text{-}113)$$

Eingeklammerte Bereiche sind weniger häufig.

Entsprechend den Radialrädern Gl. (2-55) ist der Nabenverengungsfaktor definiert:

$$k_N = 1 - (D_{(i)}/D_{(a)})^2 = 1 - \nu_N^2 \qquad (3\text{-}114)$$

Dabei bedeuten wieder

$D_{(i)}$ ... Laufrad-Innendurchmesser, d. h. Nabendurchmesser D_N ($D_{(i)} \leqq D_N$, meist $D_{(i)} = D_N$)

$D_{(a)}$ ... Laufrad-Außendurchmesser

ν_N ... Nabenverhältnis $\nu_N = D_{(i)}/D_{(a)}$

Damit nach der Durchflussgleichung:

$$\dot{V}_{La} = c_m \cdot A_m = c_m \cdot (D_{(a)}^2 - D_{(i)}^2) \cdot \pi/4$$

$$= c_m \cdot k_N \cdot D_{(a)}^2 \cdot \pi/4 \qquad (3\text{-}115)$$

mit $c_m = c_{0m} \approx c_{1m} \approx c_{2m} \approx c_{3m}$, da $\tau \approx 1{,}0$.

Für die Axial-, d. h. Meridiangeschwindigkeit c_m empfiehlt TROSKOLANSKI [32]

$$c_m = (0{,}9\ldots1{,}3) \cdot \sqrt[3]{\dot{V} \cdot n^2} \qquad (3\text{-}116)$$

In diesem Zusammenhang wird nochmals auf die in Tafel 8 (digitales Zusatzmaterial) enthaltenen Werte (Abmessungen, Beiwerte) wichtiger, in Turbomaschinen verwendeter Profile hingewiesen.

Zusammenstellung der für den Rechnungsgang zudem notwendigen Beziehungen zwischen den Geschwindigkeiten sowie Winkeln der Laufrad- und damit Flügelströmung nach Bild 3-16d als auch Abschnitt 2.5.3.3:

$$\Delta c_u = c_{3u} - c_{0u}, \qquad \Delta w_u = w_{0u} - w_{3u} \qquad (3\text{-}117)$$

$$\Delta c_u = \Delta w_u \qquad (3\text{-}118)$$

$$w_{\infty u} = w_{3u} + \Delta w_u/2 = (w_{0u} + w_{3u})/2 \qquad (3\text{-}119)$$

Nach Kontinuitätsbedingung, da $A_{0m} = A_{3m} = A_m$

$$c_{3m} = c_{0m} = c_m, \qquad w_{3m} = w_{0m} = w_m \qquad (3\text{-}120)$$

$$c_m = w_m \qquad (3\text{-}121)$$

$$\tan\beta_\infty = \frac{c_m}{u - (c_{0u} + \Delta c_u/2)}$$

$$\tan\beta_\infty = \frac{c_m}{u - [c_{0u} + (c_{3u} - c_{0u})/2]}$$

$$\tan\beta_\infty = \frac{c_m}{u - (c_{3u} + c_{0u})/2} \qquad (3\text{-}122)$$

$$\tan\beta_0 = \frac{c_m}{u - c_{0u}}, \qquad \tan\beta_3 = \frac{c_m}{u - c_{3u}} \qquad (3\text{-}123)$$

$$w_\infty^2 = c_m^2 + [u - (c_{0u} + \Delta c_u/2)]^2$$

Wie zuvor bei $\tan\beta_\infty$ ausgewertet:

$$w_\infty^2 = c_m^2 + [u - (c_{3u} + c_{0u}/2)]^2 \qquad (3\text{-}124)$$

Stafflungswinkel (Bild 2-26), Winkel zwischen Profil-Bezugslinie und Gitterfront:

$$\text{tatsächlich } \beta_{St} = (\beta_0 + \beta_3)/2 \qquad (3\text{-}125)$$

$$\text{theoretisch } \beta'_{St} = (\beta_1 + \beta_2)/2$$

$$= \beta_{St} + \Delta\beta_{St} \qquad (3\text{-}126)$$

Mit $\Delta\beta_{St} = 0{,}3\ldots3°$ zur Berücksichtigung der Minderablenkung bei Pumpen. Dabei steigt $\Delta\beta_{St}$ mit wachsendem L/t und zunehmendem β_{St}. Bei Turbinen ist meist $\Delta\beta_{St} \approx 0$.

Bei $\alpha_0 = 90°$ und damit $c_{0u} = 0$, also drallfreier Saugseitenströmung (Regelfall), vereinfachen sich die Beziehungen entsprechend.

Bemerkung: Je höher die Umfangsgeschwindigkeit u, desto größer wird nach Gl. (3-124) auch w_∞ und dadurch gemäß Beziehungen (3-111), (3-113) der Ausdruck $\zeta_A \cdot (L/t)$ entsprechend kleiner. Hieraus folgt: Schnellläufer (u groß) benötigen kleine ζ_A, also dünne sowie flache Profile und/oder geringes (L/t), d. h. wenige schmale Flügel, z. B. Windturbinen.

Hinweise:

Vergleiche auch Abschnitt 2.5.3.3. Die dortigen Betrachtungen bauen jedoch auf schaufelkongruenter Strömung auf. Hier dagegen wurde von der tatsächlichen Strömung ausgegangen. Deshalb sind die Bezugsstellen 0 und 3 jeweils kurz außerhalb der Flügel. In Abschnitt 2.5.3.3 dagegen wird demnach auf die kurz innerhalb gelegenen Stellen 1 und 2 bezogen.

Zugehörige Übungsbeispiele Ü4 bis Ü7 beim digitalen Zusatzmaterial.

4 Affinitätsregeln und Kennziffern

4.1 Grundsätzliches

Wie schon dargestellt, herrschen in Turbomaschinen verwickelte Strömungsvorgänge. Aus der Fluidmechanik ist bekannt, dass die genaue Lösung komplizierter Strömungsprobleme oft schwer überwindliche mathematische Schwierigkeiten bereitet. Deshalb kommt dem Versuchswesen große Bedeutung zu. Fundamental wichtig ist daher, die ähnlichkeitsmechanischen Modellgesetze zu kennen, welche das Übertragen (scale up) der Ergebnisse von Modellversuchen auf Großausführungen gestatten. Aufgabe der Ähnlichkeitstheorie ist, die **Affinitäts-**[1] oder **Modellregeln** zu erarbeiten, die in sog. **Kennzahlen** dargestellt werden.

Trotz aller Bemühungen bezüglich theoretischer Überlegungen und Versuche gelang es bis heute nicht befriedigend, die Funktion der Turbomaschinen durch Gesetze und Formeln zuverlässig zu beschreiben. Deshalb existiert keine Rechenmethode, mit der die Auslegung von Strömungsmaschinen exakt möglich wäre, auch letztlich noch nicht mit den modernen Verfahren der numerischen Strömungsmechanik (Abschnitt 3.1). Obwohl es die im Laufe der Zeit angesammelte Erfahrung erlaubt, Turbomaschinen mit einiger Sicherheit auszulegen, sind letztlich, wie in anderen Technikbereichen, immer noch Versuche an Modellen oder Prototypen notwendig. Erst nach Verbessern und letztlich Optimieren der Messergebnisse zu akzeptablen Resultaten kann die Endausführung der Maschine gebaut werden. Durch Kontrollmessungen an der ausgeführten Turbomaschine und Vergleich mit den zugehörigen Modell-Ergebnissen erweitert sich der Kenntnisstand ständig.

4.2 Ähnlichkeitstheorie

4.2.1 Vorbemerkungen

Das vorhergehende Kapitel 3 ergab, dass vor allem der Schauflungswirkungsgrad bekannt sein muss, um die Grundgeschwindigkeiten und damit die Hauptabmessungen der Maschine für die vorliegenden Verhältnisse (Volumenstrom und Energieumsatz) zu ermitteln. Dieser Wirkungsgrad erfasst die Energieverluste durch Strömungsreibung (Kanalreibung, Umlenkung, Querschnittsänderung) realer Fluide in Strömungsmaschinen. Daraus folgt, dass hier ähnliche Bedingungen gelten müssen wie beim Bestimmen der Energieverluste von Rohren. Ähnlichkeitsbetrachtungen beziehen sich deshalb grundsätzlich auf das Laufrad bzw. die einzelne Stufe.

4.2.2 Ähnlichkeitsbedingungen

Analog zur Fluidmechanik muss auch bei Strömungsmaschinen für das Übertragen empirischer Ergebnisse physikalische Ähnlichkeit bestehen. Demnach sind Turbomaschinenströmungen ähnlich, wenn Proportionalität zwischen den geometrischen und strömungsmechanischen (dynamischen) Größen der zu vergleichenden Maschinen bzw. Stufen besteht:

Geometrische Ähnlichkeit liegt vor, wenn gleiche Proportionalität besteht

- zwischen Abmessungen (Längen, Flächen, Volumen)
- zwischen den Rauigkeiten (Oberflächenbeschaffenheit)

der zu vergleichenden Strömungsmaschinen.

In der Praxis ist es jedoch oftmals nicht oder nur schwer möglich, geometrische Ähnlichkeit in allen wichtigen Einzelheiten von Groß- und Modellausführung zu verwirklichen. Vor allem kann diese Bedingung hinsichtlich der Rauigkeit meist nicht exakt erfüllt werden. Deshalb ist die Grenzschichtströmung oft nicht ohne weiteres übertragbar.

Dynamische (mechanische) **Ähnlichkeit** liegt vor, wenn Proportionalität zwischen den physikalischen Größen besteht, die den Strömungsverlauf bestimmen. Dies sind

- *mechanische Größen*: Zeiten, Wege, Geschwindigkeiten, Kräfte, Energien, Temperaturen u. a.
- *Stoffwerte* (-eigenschaften): Dichte, Viskosität, Isentropenexponent.

Die Strömungen in den Kanälen von Strömungsmaschinen insgesamt und insbesondere in Laufrädern müssen demnach

- sowohl **kinematisch proportional** verlaufen, was durch ähnliche Geschwindigkeiten zum Ausdruck kommt,

[1] affin (lat.) ... verwandt, Affinität ... Verwandtschaft.

- als auch kinetisch ähnlich verlaufen, was sich durch jeweils gleiche Strömungskennzahlen *(Re, Ma)* ausdrückt. Dies ist jedoch im Allgemeinen nicht exakt, sondern nur näherungsweise erreichbar. Meist gelingt es nicht, dass alle Kennzahlen von Großausführung und Modell jeweils gleich groß sind (Abschnitt 4.2.3.4). Die je nach Fall wichtigste Kennzahl muss jedoch übereinstimmen.

4.2.3 Affinitätsregeln

Die Affinitätsgesetze werden auch als Ähnlichkeitsbeziehungen (-verhältnisse) oder Modellgesetze bezeichnet. Sie verknüpfen die Betriebsdaten ΔY, $\dot{V}$, n, P und die Abmessungsgrößen, vor allem den Außendurchmesser D_2 (Druckkantendurchmesser), von geometrisch ähnlichen Laufrädern (Bild 4-1).

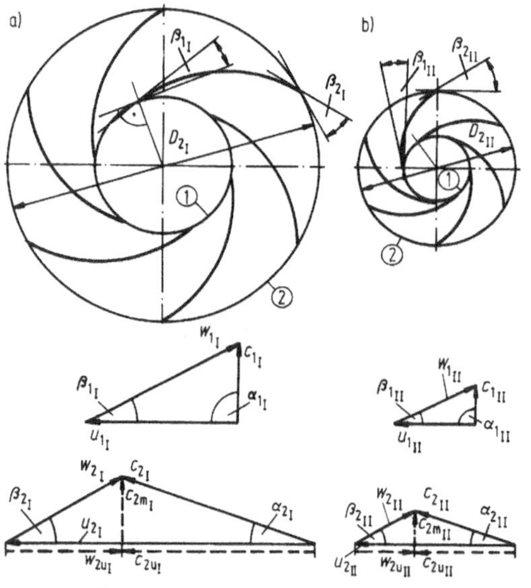

Bild 4-1 Ähnliche Laufräder. Geometrisch proportionale Abmessungen und ähnliche Geschwindigkeitsdreiecke. a) Laufrad I (Großausführung), b) Laufrad II (Modellausführung); $\alpha_{1,\mathrm{I}}=\alpha_{1,\mathrm{II}}=\alpha_1$; $\beta_{1,\mathrm{I}}=\beta_{1,\mathrm{II}}=\beta_1$; $\alpha_{2,\mathrm{I}}=\alpha_{2,\mathrm{II}}=\alpha_2$; $\beta_{2,\mathrm{I}}=\beta_{2,\mathrm{II}}=\beta_2$

4.2.3.1 Maßstabsfaktoren

Zur Darstellung der Zusammenhänge zwischen strömungsähnlichen Laufrädern (Bild 4-1) sind folgende Maßstabsfaktoren m vorteilhaft:

Abmessungs- oder Längenmaßstab

$$m_\mathrm{L} = L_\mathrm{I}/L_\mathrm{II} = D_{2,\mathrm{I}}/D_{2,\mathrm{II}} \tag{4-1}$$

Drehzahlmaßstab

$$m_n = n_\mathrm{I}/n_\mathrm{II} \tag{4-2}$$

Geschwindigkeitsmaßstab

$$m_\mathrm{G} = c_{2,\mathrm{I}}/c_{2,\mathrm{II}} = c_{1,\mathrm{I}}/c_{1,\mathrm{II}} = w_{2,\mathrm{I}}/w_{2,\mathrm{II}} = w_{1,\mathrm{I}}/w_{1,\mathrm{II}}$$

usw. Deshalb allgemein, d. h. für Stellen 1 und 2:

$$m_\mathrm{G} = c_\mathrm{I}/c_\mathrm{II} = w_\mathrm{I}/w_\mathrm{II} = u_\mathrm{I}/u_\mathrm{II} \tag{4-3}$$

Mit $u = D \cdot \pi \cdot n$ wird

$$m_\mathrm{G} = (D_\mathrm{I} \cdot n_\mathrm{I})/(D_\mathrm{II} \cdot n_\mathrm{II}) = m_\mathrm{L} \cdot m_n \tag{4-4}$$

Der Geschwindigkeitsmaßstab ist also durch das Produkt aus Längen- und Drehzahlmaßstab ersetzbar. Obwohl deshalb eigentlich überflüssig, soll er einfachheitshalber beibehalten werden.

4.2.3.2 Proportionalitäten

Bei den jeweils ähnlichen Geschwindigkeitsdreiecken von Saug- und Druckkante geometrisch proportionaler Laufräder (Bild 4-1) sind allgemein folgende Geschwindigkeits-Proportionalitäten vorhanden:

$$c_\mathrm{I} \sim c_\mathrm{II} \qquad w_\mathrm{I} \sim w_\mathrm{II} \qquad u_\mathrm{I} \sim u_\mathrm{II}$$

Nach dem Sinussatz gilt für alle Geschwindigkeitsdreiecke von Bild 4-1:

$$c = u \cdot \frac{\sin\beta}{\sin[180^\circ - (\alpha+\beta)]} \quad \text{und}$$

$$w = u \cdot \frac{\sin\alpha}{\sin[180^\circ - (\alpha+\beta)]}$$

Die Indizes 1 für Saugkante und 2 für Druckkante können daher in diesem Zusammenhang wegbleiben.

Da die Winkel β und α je konstant sind, kann gesetzt werden:

$$c \sim u \quad \text{und} \quad w \sim u \tag{4-5}$$

Des Weiteren ist $c_\mathrm{m} = c \cdot \sin\alpha$ und $c_\mathrm{u} = c \cdot \cos\alpha$.

Daher gilt auch:

$$c_\mathrm{m} \sim c \sim u \quad \text{sowie} \quad c_\mathrm{u} \sim c \sim u$$

Mit $u = D \cdot \pi \cdot n$ und deshalb $u \sim D \cdot n$ ergeben sich letztlich folgende allgemein gültige Proportionalitäten:

$$\begin{matrix} c \sim n \cdot D & c_\mathrm{u} \sim n \cdot D & c_\mathrm{m} \sim n \cdot D \\ w \sim n \cdot D & w_\mathrm{u} \sim n \cdot D & w_\mathrm{m} \sim n \cdot D \end{matrix} \tag{4-6}$$

Dabei ist wieder an der Saugkante Index 1 und für die Druckkante Index 2 anzufügen.

4.2.3.3 Ähnlichkeitsbeziehungen

Mit den Maßstabsfaktoren und den Proportionalitäten ergeben sich für die Betriebs- sowie Abmessungsgrößen folgende Verknüpfungen (Modellgesetze) an geometrisch ähnlichen Laufrädern. Wichtig ist dabei zu bemerken, dass nur jeweils Pumpen mit Pumpen und Turbinen mit Turbinen verglichen werden, da η_{Sch} und k_{M} je unterschiedlich.

Spezifische Stufenarbeit ΔY: Mit der EULER-Gleichung gilt nach Abschnitt 3.2.1:

$$\Delta Y = \eta_{\mathrm{Sch}}^{\pm 1} \cdot k_{\mathrm{M}} \cdot (u_2 \cdot c_{2\mathrm{u}} - u_1 \cdot c_{1\mathrm{u}}) = \eta_{\mathrm{Sch}}^{\pm 1} \cdot k_{\mathrm{M}} \cdot \Delta(u \cdot c_{\mathrm{u}})$$

Hierbei wieder: Pumpen (P), oberes Vorzeichen
Turbinen (T), unteres Vorzeichen

Danach bei

Maschine I:

$$\Delta Y_{\mathrm{I}} = \eta_{\mathrm{Sch,I}}^{\pm 1} \cdot k_{\mathrm{M,I}} \cdot \Delta(u \cdot c_{\mathrm{u}})_{\mathrm{I}}$$

Maschine II:

$$\Delta Y_{\mathrm{II}} = \eta_{\mathrm{Sch,II}}^{\pm 1} \cdot k_{\mathrm{M,II}} \cdot \Delta(u \cdot c_{\mathrm{u}})_{\mathrm{II}}$$

Verhältnis:

$$\frac{\Delta Y_{\mathrm{I}}}{\Delta Y_{\mathrm{II}}} = \left(\frac{\eta_{\mathrm{Sch,I}}}{\eta_{\mathrm{Sch,II}}}\right)^{\pm 1} \cdot \frac{k_{\mathrm{M,I}}}{k_{\mathrm{M,II}}} \cdot \frac{\Delta(u \cdot c_{\mathrm{u}})_{\mathrm{I}}}{\Delta(u \cdot c_{\mathrm{u}})_{\mathrm{II}}}$$

Mit

$$\begin{aligned}\Delta(u \cdot c_{\mathrm{u}})_{\mathrm{I}} &= u_{2,\mathrm{I}} \cdot c_{2\mathrm{u,I}} - u_{1,\mathrm{I}} \cdot c_{1\mathrm{u,I}} \\ &= m_{\mathrm{G}}^2 \cdot (u_{2,\mathrm{II}} \cdot c_{2\mathrm{u,II}} - u_{1,\mathrm{II}} \cdot c_{1\mathrm{u,II}}) \\ &= m_{\mathrm{G}}^2 \cdot \Delta(u \cdot c_{\mathrm{u}})_{\mathrm{II}} = m_{\mathrm{L}}^2 \cdot m_n^2 \cdot \Delta(u \cdot c_{\mathrm{u}})_{\mathrm{II}}\end{aligned}$$

wird

$$\Delta Y_{\mathrm{I}}/\Delta Y_{\mathrm{II}} = (\eta_{\mathrm{Sch,I}}/\eta_{\mathrm{Sch,II}})^{\pm 1} \cdot (k_{\mathrm{M,I}}/k_{\mathrm{M,II}}) \cdot m_{\mathrm{G}}^2 \quad (4\text{-}7)$$

Mit den vereinfachenden Annahmen, dass Schaufelungswirkungsgrade η_{Sch} und Minderleistungszahlen k_{M} beider Maschinen (P bzw. T) jeweils gleich groß sind, vereinfacht sich Gl. (4-7) zu:

$$\Delta Y_{\mathrm{I}}/\Delta Y_{\mathrm{II}} \approx m_{\mathrm{G}}^2 = m_{\mathrm{L}}^2 \cdot m_n^2 \quad (4\text{-}8)$$

Gleichung (4-8) gilt jedoch nur eingeschränkt, da $\eta_{\mathrm{Sch}} \approx$ konst und $k_{\mathrm{M}} \approx$ konst nur in engem Bereich angenähert zutrifft (bis ca. 50 % u_2-Änderung).

Nach Beziehungen Gl. (4-7) und (4-8) ändert sich die spez. Stufenarbeit einer Turbomaschine quadratisch mit Abmessungen und Drehzahl.

Einfacher und klarer ergibt sich dieser Zusammenhang mithilfe der Proportionalitäten von Abschnitt 4.2.3.2:

Wird wieder k_{M} als konstant angenommen, ist

$$\Delta Y \sim \eta_{\mathrm{Sch}}^{\pm 1} \cdot (u_2 \cdot c_{2\mathrm{u}} - u_1 \cdot c_{1\mathrm{u}}) = \eta_{\mathrm{Sch}}^{\pm 1} \cdot \Delta(u \cdot c_{\mathrm{u}})$$

und bei $\alpha_1 = 90°$ (Regelfall)

$$\Delta Y \sim \eta_{\mathrm{Sch}}^{\pm 1} \cdot u_2 \cdot c_{2\mathrm{u}}$$

Hieraus wird mit Gl. (4-6)

$$\Delta Y \sim \eta_{\mathrm{Sch}}^{\pm 1} \cdot n^2 \cdot D_2^2 \quad (4\text{-}9)$$

und außerdem für $\eta_{\mathrm{Sch}} \approx$ konst

$$\Delta Y \sim n^2 \cdot D_2^2 \quad (4\text{-}10)$$

Durchsatz $\dot{V}$ (Volumenstrom): Mit Durchflussgesetz und Liefergrad (Abschnitt 8.5.2):

An Druckkante

$$\dot{V} = \lambda_{\mathrm{L}}^{\pm 1} \cdot \dot{V}_{\mathrm{La}} = \lambda_{\mathrm{L}}^{\pm 1} \cdot c_{2\mathrm{m}} \cdot A_{2\mathrm{m}} = \lambda_{\mathrm{L}}^{\pm 1} \cdot c_{2\mathrm{m}} \cdot D_2 \cdot \pi \cdot b_2 \cdot 1/\tau_2$$

An Saugkante

$$\dot{V} = \lambda_{\mathrm{L}}^{\pm 1} \cdot \dot{V}_{\mathrm{La}} = \lambda_{\mathrm{L}}^{\pm 1} \cdot c_{1\mathrm{m}} \cdot A_{1\mathrm{m}} = \lambda_{\mathrm{L}}^{\pm 1} \cdot c_{1\mathrm{m}} \cdot D_1 \cdot \pi \cdot b_1 \cdot 1/\tau_1$$

Mit jeder der beiden Beziehungen lässt sich folgende Betrachtung vom gleichen Ergebnis durchführen. Die Ableitung erfolgt mit der ersten Gleichung.

Maschine I:

$$\dot{V}_{\mathrm{I}} = \lambda_{\mathrm{L,I}}^{\pm 1} \cdot c_{2\mathrm{m,I}} \cdot D_{2,\mathrm{I}} \cdot \pi \cdot b_{2,\mathrm{I}}/\tau_{2,\mathrm{I}}$$

Maschine II:

$$\dot{V}_{\mathrm{II}} = \lambda_{\mathrm{L,II}}^{\pm 1} \cdot c_{2\mathrm{m,II}} \cdot D_{2,\mathrm{II}} \cdot \pi \cdot b_{2,\mathrm{II}}/\tau_{2,\mathrm{II}}$$

Verhältnis:

$$\frac{\dot{V}_{\mathrm{I}}}{\dot{V}_{\mathrm{II}}} = \left(\frac{\lambda_{\mathrm{L,I}}}{\lambda_{\mathrm{L,II}}}\right)^{\pm 1} \cdot \frac{c_{2\mathrm{m,I}}}{c_{2\mathrm{m,II}}} \cdot \frac{D_{2,\mathrm{I}}}{D_{2,\mathrm{II}}} \cdot \frac{b_{2,\mathrm{I}}}{b_{2,\mathrm{II}}} \cdot \frac{\tau_{2,\mathrm{II}}}{\tau_{2,\mathrm{I}}} \quad (4\text{-}11)$$

Hieraus ergibt sich mit der meist zulässigen Näherung $\lambda_{\mathrm{L,I}} \approx \lambda_{\mathrm{L,II}}$, den Maßstabsfaktoren (Gln. (4-1) bis (4-4)) und der Tatsache $\tau_{2,\mathrm{II}} = \tau_{2,\mathrm{I}}$:

$$\dot{V}_{\mathrm{I}}/\dot{V}_{\mathrm{II}} \approx m_{\mathrm{G}} \cdot m_{\mathrm{L}}^2 = m_n \cdot m_{\mathrm{L}}^3 \quad (4\text{-}12)$$

Das bedeutet: Bei geometrisch ähnlichen Turbomaschinen ändert sich der Durchsatz linear mit der Drehzahl und dritter Potenz der Abmessungen.

Deutlicher und schneller ergibt sich dieser Zusammenhang aus den Proportionalitäten. Bei etwa gleich bleibendem Liefergrad λ_{L} ist nach der Durchflussbedingung:

$$\dot{V} \sim c_{2\mathrm{m}} \cdot D_2 \cdot b_2 = c_{2\mathrm{m}} \cdot D_2^2 \cdot b_2/D_2 \quad (4\text{-}13)$$

Da $b_2/D_2 =$ konst infolge der Geometrie-Ähnlichkeit und mit Gl. (4-6) wird letztlich

$$\dot{V} \sim n \cdot D_2^3 \quad (4\text{-}14)$$

Leistung P: Entsprechend Gl. (3-8) gilt für die innere Stufenleistung (Index i):

$$\Delta P_i = \Delta Y \cdot \dot{m} \cdot \eta_i^{\mp 1} = \Delta Y \cdot \dot{V} \cdot \varrho \cdot \eta_i^{\mp 1}$$

Maschine I:

$$\Delta P_{i,I} = \Delta Y_I \cdot \dot{V}_I \cdot \varrho_I \cdot \eta_{i,I}^{\mp 1}$$

Maschine II:

$$\Delta P_{i,II} = \Delta Y_{II} \cdot \dot{V}_{II} \cdot \varrho_{II} \cdot \eta_{i,II}^{\mp 1}$$

Verhältnis:

$$\frac{\Delta P_{i,I}}{\Delta P_{i,II}} = \frac{\Delta Y_I}{\Delta Y_{II}} \cdot \frac{\dot{V}_I}{\dot{V}_{II}} \cdot \frac{\varrho_I}{\varrho_{II}} \cdot \left(\frac{\eta_{i,I}}{\eta_{i,II}}\right)^{\mp 1} \tag{4-15}$$

Mit der wieder einschränkenderweise nur in relativ engen Grenzen zulässigen Näherung gleich bleibender innerer Wirkungsgrade ($\eta_{i,I} \approx \eta_{i,II}$) sowie den Verhältnissen nach Gln. (4-8) und (4-12) gilt für gleiches Fluid ($\varrho_I = \varrho_{II} = \varrho$) angenähert:

$$\Delta P_{i,I}/\Delta P_{i,II} = m_G^3 \cdot m_L^2 = m_n^3 \cdot m_L^5 \tag{4-16}$$

Hieraus folgt: Die innere Leistung ändert sich bei ähnlichen Turbomaschinen mit der 5. Potenz der Abmessungen und „nur“ mit der 3. Potenz der Drehzahl.

Dies kann ebenfalls wieder durch die Proportionalität dargestellt werden:

$$\Delta P_i \sim \Delta Y \cdot \dot{V} \tag{4-17}$$

Hinweis: Da $\eta_e = \eta_i \cdot \eta_m$ und $\eta_m \approx 1{,}0$, ist zudem $P_e \approx P_i$, also auch $\Delta P_e \approx \Delta P_i$.

Mit Gln. (4-10) und (4-14) wird aus (4-17)

$$\Delta P_i \sim n^3 \cdot D_2^5 \tag{4-18}$$

Dieser Zusammenhang zwischen Leistung, Drehzahl und Abmessungen ist charakteristisch für Strömungsmaschinen. Er gilt in gleicher Form auch für die Reibungsverlustleistung von Laufrädern (Abschnitt 8.3.2.3). Dies begründet das Bestreben, Laufräder mit kleinem Durchmesser zu bauen und mit möglichst hoher Drehzahl arbeiten zu lassen. Grenzen: Kavitation, Fliehkraft (Werkstoff) und Geräusch. Auch ist die Abhängigkeit der Leistung von der 3. Potenz der Drehzahl beim Propellerantrieb (Flugzeuge, Schiffe) und beim automatischen Getriebe (Fahrzeugantriebe) sehr vorteilhaft.

Drehmoment T: Aus $\Delta P_i = T \cdot \omega \sim T \cdot n$ und da $\omega = 2 \cdot \pi \cdot n$, gilt mit Gl. (4-18):

$$T \sim n^2 \cdot D_2^5 \tag{4-19}$$

Die Beziehungen (4-10), (4-14), (4-18) und (4-19) werden auch als Affinitätsgesetze oder **NEWTON'sche Ähnlichkeitsregeln** (-gesetze) bezeichnet.

4.2.3.4 Wirkungsgradumrechnung

Die Vereinfachung für Gl. (4-16) – gleich bleibender innerer Wirkungsgrade – ist, wie erwähnt, nur eingeschränkt zulässig. Sie gilt näherungsweise, wenn sich die zu vergleichenden geometrisch ähnlichen Maschinen nur wenig unterscheiden. Nicht mehr dagegen für die Übertragung beispielsweise von Messwerten an **Modellmaschinen** auf Großausführungen. Hier muss Gl. (4-15) verwendet werden, wobei dann das Umrechnen des innerer Wirkungsgrades (Abschnitte 8.3 ff.) notwendig ist. Dazu dienen sog. empirische **Aufwerteformeln**.

Nach der Ähnlichkeitstheorie ist gesamte Übertragbarkeit und damit sind gleiche Wirkungsgrade nur gegeben, wenn neben vollständiger Ähnlichkeit (Form, Oberflächen, Spalte) auch volle strömungsmechanische Proportionalität besteht. Diese ist nur dann genau gewährleistet, wenn neben gleichen REYNOLDS-Zahlen (meist $Re = u_2 \cdot D_2/\nu$) noch erfüllt sind bei

- *Flüssigkeitsströmung*: Gleichheit der Kavitationsnähe bzw. -freiheit (Abschnitt 5.2).
- *Gas- und Dampfströmung*: Gleichheit der MACH-Zahlen und Isentropenexponenten.

Die Kavitationsnähe ist jedoch nur wichtig, wenn die Maschine an der Grenze der physikalisch möglichen Saughöhe arbeitet. Die MACH-Zahl andererseits erhält nur bei hohen Gas- bzw. Dampfgeschwindigkeiten Bedeutung. Als weiteres ist die Gleichheit des Isentropenexponenten bei den meist verwendeten Gasen gleicher Atomzahl von vornherein erfüllt. In den meisten Fällen genügt deshalb, die REYNOLDS-Zahl zu beachten und konstant zu halten. Da aber sowohl die Abmessungen als auch die Drehzahl und damit die Umfangsgeschwindigkeit der zu vergleichenden Maschinen verschieden, sind, selbst bei unterschiedlich gewähltem Arbeitsmedium, gleiche REYNOLDS-Zahlen kaum zu verwirklichen. Besonders groß sind die Abweichungen der Re-Zahlen zwischen Modell und Großausführung.

Ein allgemein zutreffender Zusammenhang für das deshalb notwendige Umrechnen des Wirkungsgrades, die sog. **Aufwertung**, ist jedoch nicht ableitbar. Die erforderliche Aufwertung hängt damit zusammen, dass nur bestimmte Verluste mit steigender Re-Zahl kleiner werden. Dies trifft, wie die Verhältnisse bei der Rohr- und Plattenreibung zeigen, vor allem dann zu, wenn technisch glatte Wände vorliegen. Dafür gilt z. B. das Gesetz von BLA-

SIUS ($\lambda = 0{,}316/\sqrt[4]{Re}$). Sobald jedoch bei rauen Oberflächen die Wandrauigkeiten im Bereich hoher Re-Zahlen über die laminare Unterschicht der Grenzschicht weitestgehend herausragen [3], verändert sich der Reibungswiderstand praktisch nicht mehr. Zudem sind Ablösungs- und Stoßverluste nicht oder nur bedingt von der Re-Zahl abhängig. Das bedeutet, dass es Verluste gibt, die mit steigender REYNOLDS-Zahl kleiner werden, und solche, die sich nicht bzw. kaum verändern. Wie groß diese Anteile sind, ist nicht mit Sicherheit anzugeben. Wird der Anteil der aufwertungsbedingten Verluste mit 50 % der Gesamtverluste angenommen und gleichzeitig das Gesetz von BLASIUS verwendet, ergibt sich die **Aufwerteformel von ACKERET**

$$\frac{1-\eta_{i,I}}{1-\eta_{i,II}} = \frac{1}{2} + \frac{1}{2} \cdot \left(\frac{Re_{II}}{Re_{I}}\right)^{0,2} \tag{4-20}$$

PFLEIDERER [29] andererseits schätzt die Verhältnisse dadurch ab, indem er die sog. **Verlustziffer ($1 - \eta_i$)** ebenfalls in Anlehnung an das BLASIUS-Gesetz für den Reibungswiderstand in glatten Rohren proportional zu Re^{-n} setzt. Mit diesen Proportionalansatz für die Verlustziffer, welche die auf die Maschinenleistung bezogenen Leistungsverluste kennzeichnet, folgt die **Aufwerteformel von PFLEIDERER**

$$(1-\eta_{i,I})/(1-\eta_{i,II}) = (Re_{II}/Re_{I})^{n} \tag{4-21}$$

Nach Versuchen von ROTZOLL gilt für den Exponenten als roher Mittelwert $\boldsymbol{n \approx 0{,}1}$, sofern radiales Beaufschlagen vorliegt und das Verhältnis Re_{II}/Re_{I} in den Grenzen zwischen 1/15 und 15 bleibt. Der Exponent n ist also wesentlich kleiner als der mit 0,25 beim BLASIUS-Gesetz. Dies begründet sich darin, wie schon bei der ACKERET-Aufwerteformel ausgeführt, dass in Strömungsmaschinen der Formwiderstand ebenso wichtig ist wie der Reibungswiderstand. Zudem bestimmt den Letzteren nicht die glatte, sondern die mehr oder weniger raue Wand.

Neuere Forschungsergebnisse weisen nach, dass der Exponent n nicht konstant ist, sondern ebenfalls von der REYNOLDS-Zahl abhängt. Er schwankt je nach Re-Zahl etwa zwischen 0,05 und 0,15. Dabei ändert sich der Exponent n umgekehrt mit der REYNOLDS-Zahl, d. h., n wird kleiner mit steigender Re-Zahl.

Bemerkungen:

Bei beiden Aufwerteformeln bedeuten wieder

Index I: Maschine (Rad) I
Index II: Maschine (Rad) II

Die Maschinen sind dabei weitestgehend geometrisch ähnlich (proportional).

REYNOLDS-Zahl $Re = u_2 \cdot D_2/\nu$ oder

$$Re = \sqrt{2 \cdot \Delta Y} \cdot D_2/\nu \tag{4-22}$$

Die Re-Zahl steigt mit wachsender Maschinengröße und damit gemäß der Aufwerteformeln auch der Wirkungsgrad. Der Grund ist unterproportionales Ansteigen der Verluste bei zunehmenden Maschinenabmessungen. Die Verluste wachsen etwa mit der Oberfläche (quadratisch), die Leistung jedoch mit dem Volumen der Maschine (kubisch).

Die Aufwerteformeln von ACKERET und PFLEIDERER

- gelten allgemein, also für Pumpen und Turbinen. Dabei sowohl für flüssige als auch gasförmige Medien;
- sind gleichwertig, führen also praktisch zu gleichen Ergebnissen.

Es gibt noch weitere spezielle Aufwerteformeln, z. B. von HUTTON sowie MOODY für Wasserturbinen und von RÜTSCHI für Kreiselpumpen. Aus Platzgründen soll jedoch auf diese nicht eingegangen, sondern auf die einschlägige Fachliteratur verwiesen werden. Hier ist nur wichtig, zu erkennen und zu beachten, dass Wirkungsgrade proportionaler Maschinen in der Regel nicht gleichzusetzen, sondern entsprechend ähnlichkeitskonform umzurechnen sind.

4.2.3.5 Radanpassung

Mithilfe der Affinitätsgesetze lässt sich zeigen, wie ein Laufrad und damit eine Strömungsmaschine auf Verhältnisse abgestimmt werden kann, die vom Auslegungspunkt abweichen. Wird beispielsweise von einem Laufrad die Verarbeitung geänderter Stufenarbeit gefordert, was bei Flüssigkeiten veränderter Höhenunterschied und bei Gasen eine andere Druckdifferenz bedeutet, bestehen folgende Möglichkeiten:

a) Anpassen durch Ändern der Drehzahl. Führt zu den sog. **Drehzahlkurven**.

b) Anpassen durch Abdrehen des Laufrades. Ergibt die sog. **Abdrehkurven**.

c) Kombination von a) und b).

Möglichkeit a) erlaubt Veränderung der spez. Stufenarbeit nach beiden Seiten. Durch Steigern der Drehzahl erhöht und durch Absenken verkleinert sich die spez. Stufenarbeit. Erforderlich ist hierzu jedoch, dass die Antriebsmaschine bei Pumpen bzw. die angetriebene Maschine bei Turbinen Drehzahländerung gestattet. Dies ist nicht der Regelfall.

Möglichkeit b) gestattet das Verkleinern der spez. Stufenarbeit und dies meist nur in engen Grenzen. Dabei darf in der Regel näherungsweise angenommen werden, dass sich Laufradbreite b_2 und Schaufelwinkel β_2 an der abzudrehenden Druckkante nur unwesentlich ändern.

Zu beachten ist, dass beim Anpassen einer Größe, z. B. der spez. Stufenarbeit durch Ändern von Drehzahl und/oder Laufraddurchmesser, die anderen Betriebsgrößen, Durchsatz $\dot{V}$ sowie Leistung P sich zwangsläufig ebenfalls verändern.

Mit den Kennzeichnungen
Index v: Vor der Anpassung
Index n: Nach der Anpassung (Abdrehen und/oder Drehzahländerung)

liefern die Ähnlichkeitsgesetze für die Radanpassung:

Spezifische Stufenarbeit (Laufradarbeit).

Nach Gl. (4-8) mit Beziehungen (4-1) sowie (4-2) oder Gl. (4-9)

$$\frac{\Delta Y_n}{\Delta Y_v} = \left(\frac{\eta_{Sch,n}}{\eta_{Sch,v}}\right)^{\pm 1} \cdot \left(\frac{D_{2,n}}{D_{2,v}}\right)^2 \cdot \left(\frac{n_n}{n_v}\right)^2 \tag{4-23}$$

Wenn hierbei der Schauflungswirkungsgrad nicht näherungsweise konstant angenommen werden kann ($\eta_{Sch,n} \approx \eta_{Sch,v}$), ist er mithilfe der Aufwerteformeln (Gl. (4-20) oder (4-21)) umzurechnen. Dabei tritt in den Formeln η_{Sch} an Stelle von η_i.

Möglichkeit a): Drehzahländerung bei $D_2 = \text{konst}$, also **Drehzahlkurven**

$$\frac{\Delta Y_n}{\Delta Y_v} = \left(\frac{\eta_{Sch,n}}{\eta_{Sch,v}}\right)^{\pm 1} \cdot \left(\frac{n_n}{n_v}\right)^2 \tag{4-24}$$

Oder einfach, falls $\eta_{Sch} \approx \text{konst}$,

$$\Delta Y \sim n^2 \tag{4-25}$$

Möglichkeit b): Abdrehen des Laufrades (Verringern von D_2) bei $n = \text{konst}$, also **Abdrehkurven**

$$\frac{\Delta Y_n}{\Delta Y_v} = \left(\frac{\eta_{Sch,n}}{\eta_{Sch,v}}\right)^{\pm 1} \cdot \left(\frac{D_{2,n}}{D_{2,v}}\right)^2 \tag{4-26}$$

Wieder einfach, falls $\eta_{Sch} \approx \text{konst}$,

$$\Delta Y \sim D_2^2 \tag{4-27}$$

Das Abdrehen von Laufrädern wird meist nur bei Kreiselpumpen und -verdichtern angewendet. Dabei sind die Seitenwände (Deckscheiben) des Rades bis zum Abdrehdurchmesser ebenfalls mitzuentfernen und nicht nur die äußeren Schaufelenden wegzunehmen, weil das Wegfallen der entsprechenden Radreibfläche meist schwerer wiegt als das sich ergebende Verschlechtern der Strömungsführung. Infolge verringerter Schaufelfläche wächst bei abgedrehten Laufrädern zudem die Minderleistung. Deshalb nehmen die spez. Schaufelarbeit und damit bei Pumpen die Förderhöhe entgegen Gl. (4-27) meist etwas stärker als mit dem Quadrat des Durchmessers ab.

Auch hier besteht wieder die Möglichkeit der Kombination von a) Drehzahländerung und b) Abdrehen (Gl. (4-23)). Der Schauflungswirkungsgrad ist nötigenfalls wieder näherungsweise entsprechend aufzuwerten (Gl. (4-20) oder (4-21)).

Durchsatz (Volumenstrom). Hier können die Affinitätsgesetze in der Form von Gl. (4-11) bis Gl. (4-14) nicht ohne weiteres und allgemein angewendet werden. Je nach dem, ob die Drehzahl oder der Laufraddurchmesser verändert wird, sind folgende Zusatzüberlegungen und Differenzierungen notwendig:

Möglichkeit a): Drehzahländerung bei $D_2 = \text{konst}$, **Drehzahlkurven**. Hierbei bleiben zudem sowohl b_2 als auch β_2 etwa unverändert. Deshalb kann jede der Proportionalitäts-Beziehungen für den Volumenstrom angewendet werden, da konstante Größen herausfallen. Einzig wichtig bleibt, dass sich die Meridiangeschwindigkeit c_{2m} linear mit der Drehzahl verändert. Mit der meist zulässigen Näherung von etwa gleich bleibendem Liefergrad λ_L folgt, wie auch Versuche bestätigen, z. B. aus Gl. (4-13) oder (4-14):

$$\dot{V} \sim n \quad \rightarrow \dot{V}_n/\dot{V}_v = n_n/n_v \tag{4-28}$$

Möglichkeit b): Abdrehen des Laufrades bei $n = \text{konst}$, **Abdrehkurven**. Infolge verminderter Energieübertragung zwischen verkürzten Schaufeln und Fluid verkleinert sich die Strömungsgeschwindigkeit in den Schaufelkanälen. Versuche bestätigen, dass der Volumenstrom $\dot{V}$ ungefähr proportional mit dem Laufraddurchmesser zurückgeht, wenn Schaufelwinkel β_2 und Laufradbreite b_2 an der Druckkante etwa unverändert bleiben. Demnach gilt:

$$\dot{V} \sim D_2 \quad \rightarrow \dot{V}_n/\dot{V}_v = D_{2,n}/D_{2,v} \tag{4-29}$$

Das Ergebnis ist völlig anders, als aus den hier nicht anwendbaren Proportionalitäten folgen würde. Danach wäre bei $b_2 = \text{konst}$ (Gl. (4-11) oder (4-13) mit Gl. (4-6)) $\dot{V} \sim D_2^2$, was sich experimentell nicht bestätigt und deshalb hier unzutreffend ist. Gleichung (4-13) führte nur dann zum richtigen Ergebnis, wenn beim Abdrehen neben $b_2 = \text{konst}$ – meist etwa der Fall – gemäß den Proportionalitätsbedingungen (Gl. (4-6)) c_{2m} sich verändern würde. Da die Meridiangeschwindigkeit an den Schaufelkanälen jedoch von der Saugkante (Stelle 1) zur Druckkante (Stelle 2) hin abfällt bzw. umgekehrt ansteigt, folgt: Beim abgedrehten Laufrad ändert sich die Meridiangeschwindigkeit im abgedrehten Rad gerade so viel, dass sie am Außendurchmesser (Druckkante) nach der Anpassung etwa gleich der Meridiangeschwindigkeit vor der Anpassung (Ausgangswert) ist und deshalb als konstant erscheint. Dies ist der Fall, wie Versuche bestätigen (entgegen NEWTON-Regel).

Möglichkeit c): Kombination von a) Drehzahländerung und b) Abdrehen für die Anpassung führt zu:

$$\dot{V} \sim D_2 \cdot n \quad \rightarrow \frac{\dot{V}_n}{\dot{V}_v} = \frac{D_{2,n}}{D_{2,v}} \cdot \frac{n_n}{n_v} \tag{4-30}$$

Leistung. Die innere Leistung P_i berücksichtigt – wie später noch begründet wird (Abschnitt 8.4.3) – durch den inneren Wirkungsgrad alle Reibungsverluste innerhalb der Maschine bzw. Stufe. Ausgenommen hiervon sind sog. mechanische Verluste, die in den Lagern und Dichtungen sowie durch evtl. Nebenantriebe entstehen und die nur getrennt zurechenbar sind. ΔP_i ist die innere Leistung der Stufe und $P_i = \sum \Delta P_i = i \cdot \Delta P_i$ die der gesamten Maschine (i gleiche Stufen).

Für die innere Leistung je Stufe gilt:

$$\Delta P_i = \eta_i^{\mp 1} \cdot \Delta Y \cdot \dot{m} = \eta_i^{\mp 1} \cdot \Delta Y \cdot \dot{V} \cdot \varrho$$

Mit Gl. (4-23) sowie (4-30) und $\eta_{\text{Sch,n}} \approx \eta_{\text{Sch,v}}$ bzw., da in η_i enthalten, ergibt sich:

$$\frac{\Delta P_{i,n}}{\Delta P_{i,v}} = \left(\frac{\eta_{i,n}}{\eta_{i,v}}\right)^{\mp 1} \cdot \left(\frac{D_{2,n}}{D_{2,v}}\right)^3 \cdot \left(\frac{n_n}{n_v}\right)^3 \tag{4-31}$$

Oder verkürzt bei $\eta_i \approx \text{konst}$:

$$\Delta P_i \sim D_2^3 \cdot n^3 \tag{4-32}$$

Möglichkeit a): Drehzahländerung bei $D_2 = \text{konst}$, **Drehzahlkurven**. Dafür aus Gl. (4-31) bzw. Gl. (4-32):

$$\Delta P_i \sim n^3 \quad \rightarrow \frac{\Delta P_{i,n}}{\Delta P_{i,v}} = \left(\frac{\eta_{i,n}}{\eta_{i,v}}\right)^{\mp 1} \cdot \left(\frac{n_n}{n_v}\right)^3 \tag{4-33}$$

Möglichkeit b): Abdrehen bei $n = \text{konst}$, **Abdrehkurven**. Hierzu wieder aus Gl. (4-31) bzw. (4-32)

$$\Delta P_i \sim D_2^3 \quad \rightarrow \frac{\Delta P_{i,n}}{\Delta P_{i,v}} = \left(\frac{\eta_{i,n}}{\eta_{i,v}}\right)^{\mp 1} \cdot \left(\frac{D_{2,n}}{D_{2,v}}\right)^3 \tag{4-34}$$

Möglichkeit c): Kombination a) und b) folgt direkt aus Gl. (4-31) bzw. Gl. (4-32).

Zusammenfassung: Für die Radanpassung gelten also insgesamt bei $\eta \approx \text{konst}$:

Drehzahlkurven ($D_2 = \text{konst}$, n variabel):

$$\Delta Y \sim n^2; \quad \dot{V} \sim n; \quad \Delta P_i \sim n^3 \tag{4-35}$$

Abdrehkurven ($n = \text{konst}$, D_2 variabel):

$$\Delta Y \sim D_2^2; \quad \dot{V} \sim D_2; \quad \Delta P_i \sim D_2^3 \tag{4-36}$$

Bemerkungen: Die Proportionalitätsbeziehung für den Volumenstrom, Gl. (4-28) bzw. Gl. (4-29), in die für die spez. Stufenarbeit Gl. (4-25) bzw. Gl. (4-27) eingesetzt ergibt:

$$\Delta Y \sim \dot{V}^2$$

Die zusammengehörenden Punkte der Abdreh- oder Drehzahlkurven liegen also im Koordinatensystem ($\dot{V}$; ΔY), dem sog. **Kennlinienfeld**, auf quadratischen Parabeln, die durch den Koordinatenursprung gehen. Entsprechend den Ableitungsvoraussetzungen müsste der Wirkungsgrad längs dieser Parabeln jeweils konstant sein. Dies ist jedoch, wie begründet, nur theoretisch der Fall. Tatsächlich trifft es nur unvollkommen und in geringem Bereich zu. Alle diese Zusammenhänge der Ähnlichkeitstheorie sind auch für das Untersuchen des Betriebsverhaltens (Kennfelder, Kapitel 9) von Strömungsmaschinen sowie das Aufstellen von Typenreihen wichtig, besonders bei Kreiselpumpen und -verdichtern.

Die Leistungsbeziehungen gelten sowohl für die einzelne Stufe (ΔP_i) als auch entsprechend für die gesamte Maschine ($P_i = \sum \Delta P_i = i \cdot \Delta P_i$). Bei der einzelnen Stufe ist der innere Wirkungsgrad der Stufe einzusetzen, bei der gesamten Maschine der innere Wirkungsgrad der Maschine.

4.3 Kennziffern

4.3.1 Grundsätzliches

Die von der Fluidmechanik sowie Thermodynamik entwickelten Berechnungsunterlagen und Kennziffern reichen für Strömungsmaschinen nicht aus. Es bestehen mehr Unbekannte, als Gleichungen verfügbar sind. Deshalb müssen diese durch empirische

Ergebnisse (Formeln, Richtwerte) aus Versuchen an Modellmaschinen und Messungen an ausgeführten Anlagen ergänzt werden. Um die Erkenntnisse auf andere Maschinen übertragen zu können, musste sich der Turbomaschinenbau zusätzliche eigene **Kennzahlen** schaffen.

Kenngrößen stellen Verknüpfungen von strömungsbezogenen mit maschinenbezogenen Daten dar.

Da die Entwicklung der Berechnungsmethoden und das Versuchswesen der verschiedenen Strömungsmaschinen-Arten (HyM, ThM) sowie -Bauformen (radial, axial) meist unabhängig voneinander erfolgte, wurden eine Vielzahl von Kennzahlen geschaffen. Teilweise überschneiden sie sich, was bedeutet, dass dasselbe unterschiedlich ausgedrückt ist. Auch sind verschiedene Kennziffern keine sog. echten, da dimensionsbehaftet und sollten deshalb nicht mehr verwendet werden.

Aus der Vielzahl der vorhandenen Kennzahlen, welche teilweise die Laufrad- und damit Bauform der Strömungsmaschinen charakterisieren, werden die wichtigsten ausgewählt und dargestellt.

Zu beachten ist, dass Kennzahlen in der Regel immer auf die einzelne Stufe bezogen sind. Denn nur so ist das Vergleichen und damit Charakterisieren der Eigenschaften sowie der Anwendung möglich. In seltenen Fällen gelten Kennzahlen jedoch auch für die gesamte Turbomaschine.

4.3.2 Methoden zur Aufstellung von Kennziffern

Insgesamt stehen vier Verfahren zur Aufstellung von Kennzahlen zur Verfügung:

- *Dimensionsanalyse*
  Verwendet die Bedingung, dass Kennzahlen dimensionslose Produkte verschiedener dimensionsbehafteter Größen sind.
- *Erfahrungsansätze mit empirischer Nachprüfung*
  Zwischen den wichtigen Größen, welche den Vorgang beeinflussen, wird ein sinnvoller, möglichst dimensionsfreier Ansatz aufgestellt, empirisch überprüft und nötigenfalls verändert.
- *Vergleich gleichartiger Größen*
  Beruht auf der Erkenntnis, dass dynamische Ähnlichkeit vorliegt, falls sich die mechanischen Größen proportional zueinander verhalten. Da Wege durch Geschwindigkeiten zurückgelegt, Geschwindigkeiten durch Beschleunigungen erzeugt und diese durch Kräfte verursacht werden sowie Arbeit das Produkt aus Weg und Kraft ist, werden in der Regel Kräfte aufeinander bezogen.
- *Differenzialgleichungen dimensionsloser Variablen*
  Werden die mechanischen Größen in Differenzialgleichungen durch konstante Bezugsgrößen jeweils gleicher Art – z. B. Geschwindigkeit dividiert durch Bezugsgeschwindigkeit – dimensionslos gemacht (entdimensioniert), ergeben sich Kennzahlen. Voraussetzung ist, dass Differenzialgleichungen aufstellbar sind.

Die vier Methoden sind nicht generell anwendbar. Abhängig vom gewünschten Ziel bzw. Ergebnis und je nach dem, wie weit der physikalische Ablauf sowie die beeinflussenden Systemgrößen bekannt sind, wird das jeweils günstigste Verfahren ausgewählt. Als wichtigste und eleganteste Methode kann sicher die Dimensionsanalyse gelten, da sie logisch konsequent ist und nicht zuletzt weitgehendst den physikalischen Zusammenhang durchleuchtet, ohne dabei die System-Gleichung des Problems zu benötigen.

4.3.3 Wichtige Kennziffern für Turbomaschinen

4.3.3.1 Reaktionsgrad

Der Reaktionsgrad r kennzeichnet die Reaktion, d. h. Überdruckwirkung (Abschnitt 3.2.1.5).

Allgemeine Definition mit Abschnitt 3.2.1.4:

$$r = \frac{\text{spezifische Spaltdruckarbeit } Y_{\text{Sp}}}{\text{spezifische Stufenarbeit } \Delta Y} \tag{4-37}$$

Bei thermischen Turbomaschinen:

- Spezifische Spaltdruckarbeit $Y_{\text{Sp}} \mathrel{\widehat{=}}$ Laufrad-Enthalpiedifferenz (thermische Energie)
- Spezifische Stufenarbeit $\Delta Y \mathrel{\widehat{=}}$ Stufen-Enthalpiedifferenz

Bei

- $\varrho \approx$ konst Y_{Sp} nach Gl. (3-66) mit Gl. (2-23)
- $\varrho \neq$ konst $Y_{\text{Sp}} \equiv w_{\text{t,Sp}}$ gemäß Abschnitt 8.2

Entsprechend den Beziehungen für die spezifische Spaltdruckarbeit (Gln. (3-64) bis (3-66)) sind auch beim Reaktionsgrad zu unterscheiden:

Theoretischer Reaktionsgrad bei **unendlicher** Schaufelzahl und reibungsfreier Strömung:

$$r_{\infty} = Y_{\text{Sp,th}\infty}/Y_{\text{Sch}\infty} \tag{4-38}$$

Theoretischer Reaktionsgrad bei **endlicher** Schaufelzahl und reibungsfreier Strömung:

$$r_{\text{th}} = Y_{\text{Sp,th}}/Y_{\text{Sch}} \tag{4-39}$$

Mit $Y_{Sch} = k_M \cdot Y_{Sch\infty}$ und $Y_{Sp,th} \approx k_M \cdot Y_{Sp,th\infty}$ wird:

$$r_{th} \approx r_{th\infty} \tag{4-40}$$

Die Endlichkeit der Schaufelzahl beeinflusst somit kaum den theoretischen Reaktionsgrad.

(Tatsächlicher) **Reaktionsgrad** bei endlicher Schaufelzahl und reibungsbehafteter Strömung:

$$r = \frac{\Delta Y_{Sp}}{\Delta Y} = \frac{\eta_{Sch,La}^{\pm 1} \cdot Y_{Sp,th}}{\eta_{Sch}^{\pm 1} \cdot Y_{Sch}} = \left(\frac{\eta_{Sch,La}}{\eta_{Sch}}\right)^{\pm 1} \cdot r_{th}$$

$$r = \eta_{Sch,Le}^{\mp 1} \cdot r_{th} = r_{th} / \eta_{Sch,Le}^{\pm 1} \tag{4-41}$$

Hierbei wieder: oberes Vorzeichen bei Pumpen
unteres Vorzeichen bei Turbinen

$$\eta_{Sch} = \eta_{Sch,Le} \cdot \eta_{Sch,La}$$

Mit

$\eta_{Sch,Le}$ ... Leitrad-(Leitschaufel-)Wirkungsgrad
$\eta_{Sch,La}$ ... Laufrad-(Laufschaufel-)Wirkungsgrad

Aus Gl. (3-79)

$$r = \frac{Y_{Sp}}{\Delta Y} = 1 - \frac{c_{3u}}{2 \cdot u_2} \cdot \left(\frac{\eta_{Sch,Le}}{\eta_{Sch}}\right)^{\pm 1} \tag{4-42}$$

Hieraus folgt näherungsweise bei $\eta_{Sch,Le} \approx \eta_{Sch}$, wenn $\eta_{Sch,La} \approx 1$ gemäß Gl. (3-80):

$$r \approx 1 - c_{3u}/(2 \cdot u_2) \tag{4-43}$$

Umgewandelt mit $c_{3u} = Y_{Sch}/u_2$ aus der EULER-Gleichung für $\alpha_0 = 90°$ liefert

$$r \approx 1 - Y_{Sch}/(2 \cdot u_2^2) \tag{4-44}$$

Der theoretische Reaktionsgrad lt. Gl. (4-38) lässt sich mit Gl. (3-1) umschreiben:

$$r_{th\infty} = \frac{Y_{Sp,th\infty}}{Y_{Sch\infty}} = \frac{Y_{Sch\infty} - Y_{kin,th\infty}}{Y_{Sch\infty}} = 1 - \frac{Y_{kin,th\infty}}{Y_{Sch\infty}}$$

Mit $Y_{kin,th\infty} = (c_2^2 - c_1^2)/2$ gemäß Gl. (3-3) und $Y_{Sch\infty} = u_2 \cdot c_{2u}$ ergibt die Beziehung:

$$r_{th\infty} = 1 - (c_2^2 - c_1^2)/(2 \cdot u_2 \cdot c_{2u})$$

Wieder die meist zulässige Annahme $c_1 \approx c_{2m}$ verwendet, ergibt:

$$c_2^2 - c_1^2 = (c_{2m}^2 + c_{2u}^2) - c_1^2 = c_{2u}^2$$

Eingesetzt in die vorhergehende Beziehung für $r_{th\infty}$ liefert:

$$r_{th\infty} = 1 - c_{2u}/(2 \cdot u_2) \tag{4-45}$$

Entsprechend ergibt sich exakt

$$r_{th} = 1 - c_{3u}/(2 \cdot u_2) \tag{4-46}$$

Dieser Ausdruck hat notwendigerweise den gleichen Aufbau wie Gl. (4-43), da dort $\eta_{Sch,La} \approx 1$ gesetzt. Daraus folgt, dass vielfach bei guter Näherung $r \approx r_{th}$ gesetzt werden kann.

Wird weiterhin nach Bild 2-13b

$$c_{2u} = u_2 - w_{2u} = u_2 - c_{2m} \cdot \cot\beta_2$$

eingesetzt, ergibt sich letztlich:

$$r_{th\infty} = 1 - (u_2 - c_{2m} \cdot \cot\beta_2)/(2 \cdot u_2)$$

Umgeformt

$$r_{th\infty} = \frac{1}{2} \cdot \left(1 + \frac{c_{2m}}{u_2} \cdot \cot\beta_2\right) \tag{4-47}$$

Entsprechend folgt wieder:

$$r_{th} = \frac{1}{2} \cdot \left(1 + \frac{c_{2m}}{u_2} \cdot \cot\beta_3\right) \tag{4-48}$$

Diese Beziehungen zeigen sehr deutlich die Abhängigkeit des Reaktionsgrades vom Druckkanten-Schaufelwinkel β_2 bzw. Druckseiten-Relativströmungswinkel β_3 (Bild 4-2).

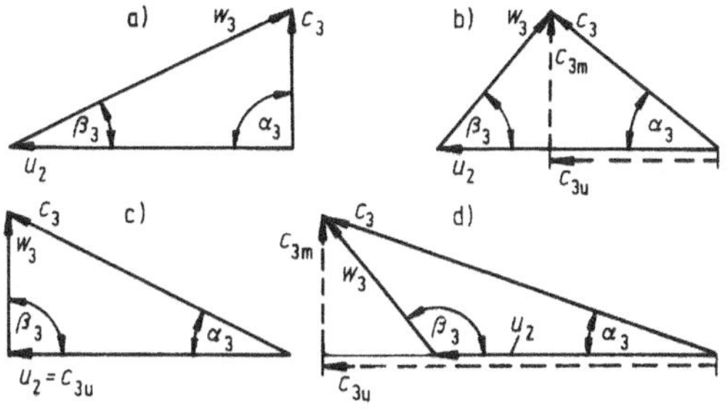

Bild 4-2 Druckseiten-Geschwindigkeitsdreiecke bei verschiedenen Relativströmungswinkeln β_3 (Bild 3-10).
a) $\beta_3 < 90°$ und $\alpha_3 = 90° \rightarrow c_{3u} = 0 \rightarrow r = 1$
b) $\beta_3 < 90°$ und $\alpha_3 < 90° \rightarrow c_{3u} < u_2 \rightarrow r > 0{,}5$
c) $\beta_3 = 90° \rightarrow c_{3u} = u_2 \rightarrow r = 0{,}5$
d) $\beta_3 > 90° \rightarrow c_{3u} > u_2 \rightarrow r < 0{,}5$; bei $c_{3u} = 2u_2 \rightarrow r = 0$

Für die in Bild 4-2 dargestellten Druckseiten-Geschwindigkeitsdreiecke gilt bei $\alpha_0 = 90°$ für die Laufrad-Zuströmung (Bild 2-20) nach Gl. (4-43):

Fall a): $\beta_3 < 90°$ und $\alpha_3 = 90°$

Dann ist $c_{3u} = 0$ und deshalb $\boldsymbol{r = 1}$

Fall b): $\beta_3 < 90°$ und $\alpha_3 < 90°$

Dafür $c_{3u} < u_2$ und somit $\boldsymbol{r > 0{,}5}$

Meist bei Pumpen und Wasserturbinen ausgeführt. Hierbei in der Regel verwirklicht: $\boldsymbol{r = 0{,}6 \ldots 0{,}8}$

Fall c): $\beta_3 = 90°$

Hierbei beträgt $c_{3u} = u_2$ und daher $\boldsymbol{r = 0{,}5}$

Im Allgemeinen bei Überdruck-Dampf- und Gasturbinen angewendet.

Fall d): $\beta_3 > 90^\circ$

Dabei ist $c_{3u} > u_2$, weshalb $\boldsymbol{r < 0{,}5}$

Grenzfall: $c_{3u} = 2 \cdot u_2$. Dazu $\boldsymbol{r = 0}$
Reine Gleichdruckwirkung

Zusammenfassung:

$r = 0$	reiner Gleichdruck (WT, DT)
$r < 0{,}3$	etwa Gleichdruck (unechter Gleichdruck)
$r > 0{,}3$	Überdruck (exakt ab $r > 0$)

In der Regel	$0{,}3 < r < 1$ und zwar
Pumpen	$0{,}5 < r < 1$
Turbinen	$0{,}3 < r < 0{,}8$ (DT, GT $r = 0{,}5$)
In Sonderfällen	$r \geqq 1$ (Abschnitt 3.2.1.5)

Bemerkung: Pumpen werden fast nur in Überdruckbauweise ausgeführt, weil die Fliehkräfte im rotierenden Laufrad eine absaugende Wirkung auf Grenzschichtanhäufungen und sonstige Toträume ausüben. Dadurch – unscharf, aber treffend ausgedrückt – günstigerer Umsatz von Geschwindigkeit in Druck (exakt müsste es jeweils -energie heißen) als in ruhenden Kanälen, wie Leiträdern.

Richtwerte-Bereich: $r \approx 0{,}6 \ldots 0{,}8$

Für **Axialräder** lässt sich der Reaktionsgrad r weiter umschreiben, wenn wieder näherungsweise $r \approx r_{\text{th}}$ gesetzt wird. Mit Gl. (3-70), wobei $u_2 = u_1 = u$, und der EULER-Gleichung, speziell umgeformt:

$$r = \frac{Y_{\text{Sp}}}{\Delta Y} \approx \frac{Y_{\text{Sp,th}}}{Y_{\text{Sch}}} = \frac{(w_0^2 - w_3^2)/2}{u \cdot (c_{3u} - c_{0u})}$$

Wird hierbei des Weiteren nach Bild 3-16 und nach Gl. (3-117) sowie Gl. (3-118) gesetzt:

$$\Delta c_u = \Delta w_u \quad \longrightarrow \quad c_{3u} - c_{0u} = w_{0u} - w_{3u}$$

Außerdem $w_{3m} = w_{0m}$ lt. Gl. (3-120) und damit

$$\begin{aligned} w_0^2 - w_3^2 &= (w_{0u}^2 + w_{0m}^2) - (w_{3u}^2 + w_{3m}^2) \\ &= w_{0u}^2 - w_{3u}^2 \\ &= (w_{0u} + w_{3u}) \cdot (w_{0u} - w_{3u}) \end{aligned}$$

eingesetzt, ergibt für den Reaktionsgrad

$$r \approx \frac{(w_{0u} + w_{3u}) \cdot (w_{0u} - w_{3u})}{2 \cdot u \cdot (w_{0u} - w_{3u})}$$

Vereinfacht

$$r \approx (w_{0u} + w_{3u})/(2 \cdot u) \tag{4-49}$$

Letztlich folgt hierfür mit Gl. (3-119)

$$r \approx w_{\infty u}/u \tag{4-50}$$

4.3.3.2 Druckziffer

Die Druckziffer ψ dient zum schnellen Abschätzen

- der notwendigen Umfangsgeschwindigkeit und damit des erforderlichen Laufraddurchmessers für eine vorgegebene spezifische Stufenarbeit ΔY
- der erreichbaren spezifischen Stufenarbeit ΔY für einen gewählten Laufraddurchmesser bei bekannter (festgelegter) Drehzahl. Damit lässt sich dann auch die notwendige Stufenzahl $i = Y/\Delta Y$ bestimmen.

Also $u_2 \begin{smallmatrix} \nearrow D_2 \searrow \\ \searrow n \nearrow \end{smallmatrix} \leftarrow \psi \rightarrow \Delta Y$ (Schema)

Definition:

$$\psi = \frac{\Delta Y}{u_2^2/2} \tag{4-51}$$

Da bei der Druckziffer die spez. Stufenarbeit auf die spez. kinetische Energie der Umfangsgeschwindigkeit des Laufrades bezogen ist, wird sie auch als **bezogene** oder **dimensionslose Stufenarbeit** bezeichnet. Neuerdings wird hierfür auch der Begriff **Energieziffer** vorgeschlagen.

Die Druckzahl ist jedoch auch der Quotient zweier Drücke, nämlich vom Stufendruck Δp und dem zur Laufradumfangsgeschwindigkeit u_2 gehörenden Staudruck $p'_{\text{St}} = \varrho_2 \cdot u_2^2/2$ als gedachtem charakteristischem Druck:

$$\psi = \frac{\Delta p}{p'_{\text{St}}} = \frac{\Delta p}{\varrho_2 \cdot u_2^2/2} \tag{4-52}$$

Umformungen bei $\boldsymbol{\alpha_0 = 90^\circ}$

a) Mit Schauflungswirkungsgrad η_{Sch} und EULER-Gleichung $\Delta Y = \eta_{\text{Sch}}^{\pm 1} \cdot c_{3u} \cdot u_2 = \eta_{\text{Sch}}^{\pm 1} \cdot k_{\text{M}} \cdot c_{2u} \cdot u_2$, d. h. mit Beziehungen (3-15) und (3-53) ergibt Gl. (4-51) für die Druckzahl

$$\psi = 2 \cdot \eta_{\text{Sch}}^{\pm 1} \cdot c_{3u}/u_2 = 2 \cdot \eta_{\text{Sch}}^{\pm 1} \cdot k_{\text{M}} \cdot c_{2u}/u_2 \tag{4-53}$$

b) Mit dem Reaktionsgrad r nach Gl. (4-42)

$$\begin{aligned} r &= 1 - \frac{c_{3u}}{2 \cdot u_2} \cdot \left(\frac{\eta_{\text{Sch,Le}}}{\eta_{\text{Sch}}}\right)^{\pm 1} \\ &= 1 - \frac{c_{3u} \cdot u_2}{4 \cdot u_2^2/2} \cdot \left(\frac{\eta_{\text{Sch,Le}}}{\eta_{\text{Sch}}}\right)^{\pm 1} \\ &= 1 - \frac{\Delta Y/\eta_{\text{Sch}}^{\pm 1}}{4 \cdot u_2^2/2} \cdot \left(\frac{\eta_{\text{Sch,Le}}}{\eta_{\text{Sch}}}\right)^{\pm 1} \\ &= 1 - \frac{\psi}{4} \cdot \left(\frac{\eta_{\text{Sch,Le}}}{\eta_{\text{Sch}}^2}\right)^{\pm 1} \end{aligned}$$

Hieraus

$$\psi = 4 \cdot (1 - r) \cdot (\eta_{Sch}^2 / \eta_{Sch,Le})^{\pm 1} \quad (4\text{-}54)$$

Wieder näherungsweise $\eta_{Sch,Le} \approx \eta_{Sch}$ gesetzt, was manchmal, insbesondere bei mittleren Reaktionsgraden, überschlägig zulässig ist, vereinfacht sich dann Gl. (4-54) zu:

$$\psi \approx 4 \cdot (1 - r) \cdot \eta_{Sch}^{\pm 1} \quad (4\text{-}55)$$

Wird eine **theoretische Druckziffer** ψ_{th} definiert, gilt exakt mit $Y_{Sch} = u_2 \cdot c_{3u}$ und Gl. (4-46):

$$\begin{aligned} \psi_{th} &= Y_{Sch}/(u_2^2/2) = 2 \cdot (c_{3u}/u_2) \\ &= 4 \cdot (1 - r_{th}) \end{aligned} \quad (4\text{-}56)$$

Beziehungen (4-54) bis (4-56) führen zu der Erkenntnis, dass Druckziffer ψ und Reaktionsgrad r gegenläufige Tendenzen aufweisen. Das bedeutet, mit zunehmendem Reaktionsgrad und damit kleiner werdendem Schaufelwinkel β_2 geht die Druckziffer zurück und umgekehrt. Die größte Druckziffer $\psi_{th} = 4$ ergibt sich somit bei Gleichdruckwirkung ($r = 0$) und die kleinste mit $\psi_{th} = \psi = 0$ bei voller, d. h. 100 % Reaktion ($r = 1$).

Richtwerte:

Radialpumpen

a) Kreiselpumpen. Bei $\beta_2 \approx 20° \ldots 40°$ und $r = 0{,}6 \ldots 0{,}75 \rightarrow \boldsymbol{\psi = 0{,}7 \ldots 1{,}3}$

Bei bestem Wirkungsgrad für $\beta_2 \approx 30°$ und $D_2/D_1 \approx 2$ erreichen Kreiselpumpen mit

- Austrittsleitrad $\psi = 1{,}0 \ldots 1{,}1\ (\ldots 1{,}3)$
- Spiralgehäuse $\psi = 0{,}9 \ldots 1{,}0$
- Leitring $\psi = 0{,}85 \ldots 0{,}95$

b) Kreiselverdichter

$\psi \leqq 1{,}4$ bei $\beta_2 < 90°$; meist $\boldsymbol{\psi = 0{,}7 \ldots 1{,}3}$
$\psi \leqq 1{,}6$ bei $\beta_2 = 90°$
$\psi \leqq 2{,}2$ bei $\beta_2 > 90°$

Tabelle 4-1 Erreichbare Druckziffer ψ von Radialrädern, abhängig vom Druckkanten-Schaufelwinkel β_2. Ab $\beta_2 \geqq 30°$ wächst ψ etwa linear mit β_2

β_2	20°	25°	30°	35°	40°	50°	60°	70°	80°	90°
ψ	0,7	0,8	0,85	0,92	0,98	1,1	1,23	1,35	1,48	1,6

Axialpumpen

Hier wird die Druckziffer meist auf die Umfangsgeschwindigkeit am äußeren Radumfang (Radius $r_{(a)}$) bezogen, also $u_2 = u_{(a)}$. Die so festgelegte Druckzahl wird mit $\psi_{(a)}$ gekennzeichnet.

Nach PFLEIDERER gilt:

$$\psi_{(a)} = (0{,}9 \ldots 1{,}3) \cdot (r_{(i)}/r_{(a)})^2 \quad (4\text{-}57)$$

Dabei ist $r_{(i)}$ der innere Radius der Schaufeldruckkante (Nabenradius).

Wegen der niedrigen übertragenen Schaufelarbeit ist die Druckziffer von Axialpumpen kleiner als die von Radialpumpen.

Richtwerte: KP und KV $\psi_{(a)} = 0{,}3 \ldots 1{,}1$

Wasserturbinen

Gleichdruck (PELTON; $r = 0$) $\psi = 4{,}5 \ldots 5{,}5$
Überdruck (F, Pr, K; $r \geqq 0{,}5$) $\psi = 2 \ldots 3{,}5$
(F FRANCIS, Pr Propeller, K KAPLAN)

Dampf- und Gasturbinen

Nach PFLEIDERER gilt bei $\eta_{Sch} = 0{,}89 \ldots 0{,}97$:

$$\psi = 4 \cdot (1 - r) \cdot \eta_{Sch}^{-1} \approx (4{,}5 \ldots 7) \cdot (1 - r) \quad (4\text{-}57a)$$

- Gleichdruckwirkung ($r \approx 0$)
  Normalausführung $\psi = 4{,}5 \ldots 7$
  Dabei hochwertige Maschinen $\psi = 4{,}5 \ldots 5{,}5$
  einfachere Maschinen $\psi = 5{,}5 \ldots 7$
  Sonderausführung, sog. CURTIS-Turbinen
  (2*C*-Räder, Abschnitt 11.3.3.2) $\psi = 9 \ldots 28$
- Überdruckwirkung ($r = 0{,}5$) $\psi = 2{,}25 \ldots 3{,}5$
  Wobei hochwertige Maschinen $\psi = 2{,}25 \ldots 2{,}75$
  einfachere Maschinen $\psi = 2{,}75 \ldots 3{,}5$

4.3.3.3 Lieferziffer

Während die Druckziffer die Kenngröße für den spez. Energieumsatz in einer Stufe darstellt, ist die Lieferzahl φ die Kenngröße für den Volumendurchfluss. Die Druckzahl stellt die mit der Umfangsgeschwindigkeit normierte spez. Arbeit und die Lieferzahl den ebenfalls mit der Umfangsgeschwindigkeit normierten Durchsatz dar.

Also $u_2 \left\langle \begin{matrix} D_2 \\ n \end{matrix} \right\rangle \leftarrow \varphi \rightarrow \dot{V}$

Für die Lieferziffer φ, die auch als **Durchfluss-** oder **Volumenzahl** bezeichnet wird, gibt es keine einheitliche Definition, sondern verschiedene Festlegungen. Die Lieferziffer ergibt sich jedoch immer aus dem Quotienten (Verhältnis) von zwei Volumenströmen, dem Durchsatz $\dot{V}$ und einem mit der Umfangsgeschwindigkeit u' sowie der Rotationsfläche A' des Laufrades gebildeten, gedachten charakteristischen Volumenstrom $\dot{V}' = A' \cdot u'$.

Allgemeine Definition der Lieferzahl φ daher:

$$\varphi = \dot{V}/\dot{V}' = \dot{V}/(A' \cdot u') \quad (4\text{-}58)$$

Die Durchflusszahl dient meist zum überschlägigen Festlegen der Strömungs-, also Querschnittsabmessungen von Laufrädern bzw. des Durchsatzes. Für die in der allgemeinen Volumenzahl-Definition nach Gl. (4-58) enthaltenen Größen, Querschnitt A' und Umfangsgeschwindigkeit u', werden je nach Bauform (radial, axial), Ausführung (Kanalrad, d. h. viele Schaufeln, oder Propeller, d. h. wenige Schaufeln) und Verwendung (KP, KV, WT, DT, GT) des Laufrades vielfach verschiedene Werte festgelegt. Verwendung finden meist folgende spezielle Definitionen:

Radial- und Diagonalräder (KP, KV, WT)

$$\varphi = \frac{\dot{V}}{u_2 \cdot D_2^2 \cdot \pi/4} \tag{4-59}$$

Als Vergleichsbasis für den Durchfluss $\dot{V}$ dient somit der **gedachte Volumenstrom** $\dot{V}'$ – auch **charakteristischer Volumenstrom** genannt –, der durch eine Kreisfläche vom Radaußendurchmesser D_2 mit der Geschwindigkeit $u_2 = D_2 \cdot \pi \cdot n$ strömen würde. Demnach $\dot{V}' = u_2 \cdot D_2^2 \cdot \pi/4$.

Mit $\dot{V} \approx A_{3m} \cdot c_{3m} = D_2 \cdot \pi \cdot b_2 \cdot c_{3m}$ nach der Durchflussbeziehung (Gl. (2-89)) lässt sich Gl. (4-59) weiter umschreiben:

$$\varphi = 4 \cdot (b_2/D_2) \cdot (c_{3m}/u_2) \tag{4-60}$$

Oder mit $u_2 = D_2 \cdot \pi \cdot n$ ergibt Gl. (4-59)

$$\varphi = \frac{4}{\pi^2} \cdot \frac{\dot{V}}{D_2^3 \cdot n} \tag{4-61}$$

Je nach dem, was bekannt ist, ermöglichen die Beziehungen Gln. (4-59) bis (4-61) D_2, b_2, c_{3m} oder n bzw. $\dot{V}$ überschlägig zu berechnen, wenn φ entsprechend der vorgesehenen Laufradform und seiner Verwendung angenommen (festgelegt) wird.

Bemerkung: Abweichend von den hier getroffenen Festlegungen setzen PFLEIDERER [29] sowie PETERMANN [24] in Gl. (4-58) $A' = A_{0m}$ und $u' = u_{1,(a)}$. Dafür wird mit $\dot{V} = A_{0m} \cdot c_{0m}$:

$$\varphi = c_{0m}/u_{1,(a)} \tag{4-62}$$

Axialräder

Allgemein (KP, KV, WT, LT)

$$\varphi = \frac{\dot{V}}{u_{(a)} \cdot A_{(a)}} = \frac{\dot{V}}{u_{(a)} \cdot D_{(a)}^2 \cdot \pi/4} \tag{4-63}$$

Umgeformt mit Gln. (2-125) bis (2-128) und (3-114) sowie (3-115) bei $\dot{V} \approx \dot{V}_{La}$

$$\dot{V} = c_m \cdot k_N \cdot D_{(a)}^2 \cdot \pi/4 = c_m \cdot k_N \cdot A_{(a)} \tag{4-64}$$

ergibt:

$$\varphi = (c_m/u_{(a)}) \cdot k_N \tag{4-65}$$

Die Beziehungen Gl. (4-63) bzw. (4-65), z. B. um c_m festzulegen, werden für alle Arten von Axialrädern, also allgemein verwendet, insbesondere jedoch bei den sog. Kanalrädern, d. h. Axialrädern mit vielen Schaufeln.

Manchmal, meist jedoch nur bei Propellerrädern – Axialräder mit wenigen Schaufeln – wird als Durchflusszahl auch verwendet:

$$\varphi' = \frac{\dot{V}}{u_{(a)} \cdot (D_{(a)}^2 - D_{(i)}^2) \cdot \pi/4} = \frac{\dot{V}}{u_{(a)} \cdot k_N \cdot D_{(a)}^2 \cdot \pi/4} \tag{4-66}$$

Mit Gl. (4-63):

$$\varphi' = \varphi/k_N \tag{4-67}$$

Demnach $\varphi' > \varphi$, da $k_N < 1$. Oder mit Gl. (4-65):

$$\varphi' = c_m/u_{(a)} \tag{4-68}$$

Diese früher meist verwendete Definition ist ähnlich der nach PFLEIDERER, Gl. (4-62).

Speziell bei Dampf- und Gasturbinen (DT u. GT):

$$\varphi = \frac{\dot{m} \cdot v_2}{\varepsilon \cdot D_2 \cdot \pi \cdot b_2 \cdot u_2} \tag{4-69}$$

ε ... Beaufschlagungsgrad (Abschnitt 8.3.2.3)
v_2 ... spezifisches Volumen an Laufrad-Druckkante

Sonstige Größen nach Bild 2-21

Bemerkungen:

- Ungünstig bei φ große Richtwertbereiche
- Wie bei der Druckziffer und allen anderen Kennzahlen sind auch bei Zahlenwert-Angaben für die Lieferziffer jeweils die Bezugsgrößen festzustellen und zu beachten.
- Für das sog. Querstromgebläse empfiehlt ECK [39] als Bezugsfläche die Laufradprojektionsfläche senkrecht zur Achse ($D_2 \cdot b_2$).

Richtwerte (φ- und ψ-Tendenz gegenläufig):

Kreiselpumpen $\boldsymbol{\varphi} = \mathbf{0{,}01 \ldots 0{,}4}$

Radial	$\varphi = 0{,}01 \ldots 0{,}1$ bei	$\psi = 1{,}3 \ldots 0{,}7$
Diagonal	$\varphi = 0{,}1 \ \ldots 0{,}3$ bei	$\psi = 0{,}8 \ldots 0{,}5$
Axial	$\varphi = 0{,}2 \ \ldots 0{,}4$ bei	$\psi = 0{,}6 \ldots 0{,}05$

Kreiselverdichter $\boldsymbol{\varphi} = \mathbf{0{,}01 \ldots 0{,}5\ (\ldots 0{,}9)}$

Radial	$\varphi = 0{,}01 \ldots 0{,}1$ bei	$\psi = 1{,}3 \ \ldots 0{,}7$
Diagonal	$\varphi = 0{,}1 \ \ldots 0{,}4$ bei	$\psi = 1{,}0 \ \ldots 0{,}4$
Axial	$\varphi = 0{,}2 \ \ldots 0{,}5$ bei	$\psi = 0{,}65 \ldots 0{,}05$

Wasser- und Luftturbinen: φ nicht üblich

Dampf- und Gasturbinen

Normalausführung

Gleichdruck $(r = 0 \ldots 0{,}3)$

$\varphi = 0{,}4 \ldots 1{,}2$ bei $\psi = 4 \ldots 7$

Überdruck $(r = 0{,}5)$

$\varphi = 0{,}3 \ldots 1{,}2$ bei $\psi = 2 \ldots 4$

Sonderausführung

CURTIS $(r = 0 \ldots 0{,}15)$

$\varphi = 0{,}4 \ldots 0{,}9$ bei $\psi = 16 \ldots 24$

4.3.3.4 Durchmesserziffer

Die Durchmesserzahl δ wird auch als **spezifischer oder dimensionsloser Durchmesser** bezeichnet.

Nach BAASHUUS[1)] wird die Durchmesserzahl δ gebildet, indem der äußere Raddurchmesser D_2 ins Verhältnis zum Durchmesser $D_{\text{Dü}}$ einer idealen Düse, der sog. **charakteristischen** oder **gleichwertigen Düse**, gesetzt wird, die den Volumenstrom $\dot{V}$ bei dem zur spez. Stufenenergie ΔY gehörenden Druckunterschied Δp verarbeitet.

CORDIER[2)] zeigte später die Vorteile der Durchmesserziffer und empfahl diese in Vergessenheit geratene Kennzahl zu verwenden.

Daher Ansatz:

$$\delta = D_2/D_{\text{Dü}} \qquad \text{(4-70)}$$

Mit

$$\dot{V} = c_{\text{Dü}} \cdot A_{\text{Dü}} = c_{\text{Dü}} \cdot D_{\text{Dü}}^2 \cdot \pi/4$$

$$c_{\text{Dü}} = \sqrt{2 \cdot \Delta p/\varrho} = \sqrt{2 \cdot \Delta Y} \ \text{(TORRICELLI)}$$

$$\dot{V} = \sqrt{2 \cdot \Delta Y} \cdot D_{\text{Dü}}^2 \cdot \pi/4$$

Hieraus

$$D_{\text{Dü}} = \sqrt{(4/\pi) \cdot \dot{V} / \sqrt{2 \cdot \Delta Y}}$$

Damit

$$\delta = D_2 \cdot \sqrt{(\pi/4) \cdot \sqrt{2 \cdot \Delta Y}/\dot{V}} \qquad \text{(4-71)}$$

Da die Durchmesserzahl δ nach Gl. (4-71) den Durchsatz $\dot{V}$ und die spez. Stufenarbeit ΔY beinhaltet, ist ihre Herleitung auch mit der Druckzahl (Gl. (4-51)) und der Lieferziffer (Gl. (4-59)) möglich. In beiden Beziehungen $u_2 = D_2 \cdot \pi \cdot n$ eingesetzt, dann nach der Drehzahl n umgestellt und gleichgesetzt:

Gleichung (4-51)

$$\psi = \frac{\Delta Y}{u_2^2/2} = \frac{2 \cdot \Delta Y}{D_2^2 \cdot \pi^2 \cdot n^2}$$

Hieraus

$$n = \frac{1}{D_2 \cdot \pi} \cdot \sqrt{(2 \cdot \Delta Y)/\psi}$$

Gleichung (4-59)

$$\varphi = \frac{\dot{V}}{u_2 \cdot D_2^2 \cdot \pi/4} = \frac{4 \cdot \dot{V}}{\pi^2 \cdot D_2^3 \cdot n}$$

Hieraus

$$n = (4 \cdot \dot{V})/(\pi^2 \cdot D_2^3 \cdot \varphi)$$

Die Ausdrücke für n gleichgesetzt:

$$\frac{1}{D_2 \cdot \pi} \cdot \sqrt{(2 \cdot \Delta Y)/\psi} = \frac{4 \cdot \dot{V}}{\pi^2 \cdot D_2^3 \cdot \varphi}$$

Hieraus

$$D_2 = \sqrt{(4/\pi) \cdot \dot{V} / \sqrt{2 \cdot \Delta Y}} \cdot \frac{\psi^{1/4}}{\varphi^{1/2}}$$

Aus dem Vergleich mit Ausdruck (4-71) folgt für die Durchmesserziffer

$$\delta = \psi^{1/4}/\varphi^{1/2} \qquad \text{(4-72)}$$

Diese Beziehung zeigt, dass die Durchmesserziffer keine unabhängige Kennzahl ist. Gebildet wird sie ausschließlich mittels Druck- und Lieferziffer. Da somit ersetzbar, könnte auf die Durchmesserzahl eigentlich verzichtet werden.

Richtwerte (Mittelwerte):

PELTON-Turbinen (Sonderausführung)	$\delta = 10 \ldots 15$
Radialmaschinen (P und T)	$\delta = 4 \ldots 15$
Diagonalmaschinen (P und T)	$\delta = 1{,}5 \ldots 4$
Axialmaschinen (P und T)	
Kanalräder (viele Schaufeln)	$\delta = 1{,}5 \ldots 2{,}2$
Propeller (wenige Schaufeln)	$\delta = 0{,}8 \ldots 1{,}5$

4.3.3.5 Radformkennziffern (Laufradkennzahlen)

Schnellläufigkeit (Spezifische Drehzahl)

Die beiden „Grund"-Kennzahlen, die Druckziffer (Energieziffer) ψ für den Energieumsatz und die Lieferziffer (Volumenzahl) φ für den Volumendurchsatz, reichen nicht aus, um Turbomaschinen vollständig zu kennzeichnen. Für einen gegebenen Durchsatzstrom $\dot{V}$ und einen bekannten spez. Energieunterschied ΔY lassen sich verschiedene Räder angeben,

1) BAASHUUS: Klassifikation von Turbinen, Z. VDI (1905), S. 92.

2) CORDIER, O.: BWK 5 (1953), S. 337 … 340.

die sich in Abmessungen und Form auffällig voneinander unterscheiden. Da der Aufwand von der Maschinengröße abhängt, sind die Laufradabmessungen für Hersteller und Anwender wichtig. Außerdem wird oft eine bestimmte Drehzahl gefordert.

Die wesentlichen Grundgrößen, welche Typ und Bauform einer Strömungsmaschine bestimmen, sind die spezifische Stutzenarbeit Y bzw. spezifische Stufenarbeit ΔY, der Durchsatz $\dot{V}$ und die Drehzahl. Wird eine dieser drei Größen geändert, muss sich folgerichtig auch die Bauart der Maschine ändern. Deshalb ist eine Kenngröße für die Laufradform notwendig – eine **Radformkennziffer** –, welche die dritte Betriebsgröße, die Drehzahl, direkt mitverwendet. Diese Radformkennziffer wäre dann die nach der Ähnlichkeitstheorie (Abschnitt 4.2) für Turbomaschinen mögliche dritte Kennzahl.

Während die Druckziffer aus dem Verhältnis von Drücken bzw. Energien, die Lieferziffer aus dem Quotienten von Volumenströmen folgt, besteht als dritte Grundmöglichkeit das Vergleichen von Drehzahlen. Auf CAMERER [1)] geht die nach diesen Überlegungen auf dem Drehzahlvergleich fußende sog. Schnellläufigkeit zurück, welche die drei Grundgrößen ΔY, $\dot{V}$ und n verknüpft, also

$$\begin{array}{lcr} \Delta Y \searrow & & \nearrow \text{radial} \\ \dot{V} \; — & \leftarrow n_y \rightarrow \text{Radform} & — \text{diagonal} \\ n \nearrow & & \searrow \text{axial} \end{array}$$

Definition:

Die **Schnellläufigkeit** n_y, selbst dimensionslos, entspricht der Drehzahl der **spez. Maschine** (Index y) in $1/\text{s}$. Sie wird deshalb auch als **spezifische Drehzahl** bezeichnet. Die spez. Maschine ist der ausgeführten Turbomaschine in allen Teilen geometrisch ähnlich und in Abmessungen sowie Drehzahl so verändert (je vergrößert oder verkleinert), dass sie die **spez. Betriebswerte** verarbeitet. Dieses sog. **spez. Laufrad** ist also auf den **Durchsatz** $\dot{V}_y = 1\ \text{m}^3/\text{s}$ **beim Energieumsatz** $\Delta Y_y = 1\ \text{m}^2/\text{s}^2$ ausgelegt, die spezifischen Werte.

Für die Ableitung der spezifischen Drehzahl n_y stehen wieder mehrere Möglichkeiten zur Verfügung:
a) Ähnlichkeitsbetrachtungen
b) Dimensionsanalyse
c) Kennziffernkombination.

[1)] CAMERER, R.: Z. ges. Turbinenw. (1915), S. 217.

Die Schnellläufigkeit n_y dient sowohl zum Kennzeichnen als auch zur Auswahl und Konzeption von Turbomaschinen. Sie hat daher – wie sich auch noch zeigen wird – für dieses Gebiet die gleiche überragende Bedeutung wie die REYNOLDS-Zahl bei Strömungen. Alle für den Entwurf und die Arbeitsweise wichtigen charakteristischen Größen von Strömungsmaschinen sind so eng mit der spez. Drehzahl verknüpft, dass diese zum Behandeln fast aller Fragen herangezogen wird.

Ihre Herleitung erfolgt deshalb nach allen drei Verfahren.

a) *Durch Ähnlichkeitsbetrachtungen*

Hierbei wird mit den NEWTONschen Ähnlichkeitsregeln zweckmäßigerweise in zwei Etappen vorgegangen.

1. Schritt: Übergang von der Maschinendrehzahl auf die relative Drehzahl bei vorerst unverändertem Durchmesser ($D_{2,1} = D_2$) so, dass die sog. relative Maschine (Index 1) die spezifische Energiedifferenz $\Delta Y_1 = \Delta Y_y = 1\ \text{m}^2/\text{s}^2$ verarbeitet.

Nach Gl. (4-25) gilt $\Delta Y_1/\Delta Y = (n_1/n)^2$.

Hieraus folgt die relative Drehzahl

$$n_1 = n \cdot \sqrt{\Delta Y_1}/\sqrt{\Delta Y} = n \cdot 1/\sqrt{\Delta Y} \tag{4-73}$$

Dadurch ändert sich auch der verarbeitete Volumenstrom $\dot{V}$ zum relativen $\dot{V}_1$, der aus Gl. (4-28) folgt:

$$\dot{V}_1/\dot{V} = n_1/n \rightarrow \dot{V}_1 = \dot{V} \cdot n_1/n = \dot{V} \cdot 1/\sqrt{\Delta Y} \tag{4-74}$$

2. Schritt: Übergang von $\dot{V}_1$ auf $\dot{V}_y = 1\ \text{m}^3/\text{s}$, ohne dass sich $\Delta Y_1 = \Delta Y_y = 1\ \text{m}^2/\text{s}^2$ ändert. Bei diesem Übergang von der relativen auf die spezifische Maschine sind die Abmessungen proportional so zu ändern, dass der spezifische Volumenstrom $\dot{V}_y = 1\ \text{m}^3/\text{s}$ verarbeitet wird. Da sich dabei die spezifische Stufenarbeit nicht mehr ändern darf, müssen nach der EULER-Gleichung auch u_2 und c_{2u} je unverändert bleiben. Zudem hat das geometrisch ähnliche spez. Rad die gleichen Schaufel- und Strömungswinkel wie das Ausgangslaufrad. Insgesamt folgt hieraus, dass sich beim Übergang vom relativen zum spez. Rad das Druckkanten-Geschwindigkeitsdreieck nicht ändern darf. Daher:

$$c_{3\text{m},1} = c_{3\text{m},y}$$

Aus der Durchflussgleichung

$$\dot{V}_1 = D_{2,1} \cdot \pi \cdot b_{2,1} \cdot c_{3\text{m},1} \quad \text{und entsprechend}$$

$$\dot{V}_y = D_{2,y} \cdot \pi \cdot b_{2,y} \cdot c_{3\text{m},y}$$

folgt durch Division

$\dot{V}_y/\dot{V}_1 = (D_{2,y}/D_{2,1}) \cdot (b_{2,y}/b_{2,1})$

Infolge geometrisch proportionaler Größenordnung gilt dabei: $b_{2,y}/b_{2,1} = D_{2,y}/D_{2,1}$.

Deshalb mit $\dot{V}_y = 1\,\text{m}^3/\text{s}$:

$$\dot{V}_y/\dot{V}_1 = (D_{2,y}/D_{2,1})^2 \rightarrow$$
$$D_{2,y}/D_{2,1} = (\dot{V}_y/\dot{V}_1)^{1/2} = \dot{V}_1^{-1/2}$$

Des Weiteren muss sein: $u_{2,y} = u_{2,1}$, also

$$D_{2,y} \cdot \pi \cdot n_y = D_{2,1} \cdot \pi \cdot n_1 \rightarrow D_{2,y}/D_{2,1} = n_1/n_y$$

Die beiden Ausdrücke für $D_{2,y}/D_{2,1}$ gleichgesetzt:

$$n_1/n_y = \dot{V}_1^{-1/2} \rightarrow n_y = n_1 \cdot \dot{V}_1^{1/2}$$

Die Beziehungen für n_1 (Gl. (4-73)) als auch für $\dot{V}_1$ (Gl. (4-74)) eingesetzt, führt zu:

$$n_y = n \cdot \dot{V}^{1/2} \cdot \Delta Y^{-3/4} \tag{4-75}$$

Oder einfacher mit Gl. (4-14) und Gl. (4-10)

$$\dot{V} \sim n \cdot D_2^3 \quad \rightarrow \dot{V}/\dot{V}_y = (n \cdot D_2^3)/(n_y \cdot D_{2,y}^3)$$
$$\Delta Y \sim n^2 \cdot D_2^2 \rightarrow \Delta Y/\Delta Y_y = (n^2 \cdot D_2^2)/(n_y^2 \cdot D_{2,y}^2)$$

Beide Beziehungen je nach $D_2/D_{2,y}$ aufgelöst, dann gleichgesetzt und anschließend nach n_y umgestellt, ergibt:

$$n_y = n \cdot (\dot{V}/\dot{V}_y)^{1/2} \cdot (\Delta Y_y/\Delta Y)^{3/4}$$

Da $\dot{V}_y = 1\,\text{m}^3/\text{s}$ und $\Delta Y_y = 1\,\text{m}^2/\text{s}^2$, folgt ebenfalls Gl. (4-75).

b) *Nach der Dimensionsanalyse*

Das Verfahren der Dimensionsanalyse ist in [3] ausführlich dargestellt. Hier soll mit diesem Verfahren auf direktem Weg speziell die Schnellläufigkeit abgeleitet und damit gleichzeitig die Methode verdeutlicht werden.

Der Ansatz folgt aus der Überlegung, eine (dimensionslose) Kenngröße zu bilden, welche die drei Betriebsgrößen n, $\dot{V}$ und ΔY enthält. Deshalb Definitionsansatz:

$$n_y = n^a \cdot \dot{V}^b \cdot \Delta Y^c$$

Zugehörige Einheitengleichung:

$$1 = (1/\text{s})^a \cdot (\text{m}^3/\text{s})^b \cdot (\text{m}^2/\text{s}^2)^c$$

Mit $1 = (\text{m} \cdot \text{s})^0$ ergibt sich hieraus:

$$\text{m}^0 \cdot \text{s}^0 = \text{m}^{3 \cdot b + 2 \cdot c} \cdot \text{s}^{-a-b-2 \cdot c}$$

Der Exponentenvergleich führt zu

$$0 = 3 \cdot b + 2 \cdot c \quad \text{und} \quad 0 = -a - b - 2 \cdot c$$

Es ergeben sich 2 lineare Gleichungen für die 3 Unbekannten a, b, c. Das System ist lösbar, falls eine der Unbekannten vorweg festgelegt. Da es sich um eine (fiktive) Drehzahl handeln soll, wird $a = 1$ gesetzt. Dann verbleiben zwei lineare Gleichungen für die beiden noch unbekannten Exponenten b und c:

$$\begin{array}{ll} (1) & 0 = \quad 3 \cdot b + 2 \cdot c \\ (2) & 0 = -1 - b - 2 \cdot c \end{array}$$

$$\begin{array}{lll} (1)+(2) & 0 = -1 + 2 \cdot b \rightarrow b = 1/2 & \text{in } (1) \\ (1) & 0 = 3 \cdot 1/2 + 2 \cdot c \rightarrow c = -3/4 & \end{array}$$

Eingesetzt in den Definitions-Ansatz:

$$n_y = n \cdot \dot{V}^{1/2} \cdot \Delta Y^{-3/4}$$

Es ergibt sich also direkt die Beziehung der spezifischen Drehzahl (Gl. (4-75)).

c) *Aus der Kombination anderer Kennziffern*

Die Bedingung gilt, dass ebenso wie Druck- und Lieferziffer auch die Radformkennzahl unabhängig von der Größenausführung des Rades sein muss. Außerdem gilt grundsätzlich, dass sich jede neue Kennzahl durch zwei andere ausdrücken lässt.

Ausgangspunkt sind deshalb die Bedingungen:

$$\psi_y = \psi \quad \text{und} \quad \varphi_y = \varphi$$

Dabei gehören die Größen ohne Indizes wieder zur Ausgangsmaschine und die mit Index y zur spezifischen Turbomaschine. Die Auswertung führt ebenfalls zu Gl. (4-75).

Bemerkungen:

- Entsprechend den Ableitungen wird die spezifische Drehzahl n_y dimensionslos, wenn die Betriebsgrößen n, $\dot{V}$ und ΔY in den Grundeinheiten eingesetzt werden, also n in 1/s, $\dot{V}$ in m^3/s und ΔY in m^2/s^2, was notwendig ist.
- Die angegebenen Ähnlichkeitsbeziehungen für die spezifische Drehzahl setzen gleiche Wirkungsgrade der Maschinen voraus. Da der Wirkungsgrad jedoch mit zunehmender Maschinengröße ansteigt, ist diese Annahme nur in erster Näherung richtig (Abschnitt 4.2.3.4).
- Vor allem bei hydraulischen Strömungsmaschinen wird auch heute noch vielfach eine Form der Schnellläufigkeit verwendet, die auf den spez. Werten Höhenunterschied $H_q = 1\,\text{m}$ und Volumenstrom $V_q = 1\,\text{m}^3/\text{s}$ aufbaut. Die entsprechende Ableitung ergibt die spez. Drehzahl n_q:

$$n_q = n \cdot \dot{V}^{1/2} \cdot H^{-3/4} \quad \text{in min}^{-1} \tag{4-76}$$

Hierbei sind einzusetzen
Drehzahl n in $1/\mathrm{min}$
Volumenstrom $\dot{V}$ in m^3/s
Höhenunterschied H in m

Diese Form der spezifischen Drehzahl hat den wesentlichen Nachteil, dass dimensionsbehaftet und deshalb im Sinne der Definition keine echte Kennzahl. Auch werden die Einheiten Minute (min) und Sekunde (s) benützt.

Zwischen n_q und n_y besteht ein zahlenmäßiger Zusammenhang, der im übernächsten Abschnitt „Zusammenhang und Bedeutung der verschiedenen Laufradkennziffern“ dargestellt wird.

- Bei den einzelnen Strömungsmaschinengruppen werden für die spezifische Drehzahl folgende Ausdrücke verwendet:

Hydraulische Maschinen (KP, WT) $\varrho = \text{konst}$

n_y direkt nach Gl. (4-75) oder n_q nach Gl. (4-76). Bei den immer einstufigen Wasserturbinen ($i = 1$) können dabei meist die Reibungsverluste (ca. 5 ... 10 %) der Druckrohrleitung vernachlässigt werden. Deshalb ist für die Berechnung der spezifischen Drehzahl $\Delta Y = Y/i = Y \approx g \cdot H = g \cdot (z_{OW} - z_{UW})$. Das Vernachlässigen der Rohrverluste ist zulässig, da, wie noch gezeigt wird, für die spez. Drehzahl und damit Radformen Anwendungsbereiche bestehen. Nur bei Werten an den Bereichsgrenzen, die zudem fließend sind, ist genauere Berechnung, d. h. das Berücksichtigen der Rohrleitungsverluste bei n_y bzw. n_q, angebracht – auch bei Kreiselpumpen beachten.

Thermische Maschinen

ϱ **≈konst** (Lüfter): In Gl. (4-75) für n_y mit $\Delta Y = \Delta p/\varrho$ bzw. in Gl. (4-76) n_q mit $H = \Delta p/(\varrho \cdot g)$.
ϱ **≠konst** (KV, DT, GT): Gl. (4-75) wird gesetzt:
KV: $\dot{V} = \dot{V}_S$ Ansaugvolumenstrom der Stufe.

DT und GT: $\dot{V} = \overline{\dot{V}} = \dot{m} \cdot \overline{v}$. Hierbei nach

- FORNER: $\overline{v}$ spez. Volumen in der Mitte des isentropen Enthalpie-Gefälles.
- PAPE und MELAN: $\overline{v}$ geometrisches Mittel aus spez. Druck- und Saugseitenvolumen (ist beste Näherung), also

$\overline{v} = \sqrt{v_7 \cdot v_0} \approx \sqrt{v_7 \cdot v_{0,s}} \approx \sqrt{v_{7,s} \cdot v_0}$

$\Delta Y = \Delta h_{s,St}$ ... spez. isentroper Energieunterschied (isentrope Enthalpiedifferenz) je Stufe, falls kein Wärmeübertrag.

$\Delta h_{s,St} = w_{t,s,St}$ ... spez. technisch-isentrope Stufenarbeit.

Wichtig ist, nochmals festzuhalten, dass sich alle Kennzahlen jeweils nur auf eine Stufe bzw. das einzelne Laufrad beziehen. Deshalb sind in die Kennzahl-Beziehungen immer die Werte einzusetzen, die zu einer Stufe gehören. Nur dadurch ist echter Vergleich und Charakterisierung der einzelnen Laufradformen gegeben.

Rein formal kann allerdings auch eine spezifische Drehzahl $n_{y,M}$ der gesamten Turbomaschine (Zweitindex M) gebildet werden. Diese „formale“ Schnellläufigkeit, sog. **Maschinenschnellläufigkeit $n_{y,M}$**, ist jedoch nur von Bedeutung zum Vergleichen mit der „echten“ spez. Drehzahl n_y, der **Stufen-** oder **Radschnellläufigkeit** der Maschine, d. h. deren einzelnen Stufen und gegebenenfalls Flute.

Allgemein gilt für eine Strömungsmaschine mit j **gleichen Fluten** Fl ($\dot{V}_M \equiv \dot{V} = j \cdot \dot{V}_{Fl}$) von je i **gleichen Stufen** ($Y_M \equiv Y = i \cdot \Delta Y$):

$$n_{y,M} = n \cdot \dot{V}_M^{1/2} \cdot Y^{-3/4} = n \cdot (j \cdot \dot{V}_{Fl})^{1/2} \cdot (i \cdot \Delta Y)^{-3/4}$$

$$n_{y,M} = j^{1/2} \cdot i^{-3/4} \cdot n \cdot \dot{V}_{Fl}^{1/2} \cdot \Delta Y^{-3/4}$$

Mit $\dot{V}_{Fl} = \dot{V}$ in Gl. (4-75) wird

$$n_{y,M} = j^{1/2} \cdot i^{-3/4} \cdot n_y \tag{4-77}$$

Mit dieser Beziehung ist gegebenenfalls das Festlegen der Flutzahl j bzw. der Stufenzahl i möglich.

Schnelllaufzahl

Verschiedentlich wird die spezifische Drehzahl immer häufiger durch die auf KELLER[1)] zurückgehende Schnelllaufzahl σ ersetzt.

Definition:

Die **Lauf-** oder **Schnelllaufzahl** σ ist das Verhältnis der Drehzahlen von Ausgangs-Turbomaschine und einer Vergleichsmaschine. Das Vergleichsrad ist so ausgelegt, dass es bei den Betriebsdaten ΔY und $\dot{V}$ des Ausgangsrades die Vergleichswerte (Index V) Druckzahl $\psi_V = 1$ und Volumenzahl $\varphi_V = 1$ erreicht.

Die Schnelllaufzahl σ geht also ebenso wie die Schnellläufigkeit n_y aus dem Vergleichen der Drehzahlen hervor. Nur die Vergleichsbasis ist dabei jeweils anders. Dies begründet, dass beide Kennzahlen die gleiche Aussagekraft besitzen und ineinander überführbar sind. Den Zusammenhang zwischen σ und n_y enthält der nächste Abschnitt.

ECK [39] leitete die Laufzahl σ am Axiallüfter anschaulich ab. Er geht von einem Axialrad mit dem

1) KELLER, C.: Axialgebläse vom Standpunkt der Tragflügeltheorie. Diss., Zürich 1934, ETH Zürich.

Außendurchmesser $D_{(a)}$ aus, das bei der Drehzahl n den Volumenstrom $\dot{V}$ und den Gesamtdruckanstieg $\Delta p = \varrho \cdot \Delta Y = \varrho \cdot \psi \cdot u_{(a)}^2/2$ verwirklicht. In einer anschließenden Düse (Bild 4-3) vom Austrittsdurchmesser $D_{Dü}$ wird dann durch ideale Entspannung die gesamte Druckenergie wieder vollständig in kinetische Energie umgesetzt. Die dabei erreichte Düsen-Austrittsgeschwindigkeit $c_{Dü}$ ergibt sich für die angenommene ideale Strömung aus der Energiegleichung (Kennzeichnung E) bei $\varrho \approx$ konst:

E Ⓐ–Ⓓⓤ:

$$z_A \cdot g + p_A/\varrho + c_A^2/2 = z_{Dü} \cdot g + p_{Dü}/\varrho + c_{Dü}^2/2$$

Mit

$$z_A = z_{Dü}; \quad p_A - p_{Dü} = \Delta p; \quad c_A \approx 0; \quad c_{Dü} = ?$$

wird (sog. TORRICELLI-Formel)

$$\Delta p = \varrho \cdot c_{Dü}^2/2 \rightarrow c_{Dü} = \sqrt{2 \cdot \Delta p/\varrho} \qquad (4\text{-}78)$$

Aus der Druckziffer $\Delta p/\varrho = \psi \cdot u_{(a)}^2/2$ ersetzt, liefert für die

- Ausgangsmaschine
  $$c_{Dü} = u_{(a)} \cdot \sqrt{\psi} \qquad (4\text{-}79)$$
- Vergleichsmaschine ($\psi_V = 1$)
  $$c_{Dü,V} = u_{(a),V} \qquad (4\text{-}80)$$

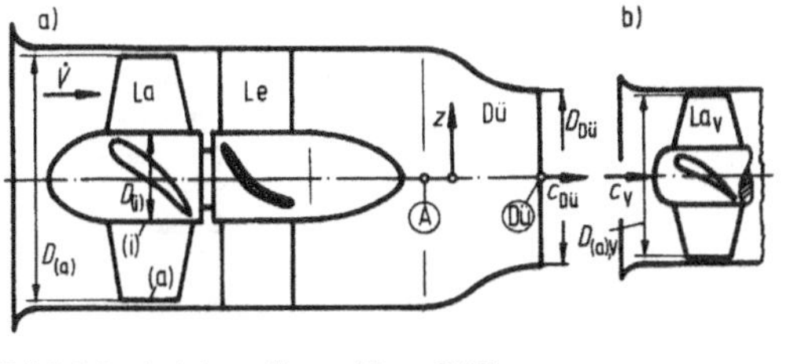

Bild 4-3 Axialventilator (ECK [39]).
a) Ausgangsmaschine mit Entspannungs-Düse, ohne Index
b) Vergleichsmaschine (-Laufrad), Index V
La ... Laufrad, Le ... Leitrad, Dü ... Düse

Da nach der Schnelllaufzahl-Definition von KELLER $\Delta Y_V = \Delta Y = \Delta p/\varrho$, ist nach Gl. (4-78) $c_{Dü,V} = c_{Dü}$:

$$c_{Dü} = u_{(a),V} \qquad (4\text{-}81)$$

Der **Durchmesser** des Vergleichsrades folgt aus:

Für Kreiselrad:

$$\dot{V} = \varphi \cdot A_{(a)} \cdot u_{(a)} = \varphi \cdot \pi/4 \cdot D_2^2 \cdot u_{(a)}$$

Für Düse (Index Dü):

$$\dot{V} = A_{Dü} \cdot c_{Dü} = \pi/4 \cdot D_{Dü}^2 \cdot c_{Dü}$$

Gleichgesetzt mit zugehörigem Düsenwert φ bei:

- Ausgangsrad ($\varphi \neq 1$)
  $$\varphi \cdot A_{(a)} \cdot u_{(a)} = A_{Dü} \cdot c_{Dü} \qquad (4\text{-}82)$$
- Vergleichsrad ($\varphi_V = 1$)
  $$A_{(a),V} \cdot u_{(a),V} = A_{Dü,V} \cdot c_{Dü,V}$$

Mit Gln. (4-80), (4-81) und $A_{Dü,V} = A_{Dü}$, da $\dot{V}_{Dü,V} = \dot{V}_V = \dot{V} = \dot{V}_{Dü}$ laut Laufzahl-Definition und Kontinuitätsgleichung, wird beim Vergleichsrad:

$$A_{(a),V} = A_{Dü} \rightarrow D_{(a),V} = D_{Dü} \qquad (4\text{-}83)$$

Das bedeutet, der Außendurchmesser $D_{(a),V}$ des Vergleichsrades ist so groß wie der Austrittsdurchmesser $D_{Dü}$ der Entspannungsdüse.

Gleichung (4-79) in Beziehung (4-82) eingesetzt:

$$\varphi \cdot A_{(a)} \cdot u_{(a)} = A_{Dü} \cdot u_{(a)} \cdot \sqrt{\psi}$$

Vereinfacht und umgestellt:

$$A_{(a)}/A_{Dü} = \sqrt{\psi}/\varphi \rightarrow (D_{(a)}/D_{Dü})^2 = \sqrt{\psi}/\varphi$$

Mit Gl. (4-83) ergibt sich dann die **Durchmesserziffer** δ (Durchmesserkennzahl):

$$\delta = D_{(a)}/D_{(a),V} = \psi^{1/4}/\varphi^{1/2} \qquad (4\text{-}84)$$

Vergleiche auch mit Abschnitt 4.3.3.4. Dort wurde die Durchmesserzahl auf andere Weise abgeleitet.

Die **Drehzahl** n_V des Vergleichsrades ergibt sich wie folgt:

- Ausgangsrad
  $$u_{(a)} = D_{(a)} \cdot \pi \cdot n$$
- Vergleichsrad
  $$u_{(a),V} = D_{(a),V} \cdot \pi \cdot n_V = c_{Dü} \quad \text{nach Gl. (4-81)}$$
  $$= u_{(a)} \cdot \sqrt{\psi} \quad \text{lt. Gl. (4-79)}$$

Hieraus

$$u_{(a)} = D_{(a),V} \cdot \pi \cdot n_V \cdot \psi^{-1/2}$$

Die beiden Beziehungen für $u_{(a)}$ gleichgesetzt:

$$D_{(a)} \cdot \pi \cdot n = D_{(a),V} \cdot \pi \cdot n_V \cdot \psi^{-1/2}$$

Umgestellt

$$n/n_V = (D_{(a),V}/D_{(a)}) \cdot 1/\sqrt{\psi}$$

Gleichung (4-84) eingesetzt:

$$n/n_V = (1/\delta) \cdot (1/\sqrt{\psi})$$
$$= (\varphi^{1/2}/\psi^{1/4}) \cdot \psi^{-1/2} = \varphi^{1/2} \cdot \psi^{-3/4}$$

Diese Beziehung stellt die auf KELLER zurückgehende **Laufzahl** σ dar, also:

$$\sigma = n/n_V = 1/(\delta \cdot \sqrt{\psi}) = \varphi^{1/2} \cdot \psi^{-3/4} \qquad (4\text{-}85)$$

Hieraus folgen auch:

$$\psi = 1/(\sigma \cdot \delta)^2 \quad \text{und} \qquad (4\text{-}86)$$
$$\varphi = \sigma^2 \cdot \psi^{3/2} = 1/(\sigma \cdot \delta^3)$$

Als Ergebnis lässt sich zusammenfassen: Die **Durchmesserzahl** δ drückt aus, wievielmal der Raddurchmesser der Ausgangsmaschine (einstufig) größer ist als der Durchmesser des Vergleichsrades.

Die **Schnelllaufzahl** σ besagt, wievielmal die Drehzahl des Originalrades größer ist als die des Vergleichsrades.

Das **Vergleichsrad** ist durchaus verwirklichbar, und zwar als sog. Trommelläufer oder extrem ausgelegtes Axialrad.

Die **Schnelllaufzahl** σ wird bisher häufig bei allen Arten von Kreiselverdichtern, vor allem aber bei Lüftern (Ventilatoren) und Gebläsen angewendet. Es sollte jedoch angestrebt werden, σ allgemein zu benutzen, d. h. anstelle der spezifischen Drehzahlen n_y und n_q.

CORDIER-Diagramm: CORDIER[1] rechnete eine größere Anzahl gut aufgeführter Radial- und Axialgebläse im Auslegungspunkt nach und trug die Ergebnisse in einem (δ, σ)-Diagramm auf (Bild 4-4).

Danach liegen die Optimalwerte von Schnelllaufzahl σ_{opt} und Durchmesserzahl δ_{opt} sorgfältig ausgelegter und ausgeführter Turbomaschinen, die bei bestem Wirkungsgrad arbeiten, innerhalb eines schmalen Bandes im (δ, σ)-Diagramm. Dieses sog. **CORDIER-Diagramm** wird meist doppellogarithmisch aufgebaut. Die gering streuende Kurve $\sigma_{opt} = f(\delta_{opt})$ heißt auch **CORDIER-Kurve**.

Seit dieser Erkenntnis von CORDIER, dass das Auftragen der Strömungsmaschinen in einem (δ, σ)-Diagramm ein gutes Auswahlkriterium darstellt, ist die Bedeutung der Kennzahlen δ und σ gestiegen, insbesondere im Kreiselverdichterbau.

ECK[2] erweiterte das CORDIER-Diagramm, indem er außer der CORDIER-Kurve auch die erreichbaren Wirkungsgrade und den qualitativen Verlauf der zugehörigen Laufrad-Umfangsgeschwindigkeit $u_{(a)}$ auftrug sowie die einzelnen Bauformen prinzipiell einzeichnete (Bild 4-5).

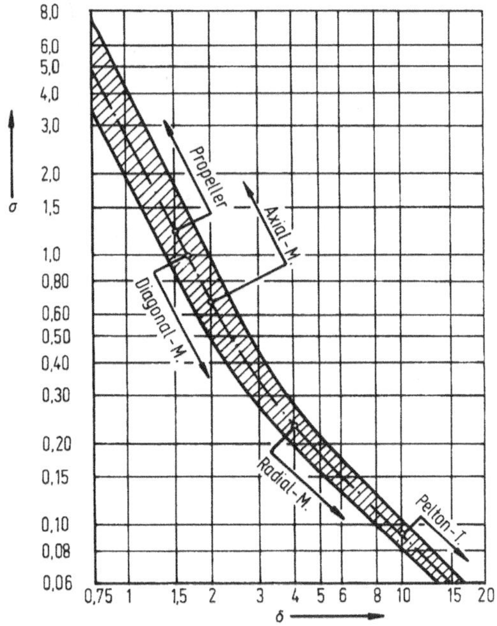

Bild 4-4 CORDIER-Diagramm. Zuordnung von Durchmesserzahl δ und Schnelllaufzahl σ sowie Radform

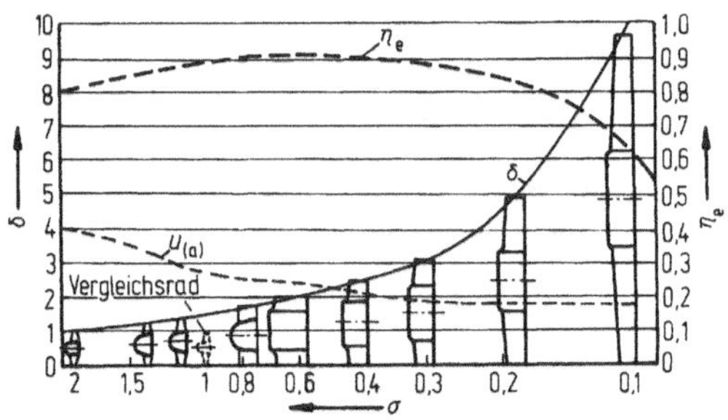

Bild 4-5 Erweitertes CORDIER-Diagramm (ECK). Eintragung der zugeordneten Laufrad-Bauarten (Ausführungen), maximal erreichbare effektive Wirkungsgrade η_e und qualitativer Verlauf der zugehörigen Umfangsgeschwindigkeit $u_{(a)}$ am Laufradaußendurchmesser

Für jede Schnelllaufzahl σ folgt aus der CORDIER-Kurve die zugehörige Durchmesserzahl δ und damit die beste Bauart der Maschine. Wird diese Bauform ausgeführt, kann der ebenfalls ablesbare zugehörige optimale Wirkungsgrad erreicht werden, sofern die Schaufelauslegung und sonstige Ausfüh-

[1] CORDIER, O.: Ähnlichkeitsbedingungen für Strömungsmaschinen, BWK 1953 und VDI-Berichte, Bd. 3, 1955, Probleme der Strömungstechnik im Maschinenbau 85.

[2] ECK, B.: Kennzahlen für Kreiselmaschinen, Konstruktion 12 (1960), 252 ... 254 und [39].

rung des Laufrades wie auch der Maschine richtig sind. Weicht dagegen die Bauart von der gemäß der CORDIER-Kurve als am günstigsten ausgewiesen ab, ist kein optimaler Wirkungsgrad erreichbar, auch dann nicht, wenn die Maschine gut durchkonstruiert (berechnet und gestaltet) sowie ausgeführt (gefertigt) ist.

Zu erkennen ist zudem, dass Räder mittlerer σ-Werte die besten Wirkungsgrade erreichen. Deshalb kann auch schon bei geringeren Drücken Mehrstufigkeit sinnvoll sein, obwohl bei entsprechender Rad-Auswahl noch nicht notwendig.

Das CORDIER-Diagramm zeigt außerdem, dass das Vergleichsrad, welches für alle eingetragenen Räder gilt, kein Rad besten Wirkungsgrades ist und auch nicht bis zur CORDIER-Kurve reicht. Für den Vergleich bleibt dies jedoch bedeutungslos.

Das CORDIER-Diagramm ist insbesondere für zwei Anwendungen vorteilhaft:

Projektierung. Bei vorgegebenem Volumendurchsatz $\dot{V}$ und der spezifischen Stutzenarbeit Y sowie bekannter Stufenzahl i lässt sich

- der günstigste Raddurchmesser ermitteln, wenn die Drehzahl von vornherein festliegt; über σ
- die optimale Drehzahl festlegen, bei vorgegebenem Raddurchmesser; über δ

Kontrolle. Prüfen, ob die ausgeführte Maschine optimal ausgelegt und eingesetzt ist, d. h. der günstigste Wirkungsgrad erzielt wird. Sind also die vier Größen $\dot{V}$, $\Delta Y = Y/i$, n und $D_2 = D_{(a)}$ bekannt, lässt sich nach Berechnen von σ und δ sowie Übertragen ins CORDIER-Diagramm feststellen, ob die betreffende Maschine den optimalen Wirkungsgrad erreicht bzw. erreichen kann.

Zusammenhang und Bedeutung der verschiedenen Laufradkennziffern

Zusammenhänge: Alle drei Radformkennzahlen n_y, n_q und σ beinhalten letztlich jeweils die drei Betriebsgrößen n, ΔY und $\dot{V}$. Sie sind deshalb, wie ausgeführt, von gleicher Bedeutung bzw. Aussagekraft und gegenseitig ineinander überführbar. Im Einzelnen gilt:

Zusammenhang zwischen n_y und n_q:

$$n_y = n \cdot \dot{V}^{1/2}/\Delta Y^{3/4} \quad (n \text{ in s}^{-1})$$

Mit $\Delta Y = g \cdot H$ und

$$n \text{ in s}^{-1} = (n \text{ in min}^{-1})/60$$

eingesetzt, führt zu

$$\begin{aligned} n_y &= (n \text{ (in min}^{-1})/60) \cdot (\dot{V}^{1/2}/(g \cdot H)^{3/4}) \\ &= (1/(60 \cdot g^{3/4})) \cdot n \text{ (in min}^{-1}) \cdot (\dot{V}^{1/2}/H^{3/4}) \end{aligned}$$

$$n_y \approx n_q/333 \quad \text{oder} \quad n_q \approx 333 \cdot n_y \tag{4-87}$$

Zusammenhang zwischen n_y und σ:

$$n_y = n \cdot \sqrt{\dot{V}}/\Delta Y^{3/4}$$

Mit $\dot{V} = \varphi \cdot (D_2^2 \cdot \pi/4) \cdot u_2$ aus Lieferzahl und $\Delta Y = \psi \cdot u_2^2/2$ aus Druckziffer, ergibt:

$$n_y = n \cdot \frac{\sqrt{\varphi \cdot u_2 \cdot D_2^2 \cdot \pi/4}}{(\psi \cdot u_2^2/2)^{3/4}}$$

$$n_y = n \cdot \frac{\sqrt{u_2 \cdot D_2^2 \cdot \pi/4}}{(u_2^2/2)^{3/4}} \cdot \underbrace{\varphi^{1/2}/\psi^{3/4}}_{\sigma}$$

$$n_y = \sqrt[4]{n^4 \cdot \frac{D_2^4 \cdot \pi^2 \cdot u_2^2 \cdot 2^3}{4^2 \cdot u_2^6} \cdot \frac{\pi^2}{\pi^2}} \cdot \sigma$$

$$n_y = \sqrt[4]{\frac{1}{2 \cdot \pi^2} \cdot \frac{(D_2 \cdot \pi \cdot n)^4}{u_2^4}} \cdot \sigma$$

$$n_y = \sqrt[4]{1/(2 \cdot \pi^2)} \cdot \sigma = \sigma/2{,}107\,8$$

$$n_y \approx \sigma/2{,}11 \approx 0{,}47\sigma \quad \text{oder}$$

$$\sigma \approx 2{,}1 \cdot n_y \tag{4-88}$$

Zusammenhang zwischen n_q und σ:

Aus der Verknüpfung von Gl. (4-87) mit (4-88)

$$n_q \approx 158 \cdot \sigma \tag{4-89}$$

Bedeutung: Es wurde bereits darauf hingewiesen, dass die Radformkennzahl (gleichgültig in welcher Form) die wichtigste Kennziffer des Strömungsmaschinenbaues ist. Sie hat für Turbomaschinen die gleiche große Bedeutung wie die REYNOLDS-Zahl für die Strömungstechnik.

Durch das Verknüpfen der drei Betriebsgrößen Drehzahl n, Durchsatz $\dot{V}$ und spezifische Stufenenergie ΔY gibt die Kennzahl n_y, n_q oder σ Aufschluss über die Form des Laufrades, jedoch nicht über seine Größe. Ähnliche Radformen besitzen deshalb, unabhängig vom Ausführungsmaßstab, gleich große Radformkennziffern. Hierin bestätigt sich auch nochmals, dass die Radformkennzahl immer auf das einzelne Laufrad bezogen ist – bei mehrstufigen oder mehrflutigen Maschinen auf die einzelne Stufe.

Tabelle 4-2 enthält die Bezeichnungen, Eigenschaften und Kennzahlen-Bereiche für die verschiedenen

Laufradformen, die in Bild 4-6 prinzipiell dargestellt sind. Die aufgeführten Kennwert-Bereiche gelten insbesondere für Pumpen und Wasserturbinen. Zudem beziehen sich die Kennzahlenwerte auf volle Beaufschlagung. Bei partieller Beaufschlagung, die jedoch nur bei Turbinen angewendet wird, wäre es zur echten Kennzeichnung der Radform notwendig, den Volumenstrom in die Beziehung der Radformkennzahl einzusetzen, der sich bei voller Beaufschlagung ergeben würde. Üblich ist jedoch auch bei partieller Beaufschlagung, den tatsächlich vorhandenen Volumenstrom zu verwenden, um die Radformkennzahl zu bestimmen. Die sich dadurch ergebende spez. Drehzahl kennzeichnet dann jedoch bei **Teilbeaufschlagung** nicht die Form des Laufrades, sondern die gesamte einstufige Maschine (Stufe). Dabei ergeben sich spez. Drehzahlen, die bis weit unter denen der Langsamläufer liegen (Bild 4-6). Mit der Teilbeaufschlagung, z. B. PELTON-Turbinen, sind somit sehr kleine spez. Drehzahlen verwirklichbar.

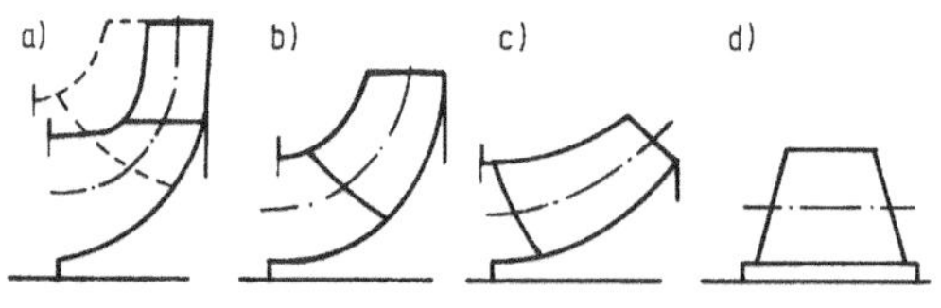

Bild 4-6 Laufradformen (Prinzipdarstellung), Tab. 4-2.
a) Radform I, Radialrad (Langsamläufer)
b) Radform II, FRANCIS- oder Halbaxialrad (Mittelläufer)
c) Radform III, Schrauben- oder Diagonalrad (Schnellläufer)
d) Radform IV, Axialrad, Propeller (Schnellstläufer)

Je größere Werte die Radformkennzahl annimmt, desto weiter (geräumiger) werden die Schaufelkanäle (weil $\dot{V}$ steigt) und umso mehr geht das Laufrad von der radialen in die axiale Form über (weil ΔY fällt). Zwischen Radial- und Axialform besteht somit ein allmählicher Übergang. Bei Werten unterhalb $n_y = 0{,}03$ wird der Wirkungsgrad sehr niedrig (Radreibung, Abschnitt 8.3.2.3). Oberhalb von $n_y = 1{,}5$ ergeben sich ungünstig große Abmessungsverhältnisse (Flügelverwindung und -breite b, Bild 4-7).

Ergeben die mit den vorliegenden bzw. festgelegten Werten n, $\dot{V}$, Y, welche sich auf die gesamte Maschine beziehen, durchgeführten Kennwert-Berechnungen spezifische Drehzahlen der Maschine

$$n_{y,M} = n \cdot \dot{V}^{1/2} \cdot Y^{-3/4} \qquad (4\text{-}90)$$

die außerhalb der in Tabelle 4-2 aufgeführten Werte liegen (Zweitindex M für Maschine), gilt bei

$n_{y,M} < 0{,}03$ Übergang auf Mehrstufigkeit ($i > 1$) oder Teilbeaufschlagung notwendig mit $j = 1$,

$n_{y,M} > 1{,}5$ Übergang auf Mehrflutigkeit ($j > 1$) erforderlich, wobei meist $i = 1$,

ermittelt unter Hilfe von Gl. (4-77).

Bemerkungen:

Die Größenwerte der Radformkennzahlen n_y, n_q oder σ sind nicht ganz unabhängig von der Verwendung (Pumpen, Turbinen) des jeweiligen Laufrades, weil Schauflungswirkungsgrad η_{Sch} sowie Minderleistungsziffer k_M in die spez. Stufenarbeit eingehen und diese bei Pumpen anders als bei Turbinen sind. Die Radformkennzahlen wären daher nur dann von der Laufrad-Anwendung unabhängig, wenn $Y_{Sch\infty}$ statt ΔY eingesetzt würde.

Die im Sprachgebrauch üblichen Bezeichnungen Langsamläufer, Mittelläufer, Schnellläufer und Schnellstläufer verwirren oftmals. Sie dürfen nicht zu der irrigen Auffassung verleiten, dass z. B. ein Langsamläufer immer mit niedriger und ein Schnellläufer immer mit hoher Drehzahl laufen muss. Die Bezeichnungen sind relativ, d. h. stets im Zusammenhang mit dem Volumenstrom $\dot{V}$ und der spezifischen Stufenarbeit ΔY zu betrachten. Sollte z. B. ein Laufrad der Radform I bei gleich bleibendem Saugmundquerschnitt sowie gleichen Betriebsdaten $\dot{V}$ und ΔY durch einen Läufer der Form III ersetzt werden, müsste dieser wesentlich schneller drehen. Darin begründet sich die Bezeichnung Langsamläufer und Schnellläufer. Der Läufer-Austausch wäre jedoch nicht sinnvoll, da sich ein schlechterer Wirkungsgrad ergäbe.

Laufräder der Form IV (Propeller) sind entweder für höchste Drehzahlen oder für größte Volumenströme und/oder kleinste spezifische Stufenarbeiten zu verwenden (Tabelle 4-2). Da Propellerräder bei hohen Drehzahlen jedoch schlechte Wirkungsgrade und andere Nachteile (Kavitation bzw. Überschall) aufweisen, werden sie meist nur für große Volumenströme und/oder kleine spezifische Stufenarbeit eingesetzt – laufen dabei jedoch mit niedriger Drehzahl. Trotzdem sind Propeller (allgem. Axialräder) Schnellstläufer, da die Radformkennzahl groß ist. Die Bezeichnung Langsam- oder Schnellläufer und dgl. bezieht sich daher ausschließlich auf die Radformkennzahl.

Tabelle 4-2 Bezeichnungen, Radformkennzahl-Bereiche und Anwendung der Radform nach Bild 4-6; Bereiche bedingt durch Gestaltung (Laufrad) und Wirkungsgrad (Bilder 4-5 und 4-7)

Rad-form	Frühere Bezeichnungen	Radformkennzahlen			Anwendung	Tendenz	
		n_y 1	n_q 1/min	σ 1		$\dot{V}$	ΔY
I	Radialrad Hochdruckrad Langsamläufer	0,03 … 0,12	10 … 40	0,06 … 0,26	niedrige Drehzahl und/oder kleiner Durchsatz und/oder große spez. Stufenarbeit	klein	groß
II	Halbaxialrad FRANCIS-Rad Mitteldruckrad Mittelläufer	0,12 … 0,24	40 … 80	0,26 … 0,52	mittlere Drehzahl und/oder mittlerer Durchsatz und/oder mittlere spez. Stufenarbeit	zunehmend ↓	abnehmend ↓
III	Diagonalrad Schraubenrad Niederdruckrad Schnellläufer	0,24 … 0,48	80 … 160	0,52 … 1,04	hohe Drehzahl und/oder großer Durchsatz und/oder kleine spez. Stufenarbeit		
IV	Axialrad Propeller Niederdruckrad Schnellstläufer	0,3 … 1,5	100 … 500	0,64 … 3,2	höchste Drehzahl und/oder größter Durchsatz und/oder kleinste spez. Stufenarbeit	groß	klein

Bei Pumpen und Wasserturbinen finden, abhängig vom Anwendungsfall, alle Maschinenarten Verwendung, d. h. sowohl Radial- als auch Axialausführungen. Der Dampf- und Gasturbinenbau dagegen kennt praktisch nur noch Axialmaschinen; gleichgültig, ob Volumenstrom und Energiegefälle groß oder klein sind. Durch die zuvor schon erwähnte Teilbeaufschlagung (bei Gleichdruckwirkung) ist es möglich, auch bei kleinem Volumenstrom Axialausführungen anzuwenden. Andererseits können durch entsprechende radiale Schaufelerstreckung (Schaufelbreite b) große bis größte Volumenströme verarbeitet werden und mit vielen Stufen große Energiegefälle.

PETERMANN [24] gibt eine übersichtliche Darstellung der Verhältnisse bei axialen Dampf- und Gasturbinenschaufeln, die in Bild 4-7 in abgewandelter Form wiedergegeben ist. Das Bild bestätigt, dass mit Axialmaschinen bei kleinen Schaufellängen und partieller Beaufschlagung sehr kleine spez. Drehzahlen verwirklichbar sind.

Die ganz links dargestellte Axialbeschaufelung (Bild 4-7a) mit dem relativ geringen Verhältnis $D_{(m)}/b = 2{,}4$ finden allerdings nur bei Propellern für Kreiselpumpen, Wasserturbinen und Kreiselverdichtern Anwendung. Bei Dampf- und Gasturbinen sollte der Wert des Quotienten $D_{(m)}/b$ mindestens etwa 3 betragen, also $D_{(m)}/b \geqq 3$.

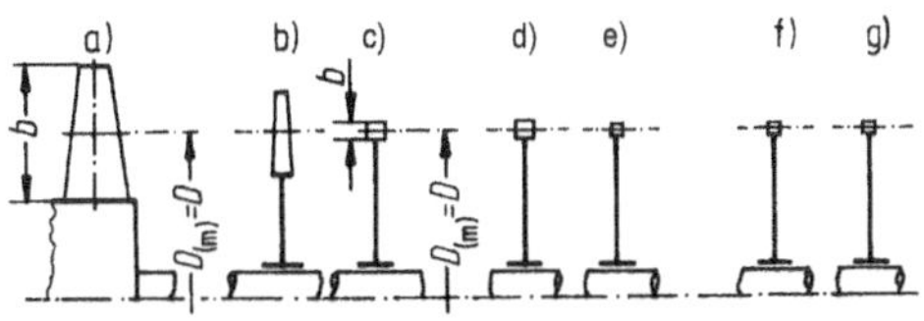

Bild 4-7 Axialräder mit verschiedenen Kennziffern (Reaktionsgrad r und Schnellläufigkeit n_y) sowie Beaufschlagungsgrad ε (PFLEIDERER). Dabei ist ε = beaufschlagter Bogen/Radumfang. $\varepsilon = 1$ bedeutet Vollbeaufschlagung, $\varepsilon < 1$ Teilbeaufschlagung. Die Zahlenwerte, welche für $\alpha_0 = 90°$ gelten, der einzelnen skizzierten Axialbeschaufelungen (Prinzipdarstellungen) betragen:

a) $D/b = 2{,}4$, $r = 0{,}92$, $n_y = 0{,}9$, $\varepsilon = 1$
b) $D/b = 4$, $r = 0{,}5$, $n_y = 0{,}19$, $\varepsilon = 1$
c) $D/b = 20$, $r = 0{,}5$, $n_y = 0{,}08$, $\varepsilon = 1$
d) $D/b = 20$, $r = 0$, $n_y = 0{,}05$, $\varepsilon = 1$
e) $D/b = 66{,}6$, $r = 0$, $n_y = 0{,}027$, $\varepsilon = 1$
f) $D/b = 66{,}6$, $r = 0$, $n_y = 0{,}019$, $\varepsilon = 0{,}5$
g) $D/b = 66{,}6$, $r = 0$, $n_y = 0{,}006$, $\varepsilon = 0{,}05$

Abschließend kann noch zusammenfassend festgehalten werden:

Die spez. Drehzahl kennzeichnet letztlich nur dann die Radform, wenn gleichzeitig festgehalten wird, ob eine Radial- oder Axialmaschine ausgeführt werden soll und ob totale oder partielle Beaufschlagung verwirklichbar ist. Hohe Schnellläufigkeit ist stets nur mit Axialrädern möglich. Niedere spez. Drehzahl erfordert für Axialmaschinen-Einsatz dagegen Teilbeaufschlagung oder Mehrstufigkeit. Radialräder sind deshalb zumindest dann immer notwendig, wenn Teilbeaufschlagung nicht ausführbar und Mehrstufigkeit nicht gewünscht ist, z. B. bei Kreiselpumpen und -verdichtern. Die Fliehkräfte bewirken bei Axialrädern nur Zugbeanspruchung. Daher erlauben Axialausführungen höhere Drehzahlen, weshalb bei Dampf- und Gasturbinen fast ausschließlich sowie oft bei Verdichtern angewendet.

Hinweise:

Der Volumenstrom $\dot{V}_{\text{La}}$ im Laufrad unterscheidet sich infolge der sog. Spaltverluste, also der Dichtungsverluste, von dem Durchsatzstrom $\dot{V}$ der Maschine. Bei Pumpen ist $\dot{V}$ um die Spaltverluste $\dot{V}_{\text{Sp}}$ kleiner, bei der Turbine größer als $\dot{V}_{\text{La}}$. Die Spaltverluste werden durch den sog. **Liefergrad** λ_{L} (Abschnitt 8.5.2) berücksichtigt, weshalb:

$$\dot{V} = \lambda_{\text{L}}^{\pm 1} \cdot \dot{V}_{\text{La}} \tag{4-91}$$

Hierbei wieder: oberes Vorzeichen für Pumpen
unteres Vorzeichen für Turbinen

Richtwerte für den Liefergrad λ_{L}:

Pumpen $\lambda_{\text{L}} = 0{,}85 \ldots 0{,}95$
Turbinen $\lambda_{\text{L}} = 0{,}90 \ldots 0{,}98$

Bei den Radformkennzahlen müsste eigentlich mit dem durch das Laufrad fließenden Volumenstrom $\dot{V}_{\text{La}}$ gerechnet werden. Da es sich jedoch für die verschiedenen Laufradformen nicht um Kennzahlen-Werte, sondern um Kennzahlen-Bereiche handelt, kann der geringe Einfluss der Spaltverluste meist vernachlässigt und deshalb mit dem Maschinen-Volumenstrom, dem Durchsatz $\dot{V}$, gerechnet werden. Selbst beim schlechtesten Liefergrad von 0,85 ist die Abweichung nur $(1 - \sqrt{0{,}85}) = 0{,}08 \mathrel{\widehat{=}} 8\,\%$ zwischen den n_y-Berechnungen mit $\dot{V}$ bzw. $\dot{V}_{\text{La}}$.

Bei der spezifischen Stutzenarbeit Y und damit bei der spezifischen Stufenarbeit ΔY sind die Rohrleitungsverluste entsprechend zu berücksichtigen. Bei Pumpen müssen die Rohrleitungsverluste zur Förderhöhe hinzugerechnet (addiert), bei Turbinen abgerechnet (subtrahiert) werden. Sollten die Rohrleitungsverluste nicht bekannt sein, können sie bei der ersten Informationsrechnung für die Radformkennzahl unberücksichtigt bleiben. Auch dies begründet sich hier darin, dass für die verschiedenen Radformen Kennzahlbereiche vorhanden sind. Nur bei Werten am Bereichsrand ist, wie schon erwähnt, genauere Berechnung notwendig.

Infolge erschwerter Herstellung aus geschmiedetem oder gewalztem Werkstoff – notwendig wegen Fliehkraftbeanspruchung – werden bei Verdichtern Radformen II und III seltener verwendet.

Bemerkung: Bezeichnet werden auch:

- Druckziffer ψ (Gl. (4-40)), Lieferziffer φ (Gl. (4-59); (4-63)) als **Betriebsdaten-Kennwerte**.
- Durchmesserziffer δ (Gl. (4-72)) und Radformkennzahlen, n_y nach Gl. (4-75) bzw. σ gemäß Gl. (4-85) als **Bauform-Kennzahlen**.

4.3.3.6 Relative Drallziffer

Die relative Drallzahl δ_{r} kennzeichnet den Drall des Fluidstromes an der Saugseite bzw. -kante des Laufrades. Bei Pumpen wird dieser Drall als **Vordrall**, bei Turbinen als Rest- oder **Abströmdrall** bezeichnet.

Definition:

$$\delta_{\text{r}} = (u_1 - c_{0\text{u}})/u_1 = 1 - c_{0\text{u}}/u_1 = |w_{0\text{u}}|/u_1 \tag{4-92}$$

Die relative Drallziffer ist demnach das Verhältnis von Umfangskomponente der Relativgeschwindigkeit bei ungestörter Strömung und der Umfangsgeschwindigkeit des Laufrades an der Saugkante. Die Drallziffer drückt daher aus, ob der Durchströmgeschwindigkeit des Fluidstromes im Saugraum eine Drehkomponente überlagert ist (in oder entgegen der Laufraddrehung).

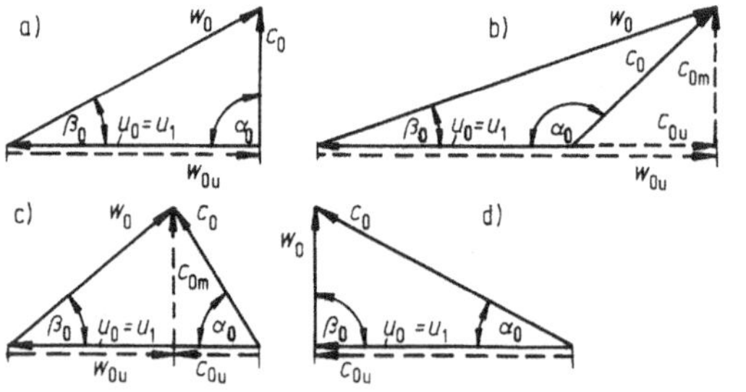

Bild 4-8 Saugseiten-Geschwindigkeitsdreiecke bei verschiedenen Absolutströmungswinkeln α_0.
a) Drallfreiheit (Regelfall) $\alpha_0 = 90°$, b) Gegendrall $\alpha_0 > 90°$, c) Gleichdrall $\alpha_0 < 90°$, d) Grenzfall $\beta_0 = 90°$ und $\alpha_0 < 90°$. Bezugsrichtung ist Laufraddrehung u

Vier Fälle sind zu unterscheiden (Bild 4-8):

$\delta_{\text{r}} = 1$ *Drallfreiheit* (Regelfall), Bild 4-8a

$$\alpha_0 = 90° \rightarrow c_{0\text{u}} = 0;\; w_{0\text{m}} = c_{0\text{m}} = c_0;\; |w_{0\text{u}}| = u_1$$

$\delta_r > 1$ *Gegendrall* (negativer Drall), Bild 4-8b

$$\alpha_0 > 90° \rightarrow c_{0u} \downarrow\uparrow u_1;\ 0 < |c_{0u}| < u_1;\ w_{0m} = c_{0m}$$

$$|w_{0u}| = u_1 - c_{0u} = u_1 + |c_{0u}| > u_1$$

$\delta_r < 1$ *Gleichdrall* (positiver Drall), Bild 4-8c

$$\alpha_0 < 90° \rightarrow c_{0u} \uparrow\uparrow u_1;\ 0 < |c_{0u}| < u_1;\ w_{0m} = c_{0m}$$

$$|w_{0u}| = u_1 - |c_{0u}| = u_1 - c_{0u} < u_1$$

$\delta_r = 0$ *Grenzfall*, Bild 4-8d

$$\beta_0 = 90° \rightarrow c_{0u} \uparrow\uparrow u_1;\ c_{0u} = u_1;\ w_0 = w_{0m} = c_{0m}$$

$$|w_{0u}| = u_1 - c_{0u} = 0$$

4.3.3.7 Einlaufziffer und Abströmwert

Die Einlasszahl ε bei Pumpen und der Auslasswert ε^2 bei Turbinen verbinden die meridiane Saugseitengeschwindigkeit c_{0m} mit der spezifischen Stufenarbeit ΔY, genauer, mit der ΔY zugeordnet gedachten Geschwindigkeit $c_{Dü} = \sqrt{2 \cdot \Delta Y}$. Die Geschwindigkeit $c_{Dü}$ würde bei vollständigem Umsetzen der spezifischen Stufenarbeit ΔY in kinetische Energie mithilfe einer verlustlosen Düse entstehen (Gl. (4-78) mit $\Delta Y = \Delta p/\varrho$ bei $\varrho \approx$ konst).

Definitionen:

Einlaufzahl ε, vor allem bei *Pumpen* verwendet:

$$\varepsilon = c_{0m}/c_{Dü} = c_{0m}/\sqrt{2 \cdot \Delta Y} \tag{4-93}$$

Abströmwert ε^2, vor allem bei *Turbinen* verwendet:

$$\varepsilon^2 = (c_{0m}/c_{Dü})^2 = c_{0m}^2/(2 \cdot \Delta Y) \tag{4-94}$$

Zudem üblicherweise (Richtwert-Bereich):

$$c_{0m} \approx (1 \ldots 1{,}25) \cdot c_{SM} \tag{4-95}$$

Diese Kenngrößen werden hauptsächlich bei Pumpen (KP, KV) und Wasserturbinen benützt.

Die Einlaufzahl ε wird bei **Pumpen** angewendet, um c_{0m} festzulegen, die Meridiankomponente der Absolutgeschwindigkeit des Fluidstromes auf der Laufradsaugseite. Mit c_{0m} und dem durchzusetzenden Volumenstrom lassen sich die saugseitigen Laufradabmessungen berechnen.

Der Abströmwert ε^2 kennzeichnet bei **Turbinen** die mit dem Fluidstrom abfließende Strömungsenergie und somit den dadurch auftretenden Energieverlust.

Hinweis: ε steht auch als Symbol für Beaufschlagungsgrad (Bild 4-7). Deshalb nicht verwechseln!

Festzuhalten ist:

Die Meridiangeschwindigkeit c_{0m} hängt vom Volumenstrom und den saugseitigen Radabmessungen ab. Die spez. Stufenarbeit dagegen wird durch die druckseitigen Radabmessungen und die Drehzahl bestimmt. Die beiden Kennzahlen ε und ε^2 verbinden somit die beiden Radseiten des Laufrades miteinander. Grob betrachtet, sind die beiden Laufradseiten, d. h. Saugseite (SS) und Druckseite (DS), jedoch unabhängig voneinander. Sie stehen ansonsten lediglich über die Radformkennzahl in Beziehung. Je nach Betrachtungsweise kann dies als Nach- oder Vorteil gewertet werden.

Da Einlaufzahl bzw. Abströmwert und Radformkennzahl über $\dot{V}$ (SS) und ΔY (DS) die beiden Laufradseiten miteinander verbinden, müssen sie voneinander abhängen. Die von PFLEIDERER [29] durchgeführte Verknüpfung der beiden Größen ε und n_y soll hier verändert wiedergegeben werden:

Die Saugmundgeschwindigkeit c_{SM} folgt aus Durchflussgleichung mit Liefergrad $\lambda_L^{\pm 1} = \dot{V}/\dot{V}_{La}$ und Nabenverengungsfaktor $k_N = 1 - (D_N/D_{SM})^2$:

$$c_{SM} = \frac{\dot{V}_{La}}{A_{SM}} = \frac{\dot{V}}{\lambda_L^{\pm 1} \cdot (D_{SM}^2 - D_N^2) \cdot \pi/4}$$

$$= \frac{\dot{V}}{\lambda_L^{\pm 1} \cdot k_N \cdot D_{SM}^2 \cdot \pi/4} \tag{4-96}$$

Mit der meist zulässigen Annahme $c_{0m,(a)} \approx c_{SM}$ und aus dem allgemeinen Saugseiten-Geschwindigkeitsdreieck nach Bild 4-9 sowie der relativen Drallzahl $\delta_{r,(a)} = 1 - c_{0u,(a)}/u_{1,(a)}$ für den Außenpunkt (a_1) der Saugkante folgen, wenn einfachheitshalber Fußzahl 1 bei (a_1) weggelassen:

$$c_{0m,(a)} = w_{0m,(a)} \cdot \tan \beta_{0,(a)}$$

$$c_{0m,(a)} = (u_{1,(a)} - c_{0u,(a)}) \cdot \tan \beta_{0,(a)}$$

$$c_{0m,(a)} = u_{1,(a)} \cdot (1 - c_{0u,(a)}/u_{1,(a)}) \cdot \tan \beta_{0,(a)}$$

$$c_{0m,(a)} = u_{1,(a)} \cdot \delta_{r,(a)} \cdot \tan \beta_{0,(a)} \tag{4-97}$$

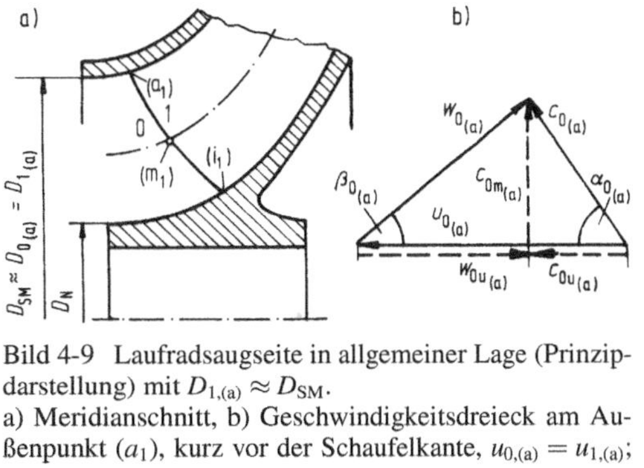

Bild 4-9 Laufradsaugseite in allgemeiner Lage (Prinzipdarstellung) mit $D_{1,(a)} \approx D_{SM}$.
a) Meridianschnitt, b) Geschwindigkeitsdreieck am Außenpunkt (a_1), kurz vor der Schaufelkante, $u_{0,(a)} = u_{1,(a)}$; $\alpha_{0,(a)} = \alpha_0$; $c_{0m,(a)} = w_{0m,(a)}$; $c_{0m,(a)} = c_{0m,(m)} = c_{0m,(i)} = c_{0m}$

Gleichung (4-97) eingesetzt in Gl. (4-96) ergibt:

$$u_{1,(a)} \cdot \delta_{r,(a)} \cdot \tan\beta_{0,(a)} = \dot{V}/(\lambda_L^{\pm 1} \cdot k_N \cdot D_{SM}^2 \cdot \pi/4)$$

wobei $u_{1,(a)} = D_{1,(a)} \cdot \pi \cdot n$.

Die weitere Annahme $D_{1,(a)} \approx D_{SM}$, d. h. Schaufelsaugkante nach Bild 4-9a entsprechend weit in den Laufrad-Saugmund vorgezogen, führt zu:

$$D_{SM} \cdot \pi \cdot n \cdot \delta_{r,(a)} \cdot \tan\beta_{0,(a)} = \dot{V}/(\lambda_L^{\pm 1} \cdot k_N \cdot D_{SM}^2 \cdot \pi/4)$$

Hieraus folgt für den Saugmund-Durchmesser

$$D_{SM} = \sqrt[3]{\frac{4 \cdot \dot{V}}{\pi^2 \cdot \lambda_L^{\pm 1} \cdot \delta_{r,(a)} \cdot k_N \cdot n \cdot \tan\beta_{0,(a)}}} \quad (4\text{-}98)$$

Gleichung (4-97) in Definitionsansatz der Einlaufziffer (Gl. (4-93)) eingesetzt, bei der Näherung $\varepsilon \approx \varepsilon_{(a)}$:

$$\varepsilon \approx \varepsilon_{(a)} = \frac{c_{0m,(a)}}{\sqrt{2 \cdot \Delta Y}} = \frac{u_{1,(a)} \cdot \delta_{r,(a)} \cdot \tan\beta_{0,(a)}}{\sqrt{2 \cdot \Delta Y}}$$

Wieder $u_{1,(a)} = D_{1,(a)} \cdot \pi \cdot n \approx D_{SM} \cdot \pi \cdot n$ mit D_{SM} nach Gl. (4-98) ersetzt, liefert:

$$\varepsilon = \frac{\pi \cdot n \cdot \delta_{r,(a)} \cdot \tan\beta_{0,(a)}}{\sqrt{2 \cdot \Delta Y}} \cdot \sqrt[3]{\frac{4 \cdot \dot{V}}{\pi^2 \cdot \lambda_L^{\pm 1} \cdot \delta_{r,(a)} \cdot k_N \cdot n \cdot \tan\beta_{0,(a)}}}$$

Zusammengefasst und vereinfacht, führt zu:

$$\varepsilon = \sqrt[3]{\frac{\pi^3 \cdot n^3 \cdot \delta_{r,(a)}^3 \cdot \tan^3\beta_{0,(a)} \cdot 4 \cdot \dot{V}}{2^{3/2} \cdot \Delta Y^{3/2} \cdot \pi^2 \cdot \lambda_L^{\pm 1} \cdot \delta_{r,(a)} \cdot k_N \cdot n \cdot \tan\beta_{0,(a)}}}$$

Mit $n^2 \cdot \dot{V}/\Delta Y^{3/2} = (n \cdot \dot{V}^{1/2}/\Delta Y^{3/4})^2 = n_y^2$ folgt:

$$\varepsilon = \sqrt[3]{\pi \cdot 2^{1/2}} \cdot \left(\delta_{r,(a)} \cdot \tan\beta_{0,(a)} \cdot \sqrt{\lambda_L^{\mp 1}/k_N} \cdot n_y\right)^{2/3}$$

Für die Einlaufzahl ε ergibt sich somit letztlich der Ausdruck

$$\varepsilon = 1{,}64 \cdot \left(\delta_{r,(a)} \cdot \tan\beta_{0,(a)} \cdot \sqrt{\lambda_L^{\mp 1}/k_N} \cdot n_y\right)^{2/3} \quad (4\text{-}99)$$

Diese Beziehung bestätigt die Abhängigkeit zwischen Einlaufziffer ε und spezifischer Drehzahl n_y.

Wenn die Größen $\delta_{r,(a)}$, $\beta_{0,(a)}$, λ_L, k_N und n_y bekannt oder erfahrungsgemäß festgelegt sind, kann aus Gl. (4-99) Ziffer ε und damit aus Gl. (4-93) bzw. (4-94) Geschwindigkeit c_{0m} berechnet werden.

Anwendung von Gl. (4-99), um ε bzw. ε^2 zu ermitteln und damit festzulegen:

Axialräder: Da der Nabenverengungsfaktor k_N und die relative Drallzahl $\delta_{r,(a)}$ oft zwischen weit gesteckten Grenzen schwanken, sollte ε stets mit Hilfe der Beziehung (4-99) festgelegt werden.

Radialräder: Meist so ausgelegt, dass $\delta_{r,(a)} = \delta_r = 1$, d. h., die Fluidströmung ist auf der Laufradsaugseite drallfrei (Regelfall). Außerdem näherungsweise mit $k_N \approx 0{,}8$ und $\lambda_L \approx 0{,}9$ (Mittelwerte). Um gutes Saugverhalten (Kapitel 5) zu erreichen, sollte zudem der Relativstromwinkel $\beta_{0,(a)}$ auf der Laufradsaugseite bestimmte Werte erreichen (Abschnitte 5.2.3 sowie 5.3.3), und zwar

- KP und WT $\quad \beta_{0,(a)} \approx 14 \ldots 18°$
- KV $\quad \beta_{0,(a)} \approx 32 \ldots 36°$

Mit diesen Werten ergibt sich für die Einlaufziffer ε bei:

Kreiselpumpen (KP)

$$\varepsilon = 1{,}64 \cdot [1 \cdot \tan(14 \ldots 18°) \cdot \sqrt{0{,}9^{-1}/0{,}8}]^{2/3} \cdot n_y^{2/3}$$

$$\varepsilon = (0{,}73 \ldots 0{,}87) \cdot n_y^{2/3} \quad (4\text{-}100)$$

Kreiselverdichter (KV)

$$\varepsilon = 1{,}64 \cdot [1 \cdot \tan(32 \ldots 36°) \cdot \sqrt{0{,}9^{-1}/0{,}8}]^{2/3} \cdot n_y^{2/3}$$

$$\varepsilon = (1{,}34 \ldots 1{,}48) \cdot n_y^{2/3} \quad (4\text{-}101)$$

Wasserturbinen (WT)

$$\varepsilon = 1{,}64 \cdot [1 \cdot \tan(14 \ldots 18°) \cdot \sqrt{0{,}9/0{,}8}]^{2/3} \cdot n_y^{2/3}$$

$$\varepsilon = (0{,}68 \ldots 0{,}81) \cdot n_y^{2/3} \quad (4\text{-}102)$$

$$\varepsilon^2 = (0{,}46 \ldots 0{,}65) \cdot n_y^{4/3} \quad (4\text{-}103)$$

Entsprechend der Herleitung von Gl. (4-99) und damit den daraus folgenden Beziehungen (4-100) bis (4-102) gelten diese nur für Räder mit in den Saugmund vorgezogenen Saugkanten, sodass $D_{1,(a)} \approx D_{SM}$. Bei reinen Radialrädern (Langsamläufer, Radform I) trifft dies jedoch meist nicht zu, sondern erst ab den Halbaxialrädern (Mittelläufer, Radform II). Wie noch begründet wird (Abschnitt 6.1.3) erhalten Langsamläufer nach außen verlegte Saugkanten, d. h. hinter die Deckscheibenkrümmung verschoben ($D_1 > D_{SM}$). Dies würde in Gl. (4-100) eine entsprechend anpassende Änderung erfordern. Die Erfahrung lehrt jedoch, dass die ε-Werte nach Gl. (4-99) bis (4-102) in guter Näherung auch für reine Radialräder gelten.

Die Beziehungen weiter für **Langsamläufer**, also Radform I ($n_y = 0{,}03 \ldots 0{,}12$) ausgewertet:

Kreiselpumpen: Aus Gl. (4-100)

$$\varepsilon = (0{,}73 \ldots 0{,}87) \cdot (0{,}03^{2/3} \ldots 0{,}12^{2/3})$$

$$\varepsilon = 0{,}07 \ldots 0{,}21 \qquad (4\text{-}104)$$

wobei kleine Werte für kleine n_y und β_0
große Werte für große n_y und β_0

jeweils innerhalb der Bereiche

$$n_y = 0{,}03 \ldots 0{,}12 \quad \text{und} \quad \beta_0 = 14^\circ \ldots 18^\circ$$

Kreiselverdichter: Nach Gl. (4-101)

$$\varepsilon = (1{,}34 \ldots 1{,}48) \cdot (0{,}03^{2/3} \ldots 0{,}12^{2/3})$$

$$\varepsilon = 0{,}13 \ldots 0{,}36 \qquad (4\text{-}105)$$

auch hier kleine Werte für kleine n_y und β_0
große Werte für große n_y und β_0

jeweils innerhalb der Bereiche

$$n_y = 0{,}03 \ldots 0{,}12 \quad \text{und} \quad \beta_0 = 32^\circ \ldots 36^\circ$$

Wasserturbinen: Mit Gl. (4-102)

$$\varepsilon = (0{,}68 \ldots 0{,}81) \cdot (0{,}03^{2/3} \ldots 0{,}12^{2/3})$$

$$\varepsilon = 0{,}07 \ldots 0{,}20 \quad \text{bzw.} \qquad (4\text{-}106)$$

$$\varepsilon^2 = 0{,}005 \ldots 0{,}04$$

Hierbei wieder Auswahl (Festlegung) der Werte entsprechend den Hinweisen zu Gl. (4-104).

Die Auswertung für die anderen Laufradformen erfolgt entsprechend.

Bemerkung: Durch Festlegen von ε innerhalb der angegebenen Bereiche nach Beziehungen (4-100) bis (4-106) wird gleichzeitig über den Relativströmungswinkel $\beta_{0,(a)}$ und damit β_0 verfügt. Gegebenenfalls, d. h. bei abweichenden Werten (gesamt oder einzeln) von β_0, k_N, λ_L sowie für $\delta \neq 1$ ist Ausgangsbeziehung Gl. (4-99) zu verwenden.

Hinweis: Zugehörige Übungsbeispiele Ü8 bis Ü14 beim digitalen Zusatzmaterial.

5 Kavitation und Überschall

5.1 Vorbemerkungen

Tropfbare Fluide (Flüssigkeiten) verdampfen, wenn der zu ihrer jeweiligen Temperatur gehörende Dampfdruck erreicht bzw. unterschritten wird. Dabei ist gleichgültig, ob die Flüssigkeit ruht oder sich bewegt. An allen Stellen, an denen der Druck im strömenden inkompressiblen Fluid den zugehörigen Siededruck erreicht oder unterschreitet, findet örtliches Verdampfen statt. Die lokal entstehenden Dampfblasen werden von der Strömung mitgerissen und fallen an Stellen höheren Druckes (höher als der dazugehörende Dampfdruck!) plötzlich wieder in sich zusammen. Der Gesamtvorgang wird als **Kavitation** bezeichnet.

Nichttropfbare Fluide (Gase, Dämpfe) strömen verschiedentlich mit Überschallgeschwindigkeit. Aus der Fluidmechanik ist bekannt, dass bei der Verzögerung solcher überschallschneller Strömungen (meist durch äußere Einflüsse ausgelöst) sprungartige Geschwindigkeits- und damit verbunden Druckänderungen auftreten können. Derartige plötzliche Geschwindigkeitsänderungen, die mit einer ebenso stoßartigen Änderung des gesamten Fluidzustandes (Druck, Dichte, Temperatur) gekoppelt sind, werden als **Verdichtungsstöße** bezeichnet. Dabei ist zwischen senkrechten und schrägen Verdichtungsstößen zu unterscheiden. Bei senkrechten Verdichtungsstößen, die sehr verlustbehaftet sind, erfolgt immer ein Übergang von Über- in Unterschallgeschwindigkeit. Die weniger verlustreichen schrägen Verdichtungsstöße (auch als schiefe Verdichtungsstöße bezeichnet) führen dagegen nicht zwangsläufig von Über- auf Unterschall, jedoch erfolgt stets eine sprungartige Geschwindigkeitsreduktion und Zustandsänderung des strömenden Gases oder Dampfes.

Beide physikalischen Phänomene, das Verdampfen (Aggregatzustandsänderung) tropfbarer Fluide und Verdichtungsstöße in nichttropfbaren Fluiden, müssen bei den Strömungen innerhalb Turbomaschinen beachtet werden. Die Erscheinungen beeinflussen die Maschine hinsichtlich Wirkungsgrad, Einsetzbarkeit, Lebensdauer, Geräusch sowie Verhalten (Arbeitsweise) und treten an analogen Stellen auf. Besonders Axialschaufeln sind, wie Versuche bestätigen, neben schnellem Strömungsabreißen kavitations- bzw. überschallanfällig.

5.2 Kavitation

5.2.1 Ablauf, Wirkung, Werkstoffe, Einflüsse

5.2.1.1 Grundsätzliches

Der Vorgang des Entstehens und anschließenden Zusammenbrechens meist nur örtlich auftretender Dampfblasenmuster wird, wie schon erwähnt, als **Kavitation**[1], oder **Hohlsogwirkung** bezeichnet. Verschiedentlich wird noch unter Kavitation nur das Entstehen dampfgefüllter Hohlräume in einer Flüssigkeit, also das Verdampfen ohne äußere Wärmezufuhr, verstanden. Das Zusammenbrechen der kleinen Dampfräume bleibt dabei außer Betracht. Dies ist nicht ausreichend, geht doch die Hauptwirkung des Phänomens nicht vom Entstehen, sondern vom plötzlichen Zusammenfallen (implodieren) der Dampfblasen aus.

Die dampfgefüllten Hohlräume entstehen an den Stellen im Strömungsfeld, an denen der Siededruck der strömenden Flüssigkeit erreicht oder unterschritten wird. Die Dampfblasen werden von der Strömung mitgenommen und brechen zusammen, sobald der statische Strömungsdruck den Dampfdruck der Flüssigkeit wieder überschreitet.

Kavitationsgefährdete Bereiche in der Strömung verdampfbarer Fluide sind somit diejenigen kleinsten Druckes. Nach der Energiegleichung (BERNOULLI-Gleichung) sind dies die Stellen größter Geschwindigkeit, d. h. mit sog. **Übergeschwindigkeit**. Bevor der Ablauf und die Wirkung des physikalischen Phänomens „Kavitation“ sowie die notwendigen Gegenmaßnahmen genauer dargestellt werden, wird zum besseren Verständnis kurz auf den Verdampfungsvorgang eingegangen. Außerdem erscheint es sinnvoll, die Tatsache und Folgen, dass Flüssigkeiten Gase (insbesondere Luft) gelöst enthalten, kurz zu streifen.

Verdampfung. Flüssigkeit verdampft, d. h. ändert ihren Aggregatzustand, bei einem ganz bestimmten, zur jeweiligen Temperatur gehörenden Druck, dem sog. Siededruck. Entsprechend erfordern Flüssigkeitsgemische einen Druckbereich. Den Zusammen-

[1] Kavitation von cavus (lat.) ... hohl, Kavität ... Hohlraum.

hang gibt die **Dampfdruckkurve**. Das Dampfdruckdiagramm von Wasser, der wichtigsten Flüssigkeit, ist in Tafel 9 (digitales Zusatzmaterial) enthalten.

Verdampfungskeime. Zur Verdampfung sind neben Wärme noch sog. Verdampfungskeime notwendig, von denen die Dampfblasenbildung ausgeht.

Verdampfungskeime (auch -kerne genannt) können mikroskopisch kleine Luftbläschen, Wandrauigkeiten und Verunreinigungen sein. Je weniger Verdampfungskeime vorhanden sind, desto größere Übertemperatur ist notwendig, bis der Verdampfungsvorgang einsetzt. Das bedeutet umgekehrt, desto stärker muss bei konstanter Temperatur der Fluiddruck unter den zugehörigen Dampfdruck abgesenkt werden. Diese Erscheinung wird auch **Siedeverzug** oder Siede-Relaxation [1] genannt. ZIEGLER [2] konnte durch Versuche bestätigen, dass strömendes kaltes Wasser von technischer Reinheit sogar negative Drücke, also Zugspannungen, aufnehmen kann. Der erreichbare negative Druck ist umso größer, je kleiner der Luftgehalt des Wassers und desto größer die Strömungsgeschwindigkeit. Im Labor sind chemisch reinem und gasfreiem kaltem Wasser Zugspannungen bis 250 bar aufprägbar.

Geringer Luftgehalt ermöglicht nur wenig Verdampfungskeime. Die Keimbildung benötigt entsprechend Zeit. Bei großer Strömungsgeschwindigkeit reicht die verfügbare Zeit zur Keimbildung nicht aus, sodass der Keimbildungsvorgang gestört wird, insbesondere durch die bei technischen Strömungen immer vorhandene Turbulenz, die das Ausscheiden gelöster Luft aus der strömenden Flüssigkeit erschwert oder gar verhindert.

Erreicht die Zugspannung ausreichend große Werte, zerreißt der Molekülverband und die Flüssigkeit verdampft. Normalerweise „zerreißt" Flüssigkeit jedoch in der Nachbarschaft ihres zur jeweiligen Temperatur gehörenden Dampfdruckes.

Normales Wasser, die wichtigste technische Flüssigkeit, ist immer so weit verunreinigt und enthält stets so viel gelöste Gase (vor allem Luft), dass ausreichend Verdampfungskeime vorhanden sind. Das gleiche gilt meist auch für die anderen technisch genützten Flüssigkeiten.

Wärmeübertragung. Zur Verdampfung ist zudem Wärme notwendig, deren Übertragung neben Zeit eine Temperaturspanne erfordert. Je größer der Temperaturunterschied, desto kürzer ist die zur Wärmezufuhr notwendige Zeit. Bei der Kavitation kommt die zur Verdampfung erforderliche Wärme nicht von außen, sondern aus der umgebenden Flüssigkeit. Deshalb muss der Druck in der Strömung entsprechend dem zur schnellen Wärmeübertragung notwendigen Temperatursprung unter den zur Fluidtemperatur gehörenden Dampfdruck absinken. Der Siedeverzug wird dadurch erhöht.

Zusammenfassung der Effekte. Beide Effekte, Verdampfungskeime und Wärmeübertragung, kumulieren. Sie erfordern deshalb entsprechenden Siedeverzug und damit ausreichend große Druckabsenkung. Diese Erscheinungen erschweren somit die Kavitation etwas, was vorteilhaft ist.

Gasabsorption. Flüssigkeiten lösen (absorbieren) Gase. Das von einer Flüssigkeit absorbierte Gasvolumen ist vom Zustand, d. h. Druck und Temperatur, abhängig. Nach dem **Absorptionsgesetz von HENRY** ist das in einer Flüssigkeit bis zu ihrer Sättigung lösbare Gasvolumen bei unveränderter Temperatur für jeden Druck gleich groß. Deshalb wächst die absorbierte Gasmenge $m = (pV)/(RT)$ mit steigendem Druck. Auch verringert sich die absorbierbare Gasmasse mit zunehmender Temperatur. Mit sinkendem Druck dehnt sich Gas aus. Bei einer Lösung von Gas in Wasser vergrößert sich deshalb durch Drucksenkung das gelöste Gasvolumen. Dadurch nähert sich auch eine zunächst ungesättigte Flüssigkeit-Gas-Lösung bei genügender Druckabsenkung der Sättigungsgrenze. Wird diese durch weitere Druckabnahme unterschritten, scheidet sich das überschüssige Gasvolumen (meist Luft), das nicht mehr in Lösung gehalten werden kann, in Form von kleinen Bläschen aus, falls die erforderliche Zeit vorhanden ist. Dieser Vorgang wird auch zum Entgasen von Flüssigkeiten, z. B. Speisewasser für Dampfkessel, technisch genützt.

Ausscheiden von gelöstem Gas aus Flüssigkeit ist eine andere Form von Hohlraumbildung und darf deshalb nicht mit Kavitation verwechselt werden. Bei Wasser mit hohem Luftgehalt setzt die Luftausscheidung bereits vor der Dampfbildung ein, also vor der Kavitation. Da sich der Gesamtdruck eines Gasgemisches nach DALTON aus den Teildrücken (Partialdrücken) der Einzelgase (Gasanteile) zusam-

[1] Relaxation ... Nachhinkung, Erschlaffung, Entspannung.

[2] ZIEGLER, G.: Zugspannungen in strömendem Wasser. Maschinenbau u. Wärmewirtschaft 9 (1954), H. 12.

mensetzt, beginnt die Kavitation bei Anwesenheit von gelöster Luft oder anderen Gasen deshalb bereits bei höherem Druck, als dem Dampfdruck des Wassers entspricht. Die meist vorhandenen vielen freien Gasbläschen wirken dabei als Verdampfungskeime unterstützend.

Diese Tatsache ist von der Sicht der Kavitationsunterdrückung nachteilig und kompensiert den zuvor beschriebenen Siedeverzug, der bis ca. 50 °C betragen kann, mehr oder weniger weitgehend. Wenn das ausgeschiedene Gas bei höherem Druck wieder in Lösung geht, geschieht dies zudem nicht schlagartig wie das Kondensieren von Dampf. Die Hohlraumbildung durch Ausscheiden von Gas hat daher nicht die noch zu beschreibende schädliche Auswirkung der „Dampf"-Kavitation. Die ausgeschiedene Luft dämpft vielmehr – als gewissermaßen dazwischengeschobenes Polster – den Aufprall der zusammenbrechenden Dampfblasen auf die Wandungen. Bei hydraulischen Strömungsmaschinen wird deshalb oftmals an kritischen Zonen Luft in geringen Mengen von außen zugeführt (eingeschnüffelt), um durch diesen Dämpfungseffekt die zerstörende Wirkung auftretender Kavitation zu mindern. Der natürliche Gehalt des Wassers an gelöster Luft dagegen beeinflusst das Kavitationsverhalten von Kreiselpumpen und Wasserturbinen meist nur wenig.

Der Kavitationsvorgang ist nicht zuletzt wegen der geschilderten Effekte sehr verwickelt und noch nicht vollständig geklärt.

5.2.1.2 Kavitationsablauf

Vereinfachend lässt sich der Ablauf des Kavitationsvorganges wie folgt beschreiben (Bild 5-1): Lokale Dampfblasenbildung in Strömungen an den Stellen, an denen der statische Druck infolge hoher Geschwindigkeit und/oder starker Saugwirkung (statischer Sog) den Dampfdruck der strömenden Flüssigkeit erreicht bzw. unterschreitet. Implosionsartiges Zusammenfallen der durch die Strömung mitgenommenen Dampfblasen an Stellen höheren Druckes. Der Inhalt der Dampfblasen kondensiert dabei infolge der verschwindend kleinen enthaltenen Wärmemengen mit Überschallgeschwindigkeit. Die Implosionszeit der Kavitationsblasen ist deshalb ebenfalls verschwindend klein und beträgt nur $t \leqq 0{,}001$ s. Bei dieser sog. **Stoßkondensation** entstehen durch die zusammenstürzenden Blasenhohlräume nach FÖTTINGER[1)] punktartige Drücke bis über 1000 bar, lt. TROSKOLANSKI [32] bis 3 500 bar und nach dem Gedankenmodell von COOK[2)] bis zu 10 000 bar. Die Druckspitzen sind zudem gleichzeitig Auslöser für Druckwellen mit Frequenzen im Ultraschallbereich. Laut WAGNER[3)] treten sogar örtliche Druckspitzen bis 10^5 bar bei Frequenzen bis ca. 30 kHz auf. Die hohen örtlichen Drücke können starke punktuelle Temperaturen von über 1 000 °C bewirken mit der Folge von lokalen Schmelzvorgängen im Wandmaterial und Funkenbildung.

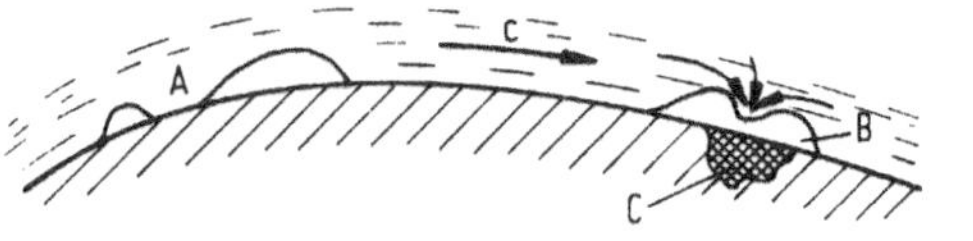

Bild 5-1 Kavitation. Ablauf des Vorganges. A Entstehung der Dampfblasen. B Zusammenfallen der Dampfblasen. C Materialangriff und -zerstörung

Orte der Dampfblasenentstehung. Dampfgefüllte Hohlräume entstehen entweder an festen Oberflächen (Wänden) oder längs Wirbelachsen, z. B. in Verlängerung von Radnaben. Meist bilden sich die Dampfblasen jedoch an vorhandenen beströmten Wänden (Stelle A in Bild 5-1), weil

- in „wirbelfreien" Strömungen an Wänden bei Krümmung der Fluiddruck am kleinsten ist.
- Wandrauigkeiten direkt oder durch anhaftende Luftbläschen als Verdampfungskeime wirken.

Die Dampfblasen bewegen sich mit der Strömung entlang der begrenzenden, festen Oberfläche und fallen an ihr auch zusammen (Stelle B in Bild 5-1).

Dampfblasenzusammensturz. Viele Untersuchungen über den Mechanismus des Blasenzusammensturzes und dessen Wirkungen wurden durchgeführt. Aufgrund dieser Studien gilt als gesichert, dass die Blasen nicht konzentrisch zusammenbrechen. Bei Beginn der Implosion, d. h. des Blasenzusammenfalls, entsteht eine Einbeulung, und zwar bei Blasen in Wandnähe auf der von der Wand abgekehrten Seite und bei Blasen in freier Strömung auf der Seite des höheren Druckes. Mit zunehmender Einbeulung

[1)] FÖTTINGER, H.: Hydraulische Probleme, Bd. 41, Teil 1.

[2)] Enthalten in GREIN, H.: Kavitation – eine Übersicht, Sulzer Forschungsheft 1974, S. 87–111.

[3)] WAGNER, W.: Maßnahmen gegen Kavitation vermindern Schäden beim Betrieb von Pumpen. Maschinenmarkt 88 (1982) 56, S. 1161–1164.

bildet sich dann ein sog. **Mikrostrahl** aus Flüssigkeit, der die sich deformierende (zusammenfallende) Blase in zwei oder mehrere Teile sprengt. Wenn zusammenfallende Blasen an einer Wand haften, trifft der Mikrofluidstrahl mit hoher Geschwindigkeit stoßartig auf die Wandoberfläche und überträgt einen entsprechenden Druckimpuls. Durch diesen Druckstoß entstehen die zuvor geschilderten Druckspitzen und Schockwellen. Die Mikrofluidstrahlen zerstören deshalb mechanisch die Materialoberfläche. Diese ebenso unvermeidliche wie schädliche Begleiterscheinung, die am Ort des Blasenzusammensturzes auftritt (nicht des Entstehens!), wird als **Kavitationserosion oder Kavitationsverschleiß** bezeichnet. Der Zusammensturz von Dampfblasen innerhalb der Flüssigkeit, also nicht an Wände grenzend, hat keine werkstoffzerstörenden Folgen und ist deshalb aus dieser Sicht unproblematisch (Bild 5-3c).

5.2.1.3 Werkstoffe

Die Erscheinungen Korrosion und normale Erosion dürfen nicht mit dem Kavitationsangriff verwechselt werden. Korrosion erfolgt ausschließlich durch chemische und elektrochemische Wirkung der durchströmenden Flüssigkeit auf den Werkstoff. Die allgemeine Erosion ist die mechanische Abnützung von Oberflächen durch das Fluid und von ihm mitgeführte Feststoffe, z. B. Sand. Bei Dampfturbinen wird als Wassertröpfchen-Erosion der Angriff der Schaufeln durch auftreffende feinste Wassertröpfchen bezeichnet, die bei zu feuchtem Wasserdampf (Nassdampf) mit Dampfgehalt $x \leqq 0{,}85$ auftreten.

Nicht zuletzt für die Materialauswahl ist wichtig zu wissen, dass es sich bei der **Kavitationserosion** um einen rein mechanischen Werkstoffangriff handelt. Das bestätigt sich auch darin, dass chemisch und elektrisch neutrale Stoffe wie Glas, Quarz und Beton, aber auch Edelmetalle, durch Kavitation zerstört („angefressen") werden. Die angreifende Wirkung ist so stark, dass ihr selbst härteste Materialien nicht standhalten. Durch die hohen örtlichen Druckspitzen wird der Werkstoffverband infolge Überlastung entlang den Struktur-Gleitebenen aufgerissen und kleine Teilchen herausgebrochen. In den so entstandenen kleinen Kratern verursachen die ständig neu entstehenden Mikrostrahlen durch Kerbwirkung Risse, die zum schnell fortschreitenden, ebenso unerwünschten wie ungleichmäßigen Materialabtrag führen; ergibt sog. „Schwammoberfläche".

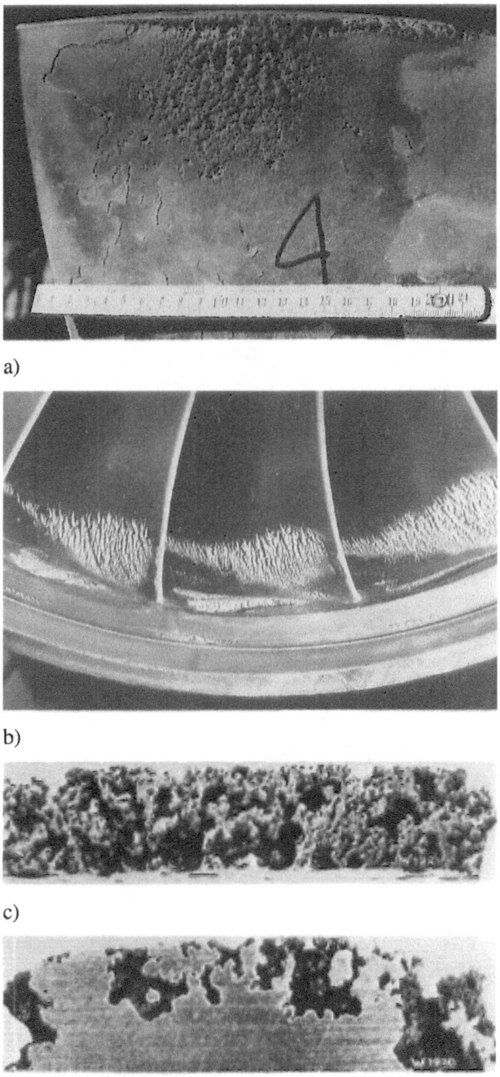

a) b) c) d)

Bild 5-2 Kavitationsangriff (SULZER-ESCHER WYSS). a) und b) Chromstahl (rostfrei), a) KAPLAN-Schaufel, b) FRANCIS-Schaufeln; c) und d) Grauguss, c) Ansicht, d) Schnitt

Die rein mechanische Werkstoffzerstörung durch Kavitation ist jedoch vielfach noch mit chemischem und elektrochemischem Materialangriff verbunden. Dies trifft auch schon bei geringem Sauerstoffgehalt und wenig aktiven (basisch oder sauer) Flüssigkeiten, z. B. Wasser, zu. Durch den ständigen Aufprall der Flüssigkeit beim Zusammenbrechen der Kavitationsblasen werden ursprünglich vorhandene korrosionshemmende Oxid- und andere Schutzschichten zerstört sowie deren Neubildung verhindert. Somit wird die Metalloberfläche für elektrochemischen Angriff ständig neu aktiviert, was zur Folge hat, dass die Korrosion ungewöhnlich schnell abläuft. Zudem werden die infolge des niedrigen mittleren Druckes austretenden gelösten Gase meist einatomig freigegeben und wirken deshalb als sog. Radikale besonders korrosiv. Das Hinzutreten der Korrosionsbeanspruchung verstärkt somit die Werkstoffbeschädigung. In den Kavitationsblasen kommt es auch zu plasmadynamischen Erscheinungen, die Glühfunken und elektrische Entladungsfunken bewirken, wodurch ebenfalls Materialabtrag erfolgt. Das Ergebnis ist, dass manchmal auch bei schwacher Kavitation bereits nach kurzer Zeit (Stunden, Tage) erhebliche Anfressungen auftreten, die eine löchrig-schwammartige Struktur aufweisen (Bild 5-2).

Durch Kerben, wie Kratzer, Bearbeitungsriefen und andere kleine Vertiefungen auf der Materialoberfläche, wird die zerstörende Kraft des Mikrostrahles infolge Kerb- und Keilwirkung noch zusätzlich erhöht. Kavitationsgefährdete Oberflächen sollten deshalb sauber poliert werden.

Werkstoffanforderungen. Lässt sich die Kavitation nicht mit Sicherheit vermeiden, was bei vielen Anlagen infolge hoher Anforderungen an Saughöhe, Wirkungsgrad, Drehzahl und kleiner Maschinengröße oft der Fall ist, sind an die Werkstoffe folgende Anforderungen zu stellen:

Polierfähiges Material hoher Dauerfestigkeit und großer Elastizität in Verbindung mit guter Widerstandsfähigkeit gegen chemische Einwirkungen.

Die Anforderungen an kavitationsresistente Werkstoffe sind also sehr hoch, die erforderlichen Werkstoffe somit entsprechend hochwertig und daher teuer. Völlig ungeeignet sind, wie auch die Erfahrung bestätigt, spröde und deshalb kerbempfindliche Materialien, wie Glas, Keramik, Duroplaste oder normaler Grauguss. Dagegen ist feinlamellarer, perlitischer Stahl geeignet. Als noch besser erweisen sich Chromstähle (rostend oder gar nicht rostend), Chrom-Mangan-Stähle sowie Chrom-Vanadium-Stähle und speziell für Schiffspropeller Sonder-Cu-Zn- oder Al-Vielstoff-Legierungen (Sonder-Bronzen).

Die Widerstandsfähigkeit verschiedener Materialien gegen Kavitationserosion kann ungefähr durch den Masseverlust bei einem von RHEINGANS[1)] durchgeführten Kavitationsversuch gekennzeichnet werden (Tabelle 5-1). Dabei ist der Vergleich der Werte aussagekräftig und nicht die Absolutbeträge von Materialabtrag sowie Kavitationszeit.

Tabelle 5-1 Masseverlust Δm in mg $= 10^{-3}$ g verschiedener Materialien durch Kavitationserosion während 2 Stunden Versuchszeit als Maß für die Kavitationswiderstandsfähigkeit (RHEINGANS)

Werkstoff	Δm in mg
Stellit (35-55 Co, 25-33 Cr, 10-25 W, 0-10 Fe) gewalzt	0,6
Al-Pressbronze (83 Cu, 10,3 Al, 5,8 Fe)	3,2
Al-Gussbronze (83,1 Cu, 12,4 Al, 4,1 Fe)	5,8
warmgewalzt. nichtrost. St. (26 Cr, 13 Ni)	8,0
vergüt. gewalzt. nichtrost. St. (13 Cr)	9,0
nichtrost. Stahlguss (18 Cr, 8 Ni)	13,0
nichtrost. Stahlguss (13 Cr)	20,0
Manganbronzeguss	80,0
Stahlblech	98,0
Stahlguss	105,0
Aluminium	124,0
Messing	156,0
Grauguss	224,0

Auch korrosionsbeständige Überzüge (Plattierung), z. B. durch Bleche aus Chrom-Nickel-Stahl, oder entsprechende Auftragsschweißungen bringen Erfolg. Die Erfahrung zeigt, dass dagegen Überzüge aus Gummi ungeeignet sind. Obwohl das Überziehen von Metalloberflächen mit Gummi zur Abschwächung (Federwirkung) der harten Stöße bei Zusammenstürzen der Dampfblasen beiträgt, lässt sich damit auf ausreichende Dauer kein Erfolg erzielen. Einerseits ist das Abfedern (Dämpfung) der Fluid-Mikrostrahlen durch den Gummiüberzug nicht ausreichend stark. Andererseits wird die Bindung zwischen Gummiauflage und Metalluntergrund durch die von der Kavitation ausgelösten Ultraschallschwingungen schon nach relativ kurzer Zeit zerstört. Bisher wurde noch keine technisch brauchbare Methode des Kavitationsschutzes von Metall durch Gummiüberzug gefunden.

Neben der werkstoffzerstörenden Wirkung hat die Kavitation außerdem Einfluss auf den Betrieb, d. h.

[1)] RHEINGANS, W.: Empfindlichkeit verschiedener Werkstoffe gegen Kavitation. Konstruktion (1959), S. 276.

Durchfluss sowie Energieumsatz und damit Wirkungsgrad der Maschine. Im Einzelnen sind dies:

- Verkleinern des Volumenstromes infolge mehr oder weniger starken Versperrens des Durchflussquerschnittes durch die Dampfblasen.
- Unvollständiges Wiederumsetzen (Rückwandeln) der infolge „Kavitationseinschnürung" vermehrt auftretenden Übergeschwindigkeiten in Druck.

Beide Einflüsse bedingen kräftiges Absinken der in der Maschine umgesetzten Leistung und damit des Wirkungsgrades. Auch mit dadurch erklärt sich, weshalb mit wachsender Drehzahl der Maschinen-Wirkungsgrad nur bis zu einer gewissen Grenze steigt und dann wieder abnimmt.

Bei sehr geringer Kavitation wird dagegen oft sogar eine Verbesserung der Leistungsübertragung und damit eine geringe Wirkungsgradsteigerung beobachtet. Diese Erscheinung ist darauf zurückzuführen, dass die kleinen Dampfbläschen an rauen Laufradkanalwänden die Strömungsreibung vermindern. Starke Kavitation, welche Laufräder schon nach kurzer Zeit (Stunden, Tage) zerstören kann, ist dagegen immer mit starkem Wirkungsabfall verbunden.

5.2.1.4 Laufradgrößeneinfluss

Die Auswirkung der Kavitation ist je nach Laufrad-Größe und -Schaufelzahl, d. h. je nach Abmessungen einerseits und Schaufelbelastung andererseits, verschieden. Die spezifische Schaufelbelastung, der Quotient zwischen Differenz der Drücke auf den Schaufelseiten (Vorder- und Rückseite) und Fluiddichte, also $(p_{VS} - p_{RS})/\varrho$, bewirkt eine zusätzliche Druckabsenkung auf der Schaufelrückseite gegenüber dem mittleren Druckniveau der Saugseitenströmung, was die Kavitationsgefahr vergrößert.

Die mit Dampf gefüllten Blasen weisen bei gleichen Druck- und Geschwindigkeitsverhältnissen, unabhängig von der Radgröße, etwa die gleiche Ausdehnung auf. Folglich versperren die Dampfblasen bei zwei ähnlichen, mit gleicher Drehzahl laufenden Rädern beim kleineren Rad weitgehend den gesamten Querschnitt und verhindern somit den Durchfluss fast völlig, während sie sich beim großen Laufrad nur in geringfügigem Vermindern des Durchsatzes bemerkbar machen. Deshalb empfiehlt es sich, besonders kleine Laufräder mit wenigen langen und nicht mit vielen kurzen Schaufeln auszurüsten. Anders liegen die Verhältnisse bei Rädern mit großer spez. Drehzahl, deren Schaufelflächen mit Rücksicht auf die Reibungsverluste möglichst klein gehalten werden sollen. Deshalb ist die spez. Schaufelbelastung bei Propellerrädern ziemlich hoch. Daraus resultiert ein sich über den größten Teil der Schaufel erstreckendes Unterdruckgebiet, was das Auftreten von Kavitation begünstigt. Darüber hinaus können durch die zu hohe Schaufelbelastung Ablösezonen entstehen, die, wie bereits erwähnt, eine weitere Ursache für Kavitation sein können. In solchen Fällen verbessert ein Erhöhen der Schaufelzahl das Betriebsverhalten beachtlich. Andererseits überdecken sich die Flügel bei Propellern nicht. Deshalb bleibt bei ihnen immer ein genügend großer Querschnitt des Kanals für den Flüssigkeitsstrom frei, auch bei Ausweitung der Zone niedrigen Druckes, also des Kavitationbereiches. Der Durchsatzstrom verkleinert sich deshalb bei Propellern selbst bei starker Kavitation nur verhältnismäßig wenig.

Des Weiteren gilt es zu bemerken:

- Ähnlichkeitsbetrachtungen dürfen nur bis zum Auftreten von Kavitation vorgenommen werden. Die danach, d. h. durch Kavitation, entstehenden Folgen sind nicht proportional übertragbar.
- Bei Mehrstufenausführungen (bei Flüssigkeitsmaschinen werden nur Kreiselpumpen mehrstufig gebaut) beeinträchtigt die Kavitation hauptsächlich die erste Stufe.
- Bei ungünstiger Maschinenauslegung und -gestaltung (plötzliche Querschnittserweiterungen, schlechte Stromführung, große Umlenkungen) sowie falschem Betrieb breitet sich die Kavitation oft über das gesamte Laufrad bis ins Leitrad hinein aus.

5.2.1.5 Kavitationsstufen

Beim Entstehen und Ausbilden der Kavitation wird zwischen mehreren Stufen unterschieden.

Das erste Anzeichen, die sog. erste Stufe, ist ein schwaches Prasseln, das durch Zusammenfallen der sich an der Schaufelsaugseite bildenden einzelnen Dampfblasen entsteht. Solange dieses Prasseln schwach bleibt, sind keine schädlichen Folgen zu befürchten. Wird der Durchsatzstrom jedoch nur um wenige Prozent vergrößert, geht in der zweiten Stufe das stärker werdende Prasseln in ein knatterndes Geräusch über und die Maschine beginnt zu vibrieren. In diesem Kavitationsstadium treten die Druckspitzen der Stoßkondensation nach Abschnitt 5.2.1.2 in voller Höhe auf und das Material wird stark angegriffen. Die dritte Phase der Kavitation wird dann bei weiterem Vergrößern des Volumenstromes schnell erreicht. Leistung und Wirkungsgrad fallen dabei stark ab. Das heftige Prasseln geht in ein kräftiges charakteristisches Kavitationsgeräusch, ein beängstigend starkes Knattern, ja Toben, über. Die Dampfblasen versperren jetzt weitgehend den gesamten Durchströmquerschnitt und verhindern somit den Durchfluss des Arbeitsmediums durch das Laufrad fast vollständig. Wenn der Kavitations-Dampf dabei dann letztlich die Schaufelrückflächen vollständig bedeckt, wird das Material nicht mehr angegriffen. Das ist die 4. Stufe, Zustand der Superkavitation.

5.2.1.6 Kavitationsformen

Flächenkavitation. Neben dieser zuvor **dargestellten allgemeinen Strömungs-Kavitation** werden oft folgende spezielle Kavitationsarten noch besonders bezeichnet:

Spaltkavitation. Kavitation in Dichtungsspalten, insbesondere in Laufradspalten infolge Übergeschwindigkeit und Wirbelbildung. Laufräder großer Schnellläufigkeit (Diagonal- und Axialausführungen) werden meist ohne vordere bzw. äußere Deckwand ausgeführt. Im dadurch notwendigerweise vorhandenen Spalt zwischen Laufschaufelstirnseiten und Gehäuse entstehen Übergeschwindigkeiten und Wirbelbildungen sowie -ablösungen analog den Wirbeln an den seitlichen Flügelenden von Flugzeugen (induzierter Widerstand). Diese Erscheinung wird wie bei Tragflächen durch die unterschiedlichen Fluiddrücke zwischen den Schaufelseiten verursacht und durch die meist scharfen Schaufelkanten begünstigt. Bei genügend großem Unterdruck auf den Schaufelrückseiten, z. B. bei relativ großer Saughöhe, führt der vorhandene weitere Druckabfall im Wirbelinnern zur Bildung von Dampfblasen in den Spalten, die anschließend, d. h. hinter dem Spalt, wieder implodieren. Diese als Spaltkavitation bezeichnete Kavitationsform führt zu starkem Anfressen an Gehäuse und Laufschaufelaußenkanten (Kavitationsverschleiß). Zum Teil werden die Dampfblasen von der durchfließenden Flüssigkeit in den Hauptstrom getragen und können dort als Verdampfungskeime vorzeitig allgemeine Kavitation auslösen.

Hohlkehlenkavitation. Kavitation am Übergang von Nabe zur Schaufel oder an sonstigen Hohlkehlen.

Kavitierende Wirbel. Freie Kavitationsblasen in mit Wirbeln durchsetzter strömender Flüssigkeit.

Superkavitation. Ist die Kavitations-Verdampfung so stark, dass die Dampfblasen die gesamte Schaufelrückseite (-saugseite) vollständig bedecken, wird von Superkavitation (Bild 5-3) gesprochen. Der Vorteil der Superkavitation besteht in höchstmöglicher konstanter Belastung der Laufschaufelsaugseiten und Verschonen des Laufrades vor zusammenstürzenden Kavitationsblasen. Die Dampfblasen fallen bei Superkavitation erst hinter den Schaufeln (im Druckgebiet) wieder zusammen, wo sie völlig von Flüssigkeit umgeben sind. Der Blasenzusammenbruch ist dann, wie die Erfahrung bestätigt, harmlos. Bei der Superkavitation tritt somit keine Werkstoffzerstörung durch Kavitationserosion auf. Die Superkavitation wird verschiedentlich bei Propellern von Schnellbooten angewendet. Dabei muss jedoch gewährleistet sein, dass im Betriebszustand auf jeden Fall Superkavitation auftritt, denn sonst besteht die Gefahr, dass der Propeller meist schon nach äußerst kurzer Zeit (Stunden, Tage) zerstört ist.

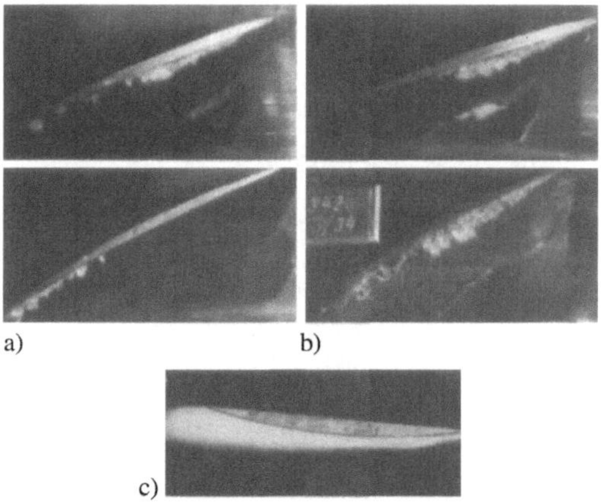

Bild 5-3 Kavitationsintensität an Flügelprofilen.
a) Unterschiedliche Lage der Kavitation (VOITH),
b) Unterschiedliche Kavitationsintensität (VOITH),
c) Voll ausgebildeter Kavitations-„Dampf" auf der Flügelsaugseite, sog. Superkavitation (ESCHER WYSS)

Schwingungskavitation. Beschädigungen durch Kavitation können auch dann auftreten, wenn kein erkennbarer örtlicher Druckabfall durch Geschwindigkeitserhöhung (Übergeschwindigkeit) auftritt. Diese Kavitation entsteht verschiedentlich an Körpern, die in Flüssigkeit schwingen. Die Flüssigkeit kann wegen ihrer Trägheit den schnellen Schwingungen des Körpers nicht mehr folgen. Der Druck sinkt dann entsprechend der Beschleunigung oft bis oder unter den Dampfdruck ab, weshalb sich Dampfblasen bilden. Beim jeweiligen Umkehren der Bewegung fallen die an der Körperoberfläche entstandenen Dampfbläschen wieder zusammen, wobei Zerstörung durch „Wasserschlag" (Kavitationserosion) erfolgt. Diese Gesamterscheinung wird als Schwingungskavitation bezeichnet. Schwingungskavitation ist bei Strömungsmaschinen kaum feststellbar, dagegen beispielsweise an Wasserkühlmänteln sowie Kolben von Dieselmotoren und an der Außenseite von Schiffskörpern, besonders an dessen Schwingungsbauch-Stellen, angeregt von den Maschinenschwingungen des Antriebsmotors.

5.2.1.7 Zusammenfassung

Kavitation:

- *Vorgang:* Entstehen und Implodieren von Dampfblasen.
- *Ursachen:* Örtliche Druckabsenkungen durch
  - Übergeschwindigkeiten
  - Schwingungen

  Globale Druckabsenkungen durch
  - verringerten Atmosphärendruck
  - vergrößerte Saughöhe bzw. verkleinerte Zulaufhöhe und Reibung.
- *Anzeichen:* Wachsende Geräusche bis Vibration von Maschine und Fundament.
- *Folgen:* Meist schnelle Werkstoffzerstörung durch Kavitationserosion.
  Durchsatzverringerung
  Rückgang der spezifischen Stutzenarbeit
  Wirkungsgradabfall
- *Notwendig:* Kavitationsfreier, zumindest kavitationsarmer Maschinenbetrieb durch
  - zweckmäßiges Auslegen und Gestalten
  - geeignete Werkstoffe, Polieren
  - Sondermaßnahmen an gefährdeten Stellen, wie Materialanhäufung (Kavitationsleisten), Luftzufuhr, Plattierung
  - günstige Betriebsbedingungen, nötigenfalls Superkavitation

5.2.2 Saughöhe von Flüssigkeitsmaschinen

Die verwirklichbare Saughöhe H_S, der senkrechte Abstand zwischen Unterwasserspiegel UW und Mitte Saugstutzeneintritt (Stelle S in Bild 5-4) von Flüssigkeitsmaschinen, den sog. hydraulischen Maschinen (Kreiselpumpen, Wasserturbinen), wird sowohl von der Maschine selbst als auch der Anlage (Saugsystem) sowie vom Fluid beeinflusst.

Die Kavitationsgefahr begrenzt die zulässige Druckabsenkung und damit die Saughöhe. Um Kavitation zu vermeiden, darf der statische Druck an keiner Stelle des Saugbereiches der Turbomaschinenanlage den zur Temperatur der Arbeitsflüssigkeit gehörenden Dampfdruck p_{Da} erreichen oder gar unterschreiten. Kavitation tritt also dann nicht auf, wenn die Energiebeladung, die sog. spez. Arbeitsfähigkeit der durchströmenden Flüssigkeit, im Saugstutzen der Maschine ausreichend hoch ist. Nach der Energiegleichung von BERNOULLI setzt sich die mechanische Gesamtenergie eines strömenden Fluids aus den drei Anteilen Lage-, Druck- und Bewegungsenergie zusammen, wobei letztere hierbei meist gering.

Mit der Bezugsbasis „Mitte Saugstutzeneintritt" (Bild 5-4) ist die **vorhandene spezifische Saugstutzen-Arbeitsfähigkeit** (Punkt S):

$$e_{S,\text{vorh}} = p_S/\varrho + c_S^2/2 \qquad (5\text{-}1)$$

Andererseits lässt sich aus der erweiterten Energiegleichung (Kennzeichen EE), angesetzt zwischen den Stellen UW und S der fluidgefüllten (Dichte ϱ) Saugleitung SL sowie Pumpe P nach Bild 5-4, das vorhandene spez. Saugstutzen-Arbeitsvermögen mit den Energiewerten am Unterwasserspiegel UW ausdrücken (allgemeiner Ansatz): EE UW-S:

$$z_{UW} \cdot g + \frac{p_{UW}}{\varrho} + \frac{c_{UW}^2}{2} = z_S \cdot g + \frac{p_S}{\varrho} + \frac{c_S^2}{2} \pm Y_{V,SL}$$

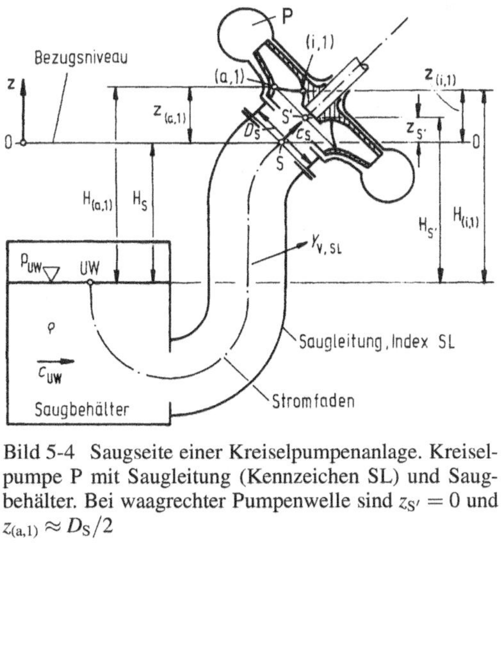

Bild 5-4 Saugseite einer Kreiselpumpenanlage. Kreiselpumpe P mit Saugleitung (Kennzeichen SL) und Saugbehälter. Bei waagrechter Pumpenwelle sind $z_{S'} = 0$ und $z_{(a,1)} \approx D_S/2$

Hieraus mit $z_S = 0$ und Saughöhe $z_{UW} = -H_S$ (bei Zulaufhöhe $z_{UW} = H_S$) nach Bild 5-4

$$\begin{aligned} e_{S,vorh} &= \frac{p_S}{\varrho} + \frac{c_S^2}{2} \\ &= \frac{p_{UW}}{\varrho} + \frac{c_{UW}^2}{2} - H_S \cdot g \mp Y_{V,SL} \end{aligned} \quad (5\text{-}2)$$

Bemerkungen zu dieser Beziehung:

- Oberes Vorzeichen wieder für Pumpen, unteres für Turbinen. Meist entfällt jedoch $Y_{V,SL}$ bei Turbinen, da direkt zur Maschine gehörend und deshalb bei ihr berücksichtigt (Abschnitt 8.2).
- Unterwasserbehälter meist oben offen, sodass freie Flüssigkeitsoberfläche, dann $p_{UW} = p_b$

  Der Luftdruck p_b (Barometerdruck) ist bekanntlich von der Ortshöhe über dem Meeresspiegel abhängig und schwankt etwa um ±5 %, je nach den meteorologischen Verhältnissen.

  Bezugspunkt (Nullhöhe NN ... Normalnull) für geodätische Höhenangaben ist dabei in Europa der Nullpegel (Meeres-Bezugspegel) von Amsterdam.

  Näherungsformeln für den **Barometerdruck**:

  Nach PFLEIDERER [29] bis ca. 2 500 m Höhe:

  $$p_b \approx (1 - 2{,}4 \cdot 10^{-5} \cdot z)^5 \cdot p_{b,0} \quad \text{in bar} \quad (5\text{-}3)$$

  Nach KÄPPELI [26] bis ca. 4 000 m Höhe:

  $$p_b \approx (1 - 1{,}16 \cdot 10^{-4} \cdot z) \cdot p_{b,0} \quad \text{in bar} \quad (5\text{-}4)$$

  Mit z ... Ortshöhe in m über NN (Nullpunkt) $p_{b,0} = 1{,}013\,3$ bar, Barometerdruck in Nullhöhe.

  Für Überschlagsrechnungen kann gelten:

  Der Luftdruck fällt ab Meeresspiegel NN bis ca. 10 km je 100 m Höhe um etwa $10^3\ \text{N/m}^2 = 10^3\ \text{Pa} = 0{,}01\ \text{bar} = 10\ \text{mbar} = 10\ \text{hPa}$ ab.

  Die Lufttemperatur geht dabei je 100 m Höhe im Mittel um ca. 0,5 ... 1 °C zurück.
- Strömungsenergie $c_{UW}^2/2$ im Unterwasser UW ist gegenüber den anderen Energien meist vernachlässigbar, also $c_{UW}^2/2 \approx 0$. Oft ist auch exakt $c_{UW} = 0$. Bei Turbinen dagegen entfällt stets der Term $c_{UW}^2/2$, da hier ohne Einfluss.
- Bei großen Maschinen muss Höhe H_S durch $H_{(a,1)}$ bzw. $H_{(i,1)}$ ersetzt werden. Dabei ist der jeweils größere Wert von $H_{(a,1)}$ und $H_{(i,1)}$ zu verwenden. Grund: kleinster statischer Fluiddruck kurz vor der Schaufelsaugkante, tritt an Stelle (a, 1) bzw. (i, 1) auf und dann ist Höhenwert $z_{(a,1)}$ bzw. $z_{(i,1)}$ nicht mehr klein gegenüber H_S.
- Die spezifische Verlustenergie $Y_{V,SL}$ beinhaltet alle Strömungsverluste der Saugleitung. Die Größe der spezifischen Verlustenergie $Y_{V,SL}$ wird bestimmt von der Qualität, d. h. Bemessung, Gestaltung und Ausführung des Saugsystems. Die Saugleitung sollte in großer lichter Weite (Nennweite NW) ausgeführt werden, kurz sein und möglichst wenig Krümmer, vor allem keine Raumkrümmer sowie keine sonstigen vermeidbaren Einbauteile aufweisen. Unsymmetrische Ausbildung und wiederholte Krümmungen in verschiedenen Ebenen bewirken zudem meist einen unerwünschten Eintrittsdrall der Strömung im Pumpensaugstutzen. Durch einen solchen Zuströmdrall können sich entlang der Saugrohrachse luft- und dampfgefüllte Hohlräume bilden, die in das Laufrad hineingezogen werden, was zu unruhigem Betriebsverhalten führt. Weiterhin sollte bei Pumpen die Saugleitung gegen den Saugstutzen hin ansteigen, und zwar mindestens um 2 cm je m laufender Länge, damit sich keine sog. „Luftsäcke" bilden können.

  Die Rohrleitungsverluste steigen quadratisch mit der Strömungsgeschwindigkeit. Deshalb sollte die Fließgeschwindigkeit der Flüssigkeit (meist Wasser) in der Saugleitung nur $c_S \approx 1 \ldots 3\ \text{m/s}$ betragen. Um die Gefahr des Ausscheidens von Luft und damit Rosten bei Stahlleitungen zu vermeiden, sollte die Fließgeschwindigkeit im Betrieb jedoch nicht unter 0,8 m/s abfallen. Dies gilt sowohl für Saug- als auch Druckleitungen.

Wie ausgeführt, darf, um Kavitation zu vermeiden, der Dampfdruck der durchströmenden Flüssigkeit nirgends unterschritten werden. Das für eventuelle weitere Druckabsenkungen im Saugstutzen freie oder verfügbare spez. Arbeitsvermögen $e_{S,frei}$ ergibt sich daher aus der Differenz von der am Maschinenstutzen vorhandenen spez. Arbeitsfähigkeit $e_{S,vorh}$ und der zum Saugflüssigkeits-Dampfdruck gehörenden spez. Energie p_{Da}/ϱ (Werte Tafel 9 beim digitalen Zusatzmaterial):

$$e_{S,frei} = e_{S,vorh} - p_{Da}/\varrho \quad (5\text{-}5)$$

Mit Gl. (5-1)

$$e_{S,frei} = p_S/\varrho + c_S^2/2 - p_{Da}/\varrho \quad (5\text{-}6)$$

Oder mit Gl. (5-2)

$$e_{S,frei} = p_{UW}/\varrho + c_{UW}^2/2 - H_S \cdot g \mp Y_{V,SL} - p_{Da}/\varrho \quad (5\text{-}7)$$

Der Ausdruck nach Gln. (5-5) bis (5-7) für das verfügbare freie spezifische Arbeitsvermögen am Saugstutzen wird vielfach als **spezifische Halteenergie $Y_{H,A}$ der Anlage** oder als **spezifische Anlagenhalteenergie** bezeichnet: $Y_{H,A} \equiv e_{S,frei}$.

Wenn der statische Fluiddruck zwischen Saugstutzen (Stelle S) und Schaufelsaugkanten unverändert bliebe, könnte er theoretisch bis auf den Dampfdruck, praktisch bis wenig darüber, abgesenkt werden. Das bedeutet, es wäre dann fast kein freies spez. Arbeitsvermögen, also keine Anlagenhalteenergie notwendig. Mit $e_{S,frei} \equiv Y_{H,A} \geqq 0$ folgte dazu aus Gl. (5-7) die **theoretisch maximale Saughöhe**:

$$H_{S,max,th} \leqq \frac{1}{g} \cdot \left(\frac{p_{UW}}{\varrho} + \frac{c_{UW}^2}{2} \mp Y_{V,SL} - \frac{p_{Da}}{\varrho} \right) \quad (5\text{-}8)$$

Diese Beziehung führte zu maximalen Saughöhen, die bei kaltem Wasser und günstiger Saugrohrgestaltung meist bei 7 bis 9 m lägen. Solche Werte sind jedoch auch bei hochwertigen Maschinen in der Praxis nicht erreichbar. Tatsächlich tritt auch bei kaltem Wasser Kavitation bereits bei wesentlich kleineren Saughöhen auf. Selbst beim Maschinenbetrieb im Auslegungspunkt sind meist nur Saughöhen erreichbar, die etwa 2 bis 6 m unter den zuvor aufgeführten theoretischen Werten liegen. Innerhalb des Maschinensaugraumes muss deshalb eine weitere Druckabsenkung stattfinden. Diese zusätzliche Drucksenkung wird als **Haltedruck** $\Delta p_{H,M}$, die zugehörige Druckhöhe als **Haltedruckhöhe**[1] $H_{H,M} = \Delta p_{H,M}/(\varrho \cdot g)$ und die spezifische Energie als **spezifische Halteenergie** $Y_{H,M} = g \cdot H_{H,M}$ **der Maschine** (Zweitindex M für Maschine) bezeichnet (Abschnitt 5.2.3). An die Stelle von Haltedruckhöhe $H_{H,M}$ tritt auch der Ausdruck **Dampfdruckabstand**. Manchmal werden die Begriffe **Maschinenhaltedruck, Maschinenhaltedruckhöhe** und **spezifische Maschinenhalteenergie** verwendet.

Für die tatsächliche Saughöhe gilt somit:

$$H_{S,max} = H_{S,max,th} - H_{H,M} = H_{S,max,th} - Y_{H,M}/g$$

$Y_{H,A}$ (Gl. (5-6)) muss somit größer als null sein, und zwar mindestens so groß wie $Y_{H,M}$.

Mit Gl. (5-8) folgt für die zul. max. Saughöhe:

$$H_{S,max} \leqq \frac{1}{g} \left(\frac{p_{UW}}{\varrho} + \frac{c_{UW}^2}{2} \mp Y_{V,SL} - \frac{p_{Da}}{\varrho} - Y_{H,M} \right) \quad (5\text{-}9)$$

Die Saughöhe wird demnach umso größer, je kleiner die spez. Halteenergie der Maschine ist. Oder anders ausgedrückt: Kavitationsfreier Betrieb bleibt gewährleistet, wenn die spez. Maschinenhalteenergie $Y_{H,M} = g \cdot H_{H,M}$, der erforderliche Wert, kleiner bleibt als die spez. Anlagenhalteenergie $Y_{H,A} = g \cdot H_{H,A}$, der verfügbare Betrag:

$$Y_{H,M} \leqq Y_{H,A} \quad \text{oder} \quad H_{H,M} \leqq H_{H,A} \quad (5\text{-}10)$$

5.2.3 Halteenergie[1]

Maschinenanlage (kurz Anlage): Wie zuvor erwähnt, wird das noch nutzbare freie spez. Arbeitsvermögen des Fluidstromes im Maschinenstutzen (Stelle S in Bild 5-4) nach Gl. (5-6), das ausschließlich durch Größen der Anlage bestimmt wird, als **spez. Anlagenhalteenergie** $Y_{H,A}$ oder spez. Halteenergie der Anlage bezeichnet (vorhandener freier Wert):

$$Y_{H,A} = p_S/\varrho + c_S^2/2 - p_{Da}/\varrho \quad (5\text{-}11)$$

Oder gemäß Gl. (5-7)

$$Y_{H,A} = p_{UW}/\varrho + c_{UW}^2/2 - H_S \cdot g \mp Y_{V,SL} - p_{Da}/\varrho \quad (5\text{-}12)$$

Maschine: Die spez. Halteenergie der Maschine oder **spez. Maschinenhalteenergie** $Y_{H,M}$ (vorhandener erforderlicher Wert) ist bedingt durch

- den Schaufeldruck
- die endliche Dicke der Schaufelsaugkanten
- Richtungsänderung der Strömung im Saugmund
- den Strömungswiderständen im Saugmund
- der Spaltkavitation, sofern vorhanden.

Zu den einzelnen Einflüssen ist zu bemerken:

Schaufeldruck: Zur Kraft und damit Energieübertragung zwischen Strömung und Laufradbeschaufelung notwendiger Druckunterschied zwischen den Schaufelseiten. Infolge Anstellung und Wölbung der Schaufeln (Kapitel 3) entstehen verschiedene Strömungsgeschwindigkeiten auf ihren Vorder- und Rückseiten, was die unterschiedlichen Drücke bedingt. Die Folge der höheren Strömungsgeschwindigkeit auf den Schaufelrückseiten ist somit eine zusätzliche Druckabsenkung. Bei Axialrädern mit Propellerprofilen ist diese Erscheinung dabei wesentlich stärker ausgeprägt als bei Radialrädern. Damit der Schaufeldruck klein bleibt, sind große Schaufelflächen anzustreben, weshalb z. B. bei Radialrädern die Schaufeln oft in den Saugmund vorgezogen (verlängert) werden.

[1] DIN 24 260, Kreiselpumpen und Kreiselpumpenanlagen, Begriffe, Zeichen, Einheiten (Juni 1971).

Endliche Schaufeldicke: Die Strömung wird durch die endliche Schaufeldicke an der Saugkante zur Geschwindigkeitsänderung (nach Größe und Richtung) gezwungen. Durch diese „Staupunktströmung" tritt danach eine weitere, insbesondere bei Pumpen stark ausgeprägte Drucksenkung kurz innerhalb der Schaufelsaugkante auf (Bild 5-5). Diese Drucksenkung ist, da anderer Ursache, unabhängig vom Schaufeldruck. Auf den Schaufelrückseiten überlagern sich jedoch die Unterdrücke aus Schaufeldruck und Saugkantenumströmung, was zu ungünstig relativ großen Druckabsenkungen führen kann.

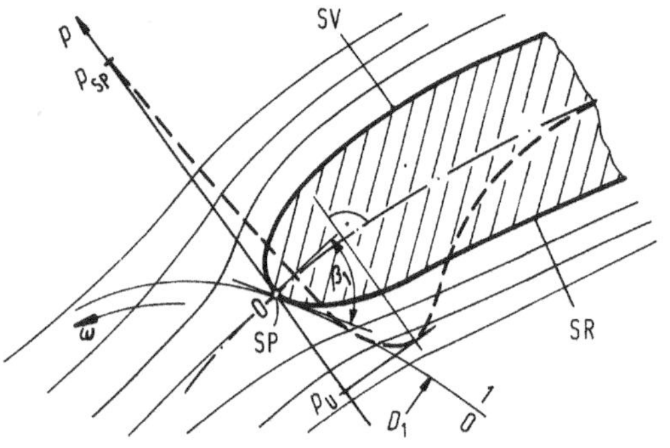

Bild 5-5 Druckverlauf (- - - - -) in stoßfreier Schaufelsaugkanten-Umströmung. SP ... Staupunkt, wobei p_{SP} ... Stau(punkts)druck, p_u ... Unterdruck, Druckabsenkung infolge Schaufelumströmung. SV ... Schaufelvorderseite, SR ... Schaufelrückseite

Richtungsänderung der Strömung im Saugmund: Bei Radialrädern muss die Strömung teilweise noch außerhalb der Beschaufelung um 90° umgelenkt werden. Bei Pumpen axial in radial, bei Turbinen umgekehrt. Insbesondere an Stellen starker Krümmung (kleiner Umlenkradius), also an der äußeren Deckwand (Stelle (a, 1) in Bild 5-4) entsteht durch die erhöhte Fliehkraftwirkung eine weitere, oft kräftige Drucksenkung, verbunden mit der Gefahr der Strömungsablösung. Bei Diagonalrädern ist die Umlenkung und damit dieser Einfluss gering, bei Axialrädern nicht vorhanden.

Strömungswiderstände: Große Schaufelzahlen und/oder Schaufeldicken bedingen entsprechende unstetige Querschnittsänderung an den Saugkanten. Geschwindigkeitsänderung mit erhöhten Reibungsverlusten sind die Folge. Die Strömungsverluste verstärken den Druckabfall an den Stellen mit Übergeschwindigkeit, d. h. auf den Rückseiten der Schaufeln kurz innerhalb der Saugkanten. Anschrägen der Schaufelsaugkanten, glatte Wände und günstige Querschnitte (Schaufelwinkel!) sind notwendig, um Reibungswiderstände und Kontraktion der Strömung klein zu halten.

Spaltkavitation (Unterabschnitt 5.2.1.6): Tritt nur bei offenen Laufrädern auf, d. h. solchen ohne äußere Deckscheibe (Diagonalräder) oder ohne Deckband (Axialräder). Hat Wirbelbildung und damit Verluste zur Folge; kann Flächenkavitation auslösen.

Der Maschinenhaltedruck $\Delta p_{H,M}$ als Summe dieser verschiedenen, von Qualität und Betriebszustand der Maschine abhängigen Einflüsse ist daher analytisch nicht exakt zu erfassen. PFLEIDERER [29] macht deshalb für die zur Haltedruckhöhe $H_{H,M}$ (Dampfdruckabstand) bzw. zum Haltedruck $\Delta p_{H,M}$ gehörende spez. Halteenergie der Maschine $Y_{H,M} = \Delta p_{H,M}/\varrho$ folgenden Näherungsansatz:

$$Y_{H,M} = \lambda_1 \cdot w_0^2/2 + \lambda_2 \cdot c_0^2/2 \qquad (5\text{-}13)$$

Die Beiwerte λ_1 und λ_2 sind Erfahrungszahlen.

Nach PFLEIDERER berücksichtigt das erste Glied dieses Ansatzes den Energiebedarf für die im Laufkanalsaugbereich auftretende Übergeschwindigkeit über der Relativgeschwindigkeit w_0 der Strömung. Der zweite Ausdruck, $\lambda_2 \cdot c_0^2/2$, beinhaltet den Energiebedarf zur Erzeugung der Absolutgeschwindigkeit c_0 gegenüber der Saugstutzengeschwindigkeit c_S und zur Deckung der Reibungsverluste der Strömung im Laufrad-Saugmund.

Bei hinsichtlich Saugverhalten idealer Maschine

- müssten die Laufschaufelsaugkanten unendlich dünn sein und genau in Strömungsrichtung verlaufen
- dürften keine Verluste auftreten
- wäre Geschwindigkeitsverteilung gleichmäßig.

Bei einer solchen idealen Maschine wären somit die Beiwerte $\lambda_1 = 0$ und $\lambda_2 \approx 1$, die Halteenergie also etwa gleich der kinetischen Energie $c_0^2/2$ der absoluten Saugseitengeschwindigkeit c_0 der Strömung.

Bei den tatsächlichen Maschinen sind infolge der Reibungs- und Energieumsetzungsverluste $\lambda_1 \neq 0$ ($\lambda_1 > 0$) und $\lambda_2 \neq 1$. Erfahrungswerte aus Messungen für die verschiedenen Maschinengruppen:

Kreiselpumpen: Infolge Übergeschwindigkeiten (über w_0) im Laufschaufelsaugbereich $\lambda_1 > 0$.

Infolge Reibung und ungleichmäßiger Geschwindigkeitsverteilung $\lambda_2 > 1$.

Richtwerte: $\lambda_1 \approx 0{,}3$; $\lambda_2 \approx 1{,}2$

Wasserturbinen: Übergeschwindigkeiten geringer als bei Pumpen, deshalb λ_1 kleiner.

Geschwindigkeitsverteilung bei Turbinen gleichmäßiger und Strömungsrichtung entgegengesetzt gegenüber der bei Pumpen. Die Auswirkung des Reibungseinflusses ist deshalb umgekehrt, was den Einfluss der Absolutgeschwindigkeit verringert, ausgedrückt durch den Beiwert $\lambda_2 < 1$. Die notwendige Halteenergie wird entsprechend geringer.

Richtwerte: $\lambda_1 \approx 0{,}16$; $\lambda_2 \approx 0{,}7$

Die Gegenüberstellung ergibt: Pumpen sind kavitationsempfindlicher als Turbinen.

Wichtig ist auch festzuhalten: Je kleiner die spez. Halteenergie der Maschine, desto besser ist ihr Saugverhalten. Ziel daher: Maschinengestaltung so, dass spez. Halteenergie $Y_{H,M}$ möglichst klein.

Bei Maschinen mit niedrigerer spezifischer Drehzahl (Langsamläufer → Radialräder) überwiegt in Gl. (5-13) der Term $\lambda_2 \cdot c_0^2/2$, während der Ausdruck $\lambda_1 \cdot w_0^2/2$ nahezu bedeutungslos wird. Bei hoher spezifischer Drehzahl (Schnellläufer → Axialräder) sind die Verhältnisse umgekehrt, $\lambda_1 \cdot w_0^2/2$ ist wichtig und $\lambda_2 \cdot c_0^2/2$ unbedeutend. Die Größe $\lambda_1 \cdot w_0^2/2$ hängt von der Drehzahl und damit von der spezifischen Stufenarbeit sowie der Schaufelzahl ab. Sie fällt mit abnehmender Umfangsgeschwindigkeit und kleiner werdender Schaufelzahl.

Bei Langsamläufern, insbesondere kleiner Ausführung, kann deshalb durch Zurücksetzen (Wegnehmen) jeder zweiten Saugkante und Anschärfen aller Saugkanten des Laufrades die Kavitationsgrenze zu größerem Durchsatz (Volumenstrom) verschoben werden. Durch diese Maßnahme vergrößert sich der Saugseitenquerschnitt des Laufrades und die Strömungsgeschwindigkeit geht entsprechend zurück.

Bei Schnellläufern dagegen ist die Kavitationsgrenze durch Verringern des Schaufeldruckes, d. h. Erhöhen der Schaufelzahl und/oder -größe „nach oben", also zu höherem Durchsatz, verschiebbar.

Nach den vorhergehenden Überlegungen tritt die größte Drucksenkung in Radialrädern – vor allem bei in den Saugmund vorgezogenen Schaufeln – an der äußeren Saugkantenstelle auf, also bei Punkt $(a,1)$ in Bild 5-4. PFLEIDERER [29] führte dafür umfangreiche Ableitungen und Experiente durch.

Bei Axialrädern liegt die äußerste Stelle der Schaufel-Saugkanten ebenfalls auf dem Saugmunddurchmesser, wird vom Spalt zwischen Laufrad und Gehäuse abgesehen. Deshalb gelten die Ableitungen nach PFLEIDERER auch für Axialmaschinen. Die Untersuchung (digitales Zusatzmaterial) geht von Gl. (4-98) und Gl. (5-13) aus. Diese kommt für den in Hinblick auf Kavitation optimalen Relativstromwinkel an der Stelle (a, 1) der Saugkante nach längerem Umrechnen und Extremwertbildung zu Folgendem:

a) Für *drallfreie* Saugseitenströmung (Regel- oder Normalfall), d. h. $\alpha_0 = 90°$ und deshalb $\delta_r = 1$:

$$\tan\beta_{0,(a),opt} = \sqrt{\frac{1}{2}\cdot\frac{\lambda_1}{\lambda_1+\lambda_2}} = \sqrt{\frac{1}{2}\cdot\frac{1}{1+\lambda_2/\lambda_1}} \quad (5\text{-}14)$$

Mit den λ-Richtwerten ergibt die Beziehung für den kavitationsoptimalen Relativströmungswinkel $\beta_{0,(a),opt}$ bei:

Kreiselpumpen:

$$\beta_{0,(a),opt} = 17{,}5° \quad (5\text{-}15)$$

Aufgrund von Versuchen empfiehlt PETERMANN [24] im Hinblick auf **Kavitationsoptimalität**, den Saugkantenwinkel β_1 nicht kleiner als 14° und bei kleinen Pumpen etwa 18° auszuführen, also an Stelle (a, 1)

übliche Pumpen $\beta_{1,(a)} \geqq 14°$
kleine Pumpen $\beta_{1,(a)} \approx 18°$

In der Regel gilt allgemein als **kavitationsoptimal** bei Kreiselpumpen:

$$\boldsymbol{\beta_1 \approx 15\ldots 20°} \text{ oder } \beta_1 \approx \beta_0 + (1\ldots 5°) \quad (5\text{-}16)$$

Wasserturbinen:

$$\beta_{0,(a),opt} = 17° \approx \beta_{1,(a)} \quad (5\text{-}17)$$

Es ergeben sich bei Kreiselpumpen und Wasserturbinen etwa gleich große Werte für den optimalen Relativströmungswinkel $\beta_{0,(a),opt}$.

Bei reinen Radialrädern ist entlang der achsparallelen Saugkante $\beta_0 = \beta_{0,(a)} = \text{konst.}$

Für die hinsichtlich des Saugverhaltens ideale Maschine ($\lambda_1 = 0$, $\lambda_2 = 1$) wäre nach Gl. (5-14)

$$\tan\beta_{0,(a),opt} = \sqrt{1/2} \rightarrow \tan\beta_{0,(a),opt} = 35{,}3° \quad (5\text{-}18)$$

Je geringer die Reibung, desto größere Relativströmungswinkel $\beta_{0,(a)}$ sind demnach vorteilhaft, und zwar bis zur Obergrenze von etwa 35°.

b) Für *drallbehaftete* Saugseitenströmung (allgemeiner Fall), d. h. $\alpha_0 \neq 90°$ und deshalb $\delta_r \neq 1$:

$$\tan\beta_{0,(a),opt} = \sqrt{\frac{1}{2}\cdot\frac{\lambda_1+\lambda_2\cdot(1/\delta_{r,(a)}-1)^2}{\lambda_1+\lambda_2}} \quad (5\text{-}19)$$

Die Beziehung gilt allgemein, d. h. für $\delta_{r,(a)} \gtrless 1$ und geht für $\delta_{r,(a)} \approx \delta_r = 1$ in Gl. (5-14) über, die sie somit beinhaltet.

Der Winkel $\beta_{0,(a),opt}$ nach Gl. (5-19) ist in Diagramm Bild 5-6 für Kreiselpumpen als Funktion der relativen Drallzahl $\delta_{r,(a)}$ aufgetragen. Die Kurve hat den Minimalwert von 17,5° für $\delta_{r,(a)} = 1$, also dem unter Punkt a) aufgeführten Regelfall.

Gleichung (5-19) ergibt: Der Saugseitendrall ($\delta_{r,(a)} \neq 1$) bedingt ein Vergrößern des Relativströmungswinkels $\beta_{0,(a)}$, gleichgültig, ob der Drall gleichsinnig ($\delta_{r,(a)} < 1$) oder gegensinnig ($\delta_{r,(a)} > 1$) zur Raddrehung verläuft. Bemerkenswert ist, dass auch Gegendrall ($\delta_{r,(a)} > 1$) das Vergrößern von $\beta_{0,(a)}$ erfordert, was jedoch nichts darüber aussagt, ob und wie ein Saugseitendrall die absolute Kavitationsgefahr (Saugfähigkeit) beeinflusst. Hierüber wird später berichtet. Als günstiger Nebeneffekt ergibt sich beim Vergrößern von $\beta_{0,(a)}$, d. h. $\delta_{r,(a)} \neq 1$, das Zunehmen der Meridiangeschwindigkeit c_{0m} und damit Abnehmen der erforderlichen Werte von D_{SM} sowie b_1 bei unverändertem u_1, weshalb dabei $D_1 =$ konst.

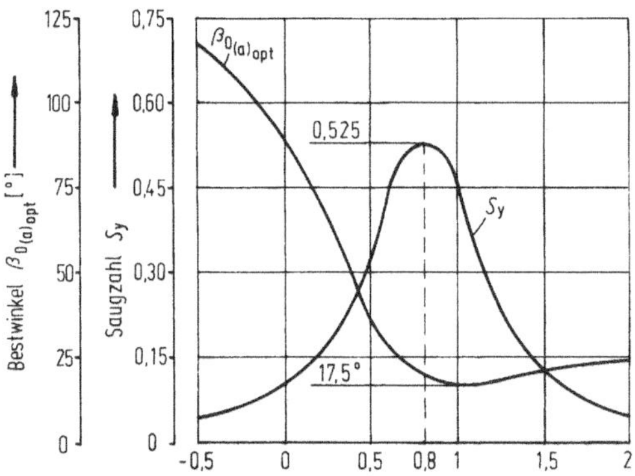

Bild 5-6 Saugzahl S_y und Bestwinkel $\beta_{0,(a),opt}$ der Saugströmung für Kreiselpumpen in Abhängigkeit von der relativen Drallzahl $\delta_{r,(a)}$ [29]

Hinweis: Größere Relativstromwinkel $\beta_{0,(a)}$ als etwa 17,5° ergeben kleinere Reibungsverluste und somit höhere Wirkungsgrade. Deshalb empfiehlt es sich in Fällen, bei denen Kavitation nicht zu befürchten ist, z. B. geringe oder keine Saughöhe, den Winkel $\beta_{0,(a)}$ größer als 17,5° auszuführen, und zwar bis etwa doppelt so groß, also $\beta_{0,(a)} = 35°$ (vergleiche Ausdruck lt. Gl. (5-18)). Dabei bedeuten bzw. erfordern größere Relativströmungswinkel $\beta_{0,(a)}$ jedoch nicht zugleich drallbehaftete Saugseitenströmung. $\beta_{0,(a)} > 17{,}5°$ kann auch bei $\delta_{r,(a)} = \delta_r = 1$ verwirklicht werden (u_1 kleiner oder/und c_0 größer).

Des Weiteren ergeben die von PFLEIDERER [29] durchgeführten und von PETERMANN [24] ergänzten Ableitungen folgende Beziehung für die spezifische Maschinenhalteenergie

$$Y_{H,M} = (n \cdot \sqrt{\dot{V}_{La}}/S_y)^{4/3} \approx (n \cdot \sqrt{\dot{V}}/S_y)^{4/3} \quad (5\text{-}20)$$

Hierbei fasst die als **Saugzahl**, Gl. (5-21), bezeichnete dimensionslose Größe S_y (digitales Zusatzmaterial) die verschiedenen Einflüsse (Reibung, Maschinengestaltung) zusammen. Aus Gl. (5-20) folgt:
Die Drehzahl von flüssigkeitdurchströmten Maschinen, kurz Flüssigkeitsmaschinen (KP, WT, auch KoP), wird meist durch Kavitationsgefahr und nicht Werkstofffestigkeit (Massenkräfte, also Flieh- und Trägheitskräfte) begrenzt.

Bemerkung: PETERMANN [17], [24] bezeichnet die Saugzahl mit S_q. Er verwendet somit den gleichen Index wie bei der von ihm bevorzugten Form der spez. Drehzahl n_q. Hier wird analog zur benutzten Schnellläufigkeit n_y die Saugzahl mit S_y abgekürzt.

5.2.4 Saugzahl S_y

Die im vorhergehenden Abschnitt erwähnten Untersuchungen von PFLEIDERER ergaben auch einen allgemein gültigen Ausdruck für die Saugzahl S_y:

$$S_y^{-\frac{4}{3}} = \frac{1}{2\cdot[k_N/(4\cdot\pi)]^{2/3}} \cdot \left[\lambda_1 \cdot \left(\frac{\delta_{r,(a)}^2}{\cos^2\beta_{0,(a)}\cdot\sin\beta_{0,(a)}}\right)^{2/3} + \lambda_2 \cdot \frac{(\delta_{r,(a)}\cdot\tan\beta_{0,(a)})^2 + (1-\delta_{r,(a)})^2}{(\delta_{r,(a)}\cdot\tan\beta_{0,(a)})^{2/3}}\right] \quad (5\text{-}21)$$

Diese Beziehung (digitales Zusatzmaterial) bestätigt, dass die Saugziffer S_y eine dimensionslose Größe ist.

Während für den kavitationsoptimalen Saugseiten-Relativströmungswinkel $\beta_{0,(a),opt}$ zwei getrennte Beziehungen für $\delta_{r,(a)} = \delta_r = 1$ (Gl. (5-14)) und $\delta_{r,(a)} \neq 1$ (Gl. (5-19)) angegeben sind, wird dagegen für die Saugzahl S_y nur die allgemeine Beziehung aufgeführt. Diese Gleichung enthält jedoch ebenfalls den Regelfall $\delta_{r,(a)} = \delta_r = 1$, also drallfreie Saugseitenströmung, und vereinfacht sich hierfür entsprechend.

Die Funktion für die Saugzahl nach Gl. (5-21) ist ebenfalls in Bild 5-6 aufgetragen. Das Diagramm zeigt, dass die Kurve ein Maximum aufweist. Die Saugzahl S_y erreicht ihren Höchstwert jedoch nicht beim Regelfall, der Drallfreiheit $\delta_{r,(a)} = 1$ sondern bei $\delta_{r,(a)} = 0{,}8$, d. h. bei mäßigem Gleichdrall. Die Saugfähigkeit wird demnach durch geringen positiven Vordrall (Gleichdrall) merklich verbessert. Die Saugzahl ist bei $\delta_{r,(a)} = 0{,}8$ um 24 % $(0{,}52/0{,}42 = 1{,}24)$ höher als bei $\delta_{r,(a)} = 1$. Gegendrall (negativer Vordrall) dagegen verschlechtert das Saugverhalten stets.

Der Ausdruck nach Gl. (5-21) enthält die Gestaltungs- und Reibungsbeiwerte λ_1, λ_2. Er bestätigt damit, dass die Saugzahl S_y von der Qualität, d. h. Gestaltung (Güte der Konstruktion → Schaufelform, Wandungsführung) und Ausführung (Sorgfalt des Herstellers → Rauigkeit) abhängt. Außerdem ist von Einfluss, ob eine Pumpe oder Turbine vorliegt (verschiedene λ-Werte).

Das Auswerten der Saugzahl-Beziehung nach Gl. (5-21) für den Regelfall $\delta_{r,(a)} = \delta_r = 1$ (Gl. (4-92)) ergibt bei den verschiedenen Maschinengruppen mit $k_N = 0{,}5 \ldots 0{,}9$ nach Gl. (2-57) und den jeweils zuvor angegebenen Werten λ_1, λ_2 sowie $\beta_{0,(a),opt}$:

Kreiselpumpen $S_y = 0{,}34 \ldots 0{,}46$
Wasserturbinen $S_y = 0{,}54 \ldots 0{,}72$

Wie ausgeführt, handelt es sich bei den angegebenen Zahlenwerten der Größen λ_1 und λ_2 um Richtwerte. Die obigen Rechenwerte für S_y haben deshalb ebenfalls nur Richtwertcharakter. Daher ist die Saugzahl S_y für jede hydraulische Turbomaschine letztlich experimentell zu ermitteln oder nach Erfahrung festzulegen. Laut PETERMANN [24] werden erreicht bei:

Kreiselpumpen

- *Übliche Pumpen* (radial, diagonal, axial)

  $$\mathbf{S_y = 0{,}4 \ldots 0{,}45} \qquad (5\text{-}22)$$

- *Spezialpumpen* extremer Saugfähigkeit (Saugraum sorgfältig ausgebildet, Laufschaufeln sehr weit in den Laufradsaugmund vorgezogen).

  Erreichbar $\mathbf{S_y = 0{,}9 \ldots 1{,}3\,(\ldots 1{,}5)}$

  Dabei Beiwert λ_1 auf $< 0{,}05$ herabgedrückt.

- *Inducer-Pumpen* (Bild 10-44), d. h. Pumpen mit zusätzlich eingebautem Axialrad als Vorsatzläufer (Inducer) in oder vor den Saugmund des eigentlichen Laufrades (Hauptläufers). Erreichbar $\mathbf{S_y = 1{,}5 \ldots 2{,}0\,(\ldots 2{,}5)}$

Wasserturbinen

Fehlen exakte Werte, wird empfohlen:

$$\mathbf{S_y = 0{,}6 \ldots 1{,}0} \qquad (5\text{-}23)$$

Erreichbare Saugzahlen bei den wichtigsten Wasserturbinen-Typen sind dazu bei:

- FRANCIS-*Turbinen* (radial o. diagonal)

  $S_y = 0{,}98 \ldots 0{,}86$ für $n_y = 0{,}09 \ldots 0{,}36$

- KAPLAN-*Turbinen* (axial)

  $S_y = 0{,}82 \ldots 0{,}55$ für $n_y = 0{,}4 \ldots 1{,}5$

Dabei größere S_y-Werte für kleinere n_y-Werte.

Bemerkungen:

Nach DZIALLAS [1)] beginnt die Kavitation bei KAPLAN-Turbinen, wird von der Spaltkavitation abgesehen, zuerst am Übergang von der Nabe zu den Schaufeln und setzt sich zur Profilmitte fort.

Abschließend soll nochmals ausdrücklich darauf hingewiesen werden, dass die Saugzahl S_y, gemäß vorhergehender Begründungen, gleichzeitig eine Güteziffer zur Beurteilung der Qualität, d. h. Berechnung (Form und Zahl der Schaufeln), Gestaltung (Saugseite) sowie Herstellung (Ausführung, Oberflächengüte) der HyM.

Konstruktion beinhaltet, wie schon erwähnt, allgemein Berechnung und Gestaltung.

5.2.5 *NPSH*-Wert

Anstelle von Haltedruckhöhe H_H oder Haltedruck $\Delta p_H = \varrho \cdot g \cdot H_H$ bzw. spezifischer Halteenergie $Y_H = g \cdot H_H$ ist in den USA der Begriff „**NET POSITIVE SUCTION HEAD**" (positive Nettosaughöhe → Nettozulaufhöhe oder Nettoenergiehöhe) abgekürzt *NPSH* mit der Einheit Meter üblich. Jedoch auch in Europa wird der ***NPSH*-Wert** [2)] verwendet.

Wie bei den anderen Haltegrößen (Haltedruckhöhe, Haltedruck und spezifische Halteenergie) wird auch beim *NPSH* zwischen zwei Werten unterschieden, dem der Anlage und dem der Maschine:

Anlagen-*NPSH*: Bezeichnungen $\boldsymbol{NPSH_A}$ oder $NPSH_{verf}$. Analog zur Anlagen-Haltedruckhöhe $H_{H,A} = Y_{H,A}/g$ nach Gl. (5-11) kennzeichnet der ***NPSH*-Wert der Anlage** die im Laufradsaugmund verfügbare freie Zulaufhöhe (Druckhöhe → „Dampfdruck"-Abstand).

---

1) DZIALLAS, R.: Kavitationsbeobachtungen an KAPLAN-Turbinen. VOITH, Forschung u. Konstruktion (1957), H. 2.

2) ISO 2548 und DIN 24 260 sowie EUROPUMP-Broschüre (1974), herausgegeben von der Fachgemeinschaft Pumpen und Verdichter im Verein Deutscher Maschinenbau-Anstalten (VDMA), Maschinenbau-Verlag, Frankfurt.

Maschinen-*NPSH*: Bezeichnungen $\boldsymbol{NPSH_{\mathrm{M}}}$ oder $NPSH_{\mathrm{vorh}}$. Entsprechend der Maschinen-Haltedruckhöhe $H_{\mathrm{H,M}} = Y_{\mathrm{H,M}}/g$ nach Gl. (5-13) und Gl. (5-20) beinhaltet der ***NPSH*-Wert der Maschine** die im Laufradsaugstutzen vorhandene erforderliche Mindest-Zulaufhöhe. Das ist die Druckhöhe, um die der Druck im Saugstutzen den Dampfdruck des Arbeitsmediums mindestens übersteigen muss, damit die Maschine kavitationsfrei arbeitet. Für kavitationsfreien Betrieb gilt deshalb wie bei der Haltedruckhöhe (Gl. (5-10)) die Bedingung: Kavitationsfreiheit ist gewährleistet, wenn

$$NPSH_{\mathrm{A}} > NPSH_{\mathrm{M}} \quad (5\text{-}24)$$

Der von der Anlage angebotene *NPSH*-Wert $NPSH_{\mathrm{A}}$, der verfügbare, muss also größer sein als der von der Maschine zum Vermeiden der Kavitation notwendige *NPSH*, der vorhandene Wert

$$\boldsymbol{NPSH_{\mathrm{M}} \approx H_{\mathrm{H,M}} = Y_{\mathrm{H,M}}/g} \quad (5\text{-}25)$$

Aus Sicherheitsgründen wird eine Mindestreserve von 0,5 m empfohlen, also:

$$NPSH_{\mathrm{A}} \geqq NPSH_{\mathrm{M}} + 0{,}5\,\mathrm{m} \quad (5\text{-}26)$$

NPSH-Wert und Haltedruckhöhe unterscheiden sich nur durch den Bezugspunkt. Festgelegt sind (Bild 5-4) für:

NPSH-Wert: **Bezugspunkt** S' – der Schnittpunkt von Maschinenwellenmitte mit der dazu senkrechten Ebene durch die äußeren Punkte der Laufschaufelsaugkanten (Stelle a_1 in Bild 5-4).

Haltedruckhöhe: **Bezugspunkt** S – die Schnittstelle von der Verlängerung der Wellenmittellinie (Maschinenachse) mit der Querschnittsebene des Saugstutzeneintritts (Bild 5-4).

Zwischen *NPSH* und Haltedruckhöhe besteht daher folgender einfacher Zusammenhang, wenn die Strömungsverluste im Maschinenstutzen von S bis S' unberücksichtigt bleiben:

$$NPSH_{\mathrm{A}} = H_{\mathrm{H,A}} - z_{S'} = Y_{\mathrm{H,A}}/g - z_{S'} \quad (5\text{-}27)$$

$$NPSH_{\mathrm{M}} = H_{\mathrm{H,M}} - z_{S'} = Y_{\mathrm{H,M}}/g - z_{S'} \quad (5\text{-}28)$$

Abhängig von der Maschinenordnung (schräge, senkrechte oder waagrechte Maschinenwelle) gilt für den Höhenunterschied $z_{S'}$ zwischen den Bezugspunkten S' und S. Meist $z_{S'}$ vergleichsweise klein, weshalb in der Regel vernachlässigbar, also:

$$NPSH \approx H_{\mathrm{H}} = Y_{\mathrm{H}}/g \quad (5\text{-}29)$$

$z_{S'}$ positiv, wenn S' höher als S liegt, d. h. Maschinenwelle senkrecht oder schräg ansteigend verläuft.

$z_{S'}$ negativ, wenn S' tiefer als S liegt, also die Maschinenwelle senkrecht oder schräg abfallend verläuft.

$z_{S'}$ null, wenn S' und S gleich hoch liegen (Maschinenwelle waagrecht). Hierfür besteht dann kein Unterschied zwischen H_{H} und *NPSH*, also exakt $NPSH = Y_{\mathrm{H}}/g$ sowohl bei A wie bei M.

Bemerkungen:

Bei der Definition des Bezugspunktes S' für den *NPSH*-Wert ist oft nachteilig, dass er infolge Welle, Nabe, Lager, Saugstutzen usw. messtechnisch meist unzugänglich bleibt. Zugehörig Index A bzw. M.

Näherungsbeziehung nach VDMA (Verein deutscher Maschinen-Anstalten):

$$NPSH_{\mathrm{M}} \approx (0{,}3\ldots0{,}5)\cdot n\cdot\sqrt{\dot V} \quad \text{in m} \quad (5\text{-}30)$$

mit n in s^{-1} und $\dot V$ in $\mathrm{m^3/s}$.

5.2.6 THOMA-Zahl *Th*

Auf THOMA[1] geht der Vorschlag zurück, die spez. Maschinenhalteenergie $Y_{\mathrm{H,M}}$ auf die spez. Energie des Laufrades bei Einstufigkeit bzw. der ersten Stufe bei Mehrstufigkeit zu beziehen. Der Quotient von spez. Maschinenhalteenergie $Y_{\mathrm{H,M}}$ und spez. Stufenenergie ΔY wird deshalb als **THOMA-Zahl** $\boldsymbol{Th_{\mathrm{M}}}$ **der Maschine**, Kavitationszahl nach THOMA oder *Kavitationsempfindlichkeit* bezeichnet.

$$Th_{\mathrm{M}} = Y_{\mathrm{H,M}}/\Delta Y \quad (5\text{-}31)$$

Die THOMA-Zahl ist also das Verhältnis zweier Energien und deshalb dimensionslos. Nach der Kennzahl-Definition somit eine echte Kenngröße.

Des Weiteren gilt: Je kleiner die Kavitationsempfindlichkeit, d. h. THOMA-Zahl einer Maschine wird, desto besser ist ihr Saugverhalten.

Bei der THOMA-Zahl ist ungünstig, dass zwei nicht zusammengehörende Größen aufeinander bezogen sind. Die spezifische Halteenergie $Y_{\mathrm{H,M}}$ wird durch die Saugseite, die spez. Stufenenergie dagegen von der Druckseite des Laufrades bestimmt (bei $\delta_{\mathrm{r}} = 1$). Die Kavitationsempfindlichkeit ist deshalb sowohl von der Ausführung (Ausbildung, Qualität) der Saugseite ($Y_{\mathrm{H,M}}$) als auch der Form des Laufrades

[1] THOMA, D.: Z. VDI, Bd. 69 (1925) S. 329–34.

abhängig, welche die Größe von ΔY bestimmt. Die Saugzahl S_y vermeidet diese Doppelabhängigkeit und ist daher vorteilhafter als die THOMA-Zahl, um die Saugfähigkeit zu kennzeichnen.

Analog zur spez. Anlagenhalteenergie sowie zum $NPSH_A$- Wert kann auch eine THOMA-Zahl der Anlage gebildet werden. Bei der Anlagen-THOMA-Zahl Th_A wird die spez. Anlagenhalteenergie $Y_{H,A}$ auf die spez. Stutzenenergie bezogen. Die THOMA-Zahl der Anlage Th_A ist jedoch nur für einstufige Maschinen sinnvoll. Grund: Bei mehrstufigen Turbomaschinen sind spez. Stutzen- und Stufenarbeit verschieden ($Y \neq \Delta Y \rightarrow Y = i \cdot \Delta Y$). Dadurch ergibt sich für Th_A ein schiefes Bild, oder es wird ΔY verwendet. Da die Anlagen-THOMA-Zahl Th_A selten verwendet, wird die Maschinen-THOMA-Zahl Th_M meist kurz als THOMA-Zahl Th bezeichnet (ohne Index). Die Kavitationsempfindlichkeit nach THOMA (der Maschine) lässt sich mit Gl. (5-20) umschreiben.

$$Th = \frac{(n \cdot \sqrt{\dot{V}}/S_y)^{4/3}}{\Delta Y} = \left(n \cdot \frac{\sqrt{\dot{V}}}{\Delta Y^{3/4}} \cdot \frac{1}{S_y}\right)^{4/3}$$

Der Ausdruck enthält die spezifische Drehzahl n_y nach Gl. (4-75) und bestätigt dadurch den Zusammenhang zwischen THOMA-Zahl Th und n_y.

$$Th = (n_y/S_y)^{4/3} \tag{5-32}$$

Die Kavitationsempfindlichkeit wächst nach Gl. (5-32) mit steigender spez. Drehzahl. Das bedeutet, die schnellläufigen Axialräder sind kavitationsgefährdeter als die langsamläufigen Radialräder.

5.2.7 Festlegen des Kavitationszustandes

Einerseits ist es nicht möglich, präzise anzugeben, ob bereits Kavitation auftritt oder nicht. Andererseits ist geringere Kavitation ungefährlich für Werkstoff und Wirkung der Turbomaschine. Deshalb wird bei der Strömungsmaschine geringe Kavitation zugelassen, was zudem den Vorteil kleinerer Baugröße der Maschine bringt. Üblicherweise sind Betriebszustände noch zulässig, bei denen die spezifische Stufenarbeit infolge Kavitation etwa 2 bis 3 % abfällt (Punkt 1 in Bild 5-7 nach SCHÖNEBERGER[1]). Das bedeutet einen gleich großen Wirkungsgradabfall von 2 bis 3 %. Es wird also festgelegt, dass unzulässige Kavitation dann auftritt, wenn bei konstantem Durchsatz der Wirkungsgrad beim Ändern der Saughöhe bzw. des Saugdruckes (spezifische Halteenergie der Anlage) um mehr als 2 bis 3 % abfällt.

Der Kavitationszustand ist experimentell über den sog. kritischen Saugstutzendruck $p_{S,kr}$ festgelegt. Beim Messvorgang wird bei gleich bleibender Drehzahl für einen vorgegebenen Volumenstrom die Saughöhe so lange vergrößert, also der Saugdruck stetig verkleinert und damit die Halteenergie der Anlage abgesenkt, bis die Stufenenergie der Maschine merkbar abfällt. Experimentell wird dies verwirklicht durch Verringern des Systemdruckes; evtl. Evakuieren des Saugbehälters ($p_{UW} < p_b$; Bild 5-4). Die Versuche erfolgen für verschiedene jeweils konstant gehaltene Volumenströme $\dot{V}$. Die Messergebnisse werden dann in einem Diagramm $\Delta Y = f(p_S)$ aufgetragen, wie in Bild 5-8a dargestellt.

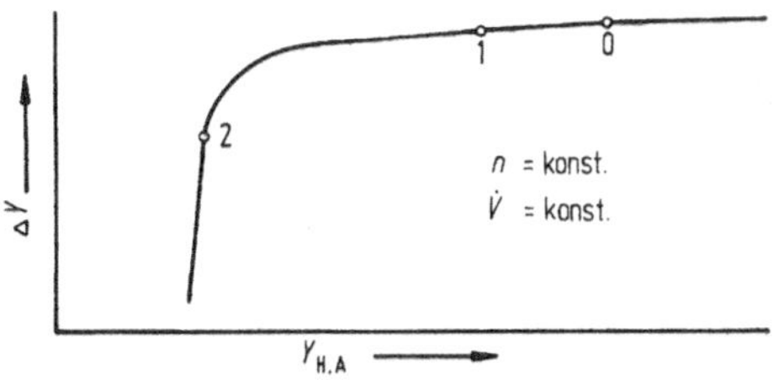

Bild 5-7 Kavitationskennlinie einer Turbomaschine nach SCHÖNEBERGER und KSB. Spezifische Stufenenergie ΔY der Turbomaschine in Abhängigkeit von der spezifischen Anlagenhalteenergie $Y_{H,A}$ bei unveränderter Drehzahl (n = konst) und gleich bleibendem Durchsatz $\dot{V}$ = konst. Punkt 0: Erstes Auftreten von Kavitation. Punkt 1: Geringe zulässige Kavitation. Dabei Förderhöhenabfall etwa von 2 ... 3 %, entsprechend Wirkungsgradabfall 2 ... 3 %. Punkt 2: Voll ausgebildete Kavitation

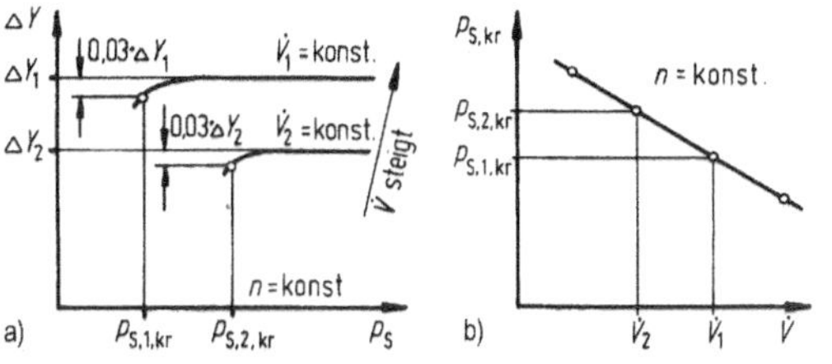

Bild 5-8 Bestimmung des kritischen Saugstutzendruckes $p_{S,kr}$ für verschiedenen Durchsatz $\dot{V}$ ($\dot{V}_1$ = konst, dann $\dot{V}_2$ = konst usw.) bei gleich bleibender Drehzahl

Als $p_{S,kr}$ wird der Saugdruck definiert, bei dem die spezifische Stufenenergie ΔY um 3 % abgefallen ist.

[1] SCHÖNEBERGER, W.: Untersuchungen über die Kavitation an radialen Kreiselpumpenrädern, Konstruktion 21 (1969), Heft 7, S. 245–251.

Zusammengefasst führen die Ergebnisse zum Diagramm $p_{S,kr} = f(\dot{V})$ in Bild 5-8b. Daraus lässt sich für jeden Maschinen-Durchsatz $\dot{V}$ der kritische Saugstutzendruck $p_{S,kr}$ ablesen und damit der dazugehörige kritische Haltewert der Anlage festlegen. Dies sind mit Gl. (5-11) die kritische spezifische Anlagenhalteenergie $Y_{H,A,kr}$ und nach Abschnitt 5.2.5 der zugehörige kritische Anlagen-*NPSH*-Wert $NPSH_{A,kr}$. Um mit Sicherheit kavitationsfreien Betrieb der Maschine zu gewährleisten, wird auch als erforderlicher Anlagenhaltewert $NPSH_{A,erf}$ festgelegt

$$NPSH_{A,erf} = k_K \cdot NPSH_{A,kr} \tag{5-33}$$

Mit Sicherheitsfaktor $k_K > 1$

Richtwerte $k_K = 1{,}05 \ldots 1{,}1$

Der experimentell ermittelte kritische Anlagen-*NPSH*-Wert $NPSH_{A,kr}$ ist identisch dem Maschinen-*NPSH*-Wert, also $NPSH_M \equiv NPSH_{A,kr}$. Experimentell kann der kritische Saugdruck jedoch auch durch Verändern des Volumenstromes bei konstant gehaltener Saughöhe und gleich bleibender Drehzahl bestimmt werden. Die Messungen werden analog zur beschriebenen Methode ausgewertet.

5.3 Überschall

5.3.1 Grundsätzliches, Bedeutung

Aus der Fluidmechanik (z. B. [3]) ist bekannt, dass die Strömungs-Beschleunigung von Unterschall- auf Überschallgeschwindigkeit stetig verläuft. Der umgekehrte Vorgang dagegen, die Verzögerung von Über- auf Unterschall, erfolgt praktisch immer unstetig. Es treten Drucksprünge, verbunden mit plötzlicher Geschwindigkeitsabsenkung auf, eine als Verdichtungsstoß bezeichnete, bei Gasströmungen wichtige Erscheinung. Wie erwähnt, wird unterschieden zwischen:

- senkrechten Verdichtungsstößen, bei denen die Stoßfront senkrecht zur Strömungsrichtung verläuft und stets ein Übergang von Über- in Unterschall erfolgt.
- schrägen oder schiefen Verdichtungsstößen. Die Stoßfront verläuft schräg zur Strömungsrichtung. Je nach den vorliegenden Umständen ist auch nach dem Stoß noch Überschall vorhanden (allerdings geringerer) oder es erfolgt ein Übergang in den Unterschallbereich.

Bei jedem Verdichtungsstoß ändern sich sprungartig sowohl der Strömungs- als auch der Gaszustand, also Geschwindigkeit, Druck, Dichte und Temperatur. Es lässt sich theoretisch (Impulssatz) und experimentell nachweisen, dass Verdichtungsstöße immer verlustbehaftet sind. Je stärker der Stoß, d. h. je höher der Drucksprung Δp ausfällt, desto größere Verluste an mechanischer Energie treten auf, etwa $\sim (\Delta p)^3$. Die Strömungsverluste von schiefen Verdichtungsstößen sind jedoch meist kaum höher als die stetiger Verdichtung in Diffusoren. Deshalb erfolgt in der Technik das Verzögern und damit Verdichten überschallschneller Strömungen oft durch mehrere hintereinander folgende schräge Verdichtungsstöße, die von entsprechend ausgebildeter Einrichtung (Stoßdiffusor) ausgelöst werden. Ein Beispiel hierfür sind die sog. Einlaufdiffusoren der Luftstrahltriebwerke von Überschallflugzeugen, in denen die – relativ betrachtet – überschallschnell einströmende Luft auf Unterschall verzögert werden muss, bevor sie dem Turboverdichter zuströmt.

Um gute Wirkungsgrade zu erzielen, sind bei Fluidströmungen in der Regel Verdichtungsstöße, auch örtliche, möglichst zu vermeiden. In Turbomaschinen sollten deshalb die Strömungsgeschwindigkeiten – im Laufrad die Relativgeschwindigkeit, in der Leitvorrichtung die Absolutgeschwindigkeit – in genügendem Abstand, dem sog. Sicherheitsabstand, unter der zugehörigen Schallgeschwindigkeit bleiben. Bei den Flüssigkeitsströmungen in Kreiselpumpen und Wasserturbinen ist die Forderung ohne Schwierigkeiten immer zu erfüllen. Hier liegen die Strömungsgeschwindigkeiten aus mehreren Gründen (Kavitation, Reibung) stets weit unter den verhältnismäßig hohen Flüssigkeits-Schallgeschwindigkeiten von meist über 1 000 m/s. In den Turbomaschinen für kompressible Fluide (Gase, Dämpfe), also Kreiselverdichter (KV), Gas- und Dampfturbinen (GT, DT), dagegen liegen die Strömungs- und Schallgeschwindigkeiten in gleicher Größenordnung. Vor allem bei den zum Druckaufbau notwendigen verzögerten Verdichter-Strömungen sind Verdichtungsstöße zu vermeiden und deshalb sorgsam darauf zu achten, dass keine (auch keine örtlichen) Überschallgeschwindigkeiten auftreten. Überschallverdichter werden, da viele gasdynamische und konstruktive Probleme noch ungelöst sind, wenn überhaupt, nur für Sonderfälle gebaut. Ausnahme: Sog. **transsonische KV** (bis $Ma \leqq 1{,}5$) mit sog. superkritischen Schaufel-Profilen [3] bauen bei praktisch gleichem Wirkungsgrad kleiner und leichter. Deshalb bei Flug-, aber auch Ortsfest-GT verwendet.

Infolge hoher Strömungsgeschwindigkeiten treten beim Verdichten kompressibler Fluide durch Verlangsamen in Verzögerungsgittern neben möglichen Verdichtungsstößen noch weitere Verluste auf. Diese sind teils durch die unvermeidlichen Reibungsverluste selbst sowie Aufheizen infolge Reibungswärme und teils durch größere Empfindlichkeit gegen starke Diffusorerweiterungen (Strömungsablösung) bedingt.

Darin begründet sich, warum der Bestwert des Wirkungsgrades von **Kreiselverdichtern** stets mehr oder weniger weit unter der sog. **Überschallgrenze,** dem ersten Auftreten von Verdichtungsstößen, liegt. Ein guter **Richtwert** bei ortsfesten KV ist: Möglichst $\boldsymbol{Ma \leqq 0{,}8}$.

Dagegen verursachen Überschallströmungen bei **Dampf- und Gasturbinen** (Turbinenteil) keinen nennenswerten Wirkungsgradabfall. Der Grund liegt darin, dass in den Schaufelkanälen von Turbinen fast immer beschleunigte Strömung vorliegt, die relativ unproblematisch (keine Verdichtungsstöße und keine Strömungsablösung) ist und Mediums-Geschwindigkeitsabbau durch Energieentzug erfolgt. Bei Turbinen hängt der Wirkungsgrad deshalb nur wenig von der MACH-Zahl ab. Die Ausführung der Schaufelprofile beeinflusst jedoch den Wirkungsgrad. Gerundete Schaufelnasen sind wegen geringerer Stoßverluste (Eintrittsstoß bei abweichender Anströmrichtung) meist günstiger als spitze.

In die zur Kennzeichnung der Schallnähe dienende **MACH-Zahl** Ma als Quotient von Strömungs- und zugehöriger Schallgeschwindigkeit sind einzusetzen:

Für die **Strömungsgeschwindigkeit** c:

Beim Laufrad:

Im Saugmund: Die Absolutgeschwindigkeit c_S bzw. c_0, also $Ma = c_S/a$ bzw. $Ma = c_0/a$

In den Laufkanälen (-Schaufeln): Die zugehörige Relativgeschwindigkeit w der Strömung. Somit $Ma = w/a$

Beim Leitrad (Leitkanälen):

Jeweilige Absolutgeschwindigkeit c, also $Ma = c/a$

Für die **Schallgeschwindigkeit** a:

Die örtliche Schallgeschwindigkeit a, d. h. die zum Gas- bzw. Dampfzustand an der betreffenden Stelle gehörende Schallgeschwindigkeit. Gemäß der LAPLACE-Gleichung [3] gilt:

$$a = \sqrt{\varkappa \cdot p \cdot v} = \sqrt{\varkappa \cdot R \cdot T} \tag{5-34}$$

Obwohl diese Beziehung exakt nur für ideale Gase in adiabatem, d. h. wärmedichtem System, gilt, wird sie meist näherungsweise allgemein angewendet. Die Gleichung zeigt, dass die Schallgeschwindigkeit eines kompressiblen Fluids von seinen Eigenschaften (Stoffwerte $\varkappa$, R) und seiner Temperatur bestimmt wird. Wichtig ist dabei zu bemerken, dass die Schallgeschwindigkeit mit zunehmender Fluidtemperatur steigt, sich jedoch nicht linear, sondern nur proportional zur Quadratwurzel der Absoluttemperatur ändert.

Vergleich Kavitation – Überschall: Zwischen Kavitations- und Überschall-Verhalten besteht weitgehende Analogie:

Kavitationsgrenze: Bei inkompressiblen Fluiden (Flüssigkeiten). Vergleich von vorhandenem (statischem) Druck im Medium mit dem von Temperatur und Stoffart abhängigen Dampfdruck.

Überschallgrenze: Bei kompressiblen Fluiden (Gase und Dämpfe). Vergleich von Strömungsgeschwindigkeit des Mediums mit der von Temperatur und Stoffart abhängigen Schallgeschwindigkeit.

Beide Phänomene
- führen zur Wirkungsgradverschlechterung.
- treten auf an sog. Übergeschwindigkeitsstellen, d. h. an Orten (Bereichen), an denen durch lokale Beschleunigung hohe Strömungsgeschwindigkeiten entstehen, die nach der Energiebilanz starke Druckabsenkungen bewirken.
- treten daher an einander entsprechenden Stellen in den Maschinen auf.
- sind möglichst zu vermeiden (Geräusche, Wirkungsgradabfall, Werkstoffangriff).

5.3.2 Dichteänderung im Saugstutzen

Beim Ansaugen muss das zuströmende Fluid im Einlauf vom Ruhezustand vor dem Maschinen-Saugstutzen auf die Absolutgeschwindigkeit c_0 an den Rad-Schaufelsaugkanten beschleunigt werden. Nach der Energiegleichung bewirkt der Geschwindigkeitsanstieg eine entsprechende Druckabsenkung, weshalb das nichtraumbeständige Fluid beim Ansaugen expandiert. Die dadurch bedingte Erhöhung des Volumenstromes am Radeintritt, genauer Schaufeleintritt

(Index 0), gegenüber dem Zustrom aus der ruhenden Umgebung (Ruhezustand, Index R) ist zu ermitteln für Festlegen der Abmessungen des Laufradeintritts und Prüfen, ob Überschallgrenze erreicht.

Die Herleitung des Zusammenhangs zwischen dem auf den Umgebungs-, d. h. Ruhezustand (T_R, p_R, ϱ_R, $c_R \approx 0$), bezogenen Ansaug-Volumenstrom $\dot{V}_R$ ($\dot{V}_R \approx \dot{V}_S$ bei $T_R \approx T_S$; $\varrho_R \approx \varrho_S$) und dem expandierten zum Zustand T_0, p_0, ϱ_0, c_0, kurz vor Eintritt in die Beschaufelung gehörenden Volumenstrom $\dot{V}_0$ (bei gleich bleibendem Massenstrom $\dot{m}$) ist umfangreich. Angenommen wird, dass die Fluid-Expansion zwischen den Stellen R und 0, da meist nur gering und wenig Reibung, näherungsweise isentrop verläuft. Die spez. isentrope Enthalpiedifferenz $\Delta h_s = w_{t,s}$ (Entspannungsarbeit) beträgt dann nach den Gesetzen der Thermodynamik:

$$\Delta h_s = \varkappa/(\varkappa - 1) \cdot p_R \cdot v_R \cdot [1 - (p_0/p_R)^{(\varkappa-1)/\varkappa}]$$

Umgeformt mit der Isentropenbeziehung:

$$p \cdot v^{\varkappa} = \text{konst} \rightarrow p_R \cdot v_R^{\varkappa} = p_0 \cdot v_0^{\varkappa}$$

Hieraus:

$$v_R = v_0 \cdot (p_0/p_R)^{1/\varkappa} = v_0 \cdot (p_0/p_R) \cdot (p_0/p_R)^{\frac{1}{\varkappa}-1}$$

$$v_R = v_0 \cdot \frac{p_0}{p_R} \cdot \left(\frac{p_0}{p_R}\right)^{-\frac{\varkappa-1}{\varkappa}} = v_0 \cdot \frac{p_0}{p_R} \cdot \left(\frac{p_R}{p_0}\right)^{\frac{\varkappa-1}{\varkappa}}$$

Eingesetzt in die Beziehung für Δh_s ergibt:

$$\Delta h_s = \varkappa/(\varkappa - 1) \cdot p_0 \cdot v_0 \cdot [(p_R/p_0)^{(\varkappa-1)/\varkappa} - 1]$$

Mit der Gasgleichung $p_0 \cdot v_0 = R \cdot T_0$ und dazu aus Gl. (5-34) $a_0^2 = \varkappa \cdot R \cdot T_0$ wird:

$$\Delta h_s = 1/(\varkappa - 1) \cdot a_0^2 \cdot [(p_R/p_0)^{(\varkappa-1)/\varkappa} - 1]$$

Des Weiteren folgt mit $v = 1/\varrho$ aus der Isentropenbeziehung:

$$p_R/\varrho_R^{\varkappa} = p_0/\varrho_0^{\varkappa} \rightarrow p_R/p_0 = (\varrho_R/\varrho_0)^{\varkappa}$$

Damit geht der Ausdruck für die isentrope Enthalpiedifferenz Δh_s über in die Form:

$$\Delta h_s = 1/(\varkappa - 1) \cdot a_0^2 \cdot [(\varrho_R/\varrho_0)^{(\varkappa-1)} - 1] \quad (5\text{-}35)$$

Die Energiegleichung für ideale Gase und Dämpfe $c^2/2 + h = \text{konst}$ zwischen den Stellen R und 0:

$$c_R^2/2 + h_R = c_0^2/2 + h_0$$

Hieraus folgt, da $c_R = 0$ und mit $\Delta h_s = h_R - h_0$:

$$c_0^2/2 = h_R - h_0 = \Delta h_s \quad (5\text{-}36)$$

Beziehungen (5-35) und (5-36) gleichgesetzt:

$$c_0^2/2 = (1/(\varkappa - 1)) \cdot a_0^2 \cdot [(\varrho_R/\varrho_0)^{(\varkappa-1)} - 1]$$

Umgeformt:

$$((\varkappa - 1)/2) \cdot (c_0/a_0)^2 + 1 = (\varrho_R/\varrho_0)^{(\varkappa-1)}$$

$$\varrho_R/\varrho_0 = \left[1 + ((\varkappa - 1)/2) \cdot (c_0/a_0)^2\right]^{1/(\varkappa-1)}$$

Oder mit der MACH-Zahl $Ma_0 = c_0/a_0$:

$$\varrho_R/\varrho_0 = \left[1 + ((\varkappa - 1)/2) \cdot Ma_0^2\right]^{1/(\varkappa-1)} \quad (5\text{-}37)$$

Die rechte Seite dieser Gleichung lässt sich nach der Potenzreihe [74]:

$$(1 \pm x)^n = +\binom{n}{0} \cdot x^0 \pm \binom{n}{1} \cdot x^1 + \binom{n}{2} \cdot x^2 \pm \binom{n}{3} \cdot x^3 + \ldots \pm \ldots$$

mit $|x| < 1$ und n beliebig als Reihe entwickeln, die dann näherungsweise nach dem zweiten Glied abgebrochen wird. Also

$$(1 + x)^n \approx \binom{n}{0} \cdot x^0 + \binom{n}{1} \cdot x^1 = 1 + n \cdot x$$

angewendet auf die rechte Seite von Gl. (5-37):

$$\left[1 + \frac{\varkappa - 1}{2} \cdot Ma_0^2\right]^{\frac{1}{\varkappa-1}} \approx 1 + \frac{1}{\varkappa - 1} \cdot \frac{\varkappa - 1}{2} \cdot Ma_0^2 \approx 1 + Ma_0^2/2$$

Damit ergibt sich letztlich aus Gl. (5-37) für das **Dichteverhältnis** zwischen den Stellen R und 0:

$$\varrho_R/\varrho_0 = 1 + Ma_0^2/2 \quad (5\text{-}38)$$

Oder für die **relative Dichteänderung** [3]

$$\frac{\Delta \varrho}{\varrho_R} = \frac{\varrho_0 - \varrho_R}{\varrho_R} = \frac{\varrho_0}{\varrho_R} - 1 = \frac{1}{1 + Ma_0^2/2} - 1 \quad (5\text{-}39)$$

Des Weiteren folgt mit der Kontinuitätsbedingung:

$$\dot{m} = \text{konst} \rightarrow \varrho_R \cdot \dot{V}_R = \varrho_0 \cdot \dot{V}_{0,\text{th}} \rightarrow \dot{V}_{0,\text{th}}/\dot{V}_R = \varrho_R/\varrho_0$$

Gleichung (5-38) eingesetzt, ergibt mit $\dot{V}_{0,\text{th}} = \lambda_L \cdot \dot{V}_0$ gemäß Gl. (4-91) für das **theoretische Volumenstromverhältnis**, wobei $\dot{V}_0 \approx \dot{V}_{SM}$:

$$\dot{V}_{0,\text{th}}/\dot{V}_R = 1 + Ma_0^2/2 \quad (5\text{-}40)$$

Mit $Ma_0 = c_0/a_0 \approx c_0/a_R$, da $T_0 \approx T_R \approx T_S$

Falls Enthalpieänderung Δh_s (Gl. (5-39)) im Ansaugraum bekannt, ist exakter $T_0 = T_R - \Delta h_s/c_p$, mit spez. „Druck"-Wärmekapazität c_p (digitales Zusatzmaterial).

Relative Volumenstromänderung: Mit Gl. (5-40) wird:

$$\Delta \dot{V}/\dot{V}_R = (\dot{V}_{0,\text{th}} - \dot{V}_R)/\dot{V}_R = Ma_0^2/2 \quad (5\text{-}41)$$

$\dot{V}_{0,\text{th}} > \dot{V}_R \approx \dot{V}_S$; Zunahme, da $\varrho_0 < \varrho_R \equiv \varrho_S$

B 2 Bekannt: Luft, Ruhezustand 20 °C, 1 bar. Beschleunigung auf 100 m/s Geschwindigkeit an Stelle 0.

Gesucht:
a) Relative Dichteänderung.
b) Relative Volumenstromänderung.

Lösung: Bestimmen von Schallgeschwindigkeit und Ma-Zahl:

$$a_R = \sqrt{\varkappa \cdot R \cdot T_R} \quad \text{und} \quad a_0 = \sqrt{\varkappa \cdot R \cdot T_0} \approx a_R$$

Aus Tafel 14 (digitales Zusatzmaterial) für Luft $\varkappa = 1{,}4$ und $R = 287\,\mathrm{J/(kg \cdot K)} = 287\,\mathrm{m^2/(s^2 \cdot K)}$

$$a_R = \sqrt{1{,}4 \cdot 287 \cdot 293} \cdot \sqrt{(\mathrm{m^2/(s^2 \cdot K)}) \cdot \mathrm{K}} = 343\,\mathrm{m/s}$$

Infolge Expansion $T_0 < T_R$, weshalb $a_0 < a_R$. Da die Temperatur T_0 unbekannt ist, wird näherungsweise $a_0 \approx a_R$ gesetzt. Dies ist infolge der oft nur geringen Ansaugexpansion sicher zulässig.

Dann:

$$Ma_0 = c_0/a_0 \approx c_0/a_R = 100/343 = 0{,}29 \approx 0{,}3$$

Damit ergeben sich:
a) Relative Dichteänderung nach Gl. (5-39):

$$\Delta\varrho/\varrho_R = (1/(1 + 0{,}3^2/2)) - 1 = -0{,}043 \mathrel{\widehat{=}} -4{,}3\,\% \quad \text{(Abnahme!)}$$

b) Relative Volumenstromänderung, Gl. (5-41):

$$\Delta\dot{V}/\dot{V}_R = 0{,}3^2/2 = 0{,}045 \mathrel{\widehat{=}} 4{,}5\,\% \quad \text{(Zunahme!)}$$

Folgerungen: Das Beispiel bestätigt, die Kompressibilität von Gas- und Dampfströmungen ist bis MACH-Zahlen von ungefähr 0,3 vernachlässigbar [3]. Strömende nichtraumbeständige Fluide können deshalb bis etwa $Ma \leqq 0{,}3$ als inkompressibel betrachtet werden, was Strömungsgeschwindigkeiten bis ca. 100 m/s entspricht. Bei höheren Geschwindigkeiten und deshalb entsprechend größeren Druckänderungen sind die zugehörigen Dichteänderungen jedoch zu berücksichtigen. In diesen Fällen tritt die MACH-Zahl gleichberechtigt neben die REYNOLDS-Zahl. Bei solchen Strömungen müssen Art (Isentropenexponent $\varkappa$, Gaskonstante R) und Anfangszustand (Temperatur, Druck) des kompressiblen Fluids bekannt sein.

Bei Kreiselverdichtern treten – wie die Erfahrung lehrt – im Saugstutzen relative Volumenstromänderungen $\Delta\dot{V}/\dot{V}_R$ bis etwa 20 % auf und sind deshalb dann nicht vernachlässigbar.

5.3.3 Überschallgrenze, Schallziffer

Die Maximalgeschwindigkeit im Saugbereich, die bei Flüssigkeitsströmungen infolge Druckabsenkung Kavitationsgefahr bedeutet, darf bei Gas- und Dampfströmungen im Grenzfall gerade die örtliche Schallgeschwindigkeit erreichen, wenn die verlustbehafteten Verdichtungsstöße vermieden werden sollen. Im Grenzfall, der sog. **Überschallgrenze**, würde dann an der kritischen Stelle gerade $Ma = 1$ erreicht. Sinnvoll ist, einen ausreichenden Sicherheitsabstand einzuhalten und deshalb die Auslegung so vorzunehmen, dass überall $Ma < 1$ bleibt, möglichst $Ma \leqq 0{,}8$. Wie bei Flüssigkeitsströmungen ist auch bei Gasbewegungen die gefährdetste Stelle im Saugbereich der Außenpunkt (Stelle (a, 1) in Bild 5-4) der Laufradsaugkante.

Analog zur Kavitation (Gl. (5-13)) macht PFLEIDERER für die kurz innerhalb der Laufrad-Saugkanten auftretende Maximalgeschwindigkeit w_{max} der Relativströmung folgenden Ansatz:

$$w_{max}^2 = (1 + \lambda) \cdot w_{0,(a)}^2 \qquad (5\text{-}42)$$

Der **Überschall-Beiwert** λ hat dabei die gleiche Bedeutung wie λ_1 bei Flüssigkeits-Turbomaschinen. Nach PFLEIDERER kann jedoch λ bei Kreiselverdichtern etwas kleiner angenommen werden als λ_1, dessen Mittelwert bei Kreiselpumpen 0,3 beträgt, also $\lambda_1 \approx 0{,}3$. Allgemein empfiehlt PFLEIDERER für übliche Kreiselverdichter als Richtwert den Bereich

$$\lambda \approx 0{,}2 \ldots 0{,}3 \qquad (5\text{-}43)$$

Nur Axialverdichter mit besonders großer Schaufelteilung, d. h. wenigen Flügeln, erfordern etwas höhere Werte für den Überschall-Beiwert.

Der gegenüber Flüssigkeitsförderung (Kreiselpumpen) bei Kreiselverdichtern kleinere Wert für den Beiwert λ rechtfertigt sich in der Tatsache, dass bei Gasströmung keine Materialzerstörung auftritt. Im Gegensatz zur Kavitation wird der Werkstoff durch Verdichtungsstöße praktisch nicht angegriffen.

Durch die Volumenausdehnung infolge Druckabsenkung am Ort der Übergeschwindigkeit vergrößert sich die Strömungsgeschwindigkeit zusätzlich. Dieser weitere Geschwindigkeitsanstieg kann jedoch nach PFLEIDERER [23], [29] und LAMLA [1)] meist als klein vernachlässigt werden.

Die Strömungsgeschwindigkeiten des Fluids sind in Radialrädern in der Regel kleiner als in Axialrädern, weshalb dort der Abstand zur Schallgrenze größer ist. Radialverdichter sind daher in der Regel unempfindlicher gegen Überschall als Axialverdichter.

[1)] LAMLA, E.: Jahrbuch d. dtsch. Luftfahrtf. 1939, IS. 165 (1940) IS 26.

Wie erwähnt, ist auch bei Verdichtern der weitaus häufigste Fall, dass die maximale Strömungsgeschwindigkeit an der Außenstelle der Schaufelsaugkanten (Stelle (a, 1) in Bild 5-4) auftritt. Die **Überschallgrenze** wird somit erreicht, wenn die maximale Relativgeschwindigkeit w_{max} in Gl. (5-42) gerade bis zur örtlichen Schallgeschwindigkeit a des Fluidstromes ansteigt. Für die Überschallgrenze folgt daher aus Gl. (5-43) der Ansatz:

$$a^2 = (1 + \lambda) \cdot w^2_{0,(a),kr} \tag{5-44}$$

Nach PFLEIDERER ist $w_{0,(a),kr}$ die dann vorhandene kritische, d. h. theoretisch gerade noch zulässige Relativströmungsgeschwindigkeit kurz vor der Saugkante, also an Stelle (a, 1) bzw. (a, 0).

Das Vergleichen der Ansätze Gl. (5-44) mit Gl. (5-13) ergibt, dass alle von PFLEIDERER für die spezifische Halteenergie (Saugzahl, optimaler Relativstromwinkel) erarbeiteten Gleichungen auch zum Bestimmen der Überschallgrenze anwendbar sind, da $\dot{V}_0 = \dot{V}_{SM} = \dot{V}_{La}$ (Gl. (2-58)), wenn gesetzt:

a^2 statt $(2 \cdot Y_{H,M})$, $(1 + \lambda)$ statt λ_1 und 0 statt λ_2

Dabei ist gegebenenfalls zu berücksichtigen, dass bei Gasströmungen der Volumenstrom durch Expansion infolge Druckabsenkung entsprechend Gl. (5-40) von $\dot{V}_R$ auf $\dot{V}_0$ ansteigt.

Unter diesen Voraussetzungen erhält PFLEIDERER für verschiedene Fälle ($\dot{V}_0 \geqq \dot{V}_R$ und $\delta_r \overset{=}{\neq} 1$) den von ihm als **Schallzahl** S bezeichneten Zusammenhang:

1. **Ohne** Berücksichtigung der **Dichteänderung** im Radeinlauf (Saugmund), also $\dot{V}_0 = \dot{V}_R \equiv \dot{V}_S$ und mit $a_0 = a_R \equiv a_S$

a) Bei drallfreier Saugraumströmung ($\delta_r = 1$):

$$S = n \cdot \sqrt{\frac{\dot{V}_0}{k_N \cdot a_0^3}} = \sqrt{\frac{\cos^2 \beta_{0,(a)} \cdot \sin \beta_{0,(a)}}{4 \cdot \pi \cdot (1 + \lambda)^{3/2}}} \tag{5-45}$$

Die Ausdrücke dieser Beziehung sind dimensionslos. Die Schallzahl S ist daher ebenfalls eine echte Kennzahl und wird deshalb auch **Schallkennzahl** genannt. Dabei werden bezeichnet:

Der linke Ausdruck als erforderliche bzw. **vorhandene** Schallziffer oder Schallkennzahl ($a_0 \approx a_R$):

$$S_{vorh} = n \cdot \sqrt{\dot{V}_0/(k_N \cdot a_0^3)} \tag{5-46}$$

Der rechte Ausdruck als **verfügbare** Schallziffer oder Schallkennzahl (Bild 5-9):

$$S_{verf} = \sqrt{\frac{\cos^2 \beta_{0,(a)} \cdot \sin \beta_{0,(a)}}{4 \cdot \pi \cdot (1 + \lambda)^{3/2}}} \tag{5-47}$$

Mit der Näherung $\lambda \approx 0{,}25$ (Mittelwert) wird:

$$S_{verf} = 0{,}24 \cdot \cos \beta_{0,(a)} \cdot \sqrt{\sin \beta_{0,(a)}} \tag{5-48}$$

An der Überschallgrenze ist dann: $S_{vorh} = S_{verf}$.

Damit die Überschallgrenze mit Sicherheit nicht erreicht wird, was beim praktischen Verdichterbetrieb notwendig ist, muss demnach erfüllt sein:

$$S_{vorh} < S_{verf} \tag{5-49}$$

Bei durchschnittlicher Ausführungsgüte (Konstruktion, Herstellung, Betriebsweise) der Verdichter empfiehlt sich erfahrungsgemäß:

$$S_{vorh} \approx (0{,}5 \ldots 0{,}8 \ldots 0{,}9) \cdot S_{verf} \tag{5-50}$$

Entsprechend der Saugzahl S_y gemäß Gl. (5-21) kennzeichnet die verfügbare Schallzahl nach Gl. (5-47) den durch die Maschinenqualität (Berechnung, Gestaltung und Ausführung) erreichbaren Wert, um den die relative Saugseitengeschwindigkeit der Strömung unterhalb der örtlichen Schallgeschwindigkeit des Fluids liegt und damit die Überschallgrenze unterschritten wird (Sicherheitsabstand); es besteht dann keine Überschallgefahr.

Analog zur spezifischen Maschinenhalteenergie (Gl. (5-20)) gibt die vorhandene Schallziffer, Gl. (5-46) den Zusammenhang für die vom Maschinenbetrieb abhängigen Größen und kennzeichnet dadurch den notwendigen Wert. Wie bei der Saugfähigkeit nach Gl. (5-21) wird das Überschallverhalten umso besser, je größer die verfügbare Schallkennzahl gemäß Gl. (5-47) ist.

b) Bei drallbehafteter Saugraumströmung ($\delta_r \neq 1$):

Hier muss der Ausdruck für die vorhandene Schallziffer S_{vorh} nach Gl. (5-46) mit der relativen Drallzahl $\delta_{r,(a)}$ (Stelle (a, 0); Bild 5-4) multiplikativ erweitert werden. Dagegen bleibt die verfügbare Schallzahl laut Gl. (5-47) unverändert. Wegen der Ableitung wird auf [23], [29] verwiesen. Es gilt dann:

$$S_{vorh} = \delta_{r,(a)} \cdot n \cdot \sqrt{\dot{V}_0/(k_N \cdot a_0^3)} \tag{5-51}$$

Diese Beziehung für die vorhandene Schallziffer gilt allgemein, d. h. beinhaltet auch Gl. (5-46).

Gleichung (5-51) ergibt:

- Bei Gegendrall ($\delta_r > 1 \rightarrow \delta_{r,(a)} > 1$) wird S_{vorh} größer und deshalb die Überschallempfindlichkeit höher, was ungünstiger ist.
- Für Gleichdrall ($\delta_r < 1$) ergibt sich das Umgekehrte. Positiver Vordrall ist daher hinsichtlich des Schallverhaltens vorteilhafter als Drallfreiheit oder gar Gegendrall.

Gleich- und Gegendrall erfordern jedoch ein dem Laufrad vorgeschaltetes Schaufelgitter (meist fest stehend) zum Erzeugen des Vordralls; sog. Vorleitrad. Bei Radialverdichtern sind dabei allerdings erfahrungsgemäß nur mäßige Abweichungen vom senkrechten Eintritt ($\delta_r = 1$) sinnvoll. Bei Axialrädern mit Vordrall ist der Drall entlang der etwa radial verlaufenden Saugkante oft nicht konstant.

2. **Mit** Berücksichtigen der **Dichteänderung** im Radsaugraum (Zuströmung). Das bedeutet $\dot{V}_0 > \dot{V}_R$ und $a_0 < a_R$, da $T_0 < T_R$.

Die durch die Dichteänderung im Laufradeinlauf bedingte Volumenstromzunahme nach Gl. (5-40) führt zu zusätzlicher Geschwindigkeitserhöhung. Die Überschallempfindlichkeit wird dadurch ungünstig beeinflusst, was sich im Verkleinern der verfügbaren Schallzahl S_{verf} ausdrückt. Der Term für die verfügbare Schallziffer nach Gl. (5-47) verkleinert sich gemäß Herleitung unter der Wurzel durch Division um den Wert der rechten Seite von Gl. (5-40)

$$S_{verf} = \sqrt{\frac{\cos^2 \beta_{0,(a)} \cdot \sin \beta_{0,(a)}}{4 \cdot \pi \cdot (1+\lambda)^{3/2} \cdot (1 + 0{,}5 \cdot Ma_0^2)}} \quad (5\text{-}52)$$

Die Ausdrücke für die vorhandene Schallkennzahl S_{vorh} nach Gl. (5-46) bzw. Gl. (5-51) ändern sich dagegen nicht. Grund: Die Dichteänderung wird, wie zuvor ausgeführt, bei der verfügbaren Schallzahl S_{verf} berücksichtigt und geht in S_{vorh} durch $\dot{V}_0$ ein.

PETERMANN [24] trug den Verlauf der Schallziffern nach Gln. (5-47) und (5-52) abhängig vom Relativstromwinkel $\beta_{0,(a)}$ mit dem zulässigen Näherungswert $\lambda = 0{,}25$ auf (Bild 5-9).

Nach den vorhergehenden Ausführungen sind alle vorhandenen Schallkennzahlen S_{vorh} zulässig, die unterhalb der Kurvenzüge in Bild 5-9 liegen, d. h. zwischen Abszisse und Kurven. Das Diagramm zeigt außerdem, dass die Saugzahlen einen Größtwert aufweisen. Der zugehörige Relativströmungswinkel wird als Optimalwert bezeichnet. Das Maximum ergibt sich nach der Extremwertberechnung durch

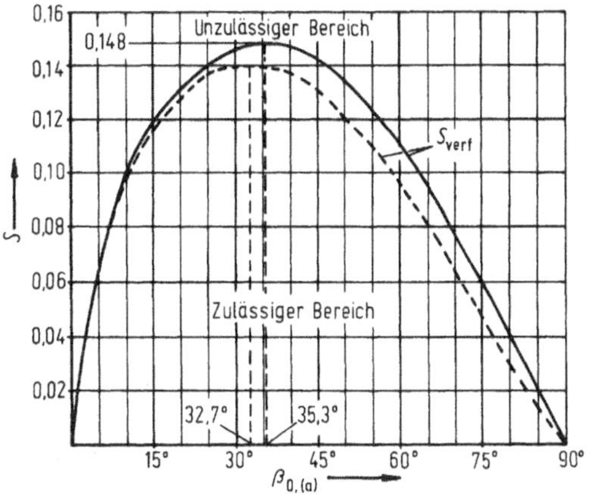

Bild 5-9 Überschallgrenze, d. h. Schallzahl S, abhängig vom Zuströmwinkel, ohne und mit Berücksichtigung der Dichteänderung in der Saugraumströmung.
——— Ohne Dichteänderung (Gl. (5-47))
- - - - Mit Dichteänderung (Gl. (5-52))

Nullsetzen des Differenzialquotienten von Gln. (5-47) bzw. (5-52). Das Verfahren soll für die ohne Berücksichtigung der Ansaugdichteänderung geltende Schallziffer-Beziehung Gl. (5-47) nachvollzogen werden. Beim Maximum der S-Funktion (Index weggelassen) erreicht die Kurve S^2 ebenfalls ihren Scheitelwert. Deshalb kann die Extremwertbildung auch mit der einfacheren S^2-Funktion erfolgen:

$$S^2 = \frac{1}{4 \cdot \pi \cdot (1+\lambda)^{3/2}} \cdot \cos^2 \beta_{0,(a)} \cdot \sin \beta_{0,(a)}$$

$$= C \cdot \cos^2 \beta_{0,(a)} \cdot \sin \beta_{0,(a)}$$

$$\frac{\mathrm{d}S^2}{\mathrm{d}\beta_{0,(a)}} = C \cdot (-2 \cdot \cos \beta_{0,(a)} \cdot \sin^2 \beta_{0,(a)} + \cos^3 \beta_{0,(a)})$$

$$\stackrel{!}{=} 0$$

Hieraus:

$$\cos \beta_{0,(a)} \cdot (-2 \cdot \sin^2 \beta_{0,(a)} + \cos^2 \beta_{0,(a)}) = 0$$

Diese Gleichung hat 2 Lösungen:

1. Lösung:

$$\cos \beta_{0,(a)} = 0 \rightarrow \beta_{0,(a)} = 90^\circ$$

(unbrauchbar)

2. Lösung:

$$-2 \cdot \sin^2 \beta_{0,(a)} + \cos^2 \beta_{0,(a)} = 0$$

$$\sin^2 \beta_{0,(a)} = (1/2) \cdot \cos^2 \beta_{0,(a)}$$

$$\tan \beta_{0,(a)} = \overset{+}{(-)}\sqrt{1/2}$$

Also

$$\beta_{0,(a),opt} = 35{,}26^\circ \approx 35^\circ \tag{5-53}$$

Beim Berücksichtigen der Dichteänderung im Radeinlauf ergeben sich nach PETERMANN [24] Optimalwerte und damit für **Schalloptimalität**:

$$\beta_{0,(a),opt} = 32\ldots33^\circ \tag{5-54}$$

Ergebnis: Der Winkel $\beta_{0,(a),opt}$ ist

- unabhängig vom Beiwert λ
- etwa doppelt so groß wie der Optimalwinkel mit Rücksicht auf Kavitation bei Flüssigkeitsströmung. Für den optimalen Relativströmungswinkel laut Gl. (5-53) wird dabei der Maximalwert der verfügbaren Schallzahl nach Gl. (5-47) wieder mit dem Mittelwert $\lambda = 0{,}25$:

$$S_{verf,max} = \sqrt{\frac{\cos^2 35{,}26^\circ \cdot \sin 35{,}26^\circ}{4 \cdot \pi \cdot (1 + 0{,}25)^{3/2}}} = 0{,}148 \tag{5-55}$$

Berechnungshinweise: Um zu prüfen, ob die Überschallgrenze mit ausreichendem Sicherheitsabstand unterschritten ist, wird die vorhandene Schallziffer S_{vorh} nach Gl. (5-46) berechnet und in Diagramm Bild 5-9 zugehörig zum ausgeführten Winkel $\beta_{0,(a)}$, welcher möglichst der Optimalwert sein sollte, eingetragen. Liegt dann der Rechenwert in genügendem Abstand unterhalb der Kurvenzüge S_{verf} von Bild 5-9, ist ausreichende Sicherheit gegen Überschallempfindlichkeit des Verdichters vorhanden, d. h., die Strömung verläuft im Unterschallbereich. In der Praxis werden meist als **schalloptimale** Saugkantenwinkel ausgeführt:

$$\beta_{1,(a)} = 33\ldots36^\circ \tag{5-56}$$

Zusammenhang zwischen Schallziffer und spezifischer Drehzahl:

In Gl. (5-46) kann $n \cdot \sqrt{\dot{V}_0}$ aus der Beziehung für die spez. Drehzahl (Gl. (4-75)) ersetzt werden:

$$S_{vorh} = (n \cdot \sqrt{\dot{V}_0}) / \sqrt{k_N \cdot a_0^3}$$

nach Gl. (5-46) mit Hinweis auf Gl. (3-61)

$$n \cdot \sqrt{\dot{V}_0} = n_y \cdot \Delta Y^{3/4}$$

aus Gl. (4-75) eingesetzt:

$$S_{vorh} = \Delta Y^{3/4} \cdot n_y / \sqrt{k_N \cdot a_0^3} \tag{5-57}$$

Diese Beziehung, wie auch Gl. (5-46), bestätigt, dass die Überschallempfindlichkeit mit steigender Schnellläufigkeit n_y wächst. Die vorhandene Schallzahl S_{vorh} wird mit wachsendem n_y, d. h. steigendem Produkt $n \cdot \sqrt{\dot{V}_0}$, größer und erreicht bzw. übersteigt dann oft schnell die verfügbare Schallziffer S_{verf} nach Gl. (5-47) bzw. Gl. (5-52), liegt also oberhalb der Kurven von Bild 5-9, weshalb dann Überschall.

Bemerkungen:

- Die Schallzahl ist gewissermaßen eine andere Ausdrucksform für die *Ma*-Zahl. Hat jedoch gegenüber dieser den Vorteil, dass sie die ausführbare Drehzahl sofort ersichtlich macht.
- Die Stufenenergie beeinflusst weder die Überschallgrenze noch die Kavitation.
- **Bei Turboverdichtern, insbesondere in Radialausführung (auch Kolbenverdichter), ist meist Materialfestigkeit und nicht Überschallgefahr die obere Grenze für die zulässige Umfangsgeschwindigkeit (Drehzahl) und damit auch für die erreichbare spezifische Stufenarbeit.**

Die dargestellten Ableitungen wurden von PFLEIDERER unter der Annahme durchgeführt, dass die Eintrittskante an der Außenwand des axialen Saugmundes beginnt, d. h. die Saugkante so vorgezogen ist (Punkt (a, 1) in Bild 5-4), dass $D_{1,(a)} \approx D_{SM}$. Bei weiter außen liegenden Saugkanten ($D_{1,(a)} > D_{SM}$) wird die verfügbare Schallziffer S_{verf} entsprechend kleiner. Radialräder mit „außen liegenden" Saugkanten demnach überschallempfindlicher (bei Flüssigkeit kavitationsempfindlicher) als solche, bei denen die Schaufelsaugkanten in den Laufradsaugmund vorgezogen sind.

Die verfügbare Schallkennzahl ist wie die Saugzahl eine Kennziffer zur Beurteilung der Qualität der Maschine hinsichtlich Konstruktion (Berechnung plus Gestaltung), Ausführung und Betrieb. Je günstiger die Verhältnisse, desto kleiner werden die λ-Beiwerte (Idealfall $\lambda \to 0$) und damit S_{verf} größer.

Wenn nicht Überschall bzw. bei Kreiselpumpen Kavitation, sondern die Strömungsverluste im Saugbereich klein zu halten sind, ist ein größerer Relativströmungswinkel $\beta_{0,(a)}$ günstiger. Als vorteilhaft gilt hier erfahrungsgemäß allgemein (KP und KV) $\beta_{0,(a)} \approx 35^\circ$.

Abschließend sei nochmals ausdrücklich auf die große Analogie zwischen Überschall und Kavitation hingewiesen. Die Erkenntnisse beim Kavitationsverhalten sind deshalb entsprechend auf die Überschallempfindlichkeit übertragbar.

6 Laufradformen

6.1 Radialmaschinen

6.1.1 Grundsätzliches

Radialräder werden mithilfe der Stromfadentheorie (Abschnitt 3.2) ausgelegt. Deshalb kennzeichnet die EULER-Hauptgleichung (Gl. (3-9)) die Schaufelparameter, welche den Energieumsatz bestimmen.

Aus der Fluidmechanik ist bekannt, dass komplizierte Strömungen durch vektoriell additive Überlagerung einfacher Strömungsbilder darstellbar sind. Die Relativgeschwindigkeit des strömenden Mediums im Schaufelraum kann in eine Radial- und eine Umfangskomponente zerlegt werden. Das Fluid bewegt sich somit gegenüber den Laufschaufeln (Relativsystem) als auch gegenüber dem „ruhenden" Beobachter (Absolutsystem) sowohl in Umfangsrichtung als auch in radialer Richtung. Daher können theoretisch dargestellt werden (Abschnitt 2.1):

- die Pumpenströmung als Überlagerung von Quellen- mit Kreisströmung (Potenzialwirbel). Bezeichnung: **Wirbelquelle**.
- die Turbinenströmung als Überlagerung von Senken- mit Kreisströmung. Bezeichnung: **Wirbelsenke**.

Die Wirkung zwischen Strömung und Schaufel wird dabei durch deren Form bestimmt.

6.1.2 Wirkungsfreie Radialschaufel

Eine Schaufel ist wirkungslos, wenn sie die Strömung nicht beeinflusst, d. h. keine Dralländerung erfolgt. Zwischen einer wirkungsfreien Schaufel und dem Fluid wird somit keine Energie übertragen. Das bedeutet, es ist dann keine Schaufelarbeit vorhanden, also $\Delta Y = 0$. Da bei Wirkungsfreiheit kein Schaufeldruck auftritt, bleibt hierbei die Endlichkeit der Schaufelzahl ohne Einfluss ($k_M = 1$). Des Weiteren wird zur Darstellung des charakteristischen Schaufelverlaufes die Fluidreibung nicht berücksichtigt, also von idealer Strömung ausgegangen ($\eta_{Sch} = 1$). Für die wirkungsfreie Schaufel gilt somit $Y_{Sch\,\infty} = 0$. Nach der EULER-Gleichung muss dann erfüllt sein: $u_2 \cdot c_{2u} - u_1 \cdot c_{1u} = 0$. Hieraus folgt allgemein:

$$u \cdot c_u = \text{konst} \quad \text{oder} \quad u \cdot c_u = u_1 \cdot c_{1u} \tag{6-1}$$

Mit $u = r \cdot \omega$, wobei $\omega = \text{konst}$, wird

$$r \cdot c_u = \text{konst} \quad \text{oder} \quad r \cdot c_u = r_1 \cdot c_{1u} \tag{6-2}$$

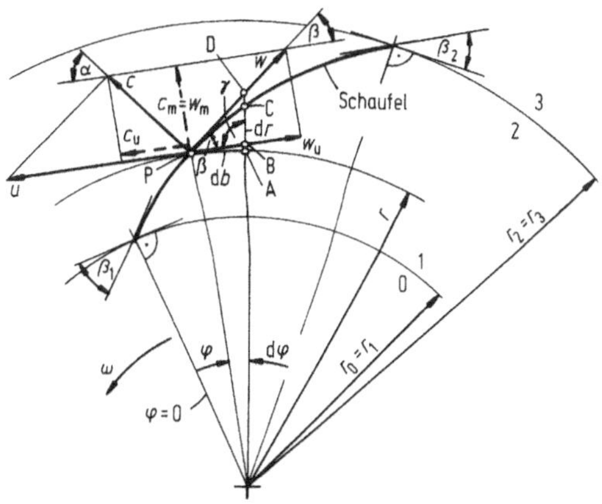

Bild 6-1 Radialschaufel-Kontur. Die eingetragenen Verhältnisse gelten für Pumpenströmung. Beim Turbinenrad Pfeilrichtungen aller Geschwindigkeiten umgekehrt

Da die Endlichkeit der Schaufelzahl, wie zuvor begründet, ohne Einfluss ist, gilt des Weiteren $c_{1u} = c_{0u}$, sodass auch geschrieben werden kann:

$$r \cdot c_u = r_1 \cdot c_{1u} = r_0 \cdot c_{0u} \tag{6-3}$$

Die Beziehung lt. Gl. (6-2) bzw. (6-3) ist der **Flächensatz**, auch mit „Satz vom konstanten Drall" bezeichnet, der den Potenzialwirbel (Kreisströmung) kennzeichnet. Die Ausdrücke der **Geschwindigkeitsmomente** $r \cdot c_u$ bestätigen gemäß Gl. (6-3), dass sich der Drall in reibungsfreier und sonst unbeeinflusster Strömung nicht ändert. Der Grund liegt – wie ausgeführt – darin, dass zwischen wirkungsloser Schaufel und Fluid keine Kraft und deshalb kein Moment übertragen wird. Mit Gl. (6-2) oder (6-3) und Bild 6-1 lässt sich eine Beziehung für den Schaufelverlauf aufstellen. Für das Schaufelelement am Radius r, wobei $r_1 \leqq r \leqq r_2$, gilt:

$$\tan\beta = w_m/w_u = c_m/(u - c_u) = c_m/(r \cdot \omega - c_u)$$

$c_u = c_{1u} \cdot r_1/r$ aus Gl. (6-2) eingesetzt, ergibt

$$\tan\beta = c_m/(r \cdot \omega - c_{1u} \cdot r_1/r) \tag{6-4}$$

Das Dreieck PBD in Bild 6-1 kann, da infinitesimal klein, als rechtwinklig angesehen werden ($\gamma \approx 90°$). Dann gilt näherungsweise $\overline{BD} \approx \overline{AC} = \mathrm{d}r$.

$$\tan\beta \approx \overline{BD}/\overline{PA} \approx \overline{AC}/\widehat{PA} = \mathrm{d}r/\mathrm{d}b = \mathrm{d}r/(r \cdot \mathrm{d}\varphi)$$

Diesen Ausdruck mit Beziehung (6-4) gleichgesetzt, führt zu

$$\mathrm{d}r/(r \cdot \mathrm{d}\varphi) = c_m/(r \cdot \omega - c_{1u} \cdot r_1/r) \tag{6-5}$$

Oder nach $d\varphi$ aufgelöst

$$d\varphi = \frac{1}{c_m} \cdot (\omega - c_{1u} \cdot r_1/r^2) \cdot dr \qquad (6\text{-}6)$$

Es ergibt sich die Differenzialgleichung (Dgl.) für den wirkungsfreien Schaufelverlauf in der Form von $\varphi = f(r)$. Die Dgl. kann gelöst (integriert) werden, wenn die Meridiangeschwindigkeit in Abhängigkeit vom Radius, also $c_m = f(r)$, bekannt ist. Für den funktionellen Zusammenhang $c_m = f(r)$ gibt es viele Möglichkeiten, welche durch die jeweiligen Randbedingungen (Querschnittsform) bestimmt sind. Die beiden Grenzfälle, entsprechend Bild 6-2, werden analytisch untersucht:

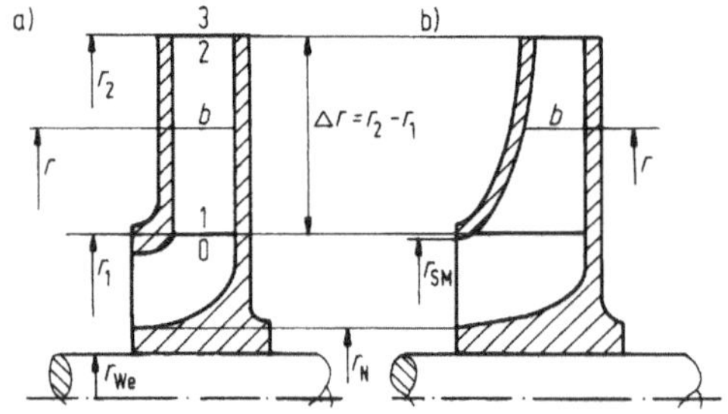

Bild 6-2 Verlauf der Radbreite b im Meridianschnitt.
a) Breite b gleich bleibend, $b_1 = b_2 = b =$ konst,
b) Breite b so, dass Meridiangeschwindigkeit c_m unverändert, also $c_{1m} = c_{2m} = c_m =$ konst

a) Konstante Radbreite, $b_1 = b_2 = b =$ konst (Bild 6-2a). Nach dem Durchflussgesetz gilt hierfür:

$$c_m = \frac{\dot{V}}{2 \cdot r \cdot \pi \cdot b} = \frac{\dot{V}}{2 \cdot \pi \cdot b} \cdot \frac{1}{r} = \frac{\text{konst}}{r}$$

Oder aus der Kontinuitätsbedingung bei $\tau_1 \approx 1$:

$$c_m \cdot 2 \cdot r \cdot \pi \cdot b = c_{1m} \cdot 2 \cdot r_1 \cdot \pi \cdot b_1$$

Hieraus

$$c_m = c_{1m} \cdot r_1/r \qquad (6\text{-}7)$$

Aus der Fluidmechanik [3] ist bekannt, dass Gl. (6-7) den Zusammenhang zwischen Geschwindigkeit und Radius, der sog. Quellen- und Senkenströmung, wiedergibt. Bei der Quelle (Pumpe) ist die Geschwindigkeit radial nach außen und bei der Senke (Turbine) radial nach innen gerichtet.

Beziehung (6-7) eingesetzt in Gl. (6-6):

$$d\varphi = \frac{1}{c_{1m}} \cdot \frac{r}{r_1} \cdot \left(\omega - c_{1u} \cdot \frac{r_1}{r^2}\right) \cdot dr$$
$$= \frac{1}{c_{1m}} \cdot \left(\frac{\omega}{r_1} \cdot r - \frac{c_{1u}}{r}\right) \cdot dr$$

Integriert zwischen den Grenzen r_1 bis r und zugehörend 0 bis φ (im Bogenmaß):

$$\int_0^{\varphi} d\varphi = \frac{1}{c_{1m}} \cdot \int_{r_1}^{r} \left(\frac{\omega}{r_1} \cdot r - c_{1u} \cdot \frac{1}{r}\right) dr$$

Ausgewertet und umgestellt:

$$\varphi = \frac{1}{c_{1m}} \cdot \left(\frac{\omega}{r_1} \cdot \frac{r^2}{2} - c_{1u} \cdot \ln r\right)\Bigg|_{r_1}^{r}$$

$$\varphi = \frac{1}{c_{1m}} \cdot \left[\left(\frac{\omega}{r_1} \cdot \frac{r^2}{2} - c_{1u} \cdot \ln r\right) - \left(\frac{\omega}{r_1} \cdot \frac{r_1^2}{2} - c_{1u} \cdot \ln r_1\right)\right]$$

$$\varphi = \frac{1}{c_{1m}} \cdot \left\{\frac{r_1 \cdot \omega}{2} \cdot \left[\left(\frac{r}{r_1}\right)^2 - 1\right] + c_{1u} \cdot \ln \frac{r_1}{r}\right\}$$

$$\varphi = \frac{u_1}{2 \cdot c_{1m}} \cdot \left[(r/r_1)^2 - 1\right] - \frac{c_{1u}}{c_{1m}} \cdot \ln \frac{r}{r_1} \qquad (6\text{-}8)$$

Aufgetragen ergibt sich eine verhältnismäßig lange Schaufel, deren Winkel β gegen den Umfang nach außen, d. h. mit wachsendem Radius r abnimmt.

Der Verlauf der wirkungsfreien Strömung ist sowohl im Absolutsystem (fest stehend) als auch in Relativ-Koordinaten (mitrotierend) darstellbar. Beide führen notwendigerweise zu entsprechenden Ergebnissen. Zur Veranschaulichung sollen beide Betrachtungsweisen mit Folgerungen dargestellt werden.

Absolutsystem: Der ideale Verlauf des Absolutwinkels α der Strömung ergibt sich ebenfalls mithilfe von Bild 6-1. Es gilt: $\tan\alpha = c_m/c_u$.

Hierbei c_u aus Gl. (6-2) und c_m durch Ausdruck (6-7) ersetzt, führt zu

$$\tan\alpha = \frac{c_{1m} \cdot r_1/r}{c_{1u} \cdot r_1/r} = \frac{c_{1m}}{c_{1u}} = \tan\alpha_1$$

Hieraus

$$\alpha = \alpha_1 \qquad \text{oder allgemein} \qquad \alpha = \text{konst} \qquad (6\text{-}9)$$

Die Stromlinien und damit auch die wirkungslosen Schaufeln folgen somit unabhängig vom Radius der Funktion: Umfangswinkel (Absolutströmungswinkel) $\alpha =$ konst. Solche Kurven werden als **logarithmische Spiralen** bezeichnet. Nach den Erkenntnissen der Fluidmechanik [3] ergeben sich derartige Stromlinien bei der Superposition von Quellen- oder Senkenströmung mit dem Potenzialwirbel. Die Quelle bei Pumpen bzw. Senke bei Turbinen ist, wie schon bei den Beziehungen vermerkt, durch Gl. (6-2), die Kreisströmung durch Gl. (6-7) gekennzeichnet. Die Herleitung zu Gl. (6-9) bestätigt die Feststellungen von Abschnitt 2.1.2 und 6.1.1.

Relativsystem: Das Fluid strömt tangential zur Schaufel mit der Relativgeschwindigkeit w. Im Relativsystem, d. h. in Bezug auf das sich mit der Winkelgeschwindigkeit ω mitdrehende Koordinatensystem (x, y) in Bild 6-3, strömt das Medium deshalb mit der Geschwindigkeit w, die sich in die Umfangskomponente w_u und die Radial-, d. h. Meridiankomponente w_m zerlegen lässt. Im Relativsystem (x, y) wird somit das Laufrad als fest stehend betrachtet und das Fluid rotiert mit der Winkelgeschwindigkeit des Laufrades entgegen dessen Drehrichtung.

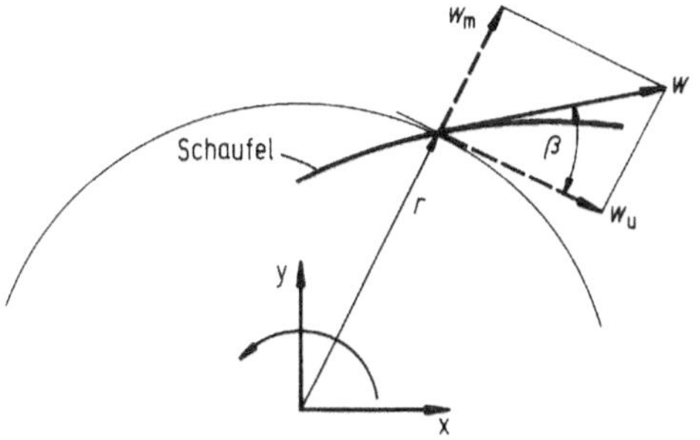

Bild 6-3 Laufradströmung im Relativsystem (x, y)

Entsprechend dem schon zuvor verwendeten Strömungs-Überlagerungsprinzip der Fluidmechanik lassen sich den Geschwindigkeitskomponenten Teilströmungen zuordnen, und zwar:

w_m als Geschwindigkeit einer Quellen- (Pumpe) bzw. Senken-Strömung (Turbine)

w_u als Geschwindigkeit einer Kreisströmung.

Die Meridiangeschwindigkeit w_m der Quelle bzw. Senke, welche gleich der Geschwindigkeit c_m (Bild 6-1) ist, folgt wieder aus der Durchflussgleichung:

$$w_m = \frac{\dot{V}}{A_m} = \frac{\dot{V}}{2 \cdot r \cdot \pi \cdot b} = \frac{\dot{V}}{2 \cdot \pi \cdot b} \cdot \frac{1}{r} = \frac{\text{konst}}{r} \quad (6\text{-}10)$$

Die Umfangsgeschwindigkeit w_u der Kreisströmung ergibt sich wie im Absolutsystem aus dem Flächensatz. Da bei wirkungsloser Schaufel in idealer Strömung kein Moment übertragen wird, ist nach dem Drallsatz: $\dot{L} = T = 0 \rightarrow L = \text{konst}$.

Mit Drall $L = m \cdot w_u \cdot r$ wird, da ebenfalls $m = \text{konst}$

$$w_u \cdot r = \text{konst} \quad \text{(Flächensatz!)} \quad (6\text{-}11)$$

Aus den Beziehungen (6-10) und (6-11) ergibt sich für den Schaufelwinkel (Bild 6-3)

$$\cot \beta = w_u / w_m = (\text{const}/r)/(\text{konst}/r) = \text{konst}$$

Deshalb

$$\beta = \text{konst} \quad (6\text{-}12)$$

Die Schaufelkontur entspricht demnach ebenfalls einer logarithmischen Spirale. Strömung (Gl. (6-9)) und Schaufel (Gl. (6-12)) verlaufen somit nach entsprechenden logarithmischen Spiralen, was notwendigerweise zutreffen muss, wenn Wirkungsfreiheit bestehen soll.

Beim Regelfall, drallfreier Saugkantenströmung, sind $c_{1u} = 0$ und deshalb, da $\alpha_1 = 90°$, $u_1/c_{1m} = u_1/c_1 = 1/\tan \beta_1$.

Dafür vereinfacht sich Gl. (6-8) zu:

$$\varphi = \frac{1}{2} \cdot \frac{1}{\tan \beta_1} \cdot [(r/r_1)^2 - 1] \quad (6\text{-}13)$$

Aufgetragen, d. h. zeichnerisch dargestellt, ergibt wieder eine verhältnismäßig lange Schaufel.

Bei diesem Grenzfall, also $c_u = c_{1u} = 0$, strömt das Fluid nur radial. Die nach einer logarithmischen Spirale geformte wirkungsfreie Schaufel gleitet deshalb dabei quasi an dem radial strömenden Medium vorbei und bewirkt daher keinerlei Ablenkung.

b) Breite b (Bild 6-2b) so, dass Meridiangeschwindigkeit konst, also $c_{1m} = c_{2m} = c_m = \text{konst}$. Die Kanalbreite b folgt hierfür wieder aus der Kontinuitätsgleichung bei $\tau \approx \text{konst}$:

$$c_m \cdot 2 \cdot r \cdot \pi \cdot b = c_{1m} \cdot 2 \cdot r_1 \cdot \pi \cdot b_1$$

Hieraus mit $c_m = c_{1m}$

$$b = b_1 \cdot r_1 / r \quad (6\text{-}14)$$

Die Raddeckscheibe muss demnach hyperbolisch geformt sein.

Aus Gl. (6-6) mit $c_m = c_{1m}$

$$\mathrm{d}\varphi = \frac{1}{c_{1m}} \cdot (\omega - c_{1u} \cdot r_1 \cdot r^{-2}) \cdot \mathrm{d}r$$

Wieder zwischen den Grenzen r_1 bis r und zugehörig 0 bis φ integriert:

$$\int_0^{\varphi} \mathrm{d}\varphi = \frac{1}{c_{1m}} \cdot \int_{r_1}^{r} (\omega - c_{1u} \cdot r_1 \cdot r^{-2}) \cdot \mathrm{d}r$$

$$\varphi = \frac{1}{c_{1m}} \cdot \left(\omega \cdot r - c_{1u} \cdot r_1 \cdot \frac{r^{-1}}{(-1)} \right) \Bigg|_{r_1}^{r}$$

ausgewertet

$$\varphi = \frac{\omega}{c_{1m}} \cdot (r - r_1) + \frac{c_{1u}}{c_{1m}} \cdot \left(\frac{r_1}{r} - 1 \right) \quad (6\text{-}15)$$

Für den Regelfall, drallfreie Saugseitenströmung $(c_{1u} = 0)$, folgt aus Gl. (6-15):

$$\varphi = \frac{\omega}{c_{1m}} \cdot (r - r_1) = \frac{\omega \cdot r_1}{c_{1m}} \cdot \left(\frac{r}{r_1} - 1 \right) = \frac{u_1}{c_{1m}} \cdot \left(\frac{r}{r_1} - 1 \right)$$

Oder mit $\tan\beta_1 = c_{1m}/u_1 = c_1/u_1$, da $\alpha_1 = 90°$

$$\varphi = \frac{1}{\tan\beta_1} \cdot \left(\frac{r}{r_1} - 1\right) \tag{6-16}$$

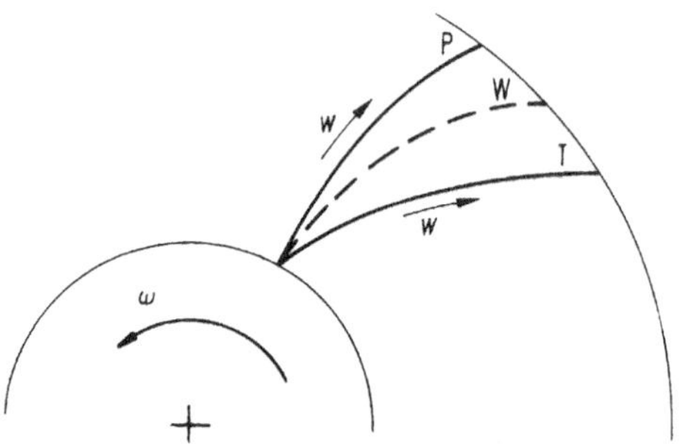

Bild 6-4 Wirkungslose Radialschaufel (W) im Vergleich zu Radialer Pumpen- (P) und Turbinenschaufel (T) bei auswärts gerichteter Relativströmung w

Folgerungen: Soll eine Schaufel die Strömung beeinflussen (Pumpe) bzw. von ihr beeinflusst werden (Turbine), muss sie von der wirkungsfreien Form abweichen. Wie in Bild 6-4 prinzipiell dargestellt, ergibt sich folgender Unterschied gegenüber der wirkungslosen Schaufel:

- Die radiale Pumpenschaufel muss steiler ausgebildet werden, damit sie die Strömung „wegschiebt" und dadurch eine Kraft auf den Fluidstrom ausübt.
- Die radiale Turbinenschaufel muss flacher verlaufen, damit sie von der Strömung „weggeschoben" wird. Nur dann übt der Fluidstrom eine Kraft auf die Schaufel aus.

Drehkraft mal Drehweg ergibt die zwischen Schaufel und Fluidstrom übertragene Drehenergie.

Bemerkungen:

Schaufelbeginn: Um den Strömungseintritt in Beschauflungen (Gitter) sicher zu gewährleisten, d. h. Ablösungen sowie Wirbelbildungen zu vermeiden, wird der Schaufelbeginn oft wirkungsfrei gestaltet und zwecks einfacher Herstellbarkeit durch einen Kreisbogen angenähert. Insbesondere bei Leitradbeschauflungen von Pumpen angewendet.

Geradlinige Schaufel: Die einfachste Ausführungsform besteht in einer geraden Schaufel, die allerdings nicht wirkungsfrei ist. Folgende geometrische Beziehung bildet den Zusammenhang zwischen den Schaufelwinkeln an Saugkante (β_1) und Druckkante (β_2) gemäß Bild 6-5:

$$R = r_1 \cdot \cos\beta_1 = r_2 \cdot \cos\beta_2$$

Hieraus

$$\cos\beta_2 = (r_1/r_2) \cdot \cos\beta_1$$

Da das Radienverhältnis r_1/r_2 immer kleiner als eins ist, wird $\cos\beta_2 < \cos\beta_1$ und deshalb $\beta_2 > \beta_1$. Tabelle 6-1 enthält die β_2-Werte für $\beta_1 = 17{,}5°$ (Kreiselpumpen-Optimalwert) und $\beta_1 \approx 35°$ (Kreiselverdichter-Optimalwert) bei verschiedenen Radienverhältnissen r_1/r_2. Die sich ergebenden Druckkantenwinkel β_2 sind, wie noch begründet wird (Abschnitt 6.1.4.4), meist zu groß. Dies ist ein Hauptgrund, weshalb gerade Radialschaufeln, obwohl leicht herstellbar, bei Kreiselpumpen sowie Turbinen (WT, DT, GT, LT) nicht und bei Kreiselverdichtern selten verwendet werden.

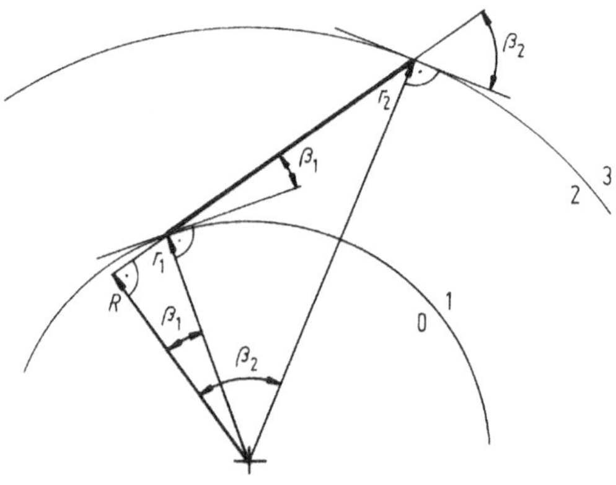

Bild 6-5 Geradlinige Radialschaufel

Tabelle 6-1 Druckkantenwinkel β_2 von geradlinigen Radialschaufeln bei verschiedenen Radienverhältnissen r_1/r_2 für die Saugkantenwinkel $\beta_1 = 17{,}5°$ und 35°

r_1/r_2	0,3	0,5	0,7
β_2 in ° bei $\beta_1 = 17{,}5°$	73,4	61,5	48,1
β_2 in ° bei $\beta_1 = 35°$	75,8	65,8	55

Radialschaufelformen: Auf die wichtigen Radialschaufelformen

- Kreisbogen (ein oder mehrere Kreisbögen)
- punktweise berechnet bei vorgegebenem w- oder β-Verlauf

wird in Abschnitt 6.1.5 eingegangen.

Größtgeschwindigkeit: Bei Radialrädern ist die relative Saugkantengeschwindigkeit w_1 die größte auftretende Geschwindigkeit. Ihr muss deshalb entsprechende Aufmerksamkeit beigemessen werden (vgl. Kapitel 5).

Fliehkraftwirkung: Die „gesunde" Strömung in den Schaufelkanälen kreist mit $c_u = u - w_u$ und daher mit weniger als der Umfangsgeschwindigkeit u. In der Grenzschicht dagegen ist $w \approx 0$ und somit $w_u \approx 0$, wie auch $c = c_u = u$. Sie dreht sich deshalb mit voller Umfangsgeschwindigkeit. Durch diese infolge erhöhter Rotation verstärkt wirkende Fliehkraft wird die Grenzschicht abgeschleudert. Dadurch werden Grenzschichtanhäufung sowie Strömungsablösung im Laufrad weitgehend verhindert und somit verzögerte Strömung einfacher verwirklichbar. Damit begründet sich, weshalb vor allem bei Pumpen die Überdruckbauweise vorteilhafter ist und deshalb fast immer ausgeführt wird.

6.1.3 Einfluss der Saugkante

Bei Pumpen muss die Saugkante die Strömung in der ankommenden Richtung aufnehmen, damit keine Stöße auftreten, bei Turbinen entsprechend der Berechnung abgeben.

Die Ausbildung des Saugstutzens und des Laufradsaugmundes bestimmen die Pumpenzuströmung. Meist ist kein ruhendes (Vorleitrad) oder mitrotierendes (Vorlaufrad → Inducer, Bild 10-44) Schaufelsystem (Gitter) im Pumpensaugstutzen vorhanden, sodass die Zuströmung drallfrei ($\delta_r = 1$) erfolgt (Regelfall).

Die Form der Laufschaufeln bestimmt die Richtung der Turbinenabströmung (Saugseite). Wie schon begründet, wird jedoch auch hier drallfreie Saugseitenströmung angestrebt.

Beim Regelfall $\delta_r = 1$, und deshalb $c_{1u} = 0$, $\alpha_1 = 90°$, wird der Energieumsatz im Laufrad theoretisch ausschließlich von der Ausbildung der Schaufel-Druckkante bestimmt.

Zusammenfassend gilt daher: Die Saugkante der Schaufeln beeinflusst – insbesondere bei Pumpen – den Energieumsatz nicht direkt, bestimmt jedoch das Saugverhalten und beeinflusst den Wirkungsgrad des Laufrades (Stoßverluste, Reibung).

Bei der Ausbildung der Saugkante sind somit zu beachten:

- Saugverhalten: Kavitation bei Flüssigkeitsströmungen bzw. Überschall bei Gas- und Dampfströmungen.
- Wirkungsgradeinfluss: Stoßfreies, d. h. tangentiales Zuströmen bei Pumpen. Das tangentiale Abströmen bei Turbinen ist – bedingt durch die Maschinen-Strömungsrichtung – von sich aus erfüllt.

Hieraus folgt: Insbesondere bei Pumpen muss die Saugkante sorgfältig ausgebildet und ausgeführt werden. Vor allem dann, wenn die Ansprüche an das Saugverhalten der Maschine hoch sind.

Entsprechend den Prinzipdarstellungen in Bild 6-6 wird bezüglich der Saugkantenlage von Radialrädern unterschieden:

a) Saugkante achsparallel außen: $D_1 > D_{SM}$.
b) Saugkante achsparallel innen: $D_1 \approx D_{SM}$ mit Grenze $D_1 = D_{SM}$ (Grenzlage von Fall a).
c) Saugkante in Saugmund vorgezogen: $D_{1,(m)} < D_{SM}$.
Saugkante ist dabei nicht mehr achsparallel.

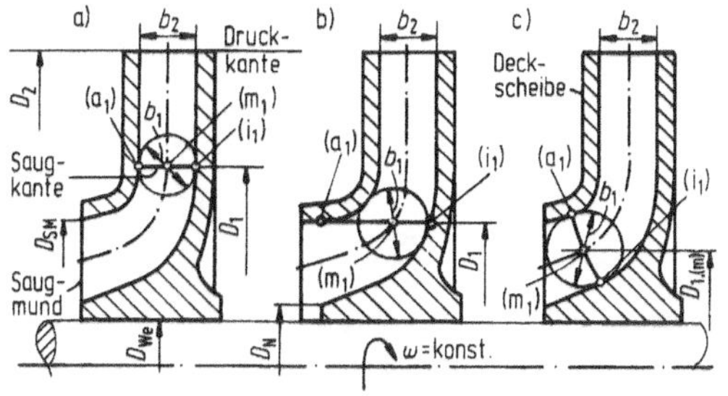

Bild 6-6 Saugkante in verschiedenen Lagen.
a) achsparallel außen $D_1 > D_{SM}$, b) achsparallel innen $D_1 \approx D_{SM}$, c) in Saugmund vorgezogen $D_{1,(m)} < D_{SM}$

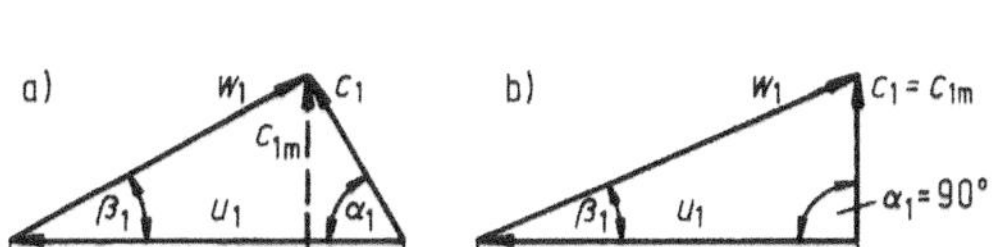

Bild 6-7 Saugkanten-Geschwindigkeitsdreiecke.
a) allgemeiner Fall $\alpha_1 \neq 90°$, b) Regelfall $\alpha_1 = 90°$

Bei den verschiedenen Saugkantenlagen gilt:

Ausführungen a) und b) (Bild 6-6):
In beiden Ausführungsfällen verläuft die Saugkante achsparallel. Für alle Saugkantenpunkte gilt deshalb jeweils:

D_1 = konst und, weil ω = konst, auch u_1 = konst.

Da zudem die Saugseitenströmung (Geschwindigkeit c_1 und Winkel α_1) über die gesamte Saugkantenbreite gleich bleibt, ergibt sich nach Bild 6-7:

Für $\alpha_1 \neq 90°$ (allgemeiner Fall):

$$\tan\beta_1 = \frac{c_{1m}}{u_1 - c_{1u}} = \frac{c_1 \cdot \sin\alpha_1}{u_1 - c_1 \cdot \cos\alpha_1} = \text{konst}$$

Hieraus $\beta_1 = \text{konst.}$

Für $\alpha_1 = 90°$ (Regelfall):

$$\tan\beta_1 = c_1/u_1 = \text{konst}$$

Daher ebenfalls wieder $\beta_1 = \text{konst.}$

Die Saugkante ist also längs ihrer gesamten Breite im gleichen Winkel auszuführen.

Vorteil: Schaufel **einfach gekrümmt**, sog. **Zylinderschaufel**. Einfach und deshalb leicht herstellbar.

Nachteil: Ungünstigeres Saugverhalten, da bei

- Kreiselpumpen Saugzahl S_y klein und deshalb Halteenergie (*NPSH*-Wert) groß.
- Kreiselverdichtern Schallzahl S klein, und zwar verfügbare Schallziffer S_{verf}.

Ausführung c), Bild 6-6:
Längs der schräg und meist gekrümmt verlaufenden Saugkante ist für deren einzelne Punkte:

$$D_1 \neq \text{konst}; \quad D_{1,(i)} < D_{1,(m)} < D_{1,(a)}$$

Deshalb auch

$$u_1 \neq \text{konst}; \quad u_{1,(i)} < u_{1,(m)} < u_{1,(a)}$$

Da wie bei den Fällen a) und b) wieder $c_1 = \text{konst}$ sowie $\alpha_1 = \text{konst}$, folgt entsprechend

$$\beta_1 \neq \text{konst}; \quad \beta_{1,(i)} > \beta_{1,(m)} > \beta_{1,(a)}$$

Die Verhältnisse sind auch in Bild 6-8 für den inneren (i_1) und äußeren (a_1) Punkt der Saugkante dargestellt: Der Schaufelwinkel β_1 ändert sich längs der Saugkante. Die Schaufel muss deshalb **räumlich gekrümmt** sein.

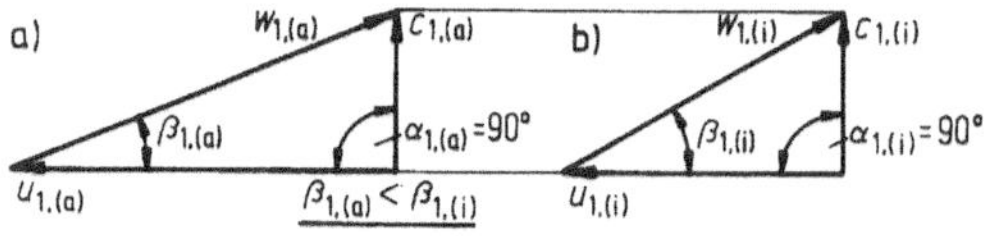

Bild 6-8 Geschwindigkeitsdreiecke einer in den Saugmund vorgezogenen Saugkante für den Regelfall ($\alpha_{1,(a)} = \alpha_{1,(i)} = \alpha_{1,(m)} = \alpha_1 = 90°$). a) am Außenpunkt der Saugkante (a), b) am Innenpunkt (i)

Vorteile: Besseres Saugverhalten. Bei Kreiselpumpen Saugzahl S_y groß, bei Kreiselverdichtern Schallziffer S_{verf} groß. S_y bzw. S_{verf} sind jeweils um etwa 50 ... 100 % größer als bei einfach gekrümmten Schaufeln.

Nachteil: Räumlich gekrümmte, d. h. mehrfach verwundene Schaufeln notwendig. Schwerer herstellbar und daher aufwendiger, weshalb teurer.

Wie in den Abschnitten 5.2.3 und 5.3.3 ausgeführt, werden technisch meist verwirklicht bei

- *Flüssigkeitsmaschinen* (KP, WT) mit Rücksicht auf Kavitation $\beta_{1,(a)} = 15 \ldots 20°$.
- *Kreiselverdichtern* mit Rücksicht auf Überschall $\beta_{1,(a)} = 33 \ldots 36°$.

6.1.4 Einfluss der Druckkante

6.1.4.1 Grundsätzliches

Nach der EULER-Gleichung bestimmt die Druckkante hauptsächlich – beim Regelfall ($\delta_r = 1$) ausschließlich – den Laufrad-Energieumsatz. Gemäß Gl. (3-16) gilt für den Regelfall, d. h. bei $\alpha_1 = 90°$:

$$Y_{Sch\,\infty} = u_2 \cdot [u_2 - (\dot{V}_{La}/(D_2 \cdot \pi \cdot b_2)) \cdot \tau_2 \cdot \cot\beta_2]$$

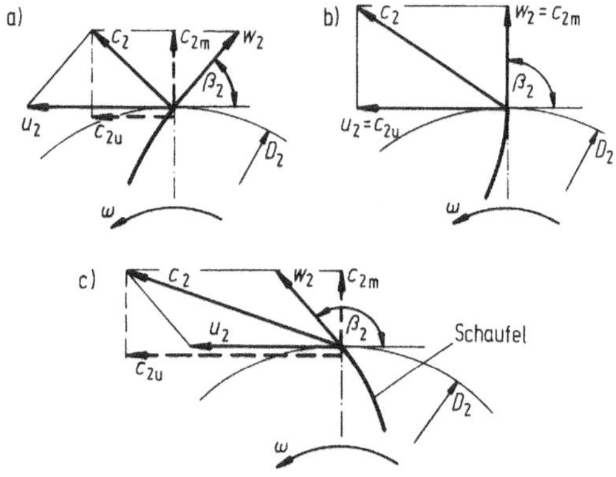

Bild 6-9 Druckseitige Laufschaufelformen mit Geschwindigkeitsdreiecken für Pumpenströmung. Die Geschwindigkeiten u_2 und w_2 sind zur guten Vergleichbarkeit bei allen drei Ausführungen jeweils gleich groß ausgeführt.
a) $\beta_2 < 90°$, Laufschaufeln rückwärts gekrümmt
b) $\beta_2 = 90°$, Laufschaufeln radial endigend
c) $\beta_2 > 90°$, Laufschaufeln vorwärts gekrümmt

Die Beziehung bestätigt, dass der Energieumsatz im Laufrad vom Druckkantenwinkel β_2 der Laufschaufeln abhängt. Der Ansatz für den Zusammenhang zwischen spezifischer Stufenarbeit ΔY und spezifisch theoretischer Schaufelarbeit $Y_{Sch\,\infty}$

$$\Delta Y = k_M \cdot \eta_{Sch}^{\pm 1} \cdot Y_{Sch\,\infty}$$

$$\Delta Y = k_M \cdot \eta_{Sch}^{\pm 1} \cdot u_2 \cdot \left(u_2 - \frac{\dot{V}_{La} \cdot \tau_2}{D_2 \cdot \pi \cdot b_2} \cdot \cot \beta_2 \right)$$
$$= f(\beta_2) \qquad (6\text{-}17)$$

ändert den Einfluss von β_2 nicht. Da die cot-Funktion mit zunehmendem Winkel abfällt, wächst die im Laufrad und damit in der Stufe umgesetzte Energie mit steigendem Schaufelwinkel β_2. Der Druckkantenwinkel β_2 dient deshalb zum Kennzeichnen der Laufschaufelformen (Bild 6-9).

6.1.4.2 Unterscheidung

Abhängig vom Druckkantenwinkel β_2 werden bezeichnet:

$\beta_2 < 90°$: Rückwärts gekrümmte Laufschaufeln (Bild 6-9a)

$\beta_2 = 90°$: Radial endende Laufschaufeln (Bild 6-9b)

$\beta_2 > 90°$: Vorwärts gekrümmte Laufschaufeln (Bild 6-9c)

6.1.4.3 Vergleich

Mit wachsendem Schaufelwinkel β_2 nimmt, da c_2 ansteigt, der dynamische Energieanteil des Fluidstromes zu und der statische entsprechend ab.

Die Merkmale der verschiedenen Radialschaufelformen nach Bild 6-9 sind in Tabelle 6-2 zusammengefasst. Es ergibt sich:

Tabelle 6-2 Gegenüberstellung der Merkmale der verschiedenen Radialschaufelformen

β_2	$< 90°$	$90°$	$> 90°$
c_{2u}	$< u_2$	$= u_2$	$> u_2$
c_2	klein →	steigt	→ groß
$r_{th} \approx 1 - \frac{c_{2u}}{2 \cdot u_2}$	$> 0{,}5$ ←	steigt 0,5	← $< 0{,}5$
$\psi_{th} \approx 4 \cdot (1 - r_{th})$	< 2 →	steigt 2	→ > 2
Laufschaufel-Verlauf	rückwärts gekrümmt	radial endend	vorwärts gekrümmt

Mit zunehmendem Winkel β_2 wächst die absolute Strömungsgeschwindigkeit c_2 des Fluids an der Schaufeldruckkante. Gleichzeitig verkleinert sich mit wachsendem β_2 die Kanallänge immer mehr, was aus der Sicht der Reibung vorteilhaft erscheint. Andererseits erweitert sich der Schaufelkanal umso stärker (Bild 6-10), je mehr β_2 ansteigt. Aus der Fluidmechanik ist bekannt, dass sich kurze Kanäle mit großer Querschnittsänderung zwar als Düsen, jedoch nicht als Diffusoren (Ablösungsgefahr!) eignen. Deshalb sind vorwärts gekrümmte Laufschaufeln (Bild 6-10c) zwar für Turbinen zweckmäßig, bei denen das Fluid radial nach innen fließt, also Düsenströmung vorliegt. Bei den hier auftretenden Strömungen mit fallendem Druck bewirken starke Verengungen keine Verschlechterung und kurze Kanäle verringern die Reibung. Dagegen wirken die Kanäle bei der nach außen gerichteten Pumpenströmung als Diffusoren. In stark erweiterten Diffusoren löst sich die verzögerte Strömung infolge der durch den wachsenden Druck bedingten Grenzschichtanhäufung fast immer ab, was entsprechend große Druckverluste (Wirkungsgrad!) zur Folge hat [3].

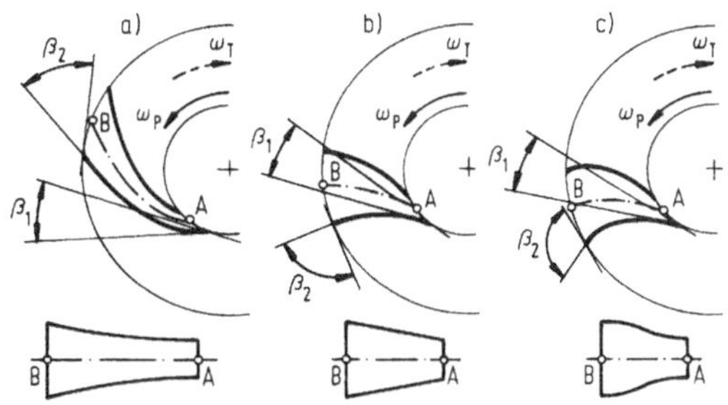

Bild 6-10 Schaufelräder gleicher radialer Erstreckung (r_1 sowie r_2 jeweils gleich groß) mit unterschiedlicher Schaufelform bei gleichem Winkel β_1 und entlang der abgewickelten (gestreckten) Schaufelraummittellinie A–B, also der abgewickelten Kanalform.
a) $\beta_2 < 90°$, b) $\beta_2 = 90°$, c) $\beta_2 > 90°$

6.1.4.4 Anwendung

Pumpen: Bei **vorwärts gekrümmten** Schaufeln (Bilder 6-9c; 6-10c; 6-11c und Tabelle 6-2) ist die Umfangskomponente c_{2u}, jedoch auch die Absolutgeschwindigkeit c_2 der Strömung am größten. Für eine bestimmte spezifische Stufenarbeit ΔY ist demzufolge bei Laufrädern mit vorwärts gekrümmten Schaufeln nach der EULER-Gleichung die kleinste Umfangsgeschwindigkeit notwendig (Bild 6-11). Bei gleicher Drehzahl n ergibt sich somit der kleinste Laufraddurchmesser D_2, was den Vorteil geringsten Material- sowie Platzbedarfs und daher niedrigster Investitionskosten bringt. Andererseits tritt die von den vorwärts gekrümmten Laufschaufeln auf das Fluid übertragene Energie fast ausschließlich in kinetischer Form auf. Die vergleichsweise große Absolutgeschwindigkeit c_2 muss daher in einem nachgeschalteten Leitrad abgebaut, d. h. in Druck umgesetzt werden. Die hierzu notwendigen stark erweiterten Kanäle (Diffusoren) ergeben die schon beschriebenen ungünstigen Strömungsverhältnisse (große Verluste). Deshalb ist der Schauflungswirkungsgrad η_{Sch} bei Laufrädern mit vorwärts gekrümmten Schaufeln verhältnismäßig niedrig.

Für **rückwärts gekrümmte** Schaufeln gilt das Umgekehrte, also

Nachteile:

- großer Laufraddurchmesser
- großer Material- und Platzbedarf
- höhere Maschinen- und Anlagekosten

Vorteil:

- höherer Wirkungsgrad, weshalb niedrigere Betriebskosten.

Die Eigenschaften der **radial endenden** Schaufeln liegen zwischen denen der vorwärts und rückwärts gekrümmten Schaufeln.

Des Weiteren ist zu beachten, dass bei Pumpen wegen des Druckaufbaus verzögerte Strömung vorliegt, weshalb nur mäßige Erweiterungen und Krümmungen der Schaufelkanäle zulässig sind, wenn Ablösungen vermieden werden sollen. Auch erfolgt das Verlangsamen der Strömung in rotierenden Laufschaufelkanälen mit geringeren Verlusten und deshalb besserem Wirkungsgrad als in den fest stehenden Leitschaufelkanälen. Die Begründung liegt darin, dass sich die gesunde Laufradströmung mit der Geschwindigkeit $c_u < u$ dreht. Die Grenzschicht dagegen rotiert voll mit der Laufschaufel (Umfangsgeschwindigkeit u), an der sie quasi „anhaftet". Daher erfährt die Grenzschicht im Laufrad eine höhere Fliehkraft als die gesunde Strömung, weshalb sie abgeschleudert wird (Abschnitt 6.1.2).

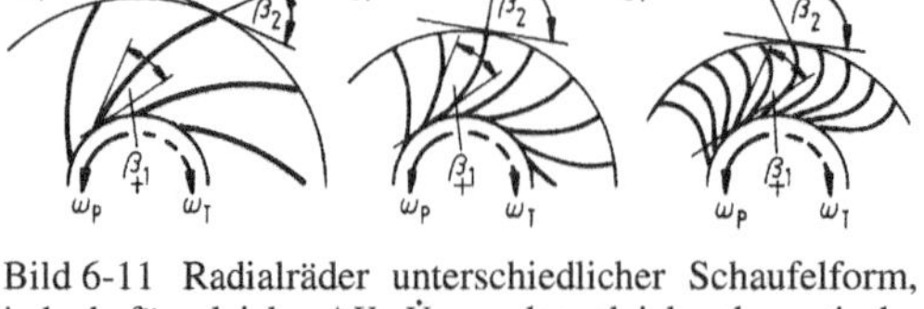

Bild 6-11 Radialräder unterschiedlicher Schaufelform, jedoch für gleiche ΔY, $\dot{V}$, n, also gleiche theoretische Leistung bei gleichem Saugkantenwinkel β_1. Maßstabsgerecht dargestellt wegen Größenvergleich.
a) $\beta_2 < 90°$, b) $\beta_2 = 90°$, c) $\beta_2 > 90°$

Pumpenlaufräder sollten deshalb so ausgebildet werden, dass sie die Strömung verzögern, d. h. mit hoher Überdruckwirkung (Reaktion) arbeiten. Das sind nach Tabelle 6-2 vor allem Laufräder mit rückwärts gekrümmten Schaufeln (Bilder 6-10; 6-11).

Insgesamt bestimmen die geschilderten Aspekte (abhängig vom Anwendungsgebiet) die Auswahl des Druckkantenwinkels β_2 der Laufschaufeln.

Anwendungsbereiche: Aufgrund der vorhergehenden Überlegungen sind üblich bei

Pumpen $\beta_2 = 20\ldots 90°$,

und zwar bei *Flüssigkeitsförderung* (Kreiselpumpen)

$$\boldsymbol{\beta_2 = 20\ldots 40°} \tag{6-18}$$

Meist jedoch $\beta_2 \leqq 35°$ und selten über 40°. In den USA gilt aus Wirkungsgradgründen (η_{Sch} hoch) als guter Mittelwert $\beta_2 = 22{,}5°$. Oft wird ausgeführt:

$$\beta_2 \approx \beta_1 + [5\ldots 15°\,(\ldots 25°)] \tag{6-19}$$

Gasförderung (Kreiselverdichter) in der Regel

$$\boldsymbol{\beta_2 = 40\ldots 90°} \tag{6-20}$$

Bei Ventilatoren für kleinen Gesamtdruck auch angewendet $\beta_2 > 90°$.

Die größeren Winkel β_2 (meist $\geqq 50°$) sind bei Gasförderung notwendig, weil hier wegen der kleinen Fluiddichte selbst schon mäßige Druckerhöhungen $\Delta p \approx \varrho \cdot \Delta Y$ große spezifische Schaufelarbeiten ΔY erfordern und aus konstruktiven Gründen (Fliehkräfte) und der Schallgrenze die Umfangsgeschwindigkeiten nach oben begrenzt ist.

Da Ventilatoren meist zu Belüftungszwecken eingesetzt werden und deshalb dem Fluid überwiegend nur Geschwindigkeit aufprägen müssen, sind vorwärts gekrümmte Schaufeln ($\beta_2 > 90°$) anwendbar (kaum Diffusoren notwendig).

Turbinen: Radialschaufeln werden nur noch bei Wasserturbinen angewendet. Hierbei ergeben sich bei kleinen und mittleren Gefällen Schwierigkeiten, ausreichend hohe Drehzahlen zu erreichen, z. B. zum Antrieb von Elektrogeneratoren. Deshalb werden meist Überdruckbeschauflungen ($r > 0$) bevorzugt, die, wie noch begründet wird, höhere Drehzahlen ermöglichen. Radiale Wasserturbinen, die sog. FRANCIS-Turbinen, werden daher immer mit Überdruckwirkung ausgeführt.

Da bei Turbinen (im Gegensatz zu Pumpen) beschleunigte Strömung vorliegt, sind stärkere Verengungen und deshalb größere Schaufelwinkel β_2 ausführbar. Meist bevorzugt:
$r \geqq 0{,}5$ und deshalb $\beta_2 \leqq 90°$ (Tabelle 6-2).

Der obere Grenzwert $\beta_2 = 90°$ wird bei großen Fallhöhen angewendet. In der Regel liegt der Druckkantenwinkel im Bereich $\boldsymbol{\beta_2 = 70 \ldots 90°}$.

Tendenz: Je höher das Gefälle, desto größer der Druckkantenwinkel β_2 der Laufschaufeln.

Vorteil von großen Winkeln β_2: Kurze Kanäle (Bild 6-10) und gutes Teillastverhalten.

6.1.5 Schaufelformen

6.1.5.1 Grundsätzliches

Stromfadentheorie und Saugverhalten legen lediglich die Schaufelwinkel an Druck- und Saugkante fest. Über den dazwischenliegenden Schaufelbereich sagt sie nichts aus. Theoretisch könnten demnach die festgelegten Schaufelenden beliebig verbunden werden. Tatsächlich ist jedoch, bedingt durch die Strömungsverluste, die Schaufelform keineswegs gleichgültig. Um die Reibungsverluste klein und den Druckverlauf gleichmäßig zu halten, darf sich die Schaufelkrümmung nicht sprungartig ändern. Ein Verstoßen gegen diese wichtige Bedingung wirkt auf die Druckverteilung der gesamten Strömung in den Schaufelkanälen, was zusätzliche Verluste bringt, die von der Grenzschicht an der Unstetigkeitsstelle ausgehen. Insgesamt gilt daher: Die Schaufeln müssen an den Enden (Saug- und Druckkante) die berechneten bzw. festgelegten Winkel aufweisen und stetig verlaufen.

Diese Forderungen können durch verschiedene Laufschaufelformen erfüllt werden, und zwar meist

- Kreisbogenschaufeln (aus einem oder mehreren Kreisbögen)
- punktweise berechnete Schaufeln.

6.1.5.2 Pumpenschaufeln

Kreisbogenschaufeln

Vorbemerkung: Bei der *Kreisbogenmethode* wird zwischen dem *Einbogen-* und *Zweibogenverfahren* unterschieden. Das Einbogenverfahren ermittelt einen Kreisbogen für die gesamte Schaufelkontur. Die *Zweibogenmethode* stellt die Schaufelkontur durch zwei Kreisbögen dar (selten verwendet).

Einbogenschaufel: Die Schaufelkonstruktion nach dem **Einbogenverfahren** ist in Bild 6-12 dargestellt.

Konstruktionsablauf:

Schritt ①: Abtragen von Schaufelwinkel β_2 in einem beliebigen Umfangspunkt A an dem Radiusstrahl OA, und zwar entgegengesetzt zur Laufrad-Drehrichtung, d. h. bei Drehung nach links (Gegenuhrzeiger), Winkel nach rechts abtragen bzw. umgekehrt.

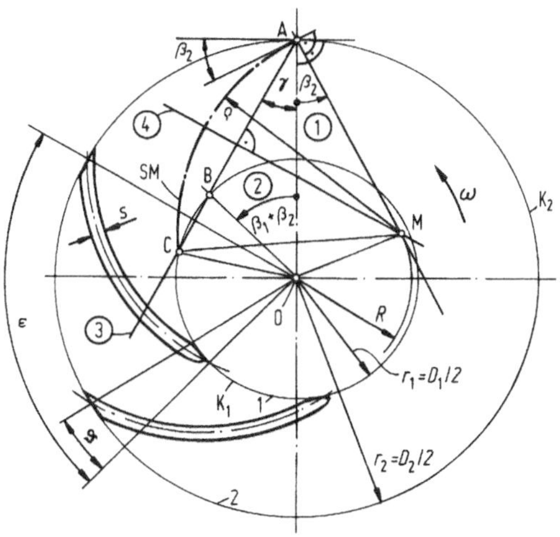

Bild 6-12 Kreisbogenschaufel aus einem Kreisbogen (Einbogenschaufel).
SM ... Schaufelmittellinie, M ... Mittelpunkt des Schaufelkreisbogens mit Radius ϱ, Winkel ϑ ... Schaufelüberdeckung, Winkel ε ... Umfangserstreckung

Schritt ②: Winkel $(\beta_1 + \beta_2)$ am Radiusstrahl von Schritt ① im Drehpunkt O in entgegengesetzter Richtung als bei Winkel β_2 abtragen. Der sich dadurch ergebende Radialstrahl schneidet die Kreislinie mit Halbmesser $r_1 = D_1/2$ in Punkt B.

Schritt ③: Verbinden der Punkte A mit B durch eine Gerade und Verlängern bis zum zweiten Schnittpunkt mit dem Kreis von Radius r_1 um Drehpunkt O. Ergibt Punkt C.

Schritt ④: Errichten der Mittelsenkrechten auf Strecke $\overline{AC}$ und Verlängern bis zum Schnittpunkt mit dem unter Winkel β_2 von Punkt A aus verlaufenden Schenkel nach Schritt ①. Der Schnittpunkt ist der gesuchte Mittelpunkt M für den Schaufelkrümmungsradius ϱ, exakt der Schaufel-Mittenkreislinie.

Bemerkungen: Die Konstruktion gilt sinngemäß auch für Vorwärtskrümmung bei Radialschaufeln und für axiale Beaufschlagung. Gleichgültig ist, ob die Punkte C und B ihre Lage vertauschen (bei $(\beta_1 + \beta_2) > 90°$) und Punkt M auf die andere Seite von Strecke $\overline{AC}$ fällt.

Der Kreisbogen mit Radius $\varrho = \overline{MA} = \overline{MC}$ ist die Mittellinie der Schaufelkontur. Da die Schaufeln meist in gleich bleibender Dicke s ausgeführt werden, ergibt sich die Schaufel letztlich durch zwei Parallelkreisbögen je im Abstand $s/2$ außen und innen vom Mittenkreisbogen ϱ, also mit den Radien $\varrho + s/2$ und $\varrho - s/2$.

Beweis der Konstruktion:

$\triangle OAB$: $(\beta_1 + \beta_2) + \gamma = \sphericalangle OBC$ (Außen-$\sphericalangle$ an $\triangle$)
$\triangle MAC$: $\beta_2 + \gamma = \sphericalangle MAC = \sphericalangle ACM$

Hieraus durch Subtraktion:

$$\beta_1 = \sphericalangle OBC - \sphericalangle ACM$$

Aus $\triangle OCB$: $\sphericalangle OBC = \sphericalangle OCB$
Deshalb $\beta_1 = \sphericalangle OCB - \sphericalangle ACM = \sphericalangle OCM$
Also $\beta_1 = \sphericalangle OCM$

Da Tangente an Kreis K_1 in Punkt C senkrecht auf Strecke $\overline{OC}$ (Radius $r_1 = D_1/2$) und Tangente an Schaufelmittelbogen SM ebenfalls in Punkt C normal (senkrecht) zur Strecke $\overline{CM}$ (Schaufel-Krümmungsradius ϱ), ist der zwischen den beiden Tangenten in Punkt C zu messende Schaufelwinkel gleich dem $\sphericalangle OCM$ ($\triangle OCM$). Entsprechendes gilt auch für Punkt A ($\triangle OAM$). Der durchgeführte Winkelvergleich bestätigt deshalb die Konstruktion als richtig, da der Kreisbogen die Schaufelwinkel erfüllt: $\sphericalangle OCM = \beta_1$ und $\sphericalangle OAM = \beta_2$.

Mithilfe des Kosinussatzes lassen sich aus der Schaufelkonstruktion in Bild 6-12 Beziehungen zum Berechnen des Krümmungshalbmessers ϱ des Schaufelkreisbogens sowie von Radius R für den Kreis, auf dem die zugehörigen Krümmungsmittelpunkte M liegen, aufstellen:

Krümmungsradius ϱ der Schaufelkontur:

$\triangle OAM$: $\overline{OM}^2 = \varrho^2 + r_2^2 - 2 \cdot \varrho \cdot r_2 \cdot \cos\beta_2$
$\triangle OCM$: $\overline{OM}^2 = \varrho^2 + r_1^2 - 2 \cdot \varrho \cdot r_1 \cdot \cos(\sphericalangle OCM)$

Aus Subtraktion der beiden Gleichungen und mit $\sphericalangle OCM = \beta_1$ laut vorhergehendem Beweis folgt:

$$0 = r_2^2 - 2 \cdot \varrho \cdot r_2 \cdot \cos\beta_2 - (r_1^2 - 2 \cdot \varrho \cdot r_1 \cdot \cos\beta_1)$$

Nach ϱ umgestellt:

$$\varrho \cdot (2 \cdot r_2 \cdot \cos\beta_2 - 2 \cdot r_1 \cdot \cos\beta_1) = r_2^2 - r_1^2$$

$$\varrho = \frac{r_2^2 - r_1^2}{2 \cdot r_2 \cdot \cos\beta_2 - 2 \cdot r_1 \cdot \cos\beta_1} \quad (6\text{-}21)$$

Radius R des geometrischen Ortes (Ortskreis) der Krümmungs-Mittelpunkte M:

Da $\overline{OM} = R$ folgt aus $\triangle OAM$:

$$R = \sqrt{\varrho^2 + r_2^2 - 2 \cdot \varrho \cdot r_2 \cdot \cos\beta_2} \quad (6\text{-}22)$$

Oder aus $\triangle OCM$:

$$R = \sqrt{\varrho^2 + r_1^2 - 2 \cdot \varrho \cdot r_1 \cdot \cos\beta_1} \quad (6\text{-}23)$$

Kreisbogenschaufeln aus einem Kreisbogen, sog. **Einbogenschaufeln**, bewähren sich in vielen Fällen. Dagegen sind Zweibogenschaufeln, d. h. Schaufeln aus zwei Kreisbögen, wie schon erwähnt, nicht so günstig, da an ihrer Übergangsstelle infolge sprunghafter Krümmungsänderung (plötzlicher Übergang von ϱ_{I} auf ϱ_{II}) Unstetigkeiten im Verlauf der Relativgeschwindigkeit w auftreten (Ruck!). Dies bestätigt sich, wenn der w-Verlauf über der Zirkularprojektion der mittleren Flusslinie, d. h. über der mittleren Flutlinie (m), aufgetragen wird ($w_x = f(r_x)$). Darin begründet sich, weshalb Schaufeln aus mehreren Kreisbögen abzulehnen sind.

Geschwindigkeitsverlauf $w_x = f(r_x)$: Bei Voraussetzen der Gültigkeit der Stromfadentheorie folgt für den radialen Verlauf der Relativgeschwindigkeit mithilfe von Bild 6-13: Am Radius von Stelle x innerhalb der Grenzen $r_1 \leqq r_x \leqq r_2$.

Mit $c_{xm} = \dot{V}_{\mathrm{La}}/[z \cdot (t_x - \sigma_x) \cdot b_x]$ wird:

$$w_x = \frac{c_{xm}}{\sin\beta_x} = \frac{\dot{V}_{\mathrm{La}}}{z \cdot (t_x - \sigma_x) \cdot b_x \cdot \sin\beta_x} = f(r_x) \quad (6\text{-}24)$$

Hierbei $t_x = 2 \cdot r_x \cdot \pi/z$; $\sigma_x = s_x/\sin\beta_x$,
b_x und β_x, abhängig von r_x, aus Zeichnung.

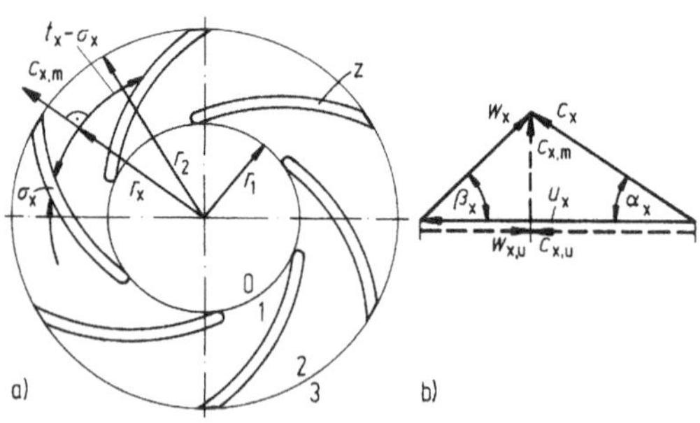

Bild 6-13 Radialrad; a) Schaufelverlauf im Seitenriss, b) Geschwindigkeitsdreieck an Stelle x (Radius r_x)

Die Funktion $w_x = f(r_x)$ laut Gl. (6-24) aufgetragen (Bild 6-14), zeigt, ob Stetigkeit von Relativgeschwindigkeit w_x und damit gleichmäßige Verzögerung (Beschleunigung) der Relativströmung vorliegt.

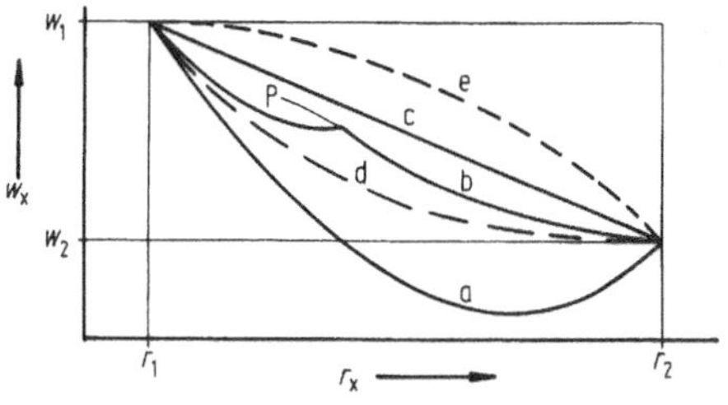

Bild 6-14 Verlauf der Relativgeschwindigkeit w_x für verschiedene Radialschaufelformen, abhängig vom Radius r_x. Kurve a: Einbogenschaufel. Kurve b: Zweibogenschaufel. Punkt P: Übergangsstelle der beiden Kreisbögen. Kurve c: Schaufel mit linearem w-Verlauf. Kurven d, e: Auch noch günstiger w-Verlauf, da $w_1 \geqq w_x \geqq w_2$

In Bild 6-14 sind außer den Relativgeschwindigkeitskurven für Kreisbogenschaufeln noch die für Schaufeln mit linearem und leicht gekrümmtem w-Verlauf eingetragen. Zu den einzelnen Geschwindigkeitskurven ist zusammenfassend zu bemerken:

Kurve a: Kreisbogenschaufel aus einem Kreisbogen (Einbogenschaufel). Der Verlauf der Relativgeschwindigkeit ist ungünstig. Zuerst sehr steile Abnahme (große Verzögerung) bis tiefer als die Endgeschwindigkeit w_2 und anschließend wieder Beschleunigung auf w_2. Es handelt sich also um die ungünstige Kombination einer zu weit getriebenen Diffusorströmung mit anschließend korrigierender Düsenströmung. Die zu steile und zu lang anhaltende Verzögerung (zu langer Diffusor mit zu großem Öffnungswinkel) ist ebenso unnötig wie ungünstig. Sie sollte deshalb vermieden werden, was bei Kreisbogenschaufeln aus einem Kreisbogen jedoch nicht möglich und daher nachteilig ist. Erhöhte Verluste und vergrößerte Ablösungsgefahr sind die Folge. Die Kreisbogenschaufel ist daher bei Turbinen (beschleunigte Strömung) gebräuchlich, jedoch, obwohl einfach, möglichst nicht bei Pumpen (η_{Sch} schlecht).

Kurve b: Kreisbogenschaufel aus zwei Kreisbögen → **Zweibogenschaufel**. Vermeidet die zu steile und zu starke Verzögerung entsprechend Kurve a, ergibt stattdessen jedoch unstetige Geschwindigkeitsänderung. Wie bereits erwähnt, sind die Verluste, verursacht durch die plötzliche Krümmungs- und damit Beschleunigungsänderung, erfahrungsgemäß höher als bei der Einbogenschaufel. Da die Zweibogenschaufel deshalb technisch nicht verwendet werden sollte, ist das Beschreiben der Konstruktion unnötig.

Kurven c bis e: Schaufeln mit geradlinigem oder wenig nach oben (konvex) bzw. nach unten (konkav) gekrümmtem w-Verlauf. Auf diese sog. **punktweise berechneten Schaufeln** wird anschließend eingegangen. Sie ergeben meist die günstigsten Verhältnisse, keine unnötige Verzögerung sowie keinen Ruck und erreichen daher den besten Wirkungsgrad. Manchmal ergeben sich jedoch zu lange Schaufeln, das bedeutet zu große Überdeckung ϑ und zu große Umfangserstreckung ε (Bild 6-12). Infolge des daraus entstehenden langen Strömungsweges in den Schaufelkanälen ergeben sich in diesen Fällen wieder hohe Reibungsverluste, die den Vorteil der langsamen und gleichmäßigen Verzögerung zunichte machen, weshalb hier dann Kreisbogenschaufeln verschiedentlich günstiger sind. Als sinnvolle Grenze gilt etwa $\varepsilon \leqq 150°$.

Punktweise berechnete Schaufel

Vorbemerkung: Die punktweise berechnete Schaufel erfüllt vorgabegerecht die Forderungen an den Schaufelkanal nach gleichmäßiger, nicht zu schneller Querschnittsänderung, um bei Pumpen die Geschwindigkeitsumsetzung mit gutem Wirkungsgrad zu erreichen. Zudem ist das Verfahren nicht sehr aufwendig und allgemein, d. h. sowohl für einfach gekrümmte als auch mehrfach (räumlich) gekrümmte Schaufeln anwendbar. Des Weiteren ermöglicht die Methode vorteilhaftes Einsetzen von Taschen- und Tischrechnern (PC). Deshalb werden heute meist – besonders bei Pumpen – punktweise berechnete Schaufeln angewendet. Nur in Fällen, bei denen sich zu lange Schaufeln (große Umfangserstreckung ε in Bild 6-12) ergeben, wird, wie ausgeführt, auf Einbogenschaufeln übergegangen.

Schaufelform-Berechnung: Als Ausgangspunkt wird vorgegeben:

w-Verlauf (Relativgeschwindigkeits-Verlauf), geradlinig oder leicht gekrümmt, abhängig von der für günstig gehaltenen Schaufellänge (Winkel ε in Bild 6-12). **Krümmung der w-Linie nach oben gibt längere, nach unten kürzere Schaufeln als bei linearem w-Verlauf** (Bild 6-14). Dabei kann zudem die Schaufeldicke vorgewählt werden – gleich bleibend oder veränderlich über die Schaufellänge – je nach Herstellungsart und Zweckmäßigkeit. Überwiegend wird die Schaufeldicke jedoch konstant ausgebildet. Nur in Ausnahmefällen besteht die Notwendigkeit, hiervon abzuweichen.

Schaufeln mit vorgegebenem w-Verlauf werden hauptsächlich bei Kreiselpumpen angewendet.

β-Verlauf (Relativ-, d. h. Schaufel-Winkelverlauf), geradlinig oder leicht gekrümmt, je nach angestrebter Schaufellänge. **Krümmung der β-Kurve nach oben ergibt kürzere, nach unten längere Schaufel als bei linearem β-Verlauf.** Der Einfluss der Kurvenkrümmung ist demnach beim β-Verlauf umgekehrt als beim w-Verlauf.

Schaufeln mit vorgeschriebenem β-Verlauf werden meist kürzer als bei vorgegebenem w-Verlauf.

In der Regel empfiehlt es sich, bei Kreiselverdichtern die Schaufel nach der β-Linie zu verwenden, einerseits wegen der steileren, weil kürzeren Schaufel, andererseits, weil die Volumenänderung (Dichte) dabei nicht in das Verfahren eingeht und deshalb keinen Einfluss ausübt, was im Gegensatz zur Berechnung nach dem w-Verlauf steht.

Hinweis: Ob der Schaufelverlauf günstig ist, d. h. w- bzw. β-Verlauf vorab sinnvoll festgelegt wurde, kann erst nach vollständigem Durchrechnen (spätere Gl. (6-29)) und gegebenenfalls anschließendem Aufzeichnen festgestellt werden mithilfe von Umfangserstreckungswinkel $\varepsilon = (\Delta\varphi)_{2-1} = \varphi_2$ bei $\varphi_1 = 0$ sowie Beurteilen der sich ergebenden Kanalgestalt zwischen den Schaufeln.

Ermittlung des Schaufelverlaufes: Aus Gl. (6-24) ergibt sich mit $\sigma_x = s_x/\sin\beta_x$

$$\sin\beta_x = \dot{V}_{La}/[z \cdot (t_x - s_x/\sin\beta_x) \cdot b_x \cdot w_x]$$

Umgestellt nach $\sin\beta_x$ in expliziter Form:

$$\sin\beta_x \cdot (t_x - s_x/\sin\beta_x) = \dot{V}_{La}/(z \cdot b_x \cdot w_x)$$

$$t_x \cdot \sin\beta_x - s_x = \dot{V}_{La}/(z \cdot b_x \cdot w_x)$$

$$\sin\beta_x = s_x/t_x + \dot{V}_{La}/(z \cdot b_x \cdot w_x \cdot t_x)$$

In zweiten Term Teilung $t_x = \pi \cdot D_x/z$ eingesetzt, führt letztlich zu:

$$\sin\beta_x = \frac{s_x}{t_x} + \frac{\dot{V}_{La}}{\pi \cdot D_x \cdot b_x \cdot w_x} \tag{6-25}$$

Nach dieser Beziehung wird der Schaufelwinkel $\beta_x = f(r_x)$ mit Radius $r_x = D_x/2$ für eine Anzahl von Punkten im Halbmesser-Bereich $r_1 \leqq r_x \leqq r_2$ berechnet. Die hierzu jeweils notwendigen Werte der Relativgeschwindigkeit w_x folgen aus dem vorgabemäßig festgelegten w-Verlauf, der Kanalbreite b_x aus dem Laufrad-Meridianschnitt (Bild 6-15) sowie der Schaufeldicke s_x nach Herstellungs- und Gestaltungsgesichtspunkten.

Anschließend ist dann noch der Schaufelverlauf zum Aufzeichnen in Polarkoordinaten $r_x = f(\varphi_x)$ festzulegen (Bild 6-15).

Die Herleitung der Funktion $r_x = f(\varphi_x)$ für die Schaufelkontur in Polarkoordinaten erfolgt mithilfe von Bild 6-16.

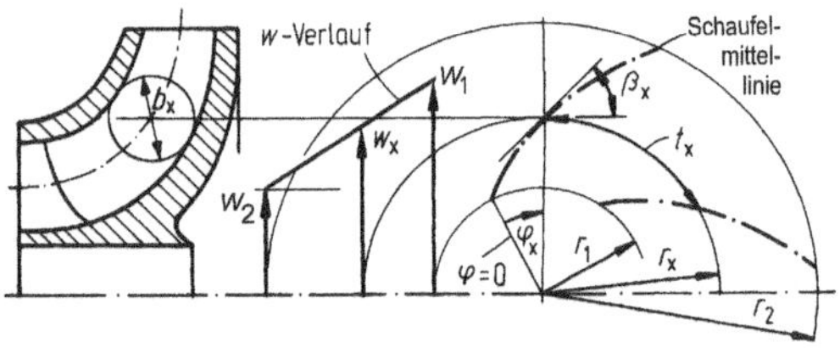

Bild 6-15 Meridianschnitt und Seitenriss (Schnitt) eines Radialrades mit Eintragungen zum punktweisen Berechnen der Schaufelform für vorgegebenen w-Verlauf (linear)

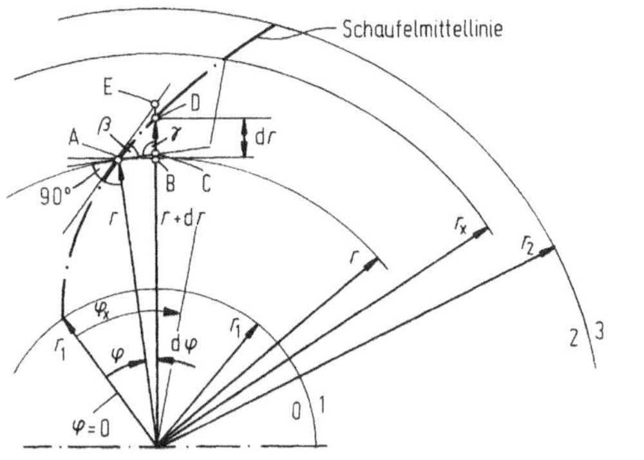

Bild 6-16 Darstellung zum Festlegen der Schaufelkontur in Polarkoordinaten $r_x = f(\varphi_x)$

Wie schon in Abschnitt 6.1.2 erwähnt, können im infinitesimalen Dreieck ACE gesetzt werden:

$$\gamma \approx 90°, \quad \overline{AC} \approx \overline{AB} \approx \widehat{AB} \quad \text{und} \quad \overline{CE} \approx \overline{BD}$$

Mit $\widehat{AB} = r \cdot \mathrm{d}\varphi$ sowie $\overline{BD} = \mathrm{d}r$ ergibt sich:

$$\tan\beta = \overline{CE}/\overline{AC} \approx \overline{BD}/\widehat{AB} \approx \mathrm{d}r/(r \cdot \mathrm{d}\varphi)$$

Hieraus:

$$\mathrm{d}\varphi = \mathrm{d}r/(r \cdot \tan\beta)$$

Die Integration zwischen den Grenzen

untere feste Grenze	$\varphi = \varphi_1 = 0$	bei $r = r_1$
über laufende Grenze	$\varphi = \varphi_x$	bei $r = r_x$
bis obere Grenze	$\varphi_x = \varphi_2$	bei $r_x = r_2$

führt zu:

$$\int_0^{\varphi_x} \mathrm{d}\varphi = \int_{r_1}^{r_x} \frac{1}{r \cdot \tan\beta} \cdot \mathrm{d}r$$

Teilweise ausgewertet im Bogenmaß (hochgestelltes Bogen-Kennzeichen $\frown$):

$$\overset{\frown}{\varphi}_x = \int_{r_1}^{r_x} \frac{1}{r \cdot \tan\beta} \cdot \mathrm{d}r \tag{6-26}$$

Oder umgerechnet ins Gradmaß (Kennzeichen°):

$$\varphi_x^\circ = \frac{360}{2 \cdot \pi} \cdot \overset{\frown}{\varphi}_x = \frac{360}{2 \cdot \pi} \cdot \int_{r_1}^{r_x} \frac{1}{r \cdot \tan\beta} \cdot \mathrm{d}r \tag{6-27}$$

Das Integral ist nicht exakt lösbar, da kein funktioneller Zusammenhang $\beta = f(r)$ angegeben werden kann. Deshalb wird das Integral in Summation umgesetzt und durch schrittweise Addition näherungsweise ausgewertet. Dazu ist der Verlauf des Ausdruckes $1/(r \cdot \tan\beta)$ über der Zirkularprojektion der mittleren Flusslinie, also über dem Radius r im Bereich $r_1 \leqq r \leqq r_2$, aufzutragen (Bild 6-17).

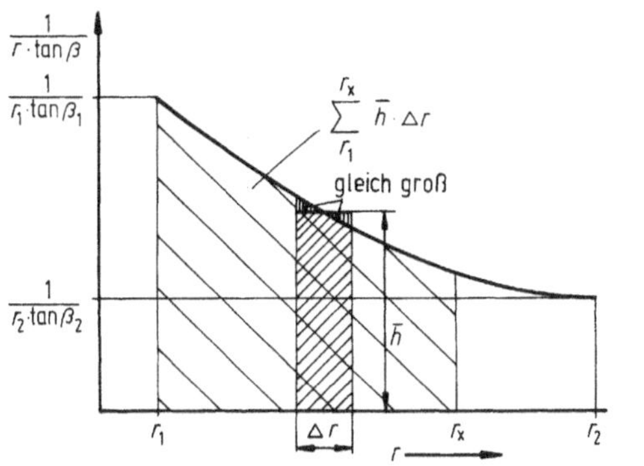

Bild 6-17 Auftragung der Funktion $1/(r \cdot \tan\beta) = f(r)$ zum Lösen von Gl. (6-27) bzw. Gl. (6-29) für das Festlegen der Laufrad-Schaufelform in Polarkoordinaten

Mit $\bar{h}$, dem Mittelwert zweier im Abstand Δr aufeinander folgender $1/(r \cdot \tan\beta)$-Werte, ergibt das Produkt $\bar{h} \cdot \Delta r$ den Inhalt des schmalen, schraffierten Flächenstreifens und die gesamte Fläche unter der Kurve bis zum jeweiligen Radius r_x den gesuchten Integralwert, also

$$\varphi_x^\circ = \frac{360}{2 \cdot \pi} \cdot \sum_{r_1}^{r_x} (\bar{h} \cdot \Delta r) \tag{6-28}$$

Wird sinnvollerweise **Δr = konst** ausgeführt:

$$\varphi_x^\circ = \frac{360}{2 \cdot \pi} \cdot \Delta r \cdot \sum_{r_1}^{r_x} \bar{h} \tag{6-29}$$

Diese Beziehung wird am besten tabellarisch (Tabelle 6-3) oder mit PC ausgewertet (Gleichung (6-28) entsprechend), und zwar

- bei vorgegebenem w-Verlauf die gesamte Tabelle mithilfe von Gl. (6-25) und dem zugehörigen Laufrad-Meridianschnitt (Bild 6-15)
- bei vorgegebenem β-Verlauf die Tabelle ab Spalte G. Die Spalten C bis F sind hierbei überflüssig. Ebenso wird der Meridianschnitt des Laufrades hierbei nicht benötigt.

Tabelle 6-3 Schema zum tabellarischen Berechnen der Schaufelform in Polarkoordinaten $r_x = f(\varphi_x)$, wenn verwendet Δr = konst

A	B	C	D	E	F	G	H	I	J	K
Pkt. Nr.	$r_x = D_x/2$ mm	b_x mm	w_x m/s	$t_x = D_x \cdot \pi/z$ mm	s_x mm	β_x [1] °	$\frac{1}{r_x \cdot \tan\beta_x}$ m^{-1}	$\bar{h}$ m^{-1}	$\Sigma\bar{h}$ m^{-1}	φ_x [2] °
I									0	0
II										
III										
IV										
V										
VI										
:										
:										
:										
:										

[1] Nach Gl. (6-25), [2] Nach Gl. (6-29).

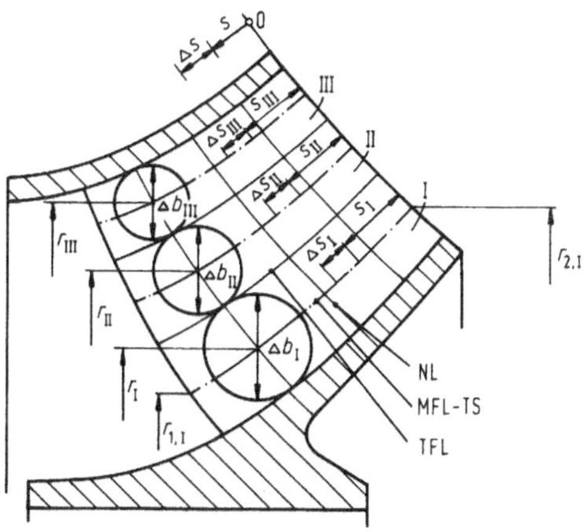

Bild 6-18 Meridianschnitt eines Laufrades von räumlich gekrümmten Schaufeln mit Eintragungen.
I, II, III, ... Teilströme $\Delta\dot{V}_I = \dot{V}_{II} = \dot{V}_{III} = \dot{V}_{La}/3$, deshalb $\Delta b_I \cdot r_I = \Delta b_{II} \cdot r_{II} = \Delta b_{III} \cdot r_{III}$;
NL ... Normallinien, TFL ... Teilstrom-Flutlinien, MFL-TS ... Mittelflutlinien der Teilströme

Bemerkung:

Bei räumlich gekrümmten Schaufeln (Radial- und Diagonalräder) wird der berechnungs- und erfah-

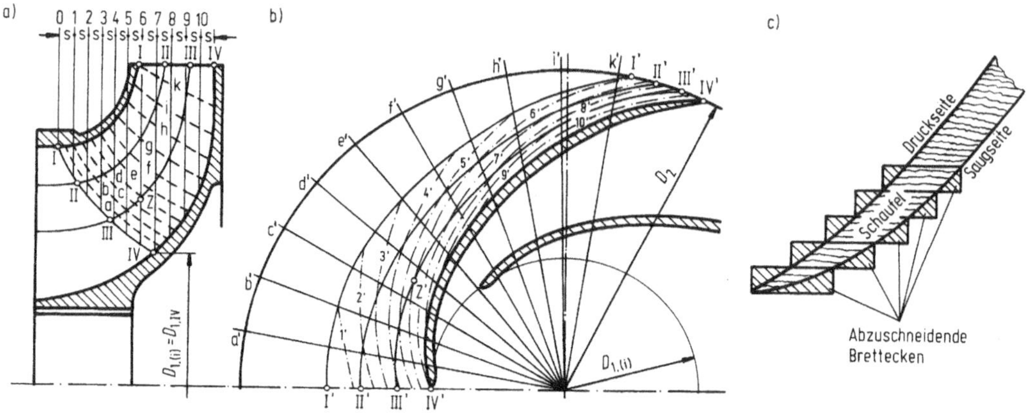

Bild 6-19 Entwurf einer schnellläufigen Schaufel; a) Meridianschnitt mit Brett- oder Schreinerschnitten (Achsnormalschnitte 0 bis 11 und Axialschnittlinien a bis k, b) Seitenriss mit Axialschnitten (Achslängsschnitte) a′ bis k′, c) Herstellung des Modells für eine Schaufel aus ihren Brettschnitten

rungsgemäß entworfene Laufradkanal im Meridianschnitt, abhängig von der notwendigen Genauigkeit, in eine Anzahl von Teilkanälen unterteilt. Hierbei soll durch jeden der n Teilkanäle der gleiche Volumenteilstrom $\Delta \dot{V} = \dot{V}_{La}/n$ fließen. Weil die Strömungsgeschwindigkeit entlang der schätzungsgemäß in den Meridianschnitt eingetragenen Normallinien unverändert bleibt, muss für jeden Teilstrom der Strömungsquerschnitt $2 \cdot r \cdot \pi \cdot \Delta b$ und deshalb $r \cdot \Delta b$ den gleichen Wert aufweisen (Bild 6-18). Hierzu ist notwendig, durch wiederholtes Anpassen die eingetragenen Flut- und Normallinien so lange zu ändern, bis die Bedingung $r \cdot \Delta b =$ konst als erfüllt gelten kann. Für jede mittlere Flutlinie der Teilströme wird anschließend der Schaufelverlauf entsprechend dem Verfahren der reinen Radialräder (Zylinderschaufel) punktweise berechnet. Dabei sind die Beziehungen Gl. (6-27) bzw. (6-29) dahingehend zu ändern, dass entlang der jetzt nicht mehr radial verlaufenden Flutlinie (Richtung s) zu integrieren bzw. näherungsweise zu summieren ist. Auf einen Beweis soll aus Platzgründen verzichtet werden. Anstelle von Gl. (6-27) tritt die Beziehung:

$$\varphi_x^\circ = \frac{360}{2 \cdot \pi} \cdot \int_0^{s_x} \frac{1}{r \cdot \tan\beta} \cdot \mathrm{d}s \qquad (6\text{-}30)$$

Die zur tabellarischen Auswertung notwendige Summierungsbeziehung gemäß Gl. (6-29) erhält entsprechend die Form bei $\Delta s =$ konst:

$$\varphi_x^\circ = \frac{360}{2 \cdot \pi} \cdot \Delta s \cdot \sum_0^{s_x} \frac{1}{r \cdot \tan\beta} \qquad (6\text{-}31)$$

Hierbei ist zu beachten, dass von außen nach innen summiert wird, also von der Laufraddruckkante (Index 2) aus beginnend und damit umgekehrt als beim reinen Radialrad. Die sich so ergebenden Schaufelkonturen $r_x = f(\varphi_x)$ für die Mittellinien der Teilströme sind dann mithilfe von sog. **Axial-** und **Schreinerschnitten** (Bild 6-19) zur Schaufelfläche zusammensetzbar. Entsprechend den im Meridianschnitt als senkrechte (radiale) Geraden 1, 2, 3 usw. in gleichem Abstand (Brettdicke) und im Seitenriss als Kurven 1′, 2′, 3′ usw. erscheinenden Linien (Brettkurven) sägt der Modellschreiner Brettchen aus und leimt sie treppenartig aufeinander. Durch Wegarbeiten der Brettchen-Stufenkanten entsteht dann die räumlich gekrümmte Schaufeloberfläche. Bei Berechnen mit dem Computer können die Ergebnis-Daten entsprechend aufbereitet an den Plotter zum Aufzeichnen und die numerisch gesteuerte Mehrachsenmaschine zum Fräsen der Schaufeln weitergeleitet werden. Um den Rahmen des Buches jedoch nicht zu sprengen, ist es nicht möglich, auf diese Verfahren näher einzugehen, weshalb z. B. verwiesen auf [29].

6.1.5.3 Turbinenschaufeln

Das Festlegen der Form einfacher und räumlich gekrümmter Turbinenschaufeln, also Radial- und Diagonalturbinen-Schaufeln, erfolgt grundsätzlich nach dem bereits unter Pumpenschaufeln, Unterabschnitt 6.1.5.2, beschriebenen Verfahren. Da bei Turbinen jedoch beschleunigte Strömung vorliegt, ist das Gestalten der Schaufeln unproblematischer als bei Pumpen.

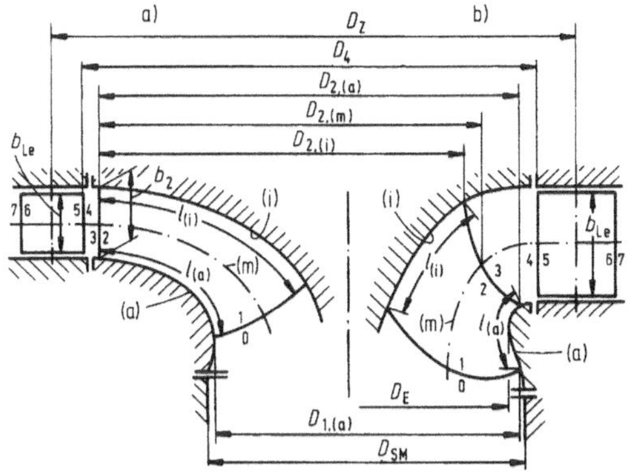

Bild 6-20 FRANCIS-Turbinen. Meridianschnitt-Konturen; a) Langsam-, b) Schnellläufer. Eingetragene Größen zu Tabelle 6-4

Tabelle 6-4 Erfahrungswerte für den Entwurf von FRANCIS-Laufrädern verschiedener Schnellläufigkeit n_y nach [45]; [74]; [75]. Größen nach Bild 6-20

n_y	0,05	0,08	0,13	0,17	0,2	0,25	0,3
H_{max} in m	700	520	300	180	120	80	65
$\dot{V}_{11,1/1}$ in m^3/s	0,132	0,230	0,466	0,715	0,948	1,166	1,280
n_{11} in min^{-1}	61	62,5	65,3	70	75,5	82,5	92,2
$n_{11,max}$ in min^{-1}	106	107	117	131	146	161	180
$\dot{V}_{11,\perp}/\dot{V}_{11,1/1}$	0,81	0,81	0,82	0,84	0,87	0,88	0,88
$\eta_{i,\perp}$	0,88	0,885	0,90	0,905	0,905	0,905	0,90
$\eta_{i,1/1}$	0,845	0,855	0,87	0,88	0,885	0,88	0,875
$(c_{2,\perp}^2/2)/Y$	0,024	0,033	0,049	0,065	0,082	0,098	0,115
Th	0,045	0,055	0,075	0,10	0,14	0,195	0,27
$D_{2,(i)}/D_{2,(a)}$	1,0	1,0	0,98	0,92	0,85	0,775	0,695
$D_4/D_{2,(a)}$	1,04	1,052	1,054	1,02	1,03	1,03	0,99
$D_{SM}/D_{2,(a)}$	0,6	0,68	0,825	0,955	1,06	1,12	1,15
$b_{Le}/D_{2,(a)}$	0,055	0,1	0,167	0,23	0,288	0,326	0,327
$l_{(i)}/D_{2,(a)}$	0,36	0,32	0,28	0,26	0,25	0,26	0,28
$l_{(a)}/D_{2,(a)}$	0,27	0,22	0,17	0,14	0,13	0,14	0,15
$D_{2,(m)}/D_E$	1,46	1,35	1,18	0,98	0,91	0,84	0,80
b_{Le}/D_E	0,1	0,15	0,21	0,31	0,35	0,39	0,42
z_{La}	19	18	17	16	16	15	14

Der Meridianschnitt von Radial- und Diagonalturbinen, den sog. FRANCIS-Turbinen (Bild 6-20), wird meist nach Erfahrungswerten entworfen. Tabelle 6-4 enthält Anhaltswerte für die Konstruktion von FRANCIS-Meridianschnitten.

Bemerkungen zu Tabelle 6-4

Begriffe und Indizes:

$l_{(i)}$ Schaufellänge am Innenkranz in Zirkularprojektion (Index i)

$l_{(a)}$ Schaufellänge am Außenkranz in Zirkularprojektion (Index a)

D_E Einschnür-Durchmesser (engster Laufraddurchmesser)

η_i innerer Wirkungsgrad

Lz $u_2/\sqrt{2 \cdot Y} = u_2/\sqrt{2 \cdot g \cdot H} = Lz$ bezogene Umfangsgeschwindigkeit, die Laufzahl

Index 11 Größen bezogen auf sog. Einheitswerte $n_{11} = D_2/\sqrt{\Delta Y}$ und $\dot{V}_{11} = \dot{V}/(D_2^2 \cdot \sqrt{\Delta Y})$

1/1 Wert bezogen auf Volllast (maximale Belastung → 1/1-Belastung) $\dot{V}_{1/1} = (1{,}1 \ldots 1{,}25) \cdot \dot{V}$

$\perp$ $(\delta_r = 1)$, Nennlast, oft auch ohne Index geschrieben, als $\dot{V}_\perp \equiv \dot{V}$.

Hinweise:

Werte für $b_{Le}/D_{2,(a),max}$: Bei Langsamläufern so, dass sich nicht zu kleine c_m-Werte und damit zu flache Leitschaufel-Austrittswinkel ergeben.

$\alpha_{5,1/1} \geqq 20°$ ergibt regelungstechnisch noch zulässigen Verstellwinkel der Leitschaufeln und vermeidet zu lange Leitkanäle (Reibung!). Bei Schnellläufern wegen hoher Schluckfähigkeit $\alpha_{5,1/1}$ bis 75° ausführen.

Werte für $(c_{2,\perp}^2/2)/Y$: Bei Langsamläufern untere Grenze durch Bedingung nicht zu flachen Laufradaustritts (Winkel β_2) bestimmt, da sonst Bearbeiten der Austrittskante erschwert und ungünstige Kanalformen entstehen ($\beta_1 \approx 20°$).

Werte für $\eta_{i,\perp}$ *und* $\eta_{i,1/1}$ sind Mittelwerte für gute Modellräder mit (270 . . .) 500 . . . 600 mm Laufraddurchmesser ($D_{2,(a)}$) unter Versuchsfallhöhen von $H = 5 \ldots 50$ m.

Werte für n_{11}: Strömungstechnisch ungünstige Hakenschaufel wird vermieden mit $Lz = 0{,}66$. Bei praktischen Ausführungen ist $Lz_{min} = 0{,}7 \ldots 0{,}72$ für $n_{11,min} = 60\,min^{-1}$.

Bei FRANCIS-Schnellläufern ist die Erweiterung des Laufrad-Meridianschnittes in Saugseitenrichtung ($D_{1,(a)} > D_{2,(a)}$) infolge beschleunigter Turbinen-Strömung zulässig. Diese Maßnahme ist meist notwendig, da sonst der äußere Raddurchmesser an der Druckkante zu groß ausgeführt werden müsste.

6.2 Axialmaschinen

6.2.1 Vorbemerkungen

Bei Axialschaufeln sind drei Grundformen zu unterscheiden:

- **Becher** der Freistrahl-Wasserturbinen (PELTON- oder Tangential-Turbinen)
- **Schaufeln** der Kreiselverdichter sowie Dampf- und Gasturbinen (Abschnitt 2.5.3)

- **Flügel** der Pumpen (KP, KV), Wasser- und Windturbinen sowie Antriebspropeller (ebenfalls Abschnitt 2.5.3).

Wie bereits ausgeführt, erfolgt die Berechnung axialer **Schaufelräder** (viele Schaufeln!) mit der **Stromfadentheorie** und für **Propellerräder** (wenige Flügel!) mit der **Tragflügeltheorie**. Einen Sonderfall stellen die Becherräder dar, die meist direkt mithilfe des Impulssatzes berechnet werden.

Außer bei den Freistrahl-Bechern erfolgt die Strömung des Fluids in Axialmaschinen auf koaxialen Kreiszylindern (Koaxialzylinderströmung). Die einzelne Kreiszylinderströmung entsteht durch Überlagern von Umfangs- und Axialbewegung. Sie unterscheidet sich hierdurch von der Radialmaschinenströmung (Abschnitt 6.1.1).

6.2.2 Wirkungsfreie Axialschaufel

Obwohl die Flügel von Propellerrädern sinnvollerweise mithilfe der Tragflügeltheorie ausgelegt werden, wäre ihre Berechnung auch mit der Stromfadentheorie möglich, da beide Methoden, wie in Kapitel 3 nachgewiesen, letztlich aus dem Impulssatz hervorgehen. Deshalb gilt auch hier entsprechend Gl. (6-3):

$$r \cdot c_u = \text{const} \rightarrow c_u = \text{const}/r$$

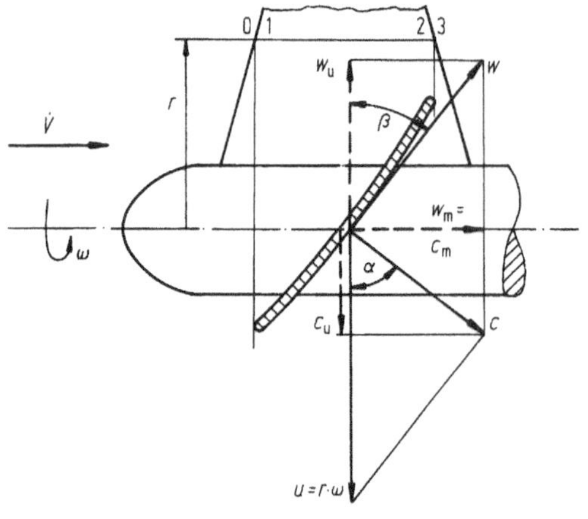

Bild 6-21 Axialrad mit Geschwindigkeitsdiagramm längs einer Stromfläche am Kreiszylindermantel vom Radius r

Da die Durchströmung achsparallel erfolgt, ist der Radius r für jede Stromfläche (Kreiszylinder-Mantelfläche) jeweils konstant. Dagegen muss c_u mit wachsendem Radius von Stromfläche zu Stromfläche hyperbolisch abnehmen.

Des Weiteren ist nach dem Durchflussgesetz die mittlere axiale Strömungsgeschwindigkeit, die Meridiangeschwindigkeit c_m, über den gesamten Strömungsquerschnitt etwa konstant, falls der Einfluss der Schaufeldicke vernachlässigt wird.

$$c_m = \dot{V}/A_m \approx \text{konst}$$

Mithilfe des Geschwindigkeitsdreieckes in Bild 6-21 ergeben sich dann bei $u = \omega \cdot r = \text{Const} \cdot r$

$$\tan\alpha = c_m/c_u = \text{Konst}/r \tag{6-32}$$

$$\tan\beta = \frac{w_m}{w_u} = \frac{c_m}{u - c_u} = \frac{\text{konst}}{\text{Const} \cdot r - \text{const}/r} \tag{6-33}$$

Aus den Beziehungen (6-32) und (6-33) folgt:

a) Längs einer Stromfläche, d. h. einem axialen Schaufelschnitt ($r = \text{konst}$):

$$\tan\alpha = \text{konst} \rightarrow \alpha = \text{konst} \quad \text{und}$$

$$\tan\beta = \text{const} \rightarrow \beta = \text{const}$$

Das bedeutet: Der Schaufelwinkel β und der Absolutströmungswinkel α bleiben jeweils längs jedes axialen Schaufelschnittes unverändert. Die wirkungsfreie Axialschaufel, die in Relativströmungsrichtung verläuft, ist deshalb eine nicht angestellte, geradlinige („räumliche“) Platte.

Dieses Ergebnis bestätigt sich auch durch die Tragflügeltheorie (Abschnitt 3.3). Nach dem Gesetz von KUTTA-JOUKOWSKY (Gl. (3-86)) wirkt auf einen Körper in einem Fluidstrom nur dann eine dynamische Querkraft, wenn die Umströmung einen Zirkulationsanteil beinhaltet. Wie aus der Fluidmechanik und Abschnitt 2.5.3 sowie 3.3 bekannt, entsteht bei plattenartigen Körpern (profiliert oder nicht profiliert) nur dann Zirkulation, falls sie gegenüber der ungestörten, der sog. mittleren Anströmrichtung angestellt, d. h. schräg gestellt sind. Platten ohne Anstellung sind dagegen wirkungsfrei.

b) In radialer Richtung, d. h. auf Parallelkreisen mit unterschiedlichem Radius:

Laut Gl. (6-32) wird $\tan\alpha$ mit wachsendem Radius r hyperbolisch kleiner. Entsprechend der Tangens-Funktion geht der Absolutströmungswinkel α zurück. $\tan\beta$ ändert sich lt. Gl. (6-33) ebenfalls nach einer Hyperbelfunktion. Der Relativströmungswinkel, d. h. der Plattenwinkel β muss daher auch mit zunehmendem Radius kleiner werden.

Insgesamt ist die wirkungsfreie Axialschaufel deshalb eine verwundene (räumliche) Platte, deren Winkel β gegen die Umfangsrichtung mit wachsendem Radius kleiner wird, jedoch längs jedes Zylinderschnittes jeweils unverändert bleibt.

Wird die Schrägstellung (Winkel β) der Platte dagegen um den Winkel δ, die Anstellung, vergrößert (bei Pumpen) bzw. verkleinert (bei Turbinen), ist diese Axialschaufel wohl noch geradlinig, jedoch, wie begründet, nicht mehr wirkungsfrei.

6.2.3 Einfluss der Saugkante

Hier gelten grundsätzlich dieselben Aspekte wie bei Radialrädern (Abschnitt 6.1.3).

Besonderheiten, auf die hinzuweisen ist:

Bei Axialpumpen (KP und KV) wird die „Übertreibung" des Schaufelwinkels β_1 gegenüber dem Relativzuströmwinkel β_0 an der Saugkante meist nicht ausgeführt und daher verwirklicht: $\beta_1 \approx \beta_0$. Bei Axialverdichtern von hoher MACH-Zahl ($Ma = w_0/a > 0{,}7$) wirkt sich, wie Versuche bestätigen, jede Übertreibung (positive oder negative) des Winkels β_1 gegenüber β_0 sogar ungünstig aus.

Langsamläufige Axialpumpen (n_y relativ klein) müssen mit großem Nabendurchmesser ausgeführt und der relative Zuströmwinkel $\beta_{0,(a)}$ am äußeren Punkt der Schaufelsaugkante (Radumfang) auf etwa 10° abgesenkt werden. Dadurch steigen Nabenreibung und Schaufelverluste. Außerdem wächst die Kavitationsgefahr, da $\beta_{0,(a)}$ unterhalb des Kavitations-Optimalwertes von etwa 18° liegt (Abschnitt 5.2.3).

Axialverdichter, die besten Wirkungsgrad erzielen sollen, müssen, wie PFLEIDERER [29] beweist, so ausgebildet werden, dass der mittlere relative Zuströmwinkel zu den Flügeln (Schaufeln) $\beta_\infty \approx 45°$ beträgt. Dabei wird gleichzeitig der Optimalwert von $\beta_{0,(a)}$ hinsichtlich des Überschallverhaltens, $\beta_{0,(a),\text{opt}} \approx 33\ldots36°$, (Abschnitt 5.3.3, Gl. (5-54)) bei vertretbarer Näherung erreicht.

6.2.4 Einfluss der Druckkante

6.2.4.1 Grundsätzliches

Wie bei den Radialrädern (Abschnitt 6.1.4) bestimmt der Druckkantenwinkel β_2 auch bei den Axialbeschauflungen maßgeblich den Energieumsatz und die Schaufelform. Der Winkel β_2 dient deshalb bei Axialmaschinen ebenfalls zur Kennzeichnung.

6.2.4.2 Unterscheidung

Merkmal ist, wie erwähnt, Schaufelwinkel β_2. In Bild 6-22 sind die Geschwindigkeitsdreiecke für die Druckkante von Pumpenströmung bei vier verschiedenen Winkeln β_2 entsprechend den Punkten A, A', A'' und A''' dargestellt, wobei $\overline{AA'} = \overline{A'A'''} = \overline{BC}$ ausgeführt. Des Weiteren ist die Umfangsgeschwindigkeit $u = \overline{BC}$ in allen vier Fällen gleich groß, ebenso die Geschwindigkeitskomponente senkrecht zum Radumfang, also die Axial- oder Meridiangeschwindigkeit $c_{2m} = c_2 \cdot \sin \alpha_2 = \overline{CA'''}$, weshalb sowohl Radumriss als auch Durchsatzstrom jeweils gleich sind.

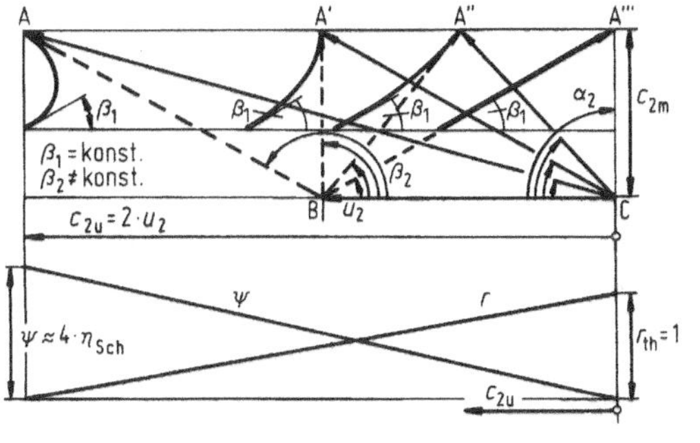

Bild 6-22 Druckkanten-Geschwindigkeitsdreiecke mit prinzipiellen Schaufelverläufen für verschiedene Winkel β_2, bei gleichem Winkel β_1 sowie Verlauf von Reaktionsgrad r_{th} und Druckziffer ψ.
Geschwindigkeiten: ---- w_2, ——— c_2

Unter der Voraussetzung senkrechten Eintritts ins Laufrad, d. h. axiale drallfreie Zuströmung, ist die spezifische Stufenarbeit ΔY proportional der Umfangskomponenten $c_{2u} = c_2 \cdot \cos \alpha$ und damit der Absolutgeschwindigkeit c_2 des Fluidstromes an der Laufschaufeldruckkante, also der Reihe nach proportional den Strecken $\overline{AA'''}$, $\overline{A'A'''}$, $\overline{A''A'''}$ sowie null. Im letzten Fall $c_{2u} = 0$ mit $\sphericalangle\beta_2 = \sphericalangle CBA'''$ würde somit theoretisch überhaupt keine Energie mehr von der Schaufel auf das Fluid übertragen (wirkungsfreie Schaufel, Abschnitt 6.2.2). Dieser Winkel stellt somit den Kleinstwert für β_2 dar, der deshalb auch bei Pumpen nicht erreicht werden darf. Beim Unterschreiten dieses Grenzwertes von β_2 wird die Schaufelarbeit negativ, was bedeutet, dass das Laufrad von der Strömung Energie aufnimmt und deshalb bei gleich bleibender Drehrichtung als Turbine arbeitet.

Des Weiteren sind in Bild 6-22 die zugehörigen Schaufelformen in prinzipieller Art bei in allen vier Fällen gleichem Saugkantenwinkel β_1 eingezeichnet sowie der Verlauf von theoretischem Reaktionsgrad und Druckziffer aufgetragen.

6.2.4.3 Vergleich

In Tabelle 6-5 sind die Merkmale der verschiedenen Axialschaufelformen zusammengefasst. Um die Unterschiede zu kennzeichnen, sind die Prinzip- und Grenzfälle entsprechend Bild 6-22 aufgeführt. Auch hier nimmt der dynamische Energieanteil des Fluidstromes mit wachsendem Schaufelwinkel β_2 zu und der statische ab.

Schaufelform A, die sog. **Hakenschaufel**, einer der Grenzfälle, ist eine reine Gleichdruckschaufel ($r = 0$). Bei Schaufelform A‴, dem anderen Grenzfall, handelt es sich um die in Abschnitt 6.2.2 behandelte wirkungsfreie Axialschaufel. Die beiden Grenzfälle stecken den Bereich für die technisch möglichen und verwendeten Schaufelformen ab. Dabei kann eine der **„Grenzschaufeln“**, Form A in Bild 6-22, angewendet werden, die andere (Form A‴), wie sich von selbst versteht, dagegen nicht.

Für die Einflüsse und Eigenschaften gilt dasselbe, wie bei den Radialschaufelformen in Abschnitt 6.1.4.3 ausgeführt.

Tabelle 6-5 Gegenüberstellung und Merkmale der verschiedenen Axialschaufelformen.
Prinzip- und Grenzfälle gemäß Bild 6-22

<table>
<tr><th rowspan="2">Größe</th><th colspan="4">Dreieckspitze</th></tr>
<tr><th>A</th><th>A′</th><th>A″</th><th>A‴</th></tr>
<tr><td>β_2</td><td>$> 90°$
stumpf</td><td>$= 90°$</td><td>$< 90°$
spitz</td><td>$\ll 90°$
sehr spitz</td></tr>
<tr><td>c_{2u}</td><td>$= 2 \cdot u_2$</td><td>$= u_2$</td><td>$< u_2$</td><td>$= 0$
(wirkfrei)</td></tr>
<tr><td>c_2</td><td>sehr groß</td><td colspan="2">← steigt —</td><td>sehr klein</td></tr>
<tr><td rowspan="3">$r_{th} = 1 - \frac{c_{2u}}{2 \cdot u_2}$</td><td colspan="4">— steigt →</td></tr>
<tr><td>$= 0$</td><td>$= 0{,}5$</td><td>$> 0{,}5$</td><td>$= 1$</td></tr>
<tr><td>(Gleichdr.)</td><td colspan="3">← (Überdruck) →</td></tr>
<tr><td rowspan="2">$\psi = \frac{2 \cdot c_{2u}}{u_2} \cdot \eta_{Sch}^{\pm 1}$</td><td colspan="4">← steigt —</td></tr>
<tr><td>$= 4 \cdot \eta_{Sch}^{\pm 1}$</td><td>$= 2 \cdot \eta_{Sch}^{\pm 1}$</td><td>$< 2 \cdot \eta_{Sch}^{\pm 1}$</td><td>$= 0$</td></tr>
<tr><td>axiale Schaufelform</td><td>haken-
förmig</td><td colspan="2">→
flacher werdend</td><td>geradlinig
(Grenzfall)</td></tr>
<tr><td rowspan="2">Bemerkung</td><td></td><td></td><td colspan="2">← Flügel →
($z = \ldots 6$)</td></tr>
<tr><td colspan="3">← Schaufelgitter ($z > 6$) →</td><td></td></tr>
</table>

6.2.4.4 Anwendung

Auch hier gelten grundsätzlich die gleichen Gesichtspunkte wie bei den Radialschaufeln (Abschnitt 6.1.4.4). Im Einzelnen finden bei den verschiedenen axialen Strömungsmaschinenarten folgende Schaufelformen Verwendung:

Pumpen

Flüssigkeitsförderung: (axiale Kreiselpumpen) — Schaufeltyp A″ bis A‴ als Flügel, da Überdruck $0{,}5 < r < 1$

Gasförderung
(axiale Kreiselverdichter)

- Ventilator — Schaufeltyp A bis A‴
- Gebläse — Schaufeltyp A′ bis A‴
- Kompressor — Schaufeltyp A′ bis A″

Turbinen

Wasserturbinen

- Gleichdruck (PELTON-Turbine): Schaufeltyp A (große Schaufelwinkel, $\beta_2 > 90°$).
- Überdruck (KAPLAN-Turbine): Schaufeltyp A′ bis A‴. Je kleiner das Gefälle, desto geringere Schaufelwinkel β_2 sind angebracht. In der Regel $\beta_2 < 90°$ und Reaktionsgrade r bis nahe 1.

Dampfturbinen

- Gleichdruck: $r \approx 0$, $\beta_2 > 90°$: Schaufeltyp A
- Überdruck: $r > 0$, $\beta_2 < 90°$: Schaufeltyp A′ bis A″, in der Regel $r = 0{,}5$, bei $\beta_2 < 90°$, somit etwa Schaufeltyp A′.

Gasturbinen
Nur Überdruck: $r = 0{,}3 \ldots 0{,}8$, $\beta_2 < 90°$, deshalb Schaufeltyp A′ bis A″.

Luftturbinen (Windkonverter)
Kein Leitrad vorhanden, deshalb Reaktionsgrad r groß → Schaufeltyp A″ bis A‴.

Antriebspropeller (Flugzeuge, Schiffe)
Kein Leitrad vorhanden, daher relativ großer Reaktionsgrad r, also ebenfalls Schaufeltyp A″ bis A‴.

Zusammenfassende Bemerkungen:
Allgemein gilt: Der Druckkantenwinkel β_2 der Laufschaufeln darf unter sonst gleichen Verhältnissen (z. B. gleiches Fluid) bei Turbinen größer ausgeführt werden als bei Pumpen. Das bedeutet, der Reaktionsgrad r kann bei Turbinen kleiner und die Schaufelkrümmung entsprechend größer als bei Pumpen sein. Der Grund liegt, wie schon erwähnt, darin, dass beschleunigte Fluidströmung (Turbinen) größere Krümmungen und Querschnittsänderungen vertragen als verzögerte (Pumpen).

In der Praxis finden alle Schaufelformen nach Tabellen 6-2 und 6-5, zugehörend Bildern 6-9 und 6-22, Anwendung.

Axialräder sind besonders geeignet

- zur Aufnahme großer Fliehkräfte („nur Zug“)
- für mehrstufige Maschinen. Ergeben hierbei kleinsten Bauaufwand und niedrigste zusätzliche Verluste, da geringe Umlenkungen (keine radiale Rückführung notwendig).

Die umsetzbare spezifische Stufenenergie ist jedoch wesentlich kleiner als bei Radialrädern, und zwar ca. $1/3 \ldots 1/6$; der Durchsatz dagegen meist größer.

6.2.5 Schaufelformen

6.2.5.1 Axialpumpen

Die Berechnung von Axialpumpen mit wenigen Schaufeln, also Axialkreiselpumpen und -lüfter sowie Antriebspropeller, erfolgt nach der Tragflügeltheorie, Abschnitt 3.3.2. Die Minderablenkung ist dabei durch entsprechende Korrektur des Schaufelwinkels zu berücksichtigen. Axialschaufeln sind letztlich nichts anderes als Sonderfälle doppelt gekrümmter Schaufeln entsprechend Diagonalrädern.

Weitere Ausführungen sollen aus Platzgründen unterbleiben. Stattdessen wird auf die einschlägige Fachliteratur, insbesondere [29], verwiesen, wo das Berechnen von Axialpumpen ausführlich dargestellt ist.

6.2.5.2 Wasserturbinen

PELTON-Turbinen

Die löffelförmigen Laufschaufeln (Bild 6-23) der PELTON-Turbinen werden in Größe sowie Form nach Erfahrungs- und Versuchswerten festgelegt. Bezugsgröße ist hierbei der Durchmesser d_{Str} des Düsenstrahles, der sog. **Wasserstrahl-** oder kurz **Strahldurchmesser**. Der Strahldurchmesser seinerseits wird bestimmt durch den Düsendurchsatz $\dot{V}_{Dü}$ und die vom Gefälle festgelegte Strahlgeschwindigkeit $c_{Str} = c_{Dü} = \varphi_{Dü} \cdot \sqrt{2 \cdot Y_T}$ lt. Gl. (7-121). Nach Gl. (7-122) beträgt der Düsenbeiwert $\varphi_{Dü} = 0{,}96 \ldots 0{,}99$ und die spezifische hydraulische Turbinenenergie folgt aus Gl. (7-119). Für den **Strahldurchmesser** d_{Str} gilt deshalb bei Gesamtduchsatz $\dot{V}$:

$$d_{Str} = \sqrt{A_{Str} \cdot 4/\pi} = \sqrt{(\dot{V}_{Dü}/c_{Dü}) \cdot 4/\pi} \qquad (6\text{-}34)$$

$$\text{Mit} \quad \dot{V}_{Dü} = \dot{V}/j_{Dü} \qquad (6\text{-}35)$$

$j_{Dü}$ ... Anzahl der Düsen, abhängig von Schnellläufigkeit n_y und Strahlverhältnis D_{StrK}/d_{Str} nach Gl. (6-36).

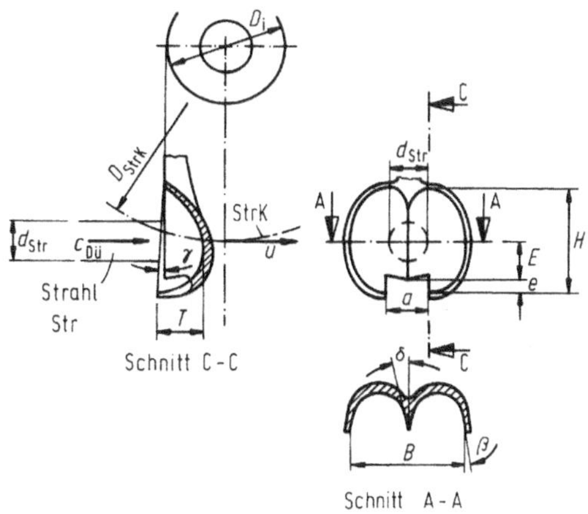

Bild 6-23 PELTON-Schaufel (Becher oder Löffel). Str ... Strahl, StrK ... Strahlkreis

Strahlverhältnis D_{StrK}/d_{Str}: Der Quotient von *Strahlkreisdurchmesser* D_{StrK} und *Strahldurchmesser* d_{Str} wird als Strahlverhältnis bezeichnet.

Das Strahlverhältnis ist abhängig vom Gefälle H, dem Höhenunterschied zwischen Ober- und Unterwasserspiegel ($H = z_{OW} - z_{UW}$). Richtwerte:

$$D_{StrK}/d_{Str} = (5\ldots)\,8 \ldots 18\,(\ldots 70) \qquad (6\text{-}36)$$

bei $H = (100\ldots)\,300 \ldots 1\,200\,(\ldots 2\,000)$ m

Zusammenhang zwischen Strahlverhältnis, Düsenzahl und Schnellläufigkeit:

$n_{y,M} = n \cdot \dot{V}^{1/2} \cdot Y_T^{-3/4}$ gemäß Gl. (4-75) für die gesamte Maschine mit $j_{Dü}$ Düsen ($Y_T = Y$; Gl. (3-58)).

Mit

$$n = u/(D_{StrK} \cdot \pi) = \sqrt{2 \cdot Y_T/\psi}\Big/(D_{StrK} \cdot \pi) \quad \text{und}$$

$$\dot{V} = j_{Dü} \cdot \dot{V}_{Dü} = j_{Dü} \cdot A_{Dü} \cdot c_{Dü}$$

$$\dot{V} = j_{Dü} \cdot (\pi/4) \cdot d_{Str}^2 \cdot \varphi_{Dü} \cdot \sqrt{2 \cdot Y_T}$$

wird

$$n_{y,M} = \frac{\sqrt{2 \cdot Y_T}}{D_{StrK} \cdot \pi \cdot \sqrt{\psi}} \cdot \frac{\sqrt{j_{Dü} \cdot (\pi/4) \cdot d_{Str}^2 \cdot \varphi_{Dü} \cdot \sqrt{2 \cdot Y_T}}}{Y_T^{3/4}}$$

$$n_{y,M} = \frac{\sqrt{2} \cdot Y_T^{1/2}}{D_{StrK} \cdot \pi \cdot \sqrt{\psi}} \cdot \frac{d_{Str} \cdot \sqrt{j_{Dü} \cdot \pi \cdot \varphi_{Dü}} \cdot 2^{1/4} \cdot Y_T^{1/4}}{2 \cdot Y_T^{3/4}}$$

$$n_{y,M} = \frac{1}{\pi^{1/2} \cdot 2^{1/4}} \cdot \sqrt{\frac{\varphi_{Dü}}{\psi}} \cdot \frac{d_{Str}}{D_{StrK}} \cdot \sqrt{j_{Dü}} \qquad (6\text{-}37)$$

$$n_{y,M} = 0{,}474 \cdot \sqrt{\frac{\varphi_{Dü}}{\psi}} \cdot (d_{Str}/D_{StrK}) \cdot \sqrt{j_{Dü}} \qquad (6\text{-}38)$$

Mit $\varphi_{\text{Dü}} = 0{,}96 \ldots 0{,}99$ und $\psi = 4{,}5 \ldots 5{,}5$ (Abschnitt 4.3.3.2) ergibt sich:

$$n_{y,\text{M}} = (0{,}2 \ldots 0{,}22) \cdot (d_{\text{Str}}/D_{\text{StrK}}) \cdot \sqrt{j_{\text{Dü}}} \quad (6\text{-}39)$$

Umgestellt nach der Düsenzahl $j_{\text{Dü}}$:

$$j_{\text{Dü}} = [(5 \ldots 4{,}5) \cdot n_{y,\text{M}} \cdot D_{\text{StrK}}/d_{\text{Str}}]^2 \quad (6\text{-}40)$$

Oder hieraus mit $n_{y,\text{M}} = n_y \cdot \sqrt{j_{\text{Dü}}}$ folgt nach Gl. (4-77) für den Zusammenhang zwischen Strahlverhältnis und düsenbezogener Schnellläufigkeit:

$$D_{\text{StrK}}/d_{\text{Str}} = (0{,}2 \ldots 0{,}22)/n_y \quad (6\text{-}41)$$

Die spezifische Drehzahl von PELTON-Turbinen beträgt nach Abschnitt 11.2.1 (bezogen auf eine Düse):

$$n_y = 0{,}003 \ldots 0{,}045 = n \cdot \dot{V}_{\text{Dü}}^{1/2} \cdot Y_{\text{T}}^{-3/4}$$

Beziehung (6-41) ermöglicht das Festlegen des Strahlverhältnisses und damit nach Gl. (6-40) die Düsenzahl $j_{\text{Dü}} = (n_{y,\text{M}}/n_y)^2$.

Strahlkreisdurchmesser D_{StrK}: Zum Festlegen von D_{StrK} bestehen zwei Möglichkeiten:

a) Aus der Laufzahl Lz laut Gl. (11-3). Bei Gleichdruckwirkung – PELTON-Turbinen arbeiten nach diesem Verfahren – beträgt:

$$Lz = u/c_{\text{Dü}} = 0{,}44 \ldots 0{,}48\,(\ldots 0{,}5)$$

Hieraus

$$u = (u/c_{\text{Dü}}) \cdot c_{\text{Dü}} = (0{,}44 \ldots 0{,}48) \cdot c_{\text{Dü}}$$

wobei die Strahlgeschwindigkeit $c_{\text{Dü}}$ wieder aus Gl. (7-121) folgt.

Dann die Beziehung für die Umfangsgeschwindigkeit nach dem Strahlkreisdurchmesser umgestellt:

$$D_{\text{StrK}} = u/(\pi \cdot n) \quad (6\text{-}42)$$

Damit aus Gl. (6-41) den Strahldurchmesser d_{Str} sowie die Düsen-Anzahl $j_{\text{Dü}}$ nach Gl. (6-35).

b) Aus der Druckziffer ψ lt. Gl. (4-51), da $i = 1$:

$$u = \sqrt{2 \cdot Y_{\text{T}}/\psi} \quad \text{mit } \psi = 4{,}5 \ldots 5{,}5$$

Kontrollrechnung mit $\sqrt{2 \cdot Y_{\text{T}}} = c_{\text{Dü}}/\varphi_{\text{Dü}}$ (Gl. (7-121)):

$$u = \frac{c_{\text{Dü}}}{\varphi_{\text{Dü}} \cdot \sqrt{\psi}} = \frac{1}{(0{,}96 \ldots 0{,}99) \cdot \sqrt{4{,}5 \ldots 5{,}5}} \cdot c_{\text{Dü}}$$

$$u = (0{,}49 \ldots 0{,}43) \cdot c_{\text{Dü}} \quad \text{(etwa wie zuvor!)}$$

Becherzahl z_{B}: Ausgeführt werden Becherzahlen ab etwa 17 bis maximal ca. 40. Als Erfahrungswert dient folgende Faustformel:

$$z_{\text{B}} = (1/2) \cdot (D_{\text{StrK}}/d_{\text{Str}}) + (14 \ldots 16) \quad (6\text{-}43)$$

Anhaltswerte für die je nach Strahlverhältnis günstige Becherzahl von PELTON-Rädern gehen auch aus Tabelle 6-6 und Bild 11-7 hervor.

Tabelle 6-6 Richtwerte für die Becherzahl z_{B}, abhängig vom Strahlverhältnis $D_{\text{StrK}}/d_{\text{Str}}$

$D_{\text{StrK}}/d_{\text{Str}}$	6	8	10	15	20	25
z_{B}	17…21	18…23	19…25	21…28	23…32	27…36

Gestaltungs-Richtwerte: Die becher- oder löffelartigen Schaufeln der PELTON-Räder bestehen aus zwei symmetrisch angeordneten ellipsoidförmigen Halbschalen, von denen jede den halben Wasserstrahl um jeweils nahezu 180° umlenkt. Um unerwünschte Axialkräfte zu vermeiden, muss die Becherschneide den Strahl exakt in zwei gleiche Teilströme zerschneiden, die ebenfalls gleich stark umzulenken sind.

Um die Energie des Düsenstrahls möglichst voll zu nützen und Reibungsverluste weitgehend zu vermeiden, müssen die Schaufelhalbschalen richtig bemessen, stetig gekrümmt sowie sorgfältig gefertigt (gefräst und geschliffen) werden. Die Schneide ist möglichst scharf anzuschleifen, da Abrundungen den Strahl zusplittern würden. Ohne die Schneide würde der Strahl an gewissen Stellen senkrecht auf die Schaufelfläche treffen, was Stoßverluste zur Folge hätte. Durch Aussparung (*a* in Bild 6-23) sanfter Schaufeleintritt in den Strahl.

Die Becher sind durch den vom Wasser mitgeführten Sand abnützungsgefährdet (Ausschleifen).

Erfahrungsgemäß ergeben sich gute Verhältnisse und damit Wirkungsgrade, wenn die PELTON-Becher (Bild 6-23) nach folgenden Richtwerten bemessen werden:

$$B = (2{,}5 \ldots 4) \cdot d_{\text{Str}}$$
$$H = (2{,}1 \ldots 3{,}2) \cdot d_{\text{Str}}$$
$$E = (0{,}9 \ldots 1{,}3) \cdot d_{\text{Str}}$$
$$e = (0{,}05 \ldots 0{,}4) \cdot d_{\text{Str}}$$
$$a = (1{,}1 \ldots 1{,}3) \cdot d_{\text{Str}} \quad \text{oder}$$
$$a = 1{,}2 \cdot d_{\text{Str}} + 5\,\text{mm}$$
$$T = (0{,}8 \ldots 0{,}95) \cdot d_{\text{Str}}$$
$$D_{\text{i}} = (0{,}1 \ldots 0{,}2) D_{\text{StrK}}$$
$$\delta = 7 \ldots 15^\circ \quad \beta = 4 \ldots 7^\circ \quad \gamma \approx 9^\circ$$

Hinweis: Bei gefordertem Wirkungsgradmaximum

- im Teillastbereich: Kleinere Werte
- im Volllastzustand: Größere Werte

innerhalb der aufgeführten Grenzen.

Turbinen mit wenigen profilierten Schaufeln

Axialturbinen mit wenigen Schaufeln sind
- die sehr selten angewandten Propellerturbinen
- die häufig eingesetzten KAPLAN-Turbinen
- die immer stärker an Bedeutung gewinnenden Windkonverter (Luftturbinen).

Die Flügelzahl beträgt von zwei beginnend bis etwa acht.

Wie schon bei den Axialpumpen, Abschnitt 6.2.5.1 ausgeführt, erfolgt auch das Berechnen der Axialturbinen entsprechend der Tragflügeltheorie, Abschnitt 3.3.2. Das Auslegen von profilierten Flügeln für Turbinen ist insofern einfacher als für Pumpen, weil beschleunigte Strömung vorliegt (kaum Ablösungsgefahr!) und die Minderablenkung nicht berücksichtigt werden muss. Der theoretische Stafflungswinkel $\beta'_{St} = (\beta_1 + \beta_2)/2$ ist deshalb meist nicht korrekturbedürftig.

Tabelle 6-7 Richtwerte von KAPLAN-Läufern [45]
$D_a \equiv D_{2,(a)} \ldots$ Laufrad-Außendurchmesser,
$D_N \equiv D_i \equiv D_{2,(i)} \ldots$ Nabendurchmesser,
$b_{Le} \ldots$ Leitschaufelbreite (-höhe),
$L \ldots$ Profillänge (-tiefe), $t \ldots$ Teilung.
Hinweis: $\zeta_{A,(i)} \leqq 1{,}4$

z	n_y	H_{max} in m	D_N/D_a	b_{Le}/D_a	$(L/t)_{(a)}$	$(L/t)_{(i)}$
3	0,8 ...1,5	5	0,38	0,23	≈ 1,1	≈ 1,9
4	0,6 ...0,9	25	0,43	0,20	↑	↑
5	0,5 ...0,7	40	0,46	0,20		
6	0,35...0,6	50	0,50	0,19		
7	0,25...0,5	60	0,55	0,18		
8	0,2...0,4	80...90	0,60	0,17	↓	↓
10	0,15...0,3	100	0,63	0,16	≈ 0,6	≈ 1,2

Richtwerte für die Gestaltung von KAPLAN-Laufrädern sind in Tabelle 6-7 enthalten.

Um den Umfang des als erweiterte Einführung gedachten Buches nicht zu sprengen, muss auch hier auf weitere Ausführungen verzichtet und auf die einschlägige Fachliteratur, insbesondere [24], verwiesen werden.

6.2.5.3 Dampf- und Gasturbinen

Außer bei Axialverdichtern finden Axialbeschaufelungen aus engstehenden Schaufeln (Gitter), also Kanalräder, vor allem bei Dampf- und Gasturbinen Anwendung, die ohnehin fast nur noch in Axialbauweise ausgeführt werden.

Im Prinzip gelten für Axialschaufeln die gleichen Bedingungen wie für Radialschaufeln (Abschnitt 6.1.5). Deshalb sollten beim Festlegen der Kontur von Axialschaufeln ebenfalls grundsätzlich Unstetigkeiten in der Krümmung vermieden werden, die bekanntlich Beschleunigungssprünge verursachen. Wie wichtig diese Regel ist, gegen die immer wieder verstoßen wird, lässt sich auch mithilfe der Energiegleichung begründen.

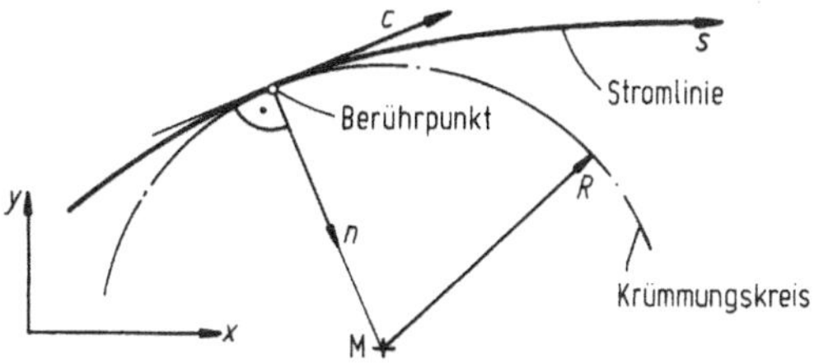

Bild 6-24 Stromlinie einer ebenen Potenzialströmung in waagrechter Ebene ($z = 0$)

Für die in Bild 6-24 dargestellte Stromlinie einer ebenen Potenzialströmung (reibungsfrei) gilt:

In Stromlinienrichtung s.

Nach der Energiegleichung in s-Richtung bei Vernachlässigen der Höhenänderung ($z = \text{konst}$):

$$p/\varrho + c^2/2 = \text{konst}$$

Gleichung nach der Normalenrichtung n bei Dichte $\varrho \approx$ const differenziert, also $\partial/\partial n$:

$$\frac{1}{\varrho} \cdot \frac{\partial p}{\partial n} + \frac{\partial}{\partial n}\left(\frac{c^2}{2}\right) = 0$$

Mit $\frac{\partial}{\partial n}\left(\frac{c^2}{2}\right) = \frac{1}{2} \cdot \frac{\partial}{\partial n}(c^2) = c \cdot \frac{\partial c}{\partial n}$ ergibt sich:

$$(1/\varrho) \cdot \partial p/\partial n = -c \cdot \partial c/\partial n \qquad (6\text{-}44)$$

In Normalenrichtung n.

Nach der EULER'schen Strömungsgleichung in Normalenrichtung n [3] bei $z = \text{konst}$:

$$(1/\varrho) \cdot \partial p + (c^2/R) \cdot \partial n = 0 \quad | : \partial n$$

$$(1/\varrho) \cdot \partial p/\partial n = -c^2/R \qquad (6\text{-}45)$$

Die Beziehungen (6-44) und (6-45) gleichgesetzt:

$$-c \cdot \partial c/\partial n = -c^2/R$$

$$\partial c/\partial n = c/R \qquad (6\text{-}46)$$

Diese Gleichung bestätigt: Plötzliche Krümmungsänderung bedingt sprungartige Geschwindigkeitsänderung. Strömt z. B. ein Fluid mit konstanter Geschwindigkeit c eine Wand entlang, die durch zwei nahtlos, d. h. in gleicher Richtung (Tangente) ineinander übergehende Kreisbögen der Radien R_1 und R_2

gebildet wird, geht der rechte Ausdruck von vorstehender Gl. (6-46) an der Übergangsstelle plötzlich von c/R_1 auf c/R_2 über. Das bedeutet, am Übergangspunkt müsste auch der partielle Differenzialquotient $\partial c/\partial n$ zugleich zwei verschiedene Werte annehmen, sich somit nach einer Sprungfunktion ändern. Das ist bei massebehafteten Medien sogar theoretisch unmöglich. Nach TRAUPEL [54] kann die Unstetigkeit nur dadurch erfüllt werden, indem bei der theoretischen Potenzialströmung an der Übergangsstelle die Geschwindigkeit null wird ($c = 0$), was eine entsprechend starke Druckänderung in unmittelbarer Nähe zur Folge hat. Mit zunehmendem Wandabstand beeinflusst die Unstetigkeitsstelle die Strömung immer weniger.

Bei der Strömung realer Fluide ändert die Grenzschicht das Strömungsbild. Die Unstetigkeitsstelle kann sich deshalb hier nicht in voller Schärfe auswirken. Das ungünstige Druckfeld wird in entsprechend abgeschwächter Form der Grenzschicht aufgeprägt, was trotzdem zu lokalen Strömungsablösungen führen kann. Ablösungsgefahr besteht insbesondere dann, wenn der Einfluss der unstetigen Wandkrümmung über die Grenzschicht hinaus in die „gesunde" Strömung hinein reicht. Geringe Krümmungssprünge, kleine Rauigkeiten und unvermeidliche Herstellungsungenauigkeiten, die in ihrer Auswirkung auf die Grenzschicht beschränkt bleiben, was meistens zutrifft, sind dagegen nicht nachteilig. Da sich jedoch keine Grenze für die Größe der unschädlichen Krümmungssprünge angeben lässt, gilt zusammenfassend das zuvor erwähnte Gestaltungsprinzip für Schaufelprofile: **Unstetige Krümmungsänderungen stets vermeiden!**

Profile von Schaufeln sollten deshalb nicht aus Geraden und Kreisbögen zusammengesetzt werden. Da sich solche Konturen jedoch leicht gestalten lassen, sind hierfür zur Information und zum ersten Einblick in die möglichen Schaufelformen Konstruktionshilfen in Abschnitt 2.5.3.2 aufgenommen. Ausgehend von einer durch Geraden und Kreisbögen gestalteten Schaufelform kann dann durch sinnvolles Abwandeln die endgültige, in stetiger Krümmung verlaufende Profilkontur gefunden werden. Das in der Praxis heute meist übliche Verfahren, von einem auf Erfahrung beruhenden freihändigen Schaufelentwurf ausgehend, über umfangreiche Hilfsrechnungen und Konturänderungen zur endgültigen Profilgestaltung zu gelangen, ist allgemeiner und ermöglicht neben strömungstechnischen Überlegungen auch, Festigkeits-, Schwingungs- und Herstellungsgesichtspunkte zu berücksichtigen. Diese Methode erfordert jedoch sehr viel Erfahrung und ist deshalb für den Anfänger kaum geeignet. Immer mehr werden jedoch moderne Finite-Elemente-Rechenverfahren [3] zur Schaufelgestaltung eingesetzt.

Besonders wichtig ist bei Schaufeln die Formgebung der Profilnase, die unempfindlich sein soll gegen Änderung der Zuströmrichtung, und zwar selbst bei Beschauflungen, die stets im Auslegungszustand arbeiten. Dies deshalb, da in den Randzonen der Fluidstrahlen die Strömungsgeschwindigkeit nach Größe und Richtung meist wesentlich von den Rechenwerten abweicht. Die Randverluste sind daher umso kleiner, je unempfindlicher die Schaufelprofile gegen Änderungen der Anströmrichtung sind. Wichtig ist jedoch, dass mit Vergrößern des Abrundungsradius an der Druckkante (Einströmkante) gleichzeitig der Abstand (Spaltweite) zwischen Leit- und Laufrad vergrößert werden muss. Andernfalls würden durch die Aufstauungen des dicken Schaufelkopfes Rückwirkungen auf die Strömung im jeweils vorhergehenden Schaufelkranz auftreten. Zusätzliche Verluste wären die Folge. Als Weiteres sind Schaufeln mit dickem Kopf empfindlicher gegen hohe MACH-Zahlen ($Ma > 1$, Überschall) der Anströmung, weil der dann auftretende „abgelöste" Verdichtungsstoß sich verstärkt. Der günstige Einfluss des dicken Schaufelkopfes gilt deshalb nur für das Unterschallgebiet ($Ma < 1$).

Selbst bei Anströmgeschwindigkeiten in Schallnähe ($Ma \approx 1$), sog. **transsonische Strömungen**, die bei Gleichdruckbeschauflungen (Hakenschaufeln) häufig sind, empfiehlt es sich deshalb, spitze statt abgerundete Profile einzusetzen.

TRAUPEL [54] vergleicht sechs Axialschaufel-Gitter (Bild 6-25). Jeweils zwei sind für gleiche Winkelbedingungen ausgelegt, das links dargestellte ist ungünstig, das rechte günstig. Im Einzelnen bemerkt TRAUPEL zu den Gittern in Bild 6-25:

Profil a: Klassisches Gleichdruckturbinengitter für große Umlenkung. Aus Geraden und Kreisbögen zusammengesetzt. Ungünstig, da starke Unstetigkeit in der Krümmung. Ablösungsgefahr am Auslauf der Saugkante, d. h. auf der Schaufelrückseite im Bereich der Abströmung. Schaufeleintritt ausgesprochen schlecht.

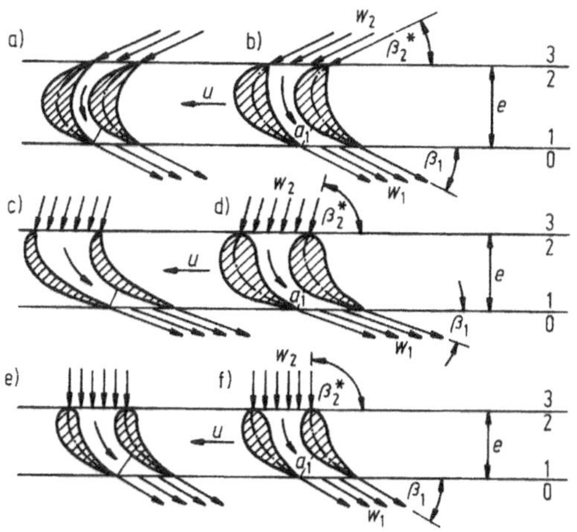

Bild 6-25 Profilformen für Dampf- und Gasturbinen-Schaufeln ($\beta_2 = 180° - \beta_2^*$). Linke Bildhälfte ungünstige Ausführungen, rechte günstige.
a), b) Gleichdruck-DT; c), d) Überdruck-DT; e), f) GT

Profil b: Für die gleichen Bedingungen entworfen wie Profil a, jedoch mit stetigem Krümmungsverlauf. Keine Ablösungsgefahr infolge guten Auslaufs der Saugseite. Günstige Nasenform, da in weitem Zuströmwinkel-Bereich der Einströmung an beiden Profilseiten Beschleunigung des Fluidstromes.

An der relativ spitzen Nase verschiebt sich der Staupunkt bei unterschiedlichen Zuströmrichtungen nur wenig. Die Verluste, infolge vom Auslegungspunkt abweichender Zuströmrichtung, sind deshalb gering.

Profil c: Klassische Überdruckbeschauflung. Gitter für steilen Eintritt und relativ flachen Austritt, also geringe Umlenkung. Dank starker Beschleunigung des Fluidstromes Gitter günstig, jedoch nicht optimal, weil Profil zu dünn. Daher weder mit spitzer Nase, wie dargestellt, noch mit abgerundeter Unempfindlichkeit gegenüber Richtungsänderung der Anströmung erreichbar.

Profil d: Für gleiche Bedingungen entworfen wie Profil c, jedoch günstiger, weil dicker, sodass mit stark gerundeter Nase kräftige Querschnittsverengung (Beschleunigung) und sanfter Krümmungsübergang verwirklicht. Dadurch unempfindlich gegen Ändern der Zuströmrichtung.

Profil e: Etwa senkrechter Eintritt und verhältnismäßig steiler Austritt. Meist verwendet bei Gasturbinen. Gerundete Nase ungünstig, da Rundung nicht genügend groß ausführbar, weil sonst restlicher Teil des Kanales divergent würde. Daher ungünstigerer Krümmungsverlauf des Profils. Ablösungsgefahr schon im Auslegungspunkt und verstärkt bei geänderter Zuströmrichtung.

Profil f: Bedingungen wie bei Profil e, jedoch spitzere Nase, was hier besser ist, da sanfter Übergang der Krümmungen, sodass selbst bei abweichendem Zuströmwinkel im Einlaufbereich der Schaufelkanäle überall Fluid-Beschleunigung. Übergeschwindigkeiten und anschließende Verzögerungen nur ganz lokal im Bereich um die Eintrittskante der Schaufeln.

Moderne Beschaufelungen (Le und La) sind dreidimensional und letztlich nur computergestützt berechenbar (CFD) sowie gestaltbar (CAD) als auch herstellbar (CAM) durch Mehrachsen-Bearbeitung. Das erfordert spezielle umfangreiche Software, Hochleistungsrechner und Spezialbearbeitungsanlagen (computergesteuerte Fräs- und Schleifmaschinen).

Zu CFD Hinweis auf [3], Spezialschrifttum und im digitalen Zusatzmaterial bei FÖTTINGER Aggregate, prinzipielle Ausführungen und Berechnung solcher Strömungs-Aggregate. Bei CFD wird meist die Finite-Volumen-Methode (FVM) angewendet, da diese hier genauer ist als die übrigen finiten Verfahren.

Schaufel-Werkstoffe sind je nach Temperaturniveau hochwarmfeste Legierungen aus Ni, Cr, Ti und zudem mit Keramik dünn beschichtet sowie gekühlt bei Gasturbinen. Bei diesen liegt die anfängliche Gastemperatur von bis ca. 1500 °C dann über dem Schmelzpunkt der hochwarmfesten Nickelbasis-Legierungen von etwa 1200 °C, was ohne intensive Kühlung der betroffenen Schaufeln nicht verwirklicht werden kann, da diese auch noch Kräfte (Flieh- und Umfangskraft) aufnehmen müssen.

Richtwerte für die Schaufelgestaltung

Axiale *Schaufelerstreckung* e bei Dickkopf-Profilen:

$$e = (0{,}9 \ldots 0{,}95) \cdot t_M$$

Mit $t_M = \bar{t} = t$ ... mittlere Schaufelteilung (Mittenteilung).

Hinweis: Werte, die sich auf Mittenschnitte beziehen, erhalten fast nie einen Index. Werte ohne Indizes oder mit oberem Querstrich sind somit Mittenwerte der Beschaufelung.

Schaufellängenverhältnis b/D (Mindestwerte):

Gleichdruck $b/D \geqq (0{,}015) \ldots 0{,}02$

Überdruck $b/D \geqq (0{,}03) \ldots 0{,}5$

Wenn höchste Wirkungsgrade gefordert werden, ist $b/D \geqq 0{,}1$ anzustreben. Zudem sollte dabei möglichst $b \geqq 10\,\text{mm}$ ausgeführt werden.

Grenzwerte $b/D \leqq 0{,}4$; meist $b/D = 0{,}25 \ldots 0{,}35$

Schaufelverwindung: Ab $b/D > 0{,}14 \ldots 0{,}16$ müssen die Schaufeln zum Anpassen der Profilkontur an die mit zunehmendem Drehradius wachsende Umfangsgeschwindigkeit $u = r \cdot \omega$ verwunden werden. Es ergeben sich dann komplizierte, räumlich gekrümmte Schaufel-Konturen. Nicht zuletzt deshalb bildet das Entwickeln und Herstellen der Endstufen-Schaufeln ein Hauptproblem des modernen Dampfturbinenbaues.

Schaufelskelettlinie: Meistens ist es zweckmäßig, die Profilmittellinie als Kreisbogen auszuführen. Der zugehörige Krümmungsradius ergibt sich dazu aus Gl. (2-109).

Zweckmäßige Auslegungsdaten für den Optimalpunkt von Laufrad-Beschauflungen:

Gleichdruckstufe (Kammer- oder ZOELLY-Turbine):

$Lz = u/c_2 = 0{,}4 \ldots 0{,}48\,(\ldots 0{,}57)$

$c_{1\text{m}} = (0{,}75 \ldots 1{,}0) \cdot c_{2\text{m}}$

$c_{1\text{m}} = (0{,}75 \ldots 1{,}0) \cdot c_2 \cdot \sin \alpha_2$

$\alpha_2 = 12 \ldots 18°\,(\ldots 30°)$

$\beta_1 = (1{,}4 \ldots 1{,}6) \cdot \alpha_2 = 15 \ldots 28°(\ldots 48°)$

$r = 0{,}5 \ldots 0{,}15\,(\ldots 0{,}3)$

$a_1/t \approx 0{,}2 \ldots 0{,}3$

Überdruckstufe (Trommel- oder PARSONS-Turbine):

$Lz = u/c_2 = u/w_1 = 0{,}65 \ldots 0{,}95$

$\alpha_2 = \beta_1 = 16 \ldots 30°\,(\ldots 45°)$

$r = 0{,}5$

$a_1/t \approx 0{,}1 \ldots 0{,}3$

Spaltweite Laufschaufeln/Gehäuse und Leitschaufeln/Trommel:

$s_{\text{Sp}} = (1 \ldots 2) \cdot 10^{-3} \cdot D$

CURTIS-Stufe (zwei Laufkränze → 2*C*-Rad):

Lauf-Kranz I: $\alpha_{2,\text{I}} = 12 \ldots 16°\,(\ldots 19°)$
$\beta_{1,\text{I}} = 20 \ldots 25°$
Umlenk-Kranz: $\alpha_1 = 29 \ldots 32°$
Lauf-Kranz II: $\beta_{1,\text{II}} = 38 \ldots 45°$

$Lz = u/c_{2,\text{I}} = 0{,}22 \ldots 0{,}28$

$c_{2,\text{II}} \approx c_{1,\text{I}}$

$c_{1\text{m,II}} \approx (0{,}5 \ldots 0{,}6) \cdot c_{2\text{m,I}}$

$w_{1,\text{I}} \approx w_{2,\text{I}}; \quad w_{1,\text{II}} \approx w_{2,\text{II}}$

Bemerkung: Auch bei Axiallaufrädern bewirkt die durch Raddrehung verursachte Fliehkraft, dass

- die Grenzschicht abgeschleudert wird
- die Hauptströmungsrichtung nicht axial, sondern leicht schräg-auswärts (diagonal) verläuft.

Hinweis: Zugehörige Übungsbeispiele Ü21 bis Ü23 und Ü4 bis Ü7 beim digitalen Zusatzmaterial.

7 Leitvorrichtungen

7.1 Grundsätzliches

Strömungsmaschinen besitzen, wie in Abschnitt 1.5.2 erwähnt, neben Laufrädern als weitere wichtige Hauptteile meist noch ruhende Schaufelsysteme, die sog. **Leitvorrichtungen**, in denen allerdings keine Energie übertragen, sondern nur umgewandelt wird. Einstufige Turbomaschinen können je nach Anwendung mit oder ohne spezielles Leitrad (beschaufelt) ausgeführt werden. Mehrstufige Maschinen dagegen benötigen stets Leiträder, die aus Gesamtsystemen bestehen und jeweils zwischen zwei aufeinander folgenden Laufrädern angeordnet sind.

Vom Verwendungszweck abhängig können die Leitvorrichtungen ausgebildet sein als

- *einzelne Düsen* (PELTON- und LAVAL-Turbinen)
- beschaufelte Leiträder, kurz *Leiträder*
  verstellbar (meist bei Turbinen)
  nicht verstellbar (meist bei Pumpen)
- schaufellose Ringräume, kurz *Leitringe*
- *Spiralgehäuse*

Hinzu kommen

- bei mehrstufigen Turbomaschinen
  Umlenkräume und *Rückführschaufeln* (Pumpen)
  Umlenkschaufeln (Gleichdruck-Dampfturbinen)
- bei Überdruck-Wasserturbinen das sog. *Saugrohr*; auch bei Dampf- und Gasturbinen.

Die Leitvorrichtung befindet sich in der Regel an der Druckseite des Laufrades. Sie soll die Strömung in der richtigen Richtung und im Sinne der beabsichtigten Energieumformung (Druck $\leftrightarrows$ Geschwindigkeit) leiten, d. h. bei

- Pumpen vom Laufrad unter Drucksteigerung (Diffusor!) stoßfrei abführen
- Turbinen dem Laufrad unter Geschwindigkeitssteigerung (Düse!) stoßfrei zuführen.

In Sonderfällen – sehr selten bei Axialpumpen und gelegentlich bei Kreiselverdichtern – ist die Leitvorrichtung auf der Saugseite des Laufrades angeordnet. Obwohl bei Pumpen solche **Zustromleiträder** grundsätzlich möglich sind, werden sie infolge der damit verbundenen zusätzlichen Nachteile durch Übergeschwindigkeit – erhöhte Gefahr von Kavitation bei Kreiselpumpen bzw. Überschall bei Kreiselverdichtern – als einzige Leitvorrichtung kaum verwendet. Manchmal dienen Saugseitenleiträder als Zusatzleiteinrichtung zur Regelung.

Das bei Überdruckwasserturbinen stets eingesetzte **Saugrohr**, welches den Energieumsatz beeinflusst und deshalb zur Maschine gehörend gilt, könnte ebenfalls als Zusatz-Saugseitenleitvorrichtung betrachtet werden; auch bei Dampf- und Gasturbinen.

Da die Pumpenleitvorrichtungen als Diffusor wirken, besteht bei ihnen – im Gegensatz zu den Turbinenleiträdern – erhöhte Strömungsablösungs- und damit Verlustgefahr. Zudem werden die Grenzschichtanhäufungen infolge fehlender Fliehkraftwirkung, wie bei Laufrädern der Fall, nicht abgeschleudert. Leiträder von Pumpen sind daher wesentlich problematischer als von Turbinen. Sie müssen deshalb sorgfältiger ausgelegt, gestaltet und ausgeführt werden. Auch begründet sich damit, weshalb hohe Wirkungsgrade bei Pumpen schwerer zu erreichen sind als bei Turbinen.

Wegen der höheren Verlustgefahr in den Pumpenleitkanälen wird versucht, den Großteil des Druckaufbaues in die Laufkanäle zu verlegen. Pumpen arbeiten daher meist mit großem Reaktionsgrad ($r > 0{,}5$).

Der Devise des Buches getreu, den Schwerpunkt auf die häufiger vorkommenden Arbeitsmaschinen zu legen, und weil die Leitvorrichtungen von Pumpen schwieriger zu gestalten sind, werden Pumpen-Druckseitenleiträder bevorzugt dargestellt.

Die strenge Trennung zwischen Pumpen und Turbinen erweist sich auch bei den Leitvorrichtungen als nicht sinnvoll. So ist z. B. in Spiralgehäusen die Strömungsrichtung bei Pumpen (KP, KV) und Turbinen (Überdruck-Wasserturbinen) entgegengesetzt, die Berechnung geschieht jedoch auf gleiche Weise. Deshalb erfolgen an zweckmäßig erscheinenden Stellen im folgenden ausführlichen Abschnitt „Pumpenleitvorrichtungen" immer wieder Hinweise für Turbinen-Leiträder.

7.2 Pumpenleitvorrichtungen

Vorbemerkungen: Entsprechend den vorhergehenden Ausführungen haben die Leitvorrichtungen der Pumpen die Aufgabe, das Fluid in der vom Laufrad ankommenden Strömungsrichtung aufzunehmen und dessen kinetische Energie nach Gl. (3-1)

$$Y_{\text{kin,th}} = (c_3^2 - c_{\text{ab}}^2)/2 \tag{7-1}$$

in potenzielle Energie, also Druck, umzusetzen. Dabei bedeuten bei:

- einstufigen Pumpen: $c_{ab} = c_D$ … Druckstutzen-Austrittsgeschwindigkeit
- mehrstufigen Pumpen: $c_{ab} = c_{SM}$ … Saugmundgeschwindigkeit der folgenden Stufe.

7.2.1 Radialmaschinen

7.2.1.1 Einführung

Je nach den vorliegenden Verhältnissen (Druck, Volumenstrom) und dem geforderten Wirkungsgrad erfolgt die Auswahl der Leitvorrichtungen (einzeln oder in Kombination):

- Einstufige Pumpen (Bild 7-1a)
  Einfache Ausführung (Normalausführung): Nur Spiralgehäuse
  Mittlere Ausführung: Leitring und Spirale
  Aufwendige Ausführung: Leitrad und Spiralgehäuse (meist) oder Leitring und Leitrad sowie Spiralgehäuse (selten).
- Mehrstufige Pumpen (Bild 7-1b)
  Zwischen den Stufen-Laufrädern:
  Einfache Ausführung: Leitring, Umlenkraum (unbeschaufelt), Rückführschaufeln.
  Mittlere Ausführung: Leitrad, Umlenkraum, Rückführschaufeln, zusammengefasst als unterbrochener Diffusor bezeichnet.
  Aufwendige Ausführung: Leitring (kann auch wegbleiben) und durchgehender beschaufelter Diffusor, d. h. Leit- und Rückführschaufeln über den Umlenkraum (nun ebenfalls beschaufelt) hinweg zusammenhängend.
  Letzte Stufe: Leiteinrichtung wie bei einstufigen Maschinen. Auswahl in Übereinstimmung mit den vorhergehenden Stufen. Bei abgestimmter Gestaltung des Leitrades kann das Spiralgehäuse jedoch entfallen und durch einen einfachen rotationssymmetrischen Ringraum, den sog. **Sammler**, ersetzt werden.

Unter günstigen Voraussetzungen sind mit Spiralgehäusen bessere Wirkungsgrade erreichbar als mit kombinierten, beschaufelten Leiteinrichtungen, jeweils bestehend aus Leitrad, Umlenkraum und Rückführschaufeln. Deshalb werden verschiedentlich auch mehrstufige Pumpen (KP, KV) nur mit einem Spiralgehäuse an jeder Stufe ausgerüstet. Das erfordert jedoch entsprechenden baulichen Aufwand bezüglich der separaten Umführungsleitungen, welche die einzelnen Stufen vom Spiralgehäuseaustritt der vorhergehenden zum Laufradeintritt der jeweils folgenden Stufe verbinden.

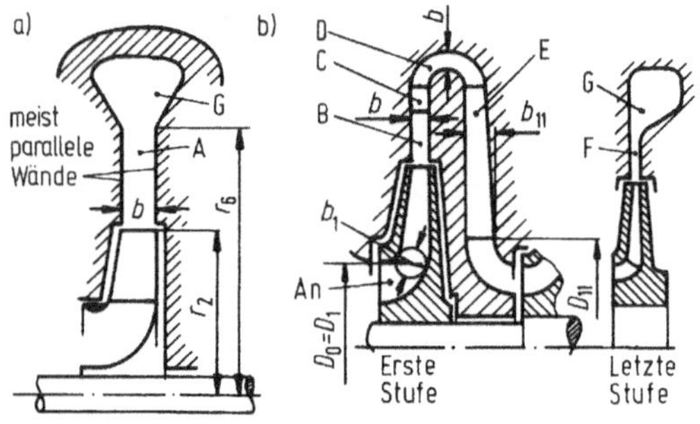

Bild 7-1 Pumpenleitvorrichtungen (Meridianschnitte).
a) Einstufige Pumpe, A … Leitring oder Leitrad, G … Spiralgehäuse.
b) Mehrstufige Pumpen (hier KV), An … Ansaugringraum, B … Leitring, C … Leitrad, D … Umlenkraum (beschaufelt oder nichtbeschaufelt), E … Rückführraum (beschaufelt), F … Leitring oder Leitrad, G … Spirale

Tabelle 7-1 Anwendungsbereiche der verschiedenen Leitvorrichtungen, abhängig von Absolutströmungswinkel α_3 kurz außerhalb der Laufraddruckkante (Bilder 3-5; 4-2). Unterere Grenzwerte-Bereiche eingeklammert.

Verwendungsbereiche	Fluid	
Leitvorrichtung	Flüssigkeit	Gas
Leitrad (beschaufelt)	$\alpha_3 \leqq 10 \ldots 15°$ ($\alpha_3 = 5 \ldots 10°$)	$\alpha_3 \leqq 20°$ ($\alpha_3 = 9 \ldots 20°$)
Leitring (schaufellos)	$\alpha_3 \geqq 10 \ldots 15°$	$\alpha_3 \geqq 20°$
Spiralgehäuse	$\alpha_3 \geqq 10 \ldots 15°$	$\alpha_3 \geqq 20°$

Wie ausgeführt, beeinflusst die Leitvorrichtung in hohem Maße den Wirkungsgrad der Pumpe. Beste Wirkungsgrade sind nur dann zu erwarten, wenn sich die Leitvorrichtung eignet, die kinetische Austrittsenergie des Laufrades weitestgehend in Druckenergie umzuwandeln. Die Anwendungsbereiche der verschiedenen Leitvorrichtungsarten werden deshalb durch den Wirkungsgrad bestimmt. Die Verluste nehmen zu, wenn der Strömungsweg wächst. Je flacher die Strömung gegenüber dem Umfang aus dem Laufrad ausströmt, d. h. umso kleiner der Winkel α_3 ist, desto mehr Umkreisungen führt der Fluidstrom im Leitkanal bis zum Austritt aus, sofern er nicht durch Schaufeln gehindert wird. Der lange Reibungsweg verschlechtert entsprechend den Wirkungsgrad. Bei kleinen Absolutströmungswinkeln α_3 sind daher beschaufelte Leitvorrichtungen (Leitrad) notwendig.

Insgesamt begründet sich hierdurch auch, weshalb Winkel α_3 des Fluidstromes die Anwendungsgebiete der verschiedenen Leitvorrichtungen (in Tabelle 7-1 aufgeführt) festlegt. Bei Pumpen liegt Winkel α_3 in der Regel zwischen 6 und 17° (Gl. (2-92)).

In Tabelle 7-1 ist noch zu bemerken: Soll ein Spiralgehäuse (oder Leitring) eingesetzt werden, obwohl Winkel α_3 unterhalb der angegebenen Grenze von ungefähr

$\alpha_3 \leqq 10\ldots15°$ bei Flüssigkeitsströmung
$\alpha_3 \leqq 20°$ bei Gasströmung

liegt, ist ein Leitrad vorzuschalten, d. h. vor der Spirale anzuordnen, wenn guter Wirkungsgrad erreicht werden soll und die Pumpe (KP, KV) häufig im optimalen Bereich arbeitet.

7.2.1.2 Ringspalt, Leitkanaleintrittsbreite

Laufraddruckkante: Zum Auslegen der Leitvorrichtung muss die Strömung außerhalb der Laufraddruckkante (Stelle 3) bekannt sein, um damit den Strömungsverlauf im Ringspalt zwischen Lauf- und Leitrad festlegen zu können.

Der Strömungszustand an der Laufraddruckkante geht aus Bild 2-13 hervor. Es gelten nach:

Gl. (3-28) $c_{3u} = k_M \cdot c_{2u}$

Gl. (2-88) $c_{3m} = \frac{\dot{V}_{La}}{A_{3m}} = \frac{\dot{V}_{La}}{D_2 \cdot \pi \cdot b_2} = \frac{c_{2m}}{\tau_2}$

Gl. (2-92) $\tan \alpha_3 = c_{3m}/c_{3u} = \tan \alpha_2/(\tau_2 \cdot k_M)$

Im Ringspalt zwischen Laufrad und Gehäuse (Leitvorrichtung) fließt der durch den Liefergrad λ_L (Gl. (4-91) bzw. (8-117)) berücksichtigte Spaltverluststrom $\dot{V}_{Sp}$ seitlich (axial) ab, umströmt das Laufrad und geht durch die Saugseitenspalte sowie Gehäusedichtung verloren. Deshalb ist der im Leitvorrichtungsbereich strömende Fluidstrom bei:

- Pumpen um die Spaltverluste kleiner,
  $\dot{V}_{Le} \equiv \dot{V} = \dot{V}_{La} \cdot \lambda_L$
- Turbinen um die Spaltverluste größer,
  $\dot{V}_{Le} \equiv \dot{V} = \dot{V}_{La}/\lambda_L$

Da die Spaltverluste je Maschinenstufe üblicherweise unter 10 % ($\lambda_L > 90\,\%$), meist sogar unter 5 % ($\lambda_L \geqq 95\,\%$) liegen und größtenteils auf das Laufrad entfallen (Saugkantenspalt), werden sie beim Auslegen der Leitvorrichtungen in der Regel nicht berücksichtigt. Die so berechneten Leitvorrichtungen sind dann bei Pumpen etwas zu weit und bei Turbinen geringfügig zu eng. Das beeinflusst erfahrungsgemäß den Wirkungsgrad der Maschine kaum, da nur die zur Umfangskomponente c_u vergleichsweise kleine Meridiankomponente $c_m' = c_m \cdot \lambda_L^{\pm 1}$ der Fluidgeschwindigkeit wenig beeinträchtigt wird. Die Umfangskomponente c_u ist durch den Drallsatz festgelegt. Des Weiteren wird die Auswirkung der Spaltverluste durch teilweises Nichtberücksichtigen der Reibung (vor allem bei Spiralgehäusen) größtenteils kompensiert. Hieraus folgt außerdem, dass es beim Nutzen der Geschwindigkeit c_3, das bedeutet bei Pumpen Umsetzen in Druck, hauptsächlich auf das Verwerten der Umfangskomponenten c_u ankommt. Da die Quadrate der Geschwindigkeitskomponenten die umsetzbare kinetische Energie bestimmen, ist der Anteil der Meridiankomponenten c_m gering gegenüber dem der Umfangskomponenten c_u.

Ringspalt: Um den Strömungsweg und damit die Fluidreibung im Ringspalt gering zu halten, was ebenfalls den Wirkungsgrad beeinflusst, wird die radiale Spaltweite, die sog. **Ringspaltweite** $s_{Sp,3-4'}$ (Bild 7-2), so klein, wie fertigungs- und betriebstechnisch zulässig, ausgeführt.

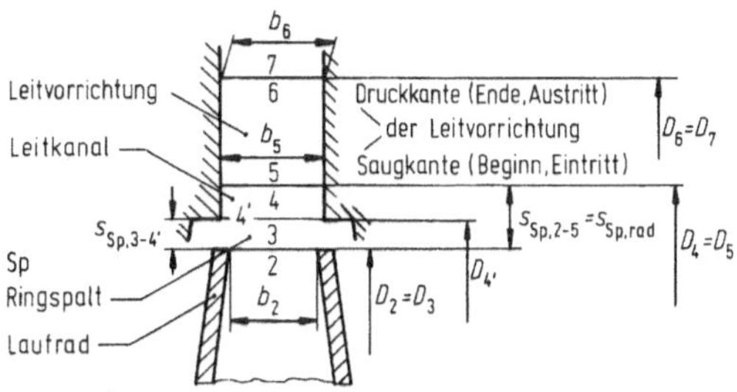

Bild 7-2 Ringspalt, d. h. Übergang Laufrad-Gehäuse (Leitvorrichtung). Ringspaltweite $s_{Sp,3-4'} = (D_{4'} - D_3)/2$. Bereich 4'–4 Leitkanal, wenn $(D_4 - D_{4'})/2$ gering, andernfalls Leitring.

Flüssigkeitsströmung (KP, WT):

- Sauberes, kaltes Wasser:
  $s_{Sp,3-4'} \approx 0{,}5\ldots2(\ldots3)$ mm
- Heiße Flüssigkeit: $s_{Sp,3-4'}$, etwas größer. Mindestens so groß, dass das Laufrad am Gehäuse trotz unterschiedlicher Ausdehnung nicht streift.
- Verschmutztes Wasser: $s_{Sp,3-4'}$ so groß, dass sich die mitgerissenen Fremdkörper (Sand, Kiesel, Holz usw.) im Spalt nicht verklemmen können. Mindestabstand z. B. bei Wasserturbinen $s_{Sp,3-4'} \geqq 20$ mm.

Gasströmung (KV, DT, GT):

Spaltenweite nur so groß, dass auch bei Wärmedehnung und Durchbiegen sowie Schwingen der Welle ein Anstreifen auf jeden Fall verhindert wird.

Der radiale Abstand $s_{Sp,2-5} = (D_5 - D_2)/2$, also zwischen Laufraddruckkante und Beginn der Leitvorrichtung (Leitschaufeln), ist teilweise durch andere Gesichtspunkte, vor allem der Geräuschbildung, bestimmt.

Meist wird die Leitvorrichtung jedoch so gestaltet, dass sie direkt am äußeren Spaltende (Gehäuse) beginnt, also Stelle 4 (Leitvorrichtungseintritt) mit Stelle 4′ (Leitkanaleintritt) zusammenfällt und deshalb $s_{Sp,2-5} = s_{Sp,3-4'}$ ausgeführt wird. Hierbei ist dann zu beachten, dass der radiale Abstand zwischen Laufrad und Leitvorrichtung, die Spaltweite, bei beschaufelten Leiträdern von Kreiselverdichtern (Abschnitt 7.2.1.3) und Spiralgehäusen (Abschnitt 7.2.1.5) abweichend von den zuvor für $s_{Sp,3-4'}$ angegebenen Zahlenwerten ausgeführt werden muss.

Leitkanaleintrittsbreite: Die Eintrittsbreite $b_{4'} = b_4 = b_5$ des Leitkanals muss zum:

- Vermeiden des verlustreichen Kantenstoßes (Wirbelbildung) bei axialer Verschiebung infolge Lagerspiel, Herstellungs- oder Montageungenauigkeiten sowie ungleicher Wärmedehnung von Laufrad/Welle und Gehäuse
- Ausgleich von Kontraktionseffekten und Grenzschichteinflüssen

etwas größer ausgeführt werden als die Laufraddruckkantenbreite b_2.

Für alle Leitvorrichtungsarten (Leitrad, Leitring, Spiralgehäuse) wird allgemein empfohlen:

$$b_5 \geqq b_2 + (1 \ldots 2\,\text{mm}) \tag{7-2}$$

oder:

$$b_5 = (1{,}02 \ldots 1{,}05 \ldots 1{,}1) \cdot b_2 \tag{7-3}$$

Mindestzuschlag jedoch 1 mm.

Speziell bei Spiralgehäusen (Bild 7-9):

$$b_{Spir} \leqq (1{,}1 \ldots 1{,}3 \ldots 1{,}5) \cdot b_2 \tag{7-4}$$

In Sonderfällen bis $b_{Spir} \leqq (1{,}6 \ldots 2) \cdot b_2$.

Allgemein gilt: Der Breitenzuschlag kann, insbesondere bei Spiralgehäusen, großzügig ausfallen. Grund: Der durch die plötzliche Querschnittsänderung verursachte CARNOT-Stoßverlust [3] bezieht sich nur auf die relativ kleine Meridiangeschwindigkeit c_m der Fluidströmung und ist deshalb gering.

Wie KRISAM [1] nachwies, ist zu beachten, dass die Art der Leitvorrichtung die Wirkungsweise des Laufrades, d. h. die Förderhöhe bei Pumpen, beeinflusst, weil ein kräftiger Impulsaustausch zwischen beiden Organen stattfindet.

Bei Leitrad und Leitring wird der Leitkanal, d. h. deren seitliche Begrenzung, meist parallelwandig ausgeführt, also in gleich bleibender Breite $b_{4'} = b_5 = b_6$. Dadurch lässt sich bei Pumpen zu starke Querschnitts-Erweiterung (Ablösungsgefahr) im Leitkanal vermeiden.

7.2.1.3 Leitrad (beschaufelt)

Vorbemerkung: Wie aus Tabelle 7-1 hervorgeht, muss ein beschaufeltes Leitrad (Bilder 7-4; 7-5) angeordnet werden, wenn der gegen die Umfangsrichtung gemessene Absolutströmungswinkel α_3 (kurz außerhalb des Laufrades) etwa weniger als 15 bis 12° beträgt. Des Weiteren wurde in den Abschnitten 2.1.2 und 6.1.2 begründet, dass die Fluidbahnen außerhalb des Laufrades, die Absolutstrombahnen, auf logarithmischen Spiralen verlaufen, wenn keine Beeinflussung (Schaufeln, Reibung) erfolgt. Bei Pumpen wird das Leitrad auch als beschaufelter Plattendiffusor bezeichnet.

Ringspalt: Die Ringspaltweite $s_{Sp,2-5}$ (Bild 7-2) wird bei Flüssigkeits- und Gasströmung verschieden ausgeführt.

Flüssigkeitsströmung (KP, WT): Meist $s_{Sp,2-5} = s_{Sp,3-4'}$. Die Leitradsaugkante (Stelle 4; 5) fällt mit dem Leitkanalanfang (Stelle 4') zusammen. Die Spaltweite wird dann möglichst klein entsprechend den Angaben von Abschnitt 7.2.1.2 bemessen.

Gasströmung (KV): Hier darf die Ringspaltbreite nicht zu klein gehalten werden, da sich sonst infolge Wirbel starker Lärm entwickelt (heulendes oder pfeifendes Geräusch). Damit sich die Strömungsungleichmäßigkeiten bis zum Eintritt ins Leitrad ganz oder wenigstens teilweise ausgleichen können, sind nach ECKERT [41] folgende radialen Spaltweiten angebracht:

Stationäre KV $s_{Sp,2-5} = (1/10 \ldots 1/15) \cdot D_2$
Nichtstationäre KV $s_{Sp,2-5} = (1/15 \ldots 1/30) \cdot D_2$

Bemerkung: Bei stationären, d. h. ortsgebundenen Verdichtern ist die Lärmverminderung meist wichtiger als die Raum- und Masseneinsparung.

Leitkanalbreite: Der Leitkanal (Bild 7-2) sollte möglichst in gleich bleibender Breite, d. h. parallel-

[1] KRISAM, F.: Z. VDI 95 (1953) Nr. 11/12.

wandig ausgeführt werden, also $b_{4'} = b_5 = b_6 = b =$ konst. Grund: Die notwendige und zulässige Querschnittsänderung lässt sich ohne Schwierigkeiten in Umfangsrichtung unterbringen. Oftmals muss die Dicke der Leitschaufeln in radialer Richtung sogar wachsen, damit die Querschnittszunahme nicht zu groß wird. Eine Vergrößerung der Leitkanalweite in radialer Richtung würde bei Pumpen die Strömungsablösungsgefahr infolge zu starker Querschnittszunahme erhöhen und wäre deshalb schädlich, was sich experimentell bestätigt.

Die Leitkanalbreite wird entsprechend den Angaben in Abschnitt 7.2.1.2 ausgeführt.

Zuströmwinkel (Stelle 4, Bild 7-2): Zwischen den Stellen 3, kurz nach der Laufraddruckkante, und 4, direkt vor der Leitschaufelsaugkante, besteht ein kurzer Radialringraum. Hierfür gilt bei realem Fluid der erweiterte Flächensatz. Nach Gl. (2-10), Abschnitt 2.1.2.3, mit $\varrho \approx$ konst (auch meist bei KV) ergibt sich:

$$b_4 \cdot \tan \alpha_4 - b_3 \cdot \tan \alpha_3 = (r_4 - r_3) \cdot \lambda / 4$$

Hieraus mit $b_4 = b_5$, $b_3 = b_2$, $r_3 = r_2$ und $r_4 = r_5$:

$$\tan \alpha_4 = (b_2/b_5) \cdot \tan \alpha_3 + (r_5 - r_2) \cdot \lambda / (4 \cdot b_5) \quad (7\text{-}5)$$

Hierbei ist, wie in Abschnitt 2.1.2.3 erwähnt, die Widerstandszahl λ für die verzögerte Leitradströmung (Diffusoren) verhältnismäßig groß und beträgt etwa $\boldsymbol{\lambda \approx 0{,}04}$.

Bei **Kreiselpumpen** ist in der Regel der Zwischenraum (Spalt) zwischen Lauf- und Leitrad klein, weshalb $D_5 \approx D_2$ bzw. $r_5 \approx r_2$. Damit vereinfacht sich Gl. (7-5) zu:

$$\tan \alpha_4 = c_{4\mathrm{m}} / c_{4\mathrm{u}} \approx (b_2/b_5) \cdot \tan \alpha_3 \quad (7\text{-}6)$$

Eintrittswinkel (Stelle 5 in Bild 7-2): Wie beim Laufrad verengt sich der Strömungsquerschnitt beim Eintritt in die Leitkanäle durch die endliche Dicke s_5 der Leitschaufeln. Entsprechend Gl. (2-80) zusammen mit Gl. (2-59) und $c_{5\mathrm{u}} = c_{4\mathrm{u}}$:

$$c_{5\mathrm{m,th}} = c_{4\mathrm{m}} \cdot \tau_5 \quad (7\text{-}7)$$

$$\tan \alpha_{5,\mathrm{th}} = c_{5\mathrm{m,th}} / c_{5\mathrm{u}} = \tau_5 \cdot \tan \alpha_4 \quad (7\text{-}8)$$

Mit dem Leitschaufelverengungsbeiwert an der Eintrittskante entsprechend Gl. (2-59):

$$\tau_5 = t_5 / (t_5 - \sigma_5) \quad (7\text{-}9)$$

Weiteres Verkleinern des nutzbaren Durchtrittsquerschnittes wird durch die auftretende Sekundärströmung, die sog. **Austauschströmung** (Bild 7-3), verursacht. Infolge verschieden starker Reibungswirkung sind die aus dem Laufrad austretenden Fluidteilchen mit unterschiedlicher kinetischer Energie beladen. Insbesondere in der Randschicht (Grenzschicht) werden die Fluidteilchen durch die starke Reibung der Seitenwände erheblich abgebremst. Wegen der geringeren kinetischen Energie kann die Randschicht schlechter gegen den steigenden Druck anlaufen als das Fluid in der Kanalmitte. Dadurch verstärkt sich die Grenzschicht. Zudem kommt es an beiden Seitenwänden zum Rückströmen der Randschichten aus dem Leitrad ins Laufrad (Bild 7-3). Dabei nimmt die Austauschstrombreite mit abnehmendem Volumendurchsatz zu, bis sie bei Nullförderung ($\dot{V} = 0$) schließlich den ganzen Strömungsquerschnitt ausfüllt. Jedoch auch bei normalem Durchsatz findet ein gewisses, wenn auch geringes Rückströmen statt, wodurch sich der Durchtrittsquerschnitt etwas einengt.

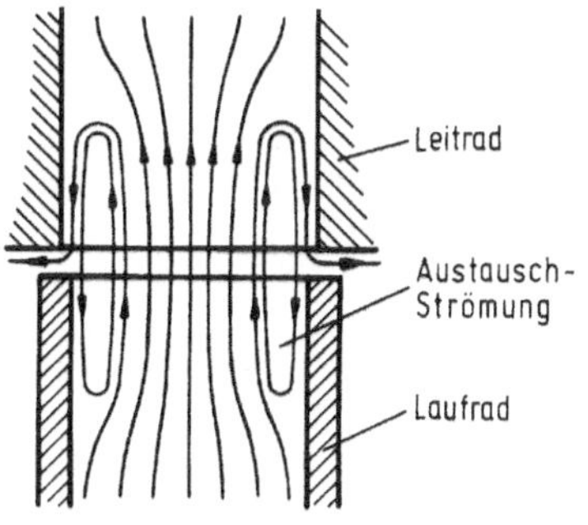

Bild 7-3 Austauschströmung. Rückströmen der Grenzschicht vom Leitrad ins Laufrad infolge zu geringerer kinetischer Energie (nur bei Pumpen).

Insgesamt bewirken Eintrittskontraktion sowie Richtungsablenkung der Strömung durch die endliche Schaufelzahl des Laufrades und das Rückströmen ins Laufrad zusätzliches Erhöhen der Meridiangeschwindigkeit an der Stelle 5. Dieses Vergrößern von $c_{5\mathrm{m}}$ gegenüber $c_{5\mathrm{m,th}}$ wird durch einen Faktor μ berücksichtigt, sodass gilt:

$$c_{5\mathrm{m}} = \mu \cdot c_{5\mathrm{m,th}} \quad (7\text{-}10)$$

Der Faktor μ ist eine Erfahrungszahl, die nach Versuchen von HANSEN[1)] für den Maschinen-Betriebspunkt des besten Wirkungsgrades etwa

$$\mu \approx 1{,}2 \ldots 1{,}8 \quad (7\text{-}11)$$

[1)] HANSEN, O.: Untersuchungen über den Einfluss des endlichen Schaufelabstandes in radialen Kreiselrädern, Diss. Techn. Hochschule Braunschweig.

beträgt, wobei μ mit zunehmender Laufschaufelzahl und steigendem Laufschaufel-Druckkantenwinkel β_2 und damit fallendem Winkel α_2 wächst. Mit Gl. (7-6) bis Gl. (7-10) wird:

$$\tan\alpha_5 = c_{5m}/c_{5u} = \mu \cdot c_{5m,th}/c_{5u} = \mu \cdot \tan\alpha_{5,th}$$

$$\tan\alpha_5 = \mu \cdot \tau_5 \cdot \tan\alpha_4 \qquad (7\text{-}12)$$

$$\tan\alpha_5 = c_{5m}/c_{5u} \approx \mu \cdot \tau_5 \cdot (b_2/b_5) \cdot \tan\alpha_3 \qquad (7\text{-}13)$$

Wie bei der Laufradberechnung wird auch der Schaufelverengungsbeiwert τ_5 zunächst geschätzt. Sein späteres Nachprüfen und daraus folgend die Korrektur der Berechnung des Winkels α_5 ist jedoch im Hinblick auf den weiten Bereich des Faktors μ weniger wichtig als beim Laufrad.

Richtwerte für Leitschaufelverengungsbeiwert:

$$\tau_5 \approx 1{,}02 \ldots 1{,}2 \qquad (7\text{-}14)$$

Leitschaufeleintritt: Der Leitschaufeleintritt setzt sich zusammen aus dem Einlauf, dem sog. **Schräganschnitt** (B–C in Bild 7-4), und dem Eintrittsquerschnitt (C–D je Kanal in Bild 7-4). Der Schräganschnitt ist der Leitschaufelteil, entlang dem noch kein vollständiger Kanal besteht, der also noch einseitig offen ist. Ab dem Eintrittsquerschnitt bestehen dann geschlossene Kanäle.

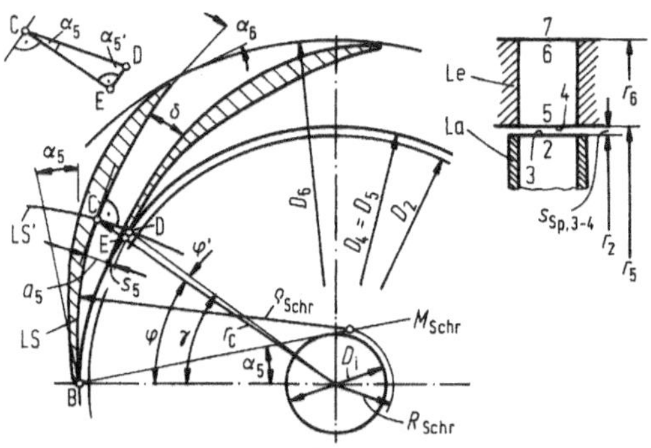

Bild 7-4 Gekrümmter Leitschaufelkanal

Schräganschnitt: Wie ausgeführt (Abschnitte 2.1.2 und 6.1.2), erfolgt die Eintrittsströmung, falls sie durch den Schräganschnitt nicht beeinflusst wird, auf logarithmischen Spiralen. Da es bis zum Eintrittsquerschnitt, d. h. der vollen Strahlführung, sinnvoll ist, die freie Strömung beizubehalten, sollte der Schräganschnitt nach einer logarithmischen Spirale mit dem Winkel α_5, also wirkungsfrei, ausgebildet werden. Hierfür gilt nach Gl. (6-8) in Polarkoordinaten (φ, r) mit $u = 0$ (keine Drehbewegung). Zudem: Statt des Index für Stelle 1 tritt dabei der von Stelle 5. Außerdem ist nur der Betrag des verbleibenden zweiten Ausdruckes von Gl. (6-8) wichtig. Das vorhandene, jetzt wegzulassende Minus-Vorzeichen bedeutet nur, dass die Leitschaufelkontur in Richtung der Laufraddrehung verläuft und damit entgegen zu der nach Bild 6-1, was ohnehin aus den Geschwindigkeitsplänen bekannt und deshalb nicht besonders gekennzeichnet werden muss. Daher gilt:

$$\widehat{\varphi} = (c_{5u}/c_{5m}) \cdot \ln(r/r_5)$$

$$\widehat{\varphi} = \frac{\ln(r/r_5)}{c_{5m}/c_{5u}} = \frac{\ln(r/r_5)}{\tan\alpha_5} \qquad (7\text{-}15)$$

Oder nach dem Radius r aufgelöst, d. h. den Radius-Verlauf des Schräganschnittes als Funktion des Zentriwinkels φ $(r = f(\varphi))$ dargestellt:

$$r = r_5 \cdot e^{\widehat{\varphi}\cdot\tan\alpha_5} \equiv r_5 \cdot \exp(\widehat{\varphi} \cdot \tan\alpha_5) \qquad (7\text{-}16)$$

Eintrittsquerschnitt: Aus der Fluidmechanik ist bekannt, dass bei sonst gleichen Verhältnissen die Strömungsreibung am geringsten wird, wenn der gleichwertige Durchmesser ein Maximum erreicht, was bei kreisförmigem oder quadratischem Querschnitt zutrifft. Kreisförmige Querschnitte erweisen sich als besser, sind jedoch bei Pumpenleiträdern technisch schwierig zu verwirklichen. Deshalb werden – außer bei gewissen Spezialkonstruktionen – in der Regel die Eintrittsquerschnitte bei Pumpenleiträdern quadratisch, selten rechteckig, ausgebildet. Da sich jedoch der Leitkanal in Umfangsrichtung erweitert, geht er zwangsläufig in einen immer flacher werdenden Rechteckquerschnitt über.

Die Eintrittsweite a_5 der Leitkanäle lässt sich durch folgende Überlegungen ermitteln:

Die Kurve durch die Randpunkte C und D, welche die Eintrittskante ergibt, verlaufe ebenfalls nach einer logarithmischen Spirale LS′, die in Punkt C den Schräganschnitt (logarithmische Spirale LS) senkrecht schneide. Dann gilt für die Zentriwinkel der logarithmischen Spiralen nach Gl. (7-15):

$$\text{LS:}\quad \widehat{\varphi} = [\ln(r_C/r_5)]/\tan\alpha_5$$
$$\text{LS}':\quad \widehat{\varphi}' = [\ln(r_C/r_5)]/\tan\alpha_5' \qquad (7\text{-}17)$$

Mit $\alpha_5' = 90° - \alpha_5$ gemäß Bild 7-4 wird $\tan\alpha_5' = \tan(90° - \alpha_5) = \cot\alpha_5 = 1/\tan\alpha_5$:

$$\widehat{\varphi}' = \tan\alpha_5 \cdot \ln(r_C/r_5) \qquad (7\text{-}18)$$

Des Weiteren ergibt sich mit den Winkeln $\widehat{\varphi}$ und $\widehat{\varphi}'$ der Zentriwinkel γ der Leitschaufelteilung am Eintrittsradius r_5 (Bogen $\widehat{BD}$ in Bild 7-4):

$$\widehat{\gamma} = \widehat{\varphi} + \widehat{\varphi}' = ((1/\tan\alpha_5) + \tan\alpha_5) \cdot \ln(r_C/r_5)$$

$$\hat{\gamma} = \left(\frac{\cos\alpha_5}{\sin\alpha_5} + \frac{\sin\alpha_5}{\cos\alpha_5}\right) \cdot \ln\frac{r_C}{r_5}$$

$$= \frac{\cos^2\alpha_5 + \sin^2\alpha_5}{\sin\alpha_5 \cdot \cos\alpha_5} \cdot \ln\frac{r_C}{r_5}$$

$$\hat{\gamma} = (2/\sin(2\cdot\alpha_5)) \cdot \ln(r_C/r_5) \qquad (7\text{-}19)$$

Wird der Teilungswinkel γ mithilfe der **Leitschaufelzahl** z_{Le} durch $\hat{\gamma} = 2\cdot\pi/z_{Le}$ ersetzt:

$$\frac{2\cdot\pi}{z_{Le}} = \frac{2}{\sin 2\alpha_5} \cdot \ln\frac{r_C}{r_5} \qquad (7\text{-}20)$$

Umgeformt nach r_C/r_5:

$$\ln(r_C/r_5) = (\pi/z_{Le}) \cdot \sin 2\alpha_5$$

Hieraus:

$$r_C = r_5 \cdot \exp[(\pi/z_{Le}) \cdot \sin 2\alpha_5] \qquad (7\text{-}21)$$

Hiermit folgt für den radialen Abstand zwischen den Radien r_C und $r_5 = D_5/2$:

$$r_C - r_5 = r_5 \cdot (\exp[(\pi/z_{Le}) \cdot \sin 2\alpha_5] - 1) \qquad (7\text{-}22)$$

Das schmale „Bogendreieck“ CDE in Bild 7-4 kann, wie zuvor schon verwendet, da die Winkel α_5 und φ' meist relativ klein sind (Tabelle 7-1; Gl. (7-13)), bei guter Näherung als rechtwinkliges Dreieck gelten. Dafür wird dann mit Schaufeldicke s_5:

$$\overline{CD} = a_5 + s_5 = (r_C - r_5)/\cos\alpha_5$$

Gleichung (7-22) eingesetzt, führt zu:

$$a_5 + s_5 = \frac{r_5}{\cos\alpha_5} \cdot \left(\exp\left[\frac{\pi}{z_{Le}} \cdot \sin 2\alpha_5\right] - 1\right) \qquad (7\text{-}23)$$

Da der Exponent $(\pi/z_{Le}) \cdot \sin 2\alpha_5$ bei Leiträdern stets wesentlich kleiner als eins ist, kann die Exponentialfunktion als Potenzreihe gemäß:

$$e^x = 1 + x/1! + x^2/2! + x^3/3! + \ldots + x^n/n! + \ldots$$

entwickelt und bei genügender Genauigkeit nach dem 3. Glied abgebrochen werden:

$$e^x \approx 1 + x + x^2/2$$

Damit wird:

$$\exp\left[\frac{\pi}{z_{Le}} \cdot \sin 2\alpha_5\right]$$

$$= 1 + \frac{\pi}{z_{Le}} \cdot \sin 2\alpha_5 + \frac{1}{2} \cdot \left(\frac{\pi}{z_{Le}} \cdot \sin 2\alpha_5\right)^2$$

$$= 1 + \frac{\pi}{z_{Le}} \cdot \sin 2\alpha_5 \cdot \left(1 + \frac{\pi}{2\cdot z_{Le}} \cdot \sin 2\alpha_5\right)$$

Eingesetzt in Gl. (7-23) führt letztlich zu:

$$a_5 + s_5 = \frac{r_5}{\cos\alpha_5} \cdot \frac{\pi}{z_{Le}} \cdot 2 \cdot \sin\alpha_5 \cdot \cos\alpha_5 \cdot \left(1 + \frac{\pi}{2\cdot z_{Le}} \cdot \sin 2\alpha_5\right)$$

$$a_5 + s_5 = \frac{2\cdot\pi}{z_{Le}} \cdot r_5 \cdot \sin\alpha_5 \cdot \left(1 + \frac{\pi}{2\cdot z_{Le}} \cdot \sin 2\alpha_5\right) \qquad (7\text{-}24)$$

Oder

$$a_5 = \frac{2\pi}{z_{Le}} \cdot r_5 \cdot \sin\alpha_5 \cdot \left(1 + \frac{\pi}{2\cdot z_{Le}} \cdot \sin 2\alpha_5\right) - s_5 \qquad (7\text{-}25)$$

Der zweite Ausdruck in der Klammer ist ebenfalls wesentlich kleiner als eins, z. B. bei $z_{Le} = 9$, $\alpha_5 = 20°$ etwa 0,1. Er kann deshalb oft vernachlässigt und dann näherungsweise gesetzt werden:

$$a_5 + s_5 \approx (2\cdot\pi/z_{Le}) \cdot r_5 \cdot \sin\alpha_5 \qquad (7\text{-}26)$$

Hinweise:

Sorgfältiges Ausbilden (Formgebung) und Ausführen (Oberflächengüte) des Schräganschnittes sowie Eintrittsquerschnittes ist sehr wichtig.

Messungen[1)] des Druckverlaufes längs der Leitschaufeln ergaben, dass ein großer Teil der Druckzunahme im Schräganschnitt und nicht in den Schaufelkanälen des Leitrades erfolgt. Diese bemerkenswerte Erscheinung begründet sich durch den verstärkten Impulsaustausch zwischen Lauf- und Leitrad infolge der Austauschströmung (Bild 7-3) sowie den im Ringspalt erfolgenden Ausgleich der Geschwindigkeitsunterschiede der Strömung. Energetisch betrachtet, ergibt Druckerhöhung durch Geschwindigkeits-, d. h. Impulsaustausch infolge teilelastischer Stöße und Reibung einen Verlust (Wirkungsgradabfall). Der Druckgewinn muss daher durch erhöhten Leistungsaufwand erkauft werden. Andererseits wirkt sich der Impulsaustausch im Teillastbereich auf das Betriebsverhalten der Maschine stabilisierend aus.

Nach den Versuchen von SCHRADER ist außerdem richtiges Bemessen der Eintrittsweite a_5 der Leitschaufelkanäle für das Erzielen eines guten Wir-

[1)] SCHRADER, H.: Messungen an Leitschaufeln von Kreiselpumpen, TH Braunschweig und PETERMANN, H.: Der Strömungsverlauf in und hinter Laufschaufelkanälen von radialen Kreiselpumpen und Verdichtern, VDI-Z 103 (1961), Nr. 17, S. 748–752.

kungsgrades wichtiger als Anfangswinkel α_5 und Verlauf des Schräganschnittes. Hieraus folgt:

- *Kanaleintrittsweite* a_5 nach Gl. (7-25) und möglichst nicht nach Gl. (7-26) festlegen.
- *Eintrittsquerschnitt* der Leitkanäle quadratisch gestalten, also $b_5 = a_5$.
- *Schräganschnitt.* Die logarithmische Spirale kann angenähert werden durch:

  Geradlinigen Verlauf: Insbesondere bei Kreiselverdichtern angewendet. Beim geradlinigen Schräganschnitt wird der Anfangswinkel α_5 gegenüber dem bei der logarithmischen Spirale zwangsläufig kleiner, was sich als nicht nachteilig erweist. Dagegen zeigen Versuche, dass Vergrößern von α_5 über den Wert des wirkungsfreien Verlaufes (log. Spirale) hinaus immer nachteilig ist.

  Kreisbogen: Meist wird die log. Spirale des Schräganschnittes durch einen Kreisbogen angenähert. Für dessen Radius ϱ_{Schr} gilt nach Gl. (6-21), wenn hierbei ersetzt werden: r_2 durch r_C (Punkt C in Bild 7-4), r_1 durch r_5, β_1 und β_2 jeweils durch α_5:

  $$\varrho_{\text{Schr}} = (r_C^2 - r_5^2)/[2 \cdot \cos\alpha_5 \cdot (r_C - r_5)]$$

  $$\varrho_{\text{Schr}} = (r_C + r_5)/(2 \cdot \cos\alpha_5) \qquad (7\text{-}27)$$

  wobei r_C nach Gl. (7-21) oder näherungsweise:

  $$r_C \approx r_5 + s_5 + a_5 \qquad (7\text{-}28)$$

  Der geometrische Ort der Mittelpunkte M_{Schr} der Schräganschnitt-Krümmungskreise ϱ_{Schr} ist ein Kreis, dessen Radius R_{Schr} sich entsprechend aus Gl. (6-23) ergibt:

  $$R_{\text{Schr}} = \sqrt{r_5^2 + \varrho_{\text{Schr}}^2 - 2 \cdot r_5 \cdot \varrho_{\text{Schr}} \cdot \cos\alpha_5} \qquad (7\text{-}29)$$

Leitschaufelzahl z_{Le}**:** Unter der Voraussetzung quadratischen Eintrittsquerschnittes des Leitschaufelkanals, also $a_5 = b_5$, ergibt sich aus Gl. (7-26) eine Richtwert-Beziehung (Formel) für die Anzahl z_{Le} der Leitschaufeln:

$$b_5 + s_5 \approx (2 \cdot \pi / z_{\text{Le}}) \cdot r_5 \cdot \sin\alpha_5$$

umgestellt nach z_{Le}:

$$z_{\text{Le}} \approx 2 \cdot \pi \cdot \sin\alpha_5 \cdot r_5/(b_5 + s_5) \qquad (7\text{-}30)$$

Wie bei Laufrädern gilt auch für Leiträder: Wenige Schaufeln verursachen geringe Reibung, ergeben aber schlechte Stromführung. Viele Schaufeln wirken umgekehrt.

Gleichung (7-30) ist entsprechend der Ableitung keine exakte Beziehung, also keine Gleichung, sondern „nur" eine Formel und deshalb als Richtlinie zu betrachten, jedoch nicht als unabdingbare Vorschrift. Sie liefert einen Größtwert für die Leitschaufelzahl z_{Le}. Bei Abweichen von dem sich durch Gl. (7-30) ergebenden Zahlenwert für z_{Le} kann jedoch meist der vorteilhafte und deshalb gewünschte quadratische Eintrittsquerschnitt nicht eingehalten werden.

Infolge ungleichmäßiger Geschwindigkeitsverteilung in der aus dem Laufrad austretenden Strömung wird oft empfohlen, die Leitschaufelzahl z_{Le} nicht sehr stark abweichend von der Laufschaufelzahl z_{La} auszuführen. Nach ASEA-BROWN-BOVERI[1] soll ein Laufkanal nicht mehrere Leitkanäle überdecken. Bei **Kreiselpumpen** wird deshalb auch angewendet:

$$z_{\text{Le}} \approx z_{\text{La}} \pm (1 \ldots 2) \qquad (7\text{-}31)$$

Bei den sog. **Gliederpumpen** beeinflusst auch die zur Gehäusezusammenspannung notwendige Zuganker-Anzahl die Leitschaufelzahl.

Dagegen sind bei **Kreiselverdichtern**, um die bereits erwähnte Geräuschempfindlichkeit (pfeifendes Geräusch) zu vermindern, meist mehr Leitschaufeln, als Gl. (7-30) ergibt, vorteilhaft.

Hinweis: Auch die Beziehungen Gl. (2-70) bis Gl. (2-73) von Abschnitt 2.5.2.4 sind bei entsprechender Abwandlung durch Einsetzen der zugehörigen Werte zum Festlegen der Leitschaufelzahl brauchbar.

Allgemein gilt: Aus Resonanzgründen und um Interferenzschwingungen (Schwingungsüberlagerungen) zu vermeiden, sollen die Schaufelzahlen von Leit- und Laufrad bei Pumpen (KP, KV) nicht übereinstimmen sowie je ungeradzahlig sein.

Leitschaufeldicke: Die Dicke der Leitschaufeln ist ebenso wie die der Laufschaufeln abhängig von der Art der Herstellung. Die Leiträder und somit auch die Leitschaufeln sind bei:

Kreiselpumpen meist gegossen. Schaufeln können deshalb auch profiliert, d. h. mit veränderlicher Dicke ($s_{\text{Le}} \neq$ konst) ausgeführt werden.
Richtwert: $s_{\text{Le}} \geqq 3$ mm (Mindestdicke bei Grau- und Stahlguss)

[1] BROWN-BOVERI-Mitt. (1952) Nr. 5/6, S. 167.

Kreiselverdichtern meist aus Blech und geschweißt. Schaufeldicke daher gleichbleibend (s_{Le} = konst). Seltener aus Druckguss, z. B. bei kleinen Verdichtern, oder aus dem Vollen gefräst.
Richtwert: $s_{Le} \geqq 2$ mm (nur bei kleinen Maschinen weniger).

Schaufelbeginn meist verjüngt und abgerundet:
Richtwerte: $s_5 = 2 \ldots 3$ mm (Mindestwerte!)

Bemerkung: Da an den Leitschaufelspitzen der Fluidstrom seine größte (Absolut-)Geschwindigkeit in der Maschine aufweist, sollte der Schaufelbeginn sorgfältig gestaltet und ausgeführt werden, d. h. vor allem verjüngen, gut abrunden und hohe Oberflächengüte.

Leitschaufelform, Querschnittsverlauf: Für die Ausbildung der an den Schräganschnitt anschließenden, jeweils durch zwei aufeinander folgende Schaufeln begrenzten tatsächlichen, d. h. allseitig berandeten Leitkanäle bestehen mehrere Möglichkeiten, und zwar meist:

- frei gestalteter, gekrümmter Verlauf (Bilder 7-4 und 7-5)
- punktweise berechneter Verlauf (Bild 7-6).

Insgesamt sind bei der Gestaltung der diffusorartigen Pumpen-Leitkanäle zu beachten:

- Der **Öffnungswinkel** δ soll kleiner oder höchstens gleich dem bei Diffusoren mit gleichmäßiger Zuströmung sinnvoll zulässigen Winkel sein. Aus der Fluidmechanik [3] ist bekannt, dass bei Öffnungswinkeln über $\delta \approx 8 \ldots 14°$ große Ablösungsgefahr für die Strömung besteht. Diese Werte gelten allerdings für ruhende, sich allseitig konisch öffnende Diffusoren, vor allem für kreiskegelförmige. Bei den einseitig parallelwandigen Kanälen der Leiträder sind teilweise nur kleinere Öffnungswinkel günstig, insbesondere bei Kreiselverdichtern. Übliche Höchstwerte des Erweiterungswinkels δ sind deshalb bei:

  Kreiselpumpen $\delta = 8 \ldots 12°$
  Kreiselverdichtern $\delta = 6 \ldots 10°$ (7-32)

  Bemerkung: Bei Kreiselverdichtern ist gegebenenfalls der Einfluss der MACH-Zahl (bei $Ma > 0{,}3$) auf den Erweiterungswinkel zu berücksichtigen.

- Der **Endquerschnitt** A_6 soll in der Regel das 1,5- bis 3fache des Anfangsquerschnittes A_5 nicht überschreiten, also $A_6/A_5 \geqq 1{,}5 \ldots 3$, Bild 7-4.
- **Die Leitkanallänge** L_{Le} (entlang der Mittellinie gemessen, Bild 7-5) soll etwa das 4fache der Eintrittsweite nicht übersteigen, also $L_{Le}/a_5 \leqq 4$. Ein Vergrößern über diesen Wert verbessert die Wirkungsweise der Diffusoren kaum noch. Offensichtlich wird bei Verlängern des Leitkanals die weitere Umwandlung der Geschwindigkeitsenergie in Druck-Energie durch die steigende Wandreibung und anschließende Wirbelverluste, die beim Mischen der Fluidströme angrenzender Leitkanäle entstehen, kompensiert.
- Der **Leitradaußendurchmesser** D_6 soll etwa das 1,6fache des Leitradinnendurchmessers D_5 nicht übersteigen. Erfahrungsgemäß ist ein Bereich angebracht von:

  $D_6/D_5 \approx 1{,}2 \ldots 1{,}4 \ldots 1{,}6$

- Die durch die Schaufeln begrenzten **Leitkanäle** sollen möglichst **geradlinig** oder nur **schwach gekrümmt** verlaufen (Bilder 7-4 und 7-5). Gekrümmte Diffusoren können Energie nur mit schlechterem Wirkungsgrad umwandeln (Geschwindigkeit in Druck). Beide Einzelvorgänge für sich, Verzögern und Umlenken einer Strömung, sind ablösegefährdet. Bei ihrer Kombination besteht deshalb verstärkt Ablösungsgefahr.

Bemerkung: Die Leitkanäle sind so zu gestalten, dass die drei Richtwerte $A_6/A_5 = 1{,}5 \ldots 3$, $L_{Le}/a_5 \leqq 4$ und $D_6/D_5 = 1{,}2 \ldots 1{,}6$ möglichst gleichzeitig erfüllt werden.

Geradliniger Kanalverlauf (Bild 7-5): Hier sind die Leitkanäle unter Einhalten der Kanaleintrittsweite a_5 und Schaufeleintrittsdicke s_5 so zu gestalten, dass der an den Schräganschnitt anschließende Kanal als gerader Konus unter dem Öffnungswinkel δ verläuft. Dabei soll die äußere ebene Schaufelfläche bei Stelle C tangential an die logarithmische Spirale oder den Ersatzkreis anschließen bzw. bei geradlinigem Schräganschnitt (KV) bis zur Schaufelspitze ununterbrochen durchlaufen. Ab dem Austrittsende der Kanäle werden die Leitschaufeln auf der konvexen

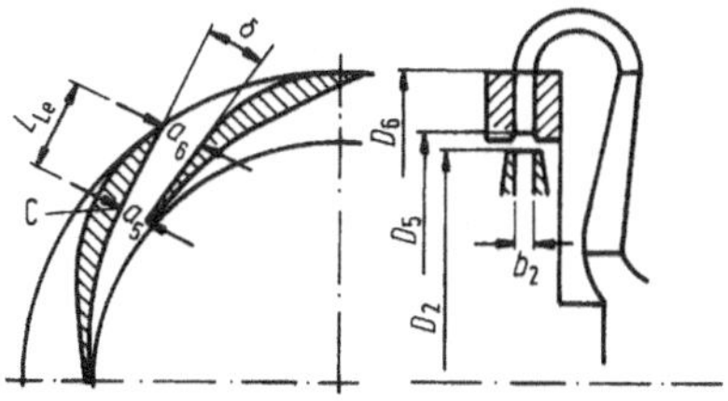

Bild 7-5 Geradliniger Leitschaufelkanal

Außenseite allmählich verjüngt, sodass die Querschnittsverengung gleichmäßig zurückgeht. Hiervon ausgenommen sind die selten ausgeführten Leitschaufeln, welche in den Umlenkkanal weiterlaufen.

Frei gestalteter, gekrümmter Kanalverlauf: Konstruktion wie bei geradlinigem Verlauf. Dabei Krümmen (möglichst wenig!) der Kanalmittellinie entsprechend den Erfordernissen, z. B. bei Blechschaufeln oder bei Schaufeln, die in den Umlenkkanal weiterlaufen.

Punktweise berechnete Schaufelkontur: Wie Laufschaufeln (Abschnitt 6.1.5.2) können auch Leitschaufeln punktweise berechnet werden; ein Verfahren, bei dem der Verlauf der Schaufelmittellinie errechnet wird (Bild 7-6). Das ist besonders bei räumlich gekrümmten Leitschaufeln sinnvoll, die bei im Meridianschnitt diagonal liegenden Leitkanälen (Bild 7-7b) auftreten. Dabei wird im Meridianschnitt als Mittellinie diejenige Linie bezeichnet, welche die Mittelpunkte aller einbeschreibbaren, die Schaufelkontur berührenden Kreise verbindet.

Weitere Vorteile dieses Verfahrens sind:

- Breite b des Leitkanals veränderlich ausführbar, jedoch nur selten sinnvoll.
- Vorab Festlegen des Verlaufs der Fluid-Strömungsgeschwindigkeit im Leitkanal möglich.

Der Berechnungsablauf ist derselbe wie bei punktweisem Festlegen der Laufschaufelkontur (Abschnitt 6.1.5.2). Ausgegangen wird von der Durchflussbeziehung entsprechend Gl. (2-86):

$$\dot{V}_{Le} = c_{m,Le} \cdot A_{m,Le}$$

Mit $\dot{V}_{Le} \approx \dot{V}_{La}$ und analog zu Gl. (2-87):

$$A_{m,Le} = D_{Le} \cdot \pi \cdot b_{Le} \cdot 1/\tau_{Le} \quad \text{wird}$$

$$\dot{V}_{La} = c_{m,Le} \cdot D_{Le} \cdot \pi \cdot b_{Le} \cdot 1/\tau_{Le}$$

Des Weiteren entsprechend Gl. (2-59)

$$\tau_{Le} = t_{Le}/(t_{Le} - \sigma_{Le})$$

eingesetzt, ergibt:

$$\dot{V}_{La} = c_{m,Le} \cdot D_{Le} \cdot \pi \cdot b_{Le} \cdot (t_{Le} - \sigma_{Le})/t_{Le}$$

$$D_{Le} \cdot \pi/t_{Le} = z_{Le} \quad \text{und} \quad \sigma_{Le} = s_{Le}/\sin\alpha_{Le}$$

sowie $c_{m,Le} = c_{Le} \cdot \sin\alpha_{Le}$ ersetzt, führt zu:

$$\dot{V}_{La} = c_{Le} \cdot \sin\alpha_5 \cdot z_{Le} \cdot (t_{Le} - s_{Le}/\sin\alpha_{Le}) \cdot b_{Le}$$

Zusammengefasst und umgestellt nach $\sin\alpha_{Le}$:

$$\dot{V}_{La} = c_{Le} \cdot z_{Le} \cdot b_{Le} \cdot (t_{Le} \cdot \sin\alpha_{Le} - s_{Le})$$

$$\sin\alpha_{Le} = \frac{s_{Le}}{t_{Le}} + \frac{\dot{V}_{La}}{c_{Le} \cdot z_{Le} \cdot b_{Le} \cdot t_{Le}} \qquad (7\text{-}33)$$

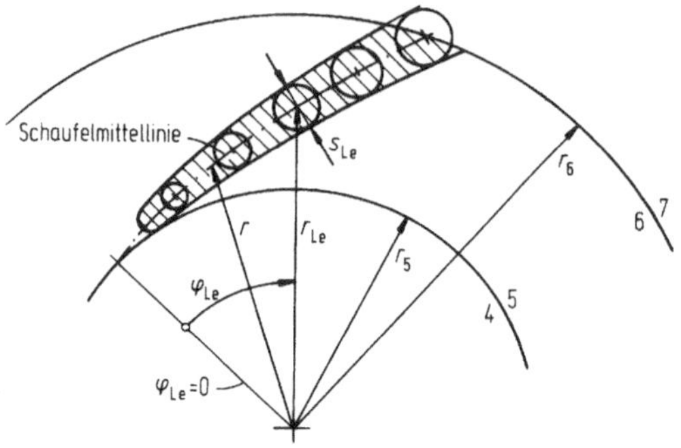

Bild 7-6 Leitschaufelverlauf in Polarkoordinaten

Aus dieser Beziehung, die Gl. (6-25) entspricht, kann bei Vorgabe von s_{Le}, t_{Le}, b_{Le} und c_{Le}, jeweils abhängig vom Radius r_{Le}, der Umfangswinkel α_{Le} der Leitschaufelmittellinie schrittweise berechnet werden.

Mit dem aus Gl. (7-33) ermittelten α_{Le}-Verlauf ergibt sich gemäß Gl. (6-27) die Mittellinie der Leitschaufelkontur in Polarkoordinaten (Bild 7-6) im Gradmaß. Kennzeichen hoch gestellte Null:

$$\varphi^0_{Le,x} = \frac{360}{2 \cdot \pi} \cdot \int_{r_5}^{r_{Le,x}} \frac{1}{r \cdot \tan\alpha_{Le}} \cdot ds \qquad (7\text{-}34)$$

Dabei läuft $r_{Le,x}$ maximal bis r_6, also $r_{Le,x} \leqq r_6$.

Das Differenzial ds läuft entlang der Zirkularprojektion der Leitkanalmittellinie im Meridianschnitt (Bild 7-7). Falls der Meridianschnitt des Leitkanals radial verläuft (Bild 7-7a) geht ds über in dr und Δs in Δr ($ds \equiv dr$; $\Delta s \equiv \Delta r$).

Da wie beim Laufschaufelverlauf auch hier kein analytischer Zusammenhang zwischen r, α_{Le} und s verfügbar, wird das Integral ebenfalls angenähert, schrittweise durch Summenbildung ausgewertet:

$$\varphi^0_{Le,x} \approx \frac{360}{2 \cdot \pi} \cdot \sum_{r_5}^{r_{Le,x}} \frac{1}{r \cdot \tan\alpha_{Le}} \cdot \Delta s \qquad (7\text{-}35)$$

Wird beim Auswerten sinnvollerweise gleich bleibende Schrittweite Δs gewählt (Δs = konst), gilt:

$$\varphi^0_{Le} \approx \frac{360}{2 \cdot \pi} \cdot \Delta s \cdot \sum_{r_5}^{r_{Le,x}} \frac{1}{r \cdot \tan\alpha_{Le}} \qquad (7\text{-}36)$$

Wie zuvor ausgeführt, geht hierbei beim Leitkanal, der im Meridianschnitt etwa radial verläuft, Δs in Δr über, also $\Delta s \equiv \Delta r$.

Das schrittweise Auswerten von Gl. (7-36), zusammen mit Gl. (7-33), erfolgt wie bei der Laufschaufelberechnung (Abschnitt 6.1.5.2) mithilfe des entworfenen Leitkanal-Meridianschnittes tabellarisch oder mit PC.

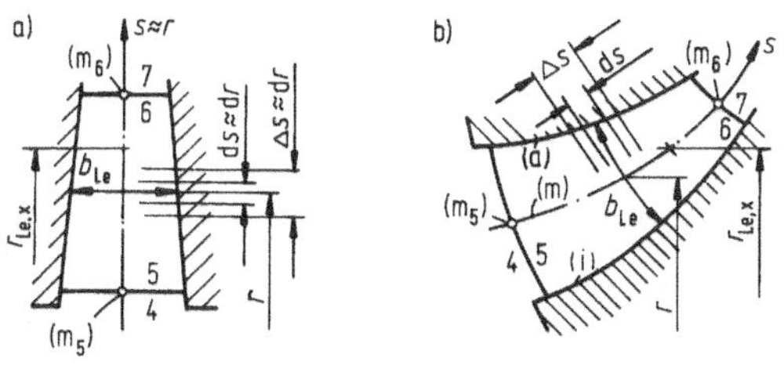

Bild 7-7 Meridianschnitte von Leitkanälen;
a) radial verlaufend, b) diagonal verlaufend

Hinweise: Wird mit der punktweisen Schaufelkonturfestlegung am Schaufelanfang begonnen, ist entlang des Schrägabschnittes der Winkel α_{Le} in gleicher Größe ($\alpha_{Le} = \alpha_5$) beizubehalten und erst ab Beginn des eigentlichen Kanals nach Gl. (7-33) zu berechnen. Bei Beginn der punktweisen Schaufelfestlegung ab Leitschaufelkanal (Punkt C in Bild 7-4) wird der Schräganschnitt als logarithmische Spirale oder Ersatzkrümmungskreis gezeichnet und dann nach Gl. (7-36) ab $r = r_C$ mit der punktweisen Schaufelberechnung begonnen.

Austrittswinkel: Wie bei Laufrädern (Abschnitt 3.2.1.2) äußert sich die endliche Schaufelzahl auch bei Leiträdern durch Minderablenkung. Der tatsächliche Ausströmwinkel α_7 des Fluids aus dem Leitrad ist deshalb größer als der Leitschaufelwinkel α_6. Nötigenfalls ist dies durch entsprechendes Übertreiben des Leitschaufelendwinkels α_6 zu berücksichtigen, im Sinne eines Vergrößerns der Ablenkung (Richtungsänderung).

Da die Ursachen für die Minderablenkung bei Leit- und Laufrad gleich sind, gelten auch dieselben Überlegungen zu ihrer Berechnung. Deshalb können die Beziehungen, um die Minderablenkung bei Laufrädern festzulegen, sinngemäß auf Leiträder übertragen werden. Nach PFLEIDERER besteht daher zwischen den Geschwindigkeitsmomenten $r \cdot c_u$ bei unendlicher (Index ∞) und endlicher Leitschaufelzahl (ohne Index) entsprechend Gl. (3-25) der Zusammenhang:

$$\Delta(r \cdot c_u) = k_{M,Le} \cdot \Delta(r \cdot c_u)_\infty \qquad (7\text{-}37)$$

Mit dem **Leitrad-Minderleistungsfaktor** $k_{M,Le}$ gemäß Gl. (3-26):

$$k_{M,Le} = 1/(1 + p_{Le}) \qquad (7\text{-}38)$$

Hierbei gilt nach PFLEIDERER analog zu Gl. (3-31) für die **Leitrad-Arbeitsminderungszahl** p_{Le}:

$$p_{Le} = (\psi'_{Le} \cdot r_6^2)/(z_{Le} \cdot S_{Le}) \qquad (7\text{-}39)$$

Mit dem statischen Moment der mittleren Leitkanalflutlinie (m_5)–(m_6) im Meridianschnitt (Bild 7-7) entsprechend Gl. (3-32):

$$S_{Le} = \int_{r_5}^{r_6} r \cdot \mathrm{d}s \qquad (7\text{-}40)$$

Das Integral für S_{Le} ausgewertet bei:

Radialem Leitkanal (Bild 7-7a)

$$S_{Le} = \int_{r_5}^{r_6} r \cdot \mathrm{d}r = r^2/2 \Big|_{r_5}^{r_6} = (r_6^2 - r_5^2)/2 \qquad (7\text{-}41)$$

Diagonalem Leitkanal (Bild 7-7b)

$$S_{Le} \approx \sum_{r_5}^{r_6} (\Delta s \cdot r) = \Delta s \cdot \sum_{r_5}^{r_6} r \quad \text{bei } \Delta s = \text{konst} \qquad (7\text{-}42)$$

Axialer Verlauf (Axialmaschinen), entsprechend Gl. (3-36) am mittleren Radius $\bar{r}$ mit e_{Le}:

$$S_{Le} = e_{Le} \cdot \bar{r} \qquad (7\text{-}43)$$

Des Weiteren ist ψ'_{Le} der **Leitschaufelwinkelbeiwert**, der vom Leitschaufelaustrittswinkel α_6 abhängt, analog zum (Lauf-)Schaufelwinkelbeiwert ψ', also analog Gl. (3-38) bis (3-41):

Radial-Leiträder

a) Bei Radienverhältnis $r_5/r_6 = D_5/D_6 \leqq 0{,}5$:
ohne nachgeschaltetes Spiralgehäuse

$$\psi'_{Le} = 0{,}6 \cdot (1 + \alpha_6^0/60) \qquad (7\text{-}44)$$

mit nachgeschaltetem Spiralgehäuse

$$\psi'_{Le} = (0{,}6 \ldots 0{,}85) \cdot (1 + \alpha_6^0/60) \qquad (7\text{-}45)$$

b) Bei Radienverhältnis $r_5/r_6 > 0{,}5$:
Statt ψ'_{Le} ist $\psi'_{Le,korr}$ einzusetzen, wobei

$$\psi'_{Le,korr} = (1{,}6 \ldots 2{,}0) \cdot (r_5/r_6) \cdot \psi'_{Le} \qquad (7\text{-}46)$$

Hierbei ψ'_{Le} nach Gl. (7-44) ohne bzw. nach Gl. (7-45) mit nachgeschaltetem Spiralgehäuse.

Bemerkung: Bei Radialleiträdern meist $r_5/r_6 > 0{,}5$.

Axial-Leiträder (gemäß Gl. (3-42)):

$$\psi'_{Le,korr} = (1 \ldots 1{,}2) \cdot (1 + \alpha_6^0/60) \qquad (7\text{-}47)$$

Mit

$$\Delta(r \cdot c_u) = r_4 \cdot c_{4u} - r_7 \cdot c_{7u}$$

$$\Delta(r \cdot c_u)_\infty = r_4 \cdot c_{4u} - r_6 \cdot c_{6u}$$

da $c_{5u} = c_{4u}$, $r_5 = r_4$ und $r_7 = r_6$ folgt aus Gl. (7-37):

$$r_4 \cdot c_{4u} - r_6 \cdot c_{7u} = (r_4 \cdot c_{4u} - r_6 \cdot c_{6u}) \cdot k_{M,Le}$$

Hieraus:

$$r_6 \cdot c_{7u} = r_4 \cdot c_{4u} - (r_4 \cdot c_{4u} - r_6 \cdot c_{6u}) \cdot k_{M,Le}$$

$$c_{7u} = (r_4/r_6) \cdot (1 - k_{M,Le}) \cdot c_{4u} + k_{M,Le} \cdot c_{6u} \qquad (7\text{-}48)$$

Des Weiteren liefert die Kontinuitätsgleichung:

$$c_{6m} \cdot A_{6m} = c_{7m} \cdot A_{7m}$$

$$c_{6m} \cdot D_6 \cdot \pi \cdot b_6 \cdot 1/\tau_6 = c_{7m} \cdot D_7 \cdot \pi \cdot b_7$$

Mit $D_7 = D_6$ und $b_7 = b_6$, Bild 7-7, folgt:

$$c_{7m} = c_{6m}/\tau_6 \qquad (7\text{-}49)$$

Oder aus der Durchflussbeziehung:

$$\dot{V}_{Le} = A_{7m} \cdot c_{7m} = D_7 \cdot \pi \cdot b_7 \cdot c_{7m}$$

Umgestellt nach c_{7m} mit $\dot{V}_{Le} \approx \dot{V}_{La}$:

$$c_{7m} = \dot{V}_{La}/(D_6 \cdot \pi \cdot b_6) \qquad (7\text{-}50)$$

Mit Beziehungen (7-48) und (7-49) ergibt sich der tatsächliche, zur Umfangsrichtung gemessene Strömungswinkel α_7 des Fluids kurz hinter dem Leitrad:

$$\cot \alpha_7 = c_{7u}/c_{7m} = \tau_6 \cdot c_{7u}/c_{6m}$$

$$\cot \alpha_7 = \tau_6 \cdot \left[\frac{r_4}{r_6} \cdot (1-k_{M,Le}) \cdot \frac{c_{4u}}{c_{6m}} + k_{M,Le} \cdot \frac{c_{6u}}{c_{6m}}\right]$$

Wird noch $c_{6u}/c_{6m} = \cot \alpha_6$ ersetzt, folgt:

$$\cot \alpha_7 = \tau_6 \cdot \left[\frac{r_4}{r_6} \cdot (1-k_{M,Le}) \cdot \frac{c_{4u}}{c_{6m}} + k_{M,Le} \cdot \cot \alpha_6\right] \qquad (7\text{-}51)$$

Die Gleichung kann auch nach $\cot \alpha_6$ umgestellt werden, um daraus für einen geforderten Abströmwinkel α_7 den notwendigen Leitschaufelwinkel α_6 festlegen zu können.

Druckaufbau: Gemäß ihrer Funktion setzen Pumpenleiträder Geschwindigkeitsenergie, vermindert um die Reibungsverluste, in Druck-Energie um.

Bei **ϱ = konst**, was vielfach auch bei Gasströmungen näherungsweise zulässig ist, gilt dann nach der Energiegleichung inkompressibler Fluide [3], da $\Delta z \approx 0$, für den Druckzuwachs Δp_{Le} im Leitrad:

$$\Delta p_{Le} = p_7 - p_4 = \varrho \cdot (c_4^2/2 - c_7^2/2) \cdot \eta_{Sch,Le}^{\pm 1} \qquad (7\text{-}52)$$

Hierbei wieder: oberes Vorzeichen bei Pumpen
unteres Vorzeichen bei Turbinen

Der Leitschaufelwirkungsgrad $\eta_{Sch,Le}$ berücksichtigt die Strömungsreibung. Bei gut ausgebildeten Leiträdern sind erreichbar:

$$\eta_{Sch,Le} \geqq 0{,}85 \qquad (7\text{-}53)$$

Werte bis $\eta_{Sch,Le} \approx 0{,}97$ sind möglich, insbesondere bei Turbinen.

Bei **$\varrho \neq$ konst**, also Kreiselverdichtern mit größerem Druckverhältnis, muss die Dichteänderung berücksichtigt werden. Für die Druckzunahme im Leitrad gilt dann in guter Näherung:

$$p_7/\varrho_7 - p_4/\varrho_4 = (c_4^2/2 - c_7^2/2) \cdot \eta_{Sch,Le}^{\pm 1} \qquad (7\text{-}54)$$

Die Fluiddichte $\varrho_7 = 1/v_7$ nach dem Leitrad ist über die Polytropenbeziehung $p \cdot v^n =$ konst, also $p_7 \cdot v_7^n = p_4 \cdot v_4^n$, zu ermitteln, wobei von einem zu erwartenden Polytropenexponenten n auszugehen ist.

- Ohne Kühlung gilt $n > \varkappa$, (sog. Überisentrope, bei Luft $n \approx 1{,}5 \ldots 1{,}9$)
- Mit Kühlung $n < \varkappa$ ($1 < n < \varkappa$, sog. Unterisentrope, bei Luft $n \approx 1{,}3 \ldots 1{,}1$).

Allgemeine Hinweise:

Leiträder sollten einseitig offen ausgebildet sein, um leicht hergestellt und evtl. bearbeitet werden zu können (vor allem an den Schaufelspitzen). Das Gehäuse bildet dann die Kanalwand (Deckfläche) an der offenen Seite.

Leitschaufeln können fest oder verstellbar (drehbar) angeordnet sein. Bei Kreiselpumpen werden die Leitschaufeln jedoch immer fest und bei Kreiselverdichtern nur in Sonderfällen drehbar angeordnet. Bei fest stehenden Leitschaufeln erfolgt der Eintritt des Fluidstromes nur beim Maschinenbetrieb im Auslegungspunkt stoßfrei, d. h. tangential. Dabei stimmt die Richtung der Absolutgeschwindigkeit des zuströmenden Fluids mit der Tangente des Mittellinien-Beginns der zwischen den Leitschaufeln entstehenden Diffusorkanäle (der Schräganschnittrichtung) überein. Bei allen anderen Betriebszuständen weicht die Richtung der absoluten Zuströmgeschwindigkeit von der Richtung der Leitkanäle mehr oder weniger stark ab, was Stoßverluste und Wirbelbildung verursacht. Der Wirkungsgrad geht entsprechend zurück und die Geräuschbildung wächst.

7.2.1.4 Leitring (schaufellos)

Beim Leitring (Bild 7-1a), der auch als **schaufelloser Ringraum** oder unbeschaufelter Plattendiffusor bezeichnet wird, handelt es sich um einen reinen, d. h. schaufellosen Radialrotationshohlraum nach Abschnitt 2.1.2. Die Meridiangeschwindigkeit c_m ändert sich entsprechend der Meridian-Kanalkontur (Radius, Breite) und bestimmt sich über die Durchflussbedingung (Gl. (2-1)). Die Umfangskomponente c_u der Strömung realer Fluide im unbeschaufelten, allgemeinen Leitring folgt aus dem erweiterten Flächensatz, Gl. (2-7).

Strömungsaustrittswinkel: Aus den gleichen Gründen wie Leiträder werden Leitringe in der Regel parallelwandig, d. h. in gleich bleibender Breite (b = konst), ausgeführt. Des Weiteren kann in Pumpenleitringen meist $\varrho \approx$ konst angenommen werden (auch bei KV). Hier gilt Gl. (2-13) für den Austrittswinkel der Strömung aus dem Leitring, wobei in Bild 7-2 Stelle 4′ mit 4 zusammenfällt sowie keine Unterscheidungen zwischen 4 und 5 wie auch nicht zwischen 6 und 7 notwendig sind:

$$\tan\alpha_7 = \tan\alpha_4 + (\lambda/4)\cdot(r_7 - r_4)/b_4 \qquad (7\text{-}55)$$

Wird der Unterschied zwischen b_4 (Leitkanalbreite) und b_2 (Laufkanalaustrittsbreite), der nur die relativ kleine Meridiangeschwindigkeit beeinflusst, vernachlässigt, ergibt sich:

$$\tan\alpha_7 \approx \tan\alpha_4 + (\lambda/4)\cdot(r_7 - r_2)/b_2 \qquad (7\text{-}56)$$

Hinsichtlich des geringen Unterschiedes zwischen b_2 und b_4 wird auch auf Gl. (7-2) oder Gl. (7-3) verwiesen. Ebenfalls unbedeutend für die Beziehung ist der kleine Unterschied zwischen den Radien r_4 und r_2.

Die Widerstandsziffer λ beträgt wieder (Abschnitt 2.1.2.3): $\lambda \approx 0{,}04$.

Außendurchmesser: Je größer der Außendurchmesser D_7 des Leitringes, desto stärker die Verzögerung der Fluidströmung (Drall- bzw. Flächensatz). Die Geschwindigkeitsenergie wird dabei in Druckenergie umgesetzt (Energiesatz). Mit zunehmendem Leitringaußendurchmesser steigt somit der Druckaufbau. Gleichzeitig wächst jedoch der Reibungsverlust, da der Fluid-Strömungsweg (auf logarithmischen Spiralen) sich immer mehr vergrößert. Das bedeutet, Effekt (Druckzuwachs) und Wirkungsgrad von Leitringen gehen mit zunehmendem Durchmesser zurück. Erfahrungsgemäß ist die Druckzunahme nur noch gering, wenn der Außendurchmesser D_7 mehr als das 1,6fache des Innendurchmessers D_4 übersteigt, und der Wirkungsgrad geht dabei erheblich zurück. Andererseits sollte, damit auch eine „Leitring-Wirkung" vorhanden ist, D_7 nicht kleiner als etwa $1{,}2\cdot D_4$ ausgeführt werden. Somit **Richtwertbereich**:

$$D_7 \approx (1{,}2\ldots 1{,}6)\cdot D_4 \qquad (7\text{-}57)$$

Problem des Leitringes: Mit wachsendem D_7, vor allem im Bereich $D_7 \approx 1{,}6\cdot D_4$, wird der Maschinendurchmesser sehr groß.

Druckaufbau: Hierfür gelten dieselben, aus der Energiegleichung folgenden Beziehungen wie beim Leitrad, und zwar Gl. (7-52) bis Gl. (7-54), je nach Fall. Wie schon erwähnt, kann jedoch meist $\varrho \approx$ konst (auch vielfach bei KV) gesetzt werden, sodass hauptsächlich Gl. (7-52) zusammen mit Gl. (7-53) zum Zuge kommt. Hierbei kann p_4 durch p_3 und c_4 durch c_3 ersetzt werden. Es gilt deshalb:

$$\Delta p_{\mathrm{Le}} = p_7 - p_3 = \varrho\cdot(c_3^2/2 - c_7^2/2)\cdot\eta_{\mathrm{Sch,Le}}^{\pm 1} \qquad (7\text{-}58)$$

Die Fluidgeschwindigkeit c_7 folgt aus

$$c_7 = c_{7\mathrm{m}}/\sin\alpha_7$$

mit α_7 aus Gl. (7-55) oder Gl. (7-56) und $c_{7\mathrm{m}}$ aus der Durchflussbedingung, wobei $b_7 = b_4$ und $\dot{V}_{\mathrm{Le}} \approx \dot{V}_{\mathrm{La}}$ gesetzt werden können.

$$c_{7\mathrm{m}} = \dot{V}_{\mathrm{Le}}/A_{7\mathrm{m}} \approx \dot{V}_{\mathrm{La}}/(D_7\cdot\pi\cdot b_4) \qquad (7\text{-}59)$$

Anwendung: Der Anwendungsbereich für Leitringe geht aus Tabelle 7-1 hervor. Winkel $\alpha_3 > 20°$ treten oft bei Kreiselverdichtern auf. Deshalb werden auch bei mehrstufigen Turbokompressoren vielfach Leitringe statt Leiträdern angeordnet, obwohl ihre Wirkung geringer ist. Um Ungleichmäßigkeiten der Laufradaustrittsströmung (Geschwindigkeitsunterschiede) auszugleichen und die Geräuschbildung zu vermindern (vor allem bei KV), wird verschiedentlich ein radial schmaler Leitring sowohl bei Maschinen mit Spiralgehäuse als auch bei solchen mit Leitrad angeordnet. Auch sind Leitringe hinsichtlich Herstellung (einfach) und Betriebsverhalten (Abnützung, Verstopfung) den Leiträdern überlegen. Zudem sind Leitringe unempfindlich gegen Überschallströmung. Verdichtungsstöße treten kaum auf, da die Schaufeln fehlen, welche solche Stöße auslösen. Des Weiteren sind Leitringe unempfindlich gegen Abweichen des Betriebszustandes vom Auslegungspunkt. Stoßverluste infolge nichttangentialem Zuströmen wie bei Leiträdern können ebenfalls wegen den fehlenden Schaufeln nicht auftreten. Der Teil- und Überlastwirkungsgrad, d. h. der Verlauf der Wirkungsgradkurve $\eta = f(\dot{V})$, ist daher bei Leitringen günstiger als bei Maschinen mit Leiträdern.

Im Auslegungspunkt liegt der Wirkungsgrad von Leitringen (bei gleicher Qualität und Ausführung) etwa 1 bis 3 %-Punkte unterhalb dem von Leiträdern. Das bedeutet: Beträgt der Auslegungswirkungsgrad eines Leitrades z. B. 90 %, erreicht ein gleich guter Leitring 89 ... 87 % Wirkungsgrad.

7.2.1.5 Spiralgehäuse

Grundsätzliches

Zweck: Spiralgehäuse (Bilder 7-8 bis 7-10) sind Einrichtungen, die zugleich zwei Funktionen erfüllen. Sie sind bei

- Pumpen Leitvorrichtung und Sammler
- Turbinen Verteiler und Leitvorrichtung.

Bei Pumpen führen Spiralgehäuse den Fluidstrom vom Laufrad zur Druckleitung und bei Turbinen in umgekehrter Richtung.

Anwendung: Spiralgehäuse werden eingesetzt:

- Pumpen (KP, KV).
  Bei einstufiger Ausführung meist als einzige Leitvorrichtung, wenn Bedingung nach Tabelle 7-1 erfüllt, was insbesondere bei Kreiselverdichtern (KV) fast immer zutrifft. Nötigenfalls, d. h. bei $\alpha_3 < 10°$ (KP) bzw. $\alpha_3 < 20°$ (KV), sollte ein Leitring oder Leitrad vorgeschaltet werden.
  Bei mehrstufigen Maschinen oftmals hinter der letzten Stufe.
- Wasserturbinen. Hier ist immer noch ein Leitrad mit verstellbaren Schaufeln zu Regelzwecken zwischengeschaltet.

Spiralgehäuse können als Leitkanal mit einer Leitschaufel aufgefasst werden. Dabei entspricht die Spirale dem Schräganschnitt und der anschließende kegelförmige Druckstutzen dem eigentlichen Leitkanal. Spiralgehäuse wirken deshalb wie ein solcher Leitkanal. Hierbei verursacht die endliche Laufschaufelzahl im Spiralgehäuse notwendigerweise die gleichen Druckschwankungen wie beim Leitrad.

Da es sich beim Spiralgehäuse um einen schaufellosen Hohlraum handelt, verläuft die Strömung darin axialsymmetrisch wie im Radialrotationshohlraum (Abschnitt 2.1.2), vor allem dann, wenn die seitlichen Spiralwände als Rotationsflächen ausgebildet sind. Die Praxis verwendet jedoch aus Herstellungsgründen überwiegend die Kreisform als Spiralenquerschnitt, die der gestellten Forderung nach seitlichen Rotationsflächen nur unvollkommen genügt, was den erreichbaren Wirkungsgrad beeinflusst.

Aus der rotationssymmetrischen Strömung in der Spirale folgt:

- Die Umfangsgeschwindigkeit des Fluidstromes, die Hauptgröße, nimmt gemäß dem Flächensatz radial nach außen ab.
- Der Fluiddruck wächst nach dem Energiesatz entsprechend der Geschwindigkeitsabnahme. Die Strömungsgeschwindigkeit ist somit im Spiralenquerschnitt nicht konstant und daher eine mittlere Geschwindigkeit kaum angebbar.
- Auf Parallelkreisen, d. h. auf Zylinderflächen um die Laufradachse, herrscht jeweils der gleiche Strömungszustand, das bedeutet, gleicher Druck und gleiche Geschwindigkeit. Diese Erscheinung ist Ausgangspunkt und daher Grundforderung für das Bemessen von Spiralgehäusen.
- Ein Spiralgehäuse kann dadurch als entstanden gedacht werden, indem eine um 360° umlaufende Stromlinie, z. B. Linie B–C in Bild 2-1, zu einer Wand erstarrt angenommen wird.

Bemerkung: Die bisherigen Überlegungen ergeben: Das Berechnen von Spiralgehäusen sollte nach dem Flächensatz erfolgen, Gl. (2-3) ohne Reibung, Gl. (2-8) bzw. Gl. (2-11) bei Reibung. Zwangsläufig notwendig ist außerdem das Durchflussgesetz.

Die verschiedentlich vorgeschlagene Methode, beispielsweise von STEPANOFF [31], Spiralgehäuse unter Zugrundelegen einer angenommenen mittleren, für alle Querschnitte der Spirale gleichen Geschwindigkeit, sollte nicht angewendet werden. Der Querschnitt vergrößert sich dabei entsprechend dem Durchflussgesetz proportional zum Beaufschlagungsbogen. Das Verfahren berücksichtigt in keiner Weise die tatsächlichen, zuvor dargestellten Strömungsverhältnisse in der Spirale, weil der Flächensatz, welcher die Strömungsverhältnisse ausdrückt, nicht in die Berechnung eingeht.

Reibungseinfluss: Wie beim Leitkanal wird die mit dem Strömungsweg infolge Wandreibungseinfluss anwachsende Grenzschicht jeweils seitlich ins Laufrad zurückgedrückt (Bild 7-3). Das rückströmende Totwasser entlastet dabei nicht nur den Spiralenquerschnitt, sondern belädt sich im Laufrad erneut mit Energie und wirkt dadurch auf die Strömung im Spiralgehäuse belebend. Damit erklärt sich auch, weshalb Spiralgehäuse eher zu eng als zu weit bemessen werden sollten, was Erfahrung und Versuche bestätigen. Hinzu kommt, dass der Spiralenberechnung meist der um die Spaltverluste (Berechnungszuschlag) vergrößerte Volumenstrom zugrunde gelegt wird. Beim Bemessen von Spiralgehäusen unterbleibt daher fast immer der sonst übliche Reibungszuschlag. Die Berechnung erfolgt demnach meist wie bei reibungsfreier Strömung.

Dichteänderung: Bei Gasströmungen kann die durch Kompressibilität bedingte Dichteänderung bei der Spiralenberechnung vernachlässigt werden, sofern das im Spiralgehäuse umgesetzte Druckverhältnis den Betrag von etwa 1,5 nicht übersteigt. In den seltenen Fällen eines höheren Spiralen-Druckverhältnisses muss die eigentlich immer vorhandene polytrope Verdichtung des Gases berücksichtigt und der Strömungsquerschnitt entsprechend dem sich verringernden Volumenstrom angepasst werden. Hierbei n gemäß Werten bei Gl. (7-54).

Zungeneinfluss: Der Spiralenanfang wird als **Zunge** oder **Sporn** bezeichnet. Theoretisch dürfte die Zungenspitze die Strömung nicht beeinflussen. Tatsächlich verstärkt sich jedoch in Zungennähe die durch Fluidreibung bedingte Austauschströmung (Bild 7-3). Die Folge ist Störung der Rotationssymmetrie, die mit geringer werdendem Durchsatzstrom (Teillast) ansteigt. Das kann zusätzliche Belastung der Maschinenwelle (Radialkraft) und insbesondere bei Verdichtern verstärkte Geräuschbildung bedeuten. Die Zungenspitze ist deshalb sorgfältig abzurunden. Außerdem soll der radiale Zungenabstand vom Laufradumfang mindestens $r_2/30$ betragen und umso größer ausgeführt werden, je höher die spezifische Drehzahl der Stufe ist:

$$r_Z \geqq r_2 + r_2/30 \approx 1{,}04 \cdot r_2 \tag{7-60}$$

STEPANOFF [31] nennt sogar einen Bereich von:

$$r_Z \approx (1{,}04 \ldots 1{,}4) \cdot r_2 \tag{7-61}$$

Falls ein Leitrad oder Leitring als Zwischenleitvorrichtung zwischen Laufrad und Spiralgehäuse geschaltet ist, tritt in Beziehungen (7-60) und (7-61) anstelle von Radius r_2 der Halbmesser $r_6 = D_6/2$ nach Bild 7-2.

Um die Geräuschbildung („Heulen") bei Kreiselverdichtern herabzusetzen, ist insbesondere bei Zuström-MACH-Zahlen von $Ma \geqq 0{,}6$ ein großer Zungenabstand notwendig (Gl. (7-61)).

Bemerkungen zum Einfluss des Zungenabstandes auf den Betriebszustand:

Großer Zungenabstand

- Im Teillastgebiet umkreist ein Teil des Fluidstromes das Laufrad ein zweites Mal, wodurch der Reibungsverlust steigt.
- Bei Überlast wird der Neigungswinkel der Strombahnen größer als derjenige der Spirale. Die Folge ist Entlasten der Spirale und dadurch Erhöhung der Schluckfähigkeit sowie Verkleinern der Verluste.

Kleiner Zungenabstand. Es steigen:

- Lärmentwicklung infolge starker Wirbelbildung
- Strömungsunsymmetrie und damit Radialkraft.

Durch Verkürzen oder Verlängern der Zunge kann somit die Schluckfähigkeit der Spirale verkleinert bzw. vergrößert und die Geräuschentwicklung beeinflusst werden. Die richtige Lage der Zunge ist letztlich jedoch nur durch Versuche bestimmbar.

Radialkraft: Die Störung des theoretisch rotationssymmetrischen Geschwindigkeits- und Druckfeldes durch die ungleiche Austauschströmung (Bild 7-3), die, wie erwähnt, insbesondere in Zungennähe stark ist, verursacht eine Querkraft. Die also letztlich vom Sporn verursachte Asymmetrie des Druckfeldes und die dadurch bewirkte Radialkraft werden umso größer, je mehr der Volumenstrom vom Nenn-, d. h. Auslegungswert abweicht, also je geringer die Teillast ist. Der Maximalwert wird beim sog. Nulldurchsatz $\dot{V}_x = 0$ erreicht.

Für die **Radialkraft** F_r je Spiralgehäuse, die bei der Wellenberechnung zu beachten ist, gilt nach STEPANOFF [31] folgende Näherungsformel:

$$F_r = k_r \cdot \varrho \cdot \Delta Y \cdot D_2 \cdot B_2 \tag{7-62}$$

Mit dem **Radialkraftkoeffizienten (-faktor)**

$$k_r = \left|(0{,}36 \ldots 0{,}6) \cdot \left[1 - (\dot{V}_x/\dot{V})^2\right]\right| \tag{7-63}$$

Hierbei bedeuten:

B_2 ... Gesamtbreite des Laufrades an der Druckseite einschließlich Deckscheiben (Bild 8-8)
$\dot{V}_x$ ... tatsächlicher Volumendurchsatzstrom
$\dot{V}$ ... Nenndurchsatz, auch mit $\dot{V}_{nenn}$ bezeichnet

Bemerkungen:

Der Radialkraftfaktor erreicht sein Maximum beim Nulldurchsatz ($\dot{V}_x = 0$) mit $k_{r,max} = 0{,}36 \ldots 0{,}6$. Meist liegt der Wert bei $k_{r,max} \approx 0{,}36 \ldots 0{,}46$. In seltenen Fällen wird erreicht $k_{r,max} \approx 0{,}6$.

Beim Maximalwert $k_{r,max}$ (Nullförderung), welcher auch von der spezifischen Drehzahl abhängt, erreicht dann auch die Radialkraft F_r ihren Höchstwert. Die Maschinenwelle muss nach diesem Extremwert ausgelegt werden.

Die Richtung der Radialkraft F_r ist ebenfalls von der Schnellläufigkeit abhängig und ändert sich zudem mit dem Volumenstrom $\dot{V}_x$. Bei Maschinen großer spezifischer Drehzahl verläuft die Wirkungslinie der Radialkraft F_r beim Nulldurchsatz ($\dot{V}_x = 0$) ab der Zungenspitze um einen Winkel von etwa 45° in Laufraddrehrichtung verschoben. Sie verschiebt sich umso mehr, je größer der Volumenstrom und desto kleiner die spezifische Drehzahl des Laufrades ist.

Das Entstehen einer Radialkraft kann durch Einsetzen eines Spiralgehäuses mit Doppelspirale, deren Zungen um den Drehwinkel 180° versetzt angeordnet sind (aufwendig!), verhindert werden.

Druckstutzen: Spiralgehäuse bestehen aus der eigentlichen Spirale und den sog. Druckstutzen, einer konischen Erweiterung des Strömungskanals. Die Spirale wird meist bis zu einem Umschlingungswinkel von etwa 360...370° geführt und geht dann in den kegelförmigen Druckstutzen über. Der Druckstutzen hat zwei Aufgaben:

- Übergang von dem oft beliebigen Spiralenquerschnitt auf den fast immer kreisförmigen Austrittsquerschnitt.
- Diffusorwirkung, also weiteres, möglichst verlustarmes Umsetzen von Geschwindigkeit in Druck. Neben diesem Verzögern findet ein Ausgleich der Geschwindigkeitsunterschiede über der Durchtrittsfläche statt. Die ungleiche Geschwindigkeitsverteilung über den Durchtrittsquerschnitt am Ende der Spirale ist hauptsächlich durch die Drallströmung (Flächensatz) bedingt.

Der Druckstutzen ist entsprechend den Strömungsbedingungen ruhender Diffusoren (Gl. (7-32)) zu gestalten:

Erweiterungswinkel $\delta \leqq 8 \ldots 10°$
Länge $L \leqq 4 \cdot D_Z = 4\sqrt{A_Z \cdot (4/\pi)}$
Querschnittsverhältnis $A_D/A_Z \approx 1{,}5 \ldots 2{,}5$

Der Druckstutzen kann tangential abgeführt oder in radiale Richtung umgebogen ausgeführt werden. Dabei ergeben sich folgende Vor- und Nachteile:

Druckstutzen tangential:

Vorteile: Geradliniger Druckstutzen, deshalb geringere Verluste (Ablösungsgefahr kleiner) und einfacher herstellbar.

Nachteil: Druckleitungsführung quer zur Maschinenwelle, während die Saugleitung meist in Wellenrichtung verläuft.

Druckstutzen radial:

Vorteil: Günstiges Anordnen der Druckleitung (vor allem bei Pumpen). Saug- (axial) und Druckleitung (radial) in gleicher Ebene durch die Maschinenwelle.

Nachteile: Gekrümmter Diffusor, große Ablösungsgefahr für die Strömung, deshalb schlechterer Druckumsatz und somit geringerer Wirkungsgrad.
Schwieriger ausleg- und herstellbar.

Die Strömungsgeschwindigkeit im größten Querschnitt des Druckstutzens, dem Druckstutzenendquerschnitt, bei

- Pumpen Austrittsquerschnitt, Index D
- Turbinen Eintrittsquerschnitt, Index D

soll gewisse Werte nicht übersteigen. Je mehr diese Geschwindigkeit anwächst, desto höher sind die Strömungsverluste in der Druckleitung. Für die sog. **Druckstutzengeschwindigkeit** c_D im Größtquerschnitt sind nach PETERMANN [24] für Flüssigkeitsströmungen folgende Richtwerte angebracht:

$$\text{KP} \quad c_D = (0{,}1 \ldots 0{,}3) \cdot \sqrt{2 \cdot \Delta Y} \tag{7-64}$$

$$\text{WT} \quad c_D = (0{,}15 \ldots 0{,}25) \cdot \sqrt{2 \cdot \Delta Y} \tag{7-65}$$

Bei Gasströmungen (KV) können die Werte wegen der wesentlich geringeren Dichte entsprechend höher sein. Wie viel größer die Strömungsgeschwindigkeit bei Gas im Vergleich zu Flüssigkeit sein kann, ergibt folgende Abschätzung:

Für den Druckverlust in Rohrleitungen gilt nach der Fluidmechanik [3] bei $\varrho \approx$ konst:

$$\Delta p_V = \varrho \cdot Y_V = \varrho \cdot \zeta_{ges} \cdot c^2/2$$

Wird bei Gasströmung (Index G) der gleiche Druckverlust wie bei Flüssigkeitsströmung (Index F) zugelassen, ergibt sich:

$$\Delta p_{V,G} = \Delta p_{V,F}$$

$$\varrho_G \cdot \zeta_{ges,G} \cdot c_G^2/2 = \varrho_F \cdot \zeta_{ges,F} \cdot c_F^2/2$$

Hieraus folgt für das Verhältnis der Strömungsgeschwindigkeit bei Gas (c_G) und Flüssigkeit (c_F), das auch für die Druckstutzengeschwindigkeit c_D, d. h. $c_{D,G}$ und $c_{D,F}$, angewendet werden kann, bei näherungsweise angenommen $\zeta_{ges,G} = \zeta_{ges,F}$:

$$c_G/c_F = c_{D,G}/c_{D,F} = \sqrt{\varrho_F/\varrho_G} \tag{7-66}$$

Ausgewertet, z. B. für die wichtigsten technischen Fluide Wasser und Luft:

$$c_G/c_F = c_{D,G}/c_{D,F} = \sqrt{1000/1{,}2} \approx 30$$

Das bedeutet: Unter Voraussetzen gleicher Verluste darf in einem Rohrsystem die Strömungsgeschwindigkeit von Luft etwa den 30fachen Betrag der von Wasser betragen. Dabei wird allerdings davon ausgegangen, dass die REYNOLDS-Zahl das Strömungsgeschehen nicht mehr wesentlich beeinflusst und deshalb $\zeta_{ges,G} \approx \zeta_{ges,F}$.

Kombination mit anderen Leitvorrichtungen. In Fällen, bei denen ein Leitrad (Tabelle 7-1) oder ein Leitring (Geräuschminderung) zwischen Laufrad und Spirale angeordnet wird, erfolgt das Auslegen dieser **Zwischenleitvorrichtung** im Sinne, ein günstiges Spiralgehäuse zu erreichen. Ein solches liegt vor, wenn sein Spiralenendquerschnitt A_Z – Querschnitt bei der Zunge, dem sog. **Zungenquerschnitt**,

Bild 7-8 – mit mäßig konischer Erweiterung (Druckstutzen) auf den Endquerschnitt A_{D} übergeht. Zwischenleitvorrichtungen werden bisweilen bei Pumpen und immer bei Überdruck-Wasserturbinen angewendet.

Beeinflussung: Die Strömungen in Spiralgehäuse und Laufrad bzw. Zwischenleitvorrichtung (sofern vorhanden), beeinflussen sich gegenseitig, was sich ungünstig auswirkt (große Verluste), falls die Einrichtungen nicht aufeinander abgestimmt sind, indem z. B. eine davon falsch ausgelegt ist.

Wirkungsgrad: Bei gleicher qualitativer Ausführung der verschiedenen Leitvorrichtungen sind die im Auslegungspunkt erreichbaren Wirkungsgrade von Spiralgehäusen etwa gleich denen von Leitringen und nur um 1 bis 5 Prozent-Punkte geringer als die von Leiträdern. Bei sehr günstigen Verhältnissen erzielen Spiralgehäuse sogar die gleichen Wirkungsgrade wie Leiträder (beschaufelt).

Druckaufbau: Hier gilt die gleiche, aus dem Energiesatz folgende Beziehung wie bei Leitring (Gl. (7-58)) und Leitrad (Gln. (7-52) bis (7-54)).

Bei $\varrho \approx$ konst wird:

$$\Delta p = \varrho \cdot (c_{\mathrm{e}}^2/2 - c_{\mathrm{D}}^2/2) \cdot \eta_{\mathrm{Spir}}^{\pm 1} \qquad (7\text{-}67)$$

Wieder: Pumpen oberes Vorzeichen (+-Zeichen)
Turbinen unteres Vorzeichen (−-Zeichen)

Dabei ist c_{e} die Geschwindigkeit, mit welcher der Fluidstrom bei Pumpen ins Leitrad ein- und bei Turbinen von ihm austritt. Der Spiralgehäuse-Wirkungsgrad η_{Spir} verhält sich wie zuvor dargelegt:

$$\begin{aligned}\eta_{\mathrm{Spir}} &\approx \eta_{\mathrm{Leitring}} \\ &\approx \eta_{\mathrm{Leitrad}} - (0{,}01 \ldots 0{,}05) > \eta_{\mathrm{Sch}}\end{aligned} \qquad (7\text{-}68)$$

Richtwerte für Leitradwirkungsgrade lt. Gl. (7-73) mit $\eta_{\mathrm{Leitrad}} \equiv \eta_{\mathrm{Sch,Le}}$.

Ausführung: Spiralgehäuse werden ausgebildet

- mit beliebigem Querschnitt. Dabei meist jedoch mit rotationssymmetrischen Seitenwänden. Seltener verwendet.
  Vorteil: Bester Wirkungsgrad erreichbar.
  Nachteil: Schwieriger berechen- und herstellbar.
- mit Kreisquerschnitt. Seitenwände nicht rotationssymmetrisch. Überwiegend angewendet.
  Vorteil: Einfach berechen- und herstellbar.
  Nachteil: Wirkungsgrad weniger hoch erzielbar.

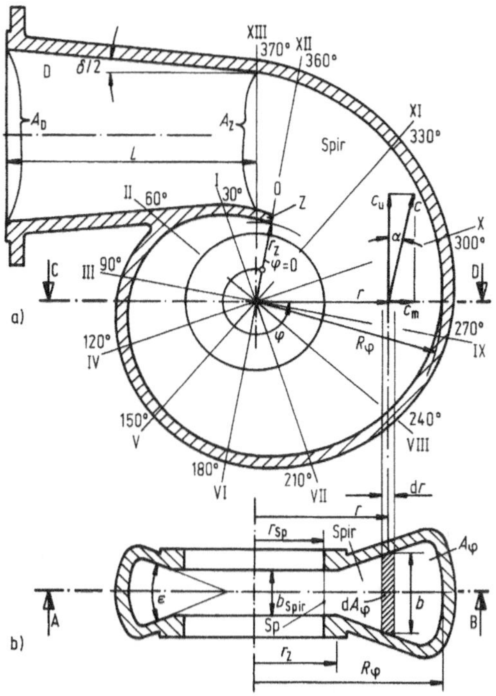

Bild 7-8 Spiralgehäuse mit beliebigem Querschnitt, jedoch Rotationsseitenwänden. a) Radialschnitt A–B, b) Meridianschnitt C–D. Spir ... Spirale, D ... Druckstutzen, Z ... Zunge (Sporn), Sp ... Spalt

Spiralgehäuse mit beliebigem Querschnitt, jedoch seitlichen Rotationsflächen.

Die Beziehung zum Auslegen des Querschnittsverlaufes und damit der Spiralenkontur lässt sich mithilfe von Flächensatz und Durchflussgleichung ableiten:

Nach der Durchflussbeziehung beträgt der infinitesimal kleine Volumenstrom $\mathrm{d}\dot{V}_{\mathrm{Le}}$ durch das in Bild 7-8 dargestellte Flächenelement $\mathrm{d}A_{\varphi}$:

$$\mathrm{d}\dot{V}_{\mathrm{Le},\varphi} = c_{\mathrm{u}} \cdot \mathrm{d}A_{\varphi}$$

Die Umfangskomponente c_{u} der Strömungsgeschwindigkeit c steht senkrecht auf dem differenziellen Flächenelement $\mathrm{d}A_{\varphi}$, das auf dem Radius r unter dem von der Zungenspitze aus gemessenen Drehwinkel φ angeordnet ist. Mit $\mathrm{d}A_{\varphi} = b \cdot \mathrm{d}r$ nach Bild 7-8 folgt:

$$\mathrm{d}\dot{V}_{\mathrm{Le},\varphi} = c_{\mathrm{u}} \cdot b \cdot \mathrm{d}r$$

Bei **reibungsfreier** Strömung (meist zulässig) wird hierzu nach dem Flächensatz (Gl. (2-3)):

$$c_{\mathrm{u}} = (c_{\mathrm{u,Spir}} \cdot r_{\mathrm{Spir}})/r = K_{\mathrm{G,Spir}}/r$$

Hierbei ist

$$K_{G,Spir} = c_{u,Spir} \cdot r_{Spir}$$

das **Geschwindigkeitsmoment** der in das Spiralgehäuse eintretenden Fluidströmung. Für Spiralgehäuse gelten:

- ohne Zwischenleitvorrichtung $K_{G,Spir} = c_{3u} \cdot r_2$
- mit Zwischenleitvorrichtung $K_{G,Spir} = c_{7u} \cdot r_6$

Der Ausdruck für die Umfangskomponente c_u in den differenziellen Volumenstrom eingesetzt, ergibt:

$$\mathrm{d}\dot{V}_{Le,\varphi} = K_{G,Spir} \cdot (b/r) \cdot \mathrm{d}r$$

Integriert zwischen den Grenzen

r_Z ... Halbmesser der Zungenspitze als innere Flächengrenze (untere Grenze) und

R_φ ... Radius der äußeren Begrenzung (obere Grenze)

ergibt den Volumenstrom, der durch den zugehörigen Spiralen-Querschnitt A_φ fließt:

$$\dot{V}_{Le,\varphi} = \int\limits_{(A_\varphi)} \mathrm{d}\dot{V} = K_{G,Spir} \cdot \int\limits_{r_Z}^{R_\varphi} (b/r) \cdot \mathrm{d}r$$

Nach der Durchflussgleichung stimmt der Volumenstrom $\dot{V}_{Le,\varphi}$ mit dem Fluidstromanteil überein, welcher auf dem von der Zungenspitze (dem Beginn der Spirale) ausgehenden Bogen $\widehat{\varphi}$ ins Spiralgehäuse eintritt. Bei der vorausgesetzten rotationssymmetrischen Strömung gilt dann

$$\dot{V}_{Le,\varphi} = (\widehat{\varphi}/(2 \cdot \pi)) \cdot \dot{V}_{Le} = (\varphi^\circ/360) \cdot \dot{V}_{Le}$$

mit $\dot{V}_{Le} \approx \dot{V}_{La}$, d. h. wieder einschließlich Berechnungszuschlag für Spaltverluste und dem Winkel φ im Gradmaß, gekennzeichnet durch φ°.

Verschiedentlich wird auch ohne Sicherheitszuschlag gearbeitet und somit das Spiralgehäuse für den Nennförderstrom $\dot{V}$ ausgelegt. Dann ist bei den Beziehungen $\dot{V}_{La}$ durch $\dot{V}$ zu ersetzen.

Die beiden Ausdrücke für $\dot{V}_{Le}$ gleichgesetzt und nach dem Zentriwinkel φ° umgestellt, ergibt:

$$\varphi^\circ = \frac{360 \cdot K_{G,Spir}}{\dot{V}_{La}} \cdot \int\limits_{r_Z}^{R_\varphi} (b/r) \cdot \mathrm{d}r \tag{7-69}$$

Mit dieser Gleichung kann die Form des Spiralgehäuses ermittelt werden. Das Integral ist exakt lösbar, wenn ein analytischer Zusammenhang zwischen Breite b und Radius r besteht, also die Funktion $b = f(r)$ vorab festgelegt wird.

Rechteckquerschnitt: Bei diesem Sonderfall (verschiedentlich bei Gebläsen angewendet) ist, da $b =$ konst, das Integral in Gl. (7-69) einfach „quadrier-“, d. h. lösbar.

$$\varphi^\circ = 360 \cdot K_{G,Spir} \cdot \frac{b}{\dot{V}_{La}} \cdot \int\limits_{r_Z}^{R_\varphi} \frac{\mathrm{d}r}{r}$$

$$= 360 \cdot K_{G,Spir} \cdot \frac{b}{\dot{V}_{La}} \cdot \ln r \Big|_{r_Z}^{R_\varphi}$$

$$\varphi^\circ = 360 \cdot K_{G,Spir} \cdot (b/\dot{V}_{La}) \cdot \ln(R_\varphi/r_Z) \tag{7-70}$$

Oder umgestellt nach Radius R_φ

$$R_\varphi = r_Z \cdot \exp\left[\frac{\dot{V}_{La}}{K_{G,Spir} \cdot b} \cdot \frac{\varphi^\circ}{360}\right] \tag{7-71}$$

Beliebiger Querschnitt: Meist wird aus Festigkeitsgründen als Spiralenquerschnitt die sog. Birnenform mit „Rotationsseitenwänden“ (Bild 7-9) angewendet. Hierfür kann das Integral in Gl. (7-69) durch Umwandeln in Summenbildung mithilfe grafischer Auftragungen (Bild 7-9b) näherungsweise gelöst werden, am besten tabellarisch (Tabelle 7-2) oder mit PC.

$$\varphi^\circ \approx \frac{360 \cdot K_{G,Spir}}{\dot{V}_{La}} \cdot \sum_{r_Z}^{R_\varphi} (\overline{h} \cdot \Delta r) \tag{7-72}$$

Mit Mittelwerten $\overline{h} = (h' + h'')/2$ nach Bild 7-9b.

Wird wieder sinnvollerweise der radiale Abstand Δr zwischen den einzelnen Schritten gleich ausgeführt, also $\boldsymbol{\Delta r} =$ **konst**, ergibt sich letztlich:

$$\varphi^\circ \approx \frac{360 \cdot K_{G,Spir}}{\dot{V}_{La}} \cdot \Delta r \cdot \sum_{r_Z}^{R_\varphi} \overline{h} \tag{7-73}$$

Vorgehensweise beim Lösen von Gl. (7-73):

a) *Meridianschnitt*

1. Von der festgelegten Breite b_{Spir} ausgehend Eintragen der Rotationsseitenflächen unter Winkel ε (meist $\leqq 60°$) in vorerst nicht begrenzter radialer Erstreckung. Damit ist die seitliche Kontur der Spiralenquerschnittsform festgelegt.

2. Eintragen einer größeren Anzahl von Zylinderschnitten in sinnvoll gewähltem, am besten gleichem, radialem Abstand Δr (Radiusdifferenz).

3. Ausmessen der zum jeweiligen Radius r gehörenden axialen Schnittbreite b (Spiralenquerschnittsbreite), Bild 7-9a. Beide Wertegruppen in eine Tabelle (Tabelle 7-2) eintragen.

Tabelle 7-2 Tabelle zum Auswerten von Gl. (7-73), zusammen mit Bild 7-9

A	B	C	D	E	F	G	H
Schnitt Nr.	r in m	b in m	$h=b/r$ –	$\bar{h}$ –	$\Sigma\bar{h}$ –	$\Delta r\cdot\Sigma\bar{h}$ in m	φ in °
0					0	0	0
I							
II							
⋮							
⋮							
⋮							
⋮							
							370

b) *Diagramm* $b/r = f(r)$

4. Zu den Wertepaaren von z. B. Punkt III gehörenden Quotienten $h = b/r$ berechnen und abhängig vom jeweiligen Radius r in einem rechtwinkligen (r, h)-System auftragen (Bild 7-9b).

5. Mittelwerte $\bar{h} = (h' + h'')/2$ bilden.

c) *Kurve* $\varphi = f(r)$; Gradzeichen weggelassen.

6. Zentriwinkel φ in der Tabelle berechnen und im Diagramm mit rechtwinkligem (r, φ)-Koordinatensystem auftragen (Bild 7-9c).

7. Eintragen der zu den Radialschnitten I bis XIII (Bild 7-8) gehörenden Winkel φ, also $\varphi = 0°$; $30°$; $60°$; $90°$ usw. Ergibt im Meridianschnitt die radiale Spiralenbegrenzung in der jeweiligen Schnittebene. Die notwendige Flächen- und Zungenkorrektur führt zu der endgültigen Kontur der Spiralenquerschnitte, welche im Radialschnitt eingetragen die Spiralenkontur festlegen.

Flächenkorrektur: Beim Festlegen der Kontur ist jeder Spiralenmeridianschnitt ursprünglich seitlich und außen je durch eine Gerade begrenzt.

Nicht zuletzt aus Festigkeitsgründen wird in der Praxis die äußere Begrenzung der Spiralenquerschnitte jedoch nicht geradlinig, sondern gewölbt ausgeführt. Deshalb ist die äußere Querschnittskontur entsprechend umzubilden. Hierbei ist zu beachten, dass sich die Umfangsgeschwindigkeit c_u gemäß dem Flächensatz hyperbolisch über dem Querschnitt verändert. Die auszutauschenden Flächenstücke ΔA_1 und ΔA_2 in Bild 7-9a sind deshalb nicht inhaltsgleich auszuführen, sondern wie folgt:

$$d\dot{V} = dA \cdot c_u = dA \cdot K_{G,Spir}/r$$

Jedes Flächenelement dA' am Radius r' muss durch ein Flächenelement dA'' am Radius r'' so ersetzt werden, dass nach der Kontinuitätsbedingung $d\dot{V}' = d\dot{V}''$ erfüllt ist, also:

$$dA'/r' = dA''/r''$$

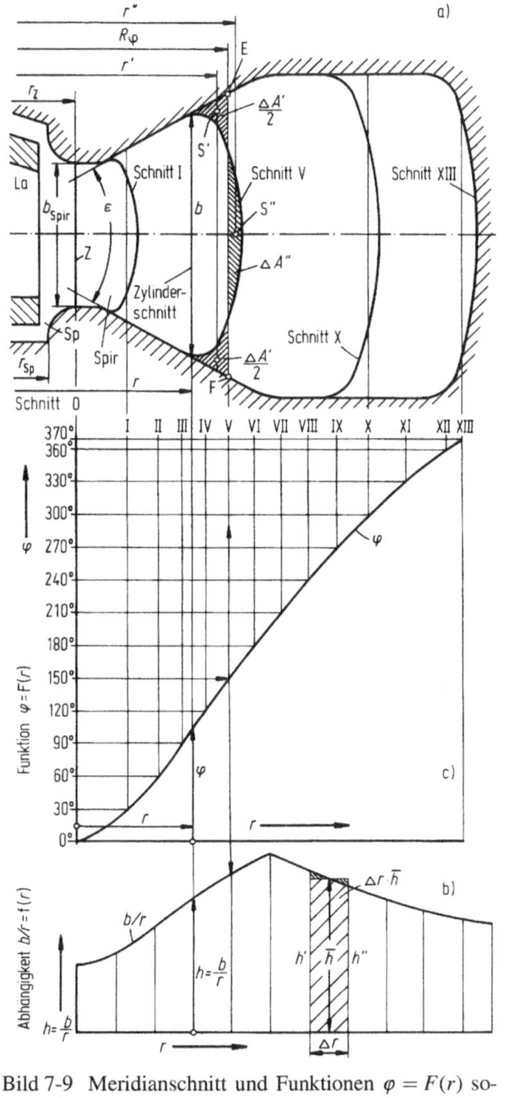

Bild 7-9 Meridianschnitt und Funktionen $\varphi = F(r)$ sowie $b/r = f(r)$ zum Berechnen einer Spirale mit beliebig geformten Rotationsflächen als Seitenbegrenzung (Birnenform). a) Meridianschnitt, Schnitte I bis XIII (Zirkularprojektionen) entsprechend Bild 7-8b; b) Funktion $\varphi = F(r)$; c) Abhängigkeit $b/r = f(r)$

Näherungsweise gilt für die gesamten Austauschflächen:

$$\Delta A'/r' = \Delta A''/r'' \qquad (7\text{-}74)$$

Hierbei sind r' und r'' die Schwerpunktsradien, d. h. die Radien bis zu den Schwerpunkten S' und S'' der auszutauschenden Flächen $\Delta A'$ und $\Delta A''$.

Unterscheiden sich die Schwerpunktsradien r' und r'' nur wenig, kann bei weiterer Näherung gesetzt werden:

$$\Delta A' \approx \Delta A'' \qquad (7\text{-}75)$$

Zungenkorrektur: Die Verengung des Spiralenendquerschnittes (bei $\varphi \approx 360°$) infolge endlicher Dicke der Zunge lässt sich dadurch ausgleichen, indem für diesen Querschnitt die äußere Begrenzungsgerade (also vor der Flächenkorrektur) etwa um die halbe Zungendicke radial weiter nach außen verlegt wird. Hierbei ist jedoch ein stetiger Übergang zu den vorhergehenden Querschnitten herbeizuführen. Das bedeutet, die Zungenkorrektur ist schon ab Winkel $\varphi \geqq 300°$ anteilmäßig zu berücksichtigen. Hierzu wird ab $\varphi \approx 300°$ die äußere Begrenzungsgerade mit wachsendem φ zunehmend weiter nach außen verschoben, was gleichzeitig eine gewisse Querschnittserweiterung ergibt, die sich jedoch erfahrungsgemäß vorteilhaft auswirkt.

Umschlingungswinkel: Die Spirale wird meist bis zu einem Umschlingungswinkel von $\varphi = 360°$ bis $\varphi \approx 370°$ ausgeführt (wegen der Zunge) und geht dann in den integrierten Druckstutzen über.

Querschnitt-Erweiterungswinkel ε: Durch den Erweiterungswinkel ε des Spiralenquerschnittes wird entsprechend dem Durchflussgesetz nur die verhältnismäßig kleine Meridiankomponente c_m der Strömungsgeschwindigkeit c des Fluids beeinflusst. Eine obere Grenze muss daher bei Winkel ε im Gegensatz zu normalen Diffusoren kaum beachtet werden. Der Erweiterungswinkel beeinflusst daher den Wirkungsgrad der Spirale nur unwesentlich. Bei KV oft Rechteckquerschnitt ($\varepsilon = 0°$).

Bereichsgrenzen	$0 \leqq \varepsilon \leqq 90°$
Übliche Richtwerte	$\varepsilon \approx 30 \ldots 60°$

Bemerkung: Obwohl strömungsgünstiger, weshalb guter Wirkungsgrad erzielbar, werden Spiralgehäuse mit Keil- oder Birnenquerschnitt seltener verwendet. Grund: Schwieriger ausleg- und herstellbar.

Spiralgehäuse mit Kreisquerschnitt

Obwohl Spiralgehäuse mit Kreisquerschnitt die aus dem Flächensatz kommende Forderung bezüglich Rotationsseitenflächen nicht erfüllen, was sich in etwas höheren Verlusten, also geringerem Wirkungsgrad äußert, werden sie bei:

- großen Maschinen (KP, KV, WT) ausschließlich
- kleinen Maschinen (KP, KV) meist verwendet.

Grund: Einfach berechen- und herstellbar sowie günstiges Festigkeitsverhalten. Vor allem bei großen Maschinen und hohen Drücken wichtig. Beim Kreisquerschnitt besteht ein analytisch ausdrückbarer, funktioneller Zusammenhang zwischen der Querschnittsbreite b und dem zugehörigen Drehachsenradius r. Deshalb lässt sich das Integral von Gl. (7-69) und damit die gesamte Beziehung $\varphi = f(R_\varphi)$ exakt lösen.

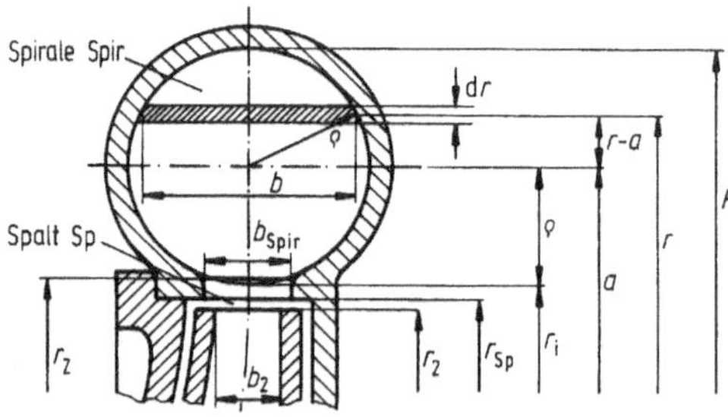

Bild 7-10 Spiralgehäuse mit kreisförmigem Querschnitt

Aus Bild 7-10 folgt:

$$(b/2)^2 + (r-a)^2 = \varrho^2$$

Hieraus:

$$b = 2 \cdot \sqrt{\varrho^2 - (r-a)^2} = f(r)$$

Zusammen mit den Integrationsgrenzen, untere $r_i = a - \varrho$; obere $R_\varphi = a + \varrho$, in das Integral von Gl. (7-69) eingesetzt:

$$\varphi° = \frac{360 \cdot K_{G,Spir}}{\dot{V}_{La}} \cdot 2 \cdot \int_{r_i}^{R_\varphi} \frac{\sqrt{\varrho^2 - (r-a)^2}}{r} \cdot dr \qquad (7\text{-}76)$$

Zusammengefasst und abgekürzt (Integral I):

$$\varphi° = (720 \cdot K_{G,Spir}/\dot{V}_{La}) \cdot I$$

Die Lösung des Integrals

$$I = \int_{r_i}^{R_\varphi} \left(\sqrt{\varrho^2 - (r-a)^2}/r\right) \cdot dr$$

ist beim digitalen Zusatzmaterial aufgeführt. Das Ergebnis

$$I = \pi \cdot (a - \sqrt{a^2 - \varrho^2})$$

in Gl. (7-76) eingesetzt:

$$\varphi^\circ = (720 \cdot K_{G,Spir}/\dot{V}_{La}) \cdot \pi \cdot (a - \sqrt{a^2 - \varrho^2})$$

Des Weiteren $a = r_i + \varrho$ laut Bild 7-10 ersetzt:

$$\varphi^\circ = \frac{720 \cdot K_{G,Spir} \cdot \pi}{\dot{V}_{La}} \cdot \left(r_i + \varrho - \sqrt{(r_i + \varrho)^2 - \varrho^2}\right)$$

Den Wurzelradikanden zusammengefasst und den Bruch vor der Klammer durch die Abkürzung C ersetzt:

$$\varphi^\circ = C \cdot \left(r_i + \varrho - \sqrt{r_i^2 + 2 \cdot r_i \cdot \varrho}\right) \quad (7\text{-}77)$$

Mit dem Faktor:

$$C = 720 \cdot \pi \cdot K_{G,Spir}/\dot{V}_{La} \quad (7\text{-}78)$$

Oder mit $\dot{V}_{La} = 2 \cdot r_2 \cdot \pi \cdot b_2 \cdot c_{3m}$ und $K_{G,Spir} = r_2 \cdot c_{3u}$ (ohne Zwischenleiteinrichtung):

$$C = \frac{360 \cdot c_{3u}}{b_2 \cdot c_{3m}} = \frac{360}{b_2 \cdot \tan \alpha_3} \quad (7\text{-}79)$$

Hierbei:
Geschwindigkeitsmoment (Drallkonstante) $K_{G,Spir}$ wie erwähnt, bei Spiralgehäuse:

- ohne Zwischenleiteinrichtung, d. h. ohne vorgeschaltetes Leitrad und/oder Leitring:

$$K_{G,Spir} \equiv K_{G,3} = r_2 \cdot c_{3u} \quad (7\text{-}80)$$

- mit Zwischenleiteinrichtung:

$$K_{G,Spir} \equiv K_{G,7} = r_6 \cdot c_{7u} \quad (7\text{-}81)$$

Innenradius r_i: Infolge der in axialer Richtung geraden Zungennase muss entsprechend Bild 7-11 zu jedem Querschnittsradius ϱ der Innenradius r_i durch Probieren so bestimmt werden, dass gemäß Gl. (7-75) Flächenausgleich $\Delta A' \approx \Delta A''$ erfolgt. Während der Zungenabstandsradius r_Z gleich bleibt, nimmt der Innenradius r_i mit wachsendem Querschnittsradius ϱ, d. h. mit steigendem Drehwinkel φ, zu und nähert sich immer mehr dem Halbmesser r_Z, bis er ihn letztlich sogar übersteigt. Nach PFLEIDERER [29] kann jedoch näherungsweise für die gesamte Spirale gesetzt werden:

$$r_i \approx r_Z \quad (7\text{-}82)$$

Der dadurch bedingte Fehler führt zu einer gewünschten Erweiterung der in Zungennähe kleinen Spiralenanfangs-Querschnitte.

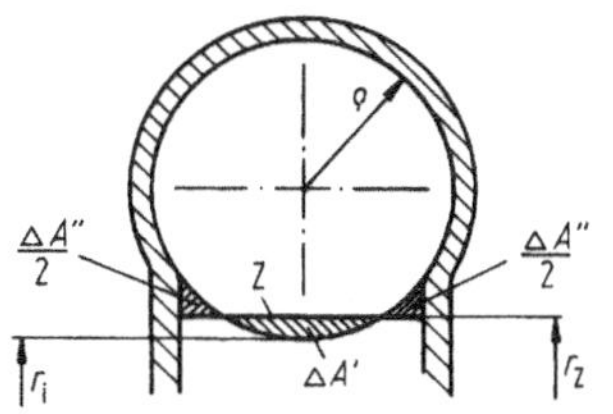

Bild 7-11 Flächenausgleich, bedingt durch die innerhalb der gerade verlaufenden Zungenkante Z liegende Innenseite (Radius r_i) des Querschnittskreises (Radius ϱ)

Für den Konstrukteur ist es zum Aufzeichnen des Spiralenverlaufes bequemer, den Winkel φ vorzugeben und dann den zugehörigen Radius ϱ des Kreisquerschnittes zu berechnen. Hierzu muss Gl. (7-77) explizit nach ϱ umgeformt werden:

$$\sqrt{r_i^2 + 2 \cdot r_i \cdot \varrho} = r_i + \varrho - \varphi^\circ/C$$

quadriert

$$r_i^2 + 2 \cdot r_i \cdot \varrho = (r_i + \varrho)^2 - 2 \cdot (r_i + \varrho) \cdot \varphi^\circ/C + (\varphi^\circ/C)^2$$

$$r_i^2 + 2 \cdot r_i \cdot \varrho = r_i^2 + 2 \cdot r_i \cdot \varrho + \varrho^2 - 2 \cdot (r_i + \varrho) \cdot \varphi^\circ/C + (\varphi^\circ/C)^2$$

$$\varrho^2 - 2 \cdot (\varphi^\circ/C) \cdot \varrho + (\varphi^\circ/C)^2 = 2 \cdot (\varphi^\circ/C) \cdot r_i$$

$$(\varrho - \varphi^\circ/C)^2 = 2 \cdot (\varphi^\circ/C) \cdot r_i$$

$$\varrho - \varphi^\circ/C = \overset{+}{(-)}\sqrt{2 \cdot (\varphi^\circ/C) \cdot r_i}$$

Minusfall nicht brauchbar, weshalb eingeklammert.

$$\varrho = \varphi^\circ/C + \sqrt{2 \cdot r_i \cdot \varphi^\circ/C} \quad (7\text{-}83)$$

Wird die Spirale auf $\varphi = 360° = \varphi_{max}$ ausgelegt, ergibt sich der Radius ϱ_{max} des **Endquerschnittes**:

$$\varrho_{max} = 360/C + \sqrt{2 \cdot r_i \cdot 360/C} \quad (7\text{-}84)$$

Mit Gl. (7-79):

$$\varrho_{max} = \frac{360}{360/(b_2 \cdot \tan \alpha_3)} + \sqrt{2 \cdot r_i \cdot \frac{360}{360/(b_2 \cdot \tan \alpha_3)}}$$

Vereinfacht und $r_i \approx r_Z$ nach Gl. (7-82) gesetzt, ergibt:

$$\varrho_{max} = b_2 \cdot \tan \alpha_3 + \sqrt{2 \cdot r_Z \cdot b_2 \cdot \tan \alpha_3} \quad (7\text{-}85)$$

Entsprechend der Ableitung berücksichtigen auch diese Beziehungen den Reibungseinfluss nicht. Untersuchungen ergaben jedoch, dass Spiralgehäuse, wie erwähnt, besser etwas zu eng als zu weit bemessen sein sollten. Dadurch begründet sich, dass die Strömungsreibung beim Auslegen von Spiralgehäusen in der Regel nicht eingerechnet werden muss. Wird die Reibung in Sonderfällen berücksichtigt, sind die Werte für den Radius nach Gl. (7-83) um den Betrag $\Delta\varrho$ zu vergrößern:

$$\Delta\varrho \approx 0{,}025 \cdot r_i \cdot (\varphi^\circ/360) \qquad (7\text{-}86)$$

Für den Radius des Kreisquerschnittes von Spiralgehäusen bei Berücksichtigen der Reibung gilt dann:

$$\varrho_{ges} = \varrho + \Delta\varrho \qquad (7\text{-}87)$$

Flächenkorrektur: Der Kleinstwert für den Radius ϱ des Querschnittskreises ist durch die Zuströmbreite b_{Spir} bestimmt. Es muss sein:

$$\varrho \geqq b_{Spir}/2$$

Deshalb lässt sich der Kreisquerschnitt, von der Zungenspitze ausgehend, bis $\varphi \approx 45 \ldots 90^\circ$ des Spiralenumfanges, also auf dem ersten Achtel bis Viertel, noch nicht verwirklichen. Auf diesem Spiralenumfangsbereich muss daher der Querschnitt

- entweder nach den Regeln der Spirale mit beliebiger Querschnittsform (vorhergehender Unterschied) entworfen und ein Übergang zum Kreisquerschnitt geschaffen
- oder die zu kleinen Kreise über die Flächenkorrektur in Übergangsquerschnitte umgewandelt werden (Gl. (7-74) bzw. (7-75)).

Bemerkungen:

- Zungenkorrektur: Entsprechend Spiralgehäusen mit beliebigem Querschnitt vornehmen. Dabei muss der Radius ϱ des Spiralenkreisquerschnittes abhängig von der Zungendicke im Zungenbereich (ab etwa $\varphi = 300^\circ$) wenig zunehmend vergrößert werden; bis etwa halbe Sporndicke beim Endquerschnitt ($\varphi \approx 360^\circ$).
- Umschlingungswinkel: Auch hier wird die Spiralenberechnung meist bis zu einem Umschlingungswinkel von $\varphi = 360 \ldots 370^\circ$ durchgeführt und dann der Druckstutzen angeordnet.
- Querschnitts-Anordnung: Die Lage des Spiralenquerschnittes gegenüber dem Eintrittskanal bestimmt die Art der Sekundärströmung (Bild 7-12). Bei der normalerweise üblichen symmetrischen Anordnung (Bild 7-12a) bildet sich ein etwas verlustreicherer Doppelwirbel. Ist der Spiralenkreisquerschnitt dagegen einseitig zum Zuströmkanal angeordnet (Bild 7-12b), entsteht nur ein verlustärmerer Einfachwirbel.
- Geltungsbereich: Die für Spiralgehäuse abgeleiteten Gleichungen gelten allgemein, d. h. gleichgültig, wie die Spirale angeordnet ist; mit radialer oder diagonaler Richtung der Querschnittsmittellinie.
  Die Beziehungen gelten uneingeschränkt auch für Turbinen-Spiralgehäuse.

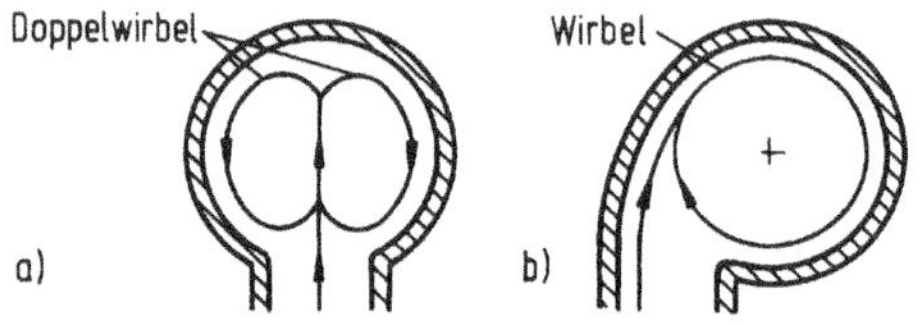

Bild 7-12 Sekundärströmung in Spiralgehäusekanal mit Kreisquerschnitt, abhängig von der Anordnung.
a) Symmetrische Anordnung: Doppelwirbel (zwei entgegengesetzte Wirbel). Nachteilig, da verlustreicher.
b) Einseitige Anordnung: Einfacher, verlustärmer

7.2.1.6 Rückführeinrichtungen

Rückführeinrichtungen, auch als Rückführkanäle bezeichnet, sind **Umlenkräume** (beschaufelt oder nicht beschaufelt) und **Rückführräume** (meist beschaufelt), die nur bei mehrstufigen Radialmaschinen (KP, KV) jeweils zwischen zwei aufeinander folgenden Stufen benötigt werden. Sie dienen dazu, das aus einer Stufe (vorhergehender) austretende Fluid der folgenden zuzuführen.

Umlenkräume

Umlenkräume sind Rotationshohlräume (Ringräume), die meist schaufellos ausgeführt werden. Sie lenken den Fluidstrom von der radial nach außen verlaufenden Richtung um 180° in die radial nach innen verlaufende um (Bilder 2-3 und 7-13).

Der Zusammenhang zwischen Austritts- (Stelle 8) und Eintrittswinkel (Stelle 7) ergibt sich bei $\varrho \approx$ konst, was nahezu immer der Fall, aus Gl. (2-15):

$$\tan\alpha_8 = (b_7/b_8) \cdot \tan\alpha_7 + (\lambda/4) \cdot L/b_8 \qquad (7\text{-}88)$$

Hierbei:

$\lambda \approx 0{,}04$ Widerstandsziffer
$L \ldots$ Bogenlänge zwischen den Stellen 7 und 8 (Bild 2-3) entlang der Meridian-Mittellinie
$b_7 \equiv b_e$, $b_8 \equiv b_a$ Ein- und Austrittsbreite (Bild 2-3)

Zur besseren Übersichtlichkeit sind die zu den verschiedenen Stellen gehörenden Abmessungen in Bild 7-13 nicht eingetragen.

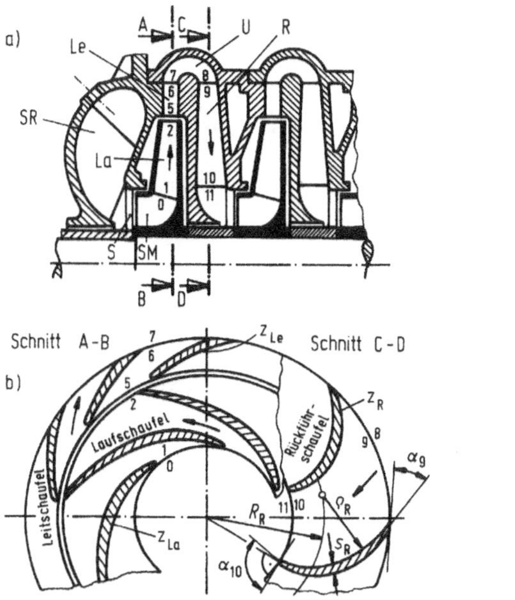

Bild 7-13 Mehrstufige Pumpe.
a) Meridianschnitt (Längsschnitt), b) Schaufelplan (Radialschnitte). SR ... Saugraum mit Radialplatten, La ... Laufrad, Le ... Leitrad, U ... Umlenkraum (nicht beschaufelt), R ... Rückführkanal (beschaufelt)

Umlenkräume werden in der Regel so ausgebildet, dass sowohl Ein- und Austrittsdurchmesser als auch Ein- und Austrittsbreite jeweils gleich sind: $D_7 = D_8$ und $b_7 = b_8 = b_6$. Hierfür geht Gl. (7-88) entsprechend Beziehung (2-16) über in:

$$\tan\alpha_8 = \tan\alpha_7 + (\lambda/4)\cdot L/b_6 \qquad (7\text{-}89)$$

Bemerkungen: Bei Hochleistungskreiselpumpen werden die Umlenkräume manchmal beschaufelt, was bedeutet, die Leitschaufeln müssen räumlich gekrümmt sein und werden über die Umlenkräume hinweg mit den Rückführschaufeln aus einem Stück gefertigt. Neben dem konstruktiven ist der gießtechnische Aufwand hoch. Es ergeben sich jedoch etwas bessere Wirkungsgrade.

Bei großen Pumpen (KP, KV), z. B. Speicherpumpen, werden die Umlenkräume meist kreisbogenförmig, d. h. mit halbkreisförmiger Mittellinie im Meridianschnitt, ausgeführt (Bild 7-13); auch als sog. **einfache Umführung** (Bild 7-14a) bezeichnet. Ergibt gute Umlenkung, erfordert jedoch großen Maschinenaußendurchmesser.

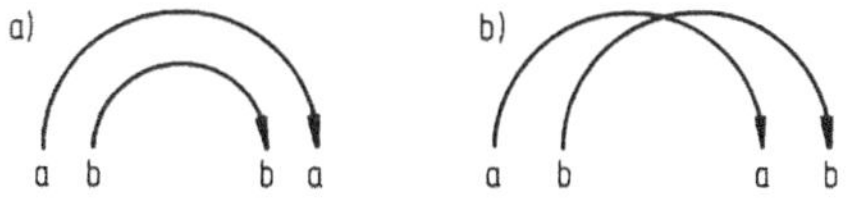

Bild 7-14 Strömungsführung in Umlenkräumen.
a) einfach, b) geschränkt

Bei kleinen Kreiselpumpen werden die Leitradrückwände in den äußeren Schrägabschnitten, d. h. in den Bereichen, in denen die Leitschaufeln am Außenumfang keine Kanäle mehr bilden, ausgeschnitten. Dadurch entstehen seitlich dreieckförmige Öffnungen, über die das Medium von den Leitkanälen zum Rückführraum strömen kann (Bild 7-15). Dabei ergibt sich die sog. **geschränkte Umführung**, d. h., die Stromfäden überschneiden sich. Der Fluidstrom führt eine schraubenförmige Bewegung aus (Bild 7-14b). Vorteil: Kleiner Außendurchmesser. Nachteil: Ungünstigerer Wirkungsgrad.

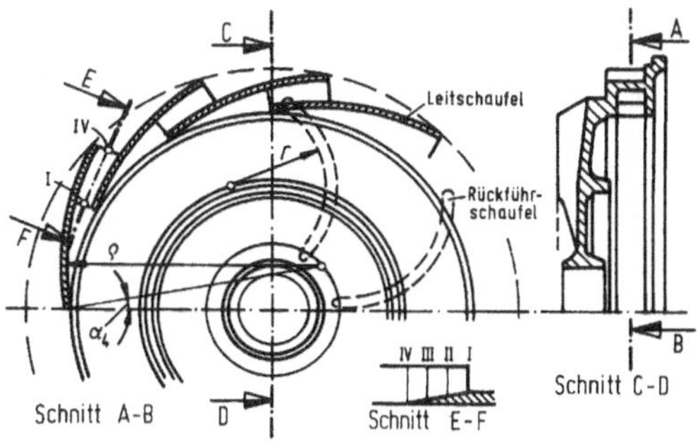

Bild 7-15 Rückführeinrichtung (Leitradeinsatz) von mehrstufiger Pumpe (KSB)

Rückführkanäle (beschaufelt)

Rückführräume sind beschaufelte achsensymmetrische Radialhohlräume (Bild 7-13), welche den Fluidstrom dem jeweils folgenden Laufrad zuführen. Dabei soll eine Zuströmgeschwindigkeit (in Größe und Richtung) erreicht werden, gleich der des vorhergehenden Laufrades. Dies ist notwendig, um, besonders bei Kreiselpumpen, alle Laufräder gleich ausbilden zu können (Fertigungsvereinfachung) und überall drallfreie Laufradzuströmung zu erreichen.

Rückführschaufeln können eine Kraft und damit ein Moment aufnehmen, wodurch der Drall (das Geschwindigkeitsmoment $r \cdot c_u$) bei richtigem Bemessen bis auf null abgebaut – gibt Druck – werden kann, weshalb der Fluidstrom dann drallfrei von den Rückführschaufeln abströmt ($c_{11u} = 0$).

Gestalten der Rückführkanäle und -schaufeln:

Eintritt (Stelle 9):

Eintrittsbreite b_9 wie Austrittsbreite b_8 des vorhergehenden Umlenkraumes: $b_9 = b_8$

Eintrittsdurchmesser D_9 identisch dem Austrittsdurchmesser D_8 des vorhergehenden Umlenkraumes, also $D_9 = D_8$

Schaufelanfangswinkel α_9 entsprechend Gl. (7-12):

$$\tan \alpha_9 = \mu \cdot \tau_9 \cdot \tan \alpha_8 \qquad (7\text{-}90)$$

Mit

Erfahrungszahl $\mu \approx 1{,}2$

Schaufelverengungsfaktor

$$\tau_9 = t_9/(t_9 - \sigma_9) > 1 \qquad (7\text{-}91)$$

Hierbei Teilung

$$t_9 = D_9 \cdot \pi / z_R \qquad (7\text{-}92)$$

Schaufelumfangsbreite

$$\sigma_9 = s_9 / \sin \alpha_9 \qquad (7\text{-}93)$$

Da wie bei Laufschaufeln (Abschnitt 6.1) Winkel α_9 vorerst unbekannt, zuerst Näherungsrechnung mit Schätzwert τ_9 notwendig, dann nachrechnen.

Je größer D_9 und desto kleiner z_R, umso niedriger wird τ_9.

Richtwerte:

$$\tau_9 \approx 1{,}04 \ldots 1{,}4 \qquad (7\text{-}94)$$

Oder mit:

$$\sigma_9 \approx s_9 / \sin \alpha_8 \qquad (7\text{-}95)$$

Schaufeldicke: Abhängig vom Herstellungsverfahren. Schaufeln meist in gleich bleibender Dicke ausgeführt, d. h. $s_R = s_{10} = s_{11} = \text{konst.}$

Gegossen $s_R \geqq 3$ mm, Blech $s_R \geqq 1$ mm

Schaufelzahl: Anzahl der Rückführschaufeln z_R meist so groß wie die der Leitschaufeln z_{Le} und damit wenig größer als Laufschaufelzahl z_{La} ausgeführt.

$$z_R \approx z_{Le} \geqq (z_{La} + 1 \ldots 2) \qquad (7\text{-}96)$$

Austritt (Stelle 10/11):

Schaufelwinkel α_{10}: Drallfrei, also $c_{11u} = 0$ und deshalb $\alpha_{11} = 90°$. Wegen der (wie bei Laufrädern) mit der endlichen Schaufelzahl zusammenhängenden, unvollkommenen Stromführung (Minderablenkung) werden die Schaufelenden um erfahrungsgemäß 5 bis 10° über die radiale Richtung hinaus „überbogen", also der Schaufelwinkel ausgeführt:

$$\alpha_{10} \approx 95 \ldots 100° \qquad (7\text{-}97)$$

Austrittsdurchmesser D_{11}: Wird konstruktiv festgelegt. Meist $D_{10} \approx D_{11} \geqq D_{SM}$ mit D_{SM} dem Saugmunddurchmesser des folgenden Laufrades.

Austrittsbreite $b_{10} \equiv b_{11}$: Breite b_{11} aus Durchflussgleichung: $\dot{V}_R = c_{11m} \cdot A_{11m} = c_{11m} \cdot D_{11} \cdot \pi \cdot b_{11}$.

Hieraus mit $\dot{V}_R = \dot{V}_{Le} \approx \dot{V}_{La}$ und $c_{11m} = c_{SM}$:

$$b_{11} = \dot{V}_{La} / (c_{SM} \cdot D_{11} \cdot \pi) \qquad (7\text{-}98)$$

Schaufelkontur: Wie bei Laufrädern:

- Kreisbogenschaufeln
- punktweise berechnete Schaufeln.

Meist werden jedoch Kreisbogenschaufeln mit gleich bleibender Dicke (s_R = konst) verwendet. Hierfür nach Bild 7-13 entsprechend den Beziehungen (6-21) bis (6-23), Abschnitt 6.1.5.2.

Krümmungsradius ϱ_R:

$$\varrho_R = \frac{r_9^2 - r_{10}^2}{2 \cdot (r_9 \cdot \cos \alpha_9 - r_{10} \cdot \cos \alpha_{10})} \qquad (7\text{-}99)$$

Zentrumsradius, auf dem die Krümmungsmittelpunkte liegen, also geometrischer Ort von ϱ_R:

$$R_R = \sqrt{r_9^2 + \varrho_R^2 - 2 \cdot r_9 \cdot \varrho_R \cdot \cos \alpha_9} \qquad (7\text{-}100)$$

Bemerkung: Wie alle Kanäle (beschaufelt oder nicht beschaufelt) von Strömungsmaschinen, ist die Form der Rückführeinrichtung letztlich nur durch systematische Versuche endgültig festlegbar.

7.2.1.7 Saugseitenleitvorrichtungen

Prinzipiell können Leitvorrichtungen (beschaufelt oder nicht beschaufelt) auch auf der Saugseite des Laufrades angeordnet werden. Während Saugseitenleiteinrichtungen bei Pumpen in beschaufelter Ausführung jedoch nur in Sonderfällen Verwendung finden, sind sie bei Wasserturbinen der Überdruckbauart in unbeschaufelter Form als sog. Saugrohr wichtiger Bestandteil der Maschine, auf den nicht verzichtet wird (Abschnitt 7.3.2.2).

Saugseitenleiträder (beschaufelt) werden bei Pumpen manchmal (vor allem bei KV) als Zusatzleiteinrichtungen angewendet und als **Vor- oder Eintrittsleitrad** bezeichnet. Sie ändern den Drall des zum Laufrad fließenden Fluidstromes. Vorleiträder mit verstellbaren Schaufeln werden deshalb bei Spezialpumpen bisweilen zu Regelzwecken verwendet. Ein solches Vorleitrad beeinflusst neben dem Eintrittsdrall auch den Durchsatz über die Meridiangeschwindigkeit c_{0m} (Bild 7-16). Nachteilig ist, dass durch die Drallerzeugung (Geschwindigkeitskomponente c_u) zwangsläufig der Saugdruck entsprechend abfällt, weshalb bei Flüssigkeitsströmung die Kavitationsgefahr steigt. Daher werden Eintrittsleiträder bei Kreiselpumpen fast nicht angewendet. Bei Kreiselverdichtern erhöht sich durch c_u die Überschallgefahr, was jedoch meist beherrschbar bleibt.

Auf welche Weise der Laufrad-Energieumsatz beeinflusst wird, geht aus der EULER-Gleichung

$$\Delta Y = \eta_{Sch} \cdot (u_2 \cdot c_{3u} - u_1 \cdot c_{0u})$$

gemäß Gl. (3-11) und (3-20) sowie (3-53) hervor:

Ohne Vorleitrad (Regelfall)

$c_{0u} = 0$ *(Drallfreiheit,* $\delta_r = 1) \rightarrow \alpha_0 = 90°$

$$\Delta Y = \eta_{Sch} \cdot u_2 \cdot c_{3u}$$

Mit Vorleitrad (Sonderfall)

c_{0u} *positiv* $(+|c_{0u}|)$, da $c_{0u} \upuparrows u_1 \rightarrow \alpha_0 < 90°$ *(Gleichdrall,* $\delta_r < 1)$

$$\Delta Y = \eta_{Sch} \cdot (u_2 \cdot c_{3u} - u_1 \cdot |c_{0u}|)$$

hieraus folgt: ΔY ist kleiner als bei Drallfreiheit

c_{0u} *negativ* $(-|c_{0u}|)$, da $c_{0u} \downarrow\uparrow u_1 \rightarrow \alpha_0 > 90°$ *(Gegendrall,* $\delta_r > 1)$

$$\Delta Y = \eta_{Sch} \cdot [u_2 \cdot c_{3u} - u_1 \cdot (-|c_{0u}|)] = \eta_{Sch} \cdot (u_2 \cdot c_{3u} + u_1 \cdot |c_{0u}|)$$

somit hier ΔY größer als bei Drallfreiheit.

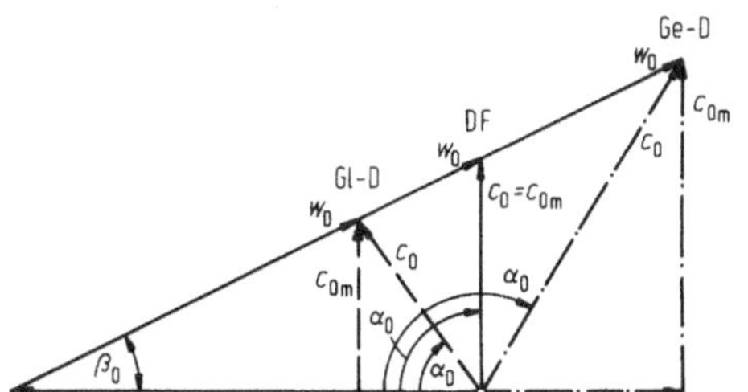

Bild 7-16 Saugseitendreiecke bei verschiedenem Vordrall. DF ... Drallfreiheit (Regelfall), $c_{0u} = 0$. Gl-D ... Gleichdrall $c_{0u} > 0$, da $c_{0u} \upuparrows u_1$. Ge-D ... Gegendrall, $c_{0u} < 0$, da $c_{0u} \downarrow\uparrow u_1$

Gleichdrall verkleinert und Gegendrall vergrößert demnach den Energieumsatz gegenüber Drallfreiheit des Zustromes, falls die anderen Größen (Umfangskomponente c_{0u}, Wirkungsgrad η_{Sch}) unverändert bleiben.

Die drei Fälle sind in Bild 7-16 dargestellt.

Bild 7-16 bestätigt auch die bereits erwähnte Erscheinung, dass sich mit der Umfangskomponenten c_{0u} ebenfalls die Meridiangeschwindigkeit c_{0m} der Absolutströmungsgeschwindigkeit c_0 ändert. Da die Meridiangeschwindigkeit c_m den Volumenstrom mit bestimmt, ändert sich bei Vordrallregelung neben der Stufenarbeit gekoppelt auch der Mengendurchsatz, weshalb verschiedentlich auch hierfür eingesetzt.

Des Weiteren ist aus den Geschwindigkeitsdreiecken in Bild 7-16 ersichtlich, dass sich außer der Absolutgeschwindigkeit c_0 auch die Relativgeschwindigkeit w_0 des Fluidstromes ebenfalls mit dem Vordrall ändert. Das beeinflusst, wie in Kapitel 5 ausgeführt, bei Flüssigkeiten die Kavitations- und bei Gasen die Überschallgefahr. Bei Gleichdrall (c_0, w_0 kleiner) verringern sich, bei Gegendrall (c_0, w_0 größer) wachsen diese Gefahren.

Die vor allem bei Gegendrall im Vorleitrad zur Geschwindigkeitserzeugung notwendige Druckabsenkung muss durch verstärkten Druckaufbau im folgenden Laufrad wieder kompensiert werden. Das bedeutet jedoch nicht nur unvorteilhaftes, doppeltes Geschwindigkeitsumsetzen (erst Beschleunigung, dann Verzögerung), sondern auch entsprechendes Vergrößern des Spaltdruckes, der dadurch sogar größer als der Förderdruck bzw. der Stufendruckunterschied wird. Der Reaktionsgrad (Gl. (4-43)) erreicht dadurch Werte bis über eins ($r > 1$). Ferner wächst der Achsschub und damit die Lagerreibung. Ausführungen z. B. Bilder 10-55 bis 10-57.

7.2.2 Axialmaschinen

7.2.2.1 Grundsätzliches

Prinzipiell sind bei Axialmaschinen dieselben Leitvorrichtungen möglich wie bei Radialmaschinen, also Leitrad (beschaufelt), Leitring (nicht beschaufelt) und Spiralgehäuse. Auch könnten die verschiedenen Leiteinrichtungen einzeln oder kombiniert angeordnet sein.

Spiralgehäuse finden bei Axialmaschinen normalerweise jedoch keine Anwendung (Ausnahme: Wasserturbinen) und Axialringräume (mit keinen oder wenigen Schaufeln) nur bei sehr hohem Reaktionsgrad. Hier ist der Beitrag der Leitvorrichtung zum Aufbau des Förderdruckes meist so gering, dass sich Leitschaufeln in der Regel nicht lohnen, die zudem noch erhöhte Reibung verursachen. In solchen Fällen wird deshalb dem Laufrad als Leitvorrichtung ein diffusorartiger Ringarm nachgeschaltet.

Meist werden Axialmaschinen mit Leiträdern ausgerüstet, die sowohl druck- als auch saugseitig angeordnet sein können (Bilder 7-17 bis 7-19). Vorleiträder haben bei Axialbeschauflungen die gleichen Aspekte wie bei Radialmaschinen (Abschnitt 7.2.1.7). Das Vorleitrad (Bild 7-17) muss einen entsprechenden Gegendrall erzeugen, der durch das Laufrad abgebaut und dadurch möglichst weitgehend in Druck umgesetzt wird. Das Medium strömt dann wieder drallfrei, d. h. axial ab. Da im Vorleitrad der Druck wegen der zur Drallerzeugung notwendigen Fluidbeschleunigung fällt, muss der Druckanstieg im Laufrad größer sein als in der gesamten Anordnung, weshalb wieder der Reaktionsgrad größer als eins. Die Druckabsenkung im Vorleitrad verstärkt auch hier bei Flüssigkeiten die infolge der großen Schnellläufigkeit ohnehin schon hohe Kavitationsgefahr, während die Geschwindigkeitserhöhung bei Gasen die Überschallgefahr vergrößert. Zudem sollten bei Pumpen alle Schaufelgitter unmittelbar zum Druckaufbau beitragen und deshalb keine Drucksenkung bewirken.

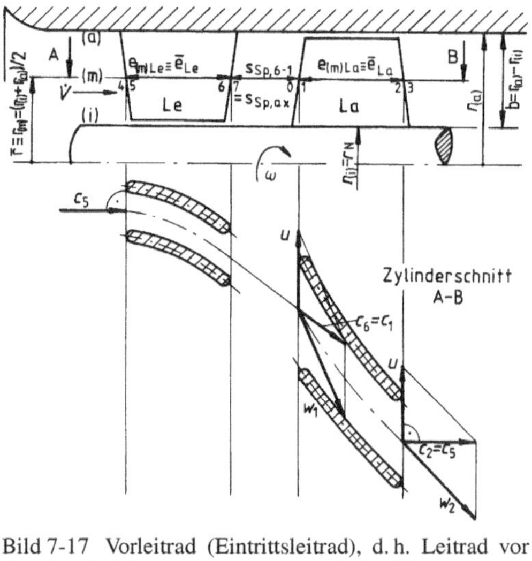

Bild 7-17 Vorleitrad (Eintrittsleitrad), d. h. Leitrad vor dem Laufrad (seltene Anordnung). Schaufelplan theoretisch, also ohne Berücksichtigen von Minderleistung und Querschnittsverengung durch Schaufeln

Auch bei Axialmaschinen werden große Reaktionsgrade ($r > 0{,}5$) angestrebt. Der Hauptteil des Druckaufbaues findet demnach ebenfalls im Laufrad statt. Der Grund dafür ist wiederum, dass in dem sich drehenden Laufrad die sich bei der verzögerten Fluidströmung (Druckerzeugung) verstärkt bildende Grenzschicht abgeschleudert wird. Der Druckaufbau in Leiträdern ist somit ungünstiger (η kleiner), da diese Grenzschichtabsaugung fehlt.

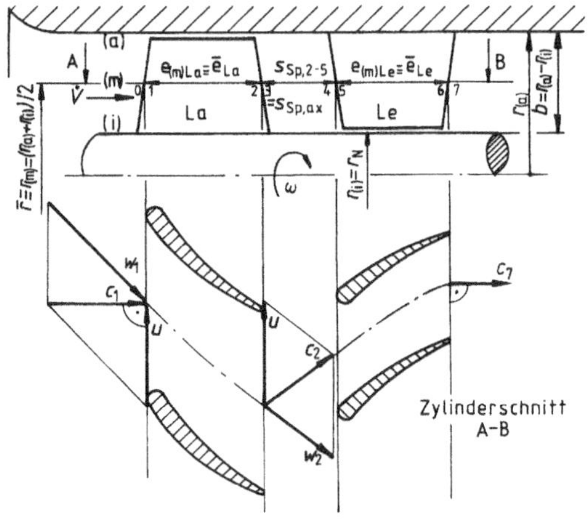

Bild 7-18 Nachleitrad (Austrittsleitrad), d. h. Leitrad hinter dem Laufrad (übliche Anordnung). Schaufelplan theoretisch, also ohne Berücksichtigen von Minderleistung und Querschnittsverengung durch Schaufeln

Austrittsleiträder verzögern die Strömung und weisen deshalb einen schlechteren Wirkungsgrad auf als Eintrittsleiträder, beeinflussen jedoch allgemein die Strömung günstiger. Beide Bauweisen erreichen daher bei gleichwertiger Ausführung etwa gleich hohe Wirkungsgrade von 80 . . . 95 %.

Bei mehrstufigen Axialmaschinen verliert die Unterscheidung zwischen Vor- und Nachleitrad an Bedeutung, da sich hier immer ein Leitrad jeweils zwischen zwei Laufrädern befindet.

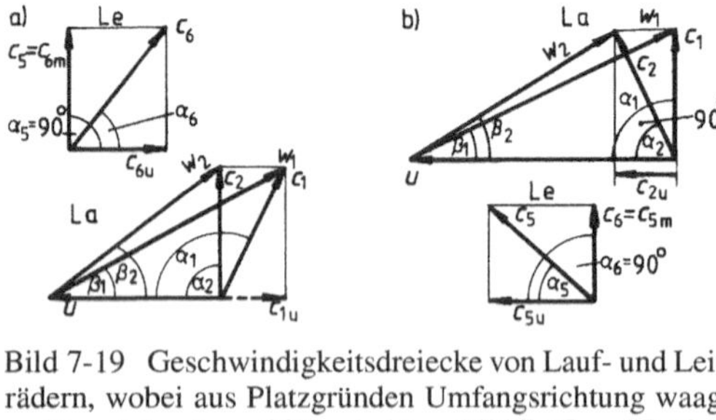

Bild 7-19 Geschwindigkeitsdreiecke von Lauf- und Leiträdern, wobei aus Platzgründen Umfangsrichtung waagrecht und damit um 90° gedreht zu Bild 7-17 und 7-18.
a) Bei Eintrittsleitrad (Bild 7-17), $\alpha_1 > 90° \rightarrow c_{1u} > 0$
b) Bei Austrittsleitrad (Bild 7-18), $\alpha_1 = 90° \rightarrow c_{1u} = 0$

Die vorhergehenden Überlegungen begründen, weshalb auch einstufige Axialpumpen meist mit einem nach dem Laufrad angeordneten Leitrad (beschaufelt) ausgerüstet werden.

Um Instabilitäten (Abschnitt 9.2.2.3) beim Betrieb außerhalb des Auslegungspunktes (Abschnitt 9.2.1.2) zu vermeiden, werden die Leitschaufeln von Kreiselverdichtern, obwohl aufwendig, oftmals verstellbar ausgeführt (Bilder 10-85; 10-86), und zwar bei mehrstufigen Maschinen entweder alle oder nur die der hauptsächlich gefährdeten Stufen.

7.2.2.2 Spalt zwischen Lauf- und Leitrad

Die Strömungsverluste wachsen mit zunehmendem Reibungsweg. Bei den verhältnismäßig kleinen Strömungswinkeln ($\alpha_3 \approx 6 \ldots 17°$) in Radialmaschinen sind daher möglichst kleine Spaltweiten zwischen Laufrad und Leitvorrichtung notwendig (Abschnitt 7.2.1.2). In Axialmaschinen dagegen verläuft die Strömung steiler ($\alpha_3 = 30 \ldots 60°$), weshalb sich kürzere Strömungswege ergeben. Daher sind größere Spaltweiten zwischen Lauf- und Leitrad vertretbar. PFLEIDERER [29] nennt Werte von $L/6$ bis L, wobei L die Profillänge (-tiefe) in Strömungsrichtung ist. Andererseits zeigen Versuche von ASCHENBRENNER [1)], dass mit abnehmender Spaltweite Druckziffer und Wirkungsgrad steigen sowie die Strömungsabreißgefahr zurückgeht. Bei zu kleinen Spaltweiten ($< L/20$) fällt der Wirkungsgrad jedoch wieder, da sich die periodisch instationäre Spaltströmung nicht ausgleichen kann und die Geräuschemission steigt. Infolge den vielfältigen Gestaltungsmöglichkeiten hinsichtlich Form und Anzahl der Schaufeln kann die günstige axiale Spaltweite $S_{\text{Sp,ax}} \equiv S_{\text{Sp},2-5}$ letztlich nur experimentell festgelegt werden. Günstig:

$$S_{\text{Sp},2-5} = (1/20 \ldots 1/6) \cdot L \tag{7-101}$$

7.2.2.3 Leitschaufeldicke s_{Le}

Die Dicke s_{Le} ist abhängig von Ausbildung (profiliert oder nichtprofiliert) und Herstellung der Leitschaufeln. Richtwerte:

- Profilierte Schaufeln: Durch das angewendete Profil zwangsläufig festgelegt
- Nichtprofilierte Schaufeln:
  Gegossen $s_{\text{Le}} \geqq 3$ mm; Blech $s_{\text{Le}} \geqq 1$ mm

7.2.2.4 Leitschaufelzahl z_{Le}

Zur guten Strömungsführung bei der Verzögerung in den fest stehenden Leitschaufelgittern ist eine ausreichend große Schaufelzahl vorteilhaft.

Richtwerte:

$$z_{\text{Le}} \approx (2 \ldots 3) \cdot z_{\text{La}} \tag{7-102}$$

Oder entsprechend Gl. (2-109), besonders bei engstehenden Schaufeln mit Faktor $K_{\text{Sch}} \approx 5$:

$$z_{\text{Le}} = K_{\text{Sch}} \cdot \frac{\overline{D}}{\overline{e}} \cdot \sin^2\left(\frac{\alpha_{5,(\text{m})} + \alpha_{6,(\text{m})}}{2}\right) \tag{7-103}$$

7.2.2.5 Leitschaufelkontur

Wie Laufräder können Axialleitgitter mit der Stromfaden- (schaufelkongruente Strömung) oder der Tragflügeltheorie ausgelegt werden. Auch hier erfolgt das Berechnen axialer Leitbeschaufelungen mit wenigen Schaufeln (Flügeln) in der Regel nach der Tragflügeltheorie und mit vielen Schaufeln nach der Stromfadentheorie. Auf das Festlegen von Druckseitenleitschaufeln nach beiden Verfahren wird kurz eingegangen.

Auslegung nach Tragflügeltheorie

Die seltener verwundenen Axialleitvorrichtungen mit wenigen Flügeln werden oftmals nach dem Verfahren der Tragflügeltheorie ausgelegt. Ist die Teilung t gleich oder größer als die Schaufellänge L (Profillänge), also $t/L \geqq 1$ und daher $L/t \leqq 1$, handelt es sich um wenige oder weitstehende Schaufeln (Flügel). Die Flügel überdecken sich demnach nicht und können somit keine Kanäle bilden.

Das Verfahren der Tragflügeltheorie ist nach PFLEIDERER [29] weniger zuverlässig als das der schaufelkongruenten Strömung, die Stromfadentheorie. Besonders dann, wenn die Fluidlinien infolge noch vorhandener Sekundärströmung nicht axial verlaufen. Die überlagerte sekundäre Querströmung entsteht durch Fliehkraftwirkung im Laufrad und ist oft noch nicht abgeklungen, wenn das Fluid in den nachfolgenden Leitschaufelbereich eintritt.

Axialleitschaufeln können wie Axiallaufschaufeln profiliert, d. h. als Tragflügel ausgebildet, oder nichtprofiliert sein. Die meist verwendeten nichtprofilierten Axialschaufeln werden in gleich bleibender Dicke gegossen oder aus Blech gebogen.

---

1) ASCHENBRENNER, A.: Untersuchungen über den Einfluss des Abstandes zwischen Lauf- und Leitrad auf das Betriebsverhalten einstufiger Axialpumpenbeschauflungen. Diss. TH Braunschweig 1965 – Auszug Konstruktion 18 (1966), H 8, S. 336–345.

Die Tragflügeltheorie wird zum Auslegen von Axialleitschaufeln entsprechend Abschnitt 3.3 angewendet. Da die Leitschaufeln keine Drehbewegung ausführen ($\omega = 0$), geht dabei das Relativsystem (Geschwindigkeit w, Winkel β) in das Absolutsystem (Geschwindigkeit c, Winkel α) über. In den Gleichungen von Abschnitt 3.3 sind deshalb zu setzen:

Absolutwinkel α statt Relativwinkel β. Absolutgeschwindigkeit c statt Relativgeschwindigkeit w. Umfangsgeschwindigkeit entfällt, also $u = 0$.

Außerdem sind entsprechend Bild 7-18 folgende Indizes bei den jeweiligen Größen auszutauschen:

0 durch 4; 1 durch 5; 2 durch 6; 3 durch 7

Gemäß diesen Änderungen erhalten die zur Schaufelauslegung von Leiträdern notwendigen Gleichungen die Form:

Belastungsgrad: Allgemein aus Gl. (3-111)

$$\left(\zeta_A \cdot \frac{L}{t}\right)_{Le} = 2 \cdot \frac{\Delta c_u}{c_m} \cdot \frac{\sin^2 \alpha_\infty}{\sin(\alpha_\infty + \gamma)} \qquad (7\text{-}104)$$

Oder bei zulässigem Vernachlässigen des gegen den mittleren Strömungswinkel α_∞ kleinen Reibungswinkels γ, also $\gamma \ll \alpha_\infty$ ($\gamma \approx 1 \ldots 4°$, $\alpha_\infty \approx 50 \ldots 80°$), ergibt sich nach Gl. (3-112) bei guter Näherung:

$$(\zeta_A \cdot L/t)_{Le} \approx 2 \cdot (\Delta c_u / c_m) \cdot \sin \alpha_\infty \qquad (7\text{-}105)$$

Wird nach Bild 7-20a allgemein

$$c_\infty = c_{\infty m} / \sin \alpha_\infty = c_m / \sin \alpha_\infty \quad \text{und}$$

$$\Delta c_u = c_{5u} - c_{6u}$$

gesetzt, geht Gl. (7-105) für den Belastungsgrad über in die Form:

$$\begin{aligned}(\zeta_A \cdot L/t)_{Le} &= 2 \cdot \Delta c_u / c_\infty \\ &= 2 \cdot (c_{5u} - c_{6u}) / c_\infty\end{aligned} \qquad (7\text{-}106)$$

Mittlerer Anströmwinkel α_∞, der Richtungswinkel gegen die Umfangstangente des vektoriellen Mittels c_∞ der (Absolut-)Strömungsgeschwindigkeiten an Stellen 5 und 6, also von c_5 und c_6 (Bild 7-20):

$$\begin{aligned}\tan \alpha_\infty &= \frac{c_{\infty m}}{c_{\infty u}} = \frac{c_m}{c_{5u} - \Delta c_u/2} \\ &= \frac{c_m}{[2 \cdot c_{5u} - (c_{5u} - c_{6u})]/2}\end{aligned}$$

$$\tan \alpha_\infty = 2 \cdot c_m / (c_{5u} + c_{6u}) \qquad (7\text{-}107)$$

Theoretischer Staffelungswinkel α_{St} nach Gl. (2-106) zusammen mit Bild 2-27:

$$\alpha'_{St} = (\alpha_5 + \alpha_6)/2 \qquad (7\text{-}108)$$

Staffelungskorrektur $\Delta\alpha_{St}$ nach Abschnitt 3.3.2 berücksichtigt den Einfluss der Profildicke (Querschnittsversperrung) und den Minderleistungseffekt infolge endlicher Schaufelzahl.

Richtwerte: Bei Pumpen $\Delta\alpha_{St} = 0{,}3 \ldots 3°$
Bei Turbinen $\Delta\alpha_{St} \approx 0$

Innerhalb dieser Grenzwerte steigt $\Delta\alpha_{St}$ zunächst mit zunehmendem Verhältnis L/t und wachsendem Staffelungswinkel im Bereich $\alpha_{St} \approx 20 \ldots 45°$, um danach im Bereich $\alpha_{St} \approx 45 \ldots 70°$ wieder abzunehmen. Bei $\alpha_{St} = 90°$ ist $\Delta\alpha_{St} = 0$ (unabhängig von L/t).

Tatsächlicher Staffelungswinkel α_{St} entsprechend Gl. (3-126) für Pumpen

$$\alpha_{St} = (\alpha_4 + \alpha_7)/2 = \alpha'_{St} - \Delta\alpha_{St} \qquad (7\text{-}109)$$

Krümmungsradius der Schaufel-Skelettlinie nach Gl. (2-109) entsprechend Bild 2-26:

$$\varrho_{Le} = e_{Le}/(\cos \alpha_5 - \cos \alpha_6) \qquad (7\text{-}110)$$

wobei:

$$e_{Le} = L_{Le} \cdot \sin \alpha'_{St} \qquad (7\text{-}111)$$

Zentriwinkel γ_{Le} der Leitschaufelkontur entsprechend Gl. (2-107):

$$\gamma_{Le} = \alpha_6 - \alpha_5 \qquad (7\text{-}112)$$

Die Beziehungen gelten allgemein, d. h. für die Beschaufelungen von Nachleiträdern mehr- und einstufiger Axialmaschinen.

Bei mehrstufigen Axialmaschinen muss lediglich hinter der letzten Stufe Drallfreiheit bestehen. In den Zwischenstufen ist hiervon abweichbar.

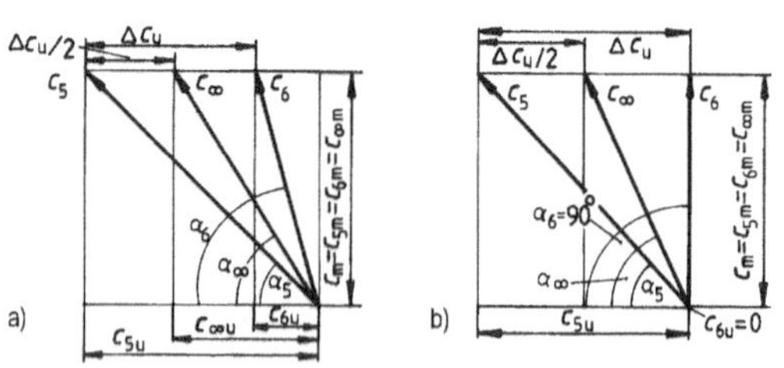

Bild 7-20 Nachleitrad – Geschwindigkeitsdreiecke.
a) Abfluss nicht drallfrei (mehrstufige Maschine),
b) Abfluss drallfrei, $\alpha_6 = 90°$ (einstufige Maschine),
c_∞ vektorieller Mittelwert von c_5 und c_6

Bei einstufigen Axialmaschinen (ohne Spiralgehäuse ist zum vollständigen Energieumsatz (Druckaufbau) drallfreies Abströmen notwendig. Bei dem einzigen vorhandenen Leitrad müssen deshalb entsprechend Bild 7-20b erfüllt sein:

$$c_{6u} = 0, \quad \Delta c_u = c_{5u} \quad \text{und damit} \quad \alpha_6 = 90°$$

Demgemäß vereinfachen sich vorhergehende Beziehungen.

Auslegung nach Stromfadentheorie

Die Leitschaufelberechnung unter Zugrundelegen schaufelkongruenter Strömung ist wie bei Laufrädern das zuverlässigere und deshalb häufiger angewendete Verfahren, vor allem bei engstehenden Schaufeln. Das Festlegen axialer Leitschaufeln erfolgt entsprechend den Beziehungen radialer Leiträder gemäß Abschnitt 7.2.1.3.

Schauflungswinkel α_5: Das infolge Auseinanderstellen der Schaufeln am Eintritt erforderliche Verkleinern des Schaufelwinkels, die Winkelübertreibung, wird wie bei Laufrädern durch die entgegenwirkende Eintrittskontraktion weitgehend kompensiert. Der Einfluss der Endlichkeit der Schaufelzahl auf den Eintrittswinkel ist deshalb auch bei axialen Leiträdern vernachlässigbar, wenn die Kontraktion ebenfalls unberücksichtigt bleibt. Das bedeutet, dass in Gl. (7-10) hier die Erfahrungszahl $\mu \approx 1$ gesetzt werden kann. Bei starker Krümmung der Leitschaufeln ist nach PFLEIDERER [29] jedoch vorteilhaft, $\mu > 1$, etwa $\mu \approx 1{,}1 \ldots 1{,}4$, zu setzen.

Da $b_2 = b_5$, folgt aus Gl. (7-13) für den Leitschaufeleintritts-, d. h. -anfangswinkel

$$\tan\alpha_5 = c_{5m}/c_{5u} = \mu \cdot \tau_5 \cdot \tan\alpha_3 \qquad (7\text{-}113)$$

Mit: Meist $\mu \approx 1$, selten $\mu \approx 1{,}1 \ldots 1{,}4$

$$\tau_5 = t_5/(t_5 - \sigma_5) = t_{Le}/(t_{Le} - \sigma_5)$$

Infolge Anschärfen der Schaufel in der Regel näherungsweise zulässig $\tau_5 \approx 1$, sonst $\tau_5 \approx 1{,}04 \ldots 1{,}2$.

Leitschaufelendwinkel α_6: Hier muss die notwendige Winkelübertreibung wegen der Endlichkeit der Schaufelzahl berücksichtigt werden.

Für drallfreie Abströmung ($\alpha_7 = 90°$), d. h. bei einstufigen Axialmaschinen oder der letzten Stufe mehrstufiger Ausführungen, folgt aus Gl. (7-51) mit $r_4 = r_6$:

$$\cot\alpha_6 = -\left[(1/k_{M,Le}) - 1\right] \cdot c_{4u}/c_{6m}$$

Wird nach Gl. (7-38) $k_{M,Le} = 1/(1 + p_{Le})$ eingesetzt, ergibt sich für den Schaufelaustrittswinkel α_6 die Beziehung:

$$\cot\alpha_6 = -p_{Le} \cdot c_{4u}/c_{6m}$$

In der Regel: $\alpha_6 \approx 95 \ldots 100°$

Mit $c_{6m} = \tau_6 \cdot c_{7m} \approx \tau_6 \cdot c_{4m}$, da meist $c_{7m} \approx c_{4m}$ ausgeführt, wird:

$$\begin{aligned}\cot\alpha_6 &= -(p_{Le}/\tau_6) \cdot c_{4u}/c_{4m} \\ &= -(p_{Le}/\tau_6) \cdot \cot\alpha_4\end{aligned} \qquad (7\text{-}114)$$

Hierbei gilt wieder:

$$\tau_6 = t_6/(t_6 - \sigma_6) = t_6/(t_6 - s_6/\sin\alpha_6)$$

Da die Teilung $t_6 = t_5 = t_{Le}$ relativ groß (wenige Leitschaufeln z_{Le} und großer Durchmesser D_6), der Winkel α_6 sogar sehr groß ($\alpha_6 \approx 95 \ldots 100°$) und die Schaufeldicke klein (meist noch angeschärft), kann auch hier näherungsweise gesetzt werden: $\tau_6 \approx 1$ (seltener $\tau_6 \approx 1{,}02 \ldots 1{,}1$).

Dann wird:

$$\cot\alpha_6 \approx -p_{Le} \cdot \cot\alpha_4 \qquad (7\text{-}115)$$

Für die **Leitrad-Arbeitsminderungszahl** p_{Le} nach Gl. (7-39), zusammen mit Beziehung (7-43):

$$p_{Le} = (\psi'_{Le} \cdot r_6)/(z_{Le} \cdot e_{Le}) \qquad (7\text{-}116)$$

Hierbei wieder für den Leitrad Schaufelwinkelbeiwert ψ'_{Le} nach Gl. (7-47):

$$\psi'_{Le} = (1 \ldots 1{,}2) \cdot (1 + \alpha_6^{\circ}/60) \qquad (7\text{-}117)$$

Entsprechend dem vorhergehenden Abschnitt gelten weiterhin auch hier:

- Gl. (7-108) für den theoretischen Stafflungswinkel α'_{St}, wobei keine Stafflungskorrektur notwendig, da die Minderablenkung durch p_{Le} schon berücksichtigt.
- Gl. (7-110) mit Gl. (7-111) für den Krümmungsradius ϱ_{Le} der Schaufel-Skelettlinie, wenn Kreisbogenschaufel ausgeführt wird, was normalerweise der Fall.
- Gl. (7-112) für den Zentriwinkel γ_{Le} der Leitschaufelkontur.

Berechnung für mehrere Axialschnitte $r_{(i)} \leqq r \leqq r_{(a)}$ durchführen. Ergibt verwundene Leitschaufel, da $u_{La} = f(r) \neq$ konst.

7.3 Turbinenleitvorrichtungen

7.3.1 Grundsätzliches

Die Leitvorrichtungen der Turbinen setzen bei Wasserturbinen potenzielle Energie, bei Dampf- und Gasturbinen thermische Energie in Strömungsenergie um. Gleichzeitig geben sie den erzeugten Fluidstrahlen die zur stoßfreien Laufradzuströmung erforderliche Richtung.

Die bei Überdruck-Wasserturbinen (FRANCIS, KAPLAN) immer eingesetzten Saugrohre gehören ebenfalls zu den Leiteinrichtungen und sind deshalb Gegenstand dieses Abschnittes. Entsprechendes gilt auch für die Abström-Diffusoren (Saugrohre) von Dampf- und Gasturbinen.

7.3.2 Wasserturbinen

7.3.2.1 Gleichdruckturbinen (Aktionswirkung)

Die wichtigste Gleichdruckwasserturbine ist die sog. PELTON-Turbine (Abschnitt 11.2.2.1), welche auch als Freistrahl- oder Becherturbine bezeichnet wird. Hauptsächlichste Anwendungsgebiete sind: Bis größte Gefälle und höchste Leitungen. Daneben gibt es noch für kleinere und kleine Leistungen bei geringen Gefällen die **Durchströmturbine** nach MICHELL-OSSBERGER (Abschnitt 11.2.2.2).

PELTON-Turbine

Die Leitvorrichtung der PELTON-Turbinen besteht aus einzelnen Düsen (bis 6 Stück), sog. **Nadeldüsen**, die meist gleichmäßig verteilt auf einem Kreis um das Laufrad angeordnet und über eine Ringleitung mit der Druckleitung verbunden sind. Bei zwei Düsen ergibt sich als Zuleitung ein sog. **Hosenrohr**. Das Wasser verlässt die Düsen mit hoher Geschwindigkeit in einem freien, d. h. nicht mehr geführten Strahl, dem sog. **Freistrahl**, und trifft dann auf die teilbeströmten Schaufeln (Becher) des Laufrades.

Bild 7-21 PELTON-Turbinen-Anlage. OW ... Oberwasser, UW ... Unterwasser, H ... (Anlagen-)Gefälle (Fallhöhe), H_F ... Freihang, c_{OW} ... Oberwassergeschwindigkeit, $Y_{V,ges} \equiv Y_{V,DL}$ ... gesamte Verlustenergie der Rohrleitung (Druckleitung) infolge Fluidreibung (ohne Düsenverluste), ① und ② Bezugsstellen, StrK ... Strahlkreis

Düsenaustrittsgeschwindigkeit. Der Zusammenhang zwischen der Geschwindigkeit $c_{Dü}$, mit welcher der Fluidstrahl aus der Düse austritt, und dem Gefälle folgt aus der Energiegleichung gemäß Bild 7-21:

EE ①–②

$$z_1 \cdot g + p_1/\varrho + c_1^2/2 = z_2 \cdot g + p_2/\varrho + c_2^2/2 + Y_{V,ges}$$

Mit

$$z_1 = H \quad p_1 = p_{b,1} \qquad c_1 \approx c_{OW}$$
$$z_2 = H_F \quad p_2 = p_{b,2} \Big\} \; p_{b,1} \approx p_{b,2} \qquad c_2 = c_{Dü,th}$$

wird

$$H \cdot g + c_{OW}^2/2 = H_F \cdot g + c_{Dü,th}^2/2 + Y_{V,ges}$$

Hieraus die sog. TORRICELLI-Beziehung (-Formel):

$$c_{Dü,th} = \sqrt{2 \cdot [g \cdot (H - H_F) + c_{OW}^2/2 - Y_{V,ges}]} \qquad (7\text{-}118)$$

Hierbei ist $Y_{V,ges}$ die **spezifische Gesamtverlustenergie**, die Strömungsverluste der gesamten Zuleitung (Druckleitung) zur Maschine. $Y_{V,ges}$, oft auch als $Y_{V,DL}$ bezeichnet, beinhaltet somit alle außerhalb der Turbine auftretenden Reibungsverluste. Nicht enthalten sind die innerhalb der Maschine auftretenden Düsenverluste, die getrennt berücksichtigt werden müssen. Mit der Abkürzung

$$Y_T = g \cdot (H - H_F) + c_{OW}^2/2 - Y_{V,ges} \qquad (7\text{-}119)$$

wobei Y_T die der Turbine durch den Wasserstrom zugeführte spezifische Energie ist, welche auch als **spezifische hydraulische Turbinenenergie** bezeichnet wird, geht Gl. (7-118) über in:

$$c_{Dü,th} = \sqrt{2 \cdot Y_T} \qquad (7\text{-}120)$$

$c_{Dü,th}$ ist die theoretische Düsenaustrittsgeschwindigkeit (Strahlgeschwindigkeit), weil die Strömungsverluste in der Düse noch nicht beachtet sind. Entsprechend der Fluidmechanik [3] werden die Düsenreibungsverluste durch den sog. Geschwindigkeitsbeiwert, den **Düsenfaktor** $\varphi_{Dü}$ ($\varphi_{Dü} < 1$), berücksichtigt. Dann folgt für die (tatsächliche) **Düsenaustritts-** oder **Strahlgeschwindigkeit**:

$$c_{Dü} = \varphi_{Dü} \cdot c_{Dü,th} = \varphi_{Dü} \cdot \sqrt{2 \cdot Y_T} \qquad (7\text{-}121)$$

Der Düsenfaktor $\varphi_{Dü}$ ist letztlich nur experimentell zu bestimmen. Er ist abhängig von Ausbildung (Form) und Qualität (Oberflächengüte) der Düse. Bei sorgfältiger Ausführung und Herstellung, d. h. Düsenflächen sauber gerundet, geschliffen und poliert, ist erreichbar:

$$\varphi_{Dü} = 0{,}94 \ldots 0{,}98 \,(\ldots 0{,}99) \qquad (7\text{-}122)$$

Bemerkungen zu Gl. (7-118) und (7-119):

- Die Größe des Strömungsquerschnittes beeinflusst die Düsenaustrittsgeschwindigkeit $c_{Dü}$

nicht, wenn die dadurch bedingte geringfügige Änderung der Verlustenergie $Y_{V,ges} \sim c^2$ unberücksichtigt bleibt (letzter Hinweis!).

- Die Oberwassergeschwindigkeit c_{OW} bzw. deren kinetische Energie ist klein gegenüber den anderen Größen und deshalb meist vernachlässigbar ($c_{OW}^2/2 \approx 0$), falls überhaupt vorhanden.
- Die verfügbare, der Turbine zufließende spezifische Energie Y_T und die theoretische Düsengeschwindigkeit $c_{Dü,th}$ werden umso kleiner, je mehr der Freihang H_F und die Strömungsverluste $Y_{V,ges}$ ansteigen, d. h. je höher die Turbine über dem Unterwasserspiegel UW angeordnet und je schlechter die Druckrohrleitung ausgelegt (Durchmesser, Führung, Einbauten) sowie ausgebildet (Oberflächengüte, Verarbeitung) ist.

Infolge ungleicher, zerklüfteter Abströmung ist bei PELTON-Turbinen ein Saugrohr nicht zweckmäßig. Die Austrittsenergie, bedingt durch Abströmgeschwindigkeit als auch die Lagenenergie der Freihanghöhe H_F (kurz Freihang), des Höhenunterschiedes zwischen Düsenmitte und Unterwasserspiegel, sind verloren. Beide Größen sollten deshalb möglichst klein gehalten werden.

Wirkungsgradmäßig dürfen die Rohrleitungsverluste der Turbine nicht angelastet werden. Sie sind in einem sog. **Rohrleitungswirkungsgrad** η_{RL} zu berücksichtigen, der jedoch in den Anlagenwirkungsgrad η_A (Gesamt- oder wirtschaftlicher Wirkungsgrad, Abschnitt 8.5.9) eingeht:

$$\eta_{RL} = \frac{Y_{th} - Y_{V,ges}}{Y_{th}} = \frac{g \cdot (H - H_F) - Y_{V,ges}}{g \cdot (H - H_F)}$$

$$\eta_{RL} = 1 - Y_{V,ges}/(g \cdot (H - H_F)) \qquad (7\text{-}123)$$

- Da die Rohrleitungsverluste $Y_{V,ges}$ von der Strömungsgeschwindigkeit c_{RL} (auch als c_{DL} bezeichnet) in der Druckleitung abhängen ($Y_{V,ges} \sim c_{RL}^2$) und der Volumenstrom $\dot{V} \sim c_{RL}$ ist, verändert sich die Düsenaustrittsgeschwindigkeit $c_{Dü}$ auch mit dem Durchsatz $\dot{V}$. Im normalen Betriebsbereich (meist $c_{RL} \leqq 10\,\text{m/s}$) kann die Abhängigkeit zwischen Strahlgeschwindigkeit $c_{Dü}$ und den vom Volumendurchsatz $\dot{V}$ beeinflussten Rohrverlusten $Y_{V,ges}$ jedoch näherungsweise unbeachtet bleiben, weshalb dann $c_{Dü} \approx$ konst gesetzt werden kann.

Düsengestaltung: Die Gestaltung der Düse, d. h. Festlegen von Form und Abmessungen des Düsenkopfes sowie der Nadel (Bild 7-22), beruht weitgehend auf Erfahrung, gewonnen aus Versuchen und dem Turbinenbetrieb.

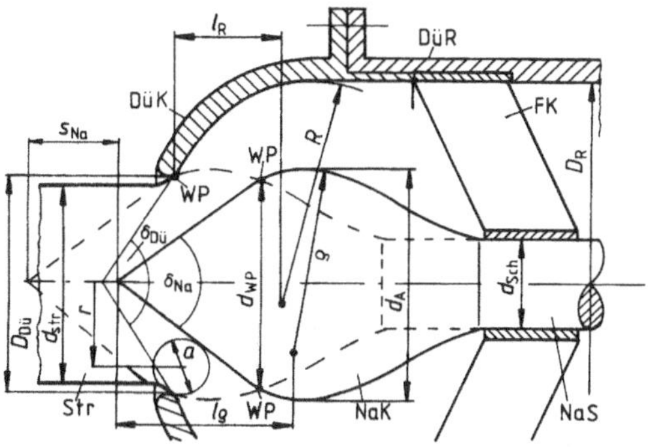

Bild 7-22 Düsenaufbau, Düsen- und Nadelabmessungen. Str ... Wasser-Strahl, DüK ... Düsenkopf oder -mundstück, NaK ... Nadelkopf oder -spitze, NaS ... Nadelschaft oder -stange, DÜR ... Düsenrohr, FK ... Nadel-Führungskreuz, WP ... Wendepunkt

Mit Rücksicht auf Herstellung, Montage sowie Reparatur werden Düsengehäuse und -nadel radial geteilt gestaltet. Düsenkopf und Düsennadelspitze, durch Korrosion sowie Sandschliff – abhängig vom Sandgehalt des Treibwassers – am stärksten gefährdet, sind dadurch auswechselbar. Die Auswahl der Werkstoffe richtet sich nach der Beanspruchung durch Kraftbelastung, Korrosion und Verschleiß. Düsen- und Nadelkopf werden deshalb meist aus korrosionsfestem Chromstahl (Cr-Gehalt $> 13\,\%$) hergestellt. Die Festigkeitsberechnung der Düse, d. h. das Festlegen der Wanddicke, erfolgt nach den Regeln für dickwandige Rohre.

Die Düsennadel muss stabil, zentrisch gelagert und so ausgebildet sein, dass sie in jeder Stellung einen glatten, kreisrunden sowie drallfreien Strahl erzeugt. Außerdem muss die Nadel, in der Endstellung „geschlossen“, den Düsenquerschnitt möglichst dicht schließen.

Richtwerte für die in Bild 7-22 eingetragenen **Düsenabmessungen** nach [44]:

Bezugsgröße:

Strahldurchmesser $d_{Str} = \sqrt{(4 \cdot \dot{V}_{Dü})/(\pi \cdot c_{Dü})}$

Mit Strahlgeschwindigkeit $c_{Dü}$ nach Gl. (7-121)

Düsenvolumenstrom $\dot{V}_{Dü} = \dot{V}/j_{Dü}$

Hierbei $\dot{V}$ ... Turbinendurchsatzstrom

$j_{Dü}$ ... Düsenzahl

Düsenkopf (Längenbezugspunkt ist die Düsenaustrittsstelle):

Düsendurchmesser $D_{Dü} \approx (1{,}1 \ldots 1{,}25) \cdot d_{Str}$

Rohrdurchmesser $D_R \approx (2{,}8 \ldots 3{,}2) \cdot d_{Str}$

Düsenradius $R \approx 2{,}5 \cdot d_{Str}$
Düsenradius-Abstand $l_R \approx (1{,}6 \ldots 2{,}0) \cdot d_{Str}$
Düsenwinkel $\delta_{Dü} \approx 80°$

Nadelkopf (Längenbezugspunkt ist die Nadelspitze):

Außendurchmesser $d_A \approx 1{,}5 \cdot d_{Str}$
Schaftdurchmesser $d_{Sch} \approx 0{,}7 \cdot d_{Str}$
Nadelradius $\varrho \approx 1{,}25 \cdot d_{Str}$
Nadelradius-Abstand $l_\varrho \approx 1{,}9 \cdot d_{Str}$
Wendepunkt-Durchmesser $d_{WP} > D_{Dü}$
Nadelwinkel $\delta_{Na} \approx 50°$

Hinweis: Die unteren Werte gelten für kleinere Gefälle ($H \leqq 400$ m), die oberen Werte für größere und große Fallhöhen ($H > 400$ m):

Nadelweg (Hub) s_{Na}: $s_{Na,max} \approx (0{,}6 \ldots 0{,}8) \cdot d_{Str}$

Bei richtigem Bemessen ändert sich der Volumenstrom $\dot{V}$ näherungsweise proportional zum Nadelweg.

Nadelkraft (Verstellkraft) F_{Na}:
Die Nadelkraft wirkt in Strahlrichtung, da der Gegendruck vom Düsenaustritt her infolge Druckabbau geringer ist.

$$F_{Na} = k_{Na} \cdot (\pi/4) \cdot (d_{Str}^2 - d_{Sch}^2) \cdot p_ü$$

Mit $p_ü = \varrho \cdot g \cdot H_T = \varrho \cdot Y_T$

Erfahrungszahl k_{Na} berücksichtigt den Verlauf des Druckabbaus und die Reibung in der Düse. $k_{Na} = 1$ bei geschlossener (Maximalwert), $k_{Na} \approx 0{,}6$ bei geöffneter Düse.

Nadelantrieb:

Für die Bewegung der Nadel sind zwei Verfahren gebräuchlich:

Außenliegender Antrieb: Bei kleineren Düsen wird der Nadelschaft durch das als Krümmer ausgebildete Endstück der Zuleitung, den Zulauf- oder Düsenkrümmer, gedichtet hindurchgeführt (ungeschmierte Teflondichtung) und mittels des außerhalb angeordneten Stellmotors (Hydraulikzylinder) bewegt.

Innenliegender Antrieb: Bei großen Düsen ist der Stellmotor (Wasserhydraulik) über ein Führungskreuz im Zentrum des Düsenzulaufrohres direkt hinter dem Düsenkopf angeordnet, liegt deshalb im Wasserstrom. Die Kolbenstange des Stellmotors trägt die Nadelspitze unmittelbar.

Vorteile: Nadelstange muss nicht nach außen geführt werden. Dadurch entfallen Dichtungen und die Wasserzuströmung bleibt unbehindert.

Nachteil: Stellmotor schwer zugänglich, z. B. für Reparatur.

Regelung:

Wasserturbinen werden durch Ändern des Volumendurchsatzstromes geregelt. Da die Strahlgeschwindigkeit nach Beziehung (7-118) weitgehend vom Durchsatz unabhängig ist, muss dieser durch Ändern des Düsenaustrittsquerschnittes beeinflusst, d. h. geregelt werden. Nach der Durchflussgleichung gilt (Bild 7-22):

$$\dot{V}_{Dü} = A_{Str} \cdot c_{Dü} = (\pi/4) \cdot d_{Str}^2 \cdot c_{Dü}$$

Oder:

$$\dot{V}_{Dü} = \mu_{Dü} \cdot A_{Dü} \cdot c_{Dü} = \mu_{Dü} \cdot 2 \cdot r \cdot \pi \cdot a \cdot \sqrt{2 \cdot Y_T} \qquad (7\text{-}124)$$

Mit der Düsen-Ausflussziffer $\mu_{Dü} = 0{,}88 \ldots 0{,}99$ je nach Nadelstellung. Grenzwert $\mu_{Dü} = 0{,}99 \approx 1$, bei Durchtrittsabstand $a \approx 0$, d. h. fast geschlossenem Düsenquerschnitt (geschlossene Düse $\rightarrow$ ausgefahrene Nadel). Dagegen wird $\mu_{Dü} \approx 0{,}88$ bei voll geöffneter Düse, also gänzlich eingefahrener Nadel.

Vorteil der Düsenregelung: Die Richtung des Wasserstrahles wird durch die Querschnittsänderung der Düse nicht beeinflusst. Über den gesamten Betriebsbereich stimmt deshalb die Strahlrichtung mit den Schaufelwinkeln überein. Das bedeutet: optimaler Energieumsatz und daher hoher Wirkungsgrad in nahezu allen Lastzuständen (Teil-, Normal-, Überlast).

Um die gefährlichen Druckstöße (Abschnitt 2.4.3) in vertretbaren Grenzen zu halten, darf die Düsennadel den Strömungsquerschnitt nur langsam ändern, vor allem nicht zu schnell schließen. Daraus folgt, dass die Volumenstromregelung durch die Düsennadel allein zu träge wäre. Dieser Nachteil lässt sich jedoch durch Anordnen einer Hilfseinrichtung, den sog. **Strahlablenker**, als zweites Regelorgan vollständig ausgleichen. Düsennadel und schwenkbar gelagert angeordneter Strahlablenker werden als **Doppelregler** (Bild 7-23) bezeichnet. Die Bewegungen beider Einrichtungen sind gekoppelt gesteuert. Bei schnellem Belastungsabfall der Turbine schwenkt der Strahlabweiser in den Wasserstrahl entsprechend weit ein und lenkt den Teil des Strahles von den Laufschaufeln weg direkt zum Unterwasser, was allerdings Energieverlust ergibt. Die Düsennadel wird anschließend ausreichend langsam in dem Maße nach vorne bewegt, bis der gemäß der geforderten Turbinenleistung notwendige neue Wasserstrom einreguliert ist. Gleichzeitig mit der Nadelbewegung gekoppelt, schwenkt der Strahlablenker langsam wieder außer Eingriff. Dadurch werden Druckstöße in der Zuleitung vermieden und die Turbinenregelung arbeitet genügend schnell.

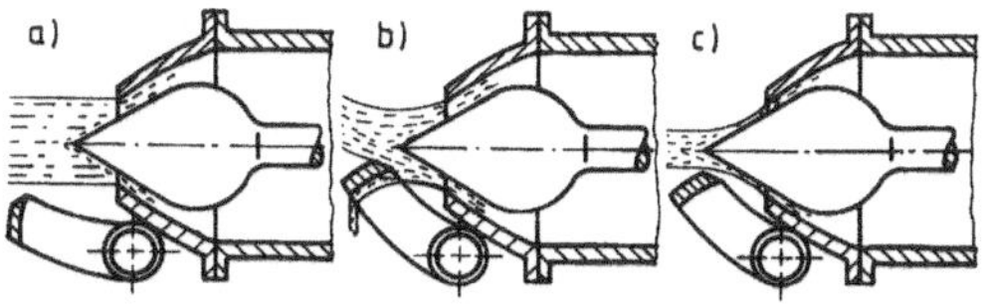

Bild 7-23 Wirkungsweise der Doppelregelung (Düsennadel plus Strahlablenker). a) Ausgangsstellung, b) Strahlanschnitt (Ablenkung) und Beginn der Nadelbewegung, c) neue Gleichgewichtsstellung des Strömungszustandes. Ende der Nadelbewegung und Rückkehr des Strahlablenkers in die Ausgangsstellung (Rückstellung)

Strahlabweiser werden bei der Strahlablenkung hoch beansprucht. Sie sind deshalb kurz und stabil zu lagern, meist am Düsenkopf, und für eine Strahlablenkung von 25 ... 35° auszulegen.

Zwei verschiedene Arten der Strahlabweisung sind üblich, die schneidende und die drückende:

Der schneidende Strahlablenker, der **Strahlabschneider**, Bild 7-24a, benötigt zum Abschneiden (Ablenken) des Teil-Strahles einen großen Weg, schont dafür jedoch den restlichen Strahl.

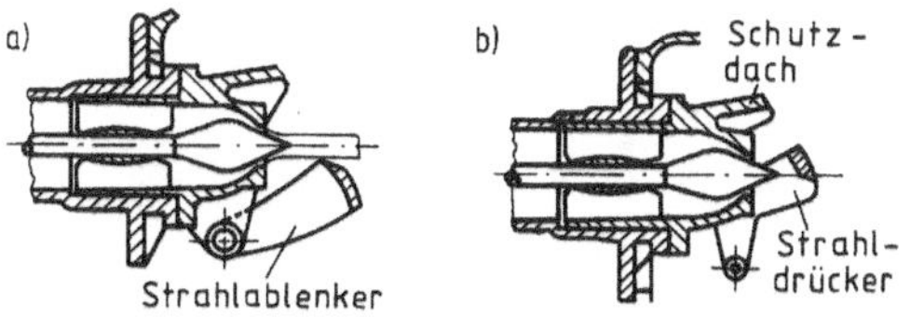

Bild 7-24 Ausführungen der Strahlabweisung. a) Strahlablenker (-schneider), b) Strahldrücker

Der drückende Ablenker, der sog. Strahldrücker oder **Strahlabdrücker** (Bild 7-24b), bedarf zur Strahlablenkung eines nur kleinen Weges, zerquetscht jedoch den gesamten Strahl.

Durchströmturbine

Die Leitvorrichtung der sehr einfach aufgebauten und deshalb vor allem für Kleinturbinen geeigneten MICHELL-OSSBERGER-Durchströmturbine besteht aus Düsen mit Rechteckquerschnitt, sog. Zungendüsen. Angeordnet sind eine oder zwei nebeneinander liegende Düsen, die dem Laufrad das Wasser radial von außen schräg zur Umfangsrichtung nach innen austretend zuführen.

Zur Querschnittsänderung und damit Regelung ist eine Seitenwand der Düsenkanäle verstell-, d. h. schwenkbar angeordnet (Bild 11-12). Die Düsenaustrittsgeschwindigkeit ergibt sich entsprechend Beziehungen (7-118) bis (7-121), wobei Geschwindigkeitsbeiwert $\varphi_{\text{Dü}}$ etwas geringer.

Richtwerte: $\varphi_{\text{Dü}} \approx 0{,}88 \ldots 0{,}93$

Da bei Düsen kaum Kontraktion auftritt ($\alpha_{\text{Dü}} \approx 1$), gilt auch hier $\mu_{\text{Dü}} \approx \varphi_{\text{Dü}}$.

Der notwendige Düsenquerschnitt folgt aus der Durchflussgleichung, wobei die Düsenbreite etwas kleiner als die axiale Länge des walzenförmigen Laufrades festgelegt wird.

7.3.2.2 Überdruckturbinen (Reaktionswirkung)

Grundsätzliches

Außer den Rohrturbinen (Abschnitt 11.2.3.3) werden alle Überdruck-Wasserturbinen, die radialen bzw. diagonalen FRANCIS-Turbinen und die axialen KAPLAN-Turbinen, mit den sog. **FINK'schen**[1] **Drehschaufeln** als Zuströmleitvorrichtung (Bild 7-25) sowie einem Saugrohr als Abström-Leiteinrichtung ausgerüstet.

Zuströmleitvorrichtung (FINK'sche Drehschaufeln): Die FINK'schen Drehschaufeln sind fast immer in einem radialen parallelwandigen Ringraum je um eine axiale Achse schwenkbar angeordnet und werden meist zentral durch eine gemeinsame Verstelleinrichtung gleichzeitig geschwenkt (seltener einzeln). Zwischen dem meist vorhandenen Spiralgehäuse und dem Laufrad angeordnet, werden sie in Meridiansicht radial von außen nach innen durchströmt.

Bei den sog. Rohrturbinen sind die schwertförmigen Leit-Schwenkschaufeln radial im Turbinenrohr vor dem Laufrad angeordnet. Sie werden wie das ihnen unmittelbar folgende KAPLAN-Rad in Meridianrichtung etwa axial durchströmt.

Das Leitrad muss:

- Druck in Geschwindigkeit umsetzen
- den Zuströmdrall für das Laufrad erzeugen
- den für jeden Betriebszustand notwendigen Wasserstrom einregeln
- als Absperrorgan wirken

[1] Von Prof. FINK 1873 bei Fa. VOITH eingeführt.

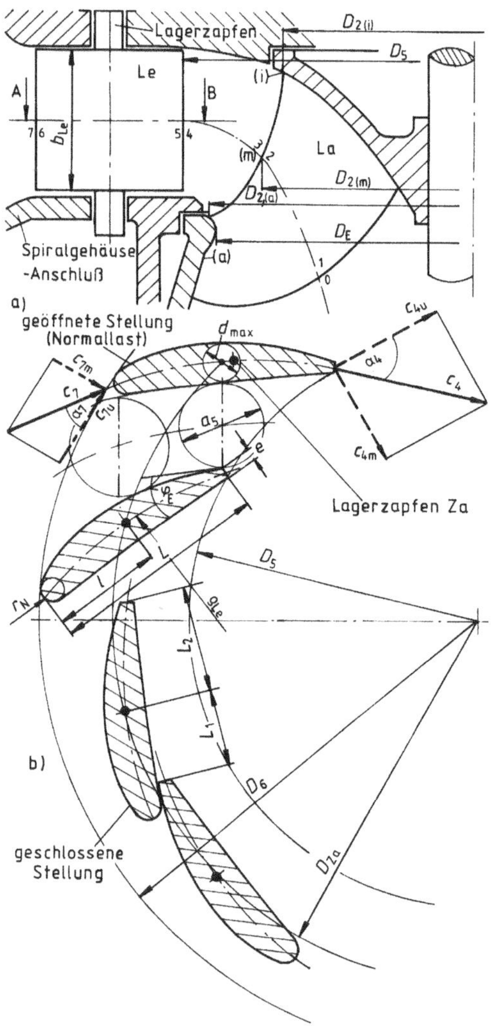

Bild 7-25 Turbinen-Leitrad mit FINK'schen Drehschaufeln. a) Meridianschnitt, b) Draufsicht, Schnitt A–B mit geöffneter und geschlossener Stellung der Leitschaufeln

Die Dreh- bzw. Schwenkschaufeln bewirken eine kombinierte Durchfluss-Drallregelung. Beim Verstellen (Schwenken) werden Durchtrittsquerschnitt (Volumenstrom) und leider auch Strömungsrichtung (Drall) gleichzeitig verändert.

Das zur Leistungsanpassung der Turbine notwendige Verstellen der FINK'schen Drehschaufeln bzw. Schwenkschaufeln wirkt jedoch auch in zweifacher Hinsicht auf das Laufrad:

- Die Durchsatzänderung bei der gleich bleibenden Leitrad-Strömungsgeschwindigkeit bewirkt, dass der stets vollbeströmte Laufradquerschnitt jetzt nicht mehr „passt". Beim Übergang vom Leit- zum Laufrad muss sich deshalb die Geschwindigkeit quasi plötzlich entsprechend anpassen. Dieser CARNOT-Stoß [3] bringt zusätzliche Verluste.
- Die durch die geschwenkten Leitrad-Drehschaufeln geänderte Strömungsrichtung stimmt mit der Laufschaufelrichtung nicht mehr überein, weshalb der Wasserstrom nicht mehr stoßfrei in das Laufrad einströmt. Je stärker die Leitschaufeln aus der Normalstellung ausschwenken, desto größer ist die Abweichung von der tangentialen Zuströmung und dadurch bedingt umso höher die Stoßverluste.

Die beiden Verluste addieren sich und werden, wie ausgeführt, umso größer, je mehr der Betriebszustand der Turbine vom Auslegungspunkt abweicht. Das begründet, weshalb mit Leitrad-Drehschaufeln geregelte Wasserturbinen ungünstiges Wirkungsverhalten aufweisen. Vom Optimalwert bei Normallast (Volumendurchsatz $\dot{V}$) ausgehend, fällt der Wirkungsgrad umso stärker ab, je niedriger die Teillast (kleiner Volumenstrom $\dot{V}_x$) oder je größer die Überlast (hoher Beaufschlagungsgrad $\dot{V}_x/\dot{V}$) wird. Hinzu kommt, dass dieser Wirkungsgradverlauf von steigender Schnellläufigkeit ungünstig beeinflusst wird.

Das Gestalten der FINK'schen Drehschaufeln und der Rohrturbinen-Schwenkschaufeln ist Spezialsache. Die Fachliteratur gibt nur wenig Richtwerte an. Hinweise sind vor allem in Verlautbarungen namhafter Wasserturbinenhersteller zu finden. Allgemeine Angaben enthalten [44], [45] und [74], die Grundlage für Gestaltungshilfen sind.

Das Berechnen der Leitkanäle und damit der Leitschaufeln erfolgt nach den Normallastwerten, d. h. dem Nenndurchsatz, für den das Laufrad ausgelegt ist. Dies betrifft den Volumenstrom $\dot{V} \approx \dot{V}_{La}$, bei dem das Fluid zum Laufrad stoßfrei zu- und drallfrei abströmen soll. Der Durchsatz $\dot{V}$ wird verschiedentlich mit Nennvolumenstrom $\dot{V}_{nenn}$ bezeichnet. Der Quotient $\dot{V}_x/\dot{V}$ wird **Füllungs-, Durchsatz-** oder **Beaufschlagungsgrad** genannt, wobei $\dot{V}_x$ der Volumendurchsatz des variablen Betriebszustandes ist. Für den Bestpunkt (Auslegungs- oder Nennzustand) gilt deshalb $\dot{V}_x/\dot{V} = 1$ bzw. oft auch $\dot{V}_x/\dot{V} = 0{,}8$.

Auslegungs-Hinweise für FINK'sche Drehschaufeln:

Kanalbreite b_{Le}: So groß ausführen wie die Laufradzuströmbreite b_{La} (Tabelle 6-4 und Tabelle 6-7). b_{Le} wird verschiedentlich auch als Kanalhöhe bezeichnet.

Innendurchmesser D_5 (Abströmdurchmesser): Mindestens so groß, dass die schwenkbaren Leitschaufeln in ihrer ungünstigsten Stellung nicht am Laufrad streifen.

Richtwert: $D_5 \geqq 1{,}05 \cdot D_{2,(a)}$

Außendurchmesser D_6 (Zuströmdurchmesser): Abhängig von der ausgeführten Länge und der Schrägstellung der Leitschaufeln.

Leitschaufelzahl z_{Le}: Nicht zuletzt aus Gründen von Herstellung und Montage soll erfahrungsgemäß die Anzahl der Leitschaufeln geradzahlig und möglichst durch vier teilbar sein. Nach [74] werden mit der Bezugsgröße $D_{2,(a)}$, dem Laufraddurchmesser (größter Druckkantendurchmesser der Schaufeln), die in Tabelle 7-3 angegebenen Werte empfohlen:

Tabelle 7-3 Leitschaufelzahl z_{Le}, abhängig vom Laufrad(außen-)durchmesser $D_{2,(a)}$

$D_{2,(a)}$ in m	$\ldots 0{,}25$	$\ldots 0{,}5$	$\ldots 0{,}7$	$\ldots 1{,}2$	$\ldots 2{,}2$	$\ldots 4{,}0$
z_{Le}	8	12	14	16	20	24

Bemerkung: $z_{Le} > 28$ wird kaum ausgeführt.

Ausschlaggebend für die Anzahl der Leitschaufeln ist letztlich die Notwendigkeit, den erforderlichen Gitteraustrittsquerschnitt gemäß der Durchflussgleichung zu verwirklichen:

$$A_{5,\max} = \dot{V}_{Le,\max}/c_5 \quad \text{sowie} \tag{7-125}$$

$$A_{5,\max} = z_{Le} \cdot b_{Le} \cdot a_{5,\max} \tag{7-126}$$

$\dot{V}_{Le,\max}$ ... Überlast-Durchsatz. Maximaler Auslegungs-Volumenstrom, oft auch mit $\dot{V}_{1/1}$ bezeichnet. Meist $\dot{V}_{1/1} \approx 1{,}2 \cdot \dot{V}$ (Abschnitt 6.1.5.3).

$a_{5,\max}$ ... Maximaler Gitterabstand. Aus Leitrad-Entwurf (Bild 7-25) bei sog. Überöffnung.

$c_5 = c_4$ ... Strömungsgeschwindigkeit gemäß Gl. (7-118) bis Gl. (7-121) unter Berücksichtigung, dass bei Überdruckturbinen im Leitrad nur der Energieanteil $Y_T \cdot (1 - r)$ von Druck in Geschwindigkeit umgesetzt wird, der „Rest $Y_T \cdot r$" im Laufrad. Mit $\varphi_{Le} \approx 0{,}88 \ldots 0{,}95$:

$$c_4 = \varphi_{Le} \cdot \sqrt{2 \cdot Y_T \cdot (1 - r)} \tag{7-127}$$

Strömungsquerschnitte und -Winkel: Entsprechend der Laufradströmung (Abschnitt 3.2.1.2) von Turbinen kann auch bei ihrer Leitradströmung der Endlichkeitseinfluss der Schaufelzahl unberücksichtigt bleiben. Bei den in der Regel großen Wasserturbinen ist außerdem meist die Querschnittsverengung durch die endliche Schaufeldicke als klein vernachlässigbar, also $\tau \approx 1$.

Strömungseintritt (Stelle 7/6 in Bild 7-25): Bis auf die bei kleinen Gefällen angewendeten sog. **Schachtturbinen** und den Rohrturbinen ist bei allen Überdruck-Wasserturbinen als Zulaufeinrichtung zu den FINK'schen Drehschaufeln ein Spiralgehäuse, meist mit sog. (wirkungsfreien) **Stützschaufeln** (aus Festigkeitsgründen), vorgeschaltet. Mit dem Austritts-Geschwindigkeitsmoment $(r \cdot c_u)_{Spir}$ aus der Spirale, d. h. im Spalt, ergibt der Flächensatz:

$$c_{7u} = c_{6u} = (r \cdot c_u)_{Spir}/r_6 \tag{7-128}$$

Gemäß der Durchflussgleichung:

$$\begin{aligned} c_{7m} &= \dot{V}/A_{7m} = \dot{V}/(D_7 \cdot \pi \cdot b_7) \\ &= \dot{V}/(D_6 \cdot \pi \cdot b_{Le}) \end{aligned} \tag{7-129}$$

$c_{6m} = \tau_6 \cdot c_{7m} \approx c_{7m}$ da näherungsweise $\tau_6 \approx 1$

$$\tan \alpha_7 = c_{7m}/c_{7u} \approx c_{6m}/c_{6u} = \tan \alpha_6 \tag{7-130}$$

Richtwert: $\alpha_6 \approx 15 \ldots 75°$ bei $n_y = 0{,}05 \ldots 1{,}5$.

Hierbei 15 % Sicherheitszuschlag für Überöffnung.

Strömungsaustritt (Stelle 5/4): Zwischen Leitradaustritt, Stelle 4, und Laufradeintritt, Stelle 3 (jeweils kurz außerhalb der Schaufelbereiche), verläuft die Strömung auf logarithmischen Spiralen, falls die Reibung unbeachtet bleibt. Deshalb wieder aus Flächensatz:

$$c_{5u} = c_{4u} = c_{3u} \cdot r_2/r_4 = c_{2u} \cdot r_2/r_4 \tag{7-131}$$

Nach Durchflussgleichung:

$$\begin{aligned} c_{4m} &= \dot{V}/A_{4m} = \dot{V}/(D_4 \cdot \pi \cdot b_4) \\ &= \dot{V}/(D_5 \cdot \pi \cdot b_{Le}) \end{aligned} \tag{7-132}$$

$c_{5m} = \tau_5 \cdot c_{4m} \approx c_{4m}$ da ebenfalls $\tau_5 \approx 1$

Des Weiteren:

$$\tan \alpha_4 = c_{4m}/c_{4u} \approx c_{5m}/c_{5u} = \tan \alpha_5 \tag{7-133}$$

Leitschaufelgestaltung: Der Entwurf der Leitschaufelkontur erfolgt nach der maximalen Stellung, d. h. bei Überlast (Überöffnung). Die Leitschaufeln sollen so gestaltet werden, dass sie möglichst dicht schließen und die entstehenden Kanäle gleichmäßig die Strömung beschleunigen.

Erfahrungsgemäß ergeben sich die besten Verhältnisse, wenn die Leitschaufeln als gerade oder leicht gekrümmte Tragflügelprofile (Göttinger oder NACA) ausgebildet werden. Als Regel kann gelten:

Große Leitschaufelzahlen $z_{Le} \geqq 12$, symmetrische Profile mit gerader Skelettlinie.

Kleine Leitschaufelzahlen $z_{Le} < 12$, Profile mit Kreisbogenskelett vom Krümmungsradius ϱ_{Le}:

$\varrho_{Le} = K_\varrho \cdot D_5$ nach [74] mit
$K_\varrho = 1{,}1 \ldots \infty$ für $n_y = 0{,}05 \ldots 0{,}9$
$K_\varrho = \infty$, d. h. $\varrho_{Le} = \infty$ (geradlinig) für $n_y > 0{,}9$
Oder $\varrho_{Le} = (0{,}5 \ldots 1{,}1) \cdot D_{2,(a)}$ nach [45]

Weitere Konstruktionshilfen für den Leitrad-(Leitschaufel-)Entwurf nach Bild 7-25 mit der Bezugsgröße $D_{2,(a)}$:

Profillänge	$L \approx (0{,}15 \ldots 0{,}2) \cdot D_{2,(a)}$
Größte Profildicke	$d_{max} \approx (0{,}1 \ldots 0{,}2) \cdot L$
	$\approx (0{,}015 \ldots 0{,}04) \cdot D_{2,(a)}$
Zapfenabstand	$l \approx 0{,}5 \cdot L$
Teilverhältnis	$L/t \leqq 1{,}5$
Nasenradius	$r_N \approx 0{,}22 \cdot d_{max}$
Profil-Austrittsdicke	$e \approx (0{,}04 \ldots 0{,}06) \cdot L$
Profil-Endwinkel	$\varphi_E = 10 \ldots 15°$
Abstandsverhältnis	$K_0 = L_2/L_1 = 1{,}2 \ldots 1{,}8$
Zapfenkreisdurchm.	$D_{Za} = (1{,}7 \ldots 1{,}2) \cdot D_{2,(a)}$

für den Bereich $D_{2,(a)} = 0{,}25 \ldots 4$ m und größer.

Oder nach [45]:

$$D_{Za} = D_5 \Big/ \left[1 - \frac{2 \cdot \pi \cdot \sin \alpha_5}{z_{Le} \cdot (1 + K_0)}\right]$$

Bemerkung: Die verschiedenen Abmessungen innerhalb der aufgeführten Richtwertbereiche sind so aufeinander abzustimmen, dass sich günstige Verhältnisse ergeben und die schwenkbaren Leitschaufeln eine zweckmäßige Form erhalten sowie gut schließen. Mehrmaliges Ändern des Beschauflungsentwurfes ist deshalb sicher unvermeidlich. Die optimale Ausführung der Leitringkontur samt Beschaufung lässt sich letztendlich nur experimentell bestimmen.

Abströmleiteinrichtung (Saugrohr)

Allgemeines: Mit zunehmender spezifischer Drehzahl der Turbine wächst nach Gl. (4-103) der Abströmwert ε^2. Damit die Baugröße bei den großen Wasserströmen schnellläufiger Maschinen nicht zu stark ansteigt, werden höhere Laufrad-Abströmgeschwindigkeiten c_0 zugelassen. Entsprechend hoch ist die kinetische Austrittsenergie $c_0^2/2$ (spezifischer Wert). Da gerade bei Schnellläufern die Fallhöhe zumeist relativ klein (KAPLAN bis ca. 80 m, FRANCIS ab ca. 40 m) und der Wasserdurchsatz entsprechend groß ist, würde sich ein erheblicher Austrittsverlust ergeben. Im Volllastbetrieb kann die Austrittsenergie bei FRANCIS- bis ca. 30 % und bei KAPLAN-Turbinen sogar bis etwa 50 % der verfügbaren Energie, d. h. der gesamten Fallhöhenenergie, betragen. Hinzu kommt der Verlust durch den Freihang, also den Gefälleverlust zwischen Turbinenaustritt (bzw. -mitte) und Unterwasser. Um diese Energien nicht zu verlieren, d. h. weitgehend zu nützen, wird an den Turbinensaugstutzen ein als **Saugrohr** (Bild 7-26) bezeichneter Abström-Diffusor angeschlossen, in dem die Geschwindigkeit(-energie) in Druck(-energie) zurückverwandelt wird; auch bei Dampf- und Gasturbinen.

Zudem eröffnet das Saugrohr die Möglichkeit bequemen Aufstellens der Turbine über dem Unterwasserspiegel bis hin zur sog. **Heberturbine** bei kleinen Fallhöhen. Bei der **Heberanordnung** wird die Turbine bis über dem Oberwasserspiegel aufgestellt. Dadurch entfällt der sonst notwendige Erdaushub und die Turbine wird durch Belüften (Entleeren) bequem zugänglich.

Bei den immer häufiger verwendeten schnellläufigen Bauarten ist der Rückgewinn der Geschwindigkeitsenergie meist Hauptzweck des Saugrohres. Verglichen damit bleibt das energetische Nützen des Freihangs meist bedeutungsloser.

Das Saugrohr ermöglicht, wie folgende Ableitung zeigt, am Turbinenaustritt künstlich einen entsprechenden Unterdruck zu bewirken. Das Turbinenlaufrad verarbeitet dadurch ein größeres Druckgefälle, als der Druckhöhe, dem Höhenunterschied zwischen Oberwasserspiegel und Laufrad, entspricht. Mithilfe des Saugrohres kann somit die gesamte Fallhöhenenergie, die Energie des Gesamtgefälles OW–UW (Oberwasser–Unterwasser) weitgehend genützt werden. Laufrad und Saugrohr bilden deshalb eine hydraulische Einheit. Sie sind aufeinander abzustimmen, um die für die Gesamtwirtschaftlichkeit wichtige hohe Energienutzung zu erreichen. Damit begründet sich, weshalb das Saugrohr bei Wasserturbinen als Bestandteil der Maschine (nicht der Anlage) betrachtet und daher vom Turbinenhersteller festgelegt wird. Bei Pumpen dagegen beeinflusst das Saugrohr die Energieumsetzung nicht und gehört deshalb nicht zur Maschine, sondern zur Anlage.

Zu beachten ist, dass die Kavitationsgefahr durch den vom Turbinen-Saugrohr hinter dem Laufrad erzeugten Unterdruck steigt und somit eine Grenze setzt.

Wirkung: Die Aufgabe des Saugrohres, die Geschwindigkeit des aus dem Laufrad austretenden Wasserstromes auf dem Weg zwischen Turbinenaustritt und Unterwasser in Druck umzusetzen und den Freihang zu nützen, lässt sich am besten mit der Energiegleichung verdeutlichen. In diesem Zusammenhang sei nochmals darauf hingewiesen, dass das Saugrohr bei Turbinen demnach die gleiche Funktion besitzt wie die Leitvorrichtungen bei Pumpen.

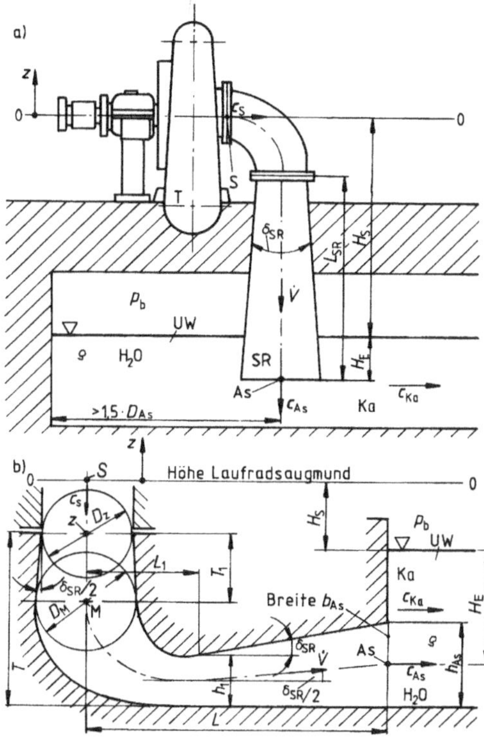

Bild 7-26 Saugrohre. a) Gerades Saugrohr, b) Gekrümmtes Saugrohr (Ellenbogen- oder Kniesaugrohr); T ... Turbine, SR ... Saugrohr, Ka ... Kanal, H_S ... Saughöhe, H_E ... Eintauchtiefe, As ... Austrittsstelle

Angewendet wird die erweiterte Energiegleichung (EE) zwischen den Stellen S (Höhe Turbinensaugstutzen) und As (Höhe Saugrohraustritt) der in Bild 7-26 dargestellten Saugrohre. Bezugshöhe (0–0) ist bei:

- waagrechter Maschinenwelle die Wellenmitte (Bild 7-26a)
- senkrechter Maschinenwelle der Saugmundaustritt des Laufrades (Bild 7-26b).

EE S–As

$$z_S \cdot g + \frac{p_S}{\varrho} + \frac{c_S^2}{2} = z_{As} \cdot g + \frac{p_{As}}{\varrho} + \frac{c_{As}^2}{2} + Y_{V,SR}$$

Mit

$$z_S = 0$$

$$z_{As} = -(H_S + H_E); \quad p_{As} = p_b + \varrho \cdot g \cdot H_E$$

folgt für den Druck p_S am Turbinenaustritt (Saugstutzendruck):

$$p_S = p_b - \varrho \cdot [(c_S^2 - c_{As}^2)/2 + g \cdot H_S] + \varrho \cdot Y_{V,SR} \tag{7-134}$$

Hinzu kommt nach der Kontinuitätsgleichung (K):

K S–As

$$c_S \cdot A_S = c_{As} \cdot A_{As}$$

Hieraus:

$$c_{As} = c_S \cdot A_S / A_{As} = c_S / m \tag{7-135}$$

Mit $m = A_{As}/A_S > 1$ Querschnitts-Erweiterungsverhältnis oder kurz **Öffnungsverhältnis**. Es wird:

$$c_{As} < c_S \quad \text{da} \quad m > 1$$

Gl. (7-134) bestätigt zusammen mit Gl. (7-135) die erwähnten Wirkungen des Saugrohres:

a) $p_S < p_b$, d. h. Unterdruck im Laufradsaugmund. Ergibt entsprechendes Vergrößern des wirkenden Druckgefälles zwischen Druck- und Saugstutzen der Turbine.

   Die Kavitationsgefahr (Abschnitt 5.2) begrenzt den Saugdruck und somit den Wirkungsbereich des Saugrohres. Notwendig ist

$$p_S > p_{Da} + \varrho \cdot Y_{H,M} \tag{7-136}$$

   Mit Dampfdruck p_{Da} des Turbinen-Triebwassers (Tafel 9 beim digitalen Zusatzmaterial) und Maschinenhalteenergie $Y_{H,M}$ (Abschnitt 5.2.3).

   Beziehung (7-134) ergibt des Weiteren, dass die Saugrohrverluste $Y_{V,SR}$ den Saugdruck erhöhen und deshalb die Kavitationsgefahr vermindern.

b) Der Austrittsverlust wird theoretisch, d. h. ohne Berücksichtigen der Saugrohrverluste, von $c_S^2/2$ auf $c_{As}^2/2$ herabgesetzt. Bei KAPLAN-Turbinen beispielsweise beträgt die spezifische Geschwindigkeitsenergie $c_S^2/2$ etwa 50 % der spezifischen Gefälleenergie $g \cdot H$. Die Austrittsgeschwindigkeit aus dem Saugrohr dagegen beträgt nur noch ca. $c_{As} \approx 1 \dots 2\,m/s$. Damit reduziert sich die „verlorene“ Abströmenergie $c_{As}^2/2$ meist auf weit unter 5 % der Gefälleenergie $g \cdot H$.

Wirkungsgrad: Die der Turbinenauslegung zugrunde gelegte drallfreie Abströmung wird nur bei optimalem Betriebszustand erreicht. Infolge des daher fast immer vorhandenen und zudem stark vom Beaufschlagungsgrad $\dot{V}_x/\dot{V}$ abhängigen Austrittsdralles sind Größe sowie Richtung der absoluten Turbinenaustrittsgeschwindigkeit c_0 örtlich sehr verschieden. Entsprechend schwanken die zugehörigen Geschwindigkeitsmomente in Meridian- (c_{0m}) und Umfangsrichtung (c_{0u}). Abhängig von Drehzahl und Laufschaufelzahl sowie beeinflusst durch die Formgebung der Spirale als auch des Saugkrümmers treten noch zeitlich veränderliche Geschwindigkeitsschwankungen auf, die rechnerisch nicht erfassbar.

Die Energie der in Achsrichtung verlaufenden Meridiangeschwindigkeit wird weitgehend in Druck umgesetzt. Dagegen ist die Umfangskomponente bei Teil- und Überlast, welche Fluidkreisen verursacht, infolge ihres zur Flussrichtung senkrechten Verlaufes nur zu einem sehr kleinen Teil zurückgewinnbar.

PETERMANN [23] gibt folgenden Ansatz für den Energieumsatz im Saugrohr:

$$k_g \cdot c_0^2/2 = k_m \cdot c_{0m}^2/2 + k_u \cdot c_{0u}^2/2$$

Dabei ist k_g der **Rückgewinnungsfaktor**, welcher die Umsetzungs- und Reibungsverluste der Laufrad-Austrittsenergie $c_0^2/2$ berücksichtigt.

Näherungsweise betragen die beiden anderen Beiwerte k_m und k_u:

$$k_m = 0{,}8 \dots 0{,}92; \quad k_u = 0 \dots 0{,}1$$

Die Werte bestätigen vorgehende Ausführungen. Die Faktoren k_g, k_m und k_u können auch als Wirkungsgrade für den Umsatz der einzelnen Geschwindigkeitsenergien bezeichnet werden [74]. Wird $k_u = 0$ gesetzt, was fast immer vertretbar, beträgt der Wirkungsgrad der Saugrohre (Richtwerte):

$$\eta_{SR} = k_g \approx 0{,}8 \dots 0{,}9\,(\dots 0{,}92) \qquad (7\text{-}137)$$

Der Wirkungsgrad des Saugrohres lässt sich auch als Quotient von Druckenergieaufbau $(p_{As} - p_S)/\varrho$ und Strömungsenergieabbau $(c_S^2 - c_{As}^2)/2$ näherungsweise definieren:

$$\eta_{SR} \approx [(p_{As} - p_S)/\varrho]/[(c_S^2 - c_{As}^2)/2] \qquad (7\text{-}138)$$

Demnach ergibt sich η_{SR} auch als Verhältnis von Druckzuwachs und Staudruckabnahme.

Mit Gl. (7-134), bei Vernachlässigen der Saughöhe H_S (Freihang), was nicht immer zulässig ist (also $H_S \approx 0$), und bei guter Näherung $p_{As} \approx p_b$ (Atmosphärendruck) geht die Beziehung (7-138) für den Saugrohrwirkungsgrad η_{SR} über in:

$$\eta_{SR} \approx 1 - Y_{V,SR}/[(c_S^2 - c_{As}^2)/2] \qquad (7\text{-}139)$$

Wird des Weiteren näherungsweise die Energie der Saugrohraustrittsgeschwindigkeit c_{As} vernachlässigt ($c_{As} \approx 0$ gesetzt), ergibt sich:

$$\eta_{SR} \approx 1 - 2 \cdot Y_{V,SR}/c_S^2 \qquad (7\text{-}140)$$

Gestaltung: Infolge der verwickelten Geschwindigkeitsverhältnisse (vorhergehender Abschnitt) ist der Konstrukteur beim Entwerfen von Saugkrümmern und Saugrohren weitgehend auf Versuchsunterlagen angewiesen. Danach sind für den Energieumsatz (Geschwindigkeit in Druck) bei diesen Einrichtungen entscheidend: Gesamtlänge L_{SR} und Öffnungsverhältnis $m = A_{As}/A_S$. Bei Saugkrümmern (Ellenbogensaugrohr) zudem Gesamttiefe T und Saugkegeltiefe T_1 (Bild 7-26).

Ausgangswerte: Bei der Saugrohrauslegung sind einzuhalten bzw. müssen bekannt sein:
Turbinen-Saugstutzendruck p_S nach Gl. (7-136),
Turbinen-Saugstutzengeschwindigkeit c_S.

Saugrohraustrittsgeschwindigkeit c_{As}

Richtwert:

$$c_{As} = (0{,}05 \dots 0{,}17) \cdot \sqrt{2 \cdot Y_N} \qquad (7\text{-}141)$$

Mit der spez. Anlagen- oder Nutzenergie Y_N:

$$Y_N = g \cdot H_N = g \cdot (z_{OW} - z_{UW}) + (c_{OW}^2 - c_{As}^2)/2$$

$$Y_N \approx g \cdot (z_{OW} - z_{UW}) \quad \text{und} \quad H_N \approx z_{OW} - z_{UW}$$

Das **Nutzgefälle** H_N ist also bei $c_{As} \approx c_{OW}$ näherungsweise gleich dem geodätischen Höhenunterschied zwischen OW und UW, dem (Anlagen-)Gefälle.

Die Ausflussgeschwindigkeit c_{As} aus dem Saugrohr soll möglichst etwa gleich der Kanalgeschwindigkeit c_{Ka} (Unterwassergeschwindigkeit c_{UW}) sein, also $c_{As} \approx c_{Ka} \approx c_{UW}$, wobei meist gilt: $c_{Ka} \approx 1 \dots 2\,m/s$.

Solch niedrige Abströmungsgeschwindigkeiten (Gl. (7-141)) erreichen langsamläufige Überdruck-Turbinen (n_y klein!) entsprechend dem Abströmwert nach Gl. (4-106) auch ohne Saugrohr. Deshalb kann bei diesen Bauarten in der Regel auf speziell diffusorartig ausgebildete Saugrohre verzichtet werden. Es genügt dann ein normales Abflussrohr.

Bauarten: Zwei Saugrohrformen sind gebräuchlich:

Gerades Saugrohr (Bild 7-26a): Geradachsiger, kreiskonischer Diffusor, d. h. kegelige Erweiterung mit Kreisquerschnitt.

Anwendung: Bei Spiralgehäusemaschinen waagrechter Welle mit Einlaufkrümmer zum Saugrohr und bei senkrechter Welle ohne Einlaufkrümmer sowie Rohrturbinen.

Vorteil: Kreisquerschnitt, deshalb bestmöglicher Wirkungsgrad $\eta_{SR} \leqq 92\,\%$ ($k_u > 0$).

Nachteile: Meist reicht Freihang und Unterwassertiefe ohne zusätzlichen Erdaushub nicht aus, um die für das erforderliche Erweiterungsverhältnis notwendige Saugrohrlänge unterzubringen. Des Weiteren kavitationsempfindlicher, weil hohes η_{SR}.

Gestaltungshilfen: Meist aus Stahl hergestellt.

Erweiterungswinkel $\delta_{SR} \leqq 8 \ldots 10°$
Erweiterungsverhältnis $m = A_{As}/A_S \leqq 8$
Saugrohrlänge $L_{SR} \leqq (5 \ldots 8) \cdot \left(\sqrt{A_{AS}} - \sqrt{A_S}\right)$
Eintauchtiefe $H_E \geqq 0{,}3\,\mathrm{m}$

Gekrümmtes Saugrohr (Bild 7-26b): Auch als Ellenbogen- oder Kniesaugrohr bezeichnet. Vom anfänglichen Kreisquerschnitt meist erst in Oval- und dann in Rechteckquerschnitt übergehend, außerdem gleichzeitig im Ovalbereich um 90° abgewinkelt. Verschiedentlich noch mit Umlenk- und/oder Stützschaufeln versehen. Anwendung: Überwiegend bei Turbinen ohne Spiralgehäuse, d. h. Schachtturbinen mit senkrechter Welle, die meist für geringe Gefälle eingesetzt werden.

Vorteil: Auch ohne zusätzlichen Erdaushub große Saugrohrlängen verwirklichbar.

Nachteile: Ungünstiger Querschnittsverlauf, weshalb geringerer Wirkungsgrad. Erzielbar:

$$\eta_{SR} \leqq 0{,}89\ (\ldots 0{,}92) \quad (k_u \approx 0)$$

Geringere Kavitationsempfindlichkeit, da Verluste größer.

Hinweis: Bei Saugrohren mit langem, anschließendem Unterwasserstollen, z. B. bei Kavernenanlagen, besteht Druckstoßgefahr (Abschnitt 2.4.3). Deshalb saugseitiges Wasserschloss oder entsprechend gesteuerte Luftzuführung notwendig.

Entwurfshilfen: Ausführung meist in Beton, teilweise mit Stahl verstärkt und ausgekleidet. Insbesondere der Saugkegel muss gepanzert werden.

Bezugslänge: Zuströmdurchmesser D_Z

Maximaler Durchmesser	$D_M \approx (1{,}1 \ldots 1{,}2) \cdot D_Z$
Saugkegeltiefe	$T_1 \approx (0{,}5 \ldots 0{,}8) \cdot D_Z$
Gesamttiefe	$T \approx (2 \ldots 2{,}3) \cdot D_Z$
Gesamtlänge	$L \approx (4{,}5 \ldots 5) \cdot D_Z$
Teillänge	$L_1 \approx (1{,}2 \ldots 1{,}5) \cdot D_Z$
Engstellenhöhe	$h_1 \approx 0{,}6 \cdot D_Z$
Austrittshöhe	$h_{As} \approx 1{,}2 \cdot D_Z$
Austrittsbreite	$b_{As} \approx (3 \ldots 3{,}2) \cdot D_Z$
Erweiterungswinkel	$\delta_{SR} \leqq 8 \ldots 10°$
Eintauchtiefe	$H_E \geqq 0{,}3\,\mathrm{m}$

7.3.3 Dampf- und Gasturbinen

7.3.3.1 Vorbemerkungen

Ausführung:

Die Leitvorrichtungen von Dampf- und Gasturbinen sind, gegensätzlich zu denen von Wasserturbinen, in der Regel nicht verstellbar ausgeführt. Die Fluidmengenregelung wird bei Gasturbinen nicht durchgeführt, bei Dampfturbinen durch Zu- und Abschalten von Düsengruppen an der sog. **Regelstufe** verwirklicht. Bei Gasturbinen erfolgt die Leistungsregelung durch Ändern des zugeführten Kraftstoffmengenstromes. Axialturbokompressoren sind ausgenommen. Hier werden in Sonderfällen verstellbare Leitschaufeln angewendet, um sog. **rotierendes Abreißen** der Strömung (Abschnitt 9.2.2.3) zu vermeiden. Zu den Sonderfällen gehören z. B. auch Verdichter von Gasturbinentriebwerken.

Der Energieumsatz (Wärme in Strömung) erfolgt gemäß der technisch wichtigsten thermodynamischen Zustandsänderung, theoretisch der Isentrope (verlustfrei) und tatsächlich, also verlustbehaftet infolge Reibung, der Polytrope (Überisotrope, $n > \varkappa$, da meist ungekühlt).

Bezeichnungen:

Entgegen vielfach üblichen Benennungen bei Dampf- und Gasturbinen wird der Einheitlichkeit wegen die gleiche Fußzeichenfolge wie bei Radialmaschinen vorgenommen. Falls notwendig, erfolgt bei mehrstufigen Maschinen der Hinweis auf die zugehörige Stufe durch einen zweiten Index aus römischen Ziffern, z. B. Größenkennzeichnung der dritten Stufe einer i-stufigen Axialmaschine:

$$c_{5,\mathrm{III}},\ c_{2u,\mathrm{III}},\ c_{1m,\mathrm{III}},\ w_{1,\mathrm{III}},\ \alpha_{2,\mathrm{III}},\ \beta_{1,\mathrm{III}}\ \text{usw.}$$

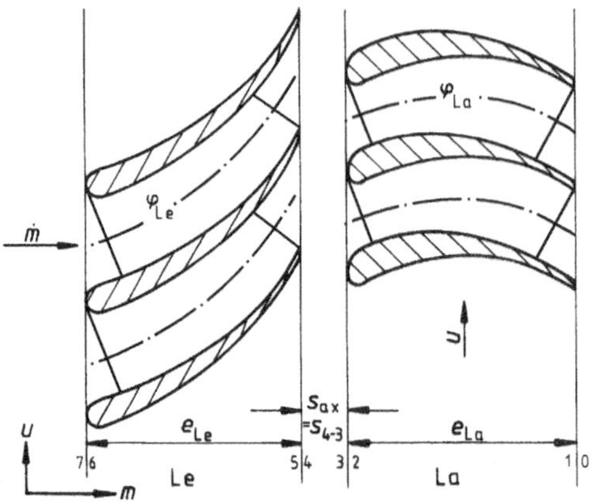

Bild 7-27 Ziffernfolge bei Axialgitter-Stufe, Leitrad Le und Laufrad La

Die arabische Ziffernfolge bei thermischen Axialmaschinen geht nochmals aus Bild 7-27 hervor. Dargestellt ist eine Stufe.

Bemerkung: Da bei Turbinenströmung die Endlichkeit der Schaufelzahl unberücksichtigt bleiben kann (Kapitel 3), ist zwischen den Umfangskomponenten der Strömung an den Stellen 7 und 6 sowie bei 5, 4, 3 und 2 als auch bei 1 und 0 nicht notwendig zu unterscheiden. Das bedeutet:

$$c_{6u} = c_{7u}; \quad c_{2u} = c_{3u} = c_{4u} = c_{5u} \quad \text{und} \quad c_{0u} = c_{1u}$$

Kann des Weiteren der Einfluss der Schaufeldicke (Querschnittsverengung) unberücksichtigt bleiben, was infolge geringer Dicke der Schaufelenden verschiedentlich erfolgt, sind näherungsweise auch die entsprechenden Meridiankomponenten der Geschwindigkeit gleich groß:

$$c_{6m} \approx c_{7m}; \quad c_{2m} \approx c_{3m} \approx c_{4m} \approx c_{5m} \quad \text{und}$$

$$c_{0m} \approx c_{1m}$$

Dasselbe Ergebnis ergibt sich, wenn die Querschnittsverengungen von Leit- und Laufrad gleich angenommen werden, was bei guter Näherung fast immer gilt, da meist so ausgeführt.

In diesen Fällen unterbleibt dann ebenfalls das Unterscheiden zwischen den Stellen 6 und 7 sowie 2, 3, 4 und 5 als auch zwischen 1 und 0, was besonders oft beim Übergang vom Leit- zum Laufrad so gehandhabt wird.

Gestaltung:

Die Form der Leitschaufeln wird nach den gleichen Gesichtspunkten gestaltet wie die der Laufschaufeln. Deshalb sind hier keine zusätzlichen Ausführungen zu denen von Abschnitt 6.2, insbesondere Abschnitt 6.2.5.3, notwendig. Zu beachten ist jedoch, dass bei Leitschaufeln als Konturwinkel, das sind die Winkel der Schaufelmittellinie (Skelettlinie), die Absolutströmungswinkel α (α_6 und α_5) anstelle der Relativströmungswinkel β (β_2 und β_1) der Laufschaufeln treten. Dies gilt wie bei Radialmaschinen deshalb, weil sich die Leitvorrichtungen nicht bewegen, während die Laufschaufeln mit der Umfangsgeschwindigkeit u umlaufen.

Spalteinfluss:

Mit zunehmendem Strömungsweg wächst die Grenzschichtdicke. Dadurch ändert sich das Geschwindigkeitsprofil über dem Strömungsquerschnitt fortlaufend. Innerhalb der Grenzschicht nimmt die Geschwindigkeit sehr schnell ab und geht direkt an der Schaufeloberfläche auf null zurück (Haftbedingung). Als Folge bewirken die Grenzschichten neben Verlusten sog. **Nachlaufdellen** in der Geschwindigkeitsverteilung. Die Schaufelkanal-Austrittsgeschwindigkeit geht deshalb auch unmittelbar an der Austrittskante der Gitterprofile bis auf null zurück (Bild 7-28). Mit wachsendem Strömungsweg nach dem Gitter, Abstand s_{ax}, gleichen sich die Geschwindigkeitsunterschiede infolge Impulsaustausch und Reibung zunehmend aus. Die Strömung wird gleichmäßiger, weshalb die Nachlaufdellen in ihrer Tiefe entsprechend abnehmen. In den technisch ausgeführten Gitterabständen kann sich die Strömung jedoch nicht völlig ausgleichen, weshalb die Nachlaufdellen abgeschwächt erhalten bleiben. Bei der üblichen Relativbewegung (Umfangsgeschwindigkeit u) zweier angrenzender Gitter (Leit- und Laufrad) ist daher das Strömungsfeld in den Beschauflungen – auch bei stationärem Betriebszustand der Maschine – stets instationär. Infolge konstanter (wenn auch unterschiedlicher) Teilungen der angrenzenden Gitter ist das Strömungsfeld periodisch. Dadurch entstehen an jedem Schaufelprofil des jeweils nachfolgenden Gitters periodisch wirkende Kräfte mit einer der Teilung des vorhergehenden (verursachenden) Gitters entsprechenden Periodenlänge. Durch diese periodischen Kräfte werden die Schaufeln zu Schwingungen angeregt, welche beim Berechnen sowie konstruktiven Gestalten der Beschauflung zu beachten und entsprechend zu berücksichtigen sind. In diesem Zusammenhang wird auch auf Abschnitt 7.2.2.2 verwiesen.

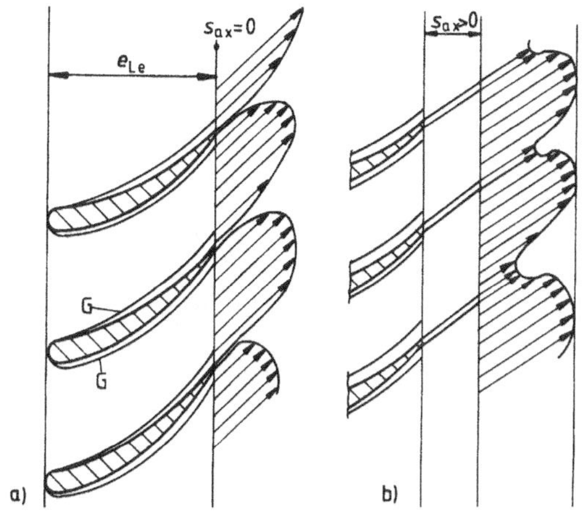

Bild 7-28 Geschwindigkeitsverteilung der Strömung hinter dem Gitter bei unterschiedlichem Axialspalt s_{ax} als Folge der Grenzschicht G [58]. a) Spaltbreite $s_{ax} = 0$ (theoretisch), b) Abstand $s_{ax} > 0$

Spaltweite s_{ax}: Bei Beachten der zuvor und in Abschnitt 7.2.2.2 dargelegten Aspekte sowie, um möglichst geringe Baulängen zu verwirklichen, werden die axialen Abstände zwischen den Schaufelkränzen entsprechend klein ausgeführt.

Richtwerte:

Abstand Leit-/Laufrad $s_{ax} = 1{,}5 \ldots 2\,\text{mm}$
Abstand Lauf-/Leitrad $s_{ax} = 2{,}5 \ldots 3\,\text{mm}$

Ein Anstreifen muss auf jeden Fall vermieden werden. Deshalb ist die Spaltbreite s_{ax} in den angegebenen Bereichen abhängig von der unterschiedlichen Wärmedehnung zwischen Laufrad (Rotor) und Leitradträger (Gehäuse) sowie der Anordnung des Axiallagers auszuführen.

7.3.3.2 Gleichdruckturbinen (Aktionswirkung)

Die Gleichdruckbauweise findet bei Dampfturbinen, dagegen nicht bei Gasturbinen Anwendung. Das gesamte Wärmegefälle (Enthalpiedifferenz) der Stufe wird vollständig im Leitrad in „Geschwindigkeit", also Strömungsenergie (kinetische), umgesetzt. Im Laufrad bzw. der Laufradstufe wird dann unter Umlenken die kinetische Energie des Fluidstromes in Drehenergie des Turbinenläufers umgewandelt.

In den üblichen vielstufigen Gleichdruckturbinen, den sog. ZOELLY- oder Kammerturbinen (Abschnitt 11.3.3.2), wird in einer Folge von Stufen das jeweils zugehörige Stufen-Enthalpiegefälle im Leitrad (einfache Düsen) in Strömungsenergie und weiter im Laufrad in Drehenergie umgeformt.

Die sog. CURTIS-Turbinen (Abschnitt 11.3.3.2) sind ausgenommen. Der Druckumsatz in Geschwindigkeit erfolgt bei diesen Dampfturbinen nur im ersten Leitradkranz (LAVAL-Düsen). Alle folgenden Leitradkränze (ein bis drei) sind reine Umlenkgitter, die den Fluidstrom nur umlenken, jedoch keine thermische Energie umsetzen. Die **Umlenkschaufeln** bilden daher Kanäle gleich bleibenden Querschnitts.

Bei den Leitvorrichtungen der Gleichdruckturbinen ist daher zu unterscheiden zwischen Düsen und Umlenkschaufeln.

Düsen

Je nach abzubauendem **Druckgefälle** (Druckverhältnis) $\Pi_{Le} = p_7/p_4$ sind ZOELLY- oder LAVAL-Düsen notwendig:

ZOELLY-Düsen, auch als einfache Düsen oder Mündungen bezeichnet, werden eingesetzt bei $1/\Pi_{Le} \geqq P_L$.

Hierbei ist $P_L = p_L/p_7$ das sog. **LAVAL-Druckverhältnis** oder kritische Druckverhältnis und p_L der **LAVAL-Druck** oder kritische Druck. Diese Werte sind von der Art des strömenden Fluids (Isentropenexponent $\varkappa$) abhängig und betragen für Wasserdampf:

$$\begin{array}{lll} \text{Heißdampf} & \varkappa = 1{,}30\text{:} & P_L = 0{,}546 \\ \text{Sattdampf} & \varkappa = 1{,}135\text{:} & P_L = 0{,}577 \end{array} \qquad (7\text{-}142)$$

Hingewiesen wird insbesondere auf [3]. Dort sind die Zusammenhänge ausführlich dargestellt. Bei ZOELLY-Düsen erreicht die Austrittsgeschwindigkeit im Grenzfall $1/\Pi_{Le} = P_L$ gerade die zum Fluidzustand am Düsenaustritt gehörende Schallgeschwindigkeit a_5, die sog. **LAVAL-Geschwindigkeit** c_L, also $c_5 = a_5 \equiv c_L$.

In der Regel bleibt die Strömung jedoch im Unterschallbereich ($c_5 < a_5 \rightarrow Ma < 1$); ZOLLEY-Düse.

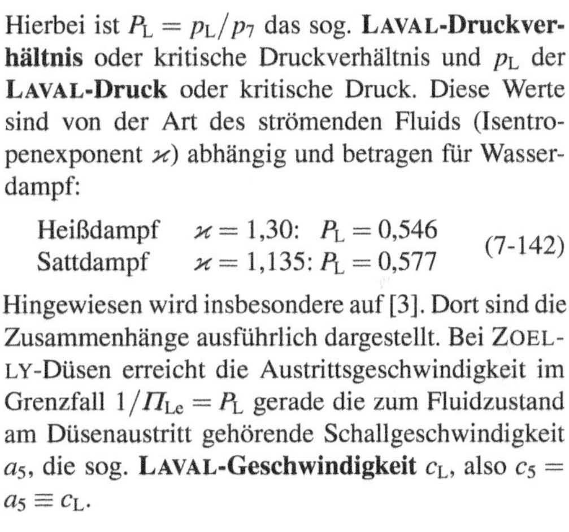

Bild 7-29 Zustandsänderung der ZOELLY-Düsen-Strömung im (h,s)-Diagramm

Außer bei Gleichdruckdampfturbinen der ZOELLY-Bauweise werden einfache Düsen noch bei den Überdruckdampfturbinen (PARSONS-Turbinen) angewendet.

Energieumsatz [3]: Der Zusammenhang zwischen umgesetztem Stufen-Enthalpiegefälle und Düsenaustrittsgeschwindigkeit folgt aus der Energiegleichung kompressibler Fluide. Dabei ist immer angebracht, falls verfügbar, das zugehörige (h, s)-Diagramm (Wasserdampf bei DT, Luft und Verbrennungsgas bei GT) zu verwenden (Bild 7-29).

Ideale Strömung: Isentrope Expansion 6–5_s:

$$\text{E 6–5}_s \quad h_6 + c_6^2/2 = h_{5,s} + c_{5,s}^2/2$$

Hieraus:

$$c_{5,s} = \sqrt{2 \cdot (h_6 - h_{5,s}) + c_6^2} = \sqrt{2 \cdot \Delta h_s + c_6^2} \quad (7\text{-}143)$$

Reale Strömung: Polytrope Entspannung 6–5:

$$\text{E 5–6} \quad h_6 + c_6^2/2 = h_5 + c_5^2/2$$

Hieraus:

$$c_5 = \sqrt{2 \cdot (h_6 - h_5) + c_6^2} = \sqrt{2 \cdot \Delta h + c_6^2} \quad (7\text{-}144)$$

Oder mit Leitrad-Geschwindigkeitsbeiwert φ_{Le}

$$c_5 = \varphi_{\text{Le}} \cdot c_{5,s} = \varphi_{\text{Le}} \cdot \sqrt{2 \cdot \Delta h_s + c_6^2} \quad (7\text{-}145)$$

Der Geschwindigkeits- oder Beschauflungsbeiwert φ_{Le} ist als Erfahrungszahl abhängig von der Umlenkung $\Delta\alpha = \alpha_6 - \alpha_5$ des Fluidstromes sowie der Qualität (Gestaltung und Oberflächengüte) der Düse. Infolge der bei Dampf- und Gasturbinen stets vorhandenen hohen Geschwindigkeiten sind die Düsen hochwertig auszubilden und auszuführen. Richtwerte Abschnitt 2.5.3.

Für Eintritts- oder Zuströmgeschwindigkeit c_6 und Austritts- oder Abströmgeschwindigkeit c_5:

I. Stufe:

$$c_{6,\text{I}} \approx c_{7,\text{I}} \approx 0$$

Dann wird nach Gl. (7-145):

$$c_{5,\text{I}} = \varphi_{\text{Le}} \cdot \sqrt{2 \cdot \Delta h_{s,\text{I}}} \quad (7\text{-}146)$$

Folgende Stufen (k-te Stufe):

$$c_{6,k} \approx \sqrt{0{,}8} \cdot c_{7,k} \approx 0{,}9 \cdot c_{7,k} = 0{,}9 \cdot c_{0,(k-1)} \quad \text{bzw.}$$

$$c_{6,k}^2/2 = 0{,}8 \cdot c_{7,k}^2/2 = 0{,}8 \cdot c_{0,(k-1)}^2/2$$

Das bedeutet, 80 % der kinetischen Austrittsenergie der vorhergehenden Stufe ($(k-1)$-te Stufe) können in der folgenden Stufe (k-te Stufe) weiter genützt werden, wenn der Abstand zwischen Laufrad und folgendem Leitrad gering sowie der Beaufschlagungsgrad Gl. (7-144) der aufeinander folgenden Stufe gleich ist.

Dann wird entsprechend Gl. (7-145):

$$c_{5,k} = \varphi_{\text{Le}} \cdot \sqrt{2 \cdot \Delta h_{s,k} + 0{,}8 \cdot c_{0,(k-1)}^2} \quad (7\text{-}147)$$

Mit Zweitindex $k = \text{II}, \ldots, i$, II-te bis i-te Stufe der i-stufigen Turbomaschine.

Bemerkung: Ändert sich der Beaufschlagungsgrad von einer Stufe zur nächsten, wie dies z. B. zwischen der I. Stufe (bzw. Stufengruppe), der sog. Regelstufe und der II. Stufe immer der Fall ist, muss zwischen beiden Stufengruppen ein größerer Abstand, die **Regelkammer**, vorgesehen werden. Bei solchen Anordnungen geht die Austrittsenergie der vorhergehenden Stufe durch starke Wirbelbildung praktisch vollständig verloren, weshalb dann einzusetzen ist: $c_{0,(k-1)} \approx 0$.

Verlustenergie $\Delta h_{\text{V,Le}}$: Durch Strömungsreibung in Wärme zurückverwandelte, spezifische mechanische Energie. Nach Bild 7-29:

$$\Delta h_{\text{V,Le}} = \Delta h_s - \Delta h \quad (7\text{-}148)$$

Aus Gl. (7-145) $c_5^2 = \varphi_{\text{Le}}^2 \cdot c_{5,s}^2$. Hierbei c_5 durch Gl. (7-144) und $c_{5,s}$ aus Beziehung (7-143) ersetzt, führt zu:

$$2 \cdot \Delta h + c_6^2 = \varphi_{\text{Le}}^2 \cdot (2 \cdot \Delta h_s + c_6^2)$$

Umgestellt nach Enthalpiedifferenz Δh:

$$\Delta h = \varphi_{\text{Le}}^2 \cdot \Delta h_s + (\varphi_{\text{Le}}^2 - 1) \cdot c_6^2/2$$

Wird $(\varphi_{\text{Le}}^2 - 1) \approx 0$ gesetzt, was zulässig, da $c_6^2/2$ zudem wesentlich kleiner als Δh_s, ergibt sich in guter Näherung:

$$\Delta h \approx \varphi_{\text{Le}}^2 \cdot \Delta h_s \quad (7\text{-}149)$$

Damit folgt für Verlustenergie nach Gl. (7-148):

$$\Delta h_{\text{V,Le}} \approx \Delta h_s \cdot (1 - \varphi_{\text{Le}}^2) \quad (7\text{-}150)$$

(h, s)-Diagramm: Beim Eintragen des Entspannungsvorganges ins (h, s)-Diagramm (Bild 7-29) wird vom Fluidzustand am Düseneintritt (Stelle 6 $\rightarrow p_6, t_6$) ausgegangen und von dort die Isentropenlinie $s = \text{konst}$ (Vertikale) bis zum Schnittpunkt mit der Isobaren des Düsenaustrittsdruckes p_5 (Gegendruck) eingetragen. Die Schnittstelle gibt den Isentropenpunkt 5_s. Der Abstand 6–5_s ergibt die isentrope Enthalpiedifferenz Δh_s. Aus Gl. (7-150) folgt dann mit dem Leitradbeiwert φ_{Le} die Verlustenergie $\Delta h_{\text{V,Le}}$, welche im (h, s)-Diagramm vom Punkt 5_s vertikal nach oben abgetragen wird. Dies ergibt den

Enthalpiewert $h_5 = h_{5,s} + \Delta h_{V,Le}$. Die Isenthalpe h_5 (Parallele zur Abszisse s durch h_5) ergibt mit der Isobaren p_5 den Schnittpunkt 5. Punkt 5 kennzeichnet den Zustand des Fluids am Düsenaustritt, das bedeutet nach der realen Entspannung (Polytrope 6–5). Die reale Entspannungslinie von Punkt 6 nach Punkt 5 wird nun gleichmäßig gekrümmt oder geradlinig eingetragen.

Die für das Berechnen der Düsenquerschnitte wichtigen spezifischen Volumen v_6 und v_5 sind ebenfalls aus dem (h, s)-Diagramm zu entnehmen. (h, s)-Diagramm für Wasserdampf (Tafel 20 beim digitalen Zusatzmaterial).

Abmessungen: Das Leitrad fasst alle entlang einer Umfangslinie angeordneten Leitschaufeln zusammen. Die sich ergebenden Leitkanäle sind in einem Zwischenboden untergebracht, der jeweils eine Stufe von der nächsten trennt (Bild 7-30). Abmessungen und Anzahl der Düsen sind abhängig von dem zu verarbeitenden Mengenstrom $\dot{m}$. Da die Leitschaufelkanäle aus Herstellungsgründen sowie Reibungs- und Mengenstromverlusten nicht zu klein ausgeführt werden sollen ($b_{Le} \geqq 10\,\text{mm}$), kann bei geringen Mengenströmen nicht der gesamte Umfang mit Leitkanälen besetzt werden. Das bedeutet, es ist **Teilbeaufschlagung** notwendig (Bild 7-30a).

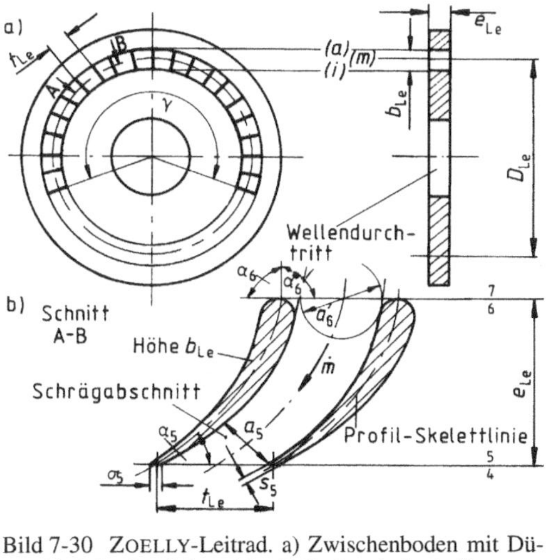

Bild 7-30 ZOELLY-Leitrad. a) Zwischenboden mit Düsen; b) Leitschaufelkanal im Zylinderschnitt A–B

Wie die sonstigen Leiträder werden die Kanäle von ZOELLY-Düsen meist in gleich bleibender Höhe (Breite $b_{Le} \approx$ konst) ausgeführt. In radialer Richtung weisen die Leitkanäle somit gleiche Ein- und Austrittshöhe auf. Das Maß b_{Le} richtet sich dabei nach der Laufschaufellänge:

I. Stufe:

$$b_{Le,I} \leqq b_{La,I}$$

Folgende Stufen:

$$b_{6,k} \geqq b_{1,(k-1)}$$

Das bedeutet, die Leitrad-Eintrittshöhe muss so groß sein, dass die aus der davor liegenden Stufe austretenden Fluidstrahlen sicher aufgenommen werden.

Ausführung: Meist Rechteckquerschnitt, geschmiedet oder gefräst, geschliffen und poliert. Der Rechteckquerschnitt lässt sich am einfachsten herstellen, nützt den verfügbaren Raum weitgehend aus und ist strömungstechnisch nach dem Kreis die zweitgünstigste Querschnittsform. Der engste Querschnitt sollte aus diesem Grund quadratisch ausgebildet werden.

Mindestmaße: Infolge Läufer-Durchbiegung, Wärmedehnung und Fertigungstoleranzen können Spalte nicht beliebig klein ausgeführt werden. Die Mindestspaltweite beträgt etwa 1 ‰ des Raddurchmessers. Wegen der nach unten begrenzten Spaltweite steigen die Mengenstromverluste, die sog. Spaltverluste, mit kleiner werdender Schaufellänge bezüglich des Durchsatzstromes relativ stark an, was den Maschinenwirkungsgrad entsprechend kräftig zurückgehen lässt. Deshalb ist die Schaufellänge ebenfalls nach unten begrenzt.

Um noch vertretbare Wirkungsgrade zu erzielen, gilt als sinnvoller Kleinstwert für die Laufschaufellänge $b_{La} \approx 10 \ldots 11$ mm und damit auch für die Leitschaufellänge b_{Le} (radiale Erstreckung).

Richtwerte: Weitere erfahrungsgemäße Mindestwerte für die Leitgitterbemessung sind:

Breite b_{Le}:

Mindestwert:	$b_{Le} \approx 10 \ldots 11$ mm
Anhaltswerte:	
Kammerstufen	$b_{Le} \approx (0{,}01 \ldots 0{,}02) \cdot D_{Le}$
Trommelstufen	$b_{Le} \approx (0{,}05 \ldots 0{,}1) \cdot D_{Le}$
I. Stufe:	$b_{Le,I} \leqq b_{La,I}$
folgende Stufen:	$b_{6,k} \geqq b_{1,(k-1)}$

Axiale Schaufelerstreckung:

Mindestwert	$e_{Le} = e_{La} = (0{,}1 \ldots 0{,}5) \cdot b_{Le}$
Durchmesser D_{Le}:	$D_{Le} = D_{La} = D_{(m)}$

Düsenteilung t_{Le}:

Blechschaufeln:	$t_{Le} = 30 \ldots 40$ mm
Gefräste Schaufeln:	$t_{Le} = 35 \ldots 50$ mm

Schaufeldicke: So gering, wie Festigkeit und Fertigung zulassen. $s_5 = 1 \ldots 3\,\text{mm}$.

Schaufelwinkel α**:** Winkel von Profilmittellinie (Skelettlinie) zur Umfangsrichtung an Schaufelein- (Stelle 6) und -austritt (Stelle 5):

$$\tan\alpha_6 = c_{6\text{m}}/c_{6\text{u}} \quad \text{oder} \quad \sin\alpha_6 = c_{6\text{m}}/c_6$$

$$\tan\alpha_5 = c_{5\text{m}}/c_{5\text{u}} \quad \text{oder} \quad \sin\alpha_5 = c_{5\text{m}}/c_5$$

Eintrittswinkel α_6:

$$\tan\alpha_6 = \tau_6 \cdot \tan\alpha_7$$

Richtwert: $\tau_6 \approx 1{,}20 \ldots 1{,}02$.

Da Schaufelkopf (Nase) jedoch immer gut abgerundet und meist dünn, kann oft näherungsweise $\tau_6 \approx 1$ gesetzt werden.

I. Stufe:

$$\alpha_6 = \alpha_7 = 90°$$

Folgende Stufen:

$$\alpha_{6,k} \approx \alpha_{0,(k-1)}$$

Austrittswinkel α_5: Möglichst klein, damit Umfangskomponente c_u und deshalb Zuströmdrall $m \cdot r \cdot c_\text{u}$ zum anschließenden Laufrad groß. Kleinstwerte von α_5 jedoch konstruktiv begrenzt.

Allgemein:

$$\alpha_5 = 12 \ldots 18°\ (\ldots 20°)$$

Entsprechend:

$$c_{5\text{m}} = (0{,}2 \ldots 0{,}31) \cdot c_5$$

Laufzahl:

$$Lz = u/c_5 = 0{,}4 \ldots 0{,}5$$

Begründung in Abschnitt 11.3.1.3.

Lz ermöglicht Ermitteln von Umfangsgeschwindigkeit u. Mit festgelegter Drehzahl n folgt daraus Durchmesser $D_\text{Le} = u/(\pi \cdot n)$.

Kanalweite a**:**

Eintrittsweite a_6 näherungsweise (Bild 7-30b):

$$a_6 = (t_\text{Le} - \sigma_6) \cdot \sin\alpha_6 = (t_\text{Le} - s_6/\sin\alpha_6) \cdot \sin\alpha_6$$

$$a_6 = t_\text{Le} \cdot \sin\alpha_6 - s_6$$

Austrittsweite a_5 entsprechend: $a_5 = t_\text{Le} \cdot \sin\alpha_5 - s_5$.

Leitkanalzahl z_Le**:**

Die Anzahl der Leitkanäle und damit der Leitschaufeln folgt aus der Durchflussgleichung:

$$\dot m_\text{Le} = \dot V_5/v_5 = A_5 \cdot c_5/v_5 = z_\text{Le} \cdot a_5 \cdot b_\text{Le} \cdot c_5/v_5$$

Mit $\dot m_\text{Le} = \dot m - \dot m_\text{Sp,Le} \approx \dot m$:

$\dot m \ldots$ Maschinen-Nennlastdurchsatz (Auslegungsmengenstrom)

$\dot m_\text{Sp,Le} \ldots$ Spaltverlust-Mengenstrom am Zwischenboden-Wellendurchtritt (Abschnitt 8.3.2.2). Meist vergleichsweise gering.

Spezifisches Volumen v_5 aus (h, s)-Diagramm oder ersatzweise nach Gasgleichung.

Daraus ergibt sich:

$$z_\text{Le,erf} = \dot m \cdot v_5/(a_5 \cdot b_\text{Le} \cdot c_5) \qquad (7\text{-}151)$$

Die mögliche Leitkanalzahl $z_\text{Le,mög}$ ist bei der gewählten Teilung t_Le durch den Umfang $D_\text{Le} \cdot \pi$ bestimmt, also:

$$z_\text{Le,mög} = D_\text{Le} \cdot \pi/t_\text{Le}$$

Teilbeaufschlagung, wenn $z_\text{Le,erf} < z_\text{Le,mög}$
Beaufschlagungsbogen $\hat\gamma = (z_\text{Le,erf}/z_\text{Le,mög}) \cdot 2 \cdot \pi$
Beaufschlagungsgrad $\varepsilon = z_\text{Le,erf}/z_\text{Le,mög}$ oder

$$\varepsilon = \hat\gamma/(2 \cdot \pi) = (z_\text{Le,erf} \cdot t_\text{Le})/(D_\text{Le} \cdot \pi) \qquad (7\text{-}152)$$

Vollbeaufschlagung, wenn $z_\text{Le,erf} = z_\text{Le,mög}$. Bei $z_\text{Le,erf} > z_\text{Le,mög}$ (selten) muss D_Le und/oder b_Le verändert werden, wobei die zwangsläufigen Folgen für das Laufrad zu beachten sind.

Unter Vorgabe voller Beaufschlagung kann der notwendige mittlere Leitradbeschauflungs-Durchmesser D_Le bei festgelegter Drehzahl n, vorgegebener Laufzahl $Lz = u/c_5$ und gewählter Leitkanalhöhe b_Le sowie dem Leitkanalaustrittswinkel α_5 aus der Durchflussgleichung berechnet werden:

$$\dot m_\text{Le} = \frac{\dot V_5}{v_5} = \frac{A_5 \cdot c_{5\text{m}}}{v_5} = \frac{D_\text{Le} \cdot \pi \cdot b_\text{Le} \cdot (1/\tau_5) \cdot c_5 \cdot \sin\alpha_5}{v_5}$$

Mit $c_5 = u/Lz$ und $u = D_\text{Le} \cdot \pi \cdot n$ wird:

$$\dot m_\text{Le} = \frac{D_\text{Le} \cdot \pi \cdot b_\text{Le}}{v_5 \cdot \tau_5} \cdot \sin\alpha_5 \cdot \frac{D_\text{Le} \cdot \pi \cdot n}{Lz}$$

$$\dot m_\text{Le} = \frac{\pi^2}{Lz \cdot \tau_5} \cdot \sin\alpha_5 \cdot \frac{b_\text{Le} \cdot n}{v_5} \cdot D_\text{Le}^2$$

Hieraus:

$$D_\text{Le} = \sqrt{\frac{Lz \cdot \tau_5}{\pi^2} \cdot \frac{\dot m_\text{Le} \cdot v_5}{b_\text{Le} \cdot n \cdot \sin\alpha_5}} \qquad (7\text{-}153)$$

Ausgewertet mit $b_\text{Le} \approx (0{,}015 \ldots 0{,}02) \cdot D_\text{Le}$; $\tau_5 \approx 1{,}02 \ldots 1{,}2$; $Lz = 0{,}4 \ldots 0{,}5$ und $\alpha_5 = 12 \ldots 18°$ ergibt Näherungsformel:

$$D_\text{Le} \approx (2{,}1 \ldots 2{,}4) \cdot \sqrt{\dot m_\text{Le} \cdot v_5/n} \qquad (7\text{-}154)$$

Beziehung (7-154) ist jedoch nur sinnvoll, um die Größenordnung von D_Le grob zu überschlagen. Der sich ergebende Wert stellt nur die untere Grenze für Leitraddurchmesser D_{Le} dar.

Skelettlinie: Wie in Abschnitt 2.5.3 sowie Abschnitten 6.2.5.3 und 7.2.2.5 begründet, wird die Schaufelmittellinie meist als Kreisbogen ausgebildet. Der Krümmungsradius ergibt sich entsprechend Gl. (2-109):

$$\varrho_{Le} = e_{Le}/(\cos\alpha_5 - \cos\alpha_6) \quad (7\text{-}155)$$

Mit dem Stafflungswinkel $\alpha'_{St} = (\alpha_5 + \alpha_6)/2$

Früher erfolgte oft freies konstruktives Gestalten mit geradlinigem Düsenverlauf und parallelwandigem Auslauf von mindestens 2 mm Länge zur guten Stromführung. Die plötzliche Krümmungsänderung führt jedoch auch hier zu dem schon in Abschnitt 6.2.5.3 dargelegten Nachteil (Ruck).

LAVAL-Düsen (Bild 7-31), auch als erweiterte Düsen bezeichnet, sind einzusetzen bei $1/\Pi_{Le} < P_L$ (Gl. (7-142)). Die Düsen-Austrittsgeschwindigkeit liegt im Überschallbereich ($c_5 > a_5 \rightarrow Ma_5 > 1$). Angewendet werden derartige Düsen bei Gleichdruckturbinen vom Typ CURTIS. Solche Dampfturbinen besitzen nur einen vorgeschalteten Leitkranz, der je nach Massenstrom teilweise oder vollständig mit LAVAL-Düsen bestückt ist.

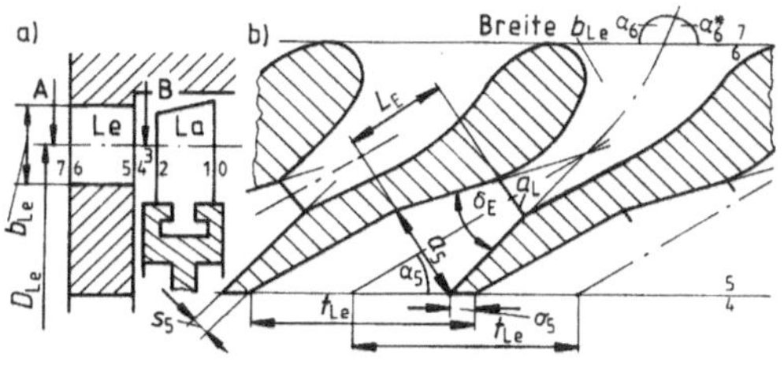

Bild 7-31 LAVAL-Düse. a) Längsschnitt von 1C-Beschaufelung (einstufiges CURTIS-Rad oder -Turbine), b) abgewickelter Zylinderschnitt A–B

Energieumsatz: Es gelten die gleichen Zusammenhänge wie bei den ZOELLY-Düsen, Gl. (7-143) bis (7-146), nur dass hier der Entspannungsdruck p_5 unterhalb des LAVAL-Druckes $p_L = P_L \cdot p_7$ (kritischer Druck) liegt, was jedoch bei richtig ausgelegten Düsen den Entspannungsverlauf nicht beeinflusst (Bild 7-31). Der Düsenbeiwert φ_{Le} ist infolge größerer Entspannung etwas geringer als bei den „kürzeren" ZOELLY-Düsen [3].

(h, s)-Diagramm (Bild 7-32): Der Entwurf des (h, s)-Diagrammes, d. h. das Eintragen des Entspannungsverlaufes, erfolgt wie bei den ZOELLY-Düsen. Hinzu kommt noch das Festlegen des **LAVAL-Zustandes** (Index L) über den Schnittpunkt der Isobaren $p_L = p_6 \cdot P_L$ (LAVAL-Druck oder kritischer Druck) mit der Isentropen (s = konst) durch p_6.

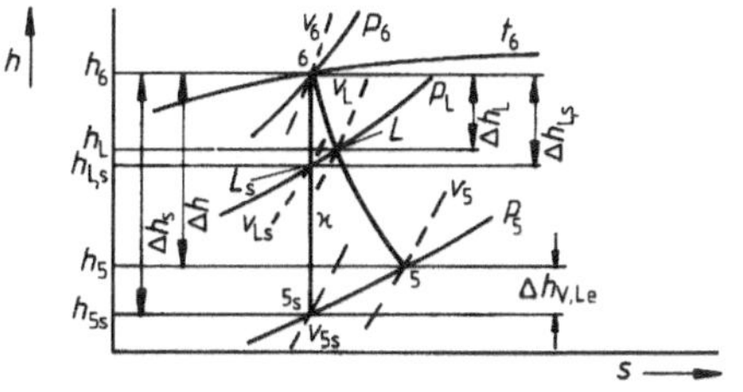

Bild 7-32 Zustandänderung der LAVAL-Düsen-Strömung im (h, s)-Diagramm

Ausführung. Rechteckausführung wie bei ZOELLY-Düsen. Der engste Querschnitt sollte dabei möglichst quadratisch ausgebildet werden mit dem Mindestwert $a_{min} = b_{Le} = b_{La} = 7 \ldots 10$ mm.

Richtwerte (Mindestwerte):

Düsenteilung:	$t_{Le} = 35 \ldots 45$ mm oder aus Entwurf
Austrittswinkel:	$\alpha_5 = 14 \ldots 20° (\ldots 22°)$
Engster Querschnitt:	
Gegossene Düsen	$A_{min} \geqq 65\,\text{mm}^2$
Gefräste Düsen	$A_{min} \geqq 45\,\text{mm}^2$
Schaufelschräganschnitt:	
Umfangsbreite	$\sigma_5 \geqq 2$ mm
Schaufeldicke:	$s_5 \geqq 0{,}5$ mm

Düsen-Erweiterungswinkel:
$\delta_E \leqq 15°$, um Strahlablösung zu vermeiden

Laufzahl Lz: Für Ausführung, Abschnitt 11.3.3

Einstufig (1C-Rad)	$Lz = u/c_5 = 0{,}4 \ldots 0{,}5$
Zweistufig (2C-Rad)	$Lz = u/c_5 = 0{,}2 \ldots 0{,}25$
Dreistufig (3C-Rad)	$Lz = u/c_5 = 0{,}12 \ldots 0{,}15$

Querschnitts-Abmessungen: Ergeben sich aus der Durchflussgleichung $\dot{m} = \dot{V}/v = A \cdot c/v$ mithilfe des zum Arbeitsfluid gehörenden (h, s)-Diagrammes (Bild 7-32).

Berechnungsgang:

Zuerst werden die erforderlichen Gesamtquerschnitte ermittelt, dann die Düsenzahl z_{Le} und schließlich die Düsenerweiterungslänge L_E.

Einströmquerschnitt:

$$A_{6,ges} = \dot{m}_{Le} \cdot v_6/c_6 \quad (7\text{-}156)$$

Zuströmgeschwindigkeit $c_6 \approx c_7$ oft nicht bekannt.

Richtwert:

$$c_6 \approx c_7 \approx 50 \ldots 100\,\mathrm{m/s} \tag{7-157}$$

LAVAL-Querschnitt $A_{\mathrm{L,ges}}$ (engster Strömungsquerschnitt, Stelle L):

$$A_{\mathrm{L,ges}} = \dot{m}_{\mathrm{Le}} \cdot v_{\mathrm{L}}/c_{\mathrm{L}} \tag{7-158}$$

LAVAL-Geschwindigkeit entsprechend Gl. (7-146):

$$c_{\mathrm{L}} = \varphi_{\mathrm{Le,L}} \cdot c_{\mathrm{L},s} = \varphi_{\mathrm{Le,L}} \cdot \sqrt{2 \cdot \Delta h_{\mathrm{L},s}} \tag{7-159}$$

Austrittsquerschnitt

$$A_{5,\mathrm{ges}} = \dot{m}_{\mathrm{Le}} \cdot v_5/c_5 \tag{7-160}$$

Austrittsgeschwindigkeit c_5 nach Gl. (7-146)

Düsenzahl:

$$z_{\mathrm{Le}} = A_{5,\mathrm{ges}}/A_{5,\mathrm{Dü}} = A_{5,\mathrm{ges}}/(a_5 \cdot b_{\mathrm{Le}}) \tag{7-161}$$

Düsenweite a_5 (Kanalweite) nach Bild 7-31:

$$a_5 = (t_{\mathrm{Le}} - \sigma_5) \cdot \sin \alpha_5 \tag{7-162}$$

Düsenteilung t_{Le} und/oder Düsenhöhe b_{Le} nötigenfalls so korrigieren, dass z_{Le} ganzzahlig wird.

Düsenerweiterungslänge L_{E}: Nach Bild 7-31

$$L_{\mathrm{E}} = [(a_5 - a_{\mathrm{L}})/2]/\tan(\delta/2) \tag{7-163}$$

LAVAL-Weite a_{L} (am engsten Düsenquerschnitt):

$$a_{\mathrm{L}} = A_{\mathrm{L,ges}}/(z_{\mathrm{Le}} \cdot b_{\mathrm{Le}}) \tag{7-164}$$

Beaufschlagungsgrad ε gemäß Gl. (7-152).

Bemerkung: Ergibt sich bei der Berechnung ein Erweiterungs- oder Querschnittsverhältnis für die LAVAL-Düsen von $A_{5,\mathrm{ges}}/A_{\mathrm{L,ges}} \leqq 1{,}2$ sind noch ZOELLY-Düsen, d. h. Düsen ohne Erweiterung einsetzbar. Die dadurch notwendige sog. **Nachexpansion** findet dann im Schräganschnitt am Düsenaustritt statt, was nicht ungünstig, jedoch **Strahlablenkung** (Bild 7-33) bewirkt, die mit Impulssatz oder Kontinuitätsgleichung berechenbar ist.

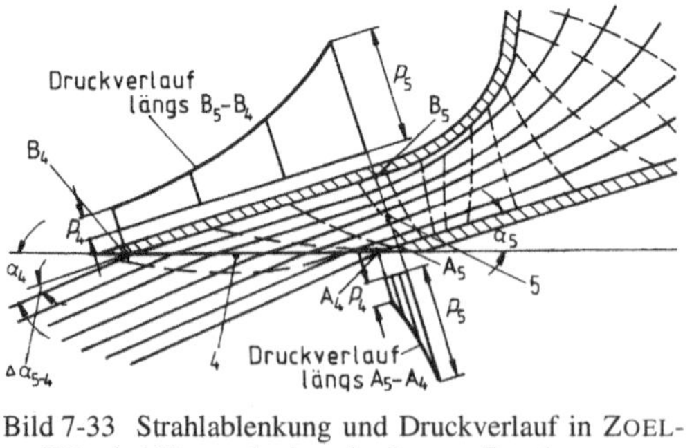

Bild 7-33 Strahlablenkung und Druckverlauf in ZOELLY-Düse bei Unterschreiten des LAVAL-Druckes ($p_4 < p_{\mathrm{L}}$)

Umlenkschaufeln

Umlenkschaufel-Gitter werden bei den sog. geschwindigkeitsgestuften Aktions- oder Gleichdruckturbinen nach CURTIS (Abschnitt 11.3.3.2) jeweils zwischen zwei Laufradkränzen im Maschinengehäuse fest angeordnet. Die Umlenkschaufeln sollen den vom vorhergehenden Laufradkranz ausströmenden Fluidstrom aufnehmen und auf die notwendige Zuströmrichtung des folgenden Laufschaufelkranzes umlenken. Umlenkschaufeln (Index Um), die, wie zuvor aufgeführt, bei CURTIS-Turbinen Verwendung finden, sollen also die Richtung des Fluidstromes ändern, jedoch meist nicht die Größe (den Betrag) der Strömungsgeschwindigkeit (Bild 7-34). Die Umlenkkanäle sind deshalb nicht düsenförmig, sondern parallelwandig (a = konst in Bild 7-34). Manchmal wird jedoch auch bei Umlenkgittern mit, allerdings geringer Reaktion r (etwa 5 ... 10 % von $\Delta h_s \to r = 0{,}05 \ldots 0{,}1$) zur besseren Strömungsführung gearbeitet.

Ideale Strömung:

Ohne Reaktion:

$$c_{5,\mathrm{th}} = c_6$$

Mit Reaktion:

$$c_{5,\mathrm{th}} = \sqrt{c_6^2 + 2 \cdot (1 - r) \cdot \Delta h_s} \tag{7-165}$$

Reale Strömung: Infolge Reibungsverluste bei der Strömung realer Fluide

Ohne Reaktion:

$$c_5 = \varphi_{\mathrm{Um}} \cdot c_{5,\mathrm{th}} = \varphi_{\mathrm{Le}} \cdot c_6 \tag{7-166}$$

Mit Reaktion:

$$c_5 = \varphi_{\mathrm{Le}} \cdot \sqrt{c_6^2 + 2 \cdot (1 - r) \cdot \Delta h_s} \tag{7-167}$$

Der Umlenkschaufel-Beiwert $\varphi_{\mathrm{Um}} \equiv \varphi_{\mathrm{Le}}$ ist wieder abhängig von der Größe der Umlenkung $\Delta\alpha_{\mathrm{Um}} \equiv \Delta\alpha_{\mathrm{Le}} = \alpha_6 - \alpha_5$. Richtwerte Abschnitt 2.5.3.

Bei der meist konstant ausgeführten Umlenkkanalweite a muss die Höhe b_{Um} der Umlenkschaufeln gemäß der Kontinuitätsbedingung, da $c_5 < c_6$, vom Ein- zum Austritt hin linear zunehmen:

$$\text{K 5–6:} \quad \dot{m}_5 = \dot{m}_6 \to A_5 \cdot c_5/v_5 = A_6 \cdot c_6/v_6$$

Mit $A = a \cdot b_{\mathrm{Um}}$ und $v_5 = v_6$, da $p \approx$ konst ($p_5 \approx p_6$), bei $r \approx 0$, wird:

$$a \cdot b_{\mathrm{Um},5} \cdot c_5 = a \cdot b_{\mathrm{Um},6} \cdot c_6$$

Hieraus:

$$b_{\mathrm{Um},5} = (c_6/c_5) \cdot b_{\mathrm{Um},6} \tag{7-168}$$

Ohne Reaktion mit Gl. (7-166):

$$b_{\mathrm{Um},5} = b_{\mathrm{Um},6}/\varphi_{\mathrm{Le}} \qquad (7\text{-}169)$$

Das Gestalten der Umlenkschaufeln erfolgt entsprechend den Ausführungen unter Dampfturbinen-Laufschaufeln und ZOELLY-Düsen.

Verluste, d. h. die spez. Verlustenergie der Umlenkschaufeln infolge Strömungsreibung:

$$\Delta h_{\mathrm{V,Um}} \equiv \Delta h_{\mathrm{V,Le}} = c_{5,\mathrm{th}}^2/2 - c_5^2/2 = (1-\varphi_{\mathrm{Le}}^2)\cdot c_{5,\mathrm{th}}^2/2$$

Ohne Reaktion mit $c_{5,\mathrm{th}} = c_6$:

$$\Delta h_{\mathrm{V,Um}} = (1-\varphi_{\mathrm{Le}}^2)\cdot c_6^2/2 \qquad (7\text{-}170)$$

Ergänzung: Laufschaufelverlust (Abschnitt 6.2.5.3). Da Laufschaufel reaktionsfrei, gilt:

$$\Delta h_{\mathrm{V,La}} = \frac{w_2^2}{2} - \frac{w_1^2}{2} = \frac{w_2^2}{2}\cdot(1-\varphi_{\mathrm{La}}^2) \qquad (7\text{-}171)$$

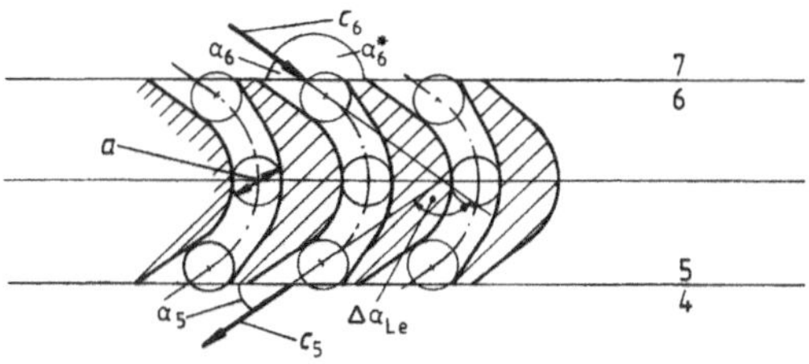

Bild 7-34 Umlenk-Gitter

7.3.3.3 Überdruckturbinen (Reaktionsprinzip)

Um bei Überdruckturbinen, den sog. Trommel- oder PARSONS-Turbinen, gleiche Winkel und damit deckungsgleiche Profile für Leit- sowie Laufschaufeln zu erhalten, wird das Stufen-Enthalpiegefälle Δh_s je zur Hälfte in beiden Schaufelgittern abgebaut, d. h. in kinetische Energie umgesetzt:

$$\Delta h_{\mathrm{Le},s} = \Delta h_{\mathrm{La},s} = \Delta h_s/2$$

Der Reaktionsgrad r von Überdruckturbinen beträgt somit meist: $r = \Delta h_{\mathrm{La},s}/\Delta h_s = 0{,}5$

Die in jeder Stufe jeweils gleichen Profile sind in den Leit- und Laufradgittern spiegelbildlich angeordnet. Sie bilden in beiden Rädern sich stetig verengende Kanäle, also ZOELLY-Düsen (Bild 7-35).

Bei den stets voll beaufschlagten Überdruckturbinen schließen alle Leit- und Laufschaufelkränze über schmale Spalte dicht aneinander an.

Deshalb kann in den Leiträdern die Austrittsgeschwindigkeit c_1 bzw. c_0 des jeweils vorhergehenden Laufkranzes ebenso wie in den Laufrädern die Relativgeschwindigkeit w_2 des zuströmenden Fluids zum Aufbau der absoluten bzw. relativen Abströmgeschwindigkeit vollständig genützt werden.

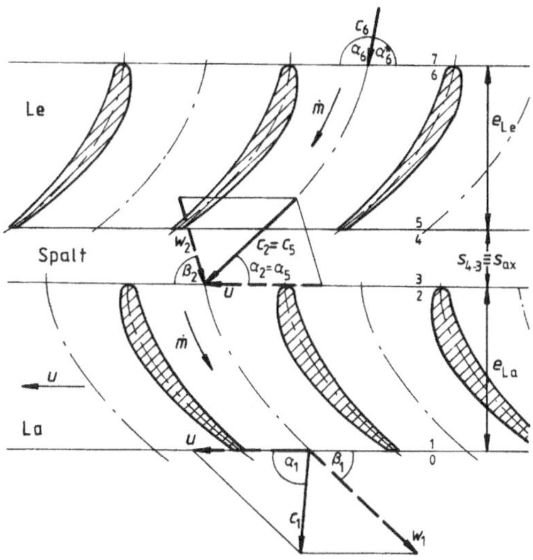

Bild 7-35 Überdruckbeschauflung. Eine Stufe; Leitrad Le, Laufrad La

Geschwindigkeiten: Der Zusammenhang zwischen Enthalpiegefälle und Geschwindigkeit folgt wieder aus der Energiegleichung mithilfe von Bild 7-36:

Leitschaufeln:

Ideale Strömung:

$$c_7^2/2 + h_7 = c_{5,s}^2/2 + h_{5,s}$$

Mit $h_6 - h_{5,s} = \Delta h_{\mathrm{Le},s} = (1-r)\cdot\Delta h_s = \Delta h_s/2$ (wobei $r = 1/2$, Regelfall) folgt für die theoretische Leitrad-Austrittsgeschwindigkeit:

$$c_{5,s} = \sqrt{2\cdot\Delta h_{\mathrm{Le},s} + c_7^2} = \sqrt{\Delta h_s + c_7^2} \qquad (7\text{-}172)$$

Für die k-te Stufe gilt mit $c_{7,k} = c_{0,(k-1)}$:

$$c_{5,s,k} = \sqrt{2\cdot\Delta h_{\mathrm{Le},s,k} + c_{7,k}^2} = \sqrt{\Delta h_{s,k} + c_{0,(k-1)}^2} \qquad (7\text{-}173)$$

Reale Strömung:

Mit dem Leitschaufelbeiwert φ_{Le} ergibt sich die tatsächliche Leitrad-Austrittsgeschwindigkeit der k-ten Stufe ($k = \mathrm{I, II, III}, \ldots, i$):

$$c_{5,k} = \varphi_{\mathrm{Le}}\cdot c_{5,s,k} \qquad (7\text{-}174)$$

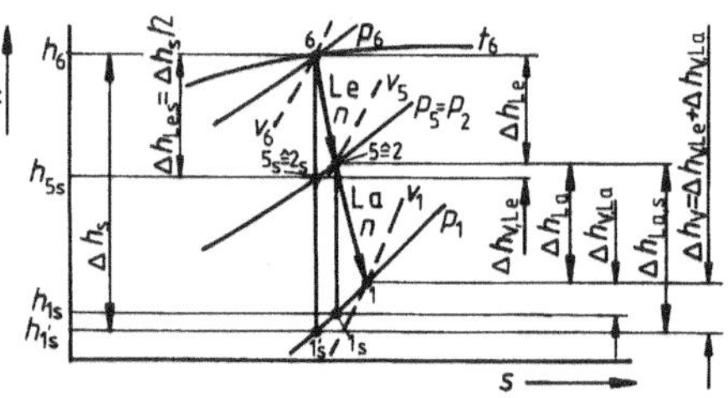

Bild 7-36 Zustandänderung (Entspannung) in einer Überdruckstufe im (h, s)-Diagramm bei Reaktionsgrad $r = 0{,}5$. Leitrad Le; ideal 6–5_s; real 6–5. Laufrad La; ideal 2–1_s; real 2–1 mit $2 \hat{=} 5$ (Bezugsstellen!)

Leitradverluste: Entsprechend Gl. (7-150):

$$\Delta h_{V,Le} = \Delta h_{Le,s} \cdot (1 - \varphi_{Le}^2) = (1 - r) \cdot \Delta h_s \cdot (1 - \varphi_{Le}^2) \quad (7\text{-}175)$$

Wieder beim Regelfall von $r = 1/2$:

$$\Delta h_{V,Le} = (1 - \varphi_{Le}^2) \cdot \Delta h_s / 2 \quad (7\text{-}176)$$

Laufschaufeln:

Ideale Strömung:

E 2–1_s im Relativsystem, d. h. mitdrehend:

$$w_2^2/2 + h_2 = w_{1,s}^2/2 + h_{1,s}$$

Hieraus folgt mit $h_2 - h_{1,s} = \Delta h_{La,s} = r \cdot \Delta h_s = \Delta h_s/2$ (bei $r = 1/2$) die theoretische relative Laufrad-Austrittsgeschwindigkeit:

$$w_{1,s} = \sqrt{2 \cdot r \cdot \Delta h_s + w_2^2} = \sqrt{\Delta h_s + w_2^2} \quad (7\text{-}177)$$

Reale Strömung:

Mit dem Laufschaufelbeiwert φ_{La}:

$$w_1 = \varphi_{La} \cdot w_{1,s} \quad (7\text{-}178)$$

Laufradverluste: Mit Gl. (7-177):

$$\Delta h_{V,La} = w_{1,s}^2/2 - w_1^2/2 = (1 - \varphi_{La}^2) \cdot w_{1,s}^2/2 = (1 - \varphi_{La}^2) \cdot (r \cdot \Delta h_s + w_2^2/2) \quad (7\text{-}179)$$

Wieder bei $r = 1/2$, weshalb:

$$\Delta h_{V,La} = (1 - \varphi_{La}^2) \cdot (\Delta h_s/2 + w_2^2/2) \quad (7\text{-}180)$$

Schaufelgestaltung: Wie ausgeführt, handelt es sich bei Überdruckbeschauflungen – sowohl Leit- als auch Laufradgitter – um ZOELLY-Düsen. Deshalb erfolgt ihr Gestalten entsprechend Abschnitt 7.3.3.2.

Richtwerte:

Reaktionsgrad $r = 0{,}5$ (schon erwähnt)

Laufzahl $Lz = u/c_5 \leqq 1$
meist $Lz = 0{,}9 \ldots 0{,}5$
Hochdruckstufen $Lz = 0{,}8 \ldots 0{,}6$
Niederdruckstufen $Lz = 0{,}9 \ldots 0{,}7$

Schaufel- und Strömungswinkel:

$\alpha_6 = \beta_2 = \alpha_1 = 40 \ldots 75°$
$\alpha_5 = \beta_1 = \alpha_2 = 15 \ldots 35°$
Hochdruckstufen: Untere Werte
Niederdruckstufen: Obere Werte

Abström-Diffusor (Saugrohr):

Entsprechend dem Saugrohr bei Wasserturbinen (Abschnitt 7.3.2.2) erhalten auch Dampfturbinen, und zwar hier sowohl bei Gleich- als auch bei Überdruckturbinen, zur Rückgewinnung der hohen kinetischen Austrittsenergie, die meist wegen Querschnittsbedingungen beträchtlich ist, einen Abströmdiffusor. Der dadurch bedingte Druckumsatz bewirkt einen entsprechend verringerten Druck an der Abströmstelle aus der Beschauflung (letzte Stufe) und damit der Überströmung ins Saugrohr. Das Druckgefälle in der Beschauflung ist somit etwas größer als das der Maschine zwischen deren Druck- und Saugstutzen. Analoges gilt bei stationären, d. h. ortsfesten Gasturbinen, die ebenfalls hauptsächlich zur Stromerzeugung eingesetzt werden.

Hinweis: Zugehörige Übungsbeispiele Ü24 bis Ü26 beim digitalen Zusatzmaterial.

8 Spezifische Stutzenarbeit, Verluste, Leistungen, Wirkungsgrade

8.1 Vorbemerkung

Es erscheint sinnvoll, die in der Überschrift aufgeführten vier Begriffe bzw. Begriffsgruppen in einem gesonderten Abschnitt zusammenzufassen. Notwendige Ergänzungen erfolgen jeweils bei den einzelnen Maschinengruppen (Kapitel 10 bis 13) an geeigneter Stelle.

8.2 Spezifische Stutzenarbeit

Wie bei den Haltegrößen (Abschnitt 5.2) wird auch bei den spez. Arbeiten zwischen dem Wert der Anlage und einem solchen der Maschine unterschieden. Die Ausdrücke für die verschiedenen spez. Arbeiten sowie deren Zusammenhang ergeben sich aus der allgemeinen erweiterten Energiegleichung mit Energiezu- bzw. -abfuhr [3].

In diesem Abschnitt sollen bei der Anlage nur die Systemverluste außerhalb der Maschine, also in den zugehörigen Rohrleitungen, berücksichtigt werden. Die tatsächlich erforderliche spez. Energie bei Pumpenanlagen bzw. die verfügbare bei Turbinen, die spez. Maschinenenergie Y_M, ist deshalb identisch mit der spez. theoretischen Energie der idealen, d. h. verlustfreien Maschinen (bei Pumpen Y_P, bei Turbinen Y_T). Wird oft auch ohne Index geschrieben, also kurz mit Y bezeichnet ($Y \equiv Y_M$, bei Pumpen $Y \equiv Y_P$, bei Turbinen $Y \equiv Y_T$). Die Maschinenverluste werden anschließend getrennt (Abschnitt 8.3) berücksichtigt. Die Anlagenverluste, der Gesamtbetrag, bestehen somit aus denen vom System und der/den Maschine/n.

Um auch hier den Gleichklang von Pumpen und Turbinen aufzuzeigen, werden sie nebeneinander dargestellt (Bild 8-1 und folgende Seiten).

Hinweise:

- Im Beharrungszustand (stationärer Betriebszustand) ergeben die Beziehungen, Gl. (8-1) und Gl. (8-10), den gleichen Wert für die spezifische tatsächliche Energie.
- Besonders bei Kreiselpumpen wird bei der Förderhöhe H nach [36] zwischen folgenden Begriffen unterschieden:

  Anlagenförderhöhe H: Das ist die von der Anlage geforderte Förderhöhe, auch als *statische Förderhöhe H_{stat}* bezeichnet, bzw. als geodätische, wenn $p_{OW} = p_{UW}$ (Bild 8-1).

  Gesamt-, Maschinen- oder *Pumpenförderhöhe* $H_M = H_P = H_{ges} = Y/g$: Ist Anlagenförderhöhe zuzüglich Rohrleitungsverluste (bei Turbinen abzüglich).

  Nennförderhöhe H_N: Tatsächliche Förderhöhe der Pumpe im Nennpunkt (Nenndrehzahl und Nennförderstrom) bei der geförderten Flüssigkeit (Dichte ϱ_{Fl} des Arbeitsfluids).

  Manometrische Förderhöhe H_{Man}: Umrechnen der Nennförderhöhe auf Wasser (ϱ_{Wa} bei 4 °C) als Bezugsflüssigkeit $H_{Man} = H_N \cdot \varrho_{Fl}/\varrho_{Wa}$.

  Bestförderhöhe H_{opt}: Förderhöhe im Pumpenbetriebspunkt besten Wirkungsgrades bei Nenndrehzahl und der zugehörigen Arbeitsflüssigkeit (fällt meist mit H_N zusammen).

  Obere Grenzförderhöhe H_{max}: Größte zulässige Förderhöhe im Dauerbetrieb, ohne dass die Pumpe Schaden nimmt.

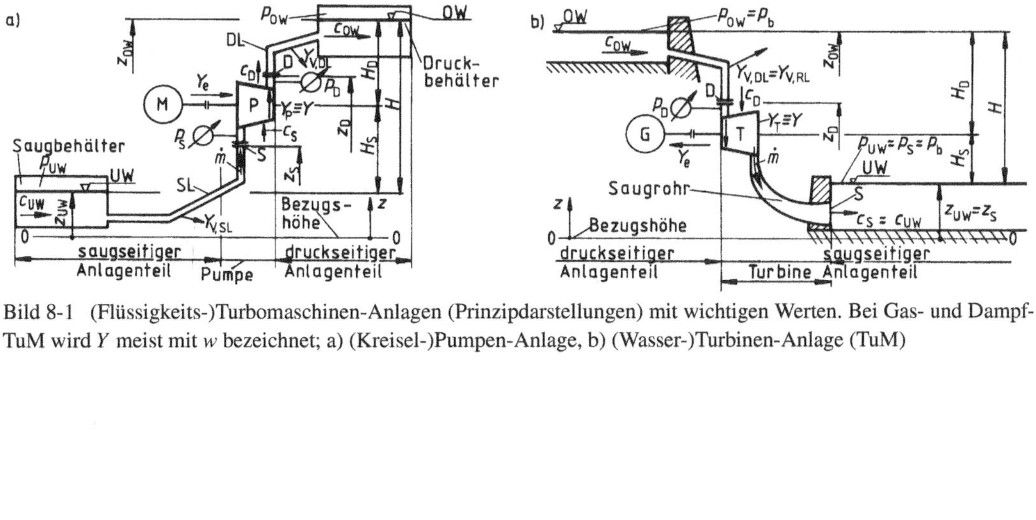

Bild 8-1 (Flüssigkeits-)Turbomaschinen-Anlagen (Prinzipdarstellungen) mit wichtigen Werten. Bei Gas- und Dampf-TuM wird Y meist mit w bezeichnet; a) (Kreisel-)Pumpen-Anlage, b) (Wasser-)Turbinen-Anlage (TuM)

Untere Grenzförderhöhe H_{min}: Kleinste zulässige Förderhöhe, bei der die Pumpe fördern kann, ohne schadhaft zu werden.

Nullförderhöhe H_0: Förderhöhe der Pumpe beim sog. Nullförderstrom $\dot{V} = 0$, und zwar bei Nenndrehzahl sowie der zugehörigen Arbeitsflüssigkeit.

Scheitelförderhöhe H_{Stf}: Förderhöhe im Scheitelpunkt, d. h. dem relativen Maximum der meist instabilen (labilen) Kennlinie (Kapitel 9).

Pumpen (AM)	**Turbinen** (KM)
Anlagen	
Allgemeine EE UW–OW	Allgemeine EE OW–UW
$z_{\text{UW}} \cdot g + p_{\text{UW}}/\varrho_{\text{UW}} + c_{\text{UW}}^2/2 + u_{\text{UW}}$ $= z_{\text{OW}} \cdot g + p_{\text{OW}}/\varrho_{\text{OW}} + c_{\text{OW}}^2/2 + u_{\text{OW}} - Y + Y_{\text{V,RL}}$	$z_{\text{OW}} \cdot g + p_{\text{OW}}/\varrho_{\text{OW}} + c_{\text{OW}}^2/2 + u_{\text{OW}}$ $= z_{\text{UW}} \cdot g + p_{\text{UW}}/\varrho_{\text{UW}} + c_{\text{UW}}^2/2 + u_{\text{UW}} + Y + Y_{\text{V,RL}}$
Hierbei sind die Rohrleitungsverluste	
$Y_{\text{V,RL}} = Y_{\text{V,SL}} + Y_{\text{V,DL}}$	$Y_{\text{V,RL}} = Y_{\text{V,DL}}$
Index SL ... Saugleitung, DL ... Druckleitung	
Saugleitung gehört zum (Rohr-)**System** (nicht zur Maschine)	Saugleitung gehört zur **Maschine**, weshalb $Y_{\text{V,SL}}$ hier im zugehörigen Wirkungsgrad η_{e} enthalten
Die Beziehungen nach der spezifischen tatsächlichen Maschinenenergie Y umgestellt:	
$Y = g \cdot (z_{\text{OW}} - z_{\text{UW}}) + \frac{p_{\text{OW}}}{\varrho_{\text{OW}}} - \frac{p_{\text{UW}}}{\varrho_{\text{UW}}} + u_{\text{OW}} - u_{\text{UW}} + \frac{c_{\text{OW}}^2}{2} - \frac{c_{\text{UW}}^2}{2} + Y_{\text{V,RL}}$	$Y = g \cdot (z_{\text{OW}} - z_{\text{UW}}) + \frac{p_{\text{OW}}}{\varrho_{\text{OW}}} - \frac{p_{\text{UW}}}{\varrho_{\text{UW}}} + u_{\text{OW}} - u_{\text{UW}} + \frac{c_{\text{OW}}^2}{2} - \frac{c_{\text{UW}}^2}{2} - Y_{\text{V,RL}}$

Beide Beziehungen haben, bis auf das Vorzeichen der spezifischen Rohrleitungsverlustenergie, den gleichen Aufbau und lassen sich deshalb entsprechend zusammenfassen (Index A für Anlage):

$$Y = g \cdot (z_{\text{OW}} - z_{\text{UW}}) + p_{\text{OW}}/\varrho_{\text{OW}} - p_{\text{UW}}/\varrho_{\text{UW}} + u_{\text{OW}} - u_{\text{UW}} + c_{\text{OW}}^2/2 - c_{\text{UW}}^2/2 \pm Y_{\text{V,RL}} \quad (8\text{-}1)$$

$$Y = g \cdot \Delta z_{\text{A}} + \Delta(p/\varrho)_{\text{A}} + \Delta u_{\text{A}} + \Delta(c^2/2)_{\text{A}} \pm Y_{\text{V,RL}} \quad (8\text{-}2)$$

Oder mit $\Delta z_{\text{A}} = H$, dem geodätischen Höhenunterschied zwischen Oberwasserspiegel OW (Druckbehälter) und Unterwasserspiegel UW (Saugbehälter), der Förderhöhe bei Pumpen bzw. dem Gefälle bei Turbinen. Indizes: A ... Anlage, M ... Maschine, wobei auch P ... Pumpe und T ... Turbine:

$$Y = g \cdot H + \Delta(p/\varrho)_{\text{A}} + \Delta u_{\text{A}} + \Delta(c^2/2)_{\text{A}} \pm Y_{\text{V,RL}} = g \cdot H + \Delta(p/\varrho + u)_{\text{A}} + \Delta(c^2/2)_{\text{A}} \pm Y_{\text{V,RL}} \quad (8\text{-}3)$$

Hierbei gelten wieder: Oberes Vorzeichen für Pumpen, unteres Vorzeichen für Turbinen.

Diskussion von Gl. (8-1) bzw. Gl. (8-2)

Die ersten beiden Termini von Gl. (8-2) beinhalten den statischen, vom Volumenstrom unabhängigen Anteil. Die folgenden Glieder kennzeichnen den dynamischen Anteil, der vom Durchsatz beeinflusst wird. Auch Gesamtdruck $p_{\text{ges}} = p_{\text{stat}} + p_{\text{dyn}} = p_{\text{stat}} + \varrho \cdot c^2/2$ ist anwendbar.

In die spez. tatsächliche Stutzenarbeit Y gehen die Rohrleitungsverluste der Anlage ein. Diese Verluste sind durch die Qualität des Rohrsystems bestimmt und dürfen deshalb der Maschine nicht zu Last gelegt werden. Die Maschinenverluste sind hierin nicht enthalten und gesondert zu berücksichtigen. Hinsichtlich des Einflusses der Verluste des Anlagenrohrsystems gilt bei:

Pumpen	Turbinen
Förderenergie um die Verluste in der Rohrleitung kleiner als die von der Pumpe aufgebrachte (abgegebene) Energie.	Nutzbare Energie (Nutzarbeit) der Turbine um die Verluste in der Rohrleitung (Druckleitung) kleiner, als dem Gefälle H entspricht.

Bei der Bedeutung der einzelnen Termini der Gleichung muss zwischen raumbeständigen ($\varrho = \text{konst}$) und nichtraumbeständigen ($\varrho \neq \text{konst}$) Fluiden, also hydraulischen und thermischen Turbomaschinen-Anlagen, unterschieden werden. Dabei ist in der Regel generell: $c_{\text{UW}} \approx c_{\text{OW}}$

Pumpen (AM)	**Turbinen** (KM)

Hydraulische Turbomaschinenanlagen

$\varrho \approx$ konst und deshalb auch $t \approx$ konst, das bedeutet $u = c_v \cdot t + C \approx$ konst

$$Y \approx g \cdot H + (p_{OW} - p_{UW})/\varrho \pm Y_{V,RL} \approx g \cdot H + (\Delta p_A)/\varrho \pm Y_{V,RL} \tag{8-4}$$

Kreiselpumpenanlagen	Wasserturbinenanlagen
Meist $p_{UW} = p_{b,UW}$ und $p_{OW} = p_{b,OW}$ Das bedeutet, oben offene Unter- und Oberwasserbehälter mit freier Oberfläche. Dabei fast immer $p_{b,UW} \approx p_{b,OW}$.	Immer $p_{OW} = p_{b,OW}$ und $p_{UW} = p_{b,UW}$ Der Unterschied zwischen Barometerdrücken p_b an Ober- und Unterwasserspiegel ist vernachlässigbar klein gegenüber der Gefällewirkung.

Unter diesen Vereinfachungen geht Gl. (8-4) über in:

$$Y \approx g \cdot H \pm Y_{V,RL} = g(H \pm Y_{V,RL}/g) = g \cdot H_{ges} = g \cdot H_M = g \cdot H \cdot \eta_{RL}^{\mp 1} \tag{8-5}$$

In Fällen, bei denen $p_{OW} \neq p_b$, z. B. Kesselspeiseanlagen, ist Gl. (8-4) zu verwenden.

Bemerkung

Die Rohrleitungsverluste $Y_{V,RL}$ erhöhen die erforderliche spez. Energie (+-Zeichen).	Die Rohrleitungsverluste $Y_{V,RL}$ verringern die nutzbar verfügbare spez. Energie (−-Zeichen).

Thermische Turbomaschinenanlagen

Die spez. Lagenenergie $g \cdot H$ ist hier gegenüber den anderen Energiewerten meist vernachlässigbar klein und in der Regel zudem $c_{UW} \approx c_{OW}$. Dann gilt nach Gl. (8-1):

Allgemein

$$Y = (p_{OW}/\varrho_{OW} + u_{OW}) - (p_{UW}/\varrho_{UW} + u_{UW}) \pm Y_{V,RL} = \Delta(p/\varrho + u)_A \pm Y_{V,RL} = \Delta(p \cdot v + u)_A \pm Y_{V,RL} \tag{8-6}$$

$\varrho \approx$ konst (Ventilatoren)

Im Fall $\varrho \approx$ konst, also geringer Druckänderung $\Delta p_A = p_{OW} - p_{UW}$ und deshalb ungefähr gleich bleibender Temperatur $t =$ konst, was auch bedeutet $u = c_v \cdot t + C \approx$ konst $\approx u_{OW} \approx u_{UW}$, ergibt Gl. (8-6):

$$Y = \Delta p_A/\varrho \pm Y_{V,RL} = v \cdot \Delta p_A \pm Y_{V,RL} = \Delta(p \cdot v)_A \pm Y_{V,RL} \tag{8-7}$$

Bei Ventilatoranlagen liegen meist solche Verhältnisse vor, gelegentlich auch bei Gebläsen bis etwa $\Pi \approx 1{,}5$, weshalb dann mit Gl. (8-7) gerechnet werden kann (+-Zeichen verwenden). Da Ventilatoren jedoch meist hauptsächlich kinetische Energie übertragen, ist mit dem Gesamtdruck $p_{ges} = p_{stat} + p_{dyn}$ zu rechnen. Hierfür gilt dann bei $Y_{V,RL} \approx 0$ nach Gl. (8-3) mit $\Delta p_A = \Delta p = p_D - p_S = \Delta p_{stat}$ und $\Delta(c^2)_A = \Delta(c^2) = c_D^2 - c_S^2$:

$$Y = \Delta p_{ges}/\varrho = (\Delta p_{stat} + \Delta p_{dyn})/\varrho = \Delta p/\varrho + \Delta(c^2)/2 \tag{8-8}$$

Dieser Fall ($\varrho \approx$ konst) tritt bei thermischen Turbinen nicht auf, da dann bei den hydraulischen eingeordnet. → Windturbinen.

$\varrho \neq$ konst (KV; DT; GT)

Bei kompressiblen Fluiden gehen die thermodynamischen Beziehungen in die Zusammenhänge ein: Enthalpie $\mathrm{d}h = c_p \cdot \mathrm{d}T$, innere Energie $\mathrm{d}u = c_v \cdot \mathrm{d}t$, Gasgleichung $p \cdot v = R \cdot T = (c_p - c_v) \cdot T$:

Gasgleichung differenziert: $\mathrm{d}(p \cdot v) = (c_p - c_v) \cdot \mathrm{d}T = \mathrm{d}h - \mathrm{d}u$

integriert: $p \cdot v = h - u + C_1$ (8-9)

Hieraus $h = p \cdot v + u + C_2 \rightarrow \Delta h = \Delta(p \cdot v) + \Delta u = \Delta(p \cdot v + u)$

Damit ergibt Gl. (8-6) $$Y \equiv \Delta h_A = h_{OW} - h_{UW} \pm Y_{V,RL} = \Delta h_{s,A} \pm \Delta h_{V,A} \tag{8-10}$$

Nach dieser Beziehung berechnen sich

Gebläse- und Turbokompressoranlagen	Dampf- und Gasturbinenanlagen

Pumpen (AM)	**Turbinen** (KM)
Maschinen	
Allgemeine EE S–D	Allgemeine EE D–S
$z_S \cdot g + p_S/\varrho_S + c_S^2/2 + u_S$ $= z_D \cdot g + p_D/\varrho_D + c_D^2/2 + u_D - Y$	$z_D \cdot g + p_D/\varrho_D + c_D^2/2 + u_D$ $= z_S \cdot g + p_S/\varrho_S + c_S^2/2 + u_S + Y$
Umgestellt nach der spezifischen Maschinenenergie	
$Y = g \cdot (z_D - z_S) + p_D/\varrho_D - p_S/\varrho_S$ $+ c_D^2/2 - c_S^2/2 + u_D - u_S$	$Y = g \cdot (z_D - z_S) + p_D/\varrho_D - p_S/\varrho_S$ $+ c_D^2/2 - c_S^2/2 + u_D - u_S$

Bei beiden Maschinengruppen (AM und KM) ergibt sich dieselbe Gleichung. Deshalb gilt bei Turbomaschinen allgemein, d. h. sowohl für Pumpen als auch Turbinen, für die theoretisch umgesetzte spez. Energie ($Y \equiv Y_{th} \equiv w_{t,th}$), da die Maschinenverluste getrennt berücksichtigt werden:

$$Y = g \cdot (z_D - z_S) + p_D/\varrho_D - p_S/\varrho_S + u_D - u_S + c_D^2/2 - c_S^2/2 = g \cdot \Delta z_M + \Delta(p/\varrho)_M + \Delta u_M + \Delta(c^2/2)_M \quad (8\text{-}11)$$

Mit der Zusammenfassung

$$Y_p = p_D/\varrho_D - p_S/\varrho_S + u_D - u_S = (p_D/\varrho_D + u_D) - (p_S/\varrho_S + u_S) = (p \cdot v + u)_D - (p \cdot v + u)_S \quad (8\text{-}12)$$

$$Y_P = \Delta(p/\varrho + u)_M = \Delta(p \cdot v + u)_M = \Delta h_M = w_{t,th,M} \quad (8\text{-}13)$$

der spez. theoretischen Druckenergie (Index p oder th) – bei Gasen spez. theoretische technische Arbeit $w_{t,th}$ –, die notwendig ist, um das Fluid verlustlos von einem Raum mit dem Druck p_S (exakt, Zustand p_S, t_S) in einen anderen Raum vom Druck p_D zu fördern bzw. die frei wird, wenn sich das Fluid vom Zustand p_D, t_D auf den Druck p_S adiabat-ideal, d. h. ohne Wärmeaustausch und Reibung, also isentrop, entspannt (Index M für Maschine), ergibt sich:

$$Y = Y_p + c_D^2/2 - c_S^2/2 + g \cdot (z_D - z_S) = Y_p + \Delta(c^2/2)_M + \cdot \Delta z_M \quad (8\text{-}14)$$

Hinweise zu Gl. (8-14) bei

Hydraulische Maschinen

Kreiselpumpen:	Wasserturbinen:
Kleine Maschinen: $c_D \approx c_S$, Δz_M vernachlässigbar	Meist $c_D \approx c_S$
Dafür wird: $Y = Y_p$	Dazu aus Gl. (8-14)
Große Maschinen: Meist ebenfalls $c_D \approx c_S$	$Y = Y_p + \Delta z_M$ (8-15)
Dann gilt: $Y = Y_p + \Delta z_M$	

Nach Gl. (8-13) mit $u_D \approx u_S$

$$Y_p = \Delta(p/\varrho)_M = (\Delta p_M)/\varrho = (p_D - p_S)/\varrho \quad (8\text{-}16)$$

Ventilatoren ($\varrho \approx$ konst): Nach Gl. (8-8)	Windturbinen ($\varrho \approx$ konst):
$Y = Y_p = \Delta p_{ges,M}/\varrho = \Delta p_M/\varrho$	$Y = \Delta(c^2/2)_M$ (8-17)

Thermische Maschinen

Kreiselverdichter (Gebläse, Kompressoren)	Dampf- und Gasturbinen
$c_D \approx c_S$ und Δz_M in der Regel vernachlässigbar	$c_D \approx c_S$ meist und Δz_M immer vernachlässigbar

Für alle thermischen Maschinen-Ausführungen geht somit Gl. (8-14) über in:

$$Y \approx Y_p = w_{t,th} \quad (8\text{-}18)$$

Je nach Art der idealen Verdichtung (Tabelle 8-1):	Bei idealen Turbinen ist, da in der Regel nicht gekühlt, das Maschinen-Enthalpiegefälle Δh_M identisch mit dem isentropen Wärmegefälle Δh_s, also:
• ungekühlt (isentrop) $w_{t,th} = w_{t,s} = \Delta h_s$ • vollgekühlt (isotherm) $w_{t,th} = w_{t,T}$ • teilgekühlt (polytrop) $w_{t,th} = w_{t,pol}$	$w_{t,th} = w_{t,s} = \Delta h_s = h_D - h_{S,s} = \Delta h_M$
Bemerkung: Die spez. verlustlose Druckarbeit Y_p wird auch als spez. theoretische technische Arbeit $w_{t,th}$ bezeichnet, weshalb $Y_p \equiv w_{t,th}$.	**Bemerkung:** Das isentrope Enthalpiegefälle wird vorteilhafterweise aus dem zum Arbeitsmittel gehörenden (h, s)-Diagramm (MOLLIER) abgegriffen.

Tabelle 8-1 Zusammenstellung der thermodynamischen Energie-Beziehungen für Kompression und Expansion [3]

<table>
<tr><th>Qualität</th><th>Verdichtung (KV)</th><th>Entspannung (DT, GT)</th></tr>
<tr><td>ideal</td><td>ungekühlt → isentrop (s = konst)
$\Delta h_s = w_{t,s}$
$= (\varkappa/(\varkappa-1)) \cdot p_S \cdot v_S \cdot [(p_D/p_S)^{(\varkappa-1)/\varkappa} - 1]$
$= c_p \cdot (T_{D,s} - T_S)$ bei $c_p \approx$ konst
gekühlt → isotherm (T = konst)
$w_{t,T} = p_S \cdot v_S \cdot \ln(p_D/p_S) = R \cdot T_S \cdot \ln(p_D/p_S)$
notwendige Wärmeabfuhr $q_T = w_{t,T}$
Hierbei auch $p_S \cdot v_S = R \cdot T_S$ und $p_D/p_S = \Pi$</td><td>fast immer ungekühlt → isentrop (s = konst)
$\Delta h_s = w_{t,s}$
$= (\varkappa/(\varkappa-1)) \cdot p_D \cdot v_D \cdot [1 - (p_S/p_D)^{(\varkappa-1)/\varkappa}]$
$= c_p \cdot (T_D - T_{S,s})$ bei $c_p \approx$ konst
Hierbei auch $p_D \cdot v_D = R \cdot T_D$ und $p_D/p_S = \Pi$
Ausnahme: Aus Werkstoffgründen Schaufelkühlung bei hocheffizienten GT notwendig ($p_D \approx 30\,\text{bar}$; $T_D \approx 1800\,\text{K}$; $T_S \approx 900\,\text{K}$; $\eta_e \approx 40\,\%$).</td></tr>
<tr><td rowspan="4">real</td><td>ungekühlt → polytrop $n > \varkappa$
(überisentrop). Bei $\varkappa = 1{,}4$
Richtwerte: $n \approx 1{,}5 \ldots 2$
$\Delta h = w_t = (n/(n-1)) \cdot p_S \cdot v_S \cdot [(p_D/p_S)^{(n-1)/n} - 1]$
$= c_p \cdot (T_D - T_S)$ bei $c_p \approx$ konst</td><td>fast immer ungekühlt → polytrop $n > \varkappa$
(überisentrop). Bei $\varkappa = 1{,}4$
Richtwerte: $n \approx 1{,}5 \ldots 2$
$\Delta h = w_t = (n/(n-1)) \cdot p_D \cdot v_D \cdot [1 - (p_S/p_D)^{(n-1)/n}]$
$= c_p \cdot (T_D - T_S)$ bei $c_p \approx$ konst</td></tr>
<tr><td colspan="2">Da n im Exponenten, empfindliche Reaktion des Ergebnisses auf Abweichung von den tatsächlichen (meist unbekannten) Verhältnissen, d. h., das Rechenergebnis ändert sich sehr stark mit n. Berechnung mit aus Erfahrung angenommenem n-Wert daher problematisch und somit nur ersatzweise (Überschlagsrechnungen) verwenden. Folgender Weg deshalb vorteilhafter:</td></tr>
<tr><td>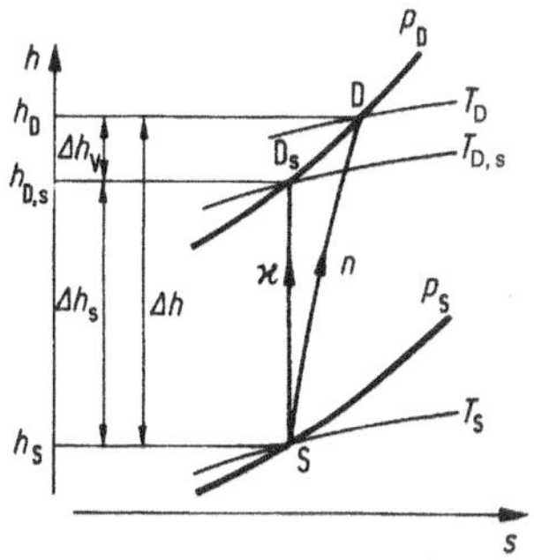

Kompression im (h, s)-Diagramm; kurz (h, s)
Aus (h, s): $T_D > T_{D,s}$; $\Delta h = \Delta h_s + \Delta h_V > \Delta h_s$
Bezugsbasis: Isentrope (s = konst)
$w_t = w_{t,s}/\eta_{V,s}$ mit $w_t = \Delta h$ und $w_{t,s} = \Delta h_s$
$w_R = \Delta h_V = \Delta h - \Delta h_s = \Delta h_s \cdot (1/\eta_{V,s} - 1)$
gekühlt → polytrop $1 < n < \varkappa$ (unterisentrop)
mit $n \approx 1{,}3 \ldots 1{,}1$ bei $\varkappa = 1{,}4$,
oder besser:
Bezugsbasis: Isotherme (T = konst)
$w_t = w_{t,T}/\eta_{V,T}$, wobei meist $\eta_{V,T} \approx \eta_{V,s}$
Wärmeabfuhr
$q = w_t = |c_n| \cdot \Delta T = |c_n| \cdot (T_D - T_S)$
mit
$c_n = ((n - \varkappa)/(n-1)) \cdot (c_p/\varkappa)$
Näherungsrechnungen:
$\Pi \leqq 1{,}1$: $w_{t,th} = Y = (p_D - p_S)/\varrho$ nach Gl. (8-13)</td><td>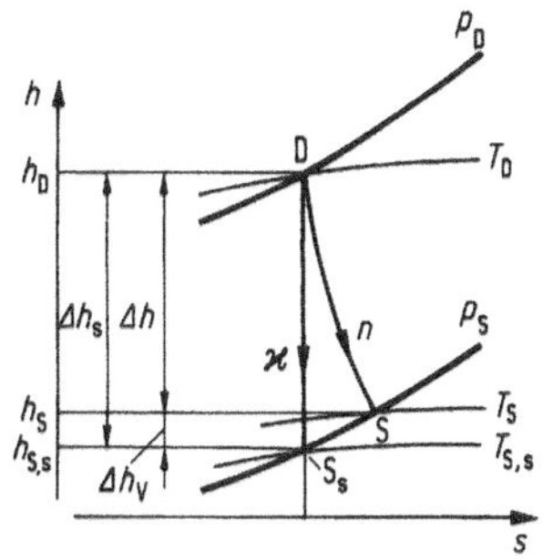

Expansion im (h, s)-Diagramm
Aus (h, s): $T_S > T_{S,s}$; $\Delta h = \Delta h_s - \Delta h_V < \Delta h_s$
Bezugsbasis: Isentrope (s = konst)
$w_t = w_{t,s} \cdot \eta_{V,s}$ mit $w_t = \Delta h$ und $w_{t,s} = \Delta h_s$
$w_R = \Delta h_V = \Delta h_s - \Delta h = \Delta h_s \cdot (1 - \eta_{V,s})$
Bemerkungen:
Immer (h, s)-Diagramm verwenden, falls verfügbar. Nur ersatzweise die aufgeführten Beziehungen anwenden. Grund: Vor allem bei Dämpfen und Gasgemischen, z. B. Rauchgas bei GT, Abweichung vom idealen Gasverhalten zu groß ($\varkappa$; R je $\neq$ konst → $c_p \neq$ konst). Nötigenfalls Realgasfaktor Z (Anhang) verwenden, also gemäß Realgas-Gleichung $p \cdot v = Z \cdot R \cdot T$. Bei p = konst (Dampferzeuger, Brennkammern) gilt nach Thermodynamik-Hauptsatz $\mathrm{d}q = \mathrm{d}h$ und integriert $q = \Delta h$, also Enthalpieänderung des Arbeitsfluids so groß wie übertragene Brennstoffwärme.</td></tr>
<tr><td colspan="2">Hinweise: Vergleichs-Wirkungsgrad $\eta_V \to (\eta_{V,s}; \eta_{V,T})$ ist je nach berücksichtigten Verlusten durch η_{Sch}, η_i oder η_e zu ersetzen. Bei StM ist zudem meist $\eta_e \approx \eta_i$, da $\eta_e = \eta_i \cdot \eta_m$ mit $\eta_m \approx 1$ und in der Regel $\eta_{e,s} \approx \eta_{e,T} = \eta_e$. $Y_{th} \equiv Y \equiv w_{t,th}$ als Statthalter → ungekühlt $w_{t,th} = w_{t,s}$; gekühlt $w_{t,th} = w_{t,T}$.</td></tr>
</table>

8.3 Verluste

8.3.1 Grundsätzliches

Die Verluste der Turbomaschinen werden in die beiden Hauptgruppen innere und äußere Verluste unterteilt.

Der Begriff „innere Verluste" umfasst alle durch Strömungsreibung des Arbeitsfluids verursachten (mechanischen) Energieverluste. Diese Verluste entstehen innerhalb der Maschine und werden dem Arbeitsmedium als Wärme aufgeprägt, die besonders bei kompressiblen Fluiden die umgesetzte Energie zusätzlich beeinflussen.

Die äußeren oder mechanischen Verluste beinhalten im Wesentlichen Gleitflächenverluste (Lager und Dichtungen) sowie den Energiebedarf der Hilfsmaschinen und die äußere Luftreibung (Kupplung). Die Reibungswärme in den Lagern und Dichtungen geht zwar auf Gehäuse und Welle der Maschine über, von dort jedoch nur zum geringen Teil weiter auf das Arbeitsmedium. Hauptsächlich dagegen wird die mechanische Verlustwärme nach außen (Ölkühler und Umgebung) abgeführt.

In der Regel beziehen sich Verluste ebenfalls auf den Mengenstrom $\dot{m}$ und sind mit Z abgekürzt. Ein entsprechender Index kennzeichnet, um welche Verluste es sich im Einzelnen handelt. Exakt ausgedrückt bezeichnet deshalb Z die spezifischen Verluste, d. h. die Verlustenergie je Masseneinheit in $\mathrm{J/kg} = \mathrm{N \cdot m/kg} = \mathrm{m^2/s^2}$ oder die Verlustleistung je Massenstromeinheit in $\mathrm{W/(kg/s)} = \mathrm{(N \cdot m/s)/(kg/s)} = \mathrm{m^2/s^2}$.

8.3.2 Innere Verluste

Vorbemerkungen: Die inneren Verluste beeinflussen den Verdichtungs- (Pumpen) bzw. Entspannungsvorgang (Turbinen) und werden nach dem Ort ihres Entstehens weiter unterteilt.

Die inneren Verluste beziehen sich immer auf die einzelne Stufe. Bei mehrstufigen Turbomaschinen werden daher die inneren Verluste jeder Stufe getrennt zusammengefasst und der spezifischen Stufenenergie zugeordnet. Die Addition der **inneren Stufenverluste** führt dann zu den gesamten inneren Verlusten der Mehrstufenmaschinen, den **inneren Maschinenverlusten**.

8.3.2.1 Schauflungsverluste Z_{Sch}

Unter Schauflungs- oder Schaufelverlusten werden die in Radkanälen und Beschauflungen auftretenden Strömungsverluste zusammengefasst. Die durch Reibung, Querschnitts- und Richtungsänderungen bedingten Schauflungsverluste bilden meist den Hauptanteil der inneren Verluste.

Im Einzelnen umfassen die Schauflungsverluste Z_{Sch} je Stufe:

- Leitradverluste $Z_{Sch,Le}$. Das sind die Strömungsverluste des Leitrades.
- Laufradverluste $Z_{Sch,La}$, die Strömungsverluste im Laufrad.
- Austrittsverlust Z_{As} aus der Stufe, falls vorhanden und in der folgenden Stufe nicht weiter nutzbar. Der Austrittsverlust ist durch die Austrittsgeschwindigkeit bedingt und eigentlich nur bei Turbinen von Bedeutung.

Vielfach noch verwendete Bezeichnungen für die Schauflungsverluste sind:

- Hydraulische Verluste
  bei KP, Radial-KV und WT
  Namensgeber ist das Hauptmedium Wasser (hydor [gr.] ... Wasser).
- Umfangsverluste
  bei Axial-KV, DT und GT
  Die Verluste treten in den am Radumfang angeordneten Beschauflungen auf.

Unmittelbar während des Energieumsatzes in Leitvorrichtung und Laufrad tritt die reibungsbedingt ständig entstehende Verlustenergie im strömenden Fluid als Wärme auf. Diese Erscheinung hat bei kompressiblen Fluiden zusätzlichen Einfluss, der sich beim Verdichtungs- und Entspannungsvorgang unterschiedlich auswirkt.

Bei der Kompression in Verdichtern wird das Fluid durch die „Schadwärme" der Strömungsverluste zusätzlich aufgeheizt. Die notwendige Verdichtungsarbeit erhöht sich dadurch entsprechend. Der Polytropenexponent n wird größer und übersteigt bei ungekühlter Kompression den Isentropenexponenten $\varkappa$, also $n > \varkappa$.

Dagegen wirken sich die unvermeidlichen Strömungsverluste bei der in Turbinen (DT und GT) stattfindenden Expansion weniger nachteilig aus und können sogar teilweise wieder zurückgewonnen werden. Die Reibungswärme vergrößert die thermische Energie des expandierenden Mediums wieder und erhöht dadurch etwas seine Arbeitsfähigkeit.

Der Anteil der hieraus zurückgewinnbaren Energie wird durch den sog. **Wärmerückgewinnungsfaktor** (experimentell ermittelt), Abschnitt 11.3.1.5, erfasst und berücksichtigt. Da die Reibungswärme jedoch immer erst bei niedrigerer Temperatur dem Arbeitsmedium wieder aufgeprägt wird, als die zugehörige Strömungsenergie zuvor aus seiner thermischen Energie gewonnen wurde, erhöht sich die Entropie und ergibt deshalb einen bleibenden mechanischen Energieverlust. Die Anergie, d. h. die energietechnisch nicht mehr umwandelbare Abwärme, vergrößert sich entsprechend (Abschnitt 8.2), weshalb ebenfalls $n > \varkappa$. Reibung wirkt bekanntlich stets hemmend auf Bewegungen und vermindert dadurch immer den Energieumsatz. Aus dieser Tatsache folgt:

- Bei Pumpen ist die in der Beschauflung auf das Fluid übertragene mechanische Energie, die Stufenenergie ΔY, um die Schauflungsverluste Z_{Sch} geringer als die aufgewendete Schaufelenergie Y_{Sch} (alles spezifische Werte). Oder umgekehrt: Die vom Laufrad aufgewendete Schauflungsenergie Y_{Sch} muss um die Schauflungsverluste Z_{Sch} größer sein als die auf das strömende Fluid übertragene Stufenenergie. Somit also: $Y_{Sch} = \Delta Y + Z_{Sch}$.
- Bei Turbinen ist die auf das Laufrad übertragene Schaufelarbeit Y_{Sch} dagegen um die Schauflungsverluste Z_{Sch} kleiner als die vom Arbeitsfluid aufgebrachte Stufenenergie ΔY, also: $Y_{Sch} = \Delta Y - Z_{Sch}$.

Zusammengefasst gilt:

$$Y_{Sch} = \Delta Y \pm Z_{Sch} \qquad (8\text{-}19)$$

Wobei wieder: oberes Vorzeichen für Pumpen
unteres Vorzeichen für Turbinen

Die Schauflungsverluste sind experimentell (Schauflungswirkungsgrad, Abschnitt 8.5.3) oder näherungsweise durch folgende von PIPPERT [69] zusammengestellte Formeln zu bestimmen.

Pumpen (KP und KV):

Radialmaschinen

Laufradverluste $Z_{Sch,La}$:

Beim Laufrad treten im Einlauf (Saugmund) und den Schaufelkanälen Strömungsverluste auf:

Saugmundverluste infolge Strömungsumlenkung:

$$Z_{La,SM} = k_{La,SM} \cdot c_{SM}^2/2 \qquad (8\text{-}20)$$

mit Saugmundverlustfaktor $k_{La,SM} \approx 0{,}1 \ldots 0{,}15$

Kanalverluste, d. h. die Strömungsverluste in den Laufschaufelkanälen:

$$Z_{La,K} = k_{La,K} \cdot w_2^2/2 \qquad (8\text{-}21)$$

mit Kanalverlustfaktor $k_{La,K} \approx 0{,}2 \ldots 0{,}25$

Oder genauer mit der Formel von DARCY [3] für Rohrreibung

$$Z_{La,K} = \lambda \cdot (\overline{L}/\overline{D}_{gl}) \cdot \overline{w}^2/2 \qquad (8\text{-}22)$$

$\lambda = f(\overline{Re}, k_s) \ldots$	Rohrreibungszahl aus MOODY-Diagramm [3]
$\overline{Re} = (\overline{D}_{gl} \cdot \overline{w})/\nu \ldots$	mittlere Kanal-REYNOLDS-Zahl
$\overline{L} \ldots$	mittlere Schaufelkanallänge
$\overline{D}_{gl} = (4 \cdot \overline{A})/\overline{U} \ldots$	mittlerer gleichwertiger Durchmesser
$\overline{A} = \overline{b} \cdot \overline{a} \ldots$	mittlerer Kanalquerschnitt
$\overline{U} = 2 \cdot (\overline{b} + \overline{a}) \ldots$	mittlerer benetzter Umfang
$\overline{b} \ldots$	mittlere Kanalbreite im Meridianschnitt ($\overline{b} \equiv b_M$ Bild 2-19)
$\overline{a} \ldots$	mittlere Kanalweite im Seitenriss ($\overline{a} \equiv a_{M,(m)}$ in Bild 2-19)
$\overline{w} \approx (w_1 + w_2)/2 \ldots$	mittlere Kanal-, d. h. Relativgeschwindigkeit

Austrittsverlust: Bedingt durch die kinetische Energie der Abströmgeschwindigkeit c_a aus der Stufe:

$$Z_{As} = c_a^2/2 \qquad (8\text{-}23)$$

Der Austrittsverlust ist jedoch bei Pumpen meist nicht vorhanden, da die Austrittsgeschwindigkeit aus dem Laufrad in anschließender Leitvorrichtung genutzt wird. Die Austrittsverluste (kinetische Ausströmenergie) aus der Leitvorrichtung sind dann fast immer vernachlässigbar klein.

(Gesamte) *Laufradverluste*:

$$Z_{Sch,La} = Z_{La,SM} + Z_{La,K} + Z_{As} = Z_{La,SR} + Z_{As} \qquad (8\text{-}24)$$

Mit Laufrad Strömungsreibungsverlust:

$$Z_{La,SR} = Z_{La,SM} + Z_{La,K} \qquad (8\text{-}25)$$

Leitradverluste $Z_{Sch,Le}$:

Die Verluste in Leitvorrichtungen (beschaufelt, nicht beschaufelt, Spiralgehäuse) berechnen sich mit der Näherungsformel:

$$Z_{Sch,Le} = k_{Le} \cdot (c_D^2 - c_4^2)/2 \qquad (8\text{-}26)$$

Mit

$k_{Le} \approx 0{,}25 \ldots$ Leitradverlustfaktor

$c_4 \ldots$ Strömungsgeschwindigkeit vor der Leitvorrichtung

$c_D \ldots$ Strömungsgeschwindigkeit nach der Leitvorrichtung (Druckstutzengeschwindigkeit)

Oder etwas genauer mit dem Kanalverlust-Ansatz von DARCY entsprechend Gl. (8-22):

$$Z_{\text{Sch,Le}} = \lambda \cdot (\overline{L}/\overline{D}_{\text{gl}}) \cdot \overline{c}^2/2 \qquad (8\text{-}27)$$

Die Größen entsprechen denen der Laufrad-Kanalverluste (Gl. (8-22)) mit $\overline{c} = (c_{\text{D}} + c_4)/2$.

Axialmaschinen

Laufradverlust:

Laufräder mit vielen Schaufeln (Gitter):

Verlustberechnung wie zuvor bei Radialrädern.

Laufräder mit wenigen Schaufeln (Propeller):

Die Laufradverluste werden durch die Widerstandskraft F_{W} der z tragflügelprofilartigen Laufschaufeln ausgedrückt:

$$Z_{\text{Sch,La}} = \frac{\Delta p_{\text{W}}}{\varrho} = \frac{1}{\varrho} \cdot \frac{F_{\text{W}} \cdot z}{A_{\text{K,M}} \cdot z} = \frac{1}{\varrho} \cdot \frac{F_{\text{W}}}{A_{\text{K,M}}}$$

Mit dem Kanalmitten-Querschnitt (Index M) nach Bild 2-21:

$$A_{\text{K,M}} = a_{\text{M,(m)}} \cdot b_{\text{M}} = t_{\text{(m)}} \cdot \sin \beta_{\text{St,(m)}} \cdot \overline{b}$$

$$A_{\text{K,M}} \approx t_{\text{(m)}} \cdot \sin \beta_{\infty,\text{(m)}} \cdot (b_1 + b_2)/2$$

Damit wird der Laufschaufelverlust:

$$Z_{\text{Sch,La}} = \frac{1}{\varrho} \cdot \frac{F_{\text{W}}}{t_{\text{(m)}} \cdot \sin \beta_{\infty,\text{(m)}} \cdot (b_1 + b_2)/2} \qquad (8\text{-}28)$$

Leitradverlust:

Näherungsweises Berechnen mit den Formeln für Radialräder, Gl. (8-21) oder (8-22)

Turbinen (WT, LT, DT, GT):

Radialmaschinen (WT):

Mangels besserer verfügbarer Angaben kann grobes Abschätzen der Lauf- und Leitradverluste mit den Formeln der Radialpumpen (Gl. (8-22) bis (8-24)) erfolgen. Die Verlustfaktoren (Laufradverlustfaktoren $k_{\text{La,SM}}$, $k_{\text{La,K}}$ und Leitradverlustfaktor k_{Le}) dürfen dabei etwa halbiert werden, da in Turbinen beschleunigte Strömung vorliegt, die verlustärmer ist.

Axialmaschinen:

Hydraulische Turbinen (WT, LT):

Berechnen der Lauf- und Leitschaufelverluste wie bei Axialpumpen.

Thermische Turbinen (DT, GT):

Leitverlust: Infolge Reibung verläuft die Leitrad-Entspannung realer kompressibler Arbeitsfluide polytrop (Abschnitt 8.2). Die Austrittsgeschwindigkeit vermindert sich von $c_{4,s}$ bei idealer, d. h. isentroper Entspannung auf c_4. Der spezifische Leitradverlust (Leitschaufelverlust) beträgt somit (Abschnitt 7.3.3):

$$Z_{\text{Sch,Le}} \equiv \Delta h_{\text{V,Le}} = c_{4,s}^2/2 - c_4^2/2$$

Mit $c_4 = \varphi_{\text{Le}} \cdot c_{4,s}$ lt. Gl. (7-174)
und $c_{4,s}^2/2 = \Delta h_s \cdot (1 - r)$ bei $c_7 \approx 0$ wird

$$\begin{aligned}\Delta h_{\text{V,Le}} &\approx (1 - \varphi_{\text{Le}}^2) \cdot c_{4,s}^2/2 \\ &= (1 - \varphi_{\text{Le}}^2) \cdot (1 - r) \cdot \Delta h_s\end{aligned} \qquad (8\text{-}29)$$

Wieder mit Reaktionsgrad r bei:

- Gleichdruckwirkung $r \approx 0$
- Überdruckwirkung meist $r \geqq 0{,}5$

Geschwindigkeitsbeiwert des Leitrades φ_{Le}, kurz Leitradbeiwert, ist abhängig von der Strahlumlenkung $\Delta\alpha \equiv \Delta\alpha_{\text{L}} = \alpha_6 - \alpha_5$ (Abschnitt 2.5.3).

Laufradverlust: Auch im Laufrad wird die Strömungsgeschwindigkeit (Relativgeschwindigkeit w) durch Reibung umso stärker vermindert, je größer die Umlenkung $\Delta\beta$ des Fluidstromes durch die Laufschaufeln ist. Für den Laufschaufelverlust ergibt sich (gemäß Gl. (7-171), Abschnitt 7.3.3):

$$Z_{\text{Sch,La}} \equiv \Delta h_{\text{V,La}} = w_{1,s}^2/2 - w_1^2/2$$

Mit $w_1 = \varphi_{\text{La}} \cdot w_{1,s}$ lt. Gl. (2-96)
und $w_{1,s}^2/2 = w_2^2/2 + r \cdot \Delta h_s$ nach Gl. (7-177).

Der Geschwindigkeitsbeiwert des Laufrades φ_{La}, kurz Laufradbeiwert, folgt ebenfalls abhängig von der Strömungsumlenkung $\Delta\beta$ (Abschnitt 2.5.3).

(Gesamte) Schauflungsverluste:

Ergeben sich wieder durch Zusammenfassen von Leit- und Laufradverlusten bei Hinzufügen des Austrittsverlustes $Z_{\text{As}} \equiv \Delta h_{\text{V,As}} = c_{\text{a}}^2/2$, falls die spezifische Austrittsenergie nicht genützt werden kann, z. B. in der folgenden Stufe. c_{a} ist wieder die jeweilige Austrittsgeschwindigkeit des Fluidstromes aus der Stufe. Für die Schauflungsverluste gilt deshalb:

$$Z_{\text{Sch}} = Z_{\text{Sch,Le}} + Z_{\text{Sch,La}} + Z_{\text{As}}$$

Oder in Enthalpiedifferenzen:

$$\Delta h_{\text{V,Sch}} = \Delta h_{\text{V,Le}} + \Delta h_{\text{V,La}} + \Delta h_{\text{V,As}}$$

Austrittsverlust:

In getrenntem Abschnitt soll der Austrittsverlust für die verschiedenen Turbomaschinenarten zusammengefasst werden.

Der **Austritts- oder Abströmverlust** Z_{As} (spezifische Auslassenergie) und die zugehörige **Ausströmverlustleistung**:

$$P_{\text{As}} = Z_{\text{As}} \cdot \dot{m} \qquad (8\text{-}30)$$

als Teil der Schauflungsverluste sind, wie bereits ausgeführt, bestimmt durch die Strömungsgeschwindigkeit, mit der das Fluid die Stufe bzw. die Maschine verlässt.

Die Abströmgeschwindigkeit ist notwendig:

- bei Pumpen (KP, KV) zum Weitertransportieren des Fluidstromes. Die zugehörige Energie ist meist gering.
- bei Turbinen zum Abführen des Arbeitsfluids aus der Stufe bzw. Maschine.

Hieraus folgt: Bei Turbinen geht Austrittsenergie verloren und sollte daher möglichst gering gehalten werden. Bei Pumpen sind die Ausströmverluste in der Regel nicht zu berücksichtigen.

Konsequent zugeordnet, gehörte der Austrittsverlust bei:

- Pumpen zum Leitrad
- Turbinen zum Laufrad

Wie festgehalten, beträgt der **Austrittsverlust** bei der Abströmgeschwindigkeit c_a nach Gl. (8-23)

$$Z_{As} = c_a^2/2$$

Bei den Turbinen gilt im Einzelnen:

Wasserturbinen:

Sind immer einstufig und je nach Ausführung ohne oder mit Saugrohr ausgerüstet.

Ohne Saugrohr (PELTON-Turbine): $c_a = c_0$:

Bei PELTON-Turbinen ist der Austrittsverlust verglichen mit der umgesetzten Energie (großes Gefälle) vernachlässigbar klein und muss deshalb nicht gesondert berücksichtigt werden. Die absolute Abströmgeschwindigkeit aus dem Laufrad und damit aus der Maschine fällt bis etwa $c_0 \approx 0{,}5\,\text{m/s}$.

Mit Saugrohr (FRANCIS- und KAPLAN-Turbinen):

Durch das Saugrohr, Abschnitt 7.3.2.2, wird der sonst vorhandene Austrittsverlust stark herabgesetzt, und zwar von $c_S^2/2$ auf $c_{As}^2/2$ (Bild 7-25).

Außerdem kann die (Lagen-)Energie des Freihangs, die Saughöhe, genützt werden, was insbesondere bei kleinen Gefällen (KAPLAN-Turbinen) wichtig ist.

Wie in Abschnitt 7.3.2.2 erwähnt, beträgt die Geschwindigkeitsenergie des aus dem Laufrad austretenden Fluidstromes bei Axialwasserturbinen von KAPLAN im Volllastbetrieb bis etwa 50 % der durch das Gesamtgefälle verfügbaren Energie. Sie wird vom Saugrohr, abzüglich der Reibungsverluste (Wirkungsgrad bis etwa 90 %), bis auf einen vielfach vernachlässigbaren Rest genützt. Die Austrittsgeschwindigkeit aus dem Saugrohr geht herab bis auf etwa $c_{As} \approx 1 \ldots 2\,\text{m/s}$. In Gl. (8-23) tritt dann c_{As} an die Stelle von c_a.

Zusammengefasst: Bei Wasserturbinen ist der Austrittsverlust vernachlässigbar. Seine gesonderte Berechnung erübrigt sich daher.

Dampf- und Gasturbinen

Der Fluidstrom (Wasserdampf bzw. Verbrennungsgas) verlässt die Laufschaufeln und damit die betreffende Stufe mit der absoluten Abströmgeschwindigkeit c_0. Die zugehörige spezifische Energie $c_0^2/2$, welche aus einem entsprechenden Wärmegefälle kommt, kann in der zugehörigen Maschinenstufe nicht mehr genützt werden und ist somit für diese verloren. Die Abströmenergie $c_0^2/2$ stellt daher auch hier einen Verlust dar, sofern sie nicht als Zuströmenergie in der folgenden Stufe (falls vorhanden und dicht anschließt) ganz oder teilweise genutzt wird. Die Austrittsenergie der letzten Stufe der Maschine bzw. eines Maschinenteiles (Hochdruckteil HD, Mitteldruckteil MD, Niederdruckteil ND), bei dem sich auch meist der Laufraddurchmesser sprungartig ändert, ist dagegen technisch immer verloren. Des Weiteren ist die Austrittsenergie verloren, falls hinter dem Laufschaufelkanalaustritt ein breiterer Zwischenraum folgt, z. B. nach der Regelstufe oder Dampfentnahmestellen bei Entnahmeturbinen.

Die **spezifische Stufenaustrittsenergie** von Dampf- und Gasturbinen beträgt ebenfalls:

$$Z_{As} \equiv \Delta h_{V,As} = c_0^2/2 \quad \text{in} \quad \text{m}^2/\text{s}^2 = \text{J/kg} \quad (8\text{-}31)$$

Beide Bezeichnungen, Z_{As} und $\Delta h_{V,As}$ (Enthalpiedifferenz), sind üblich. Vielfach werden auch andere Indizes, z. B. „a“, verwendet.

Bei den verschiedenen Wirkungsweisen der thermischen Turbinen gilt:

Gleichdruckbauweise:

- CURTIS: Meist als Regelteil eingesetzt. Innerhalb der CURTIS-Beschauflung wird die Stufenaustrittsenergie voll genützt. Die Austrittsenergie aus der CURTIS-Turbine bzw. dem -Turbinenteil dagegen ist technisch verloren.
- ZOELLY: Übliche Gleichdruckbauart. Der Abstand zwischen den einzelnen Stufen ist relativ groß. Die Austrittsenergie der vorhergehenden Stufe kann deshalb in der jeweils folgenden Stufe nur zu etwa 80 % als Zuströmenergie genützt

werden (Abschnitt 7.3.3.2). Ausströmenergie aus der Maschine auch hier technisch verloren.

Die nicht genützte Abströmenergie zwischen den Stufen wird dem Fluid jedoch wieder als Wärmeenergie aufgeprägt. Wie geschildert, kann die dadurch entsprechend erhöhte Fluidenthalpie im folgenden Leitrad teilweise erneut in Strömungsenergie zurückverwandelt werden.

Überdruckbauweise (PARSONS):

Die einzelnen Stufen folgen sehr dicht aufeinander. Die Austrittsenergie der vorhergehenden Stufe wird in der folgenden Stufe jeweils praktisch vollständig genützt (Abschnitt 7.3.3.3). Austrittsenergie aus der Maschine jedoch technisch verloren.

Bei Dampfturbinen beträgt die Austrittsgeschwindigkeit des Dampfes (Abdampf) aus der letzten Maschinenstufe meist etwa $c_0 \leqq 100\,\mathrm{m/s}$. Die zugehörige Austrittsenergie beträgt daher:

$$\Delta h_{\mathrm{V,As}} = c_0^2/2 \leqq 100^2/2\,\mathrm{m^2/s^2} = 5 \cdot 10^3\,\mathrm{m^2/s^2}$$

$$\Delta h_{\mathrm{V,As}} \leqq 5 \cdot 10^3\,\mathrm{J/kg} = 5\,\mathrm{kJ/kg}$$

Bei großen, zur Elektrizitätsgewinnung eingesetzten sog. Kondensationsturbinen mit hohem Entspannungsgrad und Dampfdurchsatz werden, um allzu große Strömungsquerschnitte zu vermeiden, teilweise sogar Abdampfgeschwindigkeiten bis 350 m/s zugelassen. Das entspricht ungefähr der Schallgeschwindigkeit von Nassdampf niedrigerer Temperatur (ca. 30 ... 50 °C) und zugehörigem geringem Druck von etwa $p \leqq 0{,}1$ bar, also hohem Unterdruck. Bei dieser Geschwindigkeit beträgt der Austrittsverlust:

$$\Delta h_{\mathrm{V,As}} = 350^2/2\,\mathrm{m^2/s^2} = 61{,}25 \cdot 10^3\,\mathrm{m^2/s^2}$$

$$\Delta h_{\mathrm{V,As}} = 61{,}25 \cdot 10^3\,\mathrm{J/kg} = 61{,}25\,\mathrm{kJ/kg}$$

Bezogen auf das Wärmegefälle Δh_s (isentrope Enthalpiedifferenz) der gesamten Turbine, das Gesamtgefälle Δh_s, beläuft sich die Maschinen-Austrittsenergie auf Beträge von etwa 2 bis 5 %, also $\Delta h_{\mathrm{V,As}}/\Delta h_s = 0{,}02 \ldots 0{,}05$. Abhilfe: Saugrohr.

8.3.2.2 Mengenstromverluste

Mengenstromverluste, kurz **Mengenverluste**, treten an Spalten zwischen Räumen unterschiedlicher Drücke auf. Mengenverluste werden daher auch als **Spalt-** oder **Leckverluste** bezeichnet.

Durch jeden Spalt fließt in Richtung des Druckgefälles ein von Spaltart (Form, Abmessungen), Druckunterschied und Fluidart abhängiger Leckstrom. Dabei sind Mengenstromverluste durch innere und äußere Spalten zu unterscheiden.

Innerer Spaltverlust $\dot{m}_{\mathrm{Sp-I}}$:

Leckstrom durch notwendige Spalte innerhalb der Maschine. Tritt auf bei einstufigen Turbomaschinen (Bild 8-2) zwischen Laufrad und Gehäuse (Radialmaschinen) bzw. Laufschaufeln und Gehäuse (Diagonal- und Axialmaschinen). Bei mehrstufigen Maschinen zwischen Laufrad bzw. Laufschaufeln und Gehäuse sowie Leiteinrichtung (Leitschaufeln, Zwischenwand) und Welle. Die notwendige Spaltweite ist abhängig von

- Fertigungsqualität
- Wärmedehnung
- Maschinenstabilität, das bedeutet Betriebsverformung (Wellendurchbiegung, Lagerspiel, Fliehkraft-Verlängerung der Laufschaufeln).

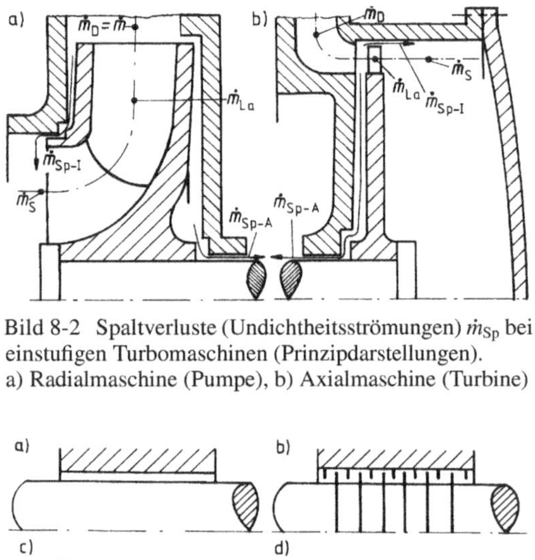

Bild 8-2 Spaltverluste (Undichtheitsströmungen) $\dot{m}_{\mathrm{Sp}}$ bei einstufigen Turbomaschinen (Prinzipdarstellungen).
a) Radialmaschine (Pumpe), b) Axialmaschine (Turbine)

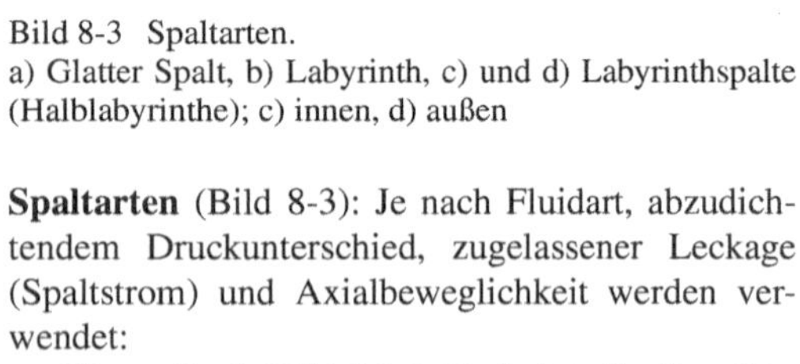

Bild 8-3 Spaltarten.
a) Glatter Spalt, b) Labyrinth, c) und d) Labyrinthspalte (Halblabyrinthe); c) innen, d) außen

Spaltarten (Bild 8-3): Je nach Fluidart, abzudichtendem Druckunterschied, zugelassener Leckage (Spaltstrom) und Axialbeweglichkeit werden verwendet:

- *Glatter Spalt* (Bild 8-3a): Einfachste Spaltausführung, höchster Leckstrom, volle axiale Verschiebbarkeit. Meist bei inkompressiblen Fluiden, vor allem bei Kreiselpumpen angewendet.

- *Labyrinthspalt*, auch als Durchblick- oder Halblabyrinth bezeichnet, Bild 8-3c und d. Aufwendigere Ausführung, kleinerer Leckstrom, voll axial verschiebbar. Meist bei Turbogebläsen verwendet.
- *Labyrinth*, auch *Voll-Labyrinth* genannt, Bild 8-3b. Aufwendige Ausführung, kleinster Leckstrom, keine oder nur geringe axiale Verschiebbarkeit. Meist verwendet bei Turbokompressoren, Dampf- und Gasturbinen.

Spaltweite: Die kleinste technisch anwendbare Spaltweite s_{Sp} beträgt allgemein etwa 1 ‰ bis 2 ‰ des Dichtungsdurchmessers D_{Sp} (bis Spaltmitte; Bild 8-3). Ein Streifen von Teilen, die den Spalt bilden, was insbesondere beim glatten Spalt zu schweren Schäden führen kann, muss in der Regel unbedingt vermieden werden. Deshalb Spaltweite s_{Sp} gemäß Versuchen, oder Erfahrungsformel [54], welche Fertigungsgenauigkeit sowie Verformungen durch Wärmedehnungen und Massekräften (Gewicht, Schwingungen) von Welle und Gehäuse berücksichtigt, festlegen:

$$s_{\mathrm{Sp}} \geqq K_{\mathrm{Sp}} \cdot D_{\mathrm{Sp}} + 0{,}2\,\mathrm{mm} \qquad (8\text{-}32)$$

Der **Spaltbeiwert** K_{Sp} beträgt dabei für die verschiedenen Maschinengruppen:

- Hydraulische Turbomaschinen $K_{\mathrm{Sp}} = 0{,}6 \cdot 10^{-3}$
- Thermische Turbomaschinen
  starre Wellen (unterkritisch) $K_{\mathrm{Sp}} = 0{,}8 \cdot 10^{-3}$
  weiche Wellen (überkritisch) $K_{\mathrm{Sp}} = 1{,}3 \cdot 10^{-3}$

Erfolgt die Dichtung an verhältnismäßig kleinen Durchmessern langer Rotoren, z. B. an Zwischenböden von Gleichdruckdampfturbinen, sind nicht Wärmedehnung und Fertigungsgenauigkeit, sondern der **Durchhang**, d. h. Wellendurchbiegung und Ausschlagen beim Durchfahren der kritischen Drehzahl, maßgebend. Diese Einflüsse berücksichtigt folgende auf den **Lagerbestand** L bezogene empirische Regel [54]:

$$s_{\mathrm{Sp}} \geqq 0{,}17 \cdot 10^{-3} \cdot L \qquad (8\text{-}33)$$

Der größere Wert aus den beiden Formeln (8-32) und (8-33) für die Spaltweite s_{Sp} ist auszuführen.

Äußerer Spaltverlust $\dot{m}_{\mathrm{Sp-A}}$:

Spaltstrom, welcher in den Dichtungen (Stopfbuchsen) zwischen Welle und Gehäuse vom Maschineninnern nach außen dringt. Hierzu gehört auch der Leckstrom am sog. **Achsschubausgleichskolben**, der bei Überdruckwirkungsweise (vor allem Dampf- und Gasturbinen) vorhanden und auf der Maschinendruckseite vor der Gehäuse-Wellen-Dichtung angeordnet ist. Der Achsschubausgleichskolben (Abschnitt 10.2.4) soll die auf den Maschinenläufer in den Schaufelgittern in Richtung zur Saugseite hin wirkende Axialkraft kompensieren.

Dichtungsarten: Allgemein werden noch sämtliche Turbomaschinendichtungen mit dem historisch begründeten Begriff **„Stopfbuchsen“**[1)] bezeichnet. Abhängig von Maschinendrehzahl sowie Art, Temperatur und Druck des abzudichtenden Fluids wird die Stopfbuchse ausgebildet.

Hauptgruppen der Dichtungs-, d. h. Stopfbuchsarten, bei Turbomaschinen:

Berührungs-Dichtungen(-Stopfbuchsen): Dies sind:

- Packungen [79], und zwar:
  Weichpackungen, Hanf, Baumwolle, Kunststoff, jeweils mit oder ohne Gewebeeinlage (Metalle wie Cu-Sn-Legierungen oder Fasern).
  Hartpackungen aus Metall oder Kunststoff.
- Gleitringe aus Metall, Kohle, Keramik, Kunststoff oder Kombinationen hiervon.

Anwendung: Bis mittlere Geschwindigkeiten, hohe Drücke und Temperaturen. In entsprechend angepasster Ausführung hauptsächlich bei Kreiselpumpen und -verdichtern eingesetzt.

Stopfbuchsdichtungen für Druckdifferenzen 25 ... 35 bar bei Gleitgeschwindigkeiten 20 ... 30 m/s. Untere Werte ungekühlte und obere gekühlte Ausführungen.

Gleitringdichtungen (einzeln bzw. Kombinationen) bis über 200 bar, 500 °C bei Gleitflächen-Umfangsgeschwindigkeit bis ca. 100 m/s.

Vorteile: Weitgehend dicht, deshalb praktisch kein Leckstrom.
Schmierung meist durch Arbeitsfluid.
Weichpackungen nachstellbar.

Nachteile: Verschleiß, da Gleitreibung, nicht für hohe Drehzahlen.

1) Herkommend von plastisch verformbaren Dichtschnüren mit Rechteckquerschnitt (ursprünglich Hanf), den sog. Weichpackungen, die in einer Gehäuseaussparung zwischen Welle und Gehäuse (Buchse) entsprechend stark gepresst (gestopft) werden.

Berührungsfreie Dichtungen (sog. berührungslose Stopfbuchsen) [77], [79]: Sind Spaltdichtungen mit den im Abschnitt „Innerer Spaltverlust“ aufgeführten Spaltarten. Die Auswahl der Spaltform erfolgt je nach Anwendungsfall entsprechend den unter Spaltarten geschilderten Kriterien:

Vorteile: Kein Verschleiß, da keine Berührung. Für hohe und höchste Drehzahlen, Temperaturen sowie Drücke.

Nachteile: In Normalausführung nicht vollständig dicht. Deshalb stets ein geringer Leckstrom vorhanden. In Sonderausführung durch besondere Leckstromabsaugung völlig dicht. Aufwendig.

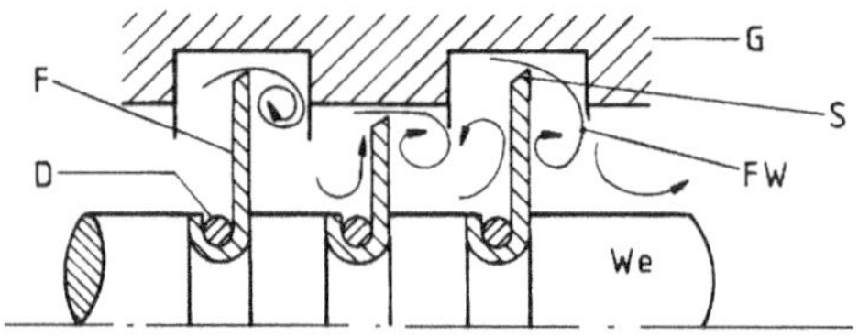

Bild 8-4 Technische Ausbildung einer Labyrinth-Dichtung für Gas und Dämpfe. We ... Welle, G ... Gehäuse, D ... Stemmdraht, F ... Federband, FW ... Fluidwirbel (Wirbelungskammer), S ... Anschärfspitze

In Bild 8-4 ist die technische Ausführung einer berührungsfreien Labyrinth-Dichtung dargestellt. Die Labyrinthspitzen F (Stege) der Welle sind nicht aus dem Vollen gedreht, sondern aus Nichteisenmetall- (Messing, Bronze, Weißmetall) oder Stahl-Federbändern (Dicke nicht unter 0,3 ... 0,6 mm) hergestellt, in ausgearbeiteten Wellennuten eingesetzt und durch das Weicheisenstück D verstemmt. Neben Materialeinsparung ergibt sich der weitere Vorteil, dass die Federband-Labyrinthstege F wesentlich elastischer sind als durch Drehen aus dem Vollen hergestellte. Falls die Labyrinthstege dicker als etwa 0,5 mm sind, sollten sie angeschärft werden (Anschärfspitze S), damit potenzielle Berührbreite zum Gehäuse geringer. Die schmalen Labyrinthstege ermöglichen relativ gefahrloses Anstreifen, falls es tatsächlich einmal vorkommt. Die anstreifenden Labyrinthspitzen werden leicht abgeschliffen, ohne dass infolge der dabei entstehenden Reibungswärme, welche zudem teilweise vom Spaltfluid aufgenommen und abgeführt wird, zu hohe „Schleiftemperaturen“ auftreten. Als einziger Schaden ergibt sich bei den angestreiften Stegen ein etwas größerer Spalt, was zu gering erhöhtem Leckstrom führt. Sofortige Reparatur ist daher nicht notwendig. Die „Schädigung“ kann im Rahmen der turnusmäßigen Maschinenrevision beseitigt werden. Die Spaltweite soll bei Stegen aus NE-Metall (Nichteisenmetallen) mindestens 0,1 mm, bei Stahlstegen (meist aus Austenit) mindestens 0,2 mm betragen. Der Leckverlust beträgt bei 0,1 mm Spaltweite nur 0,15 %, bei 0,3 mm Spaltweite steigt er auf etwa 0,5 % des Maschinendurchsatzes. Immer mehr auch sog. **Bürstendichtungen**.

Bei Spaltdichtungen sind zusammenfassend insgesamt zu unterscheiden:

- nach dem Verlauf des Spaltes
  Axialspalte; Spalt verläuft parallel zur Wellenachse
  Radialspalte; Spalt verläuft senkrecht zur Wellenachse
- nach der Art des Spaltes
  glatter Spalt
  Labyrinthspalt
  Labyrinth, Stege auf gleicher Teilung oder kaum versetzt → Spitze auf Spitze (beste Ausführung)
- nach der Art des Fluids (Strömung) im Spalt:
  inkompressible Strömungen (Flüssigkeiten)
  kompressible Strömungen (Gase und Dämpfe)
- nach der Art der Strömungsform im Spalt [3]:
  laminare Spaltströmungen, $Re < Re_{kr}$
  turbulente Spaltströmungen, $Re \geqq Re_{kr}$
  $Re_{kr} \approx 400 \ldots 1200 \ldots 2320$

Hierbei mit den Bezeichnungen von Bild 8-5:

$$Re = (c_{Sp} \cdot D_{gl})/\nu \tag{8-34}$$

$$D_{gl} = \frac{4 \cdot A_{Sp}}{U_{Sp}} \approx \frac{4 \cdot D_{Sp} \cdot \pi \cdot s_{Sp}}{2 \cdot D_{Sp} \cdot \pi} \approx 2 \cdot s_{Sp} \tag{8-35}$$

Inkompressible Fluide:

$$c_{Sp} = \dot{V}_{Sp}/(D_{Sp} \cdot \pi \cdot s_{Sp}) \tag{8-36}$$

Kompressible Fluide (mittlere Fluiddichte $\overline{\varrho}$ und mittlere Strömungsgeschwindigkeit $\overline{c}_{Sp}$ im Spalt:

$$c_{Sp} \mathrel{\widehat{=}} \overline{c}_{Sp} = \frac{\dot{m}_{Sp}/\overline{\varrho}}{D_{Sp} \cdot \pi \cdot s_{Sp}} \tag{8-37}$$

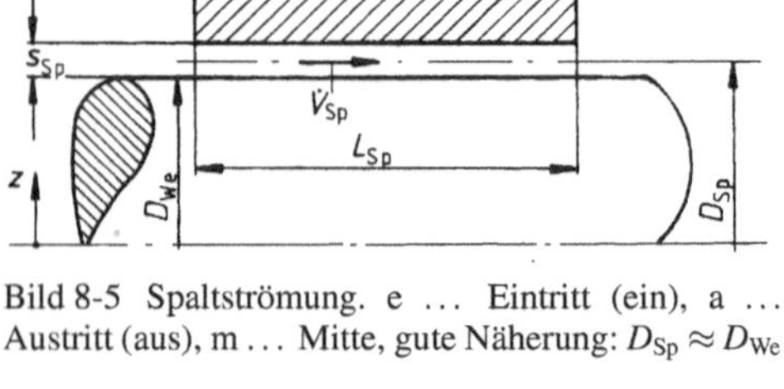

Bild 8-5 Spaltströmung. e ... Eintritt (ein), a ... Austritt (aus), m ... Mitte, gute Näherung: $D_{Sp} \approx D_{We}$

Bei nichtraumbeständigen Medien zudem:

- unterkritische Spaltströmungen: $p_a > p_L$
  $c_{Sp,a} < a$, d. h. $Ma_{Sp,a} < 1$ (Abschnitt 5.3)
- (über-)kritische Spaltströmungen: $p_a \overset{(<)}{=} p_L$
  $c_{Sp,a} \overset{(>)}{=} a$, d. h. $Ma_{Sp,a} \overset{(>)}{=} 1$, wobei Eingeklammertes zusammengehört.

Index a für „aus" (Ausströmstelle, Bild 8-5).

Gesamter Spaltverlust $\dot{m}_{Sp}$:

Die gesamten Spaltverluste setzen sich aus den inneren und äußeren Mengenstromverlusten $\dot{m}_{Sp-I}$ und $\dot{m}_{Sp-A}$ zusammen:

$$\dot{m}_{Sp} = \dot{m}_{Sp-I} + \dot{m}_{Sp-A} \tag{8-38}$$

Meist sind die äußeren Leckverluste $\dot{m}_{Sp-A}$ jedoch klein gegenüber den inneren $\dot{m}_{Sp-I}$ und deshalb oftmals nicht gesondert zu berücksichtigen;

$$\dot{m}_{Sp-A} \approx (1/5 \ldots 1/10) \cdot \dot{m}_{Sp-I}$$

In der Regel liegen die gesamten Spaltverluste $\dot{m}_{Sp}$ bei den üblichen Spaltausführungen zwischen 2 und 8 % (Richtwerte) des Maschinendurchsatzes $\dot{m}$.

Um den Spaltstrom $\dot{m}_{Sp} \approx \dot{m}_{Sp-I}$ – äußere Spaltverluste vernachlässigt – weichen Laufraddurchsatz $\dot{m}_{La}$ und Maschinendurchsatz $\dot{m}$ voneinander ab (Bild 8-2). Dabei verhalten sich Pumpen und Turbinen unterschiedlich:

- Pumpen: $\dot{m}_{La} > \dot{m} \rightarrow \dot{m}_{La} = \dot{m} + \dot{m}_{Sp}$
- Turbinen: $\dot{m}_{La} < \dot{m} \rightarrow \dot{m}_{La} = \dot{m} - \dot{m}_{Sp}$

Bei Pumpen muss das Laufrad um die Spaltverluste mehr fördern. Bei Turbinen strömt um die Leckverluste weniger durch das Laufrad.

Beide Beziehungen zusammengefasst, ergibt allgemein ($\varrho \neq$ konst):

$$\dot{m}_{La} = \dot{m} \pm \dot{m}_{Sp} \tag{8-39}$$

Bei inkompressiblen Medien ($\varrho \approx$ konst) kann auch gesetzt werden:

$$\dot{V}_{La} = \dot{V} \pm \dot{V}_{Sp} \tag{8-40}$$

Des Weiteren gilt für den Zusammenhang zwischen den Massenströmen im Druckstutzen $\dot{m}_D$ (dem Maschinenstrom $\dot{m}$; $\dot{m}_D \equiv \dot{m}$) und im Saugstutzen $\dot{m}_S$ der Turbomaschinen (Bild 8-2):

$$\dot{m}_D = \dot{m}_S \mp \dot{m}_{Sp-A} \tag{8-41}$$

Der äußere Spaltstrom $\dot{m}_{Sp-A}$ beträgt, wie erwähnt, nur etwa 0,1 ... 1 % des Maschinendurchsatzes $\dot{m} = \dot{m}_D$ und ist daher meist vernachlässigbar.

Wieder: Pumpen oberes Vorzeichen
Turbinen unteres Vorzeichen

Spaltstrom-Verlustleistung P_{Sp}:

Der Leistungsverlust je Stufe bei Turbinen bzw. Leistungsaufwand bei Pumpen infolge Leckverluste ergibt sich angenähert aus der spezifischen, theoretischen Stufenarbeit Y_{Sch} und dem Spaltmengenstrom $\dot{m}_{Sp}$:

$$P_{Sp} = \Delta Y \cdot \dot{m}_{Sp} \approx Y_{Sch} \cdot \dot{m}_{Sp} \tag{8-42}$$

Die Spaltverlustleistung P_{Sp}:

- muss bei Pumpen (KP, KV) durch den Antriebsmotor aufgebracht werden
- geht bei Turbinen für die Energiegewinnung verloren.

Spezifische Spaltverluste Z_{Sp}:

Die Spaltverlustleistung P_{Sp} auf den Maschinendurchsatz, den Mengenstrom $\dot{m}$, bezogen, ergibt spez. Spaltverlust(-energie):

$$Z_{Sp} = P_{Sp}/\dot{m} \approx Y_{Sch} \cdot \dot{m}_{Sp}/\dot{m} \tag{8-43}$$

Spaltverlust-Formeln:

Selbst beim einfachsten Fall, dem glatten Spalt zum Abdichten eines inkompressiblen Fluids, ist die Spaltströmung infolge Rotation sowie meist vorhandenem Verlagern (Exzentrizität, Schräglage) der Welle schon sehr verwickelt und deshalb exaktem Berechnen kaum noch zugänglich. Noch komplizierter sind die Verhältnisse bei der Spaltströmung kompressibler Medien in Labyrinthen. Die Leckverluste müssen deshalb mittels Formeln näherungsweise abgeschätzt oder experimentell bestimmt werden. Die verfügbare Fachliteratur über Spaltdichtungen ist entsprechend umfangreich [29], [77]. Um den Rahmen des Buches nicht zu sprengen, wird die Ableitung der Leckstrom-Näherungsbeziehungen nur für die beiden Fälle, glatter Spalt und Labyrinth, dargestellt.

Glatter Axialspalt, Bild 8-5: Für den vor allem bei inkompressiblen Fluiden mit konstantem Querschnitt ausgeführten Axialspalt, was bei konzentrischer Lage sowie gleich bleibendem Durchmesser D_{Sp} konstante Spaltweite s_{Sp} bedeutet, lässt sich der Leckstrom mithilfe von Durchfluss- und erweiterter Energiegleichung [3] ableiten:

Nach *Durchflussgesetz*:

$$\dot{V}_{Sp} = A_{Sp} \cdot c_{Sp} = D_{Sp} \cdot \pi \cdot s_{Sp} \cdot c_{Sp} \tag{8-44}$$

Die *erweiterte Energiegleichung* zwischen Spalteinund -ausgang, Stellen e und a in Bild 8-5, angewendet: EE e–a

$$z_e \cdot g + p_e/\varrho + c_e^2/2 = z_a \cdot g + p_a/\varrho + c_a^2/2 + Y_{V,ges}$$

Mit $z_e = z_a$; $c_e = c_a$, da $A_e = A_a$, wird

$$\Delta p_{Sp}/\varrho = (p_e - p_a)/\varrho = Y_{V,ges}$$

Des Weiteren gilt für die gesamte spezifische Verlustenergie

$$Y_{V,ges} = Y_{V,e} + Y_{V,Sp} + Y_{V,a}$$
$$= (\zeta_e + \lambda \cdot L_{Sp}/D_{gl} + \zeta_a) \cdot c_{Sp}^2/2$$

Hierbei:

- Gleichwertiger Durchmesser $D_{gl} = 2 \cdot s_{Sp}$ (Gl. (8-35)) und Widerstandsbeiwerte, z. B. aus [3]:
- Eintritts-Widerstandszahl: $\zeta_e = 0{,}5$
- Austritts-Widerstandszahl: $\zeta_a = 1{,}0$ (berücksichtigt den Austrittsverlust)
- Reibungszahl mit Re nach Gl. (8-34):
  Laminare Strömung ($Re < Re_{kr}$): $\lambda = 96/Re$
  Turbulente Strömung ($Re \geqq Re_{kr}$): Aus MOODY-Diagramm oder Näherungsformeln. Richtwert: $\lambda \approx 0{,}03 \ldots 0{,}06$

Werte in die Beziehung der Verlustenergie eingesetzt:

$$Y_{V,ges} = [\lambda \cdot L_{Sp}/(2 \cdot s_{Sp}) + 1{,}5] \cdot c_{Sp}^2/2$$

Damit ergibt sich für den Spalt-Druckverlust:

$$\Delta p_{Sp} = p_e - p_a = \varrho \cdot [\lambda \cdot L_{Sp}/(2 \cdot s_{Sp}) + 1{,}5] \cdot c_{Sp}^2/2$$

Umgestellt nach der Strömungsgeschwindigkeit c_{Sp} des Fluids im Spalt:

$$c_{Sp} = \frac{1}{\sqrt{\lambda \cdot L_{Sp}/(2 \cdot s_{Sp}) + 1{,}5}} \cdot \sqrt{2 \cdot (p_e - p_a)/\varrho}$$

Mit der Abkürzung: **Spaltdurchflusszahl**

$$\mu_{Sp} = 1/\sqrt{\lambda \cdot L_{Sp}/(2 \cdot s_{Sp}) + 1{,}5} \tag{8-45}$$

wird:

$$c_{Sp} = \mu_{Sp} \cdot \sqrt{2 \cdot (p_e - p_a)/\varrho} = \mu_{Sp} \cdot \sqrt{2 \cdot \Delta p_{Sp}/\varrho}$$

Eingesetzt in die Durchflussgleichung liefert bei inkompressiblen Fluiden für den **Spaltvolumenstrom**

$$\dot{V}_{Sp} = \mu_{Sp} \cdot A_{Sp} \cdot \sqrt{2 \cdot (p_e - p_a)/\varrho} \tag{8-46}$$

bzw. **Spaltmengenstrom** $\dot{m}_{Sp} = \varrho \cdot \dot{V}_{Sp}$ mit $\varrho \approx \varrho_e$:

$$\dot{m}_{Sp} = \mu_{Sp} \cdot A_{Sp} \cdot \sqrt{2 \cdot \varrho \cdot (p_e - p_a)} \tag{8-47}$$

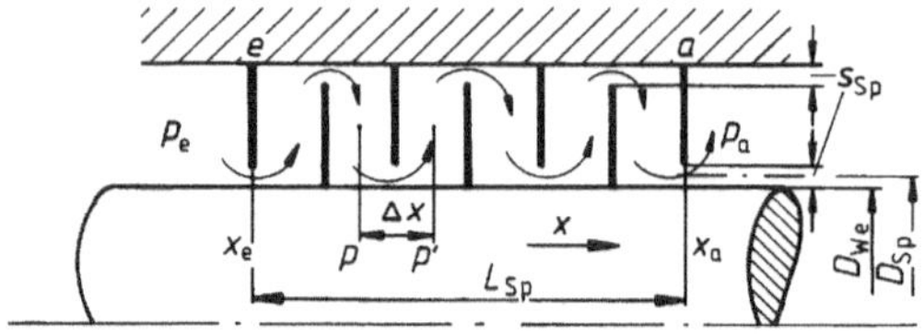

Bild 8-6 Labyrinth (Prinzipdarstellung) mit Eintragungen. Z_L … Anzahl der Labyrinthstege (Dichtringe), in Skizze $Z_L = 7$; $Z_K = Z_L - 1$ … Anzahl der Labyrinthkammern (in Skizze $Z_K = 6$); Spaltdurchmesser $D_{Sp} \approx D_{We}$

Axiallabyrinth, Bild 8-6: Für das überwiegend bei kompressiblen Fluiden angewendete koaxiale Kreisring-Labyrinth gibt ROEMER [50] eine Näherungsableitung für den Mengenverluststrom $\dot{m}_{Sp}$.

Zur „Abdichtung" trägt außer Reibung vor allem das vielfache Umlenken des Spaltstromes in den Zwischenkammern bei, in denen jeweils die im vorhergehenden engen Labyrinthsteg-Drosselquerschnitt erreichte Geschwindigkeit verwirbelt wird. Die abzudrosselnde Druckdifferenz $p - p'$ zwischen jeweils zwei aufeinander folgenden Verwirbelungskammern ist bei einer entsprechend großen Kammerzahl $Z_K = Z_L - 1$ genügend klein. Durch das zwischen jeder Kammer näherungsweise als gleich angenommenen Druckgefälle $p - p'$ (Bild 8-6) tritt im Spalt mit der Weite s_{Sp} des jeweils dazwischenliegenden Labyrinthsteges laut der Energiegleichung, ohne die Fluidreibung zu berücksichtigen, folgende Strömungsgeschwindigkeit c_{Sp} auf:

$$p/\overline{\varrho} \approx c_{Sp}^2/2 + p'/\varrho'$$

Hieraus:

$$c_{Sp} \approx \sqrt{2 \cdot (p - p')/\overline{\varrho}} = \sqrt{2 \cdot \overline{v} \cdot (p - p')}$$

Hierbei ist $\overline{\varrho}$ die mittlere Dichte des kompressiblen Fluids zwischen den Drücken p und p'.

Mit der Spaltfläche $A_{Sp} \approx D_{Sp} \cdot \pi \cdot s_{Sp}$ ergibt sich für den Spaltmengenstrom:

$$\dot{m}_{Sp} = \dot{V}_{Sp} \cdot \overline{\varrho} = \dot{V}_{Sp}/\overline{v} = (A_{Sp} \cdot c_{Sp})/\overline{v}$$
$$= A_{Sp} \cdot \sqrt{2 \cdot (p - p')/\overline{v}}$$

Oder hieraus für den zugelassenen Spaltstrom $\dot{m}_{Sp}$ die je Labyrinthsteg zugehörige Druckdifferenz:

$$p - p' = (\dot{m}_{Sp}/A_{Sp})^2 \cdot \overline{v}/2 \tag{8-48}$$

Bei der Zustandsänderung des Spaltfluids handelt es sich um reinen Drosselvorgang, wird von eventuellem Wärmeaustausch mit Welle und Nabe abgesehen, also von adiabatem System ausgegangen, was näherungsweise zulässig. Bei der Drosselung bleibt somit die Enthalpie unverändert, weshalb sie auch als *Isenthalpe* bezeichnet wird:

$$h = \text{konst} \rightarrow \mathrm{d}h = c_p \cdot \mathrm{d}T = 0$$

Das bedeutet: Bei idealem Gasverhalten $\mathrm{d}T = 0$ und daher $T = \text{konst.}$ Die Isenthalpe ist demnach zugleich Isotherme, für die nach der Gasgleichung das BOYLE-MARIOTTE'sche Gesetz gilt:

$$p \cdot v = p_\mathrm{e} \cdot v_\mathrm{e} = \text{konst} = C \rightarrow v = C/p$$

Wird dieser Zusammenhang ersatzweise auch für das Verhalten des realen Gases oder Dampfes im Spalt beibehalten, führt Gl. (8-48) nach geringfügigem Umstellen zu folgendem Näherungsansatz:

Zuerst wird die Druckänderung $\Delta p = p' - p$ auf der Strecke Δx entlang der x-Achse (Bild 8-6) eingeführt, wobei zu beachten ist, dass der Druck mit wachsendem x abnimmt ($p' < p$):

$$-\Delta p \approx (\dot{m}_\mathrm{Sp}/A_\mathrm{Sp})^2 \cdot (1/2) \cdot (C/p)$$

Die Beziehung mit Δx durchdividiert und weiter umgestellt:

$$-p \cdot \frac{\Delta p}{\Delta x} \approx \frac{1}{2} \cdot \left(\frac{\dot{m}_\mathrm{Sp}}{A_\mathrm{Sp}}\right)^2 \cdot \frac{C}{\Delta x}$$

Den Differenzenquotienten $\Delta p/\Delta x$ durch den Differenzialquotienten $\mathrm{d}p/\mathrm{d}x$ ersetzt, was bedeutet, die Gleichung statt auf die endlich kleinen Änderungen nun auf die unendlich, d. h. differenziell kleine Druckänderung $\mathrm{d}p$ entlang dem infinitesimalen Weg $\mathrm{d}x$ angewendet:

$$-p \cdot \frac{\mathrm{d}p}{\mathrm{d}x} \approx \frac{1}{2} \cdot \left(\frac{\dot{m}_\mathrm{Sp}}{A_\mathrm{Sp}}\right)^2 \cdot \frac{C}{\Delta x}$$

Es ergibt sich die Differenzialgleichung für den Fluiddruck p entlang dem Spaltweg x, wobei der Abstand Δx (Kammerlänge) auf der rechten Gleichungsseite konstant gehalten und hier deshalb nicht durch $\mathrm{d}x$ ersetzt wird. Die Integration der Beziehung erfolgt nach Trennen der Variablen. Dabei gelten die Grenzen p_e und p_a für den Druck p sowie zugehörend x_e und x_a für den Strömungsweg x. Index e gilt wieder für Eintritt (untere Grenze), a für Austritt (obere Grenze):

$$-\int_{p_\mathrm{e}}^{p_\mathrm{a}} p \cdot \mathrm{d}p \approx \frac{1}{2} \cdot \left(\frac{\dot{m}_\mathrm{Sp}}{A_\mathrm{Sp}}\right)^2 \cdot \frac{C}{\Delta x} \cdot \int_{x_\mathrm{e}}^{x_\mathrm{a}} \mathrm{d}x$$

Integration ausgeführt und Grenzen eingesetzt:

$$-\frac{p^2}{2}\bigg|_{p_\mathrm{e}}^{p_\mathrm{a}} \approx \frac{1}{2} \cdot \left(\frac{\dot{m}_\mathrm{Sp}}{A_\mathrm{Sp}}\right)^2 \cdot \frac{C}{\Delta x} \cdot x\bigg|_{x_\mathrm{e}}^{x_\mathrm{a}}$$

$$-(p_\mathrm{a}^2 - p_\mathrm{e}^2) \approx (\dot{m}_\mathrm{Sp}/A_\mathrm{Sp})^2 \cdot (C/\Delta x) \cdot (x_\mathrm{a} - x_\mathrm{e})$$

Hierbei ist die gesamte Spaltlänge $L_\mathrm{Sp} = x_\mathrm{a} - x_\mathrm{e}$ in Z_K Kammern der Länge Δx unterteilt, weshalb:

$$Z_\mathrm{K} = L_\mathrm{Sp}/\Delta x = (x_\mathrm{a} - x_\mathrm{e})/\Delta x$$

Eingesetzt und gleichzeitig $C = p_\mathrm{e} \cdot v_\mathrm{e}$ ersetzt:

$$p_\mathrm{e}^2 - p_\mathrm{a}^2 \approx (\dot{m}_\mathrm{Sp}/A_\mathrm{Sp})^2 \cdot p_\mathrm{e} \cdot v_\mathrm{e} \cdot Z_\mathrm{K}$$

Umgestellt, ergibt sich für den Spaltstrom:

$$\dot{m}_\mathrm{Sp} \approx A_\mathrm{Sp} \cdot \sqrt{\frac{p_\mathrm{e}^2 - p_\mathrm{a}^2}{p_\mathrm{e} \cdot v_\mathrm{e} \cdot Z_\mathrm{K}}}$$

$$\approx A_\mathrm{Sp} \cdot \sqrt{\frac{p_\mathrm{e}[1 - (p_\mathrm{a}/p_\mathrm{e})^2]}{v_\mathrm{e} \cdot Z_\mathrm{K}}}$$

$$\dot{m}_\mathrm{Sp} \approx A_\mathrm{Sp} \cdot \sqrt{p_\mathrm{e}/v_\mathrm{e}} \cdot \sqrt{[1 - (p_\mathrm{a}/p_\mathrm{e})^2]/Z_\mathrm{K}} \quad (8\text{-}49)$$

Gl. (8-49) bestätigt, dass der Spaltstrom $\dot{m}_\mathrm{Sp}$ umso kleiner und damit das Abdichten desto besser wird, je größer die Anzahl Z_K der Labyrinthkammern. Allerdings verändert sich der Leckstrom nur mit der Wurzel aus der Kammerzahl. Der Abdichtungseffekt steigt deshalb mit größer werdender Kammerzahl immer weniger.

Durch entsprechendes Festlegen (Versuche) der Spaltdurchflusszahl μ_Sp kann Gl. (8-47) ebenfalls auf Labyrinthe und Labyrinthspalte angewendet werden. Dabei tritt bei kompressiblen Medien wieder die Zuströmdichte ϱ_e anstelle von ϱ. Nach PFLEIDERER gilt bei Labyrinthen für die Spaltdurchflusszahl:

$$\mu_\mathrm{Sp} = \alpha/\sqrt{Z_\mathrm{K} + 1} = \alpha/\sqrt{Z_\mathrm{L}} \quad (8\text{-}50)$$

Z_L Labyrinthstege, ergeben $Z_\mathrm{K} = Z_\mathrm{L} - 1$ (Wirbel-)Kammern (Bild 8-6).

Die **Kontraktionszahl** α (Einschnürfaktor) ist wesentlich von der Ausbildung der Dichtungsspitzen abhängig. KIRCHHOFF ermittelt auf theoretischem Wege für scharfe Spitzen mit ebener Ringfläche in unbegrenzter Kammer $\alpha = \pi/(\pi + 2) = 0{,}612$. Die Kontraktionszahl α wird gemäß Erfahrung jedoch etwas größer, wenn die Dichtringe (Labyrinthstege) nicht spitz sind. Schon schwache Kantenbrechung führt zu $\alpha = 0{,}65 \ldots 0{,}75$ und düsenartiges Ausrunden ergibt $\alpha \approx 1$.

Tabelle 8-2 enthält zusammengefasst die Durchflussbeiwerte μ_Sp für die gebräuchlichen Dichtspalten berührungsloser Dichtungen.

Ergänzungen:

Bei den vorhergehenden Ableitungen sind die Einflüsse von Umfangsgeschwindigkeit und Wellenverlagerung (Exzentrizität, Schrägstellung), die sich

Tabelle 8-2 Durchflusszahlen μ_{Sp} der gebräuchlichen Spaltarten bei berührungslosen Dichtungen

Spaltart	Spaltdurchflusszahl
Glatter Spalt 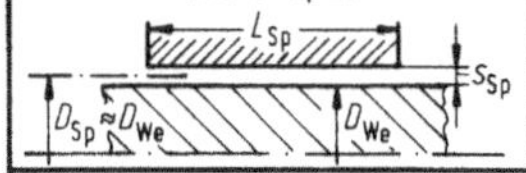	$\mu_{Sp} = \frac{1}{\sqrt{1{,}5 + \lambda \frac{L_{Sp}}{2 s_{Sp}}}}$ $\lambda = 0{,}03 \ldots 0{,}05$
Labyrinthspalt 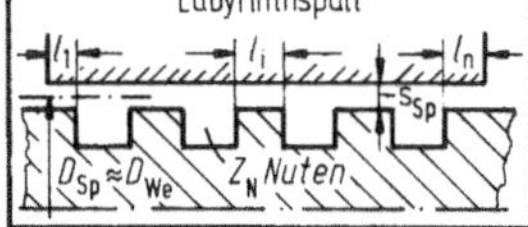	$\mu_{Sp} = \frac{1}{\sqrt{1{,}5 + Z_N + \lambda \frac{\sum_{i=1}^{n} l_i}{2 s_{Sp}}}}$ $\lambda = 0{,}03 \ldots 0{,}05$
Labyrinthe 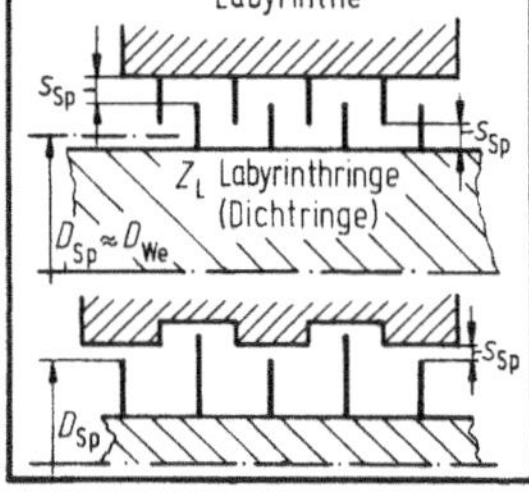	$\mu_{Sp} = \frac{0{,}7 \ldots 0{,}8}{\sqrt{Z_L}}$

letztlich nur experimentell erfassen lassen, nicht berücksichtigt. Versuche ergeben für die Auswirkungen dieser Größen:

Wellen-Umfangsgeschwindigkeit: Die Fluid-Reibungszahl λ und damit der Spaltstrom bleiben durch die Wellenrotation unbeeinflusst. Dagegen fällt geringfügig die kritische REYNOLDS-Zahl.

Wellen-Exzentrizität: Bei exzentrischer Lage zwischen Wellen und Dichthülse verkleinert sich die Reibungszahl. Der Leckstrom erhöht sich entsprechend. Bei der im praktischen Maschinenbetrieb auftretenden, jedoch zulässigen Wellenverlagerung infolge Belastungen und Ungenauigkeiten erhöht sich der Spaltstrom um etwa 20...30 %. Bei voller Exzentrizität, d. h. Anstreifen der Welle, erreicht der Leckstrom einen Grenzwert, der etwa das 2,5fache des Wertes bei konzentrischer Wellenlage beträgt.

Wellen-Schräglage: Die meist durch die Belastung verursachte Wellendurchbiegung bewirkt vielfach Schrägstellen der Welle in der Dichtungshülse. Durch die Schräglage wird die Reibungszahl λ ebenfalls herabgesetzt. Erhöhen des Leckstromes um bis etwa 20 % ist die Folge.

Schallgeschwindigkeit: Hier ist zwischen glattem Spalt und Labyrinthen zu unterscheiden.

Liegt bei kompressibler Strömung in glattem Spalt kritisches oder überkritisches Druckverhältnis zwischen Ein- und Austritt der Dichtung vor, also $p_a/p_e \leqq p_L/p_a$ [3], kann die Schallgeschwindigkeit infolge gleich bleibender Spaltweite nur am Austrittsquerschnitt (Stelle a) auftreten. Begründung: Die Strömung im glatten Spalt entspricht der in einfacher Düse, d. h. ZOELLY-Düse (Mündung). Die Fluidmechanik lehrt, dass bei Mündungen und Spalten konstanter Weite höchstens Schallgeschwindigkeit erreichbar ist, gleichgültig wie weit der Gegendruck unter den LAVAL-Druck (kritischer Druck) abgesenkt wird.

In Labyrinthspalten und Labyrinthen tritt jeweils beim Ausströmen aus den Engstellen der Dichtringe Schallgeschwindigkeit auf, falls der Gegendruck in den dahinter liegenden, erweiterten Räumen den zugehörigen LAVAL-Wert erreicht oder unterschreitet. Die Geschwindigkeit wird dann in den Zwischenräumen immer wieder verwirbelt, wodurch, wie ausgeführt, der Abdichtungseffekt hauptsächlich bewirkt wird.

LOMAKIN-Effekt: Bei gegenüber der Dichthülse exzentrischer Wellenlage tritt außer vorher erwähnter Leckstromerhöhung der von Gleitlagern bekannte hydrodynamische Effekt (hydrodynamische Schmierschichttheorie) auf. Des Weiteren ist infolge der durch den Querschnitt bedingten unterschiedlichen Reibungsverluste des Spaltstromes der Druckabfall im weiten Spaltbereich verschieden von dem im engen. Im weiten Spaltbereich fällt der Druck stärker ab (vor allem am Spalteintritt) als im engen, was zu weiterer zentrierender Radialkraft führt. Während der hydrodynamische Druck nur bei rotierender Welle bzw. Hülse entsteht, tritt dieser Effekt (LOMAKIN-Druck) bei exzentrischen Spalten immer auf, also mit oder ohne Drehbewegung. Prof. A. LOMAKIN wies auf diese Zusammenhänge auch bei Mehrfachspalten hin. Deshalb wird das Phänomen auch als **LOMAKIN-Effekt** bezeichnet und zugehörend die Querkraft mit zentrierender Wirkung als LOMAKIN-Kraft [77].

Dichtspaltdruck: Vor allem bei Radialmaschinen wird durch Rotation des Laufrades der Fluiddruck am Dichtspalteintritt (Stelle e des Axialspaltes) beeinflusst. Auch im Radialspalt, also zwischen Laufrad und Gehäuse, wird das Fluid infolge Reibung von den Seitenwänden (Deckscheiben) des sich drehenden Laufrades mitgerissen. Dadurch rotieren die „Fluidscheiben", wie Versuche bestätigen, in den Radialspalten zwischen Laufradseitenwänden und Gehäuse (Bild 8-7) etwa mit halber Winkelgeschwindigkeit des Laufrades, also $\omega_{Fl} \approx 0{,}5 \cdot \omega_{La}$ (grober Richtwert).

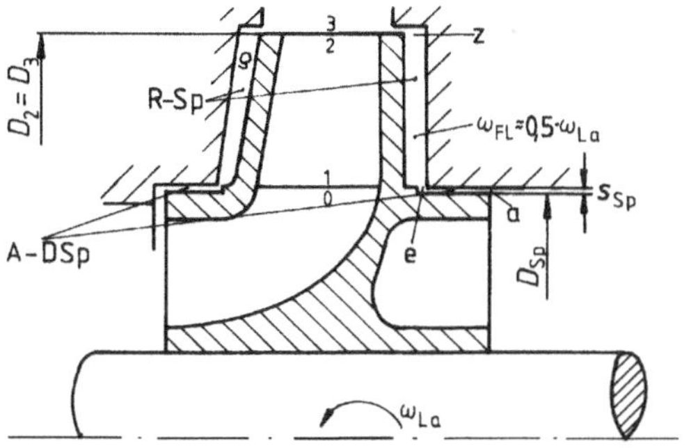

Bild 8-7 Fluidrotation ω_{Fl} in den Radialspalten zwischen Laufrad und Gehäuse von Radialrad.
R-Sp ... Radialspalt. A-DSp ... Axial-Dichtspalt

Der Druckverlauf in beiden seitlichen Radialspalten lässt sich mithilfe der Relativströmungs-Energiegleichung (Gl. (2-25)) berechnen. Bei Vernachlässigen der vergleichsweise unbedeutenden Höhenunterschiede ergibt Gl. (2-25) zwischen den Stellen z und e in Bild 8-7:

ER z–e:

$$p_z/\varrho + (w_z^2 - u_z^2)/2 = p_e/\varrho + (w_e^2 - u_e^2)/2$$

Mit näherungsweise $w_z \approx 0$ und $w_e \approx 0$, d. h. Volumentransport vernachlässigt, sowie

$$u_z = \omega_{Fl} \cdot D_3/2 \approx (1/2) \cdot \omega_{La} \cdot D_2/2$$
$$u_e = \omega_{Fl} \cdot D_{Sp}/2 \approx (1/2) \cdot \omega_{La} \cdot D_{Sp}/2$$
$$p_z = p_3$$

ergibt sich:

$$p_e = p_3 - (u_e^2 - u_z^2) \cdot \varrho/2$$
$$p_e = p_3 - \left[(D_2 \cdot \omega_{La}/4)^2 - (D_{Sp} \cdot \omega_{La}/4)^2\right] \cdot \varrho/2$$
$$p_e = p_3 - \omega_{La}^2 \cdot (D_2^2 - D_{Sp}^2) \cdot \varrho/32 \qquad (8\text{-}51)$$

Mit der Beziehung zwischen Drehzahl $n_{La} \equiv n$ und Winkelgeschwindigkeit $\omega_{La} \equiv \omega$ des Laufrades, d. h. der Maschine $\omega = 2 \cdot \pi \cdot n$, geht Gl. (8-51) über in die Form:

$$p_e = p_3 - \varrho \cdot n^2 \cdot (D_2^2 - D_{Sp}^2) \cdot \pi^2/8$$

näherungsweise:

$$p_e \approx p_3 - 1{,}23 \cdot \varrho \cdot n^2 \cdot (D_2^2 - D_{Sp}^2) \qquad (8\text{-}52)$$

oder:

$$p_e = p_3 - \varrho \cdot n^2 \cdot D_2^2 \left[1 - (D_{Sp}/D_2)^2\right] \cdot \pi^2/8$$

$$p_e \approx p_3 - 1{,}23 \cdot \varrho \cdot n^2 \cdot D_2^2 \left[1 - \left(\frac{D_{Sp}}{D_2}\right)^2\right] \qquad (8\text{-}53)$$

Da die Winkelgeschwindigkeit ω_{Fl} der Fluidscheiben (solid body) in den Radialspalten, Laufrad-Gehäuse, nur grob geschätzt, ist es meist nicht sinnvoll, den bei Gl. (8-51) bis Gl. (8-53) notwendigen Laufradspaltdruck p_3 genau zu berechnen. Die Überschlagsrechnung mit der spez. Spaltdruckarbeit von Pumpen und Turbinen kann dagegen durchgeführt werden nach Gl. (3-81) bei $c_2 \approx c_3$:

$$Y_{Sp} \approx \Delta Y - (c_2^2 - c_0^2)/2$$

Oder beim Regelfall $\alpha_0 = 90°$ und $c_0 \approx c_{3m}$ gesetzt, etwas genauer nach Gl. (3-80):

$$Y_{Sp} \approx \Delta Y \cdot \left[1 - c_{3u}/(2 \cdot u_2)\right] \qquad (8\text{-}54)$$

Mit diesen Beziehungen folgt für den Laufradspaltdruck p_3, da zudem $Y_{Sp} = (p_3 - p_0)/\varrho$ und $p_0 \approx p_S$:

$$p_3 \approx p_S + \varrho \cdot Y_{Sp} \qquad (8\text{-}55)$$

8.3.2.3 Radreibungs- und Ventilationsverluste

Weitere sog. innere Verluste, d. h. mechanische Energie, die dem Arbeitsfluid durch Reibung innerhalb der Maschine als Wärme aufgeprägt wird (Dissipation), sind die Radreibungs- und Ventilationsverluste.

Radreibungsverluste Z_R

Die Radreibungsverluste beinhalten den Energieaufwand zum Überwinden der Reibung zwischen den Außenflächen des sich drehenden Laufrades und dem sich in notwendigen Zwischenräumen zum Gehäuse befindenden Fluid.

Infolge der Haftbedingung bleibt die Fluidschicht an der Gehäusewand in Ruhe, während die an der Laufradaußenfläche anliegende mitrotiert. Das sich dadurch jeweils im Fluid zwischen den Radaußen- und Gehäuseinnenwänden ausbildende Geschwindigkeitsgefälle verursacht nach NEWTON eine Scherspannung (Reibungswiderstand). Die zugehörig auftretende **Scheibenreibungsleistung** P_R des Laufrades (auch Radreibungsleistung genannt), auf den Mengendurchsatz in der Maschine bezogen, wird als **Radreibungsverlust** Z_R bezeichnet.

$$Z_R = P_R/\dot{m} \qquad (8\text{-}56)$$

Die Radreibungsverluste vermindern den Energieumsatz in Turbomaschinen. Bei Pumpen vergrößern sie den notwendigen mechanischen Energieaufwand des Antriebsmotors, bei Turbinen verkleinern sie die Energieabgabe an den Generator.

Radreibungsleistung P_R: Die zu überwindende Scheibenreibungsleistung folgt aus dem gesamten Reibungsmoment T_R und der Winkelgeschwindigkeit ω bzw. der Drehzahl n der Scheibe:

$$P_R = T_R \cdot \omega = T_R \cdot 2 \cdot \pi \cdot n$$

Oder die Winkelgeschwindigkeit ω durch die Umfangsgeschwindigkeit $u_a = \omega \cdot r_a = \omega \cdot D_a/2$ am äußeren Rad-Rand (Mantel) ersetzt:

$$P_R = 2 \cdot T_R \cdot u_a/D_a \quad (8\text{-}57)$$

Das Scheibenreibungsmoment T_R setzt sich aus den Reibungsmomenten an den Seitenflächen und dem Mantel der Scheibe bzw. Scheiben zusammen. Die einzelnen Fluidreibungsmomente lassen sich dabei mithilfe der Beziehungen für die Reibungskraft F_R der Plattenströmung (vgl. z. B. [3]):

$$F_R = A_0 \cdot \tau = A_0 \cdot \zeta_R \cdot \varrho \cdot (\Delta c)^2/2 \quad (8\text{-}58)$$

näherungsweise ableiten:

Reibungsmoment $T_{R,F}$ einer Scheiben-Seitenfläche nach [3]:

$$T_{R,F} \approx \pi \cdot \zeta_R \cdot \varrho \cdot \omega^2 \cdot r_a^5/5 \quad (8\text{-}59)$$

Die Umfangsgeschwindigkeit $u_a = r_a \cdot \omega$ am Scheibenumfang und den Scheiben-Außendurchmesser $D_a = 2 \cdot r_a$ eingeführt:

$$\begin{aligned} T_{R,F} &\approx (\pi/5) \cdot \zeta_R \cdot \varrho \cdot u_a^2 \cdot (D_a/2)^3 \\ &= (\pi/40) \cdot \zeta_R \cdot \varrho \cdot u_a^2 \cdot D_a^3 \end{aligned} \quad (8\text{-}60)$$

Reibungsmoment $T_{R,Ma}$ des Scheibenmantels: An der äußeren Randfläche $A_{Ma} = D_a \cdot \pi \cdot a$ (Bild 8-8) ist die Umfangsgeschwindigkeit konstant. Deshalb gilt hierfür direkt nach Gl. (8-58):

$$T_{R,Ma} = r_a \cdot F_{R,Ma} = (D_a/2) \cdot \zeta_R \cdot \varrho \cdot (u_a^2/2) \cdot A_{Ma}$$

$$T_{R,Ma} = (\pi/4) \cdot \zeta_R \cdot \varrho \cdot u_a^2 \cdot D_a^2 \cdot a \quad (8\text{-}61)$$

Für die Randbreite ist dabei die Summe aller am Außendurchmesser D_a liegenden axialen Erstreckungen der Radscheiben (Bild 8-8) einzusetzen:

$$a = \sum_{i=1}^{n} a_i \quad (8\text{-}62)$$

Radreibungsmoment T_R: Das gesamte Scheibenreibungsmoment – zwei Seiten und ein Mantel – ergibt sich durch Addition der Einzelwiderstandsmomente:

$$T_R = 2 \cdot T_{R,F} + T_{R,Ma}$$

$$T_R \approx 2 \cdot \frac{\pi}{40} \cdot \zeta_R \cdot \varrho \cdot u_a^2 \cdot D_a^3 + \frac{\pi}{4} \cdot \zeta_R \cdot \varrho \cdot u_a^2 \cdot D_a^2 \cdot a$$

$$T_R \approx (\pi/20) \cdot \zeta_R \cdot \varrho \cdot u_a^2 \cdot D_a^3 \cdot (1 + 5 \cdot a/D_a) \quad (8\text{-}63)$$

Diesen Ausdruck des Radreibungsmomentes in Gl. (8-57) eingesetzt, liefert für die Scheibenreibungsleistung:

$$P_R = (\pi/10) \cdot \zeta_R \cdot \varrho \cdot u_a^3 \cdot D_a^2 \cdot (1 + 5 \cdot a/D_a) \quad (8\text{-}64)$$

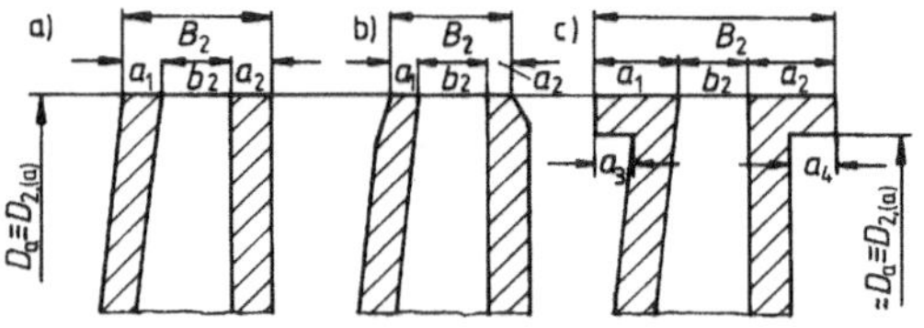

Bild 8-8 Radscheiben-Räder. Randbreite $a = \sum_{i=1}^{n} a_i$. Ausführungen a) und b) $a = a_1 + a_2$; Ausführung c) $a = a_1 + a_2 + a_3 + a_4$

Das Produkt $0{,}1 \cdot \pi \cdot \zeta_R$ wird meist zu dem sog. **Radreibungsfaktor** K_R zusammengefasst:

$$K_R \approx 0{,}1 \cdot \pi \cdot \zeta_R \quad (8\text{-}65)$$

Damit geht Gl. (8-64) für die Radreibungsleistung über in die Form:

$$P_R = K_R \cdot \varrho \cdot u_a^3 \cdot D_a^2 \cdot (1 + 5 \cdot a/D_a) \quad (8\text{-}66)$$

Oder die Radumfangsgeschwindigkeit u_a wieder durch Drehzahl n und Raddurchmesser D_a ersetzt:

$$\begin{aligned} P_R &= K_R \cdot \varrho \cdot \pi^3 \cdot n^3 \cdot D_a^5 \cdot (1 + 5 \cdot a/D_a) \\ &= f(n^3, D_a^5, \varrho) \end{aligned} \quad (8\text{-}67)$$

Demnach ist $P_R \sim n^3$ und $P_R \sim D_a^5$ sowie $P_R \sim \varrho$.

Die Radreibungsleistung P_R wächst also mit der 3. Potenz der Raddrehzahl n und der 5. Potenz des Radaußendurchmessers D_a sowie linear mit der Fluiddichte ϱ. Der Einfluss des Raddurchmessers ist somit wesentlich größer als der von der Drehzahl. Andererseits hängt die nutzbar übertragene Radleistung nach Gl. (4-32) $\Delta P_i \sim n^3 \cdot D_a^3$ ebenfalls von den Größen n und D_a ab. Um möglichst große Maschinenleistung bei gleichzeitigem Niedrighalten der Radreibungsverluste zu erzielen, sollten Laufräder daher mit kleinem Durchmesser ausgeführt und hoher Drehzahl betrieben werden. Des Weiteren ist jedoch zu beachten, dass die Fliehkraft $F_{Fl} = m \cdot \omega^2 \cdot r = 4 \cdot \pi^2 \cdot m \cdot n^2 \cdot r$ quadratisch mit der Drehzahl steigt. Die von der Betriebstemperatur abhängige Werkstofffestigkeit begrenzt somit hier die zulässige Drehzahl von Lagern und Laufrädern.

Radreibungsfaktor K_R: Über den Reibungskoeffizienten ζ_R ist auch der Radreibungsfaktor K_R – wie alle Fluidreibungsbeiwerte – von der REYNOLDS-Zahl abhängig. Des Weiteren wird der Radreibungsfaktor K_R durch die Gestalt von Gehäuse und Laufrad, der Oberflächen-Rauigkeit sowie der Strömungsausbildung in den fluidgefüllten Zwischenräumen beeinflusst. Letztlich kann der Radreibungsfaktor K_R deshalb nur experimentell bestimmt werden. Auf Versuche von SCHULTZ-GRUNOW [1)] geht das in Bild 8-9 dargestellte Diagramm für den Radreibungsfaktor K_R zurück.

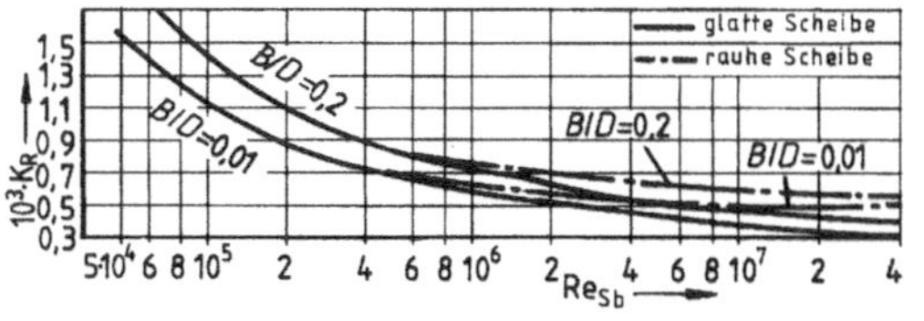

Bild 8-9 Radreibungsfaktor K_R für glatte und raue Oberfläche, abhängig von der Scheiben-REYNOLDS-Zahl $Re_{Sb} = (u_a \cdot D_a/2)/\nu = (\omega \cdot D_a^2/4)/\nu$

Der kritische Wert der REYNOLDS-Zahl

$$Re_{Sb} = u_a \cdot r_a/\nu = (\pi/2) \cdot n \cdot D_a^2/\nu \qquad (8\text{-}68)$$

für den Umschlag laminar-turbulent liegt im Bereich (Index Sb für Scheibe meist weggelassen)

$$Re_{kr} = (3 \ldots 5) \cdot 10^5 \qquad (8\text{-}69)$$

Bei den in Strömungsmaschinen meist auftretenden REYNOLDS-Zahlen von $Re \geqq 10^6$ gilt nach PETERMANN [23] für technisch glatte und ebene Rad- sowie Gehäusewände näherungsweise:

$$K_R \approx (7 \ldots 7{,}5) \cdot 10^{-4} \cdot (10^6/Re)^{1/6} \qquad (8\text{-}70)$$

Dieser Formel liegt die technisch vorwiegend ausgeführte relative Spaltweite s zwischen Scheibe und Gehäuse von $s/D_a = 0{,}02 \ldots 0{,}05$ zugrunde.

Wenn die vorderen Deckscheiben etwas schräg nach außen verlaufen, wie bei Radialrädern (Radform I und II, Tabelle 10-1) meist der Fall, ist der Reibungsfaktor entsprechend der vergrößerten Scheibenfläche um 5 bis 10 % (bis 15 %) zu erhöhen.

Zwischenraumströmung: Wie in Abschnitt 8.3.2.2 erwähnt, bewirkt die sich drehende Scheibe, dass das Fluid im seitlichen Zwischenraum zur Wand (Spaltweite s) ebenfalls rotiert. Die Untersuchungen von SCHULTZ-GRUNOW bestätigen, dass das Zwischenraum-Strömungsfeld aus der Überlagerung zweier Bewegungsanteile besteht. Wegen der Haftbedingung nimmt die rotierende Scheibe eine dünne, angrenzende Fluidschicht, die Grenzschicht, fast vollständig mit. Durch die infolge Rotation in der Randschicht wirkende Fliehkraft werden die Fluidteilchen radial nach außen geschleudert. Insgesamt bewegt sich somit die Fluidrandschicht an der Scheibe auf Spiralbahnen (Abschnitt 2.1.2) radial nach außen. Die nach außen verdrängte dünne Fluidschicht strömt das Gehäuse entlang zur Drehachse zurück, weshalb schraubenförmige Ringwirbel entstehen. Des Weiteren bewirkt die durch Reibung bedingte Scherspannung, dass das Fluid im Seitenraum ebenfalls rotiert. Der mittlere Fluidschichtteil im Zwischenraum, welcher am Schraubenwirbel nicht teilnimmt, dreht sich versuchsgemäß wie ein fester Körper (solid body) mit einer Winkelgeschwindigkeit, die von Form und Größe des Spaltes sowie der Oberflächenbeschaffenheit von Gehäuse und Scheibe abhängt. Bei etwa gleicher Oberfläche (in Größe und Qualität) von Gehäuse und Radscheibe ist die Winkelgeschwindigkeit ω_{Fl} der gleichmäßig rotierenden „Fluidscheibe" im Spalt ungefähr halb so groß wie die des Rades, also $\omega_{Fl} \approx 0{,}5 \cdot \omega$. Deshalb sind die Reibungskräfte, die auf eine im Gehäuse umlaufende Scheibe wirken, wesentlich kleiner als bei sich frei drehenden, d. h. nicht ummantelten Scheiben.

Insgesamt zeigen sich folgende Tendenzen:

Die Winkelgeschwindigkeit ω_{Fl} der rotierenden „Fluidscheibe":

- steigt mit wachsender Rauigkeit der Radscheibe ($\omega_{Fl} > 0{,}5 \cdot \omega$)
- fällt mit wachsender Rauigkeit der angrenzenden Gehäusewand ($\omega_{Fl} > 0{,}5 \cdot \omega$)

Der Rauigkeitseinfluss steigt dabei gemäß Gl. (8-67) mit zunehmendem Radius. Nach PFLEIDERER [29] genügt es deshalb, Laufräder im äußeren Durchmesserbereich ab etwa $0{,}7 \cdot D_{2,(a)}$ zu glätten, um bereits etwa 85 % des durch Glättung überhaupt möglichen Gewinnes zu erreichen. PETERMANN [23] gibt an, dass bei glatter Radscheibe und stark zerklüfteter innerer Gehäusewand, z. B. durch Rippen, die Winkelgeschwindigkeit ω_{Fl} der „Fluidscheibe" dann bis auf etwa 20 % der Scheibenwinkelgeschwindigkeit ω abfällt, also $\omega_{Fl} \approx 0{,}2 \cdot \omega$.

Die Spaltweite beeinflusst ebenfalls die Zwischenraumströmung und damit die Reibungsarbeit:

[1)] SCHULTZ-GRUNOW, F.: Der Reibungswiderstand rotierender Scheiben in Gehäusen. Z. angew. Math. Mech. Bd. 4, S. 194, Berlin. VDI 1935.

- Bei sehr engen Spalten (seitliche Spaltweite s) kommt der Fluidreibungseinfluss verstärkt zur Geltung. Die Reibungsziffer steigt infolge des großen Schergefälles $\Delta c/\Delta s = u/s$ stark an.
- Bei großer Spaltweite steigt die an der Sekundärströmung beteiligte Fluidmasse und dadurch der Reibungsaufwand.

Die Radscheibe muss dabei die durch Reibung verloren gehende Bewegungsenergie der Zwischenraumströmung ständig ersetzen.

Insgesamt zeigt sich: Von sehr kleiner Spaltweite s ausgehend, fällt die Scheibenreibung mit zunehmendem Abstand s zunächst ab, um anschließend wieder anzusteigen. Das Minimum liegt etwa bei den genannten relativen Spaltweiten s/D_a von 2 bis 5 %, also $s/D_a \approx 0{,}02 \ldots 0{,}05$.

Von STEPANOFF [31] aufgeführte Zahlen kennzeichnen die Bedeutung der einzelnen Einflüsse:

Der Reibungsverlust der Radscheibe:

- erhöht sich um 4 bis 12 % bei Vergrößern der relativen Spaltweite von 2 % auf 17 %.
- verkleinert sich um 15 bis 20 % durch Anstreichen der Reibfläche gegossener Scheiben
- verkleinert sich um 15 bis 25 % durch Polieren der Radscheibe
- vergrößert sich um etwa 30 % bei stark verrosteten Gussscheiben gegenüber neu bearbeiteten
- verringert sich um 7 bis 19 %, wenn die Wassertemperatur im Spalt von 18 auf 65 °C steigt.

Hinweis: Bei kompressiblen Fluiden wirkt die zum Radaustritt hin wachsende Fluiddichte ϱ vergrößernd auf die Radreibungsverluste. PFLEIDERER empfiehlt daher für ϱ in Gl. (8-67) den Wert ϱ_3 an der Laufraddruckkante zu setzen, also $\varrho = \varrho_3$.

Ventilationsverluste Z_V

Treten bei Teilbeaufschlagung auf, und zwar vor allem bei den schnelllaufenden Dampfturbinen bzw. -stufen. Gasturbinen werden nicht partiell beaufschlagt betrieben. Die nicht beströmten Laufradbereiche der Gleichdruck-Dampfturbinenstufen, bei denen Teilbeaufschlagung möglich ist und angewendet wird, bewegen sich dennoch in arbeitsmediumgefüllter Umgebung. Sie erfassen und verwirbeln den Umgebungsdampf, was Bremswirkung ergibt. Die regellose Wirbelbewegung verursacht nichtgerichtete Umlaufströmung (Ventilationswirkung). Im nicht vom Leitradgitter erfassten Totraum wirken die Laufschaufeln daher wie ein schlecht ausgelegter Ventilator. Des Weiteren muss das Fluid am Anfang des Beaufschlagungsbogens (durch den Arbeitsstrahl der Düse) aus den Laufschaufelkanälen verdrängt und am Beaufschlagungsbogenende wieder aus der Umgebung eingezogen werden (Bild 8-10). Dieses Beschleunigen und Verzögern vollzieht sich ebenfalls nicht verlustfrei. Deshalb wird meist vollbeaufschlagte Mehrstufigkeit der einstufigen Teilbeaufschlagung vorgezogen. Eine Maßnahme, die bei kleinem Durchsatz (Volumenstrom $\dot{V}$) notwendig ist, um günstige Verhältnisse von Raddurchmmesser und radialer Schaufelerstreckung zu erreichen.

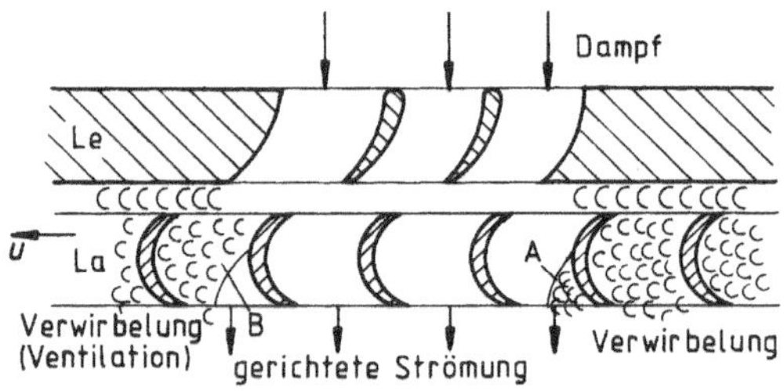

Bild 8-10 Ventilationswirkung bei teilbeaufschlagtem Gleichdruck-Dampfturbinen-Schaufelgitter.
A ... Herausdrängen des Umgebungsdampfes,
B ... Hineinziehen des Umgebungsdampfes

Die insgesamt zugehörige, dem Fluid wieder als Wärme aufgeprägte **Ventilationsleistung** P_V auf den Massenstrom $\dot{m}$ der Maschine bezogen, wird als **Ventilationsverlust** Z_V bezeichnet:

$$Z_V = P_V/\dot{m} \tag{8-71}$$

Die Ventilationsverluste Z_V sind von der Gestalt der Teilbeaufschlagung abhängig und übersteigen die Radreibungsverluste Z_R meist erheblich. Zudem beeinflussen sie sich gegenseitig und sind deshalb schwer voneinander zu trennen. Sie werden daher meist als **Radreibungs- und Ventilationsverluste** zusammengefasst:

$$Z_{RV} = P_{RV}/\dot{m} \tag{8-72}$$

Verschiedentlich bleiben bei teilbeaufschlagten Stufen die Reibungsverluste Z_R gegenüber den Ventilationsverlusten sogar unberücksichtigt, weil sie hierzu dann vergleichsweise unbedeutend sind.

Für die Radreibungs- und Ventilationsverluste gibt es mannigfaltige Erfahrungsbeziehungen, meist in Form von Zahlenwert-Formeln.

Wie sich experimentell bestätigt, hängen die Ventilationsverluste jedoch ebenfalls von der Fluiddichte, der dritten Potenz der Drehzahl und der fünften

Potenz des Raddurchmessers – analog zum Radreibungsverlust P_R (Gl. (8-67)) – ab. Deshalb werden für die Radreibungs- und Ventilationsverluste entsprechende Ansätze gemacht:

Vollbeaufschlagte Laufräder: Nur Radreibungsverluste vorhanden. Deshalb Ansatz für die Radreibungsleistung:

$$P_R = C_R \cdot \overline{\varrho} \cdot n^3 \cdot \overline{D}^5 \quad (8\text{-}73)$$

Hierbei:

$C_R = 0{,}0095 \approx 0{,}01 \ldots$ Radreibungsfaktor. Experimentell ermittelt für voll ausgebildete, turbulente Strömung bei mittlerer Re-Zahl

$\overline{\varrho} \approx (\varrho_3 + \varrho_0)/2 \ldots$ mittlere Fluiddichte im Laufradkanal

$n \ldots$ Drehzahl

$\overline{D} \ldots$ mittlerer Raddurchmesser, d. h. Durchmesser bis Mitte Schaufeln (Bild 8-11)

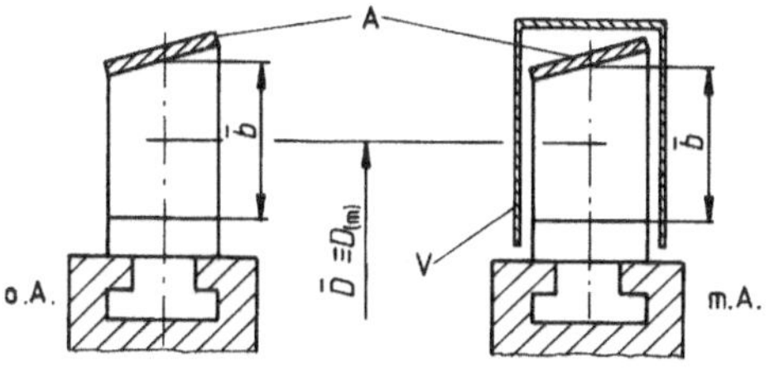

Bild 8-11 Laufschaufelkranz ohne und mit Abdeckung (eingehüllt durch Ventilationsschutzring) entlang dem nichtbeaufschlagten Radumfang zur Herabsetzung der Ventilationsverluste.
o. A. ... ohne Abdeckung, m. A. ... mit Abdeckung, V ... Ventilationsschutzring, A ... Abdeckband

Nichtbeaufschlagte Laufräder: Radreibungs- und Ventilationsverluste Z_{RV} bzw. -leistung P_{RV} aus Schleppversuchen nach FORNER:

$$P_{RV,nicht} = C_{RV} \cdot \overline{\varrho} \cdot n^3 \cdot \overline{D}^4 \cdot \overline{b} \quad (8\text{-}74)$$

$\overline{b} \ldots$ mittlere Laufschaufelbreite (-höhe), Bild 8-11 oder 8-12

$\overline{D} \cdot \pi \cdot \overline{b} \ldots$ nichtbeaufschlagte Schaufelringfläche

$C_{RV} \ldots$ Radreibungs- und Ventilationsbeiwert, abhängig von Anzahl der nicht beaufschlagten Laufschaufelkränze.

Erfahrungswerte für C_{RV} nach FORNER bei mittleren Schaufelbreiten (-höhen) $\overline{b} = 10 \ldots 100$ mm:

Anzahl Laufschaufelkränze	1	2	3
Beiwert C_{RV}	3,8	4,5	6,0

Bei Ummantelung der nichtbeaufschlagten Schaufelkranz-Bereiche (Bild 8-11) verringert sich der Ventilationsverlust nach PETERMANN [23] um etwa 1/3, nach ROEMER [50] bis auf ungefähr 25 %. Die Erfahrungswerte nach FORNER für den Radreibungs- und Ventilationskoeffizienten C_{RV} verringern sich entsprechend.

Erfahrungswerte für C_{RV} nach TRAUPEL [53] je Laufkranz und ohne Begrenzung für die mittlere Schaufelbreite $\overline{b}$:

Kranz frei, vorwärts:

$$C_{RV} \approx 2 + 25 \cdot (\overline{b}/\overline{D}) \quad (8\text{-}75)$$

Kranz frei, rückwärts:

$$C_{RV} \approx 43 + 633 \cdot (\overline{b}/\overline{D})^2 \quad (8\text{-}76)$$

Kranz eingehüllt, vorwärts:

$$C_{RV} \approx 1 + 54 \cdot (0{,}13 - \overline{b}/\overline{D})^2 \quad (8\text{-}77)$$

Kranz eingehüllt, rückwärts:

$$C_{RV} \approx 1 + 146 \cdot (0{,}13 - \overline{b}/\overline{D})^2 \quad (8\text{-}78)$$

Dabei bedeuten:

Kranz frei ... Schaufelkranz ohne Ventilationsschutzring (o. A., Bild 8-11)

Kranz eingehüllt ... Schaufelkranz mit Ventilationsschutzring (m. A., Bild 8-11)

vorwärts ... normale Drehrichtung

rückwärts ... Rückwärtsdrehung, z. B. bei Schiffsturbinen. Hier laufen die Rückwärtskränze bei Vorwärtsfahrt in falscher und die Vorwärtskränze bei Rückwärtsfahrt in falscher Drehrichtung.

Teilbeaufschlagte Laufräder: Entlang dem Beaufschlagungsbogen γ (Bild 8-12), d. h. der Teil des Laufradumfanges, der vom Arbeitsfluid beströmt wird, treten fast keine Ventilationsverluste auf. Deshalb gilt:

$$P_{RV,teil} = (1 - \varepsilon) \cdot P_{RV,nicht}$$

$$P_{RV,teil} = (1 - \varepsilon) \cdot C_{RV} \cdot \overline{\varrho} \cdot n^3 \cdot \overline{D}^4 \cdot \overline{b} \quad (8\text{-}79)$$

Hierbei:

$\varepsilon = \hat{\gamma}/(2 \cdot \pi) = \gamma^\circ/360 \ldots$ Beaufschlagungsbogen

$\overline{D} \cdot \pi \cdot \overline{b} \cdot (1 - \varepsilon) \ldots$ nichtbeaufschlagte Ringausschnittfläche des Schaufelkranzes

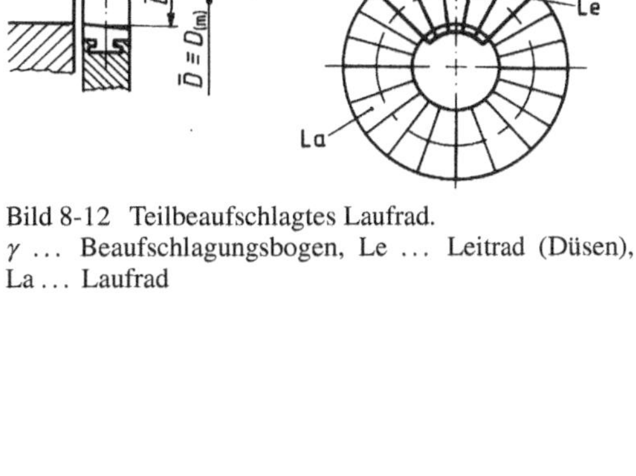

Bild 8-12 Teilbeaufschlagtes Laufrad.
γ ... Beaufschlagungsbogen, Le ... Leitrad (Düsen), La ... Laufrad

Die Radreibungs- und Ventilationsverlustleistung P_{RV} wieder auf den Massendurchsatzstrom $\dot{m}$ bezogen, ergibt die **spezifischen Radreibungs- und Ventilationsverluste** gemäß Gl. (8-72).

Bemerkung: Bei den Radreibungsverlusten $Z_R = P_R/\dot{m}$ und Ventilationsverlusten $Z_V = P_V/\dot{m}$ bzw. zusammengefasst $Z_{RV} = P_{RV}/\dot{m}$ handelt es sich somit wieder um spezifische Größen, also um Energien je Masseneinheit (E/m), wie auch um Leistungen je Massenstromeinheit $(P/\dot{m})$.

Die Auswirkungen der Radreibungs- und Ventilationsverluste sind bei den verschiedenen Laufradformen sowie Turbomaschinenarten unterschiedlich. Im Einzelnen gilt:

Radialräder:

Keine Teilbeaufschlagung möglich. Bedingt durch:

- Bauweise
- Überdruckwirkung

Infolge der stets Vollbeaufschlagung von Radialrädern treten keine Ventilationsverluste auf. Die Radreibungsverluste ermitteln sich nach den aufgeführten Formeln, Gl. (8-64) und (8-70).

Bei *Radialrädern gewöhnlicher* Form kann näherungsweise $(1 + 5 \cdot a/D_a) \approx 1{,}1$ gesetzt werden. Damit und $\varrho \equiv \varrho_2 \approx \varrho_3$, $u_a = u_2$ sowie $D_a = D_2$ geht Gl. (8-66) bzw. (8-67) sowie Gl. (8-70) über in:

$$P_R \approx 8 \cdot 10^{-4} \cdot (10^6/Re)^{1/6} \cdot \varrho_3 \cdot u_2^3 \cdot D_2^2 \qquad (8\text{-}80)$$

Für die bei Turbomaschinen übliche mittlere REYNOLDS-Zahl $Re \approx 10^6$ und mit $u_2 = D_2 \cdot \pi \cdot n$ ergibt sich die Überschlagsformel

$$P_R \approx 0{,}025 \cdot \varrho_3 \cdot n^3 \cdot D_2^5 \qquad (8\text{-}81)$$

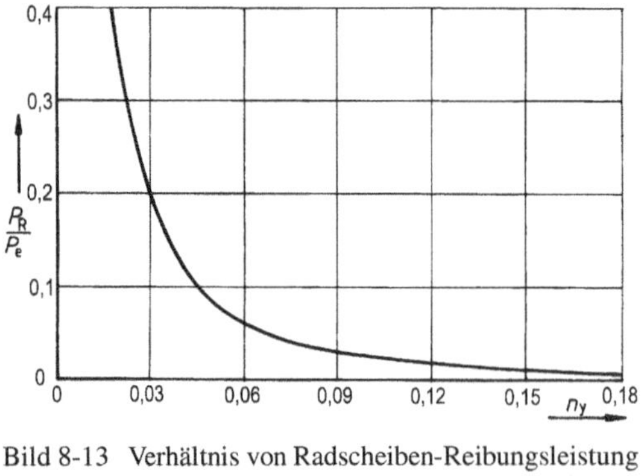

Bild 8-13 Verhältnis von Radscheiben-Reibungsleistung P_R und effektiver Leistung P_e von Pumpen, abhängig von der Radformkennzahl n_y, weshalb nur $n_y \geqq 0{,}03$ sinnvoll

Die radiale Erstreckung der Radialräder, also Durchmesser D_2, wächst mit fallender Schnellläufigkeit n_y. Deshalb steigt auch die Radreibungsleistung P_R mit abnehmender spezifischer Drehzahl, was entsprechendes Verringern des Maschinenwirkungsgrades bewirkt und n_y nach unten begrenzt. Die Zusammenhänge sind in Bild 8-13 für Kreiselpumpen dargestellt.

Bei den sog. **halboffenen Laufrädern,** die in Diagonalausführung (Schraubenrädern) oft angewendet werden, halbieren sich etwa die Radreibungsverluste infolge fehlender vorderer Deckscheibe. Trotzdem sind bei den üblicherweise technisch ausgeführten Spaltweiten die Mengenstromverluste (Abschnitt 8.3.2.2) kaum größer als bei **„geschlossenen" Laufrädern**, also solchen mit vorderer Deckscheibe.

Axialräder:

Hydraulische Maschinen: Die Propeller axialer Wasserturbinen und Flüssigkeitspumpen wie auch Ventilatoren werden fast immer ohne äußeres Deckband (Mantel) ausgeführt. Die Flügel arbeiten deshalb über einen geringen Axialspalt direkt im rohrartigen Maschinengehäuseteil (sofern vorhanden!). Die Reibfläche der Schaufelrandflächen am Mantel (Gehäusewand) ist entsprechend gering. Radreibungsverluste sind deshalb kaum vorhanden und daher vernachlässigbar. Da des Weiteren Propellerräder immer vollbeaufschlagt arbeiten, treten auch keine Ventilationsverluste auf.

Thermische Turbomaschinen: Bei den stets vollbeaufschlagten **Überdruckmaschinen** (DT, GT, KV) sind die mehrstufigen Laufräder als sog. Trommelläufer ausgebildet, d. h., alle Laufschaufelkränze sitzen gemeinsam auf einem zylinderförmigen Rotor. Zudem werden die Laufschaufelkränze oft ohne Deckbänder ausgeführt. Die Laufschaufeln enden somit wie bei den hydraulischen Propellerrädern über einem Axialspalt direkt am Gehäuse. Die Spaltverluste (Abschnitt 8.3.2.2) sind daher etwas höher als bei Laufrädern mit Deckbändern.

Infolge der Totalbeaufschlagung treten keine Ventilationsverluste auf und Radreibungsverluste lediglich an den Stirnseiten der Läufertrommel, wenn von Verlusten am Umfang (Schaufelendflächen), den Randverlusten, abgesehen wird. Zu berechnen sind die Radreibungsverluste:

- an den Läuferstirnseiten (Trommel) nach Gl. (8-67) mit Trommeldurchmesser D_T statt D_a und örtlicher Dichte ϱ an Trommelläuferstirnseite; Breite a entfällt ($a = 0$).

- Randverluste nach Gl. (8-73).

Die **Gleichdruckmaschinen** (praktisch nur bei DT) sind mit sog. Scheibenläufern ausgerüstet und können partiell beaufschlagt werden, weshalb Radreibungs- und Ventilationsverluste auftreten. Infolge vorhandener Laufradabdeckbänder und Nabendichtungen (Labyrinthe) sind die Spaltverluste (Abschnitt 8.3.2.2) wesentlich geringer als bei Überdruckausführungen.

Das Berechnen der Radreibungs- und Ventilationsverluste erfolgt hier mit den zuvor angegebenen Formeln (Gl. (8-79)).

8.3.2.4 Austauschverlust

Bei verzögerter Strömung findet zwischen Leitvorrichtung (Außenraum) und Laufrad (Innenraum) eine sekundäre Austauschbewegung (Rückströmung, Bild 7-3) statt, da das Fluid gegen steigenden Druck strömen muss. Vor allem die Grenzschicht verfügt nicht über die nötige Geschwindigkeit und damit kinetische Energie, um gegen den wachsenden Druck im Außenraum anlaufen zu können. Sie wird deshalb ins Laufrad zurückgedrückt und dort erneut beschleunigt. Hierzu wird auch auf Abschnitt 7.2.1.3 verwiesen.

Da sich die Austauschströmung vor allem bei verzögerter Bewegung ausbildet, tritt sie hauptsächlich bei Pumpen (KP, KV) auf, in Turbinen selten. Die Austauschbewegung wächst zudem mit steigendem Stufendruckaufbau und ist daher bei radialen Maschinen stärker ausgebildet als bei axialen. Des Weiteren ist die Austauschströmung umso kräftiger, je näher das Leitrad am Laufrad angrenzt (kleine Spaltweite) und desto mehr der Förderstrom gegenüber dem Nenndurchsatz (Auslegungswert) abfällt.

Bei der Austauschbewegung wird der in das Laufrad zurückströmenden Randschicht erneut Energie zugeführt. Zudem erfolgt Impulsaustausch zwischen Fluidteilchen verschiedener Geschwindigkeit. Durch den Aufprall von Fluidteilchen höherer Geschwindigkeit auf solche mit geringerer entstehen teilelastische Stöße, die neben Druckaufbau mit Energieverlust verbunden sind. Des Weiteren vergrößert die Sekundärströmung die Fluidreibungsverluste.

Die Austauschbewegung verursacht somit mechanischen Energieverlust, der allerdings bis heute noch nicht analytisch, d. h. rechnerisch erfasst werden kann. Im Bereich der **Normallast** (Auslegungspunkt) ist der Energieverlust infolge Austauschströmung, der sog. **Austauschverlust** Z_{At}, jedoch meist vernachlässigbar, d. h. $Z_{At} \approx 0$.

Beim Austauschverlust Z_{At} handelt es sich wieder um spezifischen Energieverlust bzw. -verluststrom, der sich aus der **Austauschverlustleistung** P_{At} ergibt:

$$Z_{At} = P_{At}/\dot{m} \tag{8-82}$$

Bei Normallast also $P_{At} \approx 0$.

Bemerkung: Der Impulsaustausch bei Austauschströmung bewirkt zusätzliche Energiebeladung des Fluidstromes, die sich jedoch bei schlechtem Wirkungsgrad vollzieht, aber dennoch besonders bei Teillast von Pumpen mit beschaufeltem Leitrad wichtig ist. Durch diese Impulswirkung wird auch verständlich, weshalb der Druckaufbau des Leitrades oft hauptsächlich im Schräganschnitt der Leitkanäle erfolgt. Des Weiteren erhöht der verstärkte Geschwindigkeitsaustausch im Teillastgebiet die Stabilität der **Pumpenkennlinie**, der sog. **Drosselkurve** (Kapitel 9).

8.3.2.5 Stoßverluste

Weicht die Zuströmrichtung von der Anfangsrichtung des Gitters ab, stößt das Fluid gegen die Schaufelnasen (schiefer Stoß). Beim Laufrad handelt es sich dabei um die Relativzuströmrichtung, beim beschaufelten Leitrad um die Absolutzuströmungsrichtung des Fluids.

Die bei Stoß-Zuströmung infolge erzwungener, unstetiger Geschwindigkeitsänderung auftretender mechanischen Energieverluste werden als **Stoßverluste** bezeichnet. Tatsächlich erfolgt das Umlenken der einzelnen „Fluidfäden" des Zustromes auch bei Richtungsabweichung durch entsprechende Aufstau- und dadurch Ablenkwirkung jedoch stetig. Die Stoßverluste sind somit letztlich durch erhöhte Reibung und wirbeldurchsetzte Ablösungszonen (Toträume, Grenzschichtanhäufung) bedingt (Bilder 8-14, 8-15).

Nur beim tangentialen Zuströmen erfolgt **stoßfreier Eintritt** des Mediums ins Schaufelgitter. Im Allgemeinen liegt stoßfreier Betrieb vor, wenn die Maschine im Auslegungspunkt (Normallast) arbeitet. Stoßverluste treten deshalb nur im Maschinenbetrieb bei Überlast oder Teillast auf, also bei Regelvorgängen. Bei Überlast erfolgt der Stoß auf den Rückseiten, bei Teillast auf den Vorderseiten der Schaufelanfänge des Gitters (Bild 8-15).

Infolge Kontinuitätsbedingung bleibt die Meridiankomponente der Fluid-Strömungsgeschwindigkeit vom Stoß unbeeinflusst. Deshalb liegt beim Laufrad der Endpunkt von Absolut- und Relativgeschwindigkeit auf einer Parallelen zur Umfangsgeschwindigkeit u. Punkt A verschiebt sich in Bild 8-14 parallel so nach A^*, dass die Meridiangeschwindigkeit der Strömung auch hier unverändert bleibt, also wieder $c_m^* = c_m = w_m = w_m^*$. Dasselbe gilt beim Leitrad. Hier erfolgt die Parallelverschiebung von A nach A^* ebenfalls so, dass $c_m^* = c_m =$ konst bleibt. Dagegen wirkt sich der Stoß voll auf die Umfangskomponente der Fluidströmung aus.

Der **Gesamtstoßverlust** setzt sich zusammen aus dem **Laufradstoßverlust** und – sofern beschaufeltes Leitrad vorhanden – aus dem **Leitradstoßverlust**.

Die **Stoßverlustleistung** P_{St} auf den Massenstrom $\dot{m}$ des Gitters bezogen, ergibt den **Stoßverlust** Z_{St}, wobei es sich deshalb wieder um eine spez. Energiegröße (Dimension m^2/s^2) handelt.

$$Z_{St} = P_{St}/\dot{m} \tag{8-82a}$$

Für das Berechnen der Stoßverluste mithilfe von Erfahrungs- und Versuchswerten bestehen verschiedene Ansätze.

PIEPERT [69] unterscheidet zwischen Beschleunigungs- und Verzögerungsstoß. Er legt folgenden Ansatz zugrunde:

Laufrad: $Z_{St,La} = k_{St} \cdot w_{St}^2/2$
Leitrad: $Z_{St,Le} = k_{St} \cdot c_{St}^2/2$

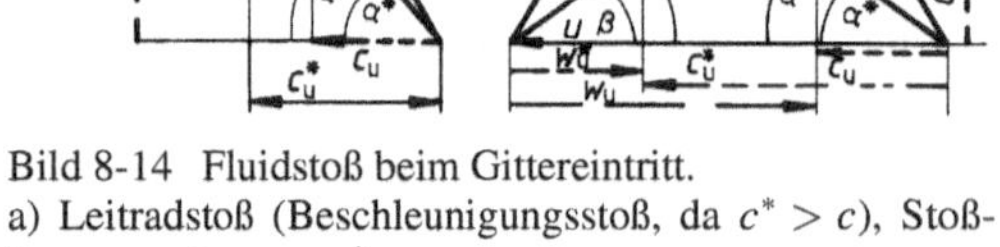

Bild 8-14 Fluidstoß beim Gittereintritt.
a) Leitradstoß (Beschleunigungsstoß, da $c^* > c$), Stoßkomponente $c_{St} = c_u^* - c_u$.
b) Laufradstoß (Verzögerungsstoß, da $w^* < w$), Stoßkomponente $w_{St} = |w_u^* - w_u|$.
Geschwindigkeitssymbole ohne Stern vor dem Stoß, mit Stern nach dem Stoß

Oder allgemein, d. h. für Lauf- und auch Leitrad, da $w_{St} = c_{St}$ (Bild 8-14b):

$$Z_{St} = k_{St} \cdot c_{St}^2/2$$

Mit **Stoßfaktor:** Beschleunigungsstoß: $k_{St} \approx 0{,}5$
Verzögerungsstoß: $k_{St} \approx 1{,}2$

Die Geschwindigkeitsdifferenz der Strömungsumfangskomponenten, die Stoßkomponente $c_{St} = w_{St}$, bestimmt die Stoßstärke. Gekennzeichnet sind:

- der Beschleunigungsstoß
  beim Laufrad: $w^* > w$; $w_{St} = w_u^* - w_u$
  beim Leitrad: $c^* > c$; $c_{St} = c_u^* - c_u$
- der Verzögerungsstoß
  beim Laufrad: $w^* < w$; $w_{St} = |w_u^* - w_u|$
  beim Leitrad: $c^* < c$; $c_{St} = |c_u^* - c_u|$

PFLEIDERER [29] geht von entsprechendem Ansatz

$$Z_{St} = \varphi_{St} \cdot w_{St}^2/2 \tag{8-83}$$

aus und formt diesen mithilfe des Strahlensatzes sowie der Durchflussbeziehung sowohl für Laufrad als auch Leitrad weiter um.

In Gl. (8-83) bedeuten:

φ_{St} ... Stoßbeiwert. Entspricht dem Stoßfaktor k_{St} von PIEPERT
w_{St} ... Stoßkomponente beim Laufradeintritt $w_{St} = |w_u^* - w_u|$
c_{St} ... Stoßkomponente beim Eintritt in beschaufeltes Leitrad $c_{St} = |c_u^* - c_u|$ an Stelle von w_{St}

Laufradstoßverlust $Z_{St,La}$:

Nach dem Strahlensatz gilt für die zum Laufradeintritt (Stelle 1) gehörenden Geschwindigkeitsdreiecke von Bild 8-5:

Teillast (Unterlast) $\dot{V}_x < \dot{V}$, Zweitindex T:

$$(c_1 - c_{1,T})/c_1 = w_{St,T}/u_1$$

Hieraus:

$$w_{St,T} = u_1 \cdot (1 - c_{1,T}/c_1)$$

Oder quadriert:

$$w_{St,T}^2 = u_1^2 \cdot (1 - c_{1,T}/c_1)^2 \tag{8-84}$$

Überlast $\dot{V}_x > \dot{V}$, Zweitindex Ü:

$$(c_{1,Ü} - c_1)/c_1 = w_{St,Ü}/u_1$$

Hieraus:

$$w_{St,Ü} = -u_1 \cdot (1 - c_{1,Ü}/c_1)$$

Oder wieder quadriert:

$$w_{St,Ü}^2 = u_1^2 \cdot (1 - c_{1,Ü}/c_1)^2 \tag{8-85}$$

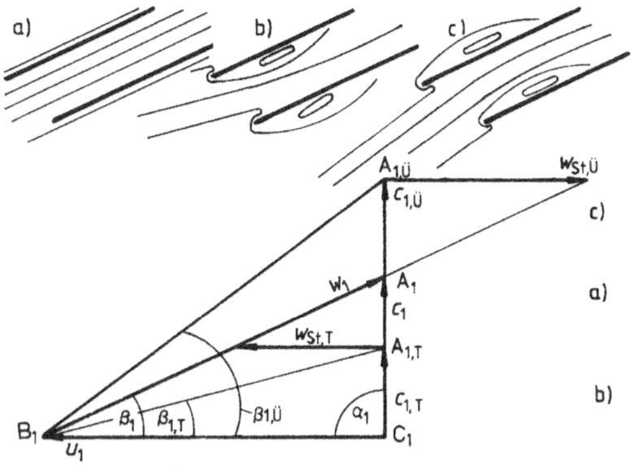

Bild 8-15 Saugkanten-Geschwindigkeitsdreiecke für $\alpha_1 = 90°$ bei unterschiedlichem Durchsatz.
a) $\triangle A_1B_1C_1$ bei Normallast $\dot{V}$.
b) $\triangle A_{1,T}B_1C_1$ bei Teillast, $\dot{V}_x < \dot{V}$, weshalb $c_{1,T} < c_1 \rightarrow \beta_{1,T} < \beta_1$ (Verzögerungsstoß).
c) $\triangle A_{1,Ü}B_1C_1$ bei Überlast, $\dot{V}_x > \dot{V}$, daher $c_{1,Ü} > c_1 \rightarrow \beta_{1,Ü} > \beta_1$ (Beschleunigungsstoß).
w_{St} ... Stoßkomponente, Index T ... Teillast (Unterlast), Index Ü ... Überlast

Beide Ausdrücke für Stoßkomponente (Gl. (8-84) und Gl. (8-85)) sind gleich aufgebaut. Deshalb kann allgemein, d. h. sowohl für Unter- als auch Überlast gesetzt werden (Zweitindex x):

$$w_{St}^2 = u_1^2 \cdot (1 - c_{1,x}/c_1)^2 \tag{8-86}$$

Nach der Durchflussbeziehung $c_{1,x} = \dot{V}_x/A_{1m}$ sowie $c_1 = \dot{V}/A_{1m}$ ersetzt:

$$w_{St}^2 = u_1^2 \cdot (1 - \dot{V}_x/\dot{V})^2$$

Eingesetzt in den Stoßverlust-Ansatz (Gl. (8-83)):

$$Z_{St,La} = \varphi_{St} \cdot (u_1^2/2) \cdot (1 - \dot{V}_x/\dot{V})^2 \tag{8-86a}$$

Leitradverlust $Z_{St,Le}$:

Entsprechend Gl. (8-86a) leitet PFLEIDERER [29] eine Beziehung für die Stoßverluste am Eintritt beschaufelter Leiträder ab, die aus Platzgründen ohne Herleitung direkt übernommen wird:

$$Z_{St,Le} = \varphi_{St} \cdot (u_2^2/2) \cdot (k_M \cdot D_2/D_4)^2 \cdot (1 - \dot{V}_x/\dot{V})^2 \tag{8-87}$$

Meist ist der Abstand (Spalt) zwischen Lauf- und Leitrad jedoch gering, weshalb $D_4 \approx D_2$ bzw. $D_2/D_4 \approx 1$ gesetzt werden kann.

Nochmals sei darauf hingewiesen, dass der Stoßverlust $Z_{St,Le}$ nur bei beschaufelten Leiträdern auftritt, nicht jedoch bei schaufellosen Ringräumen (Leitringen) und Spiralgehäusen (außer am Sporn).

Gesamter Stoßverlust $Z_{St,x}$:

a) Pumpen (KP, KV) mit beschaufeltem Leitrad:

$$Z_{St,x} = Z_{St,La} + Z_{St,Le}$$

Mit Gl. (8-86) und (8-87):

$$Z_{St,x} = \frac{\varphi_{St}}{2} \cdot \left(1 - \frac{\dot{V}_x}{\dot{V}}\right)^2 \cdot [u_1^2 + u_2^2 \cdot (k_M \cdot D_2/D_4)^2] \tag{8-88}$$

Wie erwähnt, kann hierbei oftmals $D_2/D_4 \approx 1$ gesetzt werden.

b) Pumpen ohne beschaufeltes Leitrad, d. h. mit Leitring und/oder Spiralgehäuse:

$$Z_{St,x} = Z_{St,La} = \varphi_{St} \cdot (u_1^2/2) \cdot (1 - \dot{V}_x/\dot{V})^2 \tag{8-89}$$

c) Wasserturbinen (FRANCIS, KAPLAN)

Die Stoßverluste treten ebenfalls am Laufradeintritt (Stelle 2) auf, weshalb in Gl. (8-89) anstelle von u_1 die Umfangsgeschwindigkeit u_2 tritt:

$$Z_{St,x} = Z_{St,La} = \varphi_{St} \cdot (u_2^2/2) \cdot (1 - \dot{V}_x/\dot{V})^2 \tag{8-90}$$

Stoßbeiwert φ_{St}:

Nach PFLEIDERER ist der Stoßbeiwert bei Verzögerung (Verzögerungsstoß) und Beschleunigung (Beschleunigungsstoß) kaum verschieden. Es gilt:

$$\varphi_{St} = 0{,}5 \ldots 0{,}7 \,(\ldots 0{,}9) \tag{8-91}$$

Der Klammer-Bereich ist seltener.

Nach HANSEN beträgt für normale Schaufelzahlen mit β_2 in Grad $\rightarrow \beta_2^\circ$:

$$\varphi_{St} = 0{,}3 + 0{,}6 \cdot \beta_2^\circ/90 \tag{8-92}$$

Druckverlust Δp_{St} infolge Stoß:

Nach dem Impulssatz tritt der zur Stoßkomponente gehörende Energieverlust vollständig als Druckverlust Δp_{St} auf, wenn die Abminderung durch die gerundeten Schaufelanfänge unbeachtet bleibt. Werden diese Einflüsse berücksichtigt, vermindert sich der Druckverlust und entsprechend der Stoßbeiwert, sodass gilt beim:

- Laufrad: $\Delta p_{St,La} = \varrho_{La} \cdot \varphi_{St} \cdot w_{St}^2/2 = \varrho_{La} \cdot Z_{St,La}$
- Leitrad: $\Delta p_{St,Le} = \varrho_{Le} \cdot \varphi_{St} \cdot c_{St}^2/2 = \varrho_{Le} \cdot Z_{St,Le}$

Zusammenfassend ist somit allgemein:

$$\Delta p_{St} = \Delta p_{St,La} + \Delta p_{St,La} = \varrho \cdot Z_{St} \tag{8-93}$$

8.3.2.6 Zusammenfassung

Der **innere Gesamtverlust** oder **Gesamtinnenverlust** Z_i (spezifischer Wert) ergibt sich als Summe der inneren Einzelverluste oder Einzelinnenverluste nach den Abschnitten 8.3.2.1 bis 8.3.2.5 und bezieht sich somit ebenfalls auf die einzelne Stufe:

$$Z_i = \sum_{k=1}^{n} Z_{i,k}$$

$$Z_i = Z_{Sch} + Z_{Sp} + Z_R + Z_V + Z_{At} + Z_{St} \qquad (8\text{-}94)$$

Oder mit den Beziehungen für Einzelverluste:

Gl. (8-19):

$Y_{Sch} = \Delta Y \pm Z_{Sch}$ durchmultipliziert mit (± 1):

$$\pm Y_{Sch} = \pm \Delta Y + Z_{Sch}$$

Hieraus:

$$Z_{Sch} = \pm Y_{Sch} - (\pm \Delta Y) = \pm (Y_{Sch} - \Delta Y)$$

sowie Gl. (8-43), (8-56), (8-71), (8-82) und (8-88) bis (8-90). Außerdem ist gegebenenfalls Z_R und Z_V durch Z_{RV} entsprechend Gl. (8-72) zu ersetzen:

$$Z_i = \pm(Y_{Sch} - \Delta Y) + \frac{\dot{m}_{Sp}}{\dot{m}} \cdot Y_{Sch} + \frac{P_R}{\dot{m}} + \frac{P_V}{\dot{m}} + \frac{P_{At}}{\dot{m}} + \frac{P_{St}}{\dot{m}}$$

$$Z_i = \mp(\Delta Y - Y_{Sch}) + (\dot{m}_{Sp}/\dot{m}) \cdot Y_{Sch} + (1/\dot{m}) \cdot (P_R + P_V + P_{At} + P_{St}) \qquad (8\text{-}95)$$

$$Z_i = \mp \Delta Y \pm (1 \pm \dot{m}_{Sp}/\dot{m}) \cdot Y_{Sch} + Z_R + Z_V + Z_{At} + Z_{St} \qquad (8\text{-}96)$$

Mit den Gesamtinnenverlusten Z_i lässt sich entsprechend dem Energiefluss (Bild 8-16) die innere **spezifische Stufenarbeit** ΔY_i definieren:

$$\Delta Y_i = \Delta Y \pm Z_i \qquad (8\text{-}97)$$

Wieder Pumpen oberes, Turbinen unteres Vorzeichen.

Gleichung (8-95) eingesetzt in Beziehung (8-97):

$$\Delta Y_i = \Delta Y \pm [\mp(\Delta Y - Y_{Sch}) + (\dot{m}_{Sp}/\dot{m}) \cdot Y_{Sch} + (1/\dot{m}) \cdot (P_R + P_V + P_{At} + P_{St})]$$

$$\Delta Y_i = Y_{Sch} \pm \frac{\dot{m}_{Sp}}{\dot{m}} \cdot Y_{Sch} \pm \frac{1}{\dot{m}} \cdot (P_R + P_V + P_{At} + P_{St})$$

$$\Delta Y_i = \left(1 \pm \frac{\dot{m}_{Sp}}{\dot{m}}\right) \cdot Y_{Sch} \pm \frac{1}{\dot{m}} \cdot (P_R + P_V + P_{At} + P_{St}) \qquad (8\text{-}98)$$

$$\Delta Y_i = \left(1 \pm \frac{\dot{m}_{Sp}}{\dot{m}}\right) \cdot Y_{Sch} \pm (Z_R + Z_V + Z_{At} + Z_{St}) \qquad (8\text{-}99)$$

Für eine Maschine mit i Stufen ergibt sich für die spezifische innere Gesamtarbeit:

$$Y_i = \sum_{k=1}^{i} \Delta Y_{i,k} \qquad (8\text{-}100)$$

Bei gleicher innerer Stufenarbeit ΔY_i in jeder der i Stufen wird:

$$Y_i = i \cdot \Delta Y_i \qquad (8\text{-}101)$$

Hinweis: Doppelte Bedeutung von i beachten, und zwar steht i für innere und i für Stufen.

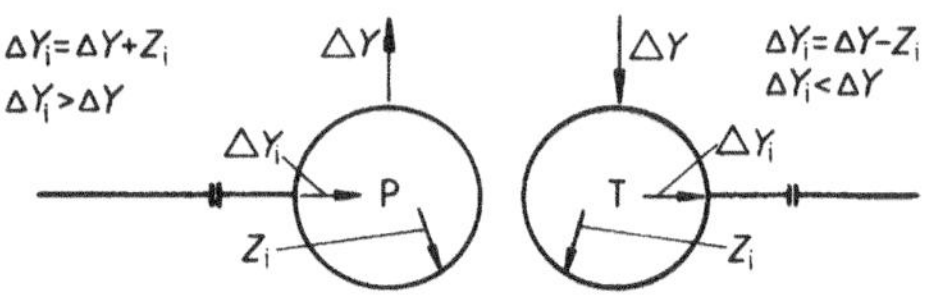

Bild 8-16 Stufen-Energiefluss in Pumpen (P) und Turbinen (T)

8.3.3 Äußere Verluste

Äußere oder **mechanische Verluste** (auch Kupplungsverluste) beziehen sich auf die gesamte Maschine, da sie den einzelnen Stufen nicht einfach zurechenbar sind, und werden verursacht durch:

- Reibungsverluste in Lagern und Dichtungen (Stopfbuchsen), sog. **Gleitflächenverluste** (Hauptteil)
- Luftreibung an der Kupplung,
- Verbrauch für den Antrieb der Hilfsmaschinen (vor allem bei Turbinen), wie Schmieröl-, Kondensat- sowie Kühlwasserpumpen und dgl. (sofern vorhanden). Werden verschiedentlich jedoch auch getrennt erfasst und ausgewiesen.

Die äußeren Verluste unterscheiden sich von den inneren, indem sie aus der Maschine verloren gehen. Das bedeutet, die mechanischen Verluste gehen nicht als Wärme auf das Arbeitsmedium über, falls von dem geringen Anteil aus der Lager- und Stopfbuchsen-Reibungswärme abgesehen wird, die sich über Maschinengehäuse sowie Welle dem Fluid aufprägt.

Die mechanischen Verluste bewirken:

- Bei Arbeitsmaschinen (Pumpen) muss die an der Kupplung zugeführte Leistung P_e um die **mechanische Verlustleistung** P_m größer sein als die auf die Laufräder übertragene innere Leistung:
$$P_i = P_e - P_m \qquad (8\text{-}102)$$
- Bei Kraftmaschinen (Turbinen) ist die an der Kupplung abgegebene Leistung P_e (effektive Leistung) entsprechend kleiner (um P_m) als die innere Leistung P_i:
$$P_e = P_i - P_m \qquad (8\text{-}103)$$

Zusammengefasst:

$$P_e = P_i \pm P_m \tag{8-104}$$

Oberes Vorzeichen wieder für P, unteres für T.

Zu beachten ist, dass sich die mechanische Verlustleistung P_m wie erwähnt, stets auf die gesamte Maschine und nicht auf die einzelne Stufe bezieht wie bei den inneren Verlusten.

Die mechanische Verlustleistung P_m beträgt etwa 0,5 bis 4 % (Richtwerte), bei kleinen einfachen Maschinen auch bis 10 % der inneren bzw. effektiven Leistung. Als allgemeine Tendenz gilt: Je höher die Leistung (große Maschinen), desto kleiner sind die anteiligen mechanischen Verluste. Grund: Während die Maschinenleistung etwa proportional mit dem Volumen (3. Potenz) der Maschinengröße steigt, wachsen die mechanischen Reibungsverluste nur mit der Fläche (2. Potenz). Die kleineren Richtwerte gelten daher für leistungsstärkere Turbomaschinen.

Die mechanische Verlustleistung P_m auf den Mengendurchsatz $\dot{m}$ der Maschine bezogen, ergibt die spezifischen äußeren (mechanischen) Verluste, kurz den **äußeren Verlust** Z_m:

$$Z_m = P_m/\dot{m} \tag{8-105}$$

Aus Gl. (8-104) folgt bei Division durch den Massenstrom $\dot{m}$ die Beziehung für den Zusammenhang zwischen den spezifischen Größen der inneren Gesamtarbeit Y_i und äußeren oder effektiven Arbeit Y_e sowie äußere Verluste Z_m:

$$Y_e = Y_i \pm Z_m \tag{8-106}$$

Die spezifische effektive oder spezifische äußere Gesamtenergie Y_e wird oftmals auch als spezifische **Kupplungsarbeit** bezeichnet.

In Gl. (8-106) kann über Ausdruck (8-101) die Beziehung (8-99) eingeführt werden.

8.3.4 Gesamtverlust Z_{ges}

Die Gesamtverluste Z_{ges} folgen durch Zusammenfassen der inneren und äußeren Verluste (Bild 8-17):

$$Z_{ges} = i \cdot Z_i + Z_m \tag{8-107}$$

Mit Gl. (8-96):

$$Z_{ges} = i \cdot [\mp(\Delta Y - Y_{Sch}) + (\dot{m}_{Sp}/\dot{m}) \cdot Y_{Sch} + Z_R + Z_V + Z_{As} + Z_{St}] + Z_m \tag{8-108}$$

$$Z_{ges} = i \cdot [\mp \Delta Y \pm (1 \pm \dot{m}_{Sp}/\dot{m}) \cdot Y_{Sch} + Z_R + Z_V + Z_{As} + Z_{St}] + Z_m \tag{8-109}$$

Hierbei wurde zugrunde gelegt, dass die innere spezifische Stufenarbeit Y_i aller i Stufen gleich groß ist (entsprechend Gl. (8-101)). Üblicherweise der Fall.

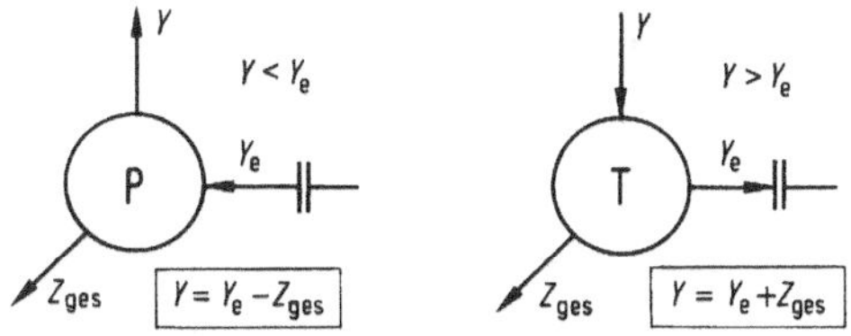

Bild 8-17 Maschinen-Energiefluss in P und T

8.4 Leistungen

8.4.1 Grundsätzliches

Die allgemeine Leistungs-Beziehung – gültig für alle Arten von Arbeits- und Kraftmaschinen, also sowohl nach dem Strömungs- (dynamisches) als auch Verdrängungs- (statisches) Prinzip – lässt sich sehr einfach durch folgende Überlegung ableiten (Abschnitt 9.3.3).

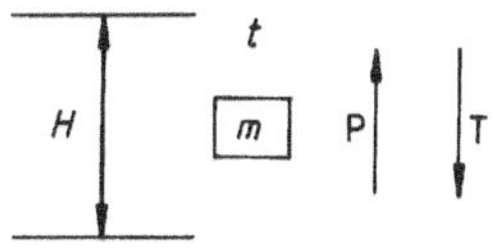

Bild 8-18 Prinzipdarstellung zur Ableitung der Leistungsgleichung. t ... Zeit für Bewegung der Masse m um Höhenunterschied H. P ... Bewegungsrichtung bei Pumpen, T ... Bewegungsrichtung bei Turbinen

Wie in Bild 8-18 dargestellt, überwindet die Masse m in der Zeit t gleichmäßig den Höhenunterschied H (bei P steigend, bei T fallend). Dann gilt verlustfrei:

Arbeit: $W = F \cdot s = m \cdot g \cdot H = m \cdot Y$

Spez. Arbeit: $W/m = Y$

Leistung: $P = \frac{dW}{dt} = \frac{d}{dt}(m \cdot g \cdot H) = \frac{dm}{dt} \cdot g \cdot H$ (da $H = \text{konst}$)

$P = \dot{m} \cdot g \cdot H = \varrho \cdot \dot{V} \cdot g \cdot H = \dot{m} \cdot Y$

Spez. Leistung: $P/\dot{m} = Y$

Die **allgemeine Leistungsgleichung** lautet somit:

$$P = \dot{m} \cdot Y \tag{8-110}$$

Bei: HyM nach Gl. (8-5) $Y = g \cdot H_{ges} = \Delta p_{ges}/\varrho$

ThM gemäß Tabelle 8-1 (S. 223) $Y \equiv w_{t,th}$

statt Y hier also Bezeichnung $w_{t,th}$.

Entsprechend dem Leistungsfluss und damit Berücksichtigen der Verluste ist zwischen verschiedenen Leistungen zu unterscheiden.

8.4.2 Theoretische Leistung

Je Stufe: **Theoretische Stufenleistung**:

$$\Delta P_{th} = \dot{m} \cdot \Delta Y_{th} \quad \text{mit} \quad \Delta Y_{th} \equiv \Delta Y \qquad (8\text{-}111)$$

Der (gesamten) Maschine: **Theoretische Maschinen-** oder **Stutzenleistung**:

Allgemein:

$$P_{th} = \sum \Delta P_{th} \qquad (8\text{-}112)$$

Mehrstufige Maschinen: Hintereinanderschalten von i meist gleichen Stufen:

$$P_{th} = i \cdot \Delta P_{th} = \dot{m} \cdot i \cdot \Delta Y_{th} = \dot{m} \cdot Y_{th} \quad \text{mit} \quad Y_{th} \equiv Y$$

Bei $i = 1$, einstufige Maschine:

$$P_{th} = \Delta P_{th}$$

Mehrflutige Maschinen: Parallelschalten von j (meist) gleichen Fluten (Stufengruppen $Y = i \cdot \Delta Y$):

$$P_{th} = j \cdot \Delta P_{th} = j \cdot \Delta\dot{m} \cdot Y_{th}$$
$$= \dot{m} \cdot Y_{th} \quad \text{wieder} \quad Y_{th} \equiv Y \equiv w_{t,th}$$

Mehrstufig-mehrflutige Maschinen: Parallelschalten von je j Stufengruppen (Flute mit je i hintereinander geschalteten Stufen $\rightarrow Y_{th} = i \cdot \Delta Y_{th}$):

$$P_{th} = j \cdot i \cdot \Delta P_{th} = j \cdot \Delta\dot{m} \cdot i \cdot \Delta Y_{th} = \dot{m} \cdot Y_{th}$$

Hierbei wieder Flute und Stufen jeweils gleich hinsichtlich Energieumsatz.

Hierzu folgt die spezifische theoretische Stutzenarbeit $Y_{th} \equiv Y$ und $\Delta Y_{th} \equiv \Delta Y$, wie erwähnt, bei:

- *hydraulischen Maschinen* (KP, WT, LT) aus Gl. (8-4) bzw. Gl. (8-16)
- *thermischen Maschinen* (KV, DT, GT)
  Allgemein ($\varrho \neq$ konst) nach Gl. (8-18) $\Delta h_M = w_{t,th}$ aus (h, s)-Diagramm oder entsprechend der vorliegenden Zustandsänderung lt. Beziehungen gemäß Tabelle 8-1 sowie auch für $\varrho \approx$ konst.

Verweis auf Seite 284 und beim digitalen Zusatzmaterial.

8.4.3 Innere Leistungen

Je Stufe: **Innere Stufenleistung**:

$$\Delta P_i = \dot{m} \cdot \Delta Y_i$$

Der (gesamten) Maschine: Innere **Maschinen-** oder **Stutzenleistung**:

Allgemein:

$$P_i = \sum \Delta P_i = \sum (\dot{m} \cdot \Delta Y_i) \qquad (8\text{-}113)$$

Mehrstufenmaschinen (i gleiche Stufen):

$$P_i = i \cdot \Delta P_i = \dot{m} \cdot \Delta Y_i \cdot i = \dot{m} \cdot Y_i$$

Bei $i = 1$, **Einstufenmaschine** ($Y_i = \Delta Y_i$):

$$P_i = \Delta P_i$$

Mehrflutmaschinen (j gleiche Flute mit je $i = 1$):

$$P_i = j \cdot \Delta P_i = j \cdot \Delta\dot{m} \cdot Y_i = \dot{m} \cdot Y_i$$

Mehrstufen-Mehrflutmaschinen (j gleiche Flute von jeweils i gleichen Stufen; $\dot{m} = j \cdot \Delta\dot{m}$; $Y_i = i \cdot \Delta Y_i$):

$$P_i = j \cdot i \cdot \Delta P_i = j \cdot \Delta\dot{m} \cdot i \cdot \Delta Y_i = \dot{m} \cdot Y_i$$

8.4.4 Äußere, effektive oder Kupplungs-Leistung

$$P_e = \dot{m} \cdot Y_e = \dot{m} \cdot Y \cdot \eta_e^{\mp 1} = P_{th} \cdot \eta_e^{\mp 1} \qquad (8\text{-}114)$$

Zu unterscheiden sind wieder:

- **Ein- und mehrstufige Maschinen** ($i \geqq 1$): Effektive Stutzenarbeit Y_e (spezifische äußere Arbeit) nach Gl. (8-106).
- **Ein- und mehrflutige Maschinen** ($j \geqq 1$): Gesamtmassenstrom $\dot{m} = j \cdot \Delta\dot{m}$ bei j gleichen Flute von jeweils Massenstrom $\Delta\dot{m}$. Jede Flut ist dabei gleichstufig, d. h. i je gleich groß, wobei $i = 1$, mit jeweils spezifischer effektiver Leistung Y_e.
- **Mehrflutige mehrstufige Maschinen**: Kombination der beiden vorhergehenden Anordnungen mit $\dot{m} = j \cdot \Delta\dot{m}$ dem Gesamtmassenstrom der j gleichen Flute und der ebenfalls gleichen spezifischen äußeren Flutstutzenarbeit Y_e. Spez. theoretische Flutstutzenarbeit $Y = i \cdot \Delta Y$ der gleichen Flute j mit je i Stufen.

Nach Gl. (8-114) gilt (vgl. Abschnitt 8.5):

$$Y_e = Y \cdot \eta_e^{\mp 1} \quad \text{bzw.} \quad w_{t,e} = w_{t,th} \cdot \eta_e^{\mp 1} \qquad (8\text{-}115)$$

Bemerkungen:

Gegebenenfalls, d. h. vor allem bei einem Gehäuse, ist von der spezifischen inneren Maschinen- bzw. Flutarbeit (-leistung) Y_i auszugehen und die mechanischen Verluste Z_m der gesamten Maschine sind anschließend insgesamt zu berücksichtigen. Bei Mehrgehäusemaschinen entsprechend.

Wasserstrom- oder Gefälleleistung P_{Wa} bei Wasserturbinen-Anlagen:

$$P_{Wa} = \varrho \cdot g \cdot \dot{V} \cdot H \qquad (8\text{-}116)$$

mit

$\dot{V}$ ... Wasserstrom (Durchsatz)
H ... Anlagen-Gefälle

8.5 Wirkungsgrade

8.5.1 Grundsätzliches

Wirkungsgrade sind Verhältnisgrößen zum Charakterisieren der Güte von Energie- oder Leistungsumwandlung sowie -übertragung und -nutzung.

In der Energietechnik und den zu diesem Gebiet gehörenden Strömungsmaschinen ist der Wirkungsgrad η allgemein als Quotient von abgegebener zu aufgewendeter Leistung bzw. Arbeit definiert.

$$\eta = \frac{\text{abgegebene Leistung (Arbeit)}}{\text{aufgewendete Leistung (Arbeit)}}$$

Gelegentlich wird für Wirkungsgrad auch die Bezeichnung **Effizienz** verwendet.

Wirkungsgrade können letztlich nur experimentell bestimmt (an Groß- oder Modellanlage) oder nach Erfahrung festgelegt (geschätzt) werden.

Entsprechend den Verlusten und Leistungen lassen sich bei Turbomaschinen neben dem Gesamtwirkungsgrad verschiedene Einzelwirkungsgrade definieren, die in folgender Übersicht zusammenfassend aufgeführt sind. Gemäß dem Energiefluss kehrt sich dabei für Arbeits- (Pumpen) und Kraftmaschinen (Turbinen) bei den einzelnen Wirkungsgraden der Quotient jeweils um.

Pumpen (AM)	**Turbinen** (KM)	

8.5.2 Liefergrad λ_L

Auf die einzelne Stufe bezogen

Allgemein, d. h. $\varrho \neq$ **konst**

Pumpen (AM)	Turbinen (KM)	
$\lambda_L = \dot{m}/\dot{m}_{La} = \dot{m}/(\dot{m} + \dot{m}_{Sp})$	$\lambda_L = \dot{m}_{La}/\dot{m} = (\dot{m} - \dot{m}_{Sp})/\dot{m}$	

$$\lambda_L = (\dot{m}/\dot{m}_{La})^{\pm 1} \qquad (8\text{-}117)$$

Bei $\varrho =$ **konst**

Pumpen (AM)	Turbinen (KM)	
$\lambda_L = \dot{V}/\dot{V}_{La} = \dot{V}/(\dot{V} + \dot{V}_{Sp})$	$\lambda_L = \dot{V}_{La}/\dot{V} = (\dot{V} - \dot{V}_{Sp})/\dot{V}$	

$$\lambda_L = (\dot{V}/\dot{V}_{La})^{\pm 1} \qquad (8\text{-}118)$$

Richtwerte

Pumpen (AM)	Turbinen (KM)	
$\lambda_L = 0{,}85 \ldots 0{,}95$	$\lambda_L = 0{,}9 \ldots 0{,}98\,(\ldots 0{,}99)$	(8-119)

8.5.3 Schauflungswirkungsgrad η_{Sch}

Auf die einzelne Stufe bezogen

Pumpen (AM)	Turbinen (KM)	
$\eta_{Sch} = \Delta Y/Y_{Sch}$	$\eta_{Sch} = Y_{Sch}/\Delta Y$	

$$\eta_{Sch} = (\Delta Y/Y_{Sch})^{\pm 1} \qquad (8\text{-}120)$$

Richtwerte

Pumpen (AM)	Turbinen (KM)	
$\eta_{sch} = 0{,}5 \ldots 0{,}95$ wobei $\eta_{Sch} = f(n_y)$	$\eta_{Sch} = 0{,}75 \ldots 0{,}98$	(8-121)

8.5.4 Innerer Wirkungsgrad η_i

Je Stufe

Pumpen (AM)	Turbinen (KM)	
$\eta_i = (\dot{m} \cdot \Delta Y)/\Delta P_i = (\dot{m} \cdot \Delta Y)/(\dot{m} \cdot \Delta Y_i) = \Delta Y/\Delta Y_i$	$\eta_i = \Delta P_i/(\dot{m} \cdot \Delta Y) = (\dot{m} \cdot \Delta Y_i)/(\dot{m} \cdot \Delta Y) = \Delta Y_i/\Delta Y$	

$$\eta_i = (\Delta P_{th}/\Delta P_i)^{\pm 1} = (\Delta Y/\Delta Y_i)^{\pm 1} \qquad (8\text{-}122)$$

Gesamte Maschine

Pumpen (AM)	Turbinen (KM)	
$\eta_i = P_{th}/P_i = Y/Y_i = (i \cdot \Delta Y)/(i \cdot \Delta Y_i) = \Delta Y/\Delta Y_i$	$\eta_i = P_i/P_{th} = Y_i/Y = (i \cdot \Delta Y_i)/(i \cdot \Delta Y) = \Delta Y_i/\Delta Y$	

$$\eta_i = (P_{th}/P_i)^{\pm 1} = (Y/Y_i)^{\pm 1} \qquad (8\text{-}123)$$

Richtwerte

Pumpen (AM)	Turbinen (KM)	
$\eta_i = 0{,}45 \ldots 0{,}90\,(\ldots 0{,}94)$	$\eta_i = 0{,}7 \ldots 0{,}95\,(\ldots 0{,}97)$	(8-124)

Pumpen (AM)	**Turbinen** (KM)	
8.5.5 Mechanischer Wirkungsgrad η_m		
Auf die gesamte Maschine bezogen		
$\eta_m = P_i/P_e = (P_e - P_m)/P_e = 1 - P_m/P_e = Y_i/Y_e$	$\eta_m = P_e/P_i = P_e/(P_e + P_m) = Y_e/Y_i$	(8-125)
$\eta_m = (P_i/P_e)^{\pm 1} = (Y_i/Y_e)^{\pm 1}$		(8-126)
Richtwerte		
$\eta_m = 0{,}9 \ldots 0{,}99$	$\eta_m = 0{,}95 \ldots 0{,}995$	(8-127)
8.5.6 Effektiver Wirkungsgrad η_e		
(Maschinen-, Kupplungswirkungsgrad) Auf die gesamte Maschine bezogen		
$\eta_e = P_{th}/P_e = (\dot{m} \cdot Y)/(\dot{m} \cdot Y_e) = Y/Y_e = (Y/Y_i) \cdot (Y_i/Y_e) = \eta_i \cdot \eta_m$	$\eta_e = P_e/P_{th} = (\dot{m} \cdot Y_e)/(\dot{m} \cdot Y) = Y_e/Y = (Y_e/Y_i) \cdot (Y_i/Y) = \eta_m \cdot \eta_i$	
$\eta_e = (P_{th}/P_e)^{\pm 1} = (Y/Y_e)^{\pm 1} = \eta_i \cdot \eta_m$		(8-128)
Richtwerte		
$\eta_e = 0{,}4 \ldots 0{,}85 (\ldots 0{,}92)$	$\eta_e = 0{,}6 \ldots 0{,}93 (\ldots 0{,}95)$	(8-129)

Bemerkungen: Der Maschinenwirkungsgrad η_e wird oft auch nur mit η (ohne Index), oder bei Pumpen mit η_P und bei Turbinen mit η_T bezeichnet. λ_L und η_{Sch} für Auslegung oder Nachrechnung der Beschaufelung notwendig, η_e für Leistungsberechnung (Anhang). In erster Näherung kann gesetzt werden $\eta_e \approx \eta_i$, da η_m dicht bei 1,0 (meist $\eta_m = 0{,}96 \ldots 0{,}99$).

Hinweise:

- Innerhalb der Richtwert-Bereiche für die Wirkungsgrade gelten die niedrigeren Werte für kleine Maschinen und die oberen Werte für große.
- Näherungsweise kann gesetzt werden:

$$\eta_{Sch} \approx \eta_e + [0{,}05 \ldots 0{,}10 (\ldots 0{,}15)] \qquad (8\text{-}130)$$

Oder Formel nach WISLICENUS:

$$\eta_{Sch} \approx \sqrt{\eta_e} - (0{,}01 \ldots 0{,}04) \qquad (8\text{-}131)$$

- Beispiel: Bei einer Turbomaschine mit einem effektiven Wirkungsgrad η_e von 75 % teilen sich nach WINDEMUTH die Verluste etwa wie folgt auf:

Schauflungsverluste	7 … 12 %
Radreibungsverluste	6 … 10 %
Spaltverluste (energetisch)	3 … 6 %
Mechanische Verluste	1 … 4 %

Besonderheiten:

Vor allem bei **Dampf- und Gasturbinen** wird – abweichend von den übrigen Strömungsmaschinen – der Schauflungswirkungsgrad η_{Sch}, welcher die Verluste der gesamten Stufen-Beschauflungen beinhaltet, aus dem Leitschauflungswirkungsgrad $\eta_{Sch,Le}$ und dem Laufschauflungswirkungsgrad $\eta_{Sch,La}$ zusammengesetzt:

$$\eta_{Sch} = \eta_{Sch,Le} \cdot \eta_{Sch,La} \qquad (8\text{-}132)$$

Meist näherungsweise:

$$\eta_{Sch,Le} \approx \eta_{Sch,La} \approx \sqrt{\eta_{Sch}} \qquad (8\text{-}133)$$

Definition der beiden Wirkungsgrade:

Leitrad-(schaufel-)Wirkungsgrad:

$$\eta_{Sch,Le} = (Y_{Sch} - Z_{Sch,Le})/Y_{Sch} = 1 - \Delta h_{V,Le}/\Delta h_s \qquad (8\text{-}134)$$

Laufrad-(schaufel-)Wirkungsgrad:

$$\eta_{Sch,La} = (Y_{Sch} - Z_{Sch,La})/Y_{Sch} = 1 - \Delta h_{V,La}/\Delta h_s \qquad (8\text{-}135)$$

Beziehungen (8-134) und (8-135) eingesetzt in Gl. (8-132), ergibt für den **Schauflungswirkungsgrad**:

$$\eta_{Sch} = \frac{\Delta Y}{Y_{Sch}} = \frac{Y_{Sch} - (Z_{Sch,Le} + Z_{Sch,La})}{Y_{Sch}} = \frac{Y_{Sch} - Z_{Sch}}{Y_{Sch}} \qquad (8\text{-}136)$$

Hierbei spez. theoretische Schaufelarbeit nach Abschnitt 8.2 und Abschnitt 3.2.1.2 sowie Schauflungsverluste nach Abschnitt 8.3.2.1.

Bei thermischen Turbokraftmaschinen gilt:
$Y \equiv w_{t,s} = \Delta h_s \ldots$ spezifische isentrope Stufen-Enthalpiedifferenz

Gitterwirkungsgrad mit Schaufelbeiwert φ_{Le} bzw. φ_{La} nach Abschnitt 2.5.3:

$$\eta_{Sch,Le} = \varphi_{Le}^2 \quad \text{und} \quad \eta_{Sch,La} = \varphi_{La}^2 \tag{8-137}$$

Hinweis: Weitere spezielle Zusammenhänge bei Dampf- und Gasturbinen (DT und GT) enthalten Abschnitte 7.3.3 und 11.3.1.7 sowie 11.4.4.

8.5.7 Weitere Wirkungsgrade bei thermischen Turboarbeitsmaschinen

Vergleichswirkungsgrad η_V: Wie schon in Tabelle 8-1 aufgeführt, wird bei Verdichtern noch allgemein ein Vergleichswirkungsgrad η_V definiert, der die Reibungsverluste des durch die Maschine strömenden Arbeitsfluids berücksichtigt. Der Vergleichswirkungsgrad entspricht deshalb bei Turboverdichtern dem Schauflungswirkungsgrad.

Je nachdem, welcher Vergleichsprozess zugrunde gelegt wird, sind zu unterscheiden:

Isentroper Vergleichswirkungsgrad:

$$\eta_{V,s}^{\pm 1} = \Delta h_s/\Delta h = w_{t,s}/w_{t,pol} \tag{8-138}$$

Mit den Beziehungen von Tabelle 8-1 ergibt sich:

$$\eta_{V,s}^{\pm 1} = \frac{(\varkappa/(\varkappa-1)) \cdot [(p_D/p_S)^{(\varkappa-1)/\varkappa} - 1]}{(n/(n-1)) \cdot [(p_D/p_S)^{(n-1)/n} - 1]} \tag{8-139}$$

Hierbei:

Ungekühlt $\rightarrow$ positiver Exponent: $\eta_{V,s} = \Delta h_s/\Delta h$
Gekühlt $\rightarrow$ negativer Exponent: $\eta_{V,s} = \Delta h/\Delta h_s$

Weiter umgeformt mit Isentropenbeziehung $p \cdot v^\varkappa =$ konst sowie Gasgleichung $p \cdot v = R \cdot T$:

$$p_D \cdot v_D^\varkappa = p_S \cdot v_S^\varkappa \rightarrow (p_D/p_S)^{1/\varkappa} = v_S/v_D$$

$$\frac{p_D \cdot v_D}{T_{D,s}} = R = \frac{p_S \cdot v_S}{T_S} \rightarrow \frac{T_S}{T_{D,s}} \cdot \frac{p_D}{p_S} = v_S/v_D$$

Hieraus durch Gleichsetzen:

$$(p_D/p_S)^{1/\varkappa} = (T_S/T_{D,s}) \cdot (p_D/p_S)$$

$$(p_D/p_S)^{(\varkappa-1)/\varkappa} = T_{D,s}/T_S$$

Entsprechend ergibt sich mit der Polytropenbeziehung $p \cdot v^n =$ konst.

$$(p_D/p_S)^{(n-1)/n} = T_D/T_S$$

Beide Ausdrücke in den Vergleichswirkungsgrad, auch kurz **Vergleichsgrad**, eingesetzt:

$$\eta_{V,s}^{\pm 1} = \frac{(\varkappa/(\varkappa-1)) \cdot [T_{D,s}/T_S - 1]}{(n/(n-1)) \cdot [T_D/T_S - 1]}$$

$$\eta_{V,s}^{\pm 1} = \frac{\varkappa}{\varkappa - 1} \cdot \frac{n-1}{n} \cdot \frac{T_{D,s} - T_S}{T_D - T_S} \tag{8-140}$$

Richtwerte für den Polytropenexponenten n bei Luft:
Ungekühlt $n > \varkappa \quad \rightarrow n \approx 1{,}5 \ldots 2$
Gekühlt $1 < n < \varkappa \rightarrow n \approx 1{,}1 \ldots 1{,}3$

Isothermer Vergleichswirkungsgrad

$$\eta_{V,T} = w_{t,T}/w_{t,pol}$$

Wieder mit den Beziehungen von Tabelle 8-1:

$$\eta_{V,T} = \frac{\ln(p_D/p_S)}{(n/(n-1)) \cdot [(p_D/p_S)^{(n-1)/n} - 1]} \tag{8-141}$$

Bemerkung: In der Technik wird bei ungekühlten Verdichtern meist der isentrope und bei gekühlten der isotherme Vergleichswirkungsgrad verwendet.

Da zur Wärmeübertragung Zeit und Temperaturdifferenz notwendig, ist isotherme Verdichtung trotz intensiver Kühlung (theoretisch Vollkühlung) selbst bei thermodynamisch idealem Gasverhalten letztlich nicht verwirklichbar.

Innerer Wirkungsgrad: Entsprechend Gl. (8-123) kann bei Verdichtern definiert werden:

Innerer isentroper Stufenwirkungsgrad $\eta_{i,s}$:

Anstelle von ΔY in Gl. (8-122) tritt hierbei wieder $\Delta Y_s = \Delta h_s = w_{t,s}$ (Tabelle 8-1), weshalb:

$$\eta_{i,s} = \Delta Y_s/\Delta Y_i = \Delta h_s/\Delta h_i \tag{8-142}$$

Mit $\Delta h_i = \overline{c}_p \cdot \Delta T_i = \overline{c}_p \cdot (T_e - T_a)$ und aus $\varkappa = c_p/c_v$ sowie $R = c_p - c_v$ folgend $\overline{c}_p \approx c_p = R \cdot \varkappa/(\varkappa - 1)$ wird:

$$\Delta h_i \approx (\varkappa/(\varkappa - 1)) \cdot R \cdot (T_e - T_a) \tag{8-143}$$

Wobei Index a ... Anfang, e ... Ende.

8.5.8 Weitere Wirkungsgrade bei Turbokraftanlagen

Thermischer Wirkungsgrad η_{therm}: Tritt nur bei thermischen Kraftmaschinen auf. Nach der Thermodynamik gilt allgemein:

$$\eta_{therm} = \Delta w_{t,th}/q_{zu} \tag{8-144}$$

$\Delta w_{t,th} \ldots$ Spez. theoretische technische Arbeit des Fluids. Das ist die beim thermischen

Prozess ohne Reibungsverluste in mechanische Energie umgewandelte Wärme, die Exergie $\Delta w_{t,th} = q_{zu} - q_{ab}$ bzw. $\Delta w_{t,th} = w_{t,th,E} - w_{t,th,K}$ mit Entspannungsenergie $w_{t,th,E}$ (Turbine) und Kompressionsarbeit $w_{t,th,K}$ (Pumpe bei DT, Kompressor bei GT). Bei DT-Anlagen $w_{t,th,K} \equiv Y \ll w_{t,th,E} = \Delta h_s$ (meist unter 5 % von Δh_s), weshalb hier oft näherungsweise vernachlässigbar. Die Reibungsverluste berücksichtigt der Maschinenwirkungsgrad η_e.

q_{zu} ... zugeführte Wärmekapazität. Dem Arbeitsmedium je kg zugeführte Wärme. Bei Dampfturbinen ist $q_{zu} = h_{FDa} - h_{Ko}$ mit Frischdampfenthalpie h_{FDa} und Kondensatwärme (-enthalpie) h_{Ko}. Diese ist etwa gleich der Speisewasserwärme q_{SWa}, also, da $\Delta t_{SWa} = t_{Ko} - 0\,[°C] = t_{Ko}$ [grad]:

$h_{Ko} = q_{Ko} = c_{Ko} \cdot t_{Ko} \approx q_{SWa}$ mit

$c_{Ko} = c_{SWa} = c_{Wa} = 4187\,J/(kg \cdot K)$ und

$t_{Ko} = t_{ADa} \approx t_{SWa}$

Bei Gasturbinen gilt entsprechend:

$q_{zu} = q_{RG} - q_{Br,Lu}$, wobei Indizes

RG ... Rauchgas, BrLu ... Brennluft

$q_{RG} = c_{RG} \cdot t_{RG}; \quad q_{BrLu} = c_{BrLu} \cdot t_{BrLu}$

Hierbei Bezugsbasis 0 °C, d. h. JOULE'sche Größen u, h, q und s null gesetzt bei Temperatur $t = 0\,°C$. In der Technik oft üblich. TRAUPEL führte hierzu für $h(t)$ die Bezeichnung **Normalenthalpie** ein. Da meist Differenzen notwendig, ist Bezugspunkt ohne Einfluss. Gase erfordern jedoch verschiedentlich Bezugsbasis null Kelvin (0 K). $\Delta T = \Delta t$ daher meist allgemeine Statthalter-Dimension (Bezeichnung) [grad].

Den thermodynamischen Wirkungsgrad, kurz auch **thermischer Wirkungsgrad**, kennt die thermische Kraftmaschine deshalb, weil nur sie aus thermischer Energie (Wärme) mechanische Energie gewinnt. Genauer: in solche umwandelt.

Je nach Art der thermischen Zustandsänderung (Prozess) bei der Expansion E (Turbinen) ist die zugehörige gewonnene spezifische mechanische Energie (technische Arbeit) in den thermischen Wirkungsgrad η_{therm} einzusetzen; entsprechend für die zugehörige aufgewendete „Kompression" K (Pumpe, Verdichter). Hierzu wird auch auf Unterabschnitt „verlustlose spezifische Druckenergie Y_p bei kompressiblen Fluiden" von Abschnitt 8.2 verwiesen. Um die aus Wirkungsgradgründen bei möglichst hohem Druck und hoher Temperatur (Werkstoffgrenzen!) in Wärme umgesetzte Primärenergie weitgehendst zu nutzen, erfolgt bei Turbinen-Anlagen in der Regel kein Wärmeaustausch (Kühlen oder Heizen) bei den Energieumsetzungs-Prozessen. Daher ist beim thermischen Wirkungsgrad als spezifisch technische Arbeit ohne Reibungsverluste $w_{t,th}$ bei E und K die der isentropen Zustandsänderung $w_{t,s} = \Delta h_s$ zu verwenden. Somit gilt:

$$\eta_{therm} = \eta_{therm,s} = \frac{w_{t,s,E} - w_{t,s,K}}{q_{zu}} = \frac{\Delta h_{s,E} - \Delta h_{s,K}}{q_{zu}} \quad (8\text{-}145)$$

Ersatzweise kann für Überschlagsrechnungen, besonders bei Gasturbinen, oft näherungsweise gesetzt werden (digitales Zusatzmaterial)

$$\eta_{therm} = \eta_C \cdot \eta_g \quad (8\text{-}146a)$$

Mit

η_C ... **CARNOT-Wirkungsgrad**, auch als ideale(r) Effizienz bzw. Wirkungsgrad bezeichnet: Idealer Kreisprozess maximalen mechanischen Energiegewinns.

$$\eta_C = (T - T_0)/T = 1 - T_0/T \quad (8\text{-}146b)$$

T ... Obere Prozesstemperatur in Kelvin. Temperatur der Wärmezufuhr → Frischwärmetemperatur (Frischdampf bzw. -gas).

T_0 ... Untere Prozesstemperatur in Kelvin. Temperatur der Wärmeabfuhr → Abwärmetemperatur (Abdampf bzw. -gas).

η_g ... **Gütegrad.** Kennzeichnet, wie gut der tatsächliche thermodynamische Prozess dem idealen (hier nach CARNOT) nahe kommt. Richtwerte: $\eta_g = 0{,}5 \ldots 0{,}8\,(\ldots 0{,}9)$

Richtwerte für den thermischen Wirkungsgrad:

Einzelprozesse von DT und GT:

$$\eta_{therm} = 0{,}3 \ldots 0{,}5 \ldots 0{,}65$$

Kombiprozesse (Abschnitt 1.2), z. B. GuD:

$$\eta_{therm} = 0{,}65 \ldots 0{,}8$$

Kesselwirkungsgrad η_{Ke}**:** Kennzeichnet bei thermischen Kraftanlagen die Verluste des Wärmeerzeugers. Das sind bei Dampfkraftanlagen die Verluste des Kessels (Dampferzeuger) und bei Gasturbinen die der Brennkammer. Die Verluste setzen sich zusammen aus denen wegen unvollständiger Verbrennung des Brennstoffes, Wärmeübertragung (Temperaturabfall), Abwärme (falls vorhanden), Wärmeabfuhr (Isolierung) und gegebenenfalls Hilfsmaschinenbedarf. Bei Dampfkraftanlagen handelt es sich daher um den Kesselwirkungsgrad η_{Ke}, bei Gasturbinenanlagen um den Brennkammer- bzw. Wärmeübertragungswirkungsgrad η_{BK}.

Richtwerte:

$\eta_{Ke} = 0{,}88 \ldots 0{,}93\,(\ldots 0{,}96)$

$\eta_{BK} = 0{,}85 \ldots 0{,}95$

Generatorwirkungsgrad η_G**:** Die bei Elektrizitätserzeugungsanlagen, den Kraftanlagen, eingesetzten (Strom-)Generatoren erreichen sehr hohe Wirkungsgrade.

Richtwerte:

$\eta_G = 0{,}92 \ldots 0{,}98\,(\ldots 0{,}99)$ [1)]

Netzwirkungsgrad η_N**:** Die Netzverluste von Hauptstromleitungen betragen je nach Leitungslänge und elektrischer Spannung sowie Stromstärke $2 \ldots 10\,\%\,(\ldots 20\,\%)$; Bundesrepublik $2 \ldots 4\,\%$.

$\eta_N = 98 \ldots 90\,\%\,(\ldots 80\,\%)$

Motorwirkungsgrad η_M**:** Bestimmt durch den verwendeten Antriebs-Motor von Pumpen (KP, KV).

Richtwerte:

$\eta_M = 0{,}7 \ldots 0{,}97$

Untere Richtwerte für Elektromotoren üblicher Größe (Leistung). Obere Werte für große Elektromotoren (Pumpenspeicherkraftwerke).

Rohrleitungswirkungsgrad η_{RL}**:** Vor allem für die Druckwasserleitung bei Wasserkraftwerken wichtig, aber auch bei Kreiselpumpen-Systemen. Mit spezifischer theoretischer Anlagenenergie $Y_{th,A} = g \cdot H$:

$$\eta_{RL}^{\mp 1} = \frac{Y_{th,A} \pm Y_{V,RL}}{Y_{th,A}} = 1 \pm \frac{Y_{V,RL}}{Y_{th,A}} = 1 \pm \frac{Y_{V,RL}}{g \cdot H} \qquad (8\text{-}147)$$

Mit:
Vorzeichen: P oberes; T unteres
$Y_{V,RL} \ldots$ spez. Rohrleitungsverluste, vgl. [3]
$H \ldots$ Gefälle der Anlagenleitung, Bild 8-1.

Richtwerte:

$\eta_{RL} = 0{,}85 \ldots 0{,}97$

8.5.9 Anlagenwirkungsgrad η_A

Wird auch als wirtschaftlicher oder Gesamtwirkungsgrad bezeichnet. Er umfasst alle Verluste der vorhandenen Anlagenkomponenten und ergibt sich somit als Produkt ihrer Einzelwirkungsgrade.

Pumpenanlagen (KP; KV, allgemein P; K):

$$\eta_A = \eta_{e,P} \cdot \eta_M \cdot \eta_{RL} \qquad (8\text{-}148)$$

Verschiedentlich wird die Rohrleitung – vor allem bei Verdichtern – und damit deren Wirkungsgrad nicht einbezogen. Bei Kompressoranlagen oft $\eta_{e,P}$ auch mit $\eta_{e,K}$ bezeichnet.

Turbinenanlagen (WT, DT, GT, LT; allgemein T):

Wasserkraftanlagen (WT):

$$\eta_A = \eta_{RL} \cdot \eta_{e,T} \cdot \eta_G \qquad (8\text{-}149)$$

Sonderfall: *Pumpspeicherung* (Energiepuffer):

$$\eta_A = \eta_{A,T} \cdot \eta_{A,P} = \eta_{RL} \cdot \eta_{e,T} \cdot \eta_G \cdot \eta_M \cdot \eta_{e,P} \cdot \eta_{RL} \qquad (8\text{-}150)$$

Dampfkraftanlagen (DT):

$$\eta_A = \eta_{Ke} \cdot \eta_{therm} \cdot \eta_{e,T} \cdot \eta_G \qquad (8\text{-}151)$$

Gaskraftanlagen (Gasturbinenkraftwerke, GT):

Mit

$$\eta_{A,GT} = \eta_{BK} \cdot \eta_{therm} \cdot \eta_{e,GT}$$

und

$$\eta_{e,GT} = \eta_{e,K} \cdot \eta_{e,T}$$

wird:

$$\eta_A = \eta_{A,GT} \cdot \eta_G \qquad (8\text{-}152)$$

Kombianlage GuD (GT + DT):

$$\eta_A = \eta_{therm,VBP} \cdot \eta_{BK} \cdot \eta_{e,GT} \cdot \eta_{Ke} \cdot \eta_{e,DT} \cdot \eta_G \qquad (8\text{-}153)$$

Hierbei:

$\eta_{therm,VBP} \ldots$ thermischer Wirkungsgrad des gesamten Verbundprozesses (VBP)

Wind- oder Luftturbinen-Anlagen

$$\eta_A = \eta_{e,LT} \cdot \eta_G \quad \text{mit} \quad \eta_{e,LT} \approx 0{,}3 \ldots 0{,}5 \qquad (8\text{-}154)$$

Hinweis: Erstindex e bei den effektiven Maschinen-Wirkungsgraden einfachheitshalber oft weggelassen.

8.5.10 Spezielle Wirkungsgrade

Jeweils an passender Stelle aufgeführt.

[1)] Bei 1000 MW Leistung ergibt sich bei η-Steigerung um 1 Prozentpunkt (z. B. von 97 auf 98 %) eine zusätzliche jährliche Strommenge im Gegenwert von ca. 5 Mio. € (bei 6 Ct/kWh Stromgestehungskosten). $\eta_G = 0{,}995$ bei Supraleiter-Ausführung.

9 Betriebliches Verhalten (Kennlinien, Kennfelder)

9.1 Grundsätzliches

Das Betriebs- oder **Kennverhalten** von Strömungsmaschinen wird durch ihre **Kennlinien** aufgezeigt. Kennlinien sind die Darstellung des funktionellen Zusammenhanges zwischen den verschiedenen Betriebs- und Abmessungsgrößen der Maschine. **Kennfelder(-flächen)** entstehen durch Zusammenfassen mehrerer Kennlinien in einem Diagramm.

Von den **Betriebsgrößen** $\dot{V}$, $Y = g \cdot H$, n, P_e, η_e, $NPSH_M$ sind besonders die ersten drei zum Beschreiben des Verhaltens der Maschine bei wechselnder Belastung wichtig. Hierbei $H = H_P \equiv H_M$ die Pumpenförderhöhe; Index einfachheitshalber weggelassen. Von den Abmessungsgrößen findet meist nur der Radaußendurchmesser – vor allem bei Radialmaschinen – als Hauptabmessungsgröße in das Untersuchen des Kennverhaltens Eingang.

Fast immer dient der Volumenstrom $\dot{V}$ (bei $\varrho \approx$ konst) bzw. Massendurchsatz $\dot{m}$ (bei $\varrho \neq$ konst) als Bezugsgröße (Abszisse), während Wirkungsgrad η_e, Drehzahl n oder/und Raddurchmesser D_2 (exakt $D_{2,(a)}$) meist als Parameter auftreten.

Übliche Kennlinien und Kennfelder, wobei, wie erwähnt, variabel mit Index x und Bestwerte (Auslegungsgrößen, Abschnitt 9.2.1.2) ohne Index:

- **Drosselkurve** $Y_x = f(\dot{V}_x)$ bei $n =$ konst

  In der Praxis wird – weil anschaulicher – anstelle der spezifischen Stufen- bzw. Stutzenenergie meist die zugehörige Maschinen- oder Gesamt-Höhe H_x als Ordinate verwendet. Index x steht dabei für variabel. Deshalb

  Grundkennlinie $H_x = f(\dot{V}_x)$ bei $n =$ konst und $D_{2,(a)} =$ konst

  Kennfelder(-flächen)

  Drehzahlkurven $H_x = f(\dot{V}_x)$ für verschiedene n bei $D_{2,(a)} =$ konst

  Abdrehkurven $H_x = f(\dot{V}_x)$ für verschiedene $D_{2,(a)}$ bei $n =$ konst

  Muscheldiagramm $H_x = f(\dot{V}_x)$ für verschiedene n bzw. $D_{2,(a)}$ mit Parameterlinien $\eta_{e,x} =$ konst (Muschel- oder Eierkurven)
- **Leistungskurve** $P_{e,x} = f(\dot{V}_x)$ bei $n =$ konst und $D_{2,(a)} =$ konst
- **Wirkungslinie** $\eta_{e,x} = f(\dot{V}_x)$ bei $n =$ konst und $D_{2,(a)} =$ konst
- **Saugkennlinie** $NPSH_{M,x} = f(\dot{V}_x)$ bei $n =$ konst und $D_{2,(a)} =$ konst
- **Kennfläche.** Darstellung des Zusammenhangs zwischen $\dot{V}_x$, H_x und n in einem dreidimensionalen Diagramm.
- **Anwendungsfeld.** Zusammenfassen von Kennfeldausschnitten der Baureihe aufeinander abgestimmter Kreiselpumpen oder -verdichter in einem $(\dot{V}_x, H_x)$- bzw. $(\dot{V}_x, \Delta p_x)$-Diagramm.

Kennlinien und Kennfelder können letztlich nur durch Messungen an ausgeführten Maschinen bestimmt werden. Infolge der analytisch nicht ausreichend genau erfassbaren Reibungseinflüsse ist exaktes Vorausberechnen unmöglich.

Kennlinien können dimensionsbehaftet (dimensionale Kennlinien) oder dimensionslos (dimensionslose Kennlinien) dargestellt werden. Bei dimensionalen Kennlinien werden die Größen der Koordinatenachsen und Parameter dimensionsbehaftet aufgetragen. Bei dimensionslosen Kennlinien sind alle Größen auf den zugehörigen Auslegungswert, den Betriebspunkt besten Wirkungsgrades, bezogen und dadurch entdimensioniert. Als Abszissengröße tritt dann als Verhältnisgröße (Quotient) der sog. Durchsatz-, Beaufschlagungs- oder Füllungsgrad $\dot{V}_x/\dot{V}$.

Die verschiedenen Kennlinien sind insbesondere zum Beurteilen des Betriebsverhaltens von Turboarbeitsmaschinen (KP, KV) wichtig. Deshalb wird das Kennverhalten der häufig und in vielfältiger Form sowie Ausführung eingesetzten Pumpen ausführlich dargestellt. Das betriebliche Verhalten der häufig gleich bleibend im Auslegungspunkt arbeitenden Turbinen muss aus Platzgründen kürzer ausfallen. Das Kennverhalten der Aggregate, d. h. Strömungskupplungen und -getriebe (Wandler), ist in den betreffenden Abschnitten erläutert.

9.2 Betriebsverhalten der Strömungsarbeitsmaschinen

9.2.1 Kreiselpumpen

9.2.1.1 Drosselkurven

Herleitung:

Der prinzipielle Verlauf der Grund- oder Hauptkennlinie $H_x = f(\dot{V}_x)$ lässt sich, von der EULER-Gleichung ausgehend, durch schrittweises Berücksichtigen der Minderungseinflüsse, endliche Schaufelzahl, Kanalreibung (Schaufelkanäle) und Stoßverluste, aufzeigen:

Theoretische Drossellinie:

Unendliche Schaufelzahl: Der Zusammenhang zwischen dem Volumenstrom $\dot{V}$ und der reibungsfreien theoretischen Förderhöhe $H_{\mathrm{th}\infty,x} = Y_{\mathrm{Sch}\infty,x}/g$ bei unendlicher Schaufelzahl des Laufrades – auch als $H_{\mathrm{Sch}\infty,x}$ bezeichnet – folgt für drallfreies Zuströmen aus Gl. (3-16), wenn die Spaltverluste durch den Liefergrad nach Gl. (8-118) berücksichtigt werden:

$$H_{\mathrm{th}\infty,x} = \frac{1}{g} \cdot u_2 \cdot \left(u_2 - \frac{\tau_2}{\lambda_\mathrm{L} \cdot D_2 \cdot \pi \cdot b_2} \cdot \cot\beta_2 \cdot \dot{V}_x\right) \tag{9-1}$$

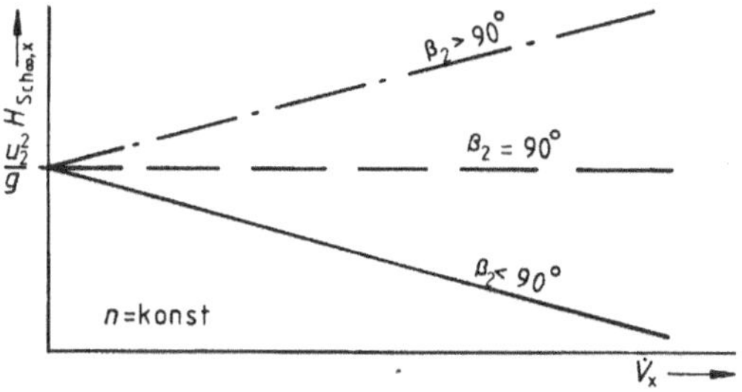

Bild 9-1 Theoretische Kennlinie $H_{\mathrm{Sch}\infty,x} \equiv H_{\mathrm{th}\infty,x} = f(\dot{V}_x)$ (Drosselkurve) für verschiedene Druckkantenwinkel β_2 der Laufschaufeln bei gleich bleibender Drehzahl n

Es ergibt sich für jedes Laufrad ein linearer Zusammenhang zwischen $H_{\mathrm{th}\infty,x}$, auch als $H_{\mathrm{Sch}\infty,x}$ bezeichnet, und $\dot{V}_x$, falls Drehzahl n und damit Umfangsgeschwindigkeit u_2 konstant bleiben.

Die geradlinige Funktion $H_{\mathrm{th}\infty,x} = f(\dot{V})$ nach Gl. (9-1), deren Steigung vom Schaufelwinkel β_2 abhängt, zeigt folgende Besonderheiten (Bild 9-1):

- Bei $\dot{V}_x = 0$, der sog. **Nullförderung**, ist $H_{\mathrm{th}\infty,x}(0) = u_2^2/g$ unabhängig vom Druckkantenwinkel β_2 der Laufschaufeln. $H_{\mathrm{th}\infty,x}(0) \equiv H_{\mathrm{Sch}\infty,x}(0)$ wird als **Anfahr- oder Nullförderhöhe** bezeichnet.
- Der zweite Ausdruck in der Klammer auf der rechten Seite von Gl. (9-1) wechselt sein Vorzeichen, wenn β_2 durch 90° hindurchgeht. Abhängig vom Schaufelwinkel β_2 sind daher wieder drei Fälle zu unterscheiden:

  $\beta_2 < 90° \rightarrow \cot\beta_2 > 0$, rückwärts gekrümmte Laufschaufeln: Steigung der $H_{\mathrm{th}\infty,x}(\dot{V}_x)$-Geraden ist negativ, d. h., die theoretische Förderhöhe $H_{\mathrm{th}\infty,x}$ fällt mit wachsendem Durchsatz $\dot{V}_x$ linear.

  $\beta_2 = 90° \rightarrow \cot\beta_2 = 0$ (Grenzfall), radial endende Laufschaufeln: $H_{\mathrm{th}\infty,x}(\dot{V}_x) = u_2^2/g = H_{\mathrm{th}\infty,x}(0)$. Die theoretische Förderhöhe $H_{\mathrm{th}\infty,x}$ ist unabhängig vom Volumenstrom $\dot{V}_x$ (waagrechte Gerade). $H_{\mathrm{th}\infty,x}$ daher für jedes $\dot{V}_x$ gleich groß und gleich der Nullförderhöhe.

  $\beta_2 > 90° \rightarrow \cot\beta_2 < 0$, vorwärts gekrümmte Laufschaufeln: Die $H_{\mathrm{th}\infty,x}(\dot{V}_x)$-Gerade verläuft mit positiver Steigung. Das bedeutet, die theoretische Förderhöhe $H_{\mathrm{th}\infty,x}$ steigt linear mit wachsendem Durchsatz $\dot{V}_x$.

Wie in Abschnitt 6.1.4 begründet, werden Pumpenlaufräder meist mit rückwärts gekrümmten Schaufeln ausgeführt. Deshalb erfolgen die weiteren Untersuchungen nur für Schaufelwinkel $\beta_2 < 90°$.

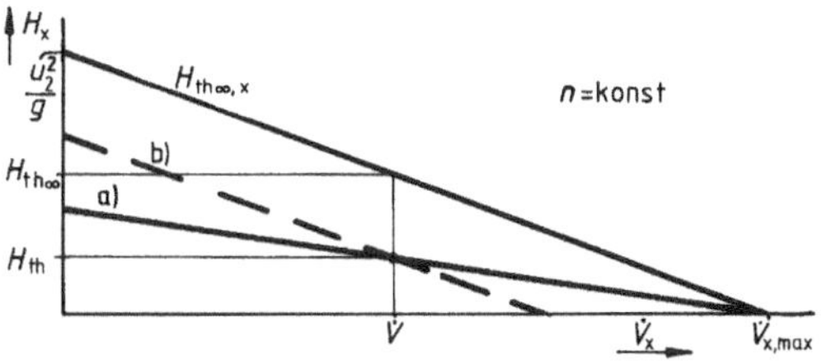

Bild 9-2 Einfluss der endlichen Schaufelzahl auf die theoretische Drosselkurve.
a) $H_{\mathrm{th},x} = k_{\mathrm{M},x} \cdot H_{\mathrm{th}\infty,x}$ mit $k_{\mathrm{M},x} = k_\mathrm{M}(\dot{V}_x) = k_\mathrm{M} = \text{konst}$;
b) $H_{\mathrm{th},x} \| H_{\mathrm{th}\infty,x}$ mit $H_\mathrm{th} = k_\mathrm{M} \cdot H_{\mathrm{th}\infty}$, weshalb in $H_{\mathrm{th},x} = k_{\mathrm{M},x} \cdot H_{\mathrm{th}\infty,x}$ Faktor $k_{\mathrm{M},x} = k_\mathrm{m}(\dot{V}_x) \neq \text{konst}$

Endliche Schaufelzahl: Der Einfluss der Endlichkeit der Laufschaufelzahl wird nach Gl. (3-25) durch den Minderleistungsfaktor k_M berücksichtigt. Die für k_M in Abschnitt 3.2.1.2 angegebenen Beziehungen gelten jedoch eigentlich nur für den Auslegungspunkt des Laufrades. Der Zusammenhang zwischen Minderleistungsfaktor $k_{\mathrm{M},x}$ und Durchsatz ($\dot{V}_x$) wurde bisher nur unzureichend untersucht. Eine Beziehung für die Abhängigkeit $k_{\mathrm{M},x} = f(\dot{V}_x)$ ist daher noch nicht bekannt. Ein Grund, weshalb sich die Drosselkurve nicht ausreichend genau vorausberechnen lässt. Zwei Näherungen sind gebräuchlich:

- Die Minderleistungsziffer wird unabhängig von dem sich ändernden Durchsatz $\dot{V}_x$ angenommen und deshalb $k_{\mathrm{M},x} = k_\mathrm{M} = \text{konst}$ gesetzt. Dann gilt nach Gl. (3-25) $Y_{\mathrm{Sch},x} = k_\mathrm{M} \cdot Y_{\mathrm{Sch}\infty,x}$ und damit für die theoretische Förderhöhe bei endlicher Schaufelzahl $H_{\mathrm{th},x} = k_\mathrm{M} \cdot H_{\mathrm{th}\infty,x}$. Die Kurve (Linie) $H_{\mathrm{th},x}$ verläuft dann entsprechend Gerade a) in Bild 9-2. Die Geraden $H_{\mathrm{th}\infty,x}(\dot{V}_x)$ und $H_{\mathrm{th},x}(\dot{V}_x)$ schneiden sich auf der Abszisse in Punkt $\dot{V}_{x,\max}$ und verlaufen mit unterschiedlicher Steigung.

- Die $H_{\text{th},x}(\dot{V}_x)$-Gerade wird parallel zur $H_{\text{th}\infty,x}(\dot{V}_x)$-Linie angenommen und durch den Auslegungspunkt $(\dot{V}, H_{\text{th}})$, d. h. $\dot{V}_x = \dot{V}$; $H_{\text{th},x} = H_{\text{th}}$ gelegt (Linie b) in Bild 9-2. Hierbei ist dann der Minderleistungsfaktor $k_{\text{M},x}$ nicht mehr konstant, sondern vom Durchsatzstrom $\dot{V}_x$ abhängig, $k_{\text{M},x} = f(\dot{V}_x)$.

Meist wird jedoch von der ersten Möglichkeit, also $k_{\text{M},x} = k_{\text{M}} =$ konst, ausgegangen, weshalb auch hier:

Das Abnehmen der spezifischen Stufenhöhe (der Förderhöhe) bei wachsendem Volumenstrom bzw. umgekehrt, lässt sich auch mithilfe des Geschwindigkeitsdreieckes an der Laufrad-Druckkante (Bild 9-3) erklären.

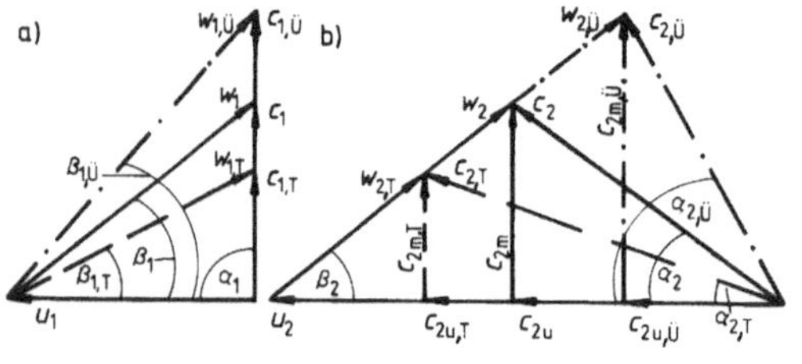

Bild 9-3 Geschwindigkeitsdreiecke bei verschiedenen Lastzuständen. a) Saug-, b) Druckkanten-Dreieck. Normallast (ohne Zusatzindex) $\dot{V}_x = \dot{V}$, $c_{2\text{u}}$, β_1.
Teillast (Index T) $\dot{V}_x < \dot{V}$, $c_{2\text{u,T}} > c_{2\text{u}}$, $\beta_{1,\text{T}} < \beta_1$;
Überlast (Index Ü) $\dot{V}_x > \dot{V}$, $c_{2\text{u,Ü}} < c_{2\text{u}}$, $\beta_{1,\text{Ü}} > \beta_1$

Infolge meist unveränderlicher Laufradabmessungen gilt bei:

- **Überlast** ($\dot{V}_x > \dot{V}$)): Die Meridiangeschwindigkeit an der Druckkante $c_{2\text{m,Ü}} = \dot{V}_x / A_{2\text{m}} > c_{2\text{m}}$ wächst linear mit steigendem Volumenstrom. Bei dem gleich bleibenden Schaufelwinkel muss deshalb die Umfangskomponente $c_{2\text{u}}$ entsprechend dem Geschwindigkeitsdiagramm, Bild 9-3, zurückgehen, also $c_{2\text{u,Ü}} < c_{2\text{u}}$. Gemäß der EULER-Gleichung fällt dadurch die spezifische, theoretische Schaufelarbeit. Bei $\alpha_1 = 90°$ wird somit
$u_2 \cdot c_{2\text{u,Ü}} < u_2 \cdot c_{2\text{u}}$ also $Y_{\text{Sch}\infty,\text{Ü}} < Y_{\text{Sch}\infty}$
- **Teillast** (Unterlast): Hier gilt das Umgekehrte.
Volumendurchsatz fällt, $\dot{V}_x < \dot{V}$
Meridiangeschwindigkeit sinkt: $c_{2\text{m,T}} < c_{2\text{m}}$
Umfangskomponente steigt ($c_{2\text{u,T}} > c_{2\text{u}}$) gemäß $c_{2\text{m,T}} = \dot{V}_x / A_{2\text{m}}$ und Bild 9-3
Schaufelarbeit wächst, $Y_{\text{Sch}\infty,\text{T}} > Y_{\text{Sch}\infty}$

Gleichzeitig mit dem Volumenstrom $\dot{V}_x$ ändert sich an der Laufradsaugseite auch der Relativströmungswinkel. Er weicht deshalb außerhalb der Normallast vom Schaufel-Saugkantenwinkel β_1 ab, was Stoßverluste zur Folge hat. Gemäß Bild 9-3:

Teillast $\beta_{1,\text{T}} < \beta_1$; Überlast $\beta_{1,\text{Ü}} > \beta_1$

Folge: Gefahr der Strömungsablösung mit Totraumbildung bei:

- Teillast auf Schaufelvorderseiten
- Überlast auf Schaufelrückseiten

Zur Verdeutlichung sind in Bild 9-4 an Saug- und Druckkante bei den drei Förderzuständen Unterlast $\dot{V}_x < \dot{V}$, Normallast $\dot{V}_x = \dot{V}$ und Überlast $\dot{V}_x > \dot{V}$ in den Seitenriss des Laufrades einer Radialkreiselpumpe eingezeichnet, wobei gemeinsamer Index x statt Indizes Ü und T verwendet. Es zeigen sich die Abweichungen von der winkelgerechten Strömung (An- und Abströmung).

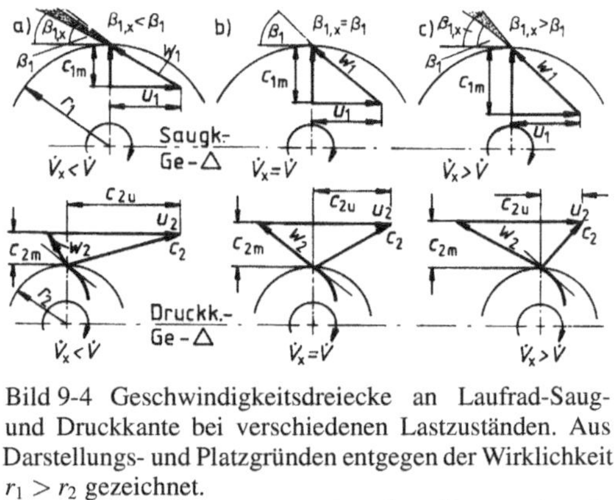

Bild 9-4 Geschwindigkeitsdreiecke an Laufrad-Saug- und Druckkante bei verschiedenen Lastzuständen. Aus Darstellungs- und Platzgründen entgegen der Wirklichkeit $r_1 > r_2$ gezeichnet.
a) Teillast $\dot{V}_x < \dot{V}$, b) Nennlast $\dot{V}_x = \dot{V}$, c) Überlast $\dot{V}_x > \dot{V}$.
Index x statt Indizes T bei Teillast und Ü bei Überlast

(Tatsächliche) Drosselkurve:

Wie in Abschnitt 8.3 dargestellt, treten in den Beschauflungen von Turbomaschinen Schauflungs- und Stoßverluste auf. Während die durch Kanalreibung des Fluidstromes bedingten Schauflungsverluste Z_{Sch} stets auftreten, entstehen Stoßverluste Z_{St} nur dann, wenn der Durchsatz $\dot{V}_x$ vom Nenn-, d. h. Auslegungswert $\dot{V}$ abweicht. Zuströmendes Fluid stößt auf die Schaufel-Vorderseiten bei Teillast und auf die Schaufel-Rückseiten bei Überlast; verursacht dadurch zuvor genannte Ablösungsgefahr.

Hinweis: Tatsächliche eingeklammert, weil meist weggelassen.

Die (tatsächliche) Drosselkurve ergibt sich durch Subtraktion der beiden Verlustlinien $Z_{\text{Sch},x} = g(\dot{V}_x)$ und $Z_{\text{St},x} = h(\dot{V}_x)$ von der theoretischen Kennlinie $Y_{\text{th},x} \equiv Y_{\text{Sch},x} = F(\dot{V}_x)$ bzw. $H_{\text{th},x} = f(\dot{V}_x)$. Hierbei g; h; f; F Funktionssymbole. Die Subtraktion erfolgt dabei meist zeichnerisch in zwei Schritten.

Schritt 1: Subtraktion der Schauflungsverluste $Z_{\text{Sch},x}(\dot{V}_x)$ von der theoretischen Drosselkurve:

$$Z_{\text{Sch},x}(\dot{V}_x) = g \cdot H_{\text{Sch},x}(\dot{V}_x) \equiv g \cdot H_{\text{th},x}(\dot{V}_x)$$

Nach Abschnitt 8.3.2.1 sind die Schauflungsverluste (Kanalreibung) etwa proportional dem Quadrat der Strömungsgeschwindigkeit des durchfließenden Fluids. Über die Durchflussgleichung tritt anstelle der Geschwindigkeit der Volumenstrom des Arbeitsmediums. Die Schauflungsverluste $Z_{\text{Sch},x}(\dot{V}_x)$ ändern sich daher nach einer durch den Koordinatenursprung gehenden parabolischen Kurve $Z_{\text{Sch}} \sim \dot{V}_x^n$. Erfahrungsgemäß liegt der Exponent n dabei etwa zwischen 1,8 und 2. Üblicherweise wird näherungsweise meist sicherheitshalber mit dem quadratischen Gesetz, also $n = 2$, gerechnet. Die Beziehung für die vom Koordinatenursprung ausgehende Schauflungsverlust-Parabel lautet dann:

$$Z_{\text{Sch},x} \approx Z_{\text{Sch}} \cdot (\dot{V}_x/\dot{V})^2 \qquad (9\text{-}2)$$

Hierbei nach Gl. (8-19) $Z_{\text{Sch}} = Y_{\text{Sch}} - \Delta Y$ und aus Beziehung (8-120) $\Delta Y = \eta_{\text{Sch}} \cdot Y_{\text{Sch}}$ ersetzt, führt zu $Z_{\text{Sch}} = Y_{\text{Sch}}(1 - \eta_{\text{Sch}})$. Damit geht die Schauflungsverlust-Parabel über in die Form:

$$Z_{\text{Sch},x} = (1 - \eta_{\text{Sch}}) \cdot Y_{\text{Sch}} \cdot (\dot{V}_x/\dot{V})^2 \qquad (9\text{-}3)$$

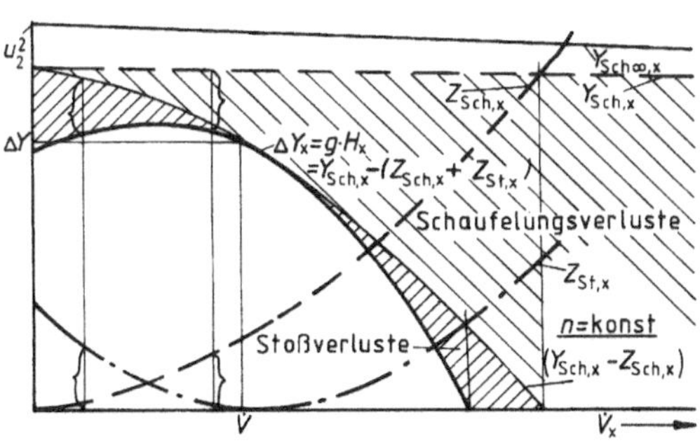

Bild 9-5 Entstehen der wirklichen Grundkennlinie, der Drosselkurve $\Delta Y_x = f(\dot{V}_x)$ bzw. $H_x = \Delta Y_x/g = f(\dot{V}_x)$. Die Verluste stellen sich auch als Flächen zwischen den zugehörigen Kurven dar (schraffiert).

In Bild 9-5 ist die Parabel der Schauflungsverluste $Z_{\text{Sch},x}(\dot{V}_x)$ nach Gl. (9-3) in prinzipieller Form eingetragen und von der theoretischen Schaufelarbeitsgeraden $Y_{\text{Sch},x}(\dot{V}_x)$ abgezogen, was Kurve $(Y_{\text{Sch},x} - Z_{\text{Sch},x}) = f(\dot{V}_x)$ ergibt.

Schritt 2: Wie in Abschnitt 8.3.2.5 dargestellt., hängen die außerhalb des Auslegungspunktes $(\dot{V}, \Delta Y)$ auftretenden Stoßverluste $Z_{\text{St},x}(\dot{V}_x)$ ebenfalls etwa parabolisch vom Volumendurchsatz $\dot{V}_x$ ab. Des Weiteren werden die Stoßverluste von der Art der Leitvorrichtung beeinflusst. Mit Gl. (8-88) bzw. Gl. (8-89) lassen sich die Stoßverluste $Z_{\text{St},x}$ abhängig vom Durchsatz $\dot{V}_x$ näherungsweise berechnen. Die zugehörige Stoßparabel $Z_{\text{St},x}(\dot{V}_x)$ mit dem Scheitel in $(\dot{V}, 0)$ ist in Bild 9-5 in prinzipieller Form eingetragen und anschließend von der Linie $(Y_{\text{Sch},x} - Z_{\text{Sch},x}) = f(\dot{V}_x)$ zeichnerisch abgezogen.

Ergebnis: Übrig bleibt die Drosselkurve $\Delta Y_x(\dot{V}_x)$ als einseitige durch die Ordinate abgegrenzte, sich nach unten öffnende „Parabel“ mit seitlich in positiver $\dot{V}_x$-Richtung verschobenem Scheitel. Wichtig ist zu beachten, dass die so erhaltene $(\dot{V}_x, \Delta Y_x)$-Linie lediglich qualitativen Überblick über das Verhalten der Pumpe gibt. Der Grund liegt, wie ausgeführt, darin, dass sich die Verlustwerte quantitativ auf analytische Weise nur unvollkommen über den gesamten Arbeitsbereich von $\dot{V}_x$ erfassen lassen. In der Praxis erfolgt das Ermitteln der Kennlinien deshalb jeweils an der ausgeführten Pumpe oder einer Modell-Maschine auf dem Versuchsstand. Dabei werden bei konstant gehaltener Drehzahl für eine Reihe von eingestellten Drosselzuständen durch stufenweises Verengen des Druckschieber-Durchtrittsquerschnittes die Fluiddrücke $p_{\text{S},x}$ und $p_{\text{D},x}$ über eigens dafür vorgesehene Bohrungen an Saug- und Druckstutzen der Pumpe gemessen. Aus den gemessenen Drücken $p_{\text{S},x}$ und $p_{\text{D},x}$ folgt die Förderhöhe $H_x = (p_{\text{D},x} - p_{\text{S},x})/(\varrho \cdot g)$. Jeder Drehzahl entspricht dabei eine andere Drosselkurve. Da die Kennlinie durch ein derartiges Verfahren zu gewinnen ist, wird die Bezeichnung Drosselkurve verständlich.

Neben den Drücken $p_{\text{D},x}$, $p_{\text{S},x}$ werden des Weiteren das jeweils zum Pumpenantrieb notwendige effektive Drehmoment $T_{\text{e},x}$ und anschließend die zugehörige maximale Saughöhe gemessen. Hieraus ergeben sich Leistungskurve $P_{\text{e},x} = 2\pi \cdot n \cdot T_{\text{e},x}$, Wirkungsgradverlauf auf $\eta_{\text{e},x} = (p_{\text{D},x} - p_{\text{S},x}) \cdot \dot{V}_x / P_{\text{e},x}$ und $NPSH_{\text{M},x}$-Linie (Abschnitt 5.2.5).

Drosselkurven-Formen:

Die Kennliniengestalt (Bild 9-6) hängt vom Durchmesserverhältnis D_2/D_1 und damit von der Form des

Laufrades (spezifische Drehzahl) ab. Flache Kennlinien sind erreichbar bei großem Verhältnis D_2/D_1, also mit radialen Laufrädern, steile mit diagonalen und sehr steile mit axialen Laufrädern (D_2/D_1 klein, und zwar $D_2/D_1 \geqq 1$).

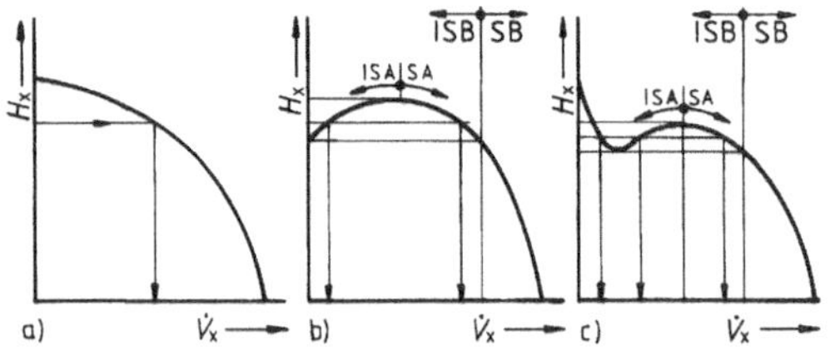

Bild 9-6 Arten oder Formen von Drosselkurven.
a) Stabile Drosselkurve. Eindeutige Zuordnung zwischen $\dot{V}_x$ und H_x → zu jedem H_x nur ein $\dot{V}_x$.
b) und c) Instabile Drosselkurven. Bereichsweise keine eindeutige Zuordnung von $\dot{V}_x$ zu H_x.
b) Langsamläufer. In ISB zweideutige Zuordnung von $\dot{V}_x$ zu H_x.
c) Schnellläufer. In ISB dreideutige Zuordnung von $\dot{V}_x$ zu H_x.
SB ... Stabiler Bereich. ISB ... Instabiler oder labiler Bereich. SA ... Stabiler Ast (Zweig). ISA ... Instabiler oder labiler Ast (Zweig)

Hauptsächliches Unterscheidungsmerkmal:
Unterschieden wird zwischen stabilen und labilen Drosselkurven:

Stabile Drosselkurve, Bild 9-6a: Kennlinie fällt von der Leerlaufhöhe, der Nullförderhöhe, d. h. bei $\dot{V}_x = 0$ (Nulldurchsatz), als größter Förderhöhe mit wachsendem Förderstrom stetig ab. Deshalb besteht eindeutige Zuordnung zwischen Förderhöhe H_x und Förderstrom $\dot{V}_x$. Infolge dieses eindeutigen Zusammenhangs zwischen Förderhöhe und Durchsatz arbeitet die Pumpe im gesamten Betriebsfeld stabil.

Stabile Drosselkurven verwirklichen meist besonders ausgebildete Radialpumpen und oft auch entsprechende Diagonalpumpen.

Instabile oder labile Drosselkurve, Bild 9-6b, c. Es bestehen zwei prinzipielle Arten:

- Kennlinie steigt ab der Nullförderhöhe mit wachsendem Förderstrom zuerst an und fällt dann wieder ab (Bild 9-6b). Meist der Fall bei üblichen Radial- und Diagonalpumpen.
- Kennlinie fällt vom Leerlaufwert ausgehend mit steigendem Förderstrom zunächst ab, um nach anschließendem Ansteigen im Bereich großer Volumenströme wieder abzufallen (Bild 9-6c). Meist vorzufinden bei Axialpumpen.

Bei instabilen Drosselkurven ist zwischen zwei Arbeitsbereichen zu unterscheiden:

- Stabiler Bereich. Eindeutige Zuordnung zwischen Förderhöhe und Förderstrom wie bei stabilen Kennlinien. Die Maschine arbeitet stabil.
- Instabiler oder labiler Bereich. Mehrdeutige Zuordnung zwischen Förderhöhe und Durchsatz:
  Bild 9-6b: Zweideutige Zuordnung. Zu jeder Förderhöhe sind hier zwei verschiedene Förderströme möglich.
  Bild 9-6c: Dreideutige Zuordnung. Bis drei verschiedene Volumenströme gehören zu einer Förderhöhe.

Im labilen Kennlinienbereich herrscht instabiler Maschinenbetrieb (Schwingungen, Abschnitt 9.2.1.3). Durch besondere Maßnahmen in der Maschine muss der labile Kennlinienast vermieden bzw. durch entsprechende Anlagen-Zusatzeinrichtungen (Bypass, Druckschalter u. a.) Betrieb im instabilen Bereich ausgeschlossen werden.

Möglichkeiten zum Erzielen stabiler Drosselkurven: Der instabile Drosselkurvenast wird, wie Bild 9-5 ergibt, durch die Stoßverluste (Abschnitt 8.3.2.5) verursacht. Ohne Stoßverluste würde die $(\dot{V}_x, \Delta Y_x)$-Kurve mit der $(\dot{V}_x, Y_{\text{Sch},x} - Z_{\text{Sch},x})$-Linie zusammenfallen und somit stabil verlaufen. Infolge hoher Energiebeladung (vor allem kinetischer Energie) des aus dem Laufrad austretenden Fluidstromes wirken sich Stoßverluste am Leitvorrichtungseintritt (falls beschaufelt → Leitrad) dabei besonders schädlich aus.

Alle Maßnahmen zum Kleinhalten der Stoßverluste vermindern (oder vermeiden) den labilen Kennlinienzweig. Die möglichen konstruktiven Maßnahmen sind:

1. Anormal kleine Laufschaufelzahl z_{La}, was kleine Beiwerte K_{Sch} (Abschnitt 2.5) bedeutet, bringt jedoch große Minderleistung (kleiner Minderleistungsfaktor k_{M}) (Abschnitt 3.2.1.2). Der jedoch meist geringe Einfluss von Faktor k_{M} auf die Stoßverluste geht aus Gl. (8-88) hervor.
2. Kleine Laufschaufel-Druckkantenwinkel β_2.
3. Vorziehen der Schaufelsaugkanten in den Laufradsaugmund → geringerer Schaufeldruck. Ergibt räumlich gekrümmte Laufschaufeln.
4. Großes Durchmesserverhältnis D_2/D_1 des Laufrades. Vergrößert die Anfahr-, d. h. Nullförderhöhe.
5. Hohe Schnellläufigkeit, also n_y groß (Abschnitt 9.2.1.8); widerspricht Punkt 4.

6. Leitring (schaufelloser Ringraum) statt Leitrad (beschaufelt). Erfahrungsgemäß bewirken Leitringe ausgesprochen flache Kennlinien. Auch Spiralgehäuse ergeben flache Drosselkurven.
7. Großer Abstand zwischen Laufradaustritt (Durchmesser D_2) und Leitschaufelbeginn (Durchmesser D_4), also D_2/D_4 relativ klein. Dadurch kann sich die Strömung im größeren Spalt der Leitschaufeleintrittsrichtung besser anpassen, weshalb die Stoßverluste zurückgehen (φ_{St} kleiner).
8. Kleiner Spalt zwischen Laufrad und Leitvorrichtung (falls nicht beschaufelt!). Je kleiner der Spalt, desto geringer der entweichende Fluid-Verluststrom $\dot{V}_{Sp}$.
9. Flacher Leitschaufelbeginn. Ergibt kleine Werte für Faktor μ (Abschnitt 7.2.1.3).
10. Knappes Bemessen von Saugmund und/oder Leitkanaleintritt.
11. Drehbare Leitschaufeln. Wird nur in Sonderfällen angewendet, z. B. Wasserturbinen, da aufwendig und deshalb teuer.
12. Schwenkbare Lauf- und Leitschaufeln bei Axialmaschinen, z. B. KAPLAN-Wasserturbinen; allerdings noch aufwendiger!

Erfordert der Anwendungsfall mit Sicherheit stabiles Drossel-, d. h. Kennverhalten der Strömungsmaschine, sollte der Konstrukteur gleichzeitig mehrere der aufgeführten Möglichkeiten anwenden. Dabei sind die Maßnahmen 1 bis 4 und 12 am wirkungsvollsten.

Bemerkung: Der Viskositäts-Einfluss des Arbeitsfluids auf die Kennlinie und damit Verhalten von Pumpen, was besonders bei hochviskosen Medien wichtig ist, muss aus Platzgründen wegbleiben. Verwiesen wird auf das einschlägige Fachschrifttum, z. B. [32], [36], [37].

9.2.1.2 Auslegungs- und Betriebspunkt

Zu unterscheiden sind:

Auslegungspunkt: Der Pumpenberechnung zugrunde gelegter Arbeitszustand ($\dot{V}, Y = g \cdot H$) besten Wirkungsgrades (keine Stoßverluste), Bild 9-16.

Betriebspunkt: Durch das Anlagenverhalten bedingter Arbeitspunkt ($\dot{V}, Y_x = g \cdot H_x$) der Pumpe. Der Betriebspunkt ergibt sich als Schnittpunkt von Pumpen- und Rohrleitungskennlinie (Bild 9-7).

Meist gelingt es nicht, dass der Betriebspunkt mit dem Auslegungspunkt zusammenfällt. Je nach Regelzustand weicht der Arbeitszustand mehr oder weniger stark vom Auslegungspunkt ab, was schlechteren Wirkungsgrad und damit erhöhten Energieaufwand bewirkt. Insbesondere bei größeren Dauerbetriebspumpen muss daher durch sorgfältiges Auslegen und Anpassen versucht werden, den Arbeitszustand möglichst dicht am Auslegungspunkt zu platzieren. Um die Pumpe richtig auslegen zu können, muss daher die Rohrleitungskennlinie unbedingt bekannt sein.

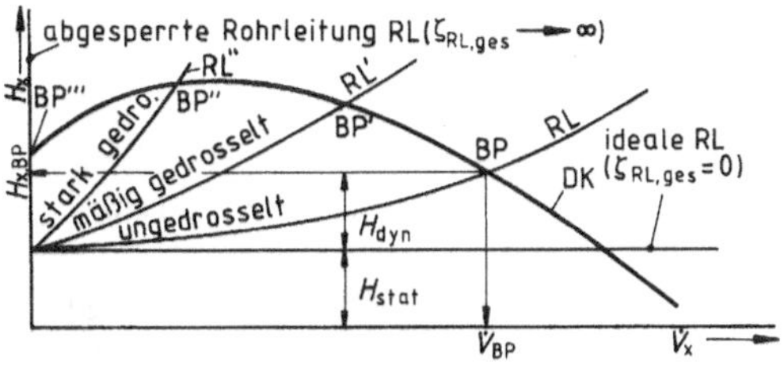

Bild 9-7 Pumpen- und Rohrleitungskennlinien.
BP ... Betriebspunkt. RL ... Rohrleitungskennlinie.
DK ... Drosselkurve (Pumpenkennlinie) bei $n =$ konst

Rohrleitungskennlinie: Die spezifische Förderenergie Y muss so groß sein wie die von der Rohranlage zum Transport des Volumenstromes $\dot{V}$ benötigte spezifische Rohrleitungsenergie Y_{RL}, also $Y_{RL} = Y$. Die spezifische Anlagenenergie Y_{RL} (auch mit Y_A bezeichnet) der Rohrleitung RL setzt sich nach Abschnitt 8.2 zusammen aus:

- dem statischen Anteil Y_{Stat} zum Überwinden der Anlagen-Förderhöhe:

  $$Y_{Stat} = g \cdot (z_{OW} - z_{UW}) + (p_{OW} - p_{UW})/\varrho$$
  $$= g \cdot H_{geo} + (p_{OW} - p_{UW})/\varrho \quad \text{bzw.}$$
  $$H_{Stat} = Y_{Stat}/g = H_{geo} + (p_{OW} - p_{UW})/(\varrho \cdot g)$$

  Meist ist $p_{OW} \approx p_{UW} = p_b$, sodass $H_{Stat} = H_{geo}$ dem geodätischen Höhenunterschied entspricht.

  Y_{Stat} bzw. H_{Stat} ist unabhängig vom Durchsatz $\dot{V}_x$.

- dem dynamischen Anteil Y_{dyn} überwiegend bedingt durch die RL-Verluste $Y_{V,RL}$, da $c_{RL}^2/2$ meist gering, also hier $Y_{dyn} = Y_{V,RL} + c_{RL}^2/2 \approx Y_{V,RL}$:

  $$Y_{dyn} = \zeta_{RL,ges} \cdot \frac{c_{RL}^2}{2} = \frac{\zeta_{RL,ges}}{2 \cdot A_{RL}^2} \cdot \dot{V}^2 \sim \dot{V}^2 \quad \text{bzw.}$$
  $$H_{dyn} = Y_{dyn}/g = \left(\zeta_{RL,ges}/(2 \cdot g \cdot A_{RL}^2)\right) \cdot \dot{V}^2$$

Zusammengefasst und bezogen auf den variablen Durchsatz $\dot{V}_x$ ergibt die Rohrleitungskennlinie:

$$Y_{RL,x} = Y_{ges,x} = Y_{Stat} + Y_{dyn,x}$$

$$Y_{RL,x} = g \cdot H_{geo} + \frac{p_{OW} - p_{UW}}{\varrho} + \frac{\zeta_{RL,ges}}{2 \cdot A_{RL}^2} \cdot \dot{V}_x^2 \quad (9\text{-}4)$$

bzw.:

$$H_{RL,x} \equiv H_{ges,x} = H_{Stat} + H_{dyn,x}$$

$$H_{RL,x} = H_{geo} + \frac{p_{OW} - p_{UW}}{\varrho \cdot g} + \frac{\zeta_{RL,ges}}{2 \cdot g \cdot A_{RL}^2} \cdot \dot{V}_x^2 \quad (9\text{-}5)$$

$H_{ges} \equiv H_{RL}$ wird meist kurz mit H bezeichnet, also $H_{ges} \equiv H$ und $H_{ges,x} \equiv H_x$.

Die Rohrleitungskennlinie verläuft somit gemäß Gl. (9-4) bzw. Gl. (9-5) ebenfalls parabolisch. Es handelt sich um eine sich nach oben öffnende, halbseitige Parabel mit dem Scheitel bei $\dot{V}_x = 0$ und $H_x = H_{Stat}$. Die Steigung ist abhängig vom gesamten Widerstandsbeiwert $\zeta_{RL,ges}$ der Rohranlage. Mit zunehmender Drosselung wächst $\zeta_{RL,ges}$ und die Rohrleitungsparabel wird entsprechend steiler. Der Betriebspunkt – als Schnittpunkt von Anlagen- mit Maschinenkennlinie – verschiebt sich dadurch zu kleinerem Durchsatz, in Bild 9-7, abhängig vom Drosselzustand von BP nach BP′, BP″ oder BP‴ bei geschlossener Leitung ($\dot{V}_x = 0$).

Muss die Pumpe nur Rohrleitungsverluste überwinden, z. B. bei Kühl- und Heizungsanlagen, entfällt der statische Anteil H_{Stat} und die Rohrleitungskennlinie geht über in eine reine Widerstandsparabel durch den Ursprung des ($\dot{V}_x$, H_x)-Koordinatensystems.

Das Bestimmen des **Pumpenbetriebspunktes** ist besonders dann wichtig, wenn mehrere Pumpen parallel in das gleiche Rohrnetz arbeiten. Hierzu muss die Rohrleitungskennlinie für die verschiedenen Betriebszustände bekannt sein. Handelt es sich um gleiche Pumpen, lässt sich das Kennverhalten mit Hilfe der für die einzelne Pumpe geltenden Drosselkurve darstellen. In das ($\dot{V}_x$, H_x)-Diagramm werden die verschiedenen Kennlinien des Rohrnetzes eingetragen, falls eine, zwei oder drei Pumpen gleichzeitig in Betrieb sind. Je mehr Pumpen arbeiten, desto größer wird der Volumenstrom im Rohrnetz, weshalb die Strömungsverluste entsprechend ansteigen. Die Rohrleitungskennlinie verläuft daher mit zunehmender Pumpenzahl immer steiler. Der Betriebspunkt wandert in Bild 9-8 von BP_I nach BP_{II} bei zwei Pumpen, nach BP_{III} bei drei Pumpen usw., wodurch der Förderstrom je Pumpe von $\dot{V}_I$ auf $\dot{V}_{II}$ bzw. $\dot{V}_{III}$ zurückgeht. Der Gesamtförderstrom ist somit bei zwei gleichen Pumpen $2 \cdot \dot{V}_{II}$, bei drei Pumpen $3 \cdot \dot{V}_{III}$ usw. Hieraus folgt allgemein: Mit k gleichen Pumpen kann bei gleich bleibender Drehzahl durch eine unveränderte Rohrleitung nicht der k-fache Volumenstrom einer einzelnen Pumpe gefördert werden.

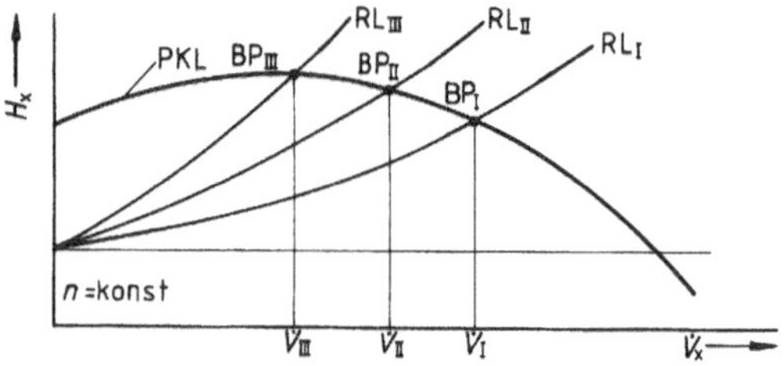

Bild 9-8 Veränderung der Rohrleitungskennlinie RL und damit Verkleinerung des Durchsatzes $\dot{V}_x$ einer Pumpe bei zunehmender Anzahl der in das gleiche Rohrnetz fördernder Pumpen. PKL … Pumpenkennlinie.

RL_I … Rohrleitungskennlinie, wenn nur eine Pumpe arbeitet. Betriebspunkt BP_I, Förderstrom $\dot{V}_I$.

RL_{II} … Rohrleitungskennlinie, wenn gleichzeitig zwei gleiche Pumpen arbeiten, Betriebspunkt jeder Pumpe BP_{II}, Förderstrom je Pumpe $\dot{V}_{II}$.

RL_{III} … Rohrleitungskennlinie, wenn gleichzeitig drei gleiche Pumpen arbeiten. Betriebspunkt jeder Pumpe BP_{III}, Förderstrom je Pumpe $\dot{V}_{III}$

9.2.1.3 Stabiler und labiler Betriebszustand

Bei Pumpen (KP, KV) von instabiler Drosselkurve, die mit einem Energiespeicher zusammenarbeiten, können stabile und labile Betriebsweisen auftreten.

Als Energiespeicher wirken dabei:

- Größere, meist verzweigte Rohrleitungsnetze durch Elastizität von Fluid und Rohrmaterial
- Druckbehälter (Windkessel, Dampfkessel)
- Hochbehälter (Oberwasserspeicher).

Bemerkungen:

Um die komplizierten Vorgänge beim instabilen Pumpenbetriebsablauf, der sowohl bei Kreiselpumpen als auch Kreiselverdichtern möglich ist, vereinfacht und dadurch übersichtlich darstellen zu können, werden die dynamischen Verluste infolge Rohrreibung vernachlässigt bzw. treten nicht auf. Rohrleitungsverluste sind beispielsweise dann nicht vorhanden, wenn der Druckspeicher unmittelbar an die Pumpe anschließt (Bild 9-9a).

Um die Vorgänge bei der labilen Arbeitsweise veranschaulichen zu können, muss auch die negative Drosselkurve, die sog. **Bremskurve**, bekannt sein. Die Bremskurve (Bild 9-9b) ist die ins negative Volumenstromgebiet erweiterte Drosselkurve. Die Bremskurve kennzeichnet somit den äußeren (Gegen-)Druck, abhängig vom Volumenstrom, der notwendig ist, um die Pumpe bei unveränderter

Drehrichtung und Drehzahl entgegen ihrer Förderrichtung zu durchströmen. Die Drosselkurve für den Bereich mit „negativem Förderstrom", die Bremskurve, kann auf dem Versuchsstand gemessen werden, indem die Pumpe mithilfe einer anderen, stärkeren Pumpe oder eines Speichers zwangsweise entgegen ihrer eigentlichen Förderrichtung durchströmt wird.

Arbeitsweisen:

Eine Pumpe „arbeitet stabil", wenn ihr Betriebspunkt, auch bei Laständerungen, ausschließlich auf dem rechten Kennlinienzweig in Bild 9-9b bleibt, und zwar:

- ohne Berücksichtigen der Rohrleitungsverluste zwischen den Stellen B und A
- bei Berücksichtigen der Rohrleitungsverluste zwischen den Stellen B und A′, dem Berührungspunkt von RLK mit DK. Die Rohrreibungsverluste erweitern somit den stabilen Arbeitsbereich und verkürzen entsprechend den labilen.

Eine Pumpe „arbeitet labil", wenn sie auf dem linken Drosselkurvenzweig, d. h. zwischen:

- den Punkten A und C ohne Rohrleitungsverluste
- den Punkten A′ und C bei Rohrleitungsverlusten

zu arbeiten beginnt, oder ihr Betriebspunkt infolge Laständerung dahin wandern müsste.

Für den erwähnten Anwendungsfall, eine Pumpe fördere unmittelbar in einen Behälter (Bild 9-9), aus dem Verbraucher gleichzeitig Fluid entnehmen (abfließender Volumenstrom $\dot{V}_{ab}$), sind verschiedene Betriebszustände möglich:

Stabile Arbeitsweise:

- Volumenstromänderung von $\dot{V}_{ab} = \dot{V}_I$ auf $\dot{V}_{ab} > \dot{V}_I$, bei $\dot{V}_I > \dot{V}_A$: Das bedeutet, aus dem Behälter wird mehr entnommen, als die Pumpe infolge des gerade herrschenden Anlagendruckes p_I (Kennlinienpunkt I $\rightarrow \dot{V}_I$, p_I) liefert.
  Die Folge ist, der Druck im Behälter sinkt, weshalb der Betriebspunkt von I auf der Kennlinie in Richtung Punkt B bis zum neuen Gleichgewichtspunkt $\dot{V}_x = \dot{V}_{ab}$ wandert. Die Pumpe passt sich also elastisch den veränderten Betriebsverhältnissen an.
- Volumenstromänderung von $\dot{V}_{ab} = \dot{V}_I$ auf $\dot{V}_{ab} < \dot{V}_I$, jedoch $\dot{V}_{ab} > \dot{V}_A$: Hier wird aus dem Behälter weniger entnommen, als die Pumpe entsprechend dem zum momentan vorhandenen Behälterdruck p_I gehörenden Betriebszustand gemäß Drossellinienpunkt I liefert (Förderstrom V_{ab}). Infolge der vom Behälter aufzunehmenden Volumendifferenz zwischen Pumpenförderung V_x und Verbraucherbedarf V_{ab} steigt der Behälterdruck so lange an, bis sich wieder Gleichgewicht einstellt. Der Betriebspunkt der Pumpe wandert dabei auf der Kennlinie von Stelle I aus in Richtung A bis letztlich wieder Förderung V_x und Verbrauch V_{ab} übereinstimmen, also bis $V_x = V_{ab} > V_A$. Die Pumpe passt sich wiederum elastisch dem geänderten Betriebszustand an.

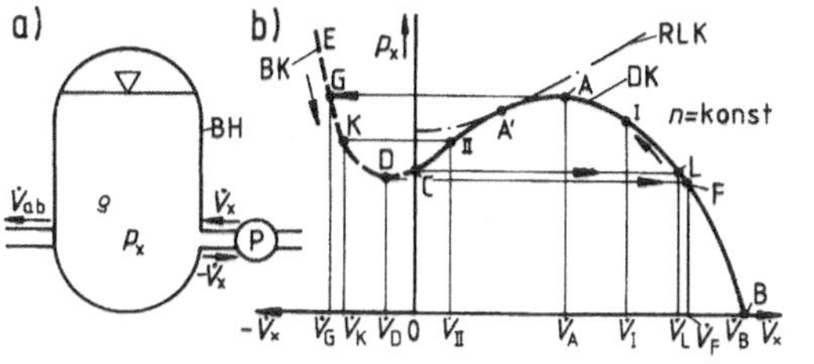

Bild 9-9 Vollständige ($\dot{V}_x$, p_x)-Kennlinie, d. h. in den Bereichen positiver und negativer Förderung bei konstanter Drehzahl; Drossel- und Bremskurve. DK + BK.
a) prinzipieller Anlagenaufbau.
b) Kennlinie mit Eintragungen, $p_x = \varrho \cdot g \cdot H_x$.
Abkürzungen: DK ... Drosselkurve, BK ... Bremskurve, RLK ... Rohrleitungskennlinie, P ... Pumpe, BH ... Behälter

Labile Arbeitsweise → Betriebszustand „Pumpen"

Fall a) Volumenstromänderung von $\dot{V}_{ab} = \dot{V}_I$ auf $\dot{V}_{ab} < \dot{V}_I$, und zwar $\dot{V}_{ab} < \dot{V}_A$:

Infolge der unter die Pumpenförderung des vorhandenen Betriebspunktes I abfallenden Entnahme $\dot{V}_{ab}$ steigt der Behälterdruck wieder. Der Pumpenbetriebszustand wandert deshalb von Punkt I ausgehend auf der Kennlinie zum Punkt A. Im Betriebspunkt A ist der höchste Druck erreicht, den die Pumpe aufbringen kann. Da die Pumpe jedoch gleichzeitig noch mehr fördert (Volumenstrom $\dot{V}_A$), als aus dem Kessel abfließt (Volumenstrom $\dot{V}_{ab}$), müsste der Behälterdruck zum Speichern des Differenzstromes $\dot{V}_A - \dot{V}_{ab}$ weiter steigen. Die Pumpenkennlinie fordert dagegen sogar ein Absinken des Systemdruckes, wenn ihr Förderstrom weiter zurückgehen soll (gegen Punkt C in Bild 9-9). Den beiden Forderungen, steigender Pumpendruck bei abnehmendem Förderstrom, kann der labile Kennlinienast nicht erfüllen (völlig gegensätzlich zum stabilen), weshalb eine neue Gleichgewichtslage auf dem Zweig A–C nicht möglich ist und der Pumpenbetrieb instabil wird. Das System umgeht diese nicht erfüllbare Zwangslage dadurch, indem der infolge notwendigen Förderungsrückgangs jetzt höhere Systemdruck den noch durch die Pumpe fließenden Förderstrom stark abbremst und dann sogar in negativer, d. h. umgekehrter Durchströmung beschleunigt. Das bedeutet, die Förderung der Pumpe hört nicht nur fast plötzlich auf, sondern die Pumpe wird sogar bei unveränderter Drehrichtung und Drehzahl entgegen ihrer Förderrichtung durchflossen. Der Betriebspunkt der Pumpe wandert dabei auf der ($\dot{V}_x, p_x$)-Kennlinie in Bild 9-9 sehr rasch von Punkt A über die Betriebspunkte II, C und D bis Punkt G. In Punkt G der Bremskurve endet die rasche Wanderbewegung, weil der zur umgekehrten Pumpendurchströmung notwendige Druck dem Behälterdruck entspricht. Der Betriebspunkt der Pumpe springt also quasi von A ($\dot{V}_A$ positiv) der Drosselkurve nach Punkt G ($\dot{V}_G$ negativ) der Bremskurve, der auf gleichem Druck liegt ($p_G = p_A$).

Infolge des durch die Pumpe entgegen der Förderrichtung abfließenden Volumenstromes entleert sich der Behälter schnell. Der Systemdruck fällt dadurch entsprechend rasch ab, weshalb der Pumpenbetriebspunkt auf der Bremskurve von G nach D wandert. Analog zu Punkt A kann der Druck ab Punkt D jetzt nicht mehr weiter abfallen. Es ergibt sich somit wieder eine nicht erfüllbare Zwangslage, entweder müsste der Druck p_D trotz „negativer Förderung $\dot{V}_D$“ erhalten bleiben, oder der Druck müsste trotz weiteren Abflusses so lange gemäß der Bremskurve ansteigen, bis der negative Förderstrom auf null zurückgeht (Punkt C). Beides ist unmöglich – eine Gleichgewichtslage somit wieder nicht erreichbar. Der Pumpenbetrieb bleibt weiter labil. Das System umgeht jedoch auch diese Zwangslage, indem der infolge weiteren Abflusses jetzt höhere Pumpendruck gegenüber Punkt D das in negativer Förderrichtung strömende Fluid rasch abbremst, in positive Förderrichtung überführt und beschleunigt. Der Betriebspunkt wandert dabei schnell von Punkt D über C, II, A und I nach F. Die Pumpe, d. h. ihr Betriebszustand, springt hier quasi von C auf der Bremskurve nach F auf der Drossellinie. Die Pumpendurchströmung ändert wieder fast sprungartig ihre Richtung vom „negativen Förderstrom $\dot{V}_D$“ auf den (positiven) Förderstrom $\dot{V}_F$. Da jetzt die Pumpe einen größeren Fluidstrom in den Behälter fördert, als entnommen wird, steigt der Druck im System wieder an, weshalb der Betriebspunkt erneut langsam von F nach A wandert. Ist der Betriebszustand nach Punkt A abermals erreicht und wird weiterhin weniger aus dem Behälter entnommen als hineingefördert ($\dot{V}_{ab} < \dot{V}_A$), beginnt der beschriebene Pendelvorgang aufs Neue.

Fall b) Volumenstromänderung von $\dot{V}_{ab} = \dot{V}_{II}$ auf $\dot{V}_{ab} \neq \dot{V}_{II}$:

Hier liegt der anfängliche Betriebszustand (Punkt II) links vom maximalen Pumpendruck (Punkt A), also auf dem labilen Zweig der Drosselkurve, weshalb der Gleichgewichtszustand labil ist.

Zwei Schwankungsarten (Pendelvorgänge) sind bei Fall b zu unterscheiden:

Art 1, Behälterabfluss $\dot{V}_{ab}$ wird größer als der ursprüngliche Gleichgewichtsförderstrom $\dot{V}_{II}$ der Pumpe: Da aus dem Kessel mehr entnommen als hineingefördert wird, fällt der Druck. Um einen neuen Gleichgewichtszustand zu erreichen, müsste der Pumpenförderstrom steigen, stattdessen fällt er gemäß der Drosselkurve. Der Betriebspunkt wandert auf dem labilen Kennlinienzweig von II nach C, da der Druck infolge größeren Abflusses immer weiter fällt, wobei der Förderstrom letztlich auf null zurückgeht (Punkt C). Da der Kesseldruck durch die Entnahme jedoch weiterhin abfällt, ist Punkt C kein möglicher Gleichgewichtszustand für den Pumpenbetrieb. Auf der Suche nach einem neuen Gleichgewichtszustand „springt die Pumpe“ deshalb von Punkt C ($\dot{V}_C = 0$) zu Punkt L ($\dot{V}_L > 0$), der bei gleichem Druck ($p_L = p_C$) auf dem rechten (stabilen) Ast der Drosselkurve liegt. Durch den großen Förderstrom $\dot{V}_L$ wird der Behälter nun wieder langsam aufgefüllt, weshalb der Betriebspunkt auf der Drosselkurve von L in Richtung A wandert. Dabei bestehen zwei Möglichkeiten:

- Bei $\dot{V}_{ab} > \dot{V}_A$ wird ein stabiler Gleichgewichtszustand auf dem rechten Kennlinienast zwischen den Punkten L und A erreicht.
- Bei $\dot{V}_{ab} < \dot{V}_A$ wandert der Betriebszustand auf der Drosselkurve bis Punkt A und geht dann in den zuvor beschriebenen Pendelvorgang (Fall a) über.

Art 2, Behälterabfluss $\dot{V}_{ab}$ wird kleiner als der zum ursprünglichen Betriebszustand gehörende Pumpenförderstrom $\dot{V}_{II}$: Da jetzt weniger entnommen als hineingefördert wird, steigt der Druck im Behälter. Der Betriebszustand der Pumpe wandert auf dem labilen Drosselast von II in Richtung A. Da der Pumpenförderstrom entgegen der Gleichgewichtsförderung nicht abnimmt, sondern steigt, kann wieder kein stabiler Betriebszustand erreicht werden.

Sobald Betriebspunkt A erreicht ist, geht die Pumpe ebenfalls in den beschriebenen Pendelvorgang nach Fall a über.

Der bei den verschiedenen instabilen Pumpenbetriebszuständen auftretende Pendelvorgang wird als **„Pumpen"** oder **„Pumpschwingungen"** bezeichnet. Die Pumpe arbeitet dann im Betriebszustand „Pumpen" oder kurz, die Pumpe „pumpt". Der Umschlag von dem einen Arbeitszustand in den anderen ist dabei von hartem, schlagartigem Geräusch begleitet, das an große Kolbenpumpen erinnert und daher dem Vorgang den Namen gab. „Pumpen" kann die Maschine gefährden und ist deshalb möglichst zu vermeiden. Es darf nicht (besonders bei Verdichtern) mit dem Abreißen (Ablösen) der Strömung an gewissen Stellen der Beschaufelung verwechselt werden. Das Abreißen äußert sich durch einen leichten Knick in der Kennlinie und ebenfalls durch besondere Geräusche, allerdings von höherer Frequenz. Auch kann es (muss aber nicht) den Pumpvorgang einleiten.

Die Frequenz der Pumpschwingungen wird durch das auch als **relative Speicherfähigkeit** bezeichnete Verhältnis von **Speicherfähigkeit** des Systems zur Pumpengröße (Nenn-Volumenstrom $\dot{V}$) bestimmt. Bei großer relativer Speicherfähigkeit dauert der **Pendelvorgang** mehrere Sekunden, die Pendelfrequenz ist daher klein, z. B. bei Druckluftnetzen von Bergwerksanlagen. Bei kleiner relativer Speicherwirkung, beispielsweise bei den üblichen Kreiselpumpenanlagen niedriger Drücke, ist die Pendelfrequenz dagegen oft so hoch, dass der Pumpvorgang infolge Systemträgheit (Wasser, Werkstoffe) meist nicht mehr auftritt. Es ergibt sich weitgehend ungefährliches, jedoch störendes Vibrieren (Geräusche). Bei hohen Förderdrücken, z. B. Kesselspeiseeinrichtungen, dagegen bewirken Wasserkompressibilität und Werkstoffelastizität, dass Pumpschwingungen auftreten können, welche die Anlage gefährden.

Allgemein gilt: Der instabile Betriebszustand „Pumpen" sollte durch entsprechende Maßnahmen

- Maschinen mit stabiler Kennlinie
- Ausblasventile
- Bypass (Umgehungsleitung)
- Aussetzbetrieb, gesteuert durch Druckschalter
- Rückschlagventil
- Drehzahlregelung

vermieden werden.

Die mit dem Pendeln verbundenen, fast plötzlichen Förderrichtungsumkehrungen führen vielfach zu:

- anlagengefährdenden Schlägen in Pumpe oder Rohrsystem (Druckstöße, Abschnitt 2.4.3)
- starker Geräuschentwicklung
- Schwingungen im System auslösen.

Im Pumpenkennfeld lässt sich eine sog. **Pumpgrenze** angeben. Oberhalb dieser Pumpgrenzlinie, d. h. bei größerem Förderstrom $\dot{V}_x$, arbeiten Pumpen stets stabil. Ab und unterhalb der Pumpgrenze ($\dot{V}_x$ kleiner) herrscht labiler Betriebszustand, in dem sofort Pumpschwingungen auftreten. Der stabile Arbeitsbereich ist dabei umso größer, je kleiner die Nachgiebigkeit (Speicherfähigkeit) des Rohrsystems einschließlich evtl. Speicher ist. Des Weiteren gehört erfahrungsgemäß zu jeder Strömungspumpe eine bestimmte Drehzahl, die **Grenzdrehzahl**, unterhalb welcher der Betriebszustand „Pumpen" nicht mehr auftritt.

Ergänzung: Als weiterer extremer Betriebszustand von Kreiselpumpen wird das sog. **Abschnappen** bezeichnet. Eine Kreiselpumpe schnappt ab, d. h., die **Förderung reißt ab,** sie hört ganz auf, wenn die Saughöhe zu groß wird (Abschnitt 5.2.2).

9.2.1.4 Affinität der Drosselkurven

Die in Abschnitt 4.2.3.3 aufgezeigten Affinitätsgesetze kennzeichnen die Zusammenhänge zwischen den Betriebsgrößen $\dot{V}$, ΔY bzw. $H = \Delta Y/g$ und n sowie der Abmessungsgröße D_2 (Raddurchmesser) jeder Stufe einer Strömungsmaschine, wenn der Wirkungsgrad unverändert bleibt, was nur theoretisch zutrifft. Tatsächlich bleibt der Wirkungsgrad, wie noch begründet wird, auch bei affinem Verändern nicht konstant, sondern ändert sich dabei umso mehr, je größer die Änderung und je viskoser das Arbeitsfluid ist.

Wird eine der Kenngrößen $\dot{V}$, ΔY oder n bzw. D_2 geändert, passen sich die anderen Größen theoretisch entsprechend den auch als NEWTON'sche Ähnlichkeitsregeln bezeichneten Affinitätsbeziehungen an, wodurch die Strömungsverhältnisse in der Maschine erhalten bleiben. Das bedeutet, die Geschwindigkeitspläne vor und nach dem affinen Ändern der Kenngrößen sind ähnlich (gleicher Stoßzustand).

Wird eine der Hauptanpassungsgrößen, die Drehzahl n bzw. der Raddurchmesser D_2, geändert, ergibt sich jeweils eine neue Drossellinie im ($\dot{V}_x, H_x$)-Diagramm, deren Koordinatenwerte laut den Affinitätsgesetzen (Radanpassung)

- bei $D_2 = \text{konst}$ nach $H_x \sim n^2$, $\dot{V}_x \sim n \rightarrow H_x \sim \dot{V}_x^2$ (Parabel!), Drehzahlkurven (Gl. (4-63) und (4-66)),
- bei $n = \text{konst}$ nach $H_x \sim D_2^2$, $\dot{V}_x \sim D_2 \rightarrow H_x \sim \dot{V}_x^2$ (Parabel), Abdrehkurven (Gl. (4-65) und (4-67)),

wandern. Jeder Punkt der Ausgangs-Drosselkurve verschiebt sich somit in $\dot{V}_x$-Richtung (Abszisse) linear und in H_x-Richtung (Ordinate) quadratisch mit der Drehzahl n bzw. dem Raddurchmesser D_2 (Bild 9-10).

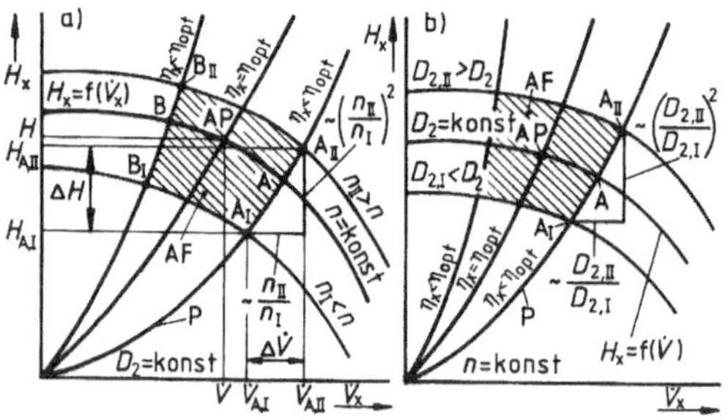

Bild 9-10 Affinität der Drosselkurven $H_x = f(\dot{V}_x)$ derselben Pumpe bei verschiedenen Drehzahlen n bzw. Laufraddurchmessern D_2. Bei n und η wird Zweitindex x ebenfalls meist weggelassen.
a) Drehzahlkurven, n verändert sich bei $D_2 = \text{konst}$.
b) Abdrehkurven, D_2 ändert sich bei $n = \text{konst}$.
AP ... Auslegungspunkt. AF ... zugelassenes Anwendungsfeld der Pumpe, festgelegt nach Wirkungsgrad und Kavitation. P ... Ursprungsparabeln, zugleich Linien gleichen Stoßzustandes (Stoßparabeln), gleichen Wirkungsgrades und gleicher Schnellläufigkeit

Die Zusammenhänge beim Ändern der Drehzahl bei gleich bleibendem Wirkungsgrad und unverändertem Laufraddurchmesser genauer ausgeführt, ergibt beispielsweise für die Punkte A in Bild 9-10, d. h. für A_{I}, A und A_{II}:

Durchsatz:

$$\dot{V}_{\mathrm{A,II}}/\dot{V}_{\mathrm{A,I}} = n_{\mathrm{II}}/n_{\mathrm{I}} \rightarrow \dot{V}_{\mathrm{A,II}} = \dot{V}_{\mathrm{A,I}} \cdot n_{\mathrm{II}}/n_{\mathrm{I}}$$

$$\Delta\dot{V} = \dot{V}_{\mathrm{A,II}} - \dot{V}_{\mathrm{A,I}} = \dot{V}_{\mathrm{A,I}} \cdot [(n_{\mathrm{II}}/n_{\mathrm{I}}) - 1] \sim (n_{\mathrm{II}}/n_{\mathrm{I}})$$

Förderhöhe:

$$H_{\mathrm{A,II}}/H_{\mathrm{A,I}} = (n_{\mathrm{II}}/n_{\mathrm{I}})^2 \rightarrow H_{\mathrm{A,II}} = H_{\mathrm{A,I}} \cdot (n_{\mathrm{II}}/n_{\mathrm{I}})^2$$

$$\Delta H = H_{\mathrm{A,II}} - H_{\mathrm{A,I}} = H_{\mathrm{A,I}}[(n_{\mathrm{II}}/n_{\mathrm{I}})^2 - 1] \sim (n_{\mathrm{II}}/n_{\mathrm{I}})^2$$

Spezifische Drehzahl:

$$n_{y,\mathrm{A,II}} = n_{\mathrm{II}} \cdot \frac{\dot{V}_{\mathrm{A,II}}^{1/2}}{(g \cdot H_{\mathrm{A,II}})^{3/4}} = n_{\mathrm{II}} \cdot \frac{(\dot{V}_{\mathrm{A,I}} \cdot n_{\mathrm{II}}/n_{\mathrm{I}})^{1/2}}{[g \cdot H_{\mathrm{A,I}} \cdot (n_{\mathrm{II}}/n_{\mathrm{I}})^2]^{3/4}}$$

$$n_{y,\mathrm{A,II}} = n_{\mathrm{II}} \cdot \frac{\dot{V}_{\mathrm{A,I}}^{1/2}}{(g \cdot H_{\mathrm{A,I}})^{3/4}} \cdot \frac{(n_{\mathrm{II}}/n_{\mathrm{I}})^{1/2}}{(n_{\mathrm{II}}/n_{\mathrm{I}})^{3/2}} = n_{\mathrm{I}} \cdot \frac{\dot{V}_{\mathrm{A,I}}^{1/2}}{(g \cdot H_{\mathrm{A,I}})^{3/4}} = n_{y,\mathrm{A,I}}$$

also

$$n_{y,\mathrm{A,II}} = n_{y,\mathrm{A,I}} = n_{y,\mathrm{A}}$$

Jeder Punkt der alten Kennlinie wandert demnach auf einer Ursprungsparabel zur neuen Kennlinie der geänderten Drehzahl. Dasselbe gilt, wenn sich bei gleich bleibender Drehzahl der Raddurchmesser D_2 ändert. Das bedeutet: Jede Drosselkurve derselben Pumpe folgt aus der anderen durch Parallelverschieben entlang der zum Ausgangspunkt gehörenden Ursprungsparabel (Bild 9-10). Hieraus ergibt sich die wichtige Eigenschaft: Alle Drosselkurven der gleichen Pumpe sind für sämtliche Drehzahlen bzw. Laufraddurchmesser kongruent, was als **Kongruenzgesetz (-regel)** bezeichnet wird. Das Kongruenzgesetz gilt für verschiedene Raddurchmesser jedoch nur dann, wenn die Schaufelwinkel (insbesondere an der Druckkante) dabei unverändert bleiben.

Da entlang den Ursprungsparabeln (Bild 9-10) die Geschwindigkeitspläne ähnlich bleiben, also gleich bleibende Strömungsrichtungen in der Maschine bestehen und somit gleicher **Stoßzustand** vorliegt, werden sie auch als **Stoßparabeln** bezeichnet. Entsprechend den Ausgangsbedingungen der NEWTON'schen Ähnlichkeitsgesetze müsste entlang den Stoßparabeln der Wirkungsgrad ebenfalls jeweils konstant bleiben, was, wie schon erwähnt, jedoch nur theoretisch zutrifft. Deshalb werden sie verschiedentlich auch als **Parabeln gleichen Wirkungsgrades** bezeichnet. Des Weiteren ist – wie ebenfalls zuvor gezeigt – die zum Betriebszustand gehörende Schnellläufigkeit entlang den Stoßparabeln jeweils konstant. Sie wären daher auch als **Parabeln oder Linien gleicher Betriebsschnellläufigkeit** bezeichenbar. Insgesamt weisen die Parabeln somit dreifache Bedeutung auf.

Erfahrungsgemäß trifft das Kongruenzgesetz der Drosselkurven auch in Wirklichkeit in weitem Bereich genügend genau zu. Einschränkungen ergeben sich wieder bei

- Kreiselpumpen durch Kavitation
- Kreiselverdichtern durch Überschall

Auswirkung der mit der Drehzahl- und damit Geschwindigkeitsänderung der Strömung verknüpften Dichteänderung von kompressiblen Arbeitsfluiden:

Ab MACH-Zahlen $Ma = u_2/a > 0{,}3 \ldots 0{,}7$ verursacht die Dichteänderung merkbare Abweichungen.

Dagegen stellen die Stoßparabeln nur grob angenäherte Linien gleichen Wirkungsgrades dar. Nur in engem Bereich, d. h. bei geringer Drehzahl- bzw. Durchmesseränderung des Laufrades, bleibt der Wirkungsgrad entlang den Stoßparabeln jeweils etwa unverändert. Im Bereich höherer Drehzahlen sinkt der Wirkungsgrad infolge Kavitations- bzw. Überschallerscheinungen und Strömungsablösungen rasch ab. Im Bereich niedriger Drehzahlen wirken sich die nur linear mit der Drehzahl abfallenden Verluste in Lagern und Dichtungen verstärkt ungünstig auf den Wirkungsgrad aus. Die im Wirkungsgrad enthaltenen Lager- und Dichtungsverluste ändern sich nur linear mit der Drehzahl. Die Fluid-Reibungsverluste dagegen ändern sich mit der dritten Potenz der Drehzahl (Abschnitt 8.3.2.3). Des Weiteren beeinflusst die REYNOLDS-Zahl den Wirkungsgrad (Abschnitt 4.2.3.4). Insgesamt verringert sich der Wirkungsgrad daher sowohl mit wachsender als auch abnehmender Drehzahl. Die versuchsmäßig zu ermittelnden und in Bild 9-11 qualitativ eingetragenen Linien gleichen Wirkungsgrades weichen deshalb von den Stoßparabeln mehr oder weniger stark ab. Es ergeben sich eier- oder muschelförmige Figuren, weshalb das Kennfeld auch als **Muscheldiagramm** bezeichnet wird (Abschnitt 9.2.1.6). Die **Muschelkurven** umschließen den Berechnungspunkt, der für das Verlustminimum ausgelegt ist und deshalb den besten Wirkungsgrad ergibt. Infolge Kavitation bzw. Überschall sowie Abreißen der Strömung schließen sich die Muschelkurven im Bereich hoher Drehzahlen nicht mehr, und zwar sowohl bei Kreiselpumpen als auch -verdichtern.

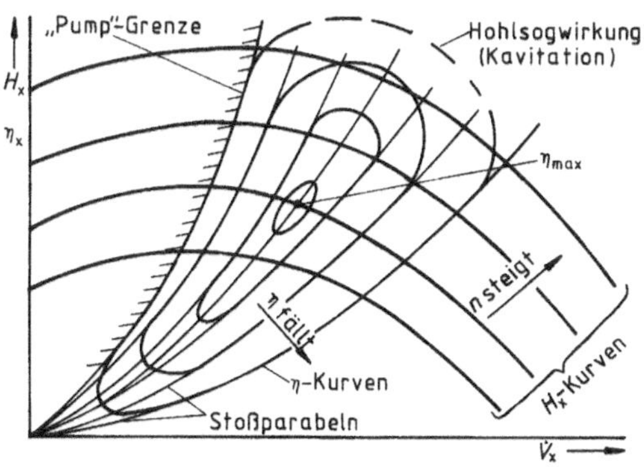

Bild 9-11 Tatsächliche Kurven gleichen Betriebszustandes (gleichen Wirkungsgrades).

Mithilfe der Kongruenzbedingungen lassen sich Laufräder in begrenztem Ausmaß auf unterschiedliche Forderungen abstimmen, indem entweder die Drehzahl und/oder der Raddurchmesser geändert wird (vergleiche auch Abschnitt 4.2.3.5). Mehrere kongruente Drosselkurven führen entsprechend zu Kennfelder für

- verschiedene Drehzahlen → **Drehzahlkurven**
- verschiedene Raddurchmesser → **Durchmesser-** oder **Abdrehkurven**.

Bemerkung: Möglich ist, alle Drehzahlkurven einer Maschine in einer einzigen dimensionslosen Drosselkurve abzubilden, wenn statt des $(\dot{V}, H)$-Diagrammes die Druckziffer ψ über der Lieferzahl φ aufgetragen wird.

Dies bestätigt folgende Herleitung: Nach Gl. (4-51) $\psi = \Delta Y/(u_2^2/2) = (\eta_{\mathrm{Sch}} \cdot k_{\mathrm{M}} \cdot Y_{\mathrm{Sch}\infty})/(u_2^2/2)$ und Gl. (3-53). Weiter mit Gl. (3-16) sowie (4-59)

$$\psi = 2 \cdot \eta_{\mathrm{Sch}} \cdot k_{\mathrm{M}} \cdot \frac{1}{u_2^2} \cdot \left(u_2^2 - \frac{u_2 \cdot \dot{V}_{\mathrm{La}}}{D_2 \cdot \pi \cdot b_2} \cdot \tau_2 \cdot \cot \beta_2\right)$$

Des Weiteren $\dot{V}_{\mathrm{La}} = \dot{V}/\lambda_{\mathrm{L}} = \varphi \cdot u_2 \cdot D_2^2 \cdot (\pi/4) \cdot (1/\lambda_{\mathrm{L}})$

$$\psi = 2 \cdot \eta_{\mathrm{Sch}} \cdot k_{\mathrm{M}} \cdot \left[1 - \frac{1}{u_2} \cdot \frac{\varphi \cdot u_2 \cdot D_2^2 \cdot \frac{\pi}{4} \cdot \frac{1}{\lambda_{\mathrm{L}}}}{D_2 \cdot \pi \cdot b_2} \cdot \tau_2 \cdot \cot \beta_2\right]$$

$$\psi = 2 \cdot \eta_{\mathrm{Sch}} \cdot k_{\mathrm{M}} \cdot \left[1 - \varphi \cdot \frac{\tau_2}{4 \cdot \lambda_{\mathrm{L}}} \cdot \frac{D_2}{b_2} \cdot \cot \beta_2\right] \quad (9\text{-}6)$$

Die theoretische und damit auch die tatsächliche dimensionslose Kennlinie (φ, ψ) einer KP- bzw. KV-Stufe ist gemäß Gl. (9-6) von der Drehzahl n unabhängig.

In der Technik angewandte Bereiche (abhängig vom zugelassenen Wirkungsgradabfall):

- Drehzahlkurven: $n = [0{,}4 \ldots 1{,}3\,(\ldots 2{,}0)] \cdot n_{\mathrm{nenn}}$
- Abdrehkurven: $D_2 = [0{,}65 \ldots 1] \cdot D_{2,\mathrm{nenn}}$

Index „nenn" bedeutet: Werte gehören zum Auslegungspunkt (Nennpunkt). Die Grenzwerte der angegebenen Bereiche sollten nur in Ausnahmefällen angewendet werden.

Wird bei einem Laufrad ein Abdrehbereich (Durchmesserbereich $D_{2,\mathrm{II}}$ bis $D_{2,\mathrm{I}}$) und eine gleich große Wirkungsgradabweichung beiderseits des Auslegungspunktes AP zugelassen, ergibt sich das in Bild 9-10b schraffiert eingetragene Anwendungsfeld, das für eine bestimmte Drehzahl gilt. Wenn des Weiteren mehrere Drehzahlen, wie beispielsweise bei

Elektromotoren unterschiedlicher Polpaarzahlen, zur Verfügung stehen, ergeben sich für die betreffende Strömungsmaschine ebenso viele Anwendungsfelder. Durch eine entsprechend abgestimmte Anzahl von Strömungspumpen (KP, KV), eine **Typenreihe**, kann das gesamte $(\dot{V}_x, H_x)$-Feld abgedeckt werden (Bilder 9-12; 10-15). Diese Sammelbilder erleichtern dem Benutzer, abhängig von den vorgesehenen Betriebsbedingungen, Typ (Bauform) und Größe der Pumpe auszuwählen. Die Maschinenkennlinien ergäben sich dabei durch entsprechendes Zusammenfassen der Stufenkennlinien (Abschnitt 9.2.1.9).

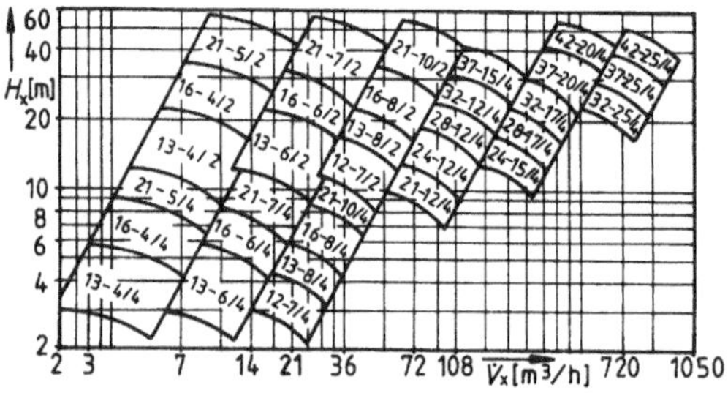

Bild 9-12 Logarithmische Darstellung der Drosselkurven. Verwendbarer Bereich einer Baureihe (SULZER). Die Ziffern geben die Nummern der Maschinen-Typen mit den Drehzahlen $1450\,\text{min}^{-1}$ (Kennzeichen /4) bzw. $2900\,\text{min}^{-1}$ (Kennzeichen /2)

9.2.1.5 Vergleich mit dem Kennverhalten der Kolbenpumpen

Bei der nach dem dynamischen Prinzip arbeitenden Kreiselpumpe wird der erzeugte Druck p_x von Laufradform (Durchmesser D_2), Drehzahl n sowie Fluidart (Dichte ϱ) bestimmt und ist vom Durchsatz $\dot{V}_x$ abhängig.

Bei der nach dem statischen Prinzip (Verdrängerwirkung) arbeitenden Kolbenpumpe dagegen ist der erreichbare Druck ausschließlich abhängig von der aufbringbaren Kolbenkraft. Die verwirklichbaren Kräfte sind letztlich durch die Werkstofffestigkeit begrenzt. Deshalb können mit Kolbenpumpen bei stabiler Ausbildung und entsprechendem Antrieb sehr hohe Drücke (bis ca. 15 000 bar) erreicht werden, und dies bei einstufiger Bauart. Abgesehen von der geringen Kompressibilität der Flüssigkeiten (bei Wasser beispielsweise ca. 0,005 % [3]), wird der Förderstrom $\dot{V}_x$ ausschließlich durch Hubvolumen und Drehzahl der Kolbenpumpe bestimmt. Die $(\dot{V}_x, H_x)$- bzw. $(\dot{V}_x, \Delta p_x)$-Kennlinie verläuft daher senkrecht zur $\dot{V}_x$-Achse (Bild 9-13). Infolge Einfluss von Fluidkompressibilitäts- und elastischem Materialverhalten der Maschine verläuft die Kennlinie der Kolbenpumpe mit steigendem Druck sogar leicht gekrümmt nach links zur Δp_x-Achse.

Kreisel- und Kolbenpumpen zeigen somit völlig unterschiedliches Verhalten:

Verdrängerpumpen sind für hohe Drücke geeignet, können sich wechselndem Volumenstrom jedoch nur durch Drehzahlverstellen anpassen. Drehzahlregelung erfordert jedoch meist zusätzlichen Aufwand bei der Antriebsmaschine. Um Schäden zu vermeiden, müssen Kolbenpumpen am Druckstutzen unbedingt mit einem Überdruckbegrenzungsventil ausgerüstet werden.

Kreiselpumpen dagegen passen sich elastisch dem Gegendruck an und dürfen, ja sollen meist gegen geschlossenen Druckschieber „anfahren". Bei sinkendem Gegendruck wächst der Förderstrom, bei steigendem (größere Widerstände) fällt er.

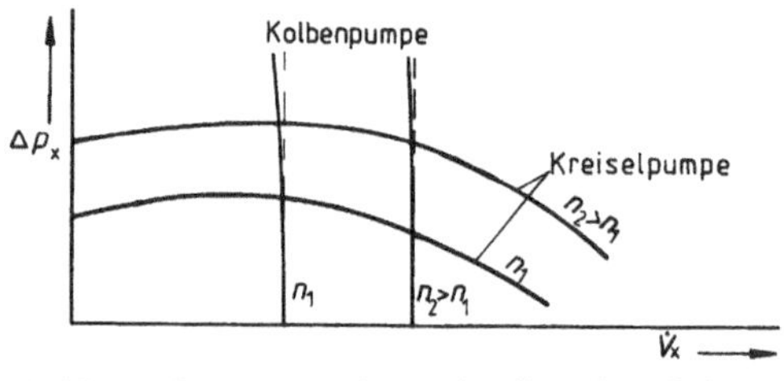

Bild 9-13 Gegenüberstellung der Grundkennlinien von Kreisel- und Kolbenpumpe

9.2.1.6 Muscheldiagramm

Das Muscheldiagramm ist das wichtigste Kennfeld der Strömungspumpen (KP, KV). Es sollte deshalb jeder Maschine beigegeben werden. Aus dem Muscheldiagramm geht das gesamte betriebliche Verhalten der Maschine hervor.

Aus mittels umfangreicher Versuchsreihen erhaltenem $(\dot{V}_x, H_x)$-Kennfeld und Wirkungsgradlinien ergeben sich die Muschelkurven durch Umzeichnen. Die bei verschiedenen Drehzahlen experimentell ermittelten Drosselkurven werden entweder direkt oder auf die Auslegungswerte bezogen, also dimensionslos in einem Diagramm aufgetragen (Bild 9-14a). Des Weiteren werden in einem getrennten $(\dot{V}_x, \eta_x)$-Diagramm (Bild 9-14b) die aus den Leistungen (zugeführte und abgegebene) berechneten Wirkungsgrade ebenfalls direkt über $\dot{V}_x$ bzw. dimensionslos über $\dot{V}_x/\dot{V}$ aufgetragen. Die zugehörigen Drehzahlen sind dabei als Parameter aufzuführen.

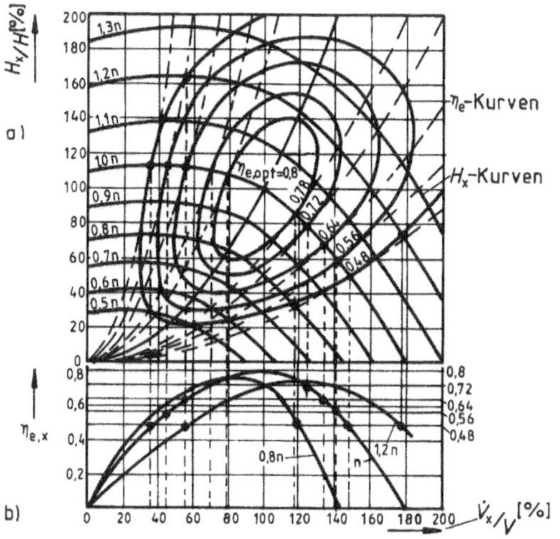

Bild 9-14 Kennfeld einer Kreiselpumpe in dimensionslosen Koordinaten.
a) Muscheldiagramm, b) Wirkungsgradkurven

Die in Bild 9-14a zusätzlich eingetragenen Linien konstanten Wirkungsgrades, die Muschelkurven, ergeben sich wie folgt:

Die Schnittpunkte der in das ($\dot{V}_x$, η_x)-Diagramm eingetragenen waagrechten Linien (Geraden gleichen Wirkungsgrades) – in Bild 9-14b für $\eta_{e,x} = 0{,}48$; 0,56; 0,64; 0,72 und den Maximalwert 0,8 – werden der Reihe nach in das darüber gezeichnete ($\dot{V}_x, H_x$)-Diagramm (Bild 9-14a) projiziert und mit den zugehörigen Drosselkurven zum Schnitt gebracht. Die zugehörigen Drosselkurven sind von jeweils gleicher Drehzahl wie die der Wirkungsgradlinien. Durch Verbinden der auf diese Weise im ($\dot{V}_x, H_x$)-Diagramm – exakt ($\dot{V}_x/\dot{V}$, H_x/H) – erhaltenen Punkte gleichen Wirkungsgrades mit stetig verlaufenden Linien ergeben sich eine Reihe von ganz oder teilweise geschlossenen ovalen Kurven gleichen Wirkungsgrades, die **Eier- oder Muschelkurven**.

In Bild 9-15 ist das Muscheldiagramm für die Abdrehkurven des Laufrades einer Pumpe mit Drehzahl $n = 2\,900\,\text{min}^{-1}$ dargestellt und gleichzeitig der Verlauf der Maschinenhaltedruckhöhe $H_{H,M}$ eingetragen. Das Laufrad darf bei dieser Pumpe bis auf etwa 67 % des anfänglichen Durchmessers (140/208 = 0,673) abgedreht werden. Der erreichbare Wirkungsgrad sinkt hierbei von 0,75 beim Ausgangsdurchmesser $D_2 = 208$ mm auf etwa 0,6 bei $D_2 = 140$ mm ab.

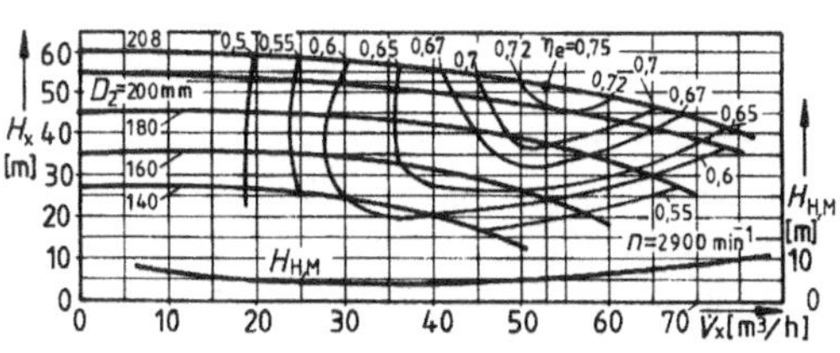

Bild 9-15 Kennfeld des Anwendungsbereiches einer Kreiselpumpe bei verschiedenen Abdrehungen des Laufrad-Außendurchmessers $D_{2,(a)}$ (Abdrehkurven). Auslegungspunkt: $\dot{V} = 53\,\text{m}^3/\text{h}$, $H = 52$ m, $\eta_e = 75$ %

9.2.1.7 Kennlinien für Leistungen, Wirkungsgrad und Haltedruckhöhe bzw. *NPSA*

Die verschiedenen Pumpentypen zeigen unterschiedliches Betriebsverhalten. Die wichtigste Kenngröße, die spezifische Drehzahl, beeinflusst deshalb auch die Form der Kennlinien. Wie Versuche bestätigen, zeigen Maschinen niedriger Schnellläufigkeit (Radialausführungen) flach verlaufende Kennlinien mit breitem Maximumbereich. Dagegen weisen die Kennlinien von Maschinen hoher spezifischer Drehzahl teils schmale Maxima und teils Wendepunkte auf. Die Unterschiede, die noch zu begründen sind (Abschnitt 9.2.1.8), gehen aus Bild 9-16 hervor. Bild 9-16 zeigt zum Vergleich die Kennlinien von drei einstufigen Kreiselpumpen unterschiedlicher Schnellläufigkeit. Dabei sind jeweils außer der Drosselkurve auch die zum Beurteilen der Maschinenanwendung ebenfalls wichtigen Kennlinien für Leistungsaufnahme, erreichten Wirkungsgrad und Haltedruckhöhe dargestellt. Alle vier Kennlinien jeder Pumpe, die für eine Drehzahl gelten, ergeben zusammen das **komplette oder vollständige Kennlinienblatt**. Für die gekennzeichnete Radialpumpe enthält Bild 9-16 außerdem noch das Muscheldiagramm der Drehzahlkurven, was bei Drehzahlregelung bekannt sein muss.

Besonderheiten des Kennverhaltens der drei Kreiselpumpen nach Bild 9-16:

Radialpumpe, $n_y = 0{,}06$: Mit steigendem Förderstrom gleichmäßig abfallende Förderhöhe (stabiles Verhalten, Abschnitt 9.2.1.3). Große Nullförderhöhe. Breit ausgeprägtes, flaches Wirkungsgradmaximum (völlige Kurve). Kleinster maximaler Wirkungsgrad ($\eta_{max} = 0{,}86$) aller drei Pumpentypen. Leistungsbe-

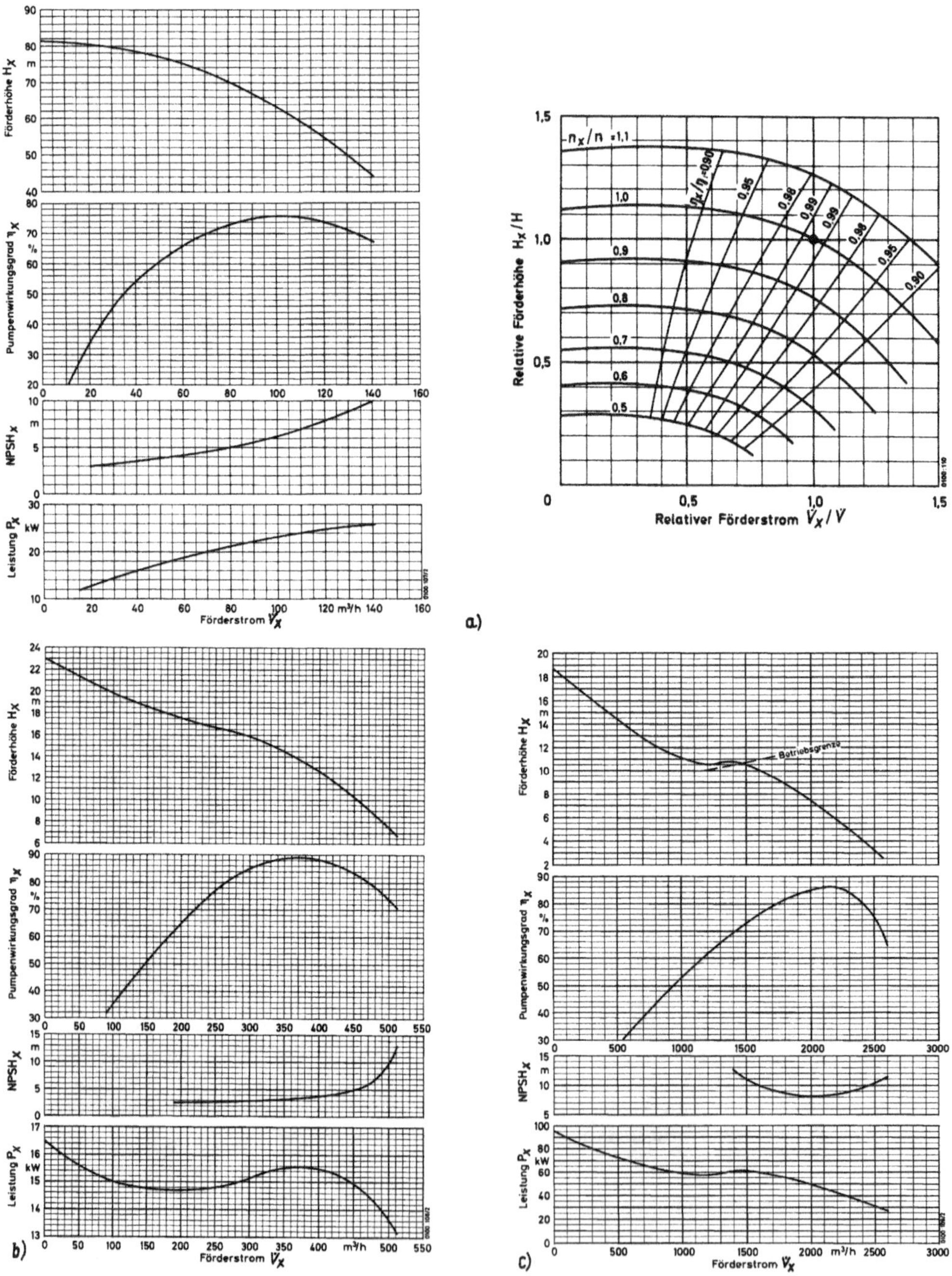

Bild 9-16 Kennlinien von einstufigen Kreiselpumpen verschiedener Schnellläufigkeit (KSB). $NPSH_x$ ist $NPSH_{M,x}$
a) Radialpumpe $n_y = 0{,}06$, Kennlinien bei n = konst und dimensionsloses Kennfeld (Muscheldiagramm für Drehzahlregelung). b) Diagonal- oder Halbaxialpumpe $n_y = 0{,}24$ bei n = konst. c) Axialpumpe $n_y = 0{,}6$ bei n = konst

darf und Haltedruckhöhe steigen mit wachsendem Durchsatz. Ab etwa 140 m^3/h Förderstrom kann die Pumpe nicht mehr saugen (Zulaufhöhe notwendig). Bei Nullförderung $\dot{V}_x = 0$ (geschlossener Druckschieber) niedrigster Leistungsbedarf (Anfahrpunkt).

Diagonalpumpe, $n_y = 0{,}24$: Von der Nullförderhöhe aus mit steigendem Förderstrom rasch abfallende Förderhöhe (stabiles Verhalten). Schmales Wirkungsgradmaximum. Mit 89 % höchster erreichter Wirkungsgrad der drei Pumpen-Typen. Über weiten Bereich niedrige, wenig veränderliche Haltedruckhöhe. Erst bei sehr großem Förderstrom rascher Anstieg der Haltedruckhöhe, weshalb erhöhte Kavitationsgefahr. Leistungsbedarf bei Nullförderung ($\dot{V}_x = 0$) am größten. Danach fällt der Leistungsbedarf auf weitem $\dot{V}_x$-Bereich ab, um bei großem Förderstrom nach geringem Anstieg erneut abzufallen. Deshalb Pumpe bei halb geöffnetem Druckschieber anfahren; auch wegen des NPSH-Wertes (Kavitation).

Axialpumpe, $n_y = 0{,}6$: Steil abfallende Drosselkurve mit „Sattel". Hohe Nullförderhöhe. Links vom Sattel (Rumor- oder Betriebsgrenze) wegen Kavitationsgefahr (*NPSH*-Linie) und der in Abschnitt 9.2.1.8 begründeten Schwingungsgefahr (Geräusche, erhöhte Materialbelastung) kein Dauerbetrieb zulässig. Sehr schmales Wirkungsgradmaximum bei großem Förderstrom. Deshalb Pumpenbetrieb möglichst im Bereich des Scheitels der Wirkungsgradkurve. Ungünstiges Saugverhalten, da große Haltedruckhöhe, weshalb meist Zulauf (Tauchpumpe) notwendig. Erforderliche Antriebsleistung fällt vom Maximalwert bei Nulldurchsatz, dem sog. Leerlaufbedarf, bis auf etwa den halben Wert im Auslegungspunkt ab. Pumpe daher bei geöffnetem Absperrschieber anfahren. Der Leerlaufbedarf wächst bei solchen Pumpen mit steigender Schnellläufigkeit.

Zusammenfassend gilt:

- Drosselventil in Druckleitung und nicht in Saugleitung (Kavitationsgefahr) anordnen.
- Radialpumpen bei geschlossenem Druckschieber anfahren. Leistungsbedarf bei Nullförderung ($\dot{V}_x = 0$) ist $P_0 \approx (0{,}4 \ldots 0{,}6) \cdot P$ mit P ... Auslegungs- oder Nennleistung, also P_e.
- Diagonalpumpen auch wegen Kavitation bei halb geöffnetem Druckschieber anfahren. Leistungsbedarf bei Nullförderung $P_0 \approx (1{,}1 \ldots 1{,}3) \cdot P$.
- Axialpumpen bei voll geöffnetem Druckschieber anfahren. Notwendige Nullförderungsleistung (Leerlaufbedarf) $P_0 \approx (1{,}5 \ldots 2) \cdot P$.

9.2.1.8 Besonderheiten schnellläufiger Strömungspumpen

Für die üblichen Strömungspumpen geringer bis mittlerer spez. Drehzahl ist die parabelförmige Drosselkurve mit labilem Teillastzweig kennzeichnend. Diese Pumpen sind von radialer Bauart von mittelgroßem Durchmesserverhältnis D_2/D_1 und meist achsparallelen Schaufeldruckkanten.

Mit wachsender Schnellläufigkeit wird das Verhältnis D_2/D_1 kleiner und die Schaufelkanten sind nicht mehr parallel zur Radachse. Bei Diagonalrädern ist D_2/D_1 noch größer bis nahe eins und die Druckkanten verlaufen schräg zur Achse.

Bei Axialrädern, welche die höchste spezifische Drehzahl erreichen, beträgt $D_2/D_1 = 1$ und die Druckkante verläuft etwa radial.

Entlang der diagonalen Druckkante spez. schnellläufiger Diagonal-Strömungspumpen ändert sich daher die Umfangsgeschwindigkeit u_2. Die Auswirkung dieser Tatsache auf das Kenn- und damit Betriebsverhalten geht aus der EULER-Gleichung hervor:

In Gl. (3-16) $D_2 \cdot \pi \cdot b_2/\tau_2 = A_{2m}$; $\dot{V}_{La} = \dot{V}/\lambda_L$ sowie $Y_{Sch\infty} = Y_{Sch}/k_M$ eingesetzt und nach der spezifischen theoretischen Schaufelarbeit Y_{Sch} umgestellt, ergibt entsprechend Gl. (9-1) mit dem Variablenzeiger, Zweitindex x:

$$Y_{Sch,x} = k_M \cdot u_2 \cdot [u_2 - (\cot\beta_2/\lambda_L) \cdot (\dot{V}_x/A_{2m})] \quad (9\text{-}7)$$

Der Verlauf, d. h. die Steigung der Energie-Geraden $Y_{Sch,x} = f(\dot{V}_x)$, ist gemäß Gl. (9-7) von der Umfangsgeschwindigkeit u_2 abhängig. Die Steigung wächst mit zunehmendem u_2 und deshalb bei gleich bleibender Drehzahl mit größer werdendem Radius. Die Schräglage der Schaufeldruckkante spezifisch schnellläufiger Diagonalräder bewirkt somit, dass zu jeder Flusslinie eine andere $Y_{Sch,x}$-Gerade gehört mit der jeweiligen theoretischen Anfahrhöhe (bei Nulldurchsatz $\dot{V}_x = 0$): $Y_{Sch,0} \approx u_2^2$ (für $k_M \approx 1$). Im Auslegungspunkt erreichen jedoch alle Stromfäden, gleicher Schaufelwirkungsgrad vorausgesetzt, dieselbe spez. Stufenenergie $Y_{Sch,x} = Y_{Sch}$. Für jeden Stromfaden beträgt dabei der zugehörige Teilförderstrom:

$$\Delta\dot{V}_x = \lambda_L \cdot \Delta A_{2m} \cdot c_{2m} = \lambda_L \cdot D_2 \cdot \pi \cdot (\Delta b_2/\tau_2) \cdot c_{2m} = \dot{V}_x \cdot \Delta A_{2m}/A_{2m}$$

mit Gln. (2-86); (2-87); (4-89).

Bei c_{2m} = konst gilt nach Gl. (9-7):

$$Y_{Sch,x} = k_M \cdot u_2 \cdot [u_2 - (\cot\beta_2/\lambda_L) \cdot \Delta\dot{V}_x/\Delta A_{2m}] \quad (9\text{-}8)$$

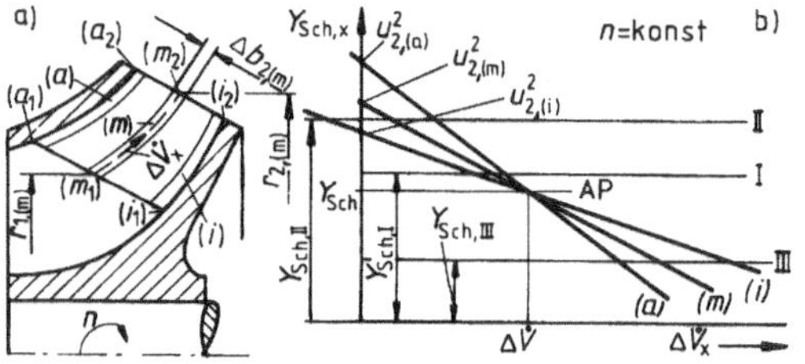

Bild 9-17 Meridianschnitt und theoretische Kenngeraden ($Y_{\text{Sch},x}$-Linien) der Stromfäden (Teilräder) gleicher Ergiebigkeit $\Delta\dot{V}_x$ eines spez. schnellläufigen Laufrades mit schräger Druckkante (Diagonalrad). a) Meridianschnitt b) Theoretische Kenngeraden, AP ... Auslegungspunkt

Um den Einfluss der schräg liegenden Laufschaufeldruckkante zu untersuchen, sind in Bild 9-17 die $Y_{\text{Sch},x}$-Geraden nach Gl. (9-8) für drei Stromfäden gleichen Auslegungsdurchflusses $\Delta\dot{V}$ bei n = konst und Schaufelwinkel $\beta_2 < 90°$ eingetragen. Die Stromfäden, die als kleine Teilräder gleichen Nenndurchsatzes $\Delta\dot{V}$ gedacht werden können, sind entlang der inneren (i), mittleren (m) und äußeren (a) Flutlinie ausgewählt. Bei Nennlast (Auslegungspunkt AP; $\Delta\dot{V}$, Y_{Sch}) schneiden sich die mit unterschiedlicher Steigung verlaufenden Kenngeraden. Die Steigung der $Y_{\text{Sch},x}$-Linie des äußeren Stromfadens (a) (Teilrad) ist, da u_2 höher, wesentlich größer als die des inneren (i).

Da alle „Teilräder", bedingt durch den Gegendruck, immer die gleiche spezifische Schaufelarbeit aufbringen müssen, beeinflusst die unterschiedliche Steigung der $Y_{\text{Sch},x}$-Geraden das Betriebsverhalten der Pumpe außerhalb des Nennlastzustandes folgendermaßen: Im Überlastgebiet (rechts vom Auslegungspunkt AP, $\dot{V}_x > \dot{V}$, also $\Delta\dot{V}_x > \Delta\dot{V}$), wo alle Teilräder beispielsweise die spezifische Schaufelarbeit $Y_{\text{Sch,III}}$ aufbringen müssen, fördert das Teilrad (i) einen größeren Volumenstrom $\Delta\dot{V}_x$ als die beiden anderen (m) und (a). Die Meridiangeschwindigkeit wächst daher entlang der Druckkante von außen (Flutlinie (a)) zur Radnabe (Flutlinie (i)).

Der Teillastbereich (links von AP, $\dot{V}_x < \dot{V}$, somit $\Delta\dot{V}_x > \Delta\dot{V}$) verhält sich umgekehrt. Bei der in Bild 9-17 eingetragenen theoretischen, spezifischen Schaufelarbeit $Y_{\text{Sch,I}}$ fließt durch die Stromfäden ein umso kleinerer Teilstrom $\Delta\dot{V}_x$, je näher sie der Radnabe liegen, $\Delta\dot{V}_{x,(\text{i})} < \Delta\dot{V}_{x,(\text{m})} < \dot{V}_{x,(\text{a})}$. Wächst schließlich die spezifische Schaufelarbeit auf $Y_{\text{Sch,II}}$, wird der Durchsatz des inneren Laufradbereiches (bei der Radnabe) sogar negativ. Das bedeutet, das Fluid strömt hier aus der Leitvorrichtung ins Laufrad zurück.

Was nur theoretisch für ideales Fluid veranschaulicht wurde, zeigt sich auch bei realem Fluid. Das Rückströmen in das Laufrad erfolgt jeweils nur in der Nähe der Schaufelrückseiten. Das zurückgeströmte Fluid verlässt dann die Laufschaufelkanäle nach erneuter Energieaufnahme auf der Vorderseite der entgegen der Drehrichtung jeweils folgenden Schaufel, und zwar an einem größeren Achsenabstand (Radius) als beim Rückströmeintritt. Es entsteht der in Bild 9-18 qualitativ eingezeichnete Ringwirbel DW. Da sich die Fluidteilchen in Laufraddrehrichtung bewegen (Umfangskomponente c_u), ist die im Radmeridianschnitt in der Projektion als geschlossene Kurve gezeichnete Wirbellinie DW tatsächlich eine Schraubenlinie entlang einem Kreisbogen → Druckseiten-Schraubenring-Wirbel.

Bei allen drei in Bild 9-17b eingetragenen Geraden ist der Schaufeldruckkantenwinkel $\beta_2 < 90°$ (entsprechend Bild 9-1). Wäre dagegen beispielsweise Winkel β_2 am inneren Stromfaden (i) 90°, also $\beta_{2,(\text{i})} = 90°$, verliefe die zugehörige Teilkenngerade (i) waagrecht und würde die zu $Y_{\text{Sch,I}}$, $Y_{\text{Sch,II}}$ sowie $Y_{\text{Sch,III}}$ gehörenden Parallelen nicht schneiden; die Schnittpunkte rückten ins Unendliche. Bei $\beta_{2,(\text{i})} > 90°$ würden die Schnittpunkte jeweils auf die andere Seite vom Auslegungspunkt fallen. Hiernach lässt sich vermuten, dass der Schaufelwinkel an der gesamten Druckkante entweder spitz ($\beta_2 < 90°$) oder stumpf ($\beta_2 > 90°$) sein soll. Während besonders bei schnellläufigen Diagonalpumpen $\beta_2 < 90°$ längs der gesamten Druckkante (rückwärts gekrümmte Schaufeln) vorteilhaft ist, sollte $\beta_2 > 90°$ (vorwärts gekrümmte Schaufeln → Hakenschaufeln) vermieden werden. In diesem Zusammenhang wird auch auf Abschnitt 6.1.4 verwiesen.

Die am Diagonalrad (Bild 9-17) dargestellten Verhältnisse gelten verstärkt für das Axialrad, weil sich hier der Radius und damit die Umfangsgeschwindigkeit längs der etwa radial verlaufenden Schaufeldruckkante wesentlich stärker ändert.

Bei abnehmendem Durchsatz $\dot{V}_x$ (Teillast) verkleinert sich des Weiteren der relative Saugseitenströmungswinkel β_0 (Bild 8-15) immer mehr (Eintrittsstoß). Dadurch vergrößert sich bei

- Diagonalrädern die Abweichung (Strömungsrichtung) zum Saugkantenwinkel der Schaufel.
- Axialrädern der Anstellwinkel des Profils zur Strömung (Bilder 2-33 und 9-23).

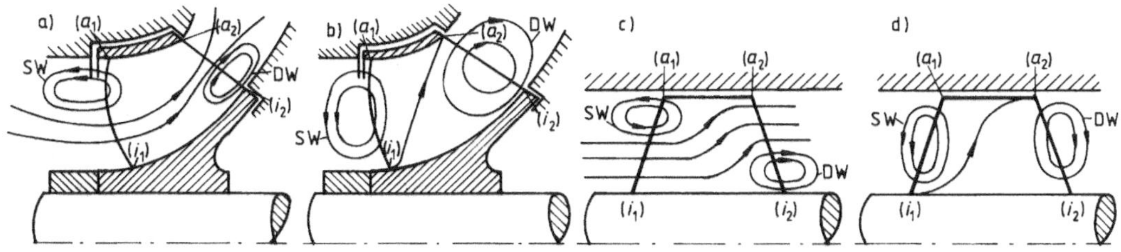

Bild 9-18 Strömungsablösungen (Wirbelgebiete) bei spez. schnellläufigen Strömungspumpen in verschiedenen Teillastzuständen. SW … Saugseitenwirbel, DW … Druckseitenwirbel (Prinzipdarstellung).
Diagonalrad: a) Teillast ($0 < \dot{V}_x < \dot{V}$), b) Nulllast (Nullförderung $\dot{V}_x = 0$). **Axialrad:** c) Teillast, d) Nulllast

Das geht so lange, bis die Strömung schließlich auch auf der Rückseite der Schaufelsaugkanten abreißt (Wirbelbildung), Bild 9-4. Infolge der auch entlang der Saugkante mit zunehmendem Radius wachsenden Umfangsgeschwindigkeit u_1 wirken sich die Stoßverluste im äußeren Saugkantenbereich stärker aus als in Nabennähe. Das Abschwächen des Energieinhaltes der Fluidteilchen der äußeren „Fäden" ist dabei oft so stark, dass sie die zum Abströmen nötige Energie nicht mehr besitzen und deshalb auch hier Zurückströmen auftritt. Die entstehenden saugseitigen Teillastwirbel (SW in Bild 9-18) werden noch vergrößert durch die infolge Fliehkraft nach außen geschleuderten Grenzschichtansammlungen der inneren Schaufelsaugkantenbereiche. Gleichzeitig tritt zusätzlich oft noch die sog. **rotierende Ablösung** (Abschnitt 9.2.2.3) auf.

Durch den **Teillastwirbel** verengt sich der für die tatsächliche Durchflussströmung noch freie Saugkanalquerschnitt. In dem durch das Einschnüren noch freien Kernbereich verkleinert sich deshalb die Zuströmgeschwindigkeit trotz abnehmenden Durchflusses nur wenig. Diese „Selbsthilfe" der Strömung bewirkt, dass der Eintrittsstoß der wieder gesund gewordenen Kernströmung stark zurückgeht. Die Energieaufnahme des Fluidstromes steigt entsprechend verstärkt an. Des Weiteren bewirkt der saugseitige Teillastwirbel intensiven Impulsaustausch mit dem im Saugstutzen außerhalb des Laufrades angrenzenden Fluid.

Folgen der Teillasterscheinungen, d. h. der Wirbel SW und DW:

- Der Durchflussströmung wird bei Axialrädern eine radiale und bei Diagonalrädern eine verstärkte radiale Geschwindigkeitskomponente aufgezwungen. Der Durchfluss ist daher bei Axialrädern nicht mehr axial, sondern schräg nach auswärts und bei Diagonalrädern fast radial nach außen gerichtet.
- Durch die erhöhte Energieaufnahme des Fluids (besonders infolge DW) steigt die Drosselkurve bei schnellläufigen Pumpen mit abnehmendem Durchsatz vermehrt an (Bild 9-16b, c) und fällt nicht (labiler Zweig) wie üblicherweise bei Langsamläufern ab. Wenn gleichzeitig rotierendes Abreißen (Abschnitt 9.2.2) der Strömung ausgeprägt auftritt, gibt es Teillastbereiche, wo die Drosselkurve einen Sattel bildet, d. h. etwas abfällt und dann wieder ansteigt, also einen Wendepunkt aufweist (Bild 9-16c). Dies ist insbesondere bei Axialmaschinen der Fall.
- Der intensive Impulsaustausch mit der Außenströmung ist stark verlustbehaftet (Wirbelbremswirkung). Deshalb fällt der Pumpenwirkungsgrad im Teillastbetrieb rasch ab und der Leistungsbedarf steigt bis zum Maximalwert bei Nullförderung (Bild 9-16b, c), anstatt wie bei Radialmaschinen (Bild 9-16a) zurückzugehen. Der Saugseitenwirbel SW läuft ebenfalls im Sinne der Raddrehung. Diese Rotation pflanzt sich entgegen der Strömungsrichtung in einer Länge bis mehrere Rohrdurchmesser weit in die Saugleitung fort (auch bei spezifisch langsamläufigen Pumpen). Die durch diese Fluidrotation auftretende Fliehkraft bewirkt eine Druckabsenkung längs der Rohrachse, weshalb die Kavitationsgefahr wächst. Der an der Rohrwand gestiegene Druck macht es auch notwendig, die saugseitige Messstelle entsprechend entfernt vom Laufrad anzubringen. Durch in Achsrichtung verlaufende radiale Leitbleche vor dem Laufradsaugmund kann die Vorrotation des Fluids unterbunden werden. Neben erhöhtem Bauaufwand wachsen jedoch die Reibungsverluste und die Kavitationsge-

fahr, weshalb meist kein Einbau in solchen Leitblechen erfolgt.

- Schließlich ist noch zu beachten, dass Strömungsablösungen immer instabile Vorgänge sind. Bei bestimmten Teillast-Betriebszuständen, der sog. **Rumorgrenze**, kann entweder nur Wirbel SW oder nur Wirbel DW bestehen. Durch das ständige Hin- und Herspringen zwischen beiden Teillastwirbeln SW und DW wird die Strömung erheblich gestört und die strömungsführenden Bauteile meist zu unzulässigen Schwingungen angeregt. Unterhalb der Rumorgrenze, d. h. bei weiter verringertem Förderstrom (kleinerer Teillast), sind dann beide Wirbel SW und DW gleichzeitig existent, wodurch die Laufradströmung stark in radiale Richtung abgedrängt wird. Die Rumorgrenze stellt die **Betriebsgrenze** für den Dauerbetrieb spezifisch schnellläufiger Strömungspumpen dar. Nur oberhalb der Betriebsgrenze, d. h. bei größerem Durchsatz und/oder kleinerer Förderhöhe bzw. -druck, ist gefahrloser Maschinenbetrieb möglich (Bild 9-16c).
- Bei Nullförderung ($\dot{V}_x = 0$) füllen die Instabilitäten, Wirbel SW und DW, jeweils die gesamte Saug- bzw. Druckkante des Laufrades aus und bewirken erheblichen Energieverlust (hoher Leistungsbedarf). Die Reibungswärme wird hauptsächlich dem Fluid zugeführt, was entsprechendes, oft schnell unzulässiges Aufheizen des Fluids bewirkt. Dagegen wird die Förderflüssigkeit bei Nennlastbetrieb (Auslegungspunkt) innerhalb der Pumpe durch die Strömungsreibung nur um etwa 0,5 °C erwärmt.

Hinweise zur Instabilität „Förderungsabreißen" enthält das digitale Zusatzmaterial.

9.2.1.9 Kombination von Strömungspumpen

Wie beispielsweise Batterien in der Elektrotechnik, können Strömungspumpen in Kombinationen zusammengeschaltet werden. Analog zur Batteriekombination addieren sich beim Hintereinanderschalten von Strömungspumpen die Drücke und beim Parallelschalten die Volumenströme.

Hintereinanderschaltung

Jede mehrstufige Kreiselpumpe besteht aus Hintereinanderschalten einzelner Stufen, die in gemeinsamem Gehäuse zusammengefasst sind. Sie wären daher durch Hintereinanderschalten (Serienschaltung) mehrerer einzelner Kreiselpumpen ersetzbar. Übliche mehrstufige Pumpen werden meist nur bis zu Stufenzahlen von $i \approx 15$ gebaut. Noch größere Stufenzahlen erfordern zu große Baulänge, weshalb die Welle zu lang (Durchbiegen) und die Montage (Einpassen, Fluchten) schwierig würde. Um unzulässiges, elastisches Verformen und niedrige kritische Drehzahl zu vermeiden, müsste die Welle von großem Durchmesser sein, was entsprechendes Vergrößern des Saugmundes erforderte.

Besonders große Förderhöhen bzw. -drücke, die selten vorkommen, können durch Hintereinanderschalten mehrerer Kreiselpumpen überwunden werden. Sind die Pumpen dabei direkt hintereinander folgend angeordnet, ist zu beachten, dass das Gehäuse der letzten Maschine für den Gesamtdruck ausgelegt sein muss. Wie bei mehrstufigen Ausführungen addieren sich beim Hintereinanderschalten von Einzelpumpen die zum gleichen Förderstrom gehörenden Druckhöhen. Die Gesamtdrosselkurve der Serienschaltung ergibt sich deshalb durch additives Überlagern der Drosselkurve zusammengeschalteter Einzelmaschinen in Ordinatenrichtung (H_x-Achse). Die zum jeweils gleichen Durchsatz $\dot{V}_x$ gehörenden Förderhöhen (spezifische Stutzenarbeiten, Förderdruckdifferenzen) sind somit zu addieren:

$$H_x = \sum_{k=1}^{n} H_{x,k}$$

bei jeweils $\dot{V}_x =$ konst der n Pumpen.

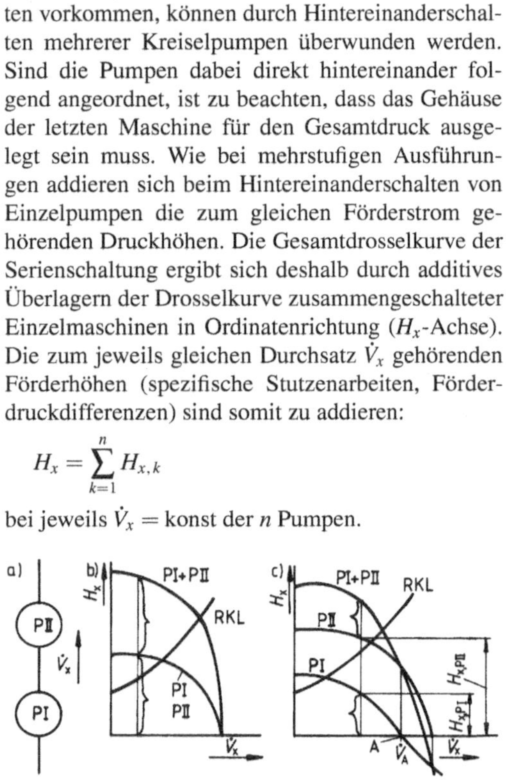

Bild 9-19 Hintereinanderschaltung von zwei Strömungspumpen PI und PII.
a) Schaltplan; b) und c) Drosselkurven, PI, PII Einzelkurven, PI + PII Summenkurve, RKL Rohrleitungskennlinie; b) gleiche Einzelkurven, d. h. gleiche Pumpen. PI = PII; c) unterschiedliche Einzelkurven, also verschiedene Pumpen PI ≠ PII.

In Bild 9-19 ist die Serienschaltung zweier Pumpen dargestellt, und zwar sowohl gleicher als auch unterschiedlicher Maschinen. Das Bild bestätigt, dass vorteilhafterweise möglichst nur gleiche Pumpen bzw. gleiche Stufen bei mehrstufigen Pumpen hintereinander geschaltet werden sollten. Ab Punkt A ($\dot{V}_x > \dot{V}_A$)

wirkt Pumpe PI als Strömungswiderstand (negative Förderhöhe). Pumpe PI muss durch Pumpe PII „überwunden" werden.

Parallelschaltung

Fördern mehrere Pumpen in eine gemeinsame Druckleitung, müssen sie gleichen Druck aufbringen und die Summe der zugehörigen Einzelförderströme ergibt den Gesamtförderstrom (Abschnitt 9.2.1.2). Die Gesamtdrosselkurve der Parallelschaltung ergibt sich daher durch additives Überlagern der zusammenarbeitenden Einzelmaschinen in Abszissenrichtung ($\dot{V}_x$-Achse). Das bedeutet, die zur jeweils gleichen Förderhöhe (Druck, spez. Stutzenarbeit) gehörenden Volumenströme sind zu addieren:

$$\dot{V}_x = \sum_{k=l}^{n} \dot{V}_{x,k}$$

bei jeweils H_x = konst der n Pumpen.

In Bild 9-20 ist prinzipiell das Parallelschalten zweier Pumpen dargestellt. Bei Pumpen mit verschiedenen Drosselkurven weist die Gesamtdrosselkurve einen Knick auf (Stelle A). Unterhalb des Durchsatzes $\dot{V}_A$, also im Förderbereich $\dot{V}_x < \dot{V}_A$, kann Pumpe PII die notwendige Förderhöhe nicht mehr aufbringen. Falls nicht durch Rückschlagventil gesichert, wird die schwächere Pumpe (hier PII) sogar rückwärts, d. h. entgegen ihrer Förderrichtung, durchströmt. Deshalb sollten – wie auch bei Serienschaltung gefordert – möglichst nur gleiche Pumpen parallel arbeiten. Zudem verringern gleiche Pumpen die notwendige Ersatzteilhaltung (Lagerkosten).

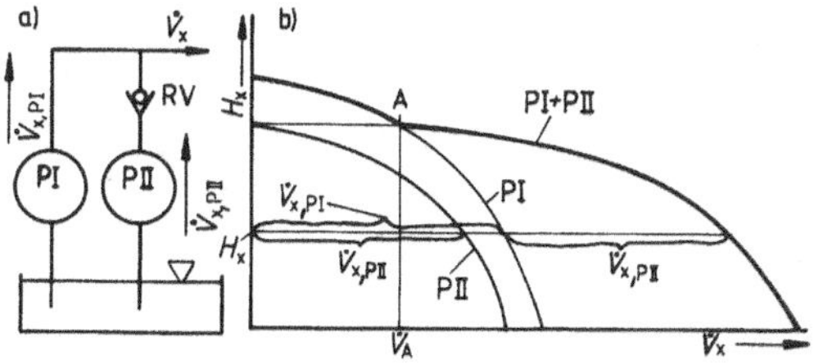

Bild 9-20 Parallelschaltung von zwei ungleichen Strömungspumpen PI und PII.
a) Schaltschema. RV Rückschlagventil, um Rückströmen durch die „schwächere" Pumpe PII bei höherem Druck zu vermeiden.
b) Drosselkurven, PI, PII Einzelkurven; PI + PII Sammelkurve

Mehrflutige Maschinen sind ebenfalls Parallelschaltungen. Dabei werden die parallelgeschalteten Stufen bzw. Stufengruppen in gemeinsamem Gehäuse angeordnet. Parallelgeschaltete Einzelpumpen bieten jedoch den Vorteil besserer Regelbarkeit des Volumenstromes. Bei kleinem Bedarf arbeitet nur eine Pumpe. Entsprechend dem steigenden Volumenstrom werden weitere Pumpen zugeschaltet.

9.2.1.10 Regelung von Strömungspumpen

Die wichtigsten Regelungsarten wurden erwähnt. Dieser Abschnitt soll sie zusammenfassen und gegenüberstellen.

Aufgabe der Pumpenregelung ist, den Förderstrom den meist wechselnden Bedingungen anzupassen bzw. bei schwankendem Systemdruck konstant zu halten. Hierzu muss das Anlagenverhalten, d. h. die Rohrleitungskennlinie RKL und/oder die Pumpenkennlinie PKL (Drosselkurve), so geändert werden, dass beide durch den geforderten Betriebspunkt BP laufen (Bild 9-7), sich also in BP schneiden. Damit die Maschine mit hohem Wirkungsgrad arbeitet, sollte sich der Betriebspunkt BP möglichst dicht beim Auslegungspunkt AP (Berechnungswerte $\dot{V}$, H) befinden. Der maximale Wirkungsgrad wird erreicht, wenn BP mit AP zusammenfällt. Des Weiteren sind die durch Kavitation (bei Verdichtern Überschall) sowie Instabilitäten – Pumpschwingungen und Abreißen der Strömung – begrenzten Regelbereiche einzuhalten, welche abhängig von der spez. Drehzahl nach Tabelle 9-1 sind.

Tabelle 9-1 Empfohlene Grenzwerte der verschiedenen Pumpentypen für Dauerbetrieb bei n = konst [37]

Richtwert	Radform Radial (I)	 Diagonal (II und III)	 Axial (IV)
n_y	0,03 ... 0,12	0,12 ... 0,48	0,3 ... 1,5
$\dot{V}_{min}/\dot{V}$	$\geqq$ (0,1 ... 0,2)	$\geqq$ (0,6 ... 0,65)	$\geqq$ 0,8
$\dot{V}_{max}/\dot{V}$	$\leqq$ 1,5	$\leqq$ 1,35	$\leqq$ 1,1

Insgesamt bestehen folgende Regelmöglichkeiten:

- Anpassen der Rohrleitungskennlinie RKL → Drosselregelung
- Anpassen der Pumpenkennlinie PKL → Drehzahländerung (Bild 9-10)
  Vordrallregelung
  Leitschaufelverstellung
  Laufschaufelverstellung
- Anpassen des Durchsatzes → Bypassregelung

Drosselregelung: Einbauen eines Drosselorganes (Ventil, Schieber u. a.) in Druckleitung ermöglicht die Rohrleitungskennlinie zu ändern. Infolge der durch künstliche Querschnittsverengung bewirkten Strömungsverluste (Wirbelbildung, Reibung) steigt der Widerstand, weshalb der Durchsatz zurückgeht. Die von der Pumpe zu viel erzeugte Förderhöhe wird abgedrosselt. Einfache, jedoch verlustreiche Regelart. Geringe Investitions- und Wartungskosten. Niedriger Wirkungsgrad und Gefahr unzulässiger Fluidaufheizung durch Reibungswärme.

Drehzahlregelung: Nur Erzeugen der zum geforderten Durchsatz notwendigen Förderhöhe. Hinsichtlich Energieverbrauch günstig. Deshalb bessere Wirkungsgrade als bei Drosselregelung, jedoch drehzahlverstellbare Antriebsmaschine notwendig, die meist aufwendiger und deshalb teurer ist.

Vordrallregelung: Durch fest angeordnetes Vorleitrad mit verstellbaren Schaufeln im Saugstutzen der Pumpe wird der Vordrall (Abschnitt 4.3.3.6) des dem Laufrad zuströmenden Fluids geändert und dadurch sowohl Durchsatz $\dot{V}_x$ als auch Förderhöhe H_x beeinflusst. Die Vorleitschaufeln prägen dem Fluidstrom eine Umfangsgeschwindigkeit $c_{0\mathrm{u},x} \neq 0$ auf, wodurch sich nach der EULER-Gleichung die Förderhöhe ändert. Gleichzeitig ändert sich infolge gleich bleibenden, zum Laufrad passenden Winkels β_0 die Meridiangeschwindigkeit $c_{0\mathrm{m}}$ (Bild 7-16) und damit der Durchsatz $\dot{V}_x$.

Vorteile: Drosselkurvenverlauf und Leistungsbedarf der Pumpe werden günstig beeinflusst. Kavitationsbeständigkeit der Pumpe bei Teillast wird verbessert und bei Oberlast verschlechtert. Auch verringert sich die Strömungsablösungsgefahr.

Nachteile: Aufwendig, weshalb meist nur bei großen Kreiselpumpen und häufiger bei Kreiselverdichtern angewendet. Sowohl $\dot{V}_x$ als auch H_x ändern sich dabei.

Leitschaufelverstellung: Sehr aufwendig, daher meist nur bei hochwertigen mehrstufigen Axialverdichtern angewendet, auch um rotierendes Ablösen (Abschnitt 9.2.2.3) vermeiden zu können, selten jedoch bei Kreiselpumpen.

Laufschaufelverstellung: Meist nur bei großen Axialpumpen angewendet. Ausführung wie KAPLAN-Turbinen. Die Propellerblätter können während des Betriebs geschwenkt und somit ihre Anstellung (Steigung) geändert werden.

Vorteil: Förderhöhe, Durchfluss und Leistungsbedarf passen sich dadurch bei geringen Verlusten den neuen Betriebsbedingungen an.

Nachteil: Hoher konstruktiver und fertigungstechnischer Aufwand.

Bypass-Regelung: Die Pumpe fördert größeren Volumenstrom, als die Anlage fordert. Regelbar gedrosselte Umgehungsleitung (Bypass) führt nicht benötigten Förderstromanteil direkt vom Druck- zum Saugstutzen der Pumpe zurück. Die Bypass-Regeleinrichtung wird oft zum Vermeiden instabiler Betriebszustände bei geringer Teillast eingesetzt. Durch Ableiten der Bypassmenge, gesteuert von einer Mindestmengeneinrichtung, welche bei steigendem Druck die Umgehungsleitung entsprechend öffnet, arbeitet die Pumpe außerhalb der Rumorgrenze (Mindestdurchsatz). Zudem ermöglicht die Bypass-Regelung bei spezifisch schnellläufigen Pumpen das Umgehen des mit abnehmendem Förderstrom ansteigenden Leistungsbedarfs.

Welche der Regelungsarten eingesetzt wird, hängt vom Anwendungsfall (Dauerbetrieb, Kurzzeitbetrieb, Maschinengröße) und von den Energiekosten ab. Bei Dauerbetrieb lohnen sich Investitionen für gute, Energie sparende Regeleinrichtungen.

9.2.2 Kreiselverdichter

9.2.2.1 Grundsätzliches

Kreiselverdichter sind generell ebenso aufgebaut wie Kreiselpumpen und arbeiten, wie begründet, nach dem gleichen dynamischen Prinzip (Drallsatz). Das Kennverhalten von Kreiselverdichtern entspricht daher grundsätzlich dem der Kreiselpumpen. Die Eigenschaften (Dichte, Kompressibilität) des verarbeiteten Fluids bestimmen die Unterschiede. Insbesondere wirkt sich die Kompressibilität der nichtraumbeständigen Fluide (Gase) auf den Kennlinienverlauf (Form) und damit das Betriebsverhalten aus. Bis zur Umfangs-MACH-Zahl $Ma_\mathrm{u} = u_2/a \leqq 0{,}7$ ist erfahrungsgemäß der Einfluss der Dichteänderung auf den Kennlinienverlauf jedoch gering. Die durch Verdichten bedingte Volumenänderung innerhalb der Maschine beeinflusst die Ähnlichkeitsbedingungen, indem die NEWTON'schen Affinitätsgesetze nur noch grobe Anhaltswerte geben. Des Weiteren sind die üblichen Kennfelder selbst für den gleichen Verdichter je nach Art und Eintrittszustand (Temperatur, Druck) des Gases verschieden.

Drosselkurven von Kreiselverdichtern verlaufen meist steiler als bei Kreiselpumpen. Die Kennfelder (Muscheldiagramme) weisen einen stabilen Bereich und oftmals einen großen instabilen auf, indem

Dauerbetrieb des zugehörigen Kreiselverdichters unzulässig ist. Die prinzipielle Form der Kennfelder von Radial- und Axialverdichter gehen aus Bild 9-21 hervor.

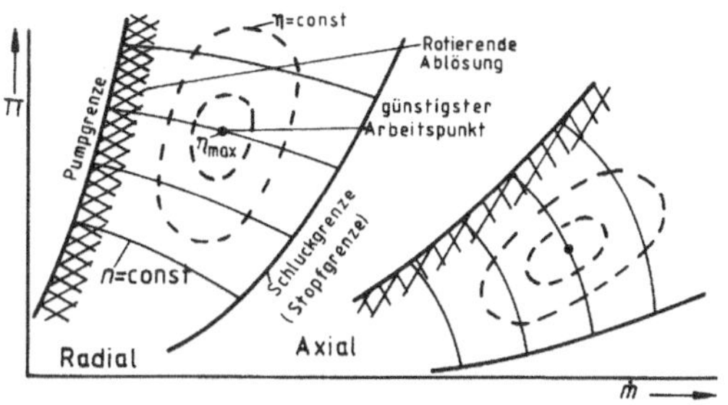

Bild 9-21 Kennfelder von Radial- und Axialverdichter in prinzipieller Form. Druckverhältnis $\Pi = p_D/p_S$ als Funktion des Massendurchsatzstromes $\dot{m}$

Vorteilhafterweise wird bei Drosselkurven-Diagrammen von Kreiselverdichtern an der Ordinate statt der Förderhöhe meist die Druckerhöhung Δp oder das Druckverhältnis $\Pi = p_D/p_S$, seltener die spezifische Stutzenarbeit, über dem Massenstrom $\dot{m}$ aufgetragen.

Die wichtigsten, durch die Stoffeigenschaft „Kompressibilität" ($\varrho \neq$ konst) bedingten Einflüsse werden im Folgenden kurz dargestellt.

9.2.2.2 Einfluss der Ansaugverhältnisse

Ansaugtemperaturänderung

Erhöht sich bei kompressiblen Fluiden die Ansaugtemperatur – beispielsweise infolge Reibung – steigt die erforderliche spezifische theoretische Verdichtungsarbeit proportional entsprechend der zugehörigen thermodynamischen Beziehung:

$$Y_{th} \equiv w_{t,th} = p_S \cdot v_S \cdot C = R \cdot T_S \cdot C \sim T_S \qquad (9\text{-}9)$$

Mit dem **Druckverhältnisfaktor** C bei:

- Isentroper Verdichtung

  $C = C_s = (\varkappa/(\varkappa - 1)) \cdot [\Pi^{(\varkappa-1)/\varkappa} - 1]$
- Isothermer Verdichtung

  $C = C_T = \ln \Pi$
- Polytroper Verdichtung

  $C = C_{pol} = (n/(n-1)) \cdot [\Pi^{(n-1)/n} - 1]$

für das Druckverhältnis $\Pi = p_D/p_S$

Die temperaturbedingte Zunahme der Verdichtungsarbeit ist demnach bei den verschiedenen Zustandsänderungen (Verdichtungsarten) gleich groß und linear zur Anfangstemperatur T_S. Um die Kompressionsarbeit und damit den Energieaufwand gering zu halten, sollte daher die Ansaugtemperatur des Gases möglichst niedrig sein, evtl. durch Kühlen. Damit das Laufrad die erhöhte Verdichtungsarbeit aufbringt, muss die Drehzahl gemäß der EULER-Gleichung $Y_{Sch\infty} = u_2 \cdot c_{2u} = D_2 \cdot \pi \cdot n \cdot c_{2u}$ (bei $\alpha_1 = 90°$) entsprechend gesteigert werden.

Dichteänderung

Der Dichteeinfluss geht ebenfalls aus Gl. (9-9) hervor: $Y_{th} = C \cdot p_S \cdot v_S = C \cdot p_S/\varrho_S \sim 1/\varrho_S$

Die notwendige spezifische Verdichtungsarbeit ist umgekehrt proportional zur Gasdichte. Mit abnehmender Ansaug-Gasdichte steigt die erforderliche Kompressionsarbeit. Die von Art und Zustand des Gases unabhängige Laufradarbeit (EULER-Gleichung) muss wieder angepasst werden, also Drehzahl n oder/und Durchmesser D_2.

Verarbeitet ein Verdichter zu unterschiedlichen Betriebszeiten Gase verschiedener Dichte, muss er für die kleinste im Betrieb vorkommende Dichte ausgelegt und gebaut sein. Der Antriebsmotor ist dagegen nach der größten auftretenden Ansaugdichte ϱ_S zu bemessen:

$$P_e = \dot{m} \cdot Y_e = \varrho_S \cdot \dot{V}_S \cdot Y_e \sim \varrho_S$$

Bemerkung: Zu beachten ist, dass die verschiedenen Zustandsgrößen über die Gasgleichung ($p \cdot v = R \cdot T$) zusammenhängen und sich daher nicht unabhängig voneinander ändern können. Beispielsweise bewirkt Temperaturerhöhung des Ansaugstromes bei konstantem Druck eine entsprechende Dichtesenkung $\varrho_S = p_S/(R \cdot T_S)$ des Fluids (Ansaugexpansion).

Feuchteeinfluss

Gase nehmen Wasserdampf auf und werden dadurch feucht. Die Feuchtigkeitsaufnahme ist von der Temperatur abhängig und nach oben durch die zugehörige Sättigungsgrenze begrenzt. Das Verhältnis tatsächlich enthaltener zur größtmöglichen, von der Temperatur abhängigen Gas-Feuchtigkeit wird als **relative Feuchtigkeit** φ bezeichnet. Die relative Feuchte kann daher die Werte zwischen $\varphi = 0$, trockenes Gas, und $\varphi = 1$, (volle) Sättigung, annehmen.

Für Gasgemische, also auch für Wasserdampf mit Gas, gilt das Gesetz von DALTON: „Sind mehrere Gase in einem Raum vorhanden, besitzt jedes dieser Gase einen Teildruck, der so groß ist, als ob sich der betreffende Gasanteil alleine im Raum befände." Die Summe der Partialdrücke der Einzelgase ergibt den

Gesamtdruck p_{ges} des Gemisches. Das bedeutet, dass feuchtes Gas bei gleichem Druck einen größeren Raum benötigt als trockenes. Näherungsbeziehung (Formel) mit $p_{Da,\varphi} = \varphi \cdot p_{Da}$:

$$\varrho_\varphi \approx \varrho_0 \cdot (1 - 0{,}38 \cdot \varphi \cdot p_{Da}/p_{Lu}) \qquad (9\text{-}10)$$

B 3 Wie groß ist die Volumenvergrößerung, wenn trockene Luft von 50 °C, 1 bar bei gleich bleibenden Zustandswerten (Temperatur, Druck) zu a) 50 % und b) 100 % mit Wasserdampf gesättigt wird?

Laut Wasserdampftafel [74], [75] beträgt der Wasserdampfdruck (Sättigungsdruck) bei 50 °C Temperatur $p_{Da} = 0{,}1234$ bar.

Der Wasserdampf-Partialdruck von feuchter Luft der relativen Feuchte φ beträgt $p_{Da,\varphi} = \varphi \cdot p_{Da}$

a) $\varphi = 0{,}5$. Dazu:

$$p_{Da,\varphi 0,5} = 0{,}5 \cdot 0{,}1234 \text{ bar} = 0{,}0617 \text{ bar}$$

$$p_{Lu,\varphi 0,5} = p_{Lu,\varphi 0} - p_{Da,\varphi 0,5} = 1 \text{ bar} - 0{,}0617 \text{ bar} = 0{,}9383 \text{ bar}$$

Aus Gasgleichung $p \cdot V = m \cdot R \cdot T$ bei m und T je konstant:

$$p_{Lu,\varphi 0} \cdot V_{Lu,\varphi 0} = p_{Lu,\varphi 0,5} \cdot V_{Lu,\varphi 0,5}$$

Hieraus

$$V_{Lu,\varphi 0,5} = \frac{p_{Lu,\varphi 0}}{p_{Lu,\varphi 0,5}} \cdot V_{Lu,\varphi 0} = \frac{1}{0{,}9383} \cdot V_{Lu,\varphi 0} = 1{,}066 \cdot V_{Lu,\varphi 0}$$

$$\Delta V = V_{Lu,\varphi 0,5} - V_{Lu,\varphi 0} = 0{,}066 \cdot V_{Lu,\varphi 0}$$

$$\Delta V / V_{Lu,\varphi 0} = 0{,}066 \mathrel{\widehat{=}} 6{,}6\,\%$$

b) Entsprechend $p_{Da,\varphi 1} = p_{Da} = 0{,}1234$ bar

$$p_{Lu,\varphi 1} = p_{Lu,\varphi 0} - p_{Da,\varphi 1} = 1 - 0{,}1234 = 0{,}8766 \text{ bar}$$

$$V_{Lu,\varphi 1} = \frac{p_{Lu,\varphi 0}}{p_{Lu,\varphi 1}} \cdot V_{Lu,\varphi 0} = \frac{1}{0{,}8766} \cdot V_{Lu,\varphi 0} = 1{,}141 \cdot V_{Lu,\varphi 0}$$

$$\Delta V = V_{Lu,\varphi 1} - V_{Lu,\varphi 0} = 0{,}141 \cdot V_{Lu,\varphi 0}$$

$$\Delta V / V_{Lu,\varphi 0} = 0{,}141 \mathrel{\widehat{=}} 14{,}1\,\%$$

Die Zunahme des Gesamtvolumens feuchter Luft gegenüber trockener mit 50 °C beträgt somit bei

$\varphi = 0{,}5$	6,6 %	(oft vernachlässigbar)
$\varphi = 1{,}0$	14,1 %	(ist zu berücksichtigen)

Infolge geringerer Dichte von Wasserdampf (Vergleich mit Dampftafel → HÜTTE, DUBBEL etc.) ist feuchte Luft leichter als trockene.

Je höher die Temperatur, desto mehr Feuchtigkeit kann Luft aufnehmen, weshalb die Volumenzunahme umso größer ist und die Dichte entsprechend zurückgeht. Bei Unterschreiten des zugehörigen Taupunktes (Sättigungsgrenze) – durch Abkühlen – beginnt sich Luftfeuchte als Wasser abzuscheiden.

B 4 Trockene Luft von 0 °C, 1 bar wird bei konstantem Druck auf 50 °C angewärmt und vollständig mit Wasser gesättigt. Welche Volumenzunahme durch den Wasserdampfanteil ergibt sich?

Nach Gasgleichung zwischen $\varphi = 0$ und $\varphi = 1$

$$\frac{p_{Lu,\varphi 0} \cdot V_{Lu,\varphi 0}}{T_{Lu,\varphi 0}} = \frac{p_{Lu,\varphi 1} \cdot V_{Lu,\varphi 1}}{T_{Lu,\varphi 1}} = m_{Lu} \cdot R_{Lu} = \text{konst}$$

Hieraus mit $p_{Lu,\varphi 1}$ aus Frage b) von B 3

$$V_{Lu,\varphi 1} = \frac{T_{Lu,\varphi 1}}{T_{Lu,\varphi 0}} \cdot \frac{p_{Lu,\varphi 0}}{p_{Lu,\varphi 1}} \cdot V_{Lu,\varphi 0} = \frac{323}{273} \cdot \frac{1}{0{,}8766} \cdot V_{Lu,\varphi 0}$$

$$V_{Lu,\varphi 1} = 1{,}349 \cdot V_{Lu,\varphi 0} \approx 1{,}35 \cdot V_{Lu,\varphi 0}$$

$$\Delta V = V_{Lu,\varphi 1} - V_{Lu,\varphi 0} \approx 0{,}35 \cdot V_{Lu,\varphi 0}$$

$$\Delta V / V_{Lu,\varphi 0} = 0{,}35 \mathrel{\widehat{=}} 35\,\%$$

Der Feuchteeinfluss auf das Ansaugvolumen muss beim genauen Auslegen von Verdichtern berücksichtigt werden. Entsprechend der Durchflussgleichung $\dot{V} = A_S \cdot c_S$ saugen Verdichter primär Volumen und nicht Masse an. Die angesaugte und damit geförderte Masse ist dann abhängig von der durch den Fluidzustand (Temperatur, Druck, Feuchte) bedingten Dichte. Bei Wärme und hoher Feuchtigkeit sind sowohl Volumen und evtl. Masse (infolge Wasserdampf-Anteil) des zu verarbeitenden Fluids mitunter wesentlich größer als bei trockenem, kaltem Zustand. Für den geforderten Luftbedarf muss deshalb der Verdichter entsprechend vergrößert werden und die notwendige Antriebsleistung erhöht sich.

Ansaugdrosselung

Wird zu Regelzwecken auf der Verdichtersaugseite gedrosselt, ergeben sich bei der Annahme idealen Gasverhaltens folgende Auswirkungen auf Ansaugvolumen und Förderdruck:

Kennzeichen:

- Ungedrosselt ohne Beistrich, z. B. p_S
- gedrosselt mit Beistrich, z. B. p'_S

Drosselvorgang bei etwa idealem Gasverhalten: $h = \text{konst} \rightarrow T = \text{konst}$, also $T'_S = T_S$

Spezifische theoretische Schaufelarbeit Y_{Sch}:

Bei $\alpha_1 = 90°$ gilt nach EULER $Y_{Sch} = u_2 \cdot c_{3u}$. Die spezifische Laufradarbeit Y_{Sch} ist somit vom Fluidzustand unabhängig und ändert sich daher auch durch Drosselung nicht, also $Y_{Sch} = \text{konst}$.

Spezifische theoretische Verdichtungsarbeit:

Nach Gl. (9-9)

$$Y_{th} = R \cdot T_S \cdot C \quad \text{und} \quad Y'_{th} \cdot T'_S \cdot C'$$

Folgerung: Da $Y_{th} = Y_{Sch} \cdot \eta_{Sch}$ sein muss und dabei $Y_{Sch} = \text{konst}$ als auch $\eta_{Sch} \approx \text{konst}$ sowie $T'_S = T_S$ ist, wird $C = C' = \text{konst}$. Hieraus ergibt sich, dass das Druckverhältnis unabhängig von der Saugseitendrosselung sind und deshalb unverändert bleibt:

$$\Pi = \Pi' = \text{konst} \quad \text{oder}$$

$$\Pi = p_D/p_S = p'_D/p'_S = \text{konst} \tag{9-11}$$

Hieraus

$$p'_D = \Pi \cdot p'_S \tag{9-12}$$

Wird beispielsweise ein Verdichter für $\Pi = 3$ (etwa Grenze für einstufige Ausführung) von $p_S = 1$ bar auf $p'_S = 0{,}7$ bar gedrosselt, geht der Förderdruck von $p_D = \Pi \cdot p_S = 3 \cdot 1\,\text{bar} = 3\,\text{bar}$ auf $p'_D = \Pi \cdot p'_S = 3 \cdot 0{,}7\,\text{bar} = 2{,}1\,\text{bar}$ zurück.

Ansaugvolumen, bezogen auf den Anfangszustand p_S, T_S: Nach dem Gas- bzw. BOYLE-MARIOTTE'schen Gesetz, da $T'_S = T_S$, gilt $p'_S \cdot v'_S = p_S \cdot v_S$. Infolge unveränderter Laufradströmung ist des Weiteren entsprechend der Durchflussgleichung:

$$\dot{V} = A_S \cdot c_S = \text{konst} \rightarrow \dot{V}'_S = \dot{V}_S = \text{konst}$$

Dann wird

$$p'_S/p_S = v_S/v'_S = (v_S/v'_S) \cdot (V'_S/V_S) = m'_S/m_S$$

Das durch Drosselung expandierte Ansaugvolumen $\dot{V}'_S$ (Zustand p'_S, $T'_S = T_S$) auf den Anfangszustand p_S, T_S bezogen, d. h. $v'_{S,a} = v_S$, ergibt das tatsächliche angesaugte Volumen $V'_{S,a}$ bzw. den Ansaugvolumenstrom $\dot{V}'_{S,a}$:

$$\left.\begin{aligned} m'_S &= \dot{V}'_{S,a}/v'_{S,a} \\ m_S &= V_S/v_S \end{aligned}\right\} m'_S/m_S = V'_{S,a}/V_S$$

In die vorhergehende Beziehung eingesetzt:

$$V'_{S,a}/V_S = p'_S/p_S \rightarrow V'_{S,a} = V_S \cdot p'_S/p_S$$

bzw. für die Volumenströme

$$\dot{V}'_{S,a} = \dot{V}_S \cdot p'_S/p_S \tag{9-13}$$

Die Beziehungen nach Gl. (9-12) und Gl. (9-13) ergeben den Einfluss der Saugseitendrosselung auf das Verdichter-Kennverhalten. Sie ermöglichen punktweises Umrechnen zusammengehöriger Werte $\dot{V}_{S,x}$ (entspricht $\dot{V}'_{S,a,x}$) und $p_{D,x}$ (entspricht $p'_{D,x}$) einer ($\dot{V}_{S,x}$, $p_{D,x}$)-Kennlinie auf eine zu einem anderen Drosselzustand gehörende (Bild 9-22).

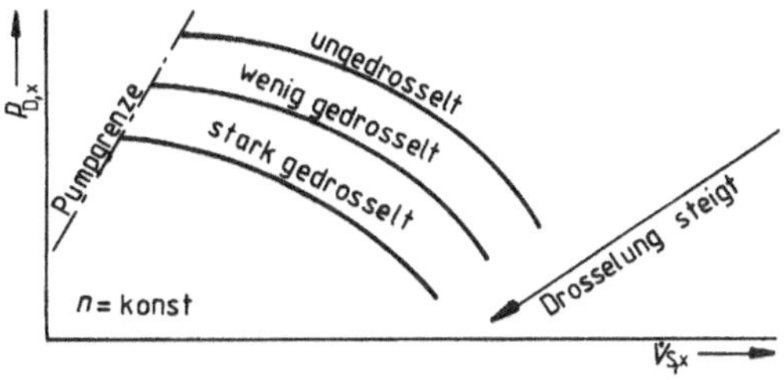

Bild 9-22 Verdichterkennlinien bei verschiedener Saugseitendrosselung

9.2.2.3 Instabilitäten (Strömungsabreißen)

„Pumpen"

Infolge der großen Kompressibilität nichtraumbeständiger Fluide (Gase, Dämpfe) wirken Druck- und Saugbereiche der Anlage (Leitungen, Behälter u. Ä.) immer als Energiespeicher. Wegen des meist stark ausgeprägten, labilen Kennlinienbereiches besteht bei Kreiselverdichtern daher große Gefahr, in einen instabilen Betriebszustand zu gelangen. Die bekannteste und häufigste Form der Verdichterinstabilität ist das sog. „Pumpen" (Abschnitt 9.2.1.3), ein periodisch niederfrequenter Strömungsabriss mit typischer Frequenz von etwa 5 bis 30 Hz. „Pumpen" äußert sich bei Verdichtern meist durch kräftigen, kanonenschlagartigen Knall und stellt wegen der großen beteiligten Energie die gefährlichste Form der Kreiselverdichter-Instabilität dar. „Pumpen" tritt beim Unterschreiten der **Abreißgrenze** (Pumpgrenze) in Richtung kleineren Volumendurchsatzes auf. Die Pumpfrequenz wird durch die Größe der „Gasspeicher" vor und nach dem Verdichter bestimmt. Die Abreißgrenze ergibt sich als Verbindungslinie der Maximalpunkte verschiedener Drosselkurven und teilt das Kennfeld in den unterhalb liegenden stabilen ($p_D < p_{kr}$) sowie den darüber liegenden instabilen Betriebsbereich ein.

Wie in Abschnitt 9.2.1.3 bei Kreiselpumpen ausgeführt, kann die Laufradströmung das Gas bei Unterschreiten der Abreißgrenze nicht mehr auf den Behälterdruck fördern, der hinter dem Verdichter herrscht. Die Strömung löst sich ab und blockiert örtlich die Querschnitte, wodurch sich eine Druckwelle ausbildet, die mit Schallgeschwindigkeit nach vorne läuft. Dabei vermindert sich der Verdichter-Durchsatz innerhalb weniger Millisekunden auf null (Phase I). Anschließend tritt Rückströmen auf, wodurch sich der Druckbehälter (-system) stromauf-, d. h. nach rückwärts, durch den Verdichter entleert. Diese Phase II dauert etwa 20 bis 50 Millisekunden. Dadurch sinkt der Druck so weit ab, dass sich die Strömung wieder an die Schaufelgitter anlegt, weshalb der Verdichter den seiner Drehzahl entsprechenden Durchsatz erneut zu fördern beginnt (Phase III). Durch den Förderstrom baut sich der Druck entlang der zur Drosselstellung gehörenden Kennlinie wieder auf. Falls dabei die Abreißgrenze abermals überschritten wird, beginnt der Pendelvorgang von neuem, der von starken Geräuschen begleitet ist und Laufunruhe sowie Erschütterungen hervorruft.

Bei Radialverdichtern liegt die Abreißgrenze niedriger als bei Axialausführungen. Radialverdichter verfügen daher über ein größeres, stabiles Arbeitsgebiet und sind auf kleinere Volumendurchsätze herabregelbar. Der Kennliniensteilabfall bei Axialrädern ist dadurch bedingt, dass bei Flügelprofilen schon geringeres Abweichen der Strömungsrichtung zum Ablösen führt.

Durch entsprechende Maßnahmen muss der „Pump"-Betriebszustand bei Kreiselverdichtern verhindert werden. Die wichtigsten Vorkehrungen entsprechen den Maßnahmen bei Kreiselpumpen:

Ausblasventil: Sinkt der Durchsatz unter den kritischen (entsprechend der Abreißgrenze), öffnet ein Ventil in der Druckleitung, das sog. Abblasventil. Dadurch strömt Druckgas in die Umgebung ab oder über einen **Bypass** zur Saugleitung zurück. Der Verdichter fördert mehr, als der Verbraucher benötigt, und bleibt daher oberhalb der Abreißgrenze im stabilen Betriebsbereich. Die Methode ist einfach, jedoch unwirtschaftlich, da unnötiger Leistungsmehrbedarf.

Saugseitenabsperrung: Bei Unterschreiten der Abreißgrenze wird die Verdichtersaugseite abgesperrt und Zurückströmen aus dem Verbrauchernetz durch ein Rückschlagventil verhindert. Der Verdichter arbeitet dann im Leerlaufzustand. Um jedoch unzulässiges Erhitzen des sich im Verdichter befindenden Gases durch Radreibung zu verhindern, muss ein *Mindestdurchsatzstrom* aufrechterhalten bleiben.

Vordrallregelung: Mittels eines auf der Verdichtersaugseite fest stehend, jedoch verstellbar angeordneten Schaufelgitters sind sowohl Strömungsquerschnitt als auch Vordrall (Abschnitt 7.2.1.7) änderbar. Die Drosselkurve kann dem Betriebszustand so angepasst werden, dass der Verdichter im stabilen Betriebsfeld arbeitet. Dieses Verfahren ist aufwendig, ermöglicht jedoch in großem Betriebsbereich gleich bleibend hohen Wirkungsgrad und wird deshalb bei Kreiselverdichtern häufiger angewendet, besonders auch dann, wenn keine Überschallgefahr besteht (Abschnitt 5.3). Vielfach werden bei mehrstufigen Verdichtern nicht vor jeder Stufe, jedoch jeweils nach einer Reihe von Stufen drehbare Leitschaufeln angeordnet, die Strömungsablösen und Zurückschlagen (Pumpen) verhindern bzw. stark vermindern.

Rotierendes Abreißen

Unabhängig vom „Pumpen" kann bei Kreiselverdichtern (seltener bei Kreiselpumpen) eine weitere unstetige Ablösungserscheinung auftreten, wenn der Durchsatzstrom genügend unter dem Auslegungspunkt liegt und weiter verkleinert wird. Der Vorgang tritt hauptsächlich bei Axialverdichtern (Ringgitter), jedoch auch verschiedentlich bei Radialmaschinen (insbesondere mit kurzer radialer Schaufelerstreckung) auf.

Ausgelöst wird das Phänomen durch zu steile Anströmung (Anstellung δ_T in Bild 9-23) der Schaufelprofile bei tiefer Teillast. Dadurch löst sich die Strömung auf den Schaufelrückseiten ab (Gebiet Az in Bild 9-23) und versperrt größtenteils die Kanalquerschnitte. Ablösen an Ringgittern tritt dabei nahezu immer nur an einer oder mehreren Stellen des Umfangs auf, und zwar an solchen, die durch geometrische Fehler oder zusätzliche lokale Störungen der Zuströmung benachteiligt sind. Gleichzeitiges Abreißen über dem gesamten Umfang findet so gut wie nie statt. Aus dieser Tatsache entwickelt sich die sog. **rotierende Ablösung,** welche sich folgendermaßen erklären lässt: Wird ein Schaufelgitter nahe seiner maximalen Umlenkung, d. h. bei kleiner Teillast, angeströmt, genügt eine kleine lokale Störung, um mindestens ein Schaufelprofil zum Ablösen der Strömung zu bringen, wodurch die betroffenen Schaufelkanäle weitgehend versperrt werden. Der Durchfluss ist entsprechend behindert, weshalb sich die Strömung an dieser Stelle der Beschauflung örtlich aufstaut. Die Strömung versucht dann seitlich auszuweichen, weshalb sie zusätzlich abgelenkt wird. Dadurch steigt der Anstellwinkel zum nächstfolgenden Profil weiter und nimmt zum vorhergehenden ab, was Ablösen bzw. Wiederanlegen der Strömung bewirkt. Das bedeutet: Gemäß Bild 9-23 wird die Strömung durch das zwischen den Schaufeln II bis IV gebildete Staugebiet nach beiden Seiten hin abgelenkt. Die Ablenkung bewirkt in den in Umfangsrichtung nachfolgenden Schaufeln IV und V Vergrößern des ohnehin großen Anstellwinkels, weshalb hier die Strömung abreißt. Bei den in Umfangsrichtung vor dem Staugebiet liegenden Schaufeln II und I wird die Anstellung dagegen vermindert, weshalb sich die abgerissene Strömung hier wieder an die Profile anlegt. Die Abreißzone wandert somit relativ zum Laufschaufelgitter, und zwar entgegen der Drehrichtung, worauf die Benennung „rotierende Ablösung" zurückzuführen ist.

Die rotierende Ablösung tritt in sehr unterschiedlicher Form auf. So kann die Zahl der am Gitterumfang einigermaßen gleichmäßig verteilten Ablösezellen zwischen 1 und 8 betragen sowie ihre radiale und umfangsmäßige Erstreckung sehr unterschiedlich sein, abhängig vom Drosselzustand des Verdichters. Je kleiner der Durchsatz, desto größer werden die Ablösungsgebiete. Mit abnehmendem Volumenstrom entsteht beim Durchschreiten der Abreißgrenze zunächst meist nur eine Abreißzelle. Bei weiterem Verkleinern des Förderstromes teilt sich die Abreißzone sprungartig in mehrere auf. Verdichter mit kleinem Nabenverhältnis (lange Schaufeln) neigen zu einzelligen Abreißgebieten, welche über die gesamte Schaufelspannweite reichen. Wegen des Randwirbels SW (Bild 9-18, Abschnitt 9.2.1.8) bilden sich die Abreißzonen jedoch fast immer außen.

Die relative Fortschrittgeschwindigkeit der rotierenden Ablösezellen entgegen der Drehrichtung beträgt laut SCHÄFFLER[1)] 50 bis 85 % der Umfangsgeschwindigkeit. Das bedeutet, die rotierenden Ablösebereiche bewegen sich bezüglich des ruhenden Beobachters mit einer Drehgeschwindigkeit von 15 % bis 50 % der Laufradumfangsgeschwindigkeit in Maschinendrehrichtung,

Häufig ist rotierendes Ablösen die Ursache von Schaufelbrüchen. Die Schaufeln können durch den infolge rotierenden Abreißens wechselnden Fluiddruck zu Biegeschwingungen veranlasst und dadurch örtlich überbeansprucht werden. Längeres Arbeiten im „Abreiß-Zustand" ist deshalb möglichst zu vermeiden. Für einstufige Verdichter gilt das Einsetzen der rotierenden Ablösung daher als Betriebsgrenze. Abhilfe: Verstellbare Leitschaufeln.

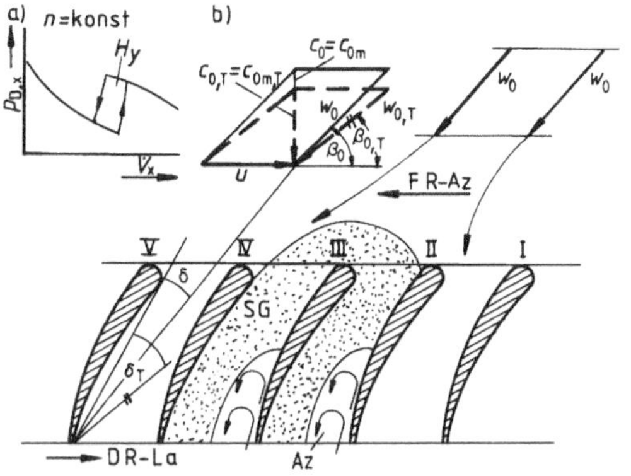

Bild 9-23 Rotierendes Abreißen an Laufradgitter.
a) Drosselkurve, b) Schaufelgitter, Hy ... Hystereseschleife, Ablösung erfolgt bei geringerem Volumenstrom als Wiederanlegung. Az ... Abreißzone, SG ... Staugebiet. FR-Az ... Fortpflanzungsrichtung der Abreißzone und damit des Staugebietes, DR-La ... Laufrad-Drehrichtung. Hinweis: ∦ bedeutet Linien parallel.

Mehrstufige Verdichter können dagegen auch dann im Dauerbetrieb laufen, wenn hinter der Stufe mit rotierendem Ablösen noch stabil arbeitende Stufen folgen. Dies ist meist der normale Betriebszustand vielstufiger Verdichter im tiefen Teillastgebiet.

Beim Auftreten rotierenden Ablösens kann die spez. Stutzenarbeit abfallen (Bild 9-23a), wodurch zudem Pumpschwingungen ausgelöst werden können. Diese Tatsache führt in der Praxis öfters zum Verwechseln beider Erscheinungen.

Schaufelgitter sind umso strömungsabrissgefährderter, je höher ihre **aerodynamische Belastung** ist. Als aerodynamische Belastung wird der Quotient von Geschwindigkeitsabnahme des Fluidstromes im Schaufelgitter und dessen maximaler Saugseitengeschwindigkeit (alles Relativgeschwindigkeiten) bezeichnet. Oft wird hierfür auch das Verhältnis von zugehöriger Druckzunahme im Schaufelgitter und Staudruck der Saugseitengeschwindigkeit verwendet.

Tiefes Abreißen

Tiefes Abreißen ist nach SCHÄFFLER die besonders schwere Form rotierender Ablösung mit einzelligem Ablösesystem, das einen großen Teil des Gitterumfangs erfasst und über die gesamte Spannweite der Schaufeln reicht. Der Betriebszustand ist durch sehr starken Wirkungsgradabfall von 20 bis 40 % und we-

[1)] SCHÄFFLER, A.: Aerodynamische Instabilität in mehrstufigen Axialverdichtern. MTU-Berichte 79/25.

sentlich vermindertes erreichtes Druckverhältnis gekennzeichnet, was von den spezifischen Auslegewerten der Stufe nahezu unabhängig ist. Der Verdichter-Betrieb in diesem Zustand, welcher nach Unterschreiten der zugehörigen Bereichsgrenze sprungartig erreicht wird, ist verschiedentlich ohne starke Pulsation möglich.

Förderungsabreißen, eine weitere Instabilität, ist im digitalen Zusatzmaterial dargestellt.

9.2.2.4 Kennlinien mehrstufiger Verdichter

Die Kennlinien mehrstufiger Kreiselverdichter sollten stets experimentell an der gesamten Maschine ermittelt werden. Das Überlagern der Drosselkurven der einzelnen Stufen zur Gesamt-Drosselkurve des mehrstufigen Verdichters erschwert sich dadurch, dass der Beaufschlagungs- oder Füllungsgrad $\dot{V}_x/\dot{V}$ nur im Berechnungspunkt in allen Stufen gleich ist. Mit zunehmender Teillast ($\dot{V}_x < \dot{V}$) nimmt der Füllungsgrad von Stufe zu Stufe immer mehr ab, weil die spezifische Stufenarbeit und damit die Gaskompression ansteigt (Abschnitt 9.2.2.2). Im Überlastgebiet ($\dot{V}_x/\dot{V} > 1$) ergibt sich die umgekehrte Tendenz, die spezifische Stufenenergie fällt, weshalb der Beaufschlagungsgrad von Stufe zu Stufe wächst. Des Weiteren gilt bei Verdichtern das Konvergenzgesetz (Abschnitt 9.2.1.4) nur noch in sehr grober Näherung. Stoßparabeln (Linien gleichen Stoßzustandes) gibt es nicht. Außerhalb des Berechnungspunktes (Stoßfreiheit) ändert sich der Stoßzustand von Stufe zu Stufe. Der Grund liegt auch hier darin, dass sich der Füllungsgrad bei Drehzahländerung von Stufe zu Stufe zunehmend ändert. Beim Drehzahlerhöhen geht der Beaufschlagungsgrad infolge der durch vermehrte Kompression zunehmenden Fluiddichte stärker zurück, als er umgekehrt bei niedrigerer Drehzahl zunimmt. Selbst innerhalb der einzelnen Stufen treten bei Drehzahländerung solche Verschiebungen auf. Die Fluidkompression im Laufrad ändert sich mit der Drehzahl und das Leitrad wirkt gewissermaßen als nachgeschaltete Stufe. Deshalb gibt es sogar beim einstufigen Kreiselverdichter oft nur bei einer bestimmten Drehzahl einen einzigen Arbeitspunkt mit Stoßfreiheit, den Auslegungspunkt bzw. mit gleichem Stoßzustand in Lauf- und Leitrad, wodurch sich begründet, weshalb es keine Stoßparabeln geben kann. Bei niedrigen Drehzahlen (unter Nennwert) ist zudem der Volumenstrom infolge der geringeren Kompression in den oberen Stufen vergleichsweise größer. Die Abreißgrenze wird deshalb zuerst in der ersten Stufe erreicht. Bei Überschreiten der Auslegungsdrehzahl ist es umgekehrt, das Abreißen springt auf die letzten Stufen über.

Zusammenfassend gilt: Beim Erhöhen der Drehzahl über den Nennwert wächst die Fluiddichte von Stufe zu Stufe stärker als im Auslegungspunkt. Daraus folgt, dass der Förderdruck stärker als nach den Affinitätsbedingungen ansteigt, weshalb die Drosselkurven steiler verlaufen. Die Drehzahl wird nach oben durch die Fliehkraft und Überschallgrenze (Abschnitt 5.3.3), also die MACH-Zahl Ma, begrenzt.

9.3 Betriebsverhalten der Strömungskraftmaschinen

9.3.1 Grundsätzliches

Auch bei Turbinen können die das Betriebsverhalten charakterisierenden Kennlinien letztlich nur experimentell bestimmt werden. Vorab erfolgt das Festlegen der Kennlinien an Modellmaschinen, während das Nachmessen bei Inbetriebnahme der Großausführung geschieht, d. h. der ausgeführten Turbine.

Da es sich bei beiden Ausführungsgruppen (KM, AM) um Strömungsmaschinen handelt, ist das Kennverhalten von Turbinen (KM) prinzipiell ähnlich dem von Pumpen (AM). Im Gegensatz zu Pumpen bestehen jedoch bei Turbinen völlig andere Betriebsbedingungen. Während bei Pumpen die notwendige Stutzenarbeit durchsatzabhängig von der Maschine erzeugt wird, liegt sie bei Turbinen durch die Anlagenverhältnisse fest, und zwar bei:

- Wasserturbinen durch das nutzbare Gefälle, den Höhenunterschied zwischen Ober- und Unterwasser.
- Dampfturbinen durch Kessel- und Kondensatordruck- bzw. Abdampfdruck
- Gasturbinen durch Verdichter- bzw. Brennkammerdruck und Gegendruck (Außen-, Umgebungsdruck).

Zwischen den verschiedenen Turbo-Kraftanlagen bestehen dabei noch weitere Unterschiede.

Hydraulische Anlagen (WT, LT): Sowohl Gefälle als auch Wasserangebot (Volumenstrom) sind durch die natürlichen Verhältnisse (Höhenunterschied, Regenfälle) bestimmt. Dies gilt entsprechend auch für das Windangebot bei Luftturbinen.

Thermische Anlagen (DT, GT): Hier sind nur die Austrittsverhältnisse durch natürliche Bedingungen begrenzt. Bei Dampfturbinen legt meist das von der Natur verfügbare Kühlmedium (Wasser, Luft) die Kondensatortemperatur und damit den Dampfzustand am Turbinenaustritt fest. Bei Gasturbinen, die meist in offener Betriebsweise arbeiten, bestimmt die Umgebung den Enddruck der Turbinenentspannung und damit die Abgastemperatur. Die Anfangswerte (Druck, Temperatur) des Arbeitsmediums sind dagegen in weitem Bereich technisch festlegbar und nur durch die Belastbarkeit der verfügbaren bzw. verwendeten Maschinenwerkstoffe begrenzt.

Turbinen (außer bei Flugzeugen) werden überwiegend zum Antrieb von Generatoren für die Stromerzeugung eingesetzt. Da elektrischer Strom im Großen nicht speicherbar ist, obwohl Batterien eine um den Faktor 30 höhere spezifische Speicherfähigkeit als Pumpspeicheranlagen haben, muss er verbrauchsgerecht erzeugt werden, d. h. immer gerade in der Menge bzw. Leistung, wie vom Verbraucher nachgefragt, und dies bei konstant gehaltener Spannung sowie Frequenz. Der Regler muss daher die Turbinenleistung bei möglichst gleich bleibender Drehzahl dem wechselnden Bedarf anpassen. Die zulässigen Netz- und damit Drehzahlschwankungen betragen $\Delta f = \Delta n = \pm 0{,}2\,\%$; erreicht werden meist weniger als $\pm 0{,}1\,\%$. Die Netzfrequenz f bestimmt bei der Stromerzeugung die Turbinendrehzahl n zu $n = f/p$ mit p, der Polpaarzahl des Generators. Bei $\Delta f \geqq 1$ Hz werden Notmaßnahmen (Netz-Teilabschaltung) eingeleitet. Zugehörig ist die Schwankung der elektrischen Spannung des Netzes entsprechend gering.

Im Gegensatz zu Pumpen sind Turbinen fast immer mit einer Regeleinrichtung ausgerüstet. Hauptsächlich wird durch Ändern des Strömungsquerschnittes in Zuführ- oder Leiteinrichtung der Maschine fließende Mengenstrom $\dot{m}$ und dadurch die Leistung gemäß Beziehung $P_e = \dot{m} \cdot Y_e$ den Erfordernissen angepasst, da $Y_e \equiv w_{th,e}$ meist festliegt.

Für den Turbinenbetrieb muss bekannt sein, wie sich die Maschine verhält, wenn sie bei unveränderter Reglerstellung ($Y \cdot \dot{m} = $ konst) entlastet wird. Dabei besteht die Gefahr, dass der Turbosatz eine oft unzulässig hohe Drehzahl, die sog. **Durchgangsdrehzahl**, erreichen und sich dann infolge Fliehkraftwirkung selbst zerstören könnte.

Wie in Abschnitt 11.2.2.1 und [3] gezeigt, ist die am Laufrad durch den Fluidstrom wirkende Umfangskraft negativ proportional zur Umfangsgeschwindigkeit und damit zur Drehzahl, falls der Fluidmassenstrom $\dot{m}$ unverändert bleibt. Umfangskraft $F_{u,x}$ und Drehmoment T_x nehmen daher mit steigender Drehzahl n linear ab. Die Leistung folgt aus dem Produkt von Drehmoment und Drehzahl, $P_x = T_x \cdot \omega_x = T_x \cdot n_x \cdot 2 \cdot \pi$ (Index e weggelassen). Die Funktion $P_x = f(n_x)$ weist somit die Form einer Parabel auf. Der Verlauf des Wirkungsgrades

$$\eta_x = \frac{P_x}{P_{zu}} = \frac{T_x \cdot n_x \cdot 2 \cdot \pi}{\dot{m} \cdot Y} = \frac{T_x \cdot n_x \cdot 2 \cdot \pi}{\varrho \cdot \dot{V} \cdot Y} = \frac{T_x \cdot n_x \cdot 2 \cdot \pi}{\text{konst}} \sim P_x$$

erfolgt ebenfalls parabolisch, und zwar synchron zur Leistungskurve $P_x = f(n_x)$. Die zugehörigen Kennlinien sind in Bild 9-24 prinzipiell dargestellt.

Die Kurven in Bild 9-24, d. h. die η_x- und P_x-Parabeln, zeigen, dass die maximal erreichbare Drehzahl, die Durchgangsdrehzahl n_{max}, etwa doppelt so groß ist wie die zu den maximalen Werten von Leistung P und Wirkungsgrad η gehörende Drehzahl n. Die Drehzahl n ist der Auslegungswert, mit dem die Turbine auch im Betrieb laufen soll (Betriebsdrehzahl wegen η_{max}).

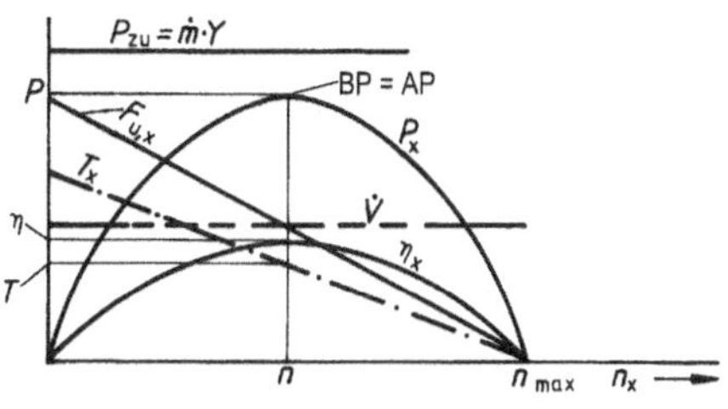

Bild 9-24 Turbinen-Kennlinie in prinzipieller Form, abhängig von der Drehzahl bei gleich gehaltener Steuerstellung ($Y = $ konst und $\dot{m} = $ konst). BP – Betriebspunkt; AP – Auslegungspunkt

9.3.2 Wasserturbinen

Alle Wasserturbinentypen verhalten sich bei gleich bleibendem Gefälle (meist vorhanden) und festgehaltener Reglerstellung prinzipiell nach den in Bild 9-24 dargestellten Kennlinien. Wasserturbinen arbeiten demnach nur in engem Drehzahlbereich bei hohem Wirkungsgrad. Die Betriebsdrehzahl muss deshalb in diesem Bereich liegen. Des Weiteren erreicht das Drehmoment seinen Höchstwert bei festgebremster Turbine ($n = 0$). Bei der Durchgangsdrehzahl n_{max} wird die gesamte, vom Wasserstrom zugeführte Energie zum Durchschleusen des Wassers durch die Maschine sowie Wirbelbildung und Reibung (Hauptanteile) verbraucht.

Die bei vollem Durchsatz $\dot{V}_{max}$ (ganz geöffnetes Leitrad) erreichten Werte von Durchgangsdrehzahl n_d und Festbremsmoment T_{max} für die drei wichtigen Wasserturbinentypen gehen aus Tabelle 9-2 hervor. Bei FRANCIS- und KAPLAN-Turbinen steigt maschinenbedingt der Durchsatz $\dot{V}$ mit wachsender Drehzahl (Bild 9-25). Deshalb liegt deren Durchgangsdrehzahl bis über den theoretischen Wert von $2 \cdot n$.

Tabelle 9-2 Durchgangsdrehzahl n_d sowie Festbremsmoment T_{max} von Wasserturbinen bei vollem Durchsatz im Vergleich zu den Nennwerten n und T

	PELTON-T	FRANCIS-T	KAPLAN-T
n_d (bei $T = 0$)	$\approx 1{,}7 \cdot n$	$(1{,}7 \ldots 2{,}2) \cdot n$	$(2 \ldots 2{,}8) \cdot n$
T_{max} (bei $n = 0$)	$\approx 2 \cdot T$	$(1{,}1 \ldots 2) \cdot T$	$2{,}5 \cdot T$

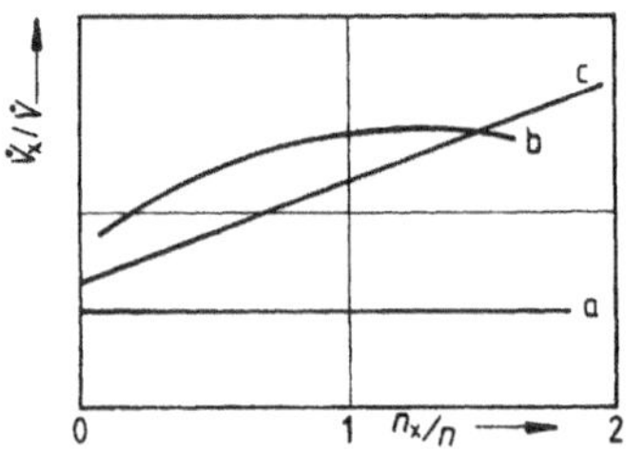

Bild 9-25 Wasserstrom-Kennlinien verschiedener Turbinentypen: a PELTON, b FRANCIS-Langsamläufer, c FRANCIS-Schnellläufer und KAPLAN

Wegen Kavitation notwendiger niedriger Nenndrehzahl (meist unter $1000\,\text{min}^{-1}$) halten Wasserturbinen in der Regel die Durchgangsdrehzahl aus. Die Festigkeitsgrenze wird nicht erreicht. Besondere Sicherheitsvorkehrungen sind daher nur in Sonderfällen notwendig, z. B. wenn die mit „hochgezogene" (beschleunigte) elektrische Maschine, der Generator, die Drehzahl nicht verkraftet, d. h. die nur verspannte Rotorwicklung durch Fliehkraftwirkung herausgezerrt würde.

Die in Bild 9-24 eingetragene Volumenstromlinie verläuft je nach Wasserturbinentyp unterschiedlich. Die verschiedenen Wasserstromkennlinien gehen aus Bild 9-25 hervor. Der unterschiedliche Verlauf wird durch den Einfluss des sog. **Fliehkraftdruckes** $\varrho(u_2^2 - u_1^2)/2$ bestimmt. Daher gilt bei:

- PELTON-Turbinen: Wasserdurchsatz unabhängig von der Drehzahl, da $u_1 = u_2$ und $w_1 \approx w_2$.
- FRANCIS-Langsamläufer: Da $u_2 > u_1$, fällt der Wasserstrom mit steigender Drehzahl im Bereich $n_x > n$.
- FRANCIS-Schnellläufer: Da $u_2 \leqq u_1$, steigt der Wasserstrom mit steigender Drehzahl.
- KAPLAN-Turbinen: Obwohl $u_2 = u_1$, also kein Fliehkraftdruck vorhanden ist, steigt der Wasserstrom bei wachsender Drehzahl. Grund: Die Relativströmungsgeschwindigkeiten w_2 sowie w_1 steigen gemäß den Geschwindigkeitsdreiecken mit der Umfangsgeschwindigkeit und deshalb der Drehzahl.

Die Kennlinien der bei Wasserturbinen fast immer angewendeten **Füllungsregelung** sind beispielsweise für eine FRANCIS-Turbine in Bild 9-26 dargestellt. Das Diagramm zeigt, dass ein Mindestvolumenstrom, der sog. **Leerlaufwasserstrom**, zur Deckung der inneren und äußeren Verluste notwendig ist. Erst anschließend gibt die Maschine Nutzleistung ab. Der Wirkungsgrad steigt steil an und bleibt im Beaufschlagungsgrad-Bereich 50 bis 100 %, dem Regelbereich RB, etwa in Höhe des Maximalwertes.

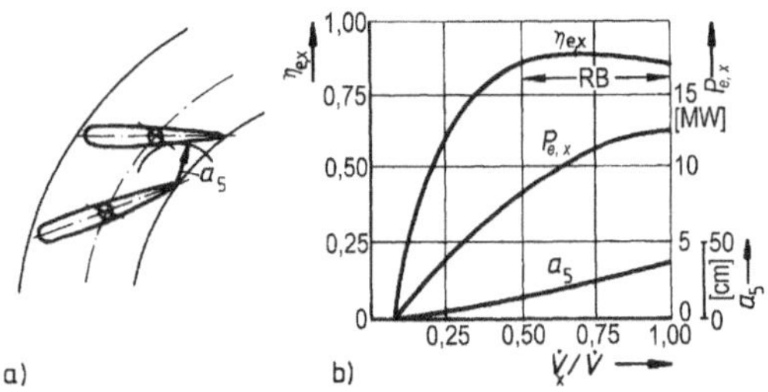

Bild 9-26 Kennlinien einer FRANCIS-Turbine bei der üblichen Füllungsregelung (Durchsatzänderung). a) Leitkanal (FINK'sche Drehschaufeln). b) Kennlinien für Leistung $P_{e,x}$ und Wirkungsgrad $\eta_{e,x}$, abhängig vom Beaufschlagungsgrad $\dot{V}_x/\dot{V}$. RB – Regelbereich

Wird für eine Wasserturbinenanlage, z. B. ein Flusskraftwerk, der erreichte Wirkungsgrad über dem Gefälle aufgetragen, zeigt sich, dass er ab dem Auslegungspunkt mit kleiner werdender Fallhöhe sehr schnell zurückgeht, besonders bei spez. schnellläufigen Maschinen. Damit begründet sich, weshalb es sich bei Niederdruckanlagen meist nicht lohnt, den Betrieb bei Hochwasser aufrechtzuerhalten. Infolge des Rückstaus des Unterwassers sinkt die Fallhöhe bei Hochwasser oftmals auf kleine Werte ab.

Auch für Wasserturbinen können Muscheldiagramme gemäß dem Verfahren von Abschnitt 9.2.1.6 aufgezeichnet werden. Muscheldiagramme von Turbinen gleichen dabei prinzipiell denen der Pumpen.

9.3.3 Dampf- und Gasturbinen

9.3.3.1 Vorbemerkungen

Auch bei Dampf- und Gasturbinen zeigen die über der Drehzahl aufgetragenen Kennlinien grundsätzlich den gleichen Verlauf wie in Bild 9-24 dargestellt.

Bei Dampf- und Gasturbinen liegt die Nenndrehzahl meist relativ hoch. Beispielsweise beträgt die Nenndrehzahl bei Generatorantrieb (Frequenz 50 Hz) entweder 1 500 oder 3 000 min^{-1}, bei Flugzeugtriebwerken bis ca. 15 000 min^{-1}. Dampf- und Gasturbinenrotoren arbeiten somit im Auslegungsbetriebszustand bereits nahe an der Festigkeitsgrenze. Sie dürfen und können deshalb die Durchgangsdrehzahl nicht erreichen. Zerstören des Turbinenläufers durch die stark (quadratisch) ansteigende Fliehkraftbeanspruchung würde schon bei einer Drehzahl eintreten, die etwa 50 % über der Dauerbetriebsdrehzahl (Nennwert) liegt. Die Maschinen sind daher mit einem sog. **Schnellschluss** ausgerüstet, einer Vorrichtung, die bei etwa 10 % Überdrehzahl selbstständig eingreift und die Energiezufuhr unterbricht.

9.3.3.2 Kegelgesetz

Für das Kennverhalten von Dampf- und Gasturbinen, die zur Elektrizitätserzeugung mit konstanter Drehzahl arbeiten, ist der Zusammenhang zwischen Durchsatzmengenstrom, Anfangsdruck und Enddruck bzw. Druckverhältnis des Arbeitsfluids innerhalb eines größeren Maschinen-Betriebsbereiches interessant. Zuverlässiges, rechnerisches Nachvollziehen stößt auf erhebliche Schwierigkeiten. Um eine Aussage zu erzielen, wird deshalb die meist vielstufige Beschaufelung bei erster Näherung als hintereinander geschaltete Kanäle, d. h. zusammenhängend als einfache Düse (ZOELLY-Düse), betrachtet. Diese überschlägige Behandlung ist erfahrungsgemäß zulässig. Weitere Untersuchungs-Voraussetzungen sind:

- Konstante Drehzahl. Meist ohnehin weitgehend der Fall.
- Unveränderte Anfangstemperatur. Beim Drosseln (Hauptabsperrventil) bleibt die Temperatur bei idealem Gas exakt, bei Heißdampf (reales Gas) angenähert konstant.
- Gleich bleibender Strömungsquerschnitt. Als Anfangsstelle wird deshalb hierzu der Betrachtung zugrunde gelegt:

  Bei Turbinen ohne besonderen Regelteil: Der Querschnitt hinter dem stets vorhandenen Drosselventil (Hauptabsperrventil).

  Bei Turbinen mit Regelteil (teilbeaufschlagtes LAVAL- oder CURTIS-Rad): Der Querschnitt hinter dem Regelteil.

Somit wird immer nur der vollbeaufschlagte Turbinenteil untersucht, was jedoch stets der Hauptteil der Maschine ist. Anstelle des Zuströmdruckes der gesamten Turbine, des Druckstutzendruckes p_D, tritt der Druck hinter dem Regulierorgan, d. h. dem Drosselventil bzw. der Regelstufe. Dieser „Anfangsdruck“ wird zur Unterscheidung mit p_d bezeichnet, zugehörig t_d und v_d.

Nach den Erkenntnissen der Gasdynamik [3] gilt für den Massenstrom $\dot{m}$ in einer ZOELLY-Düse vom Mündungsquerschnitt A_M (Austritt) beim Anfangszustand p_d, v_d des kompressiblen Fluids (Isentropenexponent $\varkappa$) und beim Enddruck p_S (Saugstutzendruck) nach der **BENDEMANN'schen Gleichung**:

$$\dot{m} = \varphi_M \cdot \dot{m}_{th} = \varphi_M \cdot A_M \cdot \Psi_A \cdot \sqrt{2 \cdot p_d / v_d} \quad (9\text{-}14)$$

φ_M ... Mündungs-Geschwindigkeitsbeiwert
Guter Richtwert $\varphi_M \approx 0{,}97$

Ψ_A ... Ausflussfunktion

Die Ausflussfunktion Ψ_A ist vom Ausflusszustand abhängig, gekennzeichnet durch das Druckverhältnis $\Pi = p_d/p_S$ und dabei p_S hier begrenzt durch den LAVAL-Druck p_L, auch mit kritischem Druck p_{kr} bezeichnet, also $p_S \geqq p_L$.

Unterschieden wird zwischen **unter-** und **überkritischem** Ausflussgebiet.

Unterkritischer Ausfluss:

Gekennzeichnet durch $p_S > p_L$ oder $\Pi < \Pi_L$, d. h. vorhandenes Druckgefälle $\Pi = p_d/p_S$ kleiner als inverses LAVAL-Druckgefälle $\Pi_L = p_d/p_L$. Die Ausströmgeschwindigkeit c_M (Mündungsgeschwindigkeit) ist daher kleiner als die zugehörige LAVAL-Geschwindigkeit c_L, d. h. die kritische Schallgeschwindigkeit a_{kr} vom kritischen Fluidzustand, also $c_M < c_L$ mit

$$c_L = \sqrt{\varkappa \cdot p_L \cdot v_L} = \sqrt{\varkappa \cdot R \cdot T_L} \quad (9\text{-}15)$$

wobei $c_L \equiv a_{kr}$; $p_L \equiv p_{kr}$; $v_L \equiv v_{kr}$ und $T_L \equiv T_{kr}$.

Als **Ausflussfunktion** Ψ_A gilt für das Druckverhältnis $\Pi = p_d/p_S$ z. B. nach [3]

$$\Psi_A = \sqrt{(\varkappa/(\varkappa - 1)) \cdot [\Pi^{-2/\varkappa} - \Pi^{-(\varkappa+1)/\varkappa}]} \quad (9\text{-}16)$$

Kritischer Ausfluss

Gekennzeichnet durch $p_S = p_L$ oder $\Pi = \Pi_L$.

Das vorhandene Druckgefälle $\Pi = p_d/p_S$ entspricht gerade dem inversen LAVAL-Druckverhältnis $\Pi_L = p_d/p_L$, weshalb die Ausflussgeschwindigkeit c_M gerade gleich der LAVAL-Geschwindigkeit c_L ist, also $c_M = c_L$. Hierbei erreicht die Ausflussfunktion Ψ_A ihren LAVAL-Wert $\Psi_{A,L}$ [3]:

$$\Psi_{A,L} = \left(\frac{2}{\varkappa+1}\right)^{1/(\varkappa+1)} \cdot \sqrt{\frac{\varkappa}{\varkappa+1}} \tag{9-17}$$

Ausgewertet für Wasserdampf:

- Heißdampf ($\varkappa$=1,30) $\Psi_{A,L}$=0,472
- Sattdampf ($\varkappa$=1,135) $\Psi_{A,L}$=0,449

} $\Psi_{A,L} \approx 0{,}5$

Überkritischer Ausfluss

Gekennzeichnet durch $p_S < p_L$ und deshalb auch $\Pi > \Pi_L$. Verfügbares Druckgefälle $\Pi = p_d/p_S$ ist größer als das inverse LAVAL-Gefälle $\Pi_L = p_d/p_L$. Die Austrittsgeschwindigkeit c_M wird jedoch trotzdem nicht größer als die LAVAL-Geschwindigkeit c_L. In der Mündung (ZOELLY-Düse) kann nur das LAVAL-Gefälle genützt werden. Der restliche Teil der zugehörigen verfügbaren Exergie geht verloren. Er wird durch Wirbelbildung (Strahl zerplatzt) in Anergie (Verlust- oder Abwärme) umgesetzt. Der beim inversen LAVAL-Druckverhältnis Π_L erreichte Ausflussfunktionshöchstwert Ψ_A, der LAVAL-Wert $\Psi_{A,L}$ (kritischer Wert), ändert sich beim Übergang ins überkritische Entspannungsgebiet nicht mehr. Im gesamten überkritischen Bereich gilt somit $\Psi_A = \Psi_{A,L}$ nach Gl. (9-17) [3].

Das inverse LAVAL-Druckverhältnis Π_L, der Kehrwert des LAVAL-Druckverhältnisse P_L, weshalb $\Pi_L = 1/P_L$, beträgt gemäß Abschnitt 7.3.3.2 und z. B. nach [3]

$$\Pi_L = p_d/p_L = [(\varkappa+1)/2]^{\varkappa/(\varkappa+1)} \tag{9-18}$$

Ausgewertet für Wasserdampf

- Heißdampf ($\varkappa = 1{,}30$) $\Pi_L = 1{,}83$
- Sattdampf ($\varkappa = 1{,}135$) $\Pi_L = 1{,}73$

} $\Pi_L \approx 1{,}8$

Die Ausflussfunktion Ψ_A nach Gl. (9-16), zugehörig Gl. (9-17) und der Massenstrom $\dot{m}$ entsprechend Beziehung (9-14) sind abhängig vom Druckverhältnis $\Pi = p_d/p_S$ sowie dem Gegendruck p_S in Bild 9-27 prinzipiell dargestellt. Der Anfangsdruck p_d ist dabei konstant gehalten (Konstantdruckbetrieb). Es zeigt sich, dass der gekrümmte Verlauf der Kurven sehr gut mit Viertelellipsen übereinstimmt. Die Kurven können deshalb näherungsweise durch Viertelellipsen ersetzt werden. Das führt zu Vereinfachung, da Ellipsen durch entsprechende Auswahl der Achsen-Maßstäbe (Verzerrung $x/a = 1$ sowie $y/b = 1$) in Kreise übergehen und sich deshalb bequem zeichnen lassen. Für jeden Anfangsdruck p_d ergibt sich gut angenähert eine andere Ellipse bzw. ein anderer Kreis für die Funktion des Massendurchsatzes $\dot{m} = f(p_S)$, weshalb Gl. (9-14) zusammen mit Beziehung (9-16) auch als **Viertelellipsengesetz**, seltener Viertelkreisgesetz, bezeichnet wird. Nach Bild 9-27 folgt dann entsprechend der Ellipsenfunktion

$$(x - x_0)^2/a^2 + (y - y_0)^2/b^2 = 1$$

mit

$$x - x_0 = p_S - p_L \qquad a = p_d - p_L$$

$$y - y_0 = \dot{m} \qquad b = \dot{m}_{max}$$

für das Viertelellipsengesetz:

$$(p_S - p_L)^2/(p_d - p_L)^2 + \dot{m}^2/\dot{m}^2_{max} = 1 \tag{9-19}$$

Wird $M_{(p_d-p_L)} = M_{\dot{m}_{max}} = M$, mit M für Maßstab, gesetzt, folgt:

$$(p_S - p_L)^2 + \dot{m}^2 = M^2 \quad \text{(Kreis!)} \tag{9-20}$$

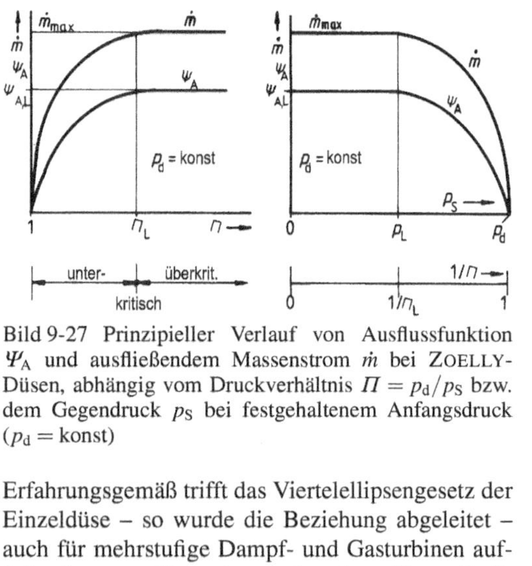

Bild 9-27 Prinzipieller Verlauf von Ausflussfunktion Ψ_A und ausfließendem Massenstrom $\dot{m}$ bei ZOELLY-Düsen, abhängig vom Druckverhältnis $\Pi = p_d/p_S$ bzw. dem Gegendruck p_S bei festgehaltenem Anfangsdruck (p_d = konst)

Erfahrungsgemäß trifft das Viertelellipsengesetz der Einzeldüse – so wurde die Beziehung abgeleitet – auch für mehrstufige Dampf- und Gasturbinen auffallend gut zu. Versuche ergeben den ellipsenähnlichen Verlauf der Kurven $\dot{m} = f(p_S)$, wenn bei konstantem Eintrittsdruck p_d der Massenstrom $\dot{m}$ bei verschiedenen Austrittsdrücken p_S gemessen wird. Dabei kann das geradlinige Kurvenstück (überkritisches Gebiet) nicht oder kaum wahrgenommen werden, weshalb nur die Viertelellipse bedeutungsvoll ist. Das bestätigt auch: Im vollbeaufschlagten Teil thermischer Turbinen wird die Schallgeschwindigkeit nicht ganz erreicht, oder nur wenig überschritten. Zudem bestätigt sich dadurch, dass die gesamte Turbine als Mündung (ZOELLY-Düse) und nicht als Düse (LAVAL-Düse) ansehbar ist.

Je mehr sich der Zuströmdruck p_d dem Austrittsdruck p_S nähert, desto enger wird die Viertelellipse (Viertelkreis), bis sie letztlich bei $p_d = p_S$ zu einem Punkt zusammenfällt. Im räumlichen Koordinatensystem ($\dot{m}$, p_d, p_S) ergibt sich somit ein Viertelkegel, dessen Mantelfläche den Zusammenhang zwischen den drei wichtigen Betriebsgrößen Zuströmdruck p_d (oftmals ungefähr Kessel- bzw. Druckstutzendruck p_D), Saugstutzendruck p_S (Gegendruck, Kondensatordruck) und Massendurchsatzstrom $\dot{m}$ ergibt. Der sog. **Kegel des Massendurchsatzes** wird meist so dargestellt, indem im räumlichen Koordinatensystem aufgetragen werden auf der

x-Achse: Mengenstrom $\dot{m}$

y-Achse: Druck vor der Turbine bzw. Turbinenhauptteil, Druckseitendruck p_d bzw. p_D

z-Achse: Druck nach der Turbine, also Saugseitendruck p_S

Die Kegelspitze liegt dann im Koordinatenursprung.

STODOLA[1)] gab den Massendurchsatzkegel und die zugehörigen Gleichungen auf Grund von Messungen an Dampfturbinen zuerst an und nannte es **Kegelgesetz**. Der Viertelkegel des Massendurchsatzes wird auch als **Dampfkegel nach STODOLA** bezeichnet. Gemäß vorhergehender Ausführungen gilt der Massenstromkegel jedoch allgemein, d. h. für alle kompressiblen Fluide, genau jedoch nur bei idealem Gasverhalten.

In Bild 9-28 ist als Beispiel der Massendurchsatzkegel einer Dampfturbine dargestellt.

Die jeweilige Viertelellipse bzw. der Viertelkreis $\dot{m} = f(p_S)$ bei konstantem Anfangsdruck p_d ergibt sich als Schnittfläche parallel zur Koordinatenebene (p_S, $\dot{m}$) durch den zugehörigen Zuströmdruck p_d, d. h. bei **Fest-** oder **Konstantdruckbetrieb**.

Von besonderer Bedeutung sind auch die Schnittflächen gleichen Gegendruckes p_S, also parallel zur Koordinatenebene ($\dot{m}$, p_d). Die jeweilige Schnittlinie ergibt den Zusammenhang $\dot{m} = f(p_d)$, der für den sog. **Gleitdruckbetrieb** (Abschnitt 11.3.2.2) bekannt sein muss. Diese Kegelschnitte ergeben Hyperbeln, und zwar beim Kreiskegel gleichseitige Hyperbeln. Ausgehend von der allgemeinen Hyperbel-Scheitelgleichung im (x, y)-Koordinatensystem:

$$x^2/a^2 - y^2/b^2 = 1$$

folgt mit $b = a$ die Scheitelgleichung für die gleichseitige Hyperbel zu

$$x^2 - y^2 = a^2$$

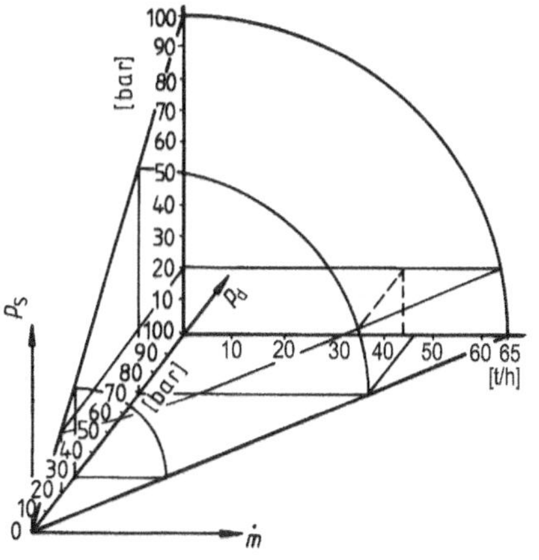

Bild 9-28 Kegel des Massendurchsatzes nach STODOLA (Darstellung des Viertelkegelgesetzes)

Entsprechend gilt für die Hyperbeln in den ($\dot{m}$, p_d)-Schnittebenen, wenn die Konstante a (Hauptachse) durch den zugehörigen Gegendruck p_S ersetzt wird:

$$p_d^2 - \dot{m}^2 = p_S^2 \rightarrow p_d^2 - p_S^2 = \dot{m}^2 \quad \text{oder}$$

$$(p_d^2 - p_S^2)/\dot{m}^2 = 1 \tag{9-21}$$

Die Hyperbelhauptachse a ist der Abstand des Hyperbelscheitels von der p_S-Achse des Koordinatensystems ($\dot{m}$, p_d, p_S). Entsprechend dem zugehörigen Kegelaufbau (Bild 9-28) ergibt sich nach dem Strahlensatz $a/p_d = p_S/p_d$ und hieraus wie zuvor verwendet $a = p_S$.

Mit Gl. (9-21) lassen sich die Werte einer ($\dot{m}$, d_d)-Schnittlinie (Zweitindex I) auf eine andere (Index II) umrechnen:

$$(p_{d,I}^2 - p_{S,I}^2)/\dot{m}_I^2 = (p_{d,II}^2 - p_{S,II}^2)/\dot{m}_{II}^2$$

Hieraus

$$\frac{\dot{m}_{II}}{\dot{m}_I} = \sqrt{\frac{p_{d,II}^2 - p_{S,II}^2}{p_{d,I}^2 - p_{S,I}^2}} = \frac{p_{d,II}}{p_{d,I}} \cdot \sqrt{\frac{1 - (p_{S,II}/p_{d,II})^2}{1 - (p_{S,I}/p_{d,I})^2}} \tag{9-22}$$

Da die Ableitung uneingeschränkt erfolgte, gilt die Beziehung sowohl für Kondensations- als auch Ge-

[1)] STODOLA, A.: Dampf- und Gasturbinen, 5. Auflage. – Berlin: Springer-Verlag.

gendruckturbinen. Des Weiteren sowohl für Gleichdruck- als auch Überdruckbauweise.

Bei Kondensationsturbinen ist in der Regel $p_S < 0{,}1$ bar (bei Frischwasserkühlung oftmals sogar $p_S < 0{,}05$ bar), weshalb $p_{S,II} = p_{S,I} = p_S \approx 0$ gesetzt werden kann. Gl. (9-22) geht hierfür über in:

$$\dot{m}_{II} = \dot{m}_I \approx p_{d,II}/p_{d,I} \tag{9-23}$$

Es ergibt sich die Gleichung einer Geraden, und zwar die Spur (Erzeugende) des Massenstromkegels, d. h. die Linie in der ($\dot{m}$, p_d)-Grundebene. Hieraus folgt: Bei Kondensationsturbinen ändert sich der Dampfdurchsatz linear mit dem Zuströmdruck p_d, was sich experimentell gut bestätigt. Demnach könnte der Massenstrom bei Kondensationsturbinen mit einem hinter der Regeleinrichtung angebrachten Manometer festgestellt werden.

Bei Gegendruckturbinen ($p_S > 0{,}1$ bar) ist die einfache Proportionalität nach Gl. (9-23) nicht mehr anwendbar. Hierfür muss mit Beziehung (9-22) bei $p_{S,II} = p_{S,I} = p_S$ für die Hyperbel in der zugehörigen p_S-Ebene gerechnet werden.

Der STODOLA-Kegel bewährt sich als brauchbares Hilfsmittel, das Verhalten von Kondensations- und Gegendruckturbinen bei verschiedenen Betriebszuständen darzustellen. Er erweist sich sogar noch bei großen Kondensationsturbinen als anwendbar, wo in den letzten Stufen durchaus Überschallströmungen auftreten. Obwohl die Voraussetzungen für den Dampfkegel hier nicht mehr erfüllt sind, ergeben sich nur geringe, meist vernachlässigbare Abweichungen.

Hinweis: Weitere Erläuterung zum Kondensationsbetrieb sowie zugehörige Übungsbeispiele Ü 34 bis Ü 38 beim digitalen Zusatzmaterial.

Anmerkung zur Energie:

Allgemein: $E = F \cdot s$ (Definition)

Statik: Mit Druck p ist $F = p \cdot A$ und Volumen $V = A \cdot s$:

$$\boldsymbol{E = p \cdot A \cdot s = p \cdot V}$$

Dynamik: Mit der mittleren Geschwindigkeit $\overline{v}$, der Masse m entlang des Weges s während der Zeit $t = \Delta t = t_e - t_a = t_e - 0 = t_e$ zwischen den Geschwindigkeiten am Anfang v_a und Ende v_e, also $\overline{v} = (v_a + v_e)/2$. Bei gleichbleibender Beschleunigung a und $v_a = 0$ ist $\overline{v} = v_e/2$. Dann:

$F = m \cdot a = m \cdot \Delta v/\Delta t = m \cdot (v_e - v_a)/t = m \cdot v_e/t$

$s = \overline{v} \cdot t = (v_e/2) \cdot t$

Gemäß NEWTON: $\overline{v} = v_e/2$ und Index e weglassen:

$$\boldsymbol{E = m \cdot v^2/2}$$

Gemäß EINSTEIN bei der Umwandlung von Masse m in Energie E in der Form von Strahlung ist immer $v_e = c$ und auch immer $\overline{v} = c$ der Lichtgeschwindigkeit $c \approx 300\,000$ km/s:

$$\boldsymbol{E = m \cdot c^2}$$

Grundlage oder Ausgangspunkt von NEWTON und EINSTEIN ist die **Axiomatik**, die Lehre vom Definieren und Beweisen unter Zuhilfenahme von Axiomen, also theoretisch letztlich nicht beweisbaren, sondern nur erfahrungsgemäßen Grundsätzen.

Energiehierarchie: Wie überall in der Natur besteht auch bei Energie (die Fähigkeit, Arbeit zu verrichten) eine Hierarchie, also eine technische Qualitätsrangfolge. Die Elektroenergie steht ganz oben als höchste, wertvollste und die Wärmeenergie steht ganz unten als niedrigste, geringwertigste. Unmittelbar nach der elektrischen Energie kommt die mechanische. Elektrische Energie ist kleinstparzellierbar, mechanische nur schwieriger. Elektrische und mechanische Energie sind zudem praktisch weitgehend ineinander umwandelbar. Dagegen ist Wärmeenergie je nach Temperatur- und Drucksituation entsprechend aufwendig, aber immer nur teilweise in mechanische umwandelbar (große Abwärme). Der Prozessverlauf erfolgt dabei gemäß den von Carnot[1]) gefundenen physikalischen Naturgesetzen (Wissenszweig Thermodynamik).

[1]) CARNOT, Nicolaus Leonard, Sodi (1796 – 1832), frz. Physiker

Teil II Turbomaschinenarten

Vorbemerkungen

Da der Schwerpunkt bewusst auf die entsprechend ausführlich behandelten Grundlagen (Teil I) gelegt wurde, muss, um den Umfang des Buches zu begrenzen, das Darstellen der verschiedenen Turbomaschinen-Ausführungen zwangsläufig etwas kurz ausfallen. Auf maschinentechnische Einzelheiten, wie die Konstruktion (Berechnen und Gestalten) von Wellen, Läufer, Radscheiben, Naben-Wellen-Verbindungen, Lager, Dichtungen, Gehäuse, wird, wenn überhaupt, nur stichwortartig eingegangen. Das Auslegen und Gestalten dieser Maschinenteile ist dem Studenten und Ingenieur, der sich mit Strömungsmaschinen befasst, weitgehend bekannt. Genaueres Beschreiben besonderer Probleme muss der Spezialliteratur und der praktischen Erfahrung vorbehalten bleiben.

Des Weiteren wird die Technik des Steuerns und Regelns sowie Überwachens von Strömungsmaschinen, was heute meist hydraulisch-elektrisch über Prozessrechner mit entsprechender Software erfolgt, nicht behandelt. Das Lösen solcher Probleme ist Aufgabe der Steuerungs- und Regelungstechnik.

Um die Darstellung der unterschiedlichen Strömungsmaschinen nicht zu sehr abflachen zu lassen, wird auch hier der Schwerpunkt wieder auf die am häufigsten angewendeten Kreiselpumpen gelegt, mit denen fast jeder Maschinenbauer in Berührung kommt. Ausgeführte Maschinen auch beim digitalen Zusatzmaterial.

10 Übersicht über die Strömungspumpen (Turboarbeitsmaschinen)

10.1 Grundsätzliches

Die vielfältigen Bedingungen hinsichtlich

- Fördermedium, physikalische und chemische Beschaffenheit
  - Dichte
  - Raumbeständigkeit (Aggregatzustand), inkompressibel (flüssig), kompressibel (gasförmig)
  - Viskosität
  - Temperatur, Druck
  - Zusammensetzung (rein, verunreinigt)
  - Aggressivität (Säuren, Laugen etc.)
- Förderdruck
- Durchsatz
- Drehzahl, Antrieb
- Einbau, Saugverhalten

erfordern je nach Anwendungsfall unterschiedliche Ausführungsformen hinsichtlich Aufbau (Konstruktion) und Werkstoff sowie Betriebsweise. Pumpen sind deshalb außerordentlich vielgestaltig und wesentlich vielseitiger als Turbinen. Die folgende Übersicht beschränkt sich daher auf das Behandeln der wichtigsten Bauarten.

Bei Pumpen wird bekanntlich nach der Art des zu fördernden Mediums unterschieden:

- **Kreiselpumpen.** Strömungspumpen für inkompressible Fluide ($\varrho \approx$ konst $\rightarrow$ Flüssigkeiten).
- **Kreiselverdichter.** Strömungspumpen für kompressible Fluide ($\varrho \neq$ konst $\rightarrow$ Gase).

10.2 Kreiselpumpen

10.2.1 Vorbemerkungen

Kreiselpumpen lassen sich klassifizieren

- nach der Bauform $\rightarrow$ Form des Laufrades
  - Radialpumpen
  - Diagonal- oder Halbaxialpumpen
  - Axial- oder Propellerpumpen

  ohne oder mit Spiralgehäuse und dann auch als **Spiralgehäusepumpen** bezeichnet.
- nach der Bauart
  - einstufig, mehrstufig
  - einflutig, mehrflutig
  - kombiniert $\rightarrow$ mehrstufig-mehrflutig

- nach der Bauweise → Maschinenaufbau
  - fliegende Laufrad-Anordnung (einseitige Lagerung). Vor allem bei ein- und wenigstufigen Pumpen in
    - Lagerstuhl- oder Lagerbügelausführung
    - Blockbauweise. Laufrad direkt auf der Motorwelle angeordnet, mit Gleitringdichtung oder hermetisch gekapselt (Spaltrohrmotor)
  - beidseitig gelagerter Läufer. Vor allem bei mehrstufigen und mehrflutigen Pumpen.
  - Ausgeführt als
    - Gehäusetyp, ein Gehäuse
    - Ringtyp, Gehäuse aus einzelnen Ringen, sog. Gliederpumpe
    - Mantelgehäusetyp, Außen- und Innengehäuse.
- nach dem Fördermedium → Reinheit, Aggressivität.
  Pumpen für
  - reine und gering verschmutzte neutrale Flüssigkeiten
  - verschmutzte Flüssigkeiten und Dickstoffe
  - aggressive Flüssigkeiten
  - erosive Flüssigkeiten
  - leicht gasende Flüssigkeiten und Flüssigkeit-Gas-Gemische (Mehrstoffgemische)
  - Flüssigkeit-Feststoff-Gemische
  - flüssige Metalle
- nach der Anwendung
  - normale Bauarten, vor allem Wasserpumpen
  - Sonderbauarten
    - Chemiepumpen
    - Bohrlochpumpen (Unterwasserpumpen)
    - Dickstoffpumpen
    - Kraftwerkspumpen → Kesselspeise-, Kondensat-, Reaktor- und Pumpspeicherpumpen
    - Schiffspumpen
    - Heizungs- oder Heißwasserumwälzpumpen
    - Spezialpumpen
- nach der Betriebsweise
  - normalsaugende, d. h. nicht selbstsaugende Pumpen
  - selbstsaugende Pumpen

Strömungspumpen werden, weil darin Druckumsetzung, d. h. verzögerte Strömung herrscht, in der Regel mit Überdruckwirkung (Reaktion) ausgeführt, also Reaktionsgrad $r > 0$. Grund: Wie bereits in Abschnitt 6.1.4.4 erläutert, ist im rotierenden Laufrad infolge Fliehkraftwirkung die Strömungsablösungsgefahr geringer als in der ruhenden Leitvorrichtung. Grenzschichtanhäufungen werden im Laufrad abgeschleudert. Trotzdem liegen die von Pumpen erreichten Wirkungsgrade meist niedriger als bei Turbinen (beschleunigte Strömung, Abschnitt 1.5.1).

10.2.2 Laufradformen und Kenngrößen

Tabelle 10-1 enthält die verschiedenen Laufradformen in prinzipieller Form sowie die zugehörigen Kennwerte und Tendenzen. Die Grenzen der Kennzahlenbereiche verlaufen fließend, weshalb diese verschiedene Forscher unterschiedlich festlegen. Bei den aufgeführten Stufenförderhöhen handelt es sich um grobe Richtwerte für Pumpen normaler, d. h. technisch üblicher Ausführung und Größe (Laufraddurchmesser). Hochwertige Konstruktionen erreichen oft wesentlich höhere Werte.

Bei Strömungspumpen ist wegen Überdruckwirkung ($r > 0$) und konstruktiven Gründen Teilbeaufschlagung nicht möglich, weshalb die spezifische Drehzahl nicht beliebig weit gesenkt werden kann. Zudem fällt der Pumpenwirkungsgrad mit abnehmender Schnellläufigkeit (Abschnitt 10.2.3). Deshalb sollen Pumpenlaufräder mit spezifischer Drehzahl unter 0,03 ($n_y < 0{,}03$) nicht mehr ausgeführt werden. Einstufige Spiralgehäusepumpen mit $n_y = 0{,}03$ erreichen nur noch einen effektiven Wirkungsgrad von etwa 50 % (Bild 10-1). Um zu große Abmessungen und extreme Kavitationsgefahr zu vermeiden, soll andererseits bei Propellerpumpen die spezifische Drehzahl von 1,5 nicht überschritten werden. Die Schnellläufigkeitsgrenzen für die Maschine – untere Grenze $n_y = 0{,}03$, obere Grenze $n_y = 1{,}5$ – sind jedoch durch entsprechende Laufradkombinationen ausweitbar. Ergibt sich bei den geforderten (Maschinen-)Ausgangswerten $\dot{V}$, $Y = g \cdot H_{ges}$ und n für die gesamte Kreiselpumpe (Index M → Maschine) eine spezifische Drehzahl von

$n_{y,M} < 0{,}03$, ist Übergang auf mehrstufige Radial-Ausführung notwendig, also $i > 1$.

$n_{y,M} > 1{,}5$, ist Übergang auf mehrflutige Anordnung erforderlich, d. h. $j > 1$.

TROSKOLAŃSKI [32] unterscheidet nach der Gesamtförderhöhe H_{ges}:

Niederdruckpumpen	$H_{ges} < 50\,\text{m}$
Mitteldruckpumpen	$H_{ges} = 50 \ldots 100\,\text{m}$
Hochdruckpumpen	$H_{ges} > 100\,\text{m}$

Tabelle 10-1 Laufradformen, Kenngrößen und Bezeichnungen. n_y, n_q, σ Radformkennzahlen. H_{max} maximale Stufenförderhöhe (Richtwerte) bei üblichen Radverhältnissen (Größe und Drehzahl). Punkte ... bedeutet bis. Hinweis auf Tabelle 4-2.

Radform		n_y	n_q [min^{-1}]	σ	H_{max} [m]	Bemerkungen $\dot{V}$	H	
I (Radialrad)	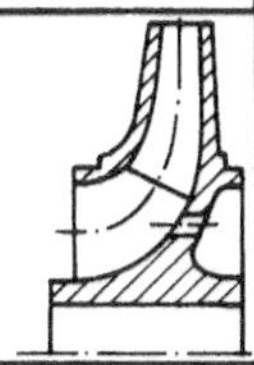	0,03 ... 0,12	10 ... 40	0,064 ... 0,26	~200	klein ↓	groß ↑	Hochdruckrad, Langsamläufer
II (FRANCIS- oder Halbaxialrad)		0,12 ... 0,24	40 ... 80	0,26 ... 0,52	~60			Mitteldruckrad, Mittelläufer
III (Schrauben- oder Diagonalrad)	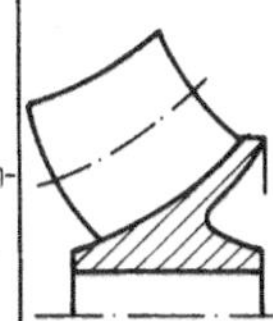	0,24 ... 0,48	80 ... 160	0,52 ... 1,04	~30			Niederdruckrad, Schnellläufer
IV (Propeller oder Axialrad)	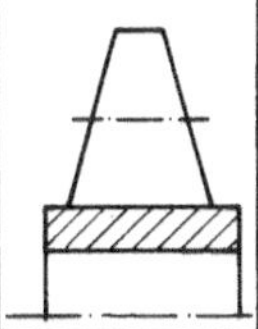	0,3 ... 1,5	100 ... 500	0,64 ... 3,2	~15	groß	klein	Schnellstläufer

Die Kreiselpumpen können dabei durchaus mehrstufig ausgeführt sein. Über 50 % aller betrieblich eingesetzten Kreiselpumpen arbeiten mit Förderströmen bis 50 m^3/h bei Förderhöhen unter 100 m, sind also Nieder- oder Mitteldruckpumpen.

Der Regelbereich hinsichtlich der Fördermenge $\dot{V}_x$ liegt zwischen:

$$\dot{V}_{min} = (0{,}1 \ldots 0{,}2) \cdot \dot{V} \quad \text{und}$$

$$\dot{V}_{max} = (1{,}5 \ldots 1{,}8) \cdot \dot{V}$$

Die höchste erreichbare Stufenförderhöhe beträgt üblicherweise etwa 400 m, beispielsweise bei Pumpspeicherpumpen. Nach anderen Quellen erreichen insbesondere Prozess- und Kesselspeisepumpen bei der Drehzahl von etwa 6 000 min^{-1} Stufenförderhöhen bis 650 m, in Grenzfällen sogar bis ca. 1000 m. Der Antrieb solcher Maschinen erfolgt meist direkt durch Dampfturbinen. Wegen der hohen Drehzahl muss das Fördermedium der Pumpe wegen Kavitationsgefahr (Abschnitt 5.2) mit ausreichendem Zuströmdruck mittels **Vorpumpe** zugeführt werden. Eine amerikanische Spezial-Prozesspumpe erreichte bei der Drehzahl $n = 24\,000\,\text{min}^{-1}$ und dem Vordruck von $p = 10 \ldots 20\,\text{bar}$ sogar eine Stufenförderhöhe von fast 1800 m.

B 5 Übliche Radial-Kreiselpumpen werden dagegen selten mit Stufenförderhöhen größer als 200 m gebaut. Die Stufenförderhöhe 200 m benötigt bei $n = 2880\,\text{min}^{-1} = 48\,\text{s}^{-1}$ (Lastdrehzahl von 2-poligem Elektromotor) und der Druckziffer $\psi = 1$ (Abschnitt 4.3.3.2) einen Laufraddurchmesser von:

$$u_2^2 = 2 \cdot \Delta Y / \psi = 2 \cdot g \cdot H_{ges} / \psi$$
$$= 2 \cdot 9{,}81 \cdot 200/1\ \text{m}^2/\text{s}^2 = 3\,924\,\text{m}^2/\text{s}^2$$
$$u_2 = 62{,}64\,\text{m/s}$$

Hierzu nach $u_2 = D_2 \cdot \pi \cdot n$

$$D_2 = \frac{u_2}{\pi \cdot n} = \frac{62{,}64\ \text{m/s}}{\pi \cdot 48\ \ 1/\text{s}} = 0{,}415\,\text{m} \approx 400\,\text{mm}$$

Tabelle 10-2 Richtwerte für die Abmessungsverhältnisse von Pumpenlaufrädern

n_y	0,03	0,15	0,30	0,45
Radform	I	II	III	IV
$D_S/D_{2,(a)}$	0,28	0,65	0,84	1,0
$b_2/D_{2,(a)}$	0,02	0,11	0,18	0,3 ... 0,2
$D_{1,(i)}/D_{2,(a)}$	0,25	0,4	0,5	0,4 ... 0,6

Richtwerte für das Gestalten von Pumpen-Laufrädern, kurz auch als Läufer, Rad oder Kreisel bezeichnet, gehen aus Tabelle 10-2 hervor.

Gebaut werden Kreiselpumpen für Förderhöhen von wenigen Zentimetern bis etwa 5 000 m, was ungefähr 500 bar Förderdruck entspricht. Der je Rad bzw. Flut verarbeitete Volumenstrom reicht von 0,1 m^3/h (untere Grenze) bis ca. 100 000 m^3/h, bei Pumpspeicherpumpen (Abschnitt 10.2.6.5) sogar bis 500 000 m^3/h. Der Bereich der notwendigen Antriebsleistung erstreckt sich dabei von wenigen Watt bis etwa 300 MW.

Bei den üblichen Drehzahlen (1 440 min^{-1} oder 2 880 min^{-1}) werden Stufenzahlen bis etwa 20 ausgeführt, in Sonderfällen (senkrechte Anordnung) bis 40, also $i \leqq 20 (\ldots 40)$.

Gemäß der EULER-Gleichung bzw. den Affinitätsgesetzen (Abschnitt 4.2.3) steigt die Stufenförderhöhe etwa quadratisch mit der Maschinendrehzahl. Deshalb geht bei höheren Drehzahlen die erforderliche Stufenzahl entsprechend zurück. Beispielsweise ist in Ländern mit 60 Hz Netzfrequenz (USA) die Stufenförderhöhe der gleichen Pumpe um $(60/50)^2 = 1{,}44$, also 44 % größer als bei 50 Hz Netzfrequenz (Europa).

Bei Axial-Kreiselpumpen ist die erreichbare Förderhöhe bei festliegender Umfangsgeschwindigkeit vom Quotienten Innen- zu Außendurchmesser, dem Nabenverhältnis $\nu = D_{(i)}/D_{(a)}$, abhängig. Die Förderhöhe geht umso mehr zurück, je kleiner ν wird. Propellerpumpen mit kleinem Durchmesserverhältnis ($\nu \approx 0{,}3 \ldots 0{,}35$) erreichen nur Förderhöhen von $1 \ldots 3$ m, jedoch sehr große Fördermengen. Mit zunehmendem Nabenverhältnis wächst die Förderhöhe und erreicht bei $\nu \approx 0{,}65 \ldots 0{,}7$ Werte bis ca. 25 m (einstufig). Die Förderströme variierten dabei in weiten Grenzen von 50 m³/s bis herab auf 0,05 m³/s.

Der Zusammenhang zwischen Förderhöhe, Flügelzahl des Propellers und Schnellläufigkeit geht aus Tabelle 10-3 hervor.

Tabelle 10-3 Flügelzahl z_{La} und etwaige maximale Förderhöhe H_{max} von Axialpumpen, abhängig von der spezifischen Drehzahl n_y (Richtgrößen)

n_y	0,5	0,8	1,0	1,3	1,5
z_{La}	6	5	4	3	2
H_{max} in m	22	15	10	6	3

10.2.3 Wirkungsgrad

In Abschnitt 8.3 wurden die Strömungsmaschinen-Verluste analysiert. Abschnitt 8.5 zeigt, wie die Verluste in die Wirkungsgrade einfließen. Die relativ weit gesteckten Richtwertbereiche von Abschnitt 8.5 gelten für alle Strömungsmaschinen. Sie sollen hier speziell für Pumpen aufgrund von Versuchswerten eingeengt und ergänzt werden. Festzuhalten ist nochmals, dass Wirkungsgrade letztlich immer nur experimentell ermittelbar sind. Angegebene Werte gelten deshalb nur exakt für die untersuchte Maschine. Dies ist beim Übertragen auf andere Verhältnisse, z. B. als Auslegungsgrundlage, zu beachten. Je besser die Einflüsse erkannt und beim Festlegen (Schätzen) des Wirkungsgrades berücksichtigt werden, desto genauer verwirklicht die ausgeführte Maschine ihre energetischen Berechnungswerte.

Der Wirkungsgrad von Kreiselpumpen wird hauptsächlich durch die Schauflungs- und Radreibungsverluste bestimmt. Bei Pumpen niedriger Schnellläufigkeit (Radialräder) überwiegen infolge verhältnismäßig großer radialer Laufraderstreckung (Durchmesser) die Radreibungsverluste (Abschnitt 8.3.2.3) und wegen der meist hohen Strömungsgeschwindigkeit die Strömungsverluste in der Leitvorrichtung. Bei Pumpen großer spezifischer Drehzahl (Diagonal- und Axialräder) treten die Strömungsverluste im Laufrad (Laufschaufelverluste) in den Vordergrund. Bei spezifisch langsamläufigen Pumpen ist daher besondere Aufmerksamkeit den Laufradaußenflächen (geringe Rauheit) und der strömungstechnisch günstigen Ausbildung der Leitvorrichtung zu widmen. Bei Pumpen großer spezifischer Drehzahl muss dagegen angestrebt werden, die Reibungsflächen innerhalb des Laufrades zu verringern, und zwar durch Vermindern der Schaufelzahl und Weglassen der vorderen, d. h. äußeren Deckwand (Schrauben- und Axialpumpen).

Der Pumpenwirkungsgrad hängt somit von der spezifischen Laufraddrehzahl ab. Erfahrungen und Versuche von KRISAM [1)] bestätigen diese Zusammenhänge. Die Ergebnisse der Messungen, welche KRISAM an serienmäßig hergestellten, einstufigen Kreiselpumpen kleiner und mittlerer Leistung durchführte, sind in Bild 10-1 dargestellt. Um den Einfluss der Wandrauigkeit auszuschalten, wurden nur Laufräder gleicher Größenordnung und Qualität untersucht.

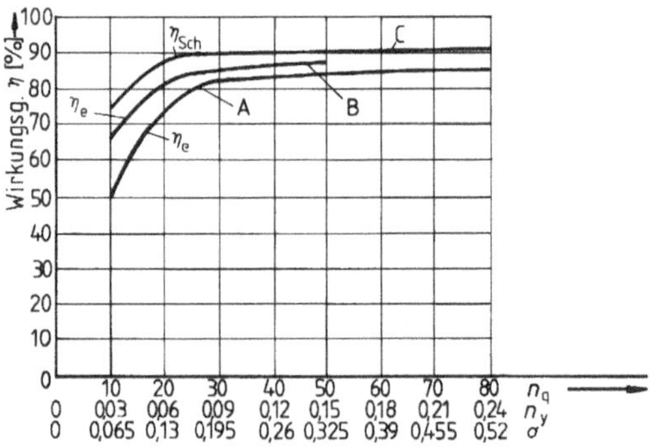

Bild 10-1 Pumpenwirkungsgrade (effektiver Wirkungsgrad η_e und Schauflungswirkungsgrad η_{Sch}), abhängig von der spezifischen Drehzahl n_y (KRISAM, KSB).
Kurve A: Kreiselpumpe mit Spiralgehäuse.
Kurve B: Kreiselpumpe mit Leitrad und Spiralgehäuse.
Kurve C: Schauflungswirkungsgrad zu Kurve B

Die Kurven in Bild 10-1 zeigen, dass der Wirkungsgrad mit wachsender Schnellläufigkeit anfänglich rasch steigt, dann langsamer zunimmt und sich

1) KRISAM, F.: Die Grenzen der Verwendbarkeit der Kreiselpumpen, Technik 3, S. 305 ff.

schließlich in beiden Fällen einem Grenzwert nähert. Das Diagramm lässt außerdem erkennen:

- Bei kleiner spezifischer Drehzahl ist es hinsichtlich guten Wirkungsgrades vorteilhaft, ein Leitrad zwischen Laufrad (Kreisel) und Spiralgehäuse anzuordnen.
- Im Bereich $n_y < 0{,}03$ ist der Wirkungsgrad sehr niedrig und fällt zudem steil ab. Deshalb gilt $n_y = 0{,}03$ als sinnvolle untere Grenze für den Bau einstufiger Kreiselpumpen (Bild 8-13).

Zu beachten ist jedoch, dass der jeweils erreichbare Wirkungsgrad nicht nur von der Schnellläufigkeit, sondern auch von der Größe der Pumpe sowie der Güte der Konstruktion (Schaufelwinkel, Schaufelform, Kanalquerschnitt, Meridianschnittform) und der Qualität der Ausführung (Wandrauigkeit, Spaltweiten, Radien) abhängt.

Dem Verbessern des Pumpenwirkungsgrades mit zunehmender Schnellläufigkeit steht andererseits ein Verschlechtern der Saugfähigkeit infolge wachsender Kavitationsgefahr gegenüber.

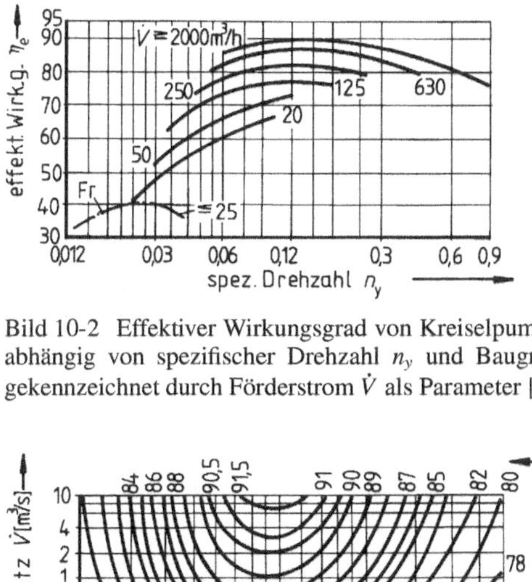

Bild 10-2 Effektiver Wirkungsgrad von Kreiselpumpen, abhängig von spezifischer Drehzahl n_y und Baugröße, gekennzeichnet durch Förderstrom $\dot{V}$ als Parameter [37]

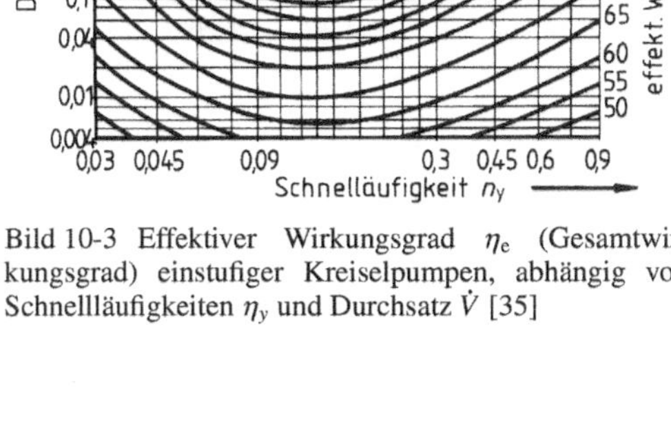

Bild 10-3 Effektiver Wirkungsgrad η_e (Gesamtwirkungsgrad) einstufiger Kreiselpumpen, abhängig von Schnellläufigkeiten η_y und Durchsatz $\dot{V}$ [35]

Der Größeneinfluss, d. h. die Baugröße der Kreiselpumpe, gekennzeichnet durch den Volumenstrom $\dot{V}$, geht aus Bild 10-2 und 10-3 hervor. Zum Vergleich sind zwei unterschiedliche, in der Praxis verwendete Diagramme dargestellt. In Bild 10-2 ist ergänzend auch der Wirkungsgradverlauf von **Flügelrädern**, gekennzeichnet mit Fr ($n_y = 0{,}012 \ldots 0{,}036$), der sog. **Seitenkanalpumpen**, eingetragen.

Bild 10-4 zeigt den Verlauf des Wirkungsgrades mit dem Volumendurchsatz $\dot{V}_x$ und zwar für die verschiedenen Pumpentypen (Radform I bis IV). Um die unterschiedlichen Läuferformen besser vergleichen zu können, ist der jeweils erreichte effektive Wirkungsgrad $\eta_{e,x}$ im Verhältnis zum optimalen Effektivwirkungsgrad η_e (Auslegungswert, zugehörig Nenndurchsatz $\dot{V}$) über dem Belastungsgrad $\dot{V}_x/\dot{V}$ aufgetragen. Das ergibt den Vorteil, dass die Wirkungsgradlinien der verschiedenen Radformen trotz unterschiedlichem optimalem effektivem Wirkungsgrad η_e im Auslegungswert alle durch den gleichen Punkt laufen. Der Auslegungspunkt ist durch den Belastungsgrad $\dot{V}_x/\dot{V} = 1$ und den bezogenen Effektivwirkungsgrad $\eta_{e,x}/\eta_e = 1$ gekennzeichnet.

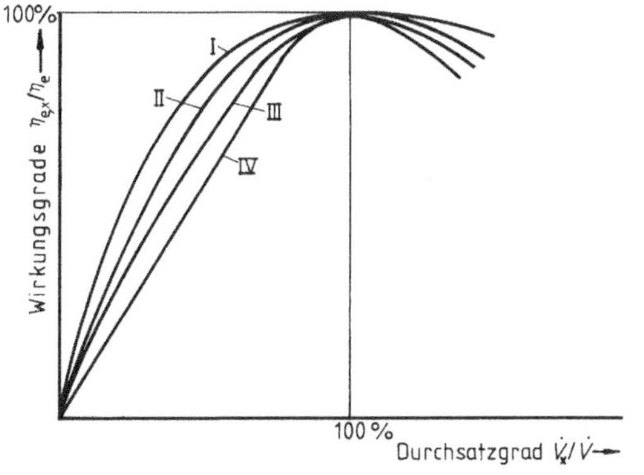

Bild 10-4 Wirkungsgradkurven. Verlauf der bezogenen Wirkungsgrade $\eta_{e,x}/\eta_e$ der Radformen I bis IV, abhängig vom Durchsatzgrad $\dot{V}_x/\dot{V}$ (Prinzipdarstellung)

Das Diagramm zeigt, mit zunehmender Schnellläufigkeit verlaufen die Kurven steiler und weisen ein immer spitzeres Maximum auf. Der Wirkungsgradabfall ist daher beim Abweichen des Förderstromes vom Auslegungswert $\dot{V}$, also im Teil- und Überlastbereich, bei Radform II größer als bei Radform I und bei Radform IV am stärksten. Dies begründet sich durch die Teillastwirbel (Abschnitt 9.2.1.8). Spez. Schnellläufer zeigen somit ungünstigeres Regelverhalten. Das ungünstige Teillastverhalten ist beim praktischen Einsatz von Pumpen höherer spezifischer Drehzahl zu beachten.

LOMAKIN nennt für den Schauflungswirkungsgrad η_{Sch} von Radial- und Diagonalpumpen (Radform I bis III) folgende Näherungsbeziehung:

$$\eta_{Sch} = 1 - 3{,}8 \cdot [8{,}6 - \lg(n/\dot{V})]^{-2} \qquad (10\text{-}1)$$

mit Pumpendrehzahl n in s^{-1}
Förderstrom $\dot{V}$ in m^3/s

Die Formel beinhaltet über den Durchsatz $\dot{V}$ und die Drehzahl n ebenfalls den Einfluss der Baugröße sowie der Schnellläufigkeit der Maschine.

Die mechanischen Verluste, welche in den mechanischen Wirkungsgrad eingehen, sind – ein Vorteil aller Strömungsmaschinen – bei Kreiselpumpen sehr niedrig. Sie setzen sich aus Reibungsverlusten in Dichtungen und Lagern der Maschinenwelle zusammen. Die Lagerreibungsverluste liegen meist nicht über etwa 1 % der Wellenleistung. Die Reibungsverluste in den Stopfbuchsen betragen normalerweise 0,3 ... 3 % der Wellenleistung. Bei kleinen Kreiselpumpen, die oft mit Weichpackungs-Stopfbuchsen ausgerüstet werden, können diese Verluste jedoch wesentlich höher sein.

Bei unsachgemäßer Wartung, d. h. zu starkem Anpressen der Stopfbuchse, wird die Stopfbuchsreibung zu groß (Energieverlust, Verschleiß, Temperatur), was bis zum Abbremsen des Antriebsmotors führen kann. Deshalb Stopfbuchsen nur bei laufender Maschine ein- bzw. nachstellen! Die verstärkt eingesetzten Gleitringdichtungen sind nicht nachstellbar sowie nur aufwendig auszutauschen, verursachen jedoch geringere Reibungsverluste und benötigen weniger Platz.

Die Anwendungsbereiche der verschiedenen Dichtungsarten werden vor allem durch die Umfangsgeschwindigkeit u und den abzudichtenden Druck p bestimmt: Richtwerte

- Packungen: $u \leqq 40\,m/s$, bis höchste Drücke p
- Gleitring: $u \leqq 100\,m/s$, $p \leqq 50\,bar$
- Schwimmringe bis höchste u- und p-Werte.

Bild 10-5 enthält den mechanischen Wirkungsgrad η_m und den Liefergrad λ_L einstufiger Kreiselpumpen, zugeordnet zur Baugröße, d. h. zum Nennförderstrom $\dot{V}$.

Nach LOMAKIN kann für das Festlegen des Liefergrades λ_L von Kreiselpumpen der Radformen I bis III auch folgende Näherungsformel verwendet werden:

$$1/\lambda_L \approx 1 + 0{,}01 \cdot n_y^{-2/3} \qquad (10\text{-}2)$$

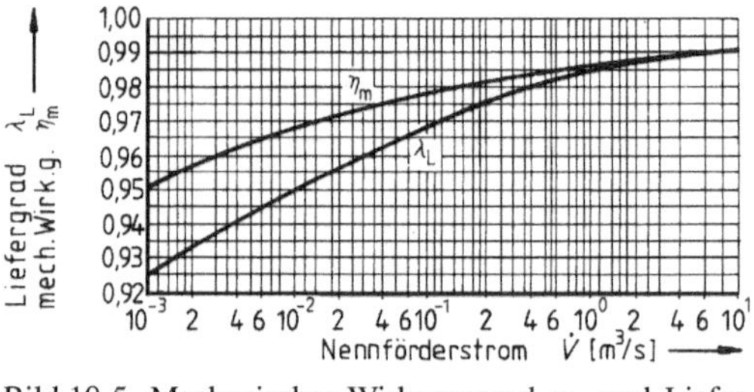

Bild 10-5 Mechanischer Wirkungsgrad η_m und Liefergrad λ_L von einstufigen Kreiselpumpen, abhängig vom Nennförderstrom $\dot{V}$ [35]

Der niedrige innere und damit auch effektive Wirkungsgrad von Kreiselpumpen im Vergleich zu denen von Wasserturbinen folgt aus den höheren Radreibungsverlusten. In dem Bestreben, die Diffusorverluste (Hauptanteil der Schauflungsverluste) gering zu halten, wird der Laufraddurchmesser von radialen Kreiselpumpen etwa 1/3 größer ausgeführt als bei Wasserturbinen gleicher Schnellläufigkeit sowie gleichen Betriebswerten, was die höhere Radseitenreibung ergibt.

10.2.4 Läuferkräfte

10.2.4.1 Achsschub (Axialkraft)

Der **Achs- oder Axialschub** ergibt sich als Resultierende aller am Laufrad (einstufige Pumpe) bzw. Läufer (mehrstufige Maschine) wirkenden Axialkräfte. Der Achsschub kann beträchtliche Größenwerte erreichen und wirkt, wie noch begründet wird, immer in Richtung zum Saugstutzen der Maschine, d. h. entgegen der Zuströmrichtung. Der Axialschub setzt sich aus statischen (Druckkräften) und dynamischen Anteilen (Impulsänderungen, Staudruck) zusammen. Diese Wirkungen sind vom konstruktiven Aufbau sowie der Ausführung (Oberflächengüte, Maßgenauigkeit) der Maschine abhängig und ändern sich zudem mit deren Betriebszustand (Teil-, Normal-, Überlast). Infolge der vielen Einflüsse lassen sich für den Achsschub keine exakten Beziehungen herleiten, weshalb mit experimentell abgesicherten Näherungs- oder Überschlagsformeln gerechnet wird.

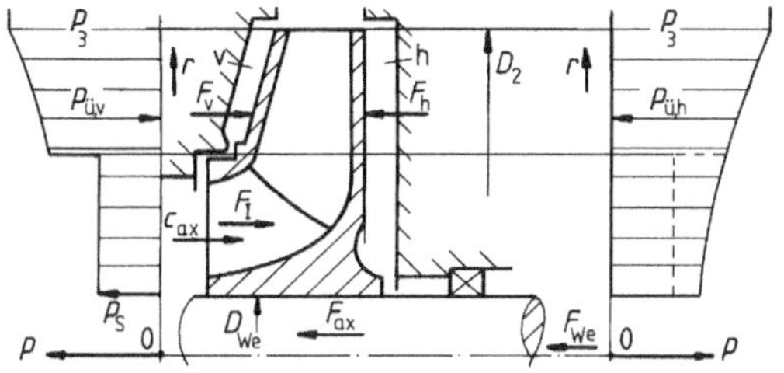

Bild 10-6 Druckverteilung in den Radialspalten (v ... vorderer, h ... hinterer) zwischen Gehäuse und Laufrad einer einstufigen Kreiselpumpe sowie die wichtigsten wirkenden Axialkräfte

Außer den Strömungskräften können noch weitere Axialkräfte wirken, verursacht durch:

- Antriebsmaschine
- Maschinendichtungen
- Läufergewicht bei senkrechter und schräger Maschinenanordnung

Die axialen Strömungskräfte und deren Ausgleich, zumindest Teilkompensation, sind für die verschiedenen Radformen getrennt darzustellen.

Radialräder:

Durch die Druckwirkungen in den Spalten vor und hinter dem Laufrad (Bild 10-6) sowie Impulswirkungen des Fluidstromes beim Zu- als auch Abfließen treten die hauptsächlichsten Axialkräfte auf. Der zum Saugmund gerichtete, durch die Strömungswirkungen bedingte Axialschub F_{ax} an einem Radialrad setzt sich deshalb nach Bild 10-6 wie folgt zusammen:

$$F_{ax} = F_h - F_v - F_I + F_{We}$$

Hierbei sind

$$F_h = \int_{r_{We}}^{r_2} p_{ü,h} \cdot dA \ldots \text{hinterseitige axiale Druckkraft}$$

$$F_v = \int_{r_{We}}^{r_2} p_{ü,v} \cdot dA \ldots \text{vorderseitige axiale Druckkraft}$$

F_h und F_v werden meist zur axialen Radseitenflächen-Druckkraft $F_{Dr} = F_h - F_v$ zusammengefasst.

Bei Rädern ohne vordere Deckscheibe ist F_v größer als mit einer solchen.

$$F_I = \dot{m}_{La} \cdot \Delta c_{ax} = \varrho \cdot \dot{V}_{La} \cdot \Delta c_{ax} \ldots \text{axiale Impulskraft [3]}$$

Mit Δc_{ax} ... Differenz der Axialkomponenten der Absolutgeschwindigkeiten des Fluidstromes an Laufradein- und -austritt. Beim reinen Radialrad ist $\Delta c_{ax} = c_{SM}$, die Saugmundgeschwindigkeit.

$$F_{We} = A_{We} \cdot \Delta p_{We} \ldots \text{axiale Wellenkraft}$$

infolge Druckunterschied Δp_{We} vor und hinter der Wellendichtung.

Die axiale Radseitenflächendruckkraft $F_{Dr} = F_h - F_v$ liefert dabei den Hauptanteil an den axialen Strömungskräften und damit des Achsschubes bei waagrechter Wellenanordnung. F_{Dr} ist beim **Hochfahren** (Anlaufvorgang) der Maschine größer als im Dauerbetrieb (Beharrung). Grund: Das sich in den Seitenräumen zum Gehäuse befindende Medium wird durch die Scheibenreibung des drehenden Laufrades erst allmählich in Rotation versetzt. Das den Achsschub abschwächende etwa parabolische Druckprofil bildet sich somit beim Anfahren nicht sofort aus. Wie in Abschnitt 8.3.2.3 ausgeführt, erreicht das in den Seitenräumen scheibenartig mitrotierende Fluid im Beharrungszustand bei technisch üblichen Spaltweiten und Oberflächengüten im Mittel etwa die halbe Winkelgeschwindigkeit des Laufrades ($\omega_{Fl} \approx 0{,}5 \cdot \omega_{La}$). Die axiale Erstreckung der Seitenräume beeinflusst jedoch die Größe der Fluidumlaufgeschwindigkeit und damit der Axialkraft. Das axiale Vergrößern der Radseitenräume führt zum Verringern der Fluidrotation ($\omega_{Fl} < 0{,}5 \cdot \omega_{La}$), weshalb der Druck radial nach innen weniger stark abfällt, mit der Folge, dass sich der Achsschub vergrößert. Durch Behindern der Fluiddrehung ergeben radiale Gehäuserippen dieselbe Wirkung, erhöhen jedoch zudem die Verluste.

Des Weiteren ist der die Radseitenräume radial nach innen durchströmende Leckstrom von wesentlichem Einfluss. Gemäß dem Drallsatz muss die Drehgeschwindigkeitskomponente des Leckstromes mit abnehmendem Radius ansteigen, was sich als CORIOLIS-Beschleunigung ausdrückt. Dadurch werden die Radseitenwirbel bei einstufigen Pumpen zusätzlich angefacht und das parabolische Druckverteilungsgesetz, Gl. (8-53), verliert seine Gültigkeit. Das ergibt den Vorteil, dass sich der Axialschub vermindert, jedoch den Nachteil steigender Reibungsverluste. Bei mehrstufigen Pumpen dagegen kehrt sich der Vorgang wegen des im rückwärtigen Radseitenraum meist nach außen gerichteten Spaltstromes um. Der hintere Spaltwirbel wird abgeschwächt, weshalb sich die Druckkraft F_{Dr} und damit der Achsschub erhöht. Je nachdem, welcher Radseitenraum stärker und in welcher Richtung von Leckmenge durchströmt wird, ergibt sich somit eine beträchtliche Ab- oder Zunahme des Axialschubes.

Zudem wird der Achsschub nicht unwesentlich von der axialen Stellung des Laufrades gegenüber dem Leitvorrichtungseintritt beeinflusst. Schon geringe axiale Verschiebungen des Laufrades ändern den Achsschub.

Versuche bestätigen, dass auch der Volumenstrom den Achsschub beeinflusst. Dabei zeigt sich, dass der Achsschub mit fallendem Durchsatz steigt.

Insgesamt ergibt sich somit: Der Achsschub ist von vielen, analytisch nicht vollständig erfassbaren konstruktiven, fertigungs- und betriebstechnischen Faktoren abhängig. Der Achsschub kann deshalb nicht exakt, sondern nur mit experimentell abgesicherten Formeln näherungsweise berechnet werden.

Folgende Überschlagsformeln für das Abschätzen des Axialschubes **nichtentlasteter geschlossener Laufräder**, d. h. bei Radialausführungen mit vorderer Abdeckscheibe, werden angewendet:

Allgemein, d. h. für alle Arten von Laufrädern (radial, diagonal, axial), gilt nach PFLEIDERER [29] aufgrund von Ähnlichkeitsbetrachtungen:

$$F_{ax} = K_{ax} \cdot \varrho \cdot \Delta Y \cdot D^2_{2,(a)} \qquad (10\text{-}3)$$

Für den von der Radschnellläufigkeit n_y abhängigen **Achsschubfaktor** K_{ax} gilt dabei:

$$\text{Pumpen } K_{ax} = 1{,}2 \cdot n_y \qquad (10\text{-}4)$$

$$\text{Turbinen } K_{ax} = 1{,}2 \cdot \sqrt{\eta_e} \cdot n_y \qquad (10\text{-}5)$$

Wenn näherungsweise $F_{ax} \approx F_{Dr}$ gesetzt wird, gilt nach [31] je nichtentlastetes Laufrad für:

Radform I und II (Radial- u. Halbaxialräder):

$$F_{ax} \approx (0{,}7 \ldots 0{,}9) \cdot A_{ne} \cdot \varrho \cdot \Delta Y \qquad (10\text{-}6)$$

Mit A_{ne} ... nichtentlastete, seitliche Laufradaußenfläche.
Meist $A_{ne} = D^2_{Sp} \cdot \pi/4$, wobei fast immer $D_{Sp} \approx D_{SM}$.

Radform III und IV (Diagonal- und Axialräder):

$$F_{ax} \approx (1 \ldots 1{,}3) \cdot A_{2,(a)} \cdot \varrho \cdot \Delta Y \qquad (10\text{-}7)$$

Mit $A_{2,(a)} = D^2_{2,(a)} \cdot \pi/4$ Radradialfläche.

Der Achsschub **halboffener Laufräder**, also ohne vordere Deckscheibe, ist größer als der geschlossene. Der Fluiddruck auf die Radrückscheibe (Spaltdruck) wird hier nur teilweise durch den Druck innerhalb des Laufrades kompensiert.

Axialräder:

Auch bei Axialrädern bestehen, wie angedeutet, mehrere Formeln für näherungsweises Berechnen des Axialschubes. Angewendet werden können entweder Gl. (10-3), Gl. (10-7) oder folgende, Gl. (10-8) bzw. (10-9), von [38] angegebene Formel. Der größte sich dabei ergebende Wert für den Achsschub ist dann den weiteren Überlegungen hinsichtlich Lagerung zugrunde zu legen.

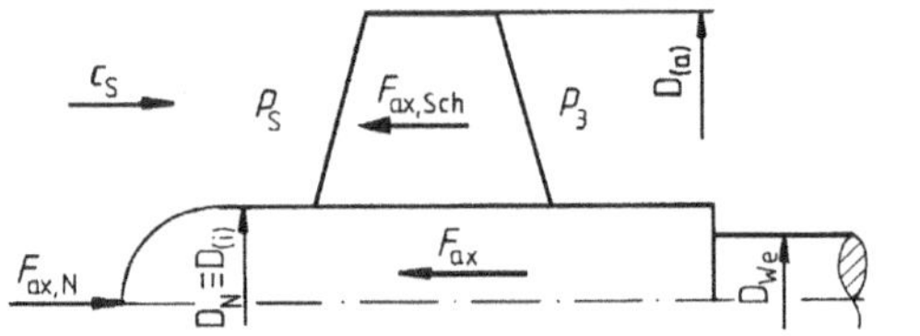

Bild 10-7 Axialkräfte am Propellerrad. $D_{(a)} \equiv D_{2,(a)}$

Beim Axialrad kann die Änderung des Druckprofils im Spalt zum Leitrad infolge Fluidrotation vernachlässigt werden. Wie Versuche bestätigen, ist die Abweichung hierdurch gering. Wird also der Druck hinter dem Laufrad über dem radialen Schaufelbereich konstant gesetzt, ergibt sich mit Bild 10-7:

$$F_{ax} = F_{ax,Sch} - F_{ax,N}$$

Hierbei die axiale Schauflungskraft aus der näherungsweise gesetzten Druckdifferenz $(p_3 - p_S)$:

$$F_{ax,Sch} = (p_3 - p_S) \cdot (D^2_{(a)} - D^2_N) \cdot \pi/4$$

$$F_{ax,Sch} \approx (p_3 - p_S) \cdot D^2_{(a)} \cdot \pi/4$$

$$\approx r \cdot \Delta Y \cdot \varrho \cdot D^2_{(a)} \cdot \pi/4$$

Wenn $D^2_N \cdot \pi/4$ vernachlässigt, wird die axiale Nabenkraft mit dem Staudruck $\varrho \cdot c^2_S/2$:

$$F_{ax,N} = \varrho \cdot (c^2_S/2) \cdot A_N = \varrho \cdot (c^2_S/2) \cdot D^2_N \cdot \pi/4$$

Dann ergibt sich für den Achsschub:

$$F_{ax} \approx r \cdot \Delta Y \cdot \varrho \cdot D^2_{(a)} \cdot \pi/4 - \varrho \cdot (c^2_S/2) \cdot D^2_N \cdot \pi/4 \qquad (10\text{-}8)$$

$$F_{ax} \approx (\pi/4) \cdot D^2_{(a)} \cdot \varrho \cdot [r \cdot \Delta Y - (D_N D_{(a)})^2 \cdot c^2_S/2]$$

Werden des Weiteren vereinfachend gesetzt

- Reaktionsgrad $r \approx 0{,}7 \ldots 0{,}9 (\ldots 1{,}0)$,
- Nabenaxialkraft $F_{ax,N}$ vernachlässigt, da klein gegenüber der Schaufelaxialkraft $F_{ax,Sch}$ (tritt bei fest stehendem Nabenvorsatzkörper ohnehin nicht auf),

geht Beziehung (10-8) über in die Abschätzformel:

$$F_{ax} \approx (0{,}7 \ldots 1) \cdot \varrho \cdot \Delta Y \cdot D^2_{(a)} \cdot \pi/4 \qquad (10\text{-}9)$$

Bemerkung: Infolge kleinerer Stufenenergie ist der Axialschub bei Axialrädern meist wesentlich geringer als bei Radialläufern.

Achsschubausgleich:

Zur Aufnahme bzw. vollständigen oder wenigstens teilweisen Kompensation der Axialkraft bestehen drei prinzipielle Möglichkeiten:

- Mechanisch, d. h. durch Axiallager.
- Konstruktiv durch symmetrische, also spiegelbildliche Anordnung der Laufräder.
- Hydraulisch durch Druckentlastung oder hydrostatische Gegenkräfte.

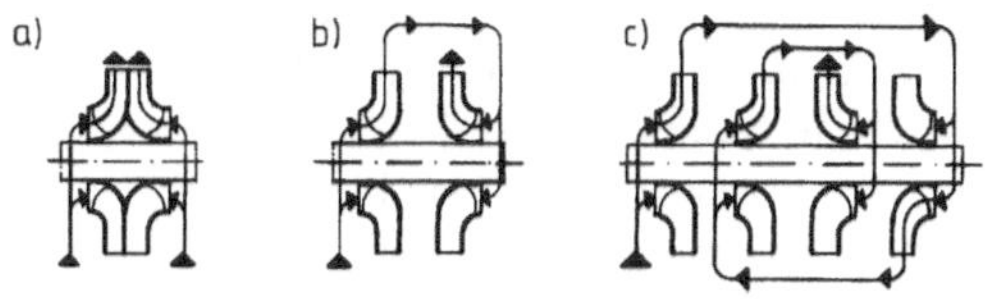

Bild 10-8 Beispiele von symmetrischen Laufrad-Anordnungen zum Achsschubausgleich [36];
a) einstufig-zweiflutig,
b) zweistufig-einflutig,
c) vierstufig-einflutig

Zu den drei Verfahren ist kurz zu bemerken:

Die Aufnahme des Achsschubes durch Lager – bei Pumpen meist Wälzlager – ist wirkungsgradmäßig vielfach die günstigste Lösung, jedoch vor allem bei größeren Pumpen oft konstruktiv und damit bautechnisch sowie wartungsmäßig aufwendig. Dieses Verfahren wird bei Axialpumpen meist, bei Radialpumpen jedoch selten angewendet.

Der weitgehend vollständige Ausgleich des Achsschubes durch spiegelbildliche Anordnung der Laufräder ist nur bei mehrstufigen und/oder mehrflutigen Pumpen mit Radform I bis III möglich. Oftmals sind dabei jedoch aufwendige Kanalführungen notwendig, die zudem erhöhte Strömungsverluste verursachen. Infolge fertigungstechnischer Ungenauigkeiten verbleibt auch bei völlig symmetrischer Anordnung, z. B. bei einstufig-zweiflutiger Laufradkombination, ein Restaxialschub, weshalb auch hier auf ein Axiallager letztlich nicht verzichtet werden kann. In Bild 10-8 sind Beispiele spiegelbildlicher Laufradanordnungen, auch als gegenläufige Anordnungen bezeichnet, dargestellt.

Für vollständigen oder teilweisen Ausgleich des Achsschubes durch hydraulische (hydrostatische) Gegenkraft bestehen bei Radialpumpen (Radform I und II) folgende Arten:

Druckausgleich: Der Ausgleich der Druckprofile auf den beiden radialen Laufradaußenseiten kann durch Anordnen einer hinteren Drosselkante DH erfolgen, und zwar zusammen mit

- Ausgleichsbohrungen (Bild 10-9a) oder
- Umleitung (Bild 10-9b).

Dadurch wird der Druck im Radiusbereich innerhalb der Drosselkanten näherungsweise ausgeglichen und der infolge notwendiger Mindestspaltweite von etwa 0,1 . . . 0,3 mm vorhandene hintere Leckstrom abgeführt. Bei mehrstufigen Pumpen erfolgt dabei an jedem Laufrad Druckausgleich.

Der Durchtritt des hinteren Leckstromes über Ausgleichsbohrungen erfordert jedoch gewissen Druckunterschied, was Restaxialschub bewirkt. Außerdem wird der Hauptstrom von der ihm entgegengerichteten Leckströmung der Ausgleichslöcher gestört. Je nach Größe und Anzahl der Bohrungen beträgt die verbleibende Restaxialkraft etwa 10 . . . 25 % des normalen Achsschubes.

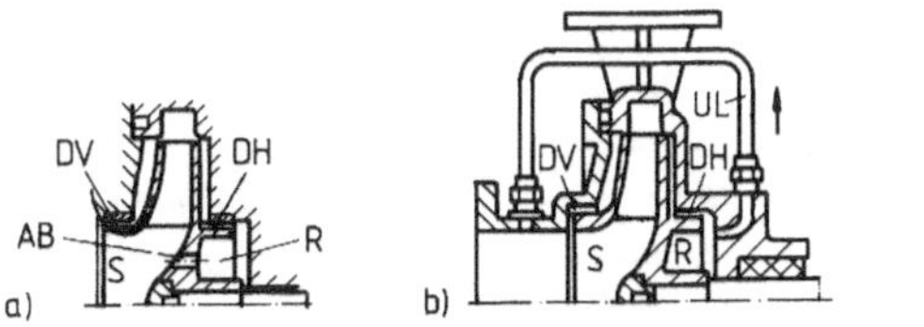

Bild 10-9 Achsschub-Kompensation durch Druckausgleich vor und hinter dem Laufrad, d. h. zwischen Saugseite S und Rückseite R mithilfe von a) Ausgleichsbohrungen AB, b) Umleitung UL. Beide Fälle in Verbindung der Drosselkanten DV und DH. DV . . . Drosselkante vorne, DH . . . Drosselstelle hinten

Abhängig von der Laufradgröße werden 4 . . . 12 Bohrungen mit 5 . . . 30 mm Durchmesser angebracht.

Die Nachteile der Druckausgleichsbohrungen sind durch Umführungsleitung (UL in Bild 10-9b) weitgehend vermeidbar. Jedoch ist höherer Bauaufwand notwendig. Als weitere Möglichkeit zum vollständigen Achsschubausgleich können die hinteren Dichtringe DH (Bild 10-9) in einem etwas größeren Durchmesser ausgeführt werden als die vorderen (DV) am Laufradeintritt. Hierdurch ist sogar Überkompensation möglich, die es erlaubt, zusätzliche Kräfte, z. B. das Läufergewicht bei entsprechendem senkrechtem Einbau, auszugleichen.

Infolge des meist unvollständigen Achsschubausgleiches und erhöhter Leckstromverluste wird die

Methode von Dichtspalten mit Ausgleichsbohrungen nur bei Pumpen bis etwa 200 m Förderhöhe angewendet.

Rückenschaufeln: Durch auf der Laufradrückseite angeordnete, meist radial verlaufende Rippen (etwa 4 bis 8 Stück), Bild 10-10, wird die Winkelgeschwindigkeit ω_{Fl} des hinteren Radseitenraumwirbels erhöht. Nach STEPANOFF [31] gilt angenähert:

$$\omega_{\mathrm{Fl}} = (1 + t/s) \cdot \omega/2 \tag{10-9a}$$

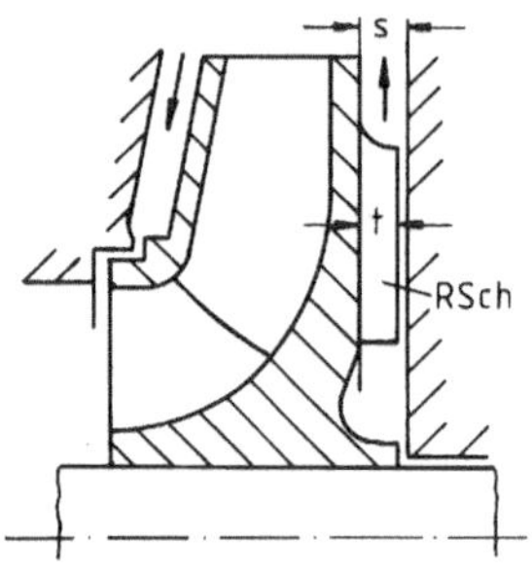

Bild 10-10 Rückenschaufeln RSch zum Achsschubausgleich

Die höhere mittlere Umlaufgeschwindigkeit des rückwärtigen Ringspaltfluids bewirkt radial nach innen einen rascheren Druckabfall auf der hinteren Raddeckscheibe. Das abgeschwächte Druckprofil ergibt eine kleinere hintere Axialkraft F_{h} und somit Kompensation des Achsschubes.

Der zusätzliche Leistungsbedarf für diese Art des Axialschubausgleichs infolge erhöhten Radreibungsverlustes hängt vom Bemessen der Rückenschaufeln ab. Erfahrungsgemäß verringert sich wegen Rückenschaufeln der Pumpenwirkungsgrad bis zu 3 Prozentpunkten, was jedoch meist unterhalb von dem bei der Methode mit Druckausgleichsbohrungen liegt. Des Weiteren wird die Wellendichtung druckentlastet.

Alle diese Druckausgleichs-Maßnahmen ermöglichen keinen vollständigen Achsschubausgleich, weshalb zusätzlich immer ein Axiallager notwendig ist.

Ausgleichsflächen: Der Begriff Achschub-Ausgleichsflächen oder -Entlastungsflächen fasst Entlastungskolben und Entlastungsscheibe zusammen (Bild 10-11). Diese Axialkraftkompensations-Einrichtungen werden meist bei mehrstufigen Pumpen mit Förderhöhen über ca. 100 m eingesetzt. Sie werden nach der letzten Pumpenstufe, also auf der Maschinendruckseite, angeordnet und kompensieren gleichzeitig den Achsschub aller Stufen. Um erhöhten Verschleiß, welcher die Funktionsfähigkeit beeinträchtigt, zu vermeiden, ist richtiges Bemessen erforderlich und die Methode nur bei nichtverschmutzten Medien anwendbar. Bei heißen Flüssigkeiten besteht zudem infolge Drosselung im Dichtspalt Dampfbildungsgefahr, wodurch meist der Verschleiß wächst.

Die Ausgleichsflächen wirken folgendermaßen:

Achsschubentlastungskolben (Bild 10-11a): Meist angewendet bei Kreiselverdichtern, wobei der Dichtespalt Di-Sp als Labyrinth ausgebildet ist. Auf den mit der Welle fest verbundenen Entlastungskolben EK wirkt auf der Vorderseite v der um den Druckabfall im Radseitenraum (Spaltrotation) verminderte Förderdruck des letzten Pumpenlaufrades. Die Hinterseite h des Kolbens ist mit der Atmosphäre oder dem Saugstutzen der Maschine verbunden. Der Druckunterschied $\Delta p = p_{\mathrm{v}} - p_{\mathrm{h}}$ zwischen Vorder- und Rückseite des Entlastungskolben (Querfläche A_{K}) ergibt eine entgegen dem Achsschub wirkende Axialkraft $F_{\mathrm{ax}} = \Delta p \cdot A_{\mathrm{K}}$. Der verbleibende Restachsschub ist von einem Axiallager aufzunehmen.

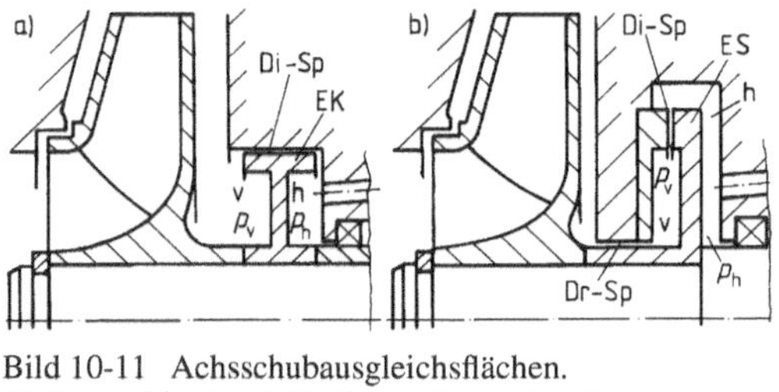

Bild 10-11 Achsschubausgleichsflächen.
Di-Sp ... Dichtspalt, Dr-Sp ... Drosselspalt, v ... vorne, h ... hinten.
a) Entlastungskolben EK (Achsschubausgleichskolben),
b) Entlastungsscheibe ES, Drosselspalt Dr-Sp dabei unbedingt notwendig

Entlastungsscheibe (Bild 10-11b): Meist angewendet bei Kreiselpumpen für höheren und hohen Druck. Die mit der Welle fest verbundene Scheibe ES bildet den Radialdichtspalt Di-Sp zu einer fest stehenden Gehäusescheibe. Der durch die Drosselstrecke Dr-Sp abgeschwächte Fluiddruck des letzten Pumpenlaufrades wirkt auf die Vorderseite v der Entlastungsscheibe, deren Hinterseite mit der Umgebung oder dem Saugstutzen der Maschine verbunden ist. Infolge des vorhandenen Druckunterschiedes $\Delta p = p_{\mathrm{v}} - p_{\mathrm{h}}$ zwischen Vorder- und Rückseite wirkt auf die Entlastungsscheibe eine axiale Druckkraft entgegen dem Achsschub. Dabei ist zwischen drei Fällen zu unterscheiden:

- Die Entlastungskraft ist gerade so groß wie der Achsschub. Es besteht Gleichgewicht.
- Die Entlastungskraft ist kleiner als der Achsschub. Der Läufer bewegt sich deshalb in Richtung des Restachsschubes, also zur Saugseite. Der Dichtspalt wird kleiner und daher der Spaltstrom stärker gedrosselt, weshalb der Druck auf der Scheibenvorderseite steigt. Das bedeutet, die Entlastungskraft wächst.
- Die Entlastungskraft ist oder wird durch verstärkte Drosselung am verkleinerten radialen Dichtspalt Di-Sp größer als der Achsschub. Die dann verbleibende Restkraft bewegt die Entlastungsscheibe entgegen der Achsschubrichtung. Der radiale Dichtspalt Di-Sp wächst, wodurch der Druck auf die Scheibenvorderseite fällt und die Entlastungskraft abnimmt.

Der Spalt stellt sich somit ständig selbsttätig so ein, dass Kräftegleichgewicht besteht, d. h. der Achsschub gerade ausgeglichen ist. Die Welle muss dazu jedoch in axialer Richtung frei spielen können. Die Drosselstrecke Dr-Sp ist notwendig und muss entsprechend ausgelegt sein, damit das System stabil arbeitet und die Bewegungen nicht zu schnell erfolgen. Die Betriebsstellung muss gewährleisten, dass die Entlastungsscheibe nicht an Gegenscheibe oder Gehäusewand streift. Die Ausgleichsscheibe soll so gestaltet werden, dass sich nur kleine, begrenzte axiale Bewegungen ergeben. Ein Axiallager darf nicht vorhanden sein oder muss elastisch über Federn am Gehäuse anliegen. Das über die Federn abgestützte Axiallager ist dann so anzuordnen, dass Anstreifen der Entlastungsscheibe am Gehäuse sicher verhindert wird.

Die Verluste durch die Spaltströme (einschließlich Entlastungswasser) sind bei einer Pumpe mit Ausgleichsscheibe etwa ebenso groß wie bei einer Kreiselpumpe mit beidseitigen Dichtspalten und Ausgleichsleitungen (Bild 10-9).

10.2.4.2 Radialkräfte

Radiale Strömungskräfte

Radiale Strömungskräfte treten nur bei unsymmetrischen Rotationsströmungen auf. Störungen der Rotationssymmetrie ergeben sich, wie in Abschnitt 7.2.1.5 dargelegt, nur bei Spiralgehäusen (verursacht durch die Zunge). Deshalb entstehen Radialkräfte durch die Strömung nur bei

- einstufigen Pumpen mit Spiralgehäuse
- mehrstufigen Pumpen an der Stufe (der letzten), die mit einem Spiralgehäuse ausgerüstet ist,

nicht jedoch an den übrigen mit anderen Leitvorrichtungen ausgestatteten Stufen.

Die Größe der Strömungs-Radialkraft kann mit der Näherungsformel nach Gl. (7-62) abgeschätzt werden.

Unwuchtkraft

Durch die bei Rotationskörpern nie völlig vermeidbare Massenunsymmetrie (Unwucht) treten dynamische Unwuchtkräfte auf, die besonders bei schnelldrehenden Rotoren, also vor allem bei Kreiselverdichtern, zu beachten sind. Die noch verbleibende **Unwuchtkraft** F_{Un} von gut ausgewuchteten Läufern der Masse m_{La} bei der Drehzahl n kann mit folgender experimentell abgesicherten Faustformel abgeschätzt werden:

$$F_{\text{Un}} = (0{,}02 \ldots 0{,}04) \cdot D_{2,(\text{a})} \cdot m_{\text{La}} \cdot n^2 \qquad (10\text{-}10)$$

10.2.5 Saugverhalten

Infolge des dynamischen Prinzips der Strömungsmaschinen spielt die Stoffart (Dichte ϱ) eine wesentliche Rolle für die Wirkung. Fliehkraft – Hauptanteil bei Radialläufern – und Ablenkung (vor allem bei Axialrädern) bestimmen, wie schon ausgeführt, den Energieumsatz in Turbomaschinen. Beide Anteile wirken umso stärker, je schwerer das Arbeitsfluid. Die EULER-Gleichung fasst die Einflüsse zusammen. Für die vom Pumpenläufer aufbringbare Druckdifferenz $\Delta p = p_{\text{D}} - p_{\text{S}}$ zwischen Druckstutzen D und Saugstutzen S gilt daher:

$$\Delta p = \varrho \cdot \Delta Y = \varrho \cdot \eta_{\text{Sch}} \cdot k_{\text{M}} \cdot Y_{\text{Sch}\,\infty}$$

beim Regelfall $\alpha_1 = 90^\circ$ ergibt sich:

$$\begin{aligned}\Delta p &= \varrho \cdot k_{\text{M}} \cdot \eta_{\text{Sch}} \cdot u_2 \cdot c_{2\text{u}} = \varrho \cdot \eta_{\text{Sch}} \cdot u_2 \cdot c_{3\text{u}}\\ &= \varrho \cdot \psi \cdot u_2^2/2\end{aligned}$$

Bei konstant gehaltener Drehzahl ändert sich demnach der Förderdruck einer Strömungspumpe proportional zur Dichte des jeweiligen Fördermediums. Ist beispielsweise eine Kreiselpumpe beim Anlaufen statt mit Wasser ($\varrho_{\text{Wa}} \approx 1000\,\text{kg/m}^3$) mit Luft ($\varrho_{\text{Lu}} \approx 1{,}2\,\text{kg/m}^3$) gefüllt, beträgt die vom Laufrad aufbaubare Druckdifferenz nur $(1000/1{,}2 = 833)$:

$$\begin{aligned}\Delta p_{\text{Lu}} &= (\varrho_{\text{Lu}}/\varrho_{\text{Wa}}) \cdot \Delta p_{\text{Wa}}\\ &= \Delta p_{\text{Wa}}/833 \approx \Delta p_{\text{Wa}}/1000\end{aligned}$$

Um diesen Einfluss zu verdeutlichen, wird angenommen, eine Kreiselpumpe, die drucklos arbeitet, also das Fördermedium am Maschinendruckstutzen ungehindert in die Umgebung abfließt ($p_D = p_b \approx 1$ bar), erreiche bei Wasser die theoretische Saughöhe von $H_{S,Wa} = 10$ m (keine Saugrohrreibung, kein Dampfdruck und kein $NPSH_M$-Wert vorhanden). Das ergibt bei Vernachlässigen der kinetischen Zuström-Energie $c_S^2/2$ und der Rohrleitungsverluste $Y_{V,SL}$ nach Gl. (5-9) den Saugstutzendruck der Pumpe:

$$\begin{aligned} p_{S,Wa} &= p_b - \varrho_{Wa} \cdot g \cdot H_{S,Wa} \\ &= 1 \cdot 10^5 \text{ Pa} \\ &\quad -10^3 \cdot 9{,}81 \cdot 10 \text{ kg/m}^3 \cdot \text{m/s}^2 \cdot \text{m} \approx 0 \end{aligned}$$

Da der Druckstutzendruck infolge freien Abflusses $p_D = p_b \approx 1$ bar beträgt, ist demzufolge die von der Pumpe zu überwindende Druckdifferenz:

$$\Delta p_{Wa} = p_D - p_S \approx 1 \text{ bar}$$

Ist die Pumpe jedoch nicht mit Wasser, sondern mit Luft gefüllt, z. B. bei Inbetriebnahme, verwirklicht sie entsprechend vorhergehender Überlegungen nur eine Druckdifferenz von $\Delta p_{Lu} \approx \Delta p_{Wa}/10^3 = 0{,}001$ bar $= 100$ Pa. Der Saugdruck wird dann:

$$p_{S,Lu} = p_D - \Delta p_{Lu} = 1 - 0{,}001 = 0{,}999 \text{ bar}$$

Der Unterdruck in der Saugleitung beträgt somit:

$$p_{S,u} = p_b - p_{S,Lu} = 0{,}001 \text{ bar} = 100 \text{ Pa}$$

Infolge dieses Unterdruckes steigt das Wasser in der Saugleitung nur um

$$H_{S,Lu} = \frac{p_{S,u}}{\varrho_{Wa} \cdot g} = \frac{100}{10^3 \cdot 9{,}81} \frac{\text{Pa}}{\text{kg/m}^3 \cdot \text{m/s}^2} \approx 1 \text{ cm}$$

über dem Unterwasserspiegel an. Die Saughöhen verhalten sich also bei Füllen der Saugleitung mit Luft bzw. Wasser ebenfalls wie deren Dichten:

$$H_{S,Lu}/H_{S,Wa} = \varrho_{Lu}/\varrho_{Wa} \approx 1/1000$$

Hieraus folgt die wichtige Erkenntnis:

Im Gegensatz zu Verdrängerpumpen (Kolbenpumpen usw.) können übliche, sog. normale Kreiselpumpen ihre Saugleitung nicht selbst entlüften und deshalb bei entleerter Saugleitung nicht selbst ansaugen. Solche Kreiselpumpen werden als **normalsaugend** bezeichnet, was nur ein besserer Ausdruck für **„nicht selbstsaugend"** ist. Übliche Kreiselpumpen sind also normalsaugend.

Damit eine Kreiselpumpe selbst ansaugt, müsste(n)

- die Saugleitung mit Flüssigkeit gefüllt werden und bleiben. **Fußventil** notwendig, das auf Dauer jedoch meist undicht ist bzw. wird, vor allem durch Schmutz (Sand usw.).
- die Pumpe unterhalb des Saugwasserspiegels angeordnet sein, beispielsweise sog. **Tauchpumpe**
- Einrichtungen zum Entlüften der Saugleitung angewendet werden, z. B. **Injektoren**
- spezielle Pumpenkonstruktionen eingesetzt werden, sog. **selbstsaugende Kreiselpumpen**
- die Maschinendrehzahl zur Kompensation der Dichteunterschiede während des Entlüftungszeitraumes entsprechend erhöht werden, und zwar etwa gemäß der Druckziffer (Abschnitt 4.3.3.4) um das $\sqrt{\varrho_{Wa}/\varrho_{Lu}} = \sqrt{1000/1{,}2} \approx 30$fache. Das erfordert festigkeitsmäßig hohe Überdimensionierung des Laufrades (Stahl statt Guss) und aufwendiges Getriebe (zu teuer!).

Meist angewendet: Tauchpumpen, ansaugende Zusatzeinrichtungen und selbstsaugende Kreiselpumpen (Bild 10-47).

Da auftretende Kavitationsblasen gegensätzlich zu Wasserturbinen bei Kreiselpumpen immer im Laufrad zusammenfallen (implodieren), ist hier die zerstörende Wirkung (Erosion) immer größer. Da zudem das Fluid im Saugrohr bis zum Laufradeintritt eine Unterdruckzone durchströmt, ist die Gelegenheit zum Ausscheiden von absorbierter Luft und damit zum Anwachsen der Gaskerne als Kavitationsauslöser durch Dampfblasenbildung bei Kreiselpumpen größer als bei Wasserturbinen gleicher Saughöhe und gleicher Geometrie der Laufschaufelkanten. Daher ist bei Kreiselpumpen die Maschinenhalteenergie um ca. 1/3 höher als bei Wasserturbinen gleicher Schnellläufigkeit (Abschnitt 5.2.3).

10.2.6 Ausführungsbeispiele

In diesem Abschnitt wird auszugsweise auf Kreiselpumpen verschiedener Arten und Ausführungen eingegangen. Aus Platzgründen ist nur eine sehr beschränkte Auswahl ausgeführter Maschinen der wegen des weitläufigen Einsatzfeldes bedingten Kreiselpumpenvielfalt möglich. Die Unterteilung erfolgt

Bild 10-12 Verschiedene Radialradformen (LOEWE)

gemäß Abschnitt 10.2.1 einerseits nach Aufbau (einstufig-mehrstufig) und andererseits nach den Anwendungsgebieten. Dabei ist zu beachten, dass die verschiedenen Bauarten grundsätzlich in allen Bereichen einsetzbar sind.

10.2.6.1 Radial- und Halbaxialpumpen (Radform I und II)

Meist ausgeführt:

- in fliegender Laufradanordnung, d. h. -lagerung
- je nach Größe mit **Lagerstuhl** oder **Lagerbügel**, auch als **Lagerträger** bezeichnet
- mit eigener Lagerung oder in Blockbauweise
- fast immer mit Spiralgehäuse, wobei in seltenen Fällen ein Leitring oder Leitrad zwischengeschaltet ist
- mit waagrechter oder senkrechter Welle
- meist normalsaugend und dabei oftmals als Tauchpumpe
- mit Stopfbuchs- oder Gleitringdichtung
- mit Achsschubausgleich
  einflutig: durch Ausgleichsbohrungen oder Rückenschaufeln
  mehrflutig: durch spiegelbildliche Laufradanordnung
- meist Direktantrieb durch Elektromotore. Deshalb Lastdrehzahl 2 880 min^{-1} (2-polig, $p_{\text{E}} = 1$) oder 1 440 min^{-1} (4-Poler, $p_{\text{E}} = 2$), also $n \approx 0{,}96 \cdot f/p_{\text{E}}$ mit Frequenz f.
- bis zu den Betriebswerten: Förderstrom $\dot{V}$ von 1 l/s ... 1 m^3/s, Förderhöhe $H \leqq 200$ m je Stufe. Dabei meist Laufraddurchmesser $\leqq 500$ mm.
- für warme Flüssigkeiten bis etwa 100 °C mit ungekühlter und bei über 100 °C mit gekühlter Stopfbuchse.

Bild 10-12 zeigt verschiedene Radiallaufräder in Größe, Form und Ausführung.

In Bild 10-13 ist eine der meist eingesetzten normalsaugenden, einstufigen, radialen Spiralgehäusepumpen mit waagrechter Welle (nach DIN 24 255) dargestellt. Die Pumpe ist mit einem Lagerstuhl ausgerüstet (Lagerstuhlpumpe), wobei das Spiralgehäuse, vor allem bei großen Pumpen, ebenfalls mit Fuß versehen sein kann (strichliert eingezeichnet). Die einseitige Lagerung ermöglicht ungehinderte axiale Einströmung des Fluids und erfordert nur eine Wellendichtung. Die Achsschubentlastung erfolgt über Drosselkanten und Ausgleichsbohrungen. Die Laufradsaugkanten sind in den Saugmund vorgezogen, um das Kavitationsverhalten zu verbessern.

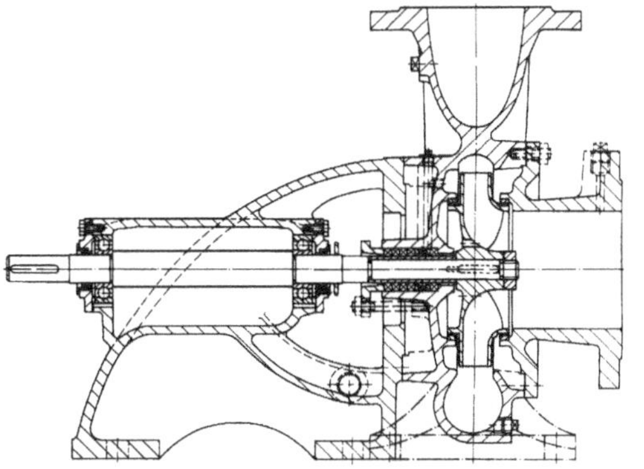

Bild 10-13 Einstufige radiale Spiralgehäusepumpe nach DIN 24 255. Waagrechte Anordnung, Lagerstuhlausführung mit Stopfbuchsdichtung (KSB)

Die Welle ist zur Verschleißminderung im Bereich der als nachstellbare Packungsstopfbuchse ausgebildeten Dichtung mit einer Schutzhülse ausgerüstet. Infolge der Achsschubausgleichsbohrungen herrscht im Nabenbereich auch hinter dem Laufrad Unterdruck. Damit durch die Wellendichtung von außen nach innen keine Luft eindringen kann, wird die Stopfbuchse über Bohrung und einen eigens dafür eingebauten Ring, den **Sperrwasserring**, von der Laufraddruckseite aus mit „Sperrwasser" versorgt. Nach DIN vorgeschriebene Messbohrungen erlauben das Messen des Saug- und Förderdruckes der Pumpe. Die Wälzlager sind durch Dichtungen geschützt und

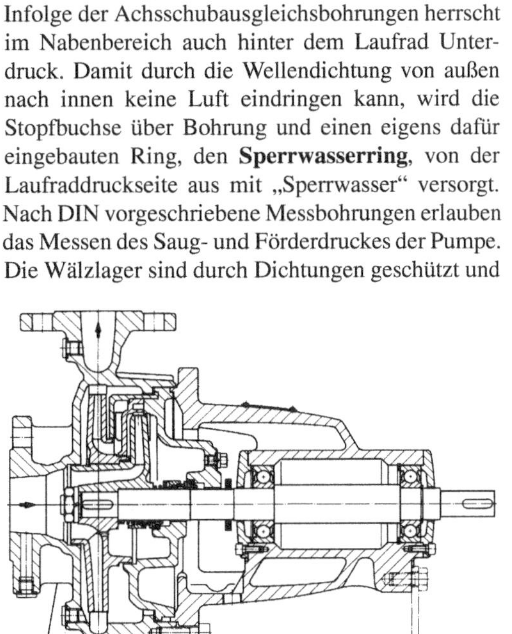

Bild 10-14 Spiralgehäuse-Kreiselpumpe, Lagerbügelausführung mit waagrechter Welle und Gleitringdichtung nach DIN 24 255 (ALLWEILER).
Gegenüberstellung von ein- und zweistufiger Ausführung bei gleichem Spiralgehäuse:
Untere Pumpenhälfte: Einstufige Ausführung.
Obere Bildhälfte: Zweistufige Pumpe.

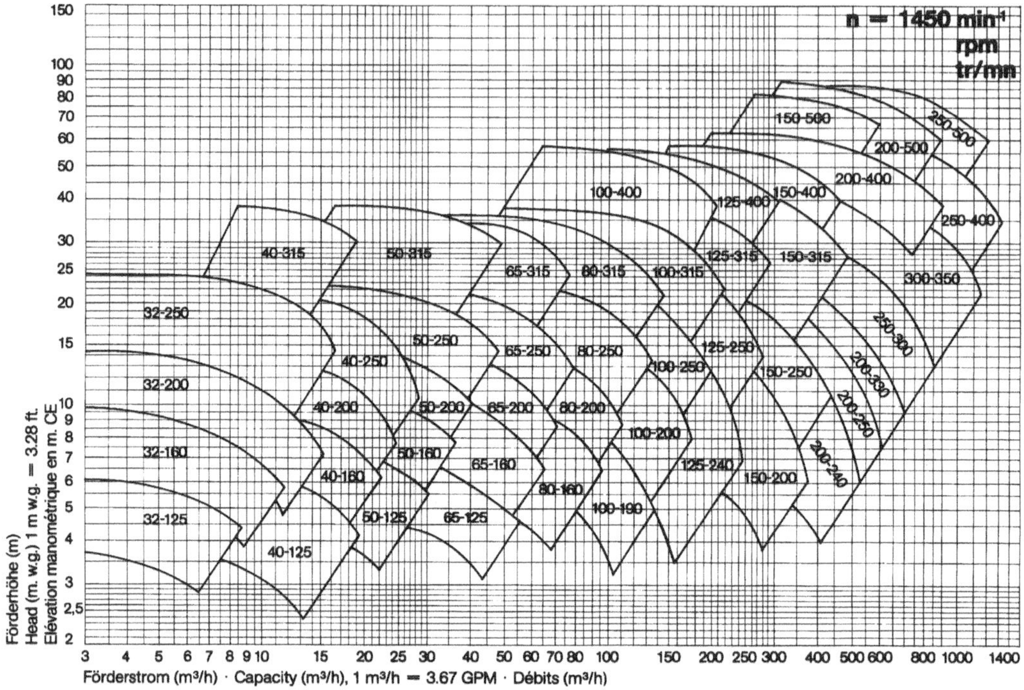

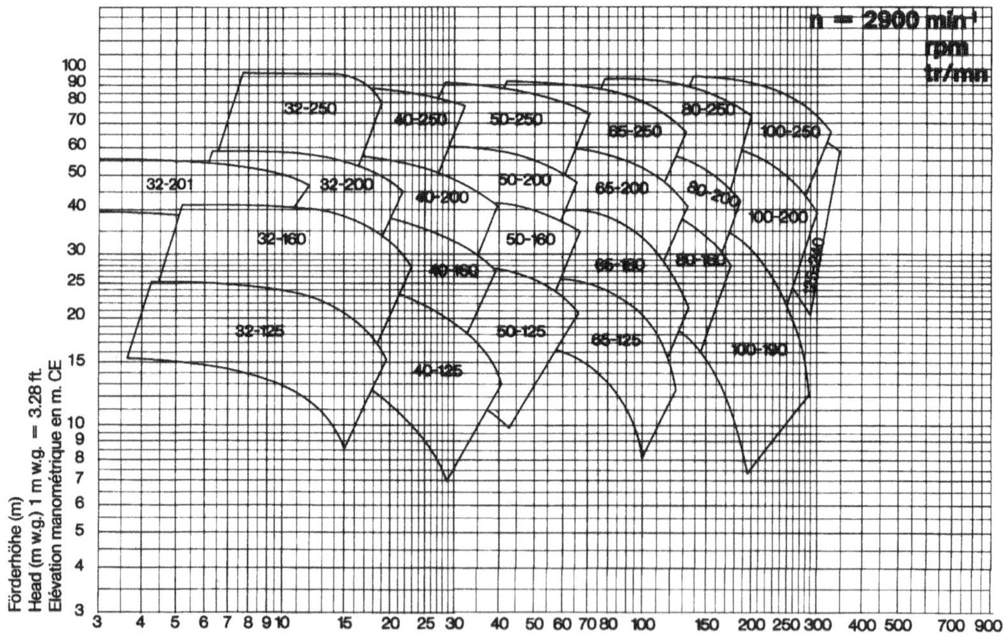

Bild 10-15 Kennfelder radialer einstufiger Spiralgehäusekreiselpumpen (RITZ). Die erste Zahl der Typengröße bezeichnet den Druckstutzendurchmesser in mm, die zweite Zahl den Laufraddurchmesser D_2, ebenfalls in mm

der Spritzring (Abschleuderring) verhindert, dass aus der Stopfbuchse evtl. austretende Förderflüssigkeit entlang der Welle wandert. Zum Ausbau des Laufrades muss die Saugleitung entfernt werden.

Bild 10-14 zeigt eine waagrechte Spiralgehäusepumpe mit Lagerträger. Der Stützwinkel am Lagerbügelende sichert die nicht eingebaute Maschine gegen Kippen. Die Gleitringdichtung verhindert, dass Fördermedium nach außen bzw. Luft nach innen dringt. Der Abschleuderring schützt das vordere Lager vor evtl. Leckflüssigkeit. Im Bild sind gegenübergestellt:

- einstufige Ausführung (untere Pumpenhälfte)
- zweistufige Ausführung (obere Pumpenhälfte).

Das hintere Kugellager übernimmt den bei der

- einstufigen Pumpe durch Ausgleichsbohrungen
- zweistufigen Ausführung durch die spiegelbildliche Laufradanordnung

nicht ausgeglichenen Axialschub.

Kennfelder von einstufigen radialen Kreiselpumpen sind in Bild 10-15 dargestellt.

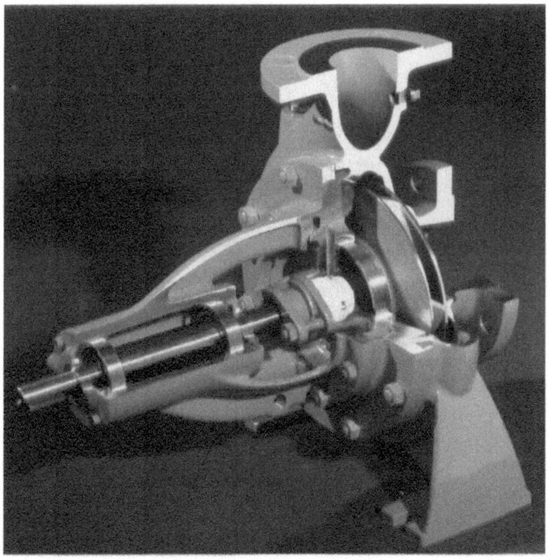

Bild 10-16 Aufgeschnittene einstufige radiale Spiralgehäusepumpe in Lagerträgerausführung (RITZ)

Bild 10-16 zeigt eine aufgeschnittene einstufige Lagerbügel-Spiralgehäusepumpe.

Bild 10-17 stellt eine einstufige radiale Spiralgehäusepumpe in Blockbauweise dar. Das Laufrad sitzt direkt auf der Motorwelle, besitzt also keine eigenen Lager. Das Pumpengehäuse ist am Motorflansch befestigt. Es ergibt sich eine sehr gedrungene Bauweise. Durch entsprechend sorgfältiges Gestalten der Pumpendichtung muss verhindert werden, dass Förderflüssigkeit in den Motor dringt.

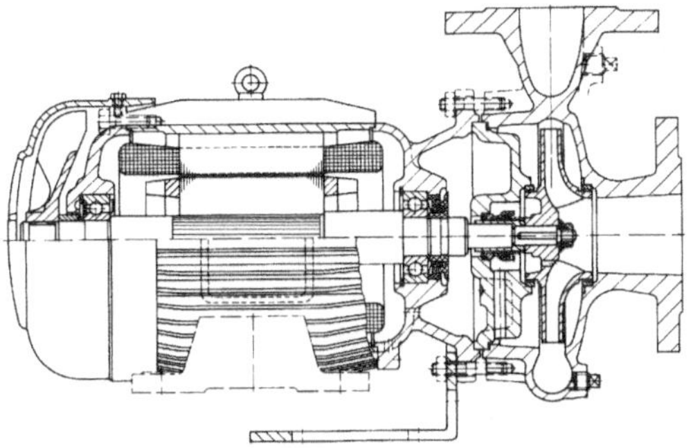

Bild 10-17 Blockpumpe. Waagrechte einstufige radiale Spiralgehäusepumpe in Blockbauweise (KSB)

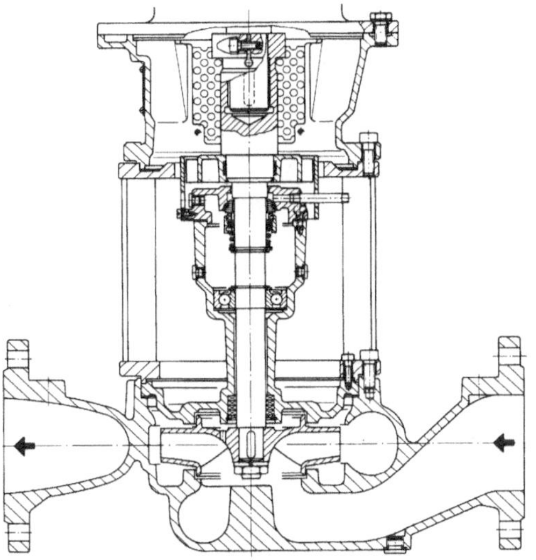

Bild 10-18 Einstufige radiale Spiralgehäuse-Kreiselpumpe senkrechter Anordnung in Inline-Bauart für Wärmeträgeröle bis 320 °C (ALLWEILER)

Die in Bild 10-18 dargestellte senkrechte Spiralgehäusepumpe ist in der sog. **„Inline-Bauart“** ausgeführt. Das bedeutet, Saug- und Druckstutzen liegen in einer Linie und das Laufrad ist ohne Demontage der Leitungen ausbaubar. Die Maschine kann ohne Ändern der Leitungsführung direkt in ein gerades Rohr eingebaut werden. Wegen der heißen Förderflüssigkeit sind das vordere Lager und die Gleitringdichtung zur Kühlung durch Wärmeabfuhr an die Umgebung in großem Abstand zum Laufrad angeordnet. Die Welle muss entsprechend dick ausgeführt sein. Restachsschub sowie Läufergewicht wirken nach unten und müssen vom Axiallager aufgenommen werden. Im Gegensatz hierzu ist das Laufrad der senkrechten Spiralgehäusepumpe von Bild 10-19 umgekehrt angeordnet. Hier wirkt der Restachsschub nach oben, d. h. entgegen der Läufergewichtskraft, wodurch das Axiallager entsprechend entlastet wird.

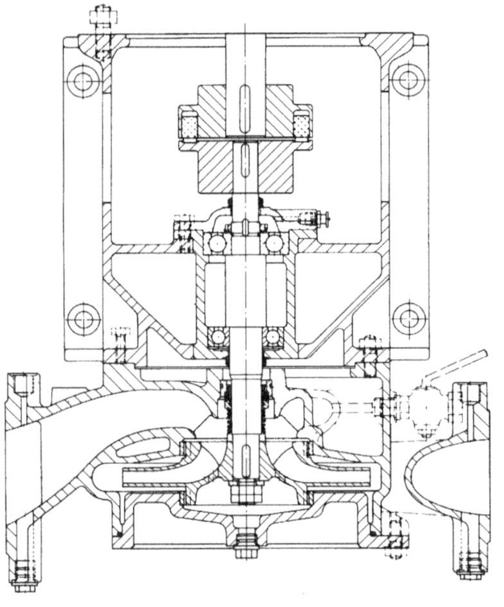

Bild 10-19 Längsgeteilte vertikale Spiralgehäusepumpe mit Radialrad (KSB)

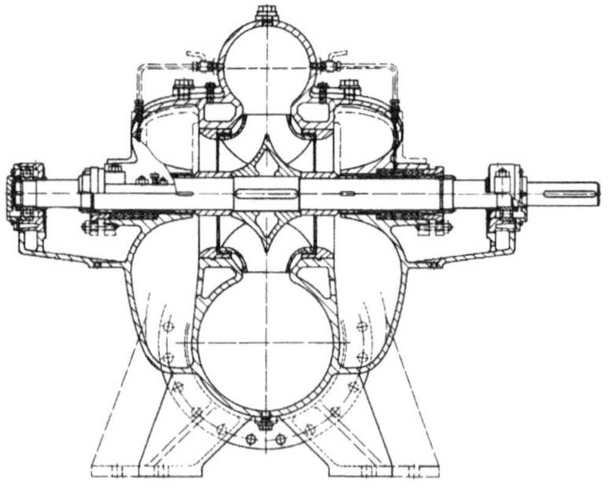

Bild 10-20 Bewässerungspumpe. Einstufige-zweiflutige radiale Spiralgehäusepumpe (Radform II), Spiralgehäuse axial geteilt (KSB)

Bilder 10-20 und 10-21 zeigen einstufig-zweiflutige Spiralgehäusepumpen mit waagrechter bzw. senkrechter Welle. Infolge der spiegelbildlichen Laufradanordnung ergibt sich eine fast vollständige Entlastung von axialen Strömungskräften. Ein Axiallager muss aus Sicherheitsgründen trotzdem angeordnet werden, das bei senkrechter Welle zudem das Läufergewicht aufzunehmen hat. Der Rotor ist bei der waagrechten Wellenanordnung beidseitig außerhalb der Dichtungen gelagert. Der senkrechte Läufer ist über die starre Kupplung fest mit der Motorwelle verbunden und dadurch fliegend gelagert. Das Medium strömt über den gemeinsamen Saugstutzen nach 90°-Umlenkung den Laufrädern zu und wird durch den Druckstutzen des ebenfalls gemeinsamen Spiralgehäuses abgeführt. Das Spiralgehäuse ist längs, d. h. in Achsrichtung geteilt. Das untere, durch Förderflüssigkeit geschmierte Hilfslager zentriert den Rotor.

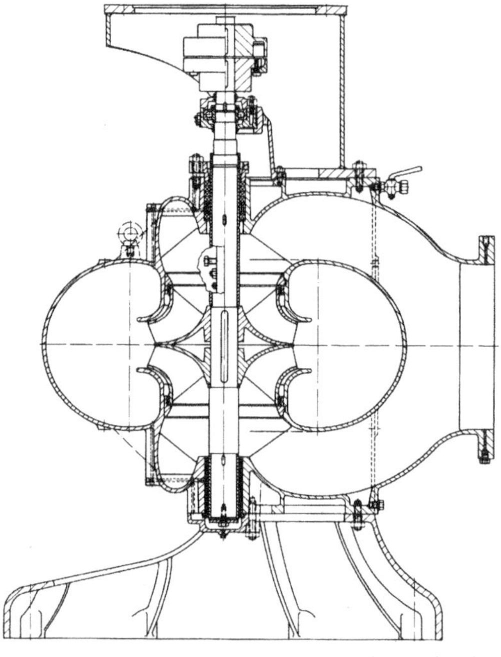

Bild 10-21 Senkrechte einstufig-zweiflutige Halbaxial-Spiralgehäusepumpe (Radform II), längsgeteilt (KSB)

10.2.6.2 Diagonal- oder Schraubenpumpen (Radform III)

Wie die Übersicht von Tabelle 10-1 zeigt, werden Schraubenpumpen bei kleineren Förderhöhen (ca. 5 ... 30 m) und größeren Volumenströmen (bis mehrere 1000 m^3/h) eingesetzt. Sie finden einstufig mit waagrechter oder senkrechter Welle Anwendung als Bewässerungs-, Kühlwasser-, Entleerungs-, Umwälz-, Prozesspumpen und vieles andere mehr.

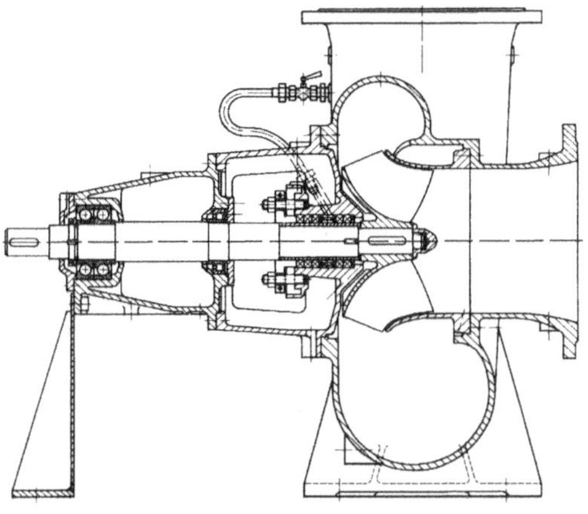

Bild 10-22 Bewässerungspumpe. Quergeteilte Spiralgehäusepumpe in Lagerbügelausführung mit Schraubenrad (Radform III) ohne vordere Deckscheibe, ähnlich Inline-Ausführung (KSB)

Die in Bild 10-22 dargestellte Diagonalpumpe mit waagrechter Welle unterscheidet sich von der einstufigen Kreiselpumpe radialer Bauart lediglich durch die Ausführung des Läufers, der das Fördermittel in der Meridianebene um weniger als 90° umlenkt. Das im Lagerträger fliegend fixierte, einseitig offene Laufrad (ohne vordere Deckscheibe) ist durch Rückenschaufeln axialschubentlastet. Die nachstellbare Packungsstopfbuchse wird mittels Leitung von Spiralendruckstutzen mit Sperrwasser versorgt. Das über den entsprechend ausgebildeten Zwischenring eintretende Sperrwasser verhindert Eindringen von Luft. Eine kleine Passfeder gewährleistet, dass die im Stopfbuchsbereich angeordnete **Wellenschutzhülse** mit der Welle umläuft. Wegen des großen Förderstromes ist die Spirale mit weitem Querschnitt ausgeführt.

Schraubenräder haben gegenüber Propellerpumpen den Vorteil, dass die Förderung bei Teillast meist nicht abreißt.

Entgegen der Schraubenpumpe nach Bild 10-22, die noch die Merkmale der Radialpumpe aufweist, nimmt die Rohrschraubenpumpe von Bild 10-23 bereits stark den Charakter der Axialpumpe an. Das Fördermedium wird im Pumpen-Meridianschnitt nur noch wenig aus der axialen Richtung abgelenkt. Das

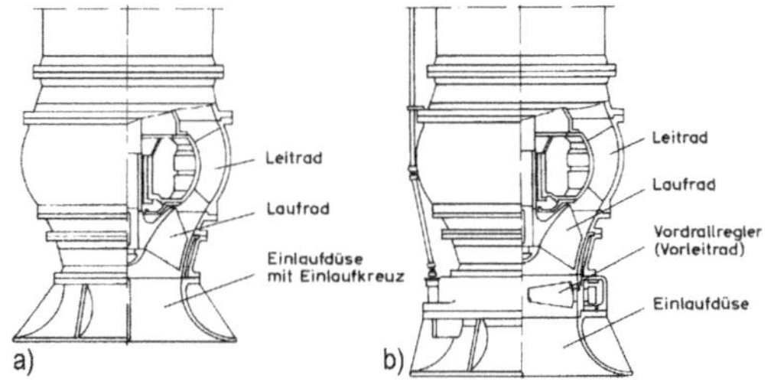

Bild 10-23 Rohrschraubenradpumpe (Radform III) als Tauchpumpe, senkrecht angeordnet (KSB);
a) mit Einlaufkreuz für Drallfreiheit in Einlaufdüse,
b) mit Vordrallregler nach Einlaufdüse

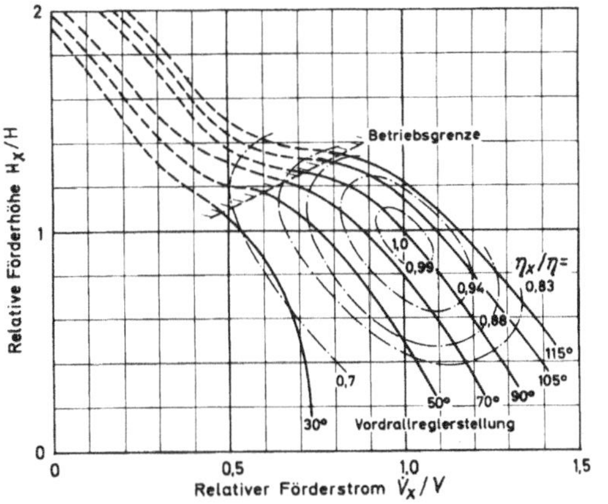

Bild 10-24 Kennfeld der vordrallgeregelten Rohrschraubenradpumpe nach Bild 10-23 (KSB)

einseitig offene Laufrad ist kurz dahinter direkt innerhalb des beschaufelten Leitrades in einem vom Fördermedium (meist Wasser) geschmierten Lager (Gummi oder Kunststoff) geführt. Das nicht abgebildete Druckrohr wird über einen 90°-Krümmer seitlich weggeführt. Die Welle verläuft in einer Laterne über eine Dichtung durch das Druckrohr zum außerhalb angeordneten Antriebsmotor. Im Bereich des Lagers ist die Welle mittels Bronzehülse gegen Angreifen des Lagergummischwefels geschützt. Bei der Ausführung nach Bild 10-23a ist, um Vordrall zu verhindern, ein Axialkreuz in die Einlaufdüse eingebaut. Die Ausführung nach Bild 10-23b ist zwischen Einlaufdüse und Laufrad mit einem Vordrallregler ausgerüstet. Es handelt sich um den bei Kreiselpumpen seltenen Fall saugseitiger Regelung. Die Tauchpumpenbauweise erlaubt jedoch diese wirtschaftliche Regelung (Leistungseinsparung → Abschnitt 9.2.1.10), ohne dass die Kavitationsgefahr zu stark ansteigt (Abschnitt 5.2). Die Vorleitschaufeln sind im Mantelgehäuse durch Zapfen zweifach fliegend gelagert und gedichtet sowie über Hebel an einen gemeinsamen Stellring angelenkt. Der Verstellring wird über die außen an der Pumpe entlangführende Kardanwelle gedreht und dadurch die Vorleitschaufeln geschwenkt, Beispielsweise sind die Nennwerte einer solchen Pumpe für Wasser: Förderstrom 2,5 m^3/s, Förderhöhe 10,4 m, Drehzahl 585 min^{-1}, äußerer Laufraddurchmesser $D_{2,(a)} = 1150$ mm, erreichter Wirkungsgrad 0,86. Die zugehörige spezifische Drehzahl beträgt somit $n_y = 0{,}48$ und liegt an der oberen Bereichsgrenze von Radform III (Tabelle 10-1). Die erforderliche Antriebsleistung beträgt etwa 300 kW. Das Kennfeld der Pumpe nach Bild 10-23 ist in Bild 10-24 dargestellt.

10.2.6.3 Axial- oder Propellerpumpen (Radform IV)

Axiale Strömungspumpen werden als sog. **Rohrgehäusepumpen** ausgebildet. Propellerpumpen finden Anwendung bei geringen Förderhöhen (ca. 1 ... 15 m) sowie großen Volumenströmen (bis über 100 000 m^3/h bei etwa 3 m Raddurchmesser) und erzielen hohe Wirkungsgrade (bis ca. 93 %). Zwei Ausführungsbeispiele zeigen Bilder 10-25 und 10-26.

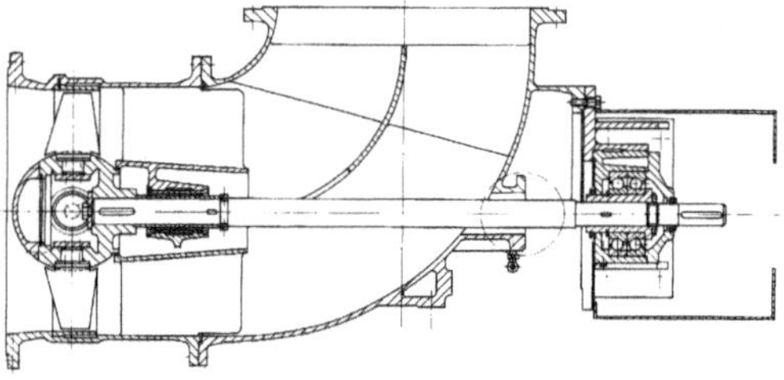

Bild 10-25 Propellerpumpe als Krümmergehäusepumpe ohne Leitrad. Für beide Durchflussrichtungen geeignet mit radial neben dem Laufrad angeordneten, „wirkungsfreien" Lagerträgern (KSB)

Die Propellerpumpe von Bild 10-25, eine sog. universelle Krümmergehäusepumpe, besitzt kein Leitrad (Reaktionsgrad $r = 1$) und ist deshalb für beide Durchflussrichtungen geeignet. Um die Förderrichtung umzukehren, müssen jedoch die nur im Ruhezustand verstellbaren Propellerflügel entsprechend verdreht werden, was nach dem Öffnen der Nabe möglich ist. Solche Pumpen dienen zum Be- und Entwässern, zur Kühlwasserversorgung, zum Umwälzen und dgl., wie zum Beispiel bei Schöpfwerken, Heizanlagen, Kraftwerken, Schiffen, als auch in der Chemie.

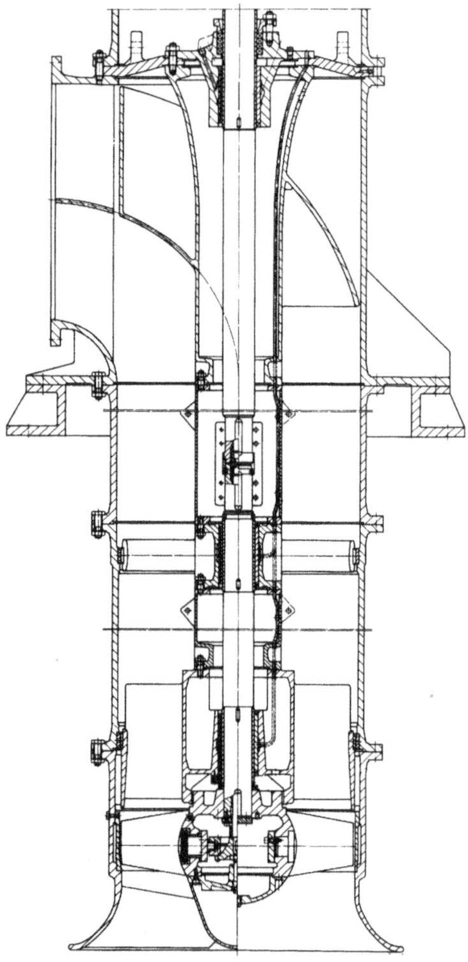

Bild 10-26 Propellerpumpe als Tauch- oder Rohrgehäusepumpe (KSB).
Linke Pumpenhälfte: Verstellbare Laufschaufeln, Gleitlager fördermediumgeschmiert.
Rechte Pumpenhälfte: Einstellbare Laufschaufeln, Gleitlager fettgeschmiert

Bild 10-26 gibt eine vertikale Propellerpumpe in zwei verschiedenen Versionen wieder. Die linke Maschinenhälfte kennzeichnet eine Pumpe mit fördermediumgeschmiertem Gleitlager und verstellbaren, d. h. während des Betriebs schwenkbaren Laufschaufeln. Das Verstellen erfolgt über einen direkt in die Nabe eingebauten Hydraulikzylinder oder durch eine in der Welle untergebrachte Stange. Die rechte Maschinenhälfte zeigt die Ausführung mit fettgeschmiertem Gleitlager und einstellbaren Laufschaufeln, also nur im Stillstand schwenkbaren Flügeln. Beide Versionen sind mit nachgeschaltetem Leitrad ausgerüstet, welches in das gleiche Gehäuse eingebaut ist. Das Fördermedium strömt über die Einlaufdüse axial zu und durch einen mit Mittenumlenkblech versehenen 90°-Krümmer seitlich ab. Der Antrieb erfolgt mittels Flanschmotor, der auf einer Laterne oberhalb senkrecht angeordnet wird.

Da axiale Schaufeln sehr empfindlich auf Störungen in der Zuströmung reagieren, sind Einlaufdüsen oder sonstige Zuströmeinrichtungen (Einlaufkammer, -krümmer) sorgfältig auszubilden. Trotz der radial unterschiedlichen Umfangsgeschwindigkeit muss dabei – um schädliche Sekundärströmungen zu vermeiden – die Druckerzeugung über der gesamten radialen Flügellänge gleich groß sein. Bestimmend für die Größe der erreichbaren Förderhöhe ist daher der Flügelteil mit der kleinsten Umfangsgeschwindigkeit, also Durchmesser $D_{(i)}$ an der Propellernabe.

10.2.6.4 Mehrstufige Radialpumpen (Radform I und II)

Erfordern einstufige Ausführungen bei festgelegter Drehzahl Laufradaußendurchmesser $D_{2,(a)}$ von mehr als dem Dreifachen des Saugmunddurchmessers D_{SM} ($n_y < 0{,}03$), ist es angebracht, die Pumpe mehrstufig auszubilden. Dadurch steigt die spezifische Drehzahl und die mit der fünften Potenz des Raddurchmessers wachsenden Radreibungsverluste fallen entsprechend, weshalb der Maschinen-Wirkungsgrad besser wird. Da der Saugmunddurchmesser vom Volumenstrom abhängt, wird die Stufenzahl nicht nur von der Förderhöhe, sondern über das Durchmesserverhältnis D_2/D_{SM}, meist$D_2/D_{SM} \approx 1{,}5 \ldots 3{,}5$, auch vom Durchsatz bestimmt. Infolge dieses Zusammenhangs muss die Stufenzahl bei gleicher Förderhöhe umso größer sein, je kleiner der Volumendurchsatz und damit die Maschinenschnellläufigkeit $n_{y,M}$ wird.

Die Spaltdichtungen zwischen den Stufen wirken als zusätzliche Wellenlager stabilisierend.

Außer Bild 10-14 zeigen die folgenden Bilder einige ausgeführte mehrstufige Kreiselpumpen radialer Bauart. Alle Maschinen sind sog. **Ringtypen**, d. h. in **Gliederbauweise** ausgeführt. Das zwischen Saug- und Druckstutzenteil liegende Gehäuse besteht aus einzelnen Ringen, die gegeneinander abgedichtet sind (meist durch O-Ringe). Jeder Ring umfasst eine Stufe. Entsprechend der notwendigen Stufenzahl (bis maximal etwa 15 Stufen) wird die Welle ausgebildet und die erforderliche Anzahl von Ringen (Stufen) zusammengefügt. Kräftige, außen liegende Zuganker (6 . . . 24 Stück) spannen den gesamten Verband zusammen. Die Zusammenpressung reicht aus, wenn etwa das 1,25fache der vom größten Überdruck herrührenden Axialkraft als Belastung zugrunde gelegt wird. Die Anzahl der unterzubringenden Zuganker ist durch die radial abgehenden Saug- und Druckstutzen begrenzt. Bei heißen Fördermedien, z. B. Kesselspeisewasser, wird die Pumpe im Bereich der Glieder zur Wärmeisolierung mit einem Blechmantel versehen, der die Zuganker über einen Luftzwischenraum umschließt.

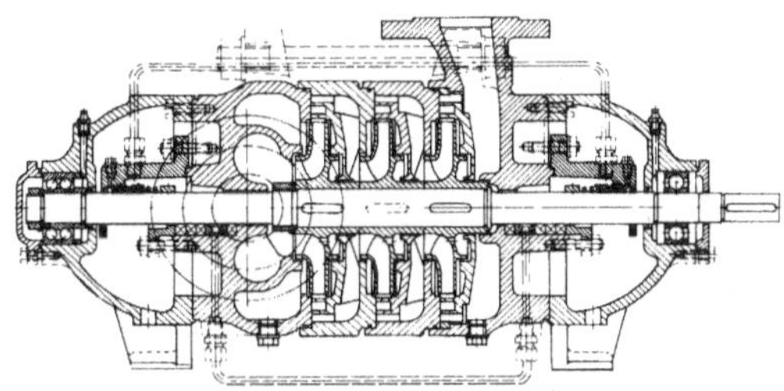

Bild 10-27 Dreistufige Kreiselpumpe mit radialem Saug- und Druckstutzen (90° gegeneinander verdreht) in Gliederbauweise. Nennwerte: $\dot{V} = 56\,\text{m}^3/\text{h}$, $H = 240\,\text{m}$, $n = 2\,880\,\text{min}^{-1}$, $t_{max} = 140\,°\text{C}$ (SIHI-HALBERG).
Obere Bildhälfte: Pumpe mit nichtentlasteter, gekühlter Gleitringdichtung.
Untere Bildhälfte: Pumpe mit entlasteter, ungekühlter Stopfbuchse

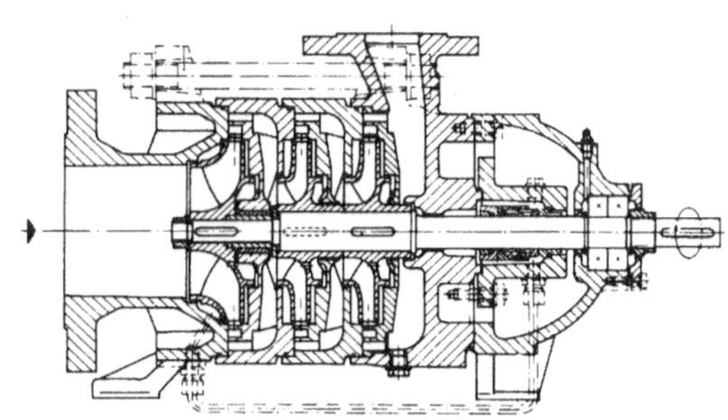

Bild 10-28 Dreistufige Kreiselpumpe mit axialem Saug- und radialem Druckstutzen (SIHI-HALBERG). Auslegungswerte: $\dot{V} = 56\,\text{m}^3/\text{h}$, $H = 150\,\text{m}$, $n = 2\,880\,\text{min}^{-1}$

Die in Bild 10-27 dargestellte dreistufige Radialpumpe zeigt zwei Varianten. Die Ausführung gemäß der oberen Bildhälfte ist mit nichtentlasteten, ungekühlten Gleitringdichtungen, die der unteren Bildhälf-

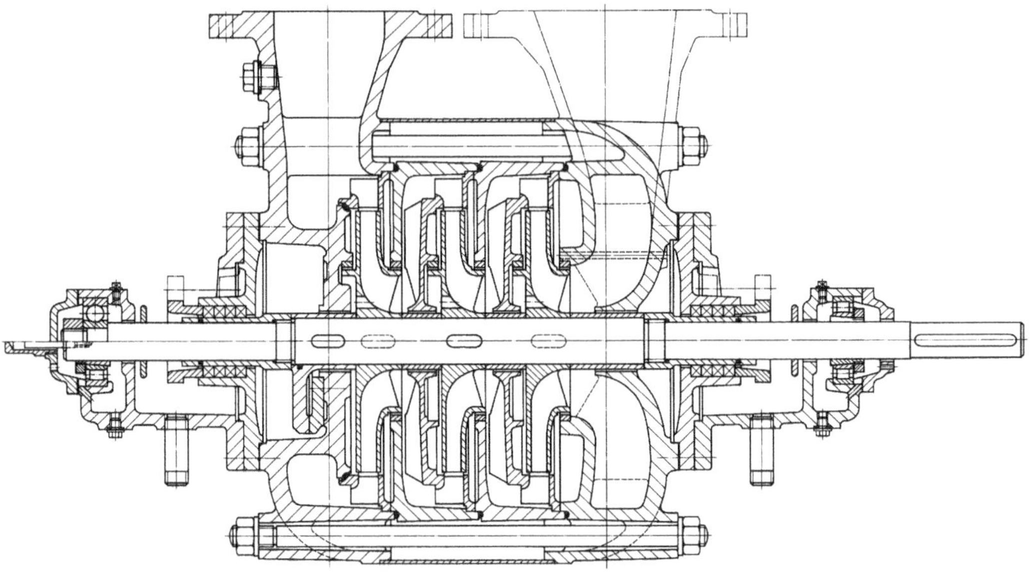

Bild 10-29 Dreistufige Radialpumpe in Gliederbauweise (KSB). Nennwerte: $\dot{V} = 70\,\mathrm{m^3/h}$, $H = 52\,\mathrm{m}$, $n = 24\,\mathrm{s^{-1}}$.
Obere Pumpenhälfte mit Drosselkanten und Druckentlastungsbohrungen je Stufe, d. h. Laufrad.
Untere Pumpenhälfte: Pumpe mit einer Achsschubentlastungsscheibe für die gesamte Maschine

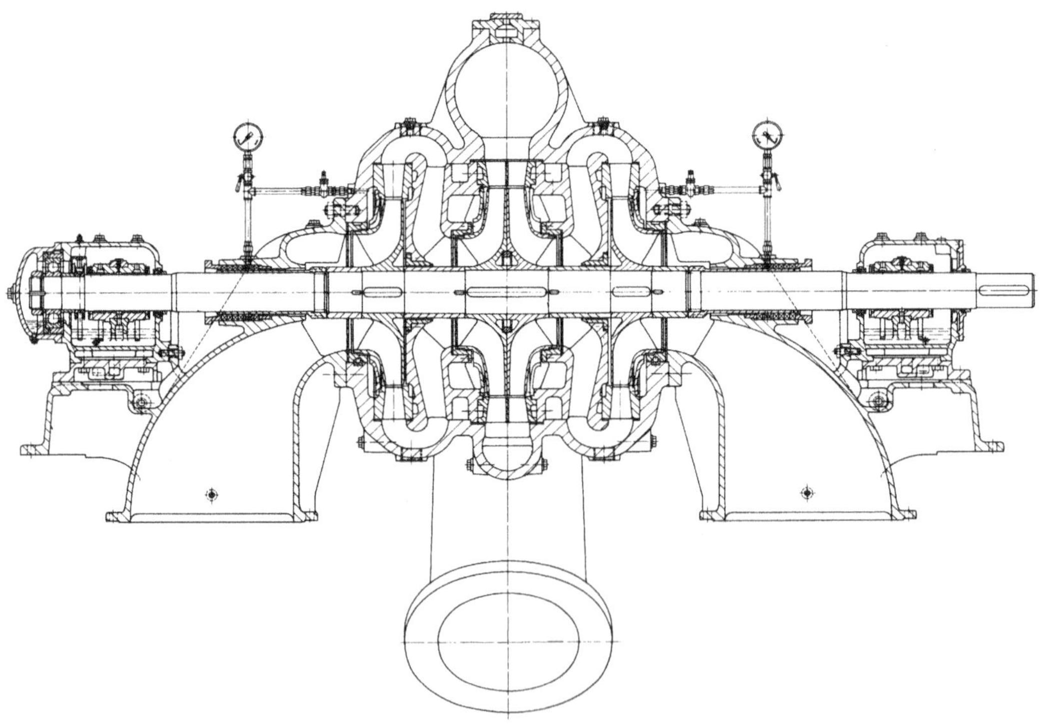

Bild 10-30 Zweiströmige-zweistufige Spiralgehäusepumpe, Wasserwerkspumpe (KSB)

te mit ungekühlten, durch Sperrwasser entlasteten Packungsstopfbuchsen ausgerüstet. Zwei Lager außerhalb der Dichtungen führen die Welle radial und axial.

Bild 10-28 zeigt eine Bild 10-27 entsprechende Gliederpumpe, jedoch mit axial angeordnetem Saugstutzen. Die Zuströmung ist dadurch ungehindert und bedarf keiner Umlenkung. Außerdem entfällt die saugseitige Dichtung. Das notwendige zweite Lager ist im ersten Leitradträger untergebracht und wird durch das Fördermedium geschmiert.

In Bild 10-29 sind ebenfalls zwei Varianten einer dreistufigen Radialpumpe dargestellt. Bei Ausführung der oberen Bildhälfte ist jedes Laufrad mit Drosselkanten und Druckausgleichsbohrungen axialschubentlastet, wobei das linke Ringrillenkugellager den verbleibenden Restachsschub aufnimmt. Bei der unteren Variante wird der Achsschub des gesamten Läufers durch eine Achsschubausgleichsscheibe aufgenommen, die sich in einer Aussparung des Druckstutzengehäuses befindet. Axiallager sind daher in diesem Fall nicht vorhanden. Allerdings wird die funktionsnotwendige axiale Verschiebbarkeit der Welle am freien Wellenende durch eine Vorrichtung begrenzt. Die Pumpe ist zur Wärmedämmung mit dem schon erwähnten Blechmantel ausgerüstet. Bild 10-31 enthält die Kennlinien der Pumpe.

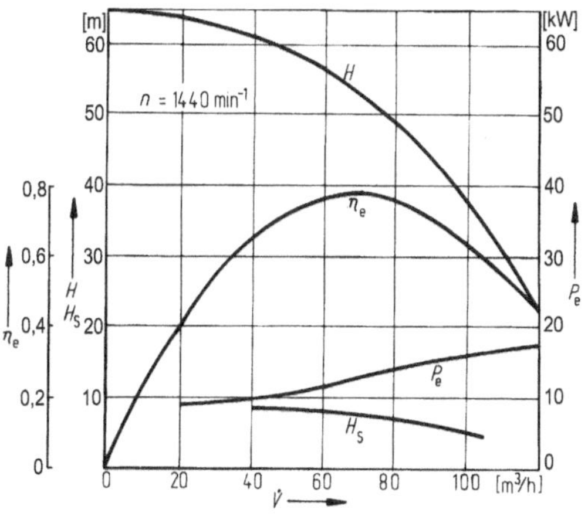

Bild 10-31 Kennlinien der Kreiselpumpe nach Bild 10-29. Variablen-Index x weggelassen

Die in Bild 10-30 dargestellte zweistufige, zweiflutige Spiralgehäusepumpe findet beispielsweise Anwendung bei Pipelines und Wasserwerken. Das Spiralgehäuse ist längs-, d. h. in Achsrichtung geteilt. Die Laufräder sind symmetrisch angeordnet, sodass theoretisch kein und tatsächlich nur ein kleiner Restachsschub verbleibt, den ein Rillenkugellager aufnimmt. Die radiale Fixierung übernehmen Gleitlager. Die beiden Stopfbuchsen werden jeweils von der ersten Pumpen-Stufe durch Sperrwasser versorgt.

10.2.6.5 Sonder-Kreiselpumpen

Die Kreiselpumpen für Sonderzwecke sollen entsprechend Abschnitt 10.2.1 nach dem Hauptanwendungsbereich und nach der Betriebsweise unterteilt werden. Infolge vielfacher Überschneidungen ist strenges Trennen wieder nicht möglich. An einigen Bildern und kurzen Bemerkungen soll auf die vom jeweiligen Einsatzgebiet bzw. -zweck bestimmten Besonderheiten hingewiesen werden.

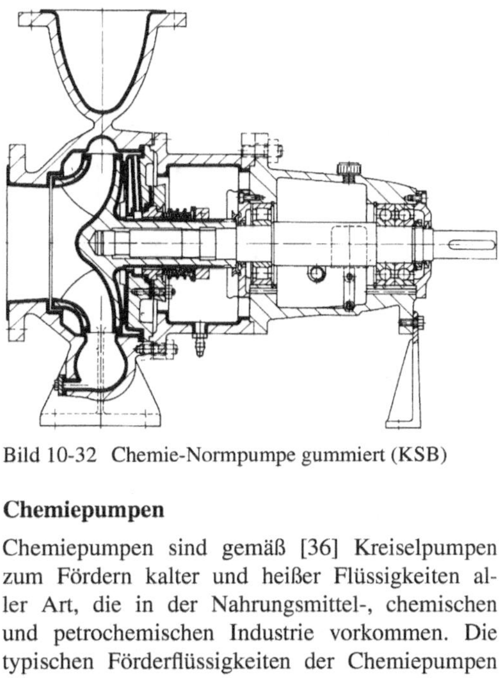

Bild 10-32 Chemie-Normpumpe gummiert (KSB)

Chemiepumpen

Chemiepumpen sind gemäß [36] Kreiselpumpen zum Fördern kalter und heißer Flüssigkeiten aller Art, die in der Nahrungsmittel-, chemischen und petrochemischen Industrie vorkommen. Die typischen Förderflüssigkeiten der Chemiepumpen können daher sein: aggressiv, leichtflüchtig, explosiv, giftig, rein bis leicht verunreinigt und auch besonders wertvoll. Chemiepumpen finden somit unter Berücksichtigung der Bau- und Werkstoffausführung, des breiten Temperatureinsatzes, des oft vorhandenen hohen Systemdruckes sowie wegen möglichem Ausrüsten der Wellendichtung mit Weichstopfpackung oder Gleitringdichtungen vorwiegend zum Fördern aliphatischer und aromatischer Kohlenwasserstoffe, Schmieröle, Teere, Säuren, Laugen und dgl.

Anwendung. Die Werkstoffausführung wird entscheidend von den physikalischen und chemischen Eigenschaften der Förderflüssigkeit bestimmt. Für die Auswahl des Werkstoffes bestehen oft zwei prinzipielle Möglichkeiten:

- *Opferwerkstoffe.* Einfache Werkstoffe, meist Stahl oder Grauguss, die dann vom Fördermedium in kürzerer Zeit (wenige Jahre) zerstört (geopfert) werden. Die Lebensdauer der Pumpe ist entsprechend kurz.
- *Resistente Werkstoffe.* Die von der fördernden Flüssigkeit berührten Teile der Pumpe werden aus korrosionsbeständigen metallischen Werkstoffen (Edelstahl $\rightarrow \geqq 13\,\%$ Cr, Nichteisenmetalle $\rightarrow$ Cu-Zn-Sn-Legierungen), nichtmetallischen Werkstoffen (Kunststoffe, Keramik) oder einfachen, mit beständigen Überzügen aus Gummi (Bild 10-32), Kunststoff, Emaille, Keramik und dgl. versehenen Werkstoffen hergestellt.

Sichergestellt werden muss, dass Chemiepumpen weder während des Betriebs noch im Stillstand lecken. Die Wellendichtungen sind deshalb entsprechend zu gestalten. In besonders kritischen Fällen sind Pumpen in wellendichtungsloser Bauweise auszuführen, und zwar als sog. **Spaltrohrmotorpumpen** oder hermetische Pumpen mit Antrieb direkt durch Kugelmotor bzw. über magnetische Kupplung.

Chemiepumpen werden hergestellt:

- in horizontaler oder vertikaler Bauweise. Bei senkrechter Welle oftmals als **Tauchpumpe**
- überwiegend einstufig mit Spiralgehäuse, teilweise jedoch zweistufig
- meist normalsaugend, also nicht selbstsaugend. Niedriger NPSH-Wert fast immer notwendig, oft als Inducerausführung gemäß Bild 10-44.
- oftmals in sog. Prozessbauweise

Prozesspumpen, d. h. Pumpen in Prozessbauweise, müssen für die Systemtemperatur und den Systemdruck, der oft hoch ist, ausgelegt werden sowie einfach demontierbar sein. Die Demontage und Remontage, beispielsweise zur Inspektion, soll möglich sein, ohne dass die Pumpe (das Spiralgehäuse) und möglichst auch nicht der Antriebsmotor aus der Rohrleitung herausgenommen werden müssen – **Inline-Bauweise**. Nach Herausnahme eines Zwischenstückes an der Wellenkupplung soll das **Laufzeug** – Lagerbügel mit Welle, Lager, Dichtung und Laufrad – herausgezogen werden können, ohne Antriebsmotor und Spiralgehäuse abbauen zu müssen.

Chemiepumpen sind nach DIN 24 256 bzw. ISO 2858 in den Hauptabmessungen – Laufraddurchmesser, Saug- und Druckstutzen sowie Baumaße – genormt. Dadurch können verschiedene Fabrikate ohne zusätzliche Umbauarbeiten gegeneinander ausgetauscht werden. Die USA bieten eine entsprechende Normpumpenbaureihe nach ANSI B 1231.

Bohrlochpumpen

Bedingt durch die auf etwa 4 ... 8 m begrenzte Saughöhe (Abschnitt 5.2.2) muss die Pumpe zur Förderung von Grundwasser oder Erdöl aus größeren Tiefen (Bohrungen) entsprechend weit zur Förderflüssigkeit abgesenkt werden. Aus dem Bemühen, die Kosten niedrig zu halten, resultiert das Bestreben, die Förderbohrungen in möglichst kleinem Durchmesser (100 ... 400 mm) auszuführen. Hieraus ergibt sich die Forderung nach Pumpen mit geringem Außendurchmesser. Bohrlochpumpen werden deshalb in möglichst kleinem Durchmesser und zwangsläufig vielen Stufen ausgeführt, um die notwendige Förderhöhe zu erreichen. Die übliche Radialpumpe mit Durchmesserverhältnissen $D_2/D_1 \approx 1{,}8 \ldots 2{,}3$ kommt daher kaum in Frage. Für gängige Bohrlochweiten sind Diagonalräder mit $D_2/D_1 \approx 1{,}3$ noch ausführbar, ohne das Gestalten der Leiträder zu erschweren.

Bohrlochpumpen werden unterteilt in:

- Wellenpumpen
- Tauchmotor-, d. h. Unterwassermotorpumpen

Wellenpumpen (Bild 10-33a): Die meist als Tauchpumpe arbeitende Maschine ist axial am unteren Ende der Steigleitung angesetzt. Der oberhalb der Bohrung sitzende Antriebsmotor ist über eine im Förderrohr verlaufende, entsprechend lange Welle mit dem Pumpenläufer verbunden. Die Welle besteht meist aus 2 bis 5 m langen Abschnitten, welche durch feste Kupplungen verbunden sind. Zwischen den Flanschen der Rohrabschnitte – ebenfalls je ca. 2 ... 5 m lang – eingesetzte Lagerträger führen die Welle. Die Lager sind meist aus Hartgummi und durch das Fördermedium geschmiert sowie gekühlt.

Vorteil: Verunreinigungen, z. B. Sandkörner, drücken sich in den Lagergummi ein und üben somit praktisch keine Schleifwirkung aus. Auch werden sie meist durch das Fördermittel über die schraubenförmigen Schmiernuten ausgespült.

Nachteil: Infolge geringer Wärmeleitfähigkeit und großer Reibungsziffer von Gummi müssen die Lager (auch beim Anfahren) stets mit Flüssigkeit benetzt sein. Trockene Gummilager werden rasch zerstört. Des Weiteren ist die Welle im Lagerbereich durch eine Cu-Sn-Hülse zu schützen, da der in den Gummi einvulkanisierte Schwefel Stahl angreift.

Anwendungsbereich der Bohrloch-Wellenpumpen:

- Förderströme bis 1200 m^3/h und mehr
- Tauchtiefen (Bohrlochtiefen) bis über 300 m. In den meisten Fällen jedoch unter 50 m
- Drehzahl gewöhnlich 1440 min^{-1}
- Stufenzahl bis etwa 18

Tauchmotorpumpen (Bild 10-33b): Pumpe und Motor sind unmittelbar zu einem Aggregat zusammengebaut. Um die Pumpe direkt an das Steigrohr ansetzen zu können, ist der Motor am axial unteren Pumpenende angeordnet. Deshalb sind nur als Unterwassermotoren ausgebildete Elektromotoren für den Pumpenantrieb einsetzbar. Die Statorwicklung des Tauchmotors muss, je nach Einsatz, mit Wasser- bzw. ölfesten Isolierstoffen, wie Synthesekautschuk oder Kunststoff, versehen sein und die außen am Saugrohr entlanggeführte elektrische Zuleitung dichtend am Motor ansetzen. Die Lebensdauer des Motors, ausgestattet mit wassergeschmierten Gleitlagern (Stahl/Keramik), hängt vor allem von der Isoliergüte ab. Während des Betriebs durch- oder umströmt die Förderflüssigkeit die Motorwicklung und kühlt sie dabei. Zwei verschiedene Tauchmotorarten sind im Einsatz:

- vom Fördermedium durchströmte Motore. Nur bei nicht verschmutzten Flüssigkeiten (Sand usw.) anwendbar.
- mit Sperrflüssigkeit (meist Wasser) gefüllte Motore. Die Volumenänderung infolge Wärmedehnung, das sog. Atmen des Motors, muss durch entsprechende Vorkehrungen, z. B. Gummimembrane, gewährleistet sein. Andernfalls dringt beim Ausdehnen durch die Dichtungen Sperrwasser aus und beim Zusammenziehen wird verschmutzte Förderflüssigkeit hineingezogen.

Kleine Tauchmotoren werden für Niederspannung (bis 500 V), Tauchmotore für große Leistungen bei Anwenden neuer Isolierstoffe zwischen 3 000 und 6 000 V (Hochspannung) gebaut. Hochspannungsmotoren erreichen bei der Lastdrehzahl 2 880 min^{-1} Leistungen bis ca. 2 500 kW. Weitere Werte von Tauchmotorpumpen sind:

Größter Förderstrom zur Zeit über 1 m^3/s. Aggregate (Motor/Pumpe) für Bohrlöcher bzw. Rohre ab

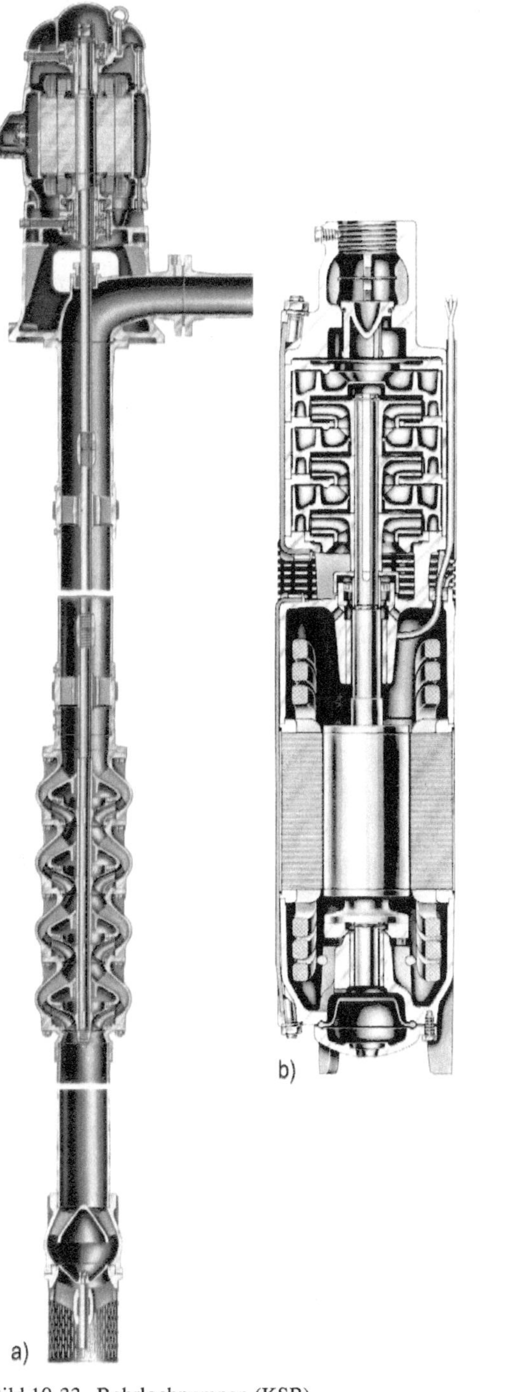

Bild 10-33 Bohrlochpumpen (KSB).
a) Wellenpumpe, b) Tauchmotorpumpe

100 mm Durchmesser einsetzbar. Aggregatlänge bis über 6 m. Bei Rohölförderung fanden schon Tauchmotorpumpen für Tiefen von über 2000 m Anwendung. Dabei werden mehrere Pumpen in Serie geschaltet, weshalb die Gesamtzahl der Laufräder den Wert 300 überschreiten kann, d. h. insgesamt mehr als 300 hintereinander geschaltete Stufen.

Aus Wirkungsgradgründen soll die kinetische Energie der Ausflussgeschwindigkeit etwa 5 % der Stufenenergie nicht übersteigen.

Zusammenfassend ergibt der Vergleich zwischen Wellen- und Tauchmotorpumpen:

Wellenpumpen

Vorteile: Hohe Betriebssicherheit. Betriebszeit von 10 Jahren ohne Reparaturen keine Seltenheit. Antrieb durch Verbrennungsmotor möglich.

Nachteile: Hohe Anschaffungskosten. Komplizierte Bauart. Aufwendige Montage und Demontage.

Nur für gerade Bohrlöcher.

Tauchmotorpumpen

Vorteile: Aufbau, Montage und Demontage einfacher. Auch für nicht geradlinige Bohrlöcher.

Nachteile: Nur Elektromotorantrieb möglich, also Strom notwendig. Höchste Ansprüche an Motorisolierung (Material, Ausführung), um Gefahr der Motorverbrennung durch Kurzschluss auszuschließen.

Dickstoffpumpen

Kreiselpumpen für dicke Stoffe müssen weite Kanäle aufweisen und leicht zu reinigen sein. Laufrad- sowie Leitvorrichtungsquerschnitte und Spalte von Dickstoffpumpen werden deshalb groß ausgebildet. Meist erhalten die Laufräder, sog. Kanalräder, nur wenige Schaufeln (1 ... 3). Die saugseitige Gehäusefront ist in Scharnieren gelagert und durch Klemmbügelverschluss schnell zu öffnen. Dickstoffpumpen sind fast immer in einstufiger Spiralgehäusebauart ausgeführt. Das Erreichen hoher Wirkungsgrade tritt daher hinter die Forderung nach Betriebssicherheit – kein Verstopfen – zurück.

Sonderausführung: Freistrompumpen.

Kraftwerkspumpen

Kesselspeisepumpen: Bei Dampferzeugern ist die durch Verdampfen abgehende Wassermenge ständig zu ersetzen. Die Aufgabe der sog. Speisepumpe besteht somit darin, dem Dampferzeuger die der abgegebenen Dampfmenge entsprechende Speisewassermenge zuzuführen. Die Speisewassertemperatur liegt dabei meist zwischen 160 und 200 °C, in Sonderfällen bis 250 °C. Der Fördermengenstrom erreicht je nach Größe des Dampferzeugers Werte bis ca. 6 500 t/h (bei 1300-MW-Kernkraftwerk), der dann auf mehrere Pumpen aufgeteilt wird. Vom Dampfdruck bestimmter Förderdruck erreicht bei

- fossil beheizten Kesseln Werte bis etwa 400 bar, selten bis 600 bar.
- Leichtwasser-Kernreaktoren 80 ... 100 bar.

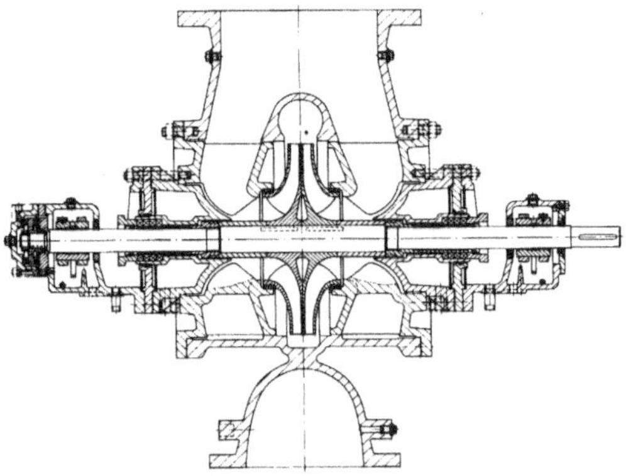

Bild 10-34 Zweiströmige Kesselspeise-Vorpumpe (KSB)

Verwirklicht werden Stufendrücke bis ca. 80 bar bei Drehzahlen zwischen 5 000 und 6 000 min^{-1}. Die Speisepumpen von Leichtwasser-Kernkraftwerken werden deshalb einstufig ausgeführt. Die erforderliche Antriebsleistung der Speisepumpen beträgt bis etwa 5 % der zum Dampferzeuger gehörenden Turbinenleistung. Kesselspeisepumpen werden derzeit in Einheiten bis ca. 30 MW, in Ausnahmefällen bis 50 MW verwirklicht. Der Antrieb erfolgt durch Elektromotoren (bis 12 MW) oder Dampfturbinen. Meist, insbesondere bei größeren Förderdrücken, wird jeder Speisestrang auf zwei Pumpen – *Vorpumpe* (Boosterpumpe) und *Hauptpumpe* – unterteilt. Der Speisewasservorwärmer kann dann zwischen beiden Pumpen angeordnet werden und ist daher nur für den geringeren Druck der Boosterpumpe zu bemessen. Die Vorpumpe übernimmt den kleineren Teil der Druckerzeugung. Der dadurch erreichte Vordruck für die Hauptpumpe verringert die infolge heißen Wassers sonst vorhandene beträchtliche Kavitationsgefahr. Um die notwendige Zulaufhöhe herabzusetzen, kann die einstufige Boosterpumpe zweiflutig ausgeführt und deshalb mit niedrigerer

Drehzahl betrieben werden. In Bild 10-34 ist eine einstufige-zweiflutige Kesselspeise-Vorpumpe mit längsgeteiltem Spiralgehäuse dargestellt.

Die Hauptspeisepumpe wird ausgeführt in Gliederbauweise (Ringtyp) oder Topfbauweise (Mantelgehäuse):

Gliederpumpen (Bild 10-35) weisen die in Abschnitt 10.2.6.4 aufgeführten Eigenschaften auf. Sie werden ausgeführt für Betriebsdrücke bis etwa 400 bar. Bis zu Drücken von etwa 60 bar erfolgt das Abdichten der Glieder durch zwischengelegte Dichtungen, bei höheren Drücken durch Zusammenpressen der geschliffenen und geläppten Kontaktflächen (metallische Dichtung). Das Vorspannen durch die außen liegenden Zuganker muss so stark sein, dass die Gliederpumpe auch noch bei vollem Betriebsdruck dicht ist. Dadurch wird der Werkstoff oft bis an die Grenze seiner Belastungsfähigkeit beansprucht. Kommen noch weitere Belastungen durch ungleichmäßige oder zu schnelle Temperaturänderung beim Anfahren (Erwärmen) oder Abstellen (Abkühlen) hinzu, besteht die Gefahr plastischer Verformungen, was Verziehen der Welle und Klaffen der Glieder bewirken kann.

Die *Topfbauweise* (Bild 10-36) vermeidet die Nachteile der Gliederausführung. Alle Stufenringe sind in einem gemeinsamen Mantelgehäuse (Topfbauweise) untergebracht und somit nur durch den Betriebsdruck belastet. Des Weiteren ergibt sich nur eine radiale Dichtfläche. Durch entsprechende Anzahl kurzer, kräftiger Stehbolzen wird der Deckel auf das Topfgehäuse gepresst, ohne dass weder Saug- noch Druckstutzen hindern.

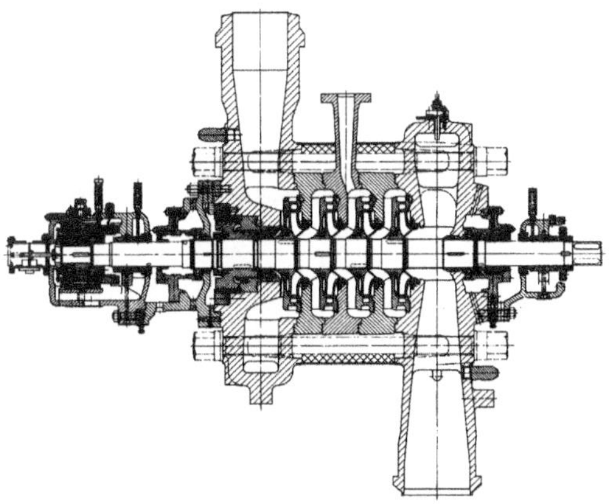

Bild 10-35 Kesselspeisepumpe in Gliederbauweise (KSB)

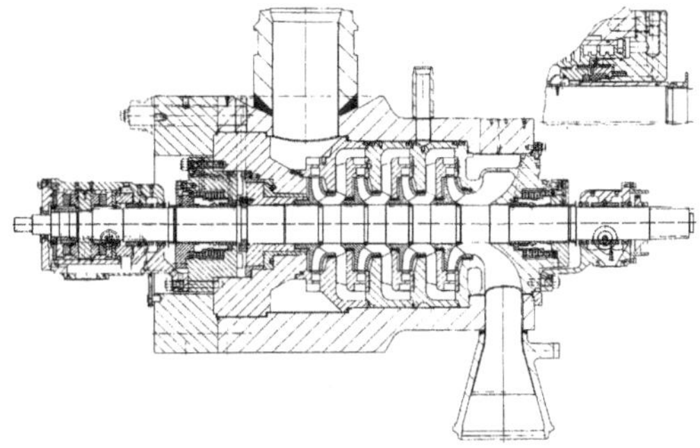

Bild 10-36 Kesselspeisepumpe in Topfbauweise (KSB)

Zusammenfassend gilt:

Die Abmessungen der hydraulischen Teile (Laufräder, Leitvorrichtungen) sind bei Glieder- und Topfbauweise gleich. Material und Herstellaufwand sind bei Topfgehäuseausführung größer als bei Gliederbauweise.

Im Gegensatz zum Ringtyp kann beim Manteltyp die Demontage und Wiedermontage erfolgen, ohne das Topfgehäuse aus dem Rohrleitungssystem entfernen zu müssen.

Als Werkstoff wird entweder rostbeständiger Stahl eingesetzt oder die von heißem Wasser beströmten Teile beschichtet durch Auftragsschweißen von austenitischem Stahl.

Kondensatpumpen: Ihre Aufgabe ist das Rückführen des Dampf-Kondensates aus dem Turbinenkondensator und den Wärmetauschern. Im Turbinenkondensator herrscht sehr niedriger absoluter Druck im Bereich von 0,025 ... 0,08 bar (... 0,1 bar). Auch liegt die Kondensattemperatur nahe der zum Kondensatordruck gehörenden Sattdampf-, d. h. Siedetemperatur. Um Kavitation zu vermeiden, muss deshalb das Kondensat der Pumpe zulaufen. Die kleinste Zulaufhöhe, der vertikale Abstand zwischen niedrigstem Wasserstand im Kondensator und Pumpenmitte, soll mindestens 0,5 ... 0,8 m betragen. Die Stopfbuchse ist sorgfältigst auszubilden, weil sie gegen beachtlichen Unterdruck abdichten muss. Durch Wassersperren ist Eindringen von Luft in das Pumpeninnere zu verhindern, um Strömungsabriss zu vermeiden.

Kondensatpumpen werden als mehrstufige (meist $i = 3 \ldots 5$) Radialpumpen in waagrechter oder senkrechter Bauweise (Wellenlage) aus rostfreiem Stahl ($Cr \geqq 13\,\%$) oder Schwermetalllegierungen (Cu-Zn-Sn) gebaut.

Reaktorpumpen: Bei Kernreaktoren

- Schwerwasserreaktoren
- Leichtwasserreaktoren (Siede- und Druckwasser)
- Gasreaktoren (Hochtemperatur → Helium gekühlt)
- Flüssigmetallreaktoren (Brutreaktoren → Natrium gekühlt)

werden Pumpen für die verschiedensten Zwecke eingesetzt. Dabei ist vor allem höchste Betriebssicherheit (Funktion und Dichtheit) wichtig. Die Pumpen-Konstruktionen sind auf die einzelnen Reaktorentypen abgestimmt und meist in die Rohrleitung eingeschweißt (keine Flanschdichtungen).

Die wichtigsten Pumpen eines Kernkraftwerkes sind die sog. **Hauptumwälzpumpen**, auch als Reaktorumwälzpumpen bezeichnet, welche den Reaktorinhalt umwälzen, wodurch die nukleare Zerfallswärme abgeführt wird. Infolge der im Primärkreislauf auftretenden Nuklearstrahlung (Kernstrahlung) bestehen besondere Anforderungen an Werkstoffe, Ausführung (Festigkeit, Konstruktion) und Fertigung der Pumpen. Reaktorumwälzpumpen arbeiten unter äußerst schweren Bedingungen: Systemdrücke von etwa 200 bar, Temperaturen bis ca. 350 °C, Förderhöhen bis ungefähr 150 m und Förderströme bis zu 10 m^3/s. Die hierfür erforderlichen Antriebsleistungen betragen bis ca. 30 MW bei Drehzahlen bis etwa 5 500 min^{-1}. Infolge der im Primärkreis möglicherweise mit umgewälzten radioaktiven Substanzen, welche die Umgebung gefährden, müssen die eingesetzten Pumpen vollkommen dicht sein oder dürfen nur kontrollierbare Undichtigkeiten aufweisen. Eingesetzt werden deshalb spezielle, stopfbuchslose Spaltrohrmotorpumpen mit sog. Wärmesperre, die einen Wärmetransport vom heißen Arbeitsmedium zum Antriebsmotor verhindern, oder Wellendichtungspumpen mit besonderen Stopfbuchskonstruktionen.

Spaltrohrmotorpumpen (Bild 10-45) werden eingesetzt bis zu Systemdrücken von 200 bar, Temperaturen des Arbeitsmediums bis ca. 400 °C und Wellendrehzahlen bis 2 900 min^{-1}. Die erreichten Wirkungsgrade liegen bei 65 ... 75 %.

Wellendichtungspumpen erreichen mit 75 ... 80 % bessere Wirkungsgrade als Spaltrohrausführungen. Dabei ist das schwierigste Konstruktions- und Fertigungsproblem, die Wellen zuverlässig abzudichten. Der Aufwand für die Wellendichtung erfordert etwa die Hälfte der Ausführungskosten der gesamten Pumpe. Die Abdichtung erfolgt meist durch mehrere hintereinander angeordnete Dichtungsstufen, sog. **Kaskadendichtung**. Angewendet werden hydrodynamische Gleitringdichtungen im Druckbereich 50 ... 100 bar, hydrostatische Gleitringdichtungen bei 100 ... 200 bar und Schwimmringdichtungen für 20 ... 50 bar je Dichtstufe. Da Schwimmringdichtungen jedoch relativ große Leck- und Leistungsverluste (Reibung) verursachen, werden sie bei Reaktorumwälzpumpen meist nicht angewendet. Des Weiteren treten bei den meist in Diagonal- oder seltener in Axialbauart ausgeführten Umwälzpumpen Achsschübe bis 500 kN auf. Zur Aufnahme dieser Kräfte sind die hydrodynamisch wirkenden Klotzlager nach MICHELL, die sog. **MICHELL-Längs-** oder **Drucklager**, notwendig. Auch die Querlager werden in Gleitlagerbauweise ausgeführt. Schwierig ist außerdem das Auslegen der Hydraulik (Laufrad, Leitvorrichtung), insbesondere des Laufrades, da die Pumpe meist dicht an der Siedelinie des Arbeitsmediums arbeitet. Es besteht somit erhöhte Kavitationsgefahr.

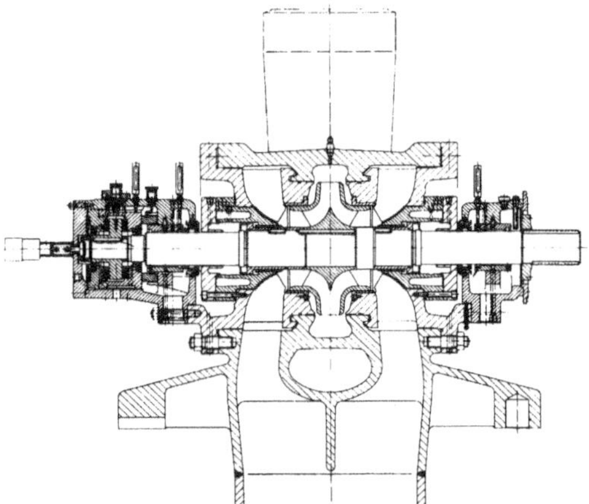

Bild 10-37 Zweiströmige Reaktorspeisepumpe (KSB). Nennwerte: $\dot{V} = 4\,200\,\text{m}^3/\text{h}$, $H = 600\,\text{m}$, $n = 5\,000\,\text{min}^{-1}$

Die Regelung, d. h. Anpassung, an die geforderte Leistung (Durchsatz, Förderdruck) der Pumpen erfolgt meist durch Ändern der Drehzahl. Die Antriebseinrichtungen (Motor + Regelung) sind entsprechend ausgerüstet.

Aus Platzgründen war nur ein kurzer Überblick über die Probleme der Reaktorpumpen möglich. Einzelheiten sind aus dem einschlägigen Spezialschrifttum zu entnehmen.

Der Aufbau einer einstufigen-zweiflutigen Reaktorspeisepumpe geht aus Bild 10-37 hervor.

Die Nennwertangaben einer ausgeführten Reaktorpumpe sollen den Abschnitt beenden:

Betriebsdaten (Heißes Druckwasser)

Betriebstemperatur:	286 °C
Pumpenzulauftemperatur	277 °C
Systemdruck:	72 bar
Volumendurchsatz:	$6\,000\,\text{m}^3/\text{h}$
Drehzahl:	$1\,830\,\text{min}^{-1}$
Statische Förderhöhe	$H_{\text{Stat}} = 21\,\text{m}$
Dynamische Förderhöhe	$H_{\text{dyn}} = 6{,}6\,\text{m}$
Gesamtförderhöhe	$H_{\text{ges}} = H_{\text{Stat}} + H_{\text{dyn}} = 27{,}6\,\text{m}$
Schauflungswirkungsgrad	$\eta_{\text{Sch}} = 81\,\%$
Mechanischer Wirkungsgrad	$\eta_{\text{m}} = 93{,}5\,\%$
Effektiver Wirkungsgrad	$\eta_{\text{e}} = 75{,}7\,\%$
Antriebsleistung	$P_{\text{e}} = 463\,\text{kW}$

Konstruktive Daten (Axialausführung)

Spezifische Drehzahl	$n_y = 0{,}59$
Laufradaußendurchmesser	$D_{(\text{a})} = 500\,\text{mm}$
Nabenverhältnis	$v = D_{(\text{i})}/D_{(\text{a})} = 0{,}5$
Wellendurchmesser	$D_{\text{We}} = 98\,\text{mm}$
Kritische Drehzahl	$n_{\text{kr}} = 2\,250\,\text{min}^{-1}$
Achsschub	$F_{\text{ax}} = 140\,\text{kN}$
Pumpenmasse	$m_{\text{P}} \approx 3\,\text{t}$
Antriebsmotor:	
Wirkungsgrad	95,4 %
Leistungsfaktor	0,86
Leistung	500 kW
Drehzahlbereich	$365\ldots2\,000\,\text{min}^{-1}$

Pumpspeicherpumpen: Bei vertretbarem Aufwand lässt sich elektrische Energie in großem Maße kaum speichern. Zur kurzzeitigen Energiespeicherung (Stunden, Tage) werden sog. Pumpspeicherkraftanlagen eingesetzt, in denen Energie in hydraulischer Form, d. h. als Lagenenergie (potenzielle Energie), gespeichert wird. In Schwachlastzeiten – Perioden geringer elektrischer Energienachfrage – arbeitet der Generator der Speicheranlage als Elektromotor und treibt eine Pumpe an. Diese sog. Speicherpumpe fördert Wasser vom Untersee (UW) in den Obersee (OW). Die dadurch gespeicherte Energie $\varrho \cdot g \cdot H \cdot V$ (V ... gespeichertes Wasservolumen, H ... Höhenunterschied OW–UW) wird in Spitzenlastzeiten mittels Wasserturbine herangezogen, um den erhöhten Elektrizitätsbedarf zu decken.

Pumpspeicherpumpen sind Großmaschinen im Megawatt-Leistungsbereich, derzeit ca. 10 ... 300 MW. Es handelt sich um Einzelausführungen, die auf jeden Anwendungsfall besonders zugeschnitten (berechnet und gestaltet) sind. Um hohe Wirkungsgrade zu erzielen, erfolgt meist Optimieren an Modellmaschinen. Der bei der sog. Modellabnahme erzielte Wirkungsgrad dient als vertragliche Garantiezusage. Der Wirkungsgrad der Großausführung, d. h. der tatsächlichen Maschine, meist mit thermischen Methoden gemessen, muss der Modellabnahme entsprechen (Abschnitt 4.2.3.4). **Speicherpumpen** werden als **separate Maschinen** oder als Umkehrmaschinen, sog. **Pumpenturbinen**, gebaut, jedoch fast immer in Radialbauweise.

Entsprechend den Anforderungen (Förderhöhe, Durchsatz) wird die separate Maschine, die eigentliche Speicherpumpe, ein- oder mehrstufig sowie ein- oder mehrflutig ausgeführt. Oft angewendete Ausführungen sind zweistufig-zweiflutige Speicherpumpen. Je nach Kraftwerksaufbau wird dabei die Pumpe in vertikaler (senkrechte Welle) oder horizontaler (waagrechte Welle) Bauart ausgeführt.

Pumpenturbinen sind Turbomaschinen, die gleichermaßen als Pumpe und Turbine bei gutem Wirkungsgrad arbeiten können.

Einige Bilder stellen Pumpenturbinen-Sätze (separate Maschinen) und Pumpenturbinen (kombinierte Maschinen) dar.

Bild 10-38 zeigt eine Pumpenturbinen-Anlage mit waagrechter Welle (horizontale Ausführung), Bild 10-39 die zugehörige Speicherpumpe in kleinerem Maßstab, also etwas größer. Die Pumpe wird in ausgeblasenem Zustand durch die Anwurfturbine hochgefahren und dann mit dem Motor/Generator gekuppelt. Die immer starr angekuppelte Turbine läuft leer mit, und zwar ebenfalls ausgeblasen. Die zugehörige Reibungs- und Ventilationsleistung beträgt ca. 500 kW $\widehat{=}$ 0,7 %. Startzeit für Pumpe oder Turbine sowie Übergang von Pump- auf Turbinenbetrieb bzw. umgekehrt liegt bei 1 ... 3 min.

In Bild 10-40 ist eine zweistufig-einflutige Speicherpumpe vertikaler Ausführung (senkrechte Welle) und in Bild 10-41 eine sechsstufig-einflutige mit waagrechter Welle dargestellt.

Bild 10-42 zeigt eine Pumpenturbinen-Maschine in Vertikalausführung.

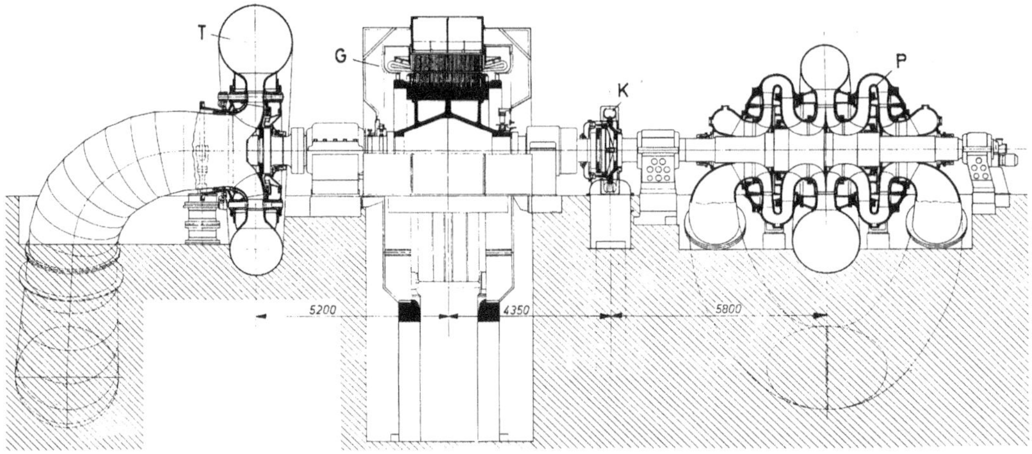

Bild 10-38 Pumpenturbinen-Anlage mit separaten Maschinen (VOITH). T ... FRANCIS-Spiralturbine mit Nennwerten: $\dot{V}_T = 39{,}5\,m^3/s$, $H_T = 268\,m$, $n = 428{,}6\,min^{-1}$, $P_e = 96\,MW$. P ... zweiflutige-zweistufige Speicherpumpe mit Nennwerten: $\dot{V}_P = 23\,m^3/s$, $H_P = 290\,m$, $n = 428{,}6\,min^{-1}$, $P_e = 72\,MW$. K ... Kupplung: Anwurf-PELTON-Turbine mit Zahnkupplung. Hauptabschlussorgane: Schieber NW 1800 für Speicherpumpe, NW 2000 für Turbine. Rohrleitungswirkungsgrad: $\eta_{RL} \approx 0{,}96$. T-Betrieb: $\eta_{RL} = 268/(268+11) = 0{,}961$. P-Betrieb: $\eta_{RL} = (290-11)/290 = 0{,}962$, je mit $(290-268)/2 = 11$

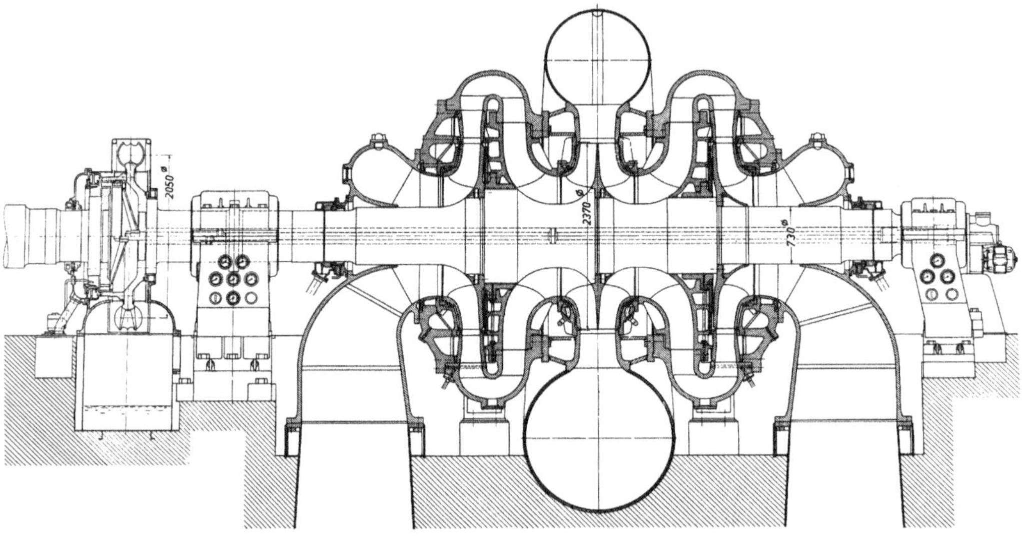

Bild 10-39 Schnitt (vergrößert) durch die zweiflutig-zweistufige Speicherpumpe mit Anwurfturbine und Kupplung von Bild 10-38

Die stets einstufig-einflutigen Pumpenturbinen werden für größere Leistungen, jedoch geringere Höhenunterschiede gebaut als Pumpen-Turbinen-Sätze aus separaten Maschinen. Bei getrennter Anordnung gehen die Förderhöhen bis etwa 1000 m und die Leistungen bis ca. 300 MW, wobei mehrstufige Bauweisen notwendig sind. Die einstufigen Pumpenturbinen verwirklichen Förderhöhen bis über 400 m mit Leistungen bis etwa 400 MW.

Bei separaten Maschinen ist je nach Energielage entweder die Turbine (Elektrizitätsbedarf) oder die Pumpe (Elektrizitätsüberschuss-Speicherung) in Betrieb. Die jeweils nicht benötigte Maschine wird, wie erwähnt, zum Herabsetzen der Widerstände ausgeblasen. Sie läuft dann in gleicher Drehzahl und Drehrichtung in Luft leer mit oder wird durch eine Zahnkupplung (meist nur für Pumpe zutreffend) ausgekuppelt.

Bei der Pumpenturbine dagegen arbeitet die gleiche Maschine im Pumpenbetrieb, in entgegengesetzter Drehrichtung und Durchströmung im Turbinenbetrieb. Beim Übergang vom Turbinen- auf Pumpbetrieb, oder umgekehrt, kehren sich somit sowohl Dreh- als auch Durchflussrichtung der Maschine um.

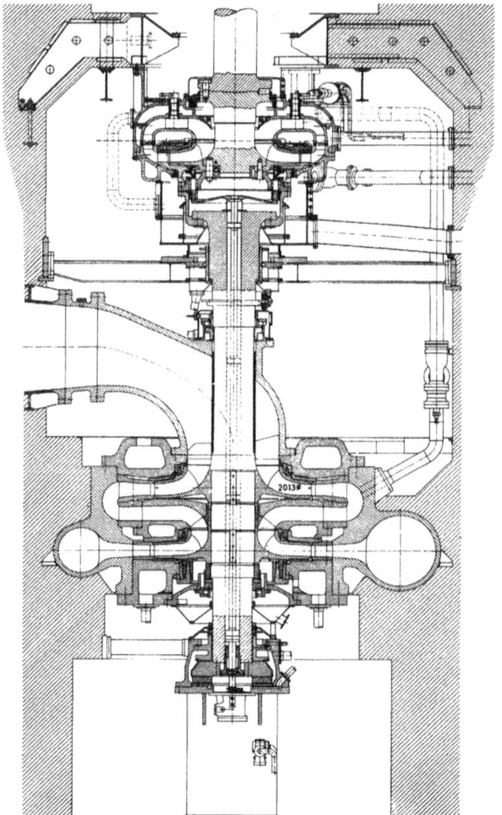

Bild 10-40 Speicherpumpe, 1-flutig, 2-stufig, mit vertikaler Welle (VOITH). Betriebsdaten: $\dot{V} = 7{,}25\,\mathrm{m^3/s}$, $H = 647\,\mathrm{m}$, $n = 750\,\mathrm{min^{-1}}$, $P_e = 52\,000\,\mathrm{kW}$

Die hauptsächlichen Vor- und Nachteile der kombinierten Anlage (Pumpenturbine) gegenüber der klassischen (getrennte Pumpe und Turbine) sind:

Vorteile:

- Geringere Investition, da nur eine Maschine.
- Keine Zusatzeinrichtungen, wie Anfahrwandler, Einrückkupplung, Ausblaseeinrichtung usw.

Nachteile:

- Drehrichtungsumkehr, da entgegengesetzte Drehung bei Pumpen- und Turbinenbetrieb.
- Längere Umschaltzeit beim Übergang von Turbinen- auf Pumpbetrieb und umgekehrt, da infolge Drehrichtungsumkehr der Maschinenrotor abgebremst, kurzzeitig zum Stillstand gebracht und wieder beschleunigt werden muss.
- Sowohl beim Turbinen- als auch Pumpenbetrieb um etwa 2 ... 4 Prozentpunkte niedrigerer Wirkungsgrad. Grund: Bei aus getrennter Pumpe und Turbine bestehender Gruppe kann jede Maschine unabhängig von der anderen bestmöglich auf ihren Verwendungszweck ausgelegt und gestaltet werden. Pumpenturbinen erfordern dagegen stets einen Ausführungskompromiss für die verzögerte Strömung beim Pumpenbetrieb und die beschleunigte Strömung beim Turbinenbetrieb.

In jedem Einzelfall ist zu prüfen, welche Ausführung zu wirtschaftlich besseren Ergebnissen führt. Tendenzmäßig gilt: Je höher die Betriebszeit, desto mehr lohnen sich höhere Investitionsaufwendungen, die zu besseren Wirkungsgraden führen.

Da Speicheranlagen in der Regel weniger stark ausgelastet sind (geringere Jahresbetriebsstunden), tendiert der Fortschritt in Richtung Herabsetzen des Investitionsaufwandes durch Erhöhen der Drehzahl, also auch der Schnellläufigkeit, und Einführen der umkehrbaren hydraulischen Maschinen, d. h. der Pumpenturbinen. Das Erhöhen der Drehzahl führt zu größerer Stufenleistung bei gleich bleibenden Abmessungen bzw. für unveränderte Leistung zu kleineren Maschinen. Schnellläufige Maschinen erfordern jedoch wegen erhöhter Kavitationsgefahr entsprechend tiefes Aufstellen unterhalb des Unterwasserspiegels (oft aufwendig). Das Erhöhen der Schnellläufigkeit führt zudem zum Verbessern der hydraulischen Eigenschaften und daher zu höherem Wirkungsgrad.

Nach gänzlich anderem Konzept arbeitet die Pumpenturbine ISOGYRE von Fa. CHARMILLES, Genf. Sie stellt eine interessante Konstruktion dar, die in unverändertem Drehsinn im Pumpen- und Turbinenbetrieb arbeitet. Die bei den sonst üblichen Pumpenturbinen immer notwendige Drehrichtungsumkehr für den Betriebszustandswechsel (Pumpen $\rightleftarrows$ Tur-

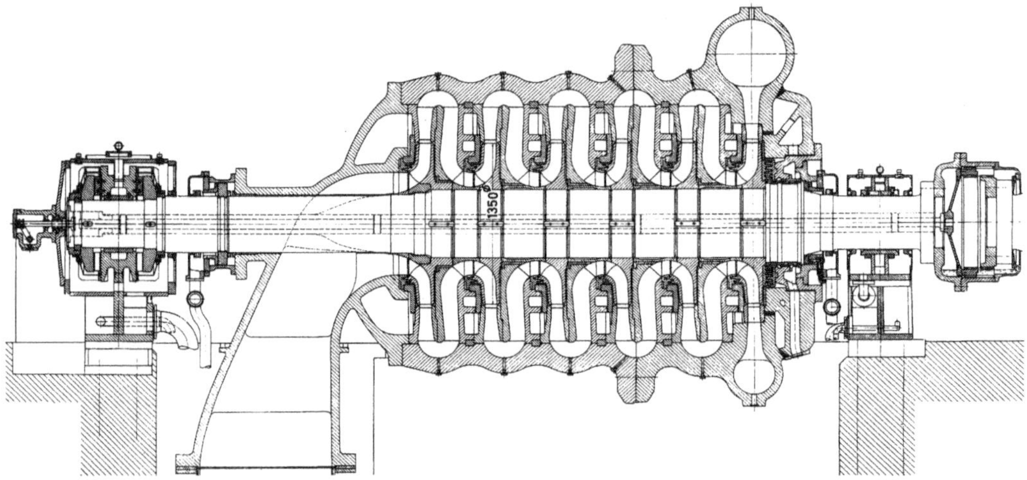

Bild 10-41 Speicherpumpe, 1-flutig, 6-stufig, mit horizontaler Welle (VOITH).
Betriebsdaten: $H = 906\,\text{m}$, $\dot{V} = 2{,}73\,\text{m}^3/\text{s}$, $n = 750\,\text{min}^{-1}$, $P_e = 27\,250\,\text{kW}$ (Nennwerte)

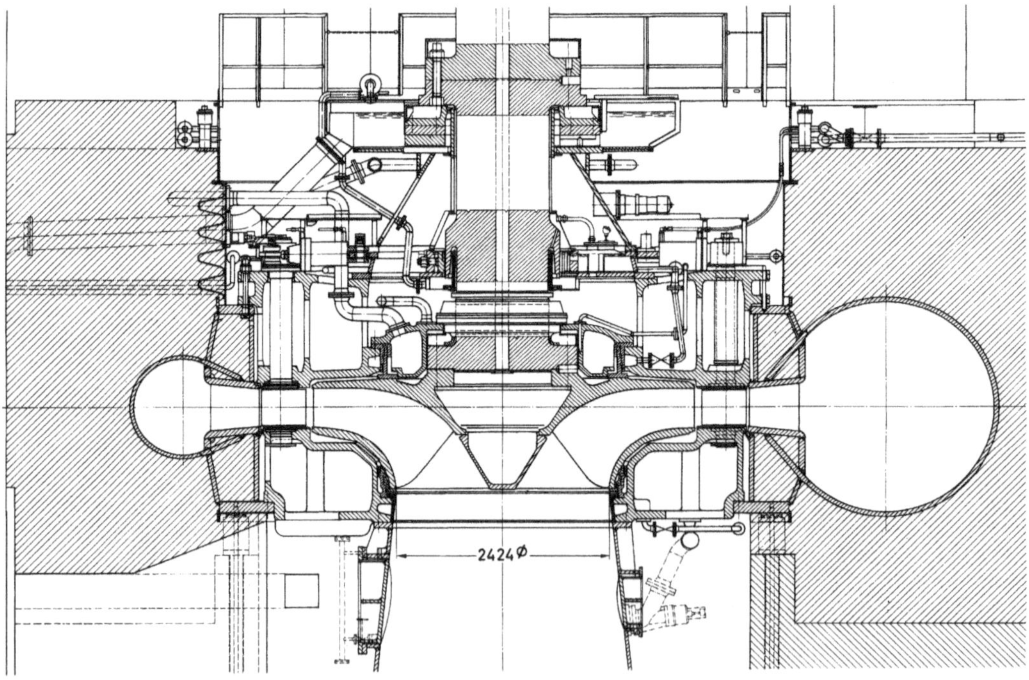

Bild 10-42 Pumpenturbine in Vertikalausführung (VOITH).
Betriebsdaten: Pumpenbetrieb, Bereichswerte $H = 271 \ldots 294\,\text{m}$, $\dot{V} = 74{,}1 \ldots 63{,}6\,\text{m}^3/\text{s}$, $n = 333{,}3\,\text{min}^{-1}$, $P_e = 215 \ldots 202{,}5\,\text{MW}$, Turbinenbetrieb, Nennwerte $H = 286\,\text{m}$, $\dot{V} = 76{,}4\,\text{m}^3/\text{s}$, $n = 333{,}3\,\text{min}^{-1}$, $P_e = 195{,}8\,\text{MW}$. Wie üblich, Index P bzw. T bei Pumpen- bzw. Turbinenbetriebswerten weggelassen

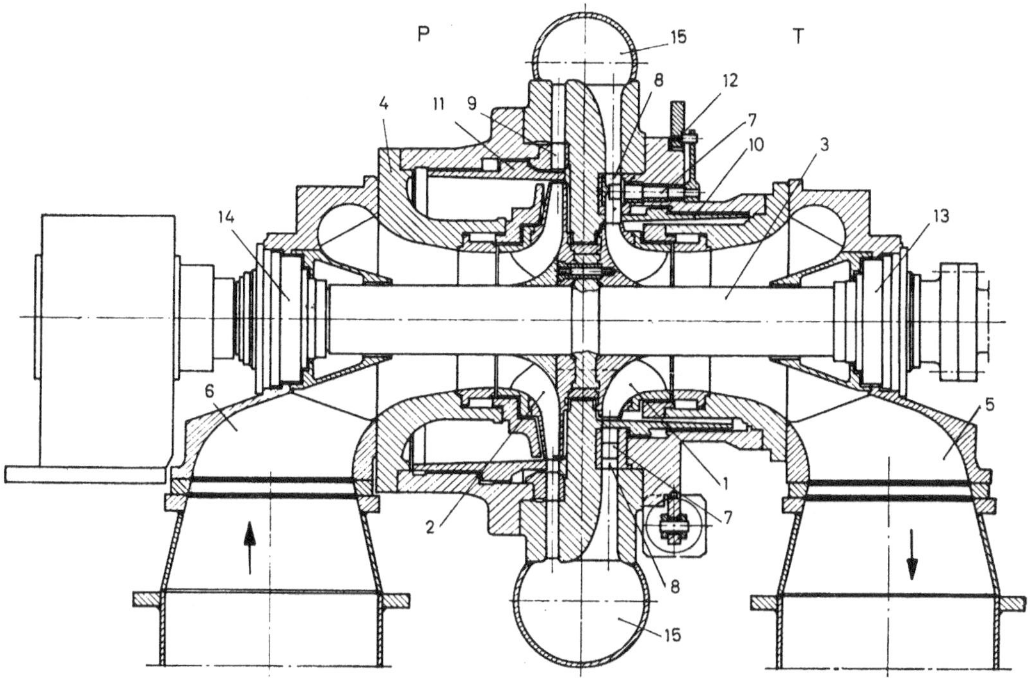

Bild 10-43 Isogyre-Pumpenturbine (VEVEY-CHARMILLES). Betriebswerte: $H = 530\,\text{m}$, $P = 10\,\text{MW}$ bei Drehzahl $n = 1500\,\text{min}^{-1}$. *1* Turbinenlaufrad, *2* Pumpenlaufrad, *3* Welle, *4* Spiralgehäuse, *5* Turbinensaugrohrkrümmer, *6* Pumpensaugrohrkrümmer, *7* Verstelleinrichtung der Turbinenleitschaufeln *8*, *9* Pumpenleitrad, *10* und *11* axial verschiebbare Trommelschieber (Rohrstücke), *12* Verstellring für die Turbinenleitschaufeln, *13* und *14* Lager, *15* Spirale

binen) wird daher von der ISOGYRE-Bauart vermieden, weshalb schnellerer Übergang möglich ist.

Konstruktion und Wirkungsweise der ISOGYRE-Pumpenturbine soll mithilfe von Bild 10-43 kurz aufgezeigt werden:

Die Maschine besteht aus zwei getrennten Laufrädern, dem Turbinenrad *1* und dem Pumpenrad *2*. Die Räder sind „symmetrisch" auf der Welle *3* befestigt und innerhalb des gleichen Spiralgehäuses untergebracht, jedoch hydraulisch voneinander unabhängig. Die Schaufeln der beiden Kreisel *1* und *2* sind so angeordnet, dass sich die gleiche Drehrichtung beim Pumpen- und Turbinenbetrieb ergibt, wobei jeweils nur der zugehörige Läufer arbeitet, d. h. vom Wasser durchströmt wird. Die Turbinenseite (rechte Bildhälfte) ist mit dem Saugrohrkrümmer *5* für die Abfuhr, die Pumpenseite (linke Bildhälfte) mit dem Saugrohrkrümmer *6* für die Zufuhr des Wasserstromes ausgerüstet. Der Turbinenläufer arbeitet mit den verstellbaren Leitschaufeln *8* (FINK'sche Drehschaufeln), das Pumpenrad mit dem festen Leitschaufelgitter *9* zusammen. Beide Leiträder münden ins gemeinsame Spiralgehäuse. Die Turbinenleitschaufeln *8* sind dabei als Strömungs-Umlenkeinrichtung so ausgebildet und angeordnet, dass bei demselben Spiralgehäuse *15* die gleiche Drehrichtung bei Pumpen- und Turbinenbetrieb möglich wird. Durch zwei die Laufräder umhüllenden Zylinderschieber *10* und *11* kann der Wasserdurchfluss wechselweise unterbunden werden. Der eingeschobene Zylinderschieber *10* verhindert den Wasserzufluss zum Turbinenläufer (Pumpbetrieb). Der geschlossene Zylinderschieber *11* verhindert den Wasserabfluss vom Pumpenrotor (Turbinenbetrieb). Die Steuerung erfolgt so, dass sich mit Öffnen von Schieber *10* gleichzeitig Schieber *11* schließt und umgekehrt. Das nichtarbeitende Laufrad wird jeweils entleert (ausgeblasen), um die Reibungsverluste herabzusetzen. Außer den Zylinderschiebern gleicht die ISOGYRE-Pumpturbine im Meridianschnitt einer zweiflutigen, hydraulischen Turbomaschine. Angewendet wurden ISOGYRE-Maschinen bei Gefällen zwischen 60 und 500 m sowie Leistungen bis ca. 70 MW. Für größere Fallhöhen sind zweistufige Ausführungen notwendig. Einstufige ISOGYRE-Maschinen wurden für Fallhöhen von 60 ... 250 m gebaut.

Schiffspumpen: Das Anwendungsfeld für Pumpen auf Schiffen ist sehr umfangreich. Mit Rücksicht auf spezielle Betriebsbedingungen können nur selten die üblichen serienmäßigen Kreiselpumpen verwendet werden. Meistens sind Sonderausführungen notwendig, welche zudem besonderen Vorschriften entsprechen müssen. Wegen des begrenzt verfügbaren Platzes auf Schiffen wird gedrungene Bauart gefordert. Gemeinsames Merkmal der Schiffspumpen ist daher die Vertikalbauform. Um Abmessungen (Durchmesser, Stufenzahl) klein und dadurch das Gewicht niedrig zu halten, laufen Schiffspumpen mit möglichst hoher Drehzahl.

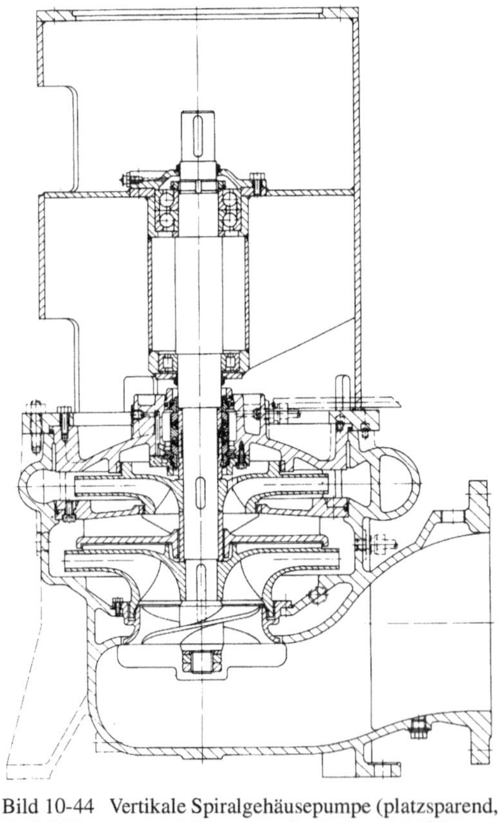

Bild 10-44 Vertikale Spiralgehäusepumpe (platzsparend, da Schiffspumpe) mit Vorsatzläufer (Inducer) (KSB)

Vielfach arbeiten Schiffspumpen im Parallelbetrieb. Als Werkstoffe werden je nach Fördermedium eingesetzt für

- Gehäuse: Unlegierter oder legierter Grauguss, rostfreier Stahlguss (Cr $\geqq$ 13 %), Cu-Sn-Legierungen (Bronzen)
- Laufräder: Rostfreier Stahl oder Cu-Sn-Legierungen.

Anwendungsbereich:
Förderstrom zwischen 10 und 10 000 m^3/h
Förderhöhe von 3 bis 150 m
Ausgeführt bei Radialpumpen 1 ... 3 (... 5) Stufen.

Bild 10-44 zeigt eine Schiffspumpe mit Vorsatzläufer (Inducer) zum Verbessern des Saugverhaltens.

Spezialpumpen: Als spezielle Pumpen sollen kurz die sog. Hermetik- und selbstsaugenden Kreiselpumpen behandelt werden.

Hermetikpumpen: Bei diesen Maschinen wird die Kreiselpumpe mit einem Spezialmotor, dem sog. **Spaltrohrmotor**, zu einer Einheit zusammengefasst. Pumpe und Motor, die nicht getrennt funktionsfähig sind, bilden somit ein gemeinsames Aggregat, weshalb auch die Bezeichnung **Spaltrohrmotorpumpen** üblich ist. Die Förderflüssigkeit umspült den Motorläufer, die Statorwicklung dagegen liegt außerhalb einer dichten Hülse aus dünnem Stahlblech, dem **Spaltrohr**. Da somit der Motorrotor zum feuchten Bereich gehört, sind Wellendichtungen, die zu Leckverlusten führen können, nicht vorhanden (stopfbuchslose Pumpe). Wegen des Spaltrohres (unmagnetische Stahllegierung) zwischen Stator und Rotor erreicht der Elektromotor (Spaltrohrmotor) infolge Wirbelstromverlusten im Spaltrohr und größerem Abstand Rotor/Stator allerdings nur einen etwas geringeren Wirkungsgrad. Zudem liegen die Reibungsverluste infolge des flüssigkeitsgefüllten Spaltes höher. Insgesamt erreichen daher mit Spaltrohrmotoren gebaute Umwälzpumpenaggregate um 5 ... 10 % niedrigere Wirkungsgrade als Pumpen mit Wellendichtungen. Der Hauptanteil geht dabei zu Lasten der elektrischen Motorverluste → Spaltrohrverluste.

Spaltrohrmotorpumpen werden eingesetzt, sofern absolute Leckfreiheit oder wartungsloser verschleißarmer Lauf gefordert, z. B. in Warmwasserheizanlagen, sog. Heizungsumwälzpumpen, in der Chemie und Atomtechnik.

Bild 10-46 zeigt eine einstufige Spaltrohrmotorpumpe – meist als Heizungsumwälzpumpe angewendet,

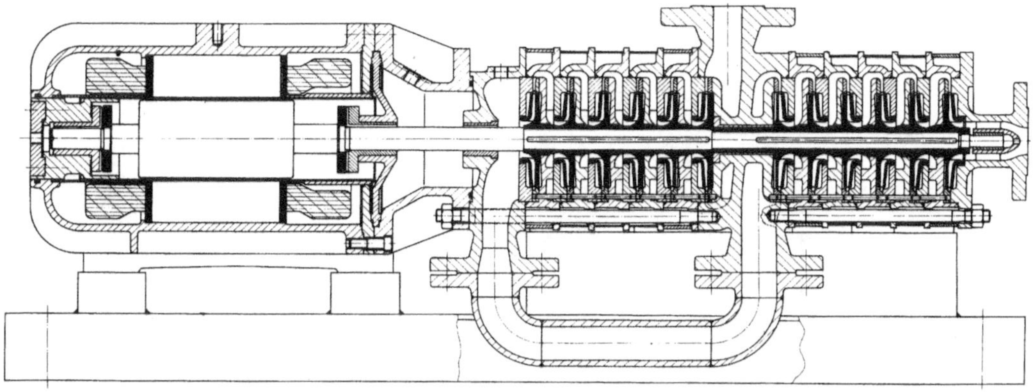

Bild 10-45 Mehrstufige Doppelsatz-Spaltrohrmotorpumpe (RÜTSCHI). Nennwerte $\dot{V} = 7\,\text{l/s}$, $H = 300\,\text{m}$, $n = 48\,\text{s}^{-1}$

Bild 10-45 eine 12-stufige, mit gruppenweiser, symmetrischer Laufradanordnung (zwecks Achsschubentlastung) für verschiedene Anwendungszwecke (Chemie, Verfahrenstechnik, Flüssiggastechnologie usw.). In beiden Bildern ist das Spaltrohr im Elektromotor zwischen Rotor und Stator deutlich erkennbar.

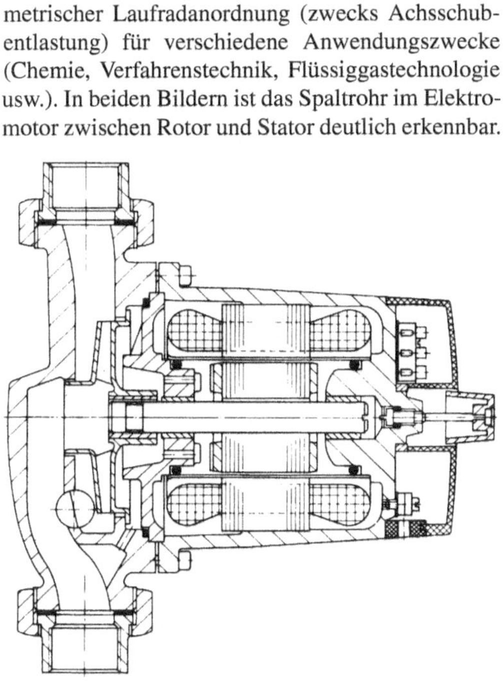

Bild 10-46 Heizungsumwälzpumpe mit Spaltrohrmotor (KSB)

Selbstsaugende Kreiselpumpen: Wie in Abschnitt 10.2.5 gezeigt, sind Kreiselpumpen normalerweise nicht selbstsaugend. Die üblichen Kreiselpumpen saugen nur, wenn vor dem Ingangsetzen die Saugleitung sorgfältig entlüftet und deshalb vollständig mit Flüssigkeit gefüllt ist. Zudem reagieren normale Kreiselpumpen während des Betriebs empfindlich auf Eindringen von Luft, z. B. durch undichte Saugleitung (Flansche), freigelegten Saugkorb oder undichte Stopfbuchse, sowie gegen Gasabscheidung aus der Förderflüssigkeit. Unter Umständen verliert die Pumpe hierdurch ihre „Betriebs"-Saugfähigkeit, sie schnappt ab. Um den Nachteil ungünstigen Saugverhaltens zu vermeiden, bestehen gemäß Abschnitt 10.2.5 hauptsächlich zwei Möglichkeiten:

- Anordnen der Pumpe unterhalb des Saugspiegels (UW), also Behälter höher als Pumpe bzw. Tauchpumpe, oder Zusatzmaßnahmen, dass die Saugleitung auch im Stillstand stets mit Flüssigkeit gefüllt bleibt durch dicht schließendes Fußventil.
- Selbstsaugende Pumpe.

Die selbstsaugenden Kreiselpumpen lassen sich in unmittelbar und mittelbar selbstsaugende unterteilen.

Als unmittelbar selbstsaugende Kreiselpumpen gelten die sog. **Seitenkanalpumpen**. Wirkungsweise und Aufbau der ebenfalls auf Impulsaustausch beruhenden Seitenkanalpumpen sind aus dem Fachschrifttum, z. B. [29], zu entnehmen, da sie aus Platzgründen nicht dargestellt werden können. Seitenkanalpumpen sind sowohl ein- als auch mehrstufig ausführbar und erreichen je Stufe (Richtwerte):

Spezifische	$n_y \approx 0{,}005 \ldots 0{,}03$
Förderhöhen }	$H = 50 \ldots 80\,\text{m}$ bei $n = 3\,000\,\text{min}^{-1}$
Drehzahlen }	H bis 300 m bei $n = 6\,000\,\text{min}^{-1}$
Förderströme	$\dot{V} = 2{,}5 \ldots 25\,(\ldots 150)\,\text{m}^3/\text{h}$
Druckziffer	bis ≈ 6, meist $\psi = 3 \ldots 4$
Wirkungsgrade	bis $\approx 55\,\%$, meist $\eta_e = 30 \ldots 50\,\%$
Saughöhe	bis ca. 7 m bei kaltem Wasser.

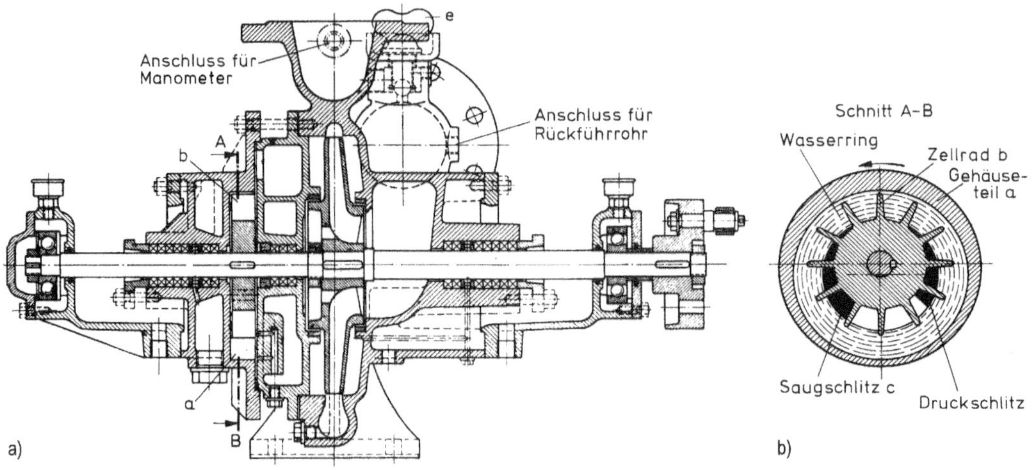

Bild 10-47 Wasserringpumpe (KSB). a) Axialschnitt, b) Radialschnitt durch den Wasserringbereich (Schnitt A–B)

Außer guten Selbstsaugeigenschaften verwirklichen somit Seitenkanalpumpen und die davon abgewandelten **Peripheralpumpen** wesentlich kleinere spezifische Drehzahlen als übliche Radialräder. Gemäß dem Druckziffer-Bereich erreichen Seitenkanalpumpen zudem bis etwa die 6fache Stufenförderhöhe im Vergleich zu Kreiselpumpen gleicher Größe. Auch sind diese Turbomaschinen gleichzeitig für wesentlich geringere Fördermengen geeignet.

Mittelbar selbstsaugende Kreiselpumpen sind Ausführungen, die zum Entlüften der Saugleitung eine besondere Zusatzeinrichtung besitzen. Solche Hilfen sind:

- Gasbetriebene Injektoren (Ejektoren), auch als Gasstrahlpumpen bezeichnet. Beispielsweise bei verbrennungsmotorgetriebener Feuerlöschpumpe. Injektor dabei gespeist durch den Motor-Abgasstrom.
- Laufradzellenspülung durch besonders ausgebildete Spiralenzunge oder Doppelspirale mit Wasservorlage.
- Wasserringverdichter (Verdrängereinrichtung).

Von den verschiedenen mittelbaren Selbstsaughilfen soll die häufig verwendete Wasserringeinrichtung mithilfe von Bild 10-47 dargestellt werden,

Zur Selbstsaugung ist die „normale" Kreiselpumpe durch den exzentrisch zur Welle ausgearbeiteten zylindrischen, mit dem Saugstutzen verbundenen Gehäuseraum *a* ergänzt. Damit der Raum *a* auch während des Stillstandes wenigstens teilweise mit Flüssigkeit gefüllt bleibt, endet der Saugstutzen oberhalb der Maschinenwelle. Das im Raum *a* auf der Welle fest angeordnete Zellrad *b* (Bild 10-47b) treibt beim Inbetriebsetzen der Pumpe die zurückgebliebene Flüssigkeit infolge Fliehkraftwirkung nach außen. Der dadurch entstehende Wasserring bildet mit dem Zellrad *b* einen sichelförmigen Raum, dessen Zellen sich in Drehrichtung anfänglich vergrößern und dann wieder verkleinern. Hierdurch wird über die schwarz eingezeichneten Schlitze der Zwischenwand Luft aus dem Saugrohr abgesaugt, während dem Weiterdrehen (Zellverkleinerung) verdichtet und bei Stellung „Ansaugen" des Auspuffhahnes *e* ins Freie abgeführt. Durch diese Verdrängerwirkung wird die Saugleitung relativ rasch entlüftet. Die Förderflüssigkeit steigt dadurch in der Saugleitung und

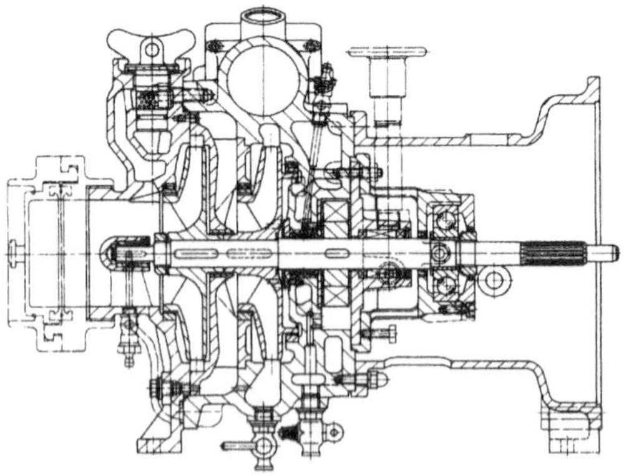

Bild 10-48 Feuerlöschpumpe einer sog. Tragkraftspritze. Entlüftung mit Wasserringpumpe (KSB)

erreicht schließlich das Laufrad. Die Pumpe beginnt zu fördern. Der Wasserring-Gehäuseraum *a* kann jetzt durch den Auspuffhahn abgeschaltet werden. Ist die Förderflüssigkeit jedoch mit Gas angereichert, das sich infolge des Unterdrucks abscheidet, oder der Saugbereich (Saugleitung, Stopfbuchse) undicht, sodass ständig Luft eindringt, bleibt der Auspuffhahn auf Stellung „Ansaugen“ stehen.

Bild 10-48 stellt eine 2-stufige Feuerlöschpumpe mit Wasserring-Entlüftungseinrichtung dar.

Mit der Wasserringpumpe lassen sich Unterdrücke bis 0,97 bar, also 97 % Vakuum, erzeugen. Infolge zusätzlicher Reibungsverluste im Zellenraum sind die Wirkungsgrade von Wasserringpumpen jedoch um etwa 5 ... 10 % niedriger als von normalen Kreiselpumpen.

10.3 Kreiselverdichter

10.3.1 Vorbemerkungen

Wie schon erwähnt, bestimmen die Stoffeigenschaften Dichte und Kompressibilität wesentlich Form sowie Aufbau der Turbomaschinen. Beim dynamischen Prinzip der Strömungsmaschinen wirkt sich die bezüglich Flüssigkeiten geringe Dichte der kompressiblen Fluide (Gase, Dämpfe) – kurz als Gasdichte bezeichnet – besonders gravierend aus (Druckaufbau).

Wird nicht mit dem Massenstrom $\dot{m}$, sondern dem Volumenstrom $\dot{V}$ gerechnet, ist zur Eindeutigkeit gleichzeitig der zugehörige Gaszustand (p, T) anzugeben; p und T **Primärgrößen**, da direkt messbar.

Allgemeine Empfehlung: Bei Berechnungen grundsätzlich:

- mit dem Massenstrom $\dot{m}$ und den thermischen Absolutwerten des Stoffes – absoluter Druck p sowie Absoluttemperatur T – arbeiten.
- alle Größen in den Grundeinheiten kg, m, s, K verwenden und einsetzen.

Dadurch lassen sich viele unnötigen Fehlerquellen von vornherein ausschalten.

Nur bei Differenzbeträgen ergeben sich sowohl aus Absolutwerten als auch aus Relativgrößen, d. h. Überdrücken $p_{ü}$ und °C-Temperaturen t, richtige Werte; $\Delta p = \Delta p_{ü}$ sowie $\Delta t = \Delta T$.

Bei den JOULE'schen Stoffgrößen, also innere Wärme u, Enthalpie h, Entropie s, ist darauf zu achten, dass jeweils alle Werte auf den gleichen Anfangs-, d. h. „Nullpunkt“ bezogen sind. In der Technik wird meist 0 °C, seltener der absolute Nullpunkt 0 K, als Bezugspunkt verwendet (Abschnitt 8.5.7). Größtenteils treten bei den JOULE'schen Stoffwerten jedoch Differenzen auf, weshalb der Bezugspunkt herausfällt und somit bedeutungslos ist.

Wenn bei Verdichtern nicht besonders hingewiesen oder anders festgelegt, beziehen sich Volumenstromangaben $\dot{V}$ auf den Anfangs-, d. h. Saugzustand des Fluids, also $\dot{V} \equiv \dot{V}_S$. Der Ansaugzustand entspricht meist dem sog. Ruhezustand (T_R, p_R, $c_R = 0$), weshalb oftmals $\dot{V}_S \approx \dot{V}_R$ und $p_S \approx p_R$ sowie $T_S \approx T_R$ (Abschnitt 5.3.2).

Tabelle 10-4 Übersicht (Richtwerte) über die Kennzahlen der verschiedenen Verdichterlaufrad-Arten [39]

Nr.		φ	ψ	δ	σ	$n_y = \frac{\sigma}{2{,}11}$
1	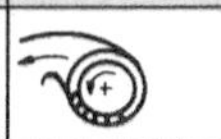	1,0	2...4	1,14 ...1,19	0,35 ...0,6	0,17 ...0,28
2	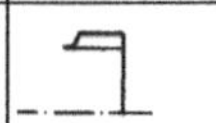	1,0	2...3	1,19 ...1,32	0,44 ...0,59	0,21 ...0,28
3	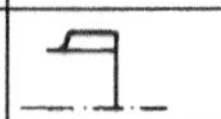	0,3	0,75	1,7	0,68	0,32
4	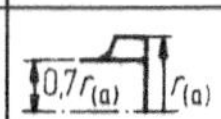	0,2	0,6	1,965	0,657	0,31
5	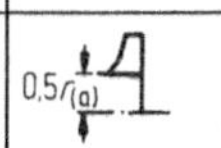	0,13	1,0	2,72	0,361	0,17
6	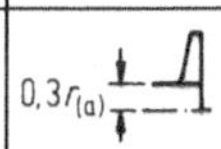	0,03	1,1	5,92	0,162	0,08
7	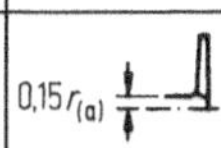	0,0019	1,1 ...1,4	24,4	0,04	0,02
8	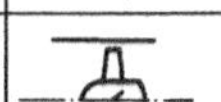	0,1 ...0,2	0,01 ...0,05	1,0 ...1,78	1,6 ...3,8	0,76 ...1,8
9	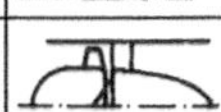	0,3	0,3 ...0,6	1,535	0,92	0,44
10	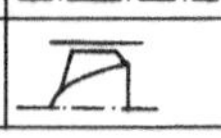	0,3	0,7 ...0,8	1,62	0,72	0,34

Vor allem im Turboverdichterbau sind die Kennzahlen, Druckziffer ψ, Lieferzahl φ und daraus folgend die Schnelllaufzahl σ (Abschnitt 4.3.2) verbreitet.

Die Bauform (radial, diagonal, axial) und die Bauart (einstufig, mehrstufig; einflutig, mehrflutig) werden durch den Ansaugzustand des Fluids (p_S, T_S), das Druckverhältnis $\Pi = p_D/p_S$ sowie den Volumendurchsatz $\dot{V}$ ($\widehat{=} \dot{V}_S$) bestimmt. Kennzeichnende Größe für die Laufradform ist daher wieder die spezifische Drehzahl n_y oder die Schnelllaufzahl $\sigma \approx 2{,}1 \cdot n_y$. Die in Tabelle 10-1 zu verschiedenen Laufradformen für Kreiselpumpen aufgeführten Kennzahlenbereiche und Tendenzen für Förderhöhe bzw. spezifische Stufenenergie(-druck) sowie Volumendurchsatz gelten grundsätzlich auch für Kreiselverdichter. Weitere Richtwerte von Kenngrößen gehen aus Tabelle 10-4 hervor. Zudem wird auf das CORDIER-Diagramm, Bild 4-4 und Bild 4-5, hingewiesen.

Die spezifische Drehzahl n_y wird bei Turboverdichtern gebildet mit dem Ansaugvolumenstrom $\dot{V}_S$ (auch $\dot{V}_a$). Anstelle von $\dot{V}$ tritt daher in Gl. (4-75) $\dot{V}_S$, weshalb für Kreiselverdichter gilt:

$$n_y = n \cdot \dot{V}_S^{1/2} \cdot \Delta Y^{-3/4} \qquad (10\text{-}11)$$

Zugehörige Angaben über die Kennzahlbereiche der verschiedenen Radformen enthalten, wie erwähnt, Tabelle 10-1 und Tabelle 10-4.

Bei Verdichtern ist die spezifische Stufenenergie identisch der spezifischen theoretischen Stufen-Kompressionsarbeit $Y_{th,St} \equiv \Delta Y$ (Zusatzindex St für Stufe), welche von der Verdichtungsart (ungekühlt, gekühlt) abhängt (Abschnitt 8.2):

Ungekühlte Kompression: $Y_{th,St} = w_{t,s,St}$

Mit der spezifischen technisch-isentropen Stufenarbeit gemäß Abschnitt 8.2, wobei für das Druckverhältnis der Stufe $\Pi_{St} = (p_D/p_S)_{St}$ zu setzen ist.

Gekühlte Verdichtung: $Y_{th,St} = w_{t,T,St}$

Mit der spezifischen technisch-isothermen Stufenarbeit nach Abschnitt 8.2. Auch hierbei ist das Stufendruckverhältnis $\Pi_{St} = (p_D/p_S)_{St}$ einzusetzen.

Um von der Maschine (Zweitindex M oder ges) einen ersten Gesamtüberblick hinsichtlich Ausführung (Radform) und Aufbau (Stufenzahl, Flutzahl) zu erhalten, wird auch gerechnet mit Gesamtbeträgen ($Y_{th} \equiv w_{t,th}$ und $\dot{V}_{S,M} \equiv \dot{V}_S$):

$$n_{y,M} = n \cdot \dot{V}_S^{1/2} \cdot Y^{-3/4} = n \cdot \dot{V}_S^{1/2} \cdot Y_{th}^{-3/4} \qquad (10\text{-}12)$$

Hier ist entsprechend Gl. (10-11) die spezifische Stutzenarbeit Y identisch der theoretisch notwendigen Kompressionsarbeit Y_{th} der Maschine zwischen den Stoffzuständen ihres Saugstutzens $(p_S, T_S)_M$ und Druckstutzens $(p_D, T_{D,th})_M$, also wieder $Y \equiv Y_{th}$. Bei ungekühlter Verdichtung $Y_{th} = w_{t,s,M}$ der Maschine und bei gekühlter Kompression $Y_{th} = w_{t,T,M}$ gemäß Abschnitt 8.2. Hierbei jetzt mit dem Maschinendruckverhältnis $\Pi_M = (p_D/p_S)_M$.

10.3.2 Besonderheiten

10.3.2.1 Drehzahl

Die Druckziffer (Gl. (4-51)) kennzeichnet den Zusammenhang zwischen Stufendruck Δp, der Fluiddichte ϱ und Umfangsgeschwindigkeit u_2 des Laufrades. Gl. (4-51) umgestellt, ergibt, da hier $\varrho \neq$ konst tendenzgemäß:

$$\Delta p \sim \varrho \cdot \psi \cdot u_2^2/2$$

Die Beziehung, die allerdings in dieser Form exakt nur für $\varrho \approx$ konst gilt, zeigt jedoch, dass der Stufendruck linear von der Dichte des Arbeitsmediums abhängt. Um angemessenen Stufendruck zu erreichen, müssen bei Gasen infolge der bezüglich Flüssigkeiten wesentlich geringeren Dichte Umfangsgeschwindigkeit und damit Drehzahl des Laufrades entsprechend erhöht werden. Den Dichteeinfluss auf das Druckverhalten von Strömungsmaschinen zeigt insbesondere Abschnitt 10.2.5. Arbeitet beispielsweise ein Kreiselrad mit Luft (Index Lu) statt Wasser (Index Wa), geht der Förderdruck bei $\varrho \approx$ konst auf

$$\begin{aligned}\Delta p_{Lu} &= \Delta p_{Wa} \cdot \varrho_{Lu}/\varrho_{Wa} = \Delta p_{Wa} \cdot 1{,}2/1000\\ &= \Delta p_{Wa}/833 \approx \Delta p_{Wa}/1000\end{aligned}$$

zurück, wenn hierbei wieder des Vergleichs wegen ϱ_{Lu} als etwa gleich bleibend betrachtet wird. Grob gerundet beträgt der Förderdruck einer Stufe bei Luft somit nur ca. 1 ‰ des Förderdrucks bei Wasser. Sollte der gleiche Förderdruck erreicht werden, müsste die Umfangsgeschwindigkeit u_2 und damit bei unverändertem Laufraddurchmesser D_2 die Rotordrehzahl $n = u_2/(D_2 \cdot \pi)$ auf (nur exakt wieder bei $\varrho_{La} \approx$ konst)

$$\begin{aligned}n_{Lu} &= n_{Wa} \cdot \sqrt{\varrho_{Wa}/\varrho_{Lu}} = n_{Wa} \cdot \sqrt{833}\\ &= 28{,}6 \cdot n_{Wa} \approx 30 \cdot n_{Wa}\end{aligned}$$

erhöht werden, also auf etwa das 30fache. Hieraus folgt allgemein: Kreiselverdichter (Gaspumpen) müssen wesentlich schneller laufen als Kreiselpumpen. Die Konsequenzen, bedeutend höhere Fliehkräfte und Geräuschentwicklung, beschreiben die folgenden Abschnitte.

Im Allgemeinen liegen die Drehzahlen von Kreiselverdichtern zwischen 3 000 … ≈ 20 000 min^{-1} (… 25 000 min^{-1}). In Sonderfällen, insbesondere bei Abgasturboladern, werden jedoch Drehzahlen bis über 250 000 min^{-1} verwirklicht.

10.3.2.2 Aufbau

Wegen der durch meist hohe Drehzahl bedingten großen Fliehkraftbeanspruchung ist Grauguss nicht mehr einsetzbar. Kreiselverdichter-Räder müssen daher aus Stahl (oftmals sogar hochfestem), in Sonderfällen aus Duraluminium oder Silumin gepresst, gegossen (verschiedentlich Druckguss), geschmiedet, aus dem Vollen gefräst oder aus Blechen zusammengebaut (geschweißt, genietet) werden.

Wie bei Turbinen unterscheiden sich auch bei Verdichtern Radial- und Axialräder in der konstruktiven Ausbildung erheblich. Aufbaumäßig gleichen Radialräder von Kreiselverdichtern denen von Wasserturbinen und Kreiselpumpen. Mehrstufige Axialverdichter sind ähnlich aufgebaut wie axiale Überdruck-Dampf- oder -Gasturbinen, sog. Trommelläufer (Abschnitt 11.3.1.10).

Die eingesetzten Werkstoffe sind wieder abhängig vom Gas (Temperatur, Aggressivität) und der Belastung (Druck, Fliehkraft). Bei Stahl, dem am häufigsten verwendeten Laufradwerkstoff, erweisen sich bei normalen Temperaturen die Sorten 30CrNiMo8, 42MnV7 sowie 50CrV5 und bei Heißgasen die Legierung CrAl1-8 als vorteilhaft.

Radialläufer: Die wichtigsten konstruktiven Möglichkeiten, Radiallaufräder auszuführen, gehen aus Bild 10-49 hervor.

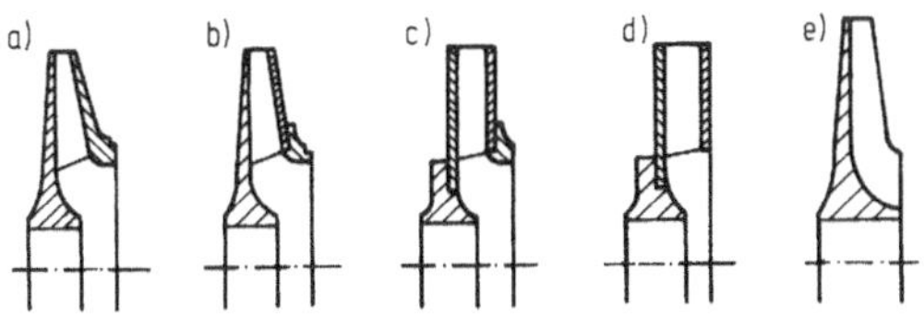

Bild 10-49 Ausführungsformen sog. gebauter radialer Verdichter-Laufräder [40].
a) bis d) Geschlossene Räder, e) halboffener Läufer

Beim Laufrad nach Bild 10-49a sind sowohl Trag- als auch Deckscheibe aus dem Vollen geschmiedet und als Scheiben gleicher Festigkeit geformt. Solche Laufräder sind daher für hohe Umfangsgeschwindigkeiten (bis ca. 350 m/s) anwendbar. Die erreichbare spezifische Stufenarbeit beträgt bei einer geschätzten Druckziffer $\psi \approx 1{,}4$ etwa $\Delta Y = \psi \cdot u_2^2/2 \approx 86\,000\,\mathrm{m^2/s^2}$ und die zugehörige Drucksteigerung bei Luft ($\varrho_{\mathrm{Lu}} \approx 1{,}2\,\mathrm{kg/m^3}$) $\Delta p_{\mathrm{Lu}} = \varrho_{\mathrm{Lu}} \cdot \Delta Y \approx 103\,000\,\mathrm{Pa} \approx 1{,}0\,\mathrm{bar}$.

Ist nur die hintere Deckscheibe (Tragscheibe) aus dem Vollen geschmiedet, die vordere dagegen angenietet, hartgelötet oder verschweißt und als Blechscheibe mit innerem Verstärkungsring (Saugmund) aufgebaut (Bild 10-49b), sind Umfangsgeschwindigkeiten bis ca. 500 m/s zulässig.

Werden beide Laufscheiben aus Blech ausgeschnitten, sind nur niedrige Umfangsgeschwindigkeiten möglich, und zwar bis ca. 180 m/s mit innerem Verstärkungsring (Bild 10-49c) bzw. bis etwa 120 m/s, ohne inneren Verstärkungsring an der Deckscheibe (Bild 10-49d). Die Tragscheibe ist dabei meist an die geschmiedete oder aus dem Vollen gedrehte Nabe angenietet, seltener angeschweißt.

Die Schaufeln werden meist getrennt hergestellt und mit den Laufscheiben durch Nieten und/oder Schweißen (seltener Hartlöten) verbunden, wodurch sog. gebaute Laufräder entstehen. Bei geringer Kanalbreite b werden die Schaufelkanäle immer häufiger aus der Tragscheibe ausgefräst oder zusammen mit dieser gepresst (Druckguss) und die Deckscheibe angeschweißt oder angelötet.

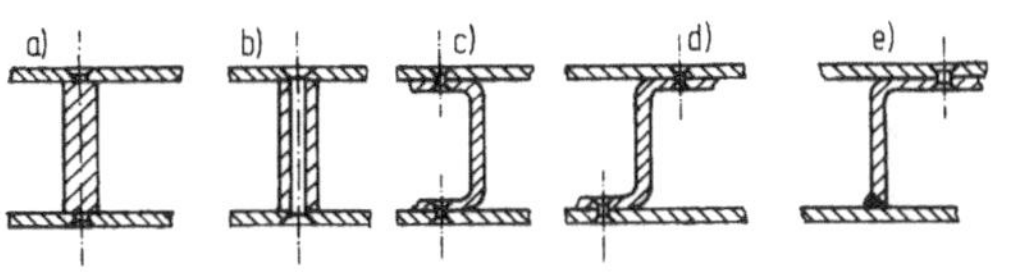

Bild 10-50 Laufschaufel-Querschnitte [40].
a) Angefräste Nieten, b) durchbohrte Schaufel, c) U-förmig bzw. bei d) Z-förmig gebogene und angenietete Schaufeln, e) L-förmig gebogene, an Tragscheibe angeschweißte und mit Deckscheibe vernietete Schaufel

Die möglichen Querschnitte der bei gebauten, meist rückwärts gekrümmten Schaufeln sind in Bild 10-50 dargestellt. Bei Teilbild a) sind die Nietzapfen durch Ausfräsen der Schaufelränder erzeugt. Die Schaufel von Teilbild b) dagegen ist für die Niete durchbohrt. Beide Ausführungen ergeben glatte Kanäle ohne Umbördelungen, erfordern jedoch große Wanddicken, weshalb sich schwere Räder ergeben (Fliehkräfte). Dies gilt insbesondere für die Schaufel nach Bild 10-50b. Durch zusätzliche Bohrungen zwischen den Nietabständen lässt sich die Schaufelmasse verringern; aufwendig, jedoch bei hoher Drehzahl notwendig.

Die Schaufeln nach c) bzw. d) von Bild 10-50 sind aus 1 bis 3 mm dickem Stahlblech in U- bzw. Z-Form (Querschnitt) gebogen und werden an die Radscheiben angenietet.

Die häufig ausgeführte Schaufel mit L-Querschnitt nach Teilbild e) wird an die Tragscheibe angeschweißt und danach die Deckscheibe angenietet oder ohne L-Abwinklung auch hier angeschweißt bzw. hartgelötet.

Zuerst werden die Schaufeln immer mit der Tragscheibe verbunden und dann die Deckscheibe angenietet, stumpf angeschweißt oder angelötet. Schaufeln mit Z-Querschnitt bieten dabei infolge größerer freier Breite die bessere Nietmöglichkeit. Um problemlos nieten zu können, ist die kleinste notwendige freie Laufkanalbreite am Radaußendurchmesser ca. 15 mm (Druckkantenbreite).

Werden die Laufräder entsprechend Bild 10-50e in halboffener Bauweise ausgeführt und bei auf der gesamten Länge radialem Schaufelverlauf ($\beta = \text{konst} = 90°$) zusammen mit der Tragscheibe in einem Stück aus hochfestem Duraluminium (Turboladergebläse) als Druckgussteil hergestellt, sind höchste Umfangsgeschwindigkeiten bis über 450 m/s möglich (Überschall!). Das führt zu außergewöhnlich hohen Stufen-Druckverhältnissen von $\Pi = 2 \ldots 3 (\ldots 4)$. Um den Eintrittsstoß zu vermeiden bzw. vermindern, werden die Schaufelsaugkanten am fertigen Laufrad in die mittlere Relativzuströmrichtung (Winkel β_0) gebogen.

Axialläufer: Wie erwähnt, gleicht der Aufbau axialer Turboverdichter dem axialer Überdruck-, Dampf- und -Gasturbinen. Auf Abschnitte 11.3 und 11.4 wird verwiesen. Axial-Lüfter sind ähnlich gestaltet wie Propellerpumpen (Abschnitt 10.2.6.3).

10.3.2.3 Geräuschentwicklung

Strömungsturbulenzen bewirken geringe Druckschwankungen, die auf die Umgebung übertragen werden und sich daher als Geräusch (Lärm) äußern. Infolge zunehmender Turbulenz bei Strömungen (Rohrleitungen, Körperfortbewegungen) und in Turbomaschinen steigt die Geräuschentwicklung mit wachsender Geschwindigkeit. Vollkommen geräuschloses Laufen von Maschinen gibt es nicht. Mit steigender Drehzahl wächst die Geräuscherzeugung erheblich. Nicht nur im Pumpgebiet oder bei strömungstechnisch schlecht ausgelegten Verdichtern, sondern sogar im Betriebspunkt besten Wirkungsgrades können selbst bei hochwertigen Maschinen die Geräusche sehr unangenehm bis schmerzhaft und gesundheitsschädlich sein.

Versuche zeigen, dass die abgestrahlte Schall-Leistung P_{SL} der Quelle (Maschine) von Umfangsgeschwindigkeits-MACH-Zahl $Ma_u = u/a$, Volumenstrom $\dot{V}$ und Maschinenwirkungsgrad η_e abhängt:

$$P_{SL} \sim (\eta_e^{-1} - 1) \cdot \dot{V} \cdot Ma_u^m \quad \text{(in Watt)}$$

mit $\dot{V}$ in m^3/s

Hierzu gilt für den Schalldruckpegel oder kurz Schalldruck $p_{SL} = P_{SL}/\dot{V}$ gemäß experimenteller Ergebnisse:

$$p_{SL} \sim (\eta_e^{-1} - 1) \cdot Ma_u^m \quad \text{(in Pa)}$$

Der Exponent m beträgt bei Bauart:
Radial $m = 2 \ldots 3$, Axial $m = 2{,}5 \ldots 4 (\ldots 5)$.

Die Geräuschemission von Axialverdichtern ist somit größer als die von Radialmaschinen (bis $\sim u^5$).

Die Schallintensität an der Hörschwelle (unterer Reizwert des menschlichen Ohres) beträgt im Mittel $J_0 = 10^{-12}\,\text{W/m}^2$ und zugehörig der Schalldruck $p_0 = 20 \cdot 10^{-6}\,\text{Pa}$.

An der menschlichen Schmerzgrenze (oberer Reizwert) ist die Schallintensität $J_{SG} = 1\,\text{W/m}^2$ mit zugehörigem Schalldruck $p_{SG} = 20\,\text{Pa}$. Dazu beträgt der Schallpegel in Bel (Abkürzung B) bzw. Dezibel (Abkürzung dB, also 1 dB = 0,1 B) [82]:

$$L_{SG} = \lg(J_{SG}/J_0) = \lg(1/10^{-12}) = 12\,\text{B}$$

oder

$$L_{SG} = 2 \cdot \lg(p_{SL}/p_0) = 2 \cdot \lg(20/(20 \cdot 10^{-6})) = 12\,\text{B} = 120\,\text{dB}$$

$J_0 = 1 \cdot 10^{-12}\,\text{W/m}^2$, Bezugs-Schallintensität (Hörschwelle), entspricht somit dem Schall-Pegel 0 dB.

Entsprechend ergibt sich für die Schallintensität J_{SL} in W/m^2 (Schallleistung je Flächeneinheit) der Schallpegel (L für Level):

$$L_{SL} = \lg(J_{SL}/J_0)\,\text{B} = \lg(p_{SL}/p_0)^2\,\text{B}$$

Die Schallintensität ist somit im Logarithmus proportional dem Quadrat des Schalldruckes. Dabei ist Lärm Schall, der stört oder sogar schädigt.

Beziehungen für die Geräuscherzeugung von Strömungseinrichtungen enthält das digitale Zusatzmaterial.

Nach KLUGE [40] lässt sich die Geräuscherzeugung wie folgt erklären: Auf dem Weg vom Saug- zum Druckstutzen der Maschine wird das Gas bis zum Laufradeintritt beschleunigt und trifft oft (besonders bei Radialmaschinen) erst nach starkem Umlenken auf die Laufkanten. Hier entstehen feine Wirbel und Wirbelstraßen. Auch am Laufradaustritt, in den Leitschaufelkanälen, Diffusoren, Spiralen und insbesondere den Spiralenzungen treten derartige Wirbelbildungen auf, wie allgemein bei jeder starken Umlenkung. Wirbel sind mit geringen Gasverdichtungen und -verdünnungen, also mit Bildern von Schallwellen verbunden. Daher entstehen und verschwinden mit den Wirbeln auch die Schallwellen. Die Klangfarbe eines Geräusches hängt von dem Abstand benachbarter Wirbel und ihrer Fortpflanzungsgeschwindigkeit ab. Beide Größen werden von der Strömungsgeschwindigkeit des Gases relativ zur Schaufel bzw. zur Wand beeinflusst. Für das sich drehende Laufrad und die zugehörige Leitvorrichtung ergibt sich somit ein aus vielen Frequenzen bestehendes Geräusch. Bei einem solchen Geräuschspektrum ist meist die Lautstärke der tieferen Frequenzen am größten, während die der höheren stetig abfällt. Trifft die von einer Laufradschaufel ausgehende Wirbelstraße auf ein Hindernis, z. B. eine fest stehende Leitschaufel oder die Spiralenzunge, entstehen wiederum Wirbel und dadurch Schallwellen. Beim Spiralgehäuse treffen die von den z_{La} Schaufeln des mit der Drehzahl n rotierenden Laufrades ausgehenden Wirbelstraßen einmal je Umdrehung auf die Zunge der Spirale. Dadurch entsteht ein Ton mit der Frequenz $f = z_{La} \cdot n$, wobei wie zuvor erwähnt die Schallleistung bis etwa mit der 5. Potenz der Umfanggeschwindigkeit wächst.

Abhilfemaßnahmen:

- Großer Abstand Laufrad-Leitvorrichtung (Spalt). Radialverdichter: Spalt $\geqq 0{,}1 \cdot D_2 \rightarrow D_4 \geqq 1{,}2 \cdot D_2$. Axialverdichter: Spalt meist nicht in notwendiger Größe ausführbar, da Läufer sonst zu lang und zu „weich“ würde.
- Große Schaufelzahlen, damit Auftriebswirkung der einzelnen gering, besonders an Schaufelein- und -austritt (wirkungsschwache Schaufelenden). Führt zu weniger ausgeprägten Stau- und Nachlaufgebieten an den einzelnen Schaufeln.
- Niedrige Umfangsgeschwindigkeit, also ΔY relativ klein. Nötigenfalls erhöhen der Stufenzahl.
- Keine Leiträder, sondern Leitringe
- Sanfte Einschnürungen und Übergänge (Vergleichmäßigen der Strömung)
- Schräge oder gekrümmte Ein- und Austrittskanten der Laufschaufeln. Auch bei Axialschaufeln sollen die Verlängerungen der Schaufelkanten die Drehachse nicht schneiden.
- Dicke Gehäusewände
- Dämpfend wirkende Werkstoffe für möglichst alle Bauteile, insbesondere für Gehäuse (Guss)
- Schalldämpfer an Saug- und Druckleitung
- Maschinenbetrieb im Auslegungspunkt
- Gegenlärm. Durch Überlagern spiegelbildlicher Geräusche löschen sich beide Schallwellen (von Maschinen- und Gegenlärm) gegenseitig aus.

10.3.2.4 Thermodynamik der Verdichtung

Zustandsverlauf

Ergänzend zu Abschnitt 8.1 wird nochmals auf den Zustandsverlauf ein- und mehrstufiger Verdichtung bei unterschiedlicher Kühlung eingegangen.

Einstufige Verdichtung: Bild 10-51 zeigt detailliert die Zustandsänderung des Verdichtungsvorganges einer Stufe im (h, s)-Diagramm. Im Teilbild a) ist der prinzipielle Verlauf bei idealer und realer Verdichtung mit unterschiedlicher Kühlung dargestellt. Teilbild b) gibt die Aufteilung der inneren Stufenenthalpiedifferenz Δh_i auf Lauf- und Leitrad der ungekühlten Verdichtung.

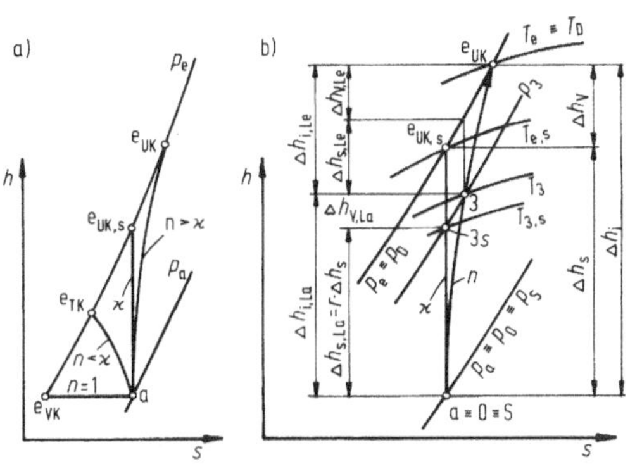

Bild 10-51 Einstufige Verdichtung bzw. Verdichtung einer Stufe mehrstufiger Verdichter. Zustandsänderung im (h, s)-Diagramm. Index a ... Anfang, e ... Ende.
a) Prinzipdarstellung. Ideale Verdichtungen: a–$e_{UK,s}$ ... isentrop (ungekühlt): a–e_{VK} ... isotherm (vollgekühlt). Reale Verdichtungen: a–e_{TK} ... polytrop teilgekühlt (unterisentrop, $n < \varkappa$), a–e_{UK} ... polytrop ungekühlt (überisentrop, $n > \varkappa$) → Regelfall.
b) Aufteilung der realen, also polytropen inneren Enthalpiedifferenz Δh_i. Enthalpieverluste $\Delta h_{V,La}$, $\Delta h_{V,Le}$

Mehrstufige Verdichtung: Ab ca. Druckverhältnis $\Pi = 3$ ist, um zu hohe Endtemperatur zu vermeiden und Verdichtungsarbeit einzusparen, fast immer Zwischenkühlung notwendig. Bild 10-52 stellt den Zustandsverlauf mehrstufiger Verdichtung (dreistufig) mit unterschiedlicher Zwischenkühlung im (T, s)-Diagramm dar. Das (T, s)-Diagramm zeigt nach Beziehung $q = \int T \cdot \mathrm{d}s$ das Einsparen der andernfalls notwendigen Verdichtungsarbeit (spez. Wert) infolge Zwischenkühlung (schräg schraffierte Flächen). Für die einzelnen Stufen gelten die Enthalpiedifferenzen entsprechend Bild 10-51b.

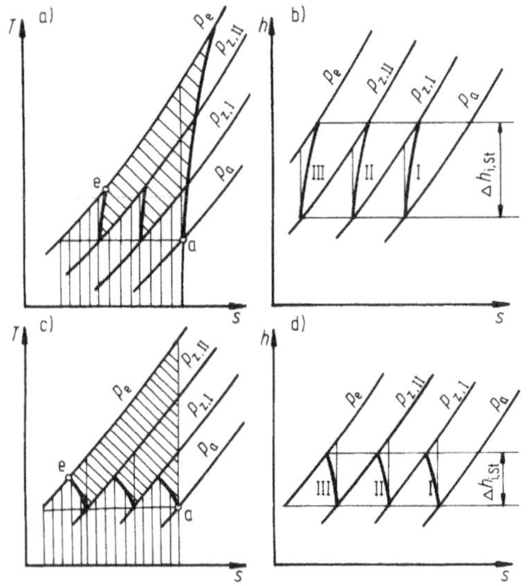

Bild 10-52 Mehrstufige Verdichtung (dreistufige dargestellt) im (T, s)-Diagramm (linke Bildhälfte a, c) und (h, s)-Diagramm (rechte Bildhälfte b, d) mit unterschiedlicher Zwischenkühlung, $\Delta h_{i,M} = \sum \Delta h_{i,St}$.
Obere Bildhälfte a, b): Kühlung nur nach der Verdichtung, d. h. zwischen den Stufen (Außenkühlung).
Untere Bildhälfte c, d): Kühlung während und nach der Verdichtung (Innen- und Außenkühlung).
Senkrecht schraffierte Fläche: Notwendige spezifische Verdichtungsarbeit. Schräg schraffierte Fläche: Spezifische Arbeitsersparnis infolge Zwischenkühlung

Wirkungsgrade

Wie schon in Abschnitt 8.5 festgehalten, dient als Vergleichsgrundlage der Verdichtungsarbeit

- ungekühlter Stufen die Isentrope
- gekühlter Stufen die Isotherme.

Innerer Stufenwirkungsgrad: Für den Regelfall bei Turboverdichtern (keine Kühlung während der Verdichtung in den einzelnen Stufen) gilt daher der innere isentrope Stufenwirkungsgrad $\eta_{i,s} = \Delta Y/\Delta Y_i = \Delta h_s/\Delta h_i$ nach Gl. (8-142) als Gütemaß.

Für thermisch ideales Gasverhalten, d. h. spezifische Wärme $c_p = \overline{c}_p =$ konst, lässt sich der innere isentrope Stufenwirkungsgrad mit der dann geltenden Enthalpiebeziehung $\Delta h_s = \overline{c}_{p,s} \cdot \Delta T_s$ der Isentropen sowie $\Delta h_i = \Delta h_{pol} = \overline{c}_{p,pol} \cdot \Delta T$ der Polytropen und den Bezeichnungen von Bild 10-51b umschreiben:

$$\eta_{i,s} = \Delta h_s/\Delta h_i = (\overline{c}_{p,s} \cdot \Delta T_s)/(\overline{c}_{p,pol} \cdot \Delta T_i)$$

Wird somit die spezifische Wärme c_p konstant angenommen, also $\overline{c}_{p,s} = \overline{c}_{p,pol} = \overline{c}_p \approx c_p$ gesetzt, ergibt sich näherungsweise mit $\Delta T_{pol} = \Delta T_i$:

$$\eta_{i,s} \approx \Delta T_s/\Delta T_{pol} = (T_{e,s} - T_a)/(T_e - T_a)$$

Hieraus:

$$\Delta T_i = T_e - T_a = \Delta T_s/\eta_{i,s} = (T_{e,s} - T_a)/\eta_{i,s} \quad (10\text{-}13)$$

Aus Isentropenbeziehung

$$p_a \cdot v_a^{\varkappa} = p_e \cdot v_e^{\varkappa}$$

und Gasgleichung

$$v = R \cdot T/p$$

wird:

$$p_a \cdot (R \cdot T_a/p_a)^{\varkappa} = p_e \cdot (R \cdot T_{e,s}/p_e)^{\varkappa} \quad \text{Hieraus:}$$

$$T_{e,s} = T_a \cdot (p_e/p_a)^{(\varkappa-1)/\varkappa} \quad (10\text{-}14)$$

Eingesetzt in Gl. (10-13) ergibt:

$$\Delta T_i = (1/\eta_{i,s}) \cdot T_a \cdot [(p_e/p_a)^{(\varkappa-1)/\varkappa} - 1] \quad (10\text{-}15)$$

Oder mit $p_e + p_a + \Delta p$:

$$\Delta T_i = (1/\eta_{i,s}) \cdot T_a \cdot [(1 + \Delta p/p_a)^{(\varkappa-1)/\varkappa} - 1] \quad (10\text{-}16)$$

Diese Beziehung auf die differenzielle Druckerhöhung $\mathrm{d}p$ angewendet (ausgehend vom Druck p), ergibt die infinitesimale Temperaturänderung $\mathrm{d}T$ ab der Temperatur T:

$$\mathrm{d}T = (1/\eta_{i,s}) \cdot T \cdot [(1 + \mathrm{d}p/p)^{(\varkappa-1)/\varkappa} - 1] \quad (10\text{-}17)$$

Die Potenz innerhalb der eckigen Klammer lässt sich entsprechend der Potenzreihe entwickeln [74]:

$$(1+x)^m = 1 + \binom{m}{1} \cdot x + \binom{m}{2} \cdot x^2 \ldots$$
$$= 1 + m \cdot x + [m \cdot (m-1)]/[1 \cdot 2] \cdot x^2 + \ldots$$

Danach ergibt Gl. (10-17), wenn die Reihe näherungsweise nach dem 2. Glied abgebrochen wird:

$$\mathrm{d}T = (1/\eta_{i,s}) \cdot T \cdot [1 + ((\varkappa - 1)/\varkappa) \cdot \mathrm{d}p/p - 1]$$
$$\mathrm{d}T/T = (1/\eta_{i,s}) \cdot ((\varkappa - 1)/\varkappa) \cdot \mathrm{d}p/p$$

Diese Differenzialgleichung für $T = f(p)$ integriert zwischen den Grenzen, Anfang a (untere $\rightarrow T_a$, p_a) und Ende e (obere $\rightarrow T_e$, p_e) führt zu:

$$\int_{T_a}^{T_e} \mathrm{d}T/T = \frac{1}{\eta_{i,s}} \cdot \frac{\varkappa - 1}{\varkappa} \cdot \int_{p_a}^{p_e} \mathrm{d}p/p$$

Ausgewertet:

$$\ln T \Big|_{T_a}^{T_e} = \frac{1}{\eta_{i,s}} \cdot \frac{\varkappa - 1}{\varkappa} \cdot \ln p \Big|_{p_a}^{p_e}$$

$$\ln \frac{T_e}{T_a} = \frac{1}{\eta_{i,s}} \cdot \frac{\varkappa - 1}{\varkappa} \cdot \ln \frac{p_e}{p_a} = \ln (p_e/p_a)^{\frac{1}{\eta_{i,s}} \cdot \frac{\varkappa - 1}{\varkappa}}$$

Hieraus:

$$T_e/T_a = (p_e/p_a)^{\frac{1}{\eta_{i,s}} \cdot \frac{\varkappa-1}{\varkappa}} \quad (10\text{-}18)$$

Andererseits folgt aus der Polytropenbeziehung $p \cdot v^n = \text{konst}$ zusammen mit der Gasgleichung $p \cdot v = R \cdot T$ entsprechend Gl. (10-14):

$$T_e/T_a = (p_e/p_a)^{(n-1)/n} \quad (10\text{-}19)$$

Aus dem Koeffizientenvergleich der Beziehungen (10-18) und (10-19) folgt, dass die Exponenten gleich sein müssen:

$$[(\varkappa-1)/\varkappa] \cdot (1/\eta_{i,s}) = (n-1)/n$$

Umgestellt liefert:

$$\eta_{i,s} = (n/(n-1)) \cdot ((\varkappa-1)/\varkappa) \quad (10\text{-}20)$$

Aus dieser Näherungsbeziehung (für $n > \varkappa$) – infolge abgebrochener Potenzreihe und $c_p = \text{konst}$ – lässt sich für die ungekühlte Verdichtung in einer Stufe bei bekanntem Polytropenexponenten n der zugehörige innere isentrope Stufenwirkungsgrad $\eta_{i,s}$, oder umgekehrt n nach Abschätzen von $\eta_{i,s}$, näherungsweise bestimmen (Tabelle 10-5).

Bemerkung: Da die inneren Verluste immer zur einzelnen Stufe gehören und deshalb auch auf die einzelne Stufe bezogen sind, ist kein besondere Kennzeichen (Index St) notwendig.

Tabelle 10-5 Zusammenhang zwischen innerem isentropem Stufenwirkungsgrad $\eta_{i,s}$ und Polytropenexponent n gemäß Gl. (10-20)

$\eta_{i,s}$	0,9	0,85	0,8	0,75	0,7	0,65	0,6	0,55	0,5	0,45	0,4
n	1,46	1,51	1,56	1,62	1,69	1,78	1,91	2,08	2,33	2,74	3,5

Effektiver Maschinenwirkungsgrad: Der effektive Wirkungsgrad $\eta_e = Y/Y_e$ (Gl. (8-128)) dagegen ist immer auf die gesamte Maschine (oft Zusatz-Index M) bezogen und wird bei Verdichtern je nach Kühlungsart in spezieller Form verwendet

- *Ungekühlter Verdichter:* Effektiver isentroper Wirkungsgrad:

$$\eta_{e,s} = \frac{Y_s}{Y_e} = \frac{1}{Y_e} \cdot [\Delta h_{s,M} + (c_D^2 - c_S^2)/2] \approx \Delta h_{s,M}/Y_e \quad (10\text{-}21)$$

Mit $\Delta h_{s,M} = w_{t,s,M}$ (Tabelle 8-1) für die gesamte Maschine bei $\Pi_M = (p_D/p_S)_M$:

$$\Delta h_{s,M} = w_{t,s,M} = \frac{\varkappa}{\varkappa-1} \cdot R \cdot T_S \cdot [\Pi_M^{(\varkappa-1)/\varkappa} - 1] \quad (10\text{-}22)$$

- *Gekühlter Verdichter:* Effektiver isothermer Wirkungsgrad:

$$\eta_{e,T} = \frac{Y_T}{Y_e} = \frac{1}{Y_e} \cdot [w_{t,T,M} + (c_D^2 - c_S^2)/2] \approx \frac{w_{t,T,M}}{Y_e} \quad (10\text{-}23)$$

wobei $w_{t,T,M}$ nach Abschnitt 8.2 (Tabelle 8-1) für die gesamte Maschine:

$$w_{t,T,M} = R \cdot T_S \cdot \ln \Pi_M \quad (10\text{-}24)$$

Wirkungsgrade verschiedener Kreiselverdichter-Bauarten enthält Tabelle 10-6.

Hinweis: Nochmal wird festgehalten, dass zwischen Laufradauslegung und Leistungsberechnung der Stufe bzw. Maschine (Index M) zu unterscheiden ist (Abschnitt 10.4). Dabei erfolgt für den geforderten Durchsatz $\dot{m}$ und dem Druckverhältnis $\Pi = p_D/p_S$ beim Ansaugzustand (T_S, p_S) des Gases:

- **Laufradberechnung** über den Schauflungswirkungsgrad η_{Sch} mittels EULER-Gleichung bzw. Tragflügeltheorie sowie Durchflussgleichung
- **Leistungsberechnung** mit dem effektiven Maschinenwirkungsgrad η_e – ungekühlt $\eta_{e,s}$, gekühlt $\eta_{e,T}$ – und der zugehörigen spezifischen theoretischen, d. h. idealen Verdichtungsarbeit $w_{t,s,M}$ bzw. $w_{t,T,M}$ gemäß Abschnitt 8.2 sowie digitalem Zusatzmaterial.

Tabelle 10-6 Kreiselverdichter – Wirkungsgrade

Bauart	Π	η
Mehrstufiger Kompressor mit Kühlung	5 … 10	$\eta_{e,T} = 0{,}55 \ldots 0{,}85$
Einzelstufe	1,3 … 2,0	$\eta_{i,s} = 0{,}65 \ldots 0{,}89$
Mehrstufiges Hochdruckgebläse	2,5 … 4	$\eta_{e,s} = 0{,}60 \ldots 0{,}84$
Einstufiges Mitteldruckgebläse	1,2 … 2,5	$\eta_{e,s} = 0{,}62 \ldots 0{,}86$
Niederdruckgebläse ein- und mehrstufig	1,1 … 1,5	$\eta_{e,s} = 0{,}68 \ldots 0{,}89$
Radialventilator	1,05 … 1,15	$\eta_{e,s} = 0{,}4 \ldots 0{,}87$
Axialventilator	1,005 … 1,1	$\eta_{e,s} = 0{,}78 \ldots 0{,}92$
Axialverdichter-Stufe	1,05 … 1,2	$\eta_{i,s} = 0{,}86 \ldots 0{,}93$
Alle Ausführungen (Richtwerte)		$\eta_{Sch} = 0{,}7 \ldots 0{,}96$ $\eta_m = 0{,}95 \ldots 0{,}99$

Auch Verdichter werden als Sonderausführungen nach dem Seitenkanalprinzip (Abschnitt 10.2.6.5) gebaut. Diese nicht direkt zu den Strömungsmaschinen gehörenden **Seitenkanal-Verdichter** (bis ca. 5-stufig) erreichen vergleichsweise geringe Durchsätze und dabei zudem extrem hohe Druckverhältnisse, allerdings schlechte Wirkungsgrade.

Richtwerte:

Druckziffer	$\psi \leqq 6$ meist $\psi = 3 \dots 5$
Polytropenexponent	$n = 3 \dots 2{,}5 \dots 2$
Wirkungsgrad	$\eta_e = 30 \dots 40 \dots 50\,\%$

Temperaturänderung

Infolge der Verdichtung steigt die Temperatur des kompressiblen Fördermediums. Der Reaktionsgrad r (meist $r > 50\,\%$) kennzeichnet den Anteil der im Laufrad aufgebauten potenziellen Energie und damit des Druckes. Der Rest von $(1 - r)$ – dem Fluid vom Laufrad als kinetische Energie aufgeprägt – wird in der Leitvorrichtung weitgehend in Druck umgesetzt. Daher gilt:

$$\Delta Y_{\mathrm{i,La}} = r \cdot \Delta Y_{\mathrm{i}} = \Delta Y_{\mathrm{i}} - (c_3^2 - c_{\mathrm{a}}^2)/2$$

$$\Delta Y_{\mathrm{i,Le}} = (1 - r) \cdot \Delta Y_{\mathrm{i}} = (c_3^2 - c_{\mathrm{e}}^2)/2$$

Oder da $\Delta Y_{\mathrm{i}} \equiv \Delta h_{\mathrm{i}}$ mit Bild 10-51b und wieder Index a für Anfang sowie e für Ende:

$$\Delta h_{\mathrm{i,La}} = r \cdot \Delta h_{\mathrm{i}} = \Delta h_{\mathrm{i}} - (c_3^2 - c_{\mathrm{a}}^2)/2 \qquad (10\text{-}25)$$

$$\Delta h_{\mathrm{i,Le}} = (1 - r) \cdot \Delta h_{\mathrm{i}} = (c_3^2 - c_{\mathrm{e}}^2)/2 \qquad (10\text{-}26)$$

In Beziehung (10-25) aus Gl. (8-142) $\Delta h_{\mathrm{i}} = \Delta h_s / \eta_{\mathrm{i},s}$ und $\Delta h_{\mathrm{i,La}} \approx c_p \cdot \Delta T_{\mathrm{La}} = c_p \cdot \Delta T_{0-3} = c_p \cdot (T_3 - T_0)$:

$$c_p \cdot \Delta T_{0-3} = \Delta h_s / \eta_{\mathrm{i},s} - (c_3^2 - c_{\mathrm{a}}^2)/2$$

Umgestellt nach zugehöriger Temperaturerhöhung $\Delta T_{\mathrm{La}} = \Delta T_{0-3}$ des kompressiblen Arbeitsfluids im **Laufradbereich**, wobei meist $c_{\mathrm{a}} = c_{\mathrm{S}} \approx c_0$:

$$\Delta T_{\mathrm{La}} = T_3 - T_0 = \frac{(\Delta h_s / \eta_{\mathrm{i},s}) - (c_3^2 - c_{\mathrm{a}}^2)/2}{c_p} \qquad (10\text{-}27)$$

Entsprechend ergibt sich für die Temperatursteigerung $\Delta T_{\mathrm{Le}} = (T_{\mathrm{e}} - T_3) = \Delta h_{\mathrm{i,Le}} / c_p$ des Gases in der **Leitvorrichtung** mit Gl. (10-26)

$$\Delta T_{\mathrm{Le}} = T_{\mathrm{e}} - T_3 = (c_3^2 - c_{\mathrm{e}}^2)/(2 \cdot c_p) \qquad (10\text{-}28)$$

Die spezifische Wärme c_p wurde hierbei wieder näherungsweise als konstant angenommen. Über den Zusammenhang $c_p = R \cdot \varkappa/(\varkappa - 1)$ kann die Wärmekapazität c_p ersetzt werden. Die Geschwindigkeiten c_3 und $c_{\mathrm{e}} = c_{\mathrm{S}} \approx c_0$ folgen hierbei wieder aus den zugehörigen Geschwindigkeitsdreiecken.

Volumenänderung:

Zum Berechnen der Strömungsquerschnitte von Laufrad und Leitvorrichtung muss die durch die Verdichtung bedingte Volumenstromänderung bekannt sein. Entsprechend der durch Kompression verursachten Dichteerhöhung und damit Volumenstromverkleinerung muss die Kanalbreite b verringert werden. Vernachlässigen der Dichteänderung führt zu erhöhtem Durchsatz und vergrößert somit die Berechnungssicherheit, falls erhöhter Volumenstrom vorteilhaft ist. Abhängig von der geforderten Genauigkeit erübrigt sich daher erfahrungsgemäß bei Druckverhältnissen $\Pi \leqq 1{,}1 \dots 1{,}5$, zugehörig bei Luft die spezifische Förderarbeit $\Delta Y \leqq (1 \dots 3) \cdot 10^4\,\mathrm{m^2/s^2}$, das Berücksichtigen der Kompressibilität. In diesen Grenzen ist dann die auf das Fluid tatsächlich übertragene Schaufelarbeit um etwa $5 \dots 15\,\%$ größer als die berechnete (sichere Seite!).

Laufrad: Die Volumenstromänderung an Saug- und Druckkante ist getrennt zu werten.

Saugkante: Abschnitt 5.3.2 enthält die bei Berücksichtigen der Dichteänderung im Ansaugbereich notwendigen Beziehungen.

Druckkante: Zwei entgegengesetzte wirkende Einflüsse auf den Volumenstrom $\dot{V} = \dot{m}/\varrho = \mathrm{konst}/\varrho$ sind wirksam. Die Druckzunahme erhöht, die damit verbundene Temperatursteigerung verringert die Fluiddichte. Beide Wirkungen gehen in die allgemeine Gasgleichung $p \cdot \dot{V} = \dot{m} \cdot R \cdot T$ ein. Umgestellt nach $p \cdot \dot{V}/T = \dot{m} \cdot R = \mathrm{konst}$ und angewendet auf die Stellen 0 sowie 3 des Laufrades:

$$p_3 \cdot \dot{V}_3 / T_3 = p_0 \cdot \dot{V}_0 / T_0$$

Hieraus mit $T_3 = T_0 + \Delta T_{0-3}$:

$$\dot{V}_3 = \dot{V}_0 \cdot (p_0/p_3) \cdot (T_3/T_0)$$

$$= \dot{V}_0 \cdot (p_0/p_3) \cdot (T_0 + \Delta T_{0-3})/T_0$$

$$\dot{V}_3 = \dot{V}_0 \cdot (1 + \Delta T_{0-3}/T_0)/(p_3/p_0) \qquad (10\text{-}29)$$

Druck p_3 aus Tabelle 8-1, wobei $\Pi_{\mathrm{La}} = p_3/p_0$ statt $\Pi = p_{\mathrm{D}}/p_{\mathrm{S}}$ und $w_{\mathrm{t},s,\mathrm{La}} = r \cdot w_{\mathrm{t},s,\mathrm{St}}$ statt $w_{\mathrm{t},s}$ gesetzt, oder weiter umgeformt mit ΔT_{0-3} (Tabelle 8-1) und Isentropenbeziehung:

$$\begin{aligned}(p_3/p_0)^{(\varkappa-1)/\varkappa} &= T_{3,s}/T_0 \\ &= (T_0 + \Delta T_{0-3,s})/T_0\end{aligned} \qquad (10\text{-}30)$$

wobei $\Delta T_{0-3,s} = T_{3,s} - T_0 = \Delta T_{s,\mathrm{La}}$

Des Weiteren entsprechend Gl. (8-142) mit Bild 10-51 $\Delta h_{s,\mathrm{La}} / \eta_{\mathrm{i},s,\mathrm{La}} = \Delta h_{\mathrm{i,La}}$ und da $\Delta h_s = c_p \cdot \Delta T_s$ sowie $\Delta h_{\mathrm{i,La}} = \overline{c}_p \cdot \Delta T_{\mathrm{La}} \approx c_p \cdot \Delta T_{\mathrm{La}}$ ist, wird:

$$\Delta T_{s,\mathrm{La}} / \eta_{\mathrm{i},s,\mathrm{La}} = \Delta T_{\mathrm{La}} = \Delta T_{0-3,s}$$

Oder umgestellt:

$$\Delta T_{s,\mathrm{La}} = \Delta T_{\mathrm{La}} \cdot \eta_{\mathrm{i},s,\mathrm{La}} = \eta_{\mathrm{i},s,\mathrm{La}} \cdot \Delta T_{0-3} \qquad (10\text{-}31)$$

Hierbei $\eta_{\mathrm{i},s,\mathrm{La}} = \eta_{\mathrm{i},s,\mathrm{Le}}$ gemäß Gl. (8-132).

Mit $\eta_{\mathrm{i},s,\mathrm{Le}} \approx \eta_{\mathrm{Sch,Le}}$ und $\eta_{\mathrm{Sch}} = \eta_{\mathrm{Sch,La}} \cdot \eta_{\mathrm{Sch,Le}}$ wird bei $\eta_{\mathrm{Sch,Le}} \approx \eta_{\mathrm{Sch,La}}$ näherungsweise $\eta_{\mathrm{Sch,Le}} \approx \sqrt{\eta_{\mathrm{Sch}}}$, weshalb

$$\eta_{\mathrm{i},s,\mathrm{La}} \approx \eta_{\mathrm{i},s,\mathrm{St}} / \sqrt{\eta_{\mathrm{Sch}}} \qquad (10\text{-}32)$$

$$\eta_{\mathrm{i},s,\mathrm{Le}} \approx \eta_{\mathrm{Sch,Le}} = \sqrt{\eta_{\mathrm{Sch}}} \qquad (10\text{-}33)$$

Aus Gl. (10-30) folgt mit Beziehung (10-31):

$$p_3/p_0 = [1 + \eta_{\mathrm{i},s,\mathrm{La}} \cdot \Delta T_{0-3}/T_0]^{\varkappa/(\varkappa-1)}$$

Eingesetzt in Gl. (10-35) ergibt für den Volumenstrom an der Stelle 3 mit $\Delta T_{0-3} = \Delta T_{\mathrm{La}}$ (Gl. (10-27)):

$$\dot{V}_3 = \dot{V}_0 \cdot \frac{1 + \Delta T_{0-3}/T_0}{(1 + \eta_{\mathrm{i},s,\mathrm{La}} \cdot \Delta T_{0-3}/T_0)^{\varkappa/(\varkappa-1)}} \qquad (10\text{-}34)$$

Die Potenz im Nenner entsprechend der von Gl. (10-16) als Reihe entwickelt und wieder nach dem zweiten Glied abgebrochen, ergibt gut angenähert für den Volumenstrom $\dot{V}_3$ unmittelbar außerhalb der Laufraddruckkante (Stelle 3):

$$\dot{V}_3 \approx \dot{V}_0 \cdot \frac{1 + \Delta T_{0-3}/T_0}{1 + (\varkappa/(\varkappa-1)) \cdot \eta_{\mathrm{i},s,\mathrm{La}} \cdot \Delta T_{0-3}/T_0} \qquad (10\text{-}35)$$

Hierbei der innere, isentrope Laufradwirkungsgrad $\eta_{\mathrm{i},s,\mathrm{La}}$ nach Gl. (10-32) und die tatsächliche Temperaturdifferenz ΔT_{0-3} im Laufradbereich aus Gl. (10-27).

Die vereinfachte Näherungsbeziehung (Gl. (10-35)) für $\dot{V}_3$ ergibt bei $\Delta T_{0-3}/T_0 = 0{,}05 \ldots 0{,}1$ einen Fehler von $0{,}7 \ldots 2{,}7\,\%$ und ist daher in weitem Bereich brauchbar.

Leitvorrichtung: Die Ableitung der Volumenstromabnahme in der Leitvorrichtung – wieder Index e für Ende – erfolgt wie beim Laufrad.

$$p_\mathrm{e} \cdot \dot{V}_\mathrm{e}/T_\mathrm{e} = p_3 \cdot \dot{V}_3/T_3$$

$$\dot{V}_\mathrm{e} = \dot{V}_3 \cdot (p_3/p_\mathrm{e}) \cdot (T_\mathrm{e}/T_3)$$

$$= \dot{V}_3 \cdot (p_3/p_\mathrm{e}) \cdot (T_3 + \Delta T_{\mathrm{Le}})/T_3$$

$$\dot{V}_\mathrm{e} = \dot{V}_3 \cdot (1 + \Delta T_{\mathrm{Le}}/T_3) \cdot (p_\mathrm{e}/p_3) \qquad (10\text{-}36)$$

Mit $(p_\mathrm{e}/p_3)^{(\varkappa-1)/\varkappa} = T_{\mathrm{e},s}/T_3 = 1 + \Delta T_{s,\mathrm{Le}}/T_3$

Hierbei $\Delta T_{s,\mathrm{Le}} = \Delta T_{3-\mathrm{e},s} = T_{\mathrm{e},s} - T_3$

Andererseits wieder aus Enthalpiebeziehung, also $\Delta h = c_p \cdot \Delta T$ und dem inneren, isentropen Leitvorrichtungswirkungsgrad nach Gl. (10-33):

$$\Delta T_{s,\mathrm{Le}} = \eta_{\mathrm{i},s,\mathrm{Le}} \cdot \Delta T_{\mathrm{Le}} \approx \sqrt{\eta_{\mathrm{Sch}}} \cdot \Delta T_{\mathrm{Le}}$$

Eingesetzt in Gl. (10-36) ergibt für den Endvolumenstrom $\dot{V}_\mathrm{e}$ der Leitvorrichtung ($\dot{V}_\mathrm{e} \equiv \dot{V}_\mathrm{D}$), d. h. der Abströmung:

$$\dot{V}_\mathrm{e} = \dot{V}_3 \cdot \frac{1 + \Delta T_{\mathrm{Le}}/T_3}{[1 + \sqrt{\eta_{\mathrm{Sch}}} \cdot \Delta T_{\mathrm{Le}}/T_\mathrm{e}]^{\varkappa/(\varkappa-1)}} \qquad (10\text{-}37)$$

oder wieder als vereinfachte Näherungsbeziehung mittels der nach dem zweiten Glied abgebrochenen Potenzreihenentwicklung:

$$\dot{V}_\mathrm{e} = \dot{V}_3 \cdot \frac{1 + \Delta T_{\mathrm{Le}}/T_3}{1 + (\varkappa/(\varkappa-1)) \cdot \sqrt{\eta_{\mathrm{Sch}}} \cdot \Delta T_{\mathrm{Le}}/T_3} \qquad (10\text{-}38)$$

Die Temperaturdifferenz ΔT_{Le} des Fluids in der Leitvorrichtung ergibt sich dabei aus Gl. (10-28).

Mehrarbeit

Im (T, s)-Diagramm bilden die Isobaren jedes kompressiblen Fluids (exakt: idealen Gases) eine Kurvenschar, die durch Parallelverschieben einer Ausgangsisobaren längs der Entropieachse (Abszisse) entsteht. Die verschiedenen Isobaren sind somit im Geltungsbereich konstanter c_p-Werte durch waagerechtes Verschieben zur Deckung zu bringen. Wegen ihrer eigentümlichen, progressiv nach oben gerichteten Krümmung nimmt der Ordinatenabstand zwischen den Isobaren mit wachsender Entropie zu. Aus einer nach rechts wandernden Senkrechten schneiden die gleichen Isobaren somit wachsende Strecken aus. Das bedeutet, dass die isentrope Enthalpiedifferenz derselben beiden Isobaren mit wachsender Entropie ansteigt, was sich auch in den thermodynamischen Beziehungen für die technische Arbeit von Isotherme, Isentrope und Polytrope ausdrückt. Gemäß zugehöriger Gleichungen hängt die notwendige Verdichtungsarbeit hauptsächlich von der absoluten Anfangstemperatur T_a des Gases und dem geforderten Druckverhältnis Π ab. Bei gleichem Druckverhältnis wird die erforderliche Verdichtungsarbeit somit umso größer, je heißer das Gas zu Beginn des Kompressionsvorganges ist.

Infolge Dissipation, d. h. Umwandlung von mechanischer Energie durch Reibung in Wärme und deshalb polytroper Zustandsänderung, wird das Gas bei mehrstufiger, ungekühlter Verdichtung nach jeder Stufe heißer als bei isentroper Kompression. Das Gas strömt deshalb der jeweils nächsten Stufe bei realer (polytroper) Kompression mit höherer Temperatur zu als bei idealer. Die Folge ist, dass dadurch auch die theoretische, d. h. isentrope Verdichtungsarbeit von Stufe zu Stufe wächst (Bild 10-53). Die Summe der isentropen Stufen-Enthalpiedifferenzen, der spezifischen theoretischen Stufenarbeiten, erreicht daher einen größeren Wert als die isentrope Maschinen-Enthalpiedifferenz, die spezifische theoretische Maschinenarbeit (wie wenn Maschine einstufig wäre!).

$$\sum_{k=\mathrm{I}}^{i} \Delta h_{s,k} > \Delta h_{s,\mathrm{M}} \quad \text{oder} \quad \sum_{k=\mathrm{I}}^{i} \Delta Y_{\mathrm{th},k} > Y_{\mathrm{th}}$$

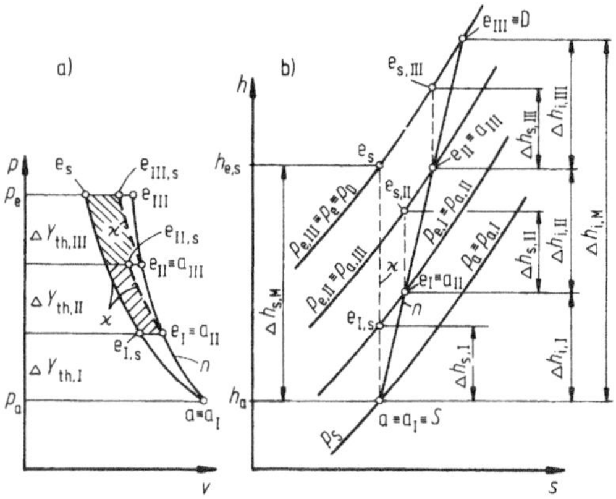

Bild 10-53 Mehrstufige Verdichtung (Zustandsänderung) eines ungekühlten Verdichters im a) (p, v)- und b) (h, s)-Diagramm. Vergrößerung der spez. theoretischen Stufenarbeit ΔY_{th} und damit der Enthalpiedifferenz Δh_s ($\Delta Y_{\mathrm{th}} \equiv \Delta h_s$) infolge der inneren Verluste (Dissipation) der vorhergehenden Stufen. a–e_s … isentrope Zustandsänderung der gesamten Maschine. a_{I}–$e_{s,\mathrm{I}}$, a_{II}–$e_{s,\mathrm{II}}$, a_{III}–$e_{s,\mathrm{III}}$ isentrope Zustandsänderungen der einzelnen aufeinander folgenden Stufen.

Mit dem sog. **Mehrarbeitsfaktor oder -beiwert** μ, der bei großen Maschinen-Druckverhältnissen beachtlich ist ($\mu > 1$), wird ersetzt:

$$\sum_{k=\mathrm{I}}^{i} \Delta h_{s,k} = \mu \cdot \Delta h_{s,\mathrm{M}} \quad \text{oder} \qquad \sum_{k=\mathrm{I}}^{i} \Delta Y_{\mathrm{th},k} = \mu \cdot Y_{\mathrm{th}} \tag{10-39}$$

Dabei sind für die i Stufen:

$$\sum_{k=\mathrm{I}}^{i} \Delta h_{s,k} = \Delta h_{s,\mathrm{I}} + \Delta h_{s,\mathrm{II}} + \Delta h_{s,\mathrm{III}} + \ldots + \Delta h_{s,i}$$

bzw.:

$$\sum_{k=\mathrm{I}}^{i} \Delta Y_{\mathrm{th},k} = \Delta Y_{\mathrm{th,I}} + \Delta Y_{\mathrm{th,II}} + \Delta Y_{\mathrm{th,III}} + \ldots + \Delta Y_{\mathrm{th},i}$$

Mithilfe des (p, v)-Diagrammes (Bild 10-53a) lässt sich der Mehrarbeitsfaktor μ als Flächenverhältnis ausdrücken:

$$\mu = \frac{\text{Fläche } p_{\mathrm{a}}, \mathrm{a}, \mathrm{e}_{\mathrm{I},s}, \mathrm{a}_{\mathrm{II}}, \mathrm{e}_{\mathrm{II},s}, \mathrm{a}_{\mathrm{III}}, \mathrm{e}_{\mathrm{III},s}, p_{\mathrm{e}}}{\text{Fläche } p_{\mathrm{a}}, \mathrm{a}, \mathrm{e}_s, p_{\mathrm{e}}}$$

Andererseits ergibt sich die innere spezifische Enthalpiedifferenz $\Delta h_{\mathrm{i,M}}$ bzw. innere spezifische technische Gesamtarbeit ($Y_{\mathrm{i}} \mathrel{\hat{=}}$ Fläche p_{a}, a_{I}, $\mathrm{e}_{\mathrm{III}}$, p_{e}) als arithmetische Summe der einzelnen Stufenwerte:

$$\Delta h_{\mathrm{i,M}} = \sum_{k=\mathrm{I}}^{i} \Delta h_{\mathrm{i},k} \quad \text{bzw.} \quad Y_{\mathrm{i}} = \sum_{k=\mathrm{I}}^{i} \Delta Y_{\mathrm{i},k}$$

Die Zunahme der inneren Gesamtarbeit infolge Dissipation (Reibungswärme) der vorhergehenden Stufen hat zur Folge, dass der innere isentrope Wirkungsgrad der gesamten Maschine kleiner ist als der von den einzelnen Stufen im Mittel erreichte.

$$\eta_{\mathrm{i},s,\mathrm{M}} = \frac{Y_{\mathrm{th}}}{Y_{\mathrm{i}}} = \frac{\Delta h_{s,\mathrm{M}}}{\Delta h_{\mathrm{i,M}}} = \frac{1}{\mu} \cdot \sum_{k=\mathrm{I}}^{i} \Delta h_{s,k} \Big/ \sum_{k=\mathrm{I}}^{i} \Delta h_{\mathrm{i},k} \tag{10-40}$$

Unter der näherungsweisen Annahme jeweils gleicher isentroper als auch gleicher innerer Stufenentalpiedifferenzen und damit der gleichen inneren Stufenwirkungsgrade ergibt sich:

$$\sum_{k=\mathrm{I}}^{i} \Delta h_{s,k} \Big/ \sum_{k=\mathrm{I}}^{i} \Delta h_{\mathrm{i},k} = \frac{i \cdot h_{s,\mathrm{St}}}{i \cdot h_{\mathrm{i,St}}} = \left(\frac{\Delta h_s}{\Delta h_{\mathrm{i}}}\right)_{\mathrm{St}} = \eta_{\mathrm{i},s,\mathrm{St}}$$

Eingesetzt in Gl. (10-40)

$$\eta_{\mathrm{i},s,\mathrm{M}} = (1/\mu) \cdot \eta_{\mathrm{i},s,\mathrm{St}} \tag{10-41}$$

Die Beziehung bestätigt, dass der innere isentrope Wirkungsgrad der gesamten Maschine schlechter ist als der von den einzelnen Stufen.

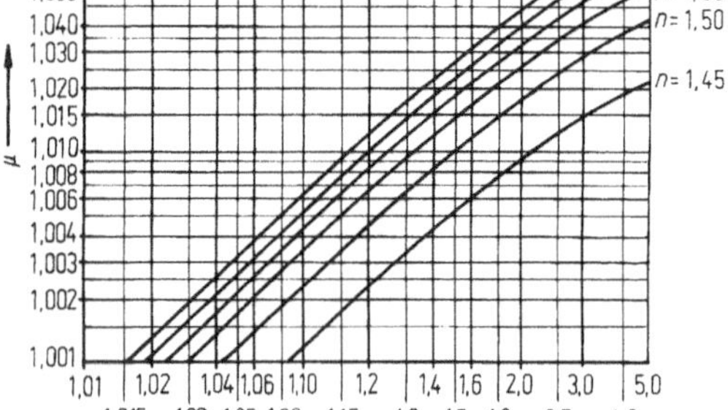

Bild 10-54 Mehrarbeitsbeiwert μ, abhängig vom Maschinendruckverhältnis $\Pi_{\mathrm{M}} = (p_{\mathrm{D}}/p_{\mathrm{S}})_{\mathrm{M}}$ (Gesamtdruckverhältnis) und dem Polytropenexponenten n als Parameter

Wie aus Bild 10-54 hervorgeht, wird der Mehrarbeitsbeiwert μ umso größer, je höher Gesamtdruckverhältnis, Stufenzahl und Gasreibung sind. Erfahrungsgemäß gilt als guter Richtwert: $\boldsymbol{\mu = 1{,}02 \ldots 1{,}08}$. Selten übersteigt der μ-Faktor jedoch den Wert 1,06. Genauere Werte für μ sind aus Bild 10-54 abhängig vom Gesamtdruckverhältnis der Maschine zu entnehmen, wobei jedoch Polytropenexponent n bekannt sein muss. Das Vergrößern der spezifischen Stufenarbeit gegenüber der isentropen durch die Dissipation muss deshalb beim Berechnen der einzelnen Stufen ungekühlter, mehrstufiger Verdichter berücksichtigt werden.

10.3.3 Unterteilung

Wie in der Übersicht von Bild 1-1 aufgeführt, werden Kreiselverdichter nach dem Gesamtdruckverhältnis $\Pi_{\mathrm{M}} = (p_{\mathrm{D}}/p_{\mathrm{S}})_{\mathrm{M}}$ der Maschine unterteilt in die Gruppen oder Typen (Index M meist weggelassen).

- (Turbo- oder Kreisel-)Ventilatoren $\Pi = 1 \ldots 1{,}1$
  $\varrho \approx$ konst; immer ungekühlt; meist einstufig
- Turbo- oder Kreisel-Gebläse $\Pi = 1{,}1 \ldots 4$
  $\varrho \neq$ konst; meist ungekühlt; oft mehrstufig
- Turbo- oder Kreisel- Kompressoren $\Pi > 4$
  $\varrho \neq$ konst; meist gekühlt; immer mehrstufig

Innerhalb der Typen (Bild 1-1) erfolgt die Aufteilung nach Bauformen (radial, diagonal, axial).

Bemerkungen:

- Ventilatoren werden auch als Lüfter bezeichnet.
- Innerhalb jeder der drei Kreiselverdichtergruppen wird manchmal noch in Niederdruck-, Mitteldruck-, Hochdruck- sowie evtl. Höchstdruck-Ausführungen aufgeteilt.
- Die Bereichsgrenzen zwischen den Turboverdichtergruppen sind fließend. Manche legen die Grenzen zwischen Gebläsen und Kompressoren schon beim Druckverhältnis $\Pi = 3$ fest.
- Kreiselverdichter aller drei Gruppen sind sowohl in radialer als auch axialer Bauart ausführbar. Wie bei Kreiselpumpen ist auch bei Turboverdichtern die Radialbauweise für höhere Drücke und geringere Volumenströme, die Axialausführung für die umgekehrten Verhältnisse geeignet. Bei Ventilatoren deshalb überwiegend Axialmaschinen. Gebläse und Kompressoren oft in Axial-, Radial- oder kombinierter Axial-Radial-Bauweise.
- Infolge geringer Strömungsumlenkung (Rückführung entfällt) erreichen Axialverdichter bei optimaler Gestaltung bis zu 10 % höhere Wirkungsgrade als Radialverdichter, vor allem bei höheren Volumenströmen. Je kleiner der Volumenstrom wird, desto mehr nähert sich jedoch infolge steigender Spaltverluste der Wirkungsgrad der Axialführung dem der Radialbauweise. Die Axialmaschine benötigt für das gleiche Druckverhältnis jedoch wesentlich mehr Stufen, etwa $(3 \ldots 6)$-fach, die aber eng aufeinander folgen. Wegen dichtgedrängter Bauweise und höherer zulässiger Drehzahl (Schaufeln nur Zugbeanspruchung) sind Abmessungen, Gewicht und Bauaufwand (Kosten) von Axialverdichtern in der Regel geringer als von Radialmaschinen gleicher Leistung ($\dot{m}$, Π).
- Zum konstruktiven Aufbau ist noch festzuhalten: Bedingt durch die fast immer relativ hohe Drehzahl sind bei Turboverdichtern nur berührungslose Dichtungen einsetzbar. Kleine Maschinen werden meist mit Wälzlagern, große fast ausschließlich mit Gleitlagern ausgeführt.

10.3.4 Druckstufung

Zwischen dem Gesamt- oder Maschinen-Druckverhältnis ($\Pi_{\mathrm{ges}} \equiv \Pi_{\mathrm{M}}$) und dem Stufen-Druckverhältnis Π_{St} der einzelnen Stufen (I, II, III, …, i) besteht folgender Zusammenhang:

$$\Pi_{\mathrm{M}} = \left(\frac{p_{\mathrm{D}}}{p_{\mathrm{S}}}\right)_{\mathrm{M}} = \left(\frac{p_{\mathrm{D}}}{p_{\mathrm{S}}}\right)_{\mathrm{I}} \cdot \left(\frac{p_{\mathrm{D}}}{p_{\mathrm{S}}}\right)_{\mathrm{II}} \cdot \left(\frac{p_{\mathrm{D}}}{p_{\mathrm{S}}}\right)_{\mathrm{III}} \cdots \cdot \left(\frac{p_{\mathrm{D}}}{p_{\mathrm{S}}}\right)_{k} \cdot \ldots \cdot \left(\frac{p_{\mathrm{D}}}{p_{\mathrm{S}}}\right)_{i}$$

$$\Pi_{\mathrm{M}} = \Pi_{\mathrm{I}} \cdot \Pi_{\mathrm{II}} \cdot \Pi_{\mathrm{III}} \cdot \ldots \cdot \ldots \cdot \Pi_{k} \cdot \ldots \cdot \Pi_{i} = \prod_{k=\mathrm{I}}^{i} (\Pi_{\mathrm{St},k}) \qquad (10\text{-}42)$$

Die Zwischendrücke kürzen sich heraus, da:

$$p_{\mathrm{S,M}} = p_{\mathrm{S,I}}; \quad p_{\mathrm{D,I}} = p_{\mathrm{S,II}}; \quad p_{\mathrm{D},k-1} = p_{\mathrm{S},k};$$
$$p_{\mathrm{D},k} = p_{\mathrm{S},k+1} \quad \text{usw. bis} \quad p_{\mathrm{D},i} = p_{\mathrm{D,M}}$$

Bei gleichen Verdichtungsverhältnissen (Tabelle 10-7) $\Pi_{\mathrm{St},k} = \Pi_{\mathrm{St}}$ der i Stufen gilt somit:

$$\Pi_{\mathrm{M}} = \Pi_{\mathrm{st}}^{i} \qquad (10\text{-}43)$$

Vielfach werden die Stufendruckverhältnisse mehrstufiger Kreiselverdichter jedoch nicht gleich ausgeführt (Abschnitt 10.3.5 und digitales Zusatzmaterial).

Tabelle 10-7 Richtwerte für Stufendruckverhältnisse

Verdichter-Bauform	Stufen-Druckverhältnis Π_{St} erreichbar	üblich
Radial	3 (…4)	1,15 … 2 (… 2,5)
Axial	1,5 (… 2)	1,05 … 1,35 (… 1,65)
Seitenkanal	4 (… 5)	1,5 … 2,5 (… 3)
Kolbenverdichter	10 … 20	4 … 8 (… 16)

10.3.5 Laufräder-Abstufung

Die Forderung nach günstigem Wirkungsgrad bedingt bei mehrstufigen Verdichtern sorgfältiges Durcharbeiten – Berechnung, Gestaltung sowie Fertigung – des Lauf- und Leitzeuges. Die Kanalabmessungen müssen auf den mit steigender Verdichtung abnehmenden Volumenstrom abgestimmt werden. Zudem kann infolge der mit der Kompression wachsender Fluiddichte die spezifische Stufenarbeit $\Delta Y \approx \Delta p/\varrho$ entsprechend zurückgenommen werden. Das bedarf gemäß $u_2 = \sqrt{2 \cdot \Delta Y/\psi}$ (oder der EULER-Gleichung), da die Drehzahl n unverändert bleibt, verringerten Laufraddurchmessers. Ein mehrstufiger Verdichter erfordert somit in Richtung steigenden Druckes Laufräder, die in Durchmesser und Kanalbreite stetig abnehmen. In gleichem Maße müssen sich dann auch die Abmessungen der übrigen Konstruktionsteile (Dichtungseinsätze, Zwischenböden), Leitvorrichtung und Gehäuse ändern, wenn das Stufendruckverhältnis unverändert beibehalten wird. Andererseits ändern sich entsprechend dem Abstufen der Laufraddurchmesser und der in Richtung höheren Drucks zunehmenden Fluidtemperatur – falls keine Kühlung erfolgt – die in den einzelnen Stufen erzielbaren Verdichtungsverhältnisse Π:

$$\Pi_{St} = (p_D/p_S)_{St}$$
$$= (T_{D,s}/T_S)_{St}^{\varkappa/(\varkappa-1)} = (1 + \Delta T/T_S)_{St}^{\varkappa/(\varkappa-1)}$$

mit $\Delta T_{St} = (T_{D,s} - T_S)_{St} = \Delta h_{s,St}/c_p = \Delta Y/c_p$.

Da $T_{S,St}$ von Stufe zu Stufe wächst (ungekühlt), geht Π_{St} mit zunehmender Verdichtung zurück. Aus wirtschaftlichen Gründen wird versucht, viele, jeweils gleiche Bauelemente wie Laufräder, Leitvorrichtungen, Dichtungseinsätze usw. einzusetzen. Deshalb werden vor allem bei mehrstufigen Radialverdichtern die Laufräder gruppenweise aufgeteilt. Innerhalb jeder Gruppe sind die Laufräder gleich oder bei gleich gehaltenem Durchmesser verringert sich nur die Laufradbreite (Meridianschnitt) in Verdichtungsrichtung von Stufe zu Stufe. Das Abstufen der Laufraddurchmesser findet somit nur von Gruppe zu Gruppe statt (Bild 10-77). Die Druckverhältnisse ändern sich dann innerhalb jeder **Laufradgruppe** geringfügig. Zwischen den Gruppen (meist 2...4 Stufen) wird der Fluidstrom zudem meist gekühlt.

Der Zwang nach gutem Gesamtwirkungsgrad mehrstufiger Verdichter führt zu der Forderung nach möglichst hohem Wirkungsgrad der einzelnen Stufen. Das bedeutet, die Einzelverluste der höheren Stufen dürfen anteilig nicht größer werden als die der ersten Stufe. Hieraus folgt, alle Strömungsgeschwindigkeiten in den Kanälen müssen in Richtung höherer Stufen in dem Maße abgesenkt werden, dass sie ihrer absoluten Größe nach möglichst in gleicher Weise abnehmen, wie die zugehörigen Stufenenergien. Dadurch wird erreicht, dass die anteiligen, d. h. auf die jeweilige Stufenleistung bezogenen Verluste etwa gleich bleiben. Dies lässt sich jedoch meist nicht vollständig verwirklichen, weshalb die Stufenwirkungsgrade bei mehrstufigen Verdichtern in Richtung höherer Drücke stets etwas abnehmen. Da die Reibungsverluste auch von der Fluiddichte abhängen, verstärkt sich die Wirkungsabnahme mit zunehmender Stufenzahl. Dadurch begründet sich auch, weshalb der Wirkungsgrad mit abnehmender Schnellläufigkeit zurückgeht. Die spezifische Drehzahl eines mehrstufigen Verdichters fällt infolge des abnehmenden Volumenstromes zwangsläufig ebenfalls von Stufe zu Stufe.

10.3.6 Ausführungsbeispiele

Einige Beispiele von ausgeführten Maschinen sollen die konstruktiven Unterschiede und Anwendungsbereiche der verschiedenen Verdichtungsarten gemäß Abschnitt 10.3.3 darstellen.

Forderungen

ECK [39] fasst die Forderungen an Verdichter für Konstruktion und Einsatz in folgenden Punkten zusammen:

- *Möglichst hoher Wirkungsgrad.* Nur erfüllbar, wenn zum günstigen σ- bzw. n_y-Wert gehörende Laufradform angewendet wird.
- *Geringe Geräuschbildung.* Möglichst große ψ-Werte und niedrige Umfangsgeschwindigkeit.
- *Geringer Verschleiß auch bei staubhaltigen Gasen*: Möglichst hohe ψ-Werte.
- *Hohe Schluckfähigkeit:* Möglichst große φ-Werte.
- *Kleine Abmessungen und billige Ausführung bei hoher Förderleistung:* ψ-Werte und φ-Werte möglichst hoch.
- *Stabile Kennlinie und Leistungsverhalten:* Kleinster Leistungsbedarf bei Nullförderung.
- *Günstige Regelmöglichkeit.*
- *Läufer hoher Festigkeit und kleinster Massenträgheit.*
- *Günstige Lage von Saug- und Druckstutzen.*
- *Vorteilhafte Montage- und Einbaubedingungen.*

- *Gute Kühlmöglichkeit sowie geringer Wartungsaufwand.*

Viele Forderungen stehen konträr zueinander und sind daher nicht gleichzeitig erfüllbar. Wie bei allen technischen Produkten müssen Prioritäten festgelegt werden. Jede Konstruktion stellt daher einen Kompromiss dar. Beispielsweise stehen die Forderungen einerseits geringer Geräuschbildung bei hohem Wirkungsgrad und andererseits kleiner Bauaufwand sowie Platzbedarf unvereinbar gegenüber. Entweder ist ein Verdichter hochwertig und dann entsprechend leise oder einfach und dann laut. Beides zugleich, also einfacher Aufbau und vergleichsweise leise bei hoher Leistung mit gutem Wirkungsgrad, ist nicht verwirklichbar.

10.3.6.1 Ventilatoren

Grundsätzliches

Ventilatoren (Lüfter) werden mannigfaltig gebaut und eingesetzt. Das weite Anwendungsfeld beginnt beim einfachen Tisch- oder Kleinmotorenlüfter von wenigen Zentimetern Durchmesser und endet beim Großventilator von 10 und mehr Metern Durchmesser. Grubenventilatoren verwirklichen Fördermengen bis über 200 000 m^3/h. Als weiteres Beispiel sei ein großer zweistufiger Axiallüfter erwähnt, der bei 500 min^{-1} Drehzahl 600 000 m^3/h kalte Luft auf 3 330 Pa Gesamtdruck fördert und dazu 735 kW Antriebsleistung benötigt.

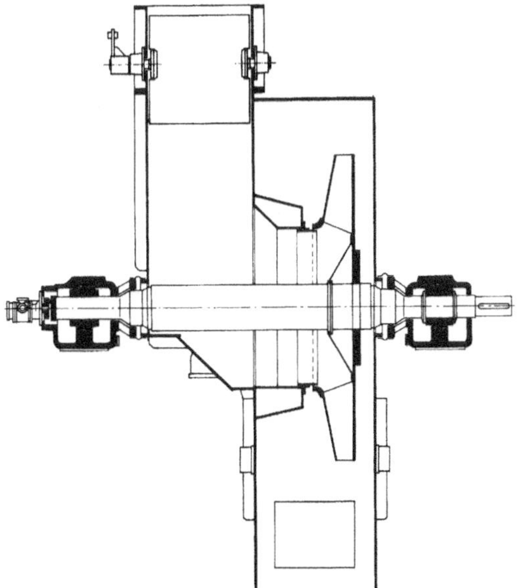

Bild 10-55 Radialventilator einflutig (KKK).

Hochwertige Ventilatoren erreichen Wirkungsgrade bis etwa 85 %, in Sonderfällen bis über 90 %.

Die Hauptanwendungsgebiete von Ventilatoren sind: Trocknungs-, Lüftungs-, Kühl- und Klimaanlagen, vor allem für Arbeits-, Wohnungs- und Versamm-

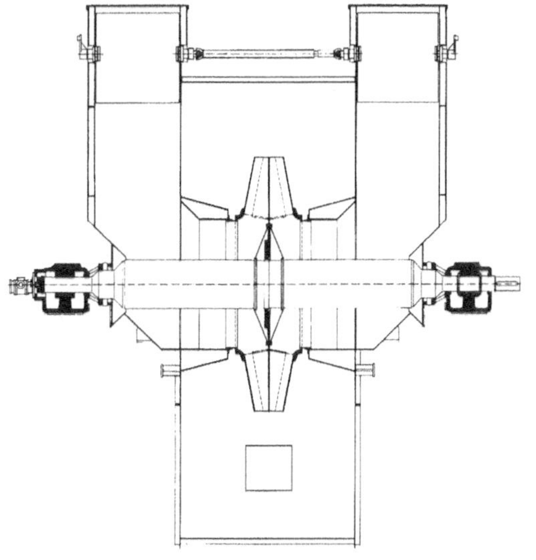

Bild 10-56 Radialventilator zweiflutig (KKK)

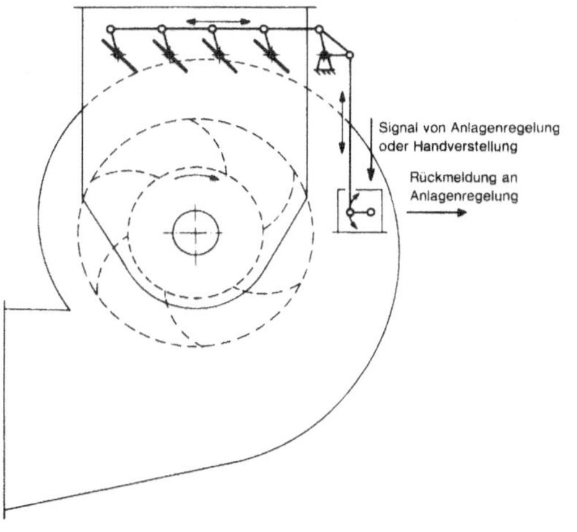

Bild 10-57 Drallklappen im Ansaugkrümmer zur Durchsatzregelung (Vorleiteinrichtung) von Radiallüftern (KKK) nach Bildern 10-55 und 10-56

lungsräume, Bergwerke, Tunnels, Schiffe, Fahrzeuge (Innenbelüftung, Motorkühlung) u. Ä.

Ventilatoren werden sowohl in radialer als auch axialer Bauweise ausgeführt. Die meist nur bei höheren Druckverhältnissen eingesetzten Radiallüfter sind immer einstufig und dabei je nach Volumenstrom ein- oder zweiflutig. Axiallüfter finden in ein- oder zweistufiger Bauweise Anwendung. Außer diesen Normalausführungen gibt es noch Sonderformen wie SCHICHT-, SIROCCO-, Querstrom- und Seitenkanallüfter.

Da Ventilatoren dem Gas größtenteils kinetische Energie aufprägen, also den dynamischen Druck $p_{dyn} \approx \varrho_a \cdot \Delta(c^2/2) = \varrho_a(c_e^2 - c_a^2)/2$ und weniger den statischen Druck p_{stat} erhöhen, ist ihr

$$r = \Delta p_{stat}/\Delta p_{ges} = \Delta p_{stat}/(\Delta p_{stat} + \Delta p_{dyn})$$

(Reaktionsgrad) oftmals niedrig.

Einige Bilder und Bemerkungen sollen die verschiedenen Typen verdeutlichen. Zu allen Maschinen liefern die Hersteller jeweils Kennfelder, die aus Platzgründen nicht abgebildet sind.

Normalausführungen

Radialventilatoren: Die in Bild 10-55 als einflutige und in Bild 10-56 als zweiflutige Ausführung dargestellten Radiallüfter kennzeichnen:

Anwendungsbereich:

Förderstrom: 20 ... 600 m^3/s

Spezifische Stutzenenergie: (5 ... 30) · 10^3 m^2/s^2, entspricht bei kalter Luft vom Anfangszustand $\varrho_{a,Lu} = 1{,}2\,kg/m^3$, $p_a = 1$ bar einer Druckerhöhung von 6 ... 42 kPa = 0,06 ... 0,42 bar. Der Verdichtungsenddruck beträgt somit 1,06 ... 1,42 bar. Das zugehörige Druckverhältnis $\Pi = 1{,}06 \ldots 1{,}42$ reicht daher bis in das Gebiet der Gebläse.

Drehzahl 1000 ... 3000 min^{-1}
Laufraddurchmesser 1 ... 4 m

Konstruktive Einzelheiten:

Gehäuse: Geschweißt. Teilung so, dass Rotorausbau ohne Demontage von Rohrleitungsteilen möglich.

Vorleiteinrichtung: Verstellbar zur energiegünstigen Mengen-, Druck- und Leistungsanpassung (Abschnitt 7.2.1.7).

Rotor: Laufrad mit nichtprofilierten Schaufeln und an Hohlwelle angeflanscht. Kritische Drehzahl über Betriebsdrehzahl, also starre Welle.

Wellendichtung: Labyrinthdichtungen, horizontal geteilt. Gas- oder wassergesperrte Dichtungen möglich.

Lager: Wälzlager mit Standölschmierung oder Gleitlager, horizontal geteilt mit Druckölschmierung.

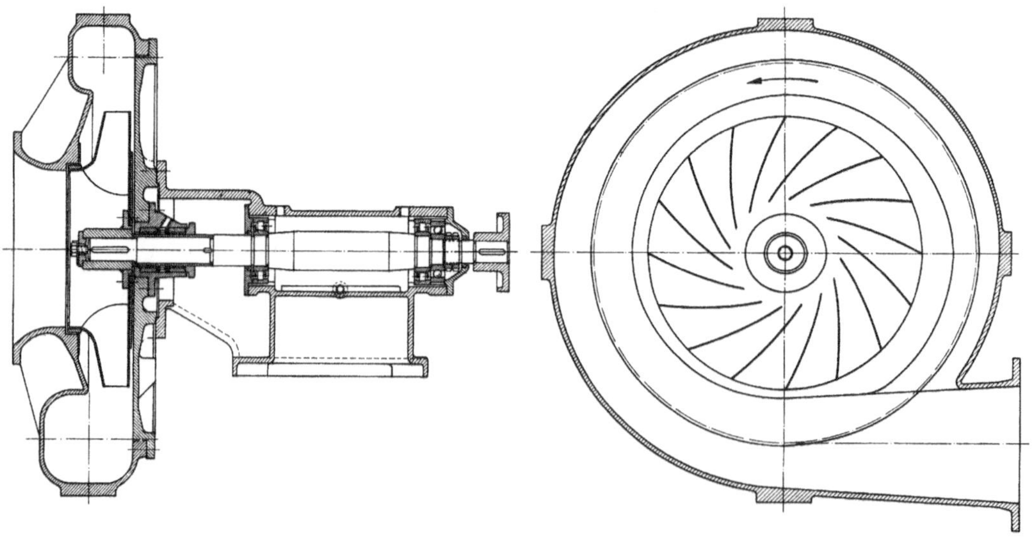

Bild 10-58 Radial-Mitteldruckventilator mit rückwärts gekrümmten Laufschaufeln (SULZER). Laufradaußendurchmesser $D_2 = 700$ mm. Nenn-Betriebswerte: $\dot{V}_S = 4{,}45\,m^3/s$, $\Pi = 1{,}07$, $n = 48\,s^{-1}$

Ölversorgung: Eigenes Ölsystem zum Schmieren und Kühlen der Lager.

Regelung: Drallklappen im Ansaugkrümmer (Bild 10-57) oder Ändern der Drehzahl.

Bild 10-58 zeigt einen Mitteldruckventilator mit Gussgehäuse.

Axialventilatoren: Normale Axialventilatoren sind in Bild 10-59 und 10-60 dargestellt.

Der Axialventilator in Bild 10-59 arbeitet im Direktantrieb durch Aufsetzen des Laufrades auf die Motorwelle. Der Motor ist im Nabenkörper des Leitrades untergebracht. Die Laufschaufeln sind während des Betriebs durch Rollenmembran-Zylinder pneumatisch verstellbar. Die Druckluft dazu wird durch eine in den radialen Befestigungsstreben verlaufende Leitung nach innen geführt. Die Materialauswahl richtet sich nach den speziellen Anforderungen hinsichtlich Korrosionsfestigkeit, Temperaturbeständigkeit und dgl. Das Abströmrohr nach dem Leitrad ist als Diffusor ausgebildet.

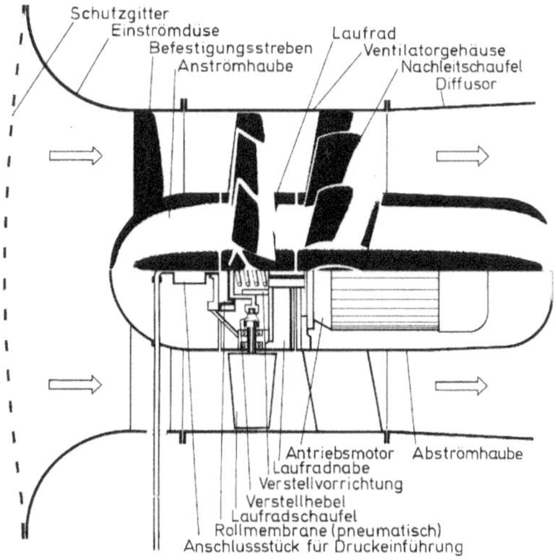

Bild 10-59 Axiallüfter, d. h. -ventilator (VOITH)

Bild 10-60 zeigt von außen angetriebene Axialventilatoren in ein- und zweistufiger Ausführung mit folgenden Einsatzdaten sowie konstruktiven Besonderheiten:

Anwendungsbereich:

Laufraddurchmesser	1 ... 5 m
Drehzahl	500 ... 3 000 min^{-1}
Wirkungsgrad	bis 90 % (Auslegungspunkt)

Mitteldruck-Baureihe:

Laufschaufelzahl	16
Volumenstrom	1,5 ... 4 000 m^3/s
spez. Förderarbeit	einstufig bis 5 500 m^2/s^2
	zweistufig bis 11 000 m^2/s^2

Hochdruck-Baureihe:

Laufschaufelzahl	24
Volumenstrom	1 ... 4 000 m^3/s
spez. Förderarbeit	einstufig bis 8 000 m^2/s^2
	zweistufig bis 16 000 m^2/s^2

Konstruktive Einzelheiten:

Laufrad *1* besteht aus den verstellbaren Schaufeln *2*, deren Lagerung und den Verstellhebeln. Trag- und Gegenlager der Laufradschaufeln bewirken, dass zur Schaufelverstellung nur geringe Verstellkräfte erforderlich sind. Die Laufradbeschaufelung, basierend auf der NACA-Profilierung, ermöglicht überdurchschnittliche Werte hinsichtlich Wirkungsgrad, Volumenstrom und Druckerhöhung. Die leichten Flügel gestatten hohe Umfangsgeschwindigkeiten. Profil und Werkstoff der Schaufeln je nach Anwendungsfall:

- Leichtmetall, gegossen oder geschmiedet, für niedrige Temperaturen und ohne Staubanfall.
- Stahl, gegossen oder geschmiedet, für höhere Temperaturen bei mittlerem Staubanfall.
- Edelstahl, gegossen, für korrosive Medien.

Die Hauptlagerung *3* ist ebenfalls je nach Betriebsverhältnis als Wälz- oder Gleitlager ausführbar und so im Gehäuse *4* angeordnet, dass schneller Laufzeugwechsel ohne zusätzliche Richtarbeiten möglich.

Sonderausführungen

SIROCCO-Lüfter: Niederdruckventilatoren, die dem Luftstrom hauptsächlich dynamischen Druck, d. h. Geschwindigkeit (kinetische Energie), aufprägen müssen, werden oftmals mit sog. Trommel- oder SIROCCO-Läufer (Bild 10-61) ausgerüstet, eine Bauart, die ungefähr seit dem Jahre 1900 bekannt ist.

Trommelläufer zeichnen sich durch kleinste Abmessungen und Geräuscharmut aus – Forderungen, die bestimmte Anwendungsgebiete (Lüftung, Klimatechnik) der Ventilatoren beherrschen. Es gibt keine andere Lüfterkonstruktion, die bei gleicher Gesamtdruckerhöhung $\Delta p_{\text{ges}} = \Delta p_{\text{Stat}} + \Delta p_{\text{dyn}}$ so geräuscharm arbeitet und so klein baut. Nachteilig ist

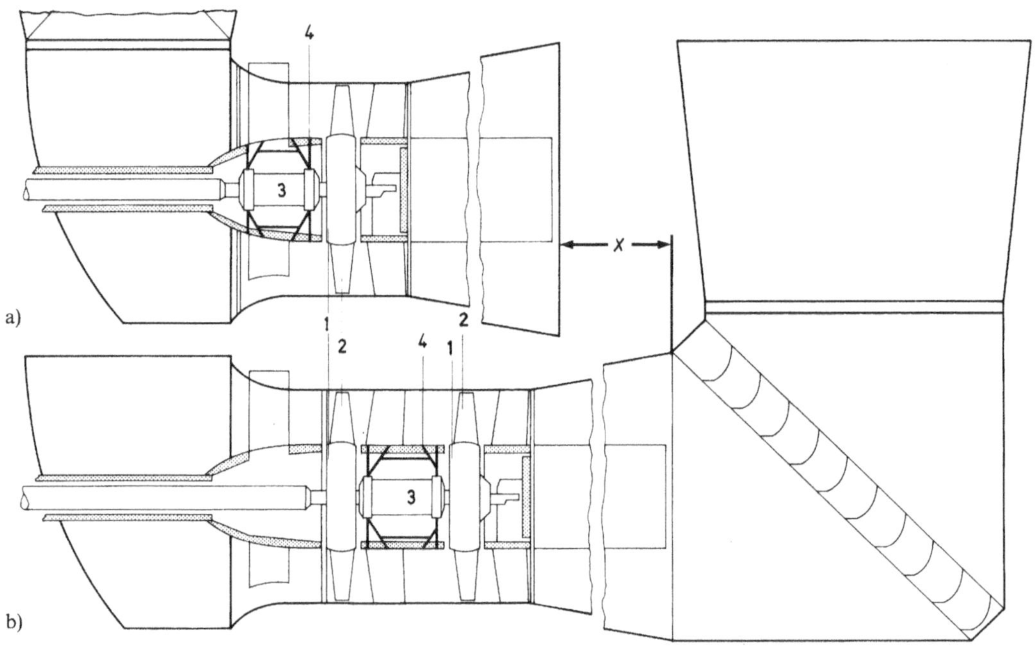

Bild 10-60 Axialventilatoren (VOITH); a) einstufig, b) zweistufig

der geringe Wirkungsgrad von etwa 20 ... 40 %, in Sonderfällen bis 50 %. Wie aus Tabelle 10-4 hervorgeht, erreichen SIROCCO-Läufer Druckziffern bis $\psi = 3$ und Lieferzahlen bis $\varphi = 1$. Der erreichbare Reaktionsgrad $r = \Delta p_{\text{Stat}}/\Delta p_{\text{ges}}$ liegt bei $r \approx 0{,}05 \ldots 0{,}15$. Das Durchmesserverhältnis beträgt dabei etwa $D_2/D_1 = 1{,}15$.

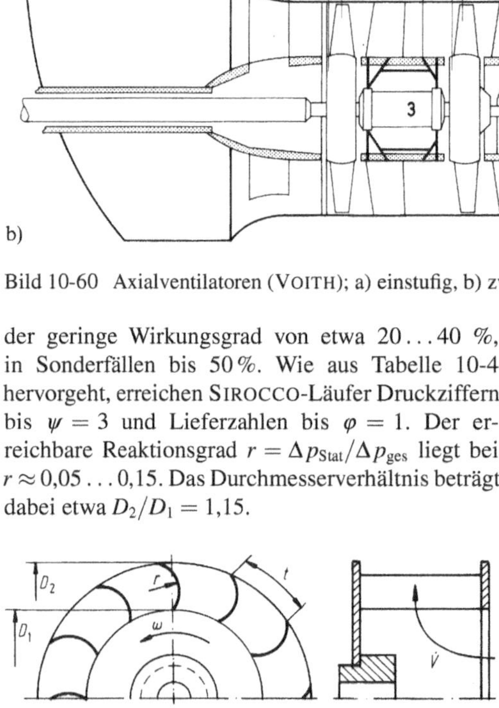

Bild 10-61 Trommelläufer (SIROCCO-Läufer)

Trommelläufer sind Radialräder mit kurzen, stark vorwärts gekrümmten, unprofilierten Schaufeln (Kreisbögen). Die Rotoren werden mit vielen Schaufeln ausgeführt, die meist aus Blech ausgebildet und an die Seitenscheibe angeschweißt oder eingeklemmt sind. Kleine Läufer bestehen aus Kunststoff.

Richtwerte für die Gestaltung: Kreisbogenschaufeln mit dem Verhältnis von Teilung t zu Krümmungsradius r im Bereich $t/r = 0{,}5 \ldots 1$ und dem Durchmesserverhältnis $D_2/D_1 \approx 1{,}05 \ldots 1{,}2$.

Mit SIROCCO-Läufern sind bei kalter Luft Förderdrücke bis 1000 Pa und in Sonderfällen (Höchstleistungslüfter) bis 3000 Pa erreichbar. Die Fördermengen reichen von etwa 600 bis 20 000 m^3/h.

Bild 10-62 zeigt einen Niederdruckventilator mit Trommelläufer (SIROCCO-Rotor).

Querstromlüfter: Sind in Aufbau und Funktion ähnlich der OSSBERGER-Durchströmturbine (Abschnitt 11.2.2.2). Der walzenförmige Läufer des Querstromlüfters ist ein zweimal durchströmtes Gleichdruckrad (Bild 10-63). Das Fördermedium wird am äußeren Umfang der Laufradwalze angesaugt, durchströmt den Rotor quer zur Achse und tritt auf der gegenüberliegenden Seite als „Luftteppich" wieder aus. Das Fluid durchströmt somit die Schaufeln zweimal auf dem Weg von der Saug- zur Druckseite. Üblicherweise sind die Laufschaufeln (bis ca. 40 Stück) nicht profiliert, sondern wie bei SIROCCO-Rotoren meist aus Blech gleicher Dicke kreisbogenförmig vorwärtsgekrümmt ausgeführt. In Sonderfällen, d. h. bei hohen Anforderungen an Wirkungsgrad und Geräuschentwicklung, werden auch profilierte Laufschaufeln eingesetzt. Im Inneren des Rotors bildet sich selbsttätig eine Wirbelwalze, die Saug- und Druckseite der Laufradströmung ge-

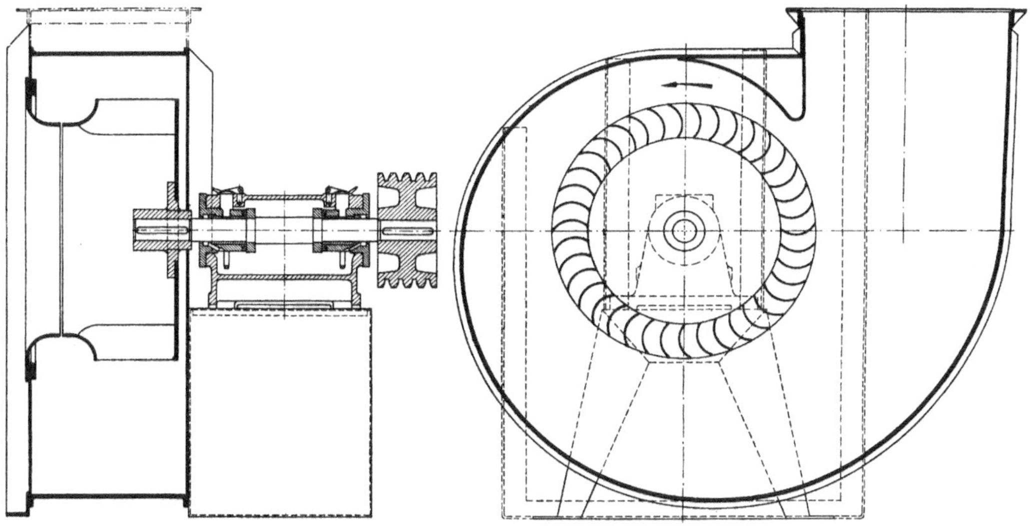

Bild 10-62 Niederdruckventilator mit Trommelläufer (SULZER). Laufradaußendurchmesser $D_2 = 700\,\text{mm}$. Nennbetriebswerte: $\dot{V} = 2{,}22\,\text{m}^3/\text{s}$, $\Pi = 1{,}005$, $n = 12\,\text{s}^{-1}$

geneinander abgrenzt. Als reibungsbedingte Selbstmaßnahme eine notwendige Voraussetzung für die Funktion dieses Prinzips.

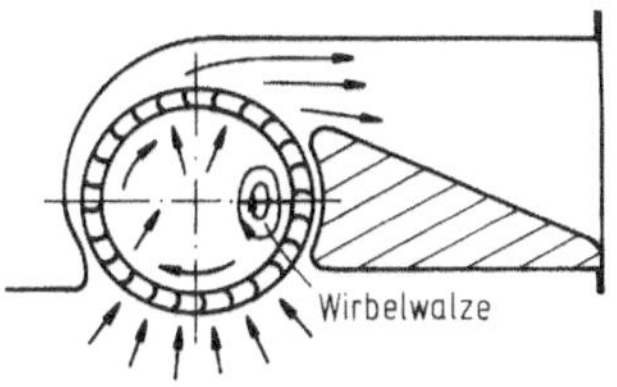

Bild 10-63 Querstromlüfter (Prinzipdarstellung)

Obwohl schon seit 1892 (MORTIER, USA) bekannt, wird das Prinzip erst seit ca. 50 Jahren verstärkt bei Kleinlüftern und Sonderfällen angewendet. Der Grund liegt darin, dass erst die neueren Konstruktionen hinsichtlich Leistung, Wirkungsgrad und Geräuschbildung (Drehklang) zufrieden stellend arbeiten. Vor allem treten die lästigen Pfeifgeräusche der alten Ausführungen nicht mehr auf. Die walzenförmigen Rotoren können bis ca. 3 m Länge und 0,5 m Durchmesser ausgeführt werden. Die Kennwerte enthält Tabelle 10-4. Querstromlüfter erreichen Wirkungsgrade von 30 ... 55 %, spezifische Förderenergien bis $2\,000\,\text{m}^2/\text{s}^2$ und Förderströme bis etwa $30\,000\,\text{m}^3/\text{h}$ bei ca. $40\,\text{m/s}$ Umfangsgeschwindigkeit und etwa $20\,\text{m/s}$ Strömungsgeschwindigkeit. Auslegung und Gestaltung erfolgen fast ausschließlich experimentell.

Meridianbeschleunigte Axiallüfter: Axialventilatoren dieser Bauart weichen von den üblichen Axiallüftern dadurch ab, weil die Meridiangeschwindigkeit nicht konstant bleibt, sondern zunimmt. Das Fluid wird also während der Laufraddurchströmung auch in axialer, d. h. Meridianrichtung beschleunigt. Hierzu muss der Meridianquerschnitt in Strömungsrichtung abnehmen, was meist durch entsprechende Nabenform verwirklicht wird. Die Nabe ist oft kugelförmig gestaltet, wodurch der Nabendurchmesser in Strömungsrichtung wächst und die Flügellänge deshalb entsprechend abnimmt (Bild 10-64). Infolge der Meridianbeschleunigung ergibt sich eine „Düsenströmung“, verbunden mit günstiger Energieumsetzung. Wegen der Zunahme der Meridiangeschwindigkeit von $c_{1\text{m}}$ auf $c_{2\text{m}}$ steigt, wie aus dem Geschwindigkeitsdiagramm nach Bild 10-64 hervorgeht, auch die Differenz Δc_u der Umfangskomponenten der Strömung und damit der Drall. Gemäß der EULER-Hauptgleichung $Y_\text{Sch} = u \cdot \Delta c_\text{u}$ ist die vom Laufrad auf den Fluidstrom übertragene Energie umso höher, je größer die Differenz Δc_u der Umfangskomponenten zwischen Druck- und Saugseite an den Schaufeln ist. Andererseits wird dem Medium die höhere Energie in kinetischer Form aufgeprägt. In einem nachgeschalteten, sorgfältig ausgebildeten Diffusor muss die hohe Strörmmgsgeschwindigkeit in Druck umgesetzt werden. Um annehmbare Wirkungsgrade zu erzielen, ist daher bei meridianbeschleunigten Ventilatoren ein gut ausgebildeter Diffusor wichtiger als bei normalen Axiallüftern. Die Diffusorgestaltung ist somit für den Erfolg der Konstruktion entscheidend. Als Vorteil der meridianbeschleunigten Axiallüfter ergibt sich erheblich höhere Drucksteigerung, als Nachteil die Erfordernis eines aufwendigen Diffusors. Erfahrungsgemäß ist der erreichbare Druckaufbau und somit auch die Druckziffer etwa doppelt so groß wie beim normalen Axialrad. Großer Druckkanten-Schaufelwinkel β_2 und damit große Umlenkung $\Delta\beta = \beta_2 - \beta_1$ wird erreicht.

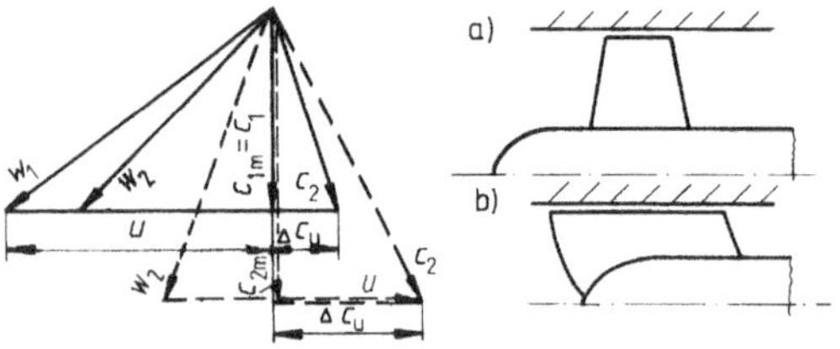

Bild 10-64 Geschwindigkeitsdreiecke sowie Meridianschnitte von a) normalem und b) meridianbeschleunigtem Axialrad:
——— normales Axialrad (a),
– – – – meridional beschleunigtes Axialrad (b)

Meridianbeschleunigte Axiallüfter (Kenngrößen in Tabelle 10-4) werden sowohl in Gleichdruck- als auch Überdruckbauweise hergestellt. Die entscheidenden Entwicklungen der meridianbeschleunigten Axiallüfter mit Gleichdruckwirkung gehen auf SCHICHT (ca. 1935) zurück. Deshalb werden diese Axialventilatoren auch als SCHICHT-Lüfter oder -gebläse bezeichnet. SCHICHT-Ventilatoren erreichen Wirkungsgrade bis etwa 90 %.

Bild 10-65 zeigt einen meridianbeschleunigten Axiallüfter mit besonderer Zusatzeinrichtung (Bild 10-66) zum Stabilisieren der Kennlinie. Daten und Merkmale des Ventilators sind:

Anwendungsbereich:

Förderstrom	40 ... 1000 m^3/h
spez. Förderarbeit	(2 ... 12) · 10^3 m^2/s^2
Drehzahl	500 ... 1500 min^{-1}
Laufraddurchmesser	1 ... 5 m

Konstruktive Einzelheiten:

Gehäuse: Geschweißt. Bei staubhaltigem Gas auswechselbare Leitschaufeln.

Abdichtung: Entsprechend dem Einsatz Spalt-, Labyrinth- oder Kohleringdichtungen.

Lager: Bis 350 °C luftgekühlte, fettgeschmierte Lager. Über 350 °C mit Umlauföl geschmierte und gekühlte Wälzlager; zusätzlich Luftkühlung.

Teilung: Achsnormale d. h. radiale Teilung je zwischen den Bauelementen Saugkrümmer, Saugdüse, Laufradgehäuse und Diffusor. Saugdüse für Laufradausbau zusätzlich achsparallel geteilt.

Rotor: Laufradkörper aus Blechteilen geschweißt; mit aufgeschweißten, profilierten massiven Schaufeln. Laufrad an Hohlwelle angeflanscht. Kritische Drehzahl liegt über der Betriebsdrehzahl.

Regelung: Axialdurchströmter Vordrallregler, betätigt durch elektromechanisches, elektrohydraulisches oder pneumatisches Verstellelement.

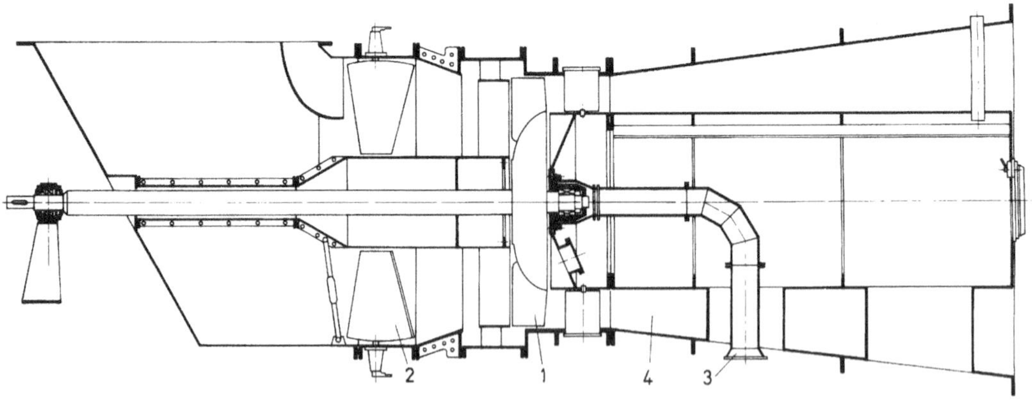

Bild 10-65 Meridional beschleunigter Axialventilator (SCHICHT-Lüfter) mit Kennlinien-Stabilisiereinrichtung (KKK). *1* Laufrad, *2* Vordrall-Leitschaufeln, *3* Lagerkühlluftrohr, *4* Diffusor

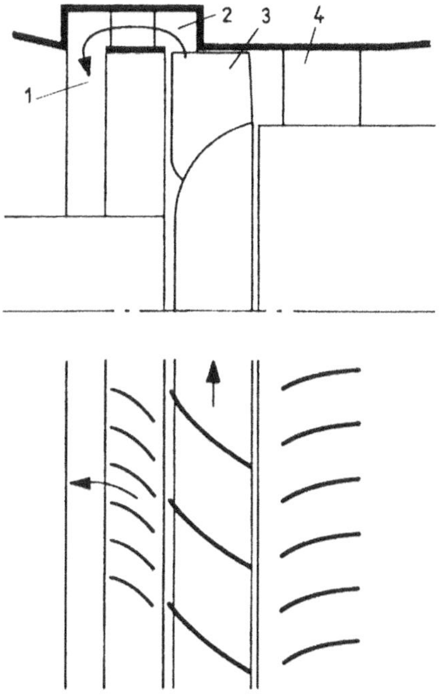

Bild 10-66 Kennlinien-Stabilisiereinrichtung (KKK). *1* Zylinderring, *2* Bypasskanal, *3* Lauf-, *4* Leitrad

Anordnung: Horizontaler oder vertikaler Einbau in Rohrsystem möglich.

Die Funktion der Kennlinien-Stabilisierungseinrichtung (russisches Patent) lässt sich mit der schematischen Darstellung von Bild 10-66 erläutern: Im optimalen Betriebsbereich ist die Rückströmung durch den Bypasskanal etwa null. Sobald im Teillastbereich rotierende Ablösung (Abschnitt 9.2.2.3) auftreten möchte, beginnt das Medium durch den Bypasskanal zurückzuströmen und vereint sich wieder mit der Hauptströmung. Bei starker Drosselung beträgt der Volumenstrom, der durch den Bypasskanal umgeführt wird, bis etwa 70 % des maximalen Lüftungsdurchsatzes. Die Umströmung lässt Instabilitäten (Abschnitt 9.2.2.3) vermeiden, weshalb der Lüfter im gesamten Betriebsbereich stabil arbeitet. Bei den üblichen Bypassregelungen dagegen strömt das Medium zuerst durch den Lüfter hindurch und nimmt somit Leistung auf. Erst nach dem Ventilator wird das Strömungsmedium durch den Bypass wieder zum Ansaugstutzen zurückgeführt. Dies ist hier nicht der Fall. Die gesamte Umführung findet im Eintrittsbereich statt, weshalb sie mit geringen Verlusten arbeitet.

10.3.6.2 Gebläse

Grundsätzliches: Gebläse sind im Allgemeinen wie Ventilatoren aufgebaut. Bedingt durch das größere Druckverhältnis sind jedoch höhere Drehzahlen und/oder mehr Stufen notwendig. Gebläselaufräder müssen daher auf höhere Festigkeit und meist strömungsgünstiger ausgelegt werden.

Kreiselgebläse können ebenfalls in Radial- oder Axialbauweise ausgeführt sein. Unterschieden wird zwischen

- Niederdruckgebläse $\Pi = 1{,}1 \ldots 1{,}5$
- Mitteldruckgebläse $\Pi = 1{,}5 \ldots 2{,}5$
- Hochdruckgebläse $\Pi = 2{,}5 \ldots 4$

Drehzahl je nach Baugröße in der Regel zwischen 50 und $250\,\mathrm{s}^{-1}$, in Sonderfällen bis $350\,\mathrm{s}^{-1}$.

Richtwerte bei Radialgebläsen:

Laufrad: Laufschaufeln rückwärts gekrümmt (Abschnitt 6.1.4).

Leitvorrichtung: Einstufig, meist Ringraum (schaufellos) mit anschließendem Spiralgehäuse. Mehrstufig mit Ringraum, Umlenkraum und beschaufelten Rückführkanälen bei den Zwischenstufen sowie Ringraum und Spiralgehäuse bei der Endstufe.

Stufenzahl: Einstufig bis $\Pi = 3$ möglich, jedoch in der Regel schon ab $\Pi = 1{,}5$ mehrstufig. Meist bei:

$\Pi = 1{,}1 \ldots 1{,}5$ $\quad i = 1 \ldots 2$ Stufen
$\Pi = 1{,}5 \ldots 2{,}5$ $\quad i = 2 \ldots 4$ Stufen
$\Pi = 2{,}5 \ldots 4$ $\quad i = 4 \ldots 6$ Stufen

Flutzahl: Einflutig bis Ansaugvolumenströmen von $\dot{V}_S \approx 30\,\mathrm{m}^3/\mathrm{s}$ $(\ldots 50\,\mathrm{m}^3/\mathrm{s})$. Darüber zwei- bzw. mehrflutig, da sonst Laufraddurchmesser D_2 sowie -breite b_2 zu groß und Drehzahl zu niedrig. Radialverdichter werden üblicherweise bis Ansaugvolumenströme von etwa $100\,\mathrm{m}^3/\mathrm{s}$ hergestellt. Wegen notwendiger Mindestlaufradbreite b_2 an der Druckkante (Meridianschnitt) gilt als untere Grenze für den Förderstrom (Maschinenaustritt) ungefähr $0{,}05\,\mathrm{m}^3/\mathrm{s}$ und für den Ansaugstrom etwa $0{,}15\,\mathrm{m}^3/\mathrm{s}$.

Druckziffer: $\psi = 0{,}9 \ldots 1{,}1$

Durchmesserverhältnis: $D_2/D_S \geqq 2$

Kühlung: Üblicherweise ungekühlt. Um Leistung einzusparen, wird verschiedentlich jedoch ab $\Pi \approx 3$ gekühlt. Abschnitt 10.3.6.3 berichtet über die möglichen Kühlverfahren. Hinweis: In Sonderfällen werden Verdichter bis über $\Pi = 6$ ungekühlt ausgeführt. Beispielsweise sind Verdichter von Gasturbinenanlagen meist ungekühlt, da dem Arbeitsmedium nach

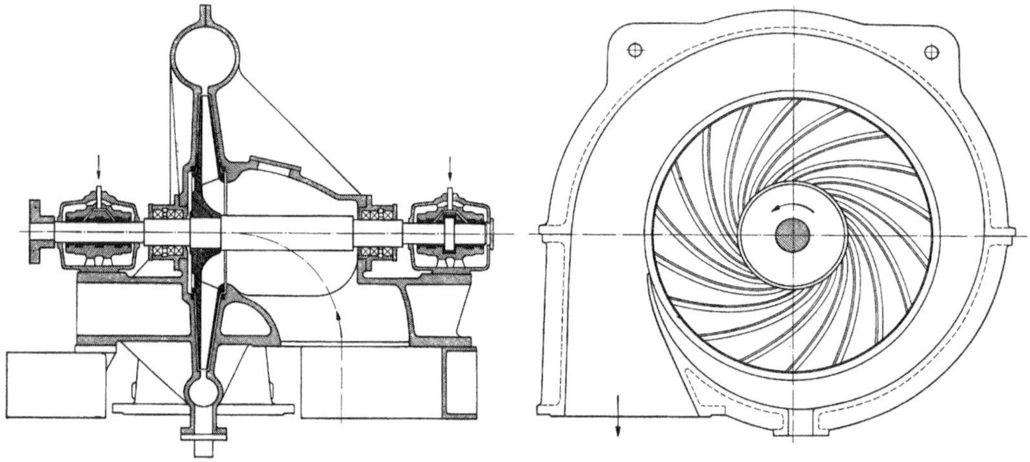

Bild 10-67 Radialgebläse für Luft 20 °C, 1 bar (DEMAG), $D_2 = 1{,}1$ m, $\dot{V}_S = 2{,}78\,m^3/s$, $\Pi = 1{,}22$, $n = 33{,}3\,s^{-1}$

der Kompression ohnehin Wärme aufgeprägt wird und außerdem zu aufwendig.

Axialgebläse erfordern bei gleichem Druckverhältnis höhere Stufenzahlen, verarbeiten jedoch größere Volumenströme, ermöglichen höhere Drehzahlen, erreichen höhere Wirkungsgrade (um bis 10 %) und bauen wesentlich kleiner (Abschnitt 10.2.3). Die hohe Schluckfähigkeit axialer Beschauflungen erlaubt das Bewältigen großer und größter Förderströme in einflutiger Bauweise. Ab Ansaugvolumenströmen von etwa $4\,m^3/s$ sind die Vorteile der axialen Bauweise so groß, dass praktisch nur noch Axialverdichter verwendet werden, falls Zwischenkühlung nicht notwendig ist. Axialgebläse finden für Ansaugvolumenströme bis über $250\,m^3/s$ Anwendung. Infolge der mit abnehmendem Volumendurchsatz steigenden Spaltverluste gilt als untere Grenze für den Förderstrom (Maschinenaustritt) etwa $0{,}4\,m^3/s$.

Anwendung: Überall, wo Gase in größerer Menge auf Druckverhältnisse bis $\Pi \approx 4$ zu fördern sind, beispielsweise in Chemie, Erdgasförderung, Stahlerzeugung und -verarbeitung, Dampfkesselbefeuerung, Aufladen von Motoren (Turbolader), Unterdrucktechnik usw. Aus der Vielzahl ausgeführter Gebläse zeigen die folgenden Bilder eine kleine Auswahl in Bauart, Aufbau und Anwendung.

Radialgebläse: Bild 10-67 stellt ein Niederdruckgebläse in Gussausführung dar. Der Läufer ist beidseitig von Gleitlagern geführt und durch Stopfbuchsen gedichtet. Durch den Mittenbund übernimmt das rechte Lager auch die Axialkräfte (kombiniertes Radial-Axiallager). Das Spiralgehäuse ist in der Mitte radial geteilt.

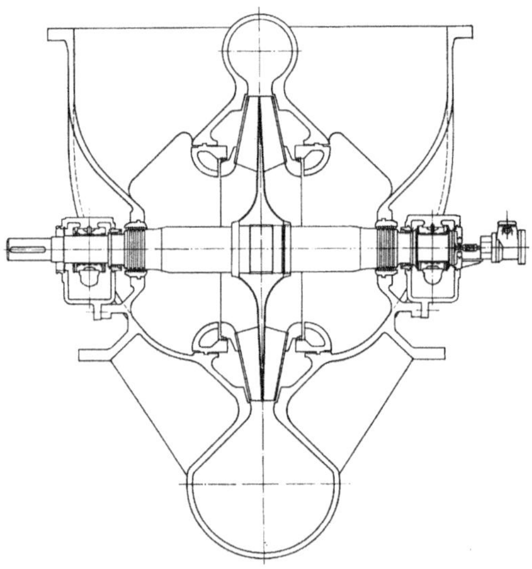

Bild 10-68 Niederdruckgebläse (DEMAG), Radialausführung einstufig-zweiflutig für Luft 20 °C, 1 bar. $D_2 = 1{,}1$ m, $\dot{V}_S = 19{,}45\,m^3/s$, $\Pi = 1{,}42$, $n = 73{,}3\,s^{-1}$

Das in Bild 10-68 dargestellte zweiflutige Radial-Gebläse ist ebenfalls beidseitig gleitgelagert und durch Labyrinthe gedichtet.

Bilder 10-69, 10-70 sowie 10-71 zeigen ein Mitteldruckgebläse in Halbaxialausführung mit Vordrallregler und folgenden Eigenschaften:

Anwendung: Je nach Größe (Laufraddurchmesser) und Drehzahl:

Ansaugvolumenstrom	$2\ldots150\,\mathrm{m^3/s}$
spez. Förderenergie	$(25\ldots100)\cdot10^3\,\mathrm{m^2/s^2}$
Drehzahl	$3\,000\ldots12\,000\,\mathrm{min^{-1}}$
Laufraddurchmesser	$300\ldots2\,500\,\mathrm{mm}$

Konstruktive Einzelheiten:

Gehäuse: Spiralgehäuse mit Drallregler vor der axialen Einströmöffnung (Bild 10-69) bzw. im radialen Ansaugkasten (Bild 10-70).

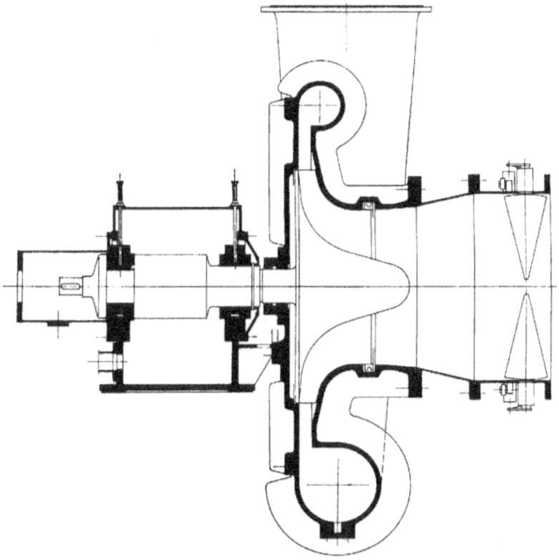

Bild 10-69 Radialgebläse mit halboffenem Laufrad und Vordrallregler in der axialen Einströmöffnung (KKK)

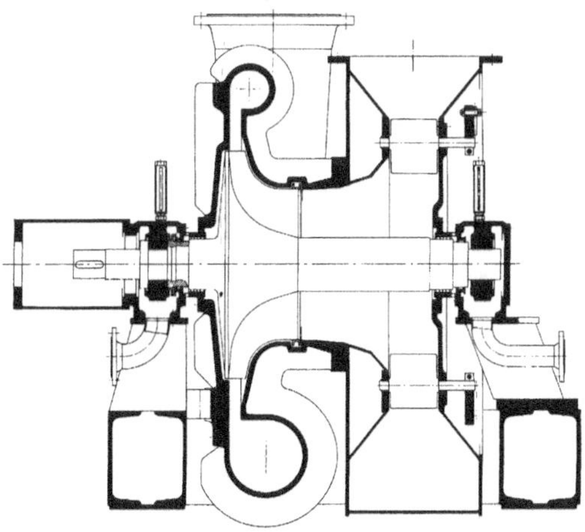

Bild 10-70 Radialgebläse mit halboffenem Laufrad und Ansaugkasten mit radialer Zuströmung durch verstellbares Leitschaufelgitter (axiale Achsen) zur Vordrallregelung (KKK). Variante zu Bild 10-69

Wellendichtung: Labyrinthe, bei Bedarf gas- oder dampfgesperrt. Kohlering- oder Sperrwasserdichtung möglich.

Lager: Gleitlager mit Druckölschmierung

Teilung: Gehäuse, Wellendichtung und Lager horizontal in Achsmittenebene geteilt.

Rotor: Halboffenes Laufrad mit saugseitigem Dichtungsring. Laufradkörper geschmiedet mit aufgeschweißten Schaufeln. Laufrad und Welle durch lösbaren Kegelpresssitz verbunden (Bild 10-70). Kritische Drehzahl über Betriebsdrehzahl.

Regelung: durch axial (Bild 10-69) bzw. radial (Bild 10-70) durchströmten Vordrallregler und/oder Ändern der Drehzahl.

Grundrahmen: Geschweißter Grundrahmen für Verdichter und Getriebe.

Ölversorgung: Ölsystem des Getriebes oder Fremdöl-System zum Schmieren und Kühlen der Lager.

Bild 10-71 zeigt den Horizontalschnitt durch ein Gebläse gemäß Bild 10-70 (obere Gehäusehälfte abgenommen), jedoch mit anderem Spiralenquerschnitt.

Bild 10-71 Gebläse entsprechend Bild 10-70, dabei anderer Spiralenquerschnitt (Trapez- statt Kreis-Querschnitt), Gehäuse (axial geteilt) abgedeckt (Draufsicht).

Bei dem in Bild 10-72 dargestellten, dreistufig-zweiflutigen Vakuumgebläse (0,14 bar auf 0,35 bar, also $\Pi = 2{,}5$) ist besonders auf die sorgfältig ausgebildeten Umlenk- und Rückführräume hinzuweisen. Um möglichst geringe Strömungsverluste zu erzielen, sind die Kanäle mit weitgehendst großen Radien ausgeführt. Wie bei Radialkreiselverdichtern aus Geräuschgründen meist üblich, sind nur die Rückführkanäle beschaufelt.

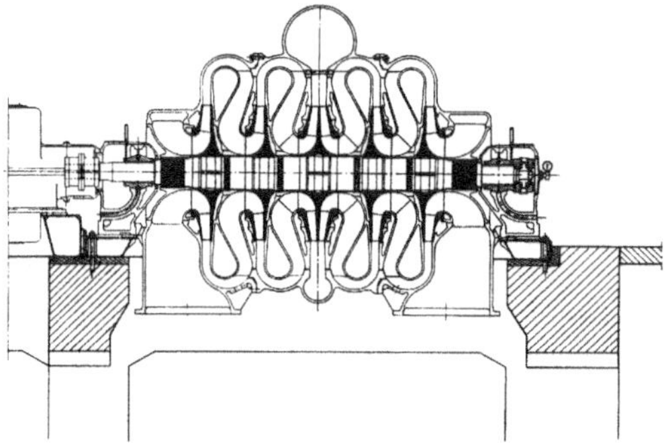

Bild 10-72 Radialgebläse, dreistufig-zweiflutig (DEMAG):
$D_2 = 1{,}9\,\text{m}$, $\dot{V}_S = 105{,}5\,\text{m}^3/\text{s}$, $\Pi = 2{,}5$, $n = 44{,}2\,\text{s}^{-1}$

Axialgebläse: Auf einige Besonderheiten der Axialbeschauflung wird zusammenfassend im nächsten Abschnitt „Kreiselkompressoren" eingegangen. Mithilfe von Bild 10-73 sollen einige konstruktive Einzelheiten der infolge höherer Druckverhältnisse fast immer mehrstufigen Axialgebläse aufgezeigt werden.

Die kompakt bauenden, ähnlich wie Dampf- und Gasturbinen ausgebildeten Axialverdichter sind einfach aufgebaut. Die Laufschaufelkränze sind in Nuten auf dem gemeinsamen, meist aus geschmiedetem Stahl hergestellten Läufer angeordnet. Der Rotor wird in Gleitlager geführt und durch Labyrinthe gedichtet. Der Achsschubausgleichskolben befindet sich an der Druckseite des Rotors. Das kombinierte Radial-Axiallager ist ebenfalls auf der Maschinendruckseite am Gehäusefixpunkt angeordnet. Die Wärmedehnungen der Maschine (Rotor und Gehäuse) erfolgen somit in Richtung zur Saugseite. Die Leitschaufeln sind in gemeinsamem, freibeweglichem Innengehäuse, dem **Leitschaufelträger**, untergebracht. Er ist nur an einer Stelle mit dem Gehäuse verbunden und gegen Verdrehung gesichert. Der Leitschaufelträger wird vom heißen Fördermedium umspült und durch das Außengehäuse gegen die Umgebung isoliert. Rotor und Leitschaufelträger unterliegen daher etwa derselben Temperaturverteilung, weshalb sie sich ungefähr gleich dehnen. Die Spalte zwischen den Lauf- und Leitschaufelkränzen sowie zum Innengehäuse können deshalb klein ausgeführt werden. Der Strömungsquerschnitt nimmt im Beschauflungsbereich entsprechend der Gaskompression stetig ab. Auf der Saugseite wird das Gas zur Beschauflung drall- sowie möglichst wirbelfrei

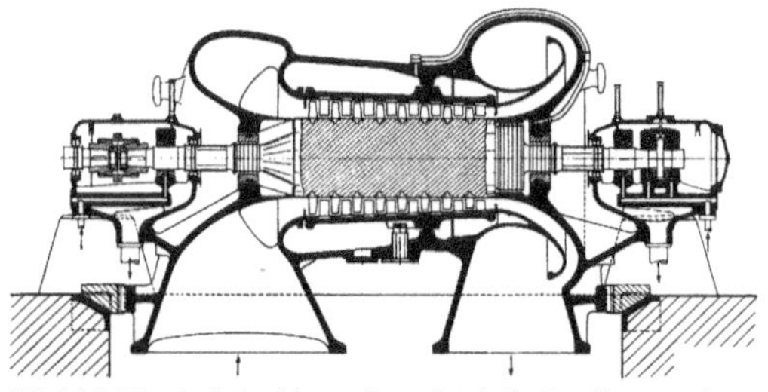

Bild 10-73 Axialgebläse, 8-stufig-1-flutig (SULZER). Nabendurchmesser 0,45 m, $\dot{V}_S = 27{,}8\,\text{m}^3/\text{s}$, $\Pi = 2{,}5$, $n = 105\,\text{s}^{-1}$

zugeführt und durch den besonders gestalteten Austrittsdiffusor von der letzten Stufe abgeleitet. Die Austrittsgeschwindigkeit setzt sich dabei weitgehend in Druck um. Gehäuse, Leitschaufelträger und Lager sind in Achsmittenhöhe längs geteilt, was den einfachen Ausbau des Rotors ermöglicht.

10.3.6.3 Kompressoren

Turbokompressoren sind wie Kreiselgebläse aufgebaut. Wegen des höheren Druckverhältnisses jedoch fast immer mehrstufig und meist vielstufiger als Gebläse sowie in der Regel gekühlt.

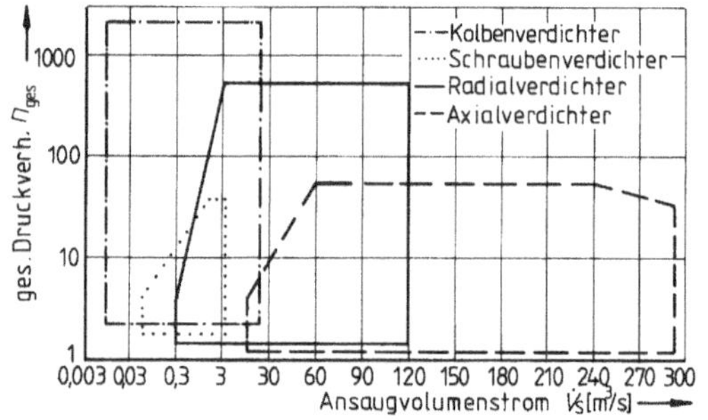

Bild 10-74 Verdichter-Einsatzgebiete, Druckverhältnis der Maschine Π_{ges} abhängig vom zugehörigen Ansaugvolumenstrom $\dot{V}_S$ (Richtwert-Bereiche). $\Pi_{ges} \equiv \Pi_M$

Die Einsatzgebiete der verschiedenen Verdichterbauarten, Verdränger- und Strömungskompressoren gehen aus der Übersicht von Bild 10-74 hervor. Wie bei den übrigen Kreiselverdichterarten (Lüfter, Gebläse) überschneiden sich auch bei Turbokompressoren Radial- und Axialbauweisen in großem Bereich. Bild 10-74 bestätigt ebenfalls die erwähnte allgemeine Tendenz zwischen Radial- und Axialausführung. Radialmaschinen sind vorteilhaft bei kleineren Volumenströmen höherer spez. Stutzenarbeiten. Für Axialmaschinen gilt das Umgekehrte. Gemäß Bild 10-74 werden gebaut:

Radialkompressoren

- Druckverhältnis bis 600, ergibt beim Saugdruck $p_S = 1$ bar einen Förderdruck von 600 bar.
- Ansaugvolumenströme von 0,3 bis 120 m^3/s

Axialkompressoren

- Druckverhältnis bis $\Pi = 50$
- Ansaugvolumenströme ca. 20 bis über 300 m^3/s

Zusammenfassend gilt des Weiteren generell:

- Die spez. Förderarbeit einer Radialstufe ist etwa so groß wie von drei bis sechs Axialstufen. Für das gleiche Druckverhältnis benötigt somit ein Axialverdichter ungefähr die drei- bis sechsfache Stufenzahl eines Radialkompressors.
- Infolge kompakter Konstruktion (keine Gasrückführung) bauen Axialkompressoren meist kleiner und deshalb leichter als Radialverdichter.
- Wegen langer Umlenk- und Rückführwege (Strömungsverluste) liegen die Wirkungsgrade von Radialverdichtern bis 10 % unter denen von Axialmaschinen.
- Radialkompressoren arbeiten in größerem Betriebsbereich stabil als Axialverdichter.
- Turbokompressoren fördern sämtliche Arten industrieller Gase, z. B. Sauerstoff, Chlorgas, Ammoniak, Kohlendioxid, Ethan, Propan, Ethylen, Propylen, Butadien, Crackgas, Kalkofengas, Nitrogas, Vinylgas, Chlorwasserstoff, Helium, Erdgas usw. Einsatzgebiete von Kreiselkompressoren sind daher hauptsächlich Luftzerlegungsanlagen, Raffinerien, Kunststofferzeugung, Chemie und Petrochemie, Methanolanlagen, Kunstdüngerfabriken, Kälteprozesse, Salpetersäureanlagen, Erdgasfelder und dgl.

Werkstoffe: Je nach Einsatzgebiet und Fördermedium werden für die wichtigen Verdichterteile vor allem folgende Werkstoffe eingesetzt:

- Gehäuse und -einsätze: EN-GJL-250 (früher GG 25); EN-GJS-400-15 (bisher GGG 40); GS-38; X6CrNi18-9
- Wellen und Rotationsteile: 28NiCrMoV8-5; 30CrMo8; X22CrNi1-7
- Lauf- und Leitschaufeln: X20Cr13; X22CrNi1-7; X4CrNiMoNb2-5-7
- Dichtspitzen: X 20 Cr 18; Al; Cu; CuSn; Cr-Sn; Cr-Zn-Sn

Radialturbokompressoren

Das Kompressionsverhältnis Π bestimmt die Anzahl der notwendigen Stufen. Für $\Pi = 7 \ldots 10$ sind heute $9 \ldots 11$ Stufen üblich. $\Pi = 600$ erfordert daher etwa 30 Stufen. Für solch große Stufenzahlen sind mehrere Gehäuse notwendig. Um die nur beidseitig an den Maschinenenden gelagerte Welle nicht zu lang und damit in nicht zu großem Durchmesser (Durchbiegung) ausführen zu müssen, können in einem Gehäuse maximal 9 bis 12 Stufen untergebracht werden. Mit Rücksicht auf den Radeinlauf (Saugmund) darf die Welle nicht zu dick und wegen der kritischen Drehzahl nicht zu lang werden. Im Allgemeinen soll bei Kreiselverdichtern die Betriebsdrehzahl unterhalb der kritischen bleiben (unterkritischer Betrieb → starre Welle).

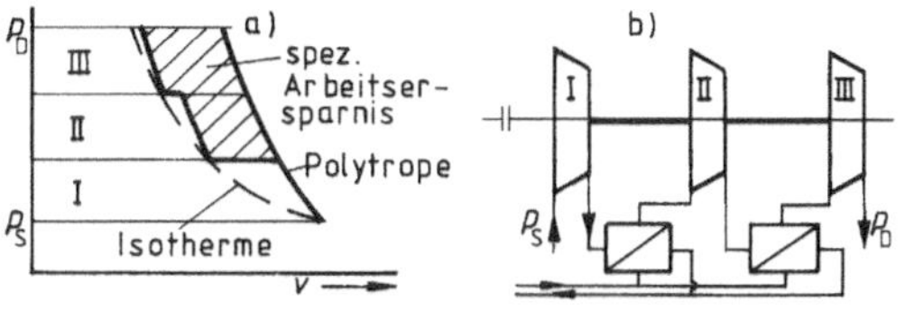

Bild 10-75 Dreistufige Verdichtung mit zweifacher Zwischenkühlung.
a) (p, v)-Diagramm, b) Verdichter-Kühler-Schema

Wegen hoher Verdichtungsgrade ist bei Radialturbokompressoren Kühlung fast immer angebracht, weil die gesamte zugeführte Verdichtungsarbeit dem Gas letztlich als Wärme aufgeprägt wird. Die Gastemperatur und damit die notwendige nachfolgende Kompressionsarbeit steigen bei Nichtkühlen entsprechend an. Das Einsparen von Verdichtungsarbeit durch Kühlen geht aus Bild 10-75 und Abschnitt 10.3.2.4 hervor. Andererseits ist zu beachten, dass Kühlwasser immer teurer wird, weshalb möglichst rückkühlen mittels besonderer Rückkühltürme.

Bei Radialverdichtern drei **Kühlverfahren**:

Innenkühlung: Innerhalb des Gehäuses werden zwischen den einzelnen Kompressorstufen in den Zwischenböden Kühlwasser-Kanäle angeordnet. Über die Zwischenwände kühlt das in den Kanälen fließende Wasser den Gasstrom, vor allem in den Leit-, Umlenk- und Rückführbereichen, also auf dem Weg vom Laufradaustritt bis zum nächsten Radeintritt (Bild 10-77).

Vorteile: Kühlen des Arbeitsfluids teilweise direkt während der Kompression, weshalb $n < \varkappa$ (unterisentrop). Keine zusätzlichen Strömungsverluste des Gasstromes durch das Kühlen.

Nachteile: Komplizierte Gussteile für Gehäuse und Zwischenböden. Verzug- und Rissgefahr durch ungleiche Wärmedehnung infolge unterschiedlicher Kühlung. Unterbringbare Kühlfläche begrenzt; reicht deshalb bei neuzeitlichen Hochleistungsverdichtern auf der Gasseite meist nicht aus. Reinigen der Wasserkanäle schwierig.

Die Nachteile überwiegen, weshalb Innenkühlung nur noch wenig angewendet wird.

Außenkühlung: Das Kühlen des Fördermediums erfolgt in außerhalb des Kompressors angeordneten Kühlern. Hierzu wird das Gas jeweils nach einer bestimmten Anzahl (meist zwei oder drei) ungekühlter Stufen aus dem Verdichter herausgeführt, in separaten Kühlern (Rohrsystem) intensiv durch Wasser gekühlt und dann zurückgeführt. Nur bei den sog. **Isothermverdichtern** wird das Gas nach jeder Stufe durch Außenkühler geführt. Um die zusätzlichen Reibungsverluste klein zu halten, sind Außenkühler möglichst dicht beim Kompressor anzuordnen und strömungsgünstig zu gestalten. Fa. SULZER integriert die Kühler sogar in das Verdichtergehäuse (Kompaktbauweise). Im Kühler soll daher auch die Strömungsgeschwindigkeit des Gases 15 ... 25 m/s und die des Kühlwassers ca. 2,5 m/s nicht übersteigen (Bild 10-78 u. a.).

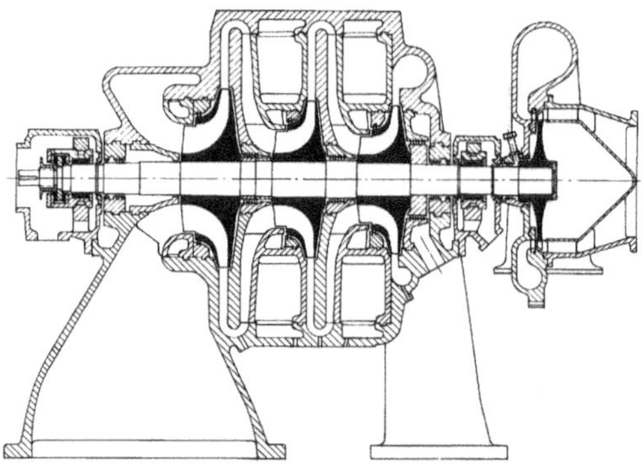

Bild 10-76 Ungekühlter dreistufiger-einflutiger Radialkompressor. Betriebsdaten: Luft, $p_S = 0{,}99$ bar, $t_S = 20\,°C$, $p_D = 5{,}05$ bar, $\dot{m} = 21{,}4$ kg/s mit Restgas-Entspannungsturbine (DEMAG)

Vorteile: Verdichteraufbau wesentlich einfacher; innenliegende Kühlräume entfallen. Außenkühler optimal gestaltbar, sowohl auf Wasser- als auch auf Gasseite. Intensive Gaskühlung. Außenkühler einfacher zu reinigen.

Nachteile: Zusätzliche Strömungsverluste durch die Kühler. Nur stufengruppenweise Rückkühlung möglich. Keine Kühlung während der Kompression. Deshalb Berechnung in der/den Stufe/ngruppen wie ungekühlt, d. h. $n > \varkappa$ (überisentrop). Die Außenkühler erfordern zusätzlichen Bauaufwand und Raumbedarf.

Die Vorteile überwiegen, weshalb moderne Turbokompressoren hauptsächlich außengekühlt ausgeführt werden.

Vereinigte Innen-Außenkühlung: Kombination von Innen- mit Außenkühlung, weshalb sich deren Vor- und Nachteile auswirken. Intensivste Kühlung des Fördermediums, jedoch erheblicher Bauaufwand. Nur bei Höchstleistungskompressoren angewendet → Isothermverdichter ($n \approx 1{,}1 \ldots 1{,}05$).

Folgende Bilder zeigen verschieden ausgeführte Radialturbokompressoren.

Der vertikale Längsschnitt von Bild 10-76 gehört zu einem dreistufigen, ungekühlten Radialkompressor. Der Rotor ist beidseitig durch Gleitlager geführt und über Labyrinthe gedichtet. Der auf der Läuferdruckseite angeordnete Achsschubentlastungskolben kompensiert weitgehend die Axialkraft. Den Restachsschub übernimmt das am anderen Wellenende (Saugseite) angeordnete Axiallager (Drucklager). Als Besonderheit ist die Maschine mit einer einstufigen Turbine am rechten Wellenende ausgestattet, die das im chemischen Prozess frei werdende Restgas energetisch verarbeitet. Die gewonnene Energie gleicht dadurch teilweise die Verdichtungsleistung aus.

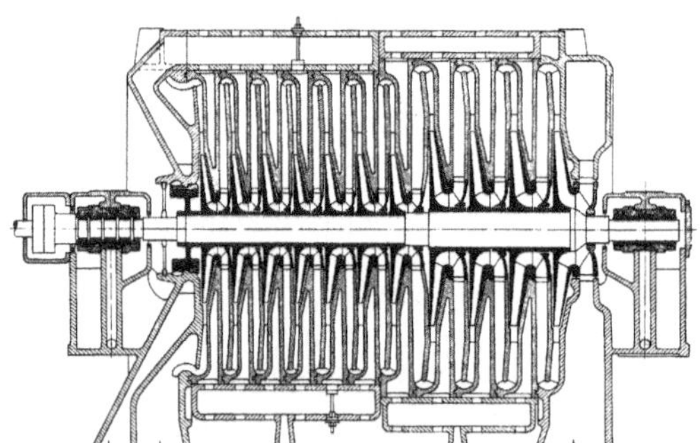

Bild 10-77 Radialkompressor mit Innenkühlung (DEMAG), Kenndaten: 11-stufig, einflutig, $\dot{V}_S = 5{,}56\,\text{m}^3/\text{s}$, p von 1 auf 7 bar ($\Pi = 7$), $n = 65\,\text{s}^{-1}$, $D_{2,1} = 1$ m

Der Längsschnitt nach Bild 10-77 zeigt einen älteren 11-stufigen Radialkompressor mit Innenkühlung. Bemerkenswert bei dieser Maschine ist das Zwischenlager der Welle nach den ersten vier Stufen. Dadurch wird zu starkes Durchbiegen der Welle trotz kleineren Durchmessers verhindert. Das auf der linken Maschinenseite angeordnete **Kammlager** übernimmt sowohl Radial- als auch Axialkräfte und damit den Restschub, der nicht durch den Achsschubausgleichskolben kompensiert wird. Das Kühlwasser strömt durch die beiden mittleren Stutzen von unten zu. Die Kühlwasserabströmstutzen liegen nicht in der Schnittebene. Die an zwei Stellen verschlossenen Reinigungsöffnungen sind deutlich erkennbar. Die elf Laufräder teilen sich in zwei im Durchmesser abgestufte Gruppen auf. Innerhalb jeder Gruppe sind die Laufräder in gleichem Durchmesser, aber verschiedener Breite ausgeführt, abnehmend in Richtung der Verdichtung. Die Leitvorrichtungen zwischen je zwei Stufen bestehen aus Ringraum, Leitrad, Umlenkraum und beschaufeltem Rückführkanal.

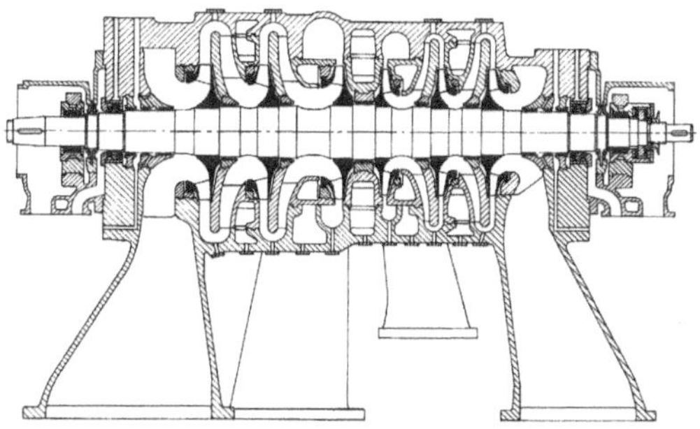

Bild 10-78 Prozessverdichter (Radialbauweise) mit zwei Stufengruppen aus je 3 Laufrädern. Zwischen den Stufengruppen ist ein Außenkühler angeordnet (DEMAG)

In Bild 10-78 ist der Meridianschnitt eines sechsstufigen Radialkompressors mit entgegengesetzt angeordneten Stufengruppen aus je drei Laufrädern dargestellt. Das Gas strömt durch den links angebrachten Saugstutzen von unten in die Maschine und verlässt diese nach drei Stufen durch den daneben liegenden Druckstutzen. Das Gas strömt weiter zum Außenkühler und danach in die Maschine durch den rechten Saugstutzen zurück. Nach Durchströmen der drei Hochdruckstufen ist dann die Kompression beendet. Wie bei dem ähnlichen aufgeschnittenen Verdichter von Bild 10-80 ist das Gehäuse ebenfalls axial geteilt. Infolge Unsymmetrie durch die Flansche an der horizontalen Teilfuge verformt sich das Gehäuse unter dem Gasdruck ungleichmäßig – es wird unrund. Axial geteilte Gehäuse sind daher für hohe Drücke ungeeignet. Hochdruck-Turbokompressoren werden deshalb ab etwa $p_D = 100$ bar mit radial geteiltem Gehäuse (Topfbauart) ausgeführt. Vergleiche Kreiselpumpen, Abschnitt 10.2.6. Ein solcher Topfverdichter ist in Bild 10-80 dargestellt.

Bild 10-79 Siebenstufiger Radialturbokompressor mit Außenkühlung und horizontal, d. h. axial geteiltem Gehäuse (DEMAG)

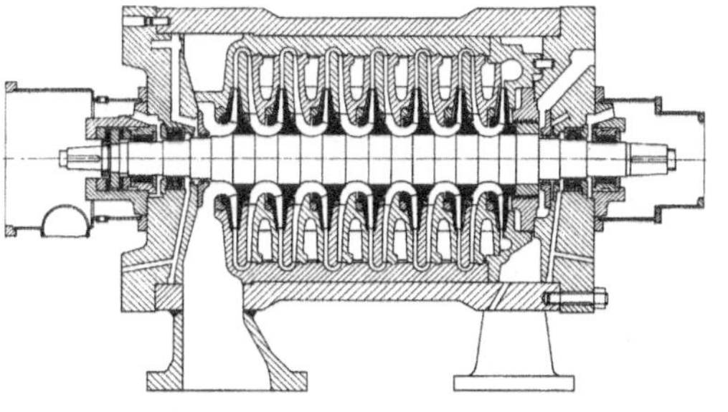

Bild 10-80 Siebenstufiger Radialkompressor mit vertikaler Gehäuseteilfuge (Topfverdichter) für Synthesegas: $\dot{m} = 20{,}6$ kg/s, $p_S = 17{,}1$ bar, $p_D = 40{,}7$ bar (DEMAG)

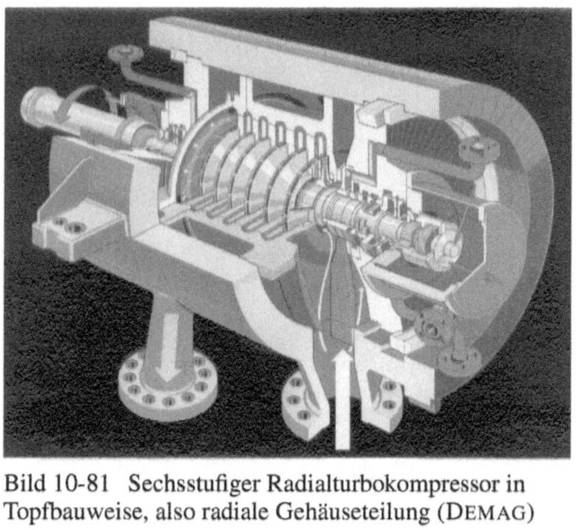

Bild 10-81 Sechsstufiger Radialturbokompressor in Topfbauweise, also radiale Gehäuseteilung (DEMAG)

Tabelle 10-8 Ausgeführte Turbokompressoren. Spalte I, Gas: A ... Ethylen, S ... Synthesegas, Cl ... Chlor, O ... Sauerstoff, L ... Luft, E ... Erdgas, P ... Propylen mit −40 °C Ansaugtemperatur. Spalte VI, G ... Gehäusezahl, Spalte IX, Ant ... Antrieb, DT ... Dampfturbine, E ... Elektromotor, GT ... Gasturbine. Spalte X, Bau ... Bauart, R ... Radial, A ... Axial, AR ... Axial-Radial, T ... Topfbauweise (DEMAG). Freie Felder unbekannt

I	II	III	IV	V	VI	VII	VIII	IX	X
Gas	$\dot{V}_S$	p_S	p_D	n	G	i	P_e	Ant.	Bau.
–	m³/s	bar	bar	min⁻¹	–	–	MW	–	–
A	20,3	1,4	39,2		3		19,4	DT	R
	2,4	97	106		1		3,6	DT	R-T
S	2,9	17	97,1		2		19	DT	R-T
Cl	0,76	0,98	5,38		1		0,24	E	R
R	0,15	128	157		1	3	0,96	DT	R-T
O	13,06	1,01	65,7		2		11	E	R
L	18,75	0,98	6,23		4	4	6	E	R
L	72,91	0,997	6,8		4	4	24,5	E	R
L	7,22	0,92	9,0		4	4	2,9	E	R
O	13,47	1,16	9,45		1	6	9	E	R
A	51,39	1,12	31,4		3	18	32	DT	R
P	14,44	1,34	15,7		1	6	9	DT	R
E	3,82	50	74		1	3	13,5	GT	R-T
L	16,67	0,1	1,03	4600	1	9			R
L	23,6	0,98	4,7		1	12	3,4	T	A
L	50	0,98	6,86		1	9	15,75	T	A
L	66,11	0,98	4,4	4550	1	12	17	T	A
L	76,67	0,98	4,7	3000	1	17	25	E	A
L	153,78	0,85	7,25	3000	1	12/1	36,0	DT	AR
L	54,3	0,96	7,16		1	9/2	17,05	DT	AR
L	31,67	0,99	7,4	6900	1	8/2	8,7	DT	AR
O	75,5	1,01	6,4		1	8/2	22,7	DT	AR

Die zu einem Viertel aufgeschnittene Perspektivdarstellung eines radialen Topfverdichters zeigt Bild 10-81.

Tabelle 10-8 enthält die Daten ausgeführter Turbokompressoren.

Bemerkung: Mit Vakuum-Turbokompressoren sind Absolutdrücke bis 0,01 bar, also Unterdrücke bis 0,99 bar (99 % Vakuum) erreichbar. Das entspricht einem Gesamtdruckverhältnis $\Pi_{ges} = 1/0{,}01 = 100$, was vielstufige Turbokompressoren erfordert.

Beispiel: 9-stufiger, 1-flutiger Radial-Vakuumkompressor für 0,1 bar Absolutdruck, Ansaugvolumenstrom 60 000 m³/h, Drehzahl 4 600 min⁻¹, 3 Zwischenkühler.

Axialturbokompressoren:

Infolge gedrängter Bauweise ist bei Axialkompressoren Zwischenkühlung nur schwer konstruktiv zu verwirklichen, weshalb sie meist nicht durchgeführt wird. Bei Mehrgehäusemaschinen oder Axial-Radial-Ausführungen erfolgt die Kühlung zwischen den Gehäusen bzw. Beschauflungsgruppen (Außenkühlung).

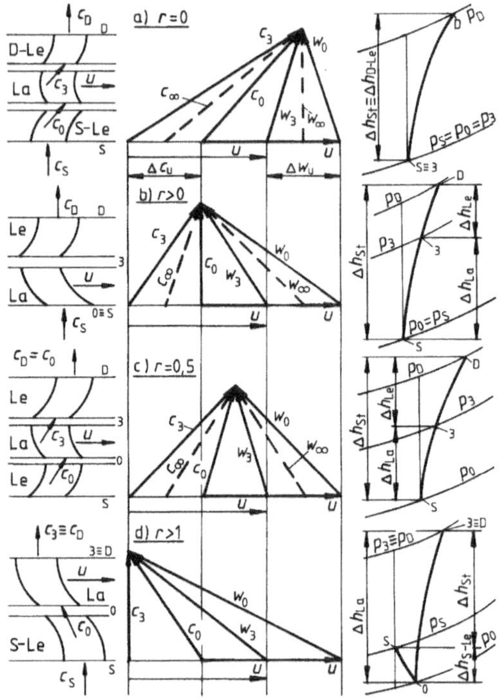

Bild 10-82 Verdichter-Axialbeschaufelungen verschiedenen Reaktionsgrades r

Bis auf die Anzahl der notwendigen Stufen sind axiale Gebläse und Kompressoren prinzipiell gleich aufgebaut.

Entsprechend dem Reaktionsgrad $r = \Delta h_{La}/\Delta h_{St} = \Delta p_{La}/\Delta p_{St}$ (Abschnitt 4.3.3.1) sind bei Axialverdichtern die in Bild 10-82 dargestellten Beschaufungen möglich:

a) $r = 0$, Gleichdruckwirkung (Grenzfall). Der gesamte Druck wird im Leitrad aufgebaut. Im Laufrad wird das Medium nur umgelenkt ($w_3 \approx w_0$). Im Verdichterbau nur bei SCHICHT-Lüftern üblich.

b) $r > 0$, Überdruckwirkung (Regelfall). Sowohl im Lauf- als auch Leitrad wird Druck aufgebaut. Deshalb bei Verdichtern meist angewendet. Bei einstufigen Verdichtern (radial, axial) und mehrstufigen Radialbauweisen in der Regel verwirklicht: $0{,}5 < r < 1$.

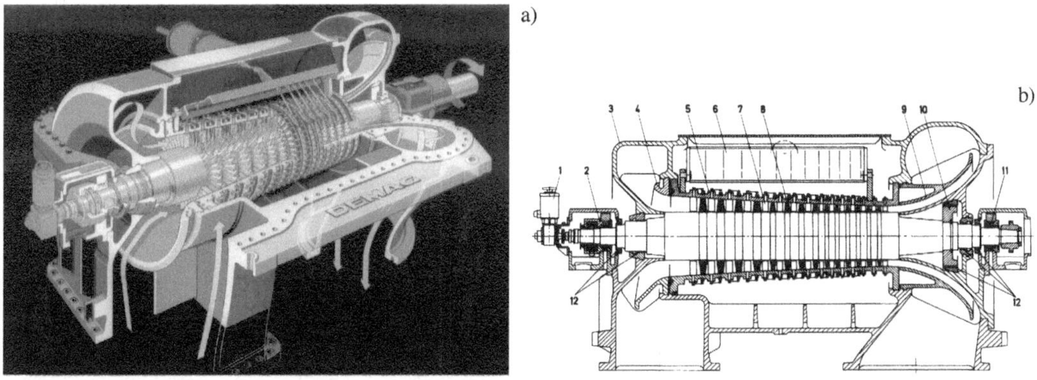

Bild 10-83 Turbokompressor axialer Bauart, Typ Ax, mit radialem Einlauf (DEMAG); a) aufgeschnittene Perspektivdarstellung, b) Längsschnitt. 1 Drehvorrichtung, 2 Kombiniertes Trag-Druck-Lager (radial-axial), 3 Außengehäuse, 4 Einlauftrichter, 5 Leitschaufelträger, 6 Verstellplatte für Leitschaufeln, 7 Leitschaufeln, 8 Laufschaufeln, 9 Diffusor, 10 Achschubausgleichskolben, 11 Traglager (radial), 12 Labyrinthdichtungen. Axiale Teilfuge des Gehäuses und Leitschaufelträgers

c) $r = 0{,}5$, Mittelfall. Druckaufbau je zur Hälfte in Lauf- und Leitrad. Ergibt gleiche Profile für Lauf- und Leitschaufeln sowie verhältnismäßig niedrige Strömungsgeschwindigkeiten. Meist bei mehrstufigen Axialverdichtern angewendet. Bei einstufiger Ausführung wäre Vorleitrad notwendig.

d) $r > 1$, Sonderfall. Im Vor- oder Saugseitenleitrad wird sogar Druck abgebaut. Das Laufrad muss daher einen höheren Druck aufbauen als der Stufendruck. Nur in Ausnahmefällen angewendet.

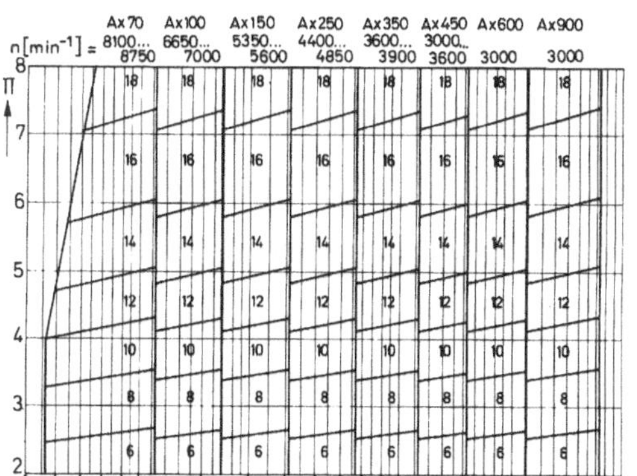

Bild 10-84 Auswahldiagramm für die Turbokompressorenreihe Typ Ax nach Bild 10-83. Gibt einen Überblick über den Liefermengenbereich der einzelnen Typen und einen Anhalt für die notwendige Stufenzahl (Zahlen im Diagrammfeld) bei verschiedenen Druckverhältnissen Π (DEMAG). Die Angaben basieren auf den Werten: Luft, $p_S = 1$ bar, $t_S = 15\,°C$ und 70 % relativer Luftfeuchtigkeit

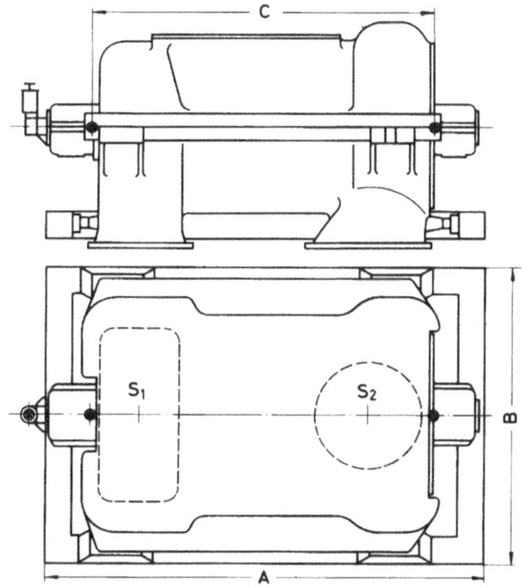

Typ	Stufen	Maße in mm		
		A	B	C
Ax 70	6 … 18	2500 … 3450	2500	1950 … 2850
Ax 100	6 … 18	3150 … 4250	2800	2550 … 3450
Ax 150	6 … 18	3950 … 4950	3400	3150 … 4450
Ax 250	6 … 18	4750 … 6100	4200	3800 … 5150
Ax 350	6 … 18	5450 … 6950	4800	4550 … 5950
Ax 450	6 … 18	6450 … 7800	5200	5350 … 6700
Ax 600	6 … 18	7400 … 8800	5800	6300 … 7700
Ax 900	6 … 18	8350 … 9600	6200	7100 … 8200

Bild 10-85 Abmessungen der Turboverdichter-Reihe axialer Bauart (Typ Ax) mit radialem Einlauf nach Bild 10-83. S_1 Saugstutzen (radialer Einlauf), S_2 Druckstutzen

Tabelle 10-8 enthält auch die Anwendungsbereiche (Gasarten) und Betriebsdaten ausgeführter Axialkompressoren.

Bild 10-83 zeigt einen ungekühlten Axialturbokompressor. Der Verdichter ist längsgeteilt und mit radialer Gaszuführung ausgeführt. Analog zu Bild 10-86 werden solche Verdichter auch mit axialem Gaseinlauf hergestellt. Besonders ist auf die Verstellbarkeit der Leitschaufelkränze hinzuweisen (Verstelleinrichtung Pos. 6 in Bild 10-83), die ermöglicht, instabiles Teillast-Betriebsverhalten zu vermeiden, z. B. beim Regeln (Abschnitt 9.2.2.3). Bild 10-84 enthält das Auswahldiagramm für die Axialkreiselverdichter-Baureihe nach Bild 10-83. Um sich die Größenverhältnisse der Kreiselkompressoren von Bild 10-83 vorstellen zu können, sind die Abmessungen der Maschinenreihe in Bild 10-85 aufgeführt.

Axial-Radial-Turbokompressoren

Um große Gasströme zu verdichten, wurden früher häufig Maschinensätze, bestehend aus Axial- und Radialkompressor, verwendet. Gemeinsam durch Dampfturbine oder Elektromotor angetrieben, waren die mit getrenntem Gehäuse ausgeführten Axial- und Radialkompressoren in der Verdichtungsfolge hintereinander geschaltet. Die für das Verarbeiten großer Volumenströme besonders geeignete vielstufige Axialmaschine übernimmt das Vorverdichten. Nach dem Zwischenkühlen bringt der mit wenigen Stufen ausgeführte Radialkompressor den schon durch die Vorverdichtung wesentlich verringerten Gasstrom auf den geforderten Enddruck.

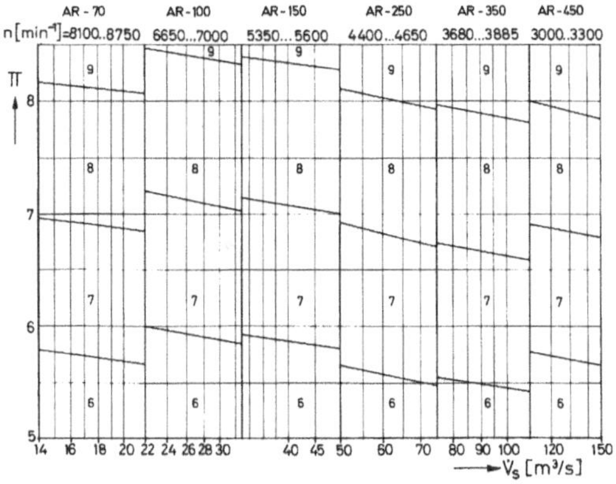

Bild 10-87 Auswahldiagramm für die Arbeitsbereiche der einzelnen Baugrößen der Typenreihe Axial-Radial-Turbokompressoren nach Bild 10-86 (DEMAG). Die Ziffern im Diagrammfeld bezeichnen die Anzahl der Axialstufen. Drehzahl n in min^{-1}. Bezugswerte: $p_S = 1$ bar, $t_S = 15\,°C$, relative Luftfeuchte 70 %

Seit geraumer Zeit werden Axialschaufelkränze mit Radiallaufrädern kombiniert, d. h. auf einer gemeinsamen Welle angeordnet und in gemeinsamem Gehäuse untergebracht. Die so entstehenden Axial-Radial-Turbokompressoren sind mit Außenkühlung ausgeführt. Das Kühlen des Gasstromes erfolgt zwischen dem Axial- und Radialteil sowie zwischen den

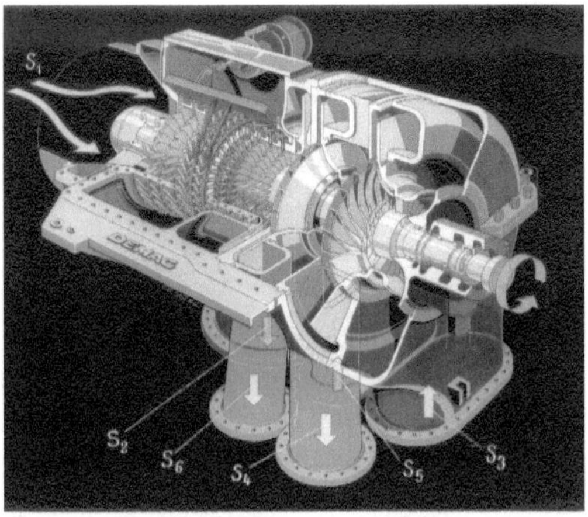

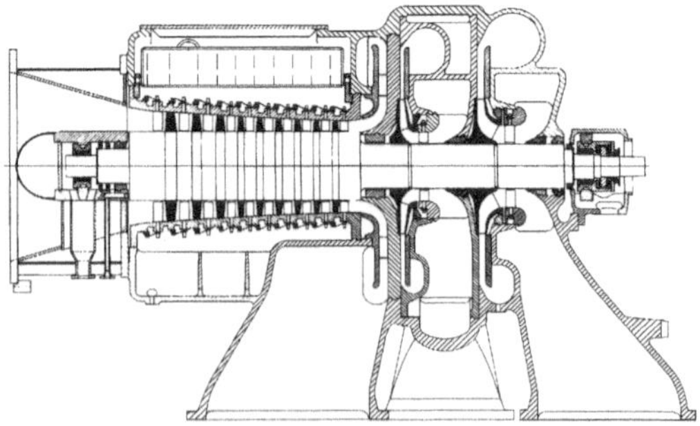

Bild 10-86 Aufbau eines Axial-Radial-Turbokompressors Typ AR mit axialer Ansaugung (Maschinensaugstutzen) und verstellbaren Axial-Leitschaufeln (DEMAG). S_1 Ansauggehäuse, S_2 Druckstutzen des Axialteils, S_3 Saugstutzen der 1. Radialstufe, S_4 Druckstutzen der 1. Radialstufe, S_5 Saugstutzen der 2. Radialstufe, S_6 Druckstutzen der 2. Radialstufe und damit Maschinendruckstutzen. Axiale Leitschaufelträger- und Gehäuseteilung

Radialstufen der Maschine. Wie bei anderen Turboverdichtern wird bei Turbinenantrieb durch Ändern der Drehzahl und bei Elektromotor durch Verstellen der Leitschaufeln geregelt. Bei den kombinierten Maschinen sind nur die Leitschaufelkränze des Axialteiles verstellbar.

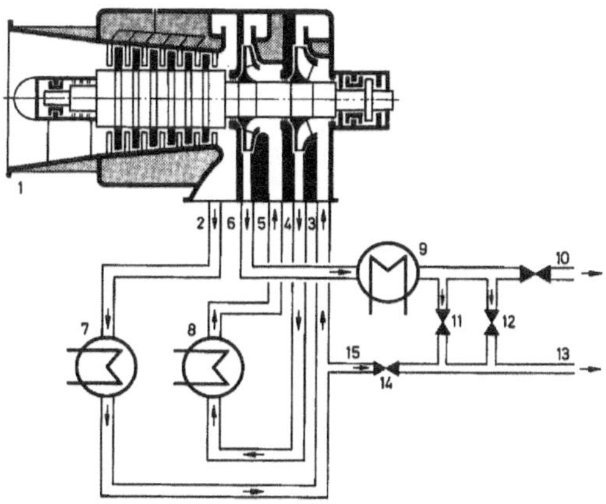

Bild 10-88 Strömungsschema eines Axial-Radial-Turbokompressors Typ AR mit Axial-Ansaugung nach Bild 10-86 (DEMAG). 1 Axialer Einlauf, 7 Kühler zwischen Axialteil (2) und 1. Radialstufe (3), 8 Kühler zwischen 1. (4) und 2. Radialstufe (5), 9 Nachkühler nach 2. Radialstufe (6), falls vom Prozess her erforderlich, 10 Druckleitung, 11 Anfahrklappe, 12 Pumpgrenz-Regelventil, 13 Abblasleitung, 14 Entlastungsklappe zum Anfahren, 15 Zwischenabblasleitung zum Anfahren

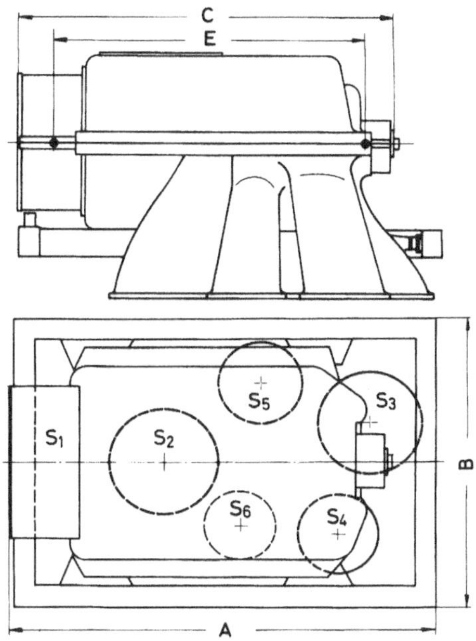

Typ	Axial-stufen	Maße in mm			
		A	B	C	E
AR 70	5...9	3290...3620	3000	2870...3200	2170... 2500
AR 100	5...9	4110...4450	3240	3650...3980	2900...3230
AR 150	5...9	4720...5210	3400	4250...4750	3360...3850
AR 250	5...9	5710...6160	3900	4750...5200	3770...4220
AR 350	5...9	6650...7100	4400	5500...6100	4400...5000
AR 450	5...9	7400...8050	5000	5250...6950	5150...5850

Bild 10-89 Abmessungen der Axial-Radial-Turboverdichter-Reihe (Typ AR) mit axialer Ansaugung der Maschine nach Bild 10-86.

Für den in Bild 10-86 dargestellten Axial-Radial-Turbokompressor sind zur Übersicht das Auswahldiagramm (Bild 10-87) und die Abmessungen der Typenreihe (Bild 10-89) aufgenommen.

Bild 10-88 enthält das Schaltschema des Kompressors von Bild 10-86. Beim Anfahren des Verdichters wird die Entlastungsklappe 14 geöffnet. Durch Abblasen (15 → 13) kann die Antriebsleistung beim Hochfahren niedrig gehalten werden und alle durchlaufenen Betriebspunkte der Verdichterkennlinie bleiben im stabilen Arbeitsbereich. Sinkt die Fördermenge zur Pumpgrenze, steuert die Pumpgrenzregelung Ventil 12 an. Durch Abblasen (Energieverlust) über Leitung 13 steigt der Förderstrom, was das „Pumpen" des Verdichters verhindert (Abschnitte 9.2.1.3 und 9.2.2.3).

Überschallverdichter

Da Verdichtungsstöße verlustbehaftet sind, soll bei den in Kreiselkompressoren vorhandenen Verzögerungsströmungen keine Überschallgeschwindigkeit auftreten. Die Schallgeschwindigkeit steigt gemäß Gl. (5-34) mit wachsender Gastemperatur. Die höchste Strömungsgeschwindigkeit und die niedrigste Temperatur des Gases treten bei Verdichtern an der Laufradsaugkante auf, weshalb dort die größte Überschallgefahr (Abschnitt 5.3) besteht.

Mit dem Bestreben, einen Verdichter von extrem kleinem Raumbedarf und Gewicht zu schaffen, wird dennoch an der Entwicklung von Überschallverdichtern[1] gearbeitet [53]. Grundgedanke ist dabei, die weniger verlustbehafteten schrägen und die schwachen senkrechten Verdichtungsstöße aus-

[1] SCHNELL, E.: Probleme des Überschall-Axialverdichters. MT 2 16. Jg. (1955), H 2, S. 42 ... 46

zunützen. Da andererseits auch die Unterschall-Diffusorströmung der üblichen Verdichter verlustbehaftet ist, besteht Aussicht, mit Verdichtungsstößen ähnliche Wirkungsgrade zu erzielen. Bild 10-90 verdeutlicht die mögliche Arbeitsweise eines Überschallverdichter. Die axiale Zuströmgeschwindigkeit c_S beträgt bereits etwa das (0,8 ... 0,9)-fache der Schallgeschwindigkeit, also $Ma_S = c_S/a_S = 0{,}8 \ldots 0{,}9$. Im Vorleitrad wird das einströmende Gas umgelenkt und so auf $Ma_0 = c_0/a_0 = 1$ beschleunigt. Zusammen mit der Laufrad-Umfangsgeschwindigkeit u (Größenordnung 420 ... 450 m/s) ergibt sich eine im Überschallbereich liegende relative Laufkanal-Eintrittsgeschwindigkeit w_0. Die Schaufelkanäle sind so gestaltet, dass kurz nach ihrem Eintritt nacheinander zwei Verdichtungsstöße auftreten. Zuerst tritt der schiefe Stoß I auf, hinter dem immer noch Überschall herrscht, und anschließend der senkrechte Stoß II, durch den der Übergang in Unterschall erfolgt. Das Unterteilen in zwei schwächere Stöße ist zweckmäßig, weil die mit den irreversiblen Stößen verbundene Entropieerhöhung, die etwa mit der 3ten Potenz des Drucksprunges steigt, wesentlich geringer wird, wenn zwei kleinere Drucksprünge anstelle eines großen treten. Nach den Verdichtungsstößen folgt ein Unterschall-Diffusor, weshalb das Gas dann schließlich mit verhältnismäßig kleiner Relativgeschwindigkeit w_3 vom drehenden Rad wegströmt. Zusammen mit der Umfangsgeschwindigkeit u ergibt sich die Absolutgeschwindigkeit c_3, mit der das Gas dem Nachleitrad zuströmt. Dort wird das Gas weiter umgelenkt und auf die Austrittsgeschwindigkeit c_D (Druckseitengeschwindigkeit) verzögert; gibt weitere Druckerhöhung.

In einer solchen Stufe lassen sich bei gutem Wirkungsgrad Druckverhältnisse bis etwa $\Pi = 4$ erreichen. Nach TRAUPEL [53] sind die Probleme, welche die Entwicklung solcher Maschinen stellt, sehr vielfältig. Die Strömungsverhältnisse sind äußerst komplex. Die Verdichtungsstöße führen leicht zur Grenzschichtablösung. Das strömungstechnische Gestalten der Laufbeschaufelung ist mit den Bedingungen zur mechanischen Widerstandsfähigkeit (Schwingungen) schwer in Einklang zu bringen. Der Überschallverdichter arbeitet nur im Auslegungspunkt korrekt. Bei allen anderen Betriebszuständen entstehen erhebliche Verluste und Geräusche.

Überschallströmungen treten – meist örtlich – dann auch in normalen Radialverdichtern auf, wenn die Schallgeschwindigkeit des Arbeitsfluids niedrig ist. Beispielsweise liegt die Schallgeschwindigkeit bestimmter Kältemittel bei ca. 120 ... 150 m/s. Schon mäßige Umfangsgeschwindigkeit reicht in solchen Fällen aus, damit die Relativgeschwindigkeit den Überschallbereich erreicht.

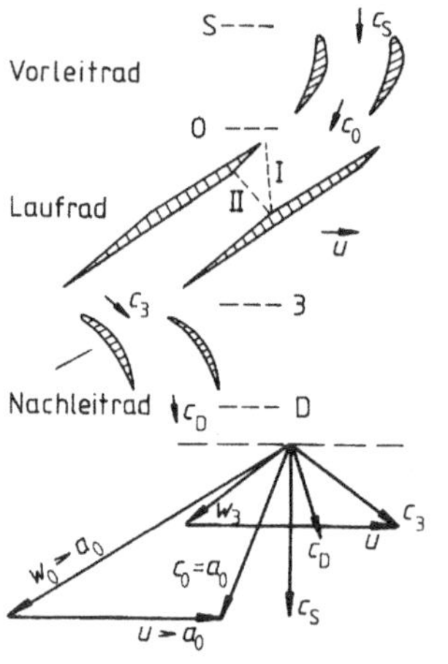

Bild 10-90 Arbeitsweise eines Überschall-Axialverdichters. Schaufelsystem und Geschwindigkeitspläne

Versuche ergaben, dass Überschallverdichter bisher nur im Transsonikbereich akzeptable Wirkungsgrade erreichen. Das führte zum Transsonik-Verdichter ($Ma \approx 1{,}2 \ldots 1{,}8$), der bei Gasturbinentriebwerken in der Luftfahrt neuerdings fast ausschließlich angewendet wird. Transsonische Verdichter erreichen Stufendruckverhältnisse bis ca. 1,9 bei Wirkungsgraden von etwa 88 % (siehe Benutzungshinweise).

10.4 Hinweise für das Berechnen von Strömungspumpen

10.4.1 Grundsätzliches

Strömungspumpen, also Kreiselpumpen und Kreiselverdichter als auch Turbinen, werden mit den in Teil I angegebenen Beziehungen (Gleichungen, Formeln, Richtwerte) berechnet.

Das Berechnen von Turbomaschinen kann in Gestaltungs- und energetische Berechnung aufgeteilt werden. Bei der Gestaltungsberechnung ist zwischen der Auslegungs- und Kontrollrechnung (Überprüfung) zu unterscheiden. Die Auslegungsberechnung beginnt, da die Anzahl der Unbekannten meist größer als die verfügbaren Beziehungen ist, mit einer

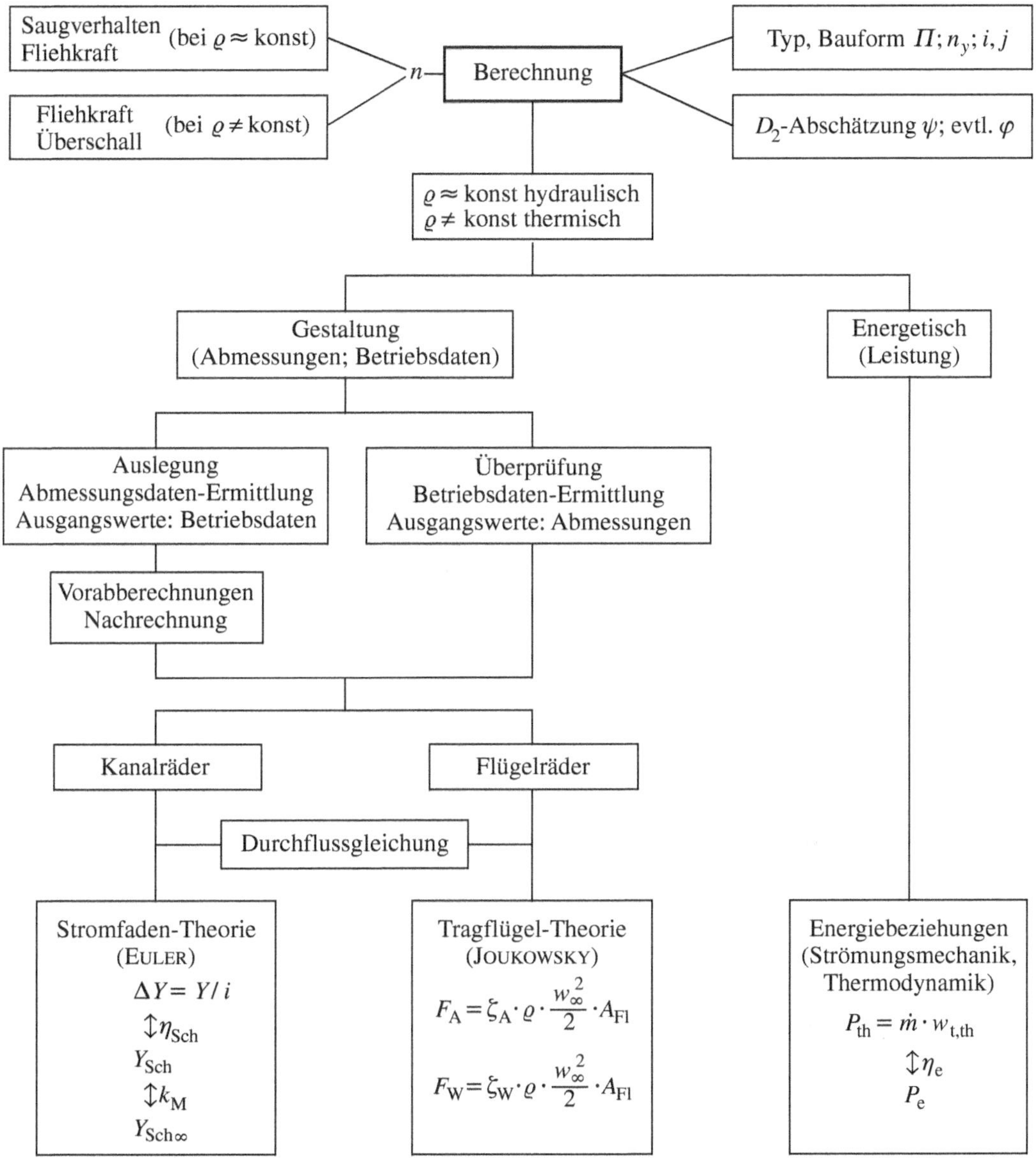

Betriebsdaten: Hydraulisch ϱ, T, H_{ges}, $\dot{V}$, n; thermisch ϱ, T, $\Delta p = (p_D - p_S)$, $\dot{m} = (\varrho \cdot \dot{V})$, n
Abmessungen: Maße der Schaufelräder (*La*, *Le*), Bilder 2-14; 3-16; 10-94

Allgemeine Feststellung:

Konstruieren besteht aus Berechnung und Gestaltung. Beide Anteile sind notwendig und ergänzen sich simultan. Zur Berechnung bestehen zu wenig Gleichungen, die aus Mengen- und Energieerhaltung sowie geometrischen Zusammenhängen folgen. Deshalb müssen fehlende Größen über Erfahrung (Versuche, Richtwerte aus früheren Maschinenausführungen) und Gestaltung – oft durch Raumvorgaben begrenzt – beschafft werden.

Bild 10-91 Berechnung von Turbomaschinen aller Art (Übersichts- oder Strukturschema).

auf Erfahrung (Richtwerte) gestützten überschlägigen Vorabrechnung, die dann in die Nachrechnung übergeht. Eine Gesamtübersicht enthält Bild 10-91.

Zum Berechnen von Turbopumpen müssen bekannt sein:

Fördermedium: Art und Ansaugzustand (p_S, t_S)

Hauptbetriebsgrößen:

- KP: *Volumenstrom* $\dot{V}$, Förderhöhe H (UW–OW), Drücke p_{uw}, p_{ow} sowie Saughöhe H_S, Maschinenaufstellungshöhe z über NN als auch Verluste in Saug- und Druckleitung ($Y_{V,SL}$; $Y_{V,DL}$).
- KV: *Ansaugvolumenstrom* $\dot{V}_S$, *Druckverhältnis* Π_{ges}, Gasfeuchte φ (Abschnitt 9.2.2.2).

Drehzahl n, abhängig von Saugbedingungen (Hinweis auf Kapitel 5) und Art der Antriebsmaschine:

- Turbine oder Kolbenmotor: n weitgesteckt festlegbar, d. h. in weitem Bereich.
- Elektromotor; sehr häufig verwendet bei
  - KP meist ohne Getriebe, deshalb Netzdrehzahl 2-polig (billig), Lastdrehzahl $n = 2\,880\ \text{min}^{-1}$ 4-polig (teurer), Lastdrehzahl $n = 1\,440\ \text{min}^{-1}$

    $$n \approx 0{,}96 \cdot f/p_E \qquad (10\text{-}44)$$

    mit f ... Frequenz; p_E ... Polpaarzahl
  - KV ohne oder mit Übersetzung eingesetzt, je nach erforderlicher und zulässiger Drehzahl.

Bei mehrstufigen Maschinen sind die einzelnen Stufen aufeinander abzustimmen. Die Abströmwerte einer Stufe ergeben die Zuströmdaten der jeweils folgenden Stufe. Jede Stufe wird dabei wie eine einstufige Maschine berechnet.

Kreiselpumpen und Kreiselverdichter werden prinzipiell gleich berechnet. Ausschließlich die Stoffeigenschaften „Kompressibilität und Schwere" bestimmen die Unterschiede. Bei geringem Verdichten entsprechend Druckverhältnissen Π bis etwa 1,3, oftmals auch bis etwa 1,5, kann die Dichteänderung des Gases näherungsweise oft vernachlässigt werden. Gemäß Abschnitt 10.3.2.4 und Abschnitt 8.2 beträgt der Fehler bei $\Pi = 1{,}5$ jedoch schon über 15 %. Das bedeutet beim Berechnen somit:

- bei Ventilatoren kann die Fluid-Kompressibilität vernachlässigt werden ($\varrho \approx$ konst).
- bei Gebläsen und Kompressoren ist die Dichteänderung des Mediums zu berücksichtigen ($\varrho \neq$ konst).
  Ausnahme: In manchen Fällen – vor allem für Überschlagsrechnungen – kann bei Niederdruckgebläsen ($\Pi = 1{,}1 \ldots 1{,}5$) oft $\varrho \approx$ konst gesetzt werden (Abweichungen auf der sicheren Seite).

Tabelle 10-9 Radialverdichter-Kennwerte, abhängig vom Laufrad-Durchmesserverhältnis

D_1/D_2	n_y	σ	φ	ψ
0,15	0,02	0,042	0,0019	1,1
0,3	0,08	0,169	0,035	1,1
0,5	0,13	0,274	0,08	1,0
0,7	0,31	0,654	0,2	0,6
0,85 [1)]	0,19 ... 0,24	0,40 ... 0,50	0,5 ... 0,6	2,1

[1)] Trommelläufer

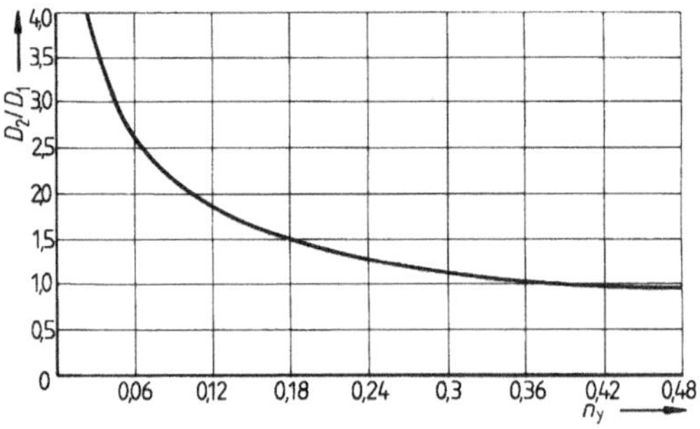

Bild 10-92 Durchmesserverhältnis von Kreiselverdichtern (Richtwerte)

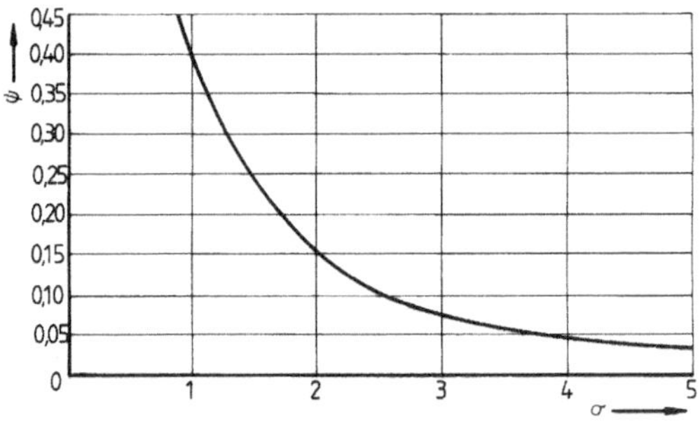

Bild 10-93 Druckzahl ψ für Axiallüfter, abhängig von der Schnelllaufzahl σ (Richtwerte)

Ergänzende Hinweise für das Berechnen und Gestalten von Turboverdichtern:

Allgemeine Richtwerte

- Strömungsgeschwidigkeit in
  Saugleitungen 20 ... 70 m/s (... 100)
  Druckleitungen 30 ... 60 m/s (... 90)
  Kühlwasserleitungen 1,5 ... 3 m/s
- Axiales Spiel zwischen Läufer und Gehäuse 5 ... 7 mm

- Bei mehrstufigen Verdichtern in der Regel ausgeführt.
  - Radialmaschinen:
    1. Stufe $n_y = 0{,}06 \dots 0{,}15$
    Endstufe $n_y = 0{,}03 \dots 0{,}06$
  - Axialmaschinen:
    1. Stufe $n_y = 0{,}45 \dots 0{,}75$
    Endstufe $n_y = 0{,}3 \dots 0{,}45$

  Infolge Abnahme von $\dot{V}$ mit der Verdichtung und der wegen steigender Verdichtungstemperatur meist wachsenden spezifischen Stufenenergie verringert sich n_y von Stufe zu Stufe.
- Da der Wirkungsgrad η mit n_y fällt, geht auch η mit steigender Kompression zurück. Beispiel: $i = 6 \dots 8$ Stufen
  1. Stufe $\eta_{\text{Sch}} = 0{,}88$ $\eta_{\text{i}} = 0{,}8$
  letzte Stufe $\eta_{\text{Sch}} = 0{,}82$ $\eta_{\text{i}} = 0{,}72$

Richtwerte für Radialverdichter

Druckziffer ψ:

Rückwärts gekrümmte Schaufeln $\psi = 0{,}8 \dots 1{,}1$
Vorwärts gekrümmte Schaufeln $\psi = 1{,}2 \dots 1{,}4$

Durchmesserverhältnis D_1/D_2:
Bei $\beta_1 \leqq 35°$

$$D_1/D_2 \approx (1{,}2 \dots 1{,}3) \cdot \sqrt[3]{\varphi} \tag{10-45}$$

oder Tabelle 10-9 und Bild 10-92.

Breite-Durchmesser-Verhältnis:

$$b_1/D_1 \approx 0{,}23 \dots 0{,}2 \quad \text{bei } c_1/c_0 \approx 1{,}1 \dots 1{,}25$$

Ausgeführt b_2 bis kleiner 2 mm, wobei $b_1 \geqq b_2$.

Richtwerte Axialverdichter

Flügel profiliert oder nicht profiliert

Anzahl: Ausgeführt $2 \dots 50$ Flügel
Meist üblich $3 \dots 9$ Flügel

Zusammenhang zwischen Druck- und Schaufellaufzahl nach Bild 10-93; vor allem für Axiallüfter. Bei Ventilatoren ab $\psi > 0{,}1$ Leitrad unerlässlich.

Durchmesserverhältnis allgemein:

$$D_{(\text{i})}/D_{(\text{a})} \geqq \sqrt{0{,}8 \cdot \psi}$$

Übliche Axialventilatoren:

$$D_{(\text{i})}/D_{(\text{a})} = 0{,}2 \dots 0{,}4\,(\dots 0{,}6)$$

$D_{(\text{a})} \leqq 8\,\text{m}$; $z_{\text{La}} = 2 \dots 5$; $\psi = 0{,}05 \dots 0{,}08$; $\varphi = 0{,}15 \dots 0{,}8$.

Tunnelventilatoren: $z_{\text{La}} = 12 \dots 24$
$\psi = 0{,}2 \dots 0{,}3$

Axialkompressoren: $D_{(\text{i})}/D_{(\text{a})}$ bis 0,9

Kurze Propeller: $n_y \approx 0{,}45$; $\psi = 0{,}43$
$\varphi = 0{,}37 \cdot [1 - (D_{(\text{i})}/D_{(\text{a})})^2]$

Lange Propeller: $n_y = 0{,}75 \dots 1{,}8$;
$\psi = 0{,}22 \dots 0{,}05$
$\varphi = (0{,}32 \dots 0{,}17)[1 - (D_{(\text{i})}/D_{(\text{a})})^2]$

Profileinfluss:

- Profilierte Flügel: Gleitzahl $\varepsilon \approx 0{,}04$
  $\eta_{\text{Sch}} \approx 0{,}84$ bei $\sigma = 1$, linear abfallend auf
  $\eta_{\text{Sch}} \approx 0{,}68$ bei $\sigma = 5$ (Schnelllaufzahl).
- Nichtprofilierte Flügel (Blechschaufeln):
  ψ um $10 \dots 15\,\%$, η_{Sch} um $20 \dots 40\,\%$ niedriger als bei profilierten Flügeln.

Verhältnis axiale Erstreckung e zu Flügelteilung t

$$e/t \approx 2{,}5 \cdot \sin^2 \beta_2 \cdot (\cot \beta_1 - \cot \beta_2)$$

Verhältnis Schaufelteilung t zu Profillänge L (Profilsehne) meist in den Grenzen:

$$L/t = (0{,}5 \dots)0{,}65 \dots 2$$

Auftriebszahl ζ_{A} am Schaufelfluss bei $0{,}6 \dots 1$. Deshalb hier relative Teilung t/L bei Laufrädern nicht über 1,1: also $t/L \leqq 1{,}1$. Dagegen bei Leiträdern t/L bis 2 ausführen.

Verhältnis von radialer Schaufelerstreckung, also Schaufelbreite b (Flügellänge) zur Profiltiefe L im Bereich $b/L = 4 \dots 2\,(\dots 0{,}5)$ ausführen.

Um die Geräusche zu vermindern, muss zwischen Lauf- und Leitschaufel ein axialer Abstand (Spalt) von ca. $0{,}5 \cdot L$ bestehen. Bei kleinerem Abstand könnte die unmittelbar hinter den Austrittskanten der Laufschaufeln noch sehr ungleichförmige Geschwindigkeitsverteilung die Schaufeln des Leitgitters zu Schwingungen anregen. Des Weiteren sollen die Schaufelzahlen von Lauf- und Leitrad keinen gemeinsamen ganzzahligen Faktor aufweisen. Auch empfiehlt es sich, für hintereinander folgende Stufen (Laufräder) nicht die gleichen Schaufelzahlen zu verwenden. Vorteilhaft ist zudem – besonders bei Axiallüftern ohne Leitgitter – die Laufschaufeln in ungleicher Teilung und unterschiedlicher Länge auszuführen. Dadurch werden Schwingungen nicht verstärkt, sondern gedämpft.

Infolge der meist höheren Drehzahl bzw. Umfangsgeschwindigkeit sind Axialverdichter in der Regel lauter als Radialausführungen.

10.4.2 Wellendurchmesser D_{We}

Das Berechnen einer Kreiselradmaschine beginnt zweckmäßigerweise mit dem Festlegen des Wellendurchmessers D_{We}. Von der Welle als Kernstück der

Maschine ausgehend, werden dann die Abmessungen von Laufrädern, Leitvorrichtungen, Gehäuse, Dichtungen und Lagern bestimmt.

Die Turbomaschinenwelle muss drei Bedingungen erfüllen:

- Ausreichende Festigkeit aufweisen. Beanspruchung auf Torsion durch das zu übertragende Moment und auf Biegung durch das Läufergewicht.
- Geringes Durchbiegen, um auch bei kleinen Spalten Anstreifen des Rotors in Dichtungen und am Gehäuse zu vermeiden.
- Schwingungssicherheit. Damit die Turbomaschine ruhig läuft, muss ihre Betriebsdrehzahl n entweder genügend weit unterhalb – unterkritischer Betrieb – oder oberhalb – überkritischer Betrieb – der kritischen Drehzahl n_{kr} (Biege-Eigenschwingungszahl) liegen. Bei $n < n_{kr}$ wird von „starren“, bei $n > n_{kr}$ von „weichen“ Wellen gesprochen.

Einstufige Turbomaschinen werden fast ausschließlich mit starren Wellen ausgeführt, also unterkritisch gefahren. Bei mehrstufigen Maschinen finden sich sowohl starre als auch weiche Wellen. Bei weichen Wellen, also überkritischem Betrieb, muss die kritische Drehzahl beim Anfahren sowie Abstellen schnell durchfahren und beim Regeln vermieden werden. Nur dann sind starke Schwingungsausschläge und dadurch Anstreifen des Rotors an fest stehenden Teilen (Gehäuse, Dichtungen) vermeidbar.

Bemerkung: Bei mehrstufigen Kreiselpumpen ist die kritische Drehzahl erfahrungsgemäß nahezu bedeutungslos. Die durchströmten Spalte wirken infolge Inkompressibilität der Förderflüssigkeit wie Lager, weshalb sich die in Luft gemessene kritische Drehzahl weit nach oben verschiebt. Die Flüssigkeitswirkung in den Spalten (Reibung, Verdrängung, hydrodynamischer Lagereffekt) begrenzt die Wellenausschläge. Dennoch dürfen Pumpenwellen nicht so ausgelegt werden, dass die Betriebsdrehzahl mit der kritischen Rotor-Drehzahl zusammenfällt.

Für den ersten Entwurf der Turbomaschine kann der Wellendurchmesser nach der Verdrehspannung ermittelt werden (Überschlagsrechnung → Abschätzung). Da Stufenzahl, Lagerabstände und kritische Drehzahl noch nicht bekannt sind, ist von großen Sicherheitszuschlägen (Sicherheitsfaktor $S_F = 8 \ldots 15$), also niedrigen Torsionsspannungswerten auszugehen.

Laut Elastomechanik gilt für Wellen-Torsion:

Torsionsmoment:

$$T = \tau_t \cdot W_t$$

Polares Widerstandsmoment:

$$W_t = \pi \cdot D_{We}^3/16 \approx D_{We}^3/5$$

Umgestellt nach dem Wellendurchmesser D_{We}:

$$D_{We} = \sqrt[3]{16 \cdot T_e/(\pi \cdot \tau_t)} \approx \sqrt[3]{5 \cdot T_e/\tau_t} \qquad (10\text{-}46)$$

Torsionsmoment T_e hierbei aus der effektiven Antriebsleistung P_e:

$$T_e = P_e/\omega = P_e/(2 \cdot \pi \cdot n) \qquad (10\text{-}47)$$

und nach Gl. (8-115) mit Gl. (8-5):

$$P_e = \dot{m} \cdot Y_e = \dot{m} \cdot Y/\eta_e$$

Der effektive Maschinenwirkungsgrad muss zunächst geschätzt werden. Richtwerte nach Abschnitt 8.5.6. Genauer Wert von η_e erst beim Probelauf der Maschine auf dem Versuchsstand oder am Einsatzort.

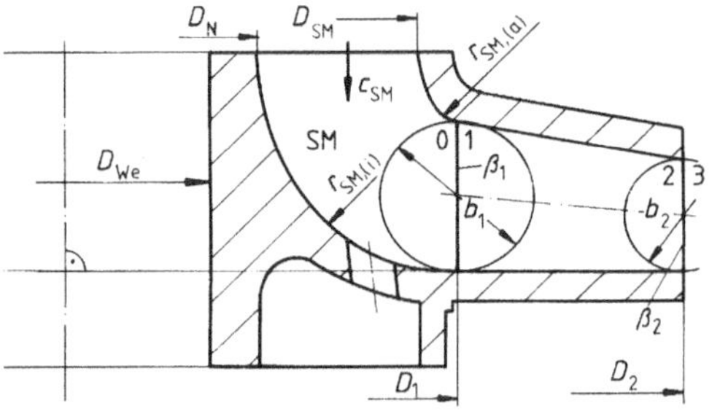

Bild 10-94 Laufradabmessungen im Meridianschnitt. Alle eingetragenen Größen sind zu ermitteln bzw. festzulegen

Richtwerte für die Torsionsspannung τ_t: Für zähe Stähle gilt näherungsweise

$$\tau_F \approx 0{,}6 \cdot \sigma_F \approx 0{,}6 \cdot (0{,}6 \cdot \sigma_B) \approx 0{,}36 \cdot \sigma_B$$

Wellen werden z. B. oft aus E 295 nach DIN EN 10 025 (frühere Bezeichnung St 50; DIN 17 100) ($R_p \mathrel{\hat{=}} R_{p0,2}$) mit

$$\sigma_B \equiv R_m = 500\,\text{N/mm}^2; \quad \sigma_F \equiv R_p \approx 300\,\text{N/mm}^2$$

oder Stählen höherer Festigkeit gefertigt, für welche dann gilt $\tau_F \geqq 180\,\text{N/mm}^2$. Bei Überschlagsrechnungen meist mit dem Fließ-Sicherheitsfaktor von $S_F = 8 \ldots 15$ für die Torsionsspannung gesetzt:

$$\tau_t \approx \frac{\tau_F}{S_F} = \frac{0{,}36}{8 \ldots 15} \cdot \sigma_B = (0{,}045 \ldots 0{,}024) \cdot \sigma_B$$

$$\tau_t \approx (0{,}045 \ldots 0{,}024) \cdot 500\,\text{N/mm}^2$$

$$\tau_t \approx 23 \ldots 12\,\text{N/mm}^2 \qquad (10\text{-}48)$$

Obere Werte für Einstufenmaschinen, kleine Lagerabstände und leichte Laufräder.

Untere Werte für Mehrstufenmaschinen, lange Wellen und schwere Läufer.

10.4.3 Radialrad-Abmessungen ($n_y \leqq 0{,}12$)

Nach Festlegen des Wellendurchmessers werden schrittweise die weiteren Laufraddurchmesser und -breiten sowie Winkel bestimmt. Hierfür stehen Erfahrungswerte, Durchflussbedingungen und EULER-Gleichung zur Verfügung.

10.4.3.1 Nabendurchmesser D_N

Ist abhängig von der Befestigungsart und der Fliehkraftbeanspruchung. Übliche Naben-Wellen-Verbindungen bei Strömungspumpen sind Passfeder (meist KP) und Schrumpfsitz (meist KV). An der durch die Passfeder geschwächten Stelle muss noch ausreichend Material vorhanden sein. Wichtig ist auch, dass Laufräder den Fliehkräften standhalten, die vor allem bei Verdichtern hoch sind.

Nabendurchmesser bei Passfedern durch Aufzeichnen, bei Presssitz aus Festigkeitsberechnung.

Richtwerte-Formel:

$$D_N \approx (1{,}2 \ldots 1{,}5 \ldots 2{,}0) \cdot D_{We} \qquad (10\text{-}49)$$

Untere Werte Passfeder, obere Schrumpfsitz.

10.4.3.2 Saugmund

Saugmunddurchmesser D_{SM}

Folgt aus dem **Saugmundquerschnitt** A_{SM} (Gl. (2-54)) oder mit dem Nabenverengungsfaktor k_N aus Gl. (2-56). Hierbei ist nach der Durchflussbedingung (Gl. (2-58)) $A_{SM} = \dot{V}_{La}/c_{SM}$.

Hinweis: Der Nabenverengungsfaktor k_N wird dann eingeführt, wenn der Nabendurchmesser D_N nicht bekannt ist.

Um den Laufradvolumenstrom $\dot{V}_{La} = \dot{V}/\lambda_L$ (Gl. (8-118)) festzulegen, muss der Liefergrad λ_L geschätzt werden. Richtwerte nach Gl. (8-119) oder Gl. (10-2).

Wasserturbinen werden im Nennpunkt auf 80 ... 90 % des Maximaldurchsatzes $\dot{V}_{1/1}$ ausgelegt, also $\dot{V} = (0{,}8 \ldots 0{,}9) \cdot \dot{V}_{1/1}$. Dies, um eine gewisse Überlastreserve zu erhalten und weil bei Wasserturbinen der Durchsatz oftmals schwankt sowie im Regelbereich um $\dot{V}$ ein möglichst gleich bleibend hoher Wirkungsgrad erhalten bleiben soll (Bild 9-26).

Die **Saugmundgeschwindigkeit** c_{SM} wird ebenfalls nach Erfahrungswerten festgelegt oder aus der Einlaufziffer (Abschnitt 4.3.3.7) berechnet.

a) Erfahrungswerte:

Tendenzen: Je kleiner c_{SM}, desto größer D_{SM} (große Abmessungen). Je größer c_{SM}, desto höher Strömungsverluste und Kavitations- (KP) bzw. Überschallgefahr (KV):

KP: $c_{SM} = 2 \ldots 8\,\text{m/s}\,(\ldots 12\,\text{m/s}$ bei Kessel-speise-Pumpen)
$c_{SM} \approx 0{,}8\,\text{m/s}$ unterster Grenzwert wegen Abscheiden gelöster Gase

KV: $c_{SM} \approx 20 \ldots 120\,\text{m/s}$ und darüber
Grund: $\varrho_{Gas} \ll \varrho_{Flüssigkeit} \rightarrow Y_V \sim \varrho \cdot c^2$

b) Einlaufziffer, Gl. (4-93):
Hieraus $c_{0m} = \varepsilon \cdot \sqrt{2 \cdot \Delta Y}$. Mit KP ε nach Gl. (4-104), KV ε aus Gl. (4-105); $c_{0m} = c_0$ bei $\alpha_0 = 90°$ (Regelfall).

Wegen verminderter Strömungsablösegefahr bei geringer Fluidbeschleunigung beim Umlenken im Saugmund wird $c_0 \approx (1{,}0 \ldots 1{,}25) \cdot c_{SM}$ (Gl. (4-95)) ausgeführt. Hieraus:

$$c_{SM} = c_0/(1{,}0 \ldots 1{,}25) \qquad (10\text{-}50)$$

Bei Festlegen von $\Delta Y = Y/i$ muss jedoch die Stufenzahl i der Maschine bekannt sein oder vorerst überschlägig angenommen werden. Üblicherweise bei normalen Maschinengrößen:

KP: $H_{ges} = 10 \ldots 50 \ldots 100\,\text{m}$
$\Delta Y = g \cdot H_{ges} \approx 100 \ldots 500 \ldots 1000\,\text{m}^2/\text{s}^2$

KV: $\Pi_{St} = 1{,}1 \ldots 1{,}3$ entspricht bei Luft (20 °C, 1 bar $\rightarrow \varrho \approx 1{,}2\,\text{kg/m}^3$)

$$\Delta Y = \Delta p/\varrho$$
$$= (0{,}1 \ldots 0{,}3) \cdot 10^5/1{,}2\ \frac{\text{N/m}^2}{\text{kg/m}^3}$$
$$\Delta Y \approx 8\,000 \ldots 25\,000\,\text{m}^2/\text{s}^2$$

Hinweis: Vielfach $D_{SM}/D_N = 1{,}5 \ldots 3\,(\ldots 4)$

Saugmundradien

Aus Gründen sanfter Strömungsumlenkung Radien so groß wie konstruktiv möglich. Richtwerte:

Deckwand- oder Außenradius $r_{SM,(a)}$:
Üblich

$$r_{SM,(a)} \approx (0{,}5 \ldots 1{,}2 \ldots 3) \cdot b_1$$

Bei Ventilatoren mit Rücksicht auf einfaches Herstellen bisweilen auch $r_{SM,(a)} \approx 0$ ausgeführt, obwohl strömungstechnisch sehr nachteilig (Ablösung).

Tragwand- oder Innenradius $r_{SM,(i)}$:
So ausführen, dass im Saugmund der Meridian-Querschnitt entsprechend der Fluidbeschleunigung von c_{SM} auf c_0 sich stetig verengt.

10.4.3.3 Überschlägiges Festlegen der Laufradkanäle

Saugkante → D_1, b_1, β_1

Durchmesser D_1: $D_1 \geqq D_{SM}$, Abschnitt 6.1.3

Üblich

$$D_1 \approx (1{,}0 \ldots 1{,}1 \ldots 1{,}2) \cdot D_{SM} \qquad (10\text{-}51)$$

Breite b_1: Aus Durchflussbedingung $\dot{V}_{La} = c_{1m} \cdot A_{1m}$ mit Gl. (2-78) und (2-80) ergibt sich:

$$b_1 = \frac{\dot{V}_{La}}{D_1 \cdot \pi \cdot c_{1m}} \cdot \tau_1 = \frac{\dot{V}_{La}}{D_1 \cdot \pi \cdot c_{0m}} \qquad (10\text{-}52)$$

Beim Regelfall $\alpha_0 = \alpha_1 = 90° \rightarrow c_{0m} = c_0$; $c_{1m} = c_1$

Schaufelwinkel β_1: Für Regelfall aus Ge-Δ gemäß Bild 2-13:

$$\tan\beta_1 = c_1/u_1 = \tau_1 \cdot c_0/u_1 = \tau_1 \cdot \tan\beta_0 \qquad (10\text{-}53)$$

Hieraus β_1 mit $u_1 = D_1 \cdot \pi \cdot n$ und vorerst geschätzt: Schaufelverengungsfaktor τ_1 (Gl. (2-60)), Richtwerte:

$$\tau_1 \approx 1{,}2 \ldots 2{,}0 \qquad (10\text{-}54)$$

Tendenz: Hohe Werte bei kleinem Saugkantendurchmesser D_1 und großer Schaufeldicke s_1 bzw. umgekehrt.

Die Grenzen für β_1 gemäß Abschnitt 6.1.3 sind zu beachten.

Druckkante → D_2, β_2, b_2

Zwei Wege zum Festlegen von D_2, β_2 und b_2 sind üblich: Entweder wird D_2 oder β_2 vorab nach Erfahrungswerten festgelegt. Die restlichen Werte β_2, b_2 bzw. D_2, b_2 folgen dann aus EULER- und Durchflussbeziehung, wobei $b_2 \leqq D_2/3$ wegen Gestaltung.

Weg 1, *Annahme von Raddurchmesser D_2*:

Anhaltswerte: $D_2/D_{SM} = 1{,}7 \ldots 2{,}5 \ldots 3{,}6$ oder

$$\nu_{La,K} = D_2/D_1 = 1{,}6 \ldots 2{,}3 \ldots 3{,}3 (\ldots 4{,}0) \qquad (10\text{-}55)$$

Bei Werten:
$D_2/D_1 < 1{,}6$ halbaxiale Bauweise
$D_2/D_1 > 3{,}2$ große Reibungsverluste (η_i schlecht)

Nach Festlegen von D_2 folgt $u_2 = D_2 \cdot \pi \cdot n$ und Druckkanten-Ge-△ (Bild 2-13).

Schaufelwinkel β_2: Aus $\tan\beta_2 = c_{2m}/w_{2u}$

Mit $w_{2u} = u_2 - c_{2u} = u_2 - c_{2m}/\tan\alpha_2$

Hierzu Meridiangeschwindigkeit c_{2m} und Winkel α_2 nach Richtwerten:

$$c_{2m} \approx [0{,}5 \ldots 0{,}9 (\ldots 1{,}1)] \cdot c_0 \qquad (10\text{-}56)$$

oder

$$c_{2m} \approx [0{,}6 \ldots 0{,}8 (\ldots 1{,}0)] \cdot c_{1m} \qquad (10\text{-}57)$$

dabei größere Werte c_{2m} für große β_2.

Bei kleinen Pumpen, etwa $D_2 \leqq 160\,\text{mm}$, wird auch ausgeführt $\boldsymbol{b_2 = b_1}$. Statt Gl. (10-56), (10-57) hierzu aus Kontinuitätsbedingung $\dot{V}_{La} = c_m \cdot A_m =$ konst:

$$\dot{V}_{La} = c_{1m} \cdot D_1 \cdot \pi \cdot b_1 \cdot 1/\tau_1 = c_{2m} \cdot D_2 \cdot \pi \cdot b_2 \cdot 1/\tau_2$$

Umgestellt nach c_{2m} bei $b_1 = b_2$:

$$c_{2m} = c_{1m} \cdot (D_1/D_2) \cdot (\tau_1/\tau_2) \qquad (10\text{-}58)$$

Der Druckkanten-Schaufelverengungsfaktor τ_2 (Gl. (2-61)) ist hierbei vorerst anzunehmen. Richtwerte:

$$\tau_2 = 1{,}02 \ldots 1{,}1 \ldots 1{,}2 \qquad (10\text{-}59)$$

Winkel α_2 abhängig von vorgesehener Leitvorrichtung gemäß Tabelle 7-1 mit näherungsweise $\alpha_2 \approx \alpha_3$ oder nach Gl. (2-92).

Breite b_2: Aus Gl. (2-85) und (2-87)

$$b_2 = \dot{V}_{La} \cdot \tau_2/(D_2 \cdot \pi \cdot c_{2m}) \qquad (10\text{-}60)$$

bzw. $b_2 = b_1$ bei kleineren Pumpen.

Hinweis: Die Richtwerte für β_2 nach Abschnitt 6.1.4.4 sind dabei einzuhalten.

Bemerkung: Weg 1 wird seltener angewandt.

Weg 2, *Vorabfestlegen* von *Schaufelwinkel* β_2 gemäß Richtwerte von Abschnitt 6.1.4.4. Meist angewandter Weg.

Durchmesser D_2: $D_2 = u_2/(\pi \cdot n)$

Beim Regelfall $\alpha_1 = 90°$ folgt die Umfangsgeschwindigkeit u_2 direkt aus Gl. (3-19). Bei $\alpha_1 \neq 90°$ (Vordrall) muss gemäß Abschnitt 3.2 das Druckkanten-Ge-Δ und damit u_2 schrittweise erarbeitet werden. Bei Radialrädern ist $\alpha_1 \neq 90°$ jedoch selten, weshalb nicht weiter betrachtet.

Für u_2 aus Gl. (3-19) folgende Annahmen notwendig:

c_{2m} nach Formeln (10-56), (10-57) bzw. (10-58).

$$Y_{Sch\infty} = \Delta Y/(\eta_{Sch} \cdot k_M)$$

Hierbei Schauflungswirkungsgrad η_{Sch} aus Gl. (10-1), nach Richtwerten (Gl. (8-121)), bzw. aus Gl. (8-130) oder Gl. (8-131) mit $\eta_e = f(n_y)$ gemäß Bild 10-1.

Minderleistungsfaktor $k_M \approx 0{,}6 \ldots 0{,}85$ erfahrungsgemäß nach Gl. (3-30).

Spezifische Stufenarbeit ΔY laut Grenzen der Bemerkungen im Anschluss an Gl. (10-50).

Breite b_2: Aus Gl. (10-60)

10.4.3.4 Stufenzahl *i*

Nachdem Laufradaußendurchmesser D_2 bekannt ist – angenommen bei Weg 1 bzw. berechnet bei Weg 2 –, lässt sich die Anzahl der notwendigen Stufen mit der Druckzahl ψ (Abschnitt 4.3.3.2) genauer überschlagen (abschätzen):

$$i = Y/\Delta Y$$

Mit Y gemäß Abschnitt 8.2

$\Delta Y = \psi \cdot u_2^2/2$ aus Gl. (4-51) bzw. von zuvor. ψ-Werte lt. Abschnitt 4.3.3.2

10.4.3.5 Laufschaufelzahl z_{La}

Nach Gl. (2-72) mit dem von der Laufradherstellung abhängigen Schaufelfaktor K_{Sch}, Abschnitt 2.5.2.4.

10.4.3.6 Nachrechnen der Schaufelkanten

Die aus der Überschlagsrechnung kommenden Werte für Stufenzahl i und Laufschaufelzahl z_{La} werden als endgültig festgelegt verwendet. Des Weiteren Festlegen der Schaufeldicke s, abhängig von Laufradherstellung und Festigkeit (Abschnitt 2.5.2.5).

Daran anschließend wird n_y (Gl. (4-75) bzw. für KV Gl. (10-11)) nachgerechnet.

Nun können an der

Saugkante β_1, b_1 nach iterativem Berechnen von τ_1 (Gl. (2-60) mit Gl. (2-62) sowie Gl. (2-63))

und an der

Druckkante D_2 bzw. β_2 als auch b_2 nach endgültigem Festlegen von η_{Sch} sowie Berechnen von k_M (Abschnitt 3.2.1.2) und τ_2 (Gl. (2-61))

letztlich bestimmt und die Geschwindigkeitsdreiecke maßstäblich gezeichnet werden.

Nach den berechneten Abmessungen wird anschließend der Meridianschnitt des Laufrades (Bild 10-94) maßstäblich entworfen. Des Weiteren ist der Schaufelverlauf gemäß Abschnitt 6.1.5.2 festzulegen und der Seitenriss (Meridianschnitt) des Laufrades maßstäblich zu zeichnen.

Nach endgültigem Festlegen des Laufrades erfolgt das Berechnen und Gestalten der Leitvorrichtung. Hierzu wird auf Abschnitt 7.2 verwiesen.

In Übungsbeispiel Ü 41 ist eine vierstufige radiale Kreiselpumpe vollständig durchgerechnet und Laufrad sowie Leitvorrichtung (in Varianten) gestaltet.

10.4.4 Diagonalrad-Abmessungen ($n_y = 0{,}12 \ldots 0{,}48$)

Zuerst muss der Meridianschnitt des Laufrades der Halbaxial- und Diagonalform (Bild 6-18) überschlägig für die Werte der mittleren Flutlinie (m_1)–(m_2) berechnet und entworfen werden. Hierzu ist umfangreiche Erfahrung notwendig. Wie in Bild 6-18 dargestellt, wird der Meridianschnitt anschließend für gleiche Teilströme $\Delta\dot{V}$ unterteilt. Entsprechend den Beziehungen für das Radialrad, Abschnitt 10.4.3, erfolgt das Berechnen der Teilstrom-Schaufelkanten. Da die Kanten und Flächen der Teilstrom-Schaufeln aufeinander abgestimmt werden müssen, sind mehrere Berechnungsgänge notwendig. Die Werte sind dabei so lange anzupassen, bis sich brauchbare Konturen von Meridianschnitt und Schaufelfläche ergeben (Abschnitt 6.1.5.2, Bild 6-19).

Entsprechend Abschnitt 7.2.1 erfolgt das Auslegen und Gestalten der Leitvorrichtungen für Diagonalräder.

Insgesamt ist das Verfahren nicht schwieriger als beim Radialrad, jedoch wesentlich langwieriger und muss daher aus Platzgründen unterbleiben. Hingewiesen wird auf PFLEIDERER [29].

10.4.5 Axialrad-Abmessungen ($n_y > 0{,}3$)

Das Berechnen von Propellern erfolgt nach der Tragflügeltheorie mit den in Abschnitten 3.3 und 6.2.5 für das Laufrad sowie 7.2.2 für die Leitvorrichtung ausgeführten Beziehungen. Der Berechnungsgang ist in diesen Abschnitten ebenfalls kurz erläutert und durch Übungsbeispiele verdeutlicht, z. B. Ü 7. Auch hier muss auf weitere Ausführungen verzichtet werden. Verwiesen wird wieder auf das weiterführende Schrifttum, z. B. [23], [29], [30], [32], [38].

Hinweis: Zugehörige Übungsbeispiele Ü 39 bis Ü 45 beim digitalen Zusatzmaterial.

11 Übersicht über die Turbinen (Turbokraftmaschinen)

11.1 Grundsätzliches

Die wichtigsten Strömungs- oder Turbokraftmaschinen sind Wasser-, Dampf- und Gasturbinen. **Wasser-, Dampf-, und Windturbinen** werden fast ausschließlich zur Elektrizitätserzeugung eingesetzt. Dabei beansprucht die sog. öffentliche Elektrizitätsversorgung den Hauptanteil. Thermische Industriekraftwerke arbeiten meist im *Kraft-Wärme-Verbund.*

Gasturbinen dienen sowohl zum Antrieb von Fortbewegungsmitteln – vor allem Flugzeugen – als auch zur Stromerzeugung. Da Gasturbinen-Kraftstoff (Erdgas, Heizöl) jedoch teurer ist, erfolgt ihr Einsatz nur, wenn unbedingt notwendig, z. B. infolge schneller Startfähigkeit als sog. *Spitzenlastsätze.* Neuerdings jedoch auch immer häufiger im Kombiprozess GuD (Abschnitt 1.2) zusammen mit Dampfturbinen im Grundlastbereich wegen des hohen Gesamtwirkungsgrades (über 50 %).

In der Bundesrepublik Deutschland werden die verfügbaren Wasserkräfte weitgehend genützt. Trotzdem erreicht der „Wasser-Strom" nur einen Anteil von etwa 5 % an der öffentlichen Elektrizitätsversorgung, Schweiz 30 %, Österreich 70 %, Norwegen 99 %. Deshalb sind in Deutschland die hydraulischen Kraftwerke verglichen mit den thermischen von geringerer Bedeutung.

Die folgenden Abschnitte beinhalten nur die Turbinen. Sie erfordern jeweils nur etwa 5 ... 10 % der gesamten Anlageninvestitionsaufwendungen. Die Investitionskosten von Wasserkraftanlagen liegen meist über denen von Kernkraftwerken und betragen bis ca. 5 000 € je installiertes Kilowatt Kraftwerksleistung. Wasserkraftwerke erfordern jedoch keinen Brennstoff und sind in der Regel umweltneutral.

Außer einigen Bemerkungen muss das Beschreiben der gesamten **Kraftanlagen** dem Fachgebiet „Energietechnik" überlassen bleiben.

11.2 Wasserturbinen

11.2.1 Vorbemerkungen

Wasserkraftanlagen sind durch die natürlichen Gegebenheiten des Wasserangebotes (Gefälle, Volumenstrom) bestimmt. Sie müssen für jeden Anwendungsfall besonders ausgelegt werden. Deshalb unterscheidet sich jede Wasserturbinenanlage von der anderen. Um die heute üblichen hohen Wirkungsgradforderungen zu erreichen, sind zum endgültigen Auslegen (Abmessungen, Gestaltung) meist langjährige Vor-Ort-Beobachtungen und umfangreiche Optimierungsversuche an Modellmaschinen notwendig.

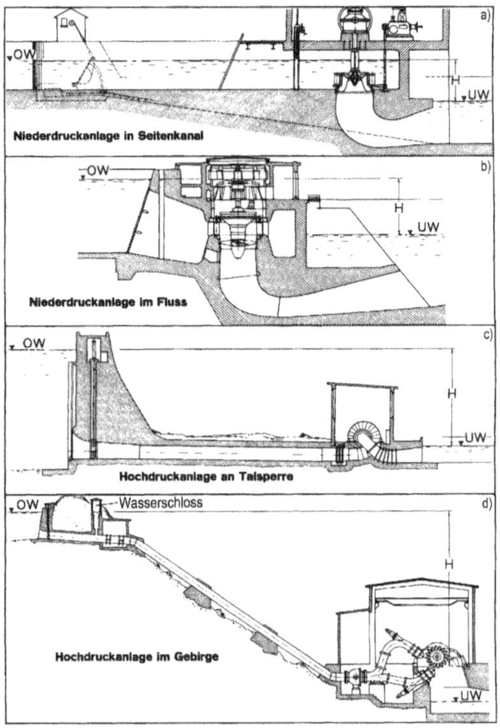

Bild 11-1 Ausbauarten von Wasserkraftanlagen (VOITH). a), b) Laufwasser-; c), d) Speicherwasser-Kraftwerke

Wasserkraftanlagen werden nach dem verfügbaren Gefälle unterschieden. Dabei nennen verschiedene Autoren teilweise stark voneinander abweichende Bereichsgrenzen. Nach diesen Angaben kann etwa in folgende Bereiche (Bild 11-1) unterteilt werden:

- Niederdruckanlagen, Gefälle $H < 20$ m
- Mitteldruckanlagen, $H = 20 \ldots 200$ m
- Hochdruckanlagen, $H > 200$ m ($\ldots 2\,000$ m)

Wasserturbinen, das Herz jeder hydraulischen Kraftanlage, sind nach mehreren Kriterien einteilbar:

- **Wirkungsweise:** Gleichdruck, Überdruck
- **Radform:** Radial, diagonal, axial
- **Bauweise:** Wellenlage senkrecht oder waagrecht
- **Wasserführung:** Schacht-, Spiral- (Beton, Stahl), Rohrturbinen (Bild 11-2)
- **Betriebsart:** Turbinen, Pumpenturbinen
- **Beaufschlagung:** Teil-, vollbeaufschlagt
- **Regelung:** Einfachregelung (Leitrad). Doppelregelung (Düse + Strahlablenker bzw. Leitrad plus Laufrad).

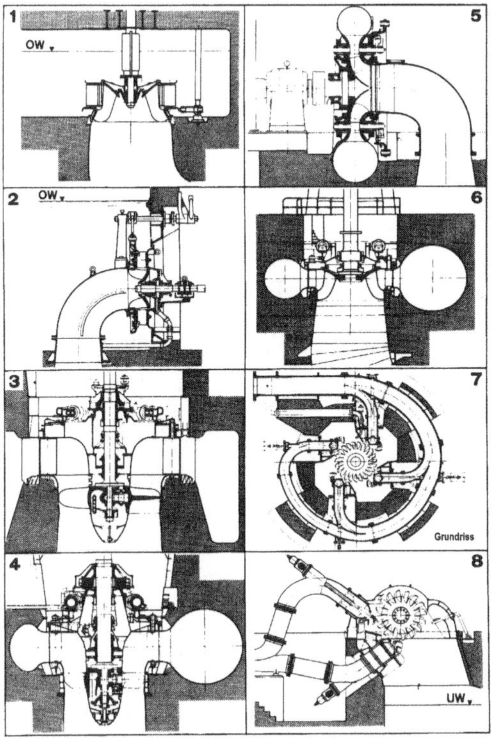

Bild 11-2 Bauformen von Wasserturbinen (VOITH).
1 und 2 FRANCIS-Schachtturbinen, 3 KAPLAN-Turbine mit Betonspiralgehäuse, 4 KAPLAN-Turbine mit Stahlblech-Spiralgehäuse, 5 und 6 FRANCIS-Spiralturbinen, 7 und 8 Freistrahlturbinen (PELTON)

Gemäß dem häufigsten Unterscheidungs-Kriterium – der Wirkungsweise – wird verfahren, also:

- Gleichdruck-Wasserturbinen:
  PELTON, MICHELL-OSSBERGER
- Überdruck-Wasserturbinen:
  FRANCIS, KAPLAN

Wasserturbinen werden heute gebaut bis Maschinenleistungen von ca. 400 MW bei PELTON-, ca. 500 MW bei KAPLAN- und ca. 800 MW bei FRANCIS-Ausführungen. Dafür notwendiges Laufrad bei

- PELTON-Turbine: Durchmesser ca. 5 m, Masse ca. 40 t
- FRANCIS-Turbine: Durchmesser ca. 8 m, Masse ca. 150 t
- KAPLAN-Turbine: Durchmesser ca. 10 m, Masse ca. 100 t

PELTON-, FRANCIS- und KAPLAN-Turbinen dienen fast ausschließlich zur öffentlichen Stromversorgung. MICHELL-OSSBERGER-Turbinen (Leistung bis ca. 1000 kW) dagegen sind an kleinen Wasserläufen zu finden und werden von Betrieben oft zur eigenen Energie-, d. h. Stromversorgung genutzt.

Tabelle 11-1 Übersicht über die wichtigsten Wasserturbinen (Bauformen).
Benennungen, Richtwerte für Kennzahlen (Reaktionsgrad r, spez. Drehzahlen n_y; n_q) und Gefälle H. Tendenzen für Durchsatz $\dot{V}$ sowie prinzipieller Aufbau von Leit-Laufrad-Kombination, der sog. Hydraulik. … bedeuten bis

Turbinenart	Kennzahl n_y [-]	Kennzahl n_q [min^{-1}]	Gefälle H [m]	$\dot{V}$	Radform (Prinzip)
PELTON-Läufer r = 0	0,003 … 0,045 (je Düse)	1 … 15	2000 … 100 (…50)	klein	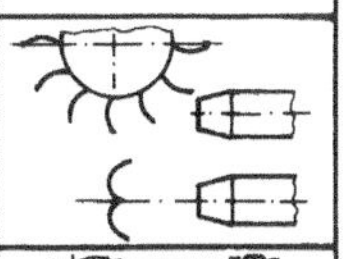
FRANCIS-Langsamläufer r ≈ 0,4	0,06 … 0,12	20 … 40	700 … 150		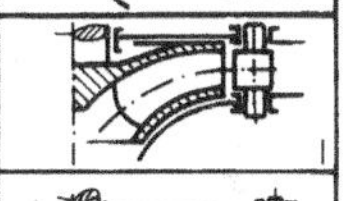 I
FRANCIS-Normalläufer r ≈ 0,4…0,6	0,12 … 0,24	40 … 80	150 … 80		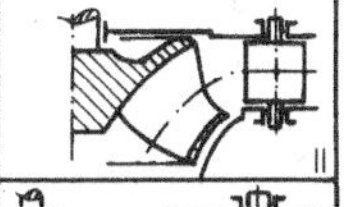 II
FRANCIS-Schnellläufer r ≈ 0,6…0,75	0,24 … 0,48	80 … 160	80 … 10 (… 3)		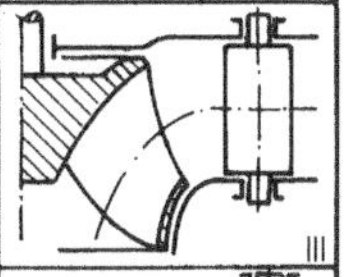 III
Propeller und KAPLAN-Läufer r ≈ 0,6…0,8	0,27 … 1,5	90 … 500	80 … 2 (…1)	groß	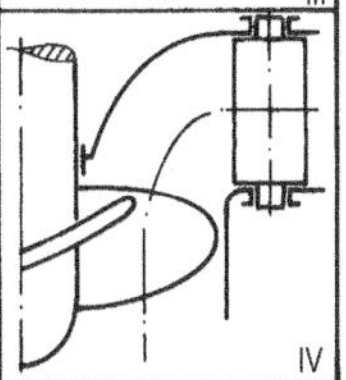 IV

Wasserturbinen sind heute immer einstufig und einflutig. Grund: Die Natur weist keine Wassergefälle auf, die mehrstufige Turbinen erfordern. Verschiedentlich wird das Gesamtgefälle treppenartig genützt, d. h. mehrere Turbinen kaskadenmäßig hintereinander angeordnet. Dadurch ist auch das unterhalb jedes Ober- bzw. Zwischensees vorhandene Wasserangebot in derjeweils nächsttiefer liegenden Stufe nutzbar. Bei großem Wasserstrom werden statt mehrflutiger Bauweise mehrere gleiche Turbinen nebeneinander angeordnet, was zudem erhöhte Betriebssicherheit der Gesamtanlage bringt. Beim Ausfallen einer Maschine liefert das Kraftwerk weiterhin die Leistung der übrigen Turbosätze. Auch kann zu Regelzwecken durch Herausnehmen, d. h. Stillsetzen, einer oder mehrerer Turbosätze die Leistung entsprechend vermindert werden, beispielsweise bei nächtlichen Niederlastzeiten. Entsprechendes gilt für Maschinenreparaturen.

Einen groben Überblick über die wichtigsten Wasserturbinenläufer gibt Tabelle 11-1. Die Übersicht ist das Gegenstück zu der für Kreiselpumpen (Tabelle 10-1). Genauere Auskunft über den für die jeweiligen Wasserangebots-Gegebenheiten (Durchsatz $\dot{V}$, Gefälle H) geeigneten Turbinenläufertyp sowie die gewinnbare Leistung gibt Bild 11-3. Aus dem Diagramm von Bild 11-4 geht der Einfluss der spezifischen Drehzahl ($n_q = 333 \cdot n_y$) auf die Radform deutlicher hervor als aus Tabelle 11-1. Bei KAPLAN-Läufern fällt dabei die Flügelzahl mit steigender Schnellläufigkeit von 8 auf 3.

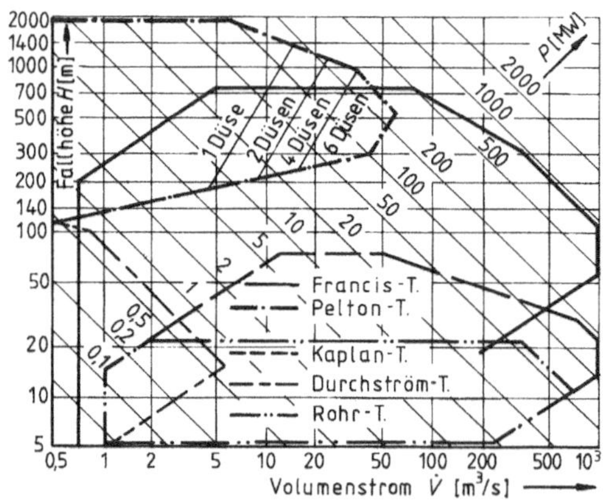

Bild 11-3 Einsatzbereiche der verschiedenen Wasserturbinentypen, abhängig von Durchsatz $\dot{V}$ und Gefälle H (ESCHER-WYSS)

Hinweis: Bei PELTON-Turbinen wird die spezifische Drehzahl immer auf eine Düse bezogen, sog. düsenbezogene Schnellläufigkeit:

$$n_y = n \cdot \dot{V}_{\text{Dü}}^{1/2} \cdot Y^{-3/4} = n \cdot (\dot{V} / j_{\text{Dü}})^{1/2} \cdot Y^{-3/4}$$

$$n_y = n \cdot \dot{V}^{1/2} \cdot Y^{-3/4} / \sqrt{j_{\text{Dü}}} = n_{y,\text{M}} / \sqrt{j_{\text{Dü}}} \quad (11\text{-}1)$$

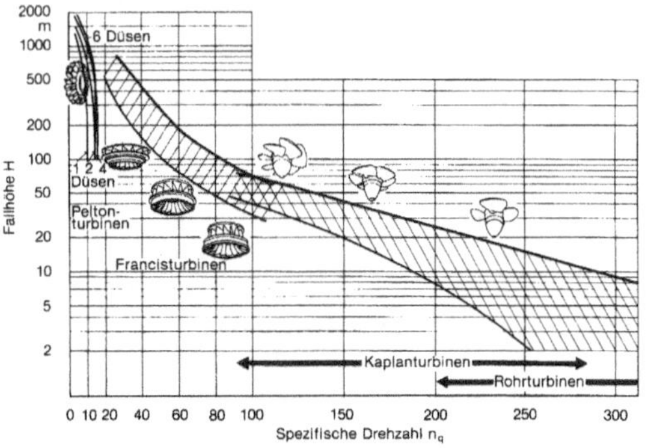

Bild 11-4 Anwendungsbereiche der verschiedenen Arten von Wasserturbinen, abhängig von der spezifischen Drehzahl $n_q = 333 \cdot n_y$ (VOITH)

Das Teillastverhalten der verschiedenen Wasserturbinentypen geht aus Bild 11-5 hervor. Aufgetragen sind die Wirkungsgrade, abhängig vom Beaufschlagungsgrad $\dot{V}_x / \dot{V}$ für Turbinen mittlerer Leistung. Alle Bauarten erreichen in der Spitze Wirkungsgrade von etwa 90 %. Großanlagen mit günstigen Einlauf- und Saugrohrverhältnissen erzielen sogar Wirkungsgrade bis 92 % (94 %). Des Weiteren folgt aus dem Diagramm:

- Jede Turbine benötigt einen Mindestdurchsatz, den **Leerlaufwasserstrom**, um die inneren und äußeren Verluste zu überwinden. Der Leerlaufwasserdurchsatz beträgt bei der PELTON-Turbine ca. 20 %, steigt mit wachsender spezifischer Drehzahl und erreicht bei FRANCIS-Turbinen bis etwa 30 %, bei KAPLAN-Turbinen sogar bis ca. 40 % des Nennlastvolumenstromes $\dot{V}$.
- Die Kurven werden umso steiler und damit das Wirkungsgradmaximum (Scheitel) umso spitzer, je höhere Schnellläufigkeit die Turbine aufweist.

Die Wirkungsgradkurven von PELTON-, jedoch auch KAPLAN-Turbinen verlaufen äußerst flach, weshalb sich der Wirkungsgrad im Beaufschlagungsbereich von 30 bis 100 % kaum ändert. Völlig anders verhalten sich schnellläufige Turbinen mit festen Schaufeln, weshalb sie für schwankende Wasserströme und zu Regelzwecken ungeeignet sind. Grund: Wie in Abschnitt 9.2.1.8 ausgeführt, sind die Stoßverluste beim Abweichen vom Auslegungspunkt umso größer, je höher die Schnellläufigkeit des Laufrades ist.

Dies tritt besonders deutlich beim Vergleichen der Wirkungsgradkurven von Propeller- und KAPLAN-Läufern auf. Verschwenken der KAPLAN-Laufradblätter beim Regeln vermeidet die Stoßverluste des Propellerrades. Die Laufschaufelstellung wird dabei den durch das Leitrad veränderten Strömungsverhältnissen angepasst. Bei PELTON-Turbinen ändert sich beim Regeln die Strahlrichtung nicht, weshalb auch hier keine Stoßverluste auftreten. Insgesamt gilt: PELTON-, KAPLAN- und FRANCIS-Langsamläufer eignen sich für sog. **Spitzenlastkraftwerke**. FRANCIS-Normal- und -Schnellläufer dagegen sollten nur bei den sog. **Grundlastkraftwerken** eingesetzt werden. **Laufwasserkraftwerke** sind jedoch – unabhängig von der eingesetzten Turbinenart – immer im Grundlastbereich tätig. Die hydraulische Energie muss gemäß dem zulaufenden Wasserangebot genützt werden.

- Wasserturbinen sind im Allgemeinen auf das Wirkungsgradmaximum bis ca. 92 % beim Beaufschlagungsgrad $\dot{V}_x/\dot{V} = 75 \ldots 85$ % ausgelegt. Dadurch verbleibt gewisser Überlastspielraum. Zudem ergibt sich infolge des meist geringen Wirkungsgradabfalles im Überlastbereich (flacher Kurvenverlauf) ein günstiges Regelverhalten.

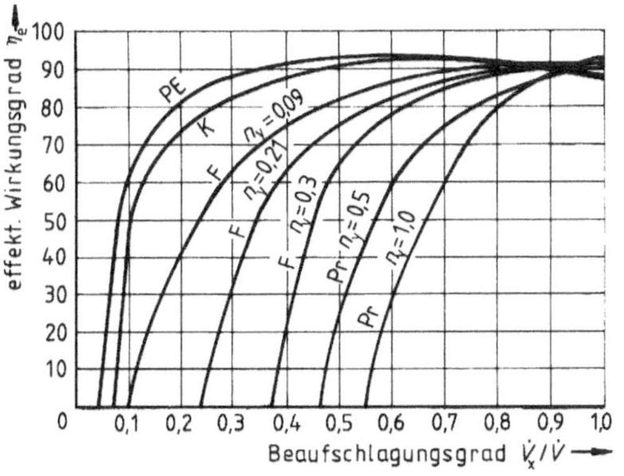

Bild 11-5 Genäherter Wirkungsgradverlauf für die einzelnen Turbinenbauarten. Effektiver Wirkungsgrad η_e, abhängig vom Beaufschlagungsgrad $\dot{V}_x/\dot{V}$. PE PELTON-, F FRANCIS-, K KAPLAN- und Pr Propeller-Turbine (Prinzipdarstellung). PE-Turbine hat günstigstes Regelverhalten (η_e-Verlauf).

Wie bei allen Kraftmaschinen steigt auch bei Wasserturbinen die Drehzahl beim Entlasten der Maschine nicht grenzenlos, sondern nur bis zur sog. **Durchgangsdrehzahl.** Wasserturbinen gehen also nur bedingt „durch", wenn infolge Abschalten des angetriebenen Generators das Lastmoment (kurz die Last) wegfällt. Die erreichte Durchgangsdrehzahl n_d ist jedoch wesentlich höher als die Betriebsdrehzahl n und bei den einzelnen Wasserturbinentypen verschieden (Tabelle 9-2):

- PELTON-T.: $n_d/n = 1{,}8 \ldots 1{,}9$ (theoretisch 2,0)
- FRANCIS-T.: $n_d/n = 1{,}6 \ldots 2{,}1$
- KAPLAN-T.: $n_d/n = 2{,}2 \ldots 2{,}8$

Turbinen- sowie Generatorläufer müssen der Fliehkraftwirkung bei Durchgangsdrehzahl n_d standhalten, und zwar auch bei größten Gefällen (obere Werte).

Vor allem Kavitation (besonders bei Schnellläufern), weniger Radreibung und Fliehkraft begrenzen die Umfangsgeschwindigkeit des Läufers; meist $u_{(a)} < 100$ m/s. Deshalb liegt die Drehzahl von Wasserturbinen fast immer unterhalb von ca. $1000\,\text{min}^{-1}$, bei großen Maschinen sogar weit darunter. Beispielsweise beträgt die Betriebszahl beim Laufraddurchmesser $D_{(a)} = 5$ m und $u_{(a)} = 100$ m/s etwa $n = u_{(a)}/(D_{(a)} \cdot \pi) = 100/(5 \cdot \pi)\ \text{s}^{-1} = 6{,}37\,\text{s}^{-1} \approx 380\,\text{min}^{-1}$. Andererseits ist eine möglichst hohe Betriebsdrehzahl anzustreben, damit der Raddurchmesser klein wird. Je höher die Drehzahl, desto geringere Abmessungen und daher Bauaufwand von Turbine sowie Generator sind notwendig.

11.2.2 Gleichdruck- oder Aktionsturbinen

11.2.2.1 PELTON-, Becher-, Freistrahl- oder Tangential-Turbinen

Wie ausgeführt, wird bei Gleichdruckwirkung (Aktionsprinzip) der gesamte Druck in der Leitvorrichtung in Geschwindigkeit umgesetzt. Die Laufschaufeln lenken den Fluidstrom nur um und entziehen ihm dabei kinetische Energie. Das Medium strömt dem Laufrad mit hoher Geschwindigkeit zu und verlässt es mit möglichst niedriger – theoretisch mit null, jedoch wäre dann kein Abströmen mehr gegeben. Das lässt sich besonders deutlich am PELTON-Rad, der Gleichdruckwasserturbine, zeigen (Bild 11-6). Der Fluidstrahl strömt dem PELTON-Becher mit der von der Düse erzeugten Geschwindigkeit $c_2 = c_{Dü}$ zu und verlässt ihn mit der Absolutgeschwindigkeit c_1. Bei angenommener Reibungsfreiheit, auch in der Düse, ist die von der Laufschaufel umgesetzte (aufgenommene) Energie und dazu der Energieumsetzungsgrad (Umfangswirkungsgrad η_u):

Düsenenergie:

$$Y_{Dü} = c_{Dü}^2/2; \quad Y_{Dü,th} = c_{Dü,th}^2/2$$

Schaufelenergie:

$$Y_{Sch} = c_2^2/2 - c_1^2/2 = c_{Dü,th}^2/2 - c_1^2/2$$

Umsetzgrad:

$$\eta_u = Y_{Sch}/Y_{Dü,th} = 1 - (c_1/c_{Dü,th})^2$$

Oder mit Gl. (7-120)

$$\eta_u = 1 - c_1^2/(2 \cdot Y_T), \quad \text{da } \varphi_{Dü} \approx 1$$

Bei Vernachlässigen des Freihangs und reibungsfreier, d. h. idealer Druckleitung ist für Gefälle H: $Y_T = g \cdot H$, weshalb $\eta_u = 1 - c_1^2/(2 \cdot g \cdot H)$

Da die absolute Abströmgeschwindigkeit c_1, wie erwähnt, nicht null werden darf, bleibt der Energieumsetzgrad auch theoretisch unter 100 %.

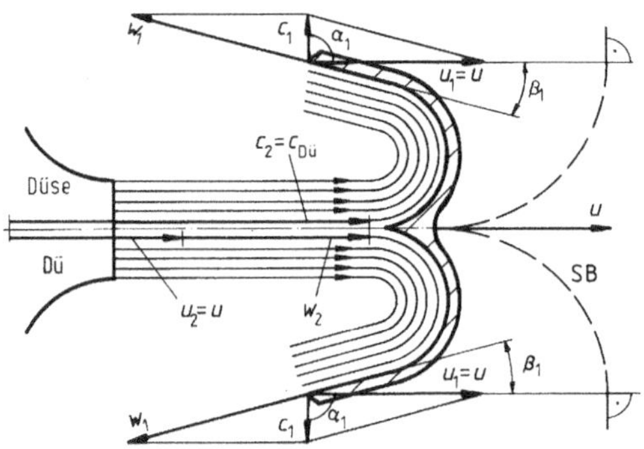

Bild 11-6 Geschwindigkeitsverhältnisse bzw. -pläne an der PELTON-Schaufel. SB Strombahn, d. h. Absolutweg der Fluidteilchen. $w_1 \approx w_2$, üblich $\beta_1 = 4 \ldots 7°$

Wie in [3] gezeigt, muss die Laufzahl $u/c_2 = u/c_{Dü}$, der Quotient von Laufrad-Umfangsgeschwindigkeit in Schaufelmitte zur Düsenaustrittsgeschwindigkeit, ein bestimmtes Verhältnis annehmen, wenn möglichst weitgehender (theoretisch vollständiger) Energieübertrag vom Fluidstrahl zum Laufrad erfolgen soll. Der Zusammenhang lässt sich jedoch auch mit der EULER-Gleichung und dem Geschwindigkeitsplan von Bild 11-6 verdeutlichen. Für die grundsätzliche Beziehung kann wieder Reibungsfreiheit zugrunde gelegt werden. Dann gilt:

$$Y_{Sch} = Y_{Sch\infty} = u_2 \cdot c_{2u} - u_1 \cdot c_{1u} = u \cdot (c_{2u} - c_{1u})$$

Nach Bild 11-6 ist für optimalen Energieumsatz:

$$\alpha_2 = 0 \rightarrow c_{2u} = c_2 \quad \text{und} \quad \alpha_1 = 90° \rightarrow c_{1u} = 0$$

weshalb hierfür:

$$Y_{Sch} = u \cdot c_2 = u \cdot c_{Dü,th}$$

Andererseits gilt für vollständigen Energieumsatz:

$$Y_{Sch} = Y_{Dü,th} = g \cdot H$$

Gleichgesetzt und nach der Energiegleichung

$$c_{Dü,th}^2/2 = Y_{Dü,th}$$

ersetzt, führt zu:

$$u \cdot c_{Dü,th} = c_{Dü,th}^2/2$$

Vereinfacht und umgestellt, ergibt die theoretische **Laufzahl**:

$$Lz_{th} = u/c_{Dü,th} = 0{,}5 \tag{11-2}$$

Infolge Reibung sowie Strahlaufbau zwischen Düse und der sich wegbewegenden Schaufel ist erfahrungsgemäß die **reale** oder **tatsächliche Laufzahl** von (einstufigen) Gleichdruckturbinen:

$$Lz = u/c_{Dü} = 0{,}43 \ldots 0{,}45 \tag{11-3}$$

Der theoretische, also reibungsfreie Zusammenhang zwischen Volumenstrom $\dot{V}_{th}$, Anlagen-Gefälle H und notwendigem Düsenaustrittsdurchmesser $D_{Dü}$ geht aus der Durchflussbeziehung hervor:

$$\dot{V}_{th} = \dot{V}_{Dü,th} = c_{Dü,th} \cdot A_{Dü,th} = \sqrt{2 \cdot Y_{Dü,th}} \cdot D_{Dü,th}^2 \cdot \pi/4$$

Umgestellt nach dem theoretischen Düsenaustrittsdurchmesser (ohne Kontraktion), wobei $Y_{Dü,th} \equiv Y_{th}$:

$$D_{Dü,th} = \sqrt{4/(\pi \cdot \sqrt{2})} \cdot \sqrt{\dot{V}_{th}/\sqrt{Y_{th}}}$$

$$D_{Dü,th} \approx 0{,}95 \cdot \dot{V}_{th}^{1/2} \cdot Y_{th}^{-1/4}$$

$$= 0{,}95 \cdot \dot{V}_{th}^{1/2} \cdot (g \cdot H)^{-1/4} \tag{11-4}$$

B 6 PELTON-Turbine für theoretischen Durchsatz $5\ m^3/s$ und Anlagengefälle 860 m

$$c_{Dü,th} = \sqrt{2 \cdot g \cdot H} = \sqrt{2 \cdot 9{,}81 \cdot 860}\ \sqrt{m^2/s^2}$$

$$\approx 130\ m/s$$

$$u = Lz_{th} \cdot c_{Dü,th} = 0{,}5 \cdot 130\ m/s = 65\ m/s$$

$$c_1 = w_1 \cdot \sin\beta_1 \approx w_2 \cdot \sin\beta_1 = (c_{Dü,th} - u) \cdot \sin\beta_1$$

$$c_1 = c_{Dü,th} \cdot (1 - u/c_{Dü,th}) \cdot \sin\beta_1 \quad \rightarrow \text{Bild 11-6}$$

$$= c_{Dü,th} \cdot (1 - Lz_{th}) \cdot \sin\beta_1$$

Bei angenommen $\beta_1 = 5°$ wird:

$$c_1 = 130 \cdot (1 - 0{,}5) \cdot \sin 5°\ m/s = 5{,}7\ m/s$$

$$\eta_u = 1 - (5{,}7/130)^2 = 0{,}998 \approx 1{,}0 \quad (\text{da } Lz_{th}!)$$

$$D_{Dü,th} \approx 0{,}95 \cdot 5^{1/2} \cdot (9{,}81 \cdot 860)^{-1/4}$$

$$\times (m^3/s)^{1/2} \cdot ((m/s^2) \cdot m)^{-1/4}$$

$$D_{Dü,th} \approx 0{,}22\ m$$

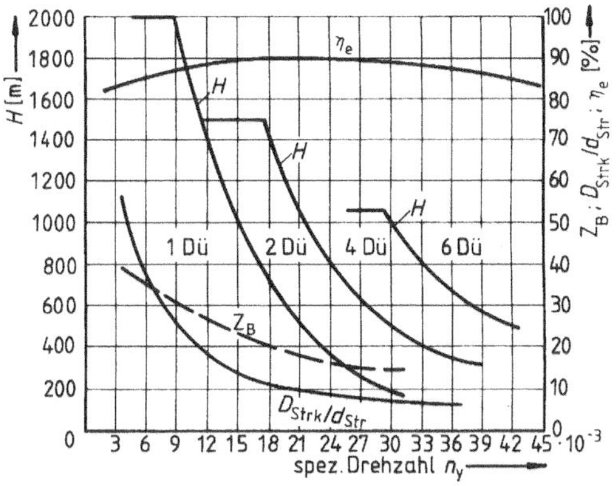

Bild 11-7 Günstige Verhältnisse für PELTON-Turbinen (Richtwerte), abhängig von der auf die einzelne Düse bezogenen spezifischen Drehzahl $n_y = n_{y,M}/\sqrt{j_{Dü}}$ und dabei für $j_{Dü} = 1, 2, 4$ und 6 Düsen (Dü) nach KEYL-HÄCKERT. Bereiche zwischen den Kurven gelten jeweils für eingetragene Dü-Zahl

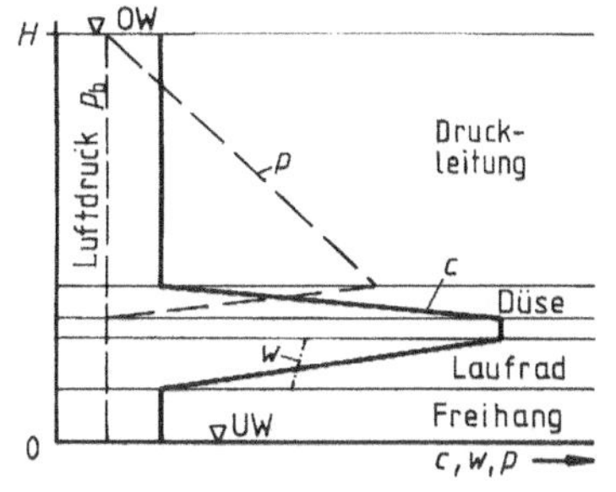

Bild 11-8 Änderung von Druck p, Absolutgeschwindigkeit c und Relativgeschwindigkeit w des Wasserstromes in Gleichdruck-Wasserturbinenanlage

Zur Information enthält Bild 11-7 Richtwerte der günstigen Verhältnisse bei PELTON-Turbinen. Dabei ist an der Abszisse die düsenbezogene Schnellläufigkeit $n_y = n_{y,M}/\sqrt{j_{Dü}}$ aufgetragen.

Der prinzipielle Verlauf von absolutem Druck, absoluter und relativer Strömungsgeschwindigkeit des Fluids auf dem Weg vom Oberwasserspiegel OW zum Unterwasserspiegel UW hydraulischer Turbokraftanlagen mit Gleichdruckturbinen geht aus Bild 11-8 hervor.

In Abschnitt 6.2.5.2 sind Schaufeln (Becher) und in 7.3.2.1 Düsen für PELTON-Turbinen dargestellt. Zu diesen wichtigen Bauteilen kommen wieder Radkörper, Welle, Lager, Dichtungen, Regeleinrichtungen und Gehäuse.

Entwickelt wurden die PELTON-Turbinen um 1880 von PELTON [1)]. Wegen des nach dem Verlassen der Düse nicht mehr geführten Strahles werden sie auch als Freistrahlturbinen oder wegen den becherartigen Schaufeln als Becherturbinen bezeichnet; infolge der tangentialen Laufrad-Zuströmung (Düse) auch Tangentialturbine genannt. PELTON-Turbinen finden vor allem für große Gefälle (Tabelle 11-1) und infolge problemloser Teilbeaufschlagung für kleine, jedoch auch für große Wasserströme bis über $10\,m^3/s$ Anwendung. Wegen ihrer flachen Wirkungsgradkurve (Bild 11-5) sind Becherturbinen, wie ausgeführt, gut für Regelzwecke geeignet. Bei Gefälle unter etwa 600 m werden Freistrahlturbinen heute oft von FRANCIS-Turbinen verdrängt. Beispiel für sehr großes Gefälle: Reißeck Österreich, $H = 1\,765\,m$, $\dot{V} = 14\,m^3/s$, eindüsige PELTON-Turbine gemäß Bild 11-9 mit $n = 750\,min^{-1}$ und $P_e = 22{,}8\,MW$.

Bei PELTON-Turbinen besteht praktisch keine Kavitationsgefahr. Die mögliche Umfangsgeschwindigkeit ist daher durch die Läuferfestigkeit begrenzt. Infolge der hohen, schwellend, ja stoßartig wirkenden Strahlkräfte ist der für die Fliehkraft freie Festigkeitsanteil des Schaufelfußes beschränkt. Die Umfangskraft (Biegewirkung) wächst beim Eintritt der Schaufel in den Strahl von null bis zum Maximalwert und fällt dann wieder auf null beim Austritt ab. Die Strahlkraft ($\beta_1 \approx 4\ldots 7° \rightarrow \cos\beta_1 \approx 1$)

$$F_{Str} = P_{Str}/u = \dot{m}_{Str} \cdot Y/u$$

$$= \varrho \cdot \dot{V}_{Str} \cdot (c_{Dü} - u) \cdot (1 + \cos\beta)$$

$$F_{Str} \approx 2 \cdot \varrho \cdot \dot{V}_{Str} \cdot (c_{Dü} - u) \qquad (11\text{-}5)$$

ändert sich zudem linear mit der Umfangsgeschwindigkeit. Beim Anfahren der Maschine erreicht die Strahlkraft daher ihren Höchstwert und fällt bis zur Durchgangsdrehzahl etwa auf null ab. Die Fliehkraft (Zugbeanspruchung) dagegen steigt quadratisch mit der Raddrehzahl. Beide Kräfte überlagern sich und führen so zu hoher Schaufelbelastung bei allen Drehzahlen.

Konstruktive Merkmale neuerer PELTON-Turbinen:

Düsen

Anzahl: 1 bis 6 je nach Volumendurchsatz

[1)] PELTON, L. A., USA (1829–1908).

Aufbau: Düsenkopf, Düsennadel sowie Strahlablenker auswechselbar und aus rostfreiem Chromstahl (Cr $\geqq$ 13 %). Belastet auf Verschleiß (Sand) und Korrosion.

Bremsdüse: Zum Abbremsen des Rotors beim Stillsetzen der Maschine, zur Inspektion oder Außerbetriebnahme, dient eine kleine Bremsdüse. Der Bremsdüsenstrahl trifft auf die Rückseite der Becher und bremst dadurch das Laufrad ab.

Wellenlage

Waagrechte Welle bei 1 und 2 Düsen. Senkrechte Welle bei 3 bis 6 Düsen. Der Maschinendurchmesser wird bei hoher Düsenzahl für waagrechte Ausführung (Wellenanordnung) zu groß.

Laufrad

Geringe Belastung, $u < 35\,\text{m/s}$, d. h. Gefälle H bis etwa 250 m ($H = c_2^2/(2 \cdot g) = (2 \cdot u)^2/(2 \cdot g) = 2 \cdot u^2/g$)). Laufräder aus Stahlguss und gebaute Ausführung. Das bedeutet, Becher getrennt gefertigt und mit Radkern durch Passschrauben verbunden.

Große Belastung:

Laufräder aus legiertem Stahlguss (Cr $\geqq$ 13 %) und aus einem Stück. Das bedeutet, Becher zusammen mit Radkern in einem Stück gegossen. Kompliziertes Bearbeiten notwendig oder Auftragsschweißung.

Gehäuse

Trägt über Lager den Rotor und verhindert Austreten von Spritzwasser. Schweißkonstruktion. Bei waagrechter Ausführung Maschinengehäuse in Wellenmitte geteilt.

Regelung

Kleinere Turbinen: Außengeregelte Düsen, d. h. Düsennadel wird durch nach außen geführte Stange bewegt.

Größere Turbinen: Innengeregelte Düsen, das bedeutet, Düsennadel wird durch innenliegenden (in Wasser) Servomotor (Wasserhydraulik-Zylinder) bewegt.

Nach Bild 11-4 und Tabelle 11-1 besteht zwischen $n_q = 15 \ldots 20\,\text{min}^{-1}$, entsprechend $n_y = 0{,}045 \ldots 0{,}06$, eine Lücke. Für diesen Bereich scheint es keine Wasserturbine zu geben. Dies ist jedoch nur vordergründig richtig. Genau betrachtet ergibt sich die Lücke durch Beziehen der spezifischen Drehzahl bei PELTON-Turbinen auf die einzelne Düse. Der fehlende Bereich lässt sich durch mehrdüsige Freistrahl-Maschinen mit $n_{y,\text{M}} = n_y \cdot \sqrt{j_{\text{Dü}}}$, gemäß Gl. (4-77) bei $i = 1$, überbrücken und dadurch den Anschluss an die FRANCIS-Turbinen erreichen.

Hinweis: Zum echten n_y-Vergleich mit den anderen immer vollbeaufschlagten Wasserturbinen müsste auch bei PELTON-Turbinen in die Beziehung für die spezifische Drehzahl der Volumenstrom eingesetzt werden, der sich bei Vollbeaufschlagung ergäbe. Dies wird jedoch unterlassen, da bei Becherturbinen Vollbeaufschlagung nie vorliegt, ja nicht möglich ist. Der andere Weg, d. h. Bezug auf die einzelne Düse, wird deshalb vorgezogen.

Die folgenden Bilder zeigen verschiedene Ausführungen von PELTON-Turbinen.

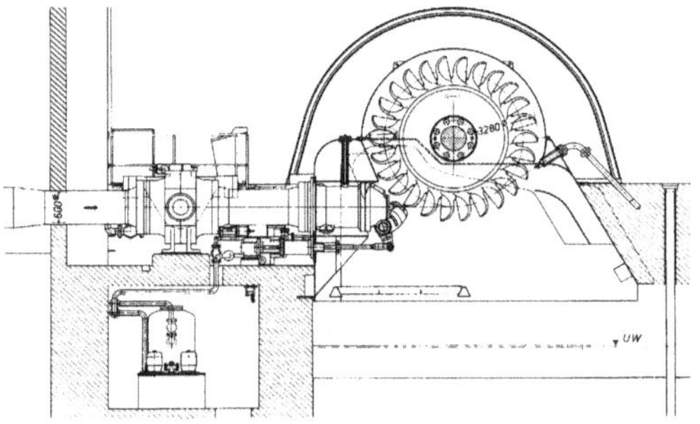

Bild 11-9 PELTON-Turbine mit horizontaler Welle und einer innengesteuerten Düse mit Strahlablenker sowie rechts vom Laufrad eine Bremsdüse. Am Einlauf als Absperrorgan ein Kugelschieber (VOITH). Betriebsdaten: Nutzfallhöhe 1129 m, Wasserstrom 6,18 m³/s, Drehzahl 500 min⁻¹, Leistung 61 MW

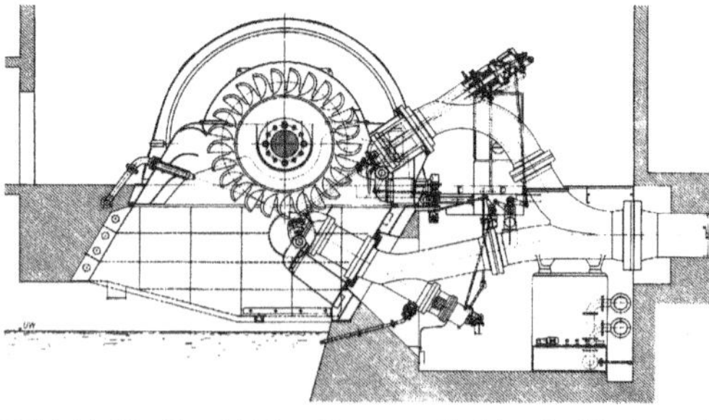

Bild 11-10 Zweidüsige PELTON-Turbine in Horizontalausführung mit außengesteuerter Düse (VOITH). Daten: $H = 940\,\text{m}$, $\dot{V} = 4{,}42\,\text{m}^3/\text{s}$, $n = 500\,\text{min}^{-1}$, $P_e = 50\,\text{MW}$. $D_{\text{StrK}} = 2{,}54\,\text{m}$

In Bild 11-9 ist eine eindüsige PELTON-Turbine in Waagrechtausführung dargestellt. Strahlablenker mit Antrieb und Bremsdüse sind deutlich erkennbar. Der

Gitterrost unterhalb der Düse verhindert die Wellenbildung im Unterwasser, die sonst durch das vom Laufrad abströmende Wasser verursacht würde.

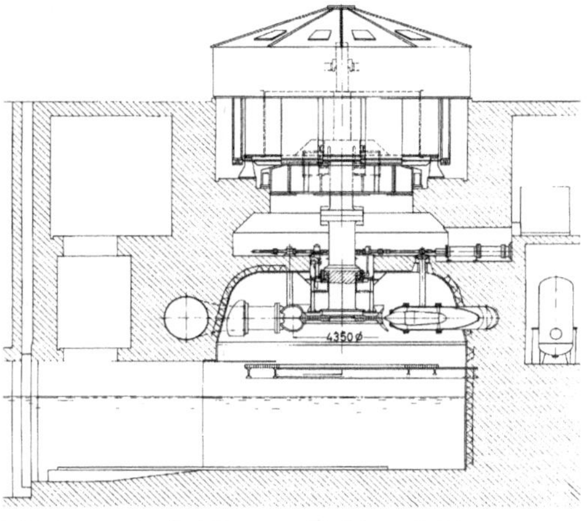

Bild 11-11 Vertikal-PELTON-Turbine mit 6 innengesteuerten Düsen, Längsschnitt (VOITH). Betriebsdaten: $H = 413\,\text{m}$, $\dot{V} = 46{,}12\,\text{m}^3/\text{s}$, $n = 180\,\text{min}^{-1}$, $P_e = 167\,\text{MW}$

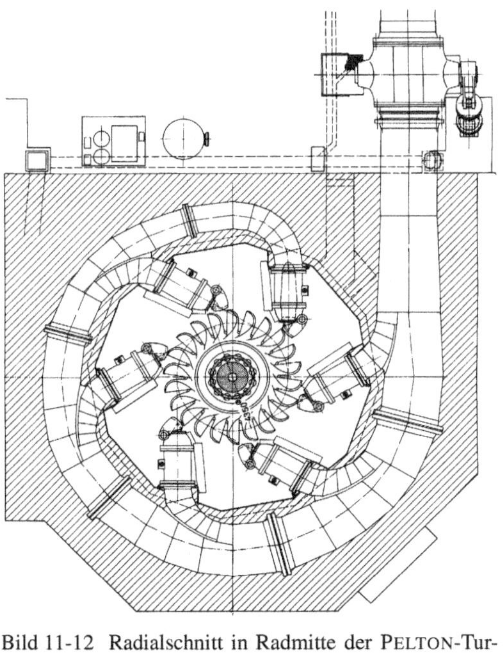

Bild 11-12 Radialschnitt in Radmitte der PELTON-Turbine von Bild 11-11

Die zweidüsige PELTON-Turbine von Bild 11-10 ist ebenfalls mit waagrechter Welle ausgeführt. Die beiden außengesteuerten Düsen werden durch ein so genanntes Hosenrohr mit Treibwasser versorgt. Das Laufrad ist fliegend angeordnet und mit der Generatorwelle durch Passschrauben über einen Radialflansch verbunden.

Bilder 11-11 und 11-12 zeigen eine sechsdüsige PELTON-Turbine in senkrechter Ausführung. In Bild 11-11 ist der Längsschnitt und in Bild 11-12 der Querschnitt durch die Laufradmitte dargestellt. Die Düsen werden mittels Ringleitung von abschnittsweise entsprechend dem Volumenstrom verminderten Durchmesser mit Triebwasser versorgt. Die Hauptleitung zur Turbine ist durch einen Kugelschieber absperrbar. Die Strahlablenker werden durch gemeinsamen Hydraulikantrieb betätigt. Die Düsen sind innengeregelt und auf der Gegenseite zu den Strahlablenkern mit Abweisblechen versehen, welche das aus dem Laufrad austretende Wasser ablenken. Zwischen Maschine und Unterwasserkanal ist ein Strahlenergievernichter für das abströmende Wasser angeordnet.

11.2.2.2 MICHELL-OSSBERGER- oder Durchströmturbine

Die Durchströmturbine wurde 1903 von A. G. M. MICHELL erfunden, von Prof. BANKI (Ungarn) weiterentwickelt und 1917 zur Anwendung vorgeschlagen. Firma OSSBERGER brachte die Turbine auf den heutigen technischen Stand und baute bisher über 7000 Anlagen für weltweiten Einsatz. Die Turbine trägt daher mehrere Namen. Entweder nach ihren Erarbeitern MICHELL-BANKI-Turbine, MICHELL-OSSBERGER-Turbine, OSSBERGER-Turbine, oder nach ihrer Wirkungsweise Durchströmturbine.

Die Durchströmturbine ist einfach aufgebaut und daher robust sowie wartungsarm.

Prinzip: Die OSSBERGER-Turbine ist eine radiale, teilbeaufschlagte Freistrahlturbine. Gemäß ihrer spezifischen Drehzahl zählt sie zu den Langsamläufern. Der Wasserstrahl, der durch den Leitapparat (zwei Düsen) einen rechteckigen Querschnitt erhält, durchströmt den Schaufelkranz des walzenförmigen Rotors – **Trommelläufer** – zuerst von außen nach innen und dann, nach Durchqueren des Radinnern, nochmal von innen nach außen (Bilder 11-13 und 11-14). Die Funktionsweise der Durchströmturbine ist daher mit der des Querstromlüfters (Abschnitt 10.3.6.1) vergleichbar. Bedingt durch die Beaufschlagungsart entsteht kein Achsschub.

Regelung: Die Profilleitschaufel, welche die Düsen abteilt, ist schwenkbar. Dadurch ändert sich der Düsenquerschnitt. Da die Drehschaufel genau (spaltfrei) im Gehäuse eingebaut ist, kann sie bei Ausführungen bis etwa 50 m Fallhöhe auch als Absperrorgan dienen, was einen Spezialschieber ersetzt. Der walzenförmige Rotor und die Rechteckdüsen sind längs in zwei Zellen unterteilt, von denen die größere das doppelte Schluckvermögen der kleineren aufweist. Dadurch sind gewissermaßen zwei Wasserturbinen nebeneinander in gemeinsamem Gehäuse untergebracht. Der betriebstechnische Vorteil dieser Bauweise ist die große Anpassungsfähigkeit an stark schwankende Wasserströme bei gleich bleibend hohem Wirkungsgrad, also gutes Teillastverhalten.

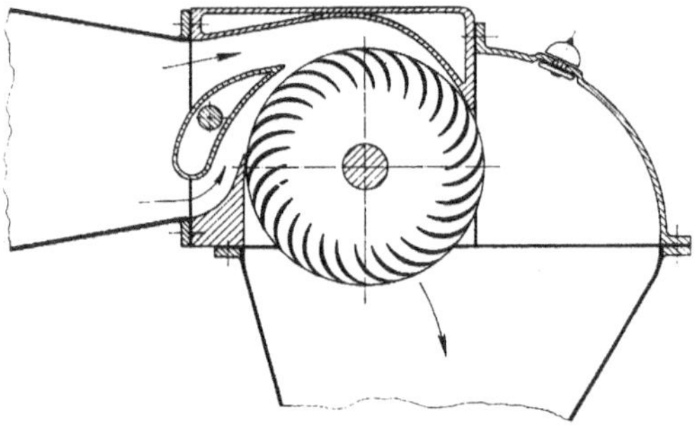

Bild 11-13 Durchströmturbine, Querschnitt mit Strömungsverlauf, Zufluss horizontal (OSSBERGER)

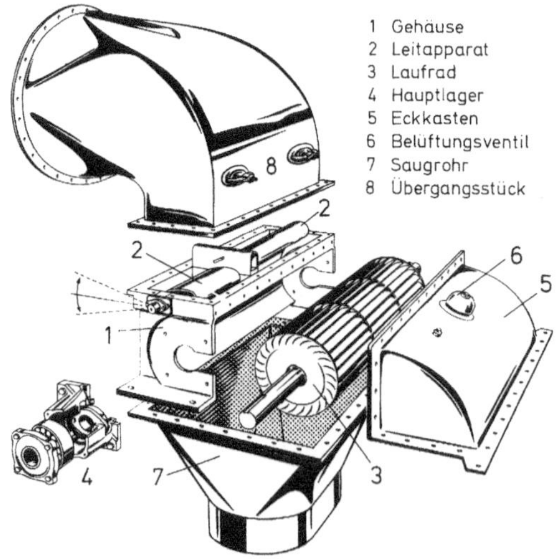

Bild 11-14 Aufbau einer zweizelligen Durchströmturbine mit vertikalem Zufluss. Leitschaufeln 2 schwenkbar

Je nach Wasserangebot und Energiebedarf werden entweder beide Zellen gleichzeitig oder jeweils nur die große oder die kleine durch die beiden getrennt steuerbaren Leitschaufeln mit Treibwasser beaufschlagt.

Im Gegensatz der PELTON-Turbine ist die OSSBERGER-Turbine mit einem Saugrohr ausrüstbar. Besonders bei niedrigen Gefällen (bis herab auf 1 m) erweist sich das Saugrohr als notwendig, wenn bei hochwassersicherem Einbau die verfügbare Gesamtfallhöhe genützt werden soll. Ein Belüftungsventil ermöglicht das Regulieren des „Vakuums“ und Belüften beim Stillsetzen der Anlage.

Einsatzbereich: Je nach Ausführung:

Wasserströme	$\dot{V} = 0{,}02\ldots 10\,\mathrm{m^3/s}$
Gefälle	$H = 1\ldots 200\,\mathrm{m}$
Leistung	$P = 20\ldots 1000\,\mathrm{kW}$
Drehzahl	$n = 50\ldots 2000\,\mathrm{min^{-1}}$
spez. Drehzahl	$n_y = 0{,}03\ldots 0{,}25$
Durchgangsdrehzahl	$n_d = 1{,}8\cdot n$

Wirkungsgrad: Maximalwert 84 ... 88 %. Im Beaufschlagungsgrad 20 ... 100 % ist $\eta_e \geqq 0{,}8$.

Aufbau: Ganzstahl-Bauweise (geschweißt), robust, stoß- sowie rostfest und nicht so schwer wie Gusskonstruktion.

11.2.3 Überdruck- oder Reaktionsturbinen

11.2.3.1 Gemeinsames

FRANCIS-, Propeller- und KAPLAN-Turbinen arbeiten nach dem Überdruckprinzip (Reaktionswirkung). Wie aus Tabelle 11-1 hervorgeht, liegt der Reaktionsgrad r (Gl. (4-37) ff.) je nach Ausführung zwischen etwa 0,4 und 0,85. Das Überdruckprinzip, bei dem ein Teil des Gefälles im Leitrad, der $(1-r)$-te Teil, und der Rest – der r-te Teil – im Laufrad in Geschwindigkeit umgesetzt wird, geht nochmals aus Bild 11-15 hervor, analog zu Bild 11-7 für das Gleichdruckprinzip. In Bild 11-15 für die Überdruckwirkung sind wieder Druck- und Absolutgeschwindigkeitsverlauf von Ober- (OW) bis Unterwasserspiegel (UW) sowie der Relativgeschwindigkeitsverlauf im Laufrad qualitativ aufgetragen. Infolge weiteren Druckabbaues im Laufrad erhöht sich die relative Strömungsgeschwindigkeit des Triebwassers, was zur Rückstoßwirkung beim Austritt aus dem Laufrad führt. Vorteilhaft ist die bessere

Strömungsführung und geringere notwendige Umlenkung. Deutlich zeigt sich auch die Wirkung des Saugrohres (Abschnitt 7.3.2.2), mit dem alle Überdruckwasserturbinen ausgerüstet sind. Das Saugrohr bewirkt künstliches Herabsetzen des Druckes nach dem Laufrad und Zurückverwandeln der Strömungsenergie auf dem Weg zum Unterwasser in Druck(-energie). Im Saugrohr kann jedoch, besonders bei Teillast, eine drallbehaftete Abströmung auftreten; verursacht Instabilität und Geräusche. Dabei bildet sich ein Wirbelkern, der abhängig von den bestehenden Druckverhältnissen aus Wasser oder Dampf besteht. Diese Gesamterscheinung wird als **Trägheitsablösung** bezeichnet und begründet sich nach dem **Gesetz der kleinsten Wirkung** [3], dem Produkt von kinetischer Energie und Zeit, also Masse mal Geschwindigkeit mal Weg.

Alle Überdruck-Wasserturbinen sind mit den sog. FINK'schen Drehschaufeln (Abschnitt 7.3.2.2) als Leitvorrichtung ausgerüstet.

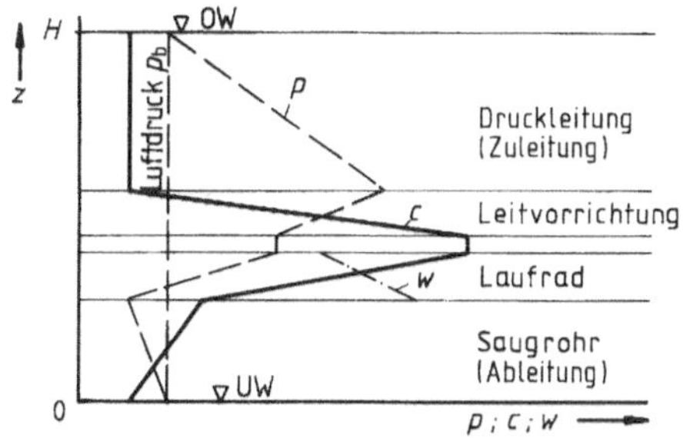

Bild 11-15 Verlauf von Druck p, Absolutgeschwindigkeit c und Relativgeschwindigkeit w des Wasserstroms in Überdruck-Wasserturbinenanlage

11.2.3.2 FRANCIS-Turbinen

Wie aus Tabelle 11-1 hervorgeht, werden FRANCIS-Turbinen je nach spez. Drehzahl in Radialbauweise (Langsamläufer) bis Halbaxialausführung (Schnellläufer) verwirklicht. Das Wasser strömt über die Leitvorrichtung von außen radial zu und verlässt das fliegend gelagerte Laufrad innen axial. Die ersten Turbinen dieser Bauart entwickelte und baute FRANCIS[1)] um 1850. Infolge großer Gefällespannweite (2 ... 700 m, Tabelle 11-1) und bedingt durch das natürliche Wasserangebot (Fallhöhe, Mengenstrom) ist FRANCIS-Bauweise die heute am häufigsten eingesetzte Wasserturbine. An den Rändern der durch die Schnellläufigkeit festgelegten Anwendungsbereiche überschneidet sich die FRANCIS-Turbine nach unten mit der PELTON- und nach oben mit der KAPLAN-Turbine. In jedem Grenzfall muss deshalb abgeklärt werden, welcher Maschinentyp vorteilhafter ist. Allgemein geht der Trend zu spez. schnellläufigeren Turbinen, die kleiner und leichter bauen. Die dabei meist höhere Drehzahl bringt auch Vorteile für den angetriebenen Generator. Die Kavitationsgefahr bestimmt dabei die Grenze. Unterhalb $n_y \approx 0{,}06$ ergeben sich bei FRANCIS-Turbinen jedoch radiale Laufräder mit sehr engen Kanälen und deshalb stark verschlechtertem Wirkungsgrad. Die bei Pumpen mögliche Mehrstufenanordnung kann bei Wasserturbinen entfallen, weil hier der Übergang zur PELTON-Turbine mit Teilbeaufschlagung möglich ist, was außerdem zu besserem Wirkungsgrad führt.

Zusammengefasst ergibt der Vergleich zwischen FRANCIS- und PELTON-*Turbine:*

Vorteile der FRANCIS-Turbine

- Höhere Drehzahl. Daher kleinere Abmessungen von Turbine und Generator. Raumbedarf (Gebäude) entsprechend geringer.
- Kein Freihang notwendig (Saugrohr).

Nachteil der FRANCIS-Turbine

- Ungünstigeres Regelverhalten (Bild 11-5).

FRANCIS- und KAPLAN-*Turbine:*

- Bezüglich Drehzahl und Abmessungen fast keine Unterschiede. Kavitationsverhalten von KAPLAN-Turbine ungünstiger, da schnellläufiger.
- Teillastverhalten von KAPLAN-Turbine besser (Bild 11-5). Infolge Laufschaufelverstellung kaum Stoßverluste.

Konstruktive Einzelheiten von FRANCIS-Turbinen

Spiralgehäuse:

Kleine Gefälle (bis ca. 200 m): Grau- oder Stahlguss

Große Gefälle ($H > 200$ m): Stahlguss oder Schweißkonstruktion und Spirale mit Stützschaufeln verstärkt.

Laufrad:

Fest angeordnete, räumlich gekrümmte Schaufeln (bis etwa 24 bei $\beta_2 \approx 90°$) zwischen Nabe und Außenkranz. Kleinere Laufräder gegossen (GG, GS, NE-Metalle selten). Größere und große Laufräder

1) FRANCIS, J. B., USA (1815–1892).

Schweißkonstruktionen in Stahl oder 13 %-Chromstahl (heute meist üblich). Achsschubkompensation in der Regel durch Ausgleichsbohrungen. Zulässige Umfangsgeschwindigkeit bei Grauguss bis 50 m/s und bei Stahl bis 150 m/s. Läufer durch Sandschliff und Kavitation belastet. Auf Abschnitt 6.1.5.3 wird hingewiesen.

Leitvorrichtung:

Einzelne profilierte Leitschaufeln aus GG (bis $H \approx 60$ m) bzw. Stahlguss, Bronze oder nicht rostender Stahl (Cr $\geqq$ 13 %) für große Gefälle ($H > 60$ m). Leitschaufeln in Bronze- oder Kunststofflager (Teflon) schmierungsfrei im Gehäuse schwenkbar geführt. Sandschliff des Triebwassers bewirkt Verschleiß. Hinweis auf Abschnitt 7.3.2.2.

Regelung:

Gesamtregelung: Alle Leitschaufeln über Lenker (Hebel) mit Regulierring verbunden. Gemeinsames Verstellen durch Drehen des Regulierringes; meist hydraulisch über Servozylinder. Hohe Verstellkraft notwendig. An jedem Leitschaufel-Lenker Brechbolzen oder Überlastkupplung erforderlich, um beim Verklemmen, beispielsweise infolge eines von der Strömung mitgerissenen Holzstückes, Schäden durch Verbiegen zu verhindern. Nachteil: Aufwand für den Austausch gebrochener Brechbolzen bzw. Rückstellen der Überlastkupplung.

Einzelregelung: Jede Leitschaufel wird durch eigene Hydraulikzylinder betätigt.

Vorteil: Keine Brechbolzen bzw. rückstellbare Überlastkupplung notwendig. Jeder Hydraulikzylinder öffnet bei wachsendem Widerstand kurzzeitig unabhängig von den anderen selbsttätig, weshalb Verklemmen nicht auftreten kann.

Nachteil: Aufwendige Hydraulik notwendig.

Dichtungen:

Laufrad-Gehäuse: Labyrinthe

Welle-Gehäuse: Kohleringstopfbuchse

Leitschaufelachsen-Gehäuse: Dichtungsmanschetten (Kunststoff wassergeschmiert).

Lagerung:

Rotor meist fliegend in Gleitlagern geführt. Bei senkrechten Maschinen großes Axiallager (Spurlager) notwendig, das den gesamten Läufer einschließlich Generatorrotor trägt. Als Drucklager dienen sog. Klotz-, Segment- oder MICHELL-Drucklager. Diese Spurlager nützen den hydrodynamischen Schmiereffekt und können außerordentlich hohe Axialkräfte aufnehmen, z. B. beim Durchmesser von etwa 2,5 m bis ca. 25 MN. Wie bei Radiallager erfolgt das Anfahren dieser Spurlager bei Turbinen hydrostatisch, d. h. mit entsprechend hohem, durch Pumpen erzeugtem Öldruck. Weitergehendes muss aus Platzgründen dem Spezialschrifttum vorbehalten bleiben.

Ausführungen von FRANCIS-Turbinen

Spiralenlose FRANCIS-*Turbinen:* Angewendet für kleinere Leistungen bis ca. 2 MW und Gefälle bis etwa 10 m. Gebaut als Schachtturbine (Bild 11-2,1 sowie 11-1) und Wandturbine (Bild 11-2,2). Außer dem Laufrad liegt der gesamte Leitapparat (einschließlich Betätigungsvorrichtung) im Wasser. Daher auch die Bezeichnung **Innenregelung**.

Vorteile:

- kein Spiralgehäuse notwendig
- einfacher Aufbau
- keine Gehäusedichtungen erforderlich.

Nachteile:

- aufwendige Bauwerke
- starke Abnutzung
- Wartung und Reparatur schwierig.

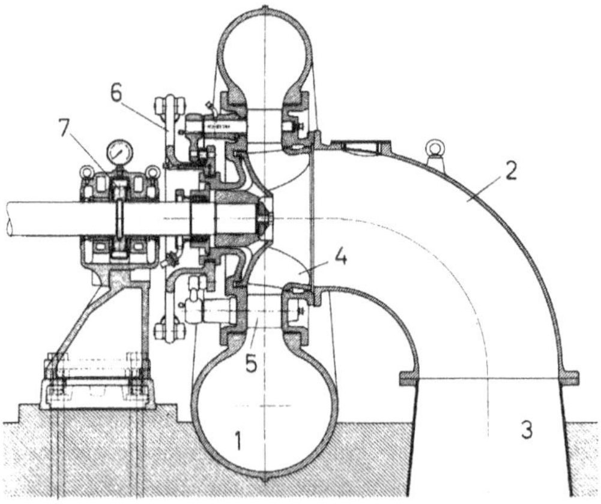

Bild 11-16 Kleine FRANCIS-Spiralturbine in Waagrecht-Ausführung mit Grauguss-Gehäuse (VOITH). 1 Spirale, 2 Abflusskrümmer, 3 Saugrohr, 4 Laufrad, 5 Leitschaufel, 6 Leitschaufelantrieb, 7 kombiniertes Axial-Radial-Lager. Betriebsdaten: $H = 45$ m, $\dot{V} = 1{,}58\ \text{m}^3/\text{s}$, $n = 720\ \text{min}^{-1}$, $P_e = 580$ kW, $D_{SM} = 520$ mm

Da die Nachteile überwiegen, werden vollständig im Wasser liegende FRANCIS-Turbinen kaum noch gebaut.

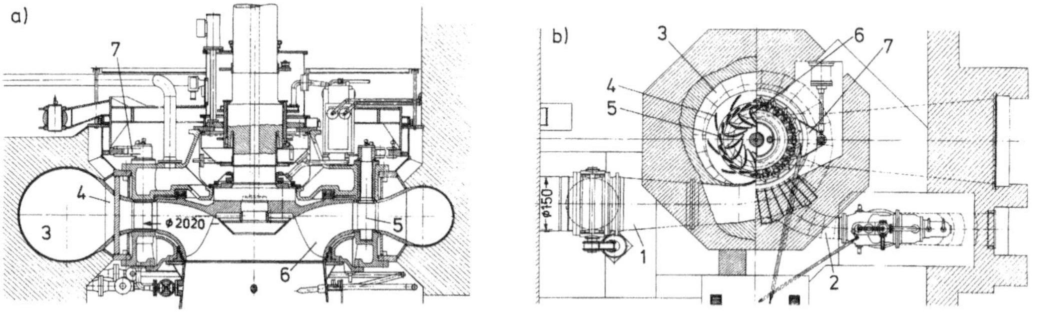

Bild 11-17 FRANCIS-Spiralturbine mit vertikaler Welle (VOITH). a) Axialschnitt (Meridianschnitt), b) Radialschnitt (Grundriss). 1 Zuleitung, 2 Bypassleitung, 3 Spirale, 4 Stützschaufeln, 5 Leitschaufeln, 6 Laufschaufeln, 7 Leitrad-Verstelleinrichtung. Betriebsdaten: $H = 182\,\text{m}$, $\dot{V} = 11{,}03\,\text{m}^3/\text{s}$, $n = 450\,\text{min}^{-1}$, $P_e = 17\,820\,\text{kW}$

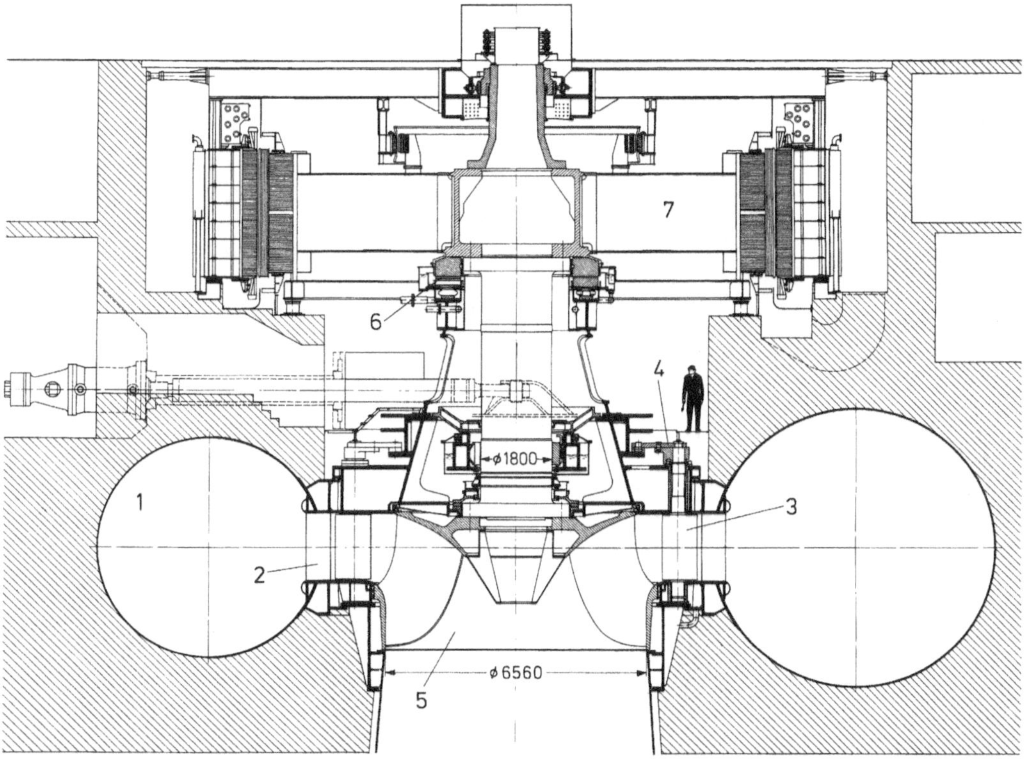

Bild 11-18 Große FRANCIS-Spiralturbine in Vertikalausführung für Cabora-Bassa, Moçambique (VOITH). 1 Spirale, 2 Stützschaufeln, 3 Leitschaufeln, 4 Leitschaufelantrieb, 5 Laufrad, 6 Spurlager, 7 Generatorrotor. Betriebsdaten und Hauptabmessung: $H = 113{,}5\,\text{m}$, $\dot{V} = 415\,\text{m}^3/\text{s}$, $n = 107{,}1\,\text{min}^{-1}$, $P_e = 415\,\text{MW}$, $D_{SM} = 6\,560\,\text{mm}$

FRANCIS-*Spiralturbinen:* Angewendet für alle Leistungsgrößen und heute fast ausschließlich ausgeführt. Angeordnet: Mittlere Leistungen mit waagrechter und große mit senkrechter Welle. Da bei diesen Maschinen die gesamte Betätigungseinrichtung der Leitschaufeln außerhalb des Gehäuses angeordnet ist und deshalb nicht im Wasserstrom liegt, wird von **Außenregelung** gesprochen.

Bilder 11-16; 11-17 und 11-18 zeigen FRANCIS-Turbinen verschiedener Größe und Ausführung.

Bild 11-16 stellt eine kleine FRANCIS-Turbine in Horizontalausführung dar. Die Außenregelung, das kombinierte Radial-Axial-Lager, die Stopfbuchse, die Spaltdichtungen und die Achsschubentlastungsbohrungen sind deutlich sichtbar.

Bei der FRANCIS-Turbine mit senkrechter Welle von Bild 11-17 sind in der linken Hälfte des Grundrisses (rechte Bildhälfte) von außen nach innen Spiralgehäuse-Stützschaufeln, Leit- und Laufschaufeln zu erkennen. Die im Grundriss sichtbare, nach rechts abgehende Bypassleitung vermeidet Druckstöße. Sie öffnet sich, wenn der Leitring schnell geschlossen werden muss, um die Turbine zu entlasten.

Bild 11-18 zeigt den Längsschnitt des gesamten Turbosatzes einer vertikalen Großanlage, bestehend aus FRANCIS-Spiralturbinen mit darüber angeordnetem fest gekoppeltem Generator. Das MICHELL-Drucklager, das den gesamten Läufer trägt, liegt direkt unter dem Generatorrotor und weist einen Durchmesser von etwa 3 m, die Welle von 1,8 m auf.

Wasserkraftwerke gemäß Bild 11-18 werden auch als **Pumpspeicherturbinen-Anlagen** ausgeführt. Während des Energiespeicherns (Elektrizitätsüberschuss) arbeitet die hydraulische Maschine als Pumpe, angetrieben von der als Motor arbeitenden elektrischen Maschine (Motor/Generator). In der Strombedarfsperiode arbeitet die hydraulische Maschine als Turbine und treibt den Generator. Beim Übergang vom Pumpen- auf Turbinenbetrieb, oder umgekehrt, ist jeweils Drehrichtungsumkehr notwendig. Das Auslegen und Gestalten der hydraulischen Maschine erfordert einen Kompromiss zwischen Turbine und Pumpe. Deshalb ist der erreichte Wirkungsgrad geringer als bei den früher fast ausschließlich angewendeten Maschinensätzen mit getrennter Turbine und Pumpe. Vorteil der Pumpenturbine gegenüber der getrennten Ausführung: Geringerer Investitionsaufwand für Maschine und Gebäude. Abschnitt 10.2.6.5 enthält Näheres über Pumpenturbinen.

11.2.3.3 Propeller- und KAPLAN-Turbinen

Propeller- und KAPLAN-Turbinen sind axiale Wasserturbinen mit wenigen Schaufeln (3 bis 8); vgl. Tabelle 11-1 sowie Bilder 11-3; 11-4. Entsprechend dem verringerten Gefälle geht gemäß EULER-Gleichung die notwendige Strömungsumlenkung bei Axialturbinen zurück. Die großen Strömungsquerschnitte ermöglichen andererseits hohe Volumenströme. Des Weiteren erlauben die wegen Fliehkraft nur auf Zug beanspruchten Laufschaufeln höhere Drehzahlen, wodurch allerdings auch die Kavitationsneigung wächst. Insgesamt begründet sich, weshalb Axialturbinen kavitationsgefährdete spez. Schnellläufer sind, bei denen die Fluidgeschwindigkeit der Strömung relativ zu den Flügeln verhältnismäßig hoch ist. Geringes Abweichen der Zuströmrichtung von der Schaufelanfangsrichtung bewirkt daher große Stoßverluste.

Propellerturbinen weisen wie PELTON- und FRANCIS-Ausführungen feste, d. h. nichtverstellbare Laufschaufeln auf. Durch das zum Regeln notwendige Schwenken der FINK'schen Leitschaufeln treten an den Flügeln der Propellerturbinen große Stoßverluste auf. Der Wirkungsgrad fällt dadurch außerhalb des Nennlastbetriebes steil ab (Bild 11-5). Propellerturbinen werden deshalb, außer im Sonderfall gleich bleibender Belastung, kaum noch angewendet.

KAPLAN-Turbinen sind die Weiterentwicklung der Propellerturbinen, durchgeführt 1910–1918 von Prof. KAPLAN[1], Österreich. Durch die Verstellbarkeit der Laufschaufeln (Bild 11-19) lassen sich die Stoßverluste auch außerhalb des Nennlastbetriebes weitgehend vermeiden, weshalb der Wirkungsgrad hoch bleibt: $\eta_e = 80 \ldots 92\,\%$ im Beaufschlagungsbereich $\dot{V}_x/\dot{V} = 30 \ldots 100\,\%$. Die flache Wirkungsgradkurve zeigt auch Bild 11-5. KAPLAN-Turbinen sind der einzige Turbinentyp (Wasser, Dampf, Gas), der mit schwenkbaren Laufschaufeln ausgeführt wird.

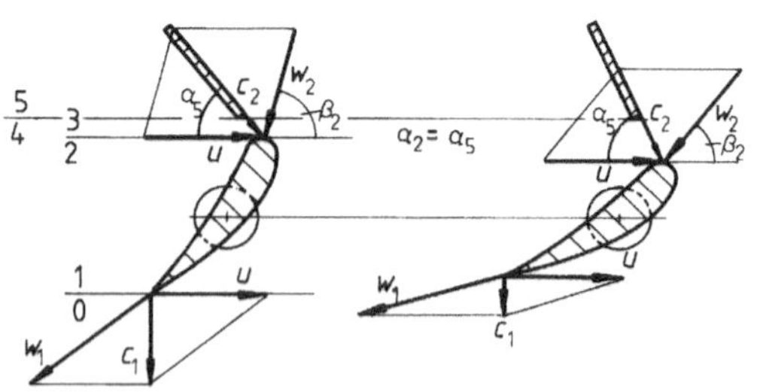

Bild 11-19 Kombinierte Leit- und Laufschaufel-Verstellung (Prinzip). Auswirkung des Schaufelverschwenkens: a) großer Durchsatz, b) kleiner Durchfluss

Von allen Wasserturbinen weisen KAPLAN-Ausführungen die beste und Propellermaschinen die

[1] KAPLAN, Viktor, Brünn (1876–1934).

schlechteste Regelfähigkeit (η-Verlauf) auf. Infolge des guten Wirkungsgradverhaltens verdrängen KAPLAN-Turbinen im Grenzbereich auch immer stärker die FRANCIS-Turbinen.

Durch das kombinierte Verstellen von Leit- und Laufschaufeln können KAPLAN-Turbinen bei fast gleich bleibendem Wirkungsgrad auch sehr gut an schwankendes Wasserangebot, wie Hochwasser ($\dot{V}$ größer, H kleiner) und Niedrigwasser ($\dot{V}$ kleiner, H größer) angepasst werden. Die KAPLAN-Turbine ist somit besonders für Flusskraftwerke geeignet.

Konstruktive Einzelheiten von KAPLAN-Turbinen

Laufrad (Abschnitt 6.2.5.2):

Laufschaufeln: Meist 8 bis 3 profilierte Flügel (Tragflächenprofile). Die Flügelzahl geht mit wachsender Schnellläufigkeit zurück (Bild 11-3): 8 Flügel bei $n_y = 0{,}27 \ldots 0{,}45$, 3 Flügel bei $n_y = 0{,}6 \ldots 1{,}5$. Die optimale Blattlänge (Profillänge) L der Flügel hängt von der spez. Schaufelbelastung und damit vom Gefälle ab. Daher bei höheren Gefällen Blatttiefe L größer als Teilung t (L/t bis $\approx 1{,}5$). Flügel hergestellt durch Gießen (normalerweise) oder aus Blechen geschweißt (nur bei sehr großen Flügeln). Als Flügelwerkstoff dienen je nach Gefälle (Belastung), Erosion (Sandschliff) und Kavitation: Grauguss (selten), Bronze, Kohlenstoffstahl, Manganstahl oder Chrom-Nickel-Stahl, z. B. X5CrNi13-4. An durch Kavitation hoch beanspruchten Stellen (Flügelsaugseite am Außendurchmesserbereich, Spalt, Hohlkehle), Plattierung oder Auftragsschweißung von geeignetem hoch legiertem Stahl u. Ä.

Umfangsgeschwindigkeit etwa $50 \ldots 70\,\text{m/s}$. Die Fliehkraft erreicht etwa das $(50 \ldots 100)$-fache des Schaufelgewichtes. Beispiel: Laufraddurchmesser 7 m, Masse 12 t und höchste Fliehkraft ca. 8 000 kN je Flügel.

Flügel verschleißbeansprucht durch Kavitation und Sandschliff. Infolge höherer Relativströmungsgeschwindigkeit Kavitationsgefahr bei KAPLAN-Turbinen höher als bei FRANCIS-Ausführungen.

Nabendurchmesser meist etwa 40 % des Laufraddurchmessers ($D_N/D_{(a)} \equiv D_{(i)}/D_{(a)} \approx 0{,}4$). Großer Nabendurchmesser notwendig wegen Verstelleinrichtung und Flügellagerung.

Im Gegensatz zu FRANCIS-Rädern werden KAPLAN-Läufer außen nicht abgedeckt, d. h. ohne äußere Deckwand (Abdeckmantel) ausgeführt. Hierfür bestehen zwei Gründe:

1. Die durch das Deckband erzielbare Verringerung der Spaltverluste ist bei den flachgestellten KAPLAN-Schaufeln nicht größer als die zusätzliche Reibarbeit wegen vergrößerter Oberfläche.
2. Die notwendige Verstellbarkeit der Flügel würde das Befestigen des Deckbandes erschweren.

Damit die Spaltverluste bei allen Schaufelstellungen etwa gleich bleiben, werden Nabe und Gehäuse im Flügelbereich meist kugelförmig ausgebildet.

Weil das Verstellen von Leit- und Laufschaufeln gleichzeitig erfolgt, wird der Vorgang auch hier als **Doppelregelung** bezeichnet. Das Verstellen der Laufschaufeln geschieht heute fast ausschließlich über Hebel durch axialen „Stellmotor“, der als doppelt wirkender Hydraulikzylinder ausgebildet ist. Der Verstellzylinder ist in der Welle des Turbosatz-Läufers (Turbine plus Generator) untergebracht und wird über Drehzuführung mit Drucköl versorgt. Für das Anordnen des Verstellzylinders im Rotor sind drei Lagen üblich:

- In Wellenmitte.
  Der Stellmotor ist innerhalb der starren Flanschkupplung der Wellenteile von Generator und Turbine untergebracht. Über eine Verstellstange in der hohlgebohrten Turbinenwelle und durch eine Traverse bewegt der Kolben die Laufschaufeln.
- Innerhalb der Nabe des Generators.
  Vorteile: Einteilige Welle. Große Verstellzylinder (Durchmesser) möglich. Günstige Druckölzuführung.
  Nachteile: Gesamte Welle muss hohlgebohrt sein. Sehr lange Verstellstange notwendig.
- In Laufradnabe.
  Vorteile: Keine Hohlwelle notwendig. Lange Verstellstange entfällt.
  Nachteile: Flügelantrieb schlechter zugänglich. Größerer Nabendurchmesser notwendig, um den Verstellzylinder unterzubringen. Druckölzufuhr umständlicher.

Leitrad (Abschnitt 7.3.2.2):

Wie FRANCIS-Turbinen werden KAPLAN-Maschinen mit Leitvorrichtungen aus FINK'schen Drehschaufeln ausgerüstet. Die Steuerung der Leitschaufeln erfolgt wie in Abschnitt 11.2.3.2 beschrieben.

Axiallager:

Zur Aufnahme des bei Axialrädern besonders hohen Achsschubes und zudem des Rotorgewichtes bei Senkrechtmaschinen dienen wie bei FRANCIS-Turbinen MICHELL-Drucklager (Abschnitt 11.2.3.2).

Dichtungen:

Wie bei FRANCIS-Turbinen (Abschnitt 11.2.3.2).

Gehäuse:

Spiralgehäuse (Abschnitt 7.2.1.5) ausgeführt für:

- kleine Gefälle (bis ca. 25 m) in Beton, meist stahlarmiert und -gepanzert (Bild 11-2). Oft als sog. Halbspirale ausgebildet, d. h. als halbkreisartiger Abschluss des Oberwasser-Zuströmkanals.
- große Gefälle ($H > 25$ m) in Stahl mit Kreisquerschnitt. Bei kleineren Maschinen verschiedentlich auch Gusskonstruktionen, bei großen Maschinen immer Schweißausführung.

Saugrohr:

Wegen größerer Kavitationsgefahr tiefere Saugrohrgründung als bei FRANCIS-Turbinen notwendig, d. h. geringere „Saughöhe". Um Erdaushub einzusparen, meist Ellenbogenrohr (Abschnitt 7.3.2.2). Das Saugrohr muss die bei KAPLAN-Turbinen verhältnismäßig hohe spez. kinetische Austrittsenergie von bis ca. 60 % der spez. Stutzenarbeit auf etwa 1 ... 2 % herabsetzen. Sorgfältige Gestaltung daher notwendig.

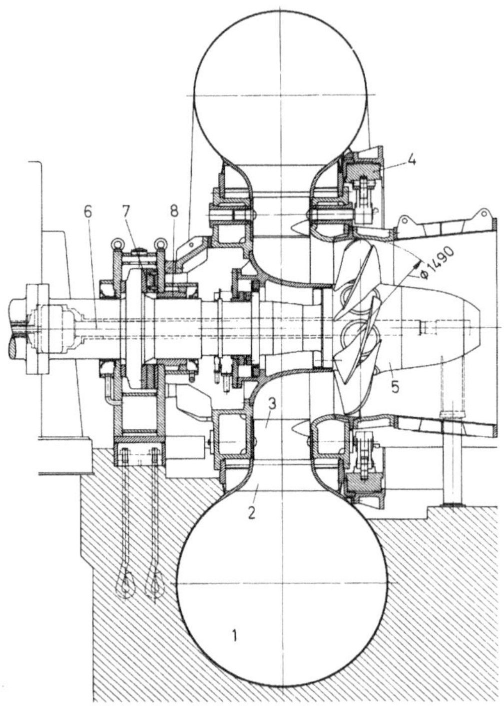

Bild 11-20 KAPLAN-Spiralturbine mit horizontaler Welle (VOITH). 1 Spiralgehäuse, 2 Stützschaufel, 3 Leitschaufel, 4 Leitschaufel-Verstelleinrichtung (Außenregelung), 5 Laufrad, 6 Stange zur Laufschaufelverstellung, 7 Axiallager, 8 Radiallager. Betriebsdaten: $H = 74{,}5$ m, $\dot{V} = 16{,}5\ \mathrm{m^3/s}$, $n = 610\ \mathrm{min^{-1}}$, $P_e = 11$ MW (Nennwerte)

Ausführungen von KAPLAN-Turbinen

Waagrechte Welle: KAPLAN-Turbinen in Horizontalausführung mit Spiralgehäuse und Außenregelung (Bild 11-20) werden für kleinere und mittlere Leistungen gebaut. Turbinen- mit Generatorwelle starr gekoppelt. Gesamtläufer 3fach gelagert, wobei Turbinenlaufrad fliegend angeordnet.

Senkrechte Welle: KAPLAN-Turbine in Vertikalausführung werden angewendet bei großem Wasserdurchsatz und dabei mit:

- Betonspirale für kleinere Fallhöhen ($H \leqq 25$ m), Bilder 11-2,3 und 11-21. Bei kleinen Fallhöhen (ca. 1 ... 5 m) Turbine sogar über dem Oberwasserspiegel aufgebaut, um Erdaushub zu vermeiden. Bei dieser sog. **Heberturbine** sind auch Einlassschütze überflüssig, weil Inbetriebnahme durch Entlüftung der Heberkammer und Abstellen durch deren Belüftung erfolgt.
- Stahlspirale für große Gefälle, Bild 11-2. Starr gekuppelter Gesamtläufer 2fach gelagert. Dadurch sowohl Turbinenlaufrad als auch Generatorrotor fliegend angeordnet. Vertikale Wellenanordnung erfordert wieder betriebssichere Spurlager nach dem MICHELL-Prinzip.

Bild 11-21 zeigt den Schnitt durch den Maschinensatz eines Kraftwerkes mit KAPLAN-Turbine in Senkrechtausführung und Betonspirale (Rechteckquerschnitt). Zwölf geschweißte, unten einbetonierte Stützschaufeln tragen den geschweißten Stützschaufelring, der im äußeren Teil einbetoniert ist. Der vollständig geschweißte Turbinendeckel trägt das untere Führungslager (Radiallager) der Welle mit der Wellendichtung, das Spurlager, den Regelring und die Leitring-Servomotoren. Leitschaufeln oben mit Füllstücken ausgeführt, damit einzeln auswechselbar. Laufrad mit 5 Schaufeln aus Chromstahlguss (13 % Cr). Welle zweiteilig und starr gekuppelt. Laufrad-Servomotor (Hydraulikzylinder) oben aufgesetzt und zugleich Sitz für Generatorrotornabe. Verstellstange oben mit Hydraulikkolben und unten mit Traverse verbunden. Traverse über Lenker und Hebel mit Laufschaufelachsen verbunden. Oberes Führungslager in geschweißtem Tragschirm angeordnet. Lager zugleich für die Öleinführung zum Laufrad-Servomotor eingerichtet. Im Turbinenschacht drei Regler-Ölbehälter, auf denen die Regelteile montiert sind. Laufradmantel geschweißt und einbetoniert. Saugrohrauskleidung an Laufradmantelring angeschweißt und außen mit Versteifungs- sowie Verankerungsringen versehen.

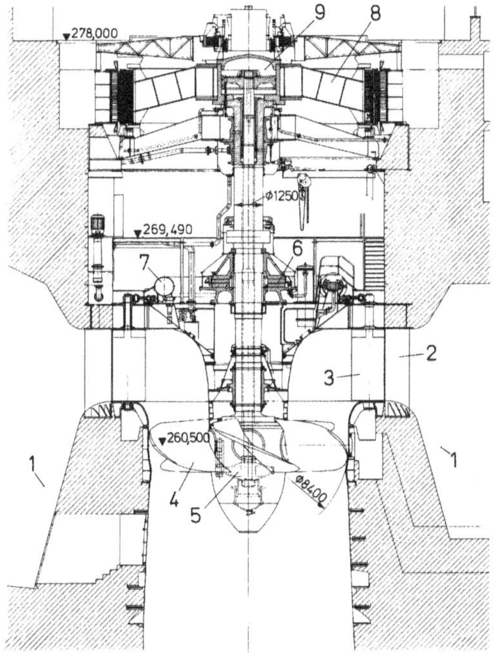

Bild 11-21 KAPLAN-Turbine mit vertikaler Welle (VOITH). 1 Betonspirale, 2 Stützschaufeln, 3 Leitschaufeln, 4 Flügel, 5 Verstelltraverse, 6 Spurlager, 7 Leitradservomotor, 8 Generatorrotor, 9 Laufradservomotor. Fünf Laufschaufeln aus 13 %-Cr-Stahl. Daten: $H = 15\,\text{m}$, $\dot{V} = 500\,\text{m}^3/\text{s}$, $n = 68{,}2\,\text{min}^{-1}$, $P_e = 66{,}9\,\text{MW}$ (Donaukraftwerk Aschach)

Rohrturbinen:

Sind direkt ins Rohr eingebaute KAPLAN-Turbinen. Den Aufbau eines Rohrturbinen-Kraftwerkes zeigt Bild 11-23. Das Wasser strömt auf direktem Weg vom Oberwasser in einem Kanal durch die mit waagrechter oder leicht schräger Welle angeordnete Rohrturbine und das Saugrohr zum Unterwasser. Dadurch entfällt die bei KAPLAN-Turbinen notwendige Spiralgehäusezuströmung sowie die 90°-Umlenkung zwischen Leitvorrichtung und Laufrad, was zusätzliche Reibungsverluste verursacht. Der Wirkungsgrad von Rohrturbinen ist daher um etwa 3 % besser als der von KAPLAN-Turbinen üblicher Anordnung. Des Weiteren baut das Rohrturbinen-Kraftwerk kompakter (niedriger sowie schmäler), weil Spiralgehäuse und ellenbogenförmig gekrümmtes Saugrohr entfallen. Die von außen schwenkbaren Leitschaufeln sind schräg in dem sich konisch verengenden Zuströmrohr dicht vor dem Laufrad angeordnet und keilartig ausgebildet. Damit sich beim Verstellen die Spalte zwischen Leitschaufeln und Nabe einerseits sowie zum Gehäuse andererseits nicht ändern, sind die spaltbildenden Flächen wieder kugelförmig ausgebildet. Dasselbe gilt auch für das Laufrad. Das Verstellen der Leit- und Laufschaufeln erfolgt wie bei „normalen" KAPLAN-Turbinen.

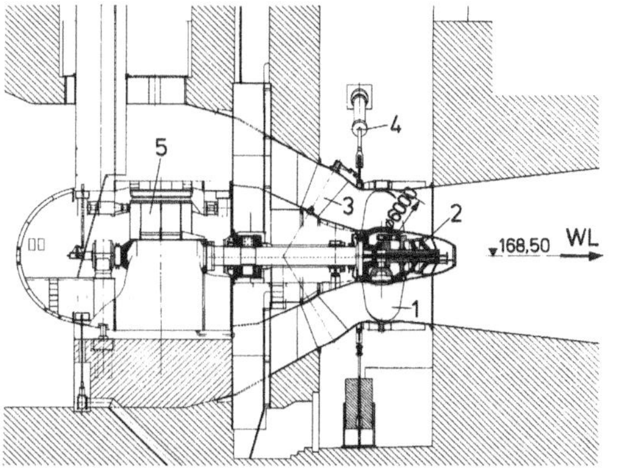

Bild 11-22 KAPLAN-Rohrturbine mit horizontaler Welle und Generatordirektantrieb (Monoblock-Bauart) (VOITH). 1 Laufrad, 2 Laufschaufel-Verstellzylinder, 3 Leitschaufel, 4 Leitschaufel-Verstellzylinder, 5 Generator. Betriebsdaten: $H = 13{,}57\,\text{m}$, $\dot{V} = 334{,}8\,\text{m}^3/\text{s}$, $n = 103{,}4\,\text{min}^{-1}$, $P_e = 41\,220\,\text{kW}$

Zur Anordnung des Generators bestehen mehrere Möglichkeiten:

- Generator in einem vom Wasser umflossenen, stromlinienförmigen Stahlbehälter in rückwärtiger Verlängerung der Laufradachse untergebracht. Da der Behälter somit im Zuströmkanal liegt, abgestützt durch radiale Streben, ist seine Größe und damit die des Generators begrenzt. Auch ist der Generatorraum meist durch einen radialen Einstiegsschacht von außen begehbar. Durch gut ausgebildete Dichtungen und geringfügigen Überdruck wird vermieden, dass Wasser in das Behälterinnere dringt. Der Generatorantrieb erfolgt entweder direkt durch das Laufrad (starre Kupplung) oder über Planetengetriebe. In beiden Fällen fluchten dabei Generator- und Turbinenwelle. Beim Direktantrieb, der sog. **Monoblock-Bauart** (Bild 11-22), sind wegen der niedrigen, von der Turbine bestimmten Drehzahl, nur kleine, durch die Generatorgröße begrenzte Leistungen möglich. Beim Planetengetriebe-Antrieb, der sog. **STOECKICHT-Bauart** arbeitet der Generator mit wesentlich größerer Drehzahl als die Turbine, weshalb seine Leistung bei gleicher Baugröße entsprechend höher.

- Generator außerhalb des Wasserstromes. Hier bestehen wiederum zwei Anordnungen:
  - Den außen aufgebauten Generator treibt das Laufrad mittels langer Welle und eines Kegelradgetriebes an, das in einem Gehäuse auf der Turbinenachse sitzt, sog. **Kegelrad-Rohrturbine**. Einfacher Aufbau, aber geringerer Wirkungsgrad (Kegelzahnradtrieb) und nur für kleinere Leistungen, bis ca. 3 MW bei Laufraddurchmesser bis etwa 3 m.

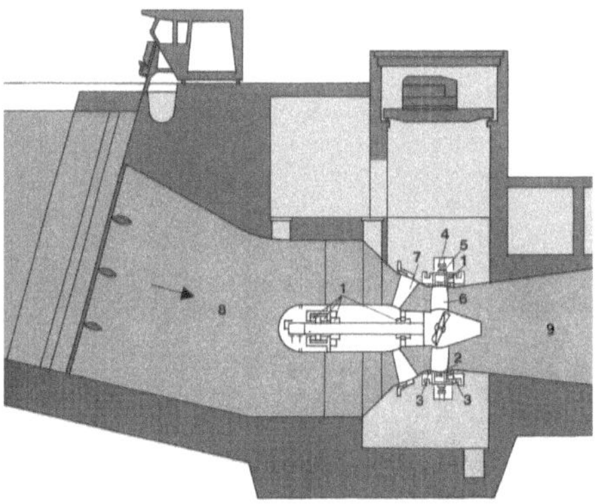

Bild 11-23 Wasserkraftwerk mit Außenkranz-Rohrturbine (Prinzipaufbau nach SULZER). 1 Lagerung, 2 Verbindung zwischen Laufrad und Außenkranz, 3 Dichtungen, 4 Generator-Stator, 5 Generator-Rotor, 6 Laufrad, 7 Leitrad, 8 Einlauf, 9 Saugrohr. Betriebsdaten bei $D_{(a)} = 3{,}7$ m: $H = 10{,}3$ m, $P_e = 8{,}35$ MW

  - Der Generator ist am Laufradumfang angeordnet (Bild 11-23), sog. **Außenkranz-Rohrturbine**. Der Außenkranz des Läufers, der durch Bolzen am Umfang der Laufschaufeln, welche deren Schwenken erlauben, mitgenommen wird, setzt das Strömungsrohr vom Leitrad zum Saugrohr fort und trägt außen den umlaufenden Generatorteil (Rotor). Sorgfältig ausgebildete Dichtungen und Druckluft verhindern Eindringen von Wasser in den Generatorraum. Turbosätze dieser Anordnung ermöglichen größere Leistungen als bei innenliegendem Generator. SULZER-Bezeichnung: STRAFLO-Turbine als Abkürzung von straight flow ... gerader Durchfluss.

Anfänglich waren mit Rohrturbinen-Anlagen nur kleine Leistungen verwirklichbar. Neuere Rohrturbinen werden für Gefälle bis ca. 50 m und Leistungen bis 50 MW gebaut.

11.2.4 Berechnungshinweise

Grundsätzlich erfolgt das Berechnen der Wasserturbinen wie das der entsprechenden Kreiselpumpen. Unterschiede ergeben sich hinsichtlich der Beiwerte, Winkel und Wirkungsgrade wegen der gegensätzlichen Strömungsart: Turbinen → Düsen-, Pumpen → Diffusorströmung.

Die Hauptabmessungen des Laufrades folgen wieder aus den sich aus Kontinuitätsbedingung und Stromfadentheorie (bei FRANCIS-Läufer) bzw. Tragflügeltheorie (bei Axialrädern) ergebenden Beziehungen (Teil I). Dabei ist das Festlegen zweckmäßiger Geschwindigkeiten wichtig. Das gilt sowohl für die Strömungsgeschwindigkeit des Fluids als auch für die Laufrad-Umfangsgeschwindigkeit. Strömungsverluste, Kavitation und Fliehkraftbelastungen legen die Grenzen fest. Des Weiteren sind die notwendigen Beiwerte möglichst wirklichkeitsnah festzulegen.

Die Übungsbeispiele beim digitalen Zusatzmaterial sollen Gelegenheit geben, die Hauptabmessungen, Daten und Kennwerte von Wasserturbinen zu berechnen.

Hinweis: Zugehörige Übungsbeispiele Ü 46 bis Ü 51 beim digitalen Zusatzmaterial.

11.3 Dampfturbinen

11.3.1 Grundsätzliches

11.3.1.1 Dampfkraftprozess

Bei Wasserkraftanlagen steht die Ausgangs-, Anfangs- oder Primärenergie in mechanischer Form zur Verfügung und wird in einem sog. offenen Prozess verarbeitet (umgeformt). Das Arbeitsmedium Wasser strömt von der Umgebung (OW) zu, überträgt seine mechanische Energie größtenteils in der Turbine und strömt wieder an die Umgebung (UW) ab. In Dampfkraftanlagen dagegen vollzieht sich die Energiewandlung heute fast ausschließlich in **geschlossenem Prozess** (Kreislauf). Das, um Ablagerungen zu vermeiden, hochreine Arbeitsmedium Wasser (voll entsalzt) ist viel zu wertvoll, um abgeleitet und ständig durch neues ersetzt zu werden. Als Primärenergie kommt bei Fossilkraftwerken (FKW) die chemische Energie der fossilen Brennstoffe Kohle, Erdöl, Erdgas, bei Kernkraftwerken (KKW) die Kern-, besser Massenenergie der sog. Kernbrennstoffe Uran, Thorium, Plutonium (fissile Energieträger) zum Einsatz.

Der Dampfkraftprozess ist das mit Abstand häufigste Verfahren zum Gewinnen elektrischer Energie. In der Bundesrepublik Deutschland stammen noch ca. 70 % des Stromes der öffentlichen Elektrizitätsversorgung aus Dampfkraftanlagen.

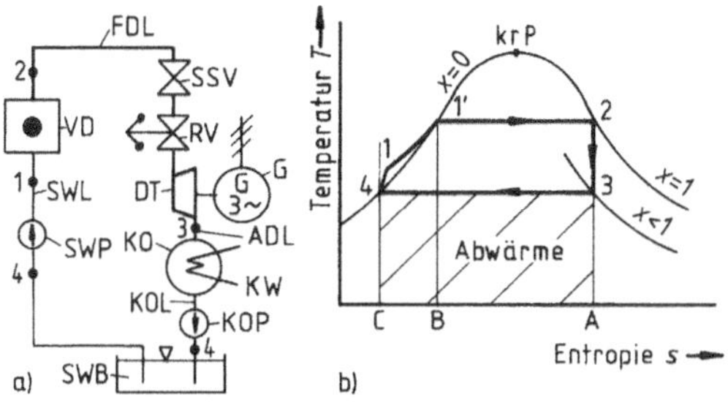

Bild 11-24 Sattdampf-Wärmekraftanlage (Prinzip).
a) Schaltbild, VD Verdampfer, FDL Frischdampfleitung (Sattdampf), SSV Schnellschlussventil, RV Regelventil, DT Dampfturbine, G Generator, ADL Abdampfleitung, KO Kondensator, KW Kühlwasserleitung, KOL Kondensatleitung, KOP Kondensatpumpe, SWB Speisewasserbehälter, SWP Speisewasserpumpe, SWL Speisewasserleitung.
b) Kreisprozess nach CLAUSIUS-RANKINE im (T, s)-Diagramm; krP kritischer Punkt, $x = 0$ Siedelinie, $x = 1$ Taulinie

In dem immer schon vorhandenen, jedoch zunehmend wachsenden Zwang bester Nutzung der Primärenergie bei zunehmenden Umweltanforderungen steigt die Komplexität der Dampfkraftkreisläufe. Im Rahmen dieses Buches kann, außer kurzen Hinweisen, auf die heute üblichen, umfangreichen und deshalb komplizierten Dampfkraftprozesse, die alle nach dem CLAUSIUS-RANKINE-Kreisprozess erfolgen, nicht eingegangen werden. Das Prinzip lässt sich jedoch auch am einfachen und dafür übersichtlichen Kreislauf erläutern. Verwendet werden die Symbole für Wärmekraftanlagen nach DIN 2481, auch als **STENDER'sche Sinnbilder** bezeichnet (digitales Zusatzmaterial). Bilder 11-24 bis 11-26 zeigen die Schaltpläne sowie die zugehörigen Kreisläufe nach CLAUSIUS-RANKINE im (T, s)- bzw. (h, s)-Diagramm (Prinzipdarstellungen). In Bild 11-24 ist als einfachster Wärmekraftkreislauf ein Sattdampfprozess mit Frischwasserkühlung dargestellt. Bild 11-25 zeigt einen Hochtemperatur-Dampfprozess mit einmaliger Zwischenüberhitzung und Entnahmedampf-Speisewasservorwärmung sowie Rückkühlturm-Kondensation. Bild 11-26 schließlich gibt den Wärmekraftprozess des Siedewasser-Kernreaktors Philipsburg vereinfacht wieder.

Der in Bild 11-24 durch den Verdampfer VD, in diesem Fall ein Kernreaktor (Kennzeichen: Großer schwarzer Punkt), erzeugte Sattdampf wird direkt der Turbine DT zugeführt (dicke Linie). Der Turbinenabdampf kondensiert im Oberflächen-Kondensator KO (Dampf und Kühlwasser durch viele Rohre – ca. 30 mm Durchmesser – getrennt) zu Wasser. Der Kondensator wird zur Kühlung von Frischwasser KW (Flusswasser, im Mittel 15 °C) durchströmt. Die Kondensatpumpe KOP fördert das Kondensat KO (ca. 25 ... 45 °C) vom Kondensatordruck (ca. 0,03 ... 0,10 bar) auf Umgebungsdruck und führt es dem Vorrats- oder Speisewasserbehälter SWB zu. Von hier aus versorgt die Kesselspeisepumpe SWP den Verdampfer VD mit Speisewasser SW, wodurch der Kreislauf geschlossen ist. Im zugehörigen (T, s)-Diagramm bedeuten die Linien 1–1′ Erhitzung von Kondensat- auf Siedetemperatur, 1′–2 Verdampfung, 2–3 Turbinenexpansion (Idealprozess), 3–4 Kondensation, 4–1–1′ Verdichtung von Kondensator- auf Verdampferdruck und Flächen 1′–2–A–B Verdampferwärme, 3–4–C–A Kondensationswärme (Abwärme), 1′–2–3–4 von Turbine in mechanische Energie umgesetzte Wärme, die sog. gewonnene Energie.

Kennzeichen des Kreisprozesses

Vorteil: Sehr einfach

Nachteile: Schlechter Wirkungsgrad, da große Abwärme. Dampf beim Verlassen der Turbine sehr, ja meist zu feucht (Nassdampf), was zu Schaufelschäden (Tropfenschlag → Wassererosion) führt.

Der in Bild 11-25 dargestellte Dampfkraftprozess vermeidet die Nachteile des vorherigen weitgehend. Nach dem Verdampfen (VD) des Wassers durchströmt der Sattdampf den noch im Dampferzeuger, einem „Fossilkessel“ (ohne schwarzen Punkt), angeordneten Überhitzer ÜH. Der überhitzte Dampf (Heißdampf) strömt zum ersten Teil HD des Turbosatzes. Im Hochdruckteil HD entspannt der Dampf bis zu einem Feuchtegehalt von etwa 5 % ($x \approx 0{,}95$) und wird dann dem ebenfalls im Kessel angeordneten **Zwischenüberhitzer** ZÜ bei etwa konstantem

Druck – infolge Strömungsreibung ca. 5...10 % Druckverlust – wieder fast auf Anfangstemperatur überhitzt. Der Zwischenüberhitzungsdruck liegt ungefähr bei 20...30 % des Anfangsdruckes (Frischdampfdruck). Die weitere Entspannung des zwischenüberhitzten Dampfes erfolgt dann im zweiten Turbinenteil, dem in einem separaten Gehäuse untergebrachten sog. Niederdruckteil ND. Durch eine eigens dafür angebrachte Entnahmestelle wird ein Teil des noch nicht vollständig entspannten Dampfes entnommen und dem Speisewasservorwärmer SW-VW zugeführt. Einerseits geht dadurch die sonst noch gewinnbare Restentspannungsenthalpie (Exergie) verloren (in Anergie übergeführt), andererseits wird die gesamte Wärme des Anzapf- oder **Entnahmedampfes** dem Speisewasser zugeführt, wodurch sich zwei Vorteile ergeben:

- Verringern der spezifischen Kondensatorabwärme wegen teilweisen Wärmerückgewinns. Führt zu Wirkungsgradverbesserung des Dampfkreisprozesses.
- Erhöhung der Speisewassertemperatur. Dadurch Verringern der sog. **Thermoschocks** (Materialbeanspruchung) und der Entropiezunahme wegen sonst zu hoher Temperaturdifferenz im Dampferzeuger vom Speise- zum Kesselwasser.

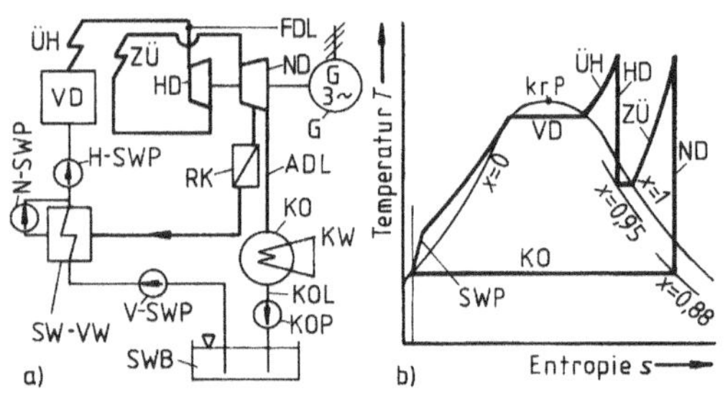

Bild 11-25 Heißdampf-Wärmekraftanlage mit Zwischenüberhitzung und Anzapfdampfvorwärme (Prinzip).
a) Schaltplan, VD Verdampfer, ÜH Überhitzer, FDL Frischdampfleitung, HD Hochdruckteil der Dampfturbine, ZÜ Zwischenüberhitzer, ND Niederdruckteil der Dampfturbine (DT), RK Rückschlagklappe, KO Kondensator, KW Kühlwasserleitung, ADL Abdampfleitung, KOL Kondensatleitung, KOP Kondensatpumpe, SWB Speisewasserbehälter, V-SWP Vorspeisepumpe, H-SWP Hauptspeisepumpe, N-SWP Nebenspeisepumpe, SW-VW Speisewasservorwärmer.
b) Thermischer Kreisprozess nach CLAUSIUS-RANKINE im (T, s)-Diagramm

Moderne Dampfkraftwerke (fossilbeheizte) werden mit bis zu 3 Zwischenüberhitzungen und bis 8 Speisewasservorwärmungen durch **Anzapfdampf** ausgeführt.

Der Kondensator in Bild 11-25 wird mit Rückkühlwasser – gekennzeichnet durch den senkrechten Strich – gekühlt. Das bedeutet, ein **Rückkühlturm** (nass oder trocken) kühlt das Kondensator-Kühlwasser in geschlossenem Kreislauf zurück.

Bild 11-26 zeigt Schaltplan sowie Entspannungsverlauf des Turbinenprozesses im (h, s)-Diagramm eines Siedewasser-Kernreaktors mit zweiflutigem Hochdruckteil HD, Zwischenüberhitzung ZÜ durch Frischdampf, vierflutigem Niederdruckteil ND des Turbosatzes und zweifacher Anzapfdampf-Speisewasser-Vorwärmung VW.

Kennzeichen des Dampfkraftprozesses mit Zwischenüberhitzung und Anzapfvorwärmung:

Vorteile: Wassertropfenerosion ($x \leq 0{,}85$) wird vermieden. Höherer Prozesswirkungsgrad. Geringere Abwärme.

Nachteile: Aufwendigerer Dampfkreisprozess. Erfordert höheren Investitionsaufwand und kompliziertere Regelung.

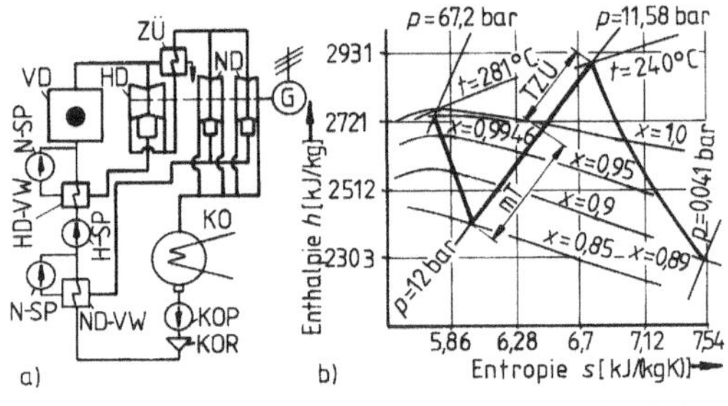

Bild 11-26 Siedewasser-Kernkraftwerk (Prinzipschaltung). Nur noch zum Vergleich dargestellt.
a) Schaltplan, VD Reaktor, HD Hochdruckteil der DT (zweiflutig), ZÜ Zwischenüberhitzer, ND Niederdruckteil der DT (vierflutig), G Generator, KO Kondensator, KOP Kondensatpumpen, KOR Kondensatreinigung, ND-VW Niederdruckvorwärmung, H-SP Hauptspeisepumpe, HD-VW Hochdruckvorwärmer, N-SP Nebenspeisepumpen.
b) Turbinenentspannungs-Verlauf im (h, s)-Diagramm, mT mechanische Dampftrocknung, TZÜ Thermische Zwischenüberhitzung

Die Prinzipschaltung für eine Gegendruckdampfturbinen-Anlage, welche für den **Kraft-Wärme-Verbund**, z. B. **Heizkraftwerke**, eingesetzt wird, zeigt Bild 11-27.

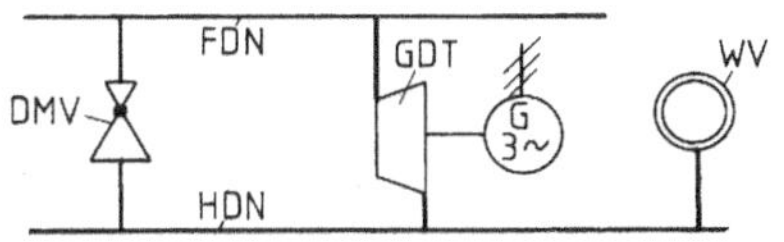

Bild 11-27 Prinzip-Schaltplan für Kraft-Wärme-Verbund. FDN Frischdampfnetz, HDN Heizdampfnetz und DMV Druckminderventil zum Umgehen der Gegendruckturbine GDT bei Maschinenausfall, WV Wärmeverbraucher

Dampfturbinenanlagen werden meist in der sog. Blockbauweise betrieben. Ein Block besteht aus einem Dampferzeuger und einem **Turbosatz** (Turbine + Generator ohne Getriebe $\rightarrow n = f/p_E$) sowie den beim Betrieb notwendigen Hilfsaggregaten wie Kondensator, Kesselspeisepumpe usw.

Der **Eigenbedarf** von Dampfkraftwerken zum Betrieb der Hilfseinrichtungen, beträgt bis ca. 8 ... 10 % der erzeugten elektrischen Brutto-Leistung. Etwa die Hälfte davon ist dabei für Umweltschutzmaßnahmen notwendig.

11.3.1.2 Einteilung

Dampfturbinen (abgekürzt DT) können nach verschiedenen Kriterien eingeteilt werden. Bei jeder Maschine treten zugleich mehrere Kennzeichen auf, die sich zudem oft in vielfacher Weise überschneiden. Exaktes Trennen ist daher nicht möglich. Hauptgesichtspunkte zur Einteilung von Dampfturbinen sind:

Wirkungsweise: Gleich- und Überdruck-DT.

Beaufschlagung: Teil- und vollbeaufschlagte DT. Teilbeaufschlagung bei kleinen Leistungen und für Regelzwecke. Vollbeaufschlagung bei großen Leistungen.

Bauart: Axial- und Radial-DT. Heute fast nur noch Axial-DT.

Stufenzahl: Einstufige, mehrstufige und vielstufige DT. Klein-DT (Industrie-DT) ein- und mehrstufig. Groß-DT (Kraftwerks-DT) sind immer vielstufig.

Gehäuseart: Axial- und radial geteilte Gehäuse. Axialgeteilte Gehäuse werden bei Nieder-, Mittel- und Hochdruck-DT eingesetzt, radialgeteilte Gehäuse (Topfgehäuse) bei Hoch- und Höchstdruck.

Gehäusezahl: Klein-DT sind Eingehäuse-DT, Groß-DT sind Mehrgehäuse-DT. Infolge großer Druckänderung (280 auf $\approx$ 0,05 bar), großer Temperaturabnahme (580 auf $\approx$ 40 °C) sowie schwerer Läufer ist bei großen Turbinen das Aufteilen auf mehrere Gehäuse notwendig (kürzere Lagerabstände). Alle Gehäuse sind dabei jedoch in einem Wellenstrang mit dem Generator angeordnet und starr gekoppelt.

Dampfdruck: Kondensations-, Gegendruck-, Entnahme- und Abdampfturbinen. Kraftwerks-DT sind meist Entnahme-Kondensations-DT, Industrie-DT in der Regel Gegendruck- oder Entnahme-DT. Abdampf-DT arbeiten mit dem Gefälle zwischen dem Abdampf- und Kondensatordruck.

Antriebsart: Direktantriebs- und Getriebe-DT. Kraftwerks-DT arbeiten immer mit direktem Antrieb. Industrie-DT werden oft, Schiffs-DT immer als Getriebemaschinen ausgeführt.

Verwendung: Kraftwerks-, Industrie-, Schiffs- und Hilfs-DT. Kraftwerks- und Industrie-DT dienen zur Elektrizitätserzeugung, Hilfs-DT dienen zum Antrieb von Pumpen, Verdichtern u. dgl., Schiffsturbinen treiben Schiffe über Getriebe oder über Elektrogenerator/Motor und Schraube (Propeller) an.

DT für die verschiedensten Anwendungen und unterschiedlicher Bauweise können sowohl in Gleich- als auch Überdruckwirkung ausgeführt werden. Das wichtigste sowie allumfassendste Unterscheidungsmerkmal ist somit die Wirkungsweise und deshalb Richtlinie folgender Ausführungen.

11.3.1.3 Optimaler Energieumsatz

Die Turbinenbeschauflung soll das vom Dampfprozess angebotene Wärmegefälle möglichst vollständig (optimal) in mechanische Energie umformen. Damit ergibt sich die Frage: Welche Bedingungen müssen bei weitestgehendem Vermeiden von Strömungsverlusten (Reibung, Wirbel) erfüllt sein, um dieses Ziel zu erreichen. Gleich- und Überdruckwirkung sind zum Klären des Problems getrennt zu betrachten. Die Forderung wird jeweils an einer einstufigen Turbine untersucht, wobei Reibungseinflüsse unberücksichtigt bleiben, was zu theoretischen Werten führt. Die Zusammenhänge lassen sich so einfacher darstellen. Die tatsächlichen Werte, welche infolge Strömungsverluste niedriger als die theoretischen liegen, sind, wie überall bei Reibungseinflüssen, aufgrund von Messungen und Erfahrung festzulegen.

Gleichdruckwirkung

Wie ausgeführt, wird bei Gleichdruck das gesamte Stufen-Enthalpiegefälle Δh_s im Leitrad in Geschwindigkeit umgesetzt ($r = 0$) und der Dampfstrom dann im Laufrad umgelenkt (Bilder 7-29 und 7-32).

Um übersichtlich herleiten zu können, werden symmetrische, also gleichwinklige Laufschaufeln ($\beta_1 = \beta_2^*$) angenommen. In Bild 11-28 ist der Laufschaufel-Geschwindigkeitsplan bei reibungsfreier Strömung ($w_1 = w_2$) dargestellt. Vergleiche auch Bilder 2-22 und 2-23.

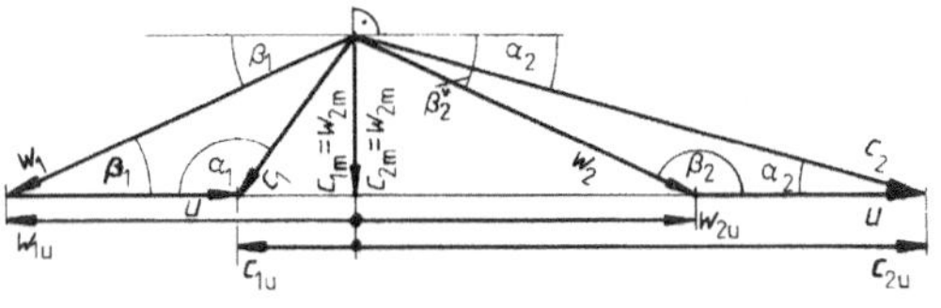

Bild 11-28 Geschwindigkeitsplan von Gleichdrucklaufschaufel bei $\beta_1 = \beta_2^*$ (gleichschenklig) und $w_1 = w_2$ (reibungsfrei)

Nach der EULER-Gleichung gilt für Axial-DT:

$$Y_{Sch} = Y_{Sch\infty} = \vec{u} \cdot (\vec{c}_{2u} - \vec{c}_{1u}) = \vec{u} \cdot [\vec{c}_{2u} + (-\vec{c}_{1u})]$$

Nach Bild 11-28 mit $\measuredangle(u, c_{1u}) = 180°$:
$\vec{c}_{2u} \upuparrows \vec{u}$, deshalb $\vec{u} \cdot \vec{c}_{2u} = u \cdot c_{2u}$
$\vec{c}_{1u} \downarrow\uparrow \vec{u}$, daher $(-\vec{c}_{1u}) \upuparrows \vec{u}$, weshalb

$$\vec{u} \cdot (-\vec{c}_{1u}) = -u \cdot c_{1u} \cdot \cos 180° = u \cdot c_{1u}$$

Damit ergibt sich für Gleichdruckwirkung:

$$Y_{Sch} = u \cdot (c_{2u} + c_{1u}) \quad \text{(Abschnitt 3.2.1.1)}$$

Des Weiteren nach Bild 11-28 $c_{2u} + c_{1u} = w_{2u} + w_{1u}$. Wegen $w_1 = w_2$ und $\beta_1 = \beta_2^*$ gemäß Voraussetzung:

$$w_{1u} = w_{2u} = c_{2u} - u = c_2 \cdot \cos\alpha_2 - u$$

Eingesetzt in die umgeformte Hauptgleichung:

$$\begin{aligned} Y_{Sch} &= 2 \cdot u \cdot w_{2u} = 2 \cdot u \cdot (c_2 \cdot \cos\alpha_2 - u) \\ &= 2 \cdot (u \cdot c_2 \cdot \cos\alpha_2 - u^2) = f(u) \end{aligned} \qquad (11\text{-}6)$$

Da c_2 und α_2 durch die Düse (Leitrad) festliegen, stellt sich die spez. theoretische Stufenarbeit Y_{Sch} als Funktion der Umfangsgeschwindigkeit u dar. Soll der Schauflungswirkungsgrad $\eta_{Sch} = Y_{Sch}/\Delta h_s$ optimal, d. h. bei vorhandenem spezifischen Stufenenthalpiegefälle Δh_s (Δh_s = konst) möglichst groß werden, muss $Y_{Sch} = f(u)$ ihren Maximalwert erreichen. Nach der Extremwertrechnung der Mathematik gilt somit für die Maximumbedingung $\mathrm{d}Y_{Sch}/\mathrm{d}u = 0$. Die Differenziation an Gl. (11-6) ausgeführt:

$$\mathrm{d}Y_{Sch}/\mathrm{d}u = 2 \cdot (c_2 \cdot \cos\alpha_2 - 2 \cdot u) \stackrel{!}{=} 0$$

Hieraus ergibt sich durch Umstellen die **theoretische Laufzahl für Gleichdruckwirkung**:

$$Lz_{th} = (u/c_2)_{th} = \cos\alpha_2/2 \qquad (11\text{-}7)$$

Bemerkung: Dieses Ergebnis gilt allgemein für Gleichdruckwirkung, also auch für Wasser- sowie Gasturbinen.

Bei Dampfturbinen wird in der Regel ausgeführt: $\alpha_2 = 14 \ldots 20° \rightarrow \cos\alpha_2 \approx 0{,}97 \ldots 0{,}94$

Deshalb näherungsweise:

$$Lz_{th} = (u/c_2)_{th} \approx 0{,}5 \qquad (11\text{-}8)$$

Die **reale** oder **tatsächliche Laufzahl** für Gleichdruckwirkung liegt infolge Reibungseinflüssen tiefer. Richtwerte:

Normalausführung (druckgestuft):

$$Lz = u/c_2 = (0{,}3 \ldots)\,0{,}38 \ldots 0{,}48 \qquad (11\text{-}9)$$

Sonderausführung (geschwindigkeitsgestuft):

$$Lz = u/c_2 = (0{,}38 \ldots 0{,}48)/i_{GS} \qquad (11\text{-}10)$$

Mit i_{GS} … Anzahl der Geschwindigkeitsstufen (Abschnitt 11.3.1.4).

Bei $\boldsymbol{u = 300\,\mathrm{m/s}}$, einem oberen Wert der aus Festigkeitsgründen begrenzten Umfangsgeschwindigkeit (Abschnitt 11.3.1.7), lässt sich das **optimale Stufengefälle**, also das je Gleichdruckstufe verarbeitbare Enthalpiegefälle $\Delta h_{s,St}$ ermitteln:

$$c_2 = u/Lz = u/0{,}5 = 2 \cdot u = 600\,\mathrm{m/s}$$

Mit $c_2 = c_4 = \varphi_{Le} \cdot c_{4,s}$ sowie bei $\varphi_{Le} = 0{,}9$ (roher Mittelwert) und $c_6 \approx 0$ (Abschnitt 7.3.3.2) folgt für den Stufen-Energieumsatz:

$$\begin{aligned} \Delta h_{s,St} &= c_{4,s}^2/2 = (c_2/\varphi_{Le})^2/2 \\ &= (600/0{,}9)^2/2\,\mathrm{m^2/s^2} \\ \Delta h_{s,St} &= 222\,222\,\mathrm{m^2/s^2} = 222\,222\,\mathrm{J/kg} \\ \Delta h_{s,St} &\approx 200\,\mathrm{kJ/kg} \end{aligned} \qquad (11\text{-}11)$$

Zum Erzielen **optimalen Energieumsatzes**, also besten Wirkungsgrades, können somit **je Gleichdruckstufe höchstens ca. 200 kJ/kg** abgebaut werden. Vor allem wegen den im Hoch- und Mitteldruckbereich niedrigeren Umfangsgeschwindigkeiten – kleinerer Raddurchmesser, damit Vollbeaufschlagung – beträgt das verarbeitbare spezifische isentrope Stufengefälle $\Delta h_{s,St} \approx 50 \ldots 80\,\mathrm{kJ/kg}$. Andererseits stehen bei den energiereichen Heißdämpfen spez. isentrope Gesamtgefälle $\Delta h_{s,ges}$ bis ca. 2 000 kJ/kg zu Verfügung. Damit begründet sich, weshalb **Dampfturbinen in der Regel vielstufig** sein müssen (Stufenzahl $i = \Delta h_{s,ges}/\Delta h_{s,St}$).

Ergänzung: Vergleich der Stufenenthalpiedifferenz $\Delta h_{s,St}$ mit gleichwertigem Wassergefälle:

$$\Delta h_{s,St} = Y_{th} = g \cdot H$$

Hieraus:

$$H = \Delta h_{s,\mathrm{St}}/g$$
$$\approx 200\,000/9{,}81\,(\mathrm{m^2/s^2})/(\mathrm{m/s^2}) \approx 20\,\mathrm{km}$$

Diese kleine Aufstellung verdeutlicht den großen spezifischen Energieinhalt von Wasserdampf. Zu bedenken ist jedoch andererseits, dass zwischen flüssiger Phase und Dampf-Phase von Wasser ein Dichteverhältnis $\varrho_{\mathrm{Fl}}/\varrho_{\mathrm{Da}} \approx 30 \ldots 30\,000$ besteht. Da beide Größen – Gefälle und Dichte – in die Leistung eingehen, ist hier der Unterschied nicht so groß.

Überdruckwirkung

Um Leit- und Laufschaufel in derselben Profilform ausführen zu können, wird bei Überdruckwirkung in der Regel das Stufenenthalpiegefälle je zur Hälfte ($r = 0{,}5$) im Leit- und Laufrad abgearbeitet (Bild 7-36). Die Geschwindigkeitsdreiecke sind daher spiegelbildlich (Bild 11-29), vergleiche auch Bilder 2-24 und 2-25.

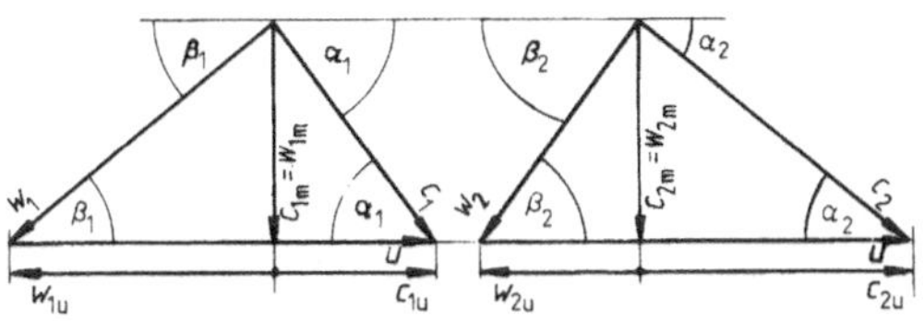

Bild 11-29 Geschwindigkeitsplan von Überdruckschaufel bei Reibungsfreiheit und Reaktionsgrad $r = 0{,}5$

Zusammen mit Bild 11-29 ergibt sich für Überdruck die zur Gleichdruckwirkung entsprechende Herleitung, wenn wieder reibungsfrei gesetzt:

Bei ideal und $r = 0{,}5$ gilt:

$$\beta_1 = \alpha_2;\ \alpha_1 = \beta_2 \quad \text{sowie} \quad w_1 = c_2;\ c_1 = w_2$$

Deshalb des Weiteren $c_{2u} = w_{1u}$ und $c_{1u} = w_{2u}$.

Aus $u = c_{2u} + w_{2u} = c_{1u} + w_{1u}$ mit $c_{2u} = c_2 \cdot \cos\alpha_2$ folgt:

$$c_{1u} = u - w_{1u} = u - c_{2u} = u - c_2 \cdot \cos\alpha_2$$

Eingesetzt in die Turbinenhauptgleichung:

$$Y_{\mathrm{Sch}} = Y_{\mathrm{Sch}\infty} = u \cdot (c_{2u} - c_{1u}) = u \cdot [c_{2u} - (u - c_{2u})]$$
$$Y_{\mathrm{Sch}} = 2 \cdot u \cdot c_{2u} - u^2 = 2 \cdot u \cdot c_2 \cdot \cos\alpha_2 - u^2$$
$$= f(u)$$

Wieder gemäß Extremwertbedingung differenziert und null gesetzt:

$$\mathrm{d}Y_{\mathrm{Sch}}/\mathrm{d}u = 2 \cdot c_2 \cdot \cos\alpha_2 - 2 \cdot u \stackrel{!}{=} 0$$

Hieraus folgt die **theoretische Laufzahl für Überdruckwirkung**:

$$Lz_{\mathrm{th}} = (u/c_2)_{\mathrm{th}} = \cos\alpha_2 \qquad (11\text{-}12)$$

Da auch bei Überdruckbeschauflungen meistens $\alpha_2 = 14 \ldots 20°$ ausgeführt, gilt bei guter Näherung:

$$Lz = (u/c_2)_{\mathrm{th}} \approx 1 \qquad (11\text{-}13)$$

Die Überdruck-Laufzahl ist somit etwa doppelt so groß wie die Gleichdruck-Laufzahl (Gl. (11-8)).

Infolge Reibungseinflüssen liegt die **tatsächliche Laufzahl für Überdruckwirkung** ebenfalls tiefer.

Richtwerte:

$$Lz = u/c_2 = 0{,}65 \ldots 0{,}95 \qquad (11\text{-}14)$$

und zwar für

- beste Wirkungsgrade $Lz = 0{,}85 \ldots 0{,}95$
- begrenzte Stufenzahl $Lz = 0{,}65 \ldots 0{,}8$

Hinweis auf Abschnitt 11.3.1.6, wobei nach Energiegleichung ohne Reibung

$$c_{\mathrm{th}} = \sqrt{2 \cdot \Delta h_s} = c_s$$

Wird wieder $\boldsymbol{u = 300\,\mathrm{m/s}}$ und $\varphi_{\mathrm{Le}} = 0{,}9$ gesetzt, ergibt sich für das verarbeitbare **optimale Stufengefälle bei Überdruckwirkung**, wegen $Lz = 1$:

$$c_{2,s} = c_2/\varphi_{\mathrm{Le}} \approx u/\varphi_{\mathrm{Le}} = 300/0{,}9 \approx 333\,\mathrm{m/s}$$

Damit:

$$\Delta h_{s,\mathrm{Le}} = c_{2,s}^2/2 = 55\,555\,\mathrm{m^2/s^2} \approx 55\,\mathrm{kJ/kg}$$

Da $\Delta h_{s,\mathrm{Le}} = (1 - r) \cdot \Delta h_{s,\mathrm{St}}$ wird mit $r = 0{,}5$:

$$\Delta h_{s,\mathrm{St}} = \Delta h_{s,\mathrm{Le}}/(1 - r) = 2 \cdot \Delta h_{s,\mathrm{Le}} = 110\,\mathrm{kJ/kg}$$
$$\Delta h_{s,\mathrm{St}} \approx 100\,\mathrm{kJ/kg} \qquad (11\text{-}15)$$

Das **optimale Stufengefälle** (isentrope Enthalpiedifferenz) **bei Überdruckwirkung** ist somit **etwa halb so groß wie bei Gleichdruckwirkung** (Gl. (11-11)). Für das gleiche Gesamtgefälle $\Delta h_{s,\mathrm{ges}}$ benötigen daher Überdruckturbinen wesentlich mehr Stufen (bis 80) als Gleichdruckturbinen (etwa doppelt so viele).

11.3.1.4 Stufungsarten

Die **Abstufung**, d. h. die Abarbeitung des Enthalpiegefälles, ist nach zwei grundsätzlich verschiedenen Arten möglich:

Geschwindigkeitsstufung (Index GS)

Im ersten, mit düsenförmigen Kanälen ausgerüsteten Leitradkranz setzt sich das gesamte Enthalpiegefälle in Geschwindigkeit um. In allen folgenden Lauf- und Leitradgittern wird der Mediumstrom nur noch umgelenkt, weshalb weitere Druckabsenkung nicht mehr stattfindet. Infolge Energieübergang auf den Rotor verringert sich dabei die absolute Fluidströmungsgeschwindigkeit in jedem Laufgitter. In den jeweils dazwischen angeordneten **Umlenkkränzen** (stehen fest) bleibt die Strömungsgeschwindigkeit in ihrer Größe (Betrag) theoretisch (reibungsfrei) exakt und tatsächlich näherungsweise konstant. Die hohe Düsenaustrittsgeschwindigkeit wird somit in den Laufradkränzen stufenweise herabgesetzt (abgearbeitet). In Bild 11-30 sind Schaufelplan sowie Druck- und Absolutgeschwindigkeitsverlauf dargestellt. Wie das Bild bestätigt, ist Geschwindigkeitsstufung nur bei Gleichdruckwirkung möglich → **geschwindigkeitsgestufte Gleichdruckturbinen**, sog. **CURTIS- oder A-Räder**. Dabei steht A als Abkürzung für Aktion.

Würden die i_{GS} (Geschwindigkeits-)Stufen mit $\sum u_{GS}$ – bei gleichem Stufendurchmesser (wie meist üblich) $\sum u_{GS} = i_{GS} \cdot u_{GS}$ – durch eine gleichwertige einstufige Turbine (Index I) ersetzt, müsste diese mit der Umfangsgeschwindigkeit $u_I = \sum u_{GS} = i_{GS} \cdot u_{GS}$ laufen. Daher gilt:

$$u_{GS} = u_I / i_{GS} \tag{11-16}$$

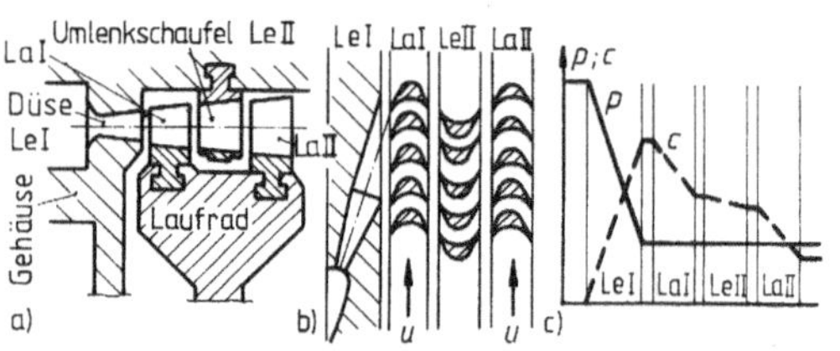

Bild 11-30 Geschwindigkeitsstufung (2fach → I, II). CURTIS-Prinzip (A-Rad). a) Meridianschnitt, b) Gitterplan, c) Verlauf von Druck und Absolutgeschwindigkeit

Die Enthalpie ändert sich quadratisch mit der Strömungsgeschwindigkeit. Bei gleichmäßiger Geschwindigkeitsstufung ist daher die Aufteilung des Energieumsatzes auf die einzelnen Stufen sehr unterschiedlich. Der Energieübertrag vom Fluidstrom auf das Laufrad ist in der ersten Stufe mit Abstand am größten und fällt dann steil ab. Der Zusammenhang lässt sich mithilfe der Prinzipskizze von Bild 11-31 und gemäß Gl. (7-144) verdeutlichen. Dargestellt wird ein 2-stufiges und ein 3-stufiges geschwindigkeitsgestuftes Gitter mit jeweils 180°-Schaufelumlenkungen (theoretisch).

Für das 2-stufige Gitter (Bild 11-31a) gilt:

St I $\quad \Delta h_{s,I} = [c^2 - (c/2)^2]/2 = (3/4) \cdot c^2/2 = 0{,}75 \cdot \Delta h_s \rightarrow 75\,\%$

St II $\quad \Delta h_{s,II} = [(c/2)^2 - 0]/2 = (1/4) \cdot c^2/2 = 0{,}25 \cdot \Delta h_s \rightarrow 25\,\%$

Für das 3-stufige Gitter (Bild 11-31b) gilt:

St I $\quad \Delta h_{s,I} = [c^2 - (4/6 \cdot c)^2]/2 = (5/9) \cdot \Delta h_s \rightarrow 56\,\%$

St II $\quad \Delta h_{s,II} = [(4/6 \cdot c)^2 - (2/6 \cdot c)^2]/2 = (1/3) \cdot \Delta h_s \rightarrow 33\,\%$

St III $\quad \Delta h_{s,III} = [(2/6 \cdot c)^2 - 0]/2 = (1/9) \cdot \Delta h_s \rightarrow 11\,\%$

Die große Leistungsanhäufung in der ersten Stufe (St I) erfordert notwendigerweise starke Strömungsumlenkung bei hoher Relativgeschwindigkeit, was zwangsläufig stärkere Reibungsverluste zur Folge hat. Als Gegenmaßnahme werden oft die Anfangsströmungswinkel verringert. Die unterschiedlichen Umlenkungen und Strömungswinkel einer zweistufigen Geschwindigkeitsstufung (2C-Rad) zeigt auch Bild 11-32.

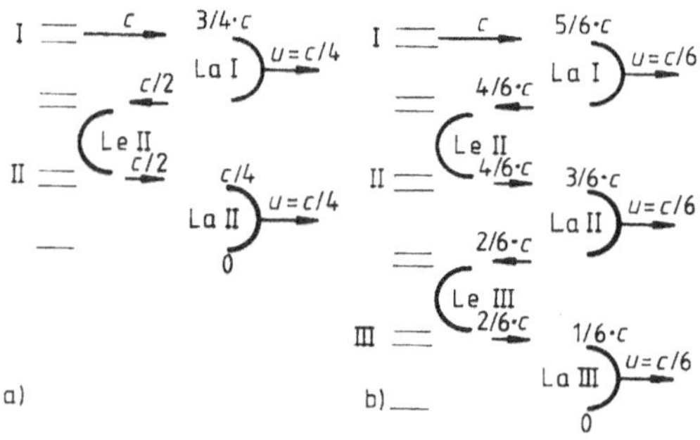

Bild 11-31 Geschwindigkeitsverlauf bei Geschwindigkeitsstufung (Prinzipdarstellung). $\Delta h_s = c^2/2$.
a) Zweifachstufung (I, II), b) Dreifachstufung (I, II, III)

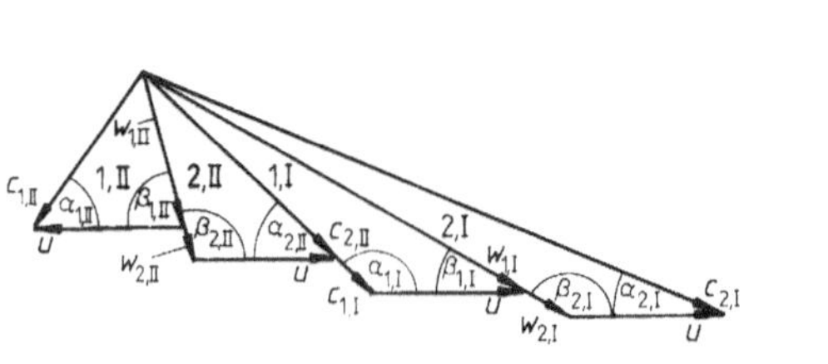

Bild 11-32 Geschwindigkeitsplan einer zweistufigen Geschwindigkeitsstufung (2C-Turbine). Die Austrittsdreiecke beider Stufen (1, I und 1, II) sind jeweils um 180° auf die Seite der Eintrittsdreiecke geklappt.

Für die **Druckziffer** gilt bei Geschwindigkeitsstufung, wobei nur die **mittlere Druckziffer** sinnvoll:

$$\overline{\psi} = \Delta h_s / \sum (u_{GS}^2/2) \tag{11-17}$$

Bei i_{GS} Druckstufen gleicher Umfangsgeschwindigkeit u_{GS} ist wieder $\sum u_{GS}^2 = i_{GS} \cdot u_{GS}^2$ und damit

$$\overline{\psi} = \Delta h_s / (i_{GS} \cdot u_{GS}^2/2) \qquad (11\text{-}17a)$$

Für eine gleichwertige Einstufen-Gleichdruckturbine (Index I) ergibt sich mit Gl. (4-57a), da $r = 0$:

$$\psi_I = \Delta h_s / (u_I^2/2) = 4{,}5 \ldots 7 \qquad (11\text{-}18)$$

Die mittlere Druckziffer $\overline{\psi}$, Gl. (11-17a), umgeformt mit Beziehung (11-16):

$$\overline{\psi} = \frac{\Delta h_s}{i_{GS} \cdot u_{GS}^2/2} = \frac{\Delta h_s}{i_{GS} \cdot (u_I/i_{GS})^2/2} = i_{GS} \cdot \frac{\Delta h_s}{u_I^2/2}$$

Oder mit Gl. (11-18):

$$\overline{\psi} = i_{GS} \cdot \psi_I = i_{GS} \cdot (4{,}5 \ldots 7) \qquad (11\text{-}19)$$

Die mittlere Druckziffer wächst also mit steigender Stufenzahl i_{GS} und erreicht dadurch sehr hohe Werte.

Druckstufung (Index DS)

In jeder der aufeinander folgenden Stufen wird ein Teil des gesamten Enthalpiegefälles umgesetzt. Jede Stufe verarbeitet somit einen bestimmten Druckunterschied. Der Druck wird daher stufenweise herabgesetzt.

Das Verfahren der Druckstufung ist sowohl bei Gleichdruck- als auch Überdruckwirkung möglich. Bei druckgestuften Gleichdruckturbinen (Bild 11-33A) wird der Fluiddruck jeweils nur in den Leiträdern der aufeinander folgenden Stufen abgebaut. Bei druckgestuften Überdruckturbinen (Bild 11-33B) erfolgt der Druckabbau sowohl in den Leit- als auch auf Laufkränzen der aufeinander folgenden Stufen. Dadurch geht der stufenartige Druckabbau etwa in einen linearen über.

Im Gegensatz zur Geschwindigkeitsstufung ist bei der Druckstufung die verarbeitete Enthalpiedifferenz üblicherweise in allen Stufen gleich groß.

Bei Druckstufung gilt für die Druckziffer:

Stufen-Druckziffer:

$$\psi = \Delta h_{s,St}/(u^2/2)$$

Mittlere Druckziffer:

$$\overline{\psi} = \frac{\sum \Delta h_{s,St}}{\sum(u^2/2)} = \frac{\Delta h_{s,ges}}{\sum(u^2/2)}$$

Bei i_{DS} gleichen Druckstufen (Regelfall) ist

$$\overline{\psi} = \frac{\sum \Delta h_{s,St}}{\sum(u^2/2)} = \frac{i_{DS} \cdot \Delta h_{s,St}}{i_{DS} \cdot u^2/2} = \frac{\Delta h_{s,St}}{u^2/2} \quad \text{also}$$

$$\overline{\psi} = \psi \qquad (11\text{-}20)$$

Wird eine druckgestufte Turbine mit i_{DS} gleichen Stufen durch eine einstufige (Index I) von gleicher Druckziffer ersetzt, ergibt sich folgender Zusammenhang für die Umfangsgeschwindigkeiten:

$$\psi_I = \psi = \overline{\psi}$$

$$\frac{\Delta h_{s,ges}}{u_I^2/2} = \frac{\sum \Delta h_{s,St,DS}}{\sum(u_{DS}^2/2)} = \frac{\Delta h_{s,ges}}{i_{DS} \cdot u_{DS}^2/2}$$

Hieraus:

$$u_{DS} = u_I/\sqrt{i_{DS}} \qquad (11\text{-}21)$$

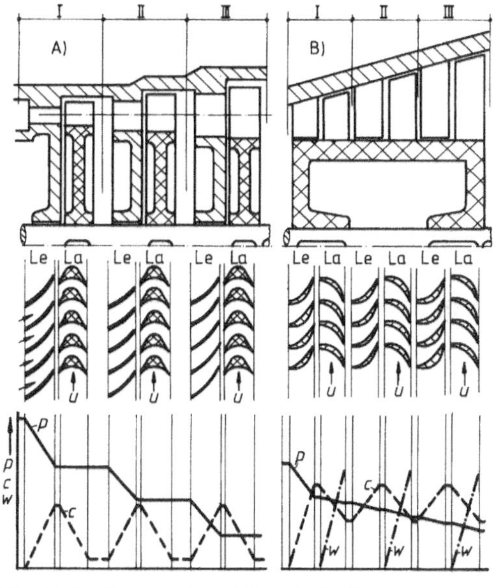

Bild 11-33 Druckstufung (3fach; I, II, III).
A) Gleichdruckwirkung (Scheibenläufer) → ZOELLY.
B) Überdruckwirkung (Trommelläufer) → PARSONS

Vergleich der beiden Stufungsarten

- Beim Voraussetzen gleicher Umfangsgeschwindigkeit der beiden Stufungsarten folgt aus den Beziehungen (11-16) und (11-21): $i_{DS} = i_{GS}^2$. Das bedeutet: Zum Abarbeiten des gleichen Wärmegefälles sind i Geschwindigkeitsstufen oder i^2 Druckstufen notwendig. Beispielsweise sind also statt 3 Geschwindigkeitsstufen 9 Druckstufen erforderlich. Oder kurz ausgedrückt: i Geschwindigkeitsstufen sind i^2 Druckstufen gleichwertig. Die Geschwindigkeitsstufung ist daher wirksamer und auch einfacher im Aufbau als die Druckstufung. Andererseits erreicht die Geschwindigkeitsstufung nur geringere maximale Wirkungsgrade als die Druckstufung. Grund: Bei Geschwindigkeitsstufung muss die in den nachfolgenden Stufen verarbeitete Energie als Geschwindigkeitsenergie durch die vorhergehenden „hindurchgeschleppt“ werden. Dies bewirkt zwangsläufig erhöhte Reibungsverluste – vor allem wegen der hohen Geschwindigkeit in der ersten Stufe.

- Geschwindigkeitsstufung kann nur mit Gleichdruckwirkung, Druckstufung dagegen sowohl bei Gleich- als auch Oberdruckwirkung ausgeführt werden.

Da Teilbeaufschlagung nur bei Gleichdruckwirkung anwendbar ist, wird die Geschwindigkeitsstufung oft hierfür eingesetzt. Würde Partiellbeaufschlagung in Überdruckwirkung ausgeführt, wäre der Eintrittsdruck in den nichtbeaufschlagten Laufradbereichen gleich dem Laufradaustrittsdruck (Kurzschluss) und daher niedriger als der Leitradausströmdruck. Durch das sich ausbildende seitliche Druckgefälle würde das Fluid im Spalt zwischen Leit- und Laufgitter somit auch teilweise seitlich expandierend abfließen (ungeordneter Strahl), mit der Folge wesentlich gesteigerter Verluste.

Bei Dampfturbinen wird meist Geschwindigkeitsstufung – Anfangsteil, partiell beaufschlagt – mit anschließender Druckstufung in Gleich- oder Überdruckwirkung – Hauptteil, voll beaufschlagt – in einer Maschine kombiniert. Dieser Aufbau eröffnet gute Regelmöglichkeit.

11.3.1.5 Wärmerückgewinn

Das in Abschnitt 10.3.2.4 unter der Überschrift „Mehrarbeit“ Beschriebene tritt notwendigerweise auch bei thermischen Turbinen auf. Im Gegensatz zu Verdichtern wirkt sich die Verlustwärme der jeweils vorhergehenden Stufe bei Turbinen nicht nachteilig, sondern etwas vorteilhaft auf das Arbeitsvermögen des Fluids aus. Die Verlustwärme, d. h. der in Wärme zurückverwandelte mechanische Energieanteil, kann bei mehrstufigen Turbinen in der jeweils nächstfolgenden Stufe teilweise wieder zurückgewonnen, also erneut in mechanische Energie umgesetzt werden und vergrößert dadurch das Arbeitsgefälle der einstufigen Turbine. Der Beiwert μ nach Gl. (10-39) wird daher bei thermischen Turbinen als **Wärmerückgewinnungsfaktor** bezeichnet. Der Verlustwärme-Einfluss auf den mehrstufigen Entspannungsprozess geht nochmals aus Bild 11-34 hervor. Es ist

$$\sum_{k=\mathrm{I}}^{i} \Delta h_{s,k} > \Delta h_{s,\mathrm{ges}}$$

Gemäß Gl. (10-39) gesetzt:

$$\sum_{k=\mathrm{I}}^{i} \Delta h_{s,k} = \mu \cdot \Delta h_{s,\mathrm{ges}} \tag{11-22}$$

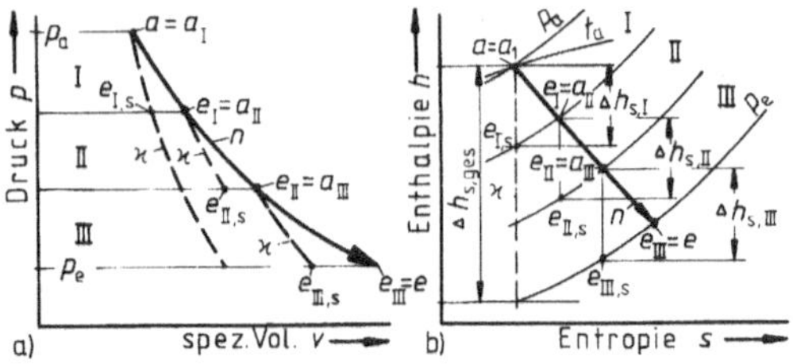

Bild 11-34 Einfluss der „Verlustwärme“ auf den Energieumsatz in mehrstufigen thermischen Turbinen (drei Stufen gezeichnet).
a) (p,v)-, b) (h,s)-Diagramm

Der Wärmerückgewinnungsfaktor μ steigt mit

- wachsender Stufenzahl
- höher werdenden Verlusten
- zunehmendem Turbinengefälle $\Delta h_{s,\mathrm{ges}}$.

Wie bei Verdichtern ist Faktor μ auch bei Turbinen nur erfahrungsgemäß festlegbar. In der Regel liegt μ im Bereich zwischen 1,02 und 1,08. Besser zugeordnete Richtwerte enthält Tabelle 11-2. Bei einstufigen Turbinen ist definitionsgemäß stets $\mu = 1$. Beim Berechnen mehrstufiger Dampfturbinen ist der Wärmerückgewinnungsbeiwert μ zu berücksichtigen.

Durch den Faktor μ verbessert sich bei thermischen Turbinen der innere isentrope Wirkungsgrad $\eta_{\mathrm{i},s,\mathrm{ges}}$ der gesamten Maschine gegenüber dem der einzelnen Stufe $\eta_{\mathrm{i},s,\mathrm{St}}$. Es gilt:

$$\eta_{\mathrm{i},s,\mathrm{ges}} = \frac{\Delta h_{\mathrm{i,ges}}}{\Delta h_{s,\mathrm{ges}}} = \frac{\sum \Delta h_{\mathrm{i},k}}{(1/\mu)\cdot\sum \Delta h_{s,k}} = \mu \cdot \frac{\sum \Delta h_{\mathrm{i},k}}{\sum \Delta h_{s,k}}$$

Bei i gleichen Stufen wird, da $\sum \Delta h_{\mathrm{i},k} = i \cdot \Delta h_{\mathrm{i,St}}$ und $\sum \Delta h_{s,k} = i \cdot \Delta h_{s,\mathrm{St}}$ sowie $\eta_{\mathrm{i},s,\mathrm{St}} = (\Delta h_{\mathrm{i}}/\Delta h_s)_{\mathrm{St}}$:

$$\eta_{\mathrm{i},s,\mathrm{ges}} = \mu \cdot \eta_{\mathrm{i},s,\mathrm{St}} \tag{11-23}$$

Hinweis: Vergleiche Beziehung (10-41) für Mehrstufenverdichter. Dort Index M (Maschine) statt ges verwendet.

Tabelle 11-2 Wärmerückgewinnungsfaktor μ von Kondensations- und Gegendruck-Dampfturbinen verschiedener Stufenzahlen i

Stufenzahl	Turbinenart	
i	Kondensations-DT	Gegendruck-DT
$i < 6$	$\mu \approx 1{,}02$	$\mu \approx 1{,}02$
$i = 6 \ldots 12$	$\mu \approx 1{,}02 \ldots 1{,}04$	$\mu \approx 1{,}02 \ldots 1{,}03$
$i > 12$	$\mu \approx 1{,}05 \ldots 1{,}1$	$\mu \approx 1{,}04 \ldots 1{,}05$

11.3.1.6 Kennwerte

Schnellläufigkeit und Schauflungswirkungsgrad

Richtwerte für die spezifische Drehzahl n_y und den Schauflungswirkungsgrad η_{Sch} enthält Tabelle 11-3. Außerdem wird auf Bild 4-7 und Abschnitt 8.5.3 hingewiesen.

Tabelle 11-3 Spezifische Drehzahl n_y und Schauflungswirkungsgrad η_{Sch} (Richtwerte) für Dampf- und Gasturbinen

Wirkungsweise	n_y	η_{Sch}
Geschwindigkeitsgestuft:		
Axial 2-kränzig (2C-Rad)	0,005 ... 0,05	$\leqq$ 0,7
Axial 3-kränzig (3C-Rad)	0,002 ... 0,02	$\leqq$ 0,65
Axial 4-kränzig (4C-Rad)	0,001 ... 0,01	$\leqq$ 0,6
Druckgestuft:		
Axial-Gleichdruck-Stufe	0,03 ... 0,09	0,75 ... 0,95
Axial-Überdruck-Stufe	0,06 ... 0,35	0,8 ... 0,96
Radial-Überdruck-Stufe	0,04 ... 0,11	0,8 ... 0,97

Gefällegeschwindigkeit

Als Rechengröße wird im Dampfturbinenbau verschiedentlich die zum Enthalpiegefälle gehörende Strömungsgeschwindigkeit verwendet. Nach dem Energiesatz gilt für die

- Stufengefälle-Geschw. $c_{th,St} = \sqrt{2 \cdot \Delta h_{s,St}}$
- Gesamtgefälle-Geschw. $c_{th,ges} = \sqrt{2 \cdot \Delta h_{s,ges}}$

Laufzahl

Das Geschwindigkeitsverhältnis $(u/c_{th})_{St}$ ist die theoretische oder **Grundlaufzahl** Lz_{th} und $u/c_{Le} = u/c_5 \approx u/c_2$ als (tatsächliche) **Laufzahl** Lz (Abschnitt 11.3.1.3). Für die Umfangsgeschwindigkeit u ist dabei der Wert in Schaufelmitte (Flusslinie (m), also $u_{(m)}$) zu setzen. Index (m) wird fast immer weggelassen. Als Richtwertformel schlägt PFLEIDERER für die Grundlaufzahl druckgestufter Gleich- und Überdruckstufen vor:

$$Lz_{th} = \frac{u}{c_{th,St}} = (0{,}38 \ldots 0{,}48) \cdot (1{+}0{,}8 \cdot r) \quad (11\text{-}24)$$

Die oberen Werte gelten für große, die unteren für kleine und mittlere Turbinen.

Mit der Druckziffer $\psi = 2 \cdot \Delta Y/u^2 = 2 \cdot \Delta h_{th,St}/u^2 = 2 \cdot \Delta h_{s,St}/u^2$ (Abschnitt 4.3.3.2) geht die Grundlaufzahl über in die Form:

$$Lz = \sqrt{2 \cdot \Delta h_{s,St}/\psi} \Big/ \sqrt{2 \cdot \Delta h_{s,St}} = 1/\sqrt{\psi}$$

Richtwerte für die Laufzahl Lz enthält auch Abschnitt 11.3.1.3.

Gütezahl

Früher wurde als Gütegröße die sog. **PARSONS-Zahl** $X = \sum u^2/\Delta h_{s,ges}$ verwendet. Sie verlor jedoch ihre Bedeutung. Stattdessen gilt jetzt die mittlere **Druckziffer** $\overline{\psi} = \Delta h_{s,ges}/\sum(u^2/2)$ als Maßgröße für die Maschinengüte. Zwischen PARSONS-Zahl und Druckziffer besteht, wie die Definitionen zeigen, der Zusammenhang $X = 2/\overline{\psi}$. Verwiesen wird auf Abschnitt 11.3.1.4 und insbesondere 4.3.3.2.

Abströmwert ε^2 (Abschnitt 4.3.3.7)

Kennzeichnet den Austrittsverlust (Abschn. 8.3.2.1). Richtwerte nach PFLEIDERER:
Kondensationsturbinen $\varepsilon^2 = 0{,}01 \ldots 0{,}04$
Gegendruckturbinen $\varepsilon^2 \approx 0{,}005$

Der Ausströmverlust wächst auch mit steigender Druckziffer.

Schnelllaufzahl σ (Gl. (4-85)): Bei Bauart:
Axial-Gleichdruck-DT $\sigma = 0{,}1 \ldots 0{,}3$
Axial-Überdruck-DT $\sigma = 0{,}3 \ldots 1{,}2$ und höher
Radial-DT $\sigma = 0{,}15 \ldots 0{,}35$

11.3.1.7 Betriebsgrößen

Dampfzustände

Bei Wasserkraftwerken liegt das Energieangebot (Gefälle, Volumenstrom) durch natürliche Gegebenheit fest. Bei Dampfkraftanlagen dagegen sind Frisch- und meist auch Abdampfzustand in gewissen Grenzen frei festlegbar. Daher ist beschränkte Normierung der Dampfzustände (Druck, Temperatur) möglich (digitales Zusatzmaterial).

Frischdampfzustand: Abhängig von Dampferzeugungsverfahren und Bau-Werkstoff.

Leichtwasserreaktoren (Druck- und Siedewasser) – derzeit verfügbare Kernreaktor-Generation – müssen mit Wasser moderiert werden und können deshalb höchstens Frischdampf (Sattdampf) vom Zustand des kritischen Punktes (221,3 bar, 374,1 °C) erzeugen. Bei fossilbeheizten Dampferzeugern begrenzt der Turbinenwerkstoff die Temperatur des Frischdampfes (Heißdampf). Besondere warmfeste ferritische Stähle ermöglichen Frischdampftemperaturen bis ca. 600 °C (... 700 °C). Bei höheren Temperaturen sind die etwa 10fach teureren austenitischen Stähle notwendig. Übliche Frischdampfzustände moderner öffentlicher Dampfkraftanlagen:

- Fossilkraftwerke (FKW): Heißdampf, bis 600 °C (700 °C) bei 150 ... 300 bar (350 bar) Druck.
- Kernkraftwerke (KKW): Sattdampf, ca. 70 bar (zugehörig etwa 285 °C).

Folge des niedrigen Frischdampfniveaus bei KKW: Bei gleicher Leistung ist der Abdampfvolumenstrom von KKW meist um etwa 60 % größer und der Wirkungsgrad um etwa 25 % geringer als bei FKW, also $\eta_A \approx 0{,}33$ gegenüber $\approx 0{,}41$ (0,45).

Abdampfzustand: Bei Kondensationsturbinen abhängig vom Kondensator-Kühlverfahren. Die Dampfenergie wird umso besser ausgenützt, d. h. in mechanische Energie und damit Elektrizität umgewandelt, je niedriger die Kondensatortemperatur liegt. Erfahrungsgemäß steigt der Dampfkraft-Wirkungsgrad je 0,01 bar Kondensatordruckabsenkung um etwa 0,5 %. Falls ausreichend Flusswasser (mittlere Temperatur ca. 15 °C) verfügbar, wird mit diesem im Durchlaufverfahren gekühlt, Bezeichnung: **Frischwasserkühlung (FWK)**. In allen anderen Fällen muss das Kondensatorkühlwasser in besonderen (Rück-)Kühltürmen zurückgekühlt werden. Bei dieser sog. **Nass-** oder **Verdunstungskühlung (NKT)** besteht Gefahr der Nebelschwadenbildung. Bei Rückkühlen über Wärmetauscher, der **Trockenkühlung (TKT)**, aufwendigstes Verfahren, sind höhere Rückkühltemperaturen notwendig.

Richtwerte erreichter Abdampfzustände bei:

- Frischwasserkühlung $\approx 0{,}05$ bar, zugeh. 33 °C
- Nasskühlturm $\approx 0{,}1$ bar, zugeh. 45 °C
- Trockenkühlturm $\approx 0{,}2$ bar, zugeh. 59 °C

η_{therm} bei NKT ≈ 1 %-Punkt, bei TKT ≈ 2 %-Punkte schlechter als bei FWK.

Bemerkung: Bei den meist in Gegendruckbetriebsweise arbeitenden Industriedampfturbinen ist beschränkte Standardisierung allenfalls bei den Frischdampfzuständen möglich, jedoch nicht beim Abdampf. Er wird ausschließlich durch den zu speisenden Wärmeverbraucher bestimmt.

Dampfnässe

Sobald die Turbinenentspannung ins Nassdampfgebiet ($x < 1$) reicht, wird der Dampf feucht (Nebelbildung). Die beim Entspannungsvorgang unter die **Sattdampflinie** – vor allem in den ND-Stufen – entstehenden mikroskopisch kleinen Wassertröpfchen sind schwerer als Dampf und erreichen deshalb nicht die Dampfgeschwindigkeit bezüglich Größe sowie Richtung. Wegen geänderter Flugbahn stoßen daher die Wassertröpfchen beim Laufradeintritt gegen die Schaufelrücken. Der auftretende **Tropfenschlag** ergibt Bremswirkung und führt zur Erosion (Anfressung), **Tropfenerosion** genannt, an den Rückseiten der Laufschaufeleintrittskanten. Allerdings bewirken nur größere Tropfen von mehr als 1/100 mm Durchmesser solche Erosion, auch als Nebelschäden bezeichnet. Meist Tropfengröße 0,05 ... 0,5 mm. Um Zerstörungen durch Tropfenschlag zu vermeiden, darf die Dampfnässe betragen bei Turbinen

- mit Entwässerungseinrichtung (meist üblich) 12 ... 15 %, also $x \geqq 0{,}88 \ldots 0{,}85$
- ohne Entwässerung 8 ... 10 %, $x \geqq 0{,}92 \ldots 0{,}9$
- mit Zwischenüberhitzung 4 ... 5 %, somit $x \geqq 0{,}96 \ldots 0{,}94$, wobei in Endstufen zum Kondensator wieder die vorherigen Werte gelten.

Weitere Maßnahmen zum Vermeiden von Nebelerosion sind:

- Gutes Abrunden der Schaufeleintrittskanten
- Große axiale Spalte zwischen Leit- und Laufschaufeln. Ergibt längeren Strömungsweg, auf dem der Nebel vom Dampf in Eintrittsrichtung mitgerissen werden kann.
- Gefährdete Schaufelkanten härten oder belegen mit Hartstahl durch Auftragsschweißen oder Auflöten von Plättchen (Plattierung).

Bemerkung: Zwischenüberhitzung ZÜ ist meist ab Frischdampfdrücken über etwa 50 bar notwendig.

Druckstufung: Abhängig vom Nenn-Dampfzustand gelten für Dampfturbinen nach DIN 4304 folgende Benennungen (Ergänzung 11 beim digitalen Zusatzmaterial):

Nach dem Frischdampfdruck (Anfangsdruck):

- Niederdruck-Turbinen (ND) bis 10 bar
- Mitteldruck-Turbinen (MD) 10 ... 90 bar
- Hochdruck-Turbinen (HD) 90 ... 220 bar
- Höchstdruck-Turbinen über 220 bar

Nach der Frischdampftemperatur (Anfangstemp.):

- Sattdampf-Turbinen Sattdampf-Temp.
- Mitteltemperatur-Turbinen bis 485 °C
- Hochtemperatur-Turbinen 485 ... 565 °C
- Höchsttemperatur-Turbinen über 565 °C

Dabei treffen jeweils die niedrigen, mittleren sowie hohen Werte von Druck und Temperatur des Dampfes zusammen. Angewendet werden Frischdampfzustände mit Drücken bis 350 bar bei Temperaturen von 580 ... 650 (... 700) °C. Mit steigenden Werten wachsen die Anforderungen an Warmfestigkeit und Korrosionsbeständigkeit der Werkstoffe.

Die **Leistung** von Kraftwerks-Turbosätzen teilt sich etwa auf (ZÜ zwischen HD und MD):

- Ohne ZÜ HD + MD $\approx 1/3$, ND $\approx 2/3$
- Mit ZÜ HD + MD $\approx 2/3$, ND $\approx 1/3$

Werkstoffe

Der Werkstoff wird beim Gehäuse von der Temperatur, beim Läufer (Schaufeln, Rotor) von Temperatur und Fliehkraft bestimmt. Daher ist die Wahl des Werkstoffes besonders im Bereich hoher Temperatur (HD-Teil) und im Gebiet hoher Umfangsgeschwindigkeit (Endstufen im ND-Teil) wichtig. Üblich sind bei (Dampf-)Temperaturen:

- bis ca. 530 °C normaler ferritischer Stahl.
- bis ca. 580 °C ferritische Stähle mit 9 ... 12 % Chrom und oft geringem Vanadium- sowie Molybdän-Gehalt (bis wenige Prozente). (3 ... 5)-fach teurer als normaler Stahl.
- ab ca. 600 °C austenitischer Stahl ($Cr \geqq 13\,\%$; $Ni \geqq 8\,\%$; $C \leqq 0{,}2\,\%$; Spuren Nb, Ti, Mn), etwa 10fach teurer und Ausdehnung etwa 50 % größer als normaler Stahl. Benannt nach SIR AUSTEN (1843 ... 1902). Kubisch flächenzentriert, unmagnetisch, hochwarmfest, niedrige Streckgrenze, große Zähigkeit und hohe Wärmedehnung.

Neben hohen Festigkeitswerten, Warmstreckgrenze $\sigma_{1,10^5}$ und Zeitstandfestigkeit $\sigma_{3,10^5}$, sind Beständigkeit gegen Korrosion und Verzunderung sowie Sicherheit gegen Sprödbruch notwendig. Einzelheiten enthält [50] und besonders [58].

Bemerkung: Für Schaufeln sehr hoher Umfangsgeschwindigkeit (etwa $u > 600\,\mathrm{m/s}$) wären Werkstoffe hoher Festigkeit bei niedriger Dichte notwendig. Beispielsweise beträgt die Dichte von Titan bei fast gleicher zulässiger Festigkeit nur etwa die Hälfte der von Stahl. Deshalb auch Titan bei den Endstufen.

Speisewasserqualität

Um Verschmutzen, Versalzen (Kalkablagerungen) sowie Korrodieren von Dampferzeugern weitgehend zu verhindern, muss das Kesselspeisewasser bestmöglich gereinigt, enthärtet und entgast werden. Das Speisewasser muss also von höchster Qualität sein, was umfangreiches Aufbereiten erfordert. Deshalb ist auch der Kondensatwasser-Sammelbehälter geschlossen auszuführen und durch Dampfschleier gegen Lufteintritt zu sichern. Die Wasserenthärtung erfolgt chemisch (Ionenaustauscher) oder thermisch (Destillation), die Entgasung durch Erwärmen unter niedrigem Druck (Vakuum).

Bei modernen Dampfkraftwerken beträgt der wegen Undichtheiten notwendige Zusatzwasserbedarf bis etwa 0,1 ... 1 % des Speisewassermengenstromes.

Kalkablagerungen im Dampferzeuger verschlechtern den Wärmeübergang und verringern die Strömungsquerschnitte (Widerstand steigt). Versalzen der Turbine führt zu Unwucht, Wirkungsgradverschlechterung (erhöhte Reibung) und Leistungsminderung (wegen Querschnittsverengung). Die Unwucht bringt neben unruhigem Lauf oft auch Schaufelbrüche infolge Schwingungsanregung durch ungleiche Salzablagerung (Kieselsäure H_2SiO_3 bzw. der zugehörige Säurerest, das Siliciumdioxid SiO_2).

Geschwindigkeiten

Frischdampfgeschwindigkeit: Damit Druckverlust in der Frischdampfleitung unter etwa 3 ... 10 % bleibt, Frischdampfgeschw. ca. 20 ... 50 m/s.

Abdampfgeschwindigkeit: Je größer die Abdampfgeschwindigkeit c_{As} bis Transschall ($Ma \leqq 1{,}8$), desto höher der Ausströmverlust, jedoch um so geringer der notwendige Endstufen-Beschauflungsdurchmesser für den erforderlichen Dampfdurchsatz. Zwischen diesen Zwängen muss besonders bei großen DT ein sinnvoller Kompromiss gefunden werden.

Richtwerte: 100 m/s bis ca. 90 % der zum Kondensatordruck gehörenden Schallgeschwindigkeit des Dampfes von 360 ... 390 m/s, also $c_{As} = 100 \ldots 300 \ldots 350\,\mathrm{m/s}$. Untere Werte bei kleineren, obere bei großen DT → Saugrohr-Anwendung.

Aber auch Werte bis ca. 90 % der mittleren Umfangsgeschwindigkeit, also $c_{As}/u \leqq 0{,}9$, sind üblich, und zwar bei Schaufeln

- kurz (HD, MD): $D/b = 7 \ldots 6$
  $\rightarrow c_{As}/u = 0{,}5 \ldots 0{,}6$
- lang (ND): $D/b = 5 \ldots 3$
  $\rightarrow c_{As}/u = 0{,}8 \ldots 0{,}9$

Hinweis: Alle Werte wieder bezogen auf den mittleren Beaufschlagungsdurchmesser ($D \equiv D_{(m)}$).

Dampfgeschwindigkeit in Beschauflungen: Bei überschallschnellen Kompressionsströmungen besteht die Gefahr, dass Verdichtungsstöße auftreten, die verlustbehaftet sind. Da in Dampfturbinen jedoch üblicherweise keine Verdichtungs-, sondern Entspannungsströmungen vorliegen, sind hier Überschallströmungen nicht zwangsläufig ungünstig. Die Strömungsgeschwindigkeit verringert sich zwar, aber infolge Energieentzug. Gerade deshalb handelt es sich jedoch um keine Verdichtungsströmung. Außer in Staugebieten, wie sie hauptsächlich in den Zonen vor den Laufschaufeleintrittskanten vorliegen, treten daher in thermischen Turbinen kaum

Verdichtungsstöße auf. Durch diese lokalen, wenn auch schwachen Verdichtungsstöße in den Stauzonen der Laufschaufelnasen werden die Geschwindigkeitsverhältnisse jedoch oftmals stark verändert. Üblicherweise ist es daher auch bei Dampfturbinen vorteilhaft, wenn in der gesamten Beschauflung sowohl Absolut- als auch Relativgeschwindigkeiten der Strömung im Unterschallbereich bleiben. Hiervon unterscheiden sich LAVAL- und CURTIS-Turbinen sowie verschiedentlich die Niederdruckstufen von ZOELLY-Turbinen (Abschnitt 11.3.3.2).

Umfangsgeschwindigkeit: Infolge Fliehkraftwirkung durch die Festigkeit des Schaufelmaterials begrenzt. Bei großen Schaufeln (Länge bis ca. 1,6 m) beträgt die Fliehkraft bis mehrere Meganewton. Demgegenüber ist die Biegebeanspruchung der Schaufeln durch die Drehkraft meist gering.

Mit Stählen sind Umfangsgeschwindigkeiten, bezogen auf den Läuferumfang → Schaufelspitze, bis etwa 600 m/s verwirklichbar. Beispielsweise fertigte Fa. BBC, dann ABB und jetzt ALSTON, eine 1 300-MW-Turbine – Frischdampf 242 bar, 538 °C, ZÜ 538 °C, Kondensator 0,067 bar, 4-flutiger ND-Teil – deren ND-Endschaufeln von 760 mm Länge bei der Drehzahl 3 600 min^{-1} (volltourig für USA) an den Schaufelenden etwa 600 m/s Umfangsgeschwindigkeit erreichen.

Mit anderen Werkstoffen, wie Titan oder kohlefaserverstärkten Kunststoffen (CFK), wären noch wesentlich höhere Umfangsgeschwindigkeiten verwirklichbar – bis ca. 900 m/s.

Bedingt durch die mit der Umfangsgeschwindigkeit u gekoppelte Ausströmgeschwindigkeit des Dampfes ergibt sich ab $u_{(a)} \approx 700\,\text{m/s}$ ein Austrittsverlust, der über 10 % des von der Turbine verarbeiteten Gesamtwärmegefälles beträgt. Der dadurch bedingte Wirkungsgradabfall des Dampfprozesses ist nicht mehr wirtschaftlich und setzt somit zusätzliche Grenzen für die Umfangsgeschwindigkeit.

Üblicherweise ausgeführte Umfangsgeschwindigkeiten, bezogen auf die Schaufelmitte, also am mittleren Durchmesser der Laufbeschauflung (Index (m) wieder weggelassen) $u = 80 \ldots 300 \ldots 500\,\text{m/s}$.

Die oberen Werte bis ca. 500 m/s werden nur bei den im Durchmesser wesentlich größeren ND-Stufen erreicht. In den starr gekuppelten HD- und MD-Bereichen der Turbine sind die Umfangsgeschwindigkeiten infolge geringeren Laufraddurchmessers zwangsläufig wesentlich kleiner.

Richtwerte für das Auslegen von Beschauflung und konstruktivem Ausbilden des Rotors:

- Scheibenläufer für Kammerturbinen, also Gleichdruck-DT $u \leqq 400\,\text{m/s}$
- Trommelläufer (Überdruck-DT)
  Hohltrommel $u \leqq 200\,\text{m/s}$
  Volltrommel $u \leqq 300\,\text{m/s}$
  Scheibentrommel (geschweißt) $u \leqq 400\,\text{m/s}$

Wirkungsgrade

Der Kraftwerkswirkungsgrad als Produkt aller Einzelwirkungsgrade (auch als Effizienz bezeichnet) steigt mit wachsender Temperatur (CARNOT) und damit dem Enthalpiegefälle zwischen Wärmeangebot (Frischdampf) und Wärmeabgabe (Kondensator). Der Einfluss des Frischdampfzustandes auf den thermischen Wirkungsgrad des Dampfkraftprozesses geht aus folgenden Zahlen von BUCHWALD[1)] hervor: Erhöhung des Frischdampfdruckes von 182 bar auf 246 bar (300 bar) verbessert den thermischen Wirkungsgrad von 43,3 % auf 43,6 % (46,5 %). Das Erhöhen der Frischdampftemperatur von 535 °C auf 560 °C (600 °C) ergibt eine Verbesserung von 43,3 % auf 44 % (49 %). Weiteres beim digitalen Zusatzmaterial.

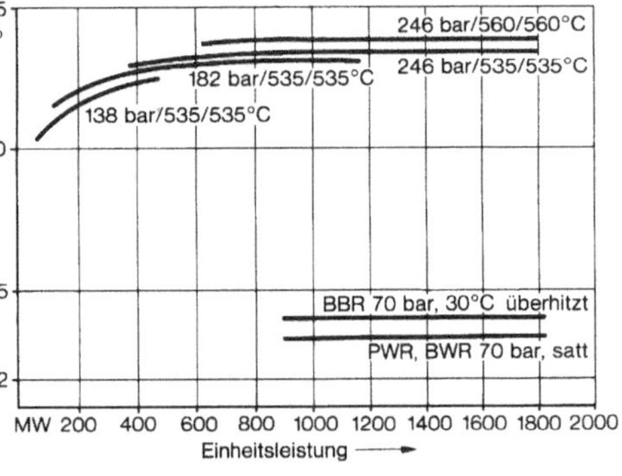

Bild 11-35 Turbinen-Anlagenwirkungsgrad η_A als Funktion der Einheitsleistung bei verschiedenen Dampfzuständen (ABB). PWR Druckwasser-, BBR Siedewasserreaktor

Bei Turbomaschinen steigt die Leistung mit dem (Bau-)Volumen, die Verluste dagegen nur mit der Fläche (Querschnitt). Somit verringern sich die Verluste relativ, weshalb der Wirkungsgrad mit der Turbinen-Baugröße steigt. Ab etwa 400 MW Ma-

[1)] BUCHWALD, K.: Gibt es Grenzen im Dampfturbinenbau, BBB-Druckschrift Nr. D GK 90061 D (ABB).

schinenleistung steigt der Wirkungsgrad von Dampfturbinen jedoch nur noch gering und nimmt ab ca. 800 MW fast nicht mehr zu (Bild 11-35).

Tabelle 11-4 Erreichbarer Anlagenwirkungsgrad η_A von Dampfturbinen-Sätzen (Großdiesel zum Vergleich). Index FDa für Frischdampf. Abdampf-Kühlverfahren FWK und NTK. GuD ... Kombi-Prozess GT + DT (bei Erdgas)

Kraftwerks-Typ (KW)	p_{FDa} in bar	t_{FDa} in °C	Dampf-art	$\eta_{A,max}$ FWK	TK
Fossil-KW	300	580	Heiß-Da.	49 %	47 %
Kern-KW	70	285	Nass-Da.	36 %	34 %
GuD				60 %	57 %
Großdiesel				55 ... 62 %	

Richtwerte zum Anlagenwirkungsgrad η_A von Dampfturbinenanlagen: $\eta_A = 0{,}33 \ldots 0{,}49$. Die unteren Werte gelten für Kleinkraftwerke. Werte für η_A neuerer Großkraftwerke bei verschiedenen Kondensatorkühlarten enthält auch Tabelle 11-4. Durch die erhöhten Umweltschutzmaßnahmen gehen wieder ca. zwei Prozentpunkte verloren. Ein Prozentpunkt Wirkungsgradabfall bedeutet für Deutschland einen Mehraufwand an Brennstoff Br entsprechend stündlich etwa 150 t Steinkohle.

Richtwerte für den Maschinenwirkungsgrad:
Kondensator-DT $\eta_{e,s} = 0{,}8 \ldots 0{,}88 \ldots 0{,}94$
Gegendruck-DT $\eta_{e,s} = 0{,}7 \ldots 0{,}88 \ldots 0{,}92$
Mechanischer Wirkungsgrad $\eta_m \approx 0{,}98 \ldots 0{,}995$
Getriebewirkungsgrad $\eta_{Ge} \approx 0{,}97 \ldots 0{,}98$
Netz-Wirkungsgrade (Elektro-Leitungen) $\eta_N \approx 0{,}98 \ldots 0{,}85$

Wärme-, Dampf- und Kühlwasserbedarf

Für Überschlagsrechnungen brauchbare, auf die Stromerzeugung bezogene spezifische Richtwerte:

Wärmebedarf $q \approx 7 \ldots 11\,\mathrm{MJ/kWh}$
Dampfbedarf $m_{Da} \approx 4 \ldots 6\,\mathrm{kg/kWh}$
Kühlwasserbedarf $m_{Wa} \approx (50 \ldots 70) \cdot m_{Da}$

Untere Werte für Fossil-, obere für Fissil-KW.

Brennstoffbedarf: Gemäß Wärmebedarf bei Steinkohlen-Feuerung ($H_u = 30\,\mathrm{MJ/kg}$, Tabelle 11-8): Kohlebedarf $m_{Br} = 0{,}25 \ldots 0{,}35\,(\ldots 0{,}45)\,\mathrm{kg/kWh}$. *Asche:* Anteil etwa 5 ... 15 % der Kohle.

Verbrennungsluftbedarf fossilbeheizter Kraftwerke: $m_{Lu,o} \approx 14{,}5\,\mathrm{kg\,Lu/kg\,Br}$ (theoretisch). Index Lu Luftüberschusszahl $\lambda = 1{,}05 \ldots 1{,}5$, weshalb $m_{Lu} = \lambda \cdot m_{Lu,o} \approx 15 \ldots 22\,\mathrm{kg\,Lu/kg\,Br}$

Spezifische Investitionskosten

Die Investitionskosten für das gesamte Kraftwerk fallen mit steigender Blockleistung, und zwar von 100 % bei 150 MW über 85 % bei 600 MW auf ca. 65 % bei 1 200 MW Turbinenleistung. Als äußerst grobe Anhaltswerte der auf die elektrische Abgabeleistung bezogenen spezifischen Gesamtinvestitionskosten in €/kW können informativ gelten für:

- Fossil-KW bis ca. 1 000
- Leichtwasser-Kern-KW bis ca. 3 000
- Wasserkraftanlagen bis ca. 5 000
- Gasturbinen-Anlagen bis ca. 500
- Kombi-Anlagen GuD bis ca. 800
- Windkraft-Anlagen bis ca. 3 000
- Photovoltaik-Anlagen bis ca. 4 000

Kernkraftwerke sind also etwa doppelt so teuer. Dafür belaufen sich die spezifischen Brennstoffkosten mit ca. 1 ... 2 Ct/kWh von Kernkraftanlagen nur etwa auf ein Drittel der von Fossilkraftwerken. Damit begründet sich zudem, weshalb Kernkraftwerke als Grundlastanlagen eingesetzt werden sollten.

Bemerkung: Obwohl die hydraulische Energie, also die Lagenenergie des Wassers, kostenlos zur Verfügung steht, ist Strom aus Wasserkraftwerken – „Wasserstrom" – fast immer teurer als „thermischer Strom", d. h. aus thermischen Kraftwerken. Die stromspezifischen **Annuitätskosten** der immer aufwendigen hydraulischen Anlagen übersteigen daher meist die Stromgestehungskosten thermischer Kraftwerke.

Bei hydr. Anlagen betragen die Kosten des Turbosatzes (Turbine + Generator) bis ca. 5 % der Gesamtanlage, bei therm. Kraftwerken etwa 10 %. Insgesamt bestehen die Elektrizitätskosten aus:

Fixkosten

- Annuität (Zinsen + Amortisation)
- Betriebskosten (Personal, Verbrauchsmaterial, Wartung, Kleinreparaturen, Eigenenergiebedarf)

Variablen Kosten

- Brennstoffkosten (Primärenergie)
- Revisionskosten, Reparaturen, Teilerneuerung

11.3.1.8 Grenzen

BUCHWALD (Fußnote Seite 384) und RUNTE[1] berichten ausführlich über die Grenzen im Dampfturbinenbau. Aus Platzgründen kann nur kurz auf die

[1] RUNTE, W.: Die Begrenzung der Einheitsleistung großer Dampfturbinen durch das Abdampfvolumen. BBC-Nachrichten, Jg. 55, Heft 11/73, S. 299–318 (ABB).

Problematik eingegangen und einige Besonderheiten aufgezeigt werden. Nach den durchgeführten Untersuchungen bestehen für die sog. **Einheitsleistung**, d. h. die Turbosatzleistung von Dampfturbinen-Blöcken, folgende Grenzen:

- Endstufen des ND-Teiles → **Grenzleistungsturbinen**
- Kupplung Turbine-Generator, Größe (Durchmesser) und Ausführung
- Abmessungen (Abströmquerschnitt) und Masse von Gehäuse sowie Rotor (Transportproblem)
- Lagerbelastung
- Frischdampfzustand. Beanspruchung durch Druck und Temperatur
- Verfügbarkeit (Wartungsintervalle).

Zusammenfassend führen die genannten Grenzen zum Ergebnis: Nach heutiger Kenntnis liegt die Grenzleistung der möglichen Ausführung mit je zweiflutigem HD- und MD- sowie achtflutigem ND-Teil in Direktkopplung bei

- volltourigen Dampfturbinen-Sätzen ($3\,000\,\text{min}^{-1}$) in der Gegend von 4 000 MW
- halbtourigen Dampfturbinen-Blöcken ($1\,500\,\text{min}^{-1}$) nicht wesentlich über 5 000 MW.

Fragwürdig ist jedoch, ob so große Einheitsleistungen überhaupt sinnvoll (Elektrizitäts-Versorgungssicherheit) und wirtschaftlich vorteilhaft sind.

11.3.1.9 Vergleich mit anderen Turbomaschinen

Einige Daten sollen zeigen, dass sich Dampfturbinen, bedingt durch die Eigenschaften des Arbeitsmediums „Wasserdampf", wesentlich von anderen Strömungsmaschinen unterscheiden.

Den Betrachtungen werden beispielgebend folgende Werte zugrunde gelegt und die zugehörigen Größen aus dem (h, s)-Diagramm entnommen:

Frischdampf: 540 °C, 100 bar →
$h_{\text{FDa}} = 3\,477\,\text{kJ/kg}$, $v_{\text{FDa}} = 0{,}03\,\text{m}^3/\text{kg}$

Abdampf: $p_{\text{ADa}} = 0{,}04\,\text{bar}$, $x = 0{,}85$ →
$t_{\text{ADa}} = 28{,}6\,°\text{C}$, $h_{\text{ADa}} = 2\,188\,\text{kJ/kg}$, $v_{\text{ADa}} = 30\,\text{m}^3/\text{kg}$

Kondensat: $p_{\text{Ko}} = p_{\text{ADa}} = 0{,}04\,\text{bar}$, $x = 0$ →
$t_{\text{ADa}} = t_{\text{Ko}} = 28{,}6\,°\text{C}$, $h_{\text{Ko}} = 120\,\text{kJ/kg}$,
$v_{\text{Ko}} = 1 \cdot 10^{-3}\,\text{m}^3/\text{kg}$

Enthalpiegefälle: Geschätzt gesamte isentrope Enthalpiedifferenz bei Zwischenüberhitzung:
$\Delta h_{s,\text{ges}} \approx 1\,500\,\text{kJ/kg} = 1{,}5 \cdot 10^6\,\text{m}^2/\text{s}^2$

Bei diesen Ausgangswerten betragen:

Druckverhältnis:

$$\Pi_{\text{ges}} = p_{\text{D}}/p_{\text{S}} = p_{\text{FDa}}/p_{\text{ADa}} = 2500$$

Vergleichsweise erreichen vielstufige Turbokompressoren radialer Bauart mit $\Pi_{\text{ges}} \leqq 600$ und axialer Ausführung von $\Pi_{\text{ges}} \leqq 50$ nur Bruchteile.

Energiegefälle:

$$Y_{\text{th}} = \Delta h_{s,\text{ges}} = 1{,}5 \cdot 10^6\,\text{m}^2/\text{s}^2$$

Dass dieser Wert außerordentlich groß ist, zeigt der Vergleich mit Wasserturbinen, z. B. PELTON-Turbine von $H = 1\,500\,\text{m}$ Gefälle, ergibt also $Y_{\text{th}} = g \cdot H \approx 1{,}5 \cdot 10^4\,\text{m}^2/\text{s}^2$. Das sind trotz sehr großer Fallhöhe nur etwa $1/100$ des Energiegefälles der DT.

Volumenänderung: Bei gleich bleibendem Dampfmassenstrom, also ohne Anzapfen, ändert sich der Volumenstrom gemäß den spezifischen Werten. Der Dampfvolumenstrom wächst somit von der Druck- bis zur Saugseite der Turbine auf das $v_{\text{S}}/v_{\text{D}} = v_{\text{ADa}}/v_{\text{FDa}} = 30/0{,}03 = 1\,000$fache; ebenfalls ein extrem hoher Wert. Kreiselverdichter und Gasturbinen erreichen hiervon nur Bruchteile. Im Kondensator fällt das Abdampfvolumen auf den $v_{\text{Ko}}/v_{\text{ADa}} = 1 \cdot 10^{-3}/30 = 1/30\,000$-ten Teil zusammen (Kondensat), wodurch das hohe Vakuum entsteht.

Temperaturen: Von Zuströmseite 540 °C auf Abströmseite ca. 30 °C. Bewirkt hohe und sehr unterschiedliche Wärmedehnungen.

Belastungen: Maschinenteile infolge hoher Temperatur- und Druckwerte sowie ihrer großen Abnahme innerhalb der Turbine stark beansprucht.

Zusammenfassung: Dampfturbinen müssen sehr große Energiegefälle bei extrem großer Volumenzunahme unter hohen Druck- und Temperaturbelastungen verarbeiten. Vielstufigkeit, hohe Drehzahl und große Strömungsquerschnittzunahme sowie hochwertige Werkstoffe sind daher fast immer notwendig. Diese Forderungen lassen sich mit der Axialbauweise am besten erfüllen. Axialräder bauen eng und ertragen hohe Fliehkräfte (Drehzahl, Durchmesser), da hauptsächlich zugbelastet.

Deshalb werden Dampfturbinen fast ausschließlich in Axialbauweise ausgeführt.

11.3.1.10 Konstruktive Besonderheiten

Die großen Belastungen (Druck, Temperatur, Drehzahl) bei Dampfturbinen stellen hohe Anforderungen an Konstruktion und Fertigungstechnik. Unbehinderte, gleichmäßige Kraft- und Temperaturdehnung aller Teile – insbesondere Läufer und Gehäuse – im elastischen Material-Bereich muss gewährleistet sein, um ungleichmäßiges Verformen – möglicherweise sogar plastisches – zu vermeiden. Homogene porenfreie Werkstoffe möglichst gleicher Wärmedehnkoeffizienten sind notwendig. Exakte Konturen bei hoher Oberflächenqualität müssen verwirklicht werden.

Stufenbauarten

Kammerstufen (Bild 11-33A): Im Beschauflungsbereich ist die Turbine in einzelne Kammern unterteilt. Die Kammern werden durch **Zwischenböden** gebildet, die im Gehäuse wärmeverschiebbar befestigt sind. Die Zwischenböden enthalten die Leitschaufelkränze und werden an der Wellendurchführung meist mit Labyrinthdichtungen ausgestattet. Damit die Spaltquerschnitte gering sind, sollte die Welle in möglichst kleinem Durchmesser ausgeführt werden. Infolge „Leitschaufelentspannung" nimmt der Dampfdruck von Kammer zu Kammer ab. Deshalb müssen die Zwischenböden dem Druckunterschied zwischen den beiden Seitenflächen standhalten. In jeder Kammer dreht sich ein Laufschaufelkranz.

Kammerturbinen können sowohl in Gleichdruck- als auch Überdruckwirkung ausgeführt werden. Besonders gut geeignet ist die Kammerstufenbauart jedoch für Gleichdruckturbinen, weshalb sie in der Technik nur dafür verwendet wird. Grund: Das Abdichten zwischen Welle und Zwischenböden ist günstig, jedoch nicht zwischen Laufschaufelkranz und Gehäuse. Selbst bei Laufschaufelkränzen, die mit Abdeckband (Blechkranz) ausgerüstet sind, kann gegen das Gehäuse schlechter abgedichtet werden. Trotz geringer Spaltweite ($D/1000 \ldots D/500$) ergibt sich, bedingt durch den meist großen Laufraddurchmesser, eine relativ große Spaltfläche. Noch gravierender ist jedoch der durch die Kammern bedingte große Stufenabstand. Das würde bei Überdruckturbinen infolge höherer Stufenzahl oft zu schwer verwirklichbaren Maschinenlängen (Lagerabstand) führen.

Trommelstufen (Bild 11-33B): Alle Laufschaufelkränze befinden sich auf der Mantelfläche einer zylindrisch oder leicht konisch ausgebildeten Trommel. Die jeweils dazwischenliegenden Leitschaufelkränze sind direkt im Gehäuse oder einem ebenfalls gemeinsamen Zwischengehäuse, dem **Leitschaufelträger**, befestigt. Die Spalten werden möglichst klein ausgeführt. Eine besondere Dichtung durch schaufelintegrierte Deckplatten oder Deckbänder der Leitschaufeln gegenüber der Trommel sowie der Laufschaufeln gegenüber dem Gehäuse erfolgt trotz konstruktiver/fertigungstechnischer Schwierigkeiten. Die gedrängte Bauweise bewirkt kleinen Stufenabstand, was sehr vorteilhaft ist. Trommelturbinen sind somit besonders für Überdruckwirkung geeignet. In der Technik werden daher Überdruckturbinen grundsätzlich in Trommelbauweise ausgeführt.

Bauteile

Einige Hinweise zu den wichtigsten Bauteilen von Dampfturbinen:

Gehäuse: Axial oder radial geteilt, in Stahlguss ausgeführt und die Trennfugen metallisch gedichtet.

Axialgeteilte Gehäuse (Bild 11-46) sind montagefreundlich. Durch die zum Verbinden der Gehäusehälften notwendigen Längsflansche entstehen jedoch Unsymmetrien. Ungleichförmiges Dehnen und Verformen sind die Folge. Des Weiteren sind viele engstehende Dehnschrauben großen Durchmessers (bis 100 mm und mehr) notwendig, um die Trennflächen dichtzupressen. Axialgeteilte Gehäuse eignen sich somit noch für hohe, kaum jedoch für höchste Drücke.

Bei *radialgeteilten Gehäusen* nach RÖDER (Bild 11-49) verläuft die Trennfläche senkrecht zur Achse. Sie werden deshalb auch als **Topfgehäuse** bezeichnet. Kreisringflansche – oder bei Höchstdruck Gewindering – dienen zum Verbinden der Gehäusebereiche. Dadurch erfolgt kein Unterbrechen der rotationssymmetrischen Form. Angewendet vor allem für hohe und höchste Frischdampf-Drücke, ab ca. 100 ... 150 bar notwendig.

Die umständliche Montage bei Topfbauweise erfordert immer ein **Innengehäuse** (Bild 11-49) als gemeinsamen Leitschaufelträger. Die Innengehäuse sind dabei längsgeteilt und im Außengehäuse nur an wenigen Stellen – wegen unterschiedlicher Wärmedehnung – sowohl axial als auch radial verschiebbar befestigt. Bei Höchstdrücken werden die Innengehäusehälften durch mehrere Schrumpfringe zusammengespannt (Bild 11-51).

Ein wichtiger weiterer Vorteil der Innengehäuse, die daher sowohl bei axial- als auch radialgeteilten Gehäusen Anwendung finden, ist: Durch Umspülen mit Dampf erwärmen sich Innengehäuse und Rotor fast synchron, weshalb nur geringe Spaltweiten notwendig sind (besserer Wirkungsgrad). Auch wird das Außengehäuse nur von Druck und Temperatur des zum Umspülen eingesetzten Turbinenteil-Abdampfes beansprucht.

Das Innengehäuse dient nur zum Aufnehmen der Leitschaufeln und ist speziell dafür auszulegen. Angewendet werden Innengehäuse meist ab Temperaturen von ca. 400 °C und Laufraddurchmesser über etwa 400 mm.

Gehäuse sind auf den (2 ... 3)-fachen Betriebsdruck auszulegen.

Um die hohe Endstufen-Austrittsgeschwindigkeit wenigstens noch teilweise zu nützen, werden die Abströmkanäle zum Kondensator durch Leitbleche diffusorartig ausgebildet. Wie bei Wasserturbinen-Saugrohren wird dadurch „Geschwindigkeit in Druck" umgesetzt. Der Druck hinter der Endstufe liegt dadurch unter dem des Kondensators.

Läufer: Abhängig von Stufenbauart angewendet:

- *Scheibenläufer* (Bild 11-43) bei Kammer-DT.
- *Trommelläufer* (Bild 11-48) bei Trommel-DT.

Bis etwa 1 m Durchmesser *Scheibenläufer* meist aus dem Vollen gedreht. Bei größerem Durchmesser werden die Scheiben mit der Welle verschweißt oder aufgeschrumpft. Die verhältnismäßig dünnen Wellen der Scheibenrotoren laufen oft überkritisch, d. h. mit Drehzahlen oberhalb der kritischen Drehzahl und werden deshalb auch als sog. **weiche Wellen** bezeichnet. Scheibenläufer sind für hohe Umfangsgeschwindigkeiten geeignet.

Je nach geforderter Umfangsgeschwindigkeit sind *Trommelläufer* hohl, massiv oder aus Scheiben zusammengeschweißt (gebaute Trommel). Die gebaute Trommel, auch als Scheibentrommel bezeichnet, eignet sich für höchste (wie Scheibenläufer), die Volltrommel für hohe und die Hohltrommel für niedrige bis mittlere Umfangsgeschwindigkeit (Abschnitt 11.3.1.7). Trommelrotoren laufen unterkritisch ($n_{kr} \approx 1{,}5 \cdot n$) und werden daher auch als *starre Wellen* bezeichnet.

Obwohl angestrebt, ermöglichen Dampfturbinen infolge starker Volumenänderung nicht, alle Schaufeln in gleichem Profil auszubilden und nur die Länge (radiale Erstreckung) entsprechend dem Volumenstrom zu variieren. Deshalb wird die Beschauflung in Gruppen gleicher Stufen zusammengefasst. Innerhalb jeder **Stufengruppe** sind Rotordurchmesser konstant sowie die Schaufeln in gleichen Winkeln und Profilformen ausgeführt. Von einer Stufengruppe zur anderen ändern sich Läuferdurchmesser und Schaufelprofile. Jeweils zu einer Stufengruppe zusammengefasst werden bei:

- Gleichdruckturbinen 3 ... 5 Stufen
- Überdruckturbinen 6 ... 10 Stufen

Die jeder Maschine meist vorgeschaltete Regelstufe bzw. -gruppe sowie die Endstufen bei Kondensationsturbinen gelten als Sondergruppen.

Um die Einzelteile letztlich gegenseitig anzupassen und zu prüfen, werden vollständig mit Schaufeln bestückte Turbinenläufer meist einer **Schleuderprobe** unterzogen. Die Rotoren laufen dabei ca. 2 bis 4 min mit 20 % Überdrehzahl in einer Unterdruckkammer unter etwa 100 Pa Absolutdruck; das sind 99 % Vakuum. Der Unterdruck in der Schleuderkammer soll die Luftdichte so stark herabsetzen, dass vor allem die Ventilationsverluste und damit die notwendige Antriebsleistung genügend weit zurückgehen. Ohne Unterdruck würden die Schaufelspitzen beim Schleudern durch die Reibungswärme bis zur Rotglut aufgeheizt.

Schaufeln: Hinweise zum Berechnen und Gestalten der Laufschaufeln enthält Abschnitt 2.5.3 und 6.2.5.3, der Leitschaufeln Abschnitt 7.3.3. Die Leitschaufeln sind bei Kammerturbinen in die Zwischenböden, bei Trommelturbinen direkt in das Gehäuse oder das Zwischengehäuse – sofern vorhanden – eingesetzt. Das Befestigen der Laufschaufeln ist von der durch Größe und Umfangsgeschwindigkeit bestimmten Fliehkraft abhängig. Üblich sind Hammer-, Tannenzapfen- oder Steckfüße (Bild 11-36). In die Rotoren sind zum Befestigen der Schaufeln entsprechende Rillen eingearbeitet (gedreht, gefräst). Das Einführen der Schaufeln in die Rillen erfolgt durch Öffnungen, die anschließend mithilfe eines sog. **Schaufelschlosses** oder Sonderschaufel überbrückt werden. Bei Steckfüßen erfolgt das Befestigen durch Scherbolzen, angewendet vor allem bei schweren und hoch belasteten Laufschaufeln → Abströmdiffusor.

Durch **Entwässerungskanäle** (Bild 11-37) an den Endstufen wird bei feuchtem Dampf versucht, die Tropfenerosion möglichst weitgehend zu verhindern. Die Entwässerungskanäle nehmen die durch Fliehkraftwirkung abgeschleuderten Wassertröpfchen auf und führen sie ab. Der Nassdampf wird dadurch trockener.

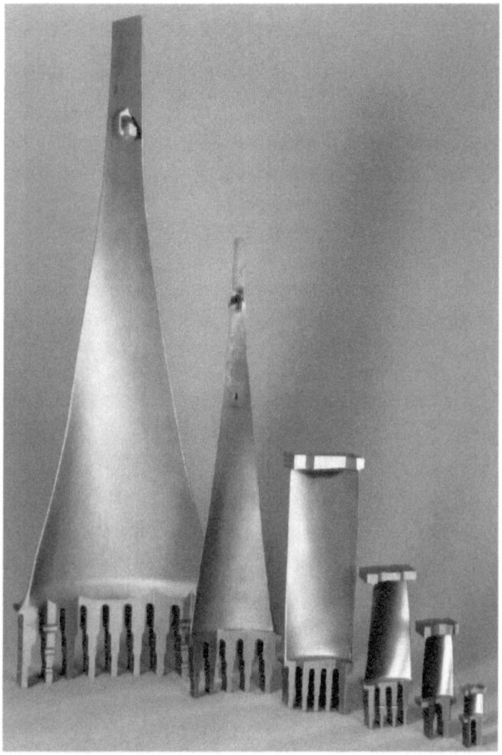

Bild 11-36 DT-Laufschaufeln. Hochdruck und Mitteldruck mit Steckfüßen sowie Deckplatten. Niederdruck-Laufschaufeln mit Steckfüßen und Arkadenbindung (MAN)

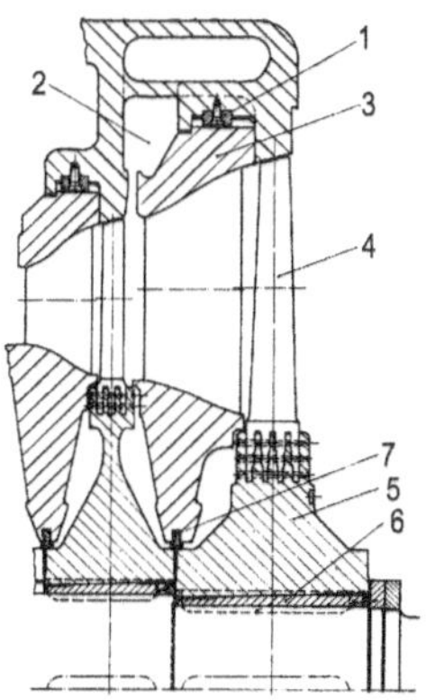

1 Obere Mittenfixierung
2 Entwässerungskanal
3 Düsendeckel vor Endstufe
4 Endstufenlaufschaufel
5 Radscheibe
6 Radbuchse
7 Innenstopfbuchse

Bild 11-37 Entwässerungsvorkehrungen bei ND-Endstufen von Dampfturbinen (REUSCHKE)

Lager: Bei Dampfturbinen werden wie bei Wasserturbinen fast ausschließlich Gleitlager eingesetzt, und zwar sowohl für Radial- als auch Axiallager (MICHELL-Bauweise). Sie bewähren sich, wirken schwingungsdämpfend, sind teilbar, laufen leise und lange. Nur bei Kleinturbinen sind Wälzlager zu finden. Die gleich bleibende Betriebsdrehzahl gewährleistet hydrodynamische Schmierung, wodurch der Verschleiß äußerst gering und deshalb die Lebensdauer hoch wird.

Dichtungen: Eingesetzt hauptsächlich Labyrinthdichtungen (Abschnitt 8.3.2.2) die bei hohen Drücken jedoch meist sehr aufwendig sein müssen. Bei Kleinturbinen sind auch Kohlegleitringe zu finden. Durch „Schwadenkamine" kann die Leckdampfmenge und damit die Dichtheit beobachtet werden. Bei der Stopfbuchse auf der Kondensatorseite (Unterdruck) muss durch Sperrdampf verhindert werden, dass Luft in die Turbine eindringt.

Hilfseinrichtungen: Der sichere Turbinenbetrieb erfordert verschiedene Zusatzeinrichtungen.

Achsschubausgleichskolben: Nur bei Überdruckturbinen notwendig. Kompensiert weitgehend den in Strömungsrichtung wirkenden Achsschub.

Schnellschluss: Der Betriebsregler lässt Überdrehzahlen von maximal 5 ... 6 % zu. Der Schnellschluss greift ein, wenn die Drehzahl, beispielsweise durch plötzliches Entlasten der Turbine, um 10 % über die Betriebsdrehzahl steigt. Die Schnellschlusseinrichtung, mechanisch oder elektronisch gesteuert, schließt das Hauptventil in der Dampfzuleitung und verhindert dadurch weiteres Zunehmen der Turbinendrehzahl. Überdrehzahlen von mehr als 10 % sind wegen erhöhter Fliehkraftwirkung nicht zulässig.

Ölpumpen: Die Hauptölpumpe versorgt die Lager während des Turbinenbetriebs, die Hilfsölpumpe beim Anfahren und Stillsetzen der Turbine. Durch Ölkühler wird die Reibungswärme – bis etwa 1 % der Turbinenleistung – abgeführt.

Dreheinrichtung: Der Läufer muss gedreht werden, um ungleichförmiges Erwärmen bzw. Abkühlen, beim Anfahren bzw. Abstellen zu verhindern. Hierzu dient die Dreheinrichtung, welche dem Rotor bei laufender Hilfsölpumpe eine Drehzahl zwischen 5 und 30 min^{-1}, in Sonderfällen bis 150 min^{-1}, aufprägt. Ungleichmäßiges Erwärmen oder Abkühlen im Stillstand führt zum Krümmen des Rotors und ist zudem oft irreversibel.

Regel- und Überwachungseinrichtung: Sichern den Turbinenbetrieb. Nähere Ausführungen müssen unterbleiben, stattdessen wird auf das Spezialschrifttum verwiesen.

11.3.2 Betriebsverhalten

11.3.2.1 Anfahren, Betrieb, Abstellen

Anfahren, Betrieb und Abstellen von Dampfturbinen-Anlagen sowie Wartung als auch Revision erfolgen rechnergesteuert nach Hersteller-Richtlinien (umfangreich). Die Vorschriften (Anfahrzeit ca. 0,5 ... 5 Std.) sind sorgfältig einzuhalten, um Schäden zu vermeiden, vor allem:

- Verbiegen wegen ungleichen Wärmedehnungen
- Brüche infolge Überbeanspruchungen (Fliehkräfte),Warmstart ca. 0,5 Std.; Kaltstart ca. 5 Std.
- Verkieselung durch unreines Speisewasser
- Tropfenschlag wegen zu feuchtem Dampf
- Lagerschäden, meist infolge unzureichender Schmierung

Dampfkraftwerke sind hochwertige Anlagen und in der Regel auf eine **Lebensdauer** von etwa 200 000 Betriebsstunden ausgelegt, die bei guter Betriebsführung auch erreicht werden. Bei Grundlast-Kraftwerken (ca. 6 000 h/a) ergeben sich Einsatzzeiten von ca. 30 Jahren, bei Mittellast-Anlagen (ca. 4 000 h/a) bis über 40 Jahren. Reparatur- und Überholmaßnahmen, wie auch Teilerneuerungen (Lager, Beschauflungen etc.) sind selbstverständlich zwischenzeitlich notwendig, bei General-Revisionintervallen von etwa 8 bis 10 Jahren.

11.3.2.2 Regelung

Über die Aufgabe der Regelung von Strömungskraftmaschinen wurde in Abschnitt 9.3 und speziell bei Dampfturbinen in Abschnitt 9.3.3 berichtet. Insbesondere wird auf das Kegelgesetz (Abschnitt 9.3.3.2) verwiesen, das den funktionellen Zusammenhang zwischen den einzelnen Betriebsgrößen aufzeigt. Hier sollen nur kurz die bei Dampfturbinen üblichen Regelverfahren dargestellt werden:

Nach der Leistungsgleichung ergeben sich grundsätzlich zwei Möglichkeiten zur Leistungsanpassung $P_e = \eta_e \cdot \dot{m} \cdot \Delta h_{s,ges}$, und zwar durch Ändern des:

- Enthalpiegefälles $\Delta h_{s,ges}$ → Drosselregelung, Gleitdruckregelung
- Dampfdurchsatzes $\dot{m}$ → Mengenregelung

Unterteilt in die Verfahren

- Festdruckregelung → Drosselregelung, Mengenregelung
- Gleitdruckregelung

Festdruckregelung

Die Leistungsanpassung erfolgt bei gleich bleibendem Frischdampfdruck durch Maßnahmen an der Turbine.

Drosselregelung: Mittels Ventil in der Dampfzuleitung zur Turbine wird ein Teil des Enthalpiegefälles in Strömungsenergie und anschließend durch Verwirbelung wieder in Wärme zurückverwandelt (Entropievermehrung). Dieser als Drosselung bezeichnete Vorgang führt bei gleich bleibendem Wärmeinhalt Exergie in Anergie über. Das Arbeitsvermögen (Nutzgefälle) des Dampfes, welcher der Beschauflung zuströmt, sinkt, während der Wärmeinhalt (Verlust- oder Schadwärme) des Abdampfes steigt. Der thermische Wirkungsgrad des Dampfkraftprozesses geht entsprechend zurück.

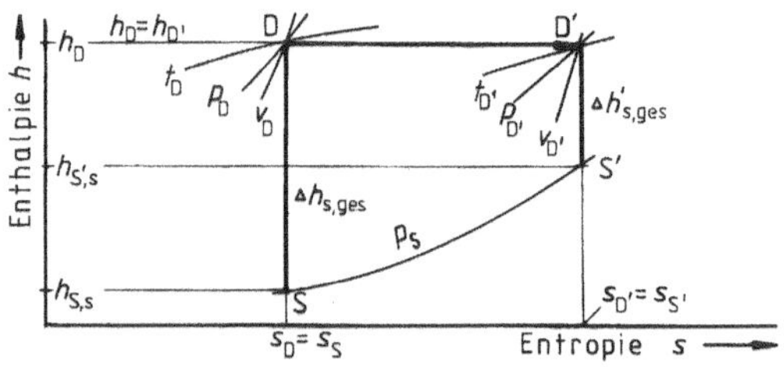

Bild 11-38 Drosselvorgang. Zustandsänderung vom thermischen Anfangs-Dampfzustand D nach D'. Isentrope Enthalpiedifferenz fällt dadurch von $\Delta h_{s,ges}$ auf $\Delta h'_{s,ges}$. Entropie steigt von s_D auf $s_{D'}$ → $\eta_{therm,s}$ sinkt

Der Drosselvorgang (Gefälleänderung) ist in Bild 11-38 im (h, s)-Diagramm prinzipiell dargestellt.

Durch den Druckabfall während der Drosselung entspannt sich der Dampf entsprechend. Dadurch steigt das spezifische Volumen des Dampfes mit der Folge, dass sich der Dampfmengenstrom $\dot{m} = \dot{V}/v$ wie angestrebt ebenfalls verringert. Insgesamt gilt somit für die Drosselregelung:

Änderung: Nutzgefälle und Dampfmengenstrom.

Vorteile: Einfach, geringer Bauaufwand. Nur Drosselventil in Dampfleitung vor Turbineneingang notwendig. Großer Regelbereich von Volllast bis Leerlauf (etwa 10 % des Volllastverbrauchs). Feinstufige Regelung möglich.

Nachteil: Verringerung von η_{therm} (Gl. (8-145)).

Anwendung: Bei Klein- und Industrieturbinen. Jedoch auch zur Feinregelung bei Großturbinen, die in reinem Grundlastbereich arbeiten.

Mengenregelung: Auch mit **Düsengruppen-, Füllungs-** oder **Querschnittsregelung** bezeichnet. Durch Querschnittsänderung wird der Dampfmengendurchsatz $\dot{m}$ bei gleich bleibendem Dampfzustand und damit $\Delta h_{s,\text{ges}} = \text{konst}$ der geforderten Leistung angepasst. Der Zustand des Dampfes bleibt nur erhalten, d. h. es tritt keine Drosselung auf, wenn der Strömungsquerschnitt $A = (\dot{m} \cdot v_\text{D})/c_\text{D}$ bei Mengenstromreduktion in gleichem Maße verkleinert wird, was entsprechende Einrichtungen erfordert.

Durch Teilbeaufschlagung eines der Turbinenhauptbeschauflung vorgeschalteten sog. **Regelrades** wird die Querschnittsänderung bewerkstelligt. Dazu sind Düsen des ersten Leitrades gruppenweise zusammengefasst. Jede Düsengruppe verbindet ein eigener Zuführkanal über ein Ventil mit der Frischdampfleitung und wird dadurch abschaltbar (Bild 11-39). In Sonderfällen werden Düsen verstellbar ausgeführt.

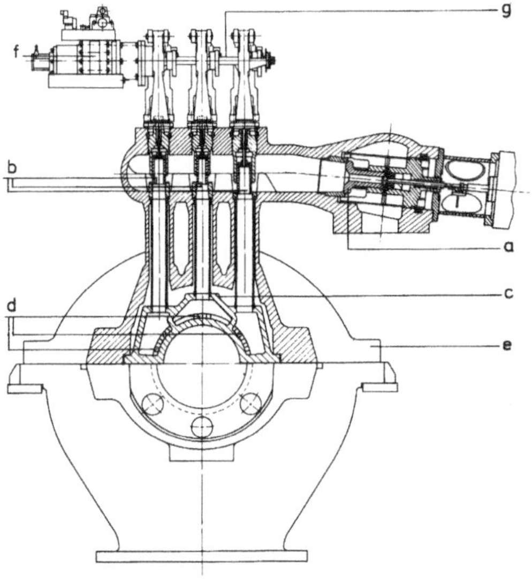

Bild 11-39 Querschnitt durch Regelrad und Ventilgehäuse einer Düsengruppen-Regeleinrichtung (ABB).
a Schnellschlussventil, b Regelventile, c Düsengehäuseblock, d Düsen, e Turbinengehäuse, f Ventilantrieb, g Nockenwelle zur Ventilverstellung. $p_\text{D} = \text{konst} \rightarrow v_\text{D}$ und c_D je konst

Wie ausgeführt, ist Partiellbeaufschlagung nur bei Gleichdruckwirkung möglich und dabei am besten in Geschwindigkeitsstufung ausführbar. Sowohl bei Gleichdruck- als auch Überdruckturbinen ist daher das Regelrad ein geschwindigkeitsgestuftes Gleichdruckrad. Ob einkränziges (LAVAL-Rad) oder zweikränziges (CURTIS-Rad) Regelrad verwendet wird, hängt von grundsätzlichen Überlegungen ab. Soll die Turbine unter Inkaufnahme eines etwas verminderten Wirkungsgrades weniger aufwendig sein, kann ein größerer Teil des Gesamtgefälles in einem zweikränzigen Regelrad abgearbeitet werden. Dadurch vermindert sich die erforderliche Anzahl der folgenden Hauptstufen. Wegen der Dampfentspannung im Regelrad ergeben sich für die folgende Hauptbeschauflung weitere Vorteile:

Vollbeaufschlagung, geringerer Druck sowie niedrigere Temperatur, wodurch die Belastung der Maschinenteile sinkt. Gelegentlich – besonders bei kleinerem Massendurchsatz – ist es erforderlich, ein größeres Gefälle in einem zweikränzigen Regelrad abzuarbeiten, um durch Zunahme des spezifischen Volumens den Dampfvolumenstrom so zu erhöhen, dass die folgende Stufe auf jeden Fall bereits voll beaufschlagt wird. Das ist bei Überdruckturbinen notwendig und bei Gleichdruckturbinen mit Rücksicht auf Ventilationsverluste vorteilhaft.

Bei Turbinen großen Durchsatzes, also hoher Leistung, sind einkränzige Regelstufen ausreichend, um anschließend Vollbeaufschlagung zu erzielen.

Zusammenfassend gilt für die Mengenregelung:

Änderung: Dampfmengenstrom – bei gleich bleibendem Gefälle – durch Zu- oder Abschalten von Düsengruppen.

Vorteil: Keine Exergieverluste. Der Anlagenwirkungsgrad ändert sich nur wenig (η_i sinkt etwas).

Nachteile: Aufwendige Konstruktion, Ventile, Verteilerkasten, Düsengruppen und Regelrad notwendig. Größere mechanische Schaufelbeanspruchung durch wechselnden Dampfstrom. Keine feinstufige Regelung möglich, da Düsengruppenzahl aus konstruktiven Gründen und Bauaufwand begrenzt. Nur bei Gleichdruck möglich.

Anwendung: Häufig eingesetzte Regeleinrichtung bei mittleren bis größten Dampfturbinen.

Kombinierte Drossel- und Mengenregelung: Verbindet die Vorteile beider Regelungsarten unter teilweisem Vermeiden der Nachteile. Dabei Mengenregelung im oberen Lastbereich (ca. 50 ... 100 %). Drosselregelung im unteren Lastbereich (unter ca. 50 %) und zur Feinregelung innerhalb der oberen Lastintervalle. Am häufigsten eingesetzte Regelungsart.

Bemerkungen: Verminderter Mengenstrom im Teillastbereich räumt dem Dampf bei Düsengruppen-, jedoch auch bei Drosselregelung, mehr Platz ein, er staut sich weniger auf und expandiert daher im vorderen Bereich der Hauptbeschauflung stärker. Da der Kondensatordruck jedoch nahezu konstant bleibt – genauer, er sinkt wegen kleinerer Dampflast etwas ab –, ergibt sich für die letzten Stufen ein geringeres Druckgefälle. Die Strömungsverhältnisse in der Beschauflung weichen dadurch von den Auslegungswerten ab. In den ersten Stufen entstehen wegen größerer Drucksenkung (Entspannung) höhere Dampfgeschwindigkeiten. Für die letzte Stufe gilt das Umgekehrte. Nur in den mittleren Stufen sind die Geschwindigkeitsverhältnisse bei Teillast etwa dieselben wie bei Nennlast. Stoß- sowie Wirbelverluste im vorderen und hinteren Beschauflungsbereich sind die Folge dieser Abweichungen, weshalb der innere Wirkungsgrad bei Kondensationsturbinen bis zu etwa 15 % bei geringer Teillast abfällt.

Gleitdruckregelung

Bei reiner Gleitdruckregelung erfolgt die Leistungsanpassung nicht an der Turbine, sondern durch den Dampferzeuger. Der Frischdampfdruck wird, ausgehend vom Maximalwert bei Volllast, entsprechend der notwendigen Leistungsverringerung (Teillast) abgesenkt. Zur Leistungssteigerung muss der Kessel erst wieder auf höheren Druck gebracht werden, was Zeit erfordert. Die Turbine wird immer gleichmäßig voll beaufschlagt und erreicht deshalb einen gleich bleibend hohen Maschinenwirkungsgrad. Andererseits fällt durch Absenken des Frischdampfdruckes – wie beim Drosselregeln – das nutzbare Enthalpiegefälle und daher der thermische Wirkungsgrad des Kreisprozesses. Gleitdruck- und Festdruck-Füllungsregelung dürften somit nur geringe Unterschiede beim Gesamtwirkungsgrad der Anlage ergeben.

Insgesamt gilt für die Gleitdruckregelung:

Änderung: Anlagendruck über Speisewasserpumpe und Brennstoffzufuhr zum Dampferzeuger (Wärmefreisetzung).

Vorteile: Keine Regeleinrichtungen an der Turbine notwendig. Düsengruppen mit Ventilen entfallen. Nur geringe Temperaturänderungen bei wechselnder Last.

Nachteile: Nur bei Blockanlagen möglich. Träge – das Laständern beim Dampferzeuger erfordert Zeit. Lastsprünge, d. h. kurzfristige Laständerungen, daher nicht möglich; η_{therm} fällt entsprechend.

Angewendet: Bei großen Kraftwerksblöcken für wenig wechselnde Last; Nacht-Verbrauchsabsenkung. Meist jedoch in Verbindung mit Drosselregelung.

11.3.3 Ausführungsbeispiele

11.3.3.1 Vorbemerkungen

Aus der Dampfturbinenvielfalt sollen einige ausgeführte Konstruktionen für verschiedene Einsatzgebiete gemäß Aufteilung „Verwendung“ von Abschnitt 11.3.1.2 informieren. Gelegentlich wird auch nach der Leistung zwischen Klein-, Mittel- und Großturbinen unterschieden. Die Abgrenzung ist jedoch nicht einheitlich. Gemäß vieler Schrifttumsangaben könnten folgende Richtwerte für die Leistungseinteilung gelten:

- Bis ca. 10 MW Kleinturbinen
- Bis ca. 100 MW Mittelturbinen
- Ab etwa 100 MW Großturbinen

Klein- und Mittelturbinen (oft mit Getriebe) dienen überwiegend als Hilfs-, Industrie- (meist Gegendruck) und Schiffsturbinen. Großturbinen sind fast immer Mehrgehäuse-Kondensationsturbinen und nahezu nur im Kraftwerksbereich zu finden. Derzeit werden Dampfturbinen mit Leistungen von etwa 10 kW bis 1 500 MW gebaut.

Auch bei Dampfturbinen erfolgt üblicherweise die Typenbezeichnung nach dem jeweiligen Erfinder.

11.3.3.2 Gleichdruck- oder Aktionsturbinen

Gleichdruck- oder Aktionsturbinen werden sowohl geschwindigkeits- als auch druckgestuft, jedoch immer in Axialbauweise ausgeführt und von kleinster bis größter Leistung gebaut. Bei den druckgestuften Gleichdruckturbinen findet dabei stets die Kammerbauart Anwendung. Deshalb werden Kammerturbinen schlechthin als Gleichdruckturbinen bezeichnet.

LAVAL-Turbinen

Die LAVAL-Turbine[1)], auch als **Aktionsrad** (A-Rad) bezeichnet, ist die kleinste Dampfturbine. In der einfachsten Ausführung (Bild 11-40) besteht die LAVAL-Turbine aus einer Düse (fast immer LAVAL-Düse) und einem fliegend gelagerten Laufradkranz.

[1)] Erstmals 1883 für $n = 30\,000\ \text{min}^{-1}$ gebaut von C. G. P. DE LAVAL (1845–1913), Schweden.

Es handelt sich also um eine einstufige Kleindampfturbine. Bei höherem Dampfdurchsatz sind mehrere Düsen angeordnet.

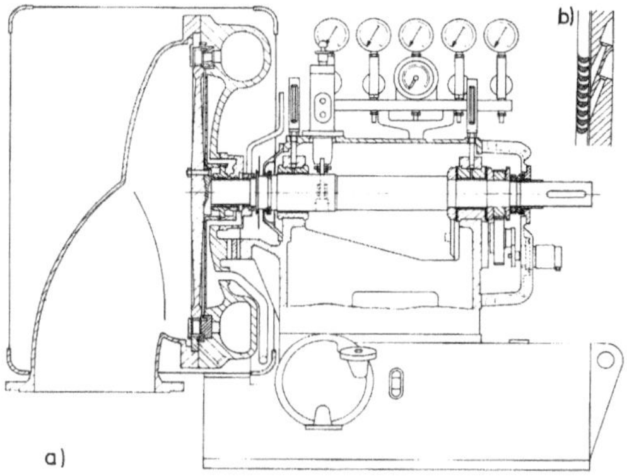

Bild 11-40 LAVAL-Turbine (A-Rad). Entspannung von 40 bar/500 °C auf 20 bar und dadurch je nach Dampfdurchsatz Leistung 5 000 kW. Laufrad fliegend in Gleitlager geführt und durch Labyrinth gedichtet (KKK).
a) Längsschnitt, b) Gitterplan

Nach einer Entwicklung von Fa. KÜHNLE, KOPP & KAUSCH, Frankental (KKK) wird das Laufrad über **Umlenkkammern** (Leitkammern) mehrmals (bis 3-mal) vom Arbeitsdampf durchflossen (Bild 11-41). Dadurch ergibt sich bei einem Laufschaufelkranz Geschwindigkeitsstufung. Die mehrfache Dampfumlenkung ermöglicht das Verarbeiten energiereicherer Dämpfe (größeres Enthalpiegefälle), erhöht dadurch die Leistung, vermindert jedoch den Wirkungsgrad infolge vermehrter Reibung.

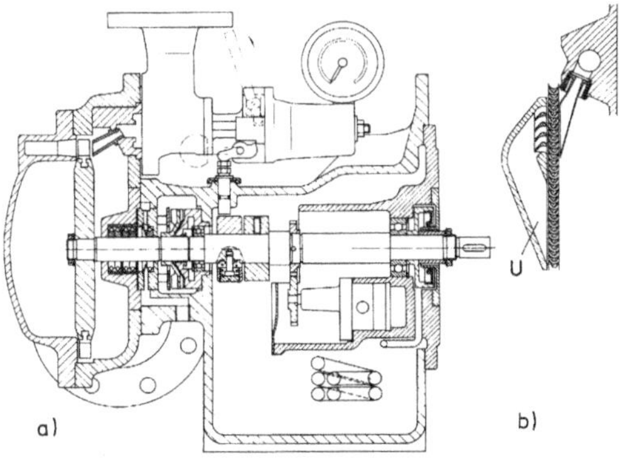

Bild 11-41 LAVAL-Turbine – Turbine mit Umlenkkammer U. Laufrad fliegend in Kugellager gelagert und durch Gleitringe gedichtet (KKK). 45 kW, 125 bar/525 °C → 5 bar, 4 500 min^{-1} bzw. 45 kW, 40 bar/500 °C → 5 bar oder 700 kW, 100 bar/500 °C → 16 bar.
a) Längsschnitt, b) Gitterplan, U Umlenkkammer

Die Hauptdaten (Betriebs- und Abmessungswerte) von A-Rädern sind:

Frischdampf-Druck:	3 ... 130 bar
-Temperatur:	Sattdampf bis 540 °C
Abdampfdruck:	von Kondensation bis 30 bar
Leistung:	1 ... 5 000 kW
Drehzahl:	500 ... 18 000 min^{-1}
Maschinenwirkungsgrad:	40 ... 80 %
Laufraddurchmesser:	250 ... 800 mm

A-Turbinen werden überwiegend in der Industrie eingesetzt, z. B. in chemischen und petrochemischen Anlagen. Des Weiteren in der Nahrungsmittel-, Textil-, Holz-, Papier-, Zuckerindustrie und dgl.

CURTIS-Turbinen

CURTIS-Turbinen[1] sind zwei- bis vierstufige, geschwindigkeitsgestufte Gleichdruckturbinen. Auf gemeinsamer Radscheibe sind zwei, maximal vier Laufschaufelkränze (2C- bis 4C-Rad) angeordnet. Der Dampf strömt über LAVAL-Düsen zu und wird von Umlenkschaufeln, die zwischen den Laufschaufelkränzen im Gehäuse fest stehend angeordnet sind, jeweils wieder in die notwendige Zuströmeinrichtung für das folgende Laufschaufelgitter umgelenkt. Bild 11-42 zeigt eine zweikränzige CURTIS-Turbine

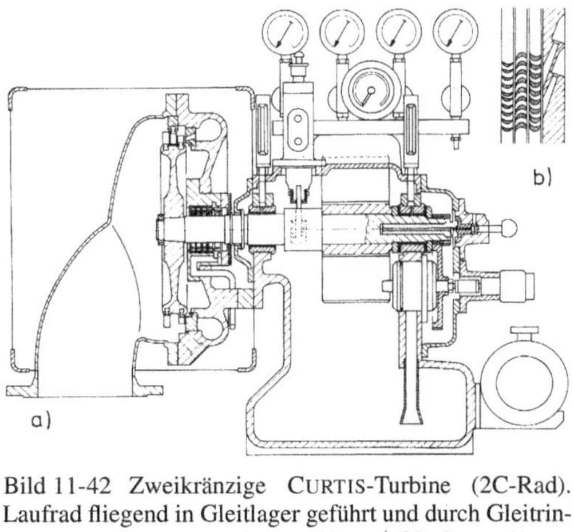

Bild 11-42 Zweikränzige CURTIS-Turbine (2C-Rad). Laufrad fliegend in Gleitlager geführt und durch Gleitringe gedichtet (KKK). 700 kW, 100 bar/500 °C → 16 bar.
a) Längsschnitt, b) Gitterplan

[1] 1904 von C. G. CURTIS (1860–1953), USA, entwickelt.

(2C-Rad) mit fliegend gelagertem Laufrad und Getriebe. CURTIS-Räder werden ebenfalls als Kleinturbinen bis ca. 5 000 kW gebaut.

Vorteile: Einfacher Aufbau, hoher Energieumsatz in wenigen Stufen, teilbeaufschlagbar. Druck und Temperatur werden bereits in LAVAL-Düsen abgebaut, weshalb Beschauflung und Gehäuse geringer beansprucht.

Nachteil: Hohe Geschwindigkeiten und große Umlenkung führen zu bedeutenden Verlusten und deshalb niedrigem Wirkungsgrad. Aus diesem Grund werden 4C-Räder kaum gebaut.

Bemerkung: Wie erwähnt, finden LAVAL- und CURTIS-Räder wegen der aufgeführten Vorteile sehr häufig als Regelstufe bei Mittel- sowie Großturbinen Einsatz, und zwar sowohl bei Gleich- als auch Überdruckmaschinen.

Beispiel für eine ausgeführte 2C-Turbine:

Frischdampf	64 bar; 450 °C
Abdampf	16 bar
Dampfmenge	34,5 t/h
Leistung	2 300 kW
Drehzahl	10 500 min^{-1}
Raddurchmesser	400 mm
Schauflungswirkungsgrad	0,74
Innerer Wirkungsgrad	0,65
Mechanischer Wirkungsgrad	0,96
Leerlaufdampfmenge	10 ... 20 %

ZOELLY-Turbinen

ZOELLY-[1] oder RATEAU-Turbinen[2] sind druckgestufte Gleichdruckturbinen (Abschnitt 11.3.1.4). Sie werden für verschiedenste Anwendungszwecke (Industrie, Schiffe, Kraftwerke) und bis höchste Leistungen gebaut. Die folgenden Bilder zeigen ZOELLY-Turbinen unterschiedlicher Größe und Verwendung.

In Bild 11-43 ist eine Industrieturbine in Topfbauweise dargestellt, die als Gegendruckturbine bei höherem Druckniveau arbeitet. Gehäuse entsprechend dickwandig. Dampfzuführung erfolgt über teilbeaufschlagten Regelkranz (A-Rad). Rotor durch Labyrinthe gedichtet und außerhalb gleitgelagert. Am druckseitigen Wellenende Schnellschlussauslöser.

Bild 11-44 zeigt den Niederdruckteil einer Schiffsturbine. Den zugehörigen Hochdruckteil stellt Bild 11-48 dar. Als Besonderheit ist auf die zur Fahrtrichtungsumkehr notwendige Rückwärtsturbine (zwei 2C-Räder) hinzuweisen. Die ständig mitlaufende Rückwärtsturbine ist zum Minimieren der bei Vorwärtsfahrt unvermeidlichen Ventilationsverluste im Niederdruckteil-Abdampfstutzen zum Kondensator angeordnet und auf etwa 30 % Leistung der Vorwärtsturbine ausgelegt.

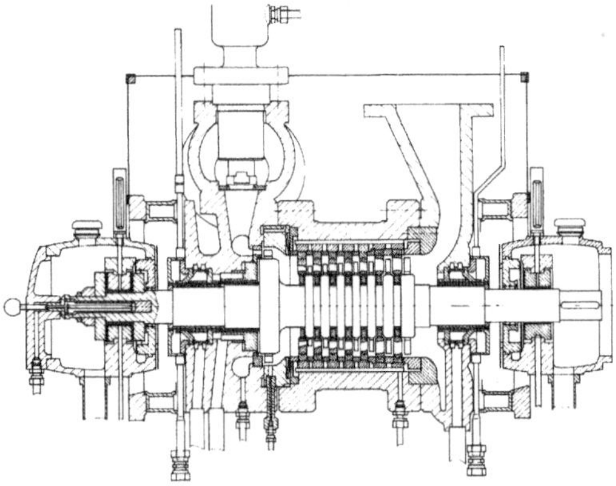

Bild 11-43 Kleinere Kammerturbine, Topfbauart, als Gegendruckturbine. A-Regelstufe und 7 Druckstufen (KKK). Tropfgehäuse wegen hohen Drucks notwendig

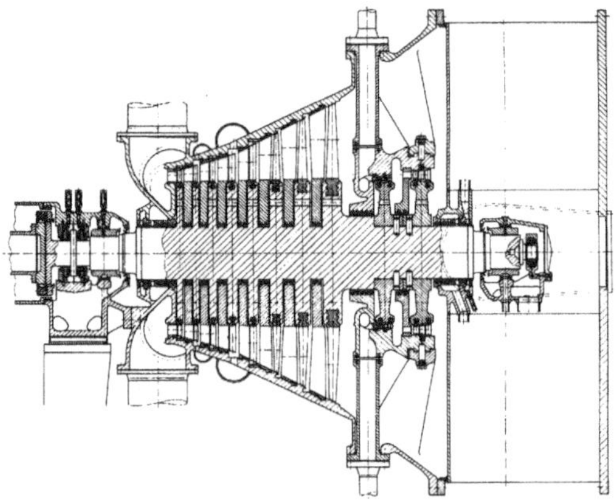

Bild 11-44 Längsschnitt vom Niederdruckteil einer Schiffsturbine mit Rückfahrturbine (BLOHM & VOSS)

Bild 11-45 zeigt eine Eingehäuseturbine mittlerer Leistung, bestehend aus teilbeaufschlagtem A-Rad zur Regelung, HD-, MD- und ND-Teil. Gleitlager (radial und axial) sowie Labyrinthdichtungen sind klar zu erkennen.

[1] ZOELLY, Schweiz, entwickelt 1903.

[2] A. R. RATEAU (1863–1930), Frankreich, entwickelt 1902.

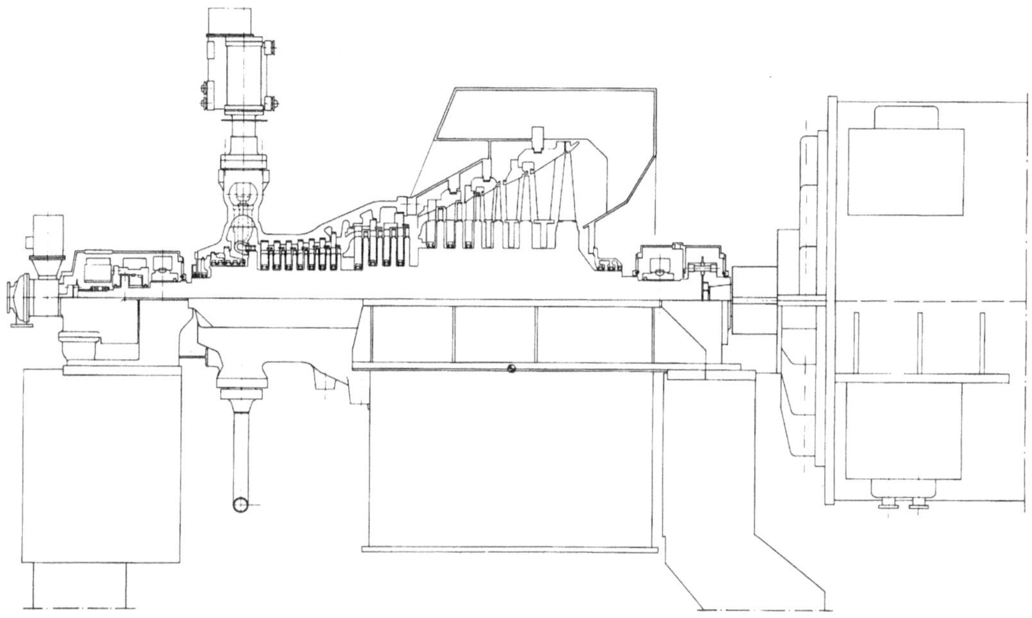

Bild 11-45 ZOELLY-Kondensationsturbine mit A-Rad sowie HD-, MD- und ND-Teil (MAN). 65 MW, 3 000 min^{-1}, 510 °C/83 bar auf 0,0608 bar. Abkürzungen HD ... Hochdruck; MD ... Mitteldruck; ND ... Niederdruck

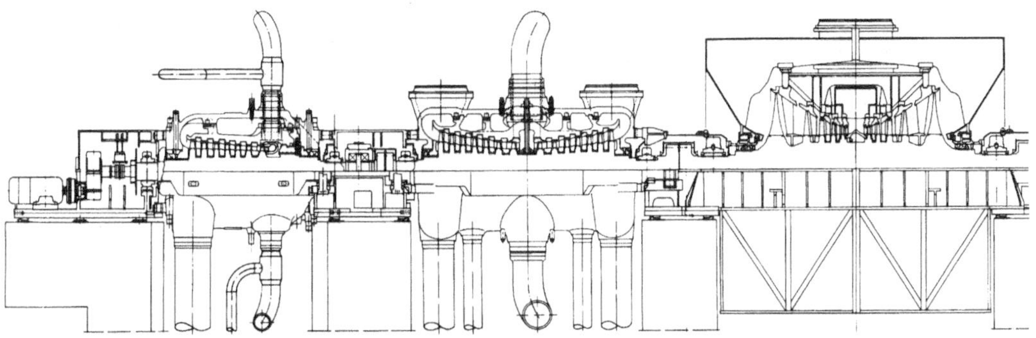

Bild 11-46 ZOELLY-Kondensationsturbine mit Zwischenüberhitzung ZÜ, ein HD-Teil einflutig, ein MD-Teil zweiflutig und zwei ND-Teile je zweiflutig (ein ND-Teil weggelassen). 850 MW, 3 600 min^{-1}, 537,8 °C/174 bar auf 0,0735 bar. ZÜ bei 36 bar auf 537,8 °C, sieben Vorwärmstufen (MAN)

Die Großturbine nach Bild 11-46 besteht aus einem einflutigen HD-, einem zweiflutigen MD- und einem vierflutigen ND-Teil, die starr gekuppelt in einem Wellenstrang angeordnet sind.

Um den Maschinenlängsschnitt nicht zu sehr verkleinern zu müssen, wurde ein zweiflutiger ND-Teil weggelassen, der rechts im Bild anschließt.

11.3.3.3 Überdruck- oder Reaktionsturbinen

Überdruckturbinen werden ab ca. 500 kW in Axialausführung als Trommelläufer bis zu größten Leistungen und früher vereinzelt auch in Radialausführung für mittlere Leistungen gebaut.

PARSONS-Turbinen

PARSONS-Turbinen[1)] – heute mit Abstand am häufigsten angewendet – sind druckgestufte, axiale Überdruckturbinen in Trommelbauweise. Die nicht teilbeaufschlagbaren Überdruckturbinen sind zum Regeln immer mit einem A- oder C-Rad und zur Kompensation der stets vorhandenen Axialkraft mit einem Achsschubausgleichskolben ausgerüstet. Der Achsschubausgleichskolben befindet sich auf der Druckseite des Regelrades, ist durch Labyrinthe gedichtet und außen von dem Kondensator-, einem Zwischen- oder dem Umgebungsdruck beaufschlagt. Die dadurch vorhandene Druckdifferenz bewirkt mittels Kolbenfläche die Kompensationskraft.

Die folgenden Bilder zeigen Überdruckturbinen verschiedener Leistungen und Einsatzgebiete.

Die PARSONS-Industrieturbine nach Bild 11-47 ist mit A-Regelstufe und gemeinsamem Leitschaufelträger sowie Achsschubausgleichskolben ausgerüstet. Das Rohr nach unten ermöglicht nach der A-Stufe die Entnahme von teilentspanntem Dampf.

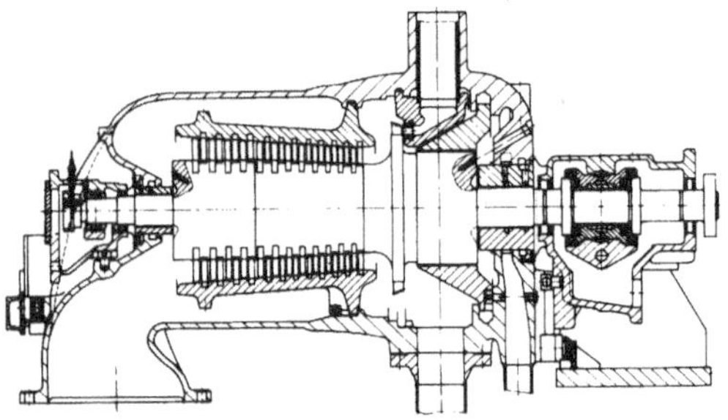

Bild 11-47 PARSONS-Gegendruckturbine mit Innengehäuse (Leitschaufelträger) (ABB).
23 MW, 5 500 min^{-1}, 65 bar/450 °C auf 16,7 bar

Bild 11-48 stellt den Hochdruckteil einer Schiffsturbine (Gesamtleistung ca. 30 MW) dar. Den zugehörigen Niederdruckteil zeigt Bild 11-44. Bei dieser Schiffsturbine arbeitet ein PARSONS-HD-Teil mit einem ZOELLY-ND-Teil zusammen. Das Herabsetzen der Maschinendrehzahl von über ca. 1000 min^{-1} auf die kavitationsbedingte optimale Schraubendrehzahl von etwa 80 ... 120 min^{-1} erfordert ein aufwendiges Getriebe, welches fast immer wesentlich größer und schwerer als die gesamte Turbine ist.

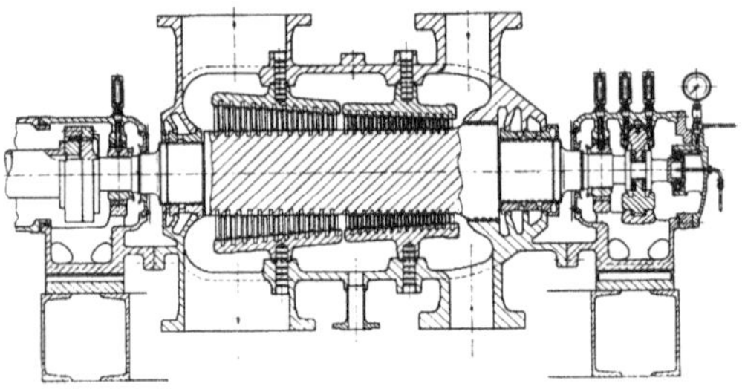

Bild 11-48 Längsschnitt vom HD-Teil einer Schiffsturbine mit zwei Leitschaufelträgern und symmetrischer Anordnung der Frisch- und Abdampfstutzen (BLOHM & VOSS). Zugehöriger Niederdruckteil Bild 11-44

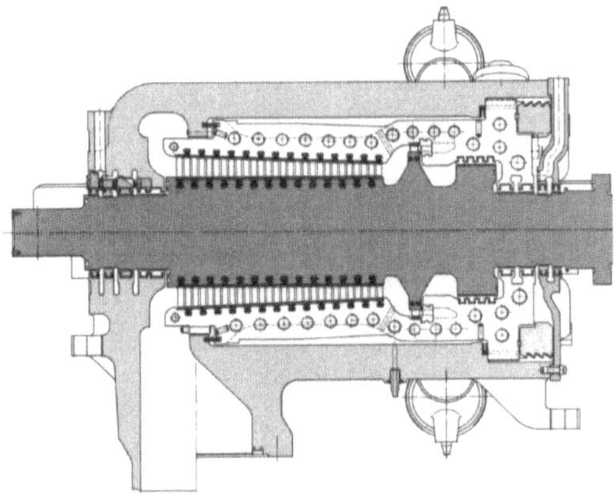

Bild 11-49 Topfgehäuse-Gegendruck-Turbine für höchste Drücke und Temperaturen mit Regelstufe. Austenitische Einbauten (KWU). 300/325 bar, 600/625 °C

Der Hochdruckteil in Topfbauweise nach Bild 11-49 gehört zu einer Kraftwerksturbine. Das Topfgehäuse sowie austenitische Einbauten werden für höchste Drücke und Temperaturen ausgebildet. Zum Abdichten der hohen Drücke sind viele Labyrinthe notwendig. Ein Gewindering gewährleistet gleichmäßiges rotationssymmetrisches und deshalb dichtes Zusammenspannen der Gehäuseteile. Die Beschaufelung besteht aus einer Regelstufe und einem Hauptteil. Die Leitschaufeln sind in einem frei dehnbar angeordneten Innengehäuse untergebracht.

Die PARSONS-Dampfturbine von Bild 11-50 besteht aus je einem einflutigen HD- und MD-Teil sowie einem zweiflutigen ND-Teil. Der HD-Teil ist mit einem Regelrad ausgerüstet. HD- und MD-Teil werden entgegengesetzt, der ND-Teil symmetrisch durch-

[1)] C. A. PARSONS (1854–1931), England, baute 1883 die erste Überdruckturbine mit 5 kW bei 18 000 min^{-1} und 75 mm Läuferdurchmesser.

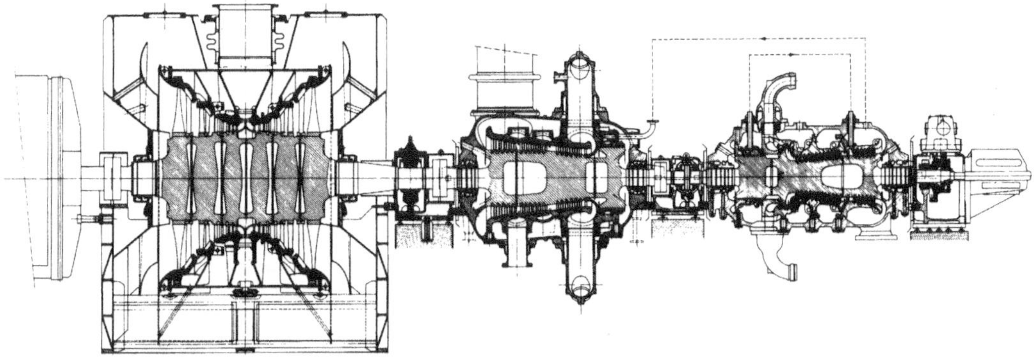

Bild 11-50 Dreigehäuse-PARSONS-Kondensationsturbine mit Zwischenüberhitzung, Leistung 260 MW (ABB)

strömt (wegen Achsschubausgleich). Alle 3 Gehäuse besitzen besondere Leitschaufelträger. Beim ND-Teil sind die Ausströmdiffusoren – mit Leitblechen – zum Kondensator deutlich zu erkennen.

Bild 11-51 zeigt den kombinierten HD-MD-Teil einer 600-MW-Überdruck-Dampfturbine mit A-Regelstufe und zwei separaten HD- und MD-Leitschaufelträgern. Zur Teilkompensation des Achsschubes sind HD- und MD-Teil so angeordnet, dass sie der Dampf entgegengesetzt durchströmt. Der HD-Teil ist mit einer Regelstufe ausgerüstet.

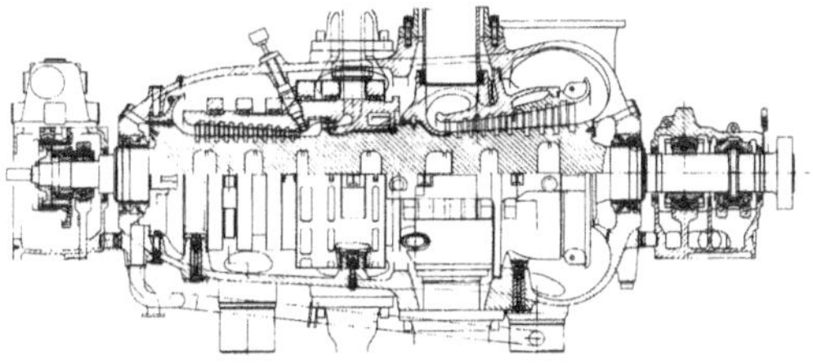

Bild 11-51 Kombinierter Hochdruck-Mitteldruckteil einer 600-MW-PARSONS-Dampfturbine (ABB)

Bild 11-52 zeigt die PARSONS-Sattdampf-Kondensationsturbine für ein Leichtwasser-Kernkraftwerk, und zwar nur zum Vergleich. Die Turbine besteht aus zweiflutigem HD-Teil und sechsflutigem ND-Teil, welche in einem Wellenstrang angeordnet sind. Infolge verhältnismäßig niedrigem, nutzbarem Enthalpiegefälle ist großer Dampfdurchsatz notwendig, weshalb selbst der HD-Teil schon zweiflutig sein muss. Die hohe Dampfnässe erfordert zudem Zwischenüberhitzung zwischen HD- und ND-Teil. Die Prinzipschaltung und Entspannung im (h, s)-Diagramm gehen aus Bild 11-26 hervor.

LJUNGSTRÖM-Turbinen

LJUNGSTRÖM-Turbinen[1] sind heute kaum noch gebaute, radiale Überdruckdampfturbinen. Da es sich um eine interessante Konstruktion mit einigen Besonderheiten handelt, sollen sie trotzdem kurz dargestellt werden.

Die Dampfhauptströmungsrichtung erfolgt bei Radialturbinen nach LJUNGSTRÖM senkrecht zur Welle. Dadurch ergeben sich folgende Eigenschaften:

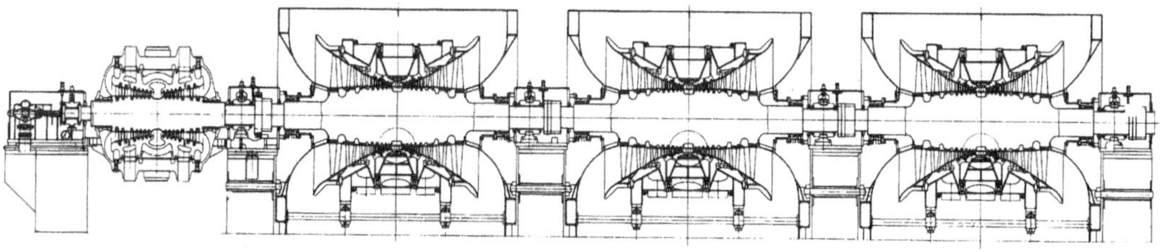

Bild 11-52 4-Gehäuse-Dampfturbosatz (PARSONS) für Kernkraftwerk, 1 300 MW, 25 s^{-1}, HD zwei-, ND sechsflutig (KWU)

[1] LJUNGSTRÖM, Schweden, entwickelte etwa 1910.

Vorteile

- Geringe Baulänge und deshalb kleine Axialspiele zulässig (Wärmedehnung).
- Strömt der Dampf radial von innen nach außen, steht das Gehäuse nicht unter dem hohen Frischdampfdruck. Zudem fällt der Druck radial nach außen. Wegen des kleinen Durchmessers der ersten Stufe ergibt sich auch bei geringem Dampfdurchsatz ausreichende Schaufellänge. Zudem nimmt der Strömungsquerschnitt mit wachsendem Radius und damit in Richtung der Entspannung zu, weshalb die Schaufellängen nicht zu stark wachsen müssen. Radialturbinen eignen sich daher besonders für hohe Drücke und kleinen Dampfdurchsatz.
- Lauf- und Leitschaufeln sind kreisringartig auf gegenüberstehenden Scheiben angeordnet, was ermöglicht, neben dem Laufrad auch das Leitrad, und zwar in entgegengesetzter Drehrichtung, umlaufen zu lassen. Diese sog. **Gegenlauf-Radialturbine** ist die einzige Strömungsmaschine, bei der sich auch das Leitrad dreht. Durch die gegenläufige Drehbewegung verdoppelt sich die relative Umfangsgeschwindigkeit zwischen Leit- und Laufschaufeln. Da die Leistung quadratisch von der Geschwindigkeit abhängt, ist das in jeder Stufe umgesetzte Gefälle viermal so groß wie bei ruhendem Leitrad. Eine Radialstufe ersetzt somit vier Axialstufen. Die Leistungsdichte von Radialturbinen ist daher viermal so hoch wie von Axialturbinen.

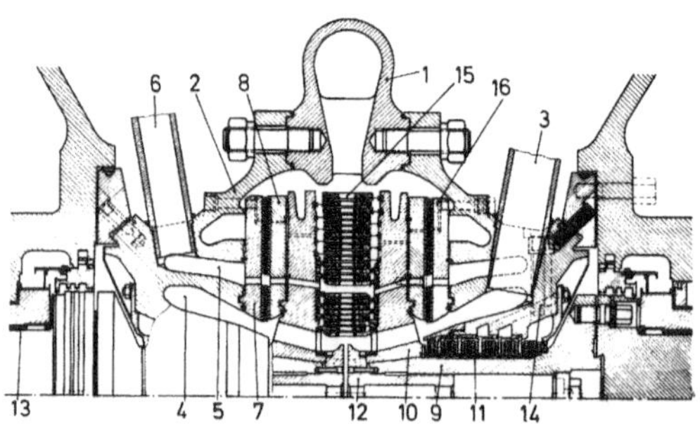

Bild 11-53 Gegenläufige Radial-Gegendruckturbine nach LJUNGSTRÖM (MAN), 52 MW, 116 bar/520 °C auf 16 bar. 1 Abdampfgehäuse, 2 Gehäuse, 3 Frischdampfzuleitung, 4 Frischdampfraum, 5 Überlastraum, 6 Überlastdampfzuführung, 7 feste Labyrinthscheibe, 8 umlaufende Labyrinthscheibe, 9 Welle, 10 Laufscheibe, 11 Labyrinthdichtungen, 12 Verbindungshülse Welle–Radscheibe, 13 Wellenlager, 14 Leckdampfrohr

Nachteile

- Fliehkraft beansprucht die Schaufeln auf Biegung. Besondere Vorkehrungen (Versteifungsringe) sind notwendig, damit sich die Schaufeln nicht zu stark verbiegen, was große Spalte notwendig machen würde, um Anstreifen (Schaufelbrüche) zu vermeiden.
- Hohe Axialkräfte auf Leit- und Laufschaufel-Radscheiben: Aufwendige Radiallabyrinthe über den gesamten Rückseiten der Schaufeltragscheiben sind zur Axialkraftkompensation notwendig.
- Ungünstige Frischdampfführung durch Bohrungen im Nabenbereich einer Schaufeltragscheibe.
- Zwei Abtriebswellen und deshalb zwei Generatoren notwendig.

Da die Nachteile überwiegen, werden Radialturbinen praktisch nicht mehr gebaut. Deshalb hier nur aufgenommen zur Darstellung der Dampfturbinen-Radialbauweise.

Bild 11-53 zeigt den Längsschnitt einer gegenläufigen Radialturbine nach LJUNGSTRÖM mit der Möglichkeit zusätzlicher Dampfzuführung bei Überlast.

11.3.4 Vergleich Gleichdruck – Überdruck

Tabelle 11-5 versucht Dampfturbinen in Gleich- und Überdruckbauweise einander gegenüberzustellen. Zusammenfassend sind die Hauptmerkmale stichwortartig verglichen. Ausführungen zu den einzelnen Unterschieden enthalten die vorhergehenden Abschnitte.

11.3.5 Berechnungshinweise

Berechnungsunterlagen

Zum strömungstechnischen Berechnen von Dampfturbinen stehen zur Verfügung:

- (h, s)-Diagramm
- Richtwerte; aus Versuchen und Erfahrung
- Durchfluss-, Kontinuitäts-, Energie- und Hauptgleichung bzw. daraus abgeleitete Beziehungen
- Hilfs- und Näherungsformeln

Ausgangswerte

- Frischdampfzustand (Druck, Temperatur)
- Abdampfdruck
- Geforderte Turbinenleistung, evtl. Drehzahl

Auslegungswerte (Hauptgrößen)

- Dampfmengenstrom $\dot{m}$
- Wirkungs- und Stufungsweise
- Läuferdurchmesser, ggf. Drehzahl

Tabelle 11-5 Hauptunterschiede und Wertigkeit der beiden Dampfturbinenwirkungsweisen Gleich- und Überdruck

Gleichdruck	Überdruck
Entspannung (Gefälleabbau)	
nur in Leitrad ($p_{Le} \neq$ konst: $p_{La} =$ konst)	in Leit- und Laufrad ($p_{Le} \neq$ konst: $p_{La} \neq$ konst)
Beaufschlagung	
Teil- und Voll-Beaufschlagung	nur Vollbeaufschlagung
Stufengefälle	
größer	kleiner
Stufenzahl	
kleiner	größer
Strömung	
nur im Leitrad beschleunigt	in Leit- und Laufrad beschleunigt
Strömungsumlenkung	
groß (Hakenschaufeln)	geringer (Rückstoßwirkung)
Dampfgeschwindigkeit	
höher, in Endstufen oft Überschall	geringer, immer Unterschall
Achsschub	
nicht bzw. kaum vorhanden	immer vorhanden
Üblicher Turbinenaufbau	
Kammerbauweise	Trommelbauweise
Stufung	
Geschwindigkeits- und Druckstufung	nur Druckstufung
Verluste	
Schauflungsverluste insgesamt jeweils etwa gleich, da	
je Stufe größer Stufenaustrittsverluste größer Radreibungsverluste größer Ventilationsverluste bei Teilbeaufschlagung	mehr Stufen vorhanden Spaltverluste größer Stopfbuchsverluste größer
Wirkungsgrad	
Bei beiden Wirkungsweisen gleich hohe Werte erreichbar, da Einzelverluste zwar unterschiedlich groß, sich in der Summe jedoch praktisch ausgleichen.	
Bauaufwand, Betrieb	
Etwa gleich. Baugröße (Volumen, Gewicht, Länge) und -kosten ungefähr gleich, ebenso Lebensdauer, Kompliziertheit, Betriebs-, Wartungs- und Revisionsaufwand.	
Zusammenfassende Wertung	
Arbeitsverfahren gleichwertig, weshalb beide angewendet werden. Tradition des jeweiligen Turbinenherstellers, spezieller Verwendungszweck und Entwicklungsstand der Bauarten bestimmen, welche Ausführung gefertigt und damit angewendet wird.	

- Stufengefälle
- Stufenzahl
- Beschauflung (Leit- und Laufradkränze)

Berechnungsgang

Vorbemerkung: Infolge der gegenseitigen Abhängigkeit gelingt es meist nicht, alle Größen beim ersten Berechnungsversuch in Einklang zu bringen. In der Regel sind daher wie üblich mehrere Rechnungsgänge notwendig.

Dampfdurchsatz $\dot{m}$: Aus der Leistungsgleichung $\dot{m} = P_e/(\Delta h_{s,\text{ges}} \cdot \eta_{\text{ges}})$ bei Vorabschätzen des effektiven isentropen Wirkungsgrades und Entnehmen des isentropen Gesamtgefälles aus dem (h, s)-Diagramm. Gegebenenfalls ist der Wärmerückgewinnungsfaktor μ zu berücksichtigen. Beim Eintragen der isentropen Gesamtspannung ins (h, s)-Diagramm sind die Strömungsverluste in der Dampfzuleitung (Drosselvorgang) zur Turbine zu berücksichtigen. Der Druckverlust beträgt etwa 5 ... 10 %; der Turbinenzuströmdruck somit 95 ... 90 % des Frischdampfdruckes. Die sich beim Entspannungszustand ergebende Dampffeuchte bestimmt – wenn auch nur vorläufig, da die Verluste noch unberücksichtigt –, ob Zwischenüberhitzen notwendig ist ($x \geqq 0{,}85$).

Wirkungs- und Stufungsweise: Ob Gleich- oder Überdruckwirkung ist eine vom Turbinenhersteller oder -verwender zu treffende Entscheidung. Bei mittleren und großen Turbinen sind beide Verfahren uneingeschränkt anwendbar. Gegebenenfalls wird bei anfänglichem Teilbeaufschlagen ein geschwindigkeitsgestuftes Gleichdruckrad (Regelstufe) vorgeschaltet. Bei Kleinturbinen sind dagegen praktisch nur Gleichdruckturbinen zu finden, und zwar meist in teilbeaufschlagter Geschwindigkeitsstufung. Grund: Infolge kleineren verarbeitbaren Wärmegefälles (Abschnitt 11.3.1.3) und nicht möglicher Teilbeaufschlagung sind einstufige Überdruckturbinen unwirtschaftlich (η klein). Überdruckturbinen bewähren sich erst ab Leistungen von etwa 500 kW.

Drehzahl und Läuferdurchmesser: Die beiden Größen hängen über Dampfmengenstrom, Schaufellänge, Strömungswinkel und Laufzahl zusammen. Die Antriebsart (direkt oder Getriebe) bestimmt die Drehzahl. Kraftwerksturbinen arbeiten immer im Direktantrieb (volltourig, halbtourig). Hilfs- und Industrieturbinen sind öfters (bis ca. 50 MW), Getriebeturbinen (n bis etwa 18 000 min^{-1}).

Laufraddurchmesser und Schaufellänge: Bestimmen den Strömungsquerschnitt. Infolge starker Dampfexpansion sind Anfangs- und Endstufe der Beschauflung am problematischsten. Bei der ersten Stufe besteht die Gefahr zu kurzer, bei der letzten zu langer Schaufeln. Die Berechnung sollte daher die Anfangs- und Endstufe zuerst festlegen.

Kleine Leistungen führen bei Kondensationsturbinen wegen größeren Enthalpiegefälles zu äußerst geringem Dampfdurchsatz, was zu kleinen Strömungsquerschnitten auf der Frischdampfseite führt. Um ausreichende Schaufellängen zu erhalten, sind kleine Stufendurchmesser und/oder Teilbeaufschlagung notwendig. Um ausreichende Umfangsgeschwindigkeit und damit Stufengefälle zu erreichen, ist entsprechend hohe Drehzahl notwendig. Mit abnehmendem Läuferdurchmesser verringern sich auch die Radreibungsverluste wesentlich. Des Weiteren sind umso weniger Stufen notwendig, desto höher das Stufengefälle wird.

Erfahrungsgemäß gilt andererseits bei:

- kleinerer Stufenzahl: Schlechter Wirkungsgrad, aber geringer Bauaufwand.
- größerer Stufenzahl: Umgekehrte Verhältnisse.

Große Leistungen dagegen führen bei Kondensationsturbinen zu einem in den Endstufen kaum beherrschbaren Dampfvolumenstrom (Abschnitt 11.3.1.8). Abströmquerschnitt bis ca. $16\,\mathrm{m}^2$.

Bei der Anfangsstufe ergibt sich der Laufraddurchmesser aus der Kontinuitätsbeziehung nach Festlegen von minimaler Schaufellänge ($b_{\min} \geqq 10\,\mathrm{mm}$), Absolutströmungswinkel ($\alpha_2 = 14\ldots 20°$), Laufzahl Lz (Abschnitt 11.3.1.3) und Umfangsgeschwindigkeit ($u = 80\ldots 160\,\mathrm{m/s}$):

$$D = (\dot{m}\cdot v_2\cdot\varepsilon)/(u\cdot Lz\cdot\pi\cdot b\cdot\sin\alpha_2)$$

Mit Beschauflungsgrad ε bei:

- Vollbeaufschlagung: $\varepsilon = 1$
- Teilbeaufschlagung: $\varepsilon < 1$; je Gehäusehälfte konstruktiv ausführbar $\varepsilon \leqq 0{,}4$

Stufengefälle: Folgt mit der Energiegleichung aus der Dampfgeschwindigkeit und den Schauflungsverlusten. Die Dampfgeschwindigkeit folgt ihrerseits aus Laufzahl und Umfangsgeschwindigkeit.

Stufenzahl: Im (h,s)-Diagramm werden vom anfänglich festgelegten Zustandspunkt des in die Beschauflung eintretenden Dampfes ausgehend die einzelnen – im Regelfall gleichen – Stufengefälle einschließlich jeweiliger Stufenverluste schrittweise bis zum Abdampfdruck abgetragen. Der Wärmerückgewinnungsfaktor ist dabei zu berücksichtigen. Das Stufengefälle muss so lange geändert werden, bis sich eine ganzzahlige Stufenzahl ergibt. Anschließend ist die vorhergehende Berechnung entsprechend zu korrigieren. Ausgenommen sind geschwindigkeitsgestufte Gleichdruckräder, bei denen die Stufenzahl (2 bis 4) über Druckziffer und Laufzahl festgelegt wird.

Beschauflung: Mittels EULER-Gleichung und aufzustellenden Geschwindigkeitsplänen wird die Beschauflung stufenweise festgelegt. Dabei erfolgt meist gruppenweises Zusammenfassen (Stufengruppen) mit jeweils gleichen Profilen. Jeder Turbinenhersteller benützt hierfür eigene sog. **Normprofile** (Werksnorm). Innerhalb jeder Stufengruppe ist dazu lediglich die Schaufellänge mithilfe der Kontinuitätsgleichung festzulegen.

Zum Auslegen und Gestalten der Schaufeln sind Hinweise zu finden in:

- Abschnitt 6.2.5.3 für die Laufschaufeln
- Abschnitt 7.3.3 für die Leitschaufeln.

Dabei Mindestwerte für:

- Düsenaustrittswinkel $\alpha_2 = 14\ldots 20°$
- Schaufeltiefe (axial) $e_{\min} \geqq 15\ldots 30\,\mathrm{mm}$
- Schaufellänge (Schaufeln räumlich gekrümmt)
  Gleichdruck $b_{\min} \geqq (0{,}015\ldots 0{,}02)\cdot D$
  Überdruck $b_{\min} \geqq ((0{,}03\ldots)\,0{,}05\ldots 0{,}1)\cdot D$
- Umfangsgeschwindigkeit $u = 80\ldots 160\,\mathrm{m/s}$

Auf ausführliches Darstellen der Dampfturbinenberechnung muss bei dem als Einführung gedachten Buch verzichtet und auf das einschlägige Fachschrifttum [49], [50], [53], [54] verwiesen werden.

Bemerkungen

Bei Gleichdruckturbinen erweist sich oft ein gewisser Reaktionsgrad ($r > 0$) als günstig. Schon geringe Reaktion führt zur strömungstechnisch vorteilhaften beschleunigten Strömung. Trotzdem soll nur in solchen Schaufel-Kränzen Reaktion angewendet werden, in denen die Strömungsgeschwindigkeit kleiner als die Schallgeschwindigkeit ist. Der erste Laufkranz wird deshalb in der Regel für $r = 0$ ausgelegt. Wegen des hohen Stufengefälles tritt jedoch bei Gleichdruckwirkung, insbesondere bei Kondensationsturbinen (vor allem im ND-Teil), leicht Überschall auf. Dies ist durch Ausführen von $r > 0$ oft vermeidbar. Im Nassdampfgebiet sinkt die Schallgeschwindigkeit stark ab, weshalb bei Gleichdruckturbinen vielfach in den Endstufen mit Reaktionsgraden bis $r \approx 0{,}3$ gearbeitet wird → unechte Gleichdruckturbine. Infolge großer Schaufellängen sind dort die Spaltverluste ohnehin gering. Aus diesem Grund wird auch auf Abdeckbänder verzichtet. Bei kurzen Schaufeln dagegen erweisen sich Abdeckbänder als vorteilhaft, da sie die Spaltverluste etwa halbieren.

Um nicht zu große Lagerabstände (lange Wellen) zu erhalten, sind bei mittlerem Raddurchmesser 20 ... 25, bei großen Raddurchmessern (Endstufen) 10 ... 12 Gleichdruckstufen je Gehäuse unterzubringen. Überdruckturbinen ermöglichen 35 ... 40 Stufen je Gehäuse.

Hinweis: Zugehörige Übungsbeispiele Ü52 bis Ü59 beim digitalen Zusatzmaterial.

11.4 Gasturbinen

11.4.1 Grundsätzliches

11.4.1.1 Bezeichnungen

Gasturbinen (GT) im üblichen Sinn gehören zur Gruppe der Brennkraftmaschinen und sind als Turbomaschinen das Gegenstück zu den Verbrennungskolbenmotoren (KoM). Beide Kraftmaschinenarten – GT und KoM – können nicht selbsttätig starten. Zum Anfahren ist Fremdhilfe(-energie) notwendig.

Dem Sprachgebrauch gemäß gilt als Gasturbine die gesamte Kraftmaschinenanlage, das Gasturbinen-Kraftwerk oder -Aggregat, bestehend aus den Hauptbestandteilen Verdichter, Gaserhitzer (Brennkammer) und Turbine. Die eigentliche Turbine ist nur der Entspannungsteil der Anlage.

Gasturbinen werden gebaut als:

- selbstständige Kraftanlagen mit eigener Wärmeerzeugung durch Verbrennen zugeführten Kraftstoffes (Brennkammer) → innere Wärmeerzeugung
- abhängige Kraftanlage mit Zufuhr fremderzeugter Wärme (Frisch- oder Abwärme) über Wärmetauscher → äußere Wärmeerzeugung.

11.4.1.2 Wirkungsweise

Der Anlagenverdichter komprimiert das anfänglich kalte Arbeitsgas, wobei die Temperatur von ca. 20 °C auf etwa 200 ... 400 °C steigt. Nach anschließender Wärmezufuhr auf 800 ... 1500 °C entspannt das Gas in der Turbine unter Energieabgabe. Die sich dadurch ergebende Abgastemperatur liegt bei 400 ... 600 °C. Die Turbine treibt den Verdichter. Bedingt durch Erhitzen des Arbeitsgases zwischen Verdichter (Kompressor) und Turbine ist die beim Entspannen freigesetzte mechanische Energie größer als die zum Komprimieren notwendige. Der Differenzbetrag steht als mechanische Nutzenergie zur Verfügung. Als guter Richtwert für die Leistungsaufteilung kann gelten: $P_T : P_K : P_N = 3 : 2 : 1$.

Das bedeutet, die notwendige Kompressorleistung P_K beträgt etwa 2/3 der freigesetzten Turbinenleistung P_T, weshalb eine verfügbare Nutzleistung P_N von nur ca. 1/3 der Turbinenleistung verbleibt.

So einfach sich die Gasturbine in Wirkungsweise und Aufbau darstellt, so schwierig ist jedoch das Verwirklichen der Arbeitsvorgänge hinsichtlich wirtschaftlicher Brennstoffnutzung und Lebensdauer bei störungsfreiem Betrieb (geringer Wartungsaufwand). Hinweis beim digitalen Zusatzmaterial.

11.4.1.3 Geschichtliches und Bedeutung

Schon 1791 beantragte der Engländer J. BARBER ein Patent für ein gasgetriebenes Laufrad. Auch spätere Versuche blieben jedoch erfolglos. Die Wirkungsgrade der Einzelmaschinen (Verdichter und Turbine) waren so schlecht, dass keine Nutzleistung übrig blieb. Es ergab immer nur ein „Heizgerät mit Radau“. Erst etwa 1911 gelang es HOLZWARTH, die erste brauchbare Gasturbine zu bauen. Die HOLZWARTH-Gasturbine nach dem Verpuffungsprinzip (Abschnitt 11.4.3.2) wurde zur Serienreife entwickelt und erreichte Gesamtwirkungsgrade bis etwa 20 %. Die erste brauchbare, stationäre Gasturbine wurde jedoch erst 1938 von Fa. BBC gebaut. Im Jahr 1939 flog das erste von Fa. HEINKEL gebaute Flugzeug mit einem Gasturbinen-Strahltriebwerk. Seither erlebte die Gasturbine eine rasante Entwicklung und gelangte zwischenzeitlich zu großer Bedeutung auf verschiedenen Gebieten, insbesondere der Flugzeug- und Energietechnik. Bedingt durch geringes Gewicht, kleine Abmessungen, große Maschinenleistungen (bis ca. 40 MW, bei KoM nur bis 4 MW) und die Möglichkeit hoher Fluggeschwindigkeiten beherrschen Gasturbinen die Luftfahrt fast völlig. Vorzüge der Gasturbinen für die industrielle Anwendung sind einfacher Aufbau, unkomplizierte Betriebsweise und Schnellstartfähigkeit (ca. 2 ... 20 min von Stillstand auf Volllast).

11.4.2 Vergleich mit Dampfturbinen

In Aufbau und Arbeitsweise unterscheiden sich Dampf- und Gasturbinen (Turbinenteil) nur wenig. Anstelle von Wasserdampf als Arbeitsmedium (Energieträger) der Dampfturbinen tritt bei Gasturbinen Gas (Rauchgas, Luft, Helium). Gasdynamisch gelten bei beiden Turbinen die gleichen Zusammenhänge. Gasturbinen arbeiten jedoch immer mit Überdruckwirkung. Des Weiteren arbeiten Gasturbinen bei wesentlich höheren Temperaturen, jedoch niedrigeren Drücken als Dampfturbinen. Die Volumenexpansion und das zur Verfügung stehende Wärmegefälle sind entsprechend niedriger. Gasturbinen bauen deshalb leichter und erreichen geringere Leistungen sowie Wirkungsgrade als Dampfturbinen, erfordern jedoch hochtemperaturbeständigere Werkstoffe. Die wichtigsten thermischen und JOULE'schen (energetischen) Unterschiede von Dampf- und Gasturbinen enthält zusammengefasst Tabelle 11-6 (Richtwerte). Die aufgeführten, ungefähren Richtwerte gehören zu modernen hochwertigen Maschinen.

Tabelle 11-6 Gegenwärtige Spitzenwerte von Dampf- und Gasturbinen, DT ... Dampf-, GT ... Gasturbine, KW ... Kraftwerk, F ... Flug. Klammerwerte in Reiseflughöhe

Turbo-Maschine				DT	KW-GT	F-GT
Zustandswerte d. Arbeitsfluids						
vor Turbine	Druck	in bar		300	15...30	35(39)
	Temperatur	in °C		600	1 350	1 650
nach Turbine	Druck	in bar		0,04	1	1(0,2)
	Temperatur	in °C		20	600	750
Enthalpiegefälle Δh_s in kJ/kg				2 500	1 200	1 500
Druck-Verhältnis			Π	6 000	15...30	35
Volumenstrom-Verhältnis			$\dot{V}_S/\dot{V}_D$	1 000	15	30
Stufenzahl (Turbine)			i	50...80	3...5	4...8
Drehzahl in min^{-1}			n	1 500	3 000	9 000
Leistung in MW bzw. Schub in kN				1300	250	200
Wirkungsgrade			η_A	42...48	35...40	ca. 33

Dampfturbinen werden durch Wärmegefälle und Mengendurchsatz, Gasturbinen dagegen durch Ändern der zugeführten Kraftstoffmenge leistungsgeregelt.

Auch bezüglich Investitionskosten für Dampf- und Gasturbinen-Anlagen bestehen erhebliche Unterschiede. Wenige, stark gerundete Vergleichswerte sollen dies verdeutlichen. Derzeitige spezifische Investitionskosten moderner Kern- (KKW) und Fossil-Dampfkraftwerke (FKW) einerseits sowie Gasturbinen-Kraftwerke (KW) und -Triebwerke (TW) andererseits liegen etwa bei:

DT	KKW	1 500...2 500 €/kW
	FKW	750...1 250 €/kW
GT	KW	500... 600 €/kW
	TW	50... 100 €/kW

11.4.3 Aufbau

11.4.3.1 Bestandteile

Neben den stets vorhandenen Hauptbestandteilen Kompressor, Erhitzer (Brennkammer oder Wärmeübertrager) sowie Turbine bestehen Gasturbinen je nach Anwendung und gefordertem Wirkungsgrad zudem aus Ansaugkühler, Wärmetauscher und Ausströmdüse.

Der **Ansaugkühler** dient zum Herabsetzen der Temperatur des angesaugten Fluids, um die notwendige Verdichtungsarbeit zu verringern. Er ist daher bei geschlossenem Kreislauf unvermeidlich.

Wärmetauscher werden eingesetzt, um die Turbinenabwärme wenigstens noch teilweise zu nützen, entweder zu Heizzwecken oder zum Vorerhitzen des verdichteten Arbeitsfluids der Gasturbine.

Beim zweiten Fall ist der Wärmetauscher zwischen Verdichter und Erhitzer anzuordnen.

Die bei Flugzeugtriebwerken immer vorhandene **Schubdüse** befindet sich nach der Turbine und soll die noch nutzbare thermische Energie, die Restenthalpie-Differenz, in Geschwindigkeitsenergie umsetzen und dadurch gemäß Impulssatz Vortrieb (Schub) erzeugen.

11.4.3.2 Unterteilung

Gasturbinen lassen sich auf verschiedene Weise klassifizieren. Immer beinhaltet eine Anlage jedoch gleichzeitig mehrere Kriterien. Mögliche Unterscheidungsmerkmale sind:

Arbeitsverfahren

- *Verpuffungsverfahren* (Gleichraumverbrennung). Bietet keine Vorteile gegenüber dem Kolbenmotor. Konnte sich daher nicht durchsetzen; wird deshalb nicht mehr angewendet.
- *Gleichdruckverfahren* wegen Gleichdruckverbrennung. Ausschließlich angewendetes Verfahren, weshalb Unterscheidung nach Arbeitsverfahren nicht mehr erfolgt und alle Gasturbinen mit Gleichdruckerhitzung arbeiten.

Wärmezufuhr

- innere Wärmezufuhr (Verbrennung)
- äußere Wärmezufuhr (Wärmeübertragung)

Arbeitsweise

- offener Prozess. Einfachster Aufbau. Meist angewendet
- halbgeschlossener Prozess. Bei Doppelverdichter-, d. h. Zweiwellenanlagen möglich. HD-Teil geschlossen, ND-Teil offen
- geschlossener Prozess, z. B. bei Helium-GT

Ausführung

- Einwellen-Maschinen
- Mehrwellen-Maschinen, meist Zweiwellen

Anwendung

- stationär oder ortsfest. Antriebsaggregate für Kraftwerksgeneratoren und Maschinen (Hilfsantriebe)
- mobil oder ortsbeweglich. Triebwerke für Flugzeuge, Schiffe, Bahnen, Fahrzeuge
- Sonderzwecke, beispielsweise Turbolader.

Hauptsächlich wird jedoch nach der Anwendung unterschieden, da

- stationäre Anlagen sowohl offen, halbgeschlossen als auch geschlossen und dabei als Einwellen- oder Mehrwellen-Maschinen ausführbar.
- ortsbewegliche Anlagen, die immer im offenen Prozess als Ein- oder Mehrwellenausführungen arbeiten.

Die Schaltschemata offener Gasturbinen in Einwellenausführung ohne sowie mit Wärmeübertrager zeigen die Bilder 11-54 und 11-55. Die Arten der Mehrwellenausführungen offener Gasturbinen gehen aus Bild 11-56 hervor. Auch diese Maschinen sind mit Wärmetauscher ausrüstbar.

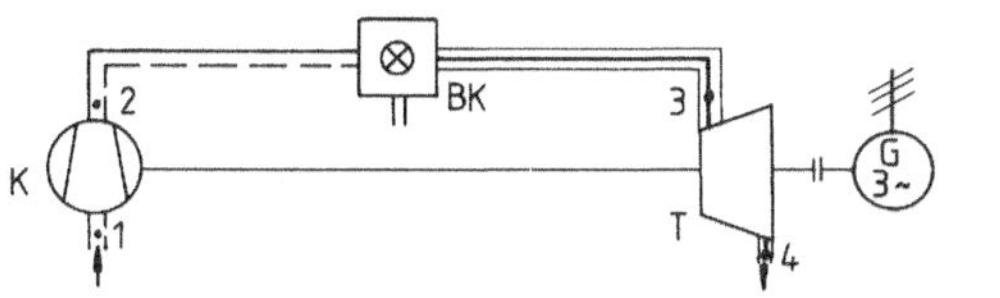

Bild 11-54 Offene Gasturbine (Einwellen-GT-Anlage) ohne Wärmetauscher. K Kompressor, BK Brennkammer, T Turbine, G Generator. Einfachste GT-Anlage. Statt BK auch Wärmeüberträger als Erhitzer möglich

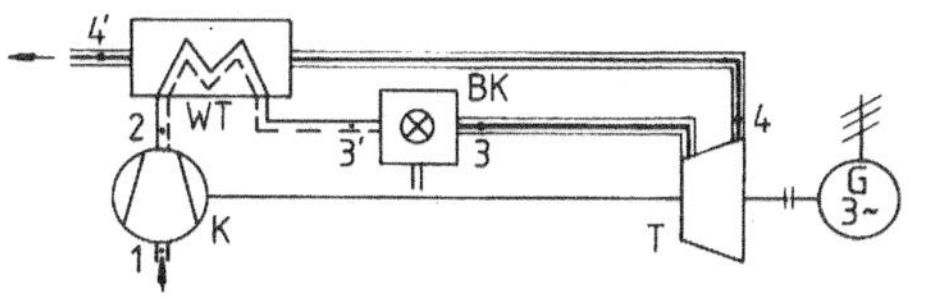

Bild 11-55 Offene Gasturbine (Einwellen-GT-Anlage) mit Wärmetauscher WT. Auch in Mehrwellenausführung

Das Schaltschema der geschlossenen Gasturbinenanlage zeigt Bild 11-57. Auch diese Maschine ist in Mehrwellenbauweise möglich.

Mehrwellen-Gasturbinen mit der Aufteilung in **Gaserzeuger** GE und **Nutz-** oder **Arbeitsturbine** AT (Freifahrtturbine) nach Bild 11-56b sowie c werden auch als Industrie- und Antriebsturbine (Schiffe, Fahrzeuge) eingesetzt. Der Gaserzeuger-Wellenstrang läuft mit konstanter Drehzahl. Die Nutzturbine dagegen passt sich bezüglich Drehzahl der anzutreibenden Maschine an, was ein Getriebe weitgehend ersetzt.

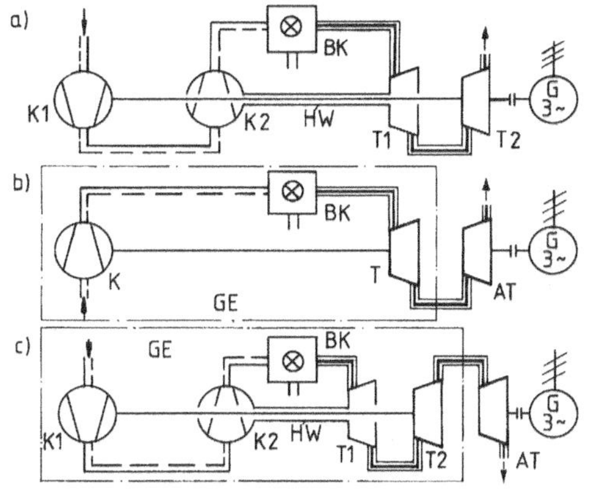

Bild 11-56 Mehrwellenausführungen offener Gasturbinen. a) und b) Zweiwellen-GT (Doppelverdichter-GT). c) Dreiwellen-GT. Bei b) und c) K + T bzw. K_1, $K_2 + T_1$, T_2, Gaserzeuger (GE), AT Arbeitsturbine, HW Hohlwelle

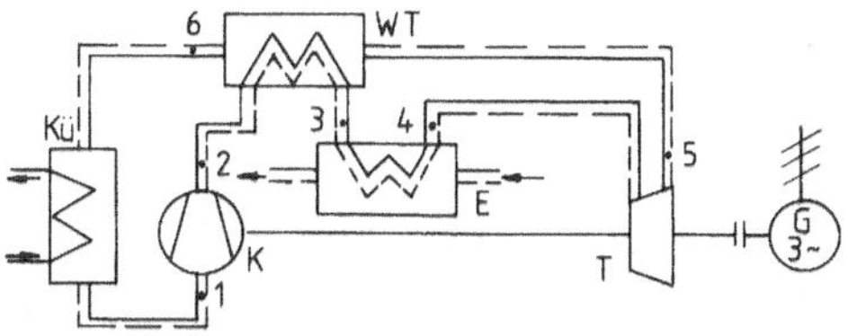

Bild 11-57 Geschlossene Gasturbine (Einwellen-GT-Anlage) mit Wärmetauscher WT. E Erhitzer, Frisch- (Brennstoff, KKW) oder Abwärme-beheizt. Kü Kühler. Kompressor K oft mit Zwischenkühlung ZK und Turbine T manchmal mit Zwischenerhitzung ZH. ZK und ZH nicht dargestellt. Wärmetauscher WT wird auch als Rekuperator[1] bezeichnet. AKW … Atomkraftwerk

Bei **Flugzeug-Gasturbinentriebwerken**, die in Ein- und Zweiwellenausführung, jedoch immer in offener Arbeitsweise gebaut werden, sind folgende Unterscheidungen und Bezeichnungen üblich:

---

[1] Rekuperation … Verfahren zur Vorwärmung von Luft durch heiße Abgase.

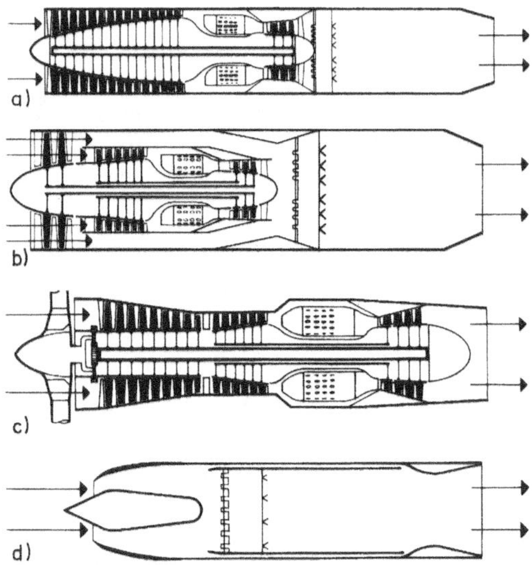

Bild 11-58 Strahltriebwerksbauarten (MTU).
a) TL mit Nachbrenner,
b) ZTL mit Nachbrenner (Bypass-Triebwerk),
c) PTL,
d) Staustrahltriebwerk.
TL und ZTL häufig auch ohne Nachbrenner

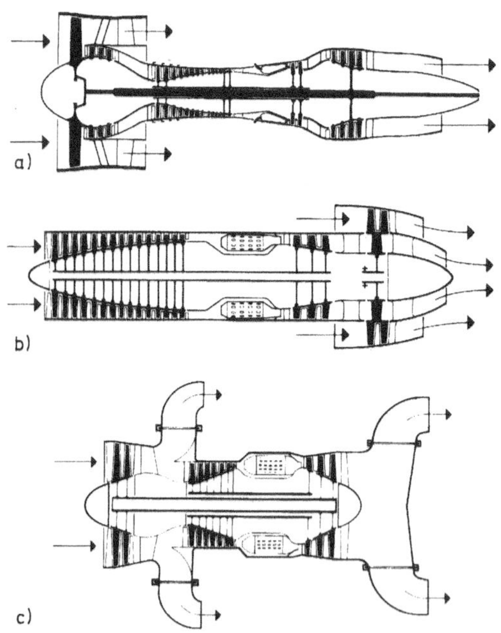

Bild 11-59 Bläser-Triebwerke (MTU).
a) Front-fan, b) Aft-fan, c) ZTL mit Schwenkdüsen

Unterteilung

- TL ... **T**urbinen**l**uftstrahltriebwerk, kurz Einstromtriebwerk
- ZTL ... **Z**weikreis-**T**urbinen**l**uftstrahltriebwerk, kurz Zweistromtriebwerk
- PTL ... **P**ropeller-**T**urbinen**l**uftstrahltriebwerk, kurz Propellertriebwerk oder Turboprop
- Sonderausführungen → Staustrahltriebwerke

Dabei sind die Luftstrahltriebwerke oder kurz Strahltriebwerke sowohl ohne als auch mit **Nachbrenner** (meist bei Militärflugzeugen) ausführbar.

Bei Zweistromtriebwerken lassen sich weiter unterscheiden

- Mantelstrom-Triebwerke (Bypass-Triebwerke)
- Gebläse- oder kurz Bläser-Triebwerke (fan ... Bläser)
  Front-fan-Triebwerke (Frontbläser-Triebwerke)
  Aft-fan-Triebwerke (Heckbläser-Triebwerke)

Typen-Symbole für Triebwerke (vielfach üblich)

J ...	Einstromtriebwerk (Jet)
F ...	Bläser-Triebwerk (Fan)
T oder P ...	Propellertriebwerk (Turboprop)

Prinzipdarstellungen der grundsätzlichen Strahltriebwerks-Typen enthält Bild 11-58.

In Bild 11-59 sind verschiedene Bläser-Triebwerke schematisch dargestellt.

11.4.4 Thermodynamik

Wie ausgeführt, sollen Gasturbinenanlagen die dem Arbeitsfluid im Erhitzer zwischen Verdichter und Turbine zugeführte Wärme (thermische Energie) möglichst weitgehend in mechanische Arbeit umwandeln. Hierzu ist der günstigste rechtsdrehende thermodynamische Kreisprozess, d. h. der mit dem besten thermischen Wirkungsgrad, anzustreben.

Die verschiedenen Kreisprozesse, ideale und reale, als auch Wirkungsgrade sowie Arbeitsvermögen enthält das digitale Zusatzmaterial.

Arbeitsfluide und Stoffwerte

Die wichtigsten Arbeitsmedien bei Gasturbinen:

- Offene Anlagen: Luft/Verbrennungsgas (Rauchgas). Fast ausschließlich verwendet.
- Geschlossene Anlagen: Luft und Helium

Luft/Verbrennungsgas

Bei fossilen Gasturbinenbrennstoffen (Kerosin, Heizöl, Gas unterer Heizwert $H_u \approx 42\,\mathrm{MJ/kg\,Br}$)

sind zur vollständigen Verbrennung gemäß der Stöchiometrie theoretisch etwa 14,5 kg Luft (Lu) je kg Brennstoff (Br) notwendig. Deshalb ist $m_{\text{Lu,o}} \approx 14{,}5\,\text{kg Lu/kg Br}$, wobei die Verbrennungstemperatur zwischen 2 000 ... 2 500 °C liegt. Um die Rauchgastemperatur auf die zulässige Gastemperatur (900 ... 1 500 °C) der zurzeit wirtschaftlich verfügbaren Werkstoffe herabzusetzen, muss mit dem (3 ... 5)-fachen Luftüberschuss gefahren werden. Mit der Luftüberschusszahl $\lambda = 3 \ldots 5$ (nicht Wärmeleitwert!) ergibt sich dann der Luftbedarf:

$$\begin{aligned} m_{\text{Lu}} &= \lambda \cdot m_{\text{Lu,o}} \\ &= 43 \ldots 72 \approx 50 \ldots 70\,\text{kg Lu/kg Br} \end{aligned}$$

Bei fossilbeheizten Gasturbinen mit innerer Verbrennung (Brennkammer) ist somit ein **Luftbedarf** $\dot{m}_{\text{Lu}}$ vom (50 ... 70)-fachen des Brennstoffstromes $\dot{m}_{\text{Br}}$, notwendig. Oder anders ausgedrückt:

$$\dot{m}_{\text{Br}}/\dot{m}_{\text{Lu}} = 1/70 \ldots 1/50 = 0{,}015 \ldots 0{,}02$$

Der Brennstoff- und damit Verbrennungsprodukt-Anteil im Rauchgas beträgt somit nur ca. 1,5 ... 2 % der Luftmenge. Hieraus folgt: solche Rauchgase sind näherungsweise thermodynamisch wie Luft behandelbar. Das bedeutet, für alle Teilvorgänge des Gasturbinen-Kreisprozesses können meist gut angenähert die thermischen Zustandswerte (p, v, T) und die JOULE'schen Größen (Stoffwerte $\varkappa$, c_p, c_v, R) von reiner Luft eingesetzt werden (digitales Zusatzmaterial).

Verhalten:
Luft: Etwa ideales Gasverhalten
Rauchgas: Halbideales Gasverhalten

Stoffwerte
Molekularmasse:

Luft $M_{\text{Lu}} \approx 29\,\text{kg/kmol}$
Rauchgas $M_{\text{Rg}} \approx 30\,\text{kg/kmol} \approx M_{\text{Lu}}$

Gaskonstante:

Universale $\hat{R} = 8\,315\,\text{J/(kmol}\cdot\text{K)}$
Stoffabhängige $R = \hat{R}/M$
Luft: $R_{\text{Lu}} = 287\,\text{J/(kg}\cdot\text{K)}$
Rauchgas: $R_{\text{Rg}} = 277\,\text{J/(kg}\cdot\text{K)}$

Spezifische Wärmekapazität $c_p = C_p/M$:

Trockene Luft

$$\begin{aligned} C_p &= 27\,210 + 6{,}7 \cdot T\,\text{J/(kmol}\cdot\text{K)} \\ c_p &= 938 + 0{,}23 \cdot T\,\text{J/(kg}\cdot\text{K)} \end{aligned} \quad (11\text{-}25)$$

Feuchte Luft

$$\begin{aligned} C_p &= 28\,890 + 6{,}3 \cdot T\,\text{J/(kmol}\cdot\text{K)} \\ c_p &= 996 + 0{,}22 \cdot T\,\text{J/(kg}\cdot\text{K)} \end{aligned} \quad (11\text{-}26)$$

Da natürliche Luft immer gewisse Feuchtigkeit aufweist, ist die zweite Näherungsbeziehung (Genauigkeit etwa 1 %) zweckmäßiger.

Enthalpie: $\mathrm{d}h = c_p \cdot \mathrm{d}T$ integriert:

$$\begin{aligned} \int_{h_1}^{h_2} \mathrm{d}h &= \int_{T_1}^{T_2} (996 + 0{,}22 \cdot T) \cdot \mathrm{d}T\,\text{J/kg} \quad \text{bei } T \text{ in K} \\ h\big|_{h_1}^{h_2} &= (996 \cdot T + 0{,}22 \cdot T^2/2)\big|_{T_1}^{T_2} \\ \Delta h &= h_2 - h_1 \qquad (11\text{-}27) \\ &= (996 \cdot (T_2 - T_1) + 0{,}11 \cdot (T_2^2 - T_1^2))\,\text{J/kg} \end{aligned}$$

Hinweis: Bei $p = \text{konst}$ wird $\Delta h = q$ (Wärmetausch)

Molvolumen (Erstindex M) beim Normzustand (Zweitindex n): Nach Gesetz von AVOGADRO:

$$V_{\text{M,n}} = 22{,}414\,\text{m}^3/\text{kmol}$$

Normzustand nach DIN 1343: 0 °C; 101 325 Pa.

Zusammenfassung (ohne Indizes Lu und Rg mit hier λ für Wärmeleitwert):

Luft: $\varkappa = 1{,}4$; $R = 287\,\text{J/(kg}\cdot\text{K)}$
$\bar{c}_p \approx 1000\,\text{J/(kg}\cdot\text{K)}$
$\lambda = 0{,}026\,\text{W/(m}\cdot\text{K)}$

Rauchgas: $\varkappa = 1{,}35 \ldots 1{,}39$; $R = 277\,\text{J/(kg}\cdot\text{K)}$
$\bar{c}_p = 1070 \ldots 990\,\text{J/(kg}\cdot\text{K)}$
$\lambda = 0{,}025\,\text{W/(m}\cdot\text{K)}$

Womit sich bestätigt, dass bei Näherungsrechnungen für das Rauchgas in Gasturbinen die Stoffwerte von Luft verwendet werden können.

Helium

Helium ist als Edelgas inert, d. h. chemisch neutral, und hat mit $\varrho = 0{,}179\,\text{kg/m}^3$; $M = 4\,\text{kg/kmol}$; $\varkappa = 1{,}66$; $R = 2\,078\,\text{J/(kg}\cdot\text{K)}$; $c_p = 5\,240\,\text{J/(kg}\cdot\text{K)}$; $\lambda = 0{,}144\,\text{W/(m}\cdot\text{K)}$; $a_0 = 970\,\text{m/s}$ gegenüber Luft:

- 7-mal geringere Dichte
- 5-mal größere Wärmekapazität
- 3-mal höhere Schallgeschwindigkeit
- 5-mal größere Wärmeleitfähigkeit
- 2-mal höhere Wärmeübergangszahl

Verglichen mit Luft ergibt das teurere Helium als Arbeitsmedium somit folgende Vorteile:

- Die Werkstoffauswahl vereinfacht sich (keine Korrosion).
- Kleinere Maschinenabmessungen (Verdichter, Turbine) infolge höherer zulässiger Strömungsgeschwindigkeiten, da Schallgeschwindigkeit a_0 größer und trotz geringerer Dichte
- Nur äußere Wärmezufuhr, da inertes Gas

- Kleinere Wärmeübertragungsflächen bei Wärmetauschern (λ größer)
- Geringeres Druckverhältnis $\Pi = (T_2/T_1)^{\varkappa/(\varkappa-1)}$ infolge höheren Isentropenexponenten bei gleichem Temperaturverhältnis. Deshalb leichtere Bauweise (Materialersparnis).
- Höhere Wirkungsgrade, besonders bei kleinen Druckverhältnissen (Gl. (11-27)).

Zusammengefasst ergibt sich: Heliumgasturbinen bauen kleiner und arbeiten wirtschaftlicher als Luftgasturbinen; jedoch ist Helium teurer und nicht beliebig verfügbar. Bei Helium bestehen zudem erhebliche Dichtungsprobleme an Welle und Gehäuse. Deshalb selten und nur bei Gasturbinenanlagen mit geschlossenem Prozess angewendet.

11.4.5 Besonderheiten

Vorbemerkungen: Auf die Hauptbestandteile offener Gasturbinen, die Baugruppen Verdichter, Turbinen und Brennkammern, vor allem hinsichtlich ihrer Besonderheiten, ist kurz einzugehen. Auch sind einige Hinweise zu den bei Gasturbinen angewendeten Werk- und Brennstoffen angebracht.

11.4.5.1 Bauteile

Verdichter (Kompressor)

Angewendet werden Radial- und Axialausführungen. Das Auslegen und Gestalten von Gasturbinenverdichtern erfolgt nach Gesichtspunkten sonstiger Turbokompressoren (Abschnitt 10.3). Unterschiede bestehen darin, dass Verdichter von Gasturbinen in der Regel ohne Kühlung arbeiten und bei beweglichen Anlagen (Fahrzeuge, Flugzeuge u. a.) besonders klein wie auch leicht bauen sollen.

Radialverdichter: Nur bei Gasturbinen kleinerer Leistung – bis etwa 500 kW, in Sonderfällen bis ca. 1 500 kW – werden noch Radialverdichter angewendet, beispielsweise für Notstromaggregate, Hilfsantriebe, Feuerwehrspritzen, Fahrzeuge und Turbolader. Vorteilhaft ist die kurze Baulänge von Radialverdichtern, was kompakte Maschinen ermöglicht, nachteilig dagegen ihr verhältnismäßig großer Außendurchmesser ($D_2/D_1 \leqq 3$). Wegen des durch große Stirnfläche bedingten hohen Luftwiderstandes finden Radialverdichter bei Flugzeuggasturbinen keine Anwendung mehr.

Ausgeführt sind Radialverdichter meist mit Laufrädern in halboffener Bauweise als Druckguss aus Leichtmetalllegierungen. Ausgebildet werden Gasturbinen-Radialkompressoren ein- oder zweistufig und dabei ein- oder zweiflutig.

Richtwerte

Umfangsgeschwindigkeit		$u \leqq 450\ldots500\,\mathrm{m/s}$
Luft-Zuströmgeschwindigkeit		$\leqq 0{,}85 \cdot a_0$
Rauchgas-Abströmgeschwindigkeit		$\leqq 200\ldots350\,\mathrm{m/s}$
Druckkanten-Schaufelwinkel		$\beta_2 = (50\ldots)\,90°$
Druckverhältnis:	Stufe	$\Pi_{St} = 1{,}7\ldots3\,(\ldots4)$
	Einstufig	$\Pi \leqq 4$
	Zweistufig	$\Pi \leqq 7$
Mengendurchsatz:	Einstufig	$\dot{m}_{Lu} \leqq 30\,\mathrm{kg/s}$
	Zweiflutig	$\dot{m}_{Lu} \leqq 60\,\mathrm{kg/s}$

Axialverdichter: Bei Flugzeug- sowie Kraftwerks-Gasturbinen ausschließlich, bei den übrigen Gasturbinen überwiegend angewendet. Axialverdichter bauen im Durchmesser kleiner und erreichen infolge geringer Umlenkung (Gasrückführung entfällt) bessere Wirkungsgrade als Radialausführungen, benötigen jedoch wesentlich mehr Stufen für gleiches Druckverhältnis. Gebaut werden axiale Gasturbinenkompressoren mit Stufenzahlen bis etwa 20. Das Verhältnis von Sehnenlänge der Profile zur Schaufelteilung liegt zwischen 0,7 und 1,6.

Richtwerte

Umfangsgeschwindigkeit	u	$\leqq 250\ldots350\,\mathrm{m/s}$
Überdruckbauweise	r	$= 0{,}5$
Stufendruckziffer	ψ_{St}	$= 0{,}6\ldots1$
Laufzahl	u/c_2	$\approx 0{,}7\ldots0{,}8$
Zuströmung: Geschw.	c_0	$= 180\ldots210\,\mathrm{m/s}$
entsprechend MACH-Zahl	Ma_0	$= 0{,}54\ldots0{,}63$
Kritische MACH-Zahl	Ma_{kr}	$\leqq 0{,}7\ldots0{,}85$
entsprechend	w_0	$\leqq (0{,}7\ldots0{,}85)\cdot a_0$
Nabenverhältnis: 1. Stufe	ν_N	$\geqq 0{,}4\ldots0{,}5$
letzte Stufe	ν_N	$\leqq 0{,}9\ldots0{,}95$
Teilungsverhältnis	L/t	$= 0{,}7\ldots1{,}2\ldots1{,}6$
Längenverhältnis	b/D	$\geqq (0{,}03\ldots)\,0{,}05$
Stufen-Druckverhältnis:		Allgemein $\Pi_{St} \leqq 1{,}3$
		üblich $\Pi_{St} = 1{,}1\ldots1{,}2$

Mengendurchsatz $\dot{m}_{Lu}$:

TL	$\dot{m}_{Lu} = 30\ldots350\,\mathrm{kg/s}$
ZTL	bis $\dot{m}_{Lu,ges} > 600\,\mathrm{kg/s}$
Kraftwerks-GT	bis $\dot{m}_{Lu} > 1000\,\mathrm{kg/s}$
Turbolader	bis $\dot{m} < 0{,}1\,\mathrm{kg/s}$

Stufenzahl i: Ausgeführt bei

$\Pi = 8$: $i = 11\ldots13$ also $\Pi_{St} = 1{,}21\ldots1{,}17$
$\Pi = 20$: $i = 16\ldots19$ also $\Pi_{St} = 1{,}21\ldots1{,}18$

Verdichtungstemperatur T_2 bzw. t_2: Abhängig von Verdichtungsverhältnis und Ansaugtemperatur

Theoretisch:

$$T_{2,s} = T_1 \cdot \Pi^{(\varkappa-1)/\varkappa}$$

Erreicht: Bei Luft mit 20 °C Anfangstemperatur ($T_1 = 293\,\text{K}$):

$$t_2 = 200 \ldots 300 \ldots 500\,°\text{C für } \Pi = 6 \ldots 12 \ldots 30$$

Turbinen

Auch beim Turbinenteil von Gasturbinen sind Radial- und Axialbauweisen zu finden.

Radialturbinen: Nur einstufig ausgeführt und ähnlich aufgebaut wie das radiale Gasturbinenverdichter-Laufrad. Die Durchströmung erfolgt wegen notwendiger Leitrad-Anordnung jedoch entgegen der Fliehkraftwirkung von radial außen nach innen, weshalb auch die Beziehung **Zentripetalturbine** üblich ist. Ein Zentripetalturbinenlaufrad mit einem Radialverdichterlaufrad spiegelbildlich kombiniert, ergibt zusammen mit einer Brennkammer die einfachste Kleingasturbine. Gasturbinen mit Zentripetalturbinen werden bis etwa 1 500 kW Nutzleistung gebaut. Da die erforderliche Verdichterantriebsleistung etwa doppelt so hoch wie die Nutzleistung ist, muss dann das zentripetale (radiale) Turbinenlaufrad etwa 4 500 kW Leistung aufbringen.

Das Auslegen und Gestalten der Zentripetalräder erfolgt entsprechend den Radialverdichtern. Meist wird der Schaufelwinkel an der Druckkante etwa $\beta_2 = 90°$ ausgeführt (radial endende Schaufeln). Die Werkstoff-Auswahl muss entsprechend der hohen Gastemperatur und der Fliehkraftbelastung erfolgen. Um die Lagerung nicht dem heißen Abgasstrom auszusetzen, wird der Rotor zweckmäßigerweise fliegend angeordnet. Der Wirkungsgrad von Radialturbinen bleibt wegen verhältnismäßig großer Spalte, kleiner Maschinenabmessungen, hoher Temperaturdifferenzen, halboffener Laufräder und weil das nach innen expandierende Gas entgegen der Fliehkraft beschleunigt werden muss, vergleichsweise geringer ($\eta_{\text{T},s} = 0{,}6 \ldots 0{,}8$; digitales Zusatzmaterial).

Axialturbinen: Überwiegend angewendet. Grundsätzlich ähnlich aufgebaut wie Überdruck-Dampfturbinen. Axiale Gasturbinen werden daher prinzipiell wie axiale Dampfturbinen der Überdruckbauart (Abschnitt 11.3) berechnet und gestaltet. Bedingt durch das wesentlich niedrigere Enthalpiegefälle erfordern Gasturbinen jedoch selten mehr als 5 Stufen. Meist reichen 2 ... 4 Stufen, bei kleinen Leistungen sogar 1 Stufe. Niedrige Drücke und hohe Temperaturen der Gasturbinen ermöglichen leichte Bauweise. Der dünnwandige und wärmeelastische Aufbau erfordert jedoch hitzebeständige Werkstoffe. Besonders bei Flugzeugturbinen ist extremer Leichtbau mit dünnsten Blechen, Hohlwellen und Scheibenläufern notwendig. Bei Scheibenläufern ist der Gasturbinenrotor aus einzelnen Scheiben zusammengesetzt, die über HIRT-Verzahnung verbunden – zentriert sowie gekuppelt – und durch Zugeinrichtung zusammengespannt werden. Jedoch auch bei Kraftwerks-Gasturbinen ist Scheibenbauweise üblich. Die Stufenscheiben des Verdichter- und Turbinenteils sind mit zwischenliegendem Distanzring mittels zentraler Zugstange zu einem gemeinsamen Rotor zusammengezogen, zweifach gelagert und über Labyrinthe gedichtet. Die Leitschaufeln sind bei Triebwerken direkt im Gehäuse, bei stationären Gasturbinen wie bei Überdruckdampfturbinen und Kreiselverdichtern in separatem, wärmeelastischem Innengehäuse, dem Leitschaufelträger, untergebracht.

Wie ausgeführt (Abschnitt 11.4.4 und digitales Zusatzmaterial), steigen Wirkungsgrad und Arbeitsvermögen von Gasturbinen mit wachsender Erhitzungstemperatur. Wegen noch fehlender „Entspannungsabkühlung“ belastet (Temperaturbeanspruchung) das hocherhitzte Arbeitsgas (meist Rauchgas) besonders die erste Turbinenstufe. Die derzeit verfügbaren beschichteten **hochwarmfesten metallischen Werkstoffe** (Abschnitt 11.4.5.2) erlauben Temperaturen bei stationären Gasturbinenanlagen bis ca. 900 °C, bei beweglichen – vor allem Flugtriebwerken – bis etwa 1 100 °C. Höhere Arbeitstemperaturen erfordern dagegen immer **Kühlung.** Intensive Kühlung ermöglicht derzeit maximale Temperaturen bei:

- ortsfesten Gasturbinen bis etwa 1 300 °C
- ortsbeweglichen Gasturbinen bis ca. 1 500 °C.

Trotz intensivster Kühlung erfordern Arbeitstemperaturen über 1 500 ... 1 600 °C hochhitzebeständige, nichtmetallische Werkstoffe (Keramiken). Solch ausreichend zugbelastbare (Fliehkraft), temperaturwechselbeständige und kerbunempfindliche Keramiken sind jedoch noch nicht verfügbar.

Kühlverfahren: Zur Schaufelkühlung (Leit- und Laufschaufeln) wird dem Arbeitsgasstrom nach dem Verdichter ein kleinerer Teil entnommen und unter Umgehen der Brennkammer (Erhitzer) direkt den Kühlkanälen der Leitschaufeln (über das Gehäuse) sowie der Laufschaufeln (durch den Rotor) zugeführt. Drei prinzipiell unterschiedliche Kühlverfahren sind dabei zu unterscheiden:

- Konvektionskühlung: Die Kühlluft durchströmt die hohl ausgebildeten Schaufeln. Der Schaufelwerkstoff bildet die Trennwand zwischen heißem Arbeitsgas und Kühlmedium. Der Wärmeübergang von der Schaufel zum Kühlmittel, die Kühlung, erfolgt durch Konvektion.

  Vorteil: Verhältnismäßig einfach.

  Nachteile: Hoher Kühlluftbedarf (Wirkungsgradabfall), wenn ein wesentlicher Kühleffekt erzielt werden soll. Deshalb meist kürzere Lebensdauer, besonders der Laufschaufeln.

- Filmkühlung: Die Wände der hohlen Schaufeln sind mit kleinen Bohrungen oder Schlitzen versehen, durch welche die Kühlluft vom Schaufelinneren nach außen tritt, das heiße Arbeitsgas abdrängt und sich mit diesem mischt (Bild 11-60). Dadurch wird die Schaufeloberfläche in nächster Umgebung der Kühlluftaustrittsstellen vor dem Heißgas geschützt und dessen Temperatur örtlich herabgesetzt. Die gute Wärmeleitfähigkeit des metallischen Schaufelwerkstoffes sorgt für weitere Wärmeabfuhr und dadurch Temperaturausgleich innerhalb des Schaufelmaterials. Ein zusammenhängender Kühlfilm zwecks Hitzeschutz ist daher nicht nötig. Soll der Kühlluftschleier jedoch gleichzeitig den Korrosionsschutz der Schaufeln übernehmen, muss das Kühlmittel die Schaufeloberfläche vollständig umspülen. Eine Forderung, die sicher und dauerhaft, besonders bei wechselndem Betrieb, infolge Verstopfungsgefahr und unvermeidlichen Turbulenzüberlagerungen im Gasstrom kaum gewährleistet werden kann. Der Korrosions- und Temperaturschutz sollte daher durch andere Maßnahmen (geeigneter Werkstoff, Oberflächenüberzug, z. B. Keramikschicht) erfolgen.

  Die Filmkühlung ist derzeit das überwiegend angewendete Schaufelkühlverfahren.

  Vorteil: Intensive Schaufelkühlung

  Nachteile: Aufwendiger, Verstopfungsgefahr.

- Transpirations- oder Effusionskühlung: Die Schaufelwände sind hierbei gleichmäßig porös ausgeführt, z. B. Sinterwerkstoff. Das Kühlmittel kann daher kontinuierlich und zusammenhängend vom Schaufelinnern über die gesamte Profiloberfläche nach außen dringen, das heiße Arbeitsgas abdrängen und sich mit ihm mischen. Der Vorgang verläuft somit wie bei der Filmkühlung, jedoch gleichmäßiger und intensiver – infolge geschlossenen Kühlschleiers.

  Wegen des an das menschliche Schwitzen (Transpirieren) erinnernden Vorganges wird das Verfahren auch als **Schwitzkühlung** bezeichnet.

  Vorteile: Beste Kühlung (intensiver als Filmkühlung). Niedrigster Kühlmittelbedarf und geringster Wirkungsgradabfall der drei Verfahren.

  Nachteile: Aufwendig. Gleichmäßig poröse und zugleich hochfeste, zugbelastbare Werkstoffe notwendig, die noch nicht verfügbar sind. Verstopfungsgefahr.

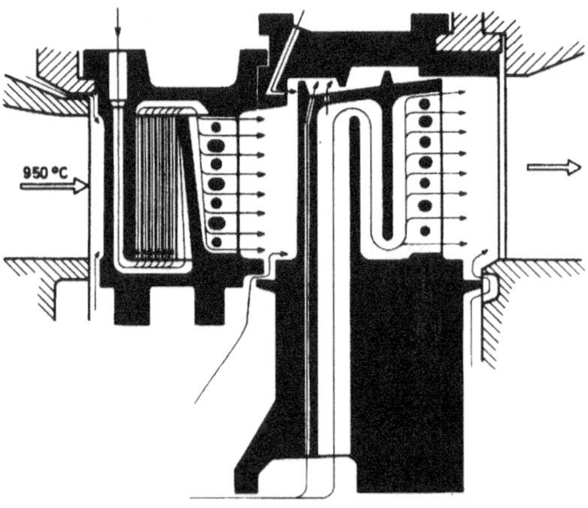

Bild 11-60 Kühlluftführung in den Leit- und Laufschaufeln der ersten Turbinenstufe einer Gasturbine (SULZER)

Kühlwirksamkeit: Als Wirksamkeit $K_{Kü}$ des Kühlverfahrens wird bezeichnet: Der Quotient aus den Temperaturdifferenzen zwischen Heißgas (T_{HG}) und Schaufeloberfläche (T_{SO}) einerseits sowie Heißgas und Kühlgas (T_{KG}) andererseits, also

$$K_{Kü} = (T_{HG} - T_{SO})/(T_{HG} - T_{KG}) \qquad (11\text{-}28)$$

Volle Kühlwirksamkeit: $T_{SO} = T_{KG} \rightarrow K_{Kü} = 1$

Teilweise Wirksamkeit: $T_{SO} > T_{KG} \rightarrow K_{Kü} < 1$

Bei etwa 70 % Kühlwirksamkeit ($K_{Kü} = 0{,}7$), ein Wert, der bei Filmkühlung erreichbar scheint, jedoch noch nicht erreicht wird, könnte die Heißgas-, also Prozesstemperatur auf etwa 1 700 °C erhöht werden, ohne den Schaufelwerkstoff zu gefährden. Kühlwirksamkeit 50 % bedeutet, die Schaufelwerkstofftemperatur nimmt den Mittelwert zwischen Heißgas- und Kühlmitteltemperatur an.

Beispiel: $t_{HG} = 1\,500$ °C, $t_{KG} = 500$ °C, $K_{Kü} = 0{,}5$ ergibt $t_{SO} = t_{HG} - K_{Kü} \cdot (t_{HG} - t_{KG}) = 1000$ °C.

Temperaturverteilung: Auch bei intensiver Kühlung stellt sich innerhalb des Schaufelmaterials keine gleichmäßige Temperatur ein. Der Wärmeübertrag vom Heißgas auf die Schaufel erfolgt durch Konvektion, der Temperaturausgleich innerhalb des Schaufelmaterials durch Wärmeleitung. Die Wärmeübergangszahl α der Konvektion und der Wärmetransfer steigt mit wachsender Gasgeschwindigkeit. Wegen örtlich höherer Strömungsgeschwindigkeiten des Arbeitsgases und ungünstigerer Wärmeableitung (langer Weg, geringer Querschnitt) sind die Eintritts- sowie meist auch die Austrittskanten der Schaufeln besonders hoch wärmebelastet. Durch entsprechendes Gestalten der Schaufeln und Anordnen der Kühlkanäle ist zu versuchen, die sonst am Anfang (Nase) und Ende der Schaufelprofile auftretenden Temperaturspitzen zu vermeiden (Bild 11-61). Nur dann erreichen die Schaufeln ausreichende Lebensdauer.

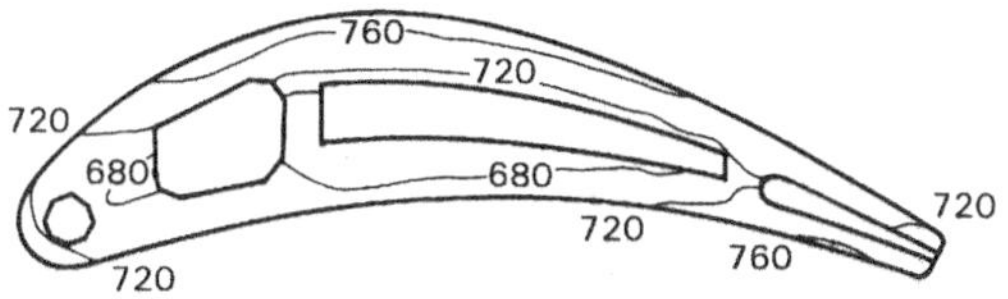

Bild 11-61 Temperaturverteilung (Zahlen in °C) über dem Profilquerschnitt von gekühlten Turbinenschaufeln der 1. Stufe einer Gasturbine (SULZER)

Kühlluftbedarf: Der Kühlluftverbrauch hängt von Frischgastemperatur und Anlagengröße ab. Anlagen mittlerer Größe (ca. 10 ... 20 MW Nutzleistung) erfordern einen Kühlmittelbedarf von etwa 8 % des gesamten Luftdurchsatzes bei 900 °C Heißgastemperatur und ca. 15 %, wenn die Temperatur des Verbrennungsgases 1 500 °C beträgt. Bei kleinen Anlagen liegen die Prozentsätze um ca. 3 Prozentpunkte niedriger (5 ... 12 %).

Temperatureinfluss auf Energieumsatz: Der Wirkungsgrad (Ergänzung 14 beim digitalen Zusatzmaterial) hängt von der Heißgastemperatur ab. Erhöhen der Gastemperatur wirkt sich daher bei niedrigem Anfangswert stärker aus als bei hohem und lohnt sich deshalb mit steigender Heißgastemperatur immer weniger. Wirkungsgrad und damit die spez. Nutzleistung steigen beispielsweise bei 100 °C Rauchgastemperaturerhöhung, ausgehend vom Anfangswert

- 800 °C, also von 800 auf 900 °C, um ca. 20 %
- 1200 °C, also von 1200 auf 1300 °C, nur noch um etwa 12 %

wenn der zunehmende Kühlmittelbedarf mitberücksichtigt wird. Demgegenüber stehen die mit der Temperatur wachsenden Werkstoff- und Kühlprobleme. Hohe Temperaturen erfordern auch hohe Drücke.

Auslegungs-Richtwerte:

Wie axiale Überdruck-Dampfturbinen:

Schaufellänge	Mindestwert $b \approx 30\,\text{mm}$
Längenverhältnis	$b/D \geqq (0{,}03) \ldots 0{,}05 \ldots 0{,}15$
Verengungsfaktor	$\tau \approx 1{,}1$
Eintrittswinkel	$\alpha_2 = 16 \ldots 20 \ldots 24°\,(\ldots 45°)$
Laufzahl	$Lz = u/c_2 = 0{,}7 \ldots 0{,}8\,(\ldots 0{,}9)$
Umfangsgeschw.	$u = 200 \ldots 350 \ldots 400\,\text{m/s}$
Spaltweiten	$(2 \ldots 4) \cdot 10^{-3} \cdot D_{(a)}$
Spaltverluste	$3 \ldots 5\,\%$
Abgastemperatur	Ohne WT 400 ... 600 °C

Brennkammern

In den Brennkammern, Zentral- oder Herzstück der Gasturbinen, erfolgt durch Verbrennen der Umsatz der chemischen Energie (exakt: chemisch gebundenen) des Kraftstoffes in fühlbare Wärme (thermische Energie). Forderungen an die Brennkammern sind sichere Funktion, hoher Wirkungsgrad, lange Lebensdauer und einfacher Aufbau.

Funktion: Unabhängig vom Betriebszustand – fettes Gemisch bei Überlast, mageres bei Unterlast – muss stabiles Brennen der Flamme und vollständiger Ausbrand des Kraftstoffes gewährleistet sein. Die Flamme darf weder zurückschlagen noch durch den Gasstrom fortgespült werden. Die Flamme schlägt zurück, d. h. brennt nach rückwärts, wenn die Gasgeschwindigkeit geringer ist als die Verbrennungsgeschwindigkeit, und wird bei umgekehrten Verhältnissen fortgetragen. Da die Geschwindigkeit der Verbrennung mit 25 ... 30 m/s wesentlich kleiner ist als die der Gasströmung (ca. 250 ... 300 m/s), sind entsprechende Maßnahmen, wie Eintrittsdiffusor und Blecheinbauten, sog. **Flammenhalter**, notwendig, welche durch Wirbel-, Kreis- und Rückströmen der Flammenfront gewährleisten, dass die Flamme innerhalb der Brennkammer verbleibt.

Wirkungsgrad: Wird durch den **Ausbrand** bestimmt, d. h. den Grad der mehr oder weniger vollständigen Verbrennung des Kraftstoffes. Der Ausbrand hängt von verfügbarer Zeit und Temperatur ab. Die zum vollständigen Verbrennen (100 % Ausbrand) notwendige Verweilzeit des Kraftstoffes im Flammenbereich beträgt erfahrungsgemäß mindestens etwa 4 bis 8 Millisekunden und die Verbrennungstemperatur wenigstens 1 000 °C. Die mit den fossilen Kraftstoffen erreichbaren Verbrennungstemperaturen bei Luft liegen etwa zwischen 2 000 und 2 500 °C. Ab ca. 1 800 °C beginnen die Verbrennungsbestandteile jedoch zu dissoziieren. Beim **Dissoziationsvorgang** zerfallen zuerst die Rauchgasbestandteile CO_2 und H_2O in die Elemente C, O_2 sowie H_2. Bei höheren Temperaturen zerfallen dann die Moleküle O_2 und H_2 weiter in ihre Atome O und H, wobei auch **Stickoxide** NO_x entstehen. Die Vorgänge verbrauchen Energie, wodurch Temperatur und Wirkungsgrad der Verbrennung abnehmen. Während des Verbrennens sollte daher in Flammenhöhe die Rauchgastemperatur über 1 000 °C und unter etwa 1 800 °C gehalten sowie für ausreichende Verweilzeit (> 8 ms) gesorgt werden.

Lebensdauer: Wird bestimmt von der Belastung des Brennkammerwerkstoffes durch Temperatur und Aggressivität des Rauchgases. Schwefelverbindungen und Schlacke (gasförmig, flüssig) greifen den Werkstoff an (Korrosion). Je nach Material sowie Brennstoff liegt die erreichbare Lebensdauer des höchstbelasteten Brennkammerbauteiles zwischen 30 000 (bei Gichtgas oder Schweröl) und ca. 100 000 Betriebsstunden (Kerosin, Erdgas).

Aufbau: Bedingt durch die bei Gasturbinen vorhandenen verhältnismäßig niedrigen Drücke (unter ca. 25 bar, meist sogar < 20 bar) genügen dünne Blechausführungen. Aufbau und Anzahl der Brennkammern wird hauptsächlich bestimmt durch das Einsatzgebiet der Gasturbine. Stationäre Anlagen erlauben großzügige Bauweise, Flugzeugtriebwerke erfordern gedrängte Bauweise bezüglich Platzbedarf und Gewicht. Unterschieden werden zwei Brennkammertypen: **Einzel-** und **Ringbrennkammern**.

Einzelbrennkammern sind als doppelwandige Kreisrohre ausgebildet. Der Innenzylinder, das **Flammrohr**, umschließt den eigentlichen Brennraum und ist voll auf Temperatur sowie Korrosion, nicht jedoch auf Druck belastet. Der Außenmantel dagegen steht von innen her unter dem Druck gemäß dem Verdichtungsverhältnis, dafür unter stark verminderter Temperatur infolge Kühlung durch die *Sekundärverbrennungsluft*. Im Kreisring zwischen Flammrohr und Außenzylinder strömt nämlich Luft (Sekundärluft), welche die unerwünschte Wärmeabfuhr nach außen wesentlich vermindert und durch Mischen mit dem Rauchgas (Primärgas) dessen Temperatur auf den zulässigen Wert herabsetzt.

Einzel- oder *Rohrbrennkammern* eingesetzt bei:

- Kleingasturbinen (eine Brennkammer) und Kraftwerksanlagen (zwei Brennkammern). Die Brennkammern sind dabei seitlich an der Maschine zwischen Verdichter- und Turbinenteil angeordnet. Der Außen-Anbau ermöglicht große Brennkammern.
- Triebwerken. Die Brennkammern sind in größerer Anzahl in Längsrichtung auf einer Kreislinie um die Maschinenachse angeordnet. Dadurch wird die Forderung nach geringem Platzbedarf (kleine Stirnfläche) weitgehend erreicht.

Ringbrennkammern sind bei Triebwerken und Großgasturbinen zu finden. Auch Ringbrenner bestehen aus zwei koaxial ineinander angeordneten Rohren. Während die Verbrennung bei den Einzelbrennkammern innerhalb des Innenrohres stattfindet, erfolgt sie bei Ringbrennkammern im Kreisringraum zwischen beiden Rohren, weshalb sich eine einzige Flamme ausbildet. Dies ist ein weiterer Unterschied zu den Einzelbrennkammern, bei denen in jeder eine eigene Flamme brennt. Ringbrennkammern sind zudem mit Flammrohreinsätzen ausrüstbar, was zur Flammenstabilisierung und gleichmäßigeren Temperaturverteilung beiträgt.

Auslegung: Abmessungen und Gestaltung der Brennkammern können letztlich nur experimentell festgelegt werden.

Vergleich Einzel- mit Ringbrennkammer: Beide etwa mit gleicher Leistungsfähigkeit, Wirkungsweise und Qualität ausführbar. Einzelbrennkammern jedoch aufwendiger und Zusammenfassen der Einzelkammer-Austrittsquerschnitte zu möglichst gleichmäßigem Kreisring-Strömungsquerschnitt am Turbineneintritt ist konstruktiv schwerer zu lösen. Beim Entwickeln und Erproben erfordert das Einzelkammer-Triebwerk nur das Untersuchen einer Einzelbrennkammer, was gegenüber der Ringbrennkammer wesentlich energiesparender und weniger aufwendig ist.

Ein Brennkammersatz aus wenigen großen Einzelbrennkammern ergibt geringere Oberfläche als bei vielen kleinen. Bei kleiner Oberfläche ist die Wärmeabstrahlung (Verlustwärme) entsprechend geringer mit der Folge höherer Innentemperatur. Wenige Einzelbrennkammern ermöglichen somit höhere Flammentemperaturen, die zum vollständigen Verbrennen schwerer Heizöle notwendig sind, welche hochsiedende Anteile enthalten. Kraftwerks-Gasturbinen, die solche schweren Heizöle verarbeiten, werden daher oft mit wenigen – meist zwei – großen Brennkammern ausgerüstet.

11.4.5.2 Werkstoffe

Bei den nach dem Taktverfahren arbeitenden Kolbenmotoren tritt die maximale Verbrennungstemperatur periodisch immer nur kurzzeitig auf, weshalb die angrenzenden Maschinenteile (Kolben, Zylinder) eine Temperatur annehmen, die weit darunter liegt. Dagegen herrscht in den kontinuierlich arbeitenden Turbomaschinen im Betrieb ständig die dem Prozess entsprechende Temperatur. Bei Gasturbinen sind daher Brennkammern und die erste Turbinenstufe besonders temperaturbelastet. Die sich einstellenden maximalen Werkstofftemperaturen liegen je nach Kühlwirksamkeit (Abschnitt 11.4.5.1) bis etwa 600 °C unter der Rauchgastemperatur; bei Beschichtungen noch mehr. Des Weiteren bestehen Korrosionsbeanspruchungen durch Aggressivität und Sauerstoffgehalt des heißen Verbrennungsgases. Beim Turbinenläufer kommt Fliehkraftbeanspruchung hinzu, die bei hohen Drehzahlen bis auf das 10^5-fache des Laufschaufeleigengewichtes ansteigen kann.

Die drei Hauptbelastungen – Temperatur, Korrosion, Fliehkraft – stellen höchste Ansprüche an die eingesetzten Werkstoffe bzw. umgekehrt, immer warmfestere Werkstoffe ermöglichen gleichlaufend ständiges Erhöhen der Prozesstemperatur und damit des Wirkungsgrades. Eine Entwicklung, die noch nicht abgeschlossen ist.

Zunder- und **Temperaturschutz**: Aus Korrosionsgründen werden bei Stählen nur chromlegierte (Cr $\geqq$ 13 %) eingesetzt. Oxidationsanfällige Werkstoffe erfordern zum Erhöhen der **Korrosionsbeständigkeit** oftmals entsprechende Oberflächenbehandlung bzw. Beschichtungen aus CoCrAlY-, NiCrAlY-Legierungen oder ZrO_2-Keramik. Zum Beispiel erfolgt in einer 0,25 mm dicken ZrO_2-Schicht ein Temperaturabfall von ca. 100 K. Temperaturschutz, ein Problem, das bei verschiedenen hochfesten Werkstoffen noch zu lösen ist.

Insgesamt lassen sich „Gasturbinenwerkstoffe" nach zulässiger Anwendungstemperatur gemäß Aufstellung von Tabelle 11-7 untergliedern.

Gekennzeichnet ist der Einsatz hochwarmfester Werkstoffe bei Gasturbinen (Superlegierungen, Verbundwerkstoffe) durch vier besondere, von der Beanspruchung verursachten Erscheinungen:

Tabelle 11-7 Gasturbinenwerkstoffe, abhängig von der gegenwärtig maximal zulässigen Gastemperatur $t_{G,zul}$

Werkstoff-Gruppen	$t_{G,zul}$
Martensitische Stähle, z. B. 12 Cr Mo V Nb	600 °C
Austenitische Cr-Stähle, z. B. X5CrNiNb18-9	800 °C
Hoch legierte Cr-Ni-Stähle	900 °C
Ni- oder Co-Basis Legierungen, z. B. Nimonic (ca. 60 % Ni, 20 % Cr, 20 % Fe, C, Ti)	1 100 °C
Legierungen auf der Basis hochschmelzender Metalle, wie Ni, Cr, Co, Mo, W, Nb, Ti, Ta, Y	1 500 °C
In Entwicklung: Keramische Werkstoffe, wie Siliciumnitride und -carbide (Si 3 N 4 u. Si C)	bis über 1 700 °C

Kriechen: Infolge hoher Temperatur liegt die Werkstoffbeanspruchung nicht mehr im elastischen, sondern im plastischen Bereich. Die Werkstoffe verformen sich somit unter der Belastung fortschreitend, d. h. die Werkstoffe **kriechen**. Die Lebensdauer (Abschnitt 11.4.5.4) der Bauteile wird hierdurch stark begrenzt. Anstelle von Zugfestigkeit und Streckgrenze (Fließgrenze) treten beim Berechnen Zeitstandfestigkeit und Warmstreckgrenze (Zeitdehngrenze). Bei Gasturbinen handelt es sich um Beanspruchungen, welche bei den auftretenden Temperaturen nach einer Betriebszeit von 100 000 h zum Bruch (Zeitstandfestigkeit) bzw. nach 1 000 h zu der bleibenden Dehnung von 0,1 % (Zeitdehngrenze) führen würden.

Ermüdung: Die infolge Turbulenzen im Gasstrom fast immer auftretenden *Schaufelschwingungen* führen zur Werkstoff-Ermüdung (Festigkeits- und Elastizitätsminderung).

Versprödung: Der Einfluss bestimmter Verbrennungsbestandteile des Kraftstoffes (vor allem Schwefel) führen bei den hohen Temperaturen durch Eindiffusion zur Werkstoff-Versprödung.

Haarrisse: Schnell wechselnde Gas- und damit Materialtemperatur bei Laständerungen sowie beim An- und Abstellen der Gasturbine führen infolge schlechter Wärmeleitfähigkeit hochfester Werkstoffe zu Wärmestaus. Die Folge sind hohe örtliche Wärmespannungen, welche Haarrisse bewirken können.

Weitere Besonderheiten hitzebeständiger Werkstoffe, welche beim Gasturbineneinsatz beachtet werden müssen, sind:

Wärmedehnung: Stark unterschiedliche Wärmedehnungen austenitischer gegenüber martensitischer Stähle führt zu erheblichen Schwierigkeiten bei der

Maschinenkonstruktion. Zuverlässiges formschlüssiges, d. h. spielfreies sowie dauerhaftes, kraftschlüssiges Verbinden von Bauteilen aus den unterschiedlichen Stählen und sonstigen Werkstoffen ist problematisch.

Elastizität: Der mit steigender Temperatur fallende Elastizitätsmodul hochfester Werkstoffe führt zur Änderung der Eigenschwingungszahl von Rotor und Schaufeln.

Hochtemperaturfeste Werkstoffe (meist auf Ni-Basis) werden nur im Bereich von Brennkammer und Turbinenteil der Gasturbinen eingesetzt. Beim Verdichter genügen normale Stähle oder Leichtmetalllegierungen (vor allem bei Flugtriebwerken).

Die Fan-Schaufeln (Bild 11-59) moderner Triebwerke sind zunehmend aus carbonfaserverstärkten Kunststoffblättern (CFK) mit metallischen Füßen.

11.4.5.3 Brennstoffe

Gasturbinen stellen infolge niedrigerer Drücke geringere Anforderungen an die Kraftstoffe als Kolbenmotore. Die überwiegend verwendeten natürlichen Fossil-Kraftstoffe bestehen auf der Kohlenwasserstoffbasis (C-H-Stoffe) mit mehr oder weniger starken Verunreinigungen (Schwefel, Asche). Verschiedentlich werden auch künstliche Brenngase (Gichtgas, Kohlegas) eingesetzt. Gelegentlich wird bei höheren Temperaturen anfallende Abwärme – beispielsweise von chemischen Prozessen – zur „Gasturbinenbeheizung“ mittels Wärmetauscher eingesetzt. Fissil-, also Kernwärme, d. h. Wärme aus heliumgekühlten Hochtemperatur-Kernreaktoren dagegen befindet sich noch im Anfangsstadium. Helium-Gasturbinen (geschlossener Kreislauf) sind schon im Einsatz (bis ca. 50 MW) bzw. in Entwicklung (bis ca. 500 MW). Hochtemperaturreaktoren – falls überhaupt eingesetzt – befinden sich erst in der Erprobungsphase und sind daher noch nicht verfügbar.

Tabelle 11-8 Brennstoff-Kenndaten (Richtwerte). H_u ... unterer Heizwert, ϱ ... Dichte, Gew ... Gewicht. Energieinhalt von 1 m³ Erdgas bei 20 °C; 1 bar entspricht etwa dem von 1 l Heizöl.

Brennstoff		H_u kJ/kg	ϱ kg/m³	Aschegehalt Gew-%
Steinkohle		30 000	870	5 ... 15
Braunkohle		12 000	700	10 ... 20
Heizöl:	Leichtes (EL)	44 000	850	0,01
	Schweres (S)	42 000	980	0,01 ... 0,04
Motoren-Benzin		39 000	780	0,005
Kerosin (Flugbenzin)		40 000	720	≈ 0
Gas:	Erdgas	50 000	0,7	0
	Gichtgas	3 000	1,28	$2 \cdot 10^{-4}$ Staub
Holz		12 000	820	1 ... 10

Bemerkungen zu den verschiedenen Kraftstoffen für Gasturbinen (Kennwerte Tabelle 11-8):

Feste Brennstoffe: Wegen des hohen Aschegehaltes ist Kohle nur bei „geschlossenen Gasturbinen“ als Brennstoff einsetzbar, also mit indirekter Wärmezufuhr über Wärmetauscher. Bei der im offenen Prozess vorhandenen direkten Verbrennung würden Brennkammer sowie Turbinenteil durch den hohen Schlackenanteil schnell angegriffen und zersetzt.

Flüssige Brennstoffe: Das reichhaltige Angebot reicht vom leichten Flugpetrol (Kerosin) über Gasöl (Diesel), leichtem Heizöl (Heizöl EL) bis zum schweren Heizöl (Heizöl S). Das schwere Heizöl (deutsch) wird auch als **Bunkeröl C** (englisch) bezeichnet. Aschegehalt und schwersiedende Bestandteile wachsen von Kerosin (170 ... 270 °C) bis Bunkeröl C ($\geqq$ 350 °C), weshalb notwendige Verbrennungstemperatur und unvermeidliche Schlackenbelastung steigen. Meistens verwendet Kerosin bei Flugtriebwerken und leichtes Heizöl (Siedetemperatur 270 ... 340 °C) bei ortsfesten Gasturbinen-Anlagen. Kerosin (Petroleumart) ist ein Gemisch von Kohlenwasserstoffen, das zwischen Benzin und Diesel liegt.

Gasförmige Brennstoffe: Als Brenngase – nur bei stationären Anlagen angewendet – kommen Erdgas, Kohlegas und Gichtgas infrage. Die Gase verbrennen vollständig und schlackenfrei. Das hochenergiehaltige und nahezu aschefreie Erdgas ist ein geradezu idealer Gasturbinen-Kraftstoff. Das ebenfalls gut geeignete, jedoch teure Kohlegas sollte möglichst schwefelfrei erzeugt werden. Das beim Hochofenprozess staubhaltig anfallende Gichtgas ist vor dem Verwenden für Gasturbinen zu reinigen.

Die erwähnten, hauptsächlichen Schadeinflüsse der Fossilkraftstoffe sind Verschmutzung, Korrosion und Rauchgasschädlichkeit:

Verschmutzung: Staub sowie Schlacke führen zum Verschmutzen und Korrodieren der Gasturbinenbeschauflung. Der Verdichterteil verschmutzt, wenn die Ansaugluft Staub mitführt. Gegebenenfalls sind entsprechende Ansaugfilter notwendig. Der Staub verengt die Schaufelkanäle, weshalb Luftdurchsatz und damit Leistung zurückgehen. Kurzzeitiges Zugeben von Reis oder gemahlenen Nussschalen zur

Ansaugluft bewirkt durch mechanisches Reinigen das Entfernen des Schmutzbelages in der Verdichterbeschauflung.

Die beim Verbrennen, besonders der schweren flüssigen Kraftstoffe, frei werdenden Schlacken bestehen meist aus Natriumsalzen und Metallverbindungen. Enthält der Brennstoff Schwefel, entstehen mit den ebenfalls enthaltenen Metallanteilen Va, Na, K, Pb und/oder Zn, zudem Sulfat- sowie Sulfitschlacken. Die gasförmigen Schlacken erstarren teilweise auf der Turbinenbeschauflung und setzen sich fest, wodurch die Strömungsquerschnitte verengen. Ungleiche Ablagerungen können zudem zur Unwucht führen. Wasserlösliche Schlacken können abgewaschen werden. Sonst sind entsprechende Maßnahmen notwendig, wie aschefreie Brennstoffe oder Zusätze (Additive), die den Ascheschmelzpunkt erhöhen, was Ablagern verhindert.

Korrosion: Bei dem durch die Schlacken verursachten Materialangriff wird zwischen Hochtemperaturkorrosion (zwischen 500 ... 1 000 °C) und Tieftemperaturkorrosion (unterhalb 200 °C) unterschieden. Durch Vermeiden von Schlackenablagerungen und entsprechendem Werkstoffschutz (Überzüge) muss der Korrosionsangriff minimiert bzw. verhindert werden.

Rauchgasgefährlichkeit: Infolge des wesentlich höheren Luftüberschusses ist die Konzentration der Rauchgasbestandteile Kohlendioxid CO_2 (schädlich; Hauptanteil), Kohlenmonoxid CO (gefährlich), Wasserdampf H_2O (unschädlich), Stickoxide NO_x (gefährlich) und gegebenenfalls SO_2 (ergibt mit Wasser schweflige Säure H_2SO_3 bzw. über Aufoxidation Schwefelsäure $H_2SO_4 \longrightarrow$ gefährlich, saurer Regen) bei Gasturbinen wesentlich geringer als bei Kolbenmotoren. Gasturbinen-Abgase sind deshalb weniger umweltschädlich. Die SO_2- und SO_3-Bildung wird bestimmt durch den Schwefelgehalt des Brennstoffes. Die NO_x-Bildung steigt mit wachsender Verbrennungstemperatur, die deshalb möglichst niedrig – unter 1 800 °C – sein sollte.

11.4.5.4 Lebensdauer

Wie in Abschnitt 11.4.5.2 ausgeführt, bestimmt die Belastbarkeit der eingesetzten Werkstoffe die Lebensdauer der Gasturbinen. Vor allem begrenzen Kriechen der heißen Turbinenrotorteile und Brennkammer-Korrosionsverschleiß die Lebensdauer von Gasturbinen. Als Lebensdauer gilt die Betriebszeit (in Stunden) zwischen zwei Generalüberholungen, bei denen die hochbelasteten Teile ausgewechselt werden müssen. Vergleichsweise sind in Tabelle 11-9 Richtwerte für durchschnittliche Lebensdauerzeiten verschiedener Gasturbinen-Typen (GT) und der Fahrzeug-Kolbenmotore (KoM) aufgeführt. Vor allem bestimmen die hochbelasteten Turbinenlaufschaufeln die Lebensdauer. Neuere Brennkammern (Abschnitt 11.4.5.1) erreichen – je nach Ausführung – Betriebszeiten bis ca. 100 000 Stunden.

Tabelle 11-9 Richtwerte für die mittlere Lebensdauer – Zeit zwischen zwei Grundüberholungen – verschiedener Gasturbinen-Ausführung (GT), Kolbenmotore (KoM)

GT-Typ		Lebensdauer in h
Klein-GT		300 ... 500
Fahrzeug-GT		1 000 ... 4 000
Flugzeug-GT	Militär	300 ... 1 000
	Zivil	3 000 ... 6 000
Kraftwerks- und Schiffs-GT		bis ca. 100 000
Vergleich: Fahrzeug-KoM		2 000 ... 4 000
Großdiesel-KoM		bis ca. 150 000

11.4.6 Eigenschaften, Anwendung, Ausführungsbeispiele

11.4.6.1 Vorbemerkungen

Aus Platzgründen soll nur mit wenigen Beispielen auf die vielfältigen Ausführungen und Anwendungen von Gasturbinen eingegangen werden. Die Unterteilung erfolgt gemäß Abschnitt 11.4.3.2 nach der Anwendung in ortsfeste und ortsbewegliche Gasturbinen. Wesentliche Eigenschaften und wichtigste Einsatzgebiete sind vorab stichwortartig zusammengefasst.

Wesentliche Eigenschaften:

Leistungsgewicht: Gering, etwa 1/10 des von KoM, d. h. große gewichtsspezifische Leistung, also hohe Leistung bei niedrigem Baugewicht (Tabelle 11-11).

Raumbedarf: Wesentlich geringer als DT und KoM ($\approx$ 1/3 von KoM). Nur Fahrzeug-GT etwa 40 % größer als KoM (wegen Wärmetauscher WT).

Wirkungsgrad: Mäßig bei einfachen GT ohne WT, besser bei Anlagen mit WT, gut mit WT und ZÜ, jedoch hoher Bauaufwand. Spitzenwert ca. 40 %.

Verbrauch: Infolge geringerem η größer (etwa 30 %) als bei DT und KoM.

Leistungsgrößen: Bisher mittlerer Bereich ($\approx$ 0,1 ... 250 MW).

Kraftstoffe: Bei mobilen GT billiger als für KoM. Bei stationären GT teurer als von DT-Anlagen.

Bereitschaft: Kurze Anlauf- und Abstellzeit. Je nach Ausführung etwa 0,3 ... 10 min vom Stillstand auf Volllast (Schnellstart-Fähigkeit).

Umweltbelastung: Geringer als DT-Anlagen und KoM. Kaum Kühlwasserbedarf und geringere Schadstoff-Emission.

Geräuschentwicklung: Erheblich durch Anströmung, Verdichter, Turbine und Auspuff (Düse).

Luftbedarf: Höher als KoM
Laufruhe: Besser als KoM

Herstellaufwand: Infolge hochwertiger Werkstoffe sind Herstellkosten von GT höher als KoM (bis ca. 3fach), jedoch niedriger als DT.

Wichtige Einsatzgebiete

- **Elektrizitätserzeugung:** Verwendet für *Spitzenlastanlagen*. Infolge geringer Anlaufzeit und niedriger Investitionskosten.
  Heizkraftwerke (Kraft-Wärme-Kopplung). Führt durch Abwärmenutzung zur Primärenergieauswertung bis ca. 85 % (Nutzungsgrad).
  Kombianlagen GT-DT und GuD: Bei GT-DT werden die heißen (ca. 400 ... 600 °C), sauerstoffhaltigen GT-Abgase ($\lambda = 3 \dots 5$) dem Dampferzeuger (Kessel) der zugehörigen DT-Anlage als Verbrennungsluft zugeführt. Dadurch wird die Abwärme der GT genützt. Der Wirkungsgrad steigt bei dem durch GT-Abgasmengenstrom begrenzten Leistungsverhältnis $P_{GT} : P_{DT} = 1 : 7$ um ca. 10 %, also von etwa 32 ... 38 % auf ca. 42 ... 48 % (digitales Zusatzmaterial).
  Bei den GuD-Anlagen wird das Abgas der GT in einem Erhitzer (Abhitzekessel) direkt zur Dampferzeugung für die nachgeschaltete DT verwendet. Das Leistungsverhältnis beträgt dann etwa $P_{GT} : P_{DT} = 2 : 1$ und der Gesamtwirkungsgrad liegt mit 53 ... 58 % über der bisherigen „Schallgrenze" von 50 % (Abschnitt 1.2).
- **Triebwerke:** Als Antriebsorgan für:
  Flugzeuge wegen geringen Gewichts und hoher Aggregatsleistung.
  Schiffe vor allem für militärischen Einsatz (Schnellboote) wegen hoher Aggregatsleistung.
- **Antriebsmaschinen:** Antriebe in Industrie, Notstromaggregate, Feuerlöschpumpen, Hilfsantriebe, Verdichterstationen für Erdgasförderung (Pipeline) und Rohölgewinnung.

11.4.6.2 Stationäre Anlagen

Eine Kleingasturbine – auch zum mobilen Einsatz geeignet – für Hilfsantriebe, eine Gasturbine mittlerer Leistung für Pumpstationen und eine Großturbine für Kraftwerkseinsatz sind als Ausführungsbeispiele ortsfester Gasturbinen ausgewählt.

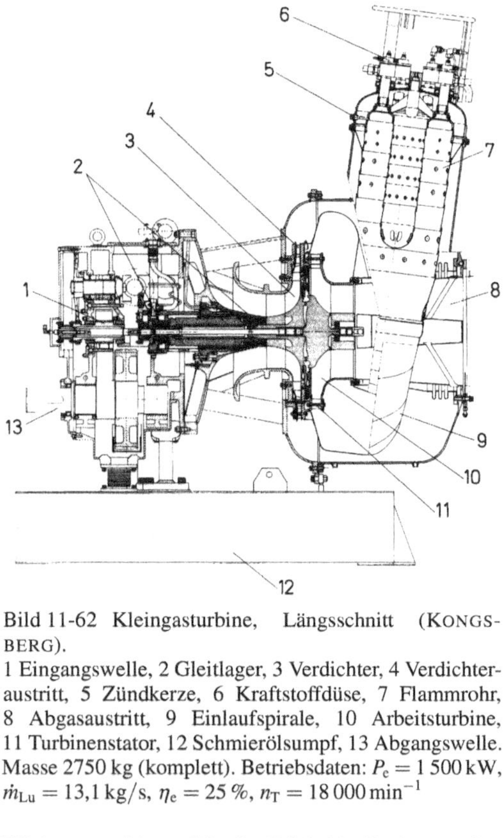

Bild 11-62 Kleingasturbine, Längsschnitt (KONGSBERG).
1 Eingangswelle, 2 Gleitlager, 3 Verdichter, 4 Verdichteraustritt, 5 Zündkerze, 6 Kraftstoffdüse, 7 Flammrohr, 8 Abgasaustritt, 9 Einlaufspirale, 10 Arbeitsturbine, 11 Turbinenstator, 12 Schmierölsumpf, 13 Abgangswelle. Masse 2750 kg (komplett). Betriebsdaten: $P_e = 1\,500$ kW, $\dot{m}_{Lu} = 13{,}1$ kg/s, $\eta_e = 25$ %, $n_T = 18\,000\,\text{min}^{-1}$

Kleingasturbine: Die in Bild 11-62 dargestellte Kleingasturbine wird für den Leistungsbereich von 100 ... 1 500 kW hergestellt. Verdichter und Turbine sind in jeweils einstufiger Radialbauweise ausgeführt → **Zentripetalturbine**. Radialräder ermöglichen bei hoher Drehzahl großes Druckverhältnis und deshalb kleine Maschinenabmessungen. Die Drehzahl wird über das in die Maschine integrierte Getriebe entsprechend dem Verwendungszweck vermindert.

Die reichlich bemessene Brennkammer ist mit zwei Flammrohren ausgerüstet. Die vom Verdichter kommende Luft umströmt zur Kühlung die Flammrohre wie auch die sonstigen Einbauten und dringt teilweise als Primärluft durch Schlitze in den eigentlichen Zweifach-Verbrennungsraum ein. Die verbleibende Sekundärluft mischt sich anschließend mit dem zur Turbine abströmenden Rauchgas, wodurch die Maximaltemperatur auf etwa 850 °C begrenzt wird. Das Aggregat kann elektrisch (Batterie), oder mit Druckluft gestartet und innerhalb 15 ... 30 s auf Volllast hochgefahren werden.

Gasturbine mittlerer Größe: Bild 11-63 zeigt eine bei Pumpstationen und zur Elektrizitätserzeugung eingesetzte mittlere Gasturbine, deren Hauptdaten aus Tabelle 11-10 hervorgehen. Die ohne oder mit Rekuperation in offener Bauweise arbeitende Maschine ist als Zweiwellenanlage – einer Gaserzeuger- und einer Nutzturbine (Freifahrturbine) – ausgebildet. Sowohl Gaserzeugerturbine (3-stufig) als auch Nutzturbine (1-stufig) sind fliegend gelagert und können mittels Kupplung verbunden werden. Die vier Einzelbrennkammern sind außen an der Maschine axial angeordnet.

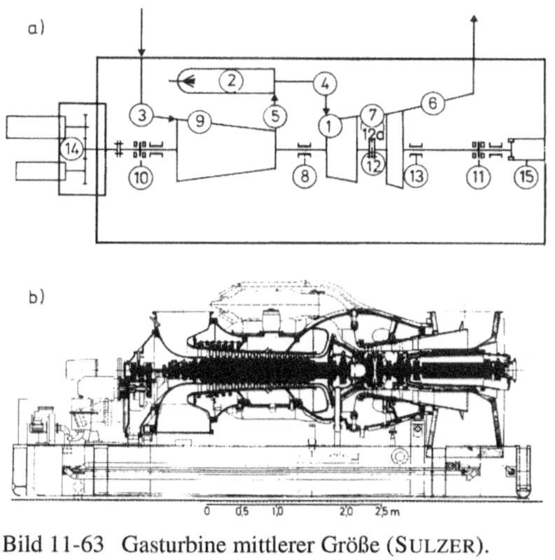

Bild 11-63 Gasturbine mittlerer Größe (SULZER).
a) Anlagenschema, b) Längsschnitt.
1 Turbinenkühlung, 2 vier Brennkammern, 3 Verdichtereinlauf, 4 Turbineneinlauf, 5 Verdichter-Diffusor, 6 Turbinen-Abströmdiffusor, 7 Strömungskanal zwischen Lade- und Nutzturbine, 8 Radiallager, 9 verstellbare Verdichter-Leitschaufeln, 10 Axiallager zu Ladeturbinenrotor, 11 Axiallager zu Nutzturbinenrotor, 12 Kupplungsbolzen, 12a Zentrierscheibe zu Kupplung, 13 Radiallager, 14 Geräteträger, 15 Zahnkupplung

Der Hersteller führt über die Anlage aus: Der 17-stufige Verdichter ist aerodynamisch schwach belastet, was sich günstig auf dessen Wirkungsgrad und Betriebssicherheit auswirkt. Die verwendete subsonische Schaufelung wurde im Labor gründlich erprobt und wird überdies seit Jahren in bestehenden Gasturbinen und neuerdings auch in Industriekompressoren erfolgreich eingesetzt. Zur angestrebten Betriebssicherheit, insbesondere bei Anfahren und bei Teillastbetrieb, tragen auch die fünf verstellbaren Leitschaufelreihen am Verdichtereintritt bei. Die Leitschaufel-Anstellwinkel können linear abnehmend verändert werden. So genügt nur eine Abblasestelle nach der neunten Stufe, um günstiges Teillastverhalten zu erreichen. Bei einer Belastung von 70 % der Nennleistung beispielsweise liegt der Wirkungsgrad immer noch über 25 %. Mit der einstellbaren dritten Leitschaufelreihe der Turbine und der Verstellbarkeit mehrerer Verdichter-Leitschaufelreihen lässt sich die Maschine an Betriebsbedingungen bei höheren oder tieferen Eintrittstemperaturen anpassen.

Tabelle 11-10 Hauptdaten der Gasturbine (Bild 11-63). Die Werte gelten beim Umgebungszustand 1,013 bar, 15 °C (ISO-Bedingungen). Rekup. ... Rekuperator.

Aufbau	Ohne Rekup.	Mit Rekup.
Wellenleistung in kW	5 300	5 150
Effektiver Wirkungsgrad	0,27	0,33
Verdichter-Druckverhältnis	8,1	8,3
Massenstrom in kg/s	27,8	27,8
Heißgastemperatur in °C	950	950
Drehzahl der Turbinen in min^{-1}	10 000	10 000

Sowohl Leit- als auch Laufschaufeln der ersten Stufe der dreistufigen Turbine sind luftgekühlt. Die Kühlung, insbesondere der Laufschaufeln, ist hinsichtlich deren mechanischer Beanspruchung sehr intensiv: Die Oberflächentemperatur überschreitet nirgends 800 °C, und die mittlere Temperatur im höchstbeanspruchten Querschnitt liegt bedeutend unter diesem Wert. In den Leitschaufeln, deren mechanische Beanspruchung gering ist, wird die Grenze von 900 °C Oberflächentemperatur an keiner Stelle überschritten.

Die erste und zweite Laufschaufelreihe der Turbine sind mit Deckbändern versehen. Diese Anordnung, die gießtechnisch hohe Anforderungen stellt, rechtfertigt sich durch die damit erzielte strömungstechnische Verbesserung. Systematische Versuchsunterlagen zeigen, dass sich mit den Deckbändern der

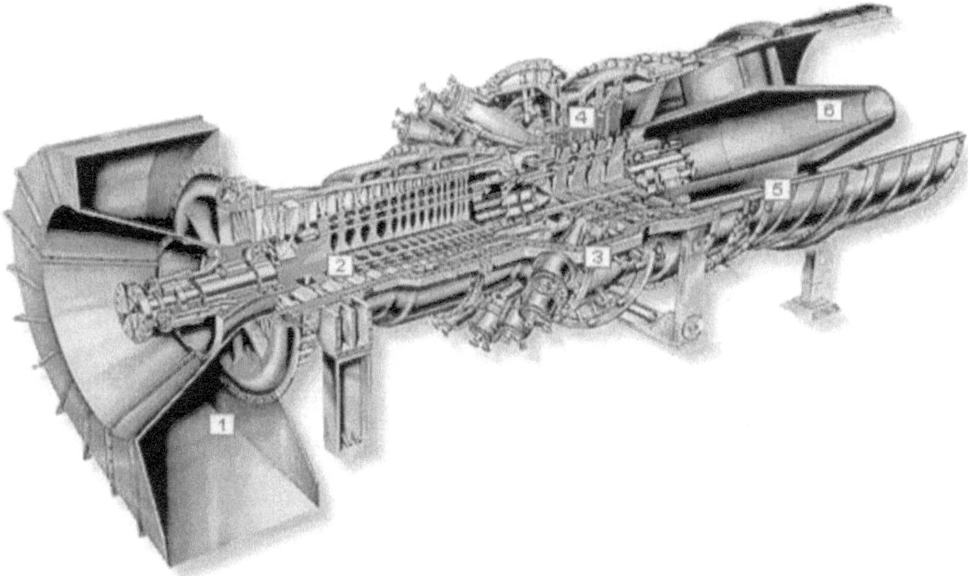

Bild 11-64 Großgasturbine bis ca. 400 MW bei $50\,s^{-1}$, Masse ca 450 t, Länge etwa 13 m, Breite und Höhe je ca. 5 m und Wirkungsgrad fast 40 % (KWU). 1 Zuströmgehäuse, 2 Kompressor, 3 Rohr-Ringbrennkammer, 4 Turbine, 5 Abströmzylinder, 6 Abströmdiffusor. Meist zudem Frischluft- und Abgas-Schalldämpfer notwendig

Wirkungsgrad der Turbine um 3 % und damit der Anlage um 1,3 % erhöht.

Die Kühlluftzufuhr durch den Rotor wurde experimentell am rotierenden Modell gründlich untersucht. Die Materialtemperatur des Turbinenrotors überschreitet dank der Kühlung und der besonderen Gestaltung der Laufschaufeln nirgendwo die 500-°C-Grenze. Dies erlaubt das Verwenden eines ferritischen Werkstoffs. Dessen Fließgrenze wird im Rotorzentrum selbst während des Anfahrens auf 10 % Überdrehzahl nicht erreicht.

Großgasturbine: Großgasturbinen mit Abströmdiffusor werden derzeit bis 350 MW Nutzleistung gebaut und wegen ihrer kurzen Bereitschaftszeit (Schnellstart in ca. 10 min von kaltem Stillstand auf Volllast) häufig als Spitzenlastanlagen in der Elektrizitätserzeugung eingesetzt. Charakteristisch für den Aufbau solcher ortsfesten Gasturbinen großer Leistung nach Bild 11-64 sind folgende Merkmale:

- Gemeinsamer Läufer (Einwellenanlage) für Verdichter (16 ... 19 Stufen) und Turbine (4 ... 5 Stufen) mit zwei Lagern in gemeinsamem Gehäuse. Der Rotor besteht aus einzelnen, mit Schaufeln bestückten Scheiben, die über radiale Zähne (HIRT-Verzahnung) gekoppelt sowie zentriert und über einen zentralen Zuganker mit einer Kraft von über 10 MN zusammengespannt sind. Der Läufer ist bis über 12 m lang und wiegt bis mehr als 40 t.
- Getrennte, wärmebeweglich angeordnete, von außen luftumspülte Leitschaufelträger für Verdichter- und Turbinen-Teil.
- Ringbrennkammer mit vielen gleichmäßig am Umfang verteilt angeordneten Hybridbrennern, d. h. für Erdgas und/oder Heizöl. Das kurze Verbindungsstück ist ebenfalls als Doppelrohr ausgebildet, durch das außen (im Zwischenraum) die komprimierte Luft vom Verdichter zur Brennkammer und innen (Flammrohr) das heiße Rauchgas zur Turbine strömt. Die ausgekleidete Brennkammer ermöglicht hohe Verbrennungstemperaturen und deshalb auch das Verwenden schweren Heizöls.

Um hohe Lebensdauer (bis 150 000 h) zu erzielen, werden Druckverhältnis ($\Pi = 16$) und Verbrennungstemperatur (bis ca. 1 500 °C) nicht zu hoch gewählt. Der Wirkungsgrad liegt daher nur bei 35 ... 38 %. Die ersten Turbinenstufen sind meist gekühlt und die Abgastemperatur liegt bei fast 650 °C. Die Jahresbenutzungszeiten solcher GT-Spitzenlastanlagen liegen bei ca. 400 Starts zwischen 1 000 und 3 000 Stunden.

Bemerkungen zu geschlossenen Anlagen:

Neben den Vorteilen sauberes Arbeitsmedium und der Möglichkeit, feste Brennstoffe einzusetzen, erlaubt der geschlossene Kreisprozess zudem, das Druckniveau unabhängig vom Umgebungsdruck auszuführen, was zu entsprechend höherer Leistungsdichte führt. Wird beispielsweise bei Druckverhältnis $\Pi = 6$ zwischen 10 und 60 bar statt zwischen 1 und 6 bar gearbeitet, durchläuft bei gleichen Querschnitten sowie gleichen Strömungsgeschwindigkeiten der zehnfache Mengenstrom den Prozess, was zum zehnfachen Leistungsumsatz führt. Notwendigerweise sind jedoch alle Bauteile auf den höheren Druck auszulegen. Wegen schlechten Wärmeübergangs in Wärmetauschern ist jedoch der Wirkungsgrad des Erhitzers bei geschlossenen Anlagen schlechter als der der Brennkammern des offenen Prozesses. Nicht zuletzt ist der Bauaufwand bei geschlossenen Anlagen auch insgesamt größer als bei offenen.

11.4.6.3 Bewegliche Anlagen

Mit Ausnahme von Kleinflugzeugen und Hubschraubern beherrscht die Gasturbine infolge ihres geringen Gewichtes den Flugzeugantrieb vollständig. Dagegen werden Gasturbinen (meist Zweiwellenanlagen mit Freifahrturbine) bei Schiffen und Fahrzeugen wegen geringeren Wirkungsgrades sowie höheren Herstellungsaufwandes wenig eingesetzt. Hier dominiert der Kolbenmotor. Daher sind bei mobilen Gasturbinen nur einige Besonderheiten und Ausführungen der speziell auf Leichtbau konstruierten Flugzeugtriebwerke dargestellt. Flug-GT werden etwa in Abständen von 3 Jahren Einsatzzeit (ca. 5 000 Std.) überholt und dabei vollständig zerlegt.

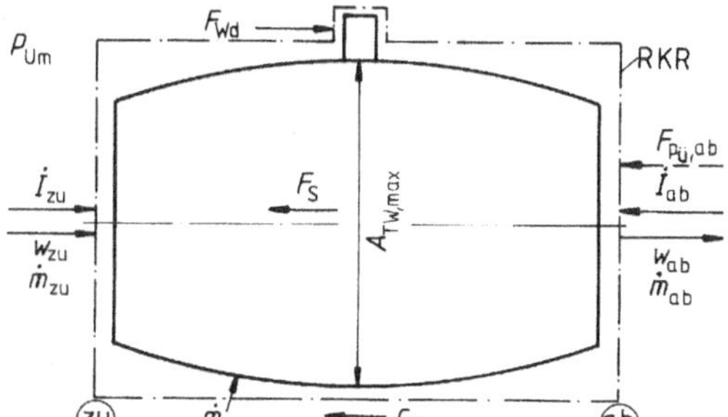

Bild 11-65 Vortrieb bei Triebwerk. RKR Relativkontrollraum (mit Triebwerk gekoppelt), p_{Um} Umgebungsdruck.

Zum besseren Verständnis ist es sinnvoll, vor dem Eingehen auf die Triebwerke die Zusammenhänge der Schuberzeugung aufzuzeigen.

Kenngrößen der Vortriebserzeugung

Mithilfe der Prinzipdarstellung von Bild 11-65 sind die Vortriebskenngrößen herleitbar:

Schub: Je nach dem, ob die Entspannung des Gasstromes in der Abströmdüse unvollständig ($p_{ab} > p_{Um}$), oder vollständig ($p_{ab} = p_{Um}$) erfolgt, ist die Druckkraft $F_{pü,ab} = A_{ab} \cdot (p_{ab} - p_{Um})$ vorhanden oder nicht. Die Gasentspannung hängt von vorhandenem Druckgefälle und Düsenart ab. Bei unterkritischem Druckgefälle reicht die Mündung (einfache Düse), bei überkritischem wäre eine LAVAL-Düse notwendig [3]. Einfach Düsen ermöglichen Ausströmgeschwindigkeiten bis maximal Schallgeschwindigkeit, weshalb sie, wie die noch abzuleitende Schubbeziehung (Gl. (11-29)) zeigt, nur für Unterschallflugzeuge brauchbar sind. LAVAL-Düsen andererseits ermöglichen zwar Überschallgeschwindigkeiten, arbeiten jedoch nur bei bestimmtem Entspannungsverhältnis (dem Auslegungswert) einwandfrei, d. h. ohne verlusterhöhende Verdichtungsstöße. Zum Anpassen an den jeweiligen Flugzustand müssen LAVAL-Düsen verstellbar sein, was sehr aufwendig ist und deshalb nur bei Überschallflugzeugen angewendet wird. Unterschallflugzeuge sind immer mit einfachen Mündungen ausgerüstet, nützen also bei nicht vollständiger Entspannung ($p_{ab} > p_{Um}$) die Druckkraft $F_{pü,ab}$ mit zur Schuberzeugung.

Nach dem Impulssatz [3] gilt bei **vollständiger** Entspannung ($p_{ab} = p_{Um}$) mit den Beziehungen von Bild 11-65 für die **Schubkraft** F_S (kurz Schub):

$$F_S = F_{wd} = \Delta \dot{I} = \dot{I}_{ab} - \dot{I}_{zu} = \dot{m}_{ab} \cdot w_{ab} - \dot{m}_{zu} \cdot w_{zu}$$

Mit

$$\dot{m}_{ab} = \dot{m}_{zu} + \dot{m}_{Br} \approx \dot{m}_{zu} \equiv \dot{m}_{Lu} \quad \text{Abschn. 11.4.4}$$

und $w_{zu} = c_{Flug}$ Fluggeschwindigkeit
sowie $w_{ab} = c_{Dü}$ Düsenausströmgeschwindigkeit (bei Mündung $c_{Dü} \leqq a$)

wird

$$F_S \approx \dot{m}_{Lu} \cdot (c_{Dü} - c_{Flug}) \tag{11-29}$$

Der Schub steigt also umso mehr, je größer Massenstrom und Geschwindigkeitssteigerung des Luftstromes sind. Seinen Maximalwert erreicht der Schub im Stand ($c_{Flug} = 0$), als bei Start. Der **Standschub** $F_{S,St}$ beträgt somit:

$$F_{S,St} = \dot{m}_{Lu} \cdot c_{Dü} \tag{11-30}$$

Im Triebwerksbau sind noch folgende Schubkenngrößen gebräuchlich:

Spezifischer Schub:

$$f_S = F_S/\dot{m}_{Lu} = c_{Dü} - c_{Flug}$$

Spezifischer Standschub:

$$f_{S,St} = F_{S,St}/\dot{m}_{Lu} = c_{Dü}$$

Ergänzung: Bei **unvollständiger** Entspannung beträgt der Schub:

$$F_S = \Delta\dot{I} + F_{pü,ab}$$
$$= \dot{m}_{Lu}\cdot(c_{Dü} - c_{Flug}) + A_{Dü}\cdot(p_{ab} - p_{Um})$$

Die anderen Schubkenngrößen ergeben sich entsprechend:

Theoretischer Vortriebs- oder Schubwirkungsgrad $\eta_{S,th}$: Gemäß allgemeiner Wirkungsgraddefinition „Nutzen zu Aufwand" gilt:

$$\eta_{S,th} = \frac{\text{Schubleistung}}{\text{Vortriebsleistungsaufwand}}$$

Für die **vollständige Düsenentspannung** – die unvollständige muss aus Platzgründen entfallen – ergibt sich mit

Schubleistung

$$P_S = F_S\cdot c_{Flug} = \dot{m}_{Lu}\cdot(c_{Dü} - c_{Flug})\cdot c_{Flug}$$

und Vortriebsleistungsaufwand oder kurz **Vortriebsleistung**

$$P_{vor} = \dot{m}_{ab}\cdot\frac{w_{ab}^2}{2} - \dot{m}_{zu}\cdot\frac{w_{zu}^2}{2} \approx \dot{m}_{Lu}\cdot\frac{c_{Dü}^2 - c_{Flug}^2}{2}$$

der theoretische Schubwirkungsgrad:

$$\eta_{S,th} = \frac{\dot{m}_{Lu}\cdot(c_{Dü} - c_{Flug})\cdot c_{Flug}}{\dot{m}_{Lu}\cdot(c_{Dü}^2 - c_{Flug}^2)/2} = \frac{2\cdot c_{Flug}}{c_{Dü} - c_{Flug}}$$

$$\eta_{S,th} = \frac{2}{1 + c_{Dü}/c_{Flug}} \qquad (11\text{-}31)$$

Da die Schuberzeugungsart nicht in die Ableitung eingeht, gelten die Ergebnisse sowohl für Düsen (-Strahl) als auch Propeller (-Strahl).

Folgerungen und Konsequenzen aus Gl. (11-31); zusammen mit Gl. (11-29):

Folgerungen. Der Vortriebswirkungsgrad wird lt. Gl. (11-31) umso größer, je weniger sich Düsenaustritts- und Fluggeschwindigkeit unterscheiden. Um die Strahlenergie möglichst weitgehend zum Vortrieb zu nutzen, sollte die Strahlgeschwindigkeit demnach nur wenig größer als die Fluggeschwindigkeit sein. Hierbei ist dann jedoch gemäß Gl. (11-29) der auftretende Schub sehr klein, wenn der Luftdurchsatz $\dot{m}_{Lu}$ nicht entsprechend erhöht wird. Optimale Schuberzeuger sollten also einen möglichst großen Luftmassenstrom möglichst wenig beschleunigen. Des Weiteren sinkt der Vortriebswirkungsgrad bei gleich bleibender Abströmgeschwindigkeit mit abnehmender Fluggeschwindigkeit.

Moderne Strahltriebwerke erreichen Austrittsgeschwindigkeiten $c_{Dü}$ zwischen 500 und 700 m/s, wobei ab ca. 400 m/s erhebliche Geräuschemission. Die Fluggeschwindigkeiten heutiger Zivilflugzeuge liegen wenig unter der Schallgeschwindigkeit ($Ma < 1$), etwa bei $c_{Flug} \approx 1\,000$ km/h $= 280$ m/s in ca. 10 km Flughöhe. Der Vortriebswirkungsgrad im Reiseflug beträgt dann: $\eta_{S,th} = 57\ldots72\,\%$. Bei einem Kleinflugzeug mit $c_{Flug} = 360$ km/h $= 100$ m/s dagegen würde der Schubwirkungsgrad bei Düsenantrieb nur $\eta_{S,th} = 25\ldots33\,\%$ betragen.

Konsequenzen für Auswahl der Schubantriebsart:

- Unterschallflug
  Niedriger Unterschall: Fluggeschwindigkeiten bis ca. 500 km/h (…600 km/h). Propellerantrieb. Dabei $\eta_{S,th}$ etwa doppelt so hoch wie bei Düsenantrieb. Kennzeichen der Propeller: Δc klein, $\dot{m}_{Lu}$ groß. Fluggeschwindigkeit jedoch begrenzt, da wegen Verdichtungsstößen an den Propellerspitzen kein Überschall auftreten soll.
  Hoher Unterschall: Fluggeschwindigkeit
  600…800 km/h Propellertriebwerk (PTL)
  bis ca. 1 050 km/h Bläser-Triebwerke, d. h. Zweikreiser (ZTL)
  ab ca. 1 050 km/h reiner Düsenantrieb (TL).
- Überschall
  Nur Düsenantrieb, wobei die Turbinenluftstrahltriebwerke (TL) entsprechenden Einlauf (Stoßdiffusor) und LAVAL-Schubdüse erfordern. Weitere Ausführungen müssen aus Platzgründen unterbleiben, weshalb auf das einschlägige Fachschrifttum, insbesondere [61] verwiesen.

Ausführungsbeispiele für Schubtriebwerke:

Die Unterteilung erfolgt gemäß Abschnitt 11.4.3.2.

Propellertriebwerke (PTL): Bild 11-58c zeigt den Prinzipaufbau, Bild 11-66 die zu einem Viertel aufgeschnittene konstruktive Ausführung eines Propellerluftstrahltriebwerkes, kurz auch als Propellerturbine oder Turboprop bezeichnet.

Bauart: Zweiwellentriebwerk axialer Bauart mit 6-stufigem Niederdruck- und 9stufigem Hochdruckverdichter. Ringbrennkammer mit 10 Flammrohren. Einstufige Hochdruck- und dreistufige Niederdruckturbine. Letztere treibt auch den Propeller durch die innere Zentralwelle über ein Planetenradgetriebe an.

Technische Daten:

Start:	Startleistung	4 224 kW
	Restschub	5 003 N
	Wellenvergleichsleistung	4 548 kW
	spez. Kraftstoffverbrauch	267 g/kWh
Dauer:	Dauerleistung	3 870 kW
	Restschub	4 424 N
	Wellenvergleichsleistung	4 161 kW
	spez. Verbrauch	272 g/kWh
	Luftdurchsatz	21,1 kg/s
	Verdichtungsverhältnis	13,5
	Antriebsdrehzahl	976 min^{-1}
	Abmessungen: Länge	2 920 mm
	größter Durchmesser	1 397 mm
Masse		1 128 kg

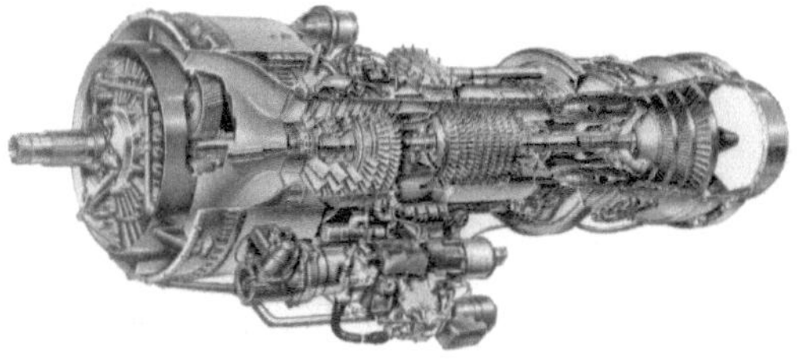

Bild 11-66 Propellerluftstrahltriebwerk (MTU)

Zweikreis-Turbinenluftstrahltriebwerk (ZTL):

Wie in Abschnitt 11.4.3.2 (Bild 11-59) ausgeführt, können ZTL, kurz Zweikreiser oder Bläser (fan), vielfältig ausgebildet werden. Sie sind größer (Stirnfläche) und schwerer als reine Strahltriebwerke (Einkreiser). Neuere ZTL mit Planetengetriebe zwischen Bläser- und Antriebskreis oder Mehrwellen-Ausführungen (bis drei ineinander angeordnet).

Bypassverhältnis (BPV) = Verhältnis zwischen dem Luftmassenstrom durch den Bläser (Wirkung wie bei Propeller) und dem durch die Brennkammer (Antriebskreis). BPV geplant 12 bis max. 20.

Bild 11-67 zeigt ein Front-fan-Triebwerk großer Leistung, eingesetzt beim Airbus A380.

Bauart: Zweiwellen-Zweistromtriebwerk mit hohem Bypassverhältnis. Einstufiger Bläser (Fan) und fünfstufiger Niederdruckverdichter (LPC) werden über eine koaxiale Innenwelle von sechsstufiger Turbine (LPT) angetrieben. Der „Gasgenerator" besteht aus einem 9-stufigen Hochdruck-Axialverdichter (HPC), einer Ringbrennkammer und einer zweistufigen Turbine (HPT), verbunden durch Hohlwelle.

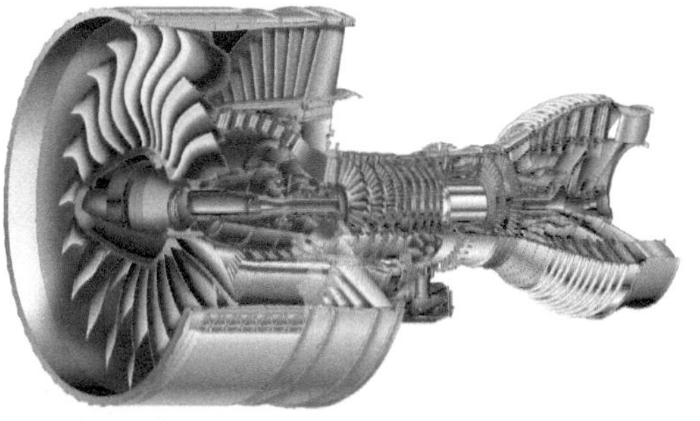

Bild 11-67 Front-fan-Triebwerk
Firmenbezeichnung: Turbofan-Triebwerk (Engine Alliance). $F_{S,St} = 311$ kN, $\dot{m}_{Lu} = 1200$ kg/s, BPV bis 16 : 1

Technische Daten

Startschub (30 °C)	311 kN
Dauerschub ($Ma = 0{,}85$; $H = 10\,668$ m)	56 kN
Luftdurchsatz	1200 kg/s
Gesamt-Druckverhältnis (OPR)	43,9 : 1
Bypassverhältnis (BPV)	8,7 : 1
Länge	4750 mm
Durchmesser	3160 mm
Fandurchmesser	2960 mm
Masse	6712 kg

Allgemeine Richtwerte von ZTL:

Bypass-Druckverhältnis	$\Pi_{Byp} = 1{,}2 \ldots 1{,}8$
Durchsatzverhältnis	$\dot{m}_{Byp}/\dot{m}_{zentral} \approx 2 \ldots 8$
	$\dot{m}_{ges} = \dot{m}_{Byp} + \dot{m}_{zentral}$
Schubaufteilung	$F_{S,Byp}/F_{S,zentral} \approx 3 \ldots 6$
	$F_{S,ges} = F_{S,Byp} + F_{S,zentral}$

Turbinenluftstrahltriebwerke (TL): Der Prinzipaufbau von TL geht aus Bild 11-58a hervor. Den Längsschnitt eines kleineren **Strahltriebwerkes**, kurz auch Einkreiser, zeigt Bild 11-68.

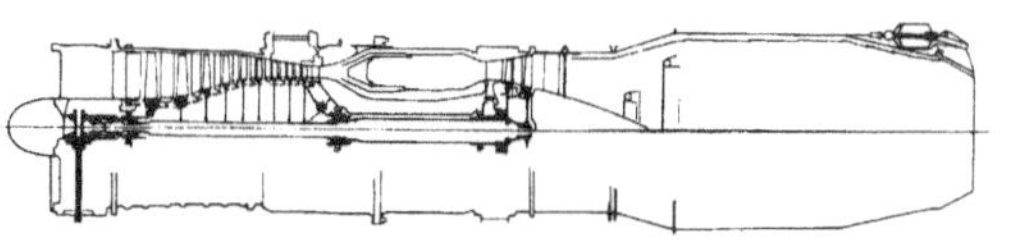

Bild 11-68 Einwellen-Strahltriebwerk axialer Bauart mit Nachbrenner und verstellbarer Schubdüse (MTU)

Bauart: Einwellen-Strahltriebwerk axialer Ausführung. Neunstufiger Verdichter, Ringbrennkammer, zweistufige Turbine und verstellbare Schub-Düse.

Das Triebwerk ist mit oder ohne Nachbrenner einsatzfähig.

Technische Daten

Startschub ohne Nachbrenner (NB)	12,2 kN
Startschub mit Nachbrenner (NB)	15,8 kN
spez. Kraftstoffverbrauch ohne NB	100 g/Nh
Abmessungen ohne NB	
Länge	1 270 mm
Durchmesser	394 mm
Masse	207 kg

Bemerkungen zum Nachbrenner: Infolge des hohen Luftüberschusses kann dem nach der Turbine noch nicht voll entspannten Gasstrom mittels zweiter Verbrennung erneut Wärmeenergie zugeführt werden. Die sog. **Nachverbrennung** (NV) erfolgt im eigens dafür zwischen Turbinenteil und Schubdüse eingebauten Nachverbrenner. Die Nachverbrennung erlaubt höhere Gastemperaturen als die Erstverbrennung vor der Turbine, da keine rotierenden Teile mehr notwendig sind. Die Wärmezufuhr während der Nachverbrennung erfolgt jedoch, verglichen mit derjenigen in der Hauptbrennkammer des Triebwerks, bei dem durch die Turbinen-Entspannung verringerten Druck des Arbeitsmediums. Deshalb ist die Wirtschaftlichkeit (Wirkungsgrad) der Nachverbrennung vergleichsweise schlecht. Vergrößern des Standschubes um beispielsweise 30 % verursacht Steigen des spezifischen Kraftstoffverbrauches um ca. 70 ... 100 %. Die Schuberhöhung durch Nachverbrennung muss daher mit Rücksicht auf den hohen Kraftstoffverbrauch auf möglichst kurze Zeit, im Allgemeinen wenige Minuten, begrenzt bleiben. Angewendet wird die Nachverbrennung fast ausschließlich bei Triebwerken für militärischen Einsatz zur Beschleunigungssteigerung.

Richtwert-Bereiche von Stahltriebwerken (Übersicht):

Verdichtungsverhältnisse	4 ... 28
Luftdurchsatz	10 ... 200 kg/s
Triebwerksmasse	200 ... 4 000 kg
Max. Durchmesser	0,6 ... 2,3 m
Schub: ohne NV	5 ... 150 kN
mit NV	... 200 kN
(Nenn-)Drehzahl n_{nenn}	... 35 000 min^{-1}
Spez. Verbrauch	100 ... 80 g/Nh
Rauchgastemperatur	... 1 500 °C
Düsenaustrittsgeschwindigkeit	500 ... 1 300 m/s
Anlass-Drehzahl	(0,1 ... 0,2) · n_{nenn}
Leerlauf-Drehzahl	(0,2 ... 0,3) · n_{nenn}

Instandhaltung jeweils nach 2 500 Starts

Vergleich mit Kolbenmotor: Anhaltswerte für den Vergleich zwischen Flugkolbenmotoren (KoM) und Fluggastriebwerken (GT) gibt Tabelle 11-11.

Tabelle 11-11 Vergleich Flug-KoM mit Flug-GT

Größe	KoM	GT
MACH-Zahl	0,6 ... 0,7	... ca. 3
Flughöhe in km	6 ... 8	... ca. 30
Leistung in MW	... ca. 4	... über 40
Leistungsmasse in kg/kW	0,5	0,05
Verbrauch in g/kWh	250 ... 350	400 ... 500
Lebensdauer in h	400 ... 800	1 500 ... 3 000

11.4.6.4 Sonderausführungen

Turbolader

Die Leistung von Kolbenmotoren (KoM) wird bestimmt durch die Menge des verbrennbaren Kraftstoffes und diese wiederum durch die Menge des vorhandenen Sauerstoffes, d. h. der vom Hubvolumen angesaugten Luft. Andererseits wird wegen Reibungsverlusten die Gasexpansion durch Öffnen der Auslassventile bei etwa 5 bar abgebrochen. Der dann aus dem Zylinderraum entweichende heiße Abgasstrom (von etwa 900 °C bei ca. 5 bar) ist somit noch energiereich und deshalb in einer Turbine weiter nutzbar. Die gewonnene Turbinenenergie zum Antrieb eines Verdichters eingesetzt, erhöht den Druck der dem Zylinderraum zuströmenden Ansaugluft (Aufladung). Die dadurch erhöhte Verbrennungsluftmenge erlaubt das Vergrößern der zuführbaren Kraftstoffmenge, was zu entsprechender Leistungssteigerung des Motors führt. Die durch höheren Energieumsatz bedingte Steigerung von Temperatur (Kühlung) und Druck begrenzen das zulässige Aufladen von Kolbenmotoren um etwa 0,2 ... 2,5 bar, in Sonderfällen bis ca. 3,5 bar Ladedruckerhöhung.

Die Kombination Turbine mit Verdichter, auf gemeinsamer Welle in einem Gehäuse angeordnet, wird als **Turbolader** bezeichnet. Bild 11-69 zeigt den Längsschnitt eines Turboladers für Pkw-Motoren. Links ist der Verdichter und rechts die Turbine angeordnet. Beide Rotoren sind einstufig radial ausgebildet und auf gemeinsamer Welle fliegend gleitgelagert (druckumlaufgeschmiert). An die Werkstoffe – besonders von Turbine und Lager – werden wegen hoher Temperatur des pulsierenden Abgasstromes und hoher Turboladerdrehzahl (bis über 250 000 min^{-1}) besonders hohe Anforderungen gestellt.

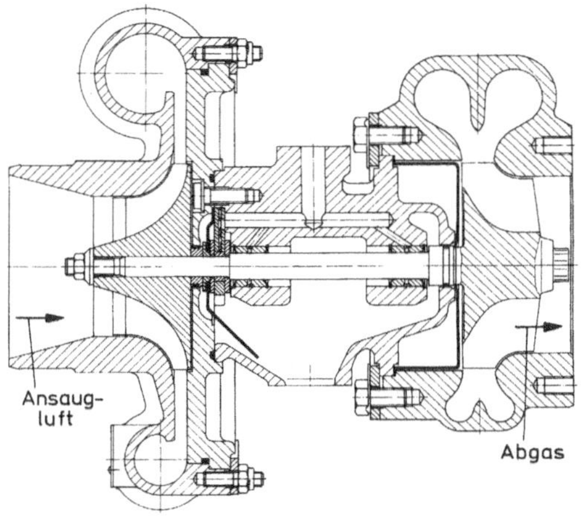

Bild 11-69 Abgasturbolader (Längsschnitt) für Pkw-Motor (KKK). Links Verdichter, rechts Turbine

Staustrahltriebwerke

Bekannt sind zwei Ausführungen, die, obwohl keine Gasturbinentriebwerke im engeren Sinne, kurz erwähnt werden sollen.

ARGUS-SCHMIDT-Rohr: Bild 11-58d zeigt das auch kurz als Strahlrohr bezeichnete **Verpuffungstriebwerk**. Hinter dem Einströmdiffusor, welcher die Geschwindigkeit der mit Fluggeschwindigkeit zuströmenden Luft in Druck umsetzt, ist ein Verpuffungsraum angeordnet, den eine Platte mit federbelasteten Rückschlagventilen nach vorn abgrenzt. Anschließend folgt nach hinten ein verhältnismäßig langes Rohr mit Ausströmdüse, das eigentliche Strahlrohr. Durch Brennstoffzufuhr wird im Verpuffungsbereich ein „explosibles" Gasgemisch erzeugt und gezündet. Durch den entstehenden Verbrennungsüberdruck schließen die federbelasteten Ventile, weshalb die Verbrennungsgase nur rückwärts durch das Strahlrohr entweichen können, wobei sie durch Expansion beschleunigt werden. Die Reaktion dieses Strahles (Impulssatz) ergibt den Schub, der zeitlich allerdings entsprechend stark schwankt. Durch die Trägheit der abströmenden Gasmasse entsteht im Verpuffungskasten wieder Unterdruck. Dadurch öffnen sich die Ventilklappen und der Verpuffungsraum füllt sich wieder mit frischer Luft. Durch erneute Kraftstoffzufuhr und Zündung entsteht die nächste Verpuffung. Das ARGUS-SCHMIDT-Rohr ist somit ein Triebwerk ohne bewegliche Teile – abgesehen von den *Flatterventilen* – mit intermittierendem Schub, das allerdings erst ab einer gewissen Mindest-Vorwärtsgeschwindigkeit zu arbeiten beginnt. Da rotierende Teile fehlen, ermöglicht das Strahlrohr hohe Gastemperaturen, arbeitet jedoch mit schlechtem Wirkungsgrad, weshalb es nur in Sonderfällen, beispielsweise Hochgeschwindigkeitsflüge (Weltrekorde), angewendet wird.

LORIN-Antrieb: Das LORIN-Rohr ist im Aufbau noch einfacher als der ARGUS-SCHMIDT-Antrieb. Es besteht nur aus einem Einströmdiffusor mit nachfolgend kurzem, zylindrischem Rohrstück und einer Ausströmdüse. Eine Zwischenwand mit Flatterventilen ist nicht vorhanden, weshalb sich kontinuierliche Arbeitsweise ergibt. Dem mittels Einströmdiffusor aufgestauten Luftstrom (Geschwindigkeit in Druck) wird durch den kontinuierlich eingespritzten und verbrannten Kraftstoff bei gleich bleibendem Druck ständig Wärme zugeführt. Der entsprechend wachsende Volumenstrom entspannt sich rückwärts durch die Abströmdüse.

Die erhöhte Ausströmgeschwindigkeit liefert den Schub, der zeitlich nicht schwankt.

Das LORIN-Rohr kann bei jeweils entsprechendem Aufbau für Unterschall- oder Überschallflug eingesetzt werden. Unterschall ergibt sich nur bis etwa doppelten Aufstau (Druckverdopplung). Trotzdem ist wegen kontinuierlicher Arbeitsweise der Wirkungsgrad etwa doppelt so hoch wie beim intermittierend arbeitenden ARGUS-SCHMIDT-Rohr. Bei Überschallrohren, die höheren Aufstau ergeben, sind, um die Verluste durch Verdichtungsstöße klein zu halten, gut ausgebildete Stoßdiffusoren im Einströmbereich notwendig. Beispielsweise kann der Druck bei 3facher Schallgeschwindigkeit ohne erhebliche Verluste durch den Aufstau auf etwa das 25fache gesteigert werden, was zu recht gutem thermodynamischem Wirkungsgrad führt.

Staustrahltriebwerke nach ARGUS-SCHMIDT und LORIN sind wegen ihres einfachen Aufbaues und des auf über 40 % ansteigenden Wirkungsgrades ab Fluggeschwindigkeiten gemäß $Ma > 2$ den Turbinenstrahltriebwerken überlegen. Die aero- und thermodynamischen Schwierigkeiten, d. h. Stau- und Reibungserwärmung, beschränken jedoch den Geschwindigkeits-Anwendungsbereich der Staustrahltriebwerke. Die thermische Grenze, auch als „thermische Mauer" bezeichnet, liegt noch etwa bei $Ma = 5 \ldots 7$. Anfangsgeschwindigkeit notwendig.

Raketentriebwerke

Raketentriebwerke sind ebenfalls keine Gasturbinen. Sie erzeugen den Verbrennungsdruck auf andere Weise, weshalb Verdichter-Turbinen-Läufer entfallen. Für sehr hohe Geschwindigkeiten, wie in der Weltraumfahrt notwendig, werden Raketentriebwerke eingesetzt. Da Raketentriebwerke alle zur Verbrennung notwendigen Stoffe (Brenn- und Sauerstoff) unter Druck mitführen, sind sie von der Atmosphäre unabhängig und ermöglichen daher erst die Weltraumfahrt. Die heißen, unter hohem Druck stehenden Brenngase strömen durch die Schubdüse (LAVAL-Düse) mit hoher Überschallgeschwindigkeit aus, wodurch der Vortrieb wie beim Turbinenstrahltriebwerk über Rückstoßwirkung erzeugt wird. Da Gewichts- sowie Abmessungsgründe die mitführbare Kraft- und Sauerstoffmengen begrenzen, weisen Raketentriebwerke nur kurze Brenndauer auf (oft wenige Minuten). Innerhalb der kurzen Schubkraftphase muss die Rakete auf die notwendige **Fluchtgeschwindigkeit** beschleunigt werden.

Die Vielzahl der gebauten Raketen lassen sich in zwei grundsätzliche Arten aufteilen:

Feststoffraketen: Arbeiten mit festen Treibstoffen. Wie beim Schießpulver enthält der feste Kraftstoff bereits den zum Verbrennen notwendigen Sauerstoff (Oxidator) in gebundener Form. Es handelt sich daher gewissermaßen um einen „langsam" abbrennenden Sprengstoff. Das Beherrschen richtiger Brenngeschwindigkeit bei gleichmäßigem Abbrand ist für die einwandfreie Funktion sehr wichtig. Die beim Verbrennen der festen Treibstoffe erreichbaren Drücke betragen bis über 100 bar.

Flüssigraketen: Brennstoff (H_2, ca. $-250\,°C$) und Sauerstoff (bei etwa $-185\,°C$) bzw. Sauerstoffträger (HNO_3, HO_2, N_2O_2 u. a.) werden verflüssigt in Druckbehältern mitgeführt und den Brennkammern mittels Treibgas oder Spezialpumpen über Einspritzdüsen zugeführt – Drücke bis 500 bar, Flammentemperatur bis 3 800 °C. Bei einfachen Raketenantrieben wird auch Kerosin als Brennstoff verwendet. Der Verbrennungsvorgang ist wesentlich besser zu beherrschen als bei Feststoffraketen. Dem steht größerer apparativer Aufwand gegenüber – Druckbehälter, Leitungen, gasturbinengetriebene Pumpen usw.

Hinweis: Zugehörige Übungsbeispiele Ü60 bis Ü68 beim digitalen Zusatzmaterial.

11.5 Windturbinen

11.5.1 Vorbemerkungen

Bedeutung: Wind- oder **Luftturbinen (LT)**, auch als **Windkonverter** oder kurz **Windräder** bezeichnet, sind wegen der Energiewende – Umweltenergie statt konventioneller (Kohle, Öl, Gas, Atom) – von stark wachsender Bedeutung. Da jedoch vom natürlich, d. h. schwankenden Windangebot abhängig, können sie, besonders auf dem Land, also onshore (küstenfern) nur immer zeitweise zur Elektrizitätsgewinnung beitragen. Deshalb sind große Speicheranlagen zur Überbrückung der Flauten notwendig. Solche Speichereinrichtungen wären insbesondere hydraulische Pumpspeicheranlagen und Gasspeicher.

Forderungen: Die wichtigsten Anforderungen an Windkonverter sind:

- Einfacher Aufbau und deshalb niedrige Herstellaufwand.
- Robust, Böen- und Sturmsicherung, wenig Wartung.
- Leise, das bedeutet geräuscharmer Betrieb auch bei unterschiedlicher Windgeschwindigkeit.
- Gute Effizienz (Wirkungsgrad), also weitgehende Nutzung des mit der Geschwindigkeit stark schwankenden Windangebotes.
- Automatischer Betrieb.
- Verbundbetrieb oder Speichermöglichkeit für die gewonnene Energie.

Infolge geringer Windenergiedichte (Abschnitt 11.5.2) ergeben sich verglichen mit der Leistung große Anlagen. Die Forderung nach geringem Herstellungsaufwand ist daher kaum erfüllbar. Auch stehen bis heute außer dem hydraulischen noch keine weiteren großtechnischen Energiespeicherverfahren zur Verfügung. Selbst die hydraulische Speicherung (Pump-, Druckluft-Speicherkraftwerke) ist nur bei entsprechenden natürlichen Gegebenheiten möglich. Die Windenergienutzung ist daher nur im Verbundbetrieb mit anderen, leicht regelbaren Elektrizitätserzeugungsverfahren (vor allem Dampfkraftanlagen) sinnvoll. Effizienter, geräuscharmer Betrieb erfüllt sich durch exaktes strömungstechnisches Auslegen und Gestalten (Tragflügeltheorie) weitgehend. Um an die schwankende Windgeschwindigkeit (Größe, Richtung) bei möglichst konstanter Raddrehzahl anzupassen, sollten die Propellerblätter in der Nabe schwenkbar angeordnet sein und während des Betriebs verstellt werden können. Auch muss die gesamte Windanlage drehbar sein, um sich in die jeweilige Windrichtung einstellen zu können.

Da von der Natur angebotene Windenergie nichts kostet, tritt der Wirkungsgrad hinter den Investitionsaufwand. Allerdings sind billige, d. h. strömungstechnisch schlecht ausgebildete Windräder zwangsläufig laut. Sie verursachen zusätzliche Strömungsturbulenzen und dadurch geringe Druckschwankungen (Geräusche).

11.5.2 Windangebot

Etwa 1,5 ... 2,5 % der eingestrahlten Sonnenenergie werden in Bewegungsenergie (Winde) umgewandelt. Das in der Bundesrepublik Deutschland (BRD) theoretisch verfügbare Windpotenzial beträgt etwa $(3 \ldots 5) \cdot 10^{11}$ kWh/a. Die technisch nutzbare Windenergie liegt etwa bei $2 \cdot 10^{11}$ kWh/a. Zum Vergleich: Die Bruttostromerzeugung in der BRD beläuft sich etwa auf $(3 \ldots 5) \cdot 10^{11}$ kWh/a, zugehörig ein Windpotenzial onshore von fast 200 GW für Windturbinen. Damit ließen sich über 60 % des deutschen Strombedarfs decken. Dazu wären aber ca. 2 % der deutschen Landfläche notwendig. Gemäß Berechnungen der Havard Universität reicht die global verfügbare Windenergie aus, um den Weltenergiebedarf mehr als zu decken. Es wären bis zum ca. 40-Fachen des gegenwärtigen weltweiten Bedarf an elektrischer Energie und bis zum 5-Fachen des Gesamtenergiebedarfs gewinnbar. Technisch nutzbare Windgeschwindigkeiten zur Energiegewinnung liegen zwischen 4 und 24 m/s. Die zugehörige Windenergie – bezogen auf den Strömungsquerschnitt – beträgt 40 W/m^2 (bei 4 m/s) bis 8 kW/m^2 (bei 24 m/s). Unter 4 m/s ist der Energiegewinn zu gering (große Rotordurchmesser notwendig), über 24 m/s (Sturm) sind die Windkräfte zu groß (hohe Anlagenstabilität erforderlich). Da die Windgeschwindigkeit in großer Lufthöhe (über ca. 50 m) gleichmäßiger ist, sollten Windkonverter zudem hoch aufgeständert werden. Die größte zur Zeit gebaute Windkraftanlage von etwa 5 MW Nutzleistung benötigt einen in 120 m Höhe (Turm) angeordneten Rotor von ca. 120 m Durchmesser. Um das gesamte technisch nutzbare Windpotenzial zur Energiegewinnung heranzuziehen, müssten bei einer mittleren Benutzungsdauer von 2 500 h/a nahezu 25 000 solcher 5-MW-Großwindanlagen eingesetzt werden. Eine Anzahl, für die in der BRD onshore nicht genügend Platz vorhanden ist, abgesehen vom notwendigen Investitionsaufwand. Außerdem treten in der BRD hauptsächlich in den Gebieten nördlich der Linie Aachen–Düsseldorf–Essen–Osnabrück–Hannover–Braunschweig in Höhen ab 50 ... 70 m dauerhaft mittlere Windgeschwindigkeiten $\geqq 4$ m/s auf, weshalb Offshore-Anlagen notwendig werden. Derartige im Meerwasser geringer Tiefe, also in Küstennähe (offshore), gebaute Windkraftanlagen sind jedoch drei- bis fünffach so aufwendig wie solche auf dem Land. Andererseits besteht im „Meer“ mehr Platz und gleichmäßigeres dauerhaftes Windangebot von höherer Windgeschwindigkeit – im Mittel 8 bis 25 m/s. Bei noch höheren Windgeschwindigkeiten (Sturm) müssen die Windturbinen jedoch gesichert werden durch Abschalten, Segelstellung usw. Das deshalb, da die gegenwärtig verfügbaren Werkstoffe bei vertretbarem Bauaufwand die dann auftretenden Belastungen festigkeitsmäßig nicht beherrschen.

Gegenwärtig sind in Deutschland Windturbinenanlagen von insgesamt etwa 30 000 MW Nennleistung installiert und übertreffen damit den Wert der vorhandenen Wasserturbinenanlagen. Weltweit übersteigt zur Zeit die Nennleistung der aufgebauten Windturbineneinrichtungen schon 200 000 MW. Beide mit weiter steigender Tendenz. Alle tragen dadurch zur entsprechenden Verringerung des Ausstoßes vom umweltschädlichen Treibhausgas CO_2 bei.

Beispielwerte einer Offshore-Windkraftanlage in Deutschland:

Nennleistung	5 MW
Drehzahl	7 ... 15 min^{-1}
Rotorgesamtdurchmesser	126 m
Windgeschwindigkeit im Mittel	8 m/s
Rotorblätter aus Carbonfasermatten	
Anzahl	3
Flügellänge	61,5 m
Masse je Blatt	18 t
Verbunden mit der Nabe durch insgesamt 1000 Schrauben M 48	
Stahlturm	
Höhe	114 m
Durchmesser	ca. 6 m
Wanddicke	bis 65 mm
Masse	700 t
Fundament Beton	1300 t
Maschinenhaus	300 t

Projektiert sind schon Offshore-Großwindanlagen für 7 MW Nennleistung bei ca. 11 m/s mittlerer Windgeschwindigkeit. Der dazu je Anlage notwendige dreiblättrige Rotor, sog. Dreistern, hat einen Gesamtdurchmesser von 171 m und eine Drehzahl von 15 Umdrehungen je Minute. Die Rotormitte (Achse) wird ca. 120 m über der Meeresoberfläche angeordnet sein. Die Gesamthöhe einer solchen Anlage beträgt somit über 200 m.

11.5.3 Aerodynamische Grundlagen

11.5.3.1 Einführung

Für folgende Betrachtungen kann das Windrad als durchlässige Kreisscheibe in Propellermittenebene gelten, da die Flügelumströmung nicht eingeht. Die Luft strömt vorn – Druck- oder Luvseite – mit der mittleren Geschwindigkeit c_{zu} axial zu und hinten – Saug- oder Leeseite – mit der Geschwindigkeit c_{ab} axial ab. Die Mittenersatzscheibe besitzt den gleichen Durchmesser wie das Windrad (Propellerfläche A_P). Die vereinfachte Propellertheorie – [3] und Abschnitt 12.3 – beweist die schon von FROUDE angegebene Beziehung (FROUDE-Theorem), dass die mittlere axiale Luftgeschwindigkeit in der Propellermittenebene, der sog. Ersatzscheibe, $c_P = (c_{zu} + c_{ab})/2$ (Gl. (12-5)) beträgt. Infolge Energieabgabe an das Windrad ist die Luftgeschwindigkeit beim Abströmen (c_{ab}) kleiner als beim Zuströmen (c_{zu}). Nach der Kontinuitätsbedingung muss daher der Querschnitt des vom Windrad beeinflussten Luftstromes von vorn nach hinten zunehmen. Die Stromlinien streben entsprechend auseinander. Da innerhalb des Propellers nur geringe Druckänderungen auftreten, kann die Luft hierbei als inkompressibel gelten.

Für die Gestaltung der Windturbinen-Flügelprofile wird auf Abschnitt 3.3 verwiesen.

Die Propeller- und Tragflügeltheorie ist für die folgenden Betrachtungen nicht notwendig.

11.5.3.2 Windenergie und Windleistung

Energie und Leistung des Windes sind ausschließlich kinetischer Natur. Mit der Luft- oder Windgeschwindigkeit $c_{Lu} \equiv c_{zu}$, der Zuströmgeschwindigkeit zum Propellerrad, wird:

Windenergie:

$$E_{Lu} = m_{Lu} \cdot c_{Lu}^2/2 = m_{Lu} \cdot c_{zu}^2/2$$

Windleistung: Bei konstanter Windgeschwindigkeit c_{zu} gilt allgemein für die „Luftleistung“:

$$P_{Lu} = \dot{E}_{Lu} = \frac{dE_{Lu}}{dt} = \frac{d}{dt}\left(m_{Lu} \cdot \frac{c_{Lu}^2}{2}\right) = \dot{m}_{Lu} \cdot c_{Lu}^2/2 \qquad (11\text{-}32)$$

Auf die **Propellerscheibe** (Index P, Fläche A_P) **zuströmende Windleistung:** Mit dem zugehörigen Luftmengenstrom $\dot{m}_{Lu,P} = \varrho_{Lu} \cdot A_P \cdot c_{zu}$ folgt gemäß Gl. (11-32):

$$P_{Lu,P} = (\varrho_{Lu}/2) \cdot A_P \cdot c_{zu}^3 \qquad (11\text{-}33)$$

11.5.3.3 Windturbinenleistung

Auf die Luftturbine (Index LT) mit Propellerrotations-Mittenfläche A_P vom Wind theoretisch, d. h. reibungsfrei übertragene Energie ist die Differenz der kinetischen Luftenergie vor und nach dem Propeller:

$$E_{LT} = m_{Lu,P} \cdot (c_{zu}^2/2 - c_{ab}^2/2) = (\varrho_{Lu}/2) \cdot V_{Lu,P} \cdot (c_{zu}^2 - c_{ab}^2)$$

Die vom Wind auf den Propeller übertragene Leistung, die theoretische **Luftturbinenleistung** $P_{LT,th}$ (verlustfrei), folgt aus der Differenziation ($\rightarrow \dot{V}$):

$$P_{LT,th} = \dot{E}_{LT} = (\varrho_{Lu}/2) \cdot \dot{V}_{Lu,P} \cdot (c_{zu}^2 - c_{ab}^2)$$

Mit dem Propeller-Durchflussstrom $\dot{V}_{Lu,P} = c_P \cdot A_P$ des Windes und der Luftgeschwindigkeit in Propellermittenebene (Index P) $c_P = (c_{zu} + c_{ab})/2$ (Ersatzscheibe, Gl. (12-5), ergibt sich:

$$P_{LT,th} = (\varrho_{Lu}/2) \cdot A_P \cdot (1/2) \cdot (c_{zu} + c_{ab}) \cdot (c_{zu}^2 - c_{ab}^2)$$

$$P_{LT,th} = \frac{1}{4} \cdot \varrho_{Lu} \cdot A_P \cdot c_{zu}^3 \cdot \left[1 + \frac{c_{ab}}{c_{zu}}\right] \cdot \left[1 - \left(\frac{c_{ab}}{c_{zu}}\right)^2\right] \qquad (11\text{-}34)$$

Oder mit Gl. (11-33)

$$P_{LT,th} = \frac{1}{2} \cdot P_{Lu,P} \cdot \left[1 + \frac{c_{ab}}{c_{zu}}\right] \cdot \left[1 - \left(\frac{c_{ab}}{c_{zu}}\right)^2\right] \qquad (11\text{-}35)$$

Durch Differenzieren nach $(c_{ab}/c_{zu}) = \zeta$, der **Geschwindigkeitszahl**, und Nullsetzen (Extremwertbedingung) kann geprüft werden, ob die Funktion $P_{LT,th} = f(\zeta)$ ein Maximum aufweist:

$$\frac{dP_{LT,th}}{d\zeta} = \frac{1}{2} \cdot P_{Lu,P} \cdot [(1+\zeta) \cdot (-2 \cdot \zeta) + (1-\zeta^2)] \stackrel{!}{=} 0$$

Ausgewertet:

$$(1 + \zeta) \cdot [-2 \cdot \zeta + (1 - \zeta)] = 0$$

$$(1 + \zeta) \cdot (1 - 3 \cdot \zeta) = 0$$

1. Lösung: $1 + \zeta = 0 \rightarrow \zeta = -1$ unbrauchbar!
2. Lösung: $1 - 3 \cdot \zeta = 0 \rightarrow \zeta = 1/3$ also:

$$\zeta_{opt} = (c_{ab}/c_{zu})_{opt} = 1/3 \qquad (11\text{-}36)$$

Das bedeutet, der optimale Energieübertrag vom Wind auf das Laufrad erfolgt, wenn sich die Abströmgeschwindigkeit c_{ab} der Luft auf $1/3$ ihrer Zuströmgeschwindigkeit c_{zu} vermindert. Zu bemerken ist, dass die Luft zum Abfördern vom Windrad ohnehin noch eine gewisse Strömungsgeschwindigkeit behalten muss, was damit gleichzeitig erfüllt ist.

Beziehung (11-36), die optimale Geschwindigkeitsabminderung, eingesetzt in Gl. (11-35) gibt die **theoretisch maximale Windturbinenleistung**:

$$P_{LT,th,max} = (1/2) \cdot P_{Lu,P} \cdot [1 + 1/3] \cdot [1 - (1/3)^2]$$

$$P_{LT,th,max} = (16/27) \cdot P_{Lu,P} \approx 0{,}6 \cdot P_{Lu,P} \qquad (11\text{-}37)$$

Das bedeutet, theoretisch können dem Wind etwa 60 % seiner Energie durch den Rotor entzogen werden. Daher mit dem **Rotorgütegrad** $\boldsymbol{\eta_{R,g}}$:

Theoretischer Rotorwirkungsgrad $\boldsymbol{\eta_{R,th} = 0{,}6}$ → auch als **BETZ-Effizienz** oder **-Grad** bezeichnet. Tatsächlicher Rotorwirkungsgrad $\boldsymbol{\eta_R = \eta_{R,g} \cdot \eta_{R,th}}$. Damit und mit dem **effektiven Windturbinenwirkungsgrad** η_e bzw. dem **Wind-** oder **Luftturbinen-Wirkungsgrad** $\boldsymbol{\eta_{LT} = \eta_e \cdot \eta_R}$ ergibt sich die **effektive Luftturbinenleistung**:

$$P_{LT,e} = \eta_e \cdot P_{LT} = \eta_{LT} \cdot P_{LT,th} \qquad (11\text{-}38)$$

$$P_{LT,e,max} = \eta_{LT} \cdot P_{LT,th,max} = \eta_e \cdot \eta_{R,g} \cdot P_{Lu,P} \quad (11\text{-}39)$$

Richtwerte: $\eta_{R,g} = 0{,}8 \ldots 0{,}96$; $\eta_R = 0{,}48 \ldots 0{,}58$
$\eta_e = 0{,}5 \ldots 0{,}9$
$\eta_{LT} = 0{,}38 \ldots 0{,}56$

11.5.4 Axialkraft

Die Kraft, welche der Wind in axialer Richtung auf den Propeller ausübt, ergibt sich aus dem Impulssatz mit $A_P = D_P^2 \cdot \pi/4$ und $c_P = (c_{zu} + c_{ab})/2$:

$$F_{ax} = \dot{m}_{Lu,P} \cdot (c_{zu} - c_{ab}) = \varrho_{Lu} \cdot A_P \cdot c_P \cdot (c_{zu} - c_{ab})$$

$$F_{ax} = \varrho_{Lu} \cdot A_P \cdot (1/2) \cdot (c_{zu} + c_{ab}) \cdot (c_{zu} - c_{ab})$$

$$F_{ax} = (\varrho_{Lu}/2) \cdot A_P \cdot (c_{zu}^2 - c_{ab}^2) \qquad (11\text{-}40)$$

Größtmögliche Axialkraft, angenähert bei $c_{ab} \approx 0$:

$$F_{ax,max} \approx (\varrho_{Lu}/2) \cdot A_P \cdot c_{zu}^2 \qquad (11\text{-}41)$$

Im Falle größter Leistung ($c_{ab} = c_{zu}/3$) beträgt die Axialkraft:

$$F_{ax,opt} = (4/9) \cdot \varrho_{Lu} \cdot A_P \cdot c_{zu}^2 \qquad (11\text{-}42)$$

Der Materialbedarf des Turmes, welcher den Windkonverter trägt, hängt außer von seiner Höhe (> Propellerradius) wesentlich von der maximalen Axialkraft $F_{ax,max}$ ab, die sich gemäß Gl. (11-41) aus dem Produkt von Staudruck $q = \varrho_{Lu} \cdot c_{zu}^2/2$ und Propellerrotationsfläche A_P ergibt.

11.5.5 Kennwerte

Bei Windturbinen drei Kennzahlen gebräuchlich:

Geschwindigkeitsabminderungszahl:

$$\zeta = c_{ab}/c_{zu} \qquad (11\text{-}43)$$

Nach Gl. (11-36)

$$\zeta_{opt} = 1/3$$

Leistungszahl:

$$C_P = P_{LT}/P_{Lu,P} \qquad (11\text{-}44)$$

Aus Gl. (11-37) $C_{P,th,max} = \eta_{R,th} = 0{,}6$
Aus Gl. (11-39) $C_{P,e,max} = \eta_{R,th} \cdot \eta_{LT} \approx 0{,}23 \ldots 0{,}34$

Schnelllaufzahl:

$$\lambda = u/c_{zu} \qquad (11\text{-}45)$$

Langsamläufer: $\lambda \leqq 1{,}5$ bei Flügelzahl $z > 4$
Schnellläufer: $\lambda \geqq 5$ mit Flügelzahl $z \geqq 1$

11.5.6 Ausführungshinweise

Windrotoren werden wie Flugzeugpropeller (Kapitel 12) mit hochwertigen Profilen berechnet und gestaltet.

Aus Regelzwecken – anpassen an Nutzleistung sowie wechselnde Windverhältnisse – und zur Sturmsicherung müssen Propellerflügel schwenkbar ausgeführt sein.

Anforderungen: Um einfachen Aufbau zu erreichen, sind notwendig:

- freidrehende Axialräder mit wenigen Schaufeln, d. h. ohne Randummantelung und Leitrad. Deshalb Reaktionsgrad $r = 1$. Die vom Windrad abströmende Luft weist Drall entgegengesetzt zur Raddrehrichtung auf, weil sonst gemäß Turbinengleichung (EULER) kein Drehmoment entstehen könnte.
- Propeller fliegend direkt auf Getriebe oder Generatorwelle angeordnet.
- Hohe Schnelllaufzahl ($\lambda = 5 \ldots 20$), ergibt große Umfangsgeschwindigkeit (Drehzahl), wodurch Getriebeaufwand für Generatorantrieb niedrig. Geringere Schaufelflächen und Luftablenkung notwendig ($F_A = \zeta_A \cdot A_{Fl} \cdot w^2/2$). Daher meist

Propeller mit zwei schlanken Blättern ausreichend. Nur bei Langsamläufern ($\lambda \leqq 1{,}5$) höhere Flügelzahl ($z > 4$) erforderlich. Leistungsgewinn gegenüber Schnellläufern ($\lambda \geqq 5$) mit $z = 2 \ldots 4$ (meist $z = 3$) steht dabei jedoch in keinem Verhältnis zum höheren Bauaufwand.

- Der gesamte Windkonverter muss, wie erwähnt, auf dem Turm (Ständer) drehbar angeordnet sein, um in die jeweilige Windrichtung geschwenkt werden zu können. Die Sturmsicherung erfolgt durch Verschwenken der Propellerflügel so in die Windrichtung, dass keine bzw. nur minimale Schaufelkraft auftritt (sog. Segelstellung), das ist je nach Flügelprofil mehr oder weniger dicht bei der Nullauftriebsstellung.

Zusammenfassung:

Energierücklaufzeit: Dies ist die energetische Amortisationszeit, also die Zeit, die vergeht, bis ein Kraftwerk genau so viel Energie gewonnen hat, wie notwendig ist zu dessen Produktion, Transport, Montage. Die Zeit beträgt bei Windkraftanlagen ca. 6 bis 12 Monate.

Geräuscherzeugung: Die von Windturbinenanlagen verursachten Geräusche – hauptsächlich Windgeräusche durch Turbulenzen – betragen ca. 100 dB bei Windgeschwindigkeiten von etwa 10 m/s. Im Abstand von 500 m von der Anlage fällt der Geräuschpegel dann unter 50 dB ab.

Gestaltung: Nach den Regeln von Propellern (Abschnitt 3.3 Tragflügeltheorie und Kapitel 12 Antriebspropeller).

Drehzahl: Windturbinen arbeiten optimal, d. h. mit bestem Wirkungsgrad, wenn der Wind stoßfrei auf die Rotorblätter trifft, also tangential zuströmt. Drehzahl und/oder Rotorblattstellung sind deshalb an die Größe der Windgeschwindigkeit bzw. Richtung des Windes anzupassen.

Regelungsarten: Unterschieden wird zwischen **Stall-** und **Picht-Regelung**. Bei nicht verstellbaren Rotorblättern ist nur die Stall-Regelung (stall = überziehen) möglich, d. h., Strömungsabriss an den Flügeln begrenzt die Drehzahl des Rotors. Die Rotorflügel werden weit über den konstruktiven Maximal-Anstellwinkel von ca. 15° betrieben. Dann reißt die Strömung jedoch ab, d. h., sie löst sich von den Profilrückseiten ab, wodurch die Drehkraft sinkt. Wegen der Nachteile – schwankende Flügelbelastung (Schwingungen) und Geräusche – wird die konstruktiv einfache Regelung (keine Verstelleinrichtung der Flügel notwendig) nur noch bei kleineren Anlagen bis ca. 500 kW Leistung verwendet.

Schwenkbar angeordnete Rotorflügel ermöglichen die **Pitch-Regelung** (pitch = anstellen). Die Rotorblätter werden ohne Eintrittsstoß der Windströmung gemäß Auslegungsbereich des Blattprofils vom sog. Nullauftrieb bis zum Maximalauftrieb (Anstellwinkelbereich etwa $-5 \ldots +15°$) betrieben. Durch die vorhandenen Stellmotoren werden die Anstellwinkel der relativen Anströmungsrichtung des Windes zum rotierenden Flügelprofil der Generatorlast angepasst. Die Frequenz (Drehzahl) kann durch Pitch-Regelung, Getriebe, Gleichstromumrichter mit Leistungsthyristoren (auch bei Stall-Regelung) konstant gehalten werden und ist mit dem vom Elektrizitätsnetz geforderten in Einklang zu bringen.

Betriebsgrenzen: Ab 2 ... 4 m/s Windgeschwindigkeit schaltet sich die Windkraftanlage automatisch ein, da erst dann genügend Ertrag, d. h. mehr Leistung als Verlustleistung infolge Reibung der Bauteile zur Verfügung steht. Ab Windgeschwindigkeiten von mehr als 25 ... 35 m/s wird die Anlage abgeschaltet, um Schäden wegen mechanischer Überlastung zu vermeiden. Pitch-geregelte Anlagen drehen dazu die Rotorflügel in Segelstellung, d. h. in den Wind (Nullauftriebs-Anstellrichtung), genannt Trudelbetrieb. Stall-geregelte Anlagen werden in den Wind gedreht, d. h., die Achse des Rotors wird senkrecht zur Windrichtung gebracht und durch die vorhandene Bremse stillgesetzt.

Umwelteinwirkungen: Zu beachten sind vor allem (ohne Wertung):

- Geräusche,
- Vogelschlag,
- Verbrauch und „Verspargeln" der Landschaft,
- Schattenwurf, also Helligkeitsschwankungen durch die Flügelblätter der Rotoren,
- Diskoeffekt infolge periodischer schwankender Lichtreflexionen durch die sich drehenden Rotorblätter, vor allem, wenn diese glänzende und deshalb spiegelnde Oberflächen aufweisen,
- Frequenzstörungen, z. B. des Rundfunkbetriebes (Interferenzen).

Bauformen: Hinweise hierzu enthält das digitale Zusatzmaterial.

Hinweis: Zugehörige Übungsbeispiele Ü69 bis Ü70 beim digitalen Zusatzmaterial.

12 Antriebspropeller

12.1 Vorbemerkungen

Propeller gehören zu den Arbeitsmaschinen. Gegensätzlich zu Pumpen ist bei Propellern jedoch nicht der Hauptzweck, strömendem Medium Energie zuzuführen, sondern das Erzeugen einer **Schubkraft**, oftmals kurz als **Schub** oder **Vortrieb** bezeichnet. Vom Antriebsmotor aufgebrachte Leistung soll der Propeller möglichst weitgehend in **Schubleistung** (ebenfalls mechanischer Natur) umsetzen. Die sonst (Pumpen, Turbinen) lästige Axialkraft soll daher bei Antriebspropellern möglichst groß sein und dies bei vergleichsweise kleiner Umfangskraft.

Auch bei Propellern sind durch das jeweilige Arbeitsmedium bedingte Besonderheiten zu beachten: bei Schiffsschrauben Kavitation und bei Flugzeugpropellern Überschall.

Trotz eingehender theoretischer und experimenteller Untersuchungen lassen sich Propeller noch nicht zuverlässig vorausberechnen. Das Auslegen von Propellern erfolgt daher meist aufgrund von Erfahrung und Versuchsergebnissen. Insbesondere kann die stets vorhandene Wechselbeziehung zwischen Propeller und Fahrzeug (Schiff, Flugzeug) letztlich zureichend nur mittels Versuche – meist an Modellen – geklärt werden. Der Fahrzeugeinfluss bleibt deshalb hier außer Betracht.

12.2 Strömung, Geschwindigkeiten und Kräfte am Propellerblatt

Wie die Laufräder axialer Kreiselpumpen, Wasser- und Windturbinen sind die Querschnitte (koaxiale Zylinderschnitte) der Propellerblätter als Tragflügelprofile ausgebildet. Gegenüber Flugzeugtragflächen ist die Propellerbewegung jedoch insofern anders, als sich alle Propellerpunkte durch Rotation unter gleichzeitiger Translation auf Schraubenlinien fortbewegen. Deshalb auch die Bezeichnung **Schraubenpropeller** oder kurz **Schraube** (Schiffs- bzw. Flugzeugschraube). Die Wirkungsweise der Propeller beruht im Wesentlichen auf dem Tragflügelprinzip, weshalb beim Auslegen und Gestalten von Propellerflügeln entsprechende Überlegungen mitspielen, besonders hinsichtlich günstigen Gleitverhaltens (Gleitzahl).

Der Propeller-Schraubenbewegung ist ein Wirbelsystem überlagert, bestehend aus:

- Wirbeln (Zirkulationsströmung) um die Propellerblätter gemäß Tragflügeltheorie.
- Randumströmung (Rand- oder Spitzenwirbel) an den äußeren Flügelenden, bedingt durch unterschiedliche Drücke zwischen den Blattflächen.
- Nabenwirbel, angefacht durch Reibung zwischen Fluid und Nabe.

Das gesamte Wirbelsystem entspricht somit dem Hufeisenwirbel [3] bei Tragflügeln, das beim Propeller jedoch der resultierenden Schraubenhauptbewegung überlagert ist, weshalb sich eine schraubenförmige Unstetigkeitsfläche ergibt. Die komplizierten Formen der nichtplanaren, abströmenden Wirbelbänder erschweren die vollständige Theorie des Schraubenpropellers gegenüber der klassischen Tragflächentheorie beträchtlich, weshalb, wie erwähnt, noch keine exakte Lösung zur Verfügung steht und Versuche notwendig sind.

Durch die Randumströmung findet an den Flügelspitzen Druckausgleich zwischen Vorder- und Rückseite der Flügel statt. Der Schub fällt daher an den Flügelrändern auf null ab. Die Nabe selbst kann keinen Vortrieb erzeugen. Mit wachsender Umfangsgeschwindigkeit $u = f(r)$ steigt die Profilumströmung (Relativgeschwindigkeit w) der Flügel. Der Schub ($F_S \sim w^2$, z. B. entsprechend Gl. (11-41)) wird daher entlang der Propellerblätter mit zunehmendem Radius zunächst größer und fällt dann wieder ab. Das Maximum liegt etwa bei $r = 0{,}7 \cdot R_{(a)}$. Die Schubverteilung über der radialen Flügelerstreckung ist somit sehr ungleichmäßig und qualitativ in Bild 12-1a) dargestellt.

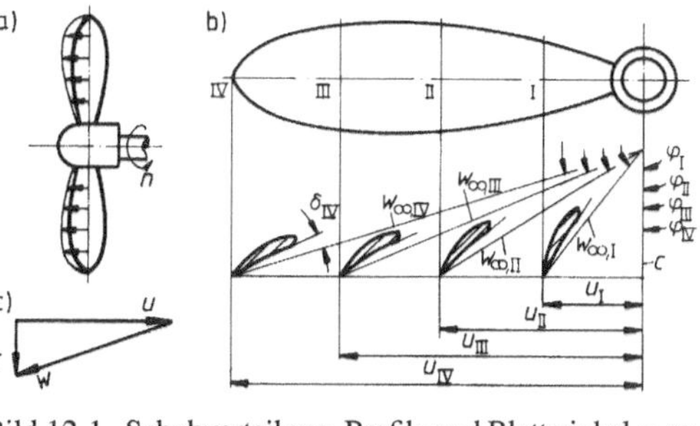

Bild 12-1 Schubverteilung, Profile und Blattwinkel φ sowie Anstellung eines Propellers.
a) Schubprofil im Propeller-Meridianschnitt,
b) Blattverwindung,
c) Geschwindigkeitsdreieck

Die mit der Umfangsgeschwindigkeit u (Drehradius r) sich ändernde relative Anströmung nach Größe (Betrag w) und Richtung (Winkel φ) geht ebenfalls aus Bild 12-1 hervor. Zum Anpassen müssen die Flügel eine solche Verwindung erhalten, dass Blattwinkel φ vom Nabenansatz bis zur Blattspitze entsprechend der relativen Anströmrichtung abnimmt.

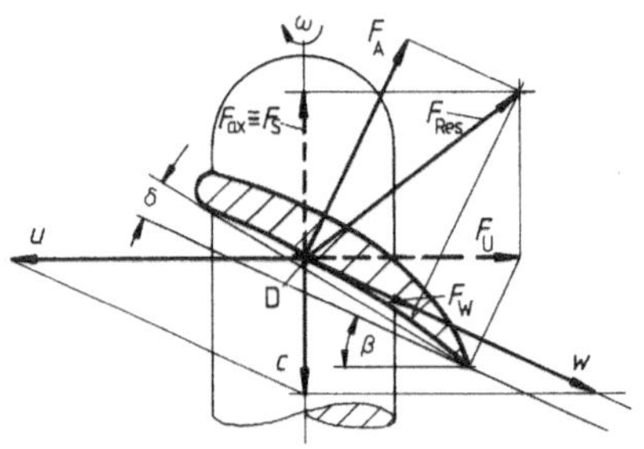

Bild 12-2 Geschwindigkeiten und Kräfte am Propeller-Profil. Eingezeichnet am Druckmittelpunkt D

Die Geschwindigkeiten und Kräfte am Profil, im Druckmittelpunkt D als resultierendem Kraftangriffspunkt, eingezeichnet, sind in Bild 12-2 dargestellt. Das Fluid wird mit der Absolutgeschwindigkeit c verdrängt und strömt infolge Propellerdrehung (Umfangsgeschwindigkeit u) mit der Relativgeschwindigkeit w dem Flügelprofil entlang. Zwischen Propeller und Fluid wirken infolge Umströmung die Auftriebskraft F_A (Tragflügeltheorie) und die Widerstandskraft F_W (Reibung), welche zusammengesetzt (vektoriell) zur Resultierenden F_{Res} führen. F_{Res}, in Tangential- und Axialkomponente zerlegt, ergibt die notwendige Umfangskraft F_u, um den geforderten Schub F_S zu erzeugen. Umfangskraft F_u über die Flügel (Radius r) integriert, führt zum Drehmoment, das der Antriebsmotor aufbringen muss. Um bei wechselnder Fortbewegungsgeschwindigkeit stets optimale Anströmverhältnisse (Blattwinkel φ) zu erhalten, sollten die Drehzahl und/oder die Flügel verstellbar (Verstellpropeller) sein.

Vom Propellerflügel aus betrachtet, also mitrotierend (Relativsystem), strömt das Fluid mit Axialgeschwindigkeit c_{1ax} und Umfangsgeschwindigkeit u_1 auf das Profil zu. Beide ergänzen sich mit der Relativgeschwindigkeit w_1 unter dem Winkel β_1 (Bild 12-3a). Das Medium wird vom Profil erfasst und so abgelenkt, dass es mit höherer Axialgeschwindigkeit c_{2ax} unter größerem Winkel β_2 abströmt. Um den zur Flügelkraft notwendigen Druckaufbau auf der Blattrückfläche zu erreichen, muss das Fluid dabei relativ verzögert werden und deshalb mit kleinerer Relativgeschwindigkeit w_2 ($< w_1$) vom Profil abströmen. Daraus folgt, dass das Medium in Umfangsrichtung gegenüber der Propeller-Umfangsgeschwindigkeit u_P um den Betrag Δu zurückbleibt (Bild 12-3,a). Das rückwärts abströmende Fluid weist daher bezüglich der Umgebung (Absolutsystem), Bild 12-3b, neben der Axialgeschwindigkeit c_{2ax} noch eine geringe Umfangskomponente $c_{2u} = \Delta u$ in der Propellerdrehung (tatsächliche Strömung) auf. Entgegen den Annahmen der vereinfachten Propellertheorie (Abschnitt 12.3) strömt das vom Propeller erfasste Fluid (Kreisquerschnitt) somit nicht rein axial (Theorie), sondern diagonal, das bedeutet, in leichter Schraubenbewegung.

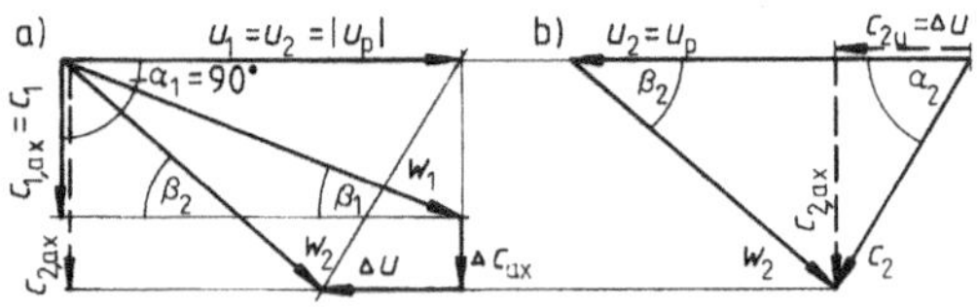

Bild 12-3 Geschwindigkeiten am Propeller. a) Relativ-, b) Absolutsystem. Index 1 Profilnase, 2 Profilende

Genauere Ausführungen über die Propellertheorie sind aus der einschlägigen Spezialliteratur, z. B. [5], zu entnehmen. Folgender Abschnitt geht nur kurz auf die sog. einfache oder vereinfachte Propellertheorie ein, die jedoch keinen Aufschluss über den Einfluss von Anzahl und Profilform der Schraubenblätter zu geben vermag. Hinzu kommt, dass die notwendige Annahme eines drehungsfreien zylindrischen Strahles, der sich mit bestimmter Geschwindigkeit durch das ihn umgebende Fluid bewegen soll, physikalisch nicht befriedigt. Der tatsächliche, zuvor beschriebene Schraubenstrahl wird nur grob angenähert, weshalb die sich ergebende Wirkungsgradbeziehung zu hohe Werte liefert (siehe auch Abschnitt 2.5.3.3).

12.3 Vereinfachte Propellertheorie

Der Impulssatz ermöglicht, die Schubwirkung von Propellern anzugeben, ohne auf die Profil-, Flügelform und Flügelzahl einzugehen. Diese Betrachtungsweise wird daher auch als vereinfachte Propeller- oder Strahltheorie bezeichnet. Nach RANKINE wird hierbei der Propeller wie bei Windturbinen als durchlässige Kreisscheibe mit gleichmäßiger Durchströmung sowie Druckverteilung (davor und danach) angesehen. Der Propeller saugt bei Drehung ständig Medium an, beschleunigt dieses und gibt es nach rückwärts mit höherer Geschwindigkeit ab. Dabei schnürt sich der vom Propeller beeinflusste Fluidstrom wegen der Kontinuitätsbedingung ein, allerdings bei schwach belasteten Propellern nur wenig. Wie erwähnt, wird das Medium gleichzeitig in Drehung versetzt. Werden Reibung, Dichteänderung und Rückwirkung des Fahrzeuges sowie Strahldrehung (Schraubenbewegung) vernachlässigt, ergibt der Impulssatz mithilfe von Bild 12-4 (Abschnitt 11.5.4):

IS zu–ab $\rightarrow \sum F_S = 0$. Ausgewertet ergibt:

$$\dot{I}_{zu} + F_{Wd} - \dot{I}_{ab} = 0$$

Hieraus:

$$F_{Wd} = \dot{I}_{ab} - \dot{I}_{zu} = \dot{m}_{ab} \cdot c_{ab} - \dot{m}_{zu} \cdot c_{zu}$$

Mit

$$\dot{m}_{ab} = \dot{m}_{zu} = \dot{m}_P$$

$$\dot{V}_{ab} = \dot{V}_{zu} = \dot{V}_P, \quad \text{da } \varrho \approx \text{konst, weil } p \approx \text{konst}$$

und

$$F_S = F_{Wd} \quad \text{(actio gleich reactio!)}$$

wird

$$F_S = \dot{m}_P \cdot (c_{ab} - c_{zu}) = \varrho \cdot \dot{V}_P \cdot (c_{ab} - c_{zu}) \qquad (12\text{-}1)$$

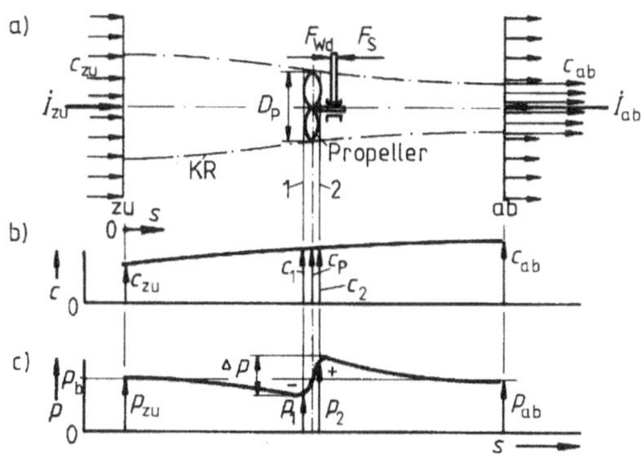

Bild 12-4 Propeller-Strömung (schematisch).
a) Strombild (Propellerstrahl), b) Geschwindigkeitsverteilung, c) Druckverlauf. KR Kontrollraum, umfasst die Stromröhre des vom Propeller erfassten Fluidstromes (Freistrahl)

Mit der Strömungsgeschwindigkeit c_P in der radialen Propellermittenebene ist der Volumenstrom: $\dot{V}_P = c_P \cdot D_P^2 \cdot \pi/4$. Eingesetzt in die Beziehung für den Propellerschub, Gl. (12-1), ergibt:

$$\begin{aligned} F_S &= \varrho \cdot (D_P^2 \cdot \pi/4) \cdot c_P \cdot (c_{ab} - c_{zu}) \\ &= \varrho \cdot (D_P^2 \cdot \pi/4) \cdot c_P \cdot \Delta c \end{aligned} \qquad (12\text{-}2)$$

Dabei entspricht wieder die Zuströmgeschwindigkeit c_{zu} des Fluids der Fortbewegungsgeschwindigkeit des Propellers, also der Fahrgeschwindigkeit des Schiffes bzw. der Fluggeschwindigkeit des Flugzeuges, wenn Wasser- bzw. Windgeschwindigkeit vernachlässigt werden.

Wird, wie erwähnt, Reibungsfreiheit vorausgesetzt, ergibt andererseits die Energiegleichung idealer Fluide mit Bild 12-4:

E zu–1, also vor dem Propeller (Zuströmseite):

$$p_{zu}/\varrho + c_{zu}^2/2 = p_1/\varrho + c_1^2/2 \quad (z_{zu} = z_1 = 0)$$

E 2–ab, d. h. nach dem Propeller (Abströmseite):

$$p_2/\varrho + c_2^2/2 = p_{ab}/\varrho + c_{ab}^2/2 \quad (\text{weil } z_2 = z_{ab} = 0)$$

Infolge des Propeller-Freistrahles ist $p_{ab} = p_{zu}$.

Beide Energiegleichungen addiert:

$$p_2/\varrho + c_2^2/2 + c_{zu}^2/2 = p_1/\varrho + c_1^2/2 + c_{ab}^2/2$$

Näherungsweise gesetzt $c_1 \approx c_2 \approx c_P$, ergibt:

$$p_2/\varrho + c_{zu}^2/2 \approx p_1/\varrho + c_{ab}^2/2$$

Hieraus:

$$\Delta p = p_2 - p_1 \approx (c_{ab}^2 - c_{zu}^2) \cdot \varrho/2 \qquad (12\text{-}3)$$

Mit diesem sicher relativ kleinen Druckunterschied Δp zwischen Vorder- und Rückseite der Propellerrotationsfläche $A_P = D_P^2 \cdot \pi/4$ lässt sich der Propellerschub auch wie folgt darstellen:

$$F_S = \Delta p \cdot A_P = (\varrho/2) \cdot (c_{ab}^2 - c_{zu}^2) \cdot D_P^2 \cdot \pi/4 \qquad (12\text{-}4)$$

Aus Gleichsetzen von Gl. (12-2) mit (12-4):

$$\varrho \cdot D_P^2 \cdot \frac{\pi}{4} \cdot c_P \cdot (c_{ab} - c_{zu}) = \frac{\varrho}{2} \cdot (c_{ab}^2 - c_{zu}^2) \cdot D_P^2 \cdot \frac{\pi}{4}$$

$$c_P = (c_{ab} + c_{zu})/2 \qquad (12\text{-}5)$$

Diese Beziehung wurde schon von FROUDE angegeben. Die Strahlgeschwindigkeit in Propellermitte ergibt sich als arithmetischer Mittelwert zwischen Zu- und Abströmgeschwindigkeit des Fluids.

Der Propellerschub F_S auf das Produkt von Rotorfläche A_P und Staudruck der Anströmgeschwindigkeit c_{zu} bezogen, wird als **Belastungsgrad** oder **Schubbelastungsgrad** C_S bezeichnet:

$$C_S = \frac{F_S}{\varrho \cdot (c_{zu}^2/2) \cdot A_P} = \frac{(\varrho/2) \cdot (c_{ab}^2 - c_{zu}^2) \cdot D_P^2 \cdot \pi/4}{\varrho \cdot (c_{zu}^2/2) \cdot D_P^2 \cdot \pi/4}$$

$$C_S = (c_{ab}/c_{zu})^2 - 1 \qquad (12\text{-}6)$$

Mit dem Belastungsgrad stellt sich die Propellervortriebskraft gemäß Gl. (12-4) wie folgt dar:

$$F_S = C_S \cdot \varrho \cdot A_P \cdot c_{zu}^2/2 \qquad (12\text{-}7)$$

Nach FROUDE ergibt sich der theoretische **Schub-, Strahl-, Vortriebs-, Propulsions-**[1] oder **Propeller-Wirkungsgrad** $\eta_{S,th}$ gemäß Gl. (11-29) zu:

$$\eta_{S,th} = c_{zu}/c_P = 2/(1 + c_{ab}/c_{zu}) \qquad (12\text{-}8)$$

Mit dem Belastungsgrad C_S nach Gl. (12-6) lässt sich Gl. (12-8) umschreiben:

$$\eta_{S,th} = (2/C_S) \cdot \left(\sqrt{1+C_S} - 1\right) \qquad (12\text{-}9)$$

Durch Reibungs- und Drallverluste wird der tatsächliche Propeller- oder Schubwirkungsgrad um den sog. **Schubgütegrad** $\eta_{S,g} \approx 0{,}8 \ldots 0{,}9$ geringer

$$\eta_S = \eta_{S,th} \cdot \eta_{S,g} \qquad (12\text{-}10)$$

Mit dem Geschwindigkeitsanstieg des Propellerstrahles $\Delta c = c_{ab} - c_{zu}$ und daraus $c_{ab} = c_{zu} + \Delta c$ gilt für den Vortriebs- oder Schubwirkungsgrad:

$$\eta_{S,th} = \frac{2}{1+(c_{zu}+\Delta c)/c_{zu}} = \frac{1}{1+\Delta c/(2 \cdot c_{zu})} \qquad (12\text{-}11)$$

Die mittlere Zuströmgeschwindigkeit c_{zu} entspricht der Fortbewegungsgeschwindigkeit c_{Fort} des Flugzeuges oder Schiffes, wenn Eigengeschwindigkeit des umgebenden Fluids vernachlässigt.

Über die aus den Beziehungen für Schubwirkungsgrad (Gl. (12-11)) und Vortriebskraft (Gl. (12-4)) folgenden Konsequenzen für den Propellerantrieb wurde in Abschnitt 11.4.6.3 berichtet.

12.4 Kennzahlen

Neben dem Belastungsgrad sind bei Propellern des Weiteren folgende Kennzahlen üblich:

Spezifische Drehzahl: $n_y = 0{,}9 \ldots 3{,}0$
Fortschrittsgrad: $\lambda = c_{Fort}/u$
Völligkeitsgrad: $\varphi = z_P \cdot A_{St}/A_P$

mit

z_P ... Flügelzahl des Propellers
A_{St} ... Blatt-Stirnfläche eines Flügels
A_P ... Propellerkreisfläche

Durch höhere Flügelzahl z_P oder breitere Blätter lässt sich der Völligkeitsgrad erhöhen. Dadurch steigt der Schub, während der Wirkungsgrad zurückgeht. Auf die ebenfalls angewendeten Kennwerte Schub-, Drehmoment- und Leistungszahl soll nicht eingegangen werden. Mithilfe der Kennzahlen lassen sich aufgrund von Versuchsreichen die Hauptdaten von Propellern schnell ermitteln.

[1] Propulsion ... Forttreiben.

12.5 Anwendungsbedingte Besonderheiten

Auf einige Besonderheiten von Flugzeug- und Schiffsschrauben wird kurz hingewiesen.

12.5.1 Flugzeugpropeller

Um Verdichtungsstöße (verlustreich, Kapitel 5) zu vermeiden, muss die größte Geschwindigkeit, die Relativströmungsgeschwindigkeit, unter der Schallgrenze bleiben. Die Forderung erfüllt sich in der Regel, wenn die äußere Propellerumfangsgeschwindigkeit etwa 20 % unter der Schallgeschwindigkeit liegt, ergibt etwa $Ma \leqq 0{,}8$. Durch den sonst im transsonischen Bereich besonders an den Propellerspitzen auftretenden sog. Wellenwiderstand [3] wirken so große Kräfte auf die Flügel, dass Berstgefahr besteht. Bei entsprechend verstärkten Blättern verliert der Propeller jedoch an Effizienz, weshalb Übergang auf Strahltriebwerke der Bläserbauart (Abschnitt 11.4.6.3) notwendig ist. Zudem entstehen dann sehr starke Luftwirbelzöpfe, die wie Peitschenhiebe unregelmäßig gegen den Flugzeugrumpf klatschen und dadurch hohe Geräusche verursachen.

Gelegentlich werden jedoch auch Propeller eingesetzt, bei denen die Schallgeschwindigkeit an den Blattspitzen überschritten wird, z. B. zeitweise bei Hubschraubern. Abgesehen von dem mit Ansteigen des Profilwiderstandes verbundenen Wirkungsgradabfall erzeugen derartige Propeller wegen der von Verdichtungsstößen ausgelösten Schallwellen einen sehr lauten, posaunenartigen Ton, der sich besonders senkrecht zur Flugrichtung ausbreitet. Die Lärmerzeugung kann jedoch auch schon bei Unterschallpropellern zum Problem werden, da diese nicht nur lästig ist, sondern auch die Flugzeugzelle, wie erwähnt, nachteilig beansprucht.

Die Umfangsgeschwindigkeit wird zudem durch den eingesetzten Flügelwerkstoff begrenzt:

- Holzpropeller: $u \leqq 280\,\mathrm{m/s}$
- Metallpropeller: $u \leqq 320\,\mathrm{m/s}$ (Leichtmetall geschmiedet oder Verbundmateriale).

Infolge hoher Geschwindigkeiten reichen bei Flugzeugpropellern wenige schlanke Blätter zur Schuberzeugung aus ($F_S \sim w^2$, wieder gemäß Gl. (11-41)). In der Regel genügen zwei Flügel, nur selten sind drei oder gar vier notwendig (Bild 12-5a).

Mit steigender Höhe geht der Schub infolge abnehmender Fluiddichte zurück, weshalb die Flughöhe von Propellerflugzeugen auf etwa 6...8 km begrenzt ist. Andererseits fällt mit der Luftdichte auch der Reibungswiderstand und damit die nötige Vortriebsleistung des Flugzeuges.

12.5.2 Schiffsschrauben

Der Schiffskörper beeinflusst die Schraubenströmung besonders stark, weil die Schraube voll im Schiffs-Nachlauf arbeitet. Wie bei allen „Wassermaschinen" hat die Kavitation auch bei Schiffsschrauben bestimmenden Einfluss auf Form, Werkstoff und Betrieb.

Um Kavitation bei langsamen Schiffen – Geschwindigkeit unter etwa 35 kn[1] – zu vermeiden, erhalten die Schiffsschrauben flache, sog. gering belastete Profile mit sehr kleinen Anstellwinkeln (Bild 12-5b und c). Um bei den geringen Unterdrücken bzw. Druckunterschieden dieser Profile ausreichenden Gesamtschub zu erreichen, sind mehrflügelige Schrauben mit großen Blättern in Durchmesser und Breite notwendig. Beim Berechnen solcher Schrauben genügt es nicht mehr, den einzelnen Flügel durch einen tragenden Wirbel zu ersetzen. Insbesondere ist die Strömungskrümmung (Kreisbahn) entlang der Schraubenfläche zu berücksichtigen. Aus Festigkeitsgründen muss auch der Nabendurchmesser größer als bei Luftpropellern ausgeführt werden, wodurch die für den Vortrieb notwendige Zirkulationsverteilung der Flügel ungünstig beeinflusst wird.

Richtwerte: $D_N \leqq 0{,}4 \cdot D_{(a)}$

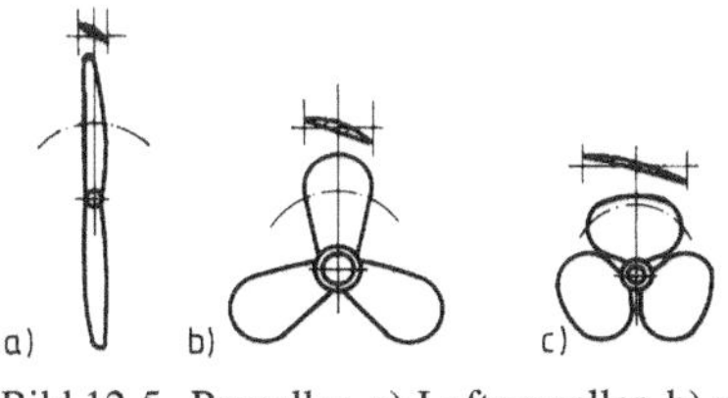

Bild 12-5 Propeller. a) Luftpropeller. b) und c) Wasserpropeller, b) langsamlaufend, c) schnelllaufend.

Auch liegen die Umfangsgeschwindigkeiten meist unter etwa 50 m/s, was bei großen Schiffsschrauben (bis ca. 12 m Durchmesser) zu Drehzahlen von etwa 80...120 min^{-1} führt.

[1] kn ... Knoten, 1 kn = 0,514 m/s = 1,852 km/h.

Bei schnellen Schiffen – Geschwindigkeit über etwa 40 kn – ist Kavitation fast immer unvermeidbar, Kavitationsverschleiß lässt sich dann nur verhindern, wenn es zuverlässig gelingt, Schrauben zu bauen, die stets **vollkavitierend** arbeiten (Superkavitation, Abschnitt 5.2.1.6). Versuche bestätigen, dass das Bauen superkavitierender Schiffsschrauben bis ca. 80 kn, sog. Hochleistungspropeller, mit gutem Wirkungsgrad möglich ist.

Werkstoffe: Wegen Kavitation und Seewasserangriff werden Schiffspropeller meist hergestellt aus Cu-Sn- und Al-Mehrstoff-Legierungen (Bronzen) bei Hochbelastungspropeller (großer Schaufeldruck-Unterschied) bzw. Edelstahl (Cr > 13 %) bei Hochleistungspropeller.

Konstruktives: Flügelzahl gewöhnlich 3 bis 4. Ausgeführt als Fest- oder Verstellpropeller. Da Verstellpropeller jedoch wesentlich aufwendiger sind, erfolgt ihr Einsatz nur bei Schiffen mit hohen Ansprüchen an die Manövrierfähigkeit. Die Lagerung geschieht propellerseitig in seewassergeschmierten Packholz- bzw. Hartgummilagern oder Weißmetalllagern mit Ölschmierung.

Hochbelastungspropeller erfordern Zusatzmaßnahmen zum Verringern des infolge der hohen Schaufeldruckdifferenz stets vorhandenen Kavitationsangriffes. Ausgeführt werden Materialanhäufung und/oder Luftzuführung an den kavitationsgefährdeten Bereichen (Abschnitt 5.2.1.1). Die Luft wird über eigens hierfür in der Welle angebrachte Leitungen und Kanäle in den Flügeln zugeführt, von denen sie über Bohrungen austritt.

12.5.3 Sonderbauarten

Erwähnt werden kurz Mantelschrauben, Gegenlaufpropeller und VOITH-SCHNEIDER-Propeller.

Mantelschrauben: Der Propeller läuft in rohrartigem Mantel. Dadurch wird die Flügelrandumströmung weitgehend vermieden.

Vorteile (wichtig vor allem bei kleinen Geschwindigkeiten):

- Propeller bei gleichem Schub erheblich kleiner, läuft deshalb bei gleicher Umfangsgeschwindigkeit mit hoher Drehzahl.
- Durchflussgeschwindigkeit höher. Ergibt besseren Wirkungsgrad.
- Passt sich verschiedenen Fahrgeschwindigkeiten besser an, da Strahlkontraktion vermieden.

- Vermindert Kompressibilitätseinfluss bei Luft und Kavitationserscheinungen bei Wasser.

Nachteile: Infolge des Mantels höherer Bauaufwand und größerer Strömungswiderstand.

Angewendet: Bei Flugzeugen selten, da Bauaufwand zu hoch und Reibungswiderstand bei Schnellflug zu groß. Verschiedentlich bei Sportflugzeugen als sog. **Mittelschraube** ausgeführt. Bei Schiffen nur als sog. **KORT-Düsen** oder **Bugstrahlruder** zu Manövrierzwecken eingesetzt. Bugstrahlruder sind quer zur Längsachse im Schiffskörper angeordnet, wodurch Querbewegung möglich.

Gegenlaufpropeller: Verschiedentlich bei Flugzeugen angewendet, bei Schiffen dagegen nicht. Jede Schraube wirkt gleichzeitig als Leitrad für die andere und die Relativgeschwindigkeit zwischen beiden Propellern verdoppelt sich. Außerdem nur noch Restreaktionsmoment auf Flugzeugkörper.

VOITH-SCHNEIDER-Propeller: Im Gegensatz zu üblichen Propellern, bei denen die Flügel in radialer Ebene liegen, sind sie beim VOITH-SCHNEIDER-Propeller axial verlaufend auf einer Kreislinie angeordnet und quer angeströmt. Sie werden nur bei Schiffen eingesetzt. Die 4 bis 8 profilierten Blätter von Rechteckform mit gleich bleibenden Querschnittes werden auf einem waagrecht liegenden Kreis herumgeführt, wobei ihr Anstellwinkel während jedem Umlauf von null auf positive über negative Werte und wieder zurück auf null gesteuert wird. Die Richtung von Nulllage und Betrag des Winkelausschlages sind dabei beliebig veränderbar, weshalb bei gleich bleibender Drehzahl der Schub nach Stärke und Richtung einstellbar ist. VOITH-SCHNEIDER-Propeller ermöglichen daher gute Manövrierfähigkeit. Sind zwei Propeller vorhanden, ist das Schiff in jede Richtung verschieb- und deshalb auch um seine Hochachse (Vertiaklachse) drehbar.

13 Aggregate

13.1 Vorbemerkung

Kombinationen von Strömungs-Arbeits- und -Kraftmaschinen bilden komplette Aggregate. Gasturbinen wären daher ebenfalls hierunter einzuordnen. Sie erhielten trotzdem einen eigenen Abschnitt innerhalb der Turbinen. Nachfolgend sollen nur Kopplungen von hydraulischen Pumpen- mit Turbinenelementen behandelt werden. Solche kombinierten Strömungsmaschinen (Turboaggregate) arbeiten je nach Ausführung als Kupplung oder Getriebe.

13.2 Funktionsweise

Auf FÖTTINGER [1] (1905) geht die Idee zurück, Kreiselpumpe als Antrieb, mit Flüssigkeitsturbine als Abtrieb, in einem Flüssigkeitskreislauf hintereinander zu schalten, um dadurch Energie zu übertragen. Das Funktionsprinzip geht aus Bild 13-1 hervor.

Der links abgebildete Motor treibt eine Kreiselpumpe. Die energiebeladene Betriebsflüssigkeit wird einer Turbine zugeführt. Die Turbine ihrerseits treibt den rechts dargestellten Propeller oder eine andere Arbeitsmaschine. Die Arbeitsflüssigkeit verliert ihre Energie in der Turbine und wird über den Vorratsbehälter zur Pumpe zurückgeführt, wodurch sich der Kreislauf schließt. Da die Wirkungsgrade guter Strömungsmaschinen – sowohl von Kreiselpumpen (η_P) als auch Wasserturbinen (η_T) – selten Werte von etwa 90 % übersteigen, erreicht die Hintereinanderschaltung beider Maschinen in gemeinsamem Energieübertragungskreis nur einen Gesamtwirkungsgrad von $\eta_{ges} = \eta_P \cdot \eta_T \approx 0{,}90^2 = 0{,}81$, also etwa 80 %.

Einen bedeutenden Entwicklungsschritt vollzog FÖTTINGER, indem er Pumpen- und Turbinenrad dicht beieinander in gemeinsamem Gehäuse anordnete. Dadurch entfallen unnötige, mit Reibung behaftete Strömungswege. Vor allem jedoch entfällt die verlustbringende Pumpenleitvorrichtung (Diffusor). Die der Arbeitsflüssigkeit vom Pumpenlaufrad (Antrieb) aufgeprägte Energie wird nicht in Druck umgeformt, sondern direkt dem Turbinenläufer (Abtrieb) in kinetischer Form zugeführt. Die Energieübertragung erfolgt somit fast ausschließlich hydrodynamisch, d. h. durch Massenkräfte. Auf diese Weise in Aggregaten kombinierte Strömungsmaschinen erreichen daher je nach Ausführung und Qualität Wirkungsgrade bis etwa 95 %.

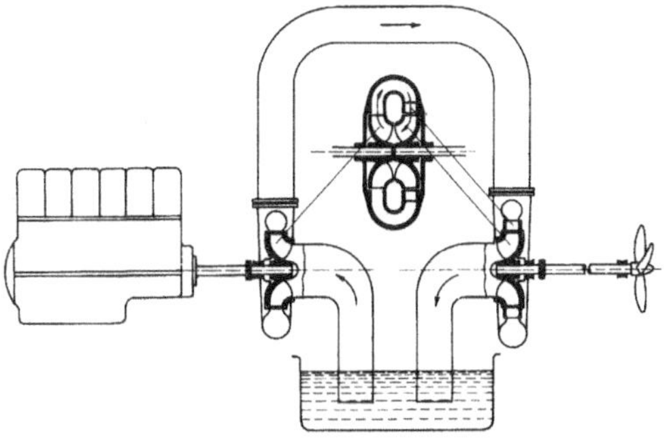

Bild 13-1 Funktionsschema des FÖTTINGER-Prinzips (KELLER/VOITH). Außen: Ausgangslage. Innen: Endergebnis

Insgesamt weisen **FÖTTINGER-Aggregate** folgende Eigenschaften auf:

Hauptvorteile: Da keine mechanische Verbindung (Form- oder Kraftschluss) notwendig, sanfte elastische Kraftübertragung ohne Verschleiß. Schwingungsdämpfend, robust, kein Abwürgen der Antriebsmaschine. Keine Trennkupplung notwendig.

Hauptnachteile: Geringerer Wirkungsgrad als mechanische Energieübertragungseinrichtungen, also z. B. Schaltkupplungen, Zahnradgetriebe. Verlustwärmeabfuhr notwendig (Kühlung). Regelbereich begrenzt. Abmessungen oft verhältnismäßig groß, besonders bei geringer Antriebsdrehzahl.

Hydrodynamischen Aggregaten mit dem Hauptmerkmal „Nutzung der Massenkräfte" stehen hydrostatische Einrichtungen mit dem Hauptkennzeichen „Druckwirkung" (Verdrängungsprinzip) gegenüber. Wichtige Begriffe und Zusammenhänge enthält die VDI-Richtlinie Nr. 2153 [2].

Wie bemerkt, wird zwischen zwei grundsätzlichen Arten von hydrodynamischen Aggregaten unterschieden, den Kupplungen und Getrieben. **Kupplungen** sind reine **Drehmomentübertrager, Getriebe** dagegen **Drehmomentwandler** (-Transformatoren). Ohne auf Einzelheiten der in vielfältigen Ausführungen und Größen (0,1 ... 100 MW) gebauten Einheiten einzugehen, sollen Wirkungsweise, Unterschiede sowie Eigenschaften der beiden Typen aufgezeigt werden.

[1] Prof. Dr.-Ing. Hermann FÖTTINGER, Elektroingenieur (1877–1945).

[2] VDI 2153: Hydrodynamische Getriebe – Bauformen – Wirkungsweise.

13.3 Strömungskupplungen

Weitere Bezeichnungen: FÖTTINGER-**Kupplung** (zu Ehren des Erfinders), Flüssigkeitskupplung, **hydrodynamische Kupplung, Turbokupplung**.

13.3.1 Aufbau und Arbeitsweise

Aufbau: Strömungskupplungen bestehen im Wesentlichen aus zwei eng beieinander angeordneten halbtorusförmigen Schalen mit im Allgemeinen rein radial verlaufenden ebenen Rippen (Schaufeln) gemäß Bilder 13-2 und 13-3. Das treibende Rad, kurz Antrieb, ist das Pumpen- oder Primärrad. Das getriebene Rad, kurz Abtrieb, arbeitet als Turbine und wird auch als Sekundärrad bezeichnet. Beide Räder sind meist mit der gleichen Anzahl radialer Schaufeln ausgerüstet. Verschiedentlich erhält das Pumpenrad bis zur 3fachen Schaufelzahl des Turbinenläufers. Als Gehäuseabschluss nach außen und zur Sicherung des Arbeitsflüssigkeitsinhaltes sowie zum Achsschubausgleich dient eine dritte, jedoch schaufellose Halbschale, die mit einem der beiden Arbeitsräder abdichtend verbunden ist und daher mit umläuft. Als Arbeitsflüssigkeit dient meist temperaturbeständiges, nichtschäumendes Öl, seltener Wasser (Verdampfungs- und Korrosionsgefahr).

Arbeitsweise: Das umlaufende Pumpenrad nimmt durch die Schaufeln das sich in seinen Kammern befindende Betriebsfluid mit. Wegen der mit wachsender Drehzahl steigenden Fliehkraftwirkung wird die Flüssigkeit im Pumpenrad radial nach außen geschleudert und vom sich dadurch aufbauenden Druck ins angrenzende Turbinenrad gefördert. Das energiebeladene Arbeitsmedium „stößt“ dabei gegen die Turbinenschaufeln und „reißt“ das Turbinenrad in Drehrichtung mit. Dadurch verliert die Betriebsflüssigkeit Energie (der Druck fällt ab) und strömt im Toruskreis zum Pumpenrad zurück. Letztlich wird somit das Drehmoment allein durch die Flüssigkeitsmassenkräfte übertragen, die beim Beschleunigen im Primärrad und Verzögern im Sekundärrad wirksam werden. Den Flüssigkeitsumlauf im Torus – Schraubenlinien infolge überlagerter Drehbewegung – hält der bei unterschiedlicher Pumpen- und Turbinenrotordrehzahl vorhandene Druckunterschied aufrecht. Zur Wirkungsweise ist somit notwendig, dass An- und Abtrieb mit verschiedener Drehzahl rotieren. Je größer der Drehzahlunterschied, desto höher ist das vom schneller auf das langsamer umlaufende Rad übertragene Drehmoment. Dreht das Pumpenrad schneller als das Turbinenrad, wird ein **Nutzmoment** übertragen, im umgekehrten Fall ein **Bremsmoment**. Bei Drehzahlgleichheit wirkt kein Moment mehr zwischen Primär- und Sekundärrad. Es ergibt sich völlige Symmetrie, das Fluid strömt nicht mehr.

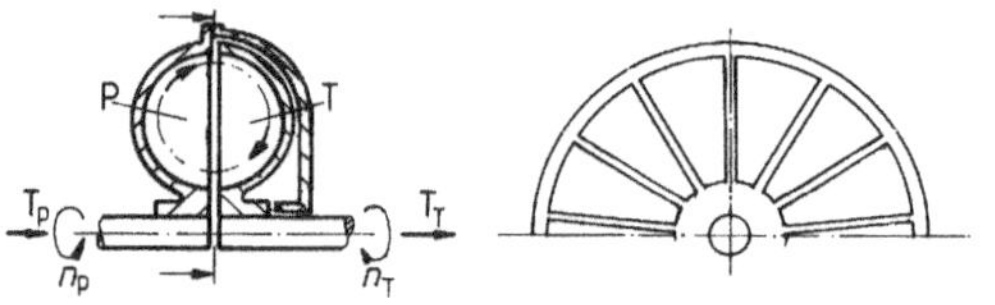

Bild 13-2 Turbokupplung (prinzipieller Aufbau).
P Pumpen- oder Primärrad (Antrieb). T Turbinen- oder Sekundärrad (Abtrieb)

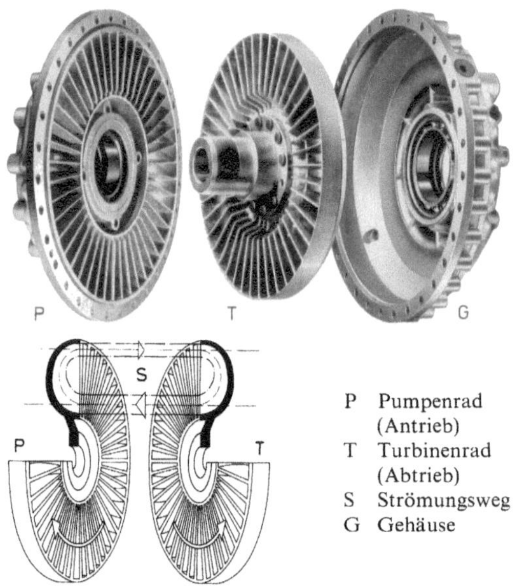

P Pumpenrad (Antrieb)
T Turbinenrad (Abtrieb)
S Strömungsweg
G Gehäuse

Bild 13-3 Aufbau und Fluid-Strömungsweg von Turbokupplung (VOITH)

13.3.2 Kenngrößen und Eigenschaften

Wichtige Kenngrößen sind:

Drehzahlverhältnis:

$$\nu = n_{ab}/n_{an} = n_T/n_P \tag{13-1}$$

Schlupf:

$$s = \Delta n/n_{an} = (n_{an} - n_{ab})/n_{an}$$

$$s = (n_P - n_T)/n_P = 1 - \nu \tag{13-2}$$

Kupplungsmoment: Wie in Kapitel 3 gezeigt, beruht die Wirkung von Strömungsmaschinen auf Dralländerung (Drallstrom), gleichwertig dem zugehörigen Moment (Drallsatz). Bleibt die Reibung unbeachtet, wird die vom Pumpenrad erzeugte Dralländerung des Mediumstromes $\dot{m}$ von diesem immer vollständig auf das Turbinenrad übertragen und dadurch das Kupplungsmoment bewirkt (Gl. (3-10)). Da kein weiteres Element vorhanden ist, das ein Moment aufnehmen könnte, muss nach dem Gleichgewichtsgesetz der Mechanik (Actio gleich Reactio) das Moment der Turbinenwelle T_T gleich dem der Pumpenwelle T_P sein:

$$T_T = T_P = \Delta\dot{L} = \dot{m} \cdot \Delta(r \cdot c_u) \qquad (13\text{-}3)$$

Wie bei mechanischen Kupplungen ist somit auch bei hydrodynamischen das Moment des Abtriebs so groß wie das vom Antrieb aufgebrachte. Das gleiche Ergebnis folgt aus detailliertem Auswerten von Gl. (3-10), wenn beachtet wird, dass die Eintrittswerte $(r,\ c_u)$ des Turbinenrades gleich den Austrittswerten des Pumpenläufers sind und umgekehrt.

Die aus Gl. (3-10) hervorgehende Beziehung (13-3) zeigt auch, dass sich das übertragbare Kupplungsmoment linear mit dem umlaufenden Mengenstrom $\dot{m}$ der Arbeitsflüssigkeit ändert. Das Drehmoment einer Strömungskupplung kann somit durch Ändern der Füllung m erhöht (m größer) bzw. verringert (m kleiner) werden. Der mögliche Bereich der Abtriebsdrehzahl durch Füllungsänderung liegt zwischen 95 % und 20 % der Antriebsdrehzahl, und zwar bei dem Füllungsgrad zwischen 100 % und 25 %. Gl. (13-3) bestätigt zudem, dass sich das Drehmoment mit der Differenz des Geschwindigkeitsmomentes $\Delta(r \cdot c_u)$, d. h. dem Schlupf, ändert. Das maximale Kupplungsmoment tritt daher bei Stillstand des Sekundärrades als sog. **Festbrems-** oder **Anfahrmoment** auf.

Der Einfluss von Abmessungen und Drehzahl auf das übertragbare Kupplungsmoment folgt aus den Ähnlichkeitsbeziehungen. Gemäß Gl. (4-19) ist das Drehmoment bei Bezugsdurchmesser D:

$$T = T_P = P_P/\omega_P \sim \varrho \cdot \omega_P^2 \cdot D^5 \qquad (13\text{-}4)$$

Oder mit der sog. *Leistungszahl* λ als Proportionalitätsfaktor (Richtwerte $\lambda_L = 0{,}08 \ldots 0{,}1$):

$$T = \lambda \cdot \varrho \cdot \omega_P^2 \cdot D^5 \qquad (13\text{-}5)$$

Der Durchmesser der Strömungskupplung ist somit von überragendem Einfluss (5. Potenz). Demgegenüber steigt das Kupplungsmoment nur linear mit der Dichte und quadratisch mit der Pumpenraddrehzahl $n_P = \omega_P/(2 \cdot \pi)$. Bei geringer Leerlaufdrehzahl, beispielsweise von Brennkraftmotoren, ist das übertragbare Moment sehr gering, weshalb sich eine Trennkupplung erübrigt. Die experimentell zu bestimmende **Leistungszahl** λ berücksichtigt den Einfluss von Füllungsgrad, Bauform und Belastung der Turbokupplung. Immer gilt jedoch:

- Abtriebsmoment gleich Antriebsmoment
- Sekundärdrehzahl ungleich Primärdrehzahl, also Schlupf (Fliehkraftdifferenz) notwendig. Positiver Schlupf bei Antrieb, negativer beim Bremsen (Drehzahlwandlung), wobei sich die Strömungsrichtung im Torus-Querschnitt umkehrt.

Die gesamten Zusammenhänge sind in Bild 13-4 qualitativ dargestellt. Der anschließend begründete Wirkungsgradverlauf (Gl. (13-6)) ist ebenfalls eingetragen (Bild 13-4a).

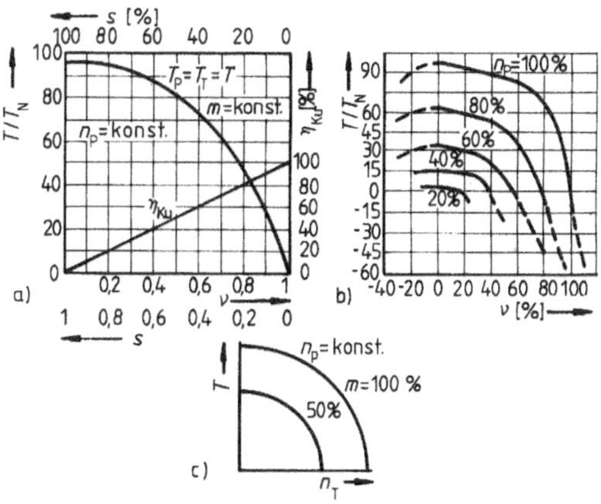

Bild 13-4 Kennlinien und Kennfelder der Turbokupplungen (Prinzipdarstellungen).
a) Kennlinien Drehmoment $T = T_P = T_T$, exakt T/T_N und Wirkungsgrad η_{Ku}, abhängig von Drehzahlverhältnis ν bzw. Schlupf s bei gleich bleibender Pumpendrehzahl n_P sowie Füllung m (n_P = konst; m = konst).
b) Kennfeld $T/T_N = f(\nu)$ für verschiedene Antriebsdrehzahlen n_P (Parameter) bei unveränderter Füllung (also m = konst), $T_N \ldots$ Nennmoment.
c) Kennfeld $T = f(n_T)$ für verschiedene Füllung bei konstanter Primärdrehzahl (n_P = konst)

Wirkungsgrad η_{Ku}**:** Folgt als Verhältnis von abgegebener zu zugeführter Leistung (Antrieb) der Turbokupplung:

$$\eta_{Ku} = \frac{P_{ab}}{P_{an}} = \frac{P_T}{P_P} = \frac{T_T \cdot \omega_T}{T_P \cdot \omega_P} = \frac{n_T}{n_P} = \nu$$

Oder mit dem Schlupf s (Gl. (13-2)) wird:

$$\eta_{Ku} = n_T/n_P = v = 1 - s \quad (13\text{-}6)$$

Der Wirkungsgrad ändert sich somit linear mit dem Drehzahlverhältnis v bzw. dem Schlupf s.

13.3.3 Ausführungen und Anwendungen

Im **Nennbetrieb** beträgt der Schlupf bei gut ausgelegten FÖTTINGER-Kupplungen $s = \mathbf{2 \ldots 5\ \%}$, weshalb Wirkungsgrade von $\eta_{Ku} = \mathbf{95 \ldots 98\ \%}$ erreicht werden. Abgesehen von den *Rutschphasen* beim Anfahren liegt der Wirkungsgrad mechanischer Kupplungen dagegen praktisch immer bei 100 %. Deshalb werden Turbokupplungen vielfach nur zum verschleißfreien Anfahren als sog. **Anfahrkupplungen** verwendet. Nach dem Hochfahren, d. h. dem Erreichen der Nenndrehzahl, wird mechanisch, beispielsweise mittels Innen- und Außenverzahnung, durchgekuppelt und anschließend die FÖTTINGER-Kupplung meist entleert. Bei entleerter Turbokupplung kann die Antriebsmaschine auch völlig entlastet anlaufen.

Die Verlustenergie muss als Wärme, die sog. **Schlupfwärme**, nach außen abgeführt werden, wenn vor allem die Arbeitsfüssigkeit keinen Schaden nehmen soll. Arbeitet eine FÖTTINGER-Kupplung immer wieder längere Zeit mit größerem Schlupf, ist zum Abführen der Schlupfwärme ein separater Kühler notwendig. Parallel zum Hauptkreislauf Primär-/Sekundärrad wird ein Nebenkreislauf geschaltet, der ständig einen gewissen Anteil des Arbeitsmittels aus der Kupplung über ein Schöpfrohr entnimmt, durch den außen stehenden Kühler leitet und zurückführt. Wird der Nebenkreislauf nicht durch die Förderenergie der Kupplung, sondern mittels eigener Pumpe betrieben, kann er neben der Kühlung gleichzeitig zur Füllungsänderung eingesetzt werden.

Aus der Vielzahl der Ausführungen hydrodynamischer Kupplungen soll nur noch die für sog. verzögerten Anlauf kurz erwähnt werden, dargestellt als untere Hälfte von Bild 13-5. Der bauliche Unterschied gegenüber der in der oberen Hälfte von Bild 13-5 gezeigten Turbokupplung ohne Füllungsänderung ist beim Vergleichen ersichtlich. Bei anfahrverzögerter Strömungskupplung sammelt sich während des Stillstandes ein Teil der Arbeitsflüssigkeit in der sog. *Verzögerungskammer* und verringert somit die Füllung im Pumpen-Turbinen-Torus. Während des Startvorganges kann die im Verzögerungsraum zurückgehaltene Flüssigkeit nur langsam durch kleine Bohrungen dem Hauptkreislauf wieder zufließen und dadurch die Füllung vergrößern. Bei richtigem Auslegen der Turbokupplungen ist der Motorhochlauf vollzogen, bevor ein wesentlicher Teil der zurückgehaltenen Flüssigkeit in den Kupplungsarbeitsraum überströmen konnte. Der füllungsverzögerte Anlaufvorgang erfolgt also sanfter und deshalb maschinenschonender.

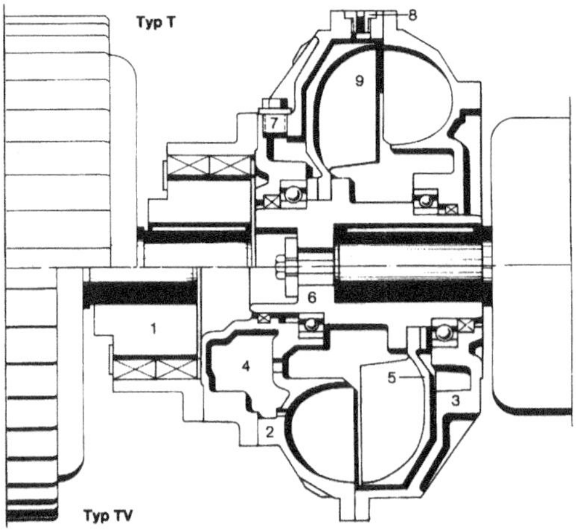

Bild 13-5 Turbokupplung (VOITH).
Obere Bildhälfte, Typ T: Ohne Füllungsregelung (Normalausführung). Untere Bildhälfte, Typ TV: Mit Füllungsregelung.
1 Elastische Verbindungskupplung zum Antrieb, 2 Außenrad (Pumpe), 3 Kupplungsschale (Gehäuse), 4 Verzögerungskammer, 5 Innenrad (Turbine). 6 Kupplungsnabe zum Abtrieb, 7 Füllschraube, 8 Schmelzsicherung (thermischer Überlastschutz), 9 Betriebsflüssigkeit

Als weitere Sonderform gilt die sog. **Turbobremse**. Durch Festhalten des Sekundärrades wirkt ein Bremsmoment auf das Primärrad. Die Bremswirkung erfolgt verschleißlos, allerdings muss die Bremswärme wieder mittels Kühlanlage abgeführt werden.

Hauptsächliche Anwendungsgebiete von Flüssigkeitskupplungen sind: Lastfreier bzw. teilentlasteter Anlauf von Antriebsmaschinen. Verschleißfreies Anfahren sowie schonender Betrieb schwerer und schwerster Maschinen in Bergbau, Fördertechnik, Maschinenbau, Fahrzeugwesen, Hüttentechnik, Schiffsbau, Aufbereitungstechnik, Chemie etc. Turbokupplungen schützen die Anlagen gleichzeitig vor Überlast und Blockierung durch begrenztes Höchstmoment (Festbremsmoment) sowie gegen Stoßbelastungen.

13.4 Strömungsgetriebe

Vorbemerkungen: Weitere Bezeichnungen: FÖTTINGER-Getriebe, FÖTTINGER-Transformatoren, Flüssigkeitsgetriebe, hydrodynamische Getriebe, Turbogetriebe. Oft steht auch statt des Ausdrucks „Getriebe" der Begriff „Wandler", verschiedentlich sogar ohne weiteren Wortzusatz (wie FÖTTINGER), also kurz **Wandler** oder Hydro- bzw. **Turbowandler**.

13.4.1 Unterschied Kupplung – Getriebe

Kupplungen sind reine Drehmoment-Übertrager. Die Antriebsmaschine muss fähig sein, das vom Abtrieb geforderte Moment aufzubringen. Mechanische Reibkupplungen übertragen das Moment unter der Rutschgrenze ohne Drehzahlschlupf zwischen An- und Abtrieb. Die Turbokupplung passt sich dem geforderten Moment innerhalb ihrer Grenzen durch Schlupfänderung ($1 > s > 0$) selbsttätig an. Beim Anfahrgang wird jede Kupplung zum **Drehzahl**-Wandler. Die Drehzahl der Abtriebswelle bleibt bis zum vollständigen Hochfahren hinter der Antriebsdrehzahl zurück. Bei mechanischen Kupplungen muss dieser Vorgang durch Rutschen (hoher Verschleiß) vollzogen werden. *Turbokupplungen* arbeiten auch während dieser Periode verschleißfrei, wenn auch mit geringerem Wirkungsgrad, sind daher fast ideale *Drehzahlwandler*.

Getriebe dagegen sind **Drehmoment-Wandler**. Von einem automatischen Getriebe wird erwartet, dass es bei gleich bleibenden Antriebswerten (T_{an}, n_{an}) das Abtriebsmoment selbsttätig den Anforderungen anpasst, wobei sich die Abtriebsdrehzahl zwangsläufig umgekehrt zum Moment ändert ($n_{ab} \sim 1/T_{ab}$, da $P_{ab} \approx P_{an} = \text{konst}$). Durch entsprechenden Aufbau erfüllen **Turbogetriebe** (-wandler) die Forderungen nahezu vollständig.

13.4.2 Wirkungsweise

Jede Momentänderung im hydraulischen Strömungskreis erfordert gleichgroße zeitliche Dralländerung, d. h. entsprechendes Umlenken des strömenden Arbeitsfluids. Diese Umlenkung kann nur mittels weiterer Schaufelräder erreicht werden. Neben dem Pumpen- und Turbinenrad enthält daher jeder Turbowandler noch ein weiteres Schaufelsystem, das **Leitrad**, welches auch als **Reaktionsglied** (-rad) bezeichnet wird (Bild 13-6). Während Primär- und Sekundärrad umlaufen, steht das Reaktionsglied (Index R) still, es stützt sich im ruhenden Gehäuse ab und nimmt das Moment T_R auf – nicht Leistung, da keine Drehbewegung. Immer gilt: Jede Änderung an beliebiger Stelle des Strömungskreises wirkt sich zwangsläufig auf den gesamten Kreis aus. Änderungen des Betriebszustandes eines Rades im Turboaggregat ändern deshalb auch die Betriebszustände der übrigen Schaufelräder.

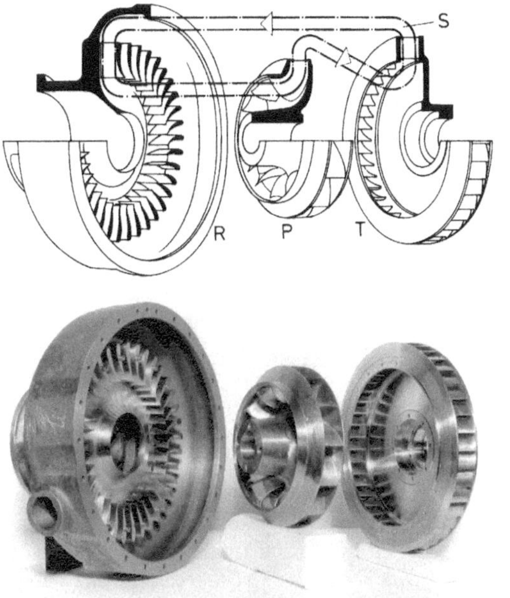

Bild 13-6 Schaufelräder und Strömungsweg eines einstufigen Wandlers (auseinander gezogen). P Pumpe, T Turbine, R Reaktionsglied, S Strömungsweg (VOITH)

Nach dem allgemein gültigen Gleichgewichtsgesetz der Mechanik muss wie bei Turbokupplungen auch bei Wandlern innerhalb des Strömungskreises die Summe – exakt Vektorsumme – aller wirkenden Momente stets null sein. Alle im System „Turboaggregat" wirkenden äußeren Momente – bedingen sich ohnehin gegenseitig – des Strömungskreislaufes müssen sich somit das Gleichgewicht halten:

$$\sum \vec{T} = 0 \rightarrow \vec{T}_P + \vec{T}_T + \vec{T}_R = 0 \qquad (13\text{-}7)$$

Da Pumpen- und Turbinenrad als Aktion und Reaktion immer entgegengesetzt wirken, kann auch in Beträgen ($|\vec{T}| = T$) geschrieben werden:

$$T_T = T_P - T_R \tag{13-8}$$

Hierbei ist das *Reaktionsmoment* T_R (Drehmoment des Reaktionsgliedes)

- *negativ einzusetzen*, wenn es zum Pumpenmoment gleichgerichtet wirkt:

T_P T_R / T_T	$\vec{T}_R \uparrow\uparrow \vec{T}_P \uparrow\downarrow \vec{T}_T$ Weshalb: $T_T = T_P + |\vec{T}_R| = T_P + T_R$

  Ergibt *Abtriebsmomenterhöhung* → Antriebszustand. Trifft bei niedrigen Abtriebsdrehzahlen zu.

- *positiv einzusetzen* bei entgegengesetztem Wirken zum Pumpenmoment:

T_P / T_T T_R	$\vec{T}_R \uparrow\downarrow \vec{T}_P \uparrow\downarrow \vec{T}_T$ Dann gilt: $T_T = T_P - |\vec{T}_R| = T_P - T_R$

  Ergibt *Abtriebsmomentverkleinerung* bis zur Richtungsumkehr bei $T_R > T_P$ (Schlepp-, d. h. Bremswirkung), wobei $T_R < T_P$ bei hohen Abtriebsdrehzahlen und $T_R > T_P$ bei sehr hohen. Grenzfall $T_R = 0$, also $T_T = T_P$ (Kupplungszustand).

Je nach Wirkrichtung des Reaktionsgliedes, die von der Beschauflungsform und deren Durchströmrichtung anhängt, wird somit das Abtriebsmoment größer, gleich oder kleiner als das Antriebsmoment. Die Stellung der Leitvorrichtung im Strömungsfluss, d. h. vor oder nach dem Turbinenrad, ist dabei prinzipiell ohne Einfluss. Bei den heutigen Wandler-Ausführungen sitzt das Reaktionsglied jedoch fast immer hinter dem Sekundärrad, also in Richtung des Strömungskreislaufes zwischen Turbine und Pumpe (Bild 13-6). Das ermöglicht nicht nur größere Untersetzungen und Anfahrmomente, sondern auch kleinere Relativgeschwindigkeiten sowie Durchströmverluste. In Sonderfällen, beispielsweise Lastverzweigung oder -begrenzung, erweisen sich andere Räderzuordnungen als vorteilhafter [70].

Die in den mathematischen Gleichgewichts-Formulierungen enthaltenen Ergebnisse lassen sich bezüglich physikalischer Wirkung des Strömungsablaufes anschaulich mithilfe der Geschwindigkeitsdiagramme erläutern (Bild 13-7).

Für die in Bild 13-7 dargestellten Strömungsfälle (-verhältnisse) gilt:

Anfahren (Bild 13-7b): Bei stehendem Turbinenrad (Abtrieb) wird die Strömung in dessen Beschauflung am stärksten umgelenkt, von $c_{2,T}$ auf $c_{1,T}$. Differenz $\Delta c_{u,T} = c_{2u,T} - c_{1u,T} = c_{2u,T} + |c_{1u,T}|$ und damit Reaktionsmoment T_R erreichen dann je ihren Höchstwert.

Normalbetrieb (Bild 13-7c): Bei Nenn-, d. h. Auslegungsdrehzahl strömt das Arbeitsfluid radial und damit drallfrei vom Turbinenrad ab. Die Umlenkung von $c_{2,T}$ auf $c_{1,T}$ verringert sich. Entsprechend $\Delta c_{u,T} = c_{2u,T}$ (da $c_{1u,T} = 0$) wird das Abtriebsmoment T_T kleiner.

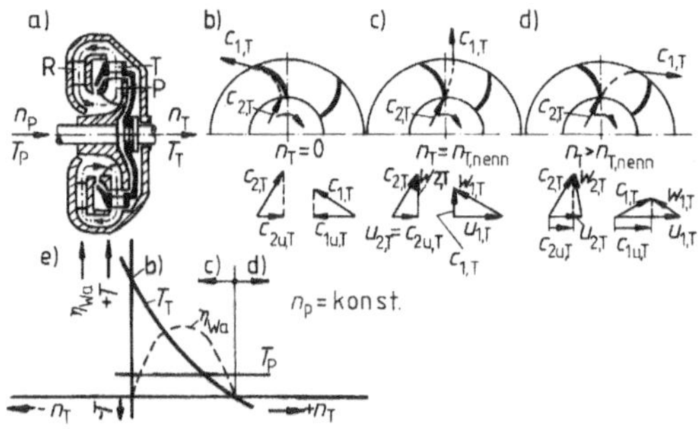

Bild 13-7 Meridianschnitt sowie Turbinenläufer-Radialschnitte mit Strömungsverhältnissen bei verschiedenen Lastzuständen und Kennlinien eines Turbowandlers.
a) Meridianschnitt (Prinzipdarstellung).
b) bis d) Strömungsverhältnisse im Turbinenrad.
b) Anfahrzustand ($n_T = 0$).
c) Normalbetrieb ($n_T = n_{T,nenn}$).
d) Bremsbetrieb ($n_T > n_{T,nenn}$) mit $n_{T,nenn}$ Turbinenrad-Nenndrehzahl.
e) Kennlinien (prinzipieller Verlauf).

Durchgangsbetrieb (Bild 13-7d): Die Drehzahl des Turbinenrades wird gleich oder größer als die vom Pumpenrad. Die Turbine beginnt jetzt als Pumpe zu wirken und versucht das eigentliche Pumpenrad (wird nun zur Turbine) über den Flüssigkeitsstrom „mitzunehmen", d. h. zu beschleunigen. Die Energieübertragungsrichtung kehrt sich somit um (Bremswirkung). Wie die Geschwindigkeitsdreiecke zeigen, äußert sich dies durch Umkehren der Strömungsablenkungsrichtung:

$\Delta c_{u,T} = c_{2u,T} - c_{1u,T}$ wird negativ, da $c_{2u,T} < c_{1u,T}$.

Bei allen Betriebszuständen muss das Leitrad die aus dem Turbinenrad abgehende Strömung aufnehmen und in die zum Pumpenrad passende Richtung umlenken, wodurch das letztlich vom Gehäuse aufzunehmende Reaktionsmoment T_R entsteht. Nur im Normalbetrieb stimmt die Strömungsrichtung überall mit den Schaufelrichtungen überein, weshalb die kreisende Flüssigkeit sowohl in Pumpen- als auch Turbinenrad und Leitvorrichtung stoßfrei eintritt. Der Wandler arbeitet dann mit maximalem Wirkungsgrad. Je weiter der Betriebspunkt vom Nennpunkt abweicht, desto mehr fällt der Wirkungsgrad ab. Wie bei allen Turbomaschinen verläuft somit auch der Wirkungsgrad von Wandlern – abhängig von der Drehzahl – parabolisch (Bild 13-7 und 13-8). Die Stoß- und Reibungsverluste müssen wieder als Wärme von der Arbeitsflüssigkeit abgeführt werden.

Zusammenfassend gilt: Während das Pumpenrad eines Turbowandlers meist nur in begrenztem Drehzahlbereich arbeitet – bedingt durch die Antriebsmaschine –, kann die Turbinendrehzahl stark variieren. Das Turbinengitter lenkt die von der Pumpe kommende Strömung je nach Beschauflungsausbildung und Drehzahl mehr oder weniger stark um. Die stärkste Richtungsänderung erfährt die Strömung bei stillstehender Turbine. Die Strömungsablenkung nimmt mit zunehmender Turbinendrehzahl ab, um schließlich bei entlasteter Turbinenwelle vollständig aufzuhören. Entsprechend verringert sich das Turbinenmoment, vom Maximum ausgehend, stetig bis auf null. Da die Schaufeln der Wandlerräder meist nicht verstellbar sind, gibt es nur einen Betriebszustand, bei dem sich stoßfreie, d. h. tangentiale Anströmung für die Schaufeln aller Räder einstellt. Bei Abweichungen von diesem Betriebszustand (Nennwert) ergeben sich neben Reibung zusätzliche Strömungsverluste (Stoßverluste), die umso mehr steigen, je größer die Abweichungen vom optimalen Betriebspunkt sind. Abhilfe: Verstellbare Leitradschaufeln. Deshalb steht der Aufnahmeleistung der Pumpe eine mit zunehmender Turbinendrehzahl bis zum Maximum steigende und dann ebenfalls stetig fallende Turbinenabgabeleistung gegenüber.

13.4.3 Kenngrößen

Wie bei Turbokupplungen üblich:

Drehzahlverhältnis

$$\nu = n_\mathrm{T}/n_\mathrm{P} \leqq 1 \tag{13-9}$$

Leistungszahl

$$\lambda = T_\mathrm{P}/(\varrho \cdot D^5 \cdot \omega_\mathrm{P}^5) \tag{13-10}$$

Bei Turbowandlern ist λ eine spezifische Betriebsgröße. Sie gilt jeweils für eine bestimmte Ausführung. Bei Wandlertypen, deren Leistungszahl λ auch von der Turbinendrehzahl abhängt, wirkt der Lastzustand auf den Antrieb zurück.

Als weitere wichtige Kenngröße tritt bei Turbogetrieben die sog.

Wandlung

$$\mu = T_\mathrm{T}/T_\mathrm{P} \tag{13-11}$$

hinzu, die als Maß für die Drehmoment-Transformation (-Wandlung) gilt.

Wirkungsgrad η_Wa:

$$\eta_\mathrm{Wa} = P_\mathrm{T}/P_\mathrm{P} = (T_\mathrm{T} \cdot \omega_\mathrm{T})/(T_\mathrm{P} \cdot \omega_\mathrm{P})$$
$$= (T_\mathrm{T}/T_\mathrm{P}) \cdot (n_\mathrm{T}/n_\mathrm{P})$$

$$\eta_\mathrm{Wa} = \mu \cdot \nu \tag{13-12}$$

Bei gleichem Drehzahlverhältnis ν bilden sich im Flüssigkeitskreislauf auch bei anderen Pumpendrehzahlen und/oder geometrisch geänderten Abmessungen ähnliche Strömungszustände aus, weshalb sowohl Leistungszahl λ als auch Wandlung μ und daher der Wirkungsgrad η_Wa unverändert bleiben. Bei Turbokupplungen ist immer $\mu = 1$, wodurch Gl. (13-12) in Beziehung (13-6) übergeht.

13.4.4 Kennlinien

Bei Turbowandlern werden die Kurven $T_\mathrm{T} = f(n_\mathrm{T})$, $T_\mathrm{P} = F(n_\mathrm{T})$ und $\eta_\mathrm{Wa} = g(n_\mathrm{T})$ bei $n_\mathrm{P} =$ konst als **Kennlinien** bezeichnet. Bezugsgröße ist somit immer die Abtriebsdrehzahl n_T. Für verschiedene, jeweils konstant gehaltene Pumpendrehzahlen n_P ergeben sich gemäß den Ähnlichkeitsgesetzen (Abschnitt 4.2.3) affine Kennlinien. Diese bilden in gemeinsamem Diagramm mit der Pumpendrehzahl n_P als Parameter aufgetragen das **Kennfeld**. Für vergleichende Betrachtungen sind die dimensionslosen Kennlinien $\mu = f_v(\nu)$, $\lambda = F_v(\nu)$ und $\eta = g_v(\nu)$, jeweils bei $n_\mathrm{P} =$ konst, jedoch meist vorteilhafter.

Gemäß den aus den Ähnlichkeitsbeziehungen folgenden Ausdrücken (13-4) und (13-5) gilt auch bei Turbogetrieben für die vom **Pumpenrad aufgenommenen Werte**:

Drehmoment

$$T_\mathrm{P} = \lambda \cdot \varrho \cdot \omega_\mathrm{P}^2 \cdot D^5 \tag{13-13}$$

Leistung

$$P_\mathrm{P} = \lambda \cdot \varrho \cdot \omega_\mathrm{P}^3 \cdot D^5 \tag{13-14}$$

Mit D ... Bezugsdurchmesser des Wandlers.

Die Abhängigkeiten bestätigen die besondere Eigenschaft der Turboaggregate, indem das übertragbare Moment quadratisch und die übertragbare Leistung kubisch mit der Antriebsdrehzahl wachsen, was beispielsweise bei Kraftfahrzeugen vorteilhaft ausgenützt wird. Bei Leerlaufdrehzahl ist das übertragbare Wandlermoment zu klein, um das Fahrzeug fortzubewegen. Auch das Anlassen des Motors erfordert daher keine Trennkupplung. Beim Beschleunigen „springt“ die Motordrehzahl fast plötzlich auf das 5fache und somit das übertragbare Moment auf das 25fache; die Leistung auf das 125fache.

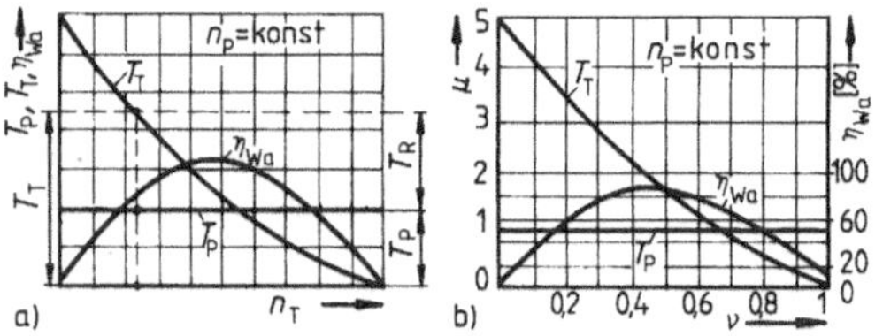

Bild 13-8 Kennlinien eines Turbowandlers in a) dimensionsbehafteter und b) dimensionsloser Darstellung

Der beschriebene charakteristische Kennlinienverlauf ist in Bild 13-8 prinzipiell dargestellt, und zwar sowohl in dimensionsbehafteten als auch dimensionslosen Größen.

13.4.5 Anwendungsbereiche

Grundübersetzung: Die Radbeschauflungen von Turbowandlern können so gestaltet werden, dass im Auslegungspunkt die Turbinen- und Pumpenraddrehzahlen gleich groß sind oder in bestimmtem Nenn-, d. h. Grund-Verhältnis ν_{nenn} stehen, was bedeutet, dass das Getriebe im optimalen Betriebspunkt beim Nenn-Übersetzungsverhältnis $i_{nenn} = \nu_{nenn}$ arbeitet. Möglich sind Grundübersetzungen $i_{nenn} = 0{,}1 \ldots 10$. Vielfach wird ausgeführt $i_{nenn} = 0{,}5$. Vor allem sog. **Anfahrwandler**, die nur zum Maschinenhochlaufen eingesetzt und dann mechanisch durchgekuppelt werden, besitzen hohe Grundübersetzung.

Betriebsbereich: Damit der Wirkungsgrad nicht zu sehr abfällt, sollte beim Betrieb der Abtriebsdrehzahlbereich $n_{T,max}/n_{T,min} = 4 \ldots 5$, mit der Nenndrehzahl $n_{T,nenn}$ als Mittelwert, eingehalten werden. Der günstigste Drehzahlbereich beträgt sogar nur $n_{T,max}/n_{T,min} = 1{,}5 \ldots 2{,}5$.

Anfahrmoment: Das bei stillstehendem Turbinenrad auftretende maximale Abtriebsmoment beträgt je nach Wandlerausführung das (5 ... 10)-fache des zugehörigen Nennmomentes. Turbogetriebe sind somit besonders für Anlagen mit erschwertem Anlauf (große Massen und Kräfte) geeignet.

Anfahrzeit: Die Beschleunigungszeit zum Hochlaufen des Abtriebs, vom Stillstand auf Betriebsdrehzahl, beträgt bei Wandlern je nach deren Größe ca. 3 ... 30 s.

Wirkungsgrade: Strömungsgetriebe erreichen Maximalwirkungsgrade, d. h. im Auslegungspunkt, von 85 ... 94 %. Die unteren Werte (85 ... 90 %) gelten für kleinere und mittlere Leistungen (bis ca. 10 MW), die oberen (90 ... 94 %) für Großwandler (ab etwa. 10 MW bis über 100 MW).

Grundsätzlich gilt: Turbokupplungen und -wandler weisen zwangsläufig dieselben strömungsmaschinentypischen Eigenschaften auf, weshalb sich ihre Anwendungsfelder überschneiden. Durch Wandlung ermöglicht jedoch das Turbogetriebe im zugelassenen Wirkungsgradbereich, dass die Antriebsmaschine unabhängig vom Abtrieb stets bei optimaler Drehzahl laufen kann, z. B. bei Fahrzeugen der Motor.

13.4.6 Ausführungsbeispiele

Neben den in vielfältiger Form und Größe (Leistung, Drehzahl) angewendeten Normalausführungen, bei denen die Räder mit festen, d. h. nichtverstellbaren Schaufeln ausgerüstet sind, gibt es Sonderausführungen, wie Mehrstufen-, Stell- und Trilokwandler. Auch sind Kombinationen mehrerer Wandler sowie Turbokupplung mit Wandler im Einsatz. Dadurch besteht die Möglichkeit, das Strömungsaggregat auf die jeweiligen Anforderungen weitgehend abzustimmen.

Bei **Mehrstufenwandlern** werden meist nur die Turbinen mehrstufig ausgeführt, seltener die anderen Räder. Dadurch ergibt sich auch die Möglichkeit der Leistungsverzweigung, d. h. des Antriebs von beispielsweise zwei Maschinen durch einen Motor.

Stellwandler sollen Kraft- und Arbeitsmaschinen unter Ausgleich der meist unterschiedlichen Kennlinien energetisch verbinden. Stellwandler lassen sich dabei durch sog. Ringschieber oder verstellbar ausgeführte Leitschaufeln anpassen.

Trilokwandler nutzen das sog. Trilokprinzip. Das normalerweise fest stehende Leitrad wird mittels Freilauf bei Erreichen einer bestimmten Turbinendrehzahl (meist bei $T_T = T_P$) freigegeben. Es rotiert dann mit und kann daher praktisch kein Reaktionsmoment mehr aufnehmen. Das bedeutet, unterhalb der festgelegten Abtriebsdrehzahl arbeitet das Trilok-Turboaggregat als Wandler und darüber als Kupplung. Ein Verfahren, das zum Verbessern des Wirkungsgradverlaufes führt und deshalb oft bei Straßenfahrzeugen angewendet wird.

Abschließend sollen zwei unterschiedliche Stellwandler abgebildet werden. Bild 13-9 zeigt einen Stellwandler mit Ringschieber. Durch Drosseln mithilfe des Ringschiebers S wird der Fluidumlaufstrom beeinflusst. Dadurch lässt sich der Wandler in beschränktem Umfang unterschiedlichem Betriebsverhalten von Ab- und Antrieb besser anpassen, was zu günstigerem Verhalten (Wirkungsgrad) führt.

Der Stellwandler nach Bild 13-10 ist mit verstellbaren Leitschaufeln ausgerüstet. Abgebildet sind Längs- und Querschnitt eines solchen regelbaren Turbowandlers. Durch Verstellen können die Leitschaufeln in begrenztem Bereich veränderten Strömungsverhältnissen des Wandlerkreislaufes – bedingt durch unterschiedliches Kennverhalten von An- und Abtrieb – angepasst und dadurch der Wirkungsgrad der Anlage verbessert werden.

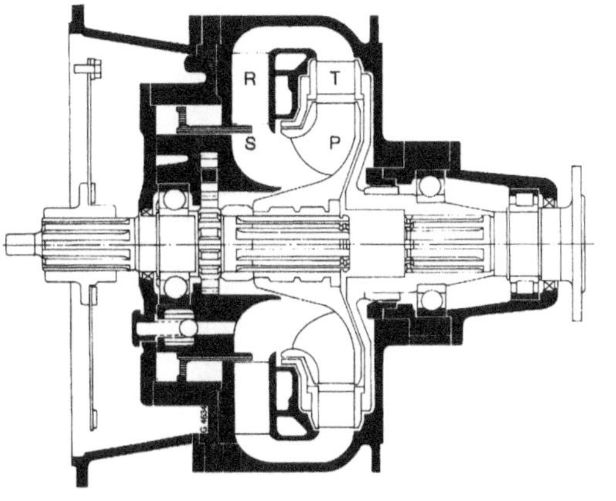

Bild 13-9 Einstufiger Stellwandler mit Ringschieber S. P Pumpen-, T Turbinen-, R Leitrad (VOITH)

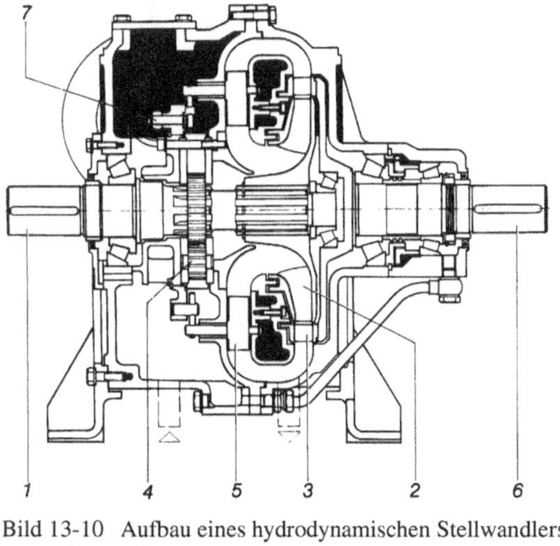

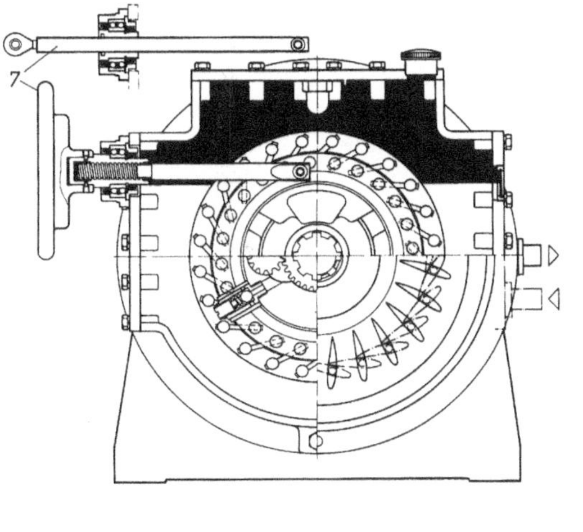

Bild 13-10 Aufbau eines hydrodynamischen Stellwandlers (Turbogetriebes) mit verstellbaren Leitschaufeln (VOITH). 1 Antriebswelle, 2 Pumpenrad (Antrieb), 3 Turbinenrad (Abtrieb), 4 Zahnradpumpe, 5 verstellbare Leitschaufeln (Reaktionsglied), 6 Abtriebswelle, 7 Verstelleinrichtung für Hand- oder mechanische Betätigung

14 Literaturverzeichnis

14.1 Lehrbücher

Grundlagenwerke

[1] PRANDTL, L.; OSWATITSCH, K.; WIEGHARDT, K.: Strömungslehre. – Wiesbaden: Vieweg-Verlag

[2] ECK, B.: Technische Strömungslehre. – Berlin: Springer-Verlag

[3] SIGLOCH, H.: Technische Fluidmechanik. – Berlin: Springer-Verlag

[4] ALBRING, W.: Angewandte Strömungslehre. – Dresden: Verlag Theodor Steinkopf

[5] TRUCKENBRODT, E.: Fluidmechanik. – Berlin: Springer-Verlag

[6] OSWATITSCH, K.: Gasdynamik. – Springer-Verlag

[7] BÖSWIRTH, L.; PLINT, A.: Technische Wärmelehre. – Düsseldorf: VDI-Verlag

[8] SCHMIDT, E.: Thermodynamik. – Springer-Verlag

[9] BAEHR, H. D.: Thermodynamik. – Springer-Verlag

[10] SCHEFFLER, K.; STRAUB, J.; GRIGULL, U.: Wasserdampftafeln. – Berlin: Springer-Verlag

[11] LEWINSKY-KESLITZ, H. P.: Druckstoßberechnungnen für die Praxis. – Mainz: Fortis Verlag

Sammelwerke

[12] BETZ, A.: Einführung in die Theorie der Strömungsmaschinen. – Karlsruhe: Verlag G. Braun.

[13] TRAUPEL, W.: Die Theorie der Strömung durch Radialmaschinen. – Karlsruhe: Verlag G. Braun.

[14] MARCINOWSKI; V. SANDEN; ZIERPEP: Strömungsmechanik und Strömungsmaschinen. – Karlsruhe: Verlag G. Braun

[15] SCHOLZ, N.: Aerodynamik der Schaufelgitter. – Karlsruhe: Verlag G. Braun

[16] KALIDE, W.; SIGLOCH, H.: Energieumwandlung in Kraft- und Arbeitsmaschinen. – München: Carl Hanser Verlag

[17] PETERMANN, H.: Einführung in die Strömungsmaschinen. – Berlin: Springer-Verlag

[18] WINDEMUTH, E.: Strömungstechnik, Strömungsmaschinen. – München: Oldenbourg Verlag.

[19] BOHL, W.: Strömungsmaschinen, Aufbau und Wirkungsweise. – Würzburg: Vogel-Verlag

[20] BOHL, W.: Strömungsmaschinen, Berechnung und Konstruktion. – Würzburg: Vogel-Verlag

[21] DIETZEL, F.: Pumpen, Verdichter, Turbinen. – Würzburg: Vogel-Verlag

[22] ADOLF, M.: Strömungsmaschinen. – Berlin: Springer-Verlag

[23] PFLEIDERER, C.; PETERMANN, H.: Strömungsmaschinen. – Berlin: Springer-Verlag

[24] PETERMANN, H.: Konstruktionen und Bauelemente von Strömungsmaschinen. – Berlin: Springer-Verlag

[25] WAGNER, H,; FISCHER, K.; FROMMANN, J. V.: Strömungs- und Kolbenmaschinen. – Wiesbaden: Vieweg-Verlag

[26] KÄPPELI, E.: Strömungslehre und Strömungsmaschinen. – Frankfurt/M.: Verlag Harri Deutsch

[27] FISTER, W.: Fluidenergiemaschinen. – Berlin: Springer-Verlag

[28] KÄPPELI, E.: Strömungsmaschinen in Beispielen. – Frankfurt/M.: Verlag Harri Deutsch

14.2 Spezialwerke

Pumpen (KP, KV)

[29] PFLEIDERER, C.: Die Kreiselpumpen für Flüssigkeiten und Gase. – Berlin: Springer-Verlag

[30] SCHULZ, H.: Die Pumpen. – Berlin: Springer-Verlag

[31] STEPANOFF, A. J.: Radial- und Axialpumpen. – Berlin: Springer-Verlag

[32] TROSKOLAŃSKI, A. T.; ŁAZARKIEWICZ, S.: Kreiselpumpen, Berechnung und Konstruktion. – Basel: Birkhäuser-Verlag

[33] WEBER, F. J.: Arbeitsmaschinen II, Kreiselpumpen und Kreiselverdichter. – Berlin: Verlag Technik

[34] BOHL, W.: Pumpen und Pumpenanlagen; Band 27. – Lexika-Verlag.

[35] SPRENGLER, H., u. a.: Technisches Handbuch Pumpen. – Berlin: Verlag Technik

[36] KSB: Kreiselpumpen-Lexikon, Fa. Klein; Schanzlin & Becker AG, Frankenthal/Pfalz

[37] SIHI: Grundlagen für die Planung von Kreiselpumpen-Anlagen. – Ludwigshafen: Fa. SIHI-Halberg

[38] KOVÁTS, A.; DESMUR, G.: Pumpen, Ventilatoren und Kompressoren. – Karlsruhe: Verlag G. Braun

[39] ECK, B.: Ventilatoren. – Berlin: Springer-Verlag

[40] KLUGE, F.: Kreiselgebläse und Kreiselverdichter radialer Bauart. – Berlin: Springer-Verlag

[41] ECKERT, B.; SCHNELL, E.: Axial- und Radialkompressoren. – Berlin: Springer-Verlag

[42] HORLOCK, H. H.: Axialkompressoren. – Karlsruhe: Verlag G. Braun

[43] BOHL, W.: Ventilatoren. – Würzburg: Vogel-Verlag

Wasser- und Windturbinen

[44] QUANTZ, L.; MEERWARTH, K.: Wasserkraftmaschinen. – Berlin: Springer-Verlag

[45] RAABE, J.: Hydraulische Maschinen und Anlagen. – Düsseldorf: VDI-Verlag

[46] KÖNIG, F. V.: Wie man Windräder baut. – Verlag M. Pfriemer

[47] KÖNIG, F. V.: Windenergie in praktischer Nutzung. – Verlag M. Pfriemer

[48] CEwind eG/ALOIS SCHAFFARCZYK (Hrsg.): Einführung in die Windenergietechnik. – Leipzig: Fachbuchverlag

Dampf- und Gasturbinen

[49] DIETZEL, F.: Dampfturbinen. – München: Carl Hanser Verlag

[50] ROEMER, H.-W.: Dampfturbinen. – Essen: Verlag W. Girardet

[51] MÜLLER, K. J.: Thermische Strömungsmaschinen. – Wien: Springer-Verlag

[52] LOSCHGE, A.: Konstruktionen aus dem Dampfturbinenbau. – Berlin: Springer-Verlag

[53] TRAUPEL, W.: Thermische Turbomaschinen, erster Band. Thermodynamisch-strömungstechnische Berechnung. – Berlin: Springer-Verlag

[54] TRAUPEL, W.: Thermische Turbomaschinen, zweiter Band. Geänderte Betriebsbedingungen, Regelung, mechanische Probleme, Temperaturprobleme. – Berlin: Springer-Verlag

[55] SCHRÖDER, K.: Große Dampfkraftwerke. – Berlin: Springer-Verlag

[56] SAJADATZ, H., u. a.: Dampfturbinenbetrieb. – Leipzig: Deutscher Verlag für Grundstoffindustrie

[57] KRIESE, S.: Leitfaden der Kraftwerkstechnik. – Essen: Vulkan-Verlag

[58] THOMAS, H.-J.: Thermische Kraftanlagen. – Berlin: Springer-Verlag

[59] MARTIN, O.: Dampf- und Gasturbinen. – Berlin: Verlag Walter de Gruyter

[60] DIETZEL, F.: Gasturbinen, kurz und bündig. – Würzburg: Vogel-Verlag

[61] OSTENRATH, H.: Gasturbinen-Triebwerke. – Essen: Verlag W. Girardet

[62] KRUSCHIK, J.: Die Gasturbine. – Berlin: Springer-Verlag

[63] GASPARVIC, N.: Gasturbinen. – Düsseldorf: VDI-Verlag

[64] SCHMIDT, F. A. F.: Verbrennungskraftmaschinen. – Berlin: Springer-Verlag

[65] KRAFT, A. A.: Die Dampfturbine im Betriebe. – Berlin: Springer-Verlag

[66] KRUSCHIK, J.: Luft- und Gastafeln zur Berechnung von Gasturbinen und Verdichtern. – Wien: Springer-Verlag

[67] PFLAUM, W.: MOLLIER-Diagramme für Verbrennungsgase. – Düsseldorf: VDI-Verlag

[68] MTU: Taschenbuch der Luftfahrt-Antriebe. – München: Motoren- und Turbinen-Union GmbH

Aggregate

[69] PIPPERT, H.: Antriebstechnik. – Würzburg: Vogel-Verlag

[70] VOITH: Hydrodynamische Getriebe, Kupplungen, Bremsen. – Krausskopf-Verlag

[71] LUSAR, R.: Der Hydraulische Drehmomentwandler und die hydraulische Kupplung. – München: Carl Hanser Verlag

[72] KICKBUSCH, F.: FÖTTINGER-Kupplungen und FÖTTINGER-Getriebe. – Berlin: Springer-Verlag

[73] WOLF, M.: Strömungskupplungen und Strömungswandler. – Berlin: Springer-Verlag

14.3 Handbücher und Sonstige

[74] HÜTTE: Die Grundlagen der Ingenieurwissenschaften. – Berlin: Springer-Verlag

[75] DUBBEL: Taschenbuch für den Maschinenbau. – Berlin: Springer-Verlag

[76] KIRCHBACH, H.: Taschenbuch Hydraulik in Industriebetrieben. – Stuttgart: Franckh'sche Verlagsbuchhandlung

[77] TRUTNOVSKY, K.: Berührungsfreie Dichtungen. – Düsseldorf: VDI-Verlag

[78] ZIEGLER, G.: Maschinendynamik. – München: Carl Hanser Verlag

[79] KÖHLER, G.; RÖGNITZ, H.: Maschinenteile. – Stuttgart: Verlag B. G. Teubner

[80] VDI-Wärmeatlas. – Düsseldorf: VDI-Verlag

[81] VDI-Handbuch Energletechnik. – Düsseldorf: VDI-Verlag

[82] HOFFMANN; V. LÜPKE: 0 Dezibel + 0 Dezibel = 3 Dezibel. – Berlin: Ernst Schmidt Verlag

[83] DECKER, K.-H.: Maschinenelemente. – München: Carl Hanser Verlag

[84] CHUNG, T. J.: Finite Elemente in der Strömungsmechanik. – München: Carl Hanser Verlag

[85] ZIENKIEWIEZ, O. C.: Methode der finiten Elemente. – München: Carl Hanser Verlag

[86] KOLLER, A.: Berechnung der verwirbelten Strömung in der rotierenden Kreiselpumpe. – Siemens Forschungs- und Entwicklungsbericht, Bd. 13 (1984) Nr. 1, S. 38–42

[87] SCHÖNUNG, B. E.: Numerische Strömungsmechanik. – Berlin: Springer-Verlag

[88] LEHMANN, J.; LUSCHTINETZ, T.: Wasserstoff und Brennstoffzellen. – Berlin: Springer Verlag

[89] SCHMIDT, T.: Wasserstofftechnik. – München: Carl Hanser Verlag

15 Sachwortverzeichnis

A

B

C

D

M

N

O

P

T

U

V

W

Z